JN097121

毒物劇物取扱者試験問題集

序

　毒物及び劇物取締法は、日常流通している有用な化学物質のうち、毒性の著しいものについて、化学物質そのものの毒性に応じて毒物又は劇物に指定し、製造業、輸入業、販売業について登録にかからしめ、毒物劇物取扱責任者を置いて管理させるとともに、保健衛生上の見地から所要の規制を行っています。

　毒物劇物取扱責任者は、毒物劇物の製造業、輸入業、販売業及び届け出の必要な業務上取扱者において設置が義務づけられており、現場の実務責任者として十分な知識を有し保健衛生上の危害の防止のために必要な管理業務に当たることが期待されています。

　毒物劇物取扱者試験は、毒物劇物取扱責任者の資格要件の一つとして、各都道府県の知事が概ね一年に一度実施するものであり、本書は、直近一年間に実施された全国の試験問題を道府県別、試験の種別に編集し、解答・解説を付けたものであります。

　なお、解説については、この書籍の編者により編集作成いたしました。この様なことから、各道府県へのお問い合わせはご容赦いただきますことをお願い申し上げます。

　毒物劇物取扱者試験の受験者は、本書をもとに勉学に励み、毒物劇物に関する知識を一層深めて試験に臨み、合格されるとともに、毒物劇物に関する危害の防止についてその知識をいかんなく発揮され、ひいては、化学物質の安全の確保と産業の発展に貢献されることを願っています。

　最後にこの場をかりて試験問題の情報提供等にご協力いただいた各道府県の担当の方々に深く謝意を申し上げます。

　２０２２年７月

目　　次

〔 問 題 編 〕 〔解答・解説編〕

試験問題編

〔毒物及び劇物に関する法規〕
（一般・農業用品目・特定品目共通）

問１～問10　次の文は、毒物及び劇物取締法及び同法施行令の条文の一部である。　□□□にあてはまる語句として正しいものはどれか。

ア　この法律は、「劇物」とは、別表第二に掲げる物であって、 問1 及び 問2 以外のものをいう。

イ　毒物又は劇物の販売業の 問3 を受けたものでなければ、毒物又は劇物を販売し、授与し、又は販売若しくは授与の目的で貯蔵し、運搬し、若しくは 問4 してはならない。

ウ　次に掲げる者は、前条の毒物劇物取扱責任者となることができない。
　一　 問5 未満の者
　二　 問6 の障害により毒物劇物取扱責任者の業務を適正に行うことができない者として厚生労働省令で定めるもの
　三　麻薬、大麻、 問7 又は覚せい剤の中毒者

エ　興奮、幻覚、又は麻酔の作用を有する毒物又は劇物（これらを含有する物を含む。）であつて政令で定めるものは、みだりに摂取し、若しくは 問8 し、又はこれらの目的で所持してはならない。

オ　毒物劇物営業者は、毒物又は劇物を販売し、又は授与するときは、その販売し、又は授与する時までに、授受人に対し、当該毒物又は劇物の 問9 及び 問10 に関する情報を提供しなければならない。

＜下欄＞

問1	1	医薬品	2	毒薬	3	医療機器	4	毒物
問2	1	劇薬	2	医薬部外品	3	特定毒物	4	危険物
問3	1	承認	2	許可	3	登録	4	認証
問4	1	所持	2	広告	3	小分け	4	陳列
問5	1	十四歳	2	十六歳	3	十八歳	4	二十歳
問6	1	心身	2	精神	3	身体	4	視覚
問7	1	薬物	2	コカイン	3	シンナー	4	あへん
問8	1	吸入	2	利用	3	服薬	4	乱用
問9	1	原材料	2	性状	3	保存方法	4	価格
問10	1	製造所所在地	2	製造年月日	3	取扱い	4	製造方法

問11　次のうち、毒物の容器及び被包における表示の方法として、正しいものはどれか。

1　「医薬用外」の文字に、赤字に白色で「毒物」の文字を表示
2　「医薬用外」の文字に、白字に赤色で「毒物」の文字を表示
3　「医療用外」の文字に、赤字に白色で「毒物」の文字を表示
4　「医療用外」の文字に、白字に赤色で「毒物」の文字を表示

問12　次のうち、「販売・授与の際に情報提供」が義務づけられていないものはどれか。

1　農薬取締法の規定に基づく登録を受けている劇物たる農薬を販売する場合
2　既に授受人に対し、当該毒物又は劇物に関する情報提供が行われている場合
3　特定毒物研究者が製造した特定毒物を譲り渡す場合
4　毒物劇物製造業者が製造した毒物を毒物劇物販売業者へ販売する場合

問13　毒物及び劇物取扱法施行令第35条及び第36条の規定に基づく毒物及び劇物営業車の登録票の書換え交付及び再交付に関する以下の記述の正誤について、正しい組合せはどれか。

ア　登録票の記載事項に変更が生じたときは、登録票の書換え交付を申請することができる。

イ　登録票を破り、汚し、又は失ったときは、登録票の再交付を申請することができる。

ウ　登録票の再交付を受けた後、失った登録票を発見したときは、これを返納しなければならない。

	ア	イ	ウ
1	正	誤	正
2	誤	正	正
3	正	正	正
4	正	正	誤

問14　毒物及び劇物取締法施行規則第4条の4の規定に基づく毒物又は劇物の製造所等の設備基準に関する以下の記述の正誤について、正しい組み合わせはどれか。

ア　毒物又は劇物の貯蔵設備は、毒物又は劇物とその他の物とを区分して貯蔵できるものであること。

イ　毒物又は劇物を貯蔵する場所が性質上かぎをかけることができないものであるときは、その周囲に堅固なさくを設けてあること。

ウ　毒物または劇物を貯蔵するタンク、ドラムかん、その他の容器は、毒物又は劇物が飛散し、漏れ、又はしみ出るおそれのないものであること。

エ　毒物又は劇物を陳列する場所にかぎをかける設備があること。

	ア	イ	ウ	エ
1	誤	正	正	正
2	正	誤	正	誤
3	正	正	誤	誤
4	正	正	正	正

問15　次のうち、「毒物劇物営業者が、有機リン化合物たる毒物又は劇物を販売し、又は授与するときに、その容器及び被包に表示しなければならない解毒剤」として、正しいものはどれか。

1　アセトアミド　　　2　ジメルカプロール　　　3　チオ硫酸ナトリウム
4　2-ピリジルアルドキシムメチオダイド(別名：PAM)の製剤

問16　毒物及び劇物取締法第3条の2第9項及び同法施行令第12条で規定されているモノフルオール酢酸の塩類を含有する製剤の着色及び表示の基準に関する記述のうち、正しい組合せはどれか。

ア　深紅色に着色されていること。
イ　黄色に着色されていること。
ウ　その容器及び被包に野ねずみの駆除以外の用に使用してはならない旨が表示されていること。
エ　その容器及び被包に、かんきつ類、りんご、なし、ぶどう、桃、あんず、梅、ホップ、なたね、桑、しちとうい又は食用に供されることがない観賞用植物若しくはその球根の害虫の防除以外の用に使用してはならない旨が表示されていること。

1(ア、ウ)　　　2(ア、エ)　　　3(イ、ウ)　　　4(イ、エ)

問17　次のうち、特定毒物の取扱いとして、正しい組合せはどれか。

ア　特定毒物使用者は、政令で定める用途のために特定毒物を輸入することができる。
イ　特定毒物研究者は、学術研究のために特定毒物を輸入することができる。
ウ　毒物劇物製造業者は、製造に必要な特定毒物を輸入することができる。
エ　特定毒物研究者は、学術研究のために特定毒物を製造することができる。

＜下欄＞
1(ア、イ)　　　2(ア、ウ)　　　3(イ、エ)　　　4(ウ、エ)

問18　次のうち、毒物及び劇物取締法施行令第40条の規定により、毒物及び劇物の廃棄方法として、正しいものはどれか。

　　1　可燃性の毒物又は劇物は、保健衛生上危害を生じるおそれがない場所であっても、燃焼させることはできない。
　　2　ガス体又は揮発性の毒物又は劇物は、保健衛生上危害を生じる恐れがない場合であっても、燃焼させることはできない。
　　3　地下0.5メートル以上で、かつ、地下水を汚染するおそれがない地中に確実に埋め、海面上に引き上げられ、若しくは浮き上がるおそれがない方法で海水中に沈め、又は保健衛生上危害を生じるおそれがないその他の方法海水中に沈め、または保健衛生上気概を生じるおそれがないその他の方法で処理すること。
　　4　中和、加水分解、酸化、還元、稀釈その他の方法により、毒物及び劇物並びに法第11条第2項に規定する政令で定める物のいずれにも該当しない物とする。

問19　次のうち、毒物劇物営業者が、常時、取引関係にある者を除き、交付を受ける者の氏名及び住所を身分声明書や運転免許証等の提示を受けて確認した後でなければ交付してはならないものとして、正しいものはどれか。

　　1　トルエン　　　2　シアン化カリウム　　　3　塩素酸塩類35％含有物
　　4　アジ化ナトリウム

問20　次のうち、毒物及び劇物取締法第22条第1項の規定により、業務上取扱者の届出をしなければならない事業として、正しい組合せはどれか。

　　ア　無機シアン化合物たる毒物を使用して金属熱処理を行う事業
　　イ　最大載積量が5,000キログラムの自動車に固定された容器を用いて、塩素を運送する事業
　　ウ　四アルキル鉛を使用して電気めっきを行う事業
　　エ　フィプロニルを使用して、しろありの防除を行う事業

　　1（ア、イ）　　　2（ア、エ）　　　3（イ、ウ）　　　4（イ、エ）

〔基礎化学〕
（一般・農業用品目・特定品目共通）

問21　同族元素に関する組合せとして、正しいものはどれか。

　　1　アルカリ金属（1族）　　　　：カルシウム
　　2　アルカリ土類金属（2族）　　：カリウム
　　3　ハロゲン(17族)　　　　　　：窒素
　　4　希ガス(18族)　　　　　　　：ヘリウム

問22　次のうち、正しい記述はどれか。

　　1　臭素は、ハロゲンである。
　　2　酸素は、希ガスである。
　　3　リチウムはアルカリ土類金属である。
　　4　アルミニウムは、アルカリ金属である。

問23　10gのNaOHは何molになるか。
　　　　ただし、原子量はH＝1.0、O＝16.0、Na＝23.0とする。

　　1　0.25　　　2　2.5　　　3　4.0　　　4　400

問 24　9％塩化ナトリウム水溶液 30g に、21％塩化ナトリウム水溶液 6 g を加えた溶液の質量パーセント濃度は何％になるか。最も適当なものを選びなさい。

　　1　7％　　　2　9％　　　3　11％　　　4　13％

問 25　90mL（90 ㎤）の水の中に含まれる水素原子はおよそ何個となるか。ただし、水の密度を 1.0g/㎤ とし、原子量は H ＝ 1.0、O ＝ 16.0 とする。

　　1　3.0×10^{23} 個　　　　　　　　2　6.0×10^{23} 個
　　3　3.0×10^{24} 個　　　　　　　　4　6.0×10^{24} 個

問 26　原子核のまわりの電子数のうち、L 殻に収容できる電子の最大数について、正しいものはどれか。

　　1　2個　　　2　8個　　　3　18個　　　4　32個

問 27　次のうち、最外殻電子の数が一個の原子はどれか。

　　1　水素（H）　　　2　マグネシウム（Mg）　　　3　塩素（Cl）　　　4　アルゴン（Ar）

問 28　次の物質のうち、単体であるものはどれか。

　　1　ガソリン　　　2　二酸化炭素　　　3　ドライアイス　　　4　ダイヤモンド

問 29　次のうち、過マンガン酸カリウムに塩酸を加えると塩素が発生する反応として正しいものはどれか。

　　1　$KMnO_4 + 8HCl \rightarrow KCl + MnCl_3 + 4H_2O + 2Cl_2$
　　2　$2KMnO_4 + 16HCl \rightarrow 2KCl + 2MnCl_2 + 8H_2O + 5Cl_2$
　　3　$KMnO_3 + 6HCl \rightarrow KCl + MnCl_3 + 3H_2O + Cl_2$
　　4　$K_2MnO_3 + 6HCl \rightarrow 2KCl + MnCl_2 + 3H_2O + Cl_2$

問 30　次の　ア　～　ウ　にあてはまる語句の正しい組合せはどれか。

> 原子には、　ア　は同じでも　イ　の数がことなるために　ウ　が異なる原子が存在するものがあり、これらをお互いに同位体という。

　　　　　ア　　　　　　　イ　　　　　　　ウ
　　1　原子番号　　－　陽子　　－　電子の数
　　2　化学的性質　－　中性子　－　質量数
　　3　化学的性質　－　陽子　　－　電子の数
　　4　原子番号　　－　中性子　－　質量数

問 31　共有結合に関する次の記述のうち、誤っているものはどれか。

　　1　2個の原子が、互いの不対電子を両方の原子で共有することによってできる結合である。
　　2　共有結合において、電気陰性度の差によって生じる分子内の電子的な偏りを極性という。
　　3　水分子や二酸化炭素分子は、分子内に極性をもつ極性分子である。
　　4　水分子の水素原子と酸素原子は単結合、二酸化炭素分子の炭素原子と酸素原子は二重結合である。

問 32　次の原子や分子の間にはたらく力のうち、結合力の強い順に左から並べたものとして、正しいものはどれか。

1　水素結合＞共有結合＞ファンデルワールス力
2　水素結合＞ファンデルワールス力＞共有結合
3　共有結合＞ファンデルワールス力＞水素結合
4　共有結合＞水素結合＞ファンデルワールス力

問 33　温度が一定の状態で、200kpa の酸素 6.0L と 400kpa の窒素 2.0L を 5.0L の容器に封入したとき、混合気体の全圧として最も近い値はどれか。

1　360kpa　　　　　2　400kpa　　　　　3　800kpa　　　　　4　960kpa

問 34　次の化学の基本法則は何と呼ばれているか。最も適当なものはどれか。

物質が化学反応する時、反応に関与する物質の重量の割合は、常に一定である。

1　定比例の法則　　　　2　質量保存の法則
3　シャルルの法則　　　4　倍数比例の法則

問 35　次の官能基のうち、安息香酸に含まれるものはどれか。

＜下欄＞
1　ヒドロキシ基　　　　　2　ニトロ基　　　　3　メチル基
4　カルボキシ(カルボキシル)基

問 36　炭素電極を用いて塩化ナトリウム(NaCl)水溶液を電気分解したとき、陰極から発生する気体はどれか。

1　水素(H_2)　　　　2　窒素(N_2)　　　3　酸素(O_2)　　　4　塩素(Cl_2)

問 37　次のうち、サリチル酸と無水酢酸に濃硫酸を加えて反応させると生成する化合物はどれか。

1　テレフタレ酸　　　　2　アニリン　　　3　サリチル酸メチル
4　アセチルサリチル酸

問 38　次の物質とその炎色反応の色調について、最も適当なものの組合せはどれか。

　　　（物質名）　　　（炎色反応の色調）
ア　ナトリウム　　－　紫色
イ　　　銅　　　　－　青緑色
ウ　リチウム　　　－　黄色
エ　バリウム　　　－　黄緑色

1　（ア、イ）　　　2　（ア、ウ）　　　3　（イ、エ）　　　4　（ウ、エ）

問 39　次の化学反応に用いる触媒に関する記述のうち、正しいものはどれか。

1　触媒は、反応の前後において自身が変化しない。
2　触媒は、反応熱を小さくする。
3　触媒は、反応速度を遅くする。
4　触媒は、活性化エネルギーを大きくする。

問 40　塩化銀の沈殿を含む溶液から塩化銀を分離する方法として、最も適当なものはどれか。

1　分留　　2　抽出　　3　ろ過　　4　昇華

- 7 -

〔毒物及び劇物の性質及び貯蔵その他取扱方法〕

（一般）

問1　次の物質のうち、特定毒物であるものはどれか。

1　硝酸ストリキニーネ　　2　ニコチン　　3　酢酸鉛　　4　四エチル鉛

問2　次の構造式で示される物質の名称として、正しいものはどれか。

［構造式］

1　モノフルオール酢酸アミド
2　メチルアミン
3　クレゾール
4　ブロムアセトン

問3～問5　次の物質の用途について、最も適当なものはどれか。

ア　アジ化ナトリウム　　[問3]　　　　イ　ブロムエチル　　[問4]
ウ　ヒドラジン　　[問5]

1　アルキル化剤
2　医療検体の防腐剤やエアバックのガス発生剤
3　ロケット燃料
4　土木工事用の土質安定剤

問6～問9　次の物質の貯蔵方法として、最も適当なものはどれか。

問6　シアン化カリウム（別名：青酸カリ）　　**問7**　アクリルアミド
問8　ナトリウム　　**問9**　ベタナフトール

1　直射日光や高温にさらされると、アンモニア等が発生するので、直射日光や高温を避けること。
2　少量ならばガラス瓶、多量ならばブリキ缶または鉄ドラム缶を用い、酸類とは離して、風通しのよい乾燥した冷所に密封して保管する。
3　光線に触れると赤変するため、遮光して保管する。
4　空気中にそのまま保存することはできないので、通常、石油中に保管する。

問10　次のうち、黄リンに関する記述について、最も適当なものはどれか。

1　白色又は淡黄色の蝋様半透明の固体である。
2　褐色のガラス瓶を使用し、3分の1の空間を保って貯蔵する。
3　無臭である。
4　特定毒物である。

（一般・農業用品目共通）

問11　アバメクチンに関する以下の記述のうち、正しい組合せはどれか。

ア　淡褐色の結晶粉末である。
イ　殺虫、殺ダニ剤として用いられている。
ウ　アバメクチンを1.8％含有する製剤は<u>毒物</u>から除外されている。
エ　アバメクチンを1.0％含有する製剤は<u>劇物</u>から除外されている。

1（ア、ウ）　　2（ア、エ）　　3（イ、ウ）　　4（イ、エ）

問12～問14 次の物質の用途として、最も適当なものはどれか。

ア　5－メチル－1，2，4－トリアゾロ〔3，4－b〕ベンゾチアゾール
　　（別名：トリシクラゾール）　　　　　　　　　　　　　　問12

イ　ジメチル－2，2－ジクロルビニルホスフェイト
　　（別名：ジクロルボス、DDVP）　　　　　　　　　　　　問13

ウ　塩素酸ナトリウム　　　　　　　　　　　　　　　　　　問14

1　殺菌剤　　　2　殺虫剤　　　3　除草剤　　　4　除草剤

問15　次のうち、ジメチル－4－メチルメルカプト－3－メチルフェニルチオホスフェイト(別名：フェンチオン、MPP)に関する記述として、最も適当なものはどれか。
1　水によく溶ける。
2　弱いニンニク臭を有する。
3　黄緑色の板状結晶である。
4　殺菌剤として用いられる。

問16　次のうち、メチルエチルケトンの性状の記述として、最も適当なものはどれか。
1　黄色結晶、フェノール様の臭い
2　無色液体、アセトン様の臭い
3　赤色液体、フェノール様の臭い
4　白色結晶性粉末、アセトン様の臭い

問17～問18　次の物質の毒性や中毒の症状として、最も適当なものはどれか。

ア　硝酸　　　問17　　　　　　イ　トルエン　　　問18

1　吸入した場合、短時間で興奮期を経て深い麻酔状態に陥り、皮膚に触れた場合、皮膚を刺激し、皮膚からも吸収される。
2　高濃度の本物質が人体に触れると、激しい火傷を起こさせる。飲んだ場合死亡した事例がある。
3　液体を嚥下すると、口腔以下の消化管に強い腐食性火傷を生じ、激しい場合にはショック状態となり死亡する。
4　吸入した場合、短時間の興奮期を経て、麻酔状態に陥ることがある。

問19　次の文は、塩素について記述したものである。誤っているものはどれか。

1　殺菌剤、消毒剤、漂白剤としての用途がある。
2　漏洩した時、少量であれば、漏えい個所や漏えいした液には消石灰を十分に散布して吸収させる。
3　吸入により喉頭及び気管支筋の強直をきたし、呼吸困難に陥る。
4　水には全く溶けない。

問20　酢酸鉛の主な用途として、最も適当なものはどれか。

1　獣毛、羽毛、錦糸などを漂泊するのに用いられるほか、消毒及び防腐の目的で医療用に用いられる。
2　工業用にレーキ顔料、染料等の製造用として使用されるほか、試薬として用いられる。
3　酸化剤、媒染剤、製革用等に用いられるほか、試薬として用いられる。
4　香料、溶剤、有機合成の材料として用いられる。

（農業用品目）

問1～問4　次の物質を含有する製剤で、劇物の扱いから除外される濃度の上限として、正しいものはどれか。

ア　エチルジフェニルジチオホスフェイト
　　（別名：エジフェンホス、EDDP）
イ　シアナミド
ウ　ジメチルジチオホスホリルフェニル酢酸エチル
　　（別名：フェントエート、PAP）
エ　2′，4－ジクロロ－α，α，α－トリフルオロ4′－ニトリメタトルエンスルホンアニリド.（別名：フルスルファミド）

		問1	以下
		問2	以下
		問3	以下
		問4	以下

問1　1　1 %　　　2　2%　　　3　3%　　　4　6%
問2　1　1 %　　　2　3%　　　3　6%　　　4　10 %
問3　1　1 %　　　2　2%　　　3　3%　　　4　6 %
問4　1　0.1%　　2　0.3%　　3　0.6%　　4　1 %

問5～問7　次の化合物の分類として、あてはまるものはどれか。

ア　α－シアノ－4－フルオロ－3－フェノキシベンジル＝3－（2，2－ジクロロビニル）－2，2－ジメチルシクロプロパンカルボキシラート
　　（別名：シフルトリン）　　　　　　　　　　　　　　　　　　問5

イ　2－ジメチルアミノ－5，6－ジメチルピリミジル－4－N，N－ジメチルカルバメート（別名：ピリミカーブ）　　　　　　　　　　　　問6

ウ　2－イソプロピル－4－メチルピリミジル－6－ジエチルチオホスフェイト
　　（別名：ダイアジノン）　　　　　　　　　　　　　　　　　　問7

1　ネオニコチノイド系殺虫剤　　　　2　ピレスロイド系殺虫剤
3　カーバメイト系殺虫剤　　　　　　4　有機リン系殺虫剤

問8　ジメチル－2，2－ジクロルビニルホスフェイト（別名：ジクロルボス、DDVP）に関する記述のうち、最も適当なものはどれか。

1　赤褐色液体である。　　　　　　2　水や有機溶媒に溶ける。
3　カーバメイト系製剤に分類される。
4　解毒剤は、硫酸アトロピンである。

問9　2－（1－メチルプロピル）－フェニル－N－メチルカルバメート（別名：BPMC）に関する記述の正誤について、最も適当な組合せはどれか。

ア　フェノブカルブともいう。
イ　殺虫剤として用いられている。
ウ　皮膚に触れた場合、放置すると皮膚より吸収され、中毒を起こすことがある。

	ア	イ	ウ
1	正	正	正
2	誤	正	正
3	誤	誤	正
4	正	正	誤

問 11 ～問 13　物質の貯蔵法について、最も適当なものはどれか。

ア　ロテノン　問 11

イ　2，2－ジピリジリウム－1，1'－エチレンジブロミド
　　（別名：ジクワット）問 12

ウ　シアン化水素問 13

1　少量ならば、褐色ガラスびん、多量ならば銅製シリンダーを用いる。日光及
　び加熱をさけ、風通しのよい冷所に置く。極めて猛毒であるため、爆発性及び
　燃焼性のものと隔離すべきである。
2　耐腐食性の容器で貯蔵する。中性または酸性で安定、アルカリ溶液で薄める
　場合には、2～3時間以上貯蔵できない。
3　光に爆すと徐々に分解し、殺虫効力を失うので、空気と光線を遮断して保存
　する。
4　圧縮冷却して液化し、圧縮容器に入れ、直射日光その他、温度上昇の原因を
　避けて冷暗所に貯蔵する。

問 14 ～問 16　次の物質の用途として、最も適当なものはどれか。

ア　5－メチル－1，2，4－トリアゾロ〔3，4－b〕ベンゾチアゾール
　　（別名：トリシクラゾール）問 14

イ　ジメチル－2，2－ジクロルビニルホスフェイト
　　（別名：ジクロルボス、DDVP）問 15

ウ　塩素酸ナトリウム問 16

1　殺菌剤　　　2　殺虫剤　　　3　除草剤　　　4　燻蒸剤

問 17　次の毒物又は劇物について、農業用品目販売業の登録を受けた者が販売できる
　　ものの正しい組合せはどれか。

ア　チオセミカルバジド　　　イ　ペンタクロルフェノール（別名：PCP）
ウ　硫酸　　　　　　　　　　エ　ニコチン

1（ア、イ）　　2（ア、エ）　　3（イ、ウ）　　4（ウ、エ）

問 18　クロルピクリンの化学式として、正しいものはどれか。

1　$SO_2(OH)Cl$　　2　$ClCH_2COCl$　　3　CCl_3NO_2　　4　$ClCH_3$

問 19　次のうち、ジメチル－4－メチルメルカプト－3－メチルフェニルチオホスフ
　　ェイト（別名：フェンチオン、MPP）に関する記述として、最も適当なものはどれ
　　か。

1　水によく溶ける。
2　弱いニンニク臭を有する。
3　黄緑色の板状結晶である。
4　殺菌剤として用いられる。

問20　次の記述に当てはまる最も適当な物質はどれか。

・常温常圧下において、淡黄色ないし黄褐色の粘稠性液体で、水に難溶である。
・熱、酸性には安定であるが、太陽光、アルカリには不安定である。
・劇物に指定されているが、5％以下を含有する製剤は劇物の指定から除外されている。

　　1　ジメチル－(N－メチルカルバミルメチル)－ジチオホスフェイト
　　　　(別名：ジメトエート)
　　2　N－(4－t－ブチルベンジル)－4－クロロ－3－エチル－1－メチルピラ
　　　ゾール－5－カルボキサミド(別名：テブフェンピラド)
　　3　2，4，6，8－テトラメチル－1，3，5，7－テトラオキソカン
　　　　(別名：メタアルデヒド)
　　4　(RS)－α－シアノ－3－フェノキシベンジル＝N－(2－クロロ－α，α，
　　α－トリフルオロ－パラトリル)－D－バリナート(別名：フルバリネート)

(特定品目)

問1〜問4　次の物質を含有する製剤について、劇物の扱いから除外される濃度の上限として、正しいものはどれか。

ア　シュウ酸　　　　| 問1 |　以下
イ　硝酸　　　　　　| 問2 |　以下
ウ　塩化水素　　　　| 問3 |　以下
エ　削除

＜下欄＞
問1　1　1％　　　2　5％　　　3　10％　　　4　70％
問2　1　1％　　　2　5％　　　3　6％　　　4　10％
問3　1　5％　　　2　6％　　　3　10％　　　4　70％
問4　削除

問5　水酸化カリウムに関する記述の正誤について、最も適当な組合せはどれか。

　　ア　赤褐色の固体である。
　　イ　水に発熱して溶解し、水溶液は強いアルカリ性を示す。
　　ウ　密栓して貯蔵する。

	ア	イ	ウ
1	正	正	正
2	誤	正	正
3	正	誤	正
4	正	正	誤

問6　ケイフッ化ナトリウムに関する以下の記述の正誤について、最も適当な組合せはどれか。

　　ア　釉薬として使われる。
　　イ　白色の結晶であり、水に溶けにくい。
　　ウ　酸と接触するとフッ化水素ガス及び四フッ化ケイ素ガスを発生する。

	ア	イ	ウ
1	正	正	正
2	誤	正	正
3	正	誤	正
4	正	正	誤

問7　一酸化鉛に関する以下の記述の正誤について、最も適当なものはどれか。

ア　酸、アルカリにはよく溶け、希硝酸に溶かすと無色の溶液となる。
イ　常温では黒色の固体で、水にほとんど溶けない。
ウ　強熱すると有害な煙霧を発生するため、使用済の容器等を洗浄装置の無い焼却炉で処分してはいけない。

	ア	イ	ウ
1	正	正	正
2	誤	正	正
3	正	誤	正
4	正	正	誤

問8　次のうち、メチルエチルケトンの性状の記述として、最も適当なものはどれか。

1　黄色結晶、フェノール様の臭い。
2　無色液体、アセトン様の臭い。
3　赤色液体、フェノール様の臭い。
4　白色結晶性粉末、アセトン様の臭い。

問9　次のうち、アンモニアの性状の記述して、誤っているものはどれか。

1　特有の刺激臭のある無色の気体である。
2　液化アンモニアは漏えいすると空気より軽いアンモニアガスとして拡散する。
3　水、エタノール、エーテルに可溶である。
4　空気中で自然発火し、赤色の炎をあげて燃焼する。

問10〜問12　次の物質の性状として、最も適当なものはどれか。

ア　塩素　　問10　　イ　水酸化ナトリウム　　問11
ウ　ホルマリン　　問12

1　強い果実様の香気のある可燃性無色の液体である。
2　常温においては、窒息性臭気をもつ黄緑色気体である。
3　白色、結晶性の固体。水と二酸化炭素を吸収する性質が強く、空気中に放置すると、潮解する。
4　無色あるいはほとんど無色透明の液体で、刺激性の臭気をもち、寒冷にあえば混濁することがある。

問13〜問16　次の物質の貯蔵方法として、最も適当なものはどれか。

ア　酢酸エチル　　問13　　イ　水酸化カリウム　　問14
ウ　四塩化炭素　　問15　　エ　ホルムアルデヒド　　問16

1　亜鉛又は錫メッキをした鋼鉄製容器に保管し、高温に接しない場所に保管する。
2　遮光したガラス瓶を用い、少量のアルコールを加えて密栓して常温で保管する。
3　密栓して火気を遠ざけ、冷所に保管する。
4　二酸化炭素と水を強く吸着するため、密栓して保管する。

問17〜問18　次の物質の毒性や中毒の症状として、最も適当なものはどれか。

ア　硝酸　　問17　　イ　トルエン　　問18

1　吸入した場合、短時間で興奮期を経て深い麻酔状態に陥り、皮膚に触れた場合、皮膚を刺激し、皮膚からも吸収される。
2　高濃度の本物質が人体に触れると、激しい火傷を起こさせる。飲んだ場合、死亡した事例がある。
3　液体を嚥下すると、口腔以下の消化管に強い腐食性火傷を生じ、激しい場合にはショック状態となり死亡する。
4　吸入した場合、短時間の興奮期を経て、麻酔状態に陥ることがある。

問19 次の文は、塩素について記述したものである。誤っているものはどれか。

1 殺菌剤、消毒剤、漂白剤としての用途がある。
2 漏えいした時、少量であれば、漏えい箇所や漏えいした液には消石灰を十分に散布して吸収させる。
3 吸入により喉頭及び気管支筋の強直をきたし、呼吸困難に陥る。
4 水には全く溶けない。

問20 酢酸鉛の主な用途として、最も適当なものはどれか。

1 獣毛、羽毛、綿糸などを漂白するのは用いられるほか、消毒及び防腐の目的で医療用に用いられる。
2 工業用のレーキ顔料、染料等の製造用として使用されるほか、試薬として用いられる。
3 酸化剤、媒洗剤、製革用等に用いられるほか、試薬として用いられる。
4 香料、溶剤、有機合成の材料として用いられる。

〔実 地〕

(一般)

問21 シアン化ナトリウムの漏えい時の措置について「毒物及び劇物の運搬事故時における応急措置に関する基準」に照らし、最も適当なものはどれか。

1 飛散したものは空容器にできるだけ回収する。砂利等に付着している場合は、砂利等を回収し、そのあとに水酸化ナトリウム等の水溶液を散布してアルカリ性とし、さらに酸化剤(次亜塩素酸ナトリウム、さらし粉等)の水溶液で酸化処理を行い、多量の水を用いて洗い流す。
2 少量の場合、漏えいした液は過マンガン酸カリウム水溶液(5%)、さらし粉水溶液又は次亜塩素酸ナトリウム水溶液で処理すると共に、至急関係先に連絡し、専門家に任せる。
3 流動パラフィン浸漬品の場合、露出したものは、速やかに拾い集めて灯油又は流動パラフィンの入った容器に回収する。砂利、石等に付着している場合は、砂利、石等ごと回収する。
4 多量の場合、漏えいした液は土砂等でその流れを止め、多量の活性炭又は消石灰を散布して覆い、至急関係先に連絡し専門家の指示により処理する。

問22～問25 次の物質の廃棄方法として、最も適当なものはどれか。

物質名	廃棄方法
水銀	問22
ホスゲン	問23
2－クロロニトロベンゼン	問24
塩化第一スズ	問25

1 多量の水酸化ナトリウム水溶液(10%程度)に撹拌しながら少量ずつガスを吹き込み分解した後、希硫酸を加えて中和する。
2 水に溶かし、消石灰、ソーダ灰等の水溶液を加えて処理し、沈殿ろ過して埋立処分する。
3 アフターバーナー及びスクラバーを具備した焼却炉で少量ずつ又は可燃性溶剤とともに焼却する。
4 そのまま再生利用するため蒸留する。

問26～問28　次の物質の識別方法として、最も適当なものはどれか。

　　問26　スルホナール　　　　問27　アニリン　　　　問28　セレン

　1　木炭とともに加熱すると、メルカプタンの臭気を放つ。
　2　炭の上に小さな孔をつくり、無水炭酸ナトリウム粉末とともに試料を吹管炎で
　　熱灼すると、特有のニラ臭を出し、冷えると赤色の塊となる。これは、濃硫酸に
　　溶けて緑色を呈する。
　3　この物質の水溶液にさらし粉を加えると、紫色を呈する。
　4　この物質のエーテル溶液に、ヨードのエーテル溶液を加えると、褐色の液状沈
　　殿が生じ、これを放置すると赤色針状結晶となる。

問29　塩化ナトリウム30gを水に溶かして6％(w/w)塩化ナトリウム水溶液を作るた
　　めには、水は何g必要か。最も適当なものはどれか。

　1　450 g　　　2　470 g　　　3　510 g　　　4　540 g

問30　次の物質のうち、「鮮赤色ないし橙赤色の無臭の結晶性粉末のものと橙黄色な
　　いし黄色の無臭の粉末とがある。水にはほとんど溶けず、希塩酸、硝酸、シアン
　　化アルカリ溶液に溶ける」性質をもつものはどれか。
　1　水酸化ヒ素　　　　2　硝酸バリウム　　　　3　クロロホルム
　4　酸化第二水銀

問31～問32　1，1'－ジメチル4，4'－ジピリジニウムジクロリド(別名：パラコ
　　ート)にあてはまるものとして、最も適当なものはどれか。

　ア　性状：　　　問31　　　　　　イ　廃棄方法：　　　問32

　問31　1　液体で催涙性があり、強い刺激臭がある。
　　　　2　液体で発煙性がある。
　　　　3　粉末で、水、アルコールに溶けない。
　　　　4　結晶で水に非常に溶けやすい。

　問32　1　燃焼法　　　2　分解沈殿法　　　3　固化隔離法　　　4　還元法

問33～問35　次の物質の毒性や中毒の症状として最も適当なものはどれか。

　ア　モノフルオール酢酸ナトリウム　　　　　　　　　　　問33

　イ　ブラストサイジンS　　　　　　　　　　　　　　　　問34

　ウ　ジエチル－(5－フェニル－3－イソキサゾリル)－チオホスフェイト

　　　(別名：イソキサイオン)　　　　　　　　　　　　　問35

　1　哺乳動物ならびに人間には強い毒作用を呈するが、皮膚を刺激したり、皮膚か
　　ら吸収されることははい。主な中毒症状は、激しい嘔吐、胃の疼痛、意識混濁、
　　けいれん、脈拍の緩徐、チアノーゼ、血圧降下がある。
　2　急性期の臨床症状では、縮瞳、消火器症状、皮膚、粘膜からの分泌亢進、けい
　　れんが特徴的である。また、末梢性神経障害のみならず中枢神経系の障害により
　　呼吸麻痺が原因となり得る。
　3　主な中毒症状は振戦、呼吸困難である。肝臓の核の膨大及び変性、腎臓には糸
　　球体、細尿管のうっ血、脾臓には脾炎が認められる。
　4　アルカリ性で、強い局所刺激性を有する。経口投与によって口腔、胸腹部疼痛、
　　嘔吐、咳嗽、虚脱を発する。

問36 過酸化水素に関する以下の記述の正誤について、最も適当な組合せはどれか。

ア 皮膚に触れた場合、やけど(腐食性薬傷)を引き起こすので、医薬品原料としては使用されない。
イ 分解が起こると激しく酸素を発生し、周囲に易燃物があると火災になるおそれがある。
ウ 酸化、還元の両作用を有し、羽毛等の漂白剤として用いられる。

	ア	イ	ウ
1	正	正	正
2	誤	正	正
3	正	誤	正
4	正	正	誤

問37〜問40 次の物質の取扱い上の注意事項として、最も適当なものはどれか。

ア 重クロム酸アンモニウム 　　問37
イ 四塩化炭素 　　問38
ウ メタノール 　　問39
エ 硝酸 　　問40

1 引火しやすく、また、その蒸気は空気と混合して爆発性混合ガスを形成するので、火気には近づけない。
2 火災などで強熱されるとホスゲンを発生するおそれがあるので注意する。
3 直接中和剤を散布すると発熱し、酸が飛散することがある。
4 可燃物と混合すると常温でも発火することがある。200℃付近に加熱すると発光しながら分解するので注意する。

(農業用品目)

問21〜問22 次の化合物による中毒の解毒または治療剤として、最も適当なものはどれか。

ア 有機リン化合物 　　問21 　　イ ヒ素化合物 　　問22

1 ジメルカプロール(別名:BAL) 　　2 バルビタール製剤
3 アセトアミド
4 2−ピリジンアルドキシムメチオダイド(別名:PAM)

問23 漏えい時の措置として、措置方法に対する最も適当な物質はどれか。

措置方法:飛散したものは速やかに掃き集めて空容器にできるだけ回収し、その後は多量の水を用いて洗い流す。

1 クロルピクリン 　　2 シアン化ナトリウム 　　3 水酸化ヒ素
4 塩素酸ナトリウム

問24〜問27 次の物質の廃棄として、最も適当なものはどれか。

ア 硫酸 　　問24
イ 塩化亜鉛 　　問25
ウ アンモニア水 　　問26
エ ジメチルジチオホスホリルフェニル酢酸エチル
(別名:フェントエート、PAP) 　　問27

1 水で希薄な水溶液とし、希塩酸、希硫酸等で中和させた後、多量の水で稀釈して処理する。
2 徐々に石灰乳などの攪拌溶液に加え中和させた後、多量の水で稀釈して処理する。
3 おが屑等に吸収させてアフターバーナー及びスクラバーを備えた焼却炉で燃焼する。
4 水に溶かし、水酸化カルシウム等の水溶液を加えて処理し、沈殿ろ過して埋め立て処分する。

問 28 ～問 30　モノフルオール酢酸ナトリウムの組成、性状及び用途として、最も適当なものはどれか。

　　ア　［組成］　　問 28　　　　　イ　［性状］　　問 29
　　ウ　［用途］　　問 30

　問 28　1　CHCl₂COOH　　　　2　Na₂Cr₂O₇・2H₂O　　　3　CH₂FCOONa
　　　　　4　CH₂ClCOONa

　問 29　1　白色の粉末で、吸湿性があり、酢酸の臭いを有する。冷水にはたやすく溶けるが、有機溶媒にはきわめて溶けにくい。
　　　　　2　弱い特異臭のある無色結晶。水にきわめて溶けにくく、pH5 及び pH9 で安定である。
　　　　　3　特有の刺激臭のある無色の気体である。
　　　　　4　淡黄色透明の液体で、水にほとんど溶けず、有機溶媒によく溶ける。

　問 30　1　殺鼠剤　　　2　燻蒸剤　　　3　殺虫剤　　　4　除草剤

問 31 ～問 32　1，1'－ジメチル－4，4'－ジピリジニウムジクロリド(別名：パラコート)にあてはまるものとして、最も適当なものはどれか。

　　ア　性状：　問 31　　　　　イ　廃棄方法：　問 32

　問 31　1　液体で催涙性があり、強い刺激臭がある。
　　　　　2　液体で発煙性がある。
　　　　　3　粉末で、水、アルコールに溶けない。
　　　　　4　結晶で水に非常に溶けやすい。

　問 32　1　燃焼法　　　2　分解沈殿法　　　3　固化隔離法　　　4　還元法

問 33 ～問 35　次の物質の毒性や中毒の症状として、最も適当なものはどれか。

　　ア　モノフルオール酢酸ナトリウム　　　　　　　　　　　　問 33
　　イ　ブラストサイジン S　　　　　　　　　　　　　　　　　問 34
　　ウ　ジエチル－(5－フェニル－3－イソキサゾリル)－チオホスフェイト
　　　　(別名：イソキサチオン)　　　　　　　　　　　　　　　問 35

　　1　哺乳動物ならびに人間には強い毒作用を呈するが、皮膚を刺激したり、皮膚から吸収されることはない。主な中毒症状は、激しい嘔吐、胃の疼痛、意識混濁、けいれん、脈拍の緩徐、チアノーゼ、血圧下降がある。
　　2　急性期の臨床症状では、縮瞳、消化器症状、皮膚、粘膜からの分泌亢進、けいれんが特徴的である。また、末梢性神経障害のみならず中枢神経系の障害による呼吸麻痺が死因となり得る。
　　3　主な中毒症状は振戦、呼吸困難である。肝臓の核の膨大及び変性、腎臓には糸球体、細尿管のうっ血、脾臓には脾炎が認められる。
　　4　アルカリ性で、強い局所刺激性を有する。経口投与によって口腔、胸腹部疼痛、嘔吐、咳嗽、虚脱を発する。

問 36 ～問 38　次の物質の鑑別方法として、最も適当なものはどれか。

　　ア　クロルピクリン　　　問 36　　　イ　硫酸第二銅　　　問 37
　　ウ　塩素酸カリウム　　　問 38

　　1　熱すると酸素を発生し、これに塩酸を加えて熱すると、塩素を発生する。
　　2　水溶液に金属カルシウムを加え、さらにベタナフチルアミン及び硫酸を加える。
　　3　水に溶かして硝酸バリウムを加えると、白色の沈殿を生じる。
　　4　濃塩酸を潤したガラス棒を近づけると白い霧を生じる。

問 39 ～問 40　次の物質漏えい時の措置について「毒物及び劇物の運搬事故時における応急措置に関する基準」に照らし、最も適当なものはどれか。

　ア　リン化亜鉛　　　　　　　　　　　　　　　　　　　問 39

　イ　２－イソプロピル－４－メチルピリミジル－６－ジェチルチオホスフェイト
　　　（別名：ダイアジノン）　　　　　　　　　　　　　　問 40

　1　飛散した物質の表面を速やかに土砂等で覆い、密閉可能な空容器にできるだけ回収して密閉する。この物質で汚染された土砂等も同様の措置をし、そのあとを多量の水を用いて洗い流す。

　2　多量に漏えい場合、漏洩した液は、土砂等でその流れを止め、液が広がらないようにして蒸発させる。

　3　漏えいした液は土砂等でその流れを止め、安全な場所に導き、空容器にできるだけ回収し、そのあとを消石灰等の水溶液を用いて処理し、多量の水を用いて洗い流す。洗い流す場合には、中性洗剤等の分散剤を使用して洗い流す。この場合、濃厚な廃液が河川等に排出されないよう注意する。

　4　多量に漏えいした場合、漏えいした液は、土砂等でその流れを止め、安全な場所に導いて遠くから多量の水をかけて洗い流す。この場合、濃厚な廃液が河川等に排出されないよう注意する。

（特定品目）

問21～問24　次の物質の廃棄方法として、最も適当なものはどれか。

　ア　キシレン　　　　　　　　　問 21

　イ　重クロム酸ナトリウム　　　問 22

　ウ　水酸化カリウム　　　　　　問 23

　エ　シュウ酸　　　　　　　　　問 24

　1　水を加えて希薄な水溶液とし、酸で中和された後、多量の水で希釈して処理する。

　2　ナトリウム塩とした後、活性汚泥で処理する。

　3　希硫酸を溶かし、還元剤の水溶液を過剰に加えて後、消石灰等で処理して水酸化物として、沈殿ろ過する。溶出試験を行い、溶出量が判定基準以下であることを確認して埋立処分する。

　4　珪そう土等に吸収させて開放型の焼却炉で少量ずつ焼却する。

問25～問28　次の物質の鑑別方法として、最も適当なものはどれか。

　ア　メタノール　　　　　　　　問 25

　イ　アンモニア水　　　　　　　問 26

　ウ　硝酸　　　　　　　　　　　問 27

　エ　ホルムアルデヒド　　　　　問 28

　1　サリチル酸と濃硫酸とともに熱すると、芳香のあるエステルを生じる。

　2　濃塩酸を潤したガラス棒を近づけると白い霧を生ずる。

　3　銅屑を加えて熱すると、藍色を呈して溶け、その際赤褐色の蒸気を発生する。

　4　水浴上で蒸発すると、水に溶解しにくい白色、無晶形の物質を残す。

問29～問32　次の物質の漏えい時の措置について、「毒物及び劇物の運搬事故時における応急措置に関する基準」に照らし、最も適当なものはどれか。

ア　クロム酸亜鉛カリウム　　　問29

イ　メチルエチルケトン　　　　問30

ウ　クロロホルム　　　　　　　問31

エ　アンモニア水　　　　　　　問32

　1　付近の着火源となるものを速やかに取り除く。漏洩した液は、土砂等に吸着させて空容器に回収する。
　2　飛散したものは空容器にできるだけ回収し、そのあと還元剤（硫酸第一鉄等）の水溶液を散布し、消石灰、ソーダ灰等の水溶液で処理した後、多量の水で洗い流す。
　3　少量漏えいした液は、濡れむしろ等で覆い遠くから多量の水をかけて洗い流す。
　4　漏えいした液は土砂等でその流れを止め、安全な場所に導き、空容器にできるだけ回収し、そのあとを多量の水で洗い流す。洗い流す場合は、中性洗剤等の分散剤を使用し洗い流す。

問33～問34　次の物質の用途について、最も適当なものはどれか。

ア　クロロホルム　　　問33　　　　　イ　シュウ酸　　　問34

　1　捺染剤　　　2　香料　　　3　溶媒　　　4　酸化剤

問35　塩化水素に関する以下の記述の正誤について、最も適当な組合せはどれか。

　ア　常温・常圧では、無色無臭の気体である。
　イ　無水物は、塩化ビニルの原料に用いられる。
　ウ　吸湿すると、大部分の金属、コンクリート等を腐食する。

	ア	イ	ウ
1	誤	正	正
2	正	誤	正
3	正	正	誤
4	正	正	正

問36　過酸化水素に関する以下の記述の正誤について、最も適当な組合せはどれか。

　ア　皮膚に触れた場合、やけど(腐食性薬傷)を引き起こすので、医薬品原料としては使用されない。
　イ　分解が起こると激しく酸素を発生し、周囲に易燃物があると火災になるおそれがある。
　ウ　酸化、還元の両作用を有し、羽毛等の漂白剤として用いられる。

	ア	イ	ウ
1	正	正	正
2	誤	正	正
3	正	誤	正
4	正	正	誤

問37～問40　次の物質の取扱い上の注意事項として、最も適当なものはどれか。

ア　重クロム酸アンモニウム　　　問37

イ　四塩化炭素　　　　　　　　　問38

ウ　メタノール　　　　　　　　　問39

エ　硝酸　　　　　　　　　　　　問40

　1　引火しやすく、また、その蒸気は空気と混合して爆発性混合ガスを形成するので、火気には近づけない。
　2　火炎などで強熱されるとホスゲンを発生するおそれがあるので注意する。
　3　直接中和剤を散布すると発熱し、酸が飛散することがある。
　4　可燃物と混合すると常温でも発火することがある。200 ℃付近に加熱すると発行しながら分解するので注意する。

東北六県統一〔青森県・岩手県・宮城県・秋田県・山形県・福島県〕

令和３年度実施
〔毒物及び劇物に関する法規〕
（一般・農業用品目・特定品目共通）

問１　以下の記述は、毒物及び劇物取締法の条文の一部である。（　）の中に入る字句として、正しいものはどれか。

第２条第１項
この法律で「毒物」とは、別表第一に掲げる物であつて、（　）以外のものをいう。

　　1　医薬品　　　2　危険物　　　3　医薬品及び危険物
　　4　医薬品及び医薬部外品

問２　以下の記述は、毒物及び劇物取締法の条文の一部である。（　）の中に入る字句として、正しいものはどれか。

第３条第３項
毒物又は劇物の販売業の登録を受けた者でなければ、毒物又は劇物を販売し、授与し、又は販売若しくは授与の目的で（　）し、運搬し、若しくは陳列してはならない。（以下略）

　　1　購入　　　2　小分け　　　3　所持　　　4　貯蔵

問３　以下の記述は、毒物及び劇物取締法の条文の一部である。（　）の中に入る字句として、正しいものの組み合わせはどれか。

第３条の２第９項
　毒物劇物営業者又は特定毒物研究者は、保健衛生上の危害を防止するため政令で特定毒物について（　ア　）、着色又は（　イ　）の基準が定められたときは、当該特定毒物については、その基準に適合するものでなければ、これを特定毒物使用者に譲り渡してはならない。

番号	ア	イ
1	品質	運搬
2	品質	表示
3	廃棄	運搬
4	廃棄	表示

問４　以下の記述は、毒物及び劇物取締法の条文の一部である。（　）の中に入る字句として、正しいものの組み合わせはどれか。

第３条の３
　（　ア　）、幻覚又は麻酔の作用を有する毒物又は劇物（これらを含有する物を含む。）であつて政令で定めるものは、みだりに摂取し、若しくは吸入し、又はこれらの目的で（　イ　）してはならない。

番号	ア	イ
1	興奮	授与
2	興奮	所持
3	錯乱	授与
4	錯乱	所持

問5 以下の記述は、毒物及び劇物取締法施行令の条文の一部である。（　）の中に入る字句として、正しいものの組み合わせはどれか。

第40条の6第1項
　　毒物又は劇物を車両を使用して、又は鉄道によつて運搬する場合で、当該運搬を他に委託するときは、その荷送人は、運送人に対し、あらかじめ、当該毒物又は劇物の名称、成分及びその（　ア　）並びに数量並びに事故の際に講じなければならない（　イ　）の内容を記載した書面を交付しなければならない。（以下　略）

番号	ア	イ
1	重量	応急の措置
2	重量	手順
3	含量	応急の措置
4	含量	手順

問6 以下の記述は、毒物及び劇物取締法施行令の条文の一部である。（　）の中に入る字句として、正しいものの組み合わせはどれか。

第32条の3
　　法第三条の四に規定する政令で定める物は、（　ア　）及びこれを含有する製剤（（　ア　）三十パーセント以上を含有するものに限る。）、塩素酸塩類及びこれを含有する製剤（塩素酸塩類三十五パーセント以上を含有するものに限る。）、ナトリウム並びに（　イ　）とする。

参考：毒物及び劇物取締法第3条の4（抜粋）
　　引火性、発火性又は爆発性のある毒物又は劇物であつて政令で定めるものは、業務その他正当な理由による場合を除いては、所持してはならない。

番号	ア	イ
1	亜塩素酸ナトリウム	ピクリン酸
2	亜塩素酸ナトリウム	リチウム
3	硝酸ナトリウム	ピクリン酸
4	硝酸ナトリウム	リチウム

問7 以下の記述は、毒物及び劇物取締法の条文の一部である。（　）の中に入る字句として、正しいものの組み合わせはどれか。

第5条
　　都道府県知事は、毒物又は劇物の製造業、輸入業又は販売業の登録を受けようとする者の（　ア　）が、厚生労働省令で定める基準に適合しないと認めるとき、又はその者が第十九条第二項若しくは第四項の規定により登録を取り消され、取消しの日から起算して（　イ　）年を経過していないものであるときは、第四条第一項の登録をしてはならない。

番号	ア	イ
1	設備	二
2	設備	三
3	構造	二
4	構造	三

問8 以下の記述は、毒物及び劇物取締法の条文の一部である。( )の中に入る字句として、正しいものはどれか。

第8条第1項
次の各号に掲げる者でなければ、前条の毒物劇物取扱責任者となることができない。
一 薬剤師
二 厚生労働省令で定める学校で、( )に関する学課を修了した者
三 都道府県知事が行う毒物劇物取扱者試験に合格した者

1 公衆衛生学　　　2 応用物理学　　　3 応用化学　　　4 毒性学

問9 以下の記述は、毒物及び劇物取締法の条文の一部である。( )の中に入る字句として、正しいものはどれか。

第11条第4項
毒物劇物営業者及び特定毒物研究者は、毒物又は厚生労働省令で定める劇物については、その容器として、( )の容器として通常使用される物を使用してはならない。

1 殺虫剤　　　2 医薬品　　　3 洗浄剤　　　4 飲食物

問10 以下の記述は、毒物及び劇物取締法の条文の一部である。( )の中に入る字句として、正しいものの組み合わせはどれか。

第12条第1項
毒物劇物営業者及び特定毒物研究者は、毒物又は劇物の容器及び被包に、「医薬用外」の文字及び毒物については(ア)をもって「毒物」の文字、劇物については(イ)をもって「劇物」の文字を表示しなければならない。

番号	ア	イ
1	黒地に白色	白地に赤色
2	黒地に白色	赤地に白色
3	赤地に白色	白地に赤色
4	白地に赤色	赤地に白色

問11〜問12 以下の記述は、毒物及び劇物取締法の条文の一部である。( )の中に入る字句として、正しいものはどれか。

第14条第1項
毒物劇物営業者は、毒物又は劇物を他の毒物劇物営業者に販売し、又は授与したときは、その都度、次に掲げる事項を書面に記載しておかなければならない。
一 毒物又は劇物の名称及び(問11)
二 販売又は授与の年月日
三 譲受人の氏名、(問12)及び住所(法人にあつては、その名称及び主たる事務所の所在地)

問11
1 数量　　　2 含量　　　3 成分　　　4 使用期限

問12
1 年齢　　　2 職業　　　3 連絡先　　　4 使用目的

問 13　以下の記述は、毒物及び劇物取締法の条文の一部である。（　　）の中に入る字句として、正しいものはどれか。

第 15 条第 1 項
　毒物劇物営業者は、毒物又は劇物を次に掲げる者に交付してはならない。
一　（　　）歳未満の者
二　心身の障害により毒物又は劇物による保健衛生上の危害の防止の措置を適正に行うことができない者として厚生労働省令で定めるもの
三　麻薬、大麻、あへん又は覚せい剤の中毒者

　1　十四　　　2　十六　　　3　十八　　　4　二十

問 14　以下の記述は、毒物及び劇物取締法施行令の条文の一部である。（　　）の中に入る字句として、正しいものの組み合わせはどれか。

第 40 条第 1 項
　法第十五条の二の規定により、毒物若しくは劇物又は法第十一条第二項に規定する政令で定める物の廃棄の方法に関する技術上の基準を次のように定める。
一　中和、（　ア　）、酸化、還元、（　イ　）その他の方法により、毒物及び劇物並びに法第十一条第二項に規定する政令で定める物のいずれにも該当しない物とすること。

番号	ア	イ
1	溶解	脱水
2	溶解	稀釈
3	加水分解	脱水
4	加水分解	稀釈

問 15　以下の記述は、毒物及び劇物取締法施行令の条文の一部である。（　　）の中に入る字句として、正しいものはどれか。

第 40 条の 9 第 1 項
　毒物劇物営業者は、毒物又は劇物を販売し、又は授与するときは、その販売し、又は授与する時までに、譲受人に対し、当該毒物又は劇物の（　　）及び取扱いに関する情報を提供しなければならない。ただし、当該毒物劇物営業者により、当該譲受人に対し、既に当該毒物又は劇物の（　　）及び取扱いに関する情報の提供が行われている場合その他厚生労働省令で定める場合は、この限りでない。

　1　保管　　2　性状　　3　貯法　　4　品質

問 16　以下の記述は、毒物及び劇物取締法の条文の一部である。（　　）の中に入る字句として、正しいものはどれか。

第 17 条第 2 項
　毒物劇物営業者及び特定毒物研究者は、その取扱いに係る毒物又は劇物が盗難にあい、又は紛失したときは、直ちに、その旨を（　　）に届け出なければならない。

　1　保健所　　　2　警察署　　　3　消防機関　　　4　厚生労働省

問 17　以下の記述は、毒物及び劇物取締法の条文の一部である。（　　）の中に入る字句として、正しいものの組み合わせはどれか。

第 18 条第 1 項
　都道府県知事は、保健衛生上必要があると認めるときは、毒物劇物営業者若しくは（　ア　）から必要な報告を徴し、又は薬事監視員のうちからあらかじめ指定する者に、これらの者の製造所、営業所、店舗、（　イ　）その他業務上毒物若しくは劇物を取り扱う場所に立ち入り、帳簿その他の物件を（　ウ　）させ、関係者に質問させ、若しくは試験のため必要な最小限度の分量に限り、毒物、劇物、第十一条第二項の政令で定める物若しくはその疑いのある物を（　エ　）させることができる。

番号	ア	イ	ウ	エ
1	特定毒物研究者	研究所	検査	収去
2	特定毒物研究者	研究所	収去	検査
3	特定毒物使用者	施設	検査	収去
4	特定毒物使用者	施設	収去	検査

問 18 ～問 19　以下の記述は、毒物及び劇物取締法の条文の一部である。（　　）の中に入る字句として、正しいものはどれか。

第 21 条
　毒物劇物営業者、特定毒物研究者又は特定毒物使用者は、その営業の登録若しくは特定毒物研究者の許可が効力を失い、又は特定毒物使用者でなくなつたときは、（　問 18　）日以内に、毒物劇物営業者にあつてはその製造所、営業所又は店舗の所在地の都道府県知事（販売業にあつてはその店舗の所在地が、保健所を設置する市又は特別区の区域にある場合においては、市長又は区長）に、特定毒物研究者にあつてはその主たる研究所の所在地の都道府県知事（その主たる研究所の所在地が指定都市の区域にある場合においては、指定都市の長）に、特定毒物使用者にあつては都道府県知事に、それぞれ現に所有する特定毒物の品目及び数量を届け出なければならない。
　2　前項の規定により届出をしなければならない者については、これらの者がその届出をしなければならないこととなつた日から起算して（　問 19　）日以内に同項の特定毒物を毒物劇物営業者、特定毒物研究者又は特定毒物使用者に譲り渡す場合に限り、その譲渡し及び譲受けについては、第三条の二第六項及び第七項の規定を適用せず、また、その者の前項の特定毒物の所持については、同期間に限り、同条第十項の規定を適用しない。

参考：毒物及び劇物取締法第 3 条の 2（一部抜粋）
　6　毒物劇物営業者、特定毒物研究者又は特定毒物使用者でなければ、特定毒物を譲り渡し、又は譲り受けてはならない。
　7　前項に規定する者は、同項に規定する者以外の者に特定毒物を譲り渡し、又は同項に規定する者以外の者から特定毒物を譲り受けてはならない。
　10　毒物劇物営業者、特定毒物研究者又は特定毒物使用者でなければ、特定毒物を所持してはならない。

問 18
　1　十五　　　　2　二十　　　　3　三十　　　　4　五十

問 19
　1　十五　　　　2　二十　　　　3　三十　　　　4　五十

問 20　以下の記述は、毒物及び劇物取締法施行規則の条文の一部である。（　　）の中に入る字句として、正しいものの組み合わせはどれか。

第13条の5
　　令第四十条の五第二項第二号に規定する標識は、（　ア　）メートル平方の板に地を（　イ　）、文字を白色として「毒」と表示し、車両の前後の見やすい箇所に掲げなければならない。

参考：毒物及び劇物取締法施行令第40条の5（一部抜粋）
　　2　別表第二に掲げる毒物又は劇物を車両を使用して一回につき五千キログラム以上運搬する場合には、その運搬方法は、次の各号に定める基準に適合するものでなければならない。
　　二　車両には、厚生労働省令で定めるところにより標識を掲げること。

番号	ア	イ
1	○・二	赤色
2	○・二	黒色
3	○・三	赤色
4	○・三	黒色

〔基礎化学〕
（一般・農業用品目・特定品目共通）

問21　次のうち、二重結合をもつ分子として、最も適当なものはどれか。

　1　水　　　　2　アセチレン　　　3　二酸化炭素　　　4　アンモニア

問22　次のうち、バリウムの炎色反応の色として、最も適当なものはどれか。

　1　黄色　　　　　2　赤色　　　3　紫色　　　4　黄緑色

問23　次のうち、白金に関する記述として、最も適当なものはどれか。

　1　イオン化傾向が非常に小さく安定な金属で、王水と反応して溶解する。
　2　イオン化傾向が小さく硫酸とは反応しないが、硝酸とは反応して溶解する。
　3　イオン化傾向は中程度で、希硫酸と反応して溶解するが、濃硝酸とは反応しない。
　4　イオン化傾向が非常に大きく反応しやすい金属で、水と反応して溶解する。

問24　次のうち、カルシウム原子の最外殻電子の数として、最も適当なものはどれか。

　1　1個　　　2　2個　　　3　3個　　　4　4個

問25　次のうち、2.4mol／L の水酸化ナトリウム水溶液 20mL を中和するのに必要な3.0mol／L の硫酸の量として、最も適当なものはどれか。

　1　4 mL　　　2　8 mL　　　3　12 mL　　　4　16 mL

問26　次のうち、pH2の水溶液の性質に関する記述として、最も適当なものはどれか。

　1　フェノールフタレイン溶液を加えると、赤色になる。
　2　赤色リトマス紙を青色に変える。
　3　BTB（ブロモチモールブルー）溶液を加えると、黄色になる。
　4　メチルオレンジ溶液を加えると、黄色になる。

問 27　次のうち、コロイドに該当しないものはどれか。

1　ゼリー　　2　食塩水　　3　牛乳　　4　墨汁

問 28　熱量に関する以下の記述について、（　　）の中に入る、最も適当なものはどれか。

物質が反応する際に発生又は吸収する熱量の総和は、反応する前の状態と反応した後の状態だけで決まり、その経路や方法には関係しない。これを（　　）の法則という。

1　ヘンリー　　2　アボガドロ　　3　ヘス　　4　ファラデー

問 29　次のうち、希ガス（貴ガス）元素として、最も適当なものはどれか。

1　アルゴン　　2　塩素　　3　窒素　　4　臭素

問 30　次のうち、同位体である組み合わせとして、最も適当なものはどれか。

1　酸素とオゾン　　2　黄燐と赤燐　　3　黒鉛とダイヤモンド
4　水素と重水素

問 31　次のうち、エタノール 1.0mol の質量として、最も適当なものはどれか。ただし、原子量はH＝1、C＝12、O＝16とする。

1　32g　　2　46g　　3　60g　　4　74g

問 32　次のうち、官能基と名称の正しい組み合わせとして、最も適当なものはどれか。

番号	官能基	名称
1	－ CN	スルホ基
2	－ SH	スルホニル基
3	－ CHO	アルデヒド基
4	－ NO₂	アミノ基

問 33　次のうち、電気陰性度が最も大きい元素として、最も適当なものはどれか。

1　He　　2　O　　3　K　　4　Cl

問 34　次のうち、芳香族化合物として、最も適当なものはどれか。

1　キシレン　　2　シクロペンタン　　3　酢酸エチル　　4　ヘキサン

問 35　次のうち、固体である物質として、最も適当なものはどれか。

1　F₂　　2　Ne　　3　Br₂　　4　I₂

問 36　次のうち、物質とその水溶液の液性の正しい組み合わせとして、最も適当なものはどれか。

番号	物質名	水溶液の液性
1	炭酸水素ナトリウム	酸性
2	炭酸ナトリウム	酸性
3	硫酸ナトリウム	中性
4	硝酸ナトリウム	アルカリ性

問 37　次のうち、1価の陰イオンがアルゴンと同じ電子配置となる元素として、最も適当なものはどれか。

1　He　　　2　F　　　3　Cl　　　4　Mg

問 38　次のうち、炭酸カルシウムと塩酸との反応により発生する気体として、最も適当なものはどれか。

1　酸素　　　2　二酸化炭素　　　3　塩素　　　4　水素

問 39　次のうち、塩化ナトリウム飽和水溶液を炭素電極を用いて電気分解した時、陽極に生成するものとして、最も適当なものはどれか。

1　H_2　　　2　CO_2　　　3　Na　　　4　Cl_2

問 40　次のうち、酸化還元に関する記述として、最も適当なものはどれか。

1　水分子の水素原子の酸化数は0である。
2　還元剤は相手物質を酸化し、自らは還元される物質である。
3　物質が水素を失ったとき、その物質は還元されたという。
4　物質が電子を失ったとき、その物質は酸化されたという。

〔毒物及び劇物の性質及び貯蔵その他取扱方法〕
（一般）

問 41　次のうち、弗化スルフリルに関する記述として、最も適当なものはどれか。

1　無色の液体で、発煙性を有する。
2　無色の気体で、水に難溶である。
3　無色又はわずかに着色した透明の液体で、水に易溶である。
4　無色の不燃性液化ガスで、水に易溶である。

問 42　次のうち、砒素に関する記述として、誤っているものはどれか。

1　火災等で燃焼すると、少量の吸入でも強い溶血作用がある酸化砒素（Ⅲ）の煙霧を生成する。
2　種々の形で存在するが、結晶のものは最も不安定である。
3　鉛との合金は、球形になりやすい性質があるため、散弾の製造に用い、また冶金、化学工業用として使用される。
4　吸入した場合、血色素尿の排泄、呼吸困難を起こすことがある。

問 43　塩化水素を含有する製剤について、次のうち、劇物の指定から除外される上限の濃度として、正しいものはどれか。

1　5％　　　2　10％　　　3　15％　　　4　20％

問 44　次のうち、物質とその用途の正しい組み合わせとして、最も適当なものはどれか。

番号	物質	用途
1	エチレンオキシド	漂白剤
2	チメロサール	ガラスの脱色
3	無水クロム酸	工業用の酸化剤
4	セレン化水素	除草剤

問45　次のうち、(RS)-α-シアノ-3-フエノキシベンジル＝N-(2-クロロ-α・α・α-トリフルオロ-パラトリル)-D-バリナート(別名：フルバリネート)の原体の性状及び製剤の用途の説明として、最も適当なものはどれか。

1　白色の結晶である。芝生の難防除雑草であるスズメノカタビラの除草剤として用いられる。

2　淡黄色の結晶性粉末である。野菜の根こぶ病等の病害を防除する土壌殺菌剤として用いられる。

3　白～灰白色の結晶である。野菜、茶の害虫の殺虫剤として用いられる。

4　無色～黄色の粘ちょう性の液体である。野菜、果樹、園芸植物の害虫の殺虫剤として用いられる。

問46　以下の物質のうち、毒物に該当するものはどれか。

1　2-t-ブチル-5-(4-t-ブチルベンジルチオ)-4-クロロピリダジン-3(2H)-オン(別名：ピリダベン)を20％含有する製剤

2　3-ジメチルジチオホスホリル-S-メチル-5-メトキシ-1・3・4-チアジアゾリン-2-オン(別名：DMTP)を36％含有する製剤

3　1・1´-ジメチル-4・4´-ジピリジニウムヒドロキシド(別名：パラコート)を5％含有する製剤

4　3・7・9・13-テトラメチル-5・11-ジオキサ-2・8・14-トリチア-4・7・9・12-テトラアザペンタデカ-3・12-ジエン-6・10-ジオン(別名：チオジカルブ)を80％含有する製剤

問47　次のうち、トリクロルヒドロキシエチルジメチルホスホネイト(別名：DEP)に関する記述として、最も適当なものはどれか。

1　腐食性酸で、人体に触れると、激しい火傷を起こす。

2　嚥下すると、胃酸や水と反応してホスフィンを生成し中毒を起こす。

3　コリンエステラーゼ阻害作用により、縮瞳や悪心、嘔吐を起こす。

4　血液毒であり、血液はどろどろになり、どす黒くなる。

問48　次の記述のうち、正しい組み合わせとして、最も適当なものはどれか。

a　濃硫酸に銅片を加えて熱すると、無水亜硫酸を生成する。

b　過酸化水素水は酸化力を有するが、還元力は有しない。

c　トルエンはエタノールに不溶である。

d　塩素を冷却すると黄色液体を経て黄白色固体となる。

1(a、b)　　　2(a、d)　　　3(b、c)　　　4(c、d)

問49　次のうち、四塩化炭素の毒性として、最も適当なものはどれか。

1　吸入した場合、窒息感、喉頭及び気管支筋の強直を起こし、呼吸困難に陥ることがある。

2　吸入した場合、頭痛、食欲不振等がみられ、大量では緩和な大赤血球性貧血を起こすことがある。

3　蒸気は鼻、のど、気管支、肺等を激しく刺激し、炎症を起こすことがある。

4　吸入した場合、はじめ頭痛、悪心等をきたし、また、黄疸のように角膜が黄色となり、次第に尿毒症様を呈し、はなはだしいときは死亡することがある。

問50　次のうち、過酸化水素水の貯蔵方法として、最も適当なものはどれか。

1　二酸化炭素と水を吸収する性質が強いため、密栓して貯蔵する。

2　揮発しやすいため、密栓して貯蔵する。

3　亜鉛又は錫メッキをした鋼鉄製容器で保管し、高温に接しない場所に保管する。

4　少量ならば褐色ガラス瓶、大量ならばカーボイなどを使用し、3分の1の空間を保って貯蔵する。

（農業用品目）

問41 次のうち、2－イソプロピル－4－メチルピリミジル－6－ジエチルチオホスフエイト（別名：ダイアジノン）についての記述として、誤っているものはどれか。

1 ピレスロイド系の農薬である。
2 純品は無色の液体で、水に難溶である。
3 接触性殺虫剤でアブラムシ類やコガネムシの幼虫などの駆除に用いられる。
4 ヒトが摂取すると血液中のコリンエステラーゼ活性を阻害し、縮瞳、唾液分泌増大などを引き起こす。

問42 次のうち、ジメチルジチオホスホリルフエニル酢酸エチル（別名：フェントエート）の性状として、最も適当なものはどれか。

1 刺激性で、微臭のある比較的揮発性の無色油状の液体である。有機溶媒には可溶で、水には溶けにくい。
2 白色結晶、ネギ様の臭気があり、水には不溶で、メタノール、アセトンには溶ける。
3 橙黄色の樹脂状固体で、キシレン等有機溶媒によく溶ける。熱、酸に安定で、アルカリ、光に不安定である。
4 工業品は、赤褐色、油状の液体で、芳香性刺激臭を有し、水には不溶で、アルコールには溶ける。

問43 次のうち、（RS）－α－シアノ－3－フエノキシベンジル＝N－（2－クロロ－α・α・α－トリフルオロ－パラトリル）－D－バリナート（別名：フルバリネート）の原体の性状及び製剤の用途の説明として、最も適当なものはどれか。

1 白色の結晶である。芝生の難防除雑草であるスズメノカタビラの除草剤として用いられる。
2 淡黄色の結晶性粉末である。野菜の根こぶ病等の病害を防除する土壌殺菌剤として用いられる。
3 白～灰白色の結晶である。野菜、茶の害虫の殺虫剤として用いられる。
4 無色～黄色の粘ちょう性の液体である。野菜、果樹、園芸植物の害虫の殺虫剤として用いられる。

問44 次のうち、2－ジフエニルアセチル－1・3－インダンジオン（別名：ダイファシノン）の主な用途として、最も適当なものはどれか。

1 殺虫剤   2 殺菌剤   3 植物成長調整剤   4 殺鼠剤

問45 3－（6－クロロピリジン－3－イルメチル）－1・3－チアゾリジン－2－イリデンシアナミド（別名：チアクロプリド）について、次のうち、劇物の指定から除外される上限の濃度として、正しいものはどれか。

1 1%   2 3%   3 5%   4 8%

問46 以下の物質のうち、毒物に該当するものはどれか。

1 2－t－ブチル－5－（4－t－ブチルベンジルチオ）－4－クロロピリダジン－3（2H）－オン（別名：ピリダベン）を20%含有する製剤
2 3－ジメチルジチオホスホリル－S－メチル－5－メトキシ－1・3・4－チアジアゾリン－2－オン（別名：DMTP）を36%含有する製剤
3 1・1´－ジメチル－4・4´－ジピリジニウムヒドロキシド（別名：パラコート）を5%含有する製剤
4 3・7・9・13－テトラメチル－5・11－ジオキサ－2・8・14－トリチア－4・7・9・12－テトラアザペンタデカ－3・12－ジエン 6・10－ジオン（別名：チオジカルブ）を80%含有する製剤

問 47　次の劇物のうち、農業用品目販売業の登録を受けた者が、販売又は授与できる
ものとして正しい組み合わせはどれか。

a　水酸化ナトリウム　　b　シアン酸ナトリウム　　c　沃化メチル

d　蓚酸

1（a、b）　　　2（a、d）　　　3（b、c）　　　4（c、d）

問 48 〜 49　以下の物質による中毒症状について、最も適当なものはどれか。

問 48　ジエチル－3・5・6－トリクロル－2－ピリジルチオホスフエイト
（別名：クロルピリホス）

問 49　硫酸銅

1　コリンエステラーゼ阻害作用により、縮瞳、消化器症状、皮膚、粘膜からの分
泌亢進、筋線維性痙攣を引き起こす。

2　吸入した場合、主にミトコンドリアの呼吸酵素（シトクロム酸化酵素）の阻害作
用により、頭痛、めまい、悪心、意識不明、呼吸困難等の症状を引き起こすこと
がある。

3　大量に接触すると結膜炎、咽頭炎、鼻炎、知覚異常を引き起こし、直接接触す
ると凍傷にかかることがある。

4　細胞膜のSH基の酸化や脂質の過酸化により、嘔吐、上腹部灼熱感、下痢、黄疸、
ヘモグロビン尿症、血尿、乏尿、無尿、血圧低下、昏睡を引き起こすことがある。

問 50　次のうち、トリクロルヒドロキシエチルジメチルホスホネイト（別名：DEP）
に関する記述として、最も適当なものはどれか。

1　腐食性酸で、人体に触れると、激しい火傷を起こす。

2　嚥下すると、胃酸や水と反応してホスフィンを生成し中毒を起こす。

3　コリンエステラーゼ阻害作用により、縮瞳や悪心、嘔吐を起こす。

4　血液毒であり、血液はどろどろになり、どす黒くなる。

（特定品目）

問 41　次の記述のうち、正しい組み合わせとして、最も適当なものはどれか。

a　濃硫酸に銅片を加えて熱すると、無水亜硫酸を生成する。

b　過酸化水素水は酸化力を有するが、還元力は有しない。

c　トルエンはエタノールに不溶である。

d　塩素を冷却すると黄色液体を経て黄白色固体となる。

1（a、b）　　　2（a、d）　　　3（b、c）　　　4（c、d）

問 42　次の記述のうち、塩酸に関する正しい組み合わせとして、最も適当なものはど
れか。

a　無色〜淡黄色の液体である。

b　液面にアンモニア試液で潤したガラス棒を近づけると、白煙を生じる。

c　種々の金属を溶解し、酸素を生成する。

d　アンモニア水を加え、さらに硝酸銀溶液を加えると、徐々に金属銀を析出する。

1（a、b）　　　2（a、c）　　　3（b、d）　　　4（c、d）

問43 次のキシレンに関する記述のうち、誤っているものはどれか。

1 燃焼法により廃棄する。
2 無色無臭の液体である。
3 引火しやすく、また、その蒸気は空気と混合して爆発性混合ガスとなるので、火気は絶対に近づけないよう注意が必要である。
4 皮膚に触れた場合でも、麻酔状態に陥ることがある。

問44 次の記述のうち、硅弗化ナトリウムに関する正しい組み合わせとして、最も適当なものはどれか。

a 鉛ガラスの主原料として用いられる。
b 釉薬として用いられる。
c 酸と接触すると弗化水素ガス及び四弗化ケイ素ガスを発生する。
d 水によく溶け、300℃で分解する。

1 (a、c)   2 (a、d)   3 (b、c)   4 (b、d)

問45 次の記述のうち、酸化第二水銀に関する正しい組み合わせとして、最も適当なものはどれか。

a 5％以下を含有する物は劇物に該当する。
b 白色の液体である。
c 水によく溶ける。
d 強熱すると有毒な煙霧及びガスを生成する。

1 (a、b)   2 (a、d)   3 (b、c)   4 (c、d)

問46 次のうち、四塩化炭素の毒性として、最も適当なものはどれか。

1 吸入した場合、窒息感、喉頭及び気管支筋の強直を起こし、呼吸困難に陥ることがある。
2 吸入した場合、頭痛、食欲不振等がみられ、大量では緩和な大赤血球性貧血を起こすことがある。
3 蒸気は鼻、のど、気管支、肺等を激しく刺激し、炎症を起こすことがある。
4 吸入した場合、はじめ頭痛、悪心等をきたし、また、黄疸のように角膜が黄色となり、次第に尿毒症様を呈し、はなはだしいときは死亡することがある。

問47 次のうち、クロロホルムの毒性として、最も適当なものはどれか。

1 吸収すると、頭痛、めまい、嘔吐、下痢、腹痛などを起こし、致死量に近ければ麻酔状態になり、視神経が侵され、目がかすみ、失明することがある。
2 吸収すると、はじめは嘔吐、瞳孔の縮小が現れ、次いで脳及びその他の神経細胞を麻酔させる。
3 高濃度のものは、人体に触れると、激しい火傷をきたす。
4 高濃度の水溶液は腐食性が強く、皮膚に触れると、激しく侵す。

問48 次のうち、酢酸エチルの性状として、最も適当なものはどれか。

1 無色透明の揮発性の液体で、エチルアルコールに似た臭気をもち、蒸気は空気より軽い。
2 無色透明の揮発性のアルカリ性液体で、鼻を刺すような臭気がある。
3 無色透明の液体で、強く冷却すると稜柱状の結晶に変じ、また、強い酸化力と還元力を併有し、金、銀、白金などの金属粉末と接触すると分解する。
4 無色透明の液体で、果実様の芳香を有し、蒸気は空気より重い。

問 49 次のうち、過酸化水素水の貯蔵方法として、最も適当なものはどれか。

1 二酸化炭素と水を吸収する性質が強いため、密栓して貯蔵する。
2 揮発しやすいため、密栓して貯蔵する。
3 亜鉛又は錫メッキをした鋼鉄製容器で保管し、高温に接しない場所に保管する。
4 少量ならば褐色ガラス瓶、大量ならばカーボイなどを使用し、3分の1の空間を保って貯蔵する。

問 50 次のうち、一酸化鉛の代表的な用途として、最も適当なものはどれか。

1 工業用として酸化剤、製革用に使用され、また試薬に用いられる。
2 ゴムの加硫促進剤、顔料、試薬に用いられる。
3 フィルムの硬化、人造樹脂、人造角、色素合成等の製造に用いられる。
4 ピクリン酸など各種爆薬の製造、セルロイド工業に用いられる。

〔毒物及び劇物の識別及び取扱方法 〕
(一般)

問 51 次のうち、クロロホルムの識別方法として、最も適当なものはどれか。

1 アルコール溶液に、水酸化カリウム溶液と少量のアニリンを加えて熱すると、不快な刺激臭を放つ。
2 あらかじめ熱灼した酸化銅を加えると、ホルムアルデヒドができ、酸化銅は還元されて金属銅色を呈する。
3 水溶液に金属カルシウムを加え、これにベタナフチルアミン及び硫酸を加えると、赤色の沈殿を生じる。
4 アンモニア水を加えて強アルカリ性とし、水浴上で蒸発すると、水に溶解しやすい白色、結晶性の物質を残す。

問 52 次のうち、五硫化二燐の廃棄方法として、最も適当なものはどれか。なお、廃棄方法は厚生労働省で定める「毒物及び劇物の廃棄の方法に関する基準」に基づくものとする。

1 セメントを用いて固化し、溶出試験を行い、溶出量が判定基準以下であることを確認して埋立処分する。
2 多量の水酸化ナトリウム水溶液に少量ずつ加えて分解した後、酸化剤(例えば、次亜塩素酸ナトリウム、さらし粉等)の水溶液を加えて酸化分解する。
3 徐々に炭酸ナトリウム又は水酸化カルシウムの撹拌溶液に加えて中和させた後、多量の水で希釈して処理する。水酸化カルシウムの場合は上澄み液のみを流す。
4 還元剤(例えば、チオ硫酸ナトリウム等)の水溶液に希硫酸を加えて酸性にし、この中に少量ずつ投入する。反応終了後、反応液を中和し多量の水で希釈して処理する。

問 53 次のうち、ナトリウムの取扱上の注意事項として、最も適当なものはどれか。

1 自然発火性のため容器に水を満たして貯蔵し、水で覆い密封して運搬する。
2 火災などで強熱されるとホスゲンを生成するおそれがある。
3 水と激しく反応するので、接触させない。
4 火災などで強熱され、又は酸と接触すると有毒な弗化水素ガスを生成するおそれがある。

問 54　次のうち、砒素化合物による中毒の解毒又は治療に用いられるものとして、最も適当なものはどれか。

1　プラリドキシムヨウ化物(別名：PAM)
2　アトロピン硫酸塩
3　ヒドロキソコバラミン
4　ジメルカプロール(別名：BAL)

問 55　次のうち、クロルピクリンの漏えい時の措置として、最も適当なものはどれか。
なお、措置は厚生労働省で定める「毒物及び劇物の運搬事故時における応急措置に関する基準」に基づくものとする。

1　漏えいした液は土壌等でその流れを止め、安全な場所に導き、空容器にできるだけ回収し、そのあとを土壌で覆って十分接触した後、土壌を取り除き、多量の水で洗い流す。
2　多量の場合、漏えいした液は、土砂等でその流れを止め、液が広がらないようにして蒸発させる。
3　漏えいした液は土砂等でその流れを止め、安全な場所に導き、空容器にできるだけ回収し、そのあとを水酸化カルシウム等の水溶液を用いて処理し、中性洗剤等の分散剤を使用して多量の水で洗い流す。
4　多量の場合、漏えいした液は土砂等でその流れを止め、多量の活性炭又は水酸化カルシウムを散布して覆い、至急関係先に連絡し専門家の指示により処理する。

問 56　次のうち、燐化亜鉛の取扱上の注意事項について、最も適当なものはどれか。

1　臭いは極めて弱く蒸気は空気より重いため吸入による中毒を起こしやすいので注意が必要である。
2　酸と接触をすると、少量の吸入であっても危険で有毒なホスフィンを生成するので注意が必要である。
3　水と急激に接触すると多量の熱を生成し、酸が飛散することがあるので注意が必要である。
4　誤って嚥下した場合には、消化器障害、ショックのほか、数日遅れて腎臓の機能障害、肺の軽度の障害を起こすことがあるので、特に症状がない場合にも注意が必要である。

問 57　次の記述に当てはまるものとして、最も適当な物質はどれか。

・橙黄色の樹脂状固体である。
・トルエン、キシレンなど有機溶媒に可溶である。
・熱や酸に安定、アルカリや光に不安定である。
・野菜、果樹、園芸植物等のアブラムシ類、アオムシなどの駆除に使用されている。
・主成分を含む製剤として乳剤やフロアブル剤がある。

1　(S)－α－シアノ－3－フエノキシベンジル＝(1R・3S)－2・2－ジメチル－3－(1・2・2・2－テトラブロモエチル)シクロプロパンカルボキシラート(別名：トラロメトリン)
2　1・1´－イミノジ(オクタメチレン)ジグアニジン(別名：イミノクタジン)
3　O－エチル＝S－プロピル＝〔(2E)－2－(シアノイミノ)－3－ エチルイミダゾリジン－1－イル〕ホスホノチオアート(別名：イミシアホス)
4　(RS)－シアノ－(3－フエノキシフエニル)メチル＝2・2・3・3－ テトラメチルシクロプロパンカルボキシラート(別名：フエンプロパトリン)

- 33 -

問 58　次のうち、クロム酸ナトリウムの漏えい時の措置として、最も適当なものはどれか。なお、措置は厚生労働省で定める「毒物及び劇物の運搬事故時における応急措置に関する基準」に基づくものとする。

1　少量の場合、付近の着火源となるものを速やかに取り除いたうえで、土砂等に吸着させて空容器に回収する。
2　少量の場合、ある程度水で徐々に希釈した後、消石灰等で中和し、その後多量の水で洗い流す。
3　少量の場合、漏えい箇所を濡れむしろ等で覆い、遠くから多量の水をかけて洗い流す。
4　飛散したものは空容器にできるだけ回収し、そのあと還元剤(例えば、硫酸第一鉄等)の水溶液を散布し、消石灰等の水溶液で処理したのち、多量の水で洗い流す。

問 59　次のうち、蓚酸の廃棄方法の正しい組み合わせとして、最も適当なものはどれか。なお、廃棄方法は厚生労働省で定める「毒物及び劇物の廃棄の方法に関する基準」に基づくものとする。

a　セメントを用いて固化し、埋立処分する。
b　ナトリウム塩とした後、活性汚泥で処理する。
c　多量のアルカリ水溶液中に吹き込んだ後、多量の水で希釈して処理する。
d　焼却炉で焼却する。

1(a、b)　　　2(a、c)　　　3(b、d)　　　4(c、d)

問 60　次のうち、メチルエチルケトンの性状の正しい組み合わせとして、最も適当なものはどれか。

a　水に不溶である。　　b　引火性を有する。
c　アセトン様の芳香を有する。　d　黄色の液体である。

1(a、b)　　　2(a、d)　　　3(b、c)　　　4(c、d)

(農業用品目)

問 51　次のうち、クロルピクリンの漏えい時の措置として、最も適当なものはどれか。なお、措置は厚生労働省で定める「毒物及び劇物の運搬事故時における応急措置に関する基準」に基づくものとする。

1　漏えいした液は土壌等でその流れを止め、安全な場所に導き、空容器にできるだけ回収し、そのあとを土壌で覆って十分接触した後、土壌を取り除き、多量の水で洗い流す。
2　多量の場合、漏えいした液は、土砂等でその流れを止め、液が広がらないようにして蒸発させる。
3　漏えいした液は土砂等でその流れを止め、安全な場所に導き、空容器にできるだけ回収し、そのあとを水酸化カルシウム等の水溶液を用いて処理し、中性洗剤等の分散剤を使用して多量の水で洗い流す。
4　多量の場合、漏えいした液は土砂等でその流れを止め、多量の活性炭又は水酸化カルシウムを散布して覆い、至急関係先に連絡し専門家の指示により処理する。

問 52　次のうち、Ｓ－メチル－Ｎ－〔(メチルカルバモイル)－オキシ〕－チオアセトイミデート(別名：メトミル)の漏えい時の措置として、最も適当なものはどれか。なお、措置は厚生労働省で定める「毒物及び劇物の運搬事故時における応急措置に関する基準」に基づくものとする。

　　1　飛散したものは速やかに掃き集めて空容器にできるだけ回収し、そのあとは多量の水で洗い流す。
　　2　飛散したものは空容器にできるだけ回収し、そのあとを水酸化カルシウム等の水溶液を用いて処理し、多量の水で洗い流す。
　　3　漏えいした液は土壌等でその流れを止め、安全な場所に導き、空容器にできるだけ回収し、そのあとを土壌で覆って十分接触させた後、土壌を取り除き、多量の水で洗い流す。
　　4　漏えいした液は土砂等でその流れを止め、安全な場所に導き、空容器にできるだけ回収し、そのあとを中性洗剤等の分散剤を使用して多量の水で洗い流す。

問 53　次のものによる中毒症状の治療において、解毒剤として、プラリドキシムヨウ化物(別名：ＰＡＭ)を使用することができるものはどれか。

　　1　1・1´－ジメチル－4・4´－ジピリジニウムヒドロキシド
　　　(別名：パラコート)
　　2　1－(6－クロロ－3－ピリジルメチル)－Ｎ－ニトロイミダゾリジン－2－イリデンアミン(別名：イミダクロプリド)
　　3　ジメチルジチオホスホリルフエニル酢酸エチル(別名：フエントエート)
　　4　α－シアノ－4－フルオロ－3－フエノキシベンジル＝3－(2・2－ジクロロビニル)－2・2－ジメチルシクロプロパンカルボキシラート
　　　(別名：シフルトリン)

問 54　次のうち、Ｎ－メチル－1－ナフチルカルバメート(別名：カルバリル、ＮＡＣ)の廃棄方法として、最も適当なものはどれか。なお、廃棄方法は厚生労働省で定める「毒物及び劇物の廃棄の方法に関する基準」に基づくものとする。

　　1　中和法　　2　沈殿法　　3　アルカリ法　　4　酸化法

問 55　次のうち、燐化亜鉛の廃棄方法として、最も適当なものはどれか。なお、廃棄方法は厚生労働省で定める「毒物及び劇物の廃棄の方法に関する基準」に基づくものとする。

　　1　多量の次亜塩素酸ナトリウムと水酸化ナトリウムの混合水溶液を撹拌しながら少量ずつ加えて酸化分解する。過剰の次亜塩素酸ナトリウムをチオ硫酸ナトリウム水溶液等で分解した後、希硫酸を加えて中和し、沈殿濾過して埋立処分する。
　　2　少量の界面活性剤を加えた亜硫酸ナトリウムと炭酸ナトリウムの混合溶液中で、撹拌し分解させた後、多量の水で希釈して処理する。
　　3　還元剤(例えば、チオ硫酸ナトリウム等)の水溶液に希硫酸を加えて酸性にし、この中に少量ずつ投入する。反応終了後、反応液を中和し多量の水で希釈して処分する。
　　4　10倍量以上の水と撹拌しながら加熱還流して加水分解し、冷却後、水酸化ナトリウム等の水溶液で中和する。

問 56 〜問 57　以下の物質の取扱上の注意事項について、最も適当なものはどれか。

　　問 56　ブロムメチル　　　　問 57　燐化亜鉛

　1　臭いは極めて弱く蒸気は空気より重いため吸入による中毒を起こしやすいので注意が必要である。
　2　酸と接触をすると、少量の吸入であっても危険で有毒なホスフィンを生成するので注意が必要である。
　3　水と急激に接触すると多量の熱を生成し、酸が飛散することがあるので注意が必要である。
　4　誤って嚥下した場合には、消化器障害、ショックのほか、数日遅れて腎臓の機能障害、肺の軽度の障害を起こすことがあるので、特に症状がない場合にも注意が必要である。

問 58　次の記述に当てはまるものとして、最も適当な物質はどれか。

・淡黄色結晶で、融点は 61 〜 62 ℃である。
・水に難溶で、有機溶媒に可溶である。
・pH 3 〜 11 で安定である。
・主成分を含む製剤には水和剤や乳剤がある。
・殺虫剤として使用されている。

　1　2・3−ジシアノ−1・4−ジチアアントラキノン(別名：ジチアノン)
　2　(S)−2・3・5・6−テトラヒドロ−6−フエニルイミダゾ〔2・1−b〕チアゾール(別名：塩酸レバミゾール)
　3　2・3−ジヒドロ−2・2−ジメチル−7−ベンゾ〔b〕フラニル−N−ジブチルアミノチオ−N−メチルカルバマート(別名：カルボスルフアン)
　4　N−(4−t−ブチルベンジル)−4−クロロ−3−エチル−1− メチルピラゾール−5−カルボキサミド(別名：テブフエンピラド)

問 59　次の記述に当てはまるものとして、最も適当な物質はどれか。

・橙黄色の樹脂状固体である。
・トルエン、キシレンなど有機溶媒に可溶である。
・熱や酸に安定、アルカリや光に不安定である。
・野菜、果樹、園芸植物等のアブラムシ類、アオムシなどの駆除に使用されている。
・主成分を含む製剤として乳剤やフロアブル剤がある。

　1　(S)−α−シアノ−3−フエノキシベンジル＝(1R・3S)−2・2−ジメチル−3−(1・2・2・2−テトラブロモエチル)シクロプロパンカルボキシラート(別名：トラロメトリン)
　2　1・1′−イミノジ(オクタメチレン)ジグアニジン(別名：イミノクタジン)
　3　O−エチル＝S−プロピル＝〔((2E)−2−(シアノイミノ)−3− エチルイミダゾリジン−1−イル〕ホスホノチオアート(別名：イミシアホス)
　4　(RS)−シアノ−(3−フエノキシフエニル)メチル＝2・2・3・3−テトラメチルシクロプロパンカルボキシラート(別名：フエンプロパトリン)

問 60　以下のうち、硫酸銅の識別法において、誤っているものはどれか。

　1　鉄又は亜鉛によって、赤褐色の金属銅をつくる。
　2　アンモニア水で、はじめ青緑色の塩基性塩を沈殿するが、過剰のアンモニア水によって溶解して濃青色の液となる。
　3　硫化水素で白色の硫化銅(II)を沈殿する。
　4　水に溶かして硝酸バリウムを加えると、白色の硫酸バリウムの沈殿を生成する。

（特定品目）

問51　次のうち、重クロム酸カリウムの性状として、最も適当なものはどれか。

1　重い結晶性粉末で黄色から赤色までのものがあり、水に不溶である。
2　白色の結晶性粉末で、水には溶けにくく、アルコールには溶けない。
3　橙赤色の柱状結晶で、水に可溶、アルコールに不溶であり、強力な酸化作用がある。
4　白色、結晶性の固体で、空気中に放置すると、潮解し、水溶液はアルカリ性を呈する。

問52〜53　以下の物質の漏えい時の措置として、最も適当なものはどれか。なお、措置は厚生労働省で定める「毒物及び劇物の運搬事故時における応急措置に関する基準」に基づくものとする。

　　問52　クロム酸ナトリウム　　　　　問53　トルエン

1　少量の場合、付近の着火源となるものを速やかに取り除いたうえで、土砂等に吸着させて空容器に回収する。
2　少量の場合、ある程度水で徐々に希釈した後、消石灰等で中和し、その後多量の水で洗い流す。
3　少量の場合、漏えい箇所を濡れむしろ等で覆い、遠くから多量の水をかけて洗い流す。
4　飛散したものは空容器にできるだけ回収し、そのあと還元剤(例えば、硫酸第一鉄等)の水溶液を散布し、消石灰等の水溶液で処理したのち、多量の水で洗い流す。

問54　四塩化炭素の識別方法について、アルコール性の水酸化カリウムと銅粉とともに煮沸すると生じる沈殿物の色調として、最も適当なものはどれか。

1　藍色　　　2　緑色　　　3　黄赤色　　　4　白色

問55　次のうち、メタノールの識別方法の正しい組み合わせとして、最も適当なものはどれか。

a　1％フェノール溶液数滴を加え、硫酸上に層積すると、赤色の輪層を生成する。
b　サリチル酸と濃硫酸とともに熱すると、芳香のあるサリチル酸メチルエステルを生成する。
c　塩化バリウムを加えると白色の沈殿が生じ、この沈殿は硝酸に不溶である。
d　あらかじめ熱灼した酸化銅を加えると、ホルムアルデヒドができ、酸化銅は還元されて金属銅色を呈する。

1（a、c）　　　2（a、d）　　　3（b、c）　　　4（b、d）

問56　次のうち、クロロホルムの廃棄方法として、最も適当なものはどれか。なお、廃棄方法は厚生労働省で定める「毒物及び劇物の廃棄の方法に関する基準」に基づくものとする。

1　水に溶かし、水酸化カルシウム等の水溶液を加えて処理した後、希硫酸を加えpH8.5以上とし、沈殿濾過して埋立処分する。
2　過剰の可燃性溶剤等の燃料とともに、アフターバーナー及びスクラバーを具備した焼却炉の火室に噴霧して、できるだけ高温で焼却する。
3　セメントを用いて固化し、溶出試験を行い、溶出量が判定基準以下であることを確認して埋立処分する。
4　水酸化ナトリウム水溶液等を加えてアルカリ性とし、過酸化水素水を加えて分解させ、多量の水で希釈して処理する。

問 57　次のうち、過酸化水素水の廃棄方法として、最も適当なものはどれか。なお、廃棄方法は厚生労働省で定める「毒物及び劇物の廃棄の方法に関する基準」に基づくものとする。

　1　中和法　　　2　活性汚泥法　　　3　希釈法　　　4　燃焼法

問 58　次のうち、蓚酸の廃棄方法の正しい組み合わせとして、最も適当なものはどれか。なお、廃棄方法は厚生労働省で定める「毒物及び劇物の廃棄の方法に関する基準」に基づくものとする。

　a　セメントを用いて固化し、埋立処分する。
　b　ナトリウム塩とした後、活性汚泥で処理する。
　c　多量のアルカリ水溶液中に吹き込んだ後、多量の水で希釈して処理する。
　d　焼却炉で焼却する。

　1（a、b）　　　2（a、c）　　　3（b、d）　　　4（c、d）

問 59　次のうち、クロム酸ナトリウムの性状として、最も適当なものはどれか。

　1　無色透明、油様の液体であり、濃いものは猛烈に水を吸収する。
　2　十水和物は、黄色の結晶で、潮解性がある。
　3　結晶水を有する無色、稜柱状の結晶で、加熱すると昇華する。
　4　赤色又は黄色の粉末で、水にはほとんど溶けないが、酸には容易に溶ける。

問 60　次のうち、メチルエチルケトンの性状の正しい組み合わせとして、最も適当なものはどれか。

　a　水に不溶である。　　　　　　　b　引火性を有する。
　c　アセトン様の芳香を有する。　　d　黄色の液体である。

　1（a、b）　　　2（a、d）　　　3（b、c）　　　4（c、d）

茨城県
令和3年度実施

〔毒物及び劇物に関する法規〕
(一般・農業用品目・特定品目共通)

(問1)から(問15)までの各問について、最も適切なものを選択肢1〜5の中から1つ選べ。
この問題において、「法」とは毒物及び劇物取締法(昭和25年法律第303号)を、「政令」とは毒物及び劇物取締法施行令(昭和30年政令第261号)を、「省令」とは毒物及び劇物取締法施行規則(昭和26年厚生省令第4号)をいうものとする。
また、毒物劇物営業者とは、毒物又は劇物の製造業者、輸入業者又は販売業者をいう。

茨城県

(問1)　法第1条及び第2条の規定に関する次のア〜ウの記述について、正誤の組合せとして正しいものはどれか。

ア　この法律は、毒物及び劇物について、保健衛生上の見地から必要な取締を行うことを目的とする。
イ　この法律で「劇物」とは、別表第2に掲げる物であつて、医薬品及び危険物以外のものをいう。
ウ　この法律で「特定毒物」とは、毒物であつて、別表第3に掲げるものをいう。

	ア	イ	ウ
1	正	正	誤
2	誤	誤	性
3	正	誤	正
4	誤	誤	誤
5	正	正	正

(問2)　毒物劇物製造業者に関する次のア〜エの記述について、正誤の組合せとして正しいものはどれか。

ア　製造業者は、授与の目的であれば劇物を輸入することができる。
イ　製造業者でなければ、毒物又は劇物を販売の目的で製造してはならない。
ウ　製造業者は、自ら製造した毒物を毒物劇物営業者に販売するときは、毒物劇物販売業の登録を受ける必要がある。
エ　製造業者は、自ら製造した毒物を毒物劇物営業者以外の者に販売するときは、毒物劇物販売業の登録を受ける必要がある。

1(ア、イ)　2(ア、ウ)　3(イ、ウ)　4(イ、エ)　5(ウ、エ)

(問3)　毒物劇物営業者の登録に関する次のア〜エの記述について、正しいものの組合せはどれか。

ア　輸入業の登録は、営業所ごとにその営業所の所在地の都道府県知事が行う。
イ　販売業の登録は、6年ごとに更新を受けなければ、その効力を失う。
ウ　販売業者は、登録票の記載事項に変更を生じたときは、登録票の書換え交付を申請しなければならない。
エ　輸入業者は、登録を受けた毒物以外の毒物を輸入するときは、輸入後30日以内に登録の変更を受けなければならない。

1(ア、イ)　2(ア、ウ)　3(ア、エ)　4(イ、エ)　5(ウ、エ)

（問4） 法第3条の3において、「興奮、幻覚又は麻酔の作用を有する毒物又は劇物（これらを含有する物を含む。）であつて政令で定めるものは、みだりに摂取し、若しくは吸入し、又はこれらの目的で所持してはならない。」と定められている。

この「政令で定めるもの」として次のア～エのうち、正しいものの組合せはどれか。

ア	酢酸エチルを含有するシンナー
イ	クロロホルムを含有する塗料
ウ	ホルムアルデヒドを含有するシーリング用の充てん料
エ	メタノールを含有する接着剤

1（ア、イ）　　2（ア、ウ）　　3（ア、エ）　　4（イ、エ）　　5（ウ、エ）

（問5） 次の記述は、法第8条の条文の一部である。（ ア ）～（ ウ ）にあてはまる語句の組合せとして正しいものはどれか。

次に掲げる者は、前条の毒物劇物取扱責任者となることができない。
一　（ ア ）歳未満の者
二　（ イ ）の障害により毒物劇物取扱責任者の業務を適正に行うことができない者として厚生労働省令で定めるもの
三　麻薬、（ ウ ）、あへん又は覚せい剤の中毒者
四　毒物若しくは劇物又は薬事に関する罪を犯し、罰金以上の刑に処せられ、その執行を終り、又は執行を受けることがなくなつた日から起算して3年を経過していない者

	ア	イ	ウ
1	18	身体	シンナー
2	20	心身	シンナー
3	20	身体	大麻
4	18	心身	シンナー
5	18	心身	大麻

（問6） 毒物劇物取扱責任者に関する次のア～エの記述のうち、正しいものはいくつあるか。

ア	毒物劇物営業者は、毒物劇物取扱責任者を変更したときは、50日以内に、その毒物劇物取扱責任者の氏名を届け出なければならない。
イ	一般毒物劇物取扱者試験の合格者は、特定品目販売業の店舗において毒物劇物取扱責任者になることはできない。
ウ	薬剤師は、毒物劇物取扱責任者となることができる。
エ	毒物劇物営業者が、毒物劇物輸入業と毒物劇物販売業を併せ営む場合において、その営業所と店舗が互いに隣接している場合でも、必ずそれぞれに専任の毒物劇物取扱責任者を置かなければならない。

1　なし　　2　1つ　　3　2つ　　4　3つ　　5　4つ

茨城県

（問7）　毒物劇物営業者が届け出なければならない事項に関する次のア～エの記述について、正誤の組合せとして正しいものはどれか。

	ア	イ	ウ	エ
1	誤	正	誤	正
2	正	誤	正	正
3	正	正	正	誤
4	誤	誤	誤	誤
5	正	正	誤	正

ア　法人である毒物劇物営業者が法人の代表者を変更したとき

イ　製造所、営業所又は店舗における営業を廃止したとき

ウ　製造所、営業所又は店舗における営業時間を変更したとき

エ　毒物又は劇物を製造し、貯蔵し、又は運搬する設備の重要な部分を変更したとき

（問8）　毒物劇物営業者における毒物又は劇物の取扱いに関する次のア～エの記述について、正しいものの組合せはどれか。

ア　毒物又は劇物の貯蔵は、かぎのかかる設備であれば、毒物又は劇物とその他の物とを区分しなくてもよい。

イ　毒物又は劇物の製造作業を行う場所は、毒物又は劇物を含有する粉じん、蒸気又は廃水の処理に要する設備又は器具を備えていなければならない。

ウ　劇物の容器として、飲食物の容器として通常使用される物を使用してはならない。ただし、相手の求めに応じて劇物を開封し、小分けして販売する場合はこの限りではない。

エ　毒物を貯蔵する場所が、性質上かぎをかけることができないものであるときは、その周囲に、堅固なさくを設ければよい。

　1　（ア、イ）　2　（ア、エ）　3　（イ、ウ）　4　（イ、エ）　5　（ウ、エ）

（問9）　法第12条第3項の規定により、毒物劇物営業者が、劇物を貯蔵し又は陳列する場所に表示しなければならない事項として、正しいものはどれか。

　1　「医薬用」及び「劇物」の文字　　2　「医薬用外」及び「劇物」の文字
　3　「医薬部外」及び「劇」の文字　　4　「医薬用外」及び「劇」の文字
　5　「医薬部外」及び「劇物」の文字

（問10）　農業用劇物の着色に関する次の記述について、（　）にあてはまる語句として正しいものはどれか。

毒物劇物営業者は、法第13条の規定により、燐化亜鉛を含有する製剤たる劇物をあせにくい（　）色で着色したものでなければ、農業用として販売してはならない。

　1　緑　　　2　青　　　3　赤　　　4　茶　　　5　黒

(問 11)　次の記述は、法第 14 条の条文の一部である。（ ア ）～（ ウ ）にあてはまる語句の組合せとして正しいものはどれか。

> 　毒物劇物営業者は、毒物又は劇物を他の毒物劇物営業者に販売し、又は授与したときは、その都度、次に掲げる事項を書面に記載しておかなければならない。
> 一　毒物又は劇物の名称及び（ ア ）
> 二　販売又は授与の（ イ ）
> 三　譲受人の氏名、（ ウ ）及び住所（法人にあつては、その名称及び主たる事務所の所在地）

	ア	イ	ウ
1	数量	年月日	年齢
2	保管場所	目的	職業
3	数量	年月日	職業
4	保管場所	目的	年齢
5	数量	目的	職業

(問 12)　次の記述は、政令第 40 条の条文の一部である。（ ア ）～（ エ ）にあてはまる語句の組合せとして正しいものはどれか。

> 　法第 15 条の 2 の規定により、毒物若しくは劇物又は法第 1 1 条第 2 項に規定する政令で定める物の廃棄の方法に関する技術上の基準を次のように定める。
> 一　（略）
> 二　ガス体又は揮発性の毒物又は劇物は、保健衛生上危害を生ずるおそれがない場所で、少量ずつ（ ア ）し、又は（ イ ）させること。
> 三　（ ウ ）性の毒物又は劇物は、保健衛生上危害を生ずるおそれがない場所で、少量ずつ（ エ ）させること。
> 四　（略）

	ア	イ	ウ	エ
1	放出	燃焼	引火	揮発
2	中和	揮発	可燃	燃焼
3	中和	燃焼	引火	揮発
4	放出	揮発	可燃	燃焼
5	放出	揮発	引火	燃焼

(問 13)　劇物である塩素を、車両を使用して 1 回につき 5,000 キログラム以上運搬する場合の運搬方法に関する次のア～エの記述について、正誤の組合せとして正しいものはどれか。

ア　車両には、保護具として、防毒マスク、ゴム手袋等を 1 人分以上備える。
イ　0.3 メートル平方の板に地を白色、文字を黒色として「毒」と表示し、車両の前後の見やすい箇所に掲げる。
ウ　車両には、運搬する劇物の名称、成分及びその含量並びに事故の際に講じなければならない応急の措置の内容を記載した書面を備える。
エ　1 人の運転者による運転時間が、1 日あたり 8 時間を超える場合には、交替して運転する者を同乗させなければならない。

	ア	イ	ウ	エ
1	誤	誤	正	正
2	誤	正	誤	正
3	正	正	正	誤
4	正	誤	誤	正
5	誤	誤	正	誤

(問 14)　次の記述は、法第 17 条の条文の一部である。（　ア　）～（　ウ　）にあてはまる語句の組合せとして正しいものはどれか。

> 毒物劇物営業者及び（　ア　）は、その取扱いに係る毒物若しくは劇物又は第 11 条第 2 項の政令で定める物が飛散し、漏れ、流れ出し、染み出し、又は地下に染み込んだ場合において、不特定又は多数の者について保健衛生上の危害が生ずるおそれがあるときは、直ちに、その旨を（　イ　）、（　ウ　）又は消防機関に届け出るとともに、保健衛生上の危害を防止するために必要な応急の措置を講じなければならない。

	ア	イ	ウ
1	特定毒物研究者	保健所	警察署
2	特定毒物研究者	厚生労働省	警察署
3	特定毒物研究者	保健所	都道府県
4	毒物劇物取扱責任者	保健所	警察署
5	毒物劇物取扱責任者	厚生労働省	都道府県

(問 15)　次のア～エのうち、法第 22 条第 1 項の規定により、業務上取扱者の届出を必要とする事業として、正しいものの組合せはどれか。

> ア　砒素化合物たる毒物を用いてしろありの防除を行う事業
> イ　黄燐を含む廃液の処理を行う事業
> ウ　シアン化ナトリウムを用いて電気めっきを行う事業
> エ　最大積載量が 1,000 キログラムの自動車に固定された容器を用いて硫酸 98 ％を含有する製剤で液体状のものの運搬を行う事業

　　1　（ア、イ）　2　（ア、ウ）　3　（イ、ウ）　4　（イ、エ）　5　（ウ、エ）

〔基礎化学〕
（一般・農業用品目・特定品目共通）

> (問 16)から(問 30)までの各問について，最も適切なものを選択肢 1 ～ 5 の中から 1 つ選べ。

(問 16)　次のうち、最も水に溶けやすい気体はどれか。

　　1　H_2　　2　O_2　　3　CO_2　　4　CH_4　　5　NH_3

(問 17)　次の単位のうち、絶対温度の単位はどれか。

　　1　アンペア A　　　　2　パスカル Pa　　　3　ニュートン N
　　4　ボルト V　　　　　5　ケルビン K

(問 18)　次の電子式で表される物質に関する記述のうち、誤っているものはどれか。

> 1　オキソニウムイオンである。
> 2　塩化水素が水に溶けたときに生成する。
> 3　共有結合を含んでいる。
> 4　形は正四面体構造である。
> 5　正の電荷を帯びている。

(問 19)　次の（　ア　）～（　エ　）にあてはまる適切な語句の組合せとして正しいものはどれか。

> 原子は、中心にある（　ア　）とそのまわりに存在する（　イ　）で構成されている。一般に、（　ア　）はいくつかの（　ウ　）と（　エ　）からなる。また、原子中の（　ウ　）の数と（　イ　）の数は等しい。

	ア	イ	ウ	エ
1	原子核	電子	陽子	中性子
2	原子核	電子	中性子	陽子
3	電子	原子核	陽子	中性子
4	電子	原子核	中性子	陽子
5	原子核	電子	中性子	電子

(問 20)　次の記述の法則名はどれか。

『同温、同圧のもとで、同体積の気体は、気体の種類に関係なく、同数の分子を含む。』

　　1　質量保存の法則　　　2　気体反応の法則　　　3　アボガドロの法則
　　4　定比例の法則　　　　5　倍数比例の法則

(問 21)　次の物質のうち、常温・常圧において、水と反応して水素を発生する金属はどれか。

　　1　Li　　　2　Zn　　　3　Pb　　　4　Cu　　　5　Pt

(問 22)　次の原子のうち、最外殻電子数が、他の4つと異なる原子はどれか。

　　1　マグネシウム原子　　　　2　ベリリウム原子　　　3　アルゴン原子
　　4　ヘリウム原子　　　　　　5　カルシウム原子

(問 23)　次の物質のうち、イオンからなる物質はどれか。

　　1　ステンレス鋼　　　　　2　塩化カルシウム　　　3　ナフタレン
　　4　ダイヤモンド　　　　　5　ドライアイス

(問 24)　次のうち、『原子の共有電子対を引き寄せる強さの尺度』を表す数値はどれか。

1　イオン化エネルギー　　　2　電気陰性度　　　3　イオン化傾向
4　電子親和力　　　　　　　5　活性化エネルギー

(問 25)　次の高分子化合物とその原料(単量体)の組合せとして誤っているものはどれか。

　　　高分子化合物　　　　　　　　　　　　原料（単量体）

1　ポリエチレン　————————————　エチレン
2　ポリプロピレン　————————————　プロピレン（プロペン）
3　ポリエチレンテレフタラート　———　エチレンとテレフタル酸
4　ポリ塩化ビニル　————————————　塩化ビニル
5　ナイロン 66　————————————　ヘキサメチレンジアミンと

(問 26)　次のうち、酸性塩はどれか。

1　$NaHCO_3$　　　2　$MgCl(OH)$　　　3　NH_4Cl
4　$CuSO_4$　　　5　CH_3COONa

(問 27)　次の物質のうち、標準状態において、体積 5.00L、質量 6.25g の気体はどれか。
　　　　ただし、原子量を H=1　C=12　N=14　O=16　S=32 とし、標準状態におけ
　　　る 1 mol の気体の体積は 22.4L とする。

1　アンモニア NH_3　　　2　窒素 N_2　　　3　酸素 O_2
4　硫化水素 H_2S　　　5　二酸化炭素 CO_2

(問 28)　メタン CH_4 の燃焼は、次の化学反応式で表される。

　　　$CH_4 + 2O_2 \rightarrow CO_2 + 2H_2O$

　　　1.6g のメタンが燃焼したとき生成する水の質量は次のうちどれか。
　　　ただし、原子量を H=1　C=12　O=16 とする。

1　0.36 g　　　2　0.90 g　　　3　1.8 g　　　4　3.6 g　　　5　9.0 g

(問 29)　0.10 mol/L の硫酸水溶液 24 mL を過不足なく中和するのに必要な 0.12mol/L
　　　の水酸化ナトリウム水溶液の体積は次のうちどれか。
　　　　ただし、硫酸と水酸化ナトリウムの反応は次の式で表される。

　　　$H_2SO_4 + 2NaOH \rightarrow Na_2SO_4 + 2H_2O$

1　12 mL　　　2　20 mL　　　3　24 mL　　　4　36 mL　　　5　40 mL

(問 30)　化学電池に関する次のア～エの記述について、正誤の組合せとして正しいも
　　　のはどれか。

ア　化学電池は化学エネルギーを電気エネルギーに
　変換して取り出す装置である。
イ　電子と電流の流れる向きは逆となる。
ウ　電子は導線を通って正極から負極へ流れる。
エ　鉛蓄電池等、充電によって繰り返し使用できる
　電池を二次電池という。

	ア	イ	ウ	エ
1	正	正	正	正
2	正	誤	誤	誤
3	誤	正	誤	誤
4	正	正	誤	正
5	誤	誤	正	正

〔毒物及び劇物の性質及び 貯蔵その他取扱方法〕

（一般）

（問31）から（問40）までの各問について，最も適切なものを選択肢1～5の中から1つ選べ。

（問31）　水銀に関する次のア～ウの記述について、正誤の組合せとして正しいものはどれか。

ア	常温で液体である。
イ	塩酸に可溶、硝酸に不溶である。
ウ	金や銀とアマルガムを生成する

	ア	イ	ウ
1	正	正	正
2	正	正	誤
3	正	誤	正
4	誤	正	誤
5	誤	誤	正

（問32）　クロロホルムに関する次のア～ウの記述について、正誤の組合せとして正しいものはどれか。

ア	無色の固体である。
イ	水に易溶である。
ウ	原形質毒で強い麻酔作用がある。

	ア	イ	ウ
1	正	正	正
2	正	正	誤
3	正	誤	誤
4	誤	正	誤
5	誤	誤	正

（問33）　過酸化水素水に関する次の記述のうち、誤っているものはどれか。

1　無色透明の液体である。
2　常温で徐々に水と水素に分解する。
3　アルカリ存在下では、分解作用が著しい。
4　強い酸化力と還元力を持っている。
5　強い殺菌作用がある。

（問34）　物質の用途に関する次のア～ウの記述について、正誤の組合せとして正しいものはどれか。

ア	2，2'－ジピリジリウム－1，1'－エチレンジブロミド（別名 ジクワット）は除草剤として用いられる。
イ	1，3－ジカルバモイルチオー2－（N，N－ジメチルアミノ）－プロパン（別名 カルタップ）は殺虫剤として用いられる。
ウ	クロルピクリンは土壌燻蒸剤として用いられる。

	ア	イ	ウ
1	正	正	正
2	正	正	誤
3	誤	誤	正
4	誤	正	正
5	誤	誤	誤

(問 35)　物質の用途に関する次の記述のうち、誤っているものはどれか。

1　塩素はさらし粉の原料に用いられる。
2　Ｓ－メチル－Ｎ－［（メチルカルバモイル）－オキシ］－チオアセトイミデート（別名　メトミル、メソミル）は殺虫剤に用いられる。
3　アジ化ナトリウムは燃料に用いられる。
4　塩素酸ナトリウムは除草剤に用いられる。
5　ベタナフトールは染料製造原料に用いられる。

(問 36)　物質の貯蔵に関する次のア～ウの記述について、正誤の組合せとして正しいものはどれか。

ア　水酸化カリウムは、二酸化炭素と水を強く吸収するので、密栓して貯蔵する。
イ　四塩化炭素は、空気中にそのまま保存することができないので、通常石油中に貯蔵する。
ウ　ブロムメチルは、圧縮冷却して液化し、圧縮容器に入れ、直射日光その他、温度上昇の原因を避けて、冷暗所に貯蔵する。

	ア	イ	ウ
1	正	正	正
2	正	正	誤
3	正	誤	正
4	誤	正	誤
5	誤	誤	正

(問 37)　物質の貯蔵に関する次のア～ウの記述について、正誤の組合せとして正しいものはどれか。

ア　弗化水素酸は、銅、鉄、コンクリート又は木製のタンクにゴム、鉛、ポリ塩化ビニルあるいはポリエチレンのライニングを施したものに貯蔵する。
イ　アクリルニトリルは、分解を防止するため、少量の硝酸を添加して貯蔵する。
ウ　黄燐は、水中に沈めて瓶に入れ、さらに砂を入れた缶中に固定して、冷暗所に貯蔵する。

	ア	イ	ウ
1	正	誤	正
2	正	正	誤
3	誤	正	正
4	誤	正	誤
5	誤	誤	正

(問題)　次の物質の解毒剤として、最も適切なものを下欄から選べ。

（問 38）　２－イソプロピル－４－メチルピリミジル－６－ジエチルチオホスフェイト（別名　ダイアジノン）

（問 39）　砒素

〔下欄〕

1　エタノール　　　2　硫酸アトロピン　　　3　亜硝酸アミル
4　ジメルカプロール（別名　BAL）
5　ヘキサシアノ鉄（Ⅱ）酸鉄（Ⅲ）水和物（別名　プルシアンブルー）

(問 40)　次の文章は、ある物質の毒性について述べたものである。最も適切なものはどれか。

眼と呼吸器系を刺激し、その催涙性を利用して化学戦用催涙ガスとしても使用されていた。また、気管支カタルや結膜炎を起こさせる。

1　蓚酸（しゅう）　　　2　スルホナール　　　3　ニコチン
4　アクロレイン　　5　トルエン

（農業用品目）

(問 31)　クロルピクリンに関する次のア～ウの記述について、正誤の組合せとして正しいものはどれか。

ア　催涙性、強い粘膜刺激臭を有する。
イ　土壌燻蒸剤（くん）として用いられる。
ウ　アルコール、エーテルに難溶である。

	ア	イ	ウ
1	誤	正	正
2	誤	正	誤
3	正	誤	誤
4	正	正	誤
5	誤	誤	正

(問 32)　1，1′－ジメチル－4，4′－ジピリジニウムジクロリド（別名　パラコート）に関する次のア～ウの記述について、正誤の組合せとして正しいものはどれか。

ア　除草剤として用いられる。
イ　特定毒物である。
ウ　誤って飲み込んだ場合には、消化器障害、ショックのほか、数日遅れて肝臓、腎臓、肺等の機能障害を起こすことがあるので、特に症状がない場合にも至急医師による手当てを受ける。

	ア	イ	ウ
1	正	正	正
2	正	正	誤
3	正	誤	正
4	誤	正	誤
5	誤	誤	正

(問 題)　次のア～オの物質について、(問 33) ～ (問 36) に答えよ。

ア　1，3－ジカルバモイルチオ－2－(N,N－ジメチルアミノ)－プロパン（別名　カルタップ）
イ　1－(6－クロロ－3－ピリジルメチル)－N－ニトロイミダゾリジン－2－イリデンアミン（別名　イミダクロプリド）
ウ　ジエチル－3，5，6－トリクロル－2－ピリジルチオホスフェイト（別名　クロルピリホス）
エ　メチル－N′,N′－ジメチル－N－［(メチルカルバモイル) オキシ］－1－チオオキサムイミデート（別名　オキサミル）
オ　ジメチル－(N－メチルカルバミルメチル)－ジチオホスフェイト（別名　ジメトエート）

（問 33）　ア～オの物質の共通の用途として最も適切なものはどれか。
　　1　殺虫剤　　2　殺菌剤　　3　除草剤　　4　植物成長調整剤　　5　殺鼠剤

（問 34）　有機燐系に分類される物質の組合せとして最も適切なものはどれか。
　　1（ア、イ）　　2（ア、ウ）　　3（イ、オ）　　4（ウ、エ）　　5（ウ、オ）

（問 35）　カーバメート系に分類される物質はどれか。
　　1　ア　　　2　イ　　　3　ウ　　　4　エ　　　5　オ

（問 36）　ネオニコチノイド系に分類される物質はどれか。
　　1　ア　　　2　イ　　　3　ウ　　　4　エ　　　5　オ

（問 題）　次の物質の主な用途として、最も適切なものを下欄から選べ。
　（問 37）　5－メチル－1，2，4－トリアゾロ〔3，4－b〕ベンゾチアゾール
　　　　　　（別名　トリシクラゾール）
　（問 38）　1－t－ブチル－3－（2，6－ジイソプロピル－4－フエノキシフエニ
　　　　　　ル）チオウレア（別名　ジアフエンチウロン）
　〔下欄〕

1　殺菌剤　　　2　殺鼠剤　　　3　除草剤　　　4　植物成長調整剤　　　5　殺虫剤

（問 題）　次の物質の貯蔵方法として、最も適切なものを下欄から選べ。
　（問 39）　ブロムメチル
　（問 40）　燐化アルミニウムとその分解促進剤とを含有する製剤
　〔下欄〕

1　大気中の水分に触れると、徐々に分解して有毒な気体が発生するので密閉容器に保管する。 2　揮発しやすいので、密栓して保管する。 3　少量ならばガラス瓶、多量ならばブリキ缶又は鉄ドラムを用い、酸類とは離して、風通しのよい乾燥した冷所に密封して保管する。 4　酸素によって分解し、効力を失うため、空気と光線を遮断して保管する。 5　常温では気体なので、圧縮冷却して液化し、圧縮容器に入れ、直射日光その他、温度上昇の原因を避けて、冷暗所に貯蔵する。

（特定品目）

（問 題） 酢酸エチルの化学式と性状について、最も適切なものはどれか。

[化学式]（問 31）　　　　　[性状]　（問 32）

（問 31）　1　$C_6H_5COOCH_3$　　　2　CH_3COCH_3　　　3　CH_3COOH
　　　　　4　$CH_3COOCH_2CH_3$　　5　$CH_3CH2OCH_2CH_3$

（問 32）　1　ベンゼン臭を有する可燃性無色透明の液体
　　　　　2　揮発性、麻酔性の芳香を有する不燃性無色の重い液体
　　　　　3　果実様の芳香を有する引火性無色透明の液体
　　　　　4　濃いものは猛烈に水を吸収する、油様の無色透明の液体
　　　　　5　刺激臭を有する無色の催涙性透明の液体

（問 題） 次の物質の性状として、最も適当なものはどれか。

（問 33）　特有の刺激臭を有する無色の気体。水、エタノールに可溶。圧縮することで、常温でも簡単に液化する。

（問 34）　白色の固体。水に難溶、アルコールに不溶。酸と接触すると有毒なガスを生成する。

〔下欄〕

1　硅弗化ナトリウム	2　水酸化カリウム	3　塩素
4　酸化第二水銀	5　アンモニア	

（問 題） 次の用途を有する物質として、最も適切なものを下欄から選べ。

（問 35）　ガラスの原料、ゴムの加硫促進剤、顔料、試薬として用いられる。

（問 36）　さらし粉の原料、酸化剤、紙・パルプの漂白剤、殺菌剤、消毒剤として用いられる。

〔下欄〕

1　塩素	2　塩化水素	3　クロム酸ナトリウム
4　ホルマリン	5　一酸化鉛	

（問 題） 次の方法で貯蔵する物質として、最も適切なものを下欄から選べ。

（問 37）　不安定な化合物で、アルカリ存在下ではその分解作用が著しいため、通常は安定剤として種々の酸類または塩酸を添加して貯蔵する。

（問 38）　低温では重合しやすく混濁するので、常温で保管する。

〔下欄〕

1　キシレン	2　ホルマリン	3　過酸化水素水
4　蓚酸	5　クロロホルム	

(問 題)　次の物質の毒性として、最も適切なものを下欄から選べ。

(問 39)　硝酸　　　　　　　　(問 40)　メタノール
〔下欄〕

1　はじめ頭痛、悪心等をきたし、黄疸のように角膜が黄色となり、しだいに尿毒症様を呈し、重症なときは死亡する。

2　摂取すると、頭痛、めまい、嘔吐等を起こし、視神経がおかされて失明に至ることもある。

3　蒸気の吸入により、頭痛、食欲不振等を起こし、大量の場合、緩和な大赤血球性貧血をきたす。

4　原形質毒であり、脳の節細胞を麻酔させ、赤血球を溶解する。吸収すると、はじめは嘔吐、瞳孔の縮小、運動性不安が現れる。

5　蒸気は眼、呼吸器等の粘膜及び皮膚に強い刺激性を有する。高濃度のものが皮膚に触れると、気体を生成して、組織ははじめ白く、次第に深黄色となる。

〔毒物及び劇物の識別及び取扱方法〕
(一般)

> (問 41)から(問 50)までの各問について，最も適切なものを選択肢１～５の中から１つ選べ。

(問 41)　物質の匂いに関する次のア～ウの記述について、正誤の組合せとして正しいものはどれか。

ア　ニトロベンゼンは無臭である。
イ　酢酸エチルは果実様の芳香がある。
ウ　メチルメルカプタンは、腐ったキャベツ様の強い不快臭がある・無色の単斜晶系板状の結晶である。

	ア	イ	ウ
1	正	正	正
2	正	誤	誤
3	誤	正	誤
4	誤	誤	正
5	誤	正	正

(問 42)　ホルマリンの識別方法に関する次の記述のうち、最も適切なものはどれか。

1　試料の水溶液に酒石酸溶液を過剰に加えると、白色結晶性の沈殿を生じる。

2　試料の水溶液を煮沸すると、ギ酸カリウムとアンモニアを生成する。

3　試料を木炭とともに加熱すると、メルカプタンの臭気を放つ。

4　試料の水溶液に、硝酸バリウム溶液を加えると、白色沈殿を生じる。

5　試料にアンモニア水を加え、さらに硝酸銀溶液を加えると、徐々に金属銀を析出する。

（問 題）　次の物質の識別方法として，最も適当なものはどれか。

　（問 43）　アンモニア水　　　　　（問 44）　フェノール　　　（問 45）　塩化第二水銀
　〔下欄〕

1	試料の水溶液に硫化水素を通じると、白色の沈殿を生じる。
2	試料の水溶液に水酸化カルシウムを加えると赤色沈殿を生じる。
3	試料に濃塩酸を潤したガラス棒を近づけると、白い霧を生じる。
4	試料の水溶液に過クロール鉄液を加えると紫色を呈する。
5	試料をアルコール性の水酸化カリウムと銅粉とともに煮沸すると、黄赤色の沈殿を生じる。

（問 46）　ラベルのはがれた試薬びんに、ある物質が入っている。その物質について調べたところ、次のようであった。試薬びんに入っている物質として最も適切なものはどれか。

・橙赤色の柱状結晶である。
・水には可溶であるが、アルコールには不溶である。
・強力な酸化剤である。
・水溶液に酢酸鉛の水溶液を加えると、黄色の沈殿を生じる。

　1　シアン化カリウム　　　2　重クロム酸カリウム　　　3　水酸化カリウム
　4　蓚酸カリウム　　　　　　5　塩素酸カリウム

（問 47）　次の記述に該当する物質として、最も適切なものはどれか。

　　純品は無色透明な油状の液体。空気に触れて赤褐色を呈する。中毒は、蒸気の吸入、皮膚からの吸収により起こることから、染料製造工場や染色工場等で中毒が発生することがある。中毒症状としては、血液毒と神経毒を有しているため、血液に作用してメトヘモグロビンをつくり、チアノーゼを引き起こす。

　1　フェノール　　　2　ニトロベンゼン　　　3　トルエン
　4　キシレン　　　　5　アニリン

（問 48）　次のうち、「毒物及び劇物の廃棄の方法に関する基準」の内容に照らし、水酸化カドミウムの廃棄方法として最も適切な組合せはどれか。

ア　沈殿法	イ　焙焼法	ウ　固化隔離法	エ　回収法

　1（ア、イ）　　2（ア、ウ）　　3（ア、エ）　　4（イ、ウ）　　5（イ、エ）

(問49) 次のうち、「毒物及び劇物の廃棄の方法に関する基準」の内容に照らし、エチレンオキシドの廃棄方法として最も適切なものはどれか。

1　活性汚泥法　　　2　アルカリ法　　　3　還元法　　　4　沈殿法
5　燃焼法

(問50) 次の記述は、「毒物及び劇物の運搬事故時における応急措置に関する基準」に示される漏えい時の措置について述べたものである。この応急措置が最も適切なものはどれか。

> 　風下の人を退避させ、必要があれば水で濡らした手ぬぐい等で口及び鼻を覆う。漏えいした場所の周辺にはロープを張る等して人の立入りを禁止する。付近の着火源となるものは速やかに取り除く。作業の際には必ず保護具を着用し、風下で作業をしない。
> 　液状で多量に漏えいしたときは、土砂等でその流れを止め、液が広がらないようにして蒸発させる。

1　クロルメチル　　2　アンモニア水　　　3　アクロレイン
4　酢酸エチル　　　5　キシレン

（農業用品目）

(問題) 次の物質に関する記述として、最も適当なものを下欄から選べ。

(問41) ジメチル－4－メチルメルカプト－3－メチルフエニルチオホスフエイト（別名　フェンチオン、MPP）
(問42) 塩素酸ナトリウム
(問43) 沃化メチル
(問44) 硫酸第二銅

〔下欄〕

> 1　無色無臭の結晶で潮解性を有する。強い酸化剤で有機物、硫黄、金属粉等の可燃物が混在すると、加熱、摩擦又は衝撃により爆発する。除草剤として用いられる。
> 2　無色又は淡褐色の弱い特異臭を有する液体で、各種有機溶媒に易溶、水に不溶である。殺虫剤として用いられる。
> 3　無色又は淡黄色透明の液体でエーテル様の臭気がある。空気中で光により一部分解して、褐色となる。殺虫剤（燻蒸剤）として用いられる。
> 4　無水物のほか数種類の水和物が知られているが、五水和物が一般に流通している。五水和物は、青色結晶で風解性がある。水に溶けやすい。メタノールに可溶。生石灰と混合して殺菌剤（ボルドー液）として使用される。
> 5　特有の刺激臭のある無色の気体である。水に可溶で、水溶液はアルカリ性を示す。化学肥料の原料として用いられる。

(問 45) 次の物質のうち S －メチル－ N －[(メチルカルバモイル) －オキシ]－チオアセトイミデート (別名 メトミル、メソミル) の解毒剤として最も適切なものはどれか。

1 エタノール 　　2 硫酸アトロピン 　　 3 亜硝酸アミル
4 ジメルカプロール (別名 BAL)
5 ヘキサシアノ鉄 (Ⅱ) 酸鉄 (Ⅲ) 水和物 (別名 プルシアンブルー)

(問題) 「毒物及び劇物の廃棄の方法に関する基準」の内容に照らし、次の記述に該当するものを下欄より選べ。

(問 46) 燃焼法とアルカリ法の両法の適用が示されている物質
(問 47) 燃焼法と酸化法の両法の適用が示されている物質

〔下欄〕

---

1 ジ (2－クロルイソプロピル) エーテル (別名 DCIP)
2 2－イソプロピル－4－メチルピリミジル－6－ジエチルチオホスフエイト
　 (別名 ダイアジノン)
3 トリクロルヒドロキシエチルジメチルホスホネイト
　 (別名 DEP、トリクロルホン)
4 アンモニア
5 燐化亜鉛

(問題) 「毒物及び劇物の運搬事故時における応急措置に関する基準」の内容に照らし、次の物質が漏えいした時の措置として、最も適切なものを下欄から選べ。

(問 48) 硫酸
(問 49) ジメチル－2,2－ジクロルビニルホスフエイト (別名 DDVP、ジクロルボス)
(問 50) 2,2'－ジピリジリウム－1,1'－エチレンジブロミド (別名 ジクワット)

〔下欄〕

---

1 多量の場合は、土砂等でその流れを止め、液が広がらないようにして蒸発させる。
2 付近の着火源となるものを速やかに取り除く。土砂等でその流れを止め、安全な場所に導き、空容器にできるだけ回収し、そのあとを水酸化カルシウム等の水溶液を用いて処理した後、中性洗剤等の分散剤を使用して多量の水で洗い流す。
3 土砂等でその流れを止め、安全な場所に導き、空容器にできるだけ回収し、そのあとを土壌で覆って十分接触させた後、土壌を取り除き、多量の水で洗い流す。
4 多量の場合は、土砂等でその流れを止め、これに吸着させるか、または安全な場所に導いて、遠くから徐々に注水してある程度希釈した後、水酸化カルシウム、炭酸ナトリウム等で中和し、多量の水で洗い流す。
5 多量の場合は、土砂等でその流れを止め、多量の活性炭または水酸化カルシウムを散布して覆い、至急関係先に連絡し専門家の指示により処理する。

（特定品目）

（問題） 次の物質の共通する性状として、最も適切なものを下欄から選べ。

（問41） 四塩化炭素とクロロホルム
（問42） 水酸化ナトリウムと水酸化カリウム

〔下欄〕

1 無色の液体で、比重が1より大きい。
2 無色の液体で、引火性がある。
3 無色の液体で、水に可溶である。
4 白色の固体で、水に可溶である。
5 白色の固体で、酸化剤として作用する。

（問題） 次の方法で識別される物質として、最も適切なものを下欄から選べ。

（問43） アルコール性の水酸化カリウムと銅粉とともに煮沸すると、黄赤色の沈殿を生成する。
（問44） 水溶液を酢酸で弱酸性にして、酢酸カルシウムを加えると、結晶性の沈殿を生成する。
（問45） サリチル酸と濃硫酸とともに熱すると、芳香のある化合物を生成する。

〔下欄〕

1 クロロホルム	2 蓚酸	3 メタノール
4 四塩化炭素	5 クロム酸カリウム	

（問題） 「毒物及び劇物の廃棄の方法に関する基準」の内容に照らし、次の廃棄方法が最も適切な物質を下欄から選べ。

（問46） 過剰の可燃性溶剤又は重油等の燃料とともに、アフターバーナー及びスクラバーを備えた焼却炉の火室へ噴霧して、できるだけ高温で焼却する。
（問47） 水に溶かし、水酸化カルシウム水溶液を加えて処理した後、希硫酸を加えて中和し、沈殿ろ過して埋立処分する。

〔下欄〕

1 クロロホルム	2 塩素	3 過酸化水素水
4 クロム酸鉛	5 硅弗化ナトリウム	

（問題）　「毒物及び劇物の運搬事故時における応急措置に関する基準」の内容に照らし、次の物質が漏えいした時の措置として、最も適切なものを下欄から選べ。

（問 48）　酢酸エチル
（問 49）　水酸化ナトリウム水溶液
（問 50）　クロム酸ナトリウム

〔下欄〕

1　水で濡らした手ぬぐい等で口及び鼻を覆う。少量の場合は、土砂等に吸着させて取り除くか、又はある程度水で徐々に希釈した後、水酸化カルシウム、炭酸ナトリウム等で中和し、多量の水で洗い流す。

2　飛散したものは空容器にできるだけ回収し、そのあとを還元剤（硫酸第一鉄等）の水溶液を散布し、水酸化カルシウム、炭酸ナトリウム等の水溶液で処理した後、多量の水で洗い流す。

3　付近の着火源となるものを速やかに取り除く。少量の場合は、土砂等に吸着させて空容器に回収し、そのあとを多量の水で洗い流す。

4　極めて腐食性が強いので、作業の際には必ず保護具を着用する。多量の場合は、土砂等でその流れを止め、土砂等に吸着させるか、又は安全な場所に導いて多量の水で洗い流す。必要があればさらに中和し、多量の水で洗い流す。

5　漏えいした液は、土砂等でその流れを止め、安全な場所に導き、空容器にできるだけ回収し、そのあとを中性洗剤等の分散剤を使用して多量の水で洗い流す。

栃木県
令和３年度実施

〔法規・共通問題〕
（一般・農業用品目・特定品目共通）

問１ 次の記述は、法の条文の一部である。（　　）の中に入れるべき字句として、正しいものの組み合わせはどれか。

法第１条
　この法律は、毒物及び劇物について、（　A　）の見地から必要な（　B　）を行うことを目的とする。

法第７条第１項
　毒物劇物営業者は、毒物又は劇物を直接に取り扱う製造所、営業所又は店舗ごとに、（　C　）の毒物劇物取扱責任者を置き、毒物又は劇物による（　A　）の危害の防止に当たらせなければならない。

	A	B	C
1	保健衛生上	取締	専任
2	保健衛生上	指導	専任
3	保健衛生上	取締	技術上
4	公衆衛生上	指導	専任
5	公衆衛生上	取締	技術上

問２ 特定毒物に関する次の記述について、誤っているものはどれか。

1：特定毒物使用者は、特定毒物を品目ごとに政令で定める用途以外の用途に供してはならない。
2：特定毒物使用者は、その使用することができる特定毒物以外の特定毒物を譲り受け、又は所持してはならない。
3：特定毒物研究者は、学術研究のため特定毒物を製造することができる。
4：特定毒物研究者は、学術研究のためであっても特定毒物を輸入することができない。

問３ 法第３条の４に規定する引火性、発火性又は爆発性のある毒物又は劇物であって政令で定めるものとして、正しいものはどれか。

1：四アルキル鉛　　　2：酢酸エチル　　　3：ナトリウム　　　4：トルエン

問４ 次の記述は、法の条文の一部である。（　　）の中に入れるべき字句として、正しいものの組み合わせはどれか。

法第３条第３項
　毒物又は劇物の販売業の登録を受けた者でなければ、毒物又は劇物を販売し、（　A　）し、又は販売若しくは（　A　）の目的で貯蔵し、（　B　）し、若しくは（　C　）してはならない。

	A	B	C
1	授与	保管	陳列
2	授与	保管	所持
3	授与	運搬	陳列
4	譲渡	運搬	所持
5	譲渡	保管	所持

問5 次の記述は、法の条文の一部である。（　）の中に入れるべき字句として、正しいものの組み合わせはどれか。

法第8条第2項
　次に掲げる者は、前条の毒物劇物取扱責任者となることができない。
　一　（ A ）歳未満の者
　二　心身の障害により毒物劇物取扱責任者の業務を適正に行うことができない者として厚生労働省令で定めるもの
　三　麻薬、（ B ）、あへん又は覚せい剤の中毒者
　四　毒物若しくは劇物又は薬事に関する罪を犯し、罰金以上の刑に処せられ、その執行を終り、又は執行を受けることがなくなつた日から起算して（ C ）年を経過していない者

	A	B	C
1	18	大麻	2
2	18	大麻	3
3	18	アルコール	2
4	20	大麻	3
5	20	アルコール	2

問6 毒物劇物営業者が、毒物又は劇物の容器及び被包に表示しなければならないものとして、正しい組み合わせはどれか。

A：「医薬用外」の文字及び赤地に白色をもって「毒物」の文字
B：「医薬用外」の文字及び白地に赤色をもって「劇物」の文字
C：「医薬用外」の文字及び白地に赤色をもって「毒物」の文字
D：「医薬用外」の文字及び赤地に白色をもって「劇物」の文字

1	AとB
2	AとD
3	BとC
4	CとD

問7 毒物劇物営業者が、その容器及び被包に解毒剤の名称を表示したものでなければ、販売し、又は授与することができない毒物又は劇物として正しいものはどれか。

1：無機シアン化合物　　2：砒素化合物　　3：有機燐化合物
4：カドミウム化合物

問8 政令に関する次の記述の正誤について、正しいものの組み合わせはどれか。

A：毒物劇物営業者は、登録票の記載事項に変更を生じたときは、登録票の書換え交付を申請することができる。
B：毒物劇物営業者が、登録票を汚したため、登録票の再交付を申請する場合、申請書にその登録票を添える必要はない。
C：毒物劇物営業者は、登録票の再交付を受けた後、失った登録票を発見したときは、その登録票を直ちに破棄しなければならない。

	A	B	C
1	正	誤	正
2	正	正	正
3	正	誤	誤
4	誤	正	誤
5	誤	誤	誤

栃木県

問9 法第22条に規定する業務上取扱者の届出の必要性について、正しいものの組み合わせはどれか。

A：無機シアン化合物たる毒物を使用して電気めっきを行う事業
B：無機シアン化合物たる毒物を使用して金属熱処理を行う事業
C：砒素化合物たる毒物を使用してしろありの防除を行う事業

	A	B	C
1	不要	不要	要
2	要	要	要
3	不要	要	不要
4	要	不要	要
5	要	不要	不要

問10 次の記述について、毒物又は劇物の販売業の店舗の設備の基準に該当しないものはどれか。

1：毒物又は劇物を含有する粉じん、蒸気又は廃水の処理に要する設備又は器具を備えていること。
2：毒物又は劇物の貯蔵設備は、毒物又は劇物とその他の物とを区分して貯蔵できるものであること。
3：毒物又は劇物を貯蔵するタンク、ドラムかん、その他の容器は、毒物又は劇物が飛散し、漏れ、又はしみ出るおそれのないものであること。
4：毒物又は劇物を貯蔵する場所が性質上かぎをかけることができないものであるときは、その周囲に、堅固なさくが設けてあること。

問11 毒物劇物営業者が、その取扱いに係る毒物又は劇物を紛失したときに、直ちに、その旨を届け出なければならない機関として、法第17条第2項で定められているものは次のうちどれか。

1：保健所　　　2：消防機関　　　3：警察署　　　4：厚生労働省
5：都道府県の薬務主管課

問12 毒物劇物販売業の登録を受けている者が、その店舗の所在地の都道府県知事に30日以内に届け出なければならない事項に関する次の記述の正誤について、正しいものの組み合わせはどれか。

A：法人の名称を変更した場合
B：法人の代表者を変更した場合
C：法人の主たる事務所の所在地を変更した場合
D：店舗の名称を変更した場合

	A	B	C	D
1	正	正	正	正
2	誤	正	正	正
3	正	誤	正	正
4	正	正	誤	正
5	正	正	正	誤

問13 毒物劇物営業者が毒物又は劇物を販売するときまでに、譲受人に対し提供しなければならない情報の内容として、規則第13条の12により規定されている事項として、正しい組み合わせはどれか。

A：応急措置　　B：火災時の措置　　C：有効期限　　D：紛失時の連絡先

1	AとB
2	AとC
3	BとD
4	CとD

問 14　次の文の（　　）に入れるべき字句として、正しいものはどれか。

　　毒物劇物営業者は、硫酸タリウムを含有する製剤たる劇物について、あせにくい（　　）で着色したものでなければ、これを農業用として販売し、又は授与してはならない。

　　1：赤色　　2：黒色　　3：緑色　　4：青色　　5：黄色

問 15　次の記述は法の条文の一部である。（　　）の中に入れるべき字句として、正しいものはどれか。

　　法第 11 条第 4 項
　　　毒物劇物営業者及び特定毒物研究者は、毒物又は厚生労働省令で定める劇物については、その容器として、（　　）の容器として通常使用される物を使用してはならない。

　　1：医薬品　　2：飲食物　　3：爆発物　　4：可燃物　　5：危険物

〔基礎化学・共通問題〕
（一般・農業用品目・特定品目共通）

問 16　次の記述のうち、正しいものはどれか。

　　1：ナトリウムはアルカリ土類金属である。
　　2：ヘリウムはハロゲンである。
　　3：塩素は希ガスである。
　　4：カリウムはアルカリ金属である。

問 17　化学結合に関する記述の正誤について、正しいものの組合せはどれか。

　　A：原子どうしが価電子の一部を出し合って、その電子を共有して結合することを共有結合という。
　　B：陽イオンと陰イオンが静電気の力で結合することを水素結合という。
　　C：イオンからなる物質は結晶のままでも電気を通す。
　　D：非共有電子対をもった分子やイオンが金属イオンに配位結合してできたイオンを錯イオンという。

1	A と B
2	A と D
3	B と C
4	C と D

問 18　6 mol/L の水酸化ナトリウム水溶液 50 mL 中に含まれる水酸化ナトリウムの質量は何 g か。

　　　ただし、原子量は、Ｎ a ＝ 23、O ＝ 16、H ＝ 1 とする。

　　1：6　　　　2：12　　　　3：18　　　　4：24

問 19　2.7g のアルミニウムを塩酸にすべて溶かしたとき、発生する水素の体積は標準状態で何 L か。

　　　なお、アルミニウムと塩酸の反応は、次の化学反応式で表される。
　　　$2Al＋6HCl→2AlCl_3＋3H_2$
　　　ただし、原子量は、Ａ l ＝ 27、C l ＝ 35.5、H ＝ 1 とし、標準状態での気体 1 mol の体積は 22.4 L とする。

　　1：0.67　　　　2：1.12　　　　3：2.24　　　　4：3.36　　　　5：6.72

問 20　次の物質の組合せのうち、互いに同素体であるものの組合せはどれか。

A：塩素と次亜塩素酸　　　　B：酸素とオゾン
C：水と氷　　　　　　　　　D：黄リンと赤リン

1	A と B
2	A と C
3	B と D
4	C と D

問 21　次の記述に該当する化学の法則はどれか。

「温度が一定のとき、一定量の気体の体積は圧力に反比例する。」

1：ボイルの法則　　　2：アボガドロの法則　　　3：ヘスの法則
4：ヘンリーの法則

問 22　次の物質のうち、構造式に二重結合を有するものはどれか。

1：水素　　2：アンモニア　　3：窒素　　4：メタン　　5：二酸化炭素

問 23　反応熱の種類に関する次の記述について、正しいものはどれか。

1：燃焼熱とは、化合物 1 mol がその成分単体に分解するときの反応熱をいう。
2：溶解熱とは、物質 1 mol が多量の溶媒に溶けるときの反応熱をいう。
3：中和熱とは、物質 1 mol が完全燃焼するときの反応熱をいう。
4：生成熱とは、酸と塩基の中和反応によって 1 mol の水が生成するときの反応熱をいう。
5：分解熱とは、化合物 1 mol がその成分元素の単体から生成するときの反応熱をいう。

問 24　0.1 mol/L の硫酸水溶液 20 mL を中和するのに必要な 0.1 mol/L の水酸化ナトリウム水溶液は何 mL か。

1：2　　2：4　　3：10　　4：20　　5：40

問 25　硫化水素に関する次の記述について、正しいものの組合せはどれか。

A：強力な酸化剤である。
B：人体に対して有毒である。
C：酢酸鉛（Ⅱ）水溶液を染みこませたろ紙を黒変させる。
D：常温・常圧では黄色・腐卵臭の気体である。

1：(A、C)　　2：(A、D)　　3：(B、C)　　4：(B、D)　　5：(C、D)

問 26　次の記述について、誤っているものの組合せはどれか。

A：コロイド溶液に強い光線を当てて、光線の進行方向と直角の方から見ると、光の通路が明るく輝いて見える。これをチンダル現象という。
B：親水コロイドに多量の電解質を加えると凝析が起こる。
C：疎水コロイドに少量の電解質を加えると透析が起こる。
D：熱運動によって分散媒分子がコロイド粒子に衝突して起こる不規則な運動をブラウン運動という。

1：(A、B)　　2：(A、C)　　3：(B、C)　　4：(B、D)　　5：(C、D)

問 27　次の物質のうち、極性分子であるものはどれか。

1：水素　　2：メタン　　3：二酸化炭素　　4：アンモニア

問 28　物質の分類に関する次の記述について、正しいものの組合せはどれか。

A：1種類の元素からできているものは単体である。
B：2種類以上の物質が混ざったものは化合物である。
C：空気は単体である。
D：石油は混合物である。

1：（A、B）　　2：（A、D）　　3：（B、C）　　4：（C、D）

問 29　酸と塩基に関する次の記述について、正しいものはどれか。

1：水素イオン濃度が 10^{-9} mol/L である水溶液は、酸性である。
2：アレニウスの定義では、塩基とは、水に溶けて水酸化物イオンを生じる物質である。
3：電離度の小さい弱酸や弱塩基の水溶液は、電離度の大きい強酸や強塩基の水溶液と比較し、電気を通しやすい。
4：ブレンステッド・ローリーの定義では、酸とは、水素イオンを受けとる物質であり、塩基とは、水素イオンを放出する物質である。

問 30　ｐＨ＝2の塩酸の水素イオン濃度は、ｐＨ＝4の塩酸の水素イオン濃度の何倍か、正しいものはどれか。

1：2倍　　2：4倍　　3：100倍　　4：200倍　　5：400倍

〔実地試験・選択問題〕

（一般）

問 31 ～問 33　次の物質の貯蔵方法として、最も適当なものを下の選択肢から選びなさい。

問 31　弗化水素酸　　　問 32　ベタナフトール　　　問 33　二硫化炭素

【選択肢】

1：空気や光線に触れると赤変するため、遮光して貯蔵する。
2：銅、鉄、コンクリートまたは木製のタンクにゴム、鉛、ポリ塩化ビニルあるいはポリエチレンのライニングを施したものを用いる。
3：空気中にそのまま貯蔵することはできないので、通常石油中に貯蔵する。
4：少量ならば共栓ガラス瓶、多量ならば鋼製ドラム缶等を使用する。日光の直射を受けない冷所に、可燃性、発熱性、自然発火性のものからは十分に引き離しておく。

問 34 ～問 36　次の物質の性状として、最も適当なものを下の選択肢から選びなさい。

問 34 ニトロベンゼン　　　問 35 ピクリン酸　　　問 36 硫酸タリウム

【選択肢】

1：無色の結晶で、水にやや溶け、熱湯には溶けやすい。
2：軽い銀白色の軟かい固体である。切断すると切断面は金属光沢を示すが、空気に触れると鈍い灰色となる。水とは激しく反応して水素を発生し、しばしば発火に至る。
3：無色～淡黄色の油状液体でアーモンド様の香気を発する。アルコール、ベンゼン、エーテルに溶けやすく、水に溶けにくい。
4：淡黄色無臭の結晶である。急激な加熱や打撃により爆発する。

問37〜問39　次の物質の毒性として、最も適当なものを下の選択肢から選びなさい。

　　問37　シアン化ナトリウム　　　問38　フェノール　　問39　メタノール

【選択肢】

1：皮膚や粘膜につくとやけどを起こし、その部分は白色となる。内服した場合には口腔、咽喉、胃に高度の灼熱感を訴え、悪心、嘔吐、めまいを起こす。尿は特有の暗赤色を呈する。

2：溶液、蒸気いずれも刺激性が強く、35％以上の溶液は皮膚に水疱を作りやすい。眼には腐食作用を及ぼす。

3：主にミトコンドリアの呼吸酵素の阻害作用が誘発されるため、エネルギー消費の多い中枢神経に影響が現れる。吸入すると、頭痛、めまい、悪心、意識不明、呼吸麻痺を起こす。

4：頭痛、めまい、嘔吐、下痢、腹痛等を起こし、致死量に近ければ麻酔状態になり、視神経が侵され、目がかすみ、ついには失明することがある。

問40　次の物質とその主な用途の組み合わせとして、最も適当なものはどれか。

	名称	用途
1：	エチレンオキシド	ロケット燃料
2：	塩化亜鉛	乾電池材料
3：	アジ化ナトリウム	除草剤
4：	キノリン	ガラスのつや消し

問41　次の物質とその適切な解毒剤又は治療薬の組み合わせのうち、最も適当なものはどれか。

	物質	解毒剤又は治療薬
1：	水銀	ジメルカプロール（BAL）
2：	有機リン化合物	亜硝酸アミル
3：	ヒ素化合物	亜硝酸ナトリウム
4：	無機シアン化合物	硫酸アトロピン

問42〜43　次の物質の廃棄方法として、最も適当なものを下の選択肢から選びなさい。

　　問42　硝酸　　　問43　アンモニア

【選択肢】

1：徐々にソーダ灰または消石灰等の攪拌溶液に加えて中和させた後、多量の水で希釈して処理する。

2：水で希薄な水溶液とし、酸（希塩酸、希硫酸等）で中和させた後、多量の水で希釈して処理する。

3：珪そう土等に吸収させて開放型の焼却炉で焼却する。

問 44 ～問 47　次の物質の鑑別法として、最も適当なものを下の選択肢から選びなさい。

　　問 44 アニリン　　　　問 45 トリクロル酢酸　　　　問 46 スルホナール
　　問 47 クロルピクリン

【選択肢】

1：アルコール溶液は、白色の羊毛または絹糸を鮮黄色に染める。
2：水溶液にさらし粉を加えると、紫色を呈する。
3：本品のアルコール溶液にジメチルアニリン及びブルシンを加えて溶解し、これにブロムシアン溶液を加えると、緑色ないし赤紫色を呈する。
4：水酸化ナトリウム溶液を加えて加熱すると、クロロホルムの臭気を放つ。
5：木炭とともに加熱すると、メルカプタンの臭気を放つ。

問 48 ～ 49　次の物質を多量に漏えいした時の措置として、最も適当なものを下の選択肢から選びなさい。

　　問 48　　酢酸エチル　　　　問 49　　ブロムメチル

【選択肢】

1：土砂等でその流れを止め、液が広がらないようにして蒸発させる。
2：土砂等でその流れを止め、安全な場所へ導いた後、液の表面を泡等で覆い、できるだけ空容器に回収する。そのあとは多量の水を用いて洗い流す。
3：土砂等でその流れを止め、これに吸着させるか、または安全な場所に導いて、遠くから徐々に注水してある程度希釈したあと、消石灰、ソーダ灰等で中和し、多量の水を用いて洗い流す。

問 50　次の記述について、最も適当なものはどれか。

　　1：硝酸5％を含有する製剤は劇物である。
　　2：ホルムアルデヒド5％を含有する製剤は劇物である。
　　3：過酸化水素5％を含有する製剤は劇物である。
　　4：クレゾール5％を含有する製剤は劇物である。

（農業用品目）

問 31　次の物質のうち、毒物又は劇物の農業用品目販売業者が販売又は授与できるものはどれか。

　　1：黄燐（りん）　　2：シアン化ナトリウム　　　　3：水銀　　4：砒（ひ）素

問 32　硫酸を含有する製剤が劇物の指定から除外される硫酸の濃度(％)の上限として、正しいものはどれか。

　　1：20　　　　2：10　　　　3：5　　　　4：1

問 33　ジメチル－2，2－ジクロルビニルホスフエイト(別名DDVP)に関する次の記述について、誤っているものはどれか。

　　1：吸入、経口、経皮的のいずれでも吸収される。
　　2：コリンエステラーゼの働きを増強させ、アセチルコリンを蓄積させる。
　　3：主に殺虫剤として用いられる。
　　4：解毒剤として、2-ピリジルアルドキシムメチオダイド(別名PAM)を用いる。

問34 ニコチンに関する次の記述について、正しいものはどれか。

　1：純品は、淡い緑色の結晶である。
　2：水、アルコール、エーテルに容易に溶解する。
　3：ニコチンを含有する製剤は、主に除草剤として用いられる。
　4：ニコチン1％以下を含有する製剤は、毒物に該当しない。

問35 クロルピクリンに関する次の記述について、正しいものはどれか。

　1：白色の針状結晶である。
　2：有機リン化合物の一種である。
　3：クロルピクリンを含有する製剤は、主に土壌燻蒸に用いられる。
　4：クロルピクリンとして10％以下を含有する製剤は、劇物に該当しない。

問36 ～ 38 次の物質の貯蔵方法として、最も適当なものを下の選択肢から選びなさい。

　　問36　ロテノン　　問37　シアン化カリウム　　問38　ブロムメチル

【選択肢】

1：酸素によって分解し、殺虫効力を失うため、空気と光線を遮断して貯蔵する。 2：光を遮り少量ならばガラス瓶、多量ならばブリキ缶あるいは鉄ドラム缶を用い、酸類とは離して、空気の流通のよい乾燥した冷所に密封して貯蔵する。 3：常温では気体なので、圧縮冷却して液化し、圧縮容器に入れ、直射日光、その他温度上昇の原因を避けて、冷暗所に貯蔵する。

問39　モノフルオール酢酸ナトリウムの着色について、法令で定められている着色の基準に照らして、最も適当なものを下記の選択肢から選びなさい。

　1：青色　　　2：黒色　　　3：深紅色

問40 ～ 42　次の物質の毒性として、最も適当なものを下の選択肢から選びなさい。

　　問40 塩素酸ナトリウム　　問41 シアン化ナトリウム　　問42 硫酸銅

【選択肢】

1：主にミトコンドリアの呼吸酵素の阻害作用が誘発されるため、エネルギー消費の多い中枢神経に影響が現れる。吸入すると、頭痛、めまい、悪心、意識不明、呼吸麻痺を起こす。 2：急性毒性の当初は顔面蒼白等の貧血症状が主体であり、次いで、数時間の潜伏期の後にチアノーゼが現れる。さらに腎臓の尿路系症状（乏尿、無尿、腎不全）を誘発する。 3：眼に対して強い刺激性を示し、結膜炎、眼瞼の浮腫、角膜の潰瘍及び混濁を起こす。 　大量に経口摂取した場合ではメトヘモグロビン血症および腎障害を起こす。

問 43 〜 45　次の物質の廃棄方法として、最も適当なものを下の選択肢から選びなさい。

　　問 43　硫酸　　　　　　　　　問 44　シアン化ナトリウム
　　問 45　２−イソプロピル−４−メチルピリミジル−６−ジエチルチオホスフエイト
　　（別名ダイアジノン）

【選択肢】

> 1：徐々に石灰乳等の撹拌溶液に加えて中和させた後、多量の水で希釈して処理する。
> 2：水酸化ナトリウム水溶液等でアルカリ性とし、高温加圧下で加水分解する。
> 3：可燃性溶剤とともにアフターバーナー及びスクラバーを具備した焼却炉の火室へ噴霧して焼却する。

問 46 〜 47　次の物質が漏えいした時の措置として、最も適当なものを下の選択肢から選びなさい。

　　問 46　エチルパラニトロフエニルチオノベンゼンホスホネイト（別名ＥＰＮ）
　　問 47　１，１’−ジメチル−４，４’−ジピリジニウムヒドロキシド
　　（別名パラコート）

【選択肢】

> 1：飛散したものは速やかに掃き集めて空容器にできるだけ回収し、その後は多量の水を用いて洗い流す。
> 2：漏えいした液は土砂等でその流れを止め、安全な場所に導き、空容器にできるだけ回収し、その後を消石灰等の水溶液を用いて処理し、多量の水を用いて洗い流す。洗い流す場合には中性洗剤等の分散剤を使用して洗い流す。
> 3：漏えいした液は土壌等でその流れを止め、安全な場所に導き、空容器にできるだけ回収し、その後を土壌で覆って十分接触させたあと、土壌を取除き、多量の水を用いて洗い流す。

問 48 〜 50　次の物質の鑑別方法として、最も適当なものを下の選択肢から選びなさい。

　　問 48　クロルピクリン　　　　　問 49　ニコチン　　　　　　　　問 50　塩化亜鉛

【選択肢】

> 1：本品を水に溶かし、硝酸銀を加えると、白色の沈殿を生ずる。
> 2：本品のエーテル溶液に、ヨードのエーテル溶液を加えると、褐色の液状沈殿を生じ、これを放置すると、赤色の針状結晶となる。
> 3：本品のアルコール溶液にジメチルアニリン及びブルシンを加えて溶解し、これにブロムシアン溶液を加えると、緑色ないし赤紫色を呈する。

（特定品目）

問 31 〜 33　次の物質の廃棄方法として、最も適当なものを下の選択肢から選びなさい。

　　問 31　硝酸　　　問 32　酢酸エチル　　　問 33　アンモニア

【選択肢】

1：徐々にソーダ灰または消石灰等の攪拌溶液に加えて中和させた後、多量の水で希釈して処理する。
2：水で希薄な水溶液とし、酸（希塩酸、希硫酸等）で中和させた後、多量の水で希釈して処理する。
3：珪そう土等に吸収させて開放型の焼却炉で焼却する。

問 34 〜 36　次の物質を多量に漏えいした時の措置について、最も適切なものを下の選択肢から選びなさい。

　　問 34　塩酸　　　問 35　過酸化水素水　　　問 36　トルエン

【選択肢】

1：土砂等でその流れを止め、安全な場所に導き、多量の水を用いて十分に希釈して洗い流す。
2：土砂等でその流れを止め、これに吸着させるか、又は安全な場所に導いて遠くから徐々に注水してある程度希釈した後、消石灰、ソーダ灰等で中和し、多量の水を用いて洗い流す。
3：土砂等でその流れを止め、安全な場所へ導いた後、液の表面を泡で覆い、できるだけ空容器に回収する。

問 37 〜 39　次の物質の主な用途について、最も適当なものを下の選択肢から選びなさい。

　　問 37　ホルムアルデヒド水溶液　　　問 38　キシレン　　　問 39　硅弗化ナトリウム

【選択肢】

1：釉薬、殺虫剤
2：溶剤、染料中間体等の有機合成原料及び試薬
3：トマト葉カビ病及びうり類ベト病等の防除、フィルムの硬化

問 40 〜 41　次の物質の鑑別方法として、最も適当なものを下の選択肢から選びなさい。

　　問 40　四塩化炭素　　　問 41　一酸化鉛

【選択肢】

1：アルコール性の水酸化カリウムと銅粉とともに煮沸すると、黄赤色の沈殿を生ずる。
2：水溶液を白金線につけて無色の火炎中に入れると、火炎は黄色に染まる。
3：希硝酸に溶かすと無色の液となり、これに硫化水素を通じると黒色の沈殿を生ずる。

問 42 〜 44　次の物質の性状等として、最も適当なものを下の選択肢から選びなさい。
　　　問 42　硫酸　　　問 43　蓚酸　　　問 44　メチルエチルケトン
【選択肢】

1：無色の液体であり、強い果実様の香気がある。
2：一般に流通しているのは二水和物で無色の結晶であり、ベンゼンにほとんど溶けない。
3：無色の液体で、アセトン様の臭気がある。水に可溶で、引火性である。
4：無色、無臭、透明な油状液体であり、糖類、木材等を炭化する。

問 45 〜 47　次の物質の毒性について、最も適当なものを下の選択肢から選びなさい。
　　　問 45　水酸化カリウム水溶液　　　問 46　クロム酸カリウム　　　問 47　メタノール
【選択肢】

1：頭痛、めまい、嘔吐、下痢、腹痛等を起こし、致死量に近ければ麻酔状態になり、視神経が侵され、目がかすみ、ついには失明することがある。
2：慢性中毒症として、接触性皮膚炎、穿孔性潰瘍(特に鼻中隔穿孔)、アレルギー性湿疹等があげられる。
3：濃厚水溶液は、皮膚に触れると激しく侵し、これを飲めば死に至る。また、ミストを吸入すると呼吸器官を侵し、目に入った場合には失明の恐れがある。

問 48 〜 49　次の物質の貯蔵方法として、最も適当なものを下の選択肢から選びなさい。

　　　問 48　水酸化ナトリウム　　　問 49　クロロホルム
【選択肢】

1：冷暗所に貯える。純品は空気と日光によって変質するため、少量のアルコールを加えて分解を防止する。
2：炭酸ガスと水を吸収する性質が強いため、密栓して貯蔵する。
3：亜鉛又は錫メッキをした鋼鉄製容器で保管し、高温に接しない場所に保管する。

問 50　四塩化炭素に関する次の記述の正誤について、正しい組み合わせはどれか。

　A：獣毛、羽毛、綿糸、絹糸、象牙等の漂白剤として用いられる。
　B：窒息性の臭気をもつ緑黄色の気体であり、冷却すると液化し、さらに固体となる。
　C：廃棄の際は、過剰の可燃性溶剤または重油等の燃料とともに、アフターバーナーおよびスクラバーを具備した焼却炉の火室へ噴霧してできるだけ高温で焼却する。

	A	B	C
1	正	正	正
2	正	誤	正
3	正	正	誤
4	誤	誤	正
5	誤	正	誤

群馬県
令和3年度実施

〔法　規〕
（一般・農業用品目・特定品目共通）

問1　次の文は、毒物又は劇物の製造業又は輸入業について記述したものである。記述の正誤について、<u>正しい組合せ</u>はどれか。

ア　毒物又は劇物の輸入業の登録を受けた者でなければ、毒物又は劇物を販売又は授与の目的で輸入してはならない。

イ　毒物又は劇物の輸入業の登録は、5年ごとに更新を受けなければ、その効力を失う。

ウ　毒物又は劇物の製造業者は、販売業の登録を受けなければ、その製造した毒物又は劇物を他の毒物又は劇物の輸入業者に販売することができない。

エ　毒物又は劇物の製造業者は、当該製造所の営業を廃止したときは、30日以内にその旨を製造所の所在地の都道府県知事に届け出なければならない。

	ア	イ	ウ	エ
1	正	誤	誤	誤
2	正	正	誤	正
3	正	誤	正	正
4	誤	正	正	誤

問2　次の文は、毒物及び劇物取締法第3条の2第5項の規定により、政令で定められた特定毒物の用途について記述したものである。記述の正誤について、<u>正しい組合せ</u>はどれか。

ア　四アルキル鉛を含有する製剤の用途は、ガソリンへの混入である。

イ　モノフルオール酢酸の塩類を含有する製剤の用途は、かんきつ類、りんご、なし、桃又はかきの害虫の防除である。

ウ　モノフルオール酢酸アミドを含有する製剤の用途は、野ねずみの駆除である。

エ　燐化アルミニウムとその分解促進剤とを含有する製剤の用途は、倉庫内、コンテナ内又は船倉内におけるねずみ、昆虫等の駆除である。

	ア	イ	ウ	エ
1	誤	誤	正	正
2	誤	正	誤	誤
3	正	正	正	正
4	正	誤	誤	正

問3　次の文は、毒物及び劇物取締法第12条に規定する、毒物劇物営業者及び特定毒物研究者が行う毒物又は劇物の容器及び被包の表示について記述したものである。<u>正しいもの</u>はどれか。

1　毒物については、「医薬用外」の文字及び白地に赤色で「毒物」の文字を、劇物については、「医薬用外」の文字及び赤地に白色で「劇物」の文字を表示した。

2　毒物については、「医薬用外」の文字及び赤地に白色で「毒」の文字を、劇物については、「医薬用外」の文字及び白地に赤色で「劇」の文字を表示した。

3　毒物については、「医薬用外」の文字及び赤地に白色で「毒物」の文字を、劇物については、「医薬用外」の文字及び白地に赤色で「劇物」の文字を表示した。

4　毒物については、白地に赤色で「医薬用外毒物」の文字を、劇物については、赤地に白色で「医薬用外劇物」の文字を表示した。

問4　次のうち、あせにくい黒色で着色したものでなければ、毒物劇物営業者が農業用として販売できないものはどれか。正しいものの組合せを選びなさい。

ア　塩素酸塩類を含有する製剤たる劇物　　イ　硫酸タリウムを含有する製剤たる劇物
ウ　燐化亜鉛を含有する製剤たる劇物　　　エ　沃化メチルを含有する製剤たる劇物

1　（ア，イ）　　2　（ア，エ）　　3　（イ，ウ）　　4　（ウ，エ）

問5　次のうち、毒物及び劇物取締法第7条と同法第10条の規定により、毒物劇物営業者が届け出なければならないものはどれか。正しいものの組合せを選びなさい。

ア　氏名(法人にあっては、その名称)を変更したとき
イ　住所(法人にあっては、主たる事務所の所在地)を変更したとき
ウ　毒物劇物輸入業者が、輸入する毒物又は劇物の品目を廃止したとき
エ　毒物を廃棄したとき
オ　毒物又は劇物を貯蔵する設備の重要な部分を変更したとき
カ　劇物の容器表示の内容を変更したとき
キ　毒物劇物取扱責任者の住所を変更したとき

1　(ア, イ, ウ, オ)　　　　2　(ア, エ, オ, カ)
3　(ア, イ, オ, キ)　　　　4　(イ, ウ, エ, キ)

問6　次のうち、毒物及び劇物取締法第3条の3の規定により、興奮、幻覚又は麻酔の作用を有する毒物又は劇物(これらを含有する物を含む。)として政令で定められており、みだりに摂取し、若しくは吸入し、又はこれらの目的で所持してはならないものはどれか。正しいものの組合せを選びなさい。

ア　ホルムアルデヒドを含有する接着剤　　イ　トルエン
ウ　クロロホルム　　　　　　　　　　　　エ　メタノールを含有するシンナー

1　(ア, イ)　　　2　(ア, ウ)　　　3　(イ, エ)　　　4　(ウ, エ)

問7　次のうち、毒物劇物営業者が、厚生労働省令の定めるところにより、その交付を受ける者の氏名及び住所を確認した後でなければ交付してはならないものはどれか。正しいものの組合せを選びなさい。

ア　ピクリン酸　　　イ　マグネシウム　　　ウ　塩素酸塩類30％を含有する製剤
エ　亜塩素酸ナトリウム30％を含有する製剤

1　(ア, ウ)　　　2　(ア, エ)　　　3　(イ, ウ)　　　4　(イ, エ)

問8　次の文は、毒物劇物取扱責任者について記述したものである。記述の正誤について、正しい組合せはどれか。

ア　農業用品目毒物劇物取扱者試験に合格した者は、農業用品目販売業者が販売することのできる毒物又は劇物のみを製造する製造所において、毒物劇物取扱責任者となることができる。
イ　厚生労働省令で定める学校で、応用化学に関する学課を修了した者は毒物劇物取扱責任者となることができる。
ウ　都道府県知事が行う毒物劇物取扱者試験に合格した18歳の者は、毒物劇物取扱責任者となることができる。
エ　一般毒物劇物取扱者試験に合格した者は、一般販売業の店舗において、毒物劇物取扱責任者となることができるが、農業用品目販売業や特定品目販売業の店舗においては、毒物劇物取扱責任者となることができない。

	ア	イ	ウ	エ
1	正	正	誤	誤
2	誤	誤	誤	正
3	正	誤	正	誤
4	誤	正	正	誤

問9　次のうち、毒物及び劇物取締法第22条第1項の規定により、業務上取扱者の届出をしなければならないものはどれか。正しい組合せを選びなさい。

ア　最大積載量が2,000kgの自動車を用いて、弗化水素を運送する事業者
イ　水酸化カリウムを使用して、金属熱処理を行う事業者
ウ　シアン化ナトリウムを使用して、電気めっきを行う事業者
エ　亜砒酸を用いて、しろありの防除を行う事業者

1　(ア, イ)　　　2　(ア, ウ)　　　3　(イ, エ)　　　4　(ウ, エ)

問10 次の文は、毒物劇物営業者が、毒物又は劇物を販売し、又は授与するときまでに、譲受人に対して行わなければならない当該毒物又は劇物の性状及び取扱いに関する情報(以下「情報」という。)の提供について記述したものである。記述の正誤について、正しい組合せはどれか。

ア 提供した情報の内容に変更を行う必要が生じたときは、速やかに、当該譲受人に対し、変更後の情報を提供するよう努めなければならない。

イ 譲受人に対し、既に、情報の提供が行われている場合であっても、譲受人に対し、必ず当該毒物又は劇物の情報を提供しなければならない。

ウ 1回につき 200g 以下の劇物を販売するときは、譲受人に対して情報の提供を行う義務はない。

エ 情報の提供は、邦文で行わなければならない。

	ア	イ	ウ	エ
1	誤	誤	正	正
2	正	誤	誤	正
3	誤	正	誤	誤
4	正	誤	正	誤

〔基礎化学〕
(一般・農業用品目・特定品目共通)

問1 次の文は、元素の性質について記述したものである。記述の正誤について、正しい組合せはどれか。

ア カリウム(K)はアルカリ金属と呼ばれ、1価の陰イオンになりやすい。

イ 臭素(Br)はハロゲンと呼ばれ、2価の陰イオンになりやすい。

ウ アルゴン(Ar)は希ガスと呼ばれ、化合物を作りにくく安定である。

エ バリウム(Ba)はアルカリ土類金属と呼ばれ、2価の陽イオンになりやすい。

	ア	イ	ウ	エ
1	正	正	誤	正
2	誤	誤	正	正
3	正	誤	正	誤
4	誤	正	正	誤

問2 次の文は、ボイル・シャルルの法則について記述したものである。正しいものはどれか。

1 一定量の気体の重量は、圧力と絶対温度に比例する。

2 一定量の気体の重量は、圧力と絶対温度に反比例する。

3 一定量の気体が占める体積は、圧力に反比例し、絶対温度に比例する。

4 一定量の気体が占める体積は、圧力に比例し、絶対温度に反比例する。

問3 重量パーセント濃度30％の食塩水が150 g ある。この食塩水に水を加えて、10％の食塩水としたい。何 g の水を加えればよいか。

1 150g　　　　2 300g　　　3 450g　　　4 600g

問4 次の文は、酸と塩基について記述したものである。(　　)にあてはまる語句の組合せのうち、正しいものはどれか。

酸とは、水溶液中で電離して、(　ア　)イオンを生じる物質である。

塩基とは、水溶液中で電離して、(　イ　)イオンを生じる物質、または(　ア　)イオンを受け取る物質である。

酸性の水溶液は、(　ウ　)色リトマス紙を(　エ　)色に変え、アルカリ性の水溶液は、(　エ　)色リトマス紙を(　ウ　)色に変える。

	ア	イ	ウ	エ
1	水素	水酸化物	青	赤
2	水酸化物	水素	青	赤
3	水素	水酸化物	赤	青
4	水酸化物	水素	赤	青

問5 次の物質とその炎色反応の組合せのうち、正しいものはどれか。

物質		炎色反応
ア カリウム	（K） －	黄色
イ ナトリウム	（Na） －	深緑色
ウ リチウム	（Li） －	深紅色
エ バリウム	（Ba） －	黄緑色

1 （ア，イ）　　2 （ア，エ）　　3 （イ，ウ）　　4 （ウ，エ）

〔性質及び貯蔵その他取扱方法〕

※ 注意事項
　問題文中の薬物の性状等に関する記述について、特に温度等の条件に関する記載がない場合は、常温常圧下における性状等について記述しているものとする。

（一般）

問1 次の文は、カリウムの性状等について記述したものである。記述の正誤について、正しい組合せはどれか。

ア 金属光沢を持つ銀白色の金属である。
イ 遮光容器に入れ、乾燥した冷暗所に貯蔵する。
ウ 燃焼法又は溶解中和法を用いて廃棄する。
エ 水に入れると酸素を生じ、常温では発火する。

	ア	イ	ウ	エ
1	正	誤	誤	正
2	誤	正	正	正
3	正	誤	正	誤
4	誤	正	誤	誤

問2 次の文は、ホルマリンの性状等について記述したものである。記述の正誤について、正しい組合せはどれか。

ア ホルムアルデヒドを圧縮して液化した製剤である。
イ ホルムアルデヒド1％以下を含有する製剤は、劇物に該当しない。
ウ 空気中の酸素によって一部酸化されて、酢酸を生じる。
エ 廃棄基準が定められており、燃焼法で廃棄することができる。

	ア	イ	ウ	エ
1	誤	正	誤	正
2	誤	正	正	誤
3	正	誤	誤	誤
4	誤	誤	正	正

問3 次の薬物とその主な用途の組合せのうち、正しいものはどれか。

	薬物	主な用途
1	塩化亜鉛	－ フィルムの硬化、人造樹脂、色素合成
2	ホルムアルデヒド	－ 爆薬、染料、香料、サッカリンの原料、溶剤
3	ジメチル硫酸	－ 脱水剤、木材防腐剤、活性炭製造、乾電池材料
4	塩素酸ナトリウム	－ 除草剤、酸化剤

問4 次の薬物とその貯蔵方法の組合せのうち、正しいものはどれか。

	薬物	貯蔵方法
1	ナトリウム	－ 空気と激しく反応するため、水中で保存する。
2	アクロレイン	－ 安定剤を加え、空気を遮断して貯蔵する。
3	ピクリン酸	－ 火気に対し安全で隔離された場所で、鉄製容器に貯蔵する。
4	臭素	－ アンモニアガスを充填した容器に貯蔵する。

問5　次の文は、薬物の廃棄方法について記述したものである。記述の正誤について、正しい組合せはどれか。

ア　燐化水素は、多量の次亜塩素酸ナトリウムと水酸化ナトリウムの混合水溶液に吹き込んで吸収させ、酸化分解した後、多量の水で希釈して処理する。

イ　キシレンは、水に溶かし、希硫酸を加えて酸性とし、硫化ナトリウムを加えて沈殿させ処理する。

ウ　亜硝酸ナトリウムは、還元焙焼法により金属として回収する。

エ　シアン化カリウムは、水酸化ナトリウム水溶液を加えてpH 11以上とし、酸化剤(次亜塩素酸ナトリウム等)の水溶液を加えて酸化分解する。

	ア	イ	ウ	エ
1	誤	誤	正	誤
2	誤	正	正	正
3	誤	正	誤	誤
4	正	誤	誤	正

問6　次のうち、クロルピクリンの毒性に関する記述として、正しいものはどれか。

1　吸入すると、分解されず組織内に吸収され、各器官に障害をあたえる。血液に入ってメトヘモグロビンをつくり、また、中枢神経や心臓、眼結膜をおかす。

2　蒸気は、眼、呼吸器などの粘膜及び皮膚に強い刺激性をもつ。高濃度のものは、皮膚に触れると、ガスを発生して、組織ははじめ白く、しだいに深黄色となる。

3　蒸気の吸入により頭痛、食欲不振等がみられる。大量では緩和な大赤血球性貧血をきたす。

4　蒸気の吸入により咳、鼻出血、めまい、頭痛等を起こし、眼球結膜の着色、発声異常、気管支炎、気管支喘息様発作等をきたす。

問7　次の文は、ある薬物の毒性について記述したものである。該当する薬物はどれか。

この薬物は、原形質毒であり、脳の節細胞を麻酔させ、赤血球を溶解する。この薬物を吸収すると、はじめは、嘔吐、瞳孔の縮小、運動性不安が現れ、ついで脳及びその他の神経細胞を麻酔させる。筋肉の張力は失われ、反射機能は消失し、瞳孔は散大する。中毒の際の死因の多くは、呼吸麻痺又は心臓停止による。

1　硫酸タリウム　　2　クロロホルム　　3　メタノール　　4　硫酸

問8　次の文は、薬物の鑑別方法について記述したものである。記述の正誤について、正しい組合せはどれか。

ア　メタノールはサリチル酸と濃硫酸とともに熱すると、芳香あるエステルを生ずる。

イ　四塩化炭素のアルコール溶液は白色の羊毛または絹糸を鮮黄色に染める。

ウ　ニコチンのエーテル溶液は、ヨードのエーテル溶液を加えると、褐色の液状沈殿を生じ、これを放置すると赤色針状結晶となる。

エ　ホルムアルデヒドの温飽和水溶液は、シアン化カリウム溶液を加えると、暗赤色を呈する。

	ア	イ	ウ	エ
1	正	誤	誤	正
2	誤	正	誤	誤
3	正	誤	正	誤
4	誤	誤	正	正

問9　次の製剤のうち、DDVPを誤飲した場合の治療に最もよく用いられるものはどれか。

1　硫酸アトロピンの製剤　　　　2　グルコン酸カルシウムの製剤
3　チオ硫酸ナトリウムの製剤　　4　ジメルカプロール(別名：BAL)の製剤

問10 次の文は、薬物の漏えい時の措置について記述したものである。記述の正誤について、正しい組合せはどれか。

ア 硫酸が多量に漏えいした場合、漏えいした液は土砂等でその流れを止め、これに吸着させるか、又は安全な場所に導いて、遠くから徐々に注水してある程度希釈した後、消石灰、ソーダ灰等で中和し、多量の水を用いて洗い流す。

イ 重クロム酸カリウムが漏えいした場合、飛散したものは空容器にできるだけ回収し、そのあとを還元剤（硫酸第一鉄等）の水溶液を散布し、消石灰、ソーダ灰等の水溶液で処理した後、多量の水を用いて洗い流す。

ウ 黄燐が漏えいした場合、漏出した黄燐の表面を速やかに土砂又は多量の水で覆い、水を満たした空容器に回収する。

エ シアン化ナトリウムが漏えいした場合、飛散したものは空容器にできるだけ回収する。砂利等に付着している場合は、砂利等を回収し、そのあとに塩酸を散布して酸性とし、多量の水を用いて洗い流す。

	ア	イ	ウ	エ
1	正	正	正	誤
2	誤	正	誤	正
3	正	誤	誤	誤
4	誤	誤	正	正

（農業用品目）

問1 次の毒物又は劇物のうち、毒物又は劇物の農業用品目販売業者が販売できるものとして、正しいものの組合せはどれか。

ア エトプロホス　　イ アバメクチン　　ウ 硝酸　　エ メタノール
オ 沃化メチル

1 （ア，イ，エ）　　2 （ア，イ，オ）　　3 （イ，ウ，オ）
4 （ウ，エ，オ）

問2 次の文は、薬物の用途について記述したものである。正しいものの組合せはどれか。

ア ジメトエートの主な用途は、殺虫剤である。
イ シアン酸ナトリウムの主な用途は、殺菌剤である。
ウ 燐化亜鉛の主な用途は、殺鼠剤である。
エ イソキサチオンの主な用途は、除草剤である。

1 （ア，イ）　　2 （ア，ウ）　　3 （イ，エ）　　4 （ウ，エ）

問3 次のうち、ダイアジノンの用途として、正しいものはどれか。

1 殺虫剤　　2 殺鼠剤　　3 殺菌剤　　4 除草剤

問4 次の薬物とその中毒作用の組合せのうち、正しいものはどれか。

	薬物	中毒作用
1	塩素酸ナトリウム	中枢神経刺激
2	硫酸タリウム	活性酸素生成
3	ブロムメチル	酵素阻害
4	硫酸ニコチン	タンパク合成阻害

問5　次の文は、薬物の性質と毒性等について記述したものである。記述の正誤について、正しい組合せはどれか。

ア　弗化スルフリルは、無色の気体であり、生体内で代謝されて生じる弗化物イオンにより毒性を発揮する。

イ　テフルトリンは、淡褐色の固体であり、中枢神経抑制作用をもつ。

ウ　DDVP は、無色の液体であり、体内のコリンエステラーゼ活性阻害作用をもつ。

	ア	イ	ウ
1	誤	正	正
2	正	誤	正
3	正	正	誤
4	正	正	正

問6　次のうち、毒物劇物営業者が、有機燐化合物を含有する製剤たる劇物を販売する際に、その容器及び被包に表示しなければならない解毒剤の名称として、正しいものはどれか。

1　ジメルカプロール(別名：BAL)の製剤　　　2　チオ硫酸ナトリウムの製剤
3　アセトアミドの製剤
4　2－ピリジルアルドキシムメチオダイド(別名：PAM)の製剤及び硫酸アトロピンの製剤

問7　次のうち、アンモニアの廃棄方法に関する記述として、正しいものはどれか。

1　還元剤の水溶液に希硫酸を加えて酸性にし、この中に少量ずつ投入する。反応終了後、反応液を中和し多量の水で希釈して処理する。
2　水で希薄な水溶液とし、酸で中和させた後、多量の水で希釈して処理する。
3　水に溶かし、消石灰、ソーダ灰等の水溶液を加え、沈殿ろ過して処理する。
4　多量の水酸化ナトリウム水溶液に吹き込んだ後、酸化剤の水溶液を加えて酸化分解して処理する。

問8　次の文は、薬物の貯蔵方法について記述したものである。記述の正誤について、正しい組合せはどれか。

ア　ロテノンは、酸素によって分解するため、空気と光線を遮断して貯蔵する。

イ　塩素酸カリウムは、可燃物が混在すると、加熱、摩擦又は衝撃によって爆発するため、可燃性物質と離して、金属容器を避け、乾燥した冷暗所に密栓貯蔵する。

ウ　シアン化ナトリウムは、風解を防ぐため密栓して貯える。金属腐食性があるため、ガラス製容器に貯蔵する。

エ　ブロムメチルは、圧縮冷却して液化し、圧縮容器に入れ、直射日光その他、温度上昇の原因を避けて、冷暗所に貯蔵する。

	ア	イ	ウ	エ
1	正	正	誤	正
2	正	誤	正	誤
3	誤	正	正	正
4	正	正	誤	誤

問9　次のうち、塩化亜鉛の鑑別方法に関する記述として、正しいものはどれか。

1　アルコール溶液にジメチルアニリン及びブルシンを加えて溶解し、これにブロムシアン溶液を加えると、緑色ないし赤紫色を呈する。
2　濃塩酸をうるおしたガラス棒を近づけると、白い霧を生ずる。
3　水に溶かし、硝酸銀を加えると、白色の沈殿を生じる。
4　塩酸を加えて中和したのち、塩化白金溶液を加えると、黄色、結晶性の沈殿を生じる。

問10　次の文は、薬物の漏えい時の措置について記述したものである。該当する薬物の組合せとして、正しいものはどれか。

ア　少量の場合、漏えい箇所を濡れむしろ等で覆い、遠くから多量の水をかけて洗い流す。多量の場合、漏えい箇所を濡れむしろ等で覆い、ガス状になったものに対しては遠くから霧状の水をかけ吸収させる。

イ　漏えいした液は土砂等でその流れを止め、安全な場所に導き、空容器にできるだけ回収し、そのあとを消石灰等の水溶液を用いて処理し、多量の水を用いて洗い流す。洗い流す場合には中性洗剤等の分散剤を使用して洗い流す。

ウ　飛散したものは、速やかに掃き集めて空容器にできるだけ回収し、そのあとは多量の水を用いて洗い流す。

	ア	イ	ウ
1	液化アンモニア	塩素酸カリウム	ＥＰＮ
2	液化アンモニア	ＥＰＮ	塩素酸カリウム
3	塩素酸カリウム	ＥＰＮ	液化アンモニア
4	ＥＰＮ	液化アンモニア	塩素酸カリウム

（特定品目）

問1　次の毒物又は劇物のうち、毒物又は劇物の特定品目販売業者が販売できるものとして、正しいものの組合せはどれか。

ア　モノフルオール酢酸ナトリウム　　イ　フェノール　　ウ　塩素
エ　塩基性酢酸鉛

1　（ア，イ）　　2　（ア，ウ）　　3　（イ，エ）　　4　（ウ，エ）

問2　次の薬物とその主な用途の組合せのうち、正しいものの組合せはどれか。

	薬物	主な用途
ア	蓚酸（しゅう）	消毒剤、漂白剤、酸化剤、還元剤
イ	トルエン	爆薬、染料、香料、サッカリン等の原料、溶剤
ウ	メタノール	洗濯剤及び種々の洗浄剤の製造
エ	キシレン	溶剤、染料中間体などの有機合成原料、試薬

1　（ア，イ）　　2　（ア，ウ）　　3　（ウ，エ）　　4　（イ，エ）

問3　次の文は、ある薬物の貯蔵方法について記述したものである。該当する薬物はどれか。

純品は空気と日光によって変質するため、少量のアルコールを加えて、冷暗所に貯蔵する。

1　酢酸エチル　　2　クロロホルム　　3　酸化水銀　　4　四塩化炭素

問4　次の文は、薬物とその廃棄方法について記述したものである。記述の正誤について、正しい組合せはどれか。

ア　硫酸は、徐々に石灰乳などの攪拌溶液（かくはん）に加えて中和させた後、多量の水で希釈して処理する。

イ　アンモニアは、水を加えて希薄な水溶液とし、希薄なアルカリで中和させた後、多量の水で希釈して処理する。

ウ　酸化水銀5％以下を含有する製剤は、還元焙焼法により金属水銀として回収して処理する。

エ　ホルマリンは、多量の水を加え希薄な水溶液とした後、水酸化ナトリウム水溶液を加えて分解させ廃棄する。

	ア	イ	ウ	エ
1	誤	正	正	正
2	正	誤	正	誤
3	正	正	正	正
4	誤	正	誤	誤

問5　次の文は、薬物の鑑別方法について記述したものである。該当する薬物の組合せとして、正しいものはどれか。

ア　水溶液をアンモニア水で弱アルカリ性にして塩化カルシウムを加えると、白色の沈殿を生じる。また、水溶液は過マンガン酸カリウムの溶液を退色する。
イ　アンモニア水を加え、さらに硝酸銀水溶液を加えると、徐々に金属銀を析出する。また、フェーリング液とともに熱すると、赤色の沈殿を生じる。
ウ　あらかじめ熱した酸化銅を加えると、ホルムアルデヒドが生成し、酸化銅は還元されて金属銅色を呈する。

	ア	イ	ウ
1	酸化鉛	ホルマリン	アンモニア水
2	酸化鉛	水酸化カリウム	メタノール
3	蓚酸	ホルマリン	メタノール
4	蓚酸	水酸化カリウム	アンモニア水

問6　次の文は、薬物とその人体に対する代表的な作用や中毒症状について記述したものである。記述の正誤について、正しい組合せはどれか。

ア　蓚酸は、血液中の石灰分を奪取し、神経系をおかす。急性中毒症状は、胃痛、嘔吐、口腔や咽喉の炎症であり、腎臓がおかされる。
イ　硝酸は、蒸気は眼、呼吸器などの粘膜及び皮膚に強い刺激性をもつ。高濃度のものが皮膚にふれるとガスを発生して、組織ははじめ白く、しだいに深黄色となる。
ウ　水酸化カリウムは、濃厚水溶液が皮膚にふれると、皮膚が激しくおかされる。
エ　メタノールは、原形質毒であり、脳の節細胞を麻酔させ赤血球を溶解する。吸収すると、はじめは嘔吐、瞳孔の縮小、運動性不安が現れ、次に脳及びその他の神経細胞を麻酔させる。

	ア	イ	ウ	エ
1	誤	正	誤	誤
2	誤	誤	正	正
3	正	誤	正	誤
4	正	正	正	誤

問7　次の文は、硫酸の性質等について記述したものである。正しいものの組合せはどれか。

ア　濃硫酸を希釈して希硫酸を調製するには、濃硫酸をガラス棒で攪拌しながら、その中に徐々に水を加える。
イ　硫酸の希釈水溶液に塩化バリウムを加えると、白色の沈殿を生じるが、この沈殿は、塩酸や硝酸に溶けない。
ウ　濃硫酸は、無色透明で揮発性の高い酸である。
エ　濃硫酸は、ショ糖や木片などに触れると、それらを炭化して黒変させる。

1　（ア，イ）　　2　（ア，ウ）　　3　（イ，エ）　　4　（ウ，エ）

問8　次の文は、四塩化炭素の性質について記述したものである。（　）にあてはまる語句の組合せのうち、正しいものはどれか。

四塩化炭素は、揮発性、麻酔性を有する無色、（　ア　）の液体で、水に溶けにくく、エーテル、クロロホルムに可溶である。蒸気は、（　イ　）で、空気よりも（　ウ　）。

	ア	イ	ウ
1	芳香性	可燃性	軽い
2	無臭	可燃性	重い
3	芳香性	不燃性	重い
4	無臭	不燃性	軽い

問9　次の文は、アンモニアの性質等について記述したものである。記述の正誤について、正しい組合せはどれか。

ア　アンモニア5%を含有する製剤は、劇物である。
イ　無色、無臭の液体である。
ウ　空気中では燃焼しないが、酸素中では黄色の炎をあげて
　　燃焼する。

	ア	イ	ウ
1	誤	誤	正
2	正	正	正
3	誤	正	誤
4	正	誤	誤

問10　次の文は、ある薬物の漏えい時の措置及びその措置における注意事項について記述したものである。該当する薬物はどれか。

　多量に漏えいした場合、土砂等でその流れを止め、これに吸着させるか、又は安全な場所に導いて遠くから徐々に注水してある程度希釈した後、消石灰、ソーダ灰等で中和し、多量の水を用いて洗い流す。
　爆発性でも引火性でもないが、多くの金属を腐食して水素ガスを発生し、これが空気と混合して引火爆発することがある。

1　キシレン　　　2　ホルマリン　　　3　塩酸　　　　4　過酸化水素水

〔識別及び取扱方法〕

(一般)

　次の薬物の常温常圧下における主な性状について、最も適当なものを下欄から一つ選びなさい。

問1　ナトリウム　　問2　硫酸銅　　問3　硝酸　　問4　臭素　　問5　アニリン

下欄

番号	性　　状
1	無色の液体で、特有な臭気がある。空気に接すると、刺激性白霧を生じる。
2	純品は無色透明な油状の液体で、特有の臭気がある。空気にふれて赤褐色を呈する。
3	黄緑色の気体で、窒息性臭気を有する。
4	銀白色の光輝をもつ固体である。
5	赤褐色の重い液体で、刺激性の臭気を持ち、揮発性を有する。
6	黒灰色、金属様の光沢のある稜板状結晶である。
7	濃い藍色の結晶で、風解性を有する。

(農業用品目）

次の薬物の常温常圧下における主な性状について、最も適当なものを下欄から一つ選びなさい。

問1 燐化亜鉛　　　問2 クロルピクリン　　　問3 アンモニア水
問4 フェンチオン　　　問5 ジクワット

下欄

番号	性　　状
1	淡黄色の吸湿性結晶である。
2	褐色の液体で、弱いニンニク臭を有する。
3	純品は無色の油状体で、催涙性を有する。
4	暗灰色又は暗赤色の光沢がある粉末で、空気中で分解する。
5	無色の気体で、クロロホルム様のにおいを有する。
6	常温では液体であるが、気化しやすく、その蒸気はかすかに芳香性を有する。
7	無色の液体で、鼻をさすような刺激臭を有する。

(特定品目）

次の薬物の常温常圧下における主な性状について、最も適当なものを下欄から一つ選びなさい。

問1 メチルエチルケトン　　　問2 重クロム酸カリウム　　　問3 塩酸
問4 蓚 酸　　　問5 酢酸エチル

下欄

番号	性　　状
1	無色透明で、麻酔性のかすかな甘い特有の臭気をもつ液体である。
2	無色の液体で、アセトン様のにおいを有する。
3	無色の稜柱状の結晶で、乾燥空気中で風化する。
4	白色の固体で、潮解性を有する。
5	橙赤色の柱状結晶である。
6	無色の液体で、強い果実様の香気を有する。
7	無色透明の液体で、高濃度のものは湿った空気中でいちじるしく発煙する。

〔毒物及び劇物に関する法規〕
（一般・農業用品目・特定品目共通）

問1　次の記述は、毒物及び劇物取締法第1条の条文である。
　　　　　　　内に入る**正しい語句の組合せ**を選びなさい。

　この法律は、毒物及び劇物について、 A の見地から必要な B を行うことを目的とする。

	A	B
1	保健衛生上	取締
2	事故防止上	取締
3	保健衛生上	監視
4	事故防止上	監視

問2　次のうち、毒物及び劇物取締法第2条第2項に基づく劇物として、**正しいもの**を選びなさい。

1　水銀　　　　　2　セレン　　　　　3　クラーレ　　　　4　四塩化炭素

問3　次のうち、毒物及び劇物取締法第4条第3項の条文として、**正しいもの**を選びなさい。

1　製造業又は輸入業の登録は、五年ごとに、販売業の登録は、六年ごとに、検査を受けなければ、その効力を失う。
2　製造業又は輸入業の登録は、五年ごとに、販売業の登録は、六年ごとに、更新を受けなければ、その効力を失う。
3　製造業又は輸入業の登録は、六年ごとに、販売業の登録は、五年ごとに、検査を受けなければ、その効力を失う。
4　製造業又は輸入業の登録は、六年ごとに、販売業の登録は、五年ごとに、更新を受けなければ、その効力を失う。

問4　次の記述は、毒物及び劇物取締法第8条第2項の条文である。
　　　　　　　内に入る**正しい語句の組合せ**を選びなさい。

次に掲げる者は、前条の毒物劇物取扱責任者となることができない。
一　十八歳 A の者
二　心身の障害により毒物劇物取扱責任者の業務を適正に行うことができない者として厚生労働省令で定めるもの
三　麻薬、 B 、あへん又は覚せい剤の中毒者
四　毒物若しくは劇物又は薬事に関する罪を犯し、罰金以上の刑に処せられ、その執行を終り、又は執行を受けることがなくなつた日から起算して C を経過していない者

	A	B	C
1	以下	大麻	五年
2	未満	大麻	三年
3	以下	危険ドラッグ	三年
4	未満	危険ドラッグ	五年

問5　次のうち、毒物及び劇物取締法第10条に基づき、毒物劇物営業者が30日以内に届け出なければならない場合に、**該当しないもの**を選びなさい。

1　営業所における営業を廃止したとき
2　営業所の名称を変更したとき
3　営業所の営業時間を変更したとき
4　営業所の毒物又は劇物を貯蔵する設備の重要な部分を変更したとき

問6　次のうち、毒物及び劇物取締法第12条に基づき、毒物劇物営業者が毒物又は劇物を販売し、又は授与する時に、その容器及び被包に表示しなければならない事項として、**正しいもの**を選びなさい。

1　毒物又は劇物の毒性　　　　2　毒物又は劇物の成分及びその含量
3　毒物又は劇物の使用期限　　4　毒物又は劇物の製造日

問7　次のうち、毒物及び劇物取締法第13条の2に基づき、一般消費者の生活の用に供されると認められるものであって政令で定める劇物として、**正しいもの**を選びなさい。なお、劇物は住宅用の洗浄剤で液体状のものに限る。

1　次亜塩素酸ナトリウムを含有する製剤たる劇物
2　水酸化カリウムを含有する製剤たる劇物
3　酢酸エチルを含有する製剤たる劇物
4　塩化水素を含有する製剤たる劇物

問8　次のうち、毒物及び劇物取締法第14条に基づき、毒物劇物営業者が毒物又は劇物を毒物劇物営業者以外の者に販売したとき、その譲受人から提出を受けた譲渡手続に係る書面の保存期間として、**正しいもの**を選びなさい。

1　販売した日から1年間　　　2　販売した日から3年間
3　販売した日から5年間　　　4　販売した日から7年間

問9　次のうち、毒物劇物営業者が取扱う毒物を紛失した際に、毒物及び劇物取締法第17条第2項に基づき、直ちに届け出なければならない機関として、**正しいもの**を選びなさい。

1　保健センター　　2　消防機関　　3　警察署　　4　厚生労働省

問10　次の記述の ＿＿＿ 内に入る**正しい語句**を選びなさい。

> 毒物及び劇物取締法施行令第40条の6に基づき、毒物又は劇物を車両を使用して運搬する場合で、当該運搬を他に委託するときは、その荷送人は、運送人に対し、あらかじめ、当該毒物又は劇物の名称等の規定された項目を記載した書面を交付しなければならないが、1回の運搬につき ＿＿＿ キログラム以下を運搬する場合は、荷送人の通知義務を要しない。

1　200　　　2　1000　　　3　2000　　　4　5000

（農業用品目）

問 11　次のうち、毒物及び劇物取締法第 13 条に基づき、着色すべき農業用劇物として、**正しいもの**を選びなさい。

1　メチルイソチオシアネートを含有する製剤たる劇物
2　ロテノンを含有する製剤たる劇物
3　硫酸を含有する製剤たる劇物
4　燐化亜鉛を含有する製剤たる劇物

（特定品目）

問 11　次のうち、毒物及び劇物取締法第 4 条の 3 に基づき、特定品目販売業者が販売できる劇物の組合せとして、**正しいもの**を選びなさい。

a．アセトニトリル　　b．トルエン　　c．ロテノン　　d．キシレン

1（a、b）　　　2（a、c）　　　3（b、d）　　　4（c、d）

問 12　次のうち、毒物及び劇物取締法第 12 条に基づき、劇物の容器及び被包に表示しなければならないものとして、**正しいもの**を選びなさい。

1　「医薬用外」の文字及び赤地に白色をもって「劇物」の文字
2　「医薬用外」の文字及び白地に赤色をもって「劇物」の文字
3　「医薬部外品」の文字及び赤地に白色をもって「劇物」の文字
4　「医薬部外品」の文字及び白地に赤色をもって「劇物」の文字

問 13　次のうち、車両を使用して、30%水酸化ナトリウム溶液を 7,500kg 運搬する場合に、毒物及び劇物取締法施行令第 40 条の 5 に基づき、車両に備えなければならない書面の記載内容として、**正しいもの**を選びなさい。

1　劇物の名称、成分、その含量、事故の際に講じなければならない応急の措置の内容
2　劇物の名称、成分、その性状、事故の際に講じなければならない応急の措置の内容
3　劇物の名称、成分、その含量、荷送人の氏名及び住所
4　劇物の名称、成分、その性状、荷送人の氏名及び住所

〔基礎化学〕

（注）「基礎化学」の設問には、（一般・農業用品目・特定品目）において共通の設問があることから編集の都合上、（一般）の設問番号を通し番号（基本）として、（農業用品目・特定品目）における設問番号をそれぞれ繰り下げの上、読み替えいただきますようお願い申し上げます。

（一般・農業用品目・特定品目共通）

問 11　次のうち、純物質として、**正しいもの**を選びなさい。

1　石油　　2　空気　　3　食塩水　　4　酸化マグネシウム

埼玉県

問12　次のうち、<u>内に入る**正しい語句の組合せ**を選びなさい。</u>

> 　温度や圧力を変化させると、物質の状態は三態の間で変化する。
> この変化を　A　という。
> 　例えば、固体から液体への変化を融解、液体から固体への変化を　B　、液体から
> 気体への変化を蒸発という。

```
     A          B
1  状態変化     凝固
2  状態変化     凝縮
3  物質変化     凝固
4  物質変化     凝縮
```

問13　次のうち、非金属元素の原子からなる物質で共有結合のみからなる結晶として、**正しいもの**を選びなさい。

　　1　ヨウ素　　　2　アルミニウム　　　3　塩化ナトリウム　　　4　ダイヤモンド

問14　次のうち、亜鉛イオン溶液の反応の説明として、**正しいもの**を選びなさい。

　　1　アンモニア水を加えると褐色沈殿を生じるが、さらに過剰のアンモニア水を加えると沈殿が溶ける。
　　2　アンモニア水を加えると白色沈殿を生じるが、さらに過剰のアンモニア水を加えると沈殿が溶ける。
　　3　アンモニア水を加えると褐色沈殿を生じ、さらに過剰のアンモニア水を加えても沈殿は溶けない。
　　4　アンモニア水を加えると白色沈殿を生じ、さらに過剰のアンモニア水を加えても沈殿は溶けない。

問15　次のうち、メタン(CH_4) 4.0 g が完全燃焼する時、生成する水の質量として、**正しいもの**を選びなさい。なお、メタンが完全燃焼する時の化学反応式は次のとおりとし、各物質の分子量は、$CH_4 = 16$、$O_2 = 32$、$CO_2 = 44$、$H_2O = 18$ とする。

　　　〔化学反応式〕　　$CH_4 + 2O_2 \rightarrow CO_2 + 2H_2O$

　　1　4.5 g　　　2　8.0 g　　　3　9.0 g　　　4　18.0 g

問16　次のうち、ナトリウム原子の電子殻のうち M 殻に存在する電子の数として、**正しいもの**を選びなさい。なお、ナトリウム原子は、原子核に 11 個の陽子があり、その周りの電子殻に電子がある。

　　1　1個　　　　2　2個　　　　3　8個　　　　4　9個

問17　次のうち、<u>内に入る**正しい語句の組合せ**を選びなさい。</u>

> 　分子式 $C_4H_4O_4$ の二重結合を含む 2 価カルボン酸には、　A　形のマレイン酸と
> 　B　形のフマル酸という一組の　C　異性体が存在する。マレイン酸を加熱すると、分子内で脱水反応が起こり、無水マレイン酸に変化するが、フマル酸は酸無水物に変化しにくい。

	A	B	C
1	シス	トランス	鏡像
2	シス	トランス	幾何
3	トランス	シス	鏡像
4	トランス	シス	幾何

問 18　次のうち、分子式 $C_{10}H_8$ から成り、2個のベンゼン環の一辺を共有した構造を
もつ芳香族炭化水素として、**正しいもの**を選びなさい。

1　ナフタレン　　2　スチレン　　3　トルエン　　4　アントラセン

問 19　次のうち、フェノール溶液に塩化鉄(Ⅲ)溶液を加えると呈する色として、**最も
適切なもの**を選びなさい。

1　黄褐色　　　2　濃緑色　　　3　白色　　　4　紫色

問 20　次のうち、熱硬化性樹脂に分類される合成樹脂(プラスチック)として、**正しい
もの**を選びなさい。

1　メラミン樹脂(略号 MF)　　　2　ポリエチレン(略号 PE)
3　ポリプロピレン(略号 PP)　　　4　ポリ塩化ビニル(略号 PVC)

(農業用品目)

問 22　次のうち、中性を示す pH の表し方として、**正しいもの**を選びなさい。
ただし、25℃の条件下とする。

1　pH0　　　2　pH3　　　3　pH7　　　4　pH12

(特定品目)

問 24　次のうち、強酸と弱塩基の組合せとして、**正しいもの**を選びなさい。

1　硝酸　−　水酸化カルシウム　　　2　炭酸　−　水酸化マグネシウム
3　硫酸　−　アンモニア　　　　　　4　酢酸　−　水酸化バリウム

問 25　次のうち、他の物質から電子を奪う力(酸化力)の強さの順に並べたものとして、
正しいものを選びなさい。

1　I_2 ＞ Br_2 ＞ F_2　　　　2　F_2 ＞ I_2 ＞ Cl_2
3　I_2 ＞ Br_2 ＞ Cl_2　　　　4　F_2 ＞ Cl_2 ＞ I_2

〔毒物及び劇物の性質及び
　　貯蔵その他の取扱方法〕

(一般)

問 21　次のうち、塩酸に関する記述として、**誤っているもの**を選びなさい。

1　25％以上のものは湿った空気中で発煙し、刺激臭がある。
2　鉄を溶解し、塩素を生成する。
3　少量が漏えいした場合、水で徐々に希釈した後、水酸化カルシウム、炭酸ナト
リウム等で中和し、多量の水で洗い流す。
4　水溶液は青色リトマス紙を赤色変し、硝酸銀溶液を加えると、白い沈殿を生じる。

問 22　次のうち、エチルパラニトロフェニルチオノベンゼンホスホネイト（別名：
　　EPN）に関する記述として、**最も適切なもの**を選びなさい。

　1　黄色の液体である。
　2　水に易溶で、一般的な有機溶媒に不溶である。
　3　植物成長調整剤として用いられる。
　4　解毒薬は硫酸アトロピンが用いられる。

問 23　次のうち、トルイジンに関する記述として、**誤っているもの**を選びなさい。

　1　オルトトルイジン、メタトルイジン、パラトルイジンの3種の異性体がある。
　2　オルトトルイジンは常温で無色の液体である。
　3　メタトルイジンは常温で無色の液体である。
　4　パラトルイジンは常温で無色の液体である。

問 24　次のうち、二硫化炭素に関する記述として、**正しいもの**を選びなさい。

　1　光沢のある白銀色の針状結晶である。
　2　水に易溶で、クロロホルムに不溶である。
　3　－20℃でも引火してよく燃焼する。
　4　水より沸点が高く、蒸発しにくい。

問 25　次のうち、水酸化ナトリウムに関する記述として、**正しいもの**を選びなさい。

　1　赤褐色の固体である。
　2　水溶液は酸性を呈する。
　3　潮解性がある。
　4　水溶液はアルミニウムと反応して、特異臭のある有毒なガスを生成する。

問 26　次のうち、モノフルオール酢酸ナトリウムに関する記述として、**最も適切なも
　　の**を選びなさい。

　1　暗緑色の結晶である。　　　　　2　有機溶媒に不溶である。
　3　釉薬として用いられる。　　　　4　経口摂取による主な中毒症状は失明である。

問 27　次のうち、ヨウ素に関する記述として、**正しいもの**を選びなさい。

　1　橙赤色の固い結晶である。
　2　アルコール、エーテル、クロロホルムに不溶である。
　3　デンプンと反応させ藍色を呈したものに、チオ硫酸ナトリウム溶液を反応させ
　　ると脱色する。
　4　石油中に密栓して貯蔵する。

問 28　次のうち、クレゾールの用途と廃棄方法の組合せとして、**最も適切なもの**を選
　　びなさい。

　1　消毒　　　　　　　　　　－　燃焼法
　2　コンクリート増強剤　　　－　燃焼法
　3　ガラスの原料　　　　　　－　中和法
　4　除草剤　　　　　　　　　－　中和法

問 29　次のうち、ジメチルジチオホスホリルフェニル酢酸エチル(別名：フェントエート、PAP)に関する記述として、**正しいもの**を選びなさい。

1　無臭の赤褐色の液体で、水に可溶である。
2　無臭の青白色の液体で、水に不溶である。
3　臭いのある赤褐色の液体で、水に不溶である。
4　臭いのある青白色の液体で、水に可溶である。

問 30　次のうち、S－メチル－N－［(メチルカルバモイル)－オキシ］－チオアセトイミデート(別名：メトミル)の用途として、**最も適切なもの**を選びなさい。

1　殺虫剤　　2　顔料　　3　接着剤　　4　防錆剤

（農業用品目）

問 23　次のうち、エチルパラニトロフェニルチオノベンゼンホスホネイト(別名：EPN)に関する記述として、**最も適切なもの**を選びなさい。

1　黄色の液体である。
2　水に易溶で、一般的な有機溶媒に不溶である。
3　植物成長調整剤として用いられる。
4　解毒薬は硫酸アトロピンが用いられる。

問 24　硫酸に関する記述として、**最も適切なもの**を選びなさい。

1　黄緑色の液体である。
2　水で薄めると吸熱する。
3　濃い濃度のものが人体に触れると、激しいやけどをきたす。
4　漏えいした場合は、速やかに中和剤を直接散布する。

問 25　(RS)－α－シアノ－3－フェノキシベンジル＝$(1\ RS,\ 3\ RS)$－$(1\ RS,\ 3\ SR)$－3－$(2,\ 2$－ジクロロビニル)－2，2－ジメチルシクロプロパンカルボキシラート(別名：シペルメトリン)に関する記述として、**最も適切なもの**を選びなさい。

1　白色の結晶性粉末である。　　2　水に易溶である。
3　紫外線では分解しない。　　4　木材防腐剤として用いられる。

問 26　次のうち、エマメクチン安息香酸塩に関する記述として、**最も適切なもの**を選びなさい。

1　暗緑色の液体である。
2　有機シアン化合物である。
3　揮発しやすいので、密栓して保管する。
4　アザミウマ目害虫に対する殺虫剤として用いる。

問 27　次のうち、ジエチル－3，5，6－トリクロロ－2－ピリジルチオホスフェイト(別名：クロルピリホス)に関する記述として、**正しいもの**を選びなさい。

1　無色透明の液体で、水に易溶である。
2　淡黄色の液体で、水に難溶である。
3　白色の結晶で、ベンゼンに可溶である。
4　橙赤色の結晶で、ベンゼンに難溶である。

問 28　次のうち、ブロムメチル(別名：臭化メチル)に関する記述として、**最も適切な**
　　ものを選びなさい。

　1　無色の気体である。　　　　　2　沸点は約 100 ℃である。
　3　鼻を突くような刺激臭がある。　4　顔料として用いられる。

問 29　次のうち、塩化亜鉛に関する記述として、**最も適切なもの**を選びなさい。

　1　橙色の粉末である。
　2　アルコールに可溶であり、潮解性がある。
　3　殺鼠剤として用いられる。
　4　水に溶かし硝酸銀を加えると、黒色沈殿を生じる。

問 30　次のうち、トリクロルヒドロキシエチルジメチルホスホネイト(別名：DEP)に
　　関する記述として、**最も適切なもの**を選びなさい。

　1　純品は黒色の結晶である。
　2　水、クロロホルム、アルコールに不溶である。
　3　アルカリで加水分解する。
　4　展着剤として用いられる。

(特定品目)

問 26　次のうち、塩酸に関する記述として、**誤っているもの**を選びなさい。

　1　25 ％以上のものは湿った空気中で発煙し、刺激臭がある。
　2　鉄を溶解し、塩素を生成する。
　3　少量が漏えいした場合、水で徐々に希釈した後、水酸化カルシウム、炭酸ナト
　　リウム等で中和し、多量の水で洗い流す。
　4　水溶液は青色リトマス紙を赤色変し、硝酸銀溶液を加えると、白い沈殿を生じる。

問 27　硫酸に関する記述として、**最も適切なもの**を選びなさい。

　1　黄緑色の液体である。
　2　水で薄めると吸熱する。
　3　濃い濃度のものが人体に触れると、激しいやけどをきたす。
　4　漏えいした場合は、速やかに中和剤を直接散布する。

問 28　次のうち、メタノールに関する記述として、**正しいもの**を選びなさい。

　1　不揮発性の褐色透明液体である。
　2　沸点は 100 ℃を超える。
　3　別名はエチルアルコールである。
　4　蒸気は空気より重く、引火しやすい。

問 29　次のうち、クロロホルムに関する記述として、**最も適切なもの**を選びなさい。

　1　無色の揮発性液体で、特異臭がある。
　2　水に易溶である。
　3　空気に触れ、同時に日光の作用を受けても分解しない。
　4　土壌の燻蒸に用いられる。

問 30　次のうち、アンモニア水に関する記述として、**最も適切なもの**を選びなさい。

　1　無臭の赤色液体である。　　　2　弱酸性である。
　3　廃棄は中和法で行う。　　　　4　有機リン化合物に分類される。

〔毒物及び劇物の識別及び取扱方法〕

（一般）

問31 弗化水素酸について、次の問題に答えなさい。

(1) 性状として、**正しいもの**を別紙から選びなさい。
(2) 鑑識法に関する記述として、**適切なもの**を次のうちから選びなさい。

1 ロウをぬったガラス板に針で任意の模様を描いたものに本品を塗ると、ロウを
かぶらない模様の部分のみ反応する。
2 水酸化ナトリウム溶液を加えて熱すれば、クロロホルム臭がする。

問32 ピクリン酸について、次の問題に答えなさい。

(1) 性状として、**正しいもの**を別紙から選びなさい。
(2) 鑑識法に関する記述として、**適切なもの**を次のうちから選びなさい。

1 熱すると酸素を生成して塩化物となる。
2 水溶液にさらし粉溶液を加えて煮沸すると、刺激臭を発する。

問33 アクロレインについて、次の問題に答えなさい。

(1) 性状として、**正しいもの**を別紙から選びなさい。
(2) 用途として、**最も適切なもの**を次のうちから選びなさい。

1 冷凍機の探知剤、水の殺菌剤　　2 不凍液、気圧計

問34 砒素について、次の問題に答えなさい。

(1) 性状として、**正しいもの**を別紙から選びなさい。
(2) 解毒薬として、**最も適切なもの**を次のうちから選びなさい。

1 亜硝酸アミル　　2 ジメルカプロール

問35 黄燐について、次の問題に答えなさい。

(1) 性状として、**正しいもの**を別紙から選びなさい。
(2) 貯法に関する記述として、**最も適切なもの**を次のうちから選びなさい。

1 水中に沈めて瓶に入れ、さらに砂を入れた缶中に固定して、冷暗所に保管する。
2 風解性があるので、気密容器に貯蔵する。

┌ 別　紙 ─

1 淡黄色の光沢のある小葉状あるいは針状結晶で、熱湯には可溶であり、急熱ある
いは衝撃により爆発する。
2 無色又は帯黄色の液体で、刺激臭があり、極めて引火しやすい。
3 白色又は淡黄色のロウ様半透明の結晶性固体で、湿った空気に触れると徐々に酸
化され、暗所では光を発する。
4 種々の形で存在するが、結晶のものが最も安定で、灰色、金属光沢を有し、水に
不溶である。
5 無色又はわずかに着色した透明の液体で、特有の刺激臭があり、高濃度のものは
空気中で白煙を生じる。

（農業用品目）

問 31　2，2'－ジピリジリウム－1，1'－エチレンジブロミド(別名：ジクワット）について、次の問題に答えなさい。

(1) 性状として、**正しいものを別紙から**選びなさい。
(2) 用途として、**最も適切なものを**次のうちから選びなさい。

　1　除草剤　　　2　硬化剤

問 32　ニコチンについて、次の問題に答えなさい。

(1) 性状として、**正しいものを別紙から**選びなさい。
(2) 鑑識法に関する記述として、**適切なものを**次のうちから選びなさい。

　1　ホルマリン、濃硝酸の順に1滴ずつ加えると、青色を呈する。
　2　エーテル溶液に、ヨウ素のエーテル溶液を加えると、褐色の液状沈殿を生じ、これを放置すると赤色針状結晶となる。

問 33　弗化スルフリルについて、次の問題に答えなさい。

(1) 性状として、正しいものを別紙から選びなさい。
(2) 用途として、**最も適切なものを**次のうちから選びなさい。

　1　染色剤　　　2　殺虫剤

問 34　シアン酸ナトリウムについて、次の問題に答えなさい。

(1) 性状として、**正しいものを別紙から**選びなさい。
(2) 用途として、**最も適切なものを**次のうちから選びなさい。

　1　乳化剤　　　2　除草剤

問 35　硫酸第二銅について、次の問題に答えなさい。

(1) 性状として、**正しいものを別紙から**選びなさい。
(2) 鑑識法として、**適切なものを**次のうちから選びなさい。

　1　硫化水素を加えて生じた黒色沈殿は、熱希硝酸に溶ける。
　2　硫化水素を加えて生じた白色沈殿は、熱希硝酸に溶けない。

　別　紙
1　無色の気体で、水に難溶であるが、アセトン、クロロホルムに可溶である。
2　不純物を含まないものは無色・無臭の油状液体であるが、空気中で速やかに褐変する。水、アルコールに易溶である。
3　水和物は濃い藍色の結晶であるが、風解性があり、無水物は白色粉末で、水に可溶である。
4　淡黄色の吸湿性結晶で、水に可溶であり、アルカリ性下では不安定である。
5　白色の結晶性粉末で、融点は550℃であり、水に可溶であるが、エタノールに不溶である。

（特定品目）

問31 過酸化水素水について、次の問題に答えなさい。

(1) 性状として、**正しいもの**を別紙から選びなさい。
(2) 鑑識法として、**適切なもの**を次のうちから選びなさい。

　1　過マンガン酸カリウムを混合すると、退色する。
　2　ヨウ化亜鉛を混合すると、退色する。

問32 ホルマリンについて、次の問題に答えなさい。

(1) 性状として、**正しいもの**を別紙から選びなさい。
(2) 鑑識法に関する記述として、**適切なもの**を選びなさい。

　1　さらし粉を加えると紫色を呈する。
　2　アンモニア水を加え、さらに硝酸銀溶液を加えると、金属銀を析出する。また、フェーリング溶液とともに熱すると、赤色の沈殿を生ずる。

問33 重クロム酸アンモニウムについて、次の問題に答えなさい。

(1) 性状として、**正しいもの**を別紙から選びなさい。
(2) 廃棄方法として、**最も適切なもの**を選びなさい。

　1　分解法　　　2　還元沈殿法

問34 酸化第二水銀について、次の問題に答えなさい。

(1) 性状として、**正しいもの**を別紙から選びなさい。
(2) 鑑識法として、**適切なもの**を選びなさい。

　1　無水炭酸ナトリウムの粉末とともに吹管炎で熱灼すると特有の臭いを出し、冷えると赤色の塊となる。
　2　試験管に入れて熱すると始めに黒色に変わり、さらに熱すると完全に揮散する。

問35 蓚酸について、次の問題に答えなさい。

(1) 性状として、**正しいもの**を別紙から選びなさい。
(2) 鑑識法に関する記述として、**適切なもの**を選びなさい。

　1　水溶液をアンモニア水で弱アルカリ性にして塩化カルシウムを加えると、白色沈殿を生じる。
　2　水溶液に水酸化カルシウムを加えると赤色沈殿を生じる。

別　紙

1　赤色又は黄色の粉末で水に難溶であるが、酸には易溶である。
2　刺激臭を有し、常温では無色透明な液体であるが、低温では析出が起こり混濁する。
3　橙赤色の結晶で、185 ℃で気体の窒素を生成し、ルミネッセンスを発して分解する。
4　結晶水を有する無色の稜柱状結晶で、乾燥空気中で風化し、加熱すると昇華するが、急に加熱すると分解する。
5　無色透明の液体で、強い酸化力と還元力を併有しており、アルカリ存在下では分解作用が著しい。

〔筆記：毒物及び劇物に関する法規〕
（一般・農業用品目・特定品目共通）

問１　次の各設問に答えなさい。

(1) 次の文章は、毒物及び劇物取締法の条文である。文中の（　）に当てはまる語句の組み合わせとして、正しいものを下欄から一つ選びなさい。

（第一条）
　　　この法律は、毒物及び劇物について、保健衛生上の見地から必要な（　ア　）を行うことを目的とする。

（第二条第二項）
　　　この法律で「劇物」とは、別表第二に掲げる物であつて、（　イ　）以外のものをいう。

（第二条第三項）
　　　この法律で「特定毒物」とは、（　ウ　）であつて、別表第三に掲げるものをいう。

〔下欄〕

	ア	イ	ウ
1	管理	医薬品及び医薬部外品	特定の用途に供するもの
2	管理	食品及び食品添加物	毒物
3	取締	食品及び食品添加物	特定の用途に供するもの
4	取締	医薬品及び医薬部外品	特定の用途に供するもの
5	取締	医薬品及び医薬部外品	毒物

(2) 次の文章は、毒物及び劇物取締法の条文である。文中の（　）に当てはまる語句の組み合わせとして、正しいものを下欄から一つ選びなさい。

（第三条第三項抜粋）
　　毒物又は劇物の販売業の登録を受けた者でなければ、毒物又は劇物を販売し、授与し、又は販売若しくは授与の目的で貯蔵し、（　ア　）し、若しくは（　イ　）してはならない。

（第三条の二第六項）
　　毒物劇物営業者、特定毒物研究者又は特定毒物使用者でなければ、特定毒物を（　ウ　）てはならない。

〔下欄〕

	ア	イ	ウ
1	運搬	陳列	譲り渡し
2	運搬	陳列	譲り渡し、又は譲り受け
3	運搬	広告	譲り渡し、又は譲り受け
4	所持	陳列	譲り渡し
5	所持	広告	譲り渡し

(3)　次の文章は、毒物及び劇物取締法の条文である。文中の（　）に当てはまる語句の組み合わせとして、正しいものを下欄から一つ選びなさい。
（第三条の三）
　　（　ア　）、幻覚又は（　イ　）の作用を有する毒物又は劇物（これらを含有する物を含む。）であつて政令で定めるものは、みだりに（　ウ　）し、若しくは吸入し、又はこれらの目的で所持してはならない。

〔下欄〕

	ア	イ	ウ
1	興奮	麻酔	摂取
2	興奮	幻聴	摂取
3	興奮	幻聴	使用
4	依存	幻聴	摂取
5	依存	麻酔	使用

(4)　次の文章は、毒物及び劇物取締法の条文である。文中の（　）に当てはまる語句の組み合わせとして、正しいものを下欄から一つ選びなさい。
（第四条第三項）
　　製造業又は輸入業の登録は、（　ア　）ごとに、販売業の登録は、（　イ　）ごとに、（　ウ　）を受けなければ、その効力を失う。

〔下欄〕

	ア	イ	ウ
1	三年	六年	更新
2	五年	六年	検査
3	五年	六年	更新
4	三年	五年	検査
5	三年	五年	更新

(5)　次の文章は、毒物及び劇物取締法の条文である。文中の（　）に当てはまる語句の組み合わせとして、正しいものを下欄から一つ選びなさい。

（第五条）
　　（　ア　）は、毒物又は劇物の製造業、輸入業又は販売業の登録を受けようとする者の（　イ　）が、厚生労働省令で定める基準に適合しないと認めるとき、又はその者が第十九条第二項若しくは第四項の規定により登録を取り消され、取消しの日から起算して（　ウ　）を経過していないものであるときは、第四条第一項の登録をしてはならない。

〔下欄〕

	ア	イ	ウ
1	厚生労働大臣	設備	二年
2	厚生労働大臣	施設	三年
3	都道府県知事	施設	三年
4	都道府県知事	施設	二年
5	都道府県知事	設備	二年

(6)　次の文章は、毒物及び劇物取締法の条文である。文中の（　）に当てはまる語句の組み合わせとして、正しいものを下欄から一つ選びなさい。

（第六条の二第三項抜粋）
　都道府県知事は、次に掲げる者には、特定毒物研究者の許可を与えないことができる。
　一　（　ア　）の障害により特定毒物研究者の業務を適正に行うことができない者として厚生労働省令で定めるもの
　二　麻薬、大麻、あへん又は（　イ　）の中毒者
　三　毒物若しくは劇物又は薬事に関する罪を犯し、（　ウ　）以上の刑に処せられ、その執行を終わり、又は執行を受けることがなくなつた日から起算して三年を経過していない者

〔下欄〕

	ア	イ	ウ
1	身体機能	アルコール	罰金
2	身体機能	覚せい剤	禁錮
3	心身	覚せい剤	罰金
4	心身	アルコール	禁錮
5	心身	アルコール	罰金

(7)　次の文章は、毒物及び劇物取締法の条文である。文中の（　）に当てはまる語句の組み合わせとして、正しいものを下欄から一つ選びなさい。

（第十二条第一項）
　毒物劇物営業者及び特定毒物研究者は、毒物又は劇物の容器及び被包に、「（　ア　）」の文字及び毒物については（　イ　）に（　ウ　）をもつて「毒物」の文字、劇物については（　エ　）に（　オ　）をもつて「劇物」の文字を表示しなければならない。

〔下欄〕

	ア	イ	ウ	エ	オ
1	医薬用外	赤地	白色	白地	赤色
2	医薬用外	黒地	白色	白地	黒色
3	医療用	赤地	黒色	黒地	赤色
4	医療用	黒地	白色	白地	黒色
5	医療用	赤地	白色	黒地	白色

(8)　次の文章は、毒物及び劇物取締法の条文である。文中の（　）に当てはまる語句の組み合わせとして、正しいものを下欄から一つ選びなさい。

（第十二条第二項）
　毒物劇物営業者は、その容器及び被包に、左に掲げる事項を表示しなければ、毒物又は劇物を販売し、又は授与してはならない。
　一　毒物又は劇物の（　ア　）
　二　毒物又は劇物の成分及びその（　イ　）
　三　厚生労働省令で定める毒物又は劇物については、それぞれ厚生労働省令で定めるその（　ウ　）の名称
　四　毒物又は劇物の取扱及び使用上特に必要と認めて、厚生労働省令で定める事項

	ア	イ	ウ
1	販売業者の氏名	含量	中和剤
2	販売業者の氏名	性状	解毒剤
3	名称	含量	中和剤
4	名称	含量	解毒剤
5	名称	性状	中和剤

(9) 次の文章は、毒物及び劇物取締法の条文である。文中の( )に当てはまる語句の組み合わせとして、正しいものを下欄から一つ選びなさい。

(第十四条第一項)

　毒物劇物営業者は、毒物又は劇物を他の毒物劇物営業者に販売し、又は授与したときは、(ア)、次に掲げる事項を書面に記載しておかなければならない。

一　毒物又は劇物の名称及び(イ)

二　販売又は授与の年月日

三　譲受人の氏名、(ウ)及び住所(法人にあつては、その名称及び主たる事務所の所在地)

〔下欄〕

	ア	イ	ウ
1	その都度	数量	職業
2	その都度	数量	年齢
3	その都度	製造番号	年齢
4	速やかに	製造番号	職業
5	速やかに	数量	年齢

(10) 次の文章は、毒物及び劇物取締法施行令の条文である。文中の( )に当てはまる語句の組み合わせとして、正しいものを下欄から一つ選びなさい。

(第四十条)

　法第十五条の二の規定により、毒物若しくは劇物又は法第十一条第二項に規定する政令で定める物の廃棄の方法に関する技術上の基準を次のように定める。

一　中和、加水分解、酸化、還元、(ア)その他の方法により、毒物及び劇物並びに法第十一条第二項に規定する政令で定める物のいずれにも該当しない物とすること。

二　ガス体又は揮発性の毒物又は劇物は、保健衛生上危害を生ずるおそれがない場所で、少量ずつ(イ)し、又は揮発させること。

三　可燃性の毒物又は劇物は、保健衛生上危害を生ずるおそれがない場所で、少量ずつ(ウ)させること。

四　前各号により難い場合には、地下一メートル以上で、かつ、(エ)を汚染するおそれがない地中に確実に埋め、海面上に引き上げられ、若しくは浮き上がるおそれがない方法で海水中に沈め、又は保健衛生上危害を生ずるおそれがないその他の方法で処理すること。

〔下欄〕

	ア	イ	ウ	エ
1	凝固	放出	燃焼	大気
2	凝固	燃焼	拡散	地下水
3	稀釈	燃焼	拡散	大気
4	稀釈	放出	燃焼	地下水
5	稀釈	放出	燃焼	大気

千葉県

(11)　次の文章は、毒物及び劇物取締法施行令の条文である。文中の（　）に当てはまる語句の組み合わせとして、正しいものを下欄から一つ選びなさい。

（第四十条の六第一項）
　　毒物又は劇物を車両を使用して、又は鉄道によつて運搬する場合で、当該運搬を他に委託するときは、その荷送人は、（　ア　）に対し、あらかじめ、当該毒物又は劇物の名称、成分及びその含量並びに数量並びに事故の際に講じなければならない（　イ　）の措置の内容を記載した書面を交付しなければならない。ただし、厚生労働省令で定める（　ウ　）以下の毒物又は劇物を運搬する場合は、この限りでない。

〔下欄〕

	ア	イ	ウ
1	荷受人	危害防止	数量
2	荷受人	応急	数量
3	荷受人	応急	重量
4	運送人	危害防止	重量
5	運送人	応急	数量

(12)　次の文章は、毒物及び劇物取締法施行令及び同法施行規則の条文である。文中の（　）に当てはまる語句の組み合わせとして、正しいものを下欄から一つ選びなさい。なお、2か所の（　ア　）にはどちらも同じ語句が入る。

（施行令第四十条の九第一項）
　　毒物劇物営業者は、毒物又は劇物を販売し、又は授与するときは、その販売し、又は授与する時までに、譲受人に対し、当該毒物又は劇物の（　ア　）及び取扱いに関する情報を提供しなければならない。ただし、当該毒物劇物営業者により、当該譲受人に対し、既に当該毒物又は劇物の（　ア　）及び取扱いに関する情報の提供が行われている場合その他厚生労働省令で定める場合は、この限りでない。
（施行規則第十三条の十）
　　令第四十条の九第一項ただし書に規定する厚生労働省令で定める場合は、次のとおりとする。
　　一　一回につき（　イ　）以下の劇物を販売し、又は授与する場合
　　二　令別表第一の上欄に掲げる物を主として生活の用に供する一般消費者に対して販売し、又は授与する場合
（施行令別表第一（第三十九条の二関係）上欄抜粋）
　　一　塩化水素又は（　ウ　）を含有する製剤たる劇物（住宅用の洗浄剤で液体状のものに限る。

〔下欄〕

	ア	イ	ウ
1	性状	三百ミリグラム	硝酸
2	性状	二百ミリグラム	硫酸
3	性状	二百ミリグラム	硝酸
4	保管	三百ミリグラム	硫酸
5	保管	二百ミリグラム	硝酸

(13) 次のうち、毒物及び劇物取締法第二条第三項に規定する「特定毒物」に該当するものとして、正しいものを下欄から一つ選びなさい。

〔下欄〕

1 水銀　2 四塩化炭素　3 硝酸タリウム　4 アクリルニトリル
5 四アルキル鉛

(14) 毒物及び劇物取締法の規定に照らし、次の記述の正誤の組み合わせとして、正しいものを下欄から一つ選びなさい。

ア 特定毒物研究者は、特定毒物を輸入することができない。
イ 特定毒物研究者は、特定毒物を使用することはできるが、製造することはできない。
ウ 特定毒物研究者は、特定毒物を学術研究以外の用途に供してはならない。

〔下欄〕

	ア	イ	ウ
1	正	正	正
2	正	正	誤
3	正	誤	正
4	誤	正	正
5	誤	誤	誤

(15) 毒物及び劇物取締法の規定に照らし、毒物劇物取扱責任者に関する次の記述の正誤の組み合わせとして、正しいものを下欄から一つ選びなさい。

ア 毒物劇物営業者は、自ら毒物劇物取扱責任者として毒物又は劇物による保健衛生上の危害の防止に当たることができない。
イ 複数の特定毒物研究者が在籍する研究所の設置者は、毒物劇物取扱責任者を置かなければならない。
ウ 毒物劇物営業者が毒物又は劇物の製造業と販売業を併せて営む場合であって、その製造所と店舗が互いに隣接しているときは、毒物劇物取扱責任者はこれらの施設において一人で足りる。

〔下欄〕

	ア	イ	ウ
1	正	正	正
2	正	誤	正
3	誤	正	正
4	誤	正	誤
5	誤	誤	正

(16) 毒物及び劇物取締法の規定に照らし、毒物劇物取扱責任者の資格に関する次の記述の正誤の組み合わせとして、正しいものを下欄から一つ選びなさい。

ア 薬剤師は、毒物劇物取扱者試験に合格していない場合であっても、毒物劇物取扱責任者になることができる。
イ 厚生労働省令で定める学校で、応用化学に関する学課を修了した者は、毒物劇物取扱者試験に合格していない場合であっても、毒物劇物取扱責任者になることができる。
ウ 十八歳未満の者は、毒物劇物取扱者試験に合格している場合であっても、毒物劇物取扱責任者になることができない。

〔下欄〕

	ア	イ	ウ
1	正	正	正
2	正	正	誤
3	正	誤	誤
4	誤	正	正
5	誤	誤	誤

(17) 毒物及び劇物取締法の規定に照らし、届出に関する次の記述の正誤の組み合わせとして、正しいものを下欄から一つ選びなさい。

ア 毒物劇物製造業者は、毒物又は劇物を製造する設備の重要な部分を変更したときは、三十日以内に、その旨を届け出なければならない。
イ 毒物劇物輸入業者は、営業時間に変更があった場合には、三十日以内に、その旨を届け出なければならない。
ウ 毒物劇物販売業者は、店舗における営業を廃止したときは、三十日以内に、その旨を届け出なければならない。

〔下欄〕

	ア	イ	ウ
1	正	正	正
2	正	正	誤
3	正	誤	正
4	誤	正	正
5	誤	誤	誤

千葉県

(18) 毒物及び劇物取締法施行規則の規定に照らし、申請等に関する次の記述の正誤の組み合わせとして、正しいものを下欄から一つ選びなさい。

ア 毒物劇物営業者又は特定毒物研究者は、登録票又は許可証の記載事項 に変更を生じたときは、登録票又は許可証の書換え交付を申請することができる。
イ 毒物劇物営業者又は特定毒物研究者は、登録票又は許可証を破り、汚し、又は失ったときは、登録票又は許可証の再交付を申請することができる。
ウ 毒物劇物営業者又は特定毒物研究者は、登録票又は許可証の再交付を 受けた後、失った登録票又は許可証を発見したときは、これを速やかに破棄しなければならない。

〔下欄〕

	ア	イ	ウ
1	正	正	正
2	正	正	誤
3	正	誤	正
4	誤	誤	誤
5	誤	正	誤

(19) 毒物及び劇物取締法施行規則の規定に照らし、毒物又は劇物の製造所の設備に関する次の記述の正誤の組み合わせとして、正しいものを下欄から一つ選びなさい。

〔下欄〕

ア 毒物又は劇物の運搬用具は、毒物又は劇物が飛散し、漏れ、又はしみ出るおそれがないものでなければならない。
イ 毒物又は劇物の貯蔵設備がかぎをかけることができる場合には、毒物又は劇物とその他の物を区分せず保管することができる。
ウ 毒物又は劇物を貯蔵する場所が、性質上かぎをかけることができないものであるときは、その周囲に、堅固なさくを設けなければならない。

	ア	イ	ウ
1	正	誤	誤
2	正	正	正
3	正	誤	正
4	誤	誤	正
5	誤	正	誤

(20) 毒物及び劇物取締法及び同法施行令の規定に照らし、業務上取扱者としての届出が必要なものの正誤の組み合わせとして、正しいものを下欄から一つ選びなさい。

〔下欄〕

ア クレゾールを使用して消毒作業を行う事業所
イ 最大積載量が五千キログラム以上の自動車に固定された容器を用いてアクロレインを運搬する事業所
ウ 亜鉛を使用して電気めっきを行う事業所
エ 硫酸を使用して、理科の実験を行う中学校

	ア	イ	ウ	エ
1	正	正	誤	正
2	正	誤	正	誤
3	誤	正	正	誤
4	誤	正	誤	誤
5	誤	誤	正	正

千葉県

〔筆記：基礎化学〕
（一般・農業用品目・特定品目共通）

問2 次の各設問に答えなさい。

(21) 次の記述の正誤の組み合わせとして、正しいものを下欄から一つ選びなさい。

ア クリプトンとキセノンは、希ガスである。
イ 臭素と沃素は、ハロゲンである。
ウ リチウムとバリウムは、アルカリ土類金属である。
エ ナトリウムとカリウムは、アルカリ金属である。

〔下欄〕

	ア	イ	ウ	エ
1	正	正	誤	正
2	誤	正	正	正
3	正	誤	正	正
4	正	正	誤	誤
5	誤	誤	正	誤

(22) 水酸化ナトリウム 8.0g を水に溶かして 100mL にした。この水溶液のモル濃度は何 mol/L か。正しいものを下欄から一つ選びなさい。ただし、原子量を H=1、O=16、Na=23 とする。

〔下欄〕

1 0.2mol/L 2 0.4mol/L 3 2.0mol/L 4 4.0mol/L 5 8.0mol/L	

(23) 10w/w%水酸化カルシウム水溶液 300g に 20w/w%水酸化カルシウム水溶液 200g を加えると、何 w/w%の水酸化カルシウム水溶液ができるか。正しいものを下欄から一つ選びなさい。

〔下欄〕

1 12.0w/w% 2 14.0w/w% 3 15.0w/w% 4 16.0w/w%
5 18.0w/w%

(24) 次の物質名と組成式の正誤の組み合わせとして、正しいものを下欄から一つ選びなさい。

〔下欄〕

物質名　　　　　組成式
ア 水酸化鉄(III)　　$Fe(OH)_2$
イ 硝酸ナトリウム　Na_2SO_4
ウ 水酸化バリウム　$Ba(OH)_2$

	ア	イ	ウ
1	誤	正	正
2	正	正	誤
3	正	誤	正
4	誤	正	誤
5	誤	誤	正

(25) アミノ酸の検出に用いられる反応はどれか。正しいものを下欄から一つ選びなさい。

〔下欄〕

1 フェーリング反応 2 ヨウ素デンプン反応 3 ニンヒドリン反応
4 ヨードホルム反応 5 銀鏡反応

(26) 食塩水を電気分解したとき陽極に発生する気体はどれか。正しいものを下欄から一つ選びなさい。

〔下欄〕

1 水素 2 塩素 3 塩化水素 4 酸素 5 二酸化炭素

(27) 常温の水と激しく反応し、水素を発生するものはどれか。正しいものを下欄から一つ選びなさい。

〔下欄〕

1 Zn 2 Na 3 Au 4 Al 5 Cu

(28) 三重結合をもつ化合物はどれか。正しいものを下欄から一つ選びなさい。

〔下欄〕

1 ベンゼン 2 エチルメチルケトン 3 アセチレン 4 エチレン
5 キシレン

千葉県

(29) 互いが同素体である組み合わせとして、誤っているものを下欄から一つ選びなさい。

〔下欄〕

1 酸素とオゾン　　　2 ダイヤモンドと黒鉛　　　3 水と氷
4 斜方硫黄とゴム状硫黄　　　5 黄リンと赤リン

(30) カルシウム原子の最外殻電子の数はいくつか。正しいものを下欄から一つ選びなさい。

〔下欄〕

1 1個　　2 2個　　3 3個　　4 6個　　5 7個

(31) 次の文中の（　）に当てはまる語句等の組み合わせとして、正しいものを下欄から一つ選びなさい。なお、2か所の（ イ ）にはどちらも同じ語句等が入る。

　二次電池として知られる鉛蓄電池は、電解液には（ ア ）を用い、負極と正極にはそれぞれ（ イ ）と PbO_2 が用いられる。
　放電時の反応は、負極では（ イ ）の酸化反応が、正極では PbO_2 の還元反応が起こる。放電により、両極とも水に不溶で白色の（ ウ ）で次第に覆われてくる。
　充電時には、逆の反応が起こり、元の状態に戻る。

〔下欄〕

	ア	イ	ウ
1	硫酸銅（Ⅱ）水溶液	Pb	$CuSO_4$
2	希硫酸	Zn	$PbSO_4$
3	硫酸銅（Ⅱ）水溶液	Zn	$CuSO_4$
4	希硫酸	Pb	$PbSO_4$
5	希硫酸	Cu	$PbSO_4$

(32) 水を同量加えたとき二層に分かれるものはどれか。正しいものを下欄から一つ選びなさい。

〔下欄〕

1 アセトン　　　2 エタノール　3 メタノール　　4 1－プロパノール
5 トルエン

(33) 次のうち、酢酸の官能基はどれか。正しいものを下欄から一つ選びなさい。

〔下欄〕

1 アミノ基　　　2 スルホン基　　3 アルデヒド基　　4 カルボキシル基
5 ニトロ基

(34) 次のフェノールに関する記述として、誤っているものを下欄から一つ選びなさい。

〔下欄〕

1 酸化するとアルデヒドを生じる。
2 水酸化ナトリウムと反応して塩をつくる。
3 ヒドロキシ基をもっている。
4 水溶液は酸性である。
5 無水酢酸と反応してエステルを作る。

(35) 次のアミノ酸のうち、酸性アミノ酸はいくつあるか。正しいものを下欄から一つ選びなさい。

ア チロシン　　イ グルタミン酸　　ウ システイン　　エ リシン

〔下欄〕

1 1つ　　2 2つ　　3 3つ　　4 4つ　　5 なし

(36) 次の変化において、Mn 原子の酸化数の変化として、正しいものを下欄から一つ選びなさい。

$$MnO_2 \rightarrow MnCl_2$$

〔下欄〕

1 +1→+2　　2 -1→+4　　3 +2→-4　　4 -2→-1　　5 +4→+2

(37) 次のイオン結晶に関する記述の正誤の組み合わせとして、正しいものを下欄から一つ選びなさい。

ア 非常に硬い。水に溶けにくく電気を通す。
イ 分子間力による結晶であり、昇華しやすいものもある。
ウ 結晶中では陽イオンと陰イオンが規則正しく並んでいる。
エ 自由電子をもち、展性、延性を示す。

〔下欄〕

	ア	イ	ウ	エ
1	正	正	正	正
2	正	誤	正	正
3	正	誤	誤	誤
4	誤	正	誤	誤
5	誤	誤	正	誤

(38) 次のうち、芳香族化合物に<u>該当しないもの</u>を下欄から一つ選びなさい。

〔下欄〕

1 タングステン　　2 トルエン　　3 アントラセン　　4 キシレン 5 ベンゼン

(39) 次のうち、単体であるものの組み合わせはどれか。正しいものを下欄から一つ選びなさい。

〔下欄〕

1 水素、二酸化炭素　　2 アンモニア、水銀　　3 塩化ナトリウム、亜鉛 4 銅、アルゴン　　5 水、氷

(40) 次のうち、硫化鉄(Ⅱ)に希硫酸を作用させると、発生する腐卵臭のある気体はどれか。正しいものを下欄から一つ選びなさい。

〔下欄〕

1 O_2　　2 H_2　　3 H_2S　　4 SO_2　　5 N_2

〔筆記：毒物及び劇物の性質及び
貯蔵その他取扱方法〕

（一般）

問3　次の物質の貯蔵方法等について、最も適切なものを下欄からそれぞれ一つ選び
なさい。

(41)ベタナフトール　　(42)弗化水素酸　　(43)ブロムメチル
(44)ナトリウム　　　　(45)アクリルニトリル

〔下欄〕

1　空気中にそのまま保存することはできないので、通常石油中に保管する。冷所
　で雨水などの漏れが絶対にない場所に保存する。
2　空気や光線に触れると赤変するため、遮光して貯蔵する。
3　常温では気体なので、圧縮冷却して液化し、圧縮容器に入れ、直射日光その他、
　温度上昇の原因を避けて、冷暗所に貯蔵する。
4　炎や火花を生じるような器具から離し、また、強酸と激しく反応するので、強
　酸とも安全な距離を保ち貯蔵する。できるだけ、直接空気に触れることを避け、
　窒素のような不活性ガスの雰囲気の中に貯蔵する。
5　銅、鉄、コンクリート又は木製のタンクにゴム、鉛、ポリ塩化ビニルあるいは
　ポリエチレンのライニングを施したものを用いる。火気厳禁。

問4　次の物質の性状等について、最も適切なものを下欄からそれぞれ一つ選びなさ
い。

(46)セレン　　(47)無水クロム酸　　(48)硝酸銀　　(49)水銀　　(50)クラーレ

〔下欄〕

1　無色透明結晶。光によって分解して黒変する。強力な酸化剤であり、また腐食
　性がある。水に易溶。アセトン、グリセリンに可溶。
2　暗赤色結晶で潮解性があり、水に易溶。酸化性、腐食性が大きい。
3　常温で液状の金属。
4　もろい黒又は黒褐色の塊状あるいは粒状で、水に可溶。猛毒性アルカロイドを
　含有する。
5　灰色の金属光沢を有するペレット又は黒色の粉末で、水に不溶。硫酸、二硫化
　炭素に可溶。

問5　次の物質の代表的な用途について、最も適切なものを下欄からそれぞれ一つ選
びなさい。

(51)三酸化二砒素　　(52)アクロレイン　　(53)ヒドラジン　　(54)蓚酸
(55)過酸化ナトリウム

〔下欄〕

1　ロケット燃料
2　鉄錆さびのよごれ落とし、真鍮・銅の研磨
3　殺虫剤、殺鼠剤、除草剤、皮革の防虫剤、陶磁器の釉薬
4　各種薬品の合成原料、探知剤(冷凍機用)、アルコールの変性、殺菌剤
5　工業用の酸化剤、漂白剤

問6　次の物質の毒性について、最も適切なものを下欄からそれぞれ一つ選びなさい。

(56)アニリン　　(57)蓚酸　　(58)メタノール　　(59)沃素　　(60)フェノール

〔下欄〕

1　皮膚や粘膜につくと火傷を起こし、その部分は白色となる。誤飲した場合には口腔、咽喉、胃に高度の灼熱感を訴え、悪心、嘔吐、めまいを起こし、失神、虚脱、呼吸麻痺で倒れる。尿は特有の暗赤色を呈する。
2　中毒は蒸気の吸入や皮膚からの吸収によって起こる。中毒症状としては、血液毒と神経毒を有しているため、血液に作用してメトヘモグロビンをつくり、チアノーゼを引き起こす。
3　頭痛、めまい、嘔吐、下痢等を起こし、視神経が侵され、眼がかすみ、失明することがある。
4　皮膚に触れると褐色に染め、その揮散する蒸気を吸入すると、めまいや頭痛を伴う一種の酩酊を起こす。
5　血液中のカルシウム分を奪取し、神経系を侵す。急性中毒症状は、胃痛、嘔吐、口腔・咽喉の炎症、腎障害。

（農業用品目）

問3　次の物質の性状について、最も適切なものを下欄からそれぞれ一つ選びなさい。

(41)燐化亜鉛　　(42)ＤＥＰ[※1]　　(43)カルタップ[※2]

〔下欄〕

1　白色の弱い特異臭がある結晶。水に易溶。脂肪族炭化水素以外の有機溶剤(クロロホルム、ベンゼン、アルコール)に可溶。アルカリで分解する。
2　無色の結晶。水及びメタノールに可溶。エーテル及びベンゼンに不溶である。
3　黄褐色の粘稠性液体で、水に不溶。メタノール、アセトニトリル、酢酸エチルに可溶。熱、酸に安定で、アルカリに不安定、光で分解する。
4　芳香性刺激臭を有する赤褐色の液体。水に可溶である。
5　暗赤色の光沢ある粉末。希酸にホスフィンを出して溶解する。

※1　トリクロルヒドロキシエチルジメチルホスホネイト
※2　１・３－ジカルバモイルチオ－２－(Ｎ・Ｎ－ジメチルアミノ)－プロパン塩酸塩

問4　次の物質の毒性について、最も適切なものを下欄からそれぞれ一つ選びなさい。

(44)硫酸　　(45)ジクワット[※1]　　(46)ダイアジノン[※2]

〔下欄〕

1　濃度が高いものは、人体に触れると、激しい火傷を起こす。
2　頭痛、めまい、嘔吐、下痢等を起こし、致死量に近ければ麻酔状態になり、視神経が侵され、眼がかすみ、失明することがある。
3　吸入した場合、鼻やのどの粘膜に炎症を起こし、重傷の場合には、嘔気、嘔吐、下痢等を起こすことがある。誤って嚥下した場合、消化器障害、ショックのほか、数日遅れて腎臓の機能障害、肺の軽度の障害を起こすことがある。
4　アセチルコリンエステラーゼと結合し、その働きを阻害する。吸入した場合、倦怠感、頭痛、嘔吐等の症状を呈し、重症の場合には、縮瞳、意識混濁、全身痙攣等を起こすことがある。
5　接触した場合、皮膚・粘膜に凍結壊死を起こす。

※1　2・2'－ジピリジリウム－1・1'－エチレンジブロミド
※2　2－イソプロピル－4－メチルピリミジル－6－ジエチルチオホスフエイト

問5　次の物質の代表的な用途について、最も適切なものを下欄からそれぞれ一つ選びなさい。

(47)ダイファシノン※1　　(48)クロルメコート※2　　(49)ダゾメット※3
(50)アセタミプリド※4　　(51)イミノクタジン※5

〔下欄〕

1　殺虫剤　　2　植物成長調整剤　　3　殺菌剤　　4　芝地雑草の除草
5　殺鼠剤

※1　2－ジフエニルアセチル－1・3－インダンジオン
※2　2－クロルエチルトリメチルアンモニウムクロリド
※3　2－チオ－3・5－ジメチルテトラヒドロ－1・3・5－チアジアジン
※4　トランス－N－(6－クロロ－3－ピリジルメチル)－N'－シアノ－N－メチルアセトアミジン
※5　1・1'－イミノジ(オクタメチレン)ジグアニジン

問6　次の物質の貯蔵方法等について、最も適切なものを下欄からそれぞれ一つ選びなさい。

(52)ブロムメチル
(53)燐化アルミニウムとその分解促進剤とを含有する製剤
(54)シアン化カリウム
(55)ロテノン

〔下欄〕

1　空気中にそのまま保存することはできないので、通常石油中に保管する。冷所で雨水などの漏れが絶対にない場所に保存する。
2　空気中の湿気に触れると徐々に分解し、有毒ガスを発生するので密閉容器に貯蔵する。
3　酸素によって分解するので、空気と光線を遮断して保管する。
4　少量ならばガラス瓶、多量ならばブリキ缶又は鉄ドラムを用い、酸類とは離して、風通しのよい乾燥した冷所に密封して保存する。
5　常温では気体なので、圧縮冷却して液化し、圧縮器に入れ、直射日光その他、温度上昇の原因を避けて、冷暗所に貯蔵する。

問7　次の物質の解毒・治療方法等について、最も適切なものを下欄からそれぞれ一つ選びなさい。

(56)ジクロルボス(DDVP)※1　　(57)硫酸第二銅　　(58)シアン化ナトリウム
(59)パラコート※2　　(60)硫酸タリウム

〔下欄〕

1　解毒療法として、亜硝酸ナトリウム水溶液とチオ硫酸ナトリウム　水溶液を投与する。
2　解毒剤・拮抗剤はなく、可能な限り早く胃洗浄と活性炭投与を行うとともに、血液浄化を行う。
3　解毒療法として、ヘキサシアノ鉄(Ⅱ)酸鉄(Ⅲ)水和物(別名プルシアンブルー)を投与する。
4　解毒療法として、2－ピリジルアルドキシムメチオダイド(別名PAM)製剤又は硫酸アトロピン製剤を投与する。
5　解毒療法として、ジメルカプロール(別名BAL)を投与する。

千葉県

※1 ジメチル－2・2－ジクロルビニルホスフエイト
※2 1・1'－ジメチル－4・4'－ジピリジニウムジクロリド

(特定品目)

問3 次の物質の性状について、最も適切なものを下欄からそれぞれ一つ選びなさい。

(41)硫酸　　　　　(42)塩素　　　　　(43)メチルエチルケトン

(44)水酸化カリウム　　　(45)蓚酸

〔下欄〕

1　常温においては窒息性臭気を有する黄緑色の気体である。冷却すると、黄色溶液を経て黄白色固体となる。
2　無色透明、油状の液体である。濃いものは猛烈に水を吸収する。
3　白色の固体で水、アルコールに溶け、熱を発する。アンモニア水に溶けない。空気中に放置すると、潮解する。
4　無色の液体で、アセトン様の芳香を有する。有機溶媒、水に可溶である。蒸気は空気より重く引火しやすい。
5　2モルの結晶水を有する無色、稜柱状の結晶で、乾燥空気中で風化する。加熱すると昇華、急に加熱すると分解する。

問4　次の物質の貯蔵方法等について、最も適切なものを下欄からそれぞれ一つ選びなさい。

(46)ホルマリン　　　(47)水酸化ナトリウム　　　(48)キシレン

(49)過酸化水素水　　　(50)四塩化炭素

〔下欄〕

1　少量ならば褐色ガラス瓶、大量ならばカーボイなどを使用し、3分の1の空間を保って貯蔵する。日光の直射を避け、冷所に有機物、金属塩、樹脂、油類、その他有機性蒸気を放出する物質と引き離して貯蔵する。
2　引火しやすく、また、その蒸気は空気と混合して爆発性混合ガスとなるので火気を避けて貯蔵する。
3　二酸化炭素と水を吸収する性質が強いため、密栓して保管する。
4　亜鉛又は錫メッキをした鋼鉄製容器で保管する。沸点は76℃のため、高温に接しない場所に保管する。
5　低温では混濁することがあるので、常温で保存する。一般にメタノール等を13%以下（大部分は8～10%）添加してある。

問5　次の物質の毒性について、最も適切なものを下欄からそれぞれ一つ選びなさい。

(51)蓚酸　　　　　(52)クロム酸ナトリウム　　　(53)メタノール

(54)水酸化カリウム　　　(55)クロロホルム

〔下欄〕

1 頭痛、めまい、嘔吐、下痢、腹痛などを起こし、致死量に近ければ麻酔状態になり、視神経が侵され、眼がかすみ、失明することがある。
2 口と食道が赤黄色に染まり、後に青緑色に変化する。腹痛を起こし、血の混じった便をする。重症になると、尿に血が混ざり、痙攣を起こし、さらに気を失う。
3 原形質毒であり、脳の節細胞を麻酔させ、赤血球を溶解する。
4 血液中のカルシウム分を奪取し、神経系を侵す。急性中毒症状は、胃痛、嘔吐、口腔・咽喉の炎症、腎障害である。
5 高濃度の水溶液は、腐食性が強く、皮膚に触れると激しく侵す。ダストやミストを吸入すると、呼吸器官を侵し、眼に入った場合には、失明のおそれがある。

問6 次の物質の代表的な用途について、最も適切なものを下欄からそれぞれ一つ選びなさい。

(56)メタノール　　　(57)塩素　　　　(58)一酸化鉛
(59)重クロム酸カリウム　　　(60)硫酸

〔下欄〕

1 染料その他有機合成原料、塗料などの溶剤、燃料、試薬、標本保存用などに用いられる。
2 肥料、各種化学薬品の製造、石油の精製、冶金、塗料、顔料などの製造に用いられる。また、乾燥剤、試薬として用いられる。
3 酸化剤、紙・パルプの漂白剤、殺菌剤、消毒剤に用いられる。
4 工業用に酸化剤、媒染剤、製革用、電気めっき用、電池調整用、顔料原料などに使用されるほか、試薬として用いられる。
5 ゴムの加硫促進剤、顔料、試薬として用いられる。

〔実地：毒物及び劇物の識別及び取扱方法〕

（一般）

問7 次の物質の鑑別方法について、最も適切なものを下欄からそれぞれ一つ選びなさい。

(61)ニコチン　　　(62)ピクリン酸　　　(63)弗化水素酸　　　(64)ホルマリン
(65)アンモニア水

〔下欄〕

1 フェーリング溶液とともに熱すると、赤色の沈殿を生じる。
2 この物質の温飽和水溶液は、シアン化カリウム溶液によって暗赤色を呈する。
3 この物質のエーテル溶液に、ヨードのエーテル溶液を加えると、褐色の液状沈殿を生じ、これを放置すると、赤色の針状結晶となる。
4 濃塩酸を潤したガラス棒を近づけると、白い霧を生じる。
5 ロウをぬったガラス板に針で任意の模様を描いたものに、この物質をぬると、ロウをかぶらない模様の部分のみ反応する。

問8 次の物質の廃棄方法について、「毒物及び劇物の廃棄の方法に関する基準」の内容に照らし、最も適切なものを下欄からそれぞれ一つ選びなさい。

(66)クロルメチル　　(67)臭素　　(68)アンモニア　　(69)クロルピクリン
(70)塩化バリウム

〔下欄〕

1　アフターバーナー及びスクラバー(洗浄液にアルカリ液)を備えた焼却炉の火室に噴霧し焼却する。(燃焼法)
2　少量の界面活性剤を加えた亜硫酸ナトリウムと炭酸ナトリウムの混合溶液中で、攪拌し分解させた後、多量の水で希釈して処理する。(分解法)
3　水で希薄な水溶液とし、酸(希塩酸、希硫酸など)で中和させた後、多量の水で希釈して処理する。(中和法)
4　水に溶かし、硫酸ナトリウム水溶液を加えて処理し、沈殿濾過して埋立処分する。(沈殿法)
5　アルカリ水溶液(水酸化カルシウム懸濁液又は水酸化ナトリウム水溶液)中に少量ずつ滴下し、多量の水で希釈して処理する。(アルカリ法)

問9 次の物質の漏えい時の措置について、「毒物及び劇物の運搬事故時における応急措置に関する基準」に照らし、最も適切なものを下欄からそれぞれ一つ選びなさい。

(71)カリウム　　　　(72)四アルキル鉛　　　(73)エチレンオキシド
(74)臭素　　　　　　(75)ブロムメチル

〔下欄〕

1　付近の着火源となるものは速やかに取り除く。多量の場合、漏えいした液は、活性白土、砂、おが屑などでその流れを止め、過マンガン酸カリウム水溶液(5%)又はさらし粉で十分に処理する。
2　多量の場合、漏えい箇所や漏えいした液には水酸化カルシウムを十分に散布し、むしろ、シート等を被せ、その上にさらに水酸化カルシウムを散布して吸収させる。漏えい容器には散水しない。
3　流動パラフィン浸漬品の場合、露出したものは、速やかに拾い集めて灯油又は流動パラフィンの入った容器に回収する。砂利、石等に付着している場合は砂利等ごと回収する。
4　付近の着火源となるものは速やかに取り除く。漏えいしたボンベ等を多量の水に容器ごと投入して気体を吸収させ、処理し、その処理液を多量の水で希釈して流す。
5　多量の場合、漏えいした液は土砂等でその流れを止め、液が広がらないようにして蒸発させる。

問 10　次の物質の注意事項について、最も適切なものを下欄からそれぞれ一つ選びなさい。

　(76)黄燐_{りん}　　(77)硫酸　　　(78)メタクリル酸　　(79)三酸化二砒_ひ素
　(80)クロム酸鉛

〔下欄〕

> 1　乾性油と不完全混合し、放置すると乾性油が発火することがある。
> 2　自然発火性であるので、容器に水を満たして貯蔵し、水で覆い密封して運搬する。
> 3　火災等で強熱されたときに生成する煙霧は、少量の吸入であっても強い溶血作用があり、危険なので注意する。
> 4　重合防止剤が添加されているが、加熱、直射日光、過酸化物、鉄錆_{さび}等により重合が始まり、爆発することがある。
> 5　希薄水溶液は、各種の金属を腐食して水素ガスを生成し、これが空気と混合して引火爆発をすることがある。

（農業用品目）

問8　次の物質の廃棄方法について、「毒物及び劇物の廃棄の方法に関する基準」に照らし、最も適切なものを下欄からそれぞれ一つ選びなさい。

　(61)塩素酸ナトリウム　　　(62)硫酸第二銅　　　(63)クロルピクリン
　(64)シアン化ナトリウム　　(65)アンモニア

〔下欄〕

> 1　少量の界面活性剤を加えた亜硫酸ナトリウムと炭酸ナトリウムの混合溶液中で、攪拌_{かくはん}し分解させた後、多量の水で希釈して処理する。（分解法）
> 2　水に溶かし、水酸化カルシウム、炭酸ナトリウム等の水溶液を加えて処理し、沈殿濾_ろ過して埋立処分する。（沈殿法）
> 3　水酸化ナトリウム水溶液等でアルカリ性とし、高温加圧下で加水分解する。（アルカリ法）
> 4　還元剤（チオ硫酸ナトリウム等）の水溶液に希硫酸を加えて酸性にし、この中に少量ずつ投入する。反応終了後、反応液を中和し多量の水で希釈して処理する。（還元法）
> 5　水で希薄な水溶液とし、酸（希塩酸、希硫酸など）で中和させた後、多量の水で希釈して処理する。（中和法）

問9　次の物質の漏えい時の措置について、「毒物及び劇物の運搬事故時における応急措置に関する基準」に照らし、最も適切なものを下欄からそれぞれ一つ選びなさい。

(66)硫酸　　　(67)シアン化カリウム　　　(68)ブロムメチル
(69)ジクロルボス（ＤＤＶＰ）※　　　　　(70)アンモニア水

〔下欄〕

1　付近の着火源となるものを速やかに取り除く。漏えいした液は土砂等でその流れを止め、安全な場所に導き、空容器にできるだけ回収し、そのあとを水酸化カルシウム等の水溶液を用いて処理した後、中性洗剤等の分散剤を使用して多量の水で洗い流す。
2　多量の場合は、土砂等でその流れを止め、これに吸着させるか、又は安全な場所に導いて、遠くから徐々に注水してある程度希釈した後、水酸化カルシウム、炭酸ナトリウム等で中和し、多量の水で洗い流す。
3　少量の場合、漏えい箇所は濡れむしろ等で覆い遠くから多量の水をかけて洗い流す。多量の場合、漏えいした液は土砂等でその流れを止め、安全な場所に導いて遠くから多量の水をかけて洗い流す。
4　多量に漏えいした液は、土砂等でその流れを止め、液が広がらないようにして蒸発させる。
5　飛散したものは空容器にできるだけ回収する。砂利等に付着している場合は、砂利等を回収し、そのあとに水酸化ナトリウム、炭酸ナトリウム等の水溶液を散布してアルカリ性（ｐＨ 11 以上）とし、さらに酸化剤の水溶液で酸化処理を行い、多量の水で洗い流す。

※　ジメチル－２・２－ジクロルビニルホスフエイト

問 10　次の物質の鑑別方法について、最も適切なものを下欄からそれぞれ一つ選びなさい。

(71)アンモニア　　　(72)ニコチン　　　(73)塩素酸カリウム
(74)無水硫酸銅

〔下欄〕

1　この物質に水を加えると青くなる。
2　この物質から発生したガスは、5〜 10 ％硝酸銀溶液を吸着させた濾紙を黒変させる。
3　この物質の水溶液に濃塩酸を潤したガラス棒を近づけると、白い霧を生じる。
4　この物質のエーテル溶液に、ヨードのエーテル溶液を加えると、褐色の液状沈殿を生じ、これを放置すると赤色針状結晶となる。
5　この物質の水溶液に酒石酸を多量に加えると、結晶性の白色物質を生成する。

問 11 次の物質の取扱い上の注意事項等について、最も適切なものを下欄からそれぞ
れ一つ選びなさい。

(75)塩素酸ナトリウム　　　(76)パラコート※1　　　(77)硫酸
(78)フェンバレレート※2

〔下欄〕

> 1　強酸と反応し、発火又は爆発することがある。アンモニウム塩と混ざると爆発
> するおそれがあるため接触させない。
> 2　沸点250℃の液体で、水に不溶であり、魚毒性が強いので、漏えいした場所を
> 水で洗い流すのはできるだけ避け、水で洗い流す場合には、廃液が河川等へ流
> 入しないようにする。
> 3　水で希釈したものは、各種の金属を腐食して水素ガスを生成し、これが空気と
> 混合して引火爆発をすることがある。
> 4　火災等での燃焼や酸との接触により有毒なホスフィンを生成する。また、水と
> 徐々に反応してホスフィンを生成する。
> 5　生体内でラジカルとなり、酸素に触れて活性酸素を生じることで組織に障害を
> 与える。誤って飲み込んだ場合には、消化器障害、ショックのほか、数日遅れ
> て肝臓、腎臓、肺等の機能障害を起こすことがあるので、特に症状がない場合
> にも至急医師による手当てを受けること。

※1　1・1′－ジメチル－4・4′－ジピリジニウムジクロリド
※2　（RS）－α－シアノ－3－フエノキシベンジル＝（RS）－2－（4－クロロフ
エニル）－3－メチルブタノアート

問 12　次のシアン化ナトリウムの保護具に関する記述について、（　）内にあてはまる
最も適当なものを下欄から一つ選びなさい。

(79)毒物及び劇物取締法施行令第 40 条の 5 第 2 項第 3 号に規定する厚生労働省令で
定めるシアン化ナトリウムの保護具は、保護手袋、保護長靴、保護衣、（　）であ
る。

〔下欄〕

> 1　保護眼鏡　　　2　有機ガス用防毒マスク　　　3　普通ガス用防毒マスク
> 4　青酸用防毒マスク　　　5　防塵マスク

問 13　次の物質に関する記述の正誤の組み合わせとして、正しいものを下欄から一つ
選びなさい。

(80)イミダクロプリド※

ア　弱い特異臭のある無色の結晶
イ　除草剤として用いられる。
ウ　2％以下（マイクロカプセル製剤にあっては12％以下）を
含有する製剤は劇物から除外される。

※　1－（6－クロロ－3－ピリジルメチル）－N－ニトロイミダ
ゾリジン－2－イリデンアミン

〔下欄〕

	ア	イ	ウ
1	正	正	正
2	正	誤	正
3	正	正	誤
4	誤	正	誤
5	誤	誤	正

（特定品目）

問7　次の物質の漏えい時の措置について、「毒物及び劇物の運搬事故時における応急措置に関する基準」に照らし、最も適切なものを下欄からそれぞれ一つ選びなさい。

(61) トルエン　　　　(62) クロロホルム　　　　(63) 塩酸
(64) 重クロム酸カリウム

〔下欄〕

1　漏えいした液は土砂等でその流れを止め、安全な場所に導き、空容器にできるだけ回収し、そのあとを中性洗剤等の分散剤を使用して多量の水で洗い流す。
2　付近の着火源となるものを速やかに取り除く。多量の場合、漏えいした液は土砂等でその流れを止め、安全な場所に導き、液の表面を泡で覆い、できるだけ空容器に回収する。
3　流動パラフィン浸漬品の場合、露出したものは、速やかに拾い集めて灯油又は流動パラフィンの入った容器に回収する。砂利、石等に付着している場合は砂利等ごと回収する。
4　多量の場合、漏えいした液は土砂等でその流れを止め、これに吸着させるか、又は安全な場所に導いて遠くから徐々に注水してある程度希釈した後、水酸化カルシウム、炭酸ナトリウム等で中和し、多量の水で洗い流す。発生するガスは霧状の水をかけ吸収させる。
5　空容器にできるだけ回収し、そのあとを還元剤（硫酸第一鉄等）の水溶液を散布し、水酸化カルシウム、炭酸ナトリウム等の水溶液で処理した後、多量の水で洗い流す。

問8　次の物質の廃棄方法について、「毒物及び劇物の廃棄の方法に関する基準」に照らし、最も適切なものを下欄からそれぞれ一つ選びなさい。

(65) 過酸化水素水　　　　(66) ホルマリン　　　　(67) 硝酸
(68) 酢酸鉛　　　　(69) 硅弗化ナトリウム

〔下欄〕

1　徐々に炭酸ナトリウム又は水酸化カルシウムの撹拌溶液に加えて中和させた後、多量の水で希釈して処理する。（中和法）
2　水に溶かし、水酸化カルシウム等の水溶液を加えて処理した後、希硫酸を加えて中和し、沈殿濾過して埋立処分する。（分解沈殿法）
3　多量の水を加え希薄な水溶液とした後、次亜塩素酸塩水溶液を加え分解させ廃棄する。（酸化法）
4　水に溶かし、水酸化カルシウム、炭酸ナトリウム等の水溶液を加えて沈殿させ、さらにセメントを用いて固化し、溶出試験を行い、溶出量が判定基準以下であることを確認して埋立処分する。（沈殿隔離法）
5　多量の水で希釈して処理する。（希釈法）

問9　次の物質の取扱い上の注意事項について、最も適切なものを下欄からそれぞれ一つ選びなさい。

(70)硫酸　　　　(71)トルエン　　　　(72)塩素　　　　(73)四塩化炭素
(74)過酸化水素水

〔下欄〕

1　強熱されるとホスゲンを生成するおそれがある。
2　分解が起こると激しく酸素を生成し、周囲に易燃物があると火災になるおそれがある。
3　水で薄めたものは、各種の金属を腐食して水素ガスを発生し、これが空気と混合して引火爆発をすることがある。
4　反応性が強く、水素又は炭化水素（特にアセチレン）と爆発的に反応する。
5　引火しやすく、また、その蒸気は空気と混合して爆発性混合気体となるので火気に近づけない。静電気に対する対策を考慮する。

問10　次の物質の鑑別方法について、最も適切なものを下欄からそれぞれ一つ選びなさい。

(75)アンモニア　　　　(76)一酸化鉛　　　　(77)過酸化水素水
(78)水酸化ナトリウム　　(79)クロロホルム

〔下欄〕

1　過マンガン酸カリウムを還元し、クロム酸塩を過クロム酸塩に変える。また、ヨード亜鉛からヨードを析出する。
2　アルコール溶液に、水酸化カリウム溶液と少量のアニリンを加えて熱すると、不快な刺激臭を放つ。
3　希硝酸に溶かすと、無色の液となり、これに硫化水素を通すと、黒色の沈殿を生成する。
4　この物質の水溶液はアルカリ性を呈し、強い臭気があり、濃塩酸を潤したガラス棒を近づけると、白い霧を生じる。
5　水溶液を白金線につけて無色の火炎中に入れると、火炎は著しく黄色に染まり、長時間続く。

問11　次の物質に関する記述の正誤の組み合わせとして、正しいものを下欄から一つ選びなさい。

(80)硝酸

ア　極めて純粋な、水分を含まない硝酸は、無色無臭の液体である。
イ　二酸化窒素を含有し、可燃物、有機物と接触すると二酸化窒素を生成するため、接触させない。
ウ　羽毛のような有機質を硝酸の中に浸し、特にアンモニア水でこれを潤すと、黄色を呈する。

〔下欄〕

	ア	イ	ウ
1	正	誤	正
2	誤	正	正
3	誤	正	誤
4	誤	誤	誤
5	正	正	誤

〔毒物及び劇物に関する法規〕
（一般・農業用品目・特定品目共通）

問1〜問5　毒物及び劇物取締法の規定に関する次の記述について、正しいものは1を、誤っているものは2を選びなさい。

問1 この法律で「毒物」とは、別表第一に掲げる物であつて、医薬品以外のものをいう。

(法第2条第1項)

問2 毒物又は劇物の輸入業の登録を受けた者でなければ、毒物又は劇物を販売又は授与の目的で輸入してはならない。

(法第3条第2項)

問3 引火性、発火性又は爆発性のある毒物又は劇物であつて政令で定めるものは、業務その他正当な理由による場合を除いては、所持してはならない。

(法第3条の4)

問4 毒物又は劇物の製造業者は、登録を受けた毒物又は劇物以外の毒物又は劇物を製造したときは、製造後30日以内に登録の変更を受けなければならない。

(法第9条第1項)

問5 毒物劇物営業者及び特定毒物研究者は、その取扱いに係る毒物又は劇物が盗難にあい、又は紛失したときは、直ちに、その旨を警察署に届け出なければならない。

(法第17条第2項)

問6〜問10　次の文章は、毒物及び劇物取締法、同法施行令及び同法施行規則の条文である。（　）の中に入る字句の番号をそれぞれ下欄から選びなさい。

法第12条第1項
　毒物劇物営業者及び特定毒物研究者は、毒物又は劇物の容器及び被包に、「医薬用外」の文字及び毒物については（ 問6 ）に（ 問7 ）をもって「毒物」の文字、劇物については（ 問8 ）に（ 問9 ）をもって「劇物」の文字を表示しなければならない。

法施行令第40条の5第2項
　別表第2に掲げる毒物及び劇物を車両を使用して1回につき 5000 キログラム以上運搬する場合には、その運搬方法は、次の各号に定める基準に適合するものでなければならない。
　第1号（略）
　第2号 車両には、厚生労働省令で定めるところにより標識を掲げること。
　第3号（略）

法施行規則第13条の5
　令第40条の5第2項第2号に規定する標識は、0.3メートル平方の板に、（ 問10）として「毒」と表示し、車両の前後見やすい箇所に掲げなければならない。

【下欄 問6 〜 問9 】
　1 白地　　　2 黒地　　　3 赤地　　　4 白色　　　5 黒色　　　6 赤色

【下欄 問10 】
　1 地を黒色、文字を白色　　　2 地を白色、文字を黒色
　3 地を赤色、文字を白色　　　4 地を白色、文字を赤色

問 11 ～問 15　毒物及び劇物取締法に規定する毒物劇物取扱責任者に関する次の記述について、正しいものは1を、誤っているものは2を選びなさい。

問 11　19歳の者は、毒物劇物取扱責任者となることができない。

問 12　毒物又は劇物を直接取り扱う製造所又は営業所において、毒物又は劇物を取り扱う業務に従事した経験がなければ、毒物劇物取扱責任者となることができない。

問 13　大麻の中毒者は毒物劇物取扱責任者となることができない。

問 14　一般毒物劇物取扱者試験に合格した者は、農業用品目販売業の店舗において毒物劇物取扱責任者となることができる。

問 15　都道府県知事は、毒物又は劇物の製造業の毒物劇物取扱責任者が毒物劇物取扱責任者として不適当と認めるときは、その毒物劇物製造業者に対して、毒物劇物取扱責任者の変更を命ずることができる。

問 16 ～問 20　次の文章は、毒物及び劇物取締法の条文である。（　　　）の中に入る字句の番号を下欄から選びなさい。

法第3条の2第9項
　毒物劇物営業者又は特定毒物研究者は、（ 問 16 ）上の危害を防止するため政令で特定毒物について品質、（ 問 17 ）又は表示の基準が定められたときは、当該特定毒物については、その基準に適合するものでなければ、これを特定毒物使用者に譲り渡してはならない。

法第13条
　毒物劇物営業者は、政令で定める毒物又は劇物については、厚生労働省令で定める方法により着色したものでなければ、これを（ 問 18 ）用として販売、又は授与してはならない。

法第13条の2
　毒物劇物営業者は、毒物又は劇物のうち主として（ 問 19 ）の用に供されると認められるものであつて政令で定めるものについては、その成分の（ 問 20 ）又は容器若しくは被包について政令で定める基準に適合するものでなければ、これを販売し、又は授与してはならない。

【下欄】
| 1 保健衛生 | 2 含量 | 3 研究 | 4 工業 | 5 環境衛生 |
| 6 公衆衛生 | 7 毒性 | 8 着色 | 9 農業 | 0 一般消費者の生活 |

問 21 ～問 25　次の物質について、劇物に該当するものは1を、毒物（特定毒物を除く。）に該当するものは2を、特定毒物に該当するものは3を、これらのいずれにも該当しないものは4を選びなさい。
　　ただし、記載してある物質は全て原体である。

問 21　トルイジン　　　問 22　モノフルオール酢酸アミド
問 23　カリウム　　　問 24　ベンゼン　　　問 25　ジニトロクレゾール

〔基礎化学〕
(一般・農業用品目・特定品目共通)

問26〜問30　次の設問の答えとして最も適当なものの番号をそれぞれ下欄から選びなさい。

問26　次の元素記号のうち、希ガス元素に属さないものはどれか。
【下欄】
1　Br　　　2　Kr　　　3　Ar　　　4　He　　　5　Xe

問27　脂肪族炭化水素はどれか。
【下欄】
1　スチレン　　　2　ナフタレン　　　3　アセチレン
4　キシレン　　　5　トルエン

問28　工業的にハーバー・ボッシュ法で生産される物質はどれか。
【下欄】
1　塩化水素　　　2　アンモニア　　　3　メタノール　　　4　硫酸　　　5　硝酸

問29　電気分解において、電極で生成する物質の物質量は、流れた電気量に比例する。これは何の法則とよばれるか。
【下欄】
1　アボガドロの法則　　　2　シャルルの法則　　　3　倍数比例の法則
4　ファラデーの法則　　　5　ヘスの法則

問30　次の官能基のうち、酸素原子を含まないものはどれか。
【下欄】
1　ケトン基　　　2　スルホ基　　　3　ニトロ基　　　4　カルボキシ基
5　アミノ基

問31〜問35　次の表は5種類の気体の性質及び実験室的製法の捕集法を示したものである。( )の中に入る最も適当なものの番号を下欄から選びなさい。

気体	色	におい	水溶性	水溶液の液性	捕集法
(問31)	無色	無臭	不溶	－	水上置換
(問32)	赤褐色	刺激臭	可溶	強酸性	下方置換
(問33)	無色	腐卵臭	可溶	弱酸性	下方置換
(問34)	無色	刺激臭	可溶	弱酸性	下方置換
(問35)	無色	無臭	可溶	弱酸性	下方置換

【下欄】
1　二酸化硫黄　　　2　二酸化窒素　　　3　硫化水素　　　4　水素
5　二酸化炭素

問 36 〜問 40　次の文章は、化学反応について記述したものである。（　　）の中に入る最も適当なものの番号を下欄から選びなさい。
　　　なお、2箇所の（ 問39 ）内にはそれぞれ同じ字句が入る。

　物質が電子を失ったとき、（ 問36 ）されたといい、物質が電子を受け取ったとき（ 問37 ）されたという。
　また、金属の原子が水溶液中で電子を放出して（ 問38 ）になる性質を金属のイオン化傾向という。
　例えば、硫酸銅（Ⅱ）水溶液に亜鉛片を浸すと、亜鉛の表面に銅が析出するが、これは、（ 問39 ）が酸化されたためである。
　このことから、イオン化傾向は（ 問39 ）が（ 問40 ）よりも大きいと言える。

【下欄】
1　分解　　　　　2　酸化　　　　　3　還元　　　4　陽イオン　　　　5　陰イオン
6　銅（Ⅱ）イオン　　7　銅　　　　　8　亜鉛（Ⅱ）イオン　　9　亜鉛

問 41 〜問 45　次の設問の答えとして最も適当なものの番号をそれぞれ下欄から選びなさい。
　　　ただし、質量数はH＝1、C＝12、O＝16、Na＝23、Cl＝35.5、絶対温度 T（K）とセルシウス温度 t（℃）の関係は $T = t + 273$ とする。

問41　水 100 g に塩化ナトリウム 2.34 g を溶かした水溶液の質量モル濃度は何 mol/kg か。
【下欄】
1　0.04 mol/kg　　　2　0.1 mol/kg　　　3　0.2 mol/kg　　　4　0.4 mol/kg
5　1.0 mol/kg　　　6　2.0 mol/kg

問42　2.0 mol/L のグルコース（$C_6H_{12}O_6$）水溶液を 200 mL 作るのに必要なグルコースは何 g か。
【下欄】
　1　36 g　　　2　72 g　　　3　90 g　　　4　108 g　　　5　216 g

問43　ある重量の水酸化ナトリウムを水に溶かして 100 mL にした水溶液を過不足なく中和するのに 0.5 mol/L の希硫酸が 50 mL 必要であった。使用した水酸化ナトリウムは何 g か。
【下欄】
　1　1 g　　　2　2 g　　　3　4 g　　　4　10 g　　　5　20 g

問44　1 mol のヘキサンを完全燃焼させた時、発生する二酸化炭素は何 g か。
【下欄】
　1　44 g　　　2　88 g　　　3　132 g　　　4　264 g　　　5　528 g

問45　27 ℃、1.0×10^5 Pa で 48 L の気体がある。この気体の温度を 127 ℃、圧力を 2.0×10^5 Pa にすると、体積は何 L になるか。
【下欄】
　1　16 L　　　2　24 L　　　3　32 L　　　4　48 L　　　5　64 L

神奈川県

問 46 ～問 50　5種の金属イオン（Ag⁺、Zn²⁺、Pb²⁺、Cu²⁺、Fe³⁺）を含む混合溶液の試料について、各イオンを分離し確認するため、次の図のように操作を行った。各イオンが図中 問 46 ～問 50 のどこに分離されるか、最も適当なものの番号をそれぞれ下欄から選びなさい。なお、反応や分離は理想的に完全に行われるものとする。

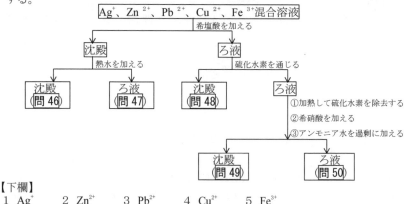

【下欄】
1　Ag⁺　　　2　Zn²⁺　　　3　Pb²⁺　　　4　Cu²⁺　　　5　Fe³⁺

〔毒物及び劇物の性質及び貯蔵その他の取扱方法〕
（一般）

問 51 ～問 55　次の物質について、性状の説明として最も適当なものの番号を下欄から選びなさい。

問 51　塩素酸カリウム　　　問 52　メチルメルカプタン
問 53　ホルマリン　　　問 54　シアン化カリウム　　　問 55　塩酸

【下欄】
1　白色等軸晶の塊片、あるいは粉末。十分に乾燥したものは無臭であるが、空気中では湿気を吸収し、かつ空気中の二酸化炭素に反応して有毒な臭気を放つ。
2　無色透明の液体。25 パーセント以上のものは湿った空気中で発煙し、刺激臭がある。
3　腐ったキャベツ様の悪臭を有する気体。
4　無色の催涙性透明液体。刺激臭を有する。低温では混濁することがある。
5　無色の単斜晶系板状の結晶。その水溶液は中性の反応を示す。燃えやすい物質と混合して、摩擦すると爆発する。

問 56 ～問 60　次の物質について、その主な用途として最も適当なものの番号を下欄から選びなさい。

問 56　アクロレイン　　　問 57　燐化亜鉛　　　問 58　蓚酸
問 59　四アルキル鉛　　　問 60　セレン

【下欄】
1　ガソリンへの混入
2　捺染剤、木・コルク・綿・藁わら製品等の漂白剤
3　殺鼠剤
4　アミノ酸(メチオニン、葉酸、リジン)の製造原料
5　ガラスの脱色、釉薬

神奈川県

問 61 ～問 65　次の物質について、貯蔵方法の説明として最も適当なものの番号を下
　　欄から選びなさい。

問 61 黄燐　　問 62 ベタナフトール　　問 63 ブロムメチル【別名：臭化メチル】

問 64 沃素　　問 65 四塩化炭素

【下欄】
1　常温では気体なので、圧縮冷却して液化し、圧縮容器に入れ、直射日光その他、
　温度上昇の原因を避けて、冷暗所に貯蔵する。
2　空気に触れると発火しやすいので、水中に沈めて瓶に入れ、さらに砂を入れた
　缶中に固定して、冷暗所に貯蔵する。
3　亜鉛又は錫めっきをした鋼鉄製容器で保管し、高温に接しない場所に貯蔵する。
4　容器は気密容器を用い、通風の良い冷所に貯蔵する。腐食されやすい金属、濃
　塩酸、アンモニア水、アンモニアガス、テレビン油などは、なるべく引き離して
　おく。
5　空気や光線に触れると赤変するため、遮光して貯蔵する。

問 66 ～問 70　次の物質について、毒性の説明として最も適当なものの番号を下欄か
　　ら選びなさい。

問 66 クロロホルム　　問 67 メタノール　　問 68 パラフエニレンジアミン

問 69 過酸化水素　　問 70 シアン化水素

【下欄】
1　頭痛、めまい、嘔吐、下痢、腹痛等を起こし、致死量に近ければ麻酔状態にな
　り、視神経が侵され、眼がかすみ、失明することがある。
2　極めて猛毒で、希薄な蒸気でも吸入すると呼吸中枢を刺激し、次いで麻痺させ
　る。
3　原形質毒であり、脳の節細胞を麻痺させ、赤血球を溶解する。吸収すると、は
　じめに嘔吐、瞳孔の縮小、運動性不安が現れる。
4　溶液、蒸気いずれも刺激性が強い。35 パーセント以上の溶液は皮膚に水疱を作
　りやすい。眼には腐食作用を及ぼす。
5　皮膚に触れると皮膚炎(かぶれ)、眼に作用すると角結膜炎、結膜浮腫、呼吸器
　に対しては気管支喘息を起こす。

問 71 ～問 75　次の文章は、ヒドラジンについて記述したものである。(　)の中に入
　　る最も適当なものの番号をそれぞれ下欄から選びなさい。

化 学 式：(問 71)

分　　類：(問 72)

性　　状：(問 73)でアンモニアに似た臭いの(問 74)。

用　　途：(問 75)

【問 71 下欄】
　1　N_2H_2　　　　2　N_2H_4　　　　3　N_3H_5
【問 72 下欄】
　1　劇物　　　2　毒物(特定毒物を除く。) 3　特定毒物
【問 73 下欄】
　1　無色　　　2　青色　　　　3　黄色
【問 74 下欄】
　1　固体　　　2　液体　　　　3　気体
【問 75 下欄】
　1　木材防腐剤　　2　半導体のエッチング剤　　3　ロケット燃料

（農業用品目）

問 51 ～問 55　次の物質について、性状の説明として最も適当なものの番号を下欄から選びなさい。

問51　燐化亜鉛
問52　（ＲＳ）－α－シアノ－３－フェノキシベンジル＝（ＲＳ）－２－（４－クロロフェニル）－３－メチルブタノアート【別名：フェンバレレート】
問53　シアン酸ナトリウム
問54　ブロムメチル【別名：臭化メチル】
問55　塩素酸ナトリウム

【下欄】
1　暗赤色の光沢のある粉末で、水、アルコールに不溶であるが希酸にホスフィンを出して溶ける。
2　白色の結晶性粉末で、水に溶け、エタノールに不溶である。熱に対して安定である。
3　無色の気体で、わずかに甘いクロロホルム様の臭いを有する。圧縮または冷却すると、無色または淡黄緑色の液体を生成する。
4　白色の正方単射状の結晶で、潮解性がある。加熱により分解して酸素を生じる。
5　黄褐色の粘稠性液体である。メタノール、アセトニトリル、酢酸エチルに溶ける。熱に対して安定であるが、光で分解する。

問 56 ～問 60　次の製剤について、劇物に該当するものは1を、毒物（特定毒物を除く。）に該当するものは2を、特定毒物に該当するものは3を、これらのいずれにも該当しないものは4を選びなさい。

問56　アバメクチンを1.8パーセント含有する製剤
問57　燐化アルミニウム56パーセントとカルバミン酸アンモニウム25パーセントを含有する錠剤
問58　エマメクチン安息香酸塩を1パーセント含有する製剤
問59　弗化スルフリルを99パーセント含有するくん蒸剤
問60　４－ブロモ－２－（４－クロロフェニル）－１－エトキシメチル－５－トリフルオロメチルピロール－３－カルボニトリル【別名：クロルフェナピル】を10パーセント含有する製剤

問 61 ～問 65　次の文章は、1，3－ジクロロプロペンについて記述したものである。（　）の中に入る最も適当なものの番号をそれぞれ下欄から選びなさい。

分　類：（問61）
性　状：（問62）の（問63）で、（問64）がある。
用　途：主に野菜類等の（問65）として用いられる。

【問61下欄】
1　劇物　　　　　　　2　毒物（特定毒物を除く。）　　3　特定毒物
【問62下欄】
1　無色透明　　　　　2　淡黄褐色透明　　　　　　　3　青色
【問63下欄】
1　粉末　　　　　　　2　液体　　　　　　　　　　　3　結晶
【問64下欄】
1　芳香臭　　　　　　2　メルカプタン臭　　　　　　3　刺激臭
【問65下欄】
1　殺線虫剤　　　　　2　殺菌剤　　　　　　　　　　3　植物成長調整剤

問 66 ～問 70　次の物質について、化学組成等を踏まえた分類として、正しいものは
　　　　　1を、誤っているものは2を選びなさい。

問 66　3－(6－クロロピリジン－3－イルメチル)－1，3－チアゾリジン－2－
イリデンシアナミド【別名：チアクロプリド】は、カーバメート系殺虫剤であ
る。

問 67　メチル＝(E)－2－［2－［6－(2－シアノフエノキシ)ピリミジン－4
－イルオキシ］フエニル］－3－メトキシアクリレート【別名：アゾキシスト
ロビン】は、ネオニコチノイド系殺虫剤である。

問 68　ジエチル－3，5，6－トリクロル－2－ピリジルチオホスフエイト【別名
：クロルピリホス】は、有機リン系殺虫剤である。

問 69　メチル－N'，N'－ジメチル－N－［(メチルカルバモイル)オキシ］－1－チ
オオキサムイミデート【別名：オキサミル】は、ネライストキシン系殺虫剤で
ある。

問 70　(S)－α－シアノ－3－フエノキシベンジル＝(1R，3S)－2，2－ジメチ
ル－3－(1，2，2，2－テトラブロモエチル)シクロプロパンカルボキシラー
ト【別名：トラロメトリン】は、ピレスロイド系殺虫剤である。

問 71 ～問 75　次の物質について、原体の性状及び製剤の用途の説明として最も適当
なものの番号を下欄から選びなさい。

問 71　2－チオ－3，5－ジメチルテトラヒドロ－1，3，5－チアジアジン
【別名：ダゾメット】

問 72　2'，4－ジクロロ－α，α，α－トリフルオロ－4'－ニトロメタトルエンス
ルホンアニリド　【別名：フルスルフアミド】

問 73　2－クロルエチルトリメチルアンモニウムクロリド【別名：クロルメコート】

問 74　2－ジフエニルアセチル－1，3－インダンジオン【別名：ダイファシノン】

問 75　1－(6－クロロ－3－ピリジルメチル)－N－ニトロイミダゾリジン－2－
イリデンアミン【別名：イミダクロプリド】

【下欄】
1　無色結晶で無臭。小麦やハイビスカスの植物成長調整剤として用いられる。
2　白色の結晶性粉末。野菜や花き等の土壌病害を防除する土壌殺菌剤や除草剤等
として用いられる。
3　黄色の結晶性粉末。農地や山林の農作物に対する殺鼠剤として用いられる。
4　弱い特異臭のある無色の結晶。稲、野菜、果樹等のウンカ類、アブラムシ類、
カメムシ類等の害虫を防除する殺虫剤として用いられる。
5　淡黄色の結晶性粉末。アブラナ科野菜の根こぶ病等の病害を防除する土壌殺菌
剤として用いられる。

（特定品目）

問 51 ～問 55　次の物質について、性状の説明として最も適当なものの番号を下欄か
ら選びなさい。

問 51 アンモニア　　　**問 52** 硅弗化ナトリウム　　　**問 53** 酢酸エチル
問 54 塩素　　　**問 55** 重クロム酸カリウム

【下欄】
1　無色の気体　　　2　橙赤色の柱状結晶　　　3　無色透明の液体
4　黄緑色の気体　　　5　白色の結晶

問 56 ～問 60　次の物質について、貯蔵方法の説明として最も適当なものの番号を下
　　欄から選びなさい。

| 問 56 | トルエン | | 問 57 | 過酸化水素水 | | 問 58 | クロロホルム |

| 問 59 | 水酸化ナトリウム | | 問 60 | 四塩化炭素 |

【下欄】
1　少量ならば褐色ガラス瓶、大量ならばカーボイ等を使用し、3分の1の空間を
　保って貯蔵する。直射日光を避け、冷所に有機物、金属塩、樹脂、油類、その他
　有機性蒸気を放出する物質と引き離して貯蔵する。
2　二酸化炭素と水を吸収する性質が強いため、密栓して貯蔵する。
3　空気と日光によって変質するので、少量のアルコールを加えて冷暗所に貯蔵する。
4　亜鉛又は錫すずめっきをした鋼鉄製容器で保管し、高温に接しない場所に貯蔵
　する。
5　引火しやすく、また、その蒸気は空気と混合して爆発性の混合ガスとなるので、
　火気を近づけないようにして貯蔵する。

問 61 ～問 65　次の物質について、毒性の説明として最も適当なものの番号を下欄か
　　ら選びなさい。

| 問 61 | アンモニア水 | | 問 62 | メチルエチルケトン | | 問 63 | 蓚酸ナトリウム |

| 問 64 | 硝酸 | | 問 65 | メタノール |

【下欄】
1　経口投与によって口腔・胸腹部疼痛、嘔吐、咳嗽、虚脱を発する。また、腐食
　作用によって直接細胞を損傷し、気道刺激症状、肺浮腫、肺炎を招く。
2　吸入すると、眼、鼻、喉等の粘膜を刺激する。高濃度で麻酔状態となる。
3　蒸気は眼、呼吸器などの粘膜および皮膚に強い刺激性を有する。皮膚に触れ
　ると、気体を生成して、組織ははじめ白く、次第に深黄色になる。
4　血液中のカルシウム分を奪取し、神経系を侵す。急性中毒症状は、胃痛、嘔吐、
　口腔・咽喉の炎症を起こし、腎臓が侵される。
5　頭痛、めまい、嘔吐、下痢、腹痛等を起こし、致死量に近ければ麻酔状態に
　なり、視神経が侵され、眼がかすみ、失明することがある。

問 66 ～問 70　次の物質について、性状及び毒性として最も適当なものの番号をそれ
　　ぞれ下欄から選びなさい。

物質名	性状	毒性
クロム酸カリウム	問 66	問 69
塩化水素	問 67	問 70
水酸化カリウム	問 68	高濃度の水溶液は腐食性が強く、皮膚に触れると激しく侵す。

【下欄：性状　問 66 ～問 68】
1　無色の気体である。
2　白色の固体で水やアルコールには熱を発して溶ける。
3　橙黄色の結晶で、水によく溶ける。

【下欄：毒性　問 69・問 70】
1　はじめ頭痛、悪心等をきたし、黄疸のように角膜が黄色となり、しだいに尿毒
　症様を呈し、重症な時は死亡する。
2　口と食道が赤黄色に染まり、のちに青緑色に変化する。腹痛を起こして、緑色
　のものを吐き出し、血の混じった便をする。
3　眼・呼吸器系粘膜を強く刺激する。

問 71 ～問 75 次の物質について、その主な用途として最も適当なものの番号を下欄から選びなさい。

問 71 塩素   問 72 キシレン   問 73 蓚酸   問 74 二酸化鉛
問 75 クロム酸ストロンチウム

【下欄】
1 紙・パルプの漂白剤、殺菌剤、消毒剤
2 さび止め顔料
3 捺染剤、木・コルク・綿・藁製品等の漂白剤
4 工業用の酸化剤、電池の製造
5 溶剤、染料中間体等の有機合成原料

〔実 地〕

（一般）

問 76 ～問 80 次の物質について、漏えい時の措置として最も適当なものの番号を下欄から選びなさい。
　なお、作業にあたっては、風下の人を退避させ周囲の立入禁止、保護具の着用、風下での作業を行わないことや廃液が河川等に排出されないよう注意する等の基本的な対応のうえ実施することとする。

問 76 ピクリン酸   問 77 硫化バリウム   問 78 水銀   問 79 硫酸銀
問 80 臭素

【下欄】
1 飛散したものは空容器にできるだけ回収し、そのあと食塩水を用いて処理し、多量の水で洗い流す。
2 飛散したものは空容器にできるだけ回収し、硫酸第一鉄の水溶液を加えて処理し、多量の水で洗い流す。
3 多量に漏えいした場合、漏えい箇所や漏えいした液には水酸化カルシウムを十分に散布し、むしろ、シート等を被せ、その上にさらに水酸化カルシウムを散布して吸収させる。漏えい容器には散水しない。
4 飛散したものは空容器にできるだけ回収し、そのあとを多量の水で洗い流す。なお、回収の際は飛散したものが乾燥しないよう、適量の水を散布して行い、また、回収物の保管、輸送に際しても十分に水分を含んだ状態を保つようにする。
5 漏えいしたものは空容器にできるだけ回収し、さらに土砂等を混ぜて空容器に全量を回収し、そのあとを多量の水で洗い流す。

問 81 ～問 85 次の物質について、廃棄方法として最も適当なものの番号を下欄から選びなさい。
　なお、廃棄方法は「毒物及び劇物の廃棄の方法に関する基準」によるものとする。

問 81 硫酸   問 82 二硫化炭素   問 83 亜塩素酸ナトリウム
問 84 三塩化アンチモン   問 85 弗化トリフェニル錫

【下欄】
1 チオ硫酸ナトリウム等の還元剤の水溶液に希硫酸を加えて酸性にし、この中に少しずつ投入する。反応終了後、反応液を中和し、多量の水で希釈し処理する。
2 徐々に石灰乳などの攪拌溶液に加え中和させた後、多量の水で希釈して処理する。
3 水に溶かし、硫化ナトリウム水溶液を加えて沈殿させ、ろ過して、埋立処分する。
4 セメントで固化して埋立処分する。
5 次亜塩素酸ナトリウム水溶液と水酸化ナトリウムの混合溶液を攪拌している中

に滴下し、酸化分解させた後、多量の水で希釈して処理する。

問 86 ～問 90　次の物質について、鑑識法として最も適当なものの番号を下欄から選びなさい。

問 86 スルホナール　　問 87 ニコチン　　問 88 フエノール

問 89 クロルピクリン　　問 90 アンチモン酸鉛

【下欄】
1　水溶液に金属カルシウムを加え、これにベタナフチルアミン及び硫酸を加えると、赤色の沈殿を生成する。
2　本物質のエーテル溶液に、ヨードのエーテル溶液を加えると、褐色の液状沈殿を生じ、これを放置すると赤色針状結晶となる。
3　木炭とともに加熱すると、メルカプタンの臭気を放つ。
4　白金線に試料をつけて溶融炎で熱し、次に希塩酸で白金線を湿して、再び溶融炎の色を見ると淡青色となる。
5　水溶液に4分の1量のアンモニア水と数滴のさらし粉溶液を加えて温めると、藍色を呈する。

問 91 ～問 95　次の文章は、水酸化カリウムについて記述したものである。（　　）の中に入る最も適当なものの番号をそれぞれ下欄から選びなさい。
　　なお、廃棄方法は「毒物及び劇物の廃棄の方法に関する基準」によるものとする。

分　類：（ 問 91 ）
貯　法：（ 問 92 ）と水を吸収する性質が強いため、密栓して保管する。
廃棄方法：（ 問 93 ）
鑑　識　法：水溶液に酒石酸溶液を過剰に加えると、（ 問 94 ）の沈殿を生成する。
注意事項：水溶液は爆発性も引火性もないが、アルミニウム、錫、亜鉛等の金属を腐食して（ 問 95 ）を生成し、これが空気と混合して引火爆発することがある。

【問 91 下欄】
1　劇物　　　　2　毒物(特定毒物を除く。) 3　特定毒物

【問 92 下欄】
1　窒素　　　　2　酸素　　　　　3　二酸化炭素

【問 93 下欄】
1　燃焼法　　　2　中和法　　　　　3　沈殿隔離法

【問 94 下欄】
1　黒色　　　　2　白色　　　　3　橙黄色

【問 95 下欄】
1　水素　　　　2　酸素　　　　3　塩素

問 96 ～問 100　次の文章は、ニトロベンゼンについて記述したものである。（　）の中に入る最も適当なものの番号をそれぞれ下欄から選びなさい。

　　なお、廃棄方法は「毒物及び劇物の廃棄の方法に関する基準」によるものとする。

性　状：無色又は微黄色の（ 問 96 ）の液体で、強い香気を有し、光線を屈折させる。アルコールに（ 問 97 ）。

用　途：アニリンの製造原料として用いられるほか、タール中間物の製造原料、合成化学の（ 問 98 ）として、また特殊溶媒に用いられ、ミルバン油と称して、（ 問 99 ）に用いられる。

廃棄方法：（ 問 100 ）

【問 96 下欄】
1　発煙性　　　　2　吸湿性　　　3　粘稠性

【問 97 下欄】
1　可溶　　　　2　不溶

【問 98 下欄】
1　酸化剤　　　　2　還元剤

【問 99 下欄】
1　潤滑剤　　　　2　石けん香料　　　3　殺虫剤

【問 100 下欄】
1　沈殿法　　　　2　酸化法　　　3　燃焼法

（農業用品目）

問 76 ～問 80　次の物質について、廃棄方法として最も適当なものの番号を下欄から選びなさい。

　　なお、廃棄方法は「毒物及び劇物の廃棄の方法に関する基準」によるものとする。

問 76 アンモニア　　　問 77 沃化メチル　　　問 78 シアン化ナトリウム
問 79 クロルピクリン　　　問 80 塩化亜鉛

【下欄】
1　水酸化ナトリウム水溶液等でアルカリ性とし、高温加圧下で加水分解する。
2　水に溶かし、水酸化カルシウム、炭酸ナトリウム等の水溶液を加えて処理し、沈殿濾過して埋立処分する。
3　水で希薄な水溶液とし、酸（希塩酸、希硫酸等）で中和させた後、多量の水で希釈して処理する。
4　少量の界面活性剤を加えた亜硫酸ナトリウムと炭酸ナトリウムの混合溶液中で、攪拌し分解させた後、多量の水で希釈して処理する。
5　過剰の可燃性溶剤または重油等の燃料とともに、アフターバーナーおよびスクラバーを備えた焼却炉の火室に噴霧して、できるだけ高温で焼却する。

神奈川県

問 81 ～問 85　次の物質について、漏えい時の措置として最も適当なものの番号を下欄から選びなさい。

なお、作業にあたっては、風下の人を退避させ周囲の立入禁止、保護具の着用、風下での作業を行わないことや廃液が河川等に排出されないよう注意する等の基本的な対応のうえ実施することとする。

問 81　硫酸　　　問 82　シアン化カリウム　　　問 83　アンモニア水

問 84　（RS）－α－シアノ－3－フェノキシベンジル＝（RS）－2－（4－クロロフェニル）－3－メチルブタノアート　【別名：フェンバレレート】

問 85　ブロムメチル【別名：臭化メチル】

【下欄】

1　少量の場合は、漏えい箇所は濡れむしろ等で覆い遠くから多量の水をかけて洗い流す。多量の場合は、漏えいした液は土砂等でその流れを止め、安全な場所に導いてから多量の水をかけて洗い流す。

2　少量の場合は、漏えいした液は速やかに蒸発するので周辺に近づかないようにする。多量の場合は、漏えいした液は土砂等でその流れを止め、液が広がらないようにして蒸発させる。

3　飛散したものは空容器にできるだけ回収する。砂利等に付着している場合は、砂利等を回収し、そのあとに水酸化ナトリウム、炭酸ナトリウム等の水溶液を散布してアルカリ性（pH 11 以上）とし、さらに酸化剤の水溶液で酸化処理を行い、多量の水で洗い流す。

4　多量の場合は、漏えいした液は土砂等でその流れを止め、これに吸着させるか、または安全な場所に導いて、遠くから徐々に注水してある程度希釈した後、水酸化カルシウム、炭酸ナトリウム等で中和し、多量の水で洗い流す。

5　付近の着火源となるものを速やかに取り除き、漏えいした液は土砂等でその流れを止め、安全な場所に導き、空容器にできるだけ回収し、そのあとを土砂等に吸着させて掃き集め、空容器に回収する。

問 86 ～問 90　次の文章は、S－メチル－N－［（メチルカルバモイル）－オキシ］－チオアセトイミデート【別名：メトミル】について記述したものである。

（　）の中に入る最も適当なものの番号をそれぞれ下欄から選びなさい。

分　　　類：毒物（ただし、本物質（問 86）を含有する製剤は、劇物である。）
性　　　状：（問 87）の結晶固体で、弱い（問 88）がある。
用　　　途：（問 89）系殺虫剤
漏えい時の措置：（問 90）

なお、作業にあたっては、風下の人を退避させ周囲の立入禁止、保護具の着用、風下での作業を行わないことや廃液が河川等に排出されないよう注意する等の基本的な対応のうえ実施することとする。

【問 86 下欄】
1　45 パーセント以下　　2　60 パーセント以下　　3　75 パーセント以下

【問 87 下欄】
1　白色　　　　　2　暗褐色　　　　3　淡黄色

【問 88 下欄】
1　ニンニク臭　　　2　硫黄臭　　　　3　芳香臭

【問 89 下欄】
1　マクロライド　　　2　ピレスロイド　　3　カーバメート

【問90 下欄】
　1　空容器にできるだけ回収し、そのあとを水酸化カルシウム等の水溶液を用いて
　処理し、多量の水で洗い流す。
　2　飛散したものは空容器にできるだけ回収し、そのあとを多量の水で洗い流す。
　3　飛散したものは空容器にできるだけ回収し、そのあとを硫酸第一鉄の水溶液を
　加えて処理し、多量の水を用いて洗い流す。

問91〜問95　次の文章は、クロルピクリンについて記述したものである。（　）の中
　に入る最も適当なものの番号をそれぞれ下欄から選びなさい。

分　類：（ 問91 ）
性　状：純品は無色の（ 問92 ）で、（ 問93 ）がある。
毒　性：（ 問94 ）
鑑識法：水溶液に金属カルシウムを加え、これにベタナフチルアミン及び硫酸を
　　　　加えると、（ 問95 ）の沈殿を生成する。

【問91 下欄】
　1　劇物　　　　　2　毒物（特定毒物を除く。）　3　特定毒物

【問92 下欄】
　1　結晶性粉末　　　2　気体　　　　　　3　油状体

【問93 下欄】
　1　催涙性　　　　2　芳香性　　　　　3　引火性

【問94 下欄】
　1　神経毒であり、脳及び神経細胞に脂肪変性をきたし、筋肉を萎縮させ、かつ溶
　血作用を呈する。
　2　吸入すると、分解されずに組織内に吸収され、各器官が障害される。血液中で
　メトヘモグロビンを生成、また中枢神経や心臓、眼結膜を侵し、肺も強く障害す
　る。
　3　蒸気の吸入により頭痛、食欲不振など、大量の場合、緩和な大赤血球性貧血を
　きたす。

【問95 下欄】
　1　白色　　　　　2　緑色　　　　3　赤色

問96〜問100　次の文章は、1,1'ージメチル−4,4'ージピリジニウムジクロリ
　ド【別名：パラコート】について記述したものである。（　）の中に入る最も適当
　なものの番号をそれぞれ下欄から選びなさい。
　　　なお、廃棄方法は「毒物及び劇物の廃棄の方法に関する基準」によるものとする。

分　類：（ 問96 ）
性　状：（ 問97 ）の吸湿性結晶で、水に可溶。
用　途：本品と（ 問98 ）の混合剤が、（ 問99 ）として使用される。
廃棄方法：（ 問100 ）

【問96 下欄】
　1　劇物　　　　　　　2　毒物（特定毒物を除く。）　3　特定毒物

【問97 下欄】
　1　無色　　　　　　2　赤色　　　　　3　青色

【問98 下欄】
　1　トリクロルヒドロキシエチルジメチルホスホネイト
　【別名：トリクロルホン】
　2　1,1'ーイミノジ（オクタメチレン）ジグアニジン
　【別名：イミノクタジン】
　3　2,2'ージピリジリウム−1,1'ーエチレンジブロミド
　【別名：ジクワット】

【問 99 下欄】
1 殺虫剤　　　　2 殺菌剤　　　　3 除草剤

【問 100 下欄】
1 燃焼法　　　　2 中和法　　　　3 還元法

（特定品目）

問 76 ～問 80　次の物質について、廃棄方法として最も適当なものの番号を下欄から選びなさい。
　　　なお、廃棄方法は「毒物及び劇物の廃棄の方法に関する基準」によるものとする。

問 76 蓚酸　　　問 77 酢酸エチル　　　問 78 塩化水素　　　問 79 過酸化水素水
問 80 アンモニア水

【下欄】
1 水で希薄な水溶液とし、酸(希塩酸、希硫酸等)で中和させた後、多量の水で希釈して処理する。
2 多量の水で希釈して処理する。
3 ナトリウム塩とした後、活性汚泥で処理する。
4 徐々に石灰乳等の撹拌溶液に加え中和させた後、多量の水で希釈して処理する。
5 珪藻土等に吸収させて開放型の焼却炉で焼却する。

問 81 ～問 85　次の物質について、鑑識法及び漏えい時の措置として最も適当なものの番号をそれぞれ下欄から選びなさい。
　　　なお、漏えい時の措置の作業にあたっては、風下の人を退避させ周囲の立入禁止、保護具の着用、風下での作業を行わないことや廃液が河川等に排出されないよう注意する等の基本的な対応のうえ実施することとする。

物質名	鑑識法	漏えい時の措置
硫酸	問 81	問 84
メタノール	問 82	問 85
アンモニア水	問 83	多量の場合、漏えいした液は土砂等でその流れを止め、安全な場所に導いて、多量の水をかけて洗い流す。

【下欄：鑑識法 問 81 ～問 83】
1 あらかじめ熱灼した酸化銅を加えると、ホルムアルデヒドができ、酸化銅は還元されて金属銅色を呈する。
2 塩酸を加えて中和した後、塩化白金溶液を加えると、黄色、結晶性の沈殿を生じる。
3 希釈液に塩化バリウムを加えると、白色の沈殿が生じる。

【下欄：漏えい時の措置 問 84・問 85】
1 付近の着火源となるものを速やかに取り除く。多量の場合、漏えい箇所を濡れむしろ等で覆い、ガス状の本物質に対しては遠くから霧状の水をかけ吸収させる。
2 多量の場合、漏えいした液は土砂等でその流れを止め、これに吸着させるか、又は安全な場所に導いて、遠くから徐々に注水してある程度希釈した後、水酸化カルシウム、炭酸ナトリウム等で中和し、多量の水を用いて洗い流す。
3 多量の場合、漏えいした液は土砂等でその流れを止め、安全な場所に導き、多量の水で希釈して洗い流す。

問 86 ～問 90　次の文章は、メチルエチルケトンについて記述したものである。
　　　（　）の中に入る最も適当なものの番号をそれぞれ下欄から選びなさい。
　　　なお、廃棄方法は「毒物及び劇物の廃棄の方法に関する基準」によるものとする。

化 学 式：（ 問 86 ）
性　状：アセトン様の芳香を有する（ 問 87 ）の液体。水に（ 問 88 ）。
漏えい時：多量に漏えいした場合は、土砂等でその流れを止め、安全な場所に導い
　　　　た後、（ 問 89 ）。
廃棄方法：（ 問 90 ）

【問 86 下欄】
　1　C₇H₈　　　2　C₂H₂O₄　　　3　C₄H₈O

【問 87 下欄】
　1　紫色　　　　2　無色　　　3　赤褐色

【問 88 下欄】
　1　可溶　　　　2　不溶

【問 89 下欄】
　1　液の表面を泡で覆い、できるだけ空容器に回収する。
　2　漏えい箇所や漏えいした液に水酸化カルシウムを十分に散布して吸収させる。
　3　硫酸第一鉄等の還元剤の水溶液を散布し、炭酸ナトリウムの水溶液で処理した
　　後、多量の水で洗い流す。

【問 90 下欄】
　1　還元法　　　2　燃焼法　　　3　中和法

問 91 ～問 95　次の文章は、ホルマリンについて記述したものである。（　）の中に入
　　　る最も適当なものの番号をそれぞれ下欄から選びなさい。
　　　なお、廃棄方法は「毒物及び劇物の廃棄の方法に関する基準」によるものとする。

分　類：劇物（ただし、ホルムアルデヒド（化学式 問 91 ）（ 問 92 ）を含有するものは
　　　　除く。）
性　状：（ 問 93 ）を有する。
鑑 識 法：フェーリング溶液とともに熱すると、（ 問 94 ）の沈殿を生成する。
廃棄方法：（ 問 95 ）、燃焼法、活性汚泥法

【問 91 下欄】
　1　CH₃OH　　　2　HCHO　　　　3　CH₃CHO

【問 92 下欄】
　1　1 パーセント以下　　2　4 パーセント以下　　3　10 パーセント以下

【問 93 下欄】
　1　アーモンド臭　　2　刺激臭　　　　3　芳香臭

【問 94 下欄】
　1　白色　　　　2　黄色　　　　3　赤色

【問 95 下欄】
　1　中和法　　　2　酸化法　　　3　還元法

問 96 ～問 100　次の品目について、毒物及び劇物取締法で規定する特定品目販売業の
　　　登録を受けた者が、登録を受けた店舗において、販売することができる品目は 1
　　　を、販売できない品目は 2 を選びなさい。
　　　ただし、含有量の記載がない品目は原体とする。

問 96　塩基性酢酸鉛　　　問 97　硝酸を 20 パーセント含有する製剤
問 98　過酸化ナトリウム　　問 99　酸化水銀を 3 パーセント含有する製剤
問 100　アニリン

〔毒物及び劇物に関する法規〕
（一般・農業用品目・特定品目共通）

問１　次の事業とその業務上取り扱う毒物又は劇物のうち、毒物及び劇物取締法第22条第１項の規定により、届け出なければならないものの組合せとして正しいものはどれか。

	（事業）	（業務上取り扱う毒物又は劇物）
ア	金属熱処理を行う事業	－ シアン化ナトリウム
イ	土壌の燻蒸を行う事業	－ クロルピクリン
ウ	しろありの防除を行う事業	－ 三酸化砒素
エ	ねずみの駆除を行う事業	－ 硝酸タリウム

　　　１　ア、イ　　　２　ア、ウ　　　３　イ、エ　　　４　ウ、エ

問２　次のうち、毒物及び劇物取締法上、正しい記述はどれか。

　　１　毒物又は劇物の製造業者が、その製造した毒物又は劇物を、他の毒物劇物営業者に販売する場合、毒物又は劇物の販売業の登録を受けなければならない。

　　２　特定毒物研究者が、学術研究のため特定毒物を輸入するときは、毒物又は劇物の輸入業の登録を受けなければならない。

　　３　毒物又は劇物の販売業の登録は、５年ごとに更新を受けなければ、その効力を失う。

　　４　毒物又は劇物の輸入業者は、登録を受けた毒物又は劇物以外の毒物又は劇物を輸入しようとするときは、あらかじめ登録の変更を受けなければならない。

問３　次の記述は、毒物及び劇物取締法第３条の３の条文である。　A　、　B　及び　C　にあてはまる語句の組合せとして、正しいものはどれか。

> 第三条の三　興奮、　A　又は麻酔の作用を有する毒物又は劇物（これらを含有する物を含む。）であつて政令で定めるものは、みだりに摂取し、若しくは　B　し、又はこれらの目的で　C　してはならない。

	A	B	C
１	幻覚 －	乱用 －	購入
２	依存 －	吸入 －	所持
３	依存 －	乱用 －	購入
４	幻覚 －	吸入 －	所持

問４　次のうち、毒物及び劇物取締法第３条の４の規定により、業務その他正当な理由による場合を除いて所持してはならないものとして、政令で定められている引火性、発火性又は爆発性のある劇物はどれか。

　　１　ピクリン酸　　　２　硝酸　　　３　カリウム　　　４　三硫化燐

問5 次のうち、毒物及び劇物取締法上、正しい記述はどれか。

1 毒物又は劇物の販売業者は、毒物劇物取扱責任者が住所を変更したときには30日以内に、店舗の所在地の都道府県知事(店舗の所在地が保健所を設置する市又は特別区の区域にある場合は市長又は区長)に届け出なければならない。
2 毒物劇物取扱者試験に合格しても、18歳未満の者は毒物劇物取扱責任者になることはできない。
3 毒物又は劇物の販売業者は、毒物又は劇物を直接に取り扱わない場合においても、店舗ごとに、専任の毒物劇物取扱責任者を置かなければならない。
4 薬剤師又は都道府県知事が行う毒物劇物取扱者試験に合格した者でなければ、毒物劇物取扱責任者になることはできない。

問6 次のうち、毒物及び劇物取締法第10条の規定により、毒物又は劇物の販売業者が30日以内に届出をしなければならない事項として、正しいものはどれか。

1 毒物又は劇物を貯蔵する設備の重要な部分を変更したとき
2 店舗における営業を休止したとき
3 営業日及び営業時間を変更したとき
4 販売する毒物又は劇物の品目を変更したとき

問7 次のうち、毒物及び劇物取締法上、正しい記述はどれか。

1 毒物劇物営業者は、劇物の容器及び被包に、「医薬用外」の文字及び赤地に白色をもって「劇物」の文字を表示しなければならない。
2 毒物劇物営業者が劇物を他の毒物劇物営業者に販売したとき、その都度、販売した劇物の成分を書面に記載しておかなければならない。
3 毒物劇物営業者は、毒物又は劇物を16歳の者に交付してはならない。
4 毒物劇物営業者は、あせにくい黒色で着色したものでなければ、シアン酸ナトリウムを農業用として販売してはならない。

問8 次のうち、毒物及び劇物取締法第14条第2項の規定により、毒物劇物営業者が毒物劇物営業者以外の者に劇物を販売・授与するときに提出を受ける書面の保存期間として、正しいものはどれか。

1 販売又は授与の日から1年間　　　2 販売又は授与の日から3年間
3 販売又は授与の日から5年間　　　4 販売又は授与の日から6年間

問9 次の記述は、毒物及び劇物取締法第17条の条文である。　A　及び　B　に当てはまる語句の組合せとして、正しいものはどれか。

第十七条　毒物劇物営業者及び　A　は、その取扱いに係る毒物若しくは劇物又は第十一条第二項の政令で定める物が飛散し、漏れ、流れ出し、染み出し、又は地下に染み込んだ場合において、不特定又は多数の者について保健衛生上の危害が生ずるおそれがあるときは、　B　、その旨を　C　、警察署又は消防機関に届け出るとともに、保健衛生上の危害を防止するために必要な応急の措置を講じなければならない。
2 (略)

	A	B	C
1	特定毒物研究者	十五日以内に	市町村
2	特定毒物使用者	直ちに	市町村
3	特定毒物使用者	十五日以内に	保健所
4	特定毒物研究者	直ちに	保健所

新潟県

問 10　次のうち、20 パーセント水酸化ナトリウムを、車両を使用して 1 回につき 5,000 キログラム以上運搬する場合に、車両の前後の見やすい箇所に掲げなければならない標識はどれか。

　　1　0.3 メートル平方の板に地を白色、文字を黒色として「毒」と表示した標識
　　2　0.3 メートル平方の板に地を黒色、文字を白色として「毒」と表示した標識
　　3　0.3 メートル平方の板に地を黄色、文字を黒色として「毒」と表示した標識
　　4　0.3 メートル平方の板に地を黒色、文字を黄色として「毒」と表示した標識

〔基礎化学〕
（一般・農業用品目・特定品目共通）

問11　次のうち、正しい記述はどれか。

　　1　カリウムは、アルカリ金属元素である。
　　2　アルゴンは、ハロゲン元素である。
　　3　沃素は、希ガス元素である。
　　4　マグネシウムは、アルカリ土類金属元素である。

問 12　ストロンチウムが炎色反応によって示す色はどれか。

　　1　黄　　　2　赤紫　　　3　青緑　　　4　赤

問13　次の官能基とその名称の組合せとして正しいものはどれか。

　　1　－COOH　－　アルデヒド基　　　2　－NO₂　－　アミノ基
　　3　－CHO　－　カルボキシ基　　　4　－SO₃H　－　スルホ基

問14　次の　A　及び　B　に当てはまる語句の組合せとして正しいものはどれか。

　　原子は、正の電荷をもつ　A　と、負の電荷をもつ　B　から構成されている。

　　　　　A　　　　B
　　1　原子核　－　電子
　　2　原子核　－　陽子
　　3　中性子　－　電子
　　4　中性子　－　陽子

問15　下線をつけた原子のうち酸化数が＋ 2 のものはどれか。

　　1　k₂$\underline{Cr}$O₄　　　2　$\underline{Cu}$SO₄　　　3　$\underline{Ca}$Cl₂　　　4　$\underline{Ag}$₂O

問 16　水酸化ナトリウム 72 g に水を加えて 600mL の水溶液を作った場合、この水溶液のモル濃度は何 mol/L か。ただし、原子量は水素を 1、酸素を 16、ナトリウムは 23 とする。

　　1　1.8　　　2　2.0　　　3　3.0　　　4　4.8

問17　次の　A　及び　B　に当てはまる語句の組合せとして正しいものはどれか。

　　ハロゲンの単体は、すべて二原子分子からなり、原子番号が大きいものほど、融点や沸点が　A　。また、ハロゲンの単体の酸化作用には強弱があり、　B　が最も強い。

```
     A      B
1  高い － 塩素
2  高い － 弗素
          ふっ
3  低い － 塩素
4  低い － 弗素
          ふっ
```

問18 次のうち、正しい記述はどれか。

1 固体が液体になる変化を、昇華という。
2 物質が凝固する温度を、絶対温度という。
3 物質の種類は変わらずに状態だけが変わる変化を、物理変化という。
4 液体混合物を加熱して目的の液体を気体に変え、これを冷却して再び液体とし、分離する操作を、抽出という。

問19 次のうち、正しい記述はどれか。

1 物質が水素を失ったとき、還元されたという。
2 物質が電子を失ったとき、還元されたという。
3 還元剤は、相手より酸化されやすい物質である。
4 酸化数は、原子が酸化された場合は減少する。

問20 次のうち、正しい記述はどれか。

1 陽イオンと陰イオンの間に、静電気力によって生じる結合を、共有結合という。
2 イオン化エネルギーが大きい原子ほど、陽イオンになりやすい。
3 希ガスを除き、周期表の右上の元素ほど電気陰性度は大きい。
4 電子親和力の値が小さい原子ほど、陰イオンになりやすい。

〔毒物及び劇物の性質及び
貯蔵その他取扱方法〕
（一般）

問21 次のうち、劇物に該当するものはどれか。

1 シアン化ナトリウム   2 弗化水素   3 モノクロル酢酸
                       ふっ
4 テトラエチルピロホスフエイト

問22 次の A 及び B に当てはまる語句の組合せとして正しいものはどれか。

> アセトニトリルは水、メタノール、エタノールに A である。加水分解した場合、アセトアミドを経て、 B とアンモニアを生成する。

```
     A      B
1  不溶－エチルアミン
2  不溶－酢酸
3  可溶－エチルアミン
4  可溶－酢酸
```

問 23　次のうち、正しい記述はどれか。

1　臭素は、少量ならば共栓ガラス瓶、多量ならばカーボイ、陶製壺などを使用し、冷所に、濃塩酸、アンモニア水、アンモニアガスなどと引き離して保管する。直射日光を避け、通風をよくする。
2　黄燐は、空気中に触れると発火しやすいので、ベンゼン中に沈めて瓶に入れ、さらに砂を入れた缶中に固定して、冷暗所にて保管する。
3　四塩化炭素は、常温では気体なので、圧縮冷却して液化し、圧縮容器に入れ、直射日光その他、温度上昇の原因を避けて、冷暗所に貯蔵する。
4　ベタナフトールは、空気や光線に触れると黒変するため、遮光して保管する。

問 24　次のうち、正しい記述はどれか。

1　クロルエチルは可燃性で、点火すれば紫色の辺縁を有する炎をあげて燃焼する。
2　硝酸銀は、無色透明の結晶で、光によって分解して黒変する。
3　沃化水素酸は、空気と日光に反応してヨードを遊離し、赤褐色を帯びてくる。
4　ホルマリンに１％フェノール溶液数滴を加え、硫酸上に層積すると、白色の輪層を生成する。

問 25　常温常圧下で固体のものはどれか。

1　ロテノン　　2　水銀　　3　ヒドラジン　　4　ブロムメチル

問 26　次のうち、塩化亜鉛の廃棄方法として最も適切なものはどれか。

1　セメントで固化し溶出試験を行い、溶出量が判定基準以下であることを確認して埋立処分する。
2　珪そう土等に吸収させて開放型の焼却炉で少量ずつ焼却する。もしくは焼却炉の火室へ噴霧し焼却する。
3　水に溶かし、水酸化カルシウム、炭酸カルシウム等の水溶液を加えて処理し、沈殿ろ過して埋立処分する。
4　少量の界面活性剤を加えた亜硫酸ナトリウムと炭酸ナトリウムの混合溶液中で、撹拌し分解させた後、多量の水で希釈して処理する。

問 27　潮解性を有するものはどれか。

1　硫酸第二銅　　　2　塩素酸ナトリウム　　　3　砒酸カリウム　　　4　蓚酸

問 28　次の鑑識法により同定される物質はどれか。

木炭とともに加熱すると、メルカプタンの臭気を放つ。

1スルホナール　　　2ピクリン酸　　　3ニコチン　　　4ナトリウム

問 29　２・２'－ジピリジリウム－１・１'－エチレンジブロミド(別名：ジクワット)に関する記述として正しいものはどれか。

1　毒物に該当する。　　　　　　　2　アルカリ性下で安定である。
3　有機燐製剤の一種である。　　　4　水に可溶である。

問 30　水酸化ナトリウムに関する記述として正しいものはどれか。

1　常温常圧下で無色の液体である。
2　水に不溶である。
3　二酸化炭素と水を吸収する性質が強いため、密栓して保管する。
4　水溶液を白金線につけて無色の火炎中にいれると、火炎は著しく青色に染まる。

（農業用品目）

問 21　次の　A　、　B　及び　C　に当てはまる語句の組合せとして正しいものはどれか。

> ２・２'－ジピリジリウム－１・１'－エチレンジブロミド(別名：ジクワット)は、淡黄色の　A　であり、主に　B　として用いられる。　C　溶液で薄める場合には、２～３時間以上貯蔵できない。

	A		B		C
1	吸湿性結晶	－	殺虫剤	－	酸
2	吸湿性結晶	－	除草剤	－	アルカリ
3	粘性液体	－	殺虫剤	－	アルカリ
4	粘性液体	－	除草剤	－	酸

問 22　ダイアジノンの中毒治療薬として、主に用いられるものはどれか。

1　チオ硫酸ナトリウム　　　　　　　　2　硫酸アトロピン
3　エデト酸カルシウム二ナトリウム　　4　ジメルカプロール(別名：ＢＡＬ)

問 23　(ＲＳ)－α－シアノ－３－フェノキシベンジル＝(ＲＳ)－２－(４－クロロフェニル)－３－メチルブタノアート(別名：フェンバレレート)の廃棄方法として、最も適切なものはどれか。

1　燃焼法　　　2　還元沈殿法　　　3　焙焼法　　　4　中和法

問 24　常温常圧下で液体であるものはどれか。

1　チアクロプリド
2　２－チオ－３・５－ジメチルテトラヒドロ－１・３・５－チアジアジン
　（別名：ダゾメット）
3　カルボスルファン
4　ジエチル－３・５・６－トリクロル－２－ピリジルチオホスフェイト
　（別名：クロルピリホス）

問 25　クロルフェナピルに関する記述として正しいものはどれか。

1　除草剤として用いられる。　　　2　常温常圧下で液体である。
3　カーバメイト系化合物である。　4　水に不溶で、アセトンに可溶である。

問 26　次の記述に当てはまる物質はどれか。

> 常温常圧下において、白色の結晶性粉末で、水に不溶であるが、アセトンに可溶である。劇物に指定されているが、１パーセント以下を含有する製剤は劇物の指定から除外されている。

1　フェンプロパトリン
2　メトミル
3　ピラクロストロビン
4　α－シアノ－４－フルオロ－３－フェノキシベンジル＝３－(２・２－ジクロロビニル)－２・２－ジメチルシクロプロパンカルボキシラート
　（別名：シフルトリン）

新潟県

問 27　メチル−N'・N'−ジメチル−N−［(メチルカルバモイル)オキシ］−1−チオオキサムイミデート(別名：オキサミル)に関する記述として正しいものはどれか。

1　常温常圧下で液体である。　　　2　ピレスロイド系化合物である。
3　殺菌剤として用いられる。　　　4　かすかな硫黄臭がある。

問 28　物質とその常温常圧下での性質に関する記述として正しいものはどれか。

1　ＥＰＮは、淡黄色の液体であり、有機溶媒に難溶である。
2　フルバリネートは、黄褐色の固体であり、水に難溶である。
3　テフルトリンは、淡褐色の個体であり、水に難溶である。
4　アセタミプリドは、暗赤色の結晶固体であり、メタノールに難溶である。

問 29　2パーセントを含有する製剤が劇物に該当するものはどれか。

1　ジメチルジチオホスホリルフェニル酢酸エチル(別名：フェントエート)
2　1・3−ジカルバモイルチオ−2−(N・N−ジメチルアミノ)−プロパン塩酸塩(別名：カルタップ)
3　トリクロルヒドロキシエチルジメチルホスホネイト(別名：トリクロルホン)
4　チオジカルブ

問 30　有機燐化合物に分類されるものはどれか。

1　4−クロロ−3−エチル−1−メチル−N−［4−(パラトリルオキシ)ベンジル］ピラゾール−5−カルボキサミド(別名：トルフェンピラド)
2　ＤＤＶＰ
3　イミダクロプリド
4　1・1'−ジメチル−4・4'−ジピリジニウムジクロリド(別名：パラコート)

（特定品目）

問 21　10％製剤が劇物に該当する組合せとして正しいものはどれか。

ア　硫酸　　イ　水酸化ナトリウム　　ウ　ホルマリン　　エ　蓚酸

1　ア、イ　　　2　ア、エ　　　3　イ、ウ　　　4　ウ、エ

問 22　過酸化水素の鑑識法として正しいものはどれか。

1　水溶液は過マンガン酸カリウムを還元し、クロム酸塩を過クロム酸塩に変える。
2　アルコール溶液に、水酸化カリウム溶液と少量のアニリンを加えて熱すると、不快な刺激臭を放つ。
3　水溶液をアルコール性の水酸化カリウムと銅粉とともに煮沸すると、黄赤色の沈殿を生成する。
4　希釈水溶液に塩化バリウムを加えると、白色の沈殿を生成するが、この沈殿は塩酸や硝酸に不溶である。

問 23　次のうち、メチルエチルケトンの廃棄方法として最も適切なものはどれか。

1　固化隔離法　　2　希釈法　　3　中和法　　4　燃焼法

問 24　次の毒性を有する物質として最も適当なものはどれか。

> その物質の蒸気は眼、呼吸器などの粘膜及び皮膚に強い刺激性を有する。高濃度のものが皮膚に触れると、気体を生成して、組織は、はじめ白く、次第に深黄色となる。

　　1　クロロホルム　　2　硝酸　　3　蓚酸（しゅう）　　4　水酸化ナトリウム

問 25　次のうち、不燃性を有するものはどれか。
　　1　キシレン　　2　アンモニア　　3　メチルエチルケトン　　4　塩素

問 26　次の方法で貯蔵することが最も適当な物質はどれか。

> 少量ならば褐色ガラス瓶、大量ならばカーボイなどを使用し、3分の1の空間を保って貯蔵する。日光の直射を避け、冷所に有機物、金属塩、樹脂、油類、その他有機性蒸気を放出する物質と引き離して貯蔵する。特に、温度の上昇、動揺などによって爆発することがあるため、注意を要する。

　　1　過酸化水素　　2　アンモニア水　　3　水酸化ナトリウム　　4　四塩化炭素

問 27　多量に漏えいした場合に、次の措置を行うことが最も適切な物質はどれか。

> 漏えいした場所の周辺には、ロープを張るなどして人の立入りを禁止し、作業の際には必ず保護具を着用する。
> 多量に漏えいした場合は、土砂等でその流れを止め、これに吸着させるか、又は安全な場所に導いて、遠くから徐々に注水してある程度希釈した後、水酸化カルシウム、炭酸ナトリウム等で中和し、多量の水で洗い流す。
> この場合、高濃度の廃液が河川等に排出されないよう注意する。

　　1　クロロホルム　　2　水酸化カリウム　　3　ホルマリン　　4　硫酸

問 28　毒物劇物特定品目販売業の登録を受けた者が販売できるものはどれか。
　　1　アクリルニトリル　　2　シクロヘキシミド　　3　トルエン　　4　メタクリル酸

問 29　次の性質を有する物質として最も適当なものはどれか。

> 希硝酸に溶かすと、無色の液となり、これに硫化水素を通すと、黒色の沈殿を生成する。

　　1　四塩化炭素　　2　一酸化鉛　　3　硅弗化ナトリウム（けいふっ）　　4　クロム酸ナトリウム

問 30　次のうち、正しい記述の組合せはどれか。
　ア　純粋のクロロホルムは空気に触れ、同時に日光の作用を受けると分解して塩素、塩化水素、ホスゲン、四塩化炭素を生成する。
　イ　重クロム酸カリウムは、水に可溶で、アルコールに不溶である。
　ウ　メチルエチルケトンは無色無臭の液体である。
　エ　キシレンは、常温常圧下で黄緑色の気体である。

　　1　ア、イ　　2　ア、エ　　3　イ、ウ　　4　ウ、エ

〔毒物及び劇物の識別及び取扱方法〕

(一般)

問 31　トルエンの常温常圧下での性状として正しいものはどれか。

1　無臭の液体で、可燃性である。
2　無臭の液体で、不燃性である。
3　ベンゼン臭を有する液体で、可燃性である。
4　ベンゼン臭を有する液体で、不燃性である。

問 32　次のうち、トルエンの用途として最も適するものはどれか。

1　防腐剤　　　2　漂白剤　　　3　写真感光材料　　　4　香料の原料

問 33　1・1'-ジメチル-4・4'-ジピリジニウムジクロリド(別名：パラコート)の常温常圧下での性状として正しいものはどれか。

1　無色の結晶で、水に溶けない。
2　無色の結晶で、水に溶ける。
3　赤褐色の結晶で、水に溶けない。
4　赤褐色の結晶で、水に溶ける。

問 34　次のうち、1・1'-ジメチル-4・4'-ジピリジニウムジクロリド(別名：パラコート)の用途として最も適するものはどれか。

1　殺菌剤　　　2　殺鼠剤　　　3　殺虫剤　　　4　除草剤

問 35　硝酸バリウムの常温常圧下での性状として正しいものはどれか。

1　黄褐色の結晶で、潮解性がある。　　　2　黄褐色の結晶で、風解性がある。
3　無色の結晶で、潮解性がある。　　　4　無色の結晶で、風解性がある。

問 36　次のうち、硝酸バリウムの用途として最も適するものはどれか。

1　界面活性剤　　　2　ロケット燃料　　　3　ガラスのつや消し　　　4　煙火の原料

問 37　ニッケルカルボニルの常温常圧下での性状として正しいものはどれか。

1　揮発性の液体で、水に溶けにくい。　　　2　揮発性の液体で、水に溶けやすい。
3　不揮発性の液体で、水に溶けにくい。　　　4　不揮発性の液体で、水に溶けやすい。

問 38　次のうち、ニッケルカルボニルの用途として最も適するものはどれか。

1　接着剤　　　2　触媒　　　3　釉薬　　　4　樹脂硬化剤

問 39　重クロム酸カリウムの常温常圧下での性状として正しいものはどれか。

1　橙赤色の結晶で、アルコールに溶ける。
2　橙赤色の結晶で、アルコールに溶けない。
3　白色の結晶で、アルコールに溶ける。
4　白色の結晶で、アルコールに溶けない。

問 40　次のうち、重クロム酸カリウムの用途として最も適するものはどれか。

1　木材防腐剤　　　2　脱水剤　　　3　媒染剤　　　4　漂白剤

（農業用品目）

問 31　イソキサチオンの常温常圧下での性状として正しいものはどれか。

1　淡黄褐色の液体で、アルカリに不安定である。
2　淡黄褐色の液体で、有機溶媒に難溶である。
3　白色の固体で、アルカリに不安定である。
4　白色の固体で、有機溶媒に難溶である。

問 32　イソキサチオンの用途として最も適するものはどれか。

1　植物成長調整剤　　2　殺鼠剤　　3　除草剤　　　4　殺虫剤

問 33　トラロメトリンの常温常圧下での性状として正しいものはどれか。

1　熱に安定であり、酸に不安定である。
2　光に安定であり、酸に不安定である。
3　熱に安定であり、アルカリに不安定である。
4　光に安定であり、アルカリに不安定である。

問 34　トラロメトリンの用途として最も適するものはどれか。

1　殺菌剤　　2　殺虫剤　　3　殺鼠剤　　4　除草剤

問 35　トリシクラゾールの常温常圧下での性状として正しいものはどれか。

1　淡黄色の液体で、水に難溶である。
2　淡黄色の液体で、有機溶剤に可溶である
3　無色の結晶で、無臭である。
4　無色の結晶で、刺激臭を有する。

問 36　トリシクラゾールの用途として最も適するものはどれか。

1　殺菌剤　　2　除草剤　　3　植物成長調整剤　　　4　殺虫剤

問 37　ジメチル－4－メチルメルカプト－3－メチルフェニルチオホスフェイト
　　　（別名：フェンチオン）の常温常圧下での性状として正しいものはどれか。

1　淡黄色の結晶性粉末で、水に可溶である。
2　淡黄色の結晶性粉末で、有機溶媒に難溶である。
3　褐色の液体で、無臭である。
4　褐色の液体で、弱いニンニク臭を有する。

問 38　ジメチル－4－メチルメルカプト－3－メチルフェニルチオホスフェイト
　　　（別名：フェンチオン）の用途として最も適するものはどれか。

1　殺菌剤　　2　殺虫剤　　3　土壌燻蒸剤　　4　除草剤

問 39　2－ジフェニルアセチル－1・3－インダンジオン（別名：ダイファシノン）の
　　　常温常圧下での性状として正しいものはどれか。

1　黄色の結晶性粉末であり、水に不溶である。
2　黄色の結晶性粉末であり、酢酸に不溶である。
3　赤褐色の液体であり、水に不溶である。
4　赤褐色の液体であり、酢酸に不溶である。

問 40　2－ジフェニルアセチル－1・3－インダンジオン（別名：ダイファシノン）の
　　　用途として最も適するものはどれか。

1　殺菌剤　　2　除草剤　　3　殺鼠剤　　4　殺虫剤

新潟県

（特定品目）

問 31　アンモニア水の常温常圧下での性状として正しいものはどれか。

1　無色透明の液体で、無臭である。
2　無色透明の液体で、鼻をさすような臭気がある。
3　黄色の液体で、無臭である。
4　黄色の液体で、鼻をさすような臭気がある。

問 32　次のうち、アンモニア水の用途として最も適するものはどれか。

1　漂白剤　　　2　顔料　　　3　酸化剤　　　4　試薬

問 33　酢酸エチルの常温常圧下での性状として正しいものはどれか。

1　無臭で、引火性の液体である。
2　無臭で、不燃性の液体である。
3　果実様の芳香で、引火性の液体である。
4　果実様の芳香で、不燃性の液体である。

問 34　次のうち、酢酸エチルの用途として最も適するものはどれか。

1　溶剤　　　2　塗料　　　3　顔料　　　4　燻蒸剤

問 35　四塩化炭素の常温常圧下での性状として正しいものはどれか。

1　可燃性の液体で、アルコールに可溶である。
2　可燃性の液体で、アルコールに難溶である。
3　揮発性の液体で、アルコールに可溶である。
4　揮発性の液体で、アルコールに難溶である。

問 36　次のうち、四塩化炭素の用途として最も適するものはどれか。

1　塩化ビニル原料　　　2　洗浄剤　　　3　殺菌剤　　　4　顔料

問 37　ホルマリンの常温常圧下での性状として正しいものはどれか。

1　刺激臭を有する液体で、アルコールによく混和する。
2　刺激臭を有する液体で、エーテルによく混和する。
3　無臭の液体で、アルコールによく混和する。
4　無臭の液体で、エーテルによく混和する。

問 38　次のうち、ホルマリンの用途として最も適するものはどれか。

1　香料　　　2　溶剤　　　3　釉薬　　　4　燻蒸剤

問 39　メタノールの常温常圧下での性状として正しいものはどれか。

1　揮発性の液体で、特異な香気を有する。
2　揮発性の液体で、無臭である。
3　不揮発性の液体で、特異な香気を有する。
4　不揮発性の液体で、無臭である。

問 40　次のうち、メタノールの用途として最も適するものはどれか。

1　酸化剤　　　2　燃料　　　3　漂白剤　　　4　アンチノック剤

富山県
令和3年度実施

〔法　規〕
（一般・農業用品目・特定品目共通）

問1　次の文章は、毒物及び劇物取締法の条文の抜粋である。（　　）内にあてはまる
語句の正しいものの組み合わせを≪選択肢≫から選びなさい。

（目的）
第1条　この法律は、毒物及び劇物について、（　a　）上の見地から必要な（　b　）を行
うことを目的とする。

≪選択肢≫

	a	b
1	保健衛生	規制
2	保健衛生	取締
3	公衆衛生	規制
4	公衆衛生	取締
5	保健衛生	指導

問2〜問3　次の文章は、毒物及び劇物取締法の条文の抜粋である。（　　）内にあて
はまる語句を≪選択肢≫から選びなさい。

（定義）
第2条　この法律で「毒物」とは、別表第一に掲げる物であつて、（　**問2**　）及び
（　**問3**　）以外のものをいう。

≪選択肢≫

問2	1　医薬品	2　医療機器	3　危険物	4　石油類
	5　毒薬			
問3	1　化粧品	2　有機溶媒	3　医薬部外品	4　高圧ガス
	5　劇薬			

問4　次の文章は、毒物及び劇物取締法第3条第3項の条文の抜粋である。（　　）内
にあてはまる語句の正しいものの組み合わせを≪選択肢≫から選びなさい。なお、
同じ記号の（　　）内には同じ語句が入るものとする。

毒物又は劇物の販売業の登録を受けた者でなければ、毒物又は劇物を販売し、
（　a　）し、又は販売若しくは（　a　）の目的で（　b　）し、運搬し、若しくは陳列し
てはならない。

≪選択肢≫

	a	b
1	使用	貯蔵
2	授与	貯蔵
3	授与	製造
4	使用	製造
5	授与	所持

問5　次のうち、特定毒物として、正しいものの組み合わせを≪選択肢≫から選びなさい。

a　酢酸ナトリウム
b　シアン酸ナトリウム
c　四アルキル鉛
d　モノフルオール酢酸アミド

≪選択肢≫
1 (a、b)　　2 (b、c)　　3 (c、d)　　4 (a、d)　　5 (b、d)

問6　次の毒物及び劇物取締法に関する記述の正誤について、正しい組み合わせを≪選択肢≫から選びなさい。

a　毒物又は劇物を自家消費する目的で製造する場合は、毒物又は劇物の製造業の登録が必要である。
b　薬局の開設者は、毒物又は劇物の販売業の登録を受けなくても、毒物又は劇物を販売することができる。
c　毒物又は劇物の製造業者は、販売業の登録を受けなくても、その製造した毒物又は劇物を他の毒物又は劇物の製造業者に販売することができる。
d　毒物又は劇物の一般販売業の登録を受けた者は、毒物及び劇物取締法施行規則で農業用品目定められている劇物を販売することはできない。

≪選択肢≫

	a	b	c	d
1	正	正	誤	正
2	誤	誤	正	誤
3	誤	誤	正	正
4	誤	正	誤	正
5	正	正	正	誤

問7　毒物劇物営業者の登録及び特定毒物研究者の許可に関する以下の記述の正誤について、正しい組み合わせを≪選択肢≫から選びなさい。

a　毒物又は劇物の輸入業の登録は、3年ごとに更新を受けなければ、その効力を失う。
b　毒物又は劇物の販売業の登録は、4年ごとに更新を受けなければ、その効力を失う
c　毒物又は劇物の製造業の登録は、5年ごとに更新を受けなければ、その効力を失う
d　特定毒物研究者の許可は、6年ごとに更新を受けなければ、その効力を失う

≪選択肢≫

	a	b	c	d
1	正	正	正	誤
2	正	誤	誤	正
3	誤	正	誤	正
4	誤	誤	正	誤
5	誤	誤	誤	正

問8　毒物劇物営業者が、毒物及び劇物取締法第10条の規定に基づき、30日以内に届け出る必要のあるものとして、正しいものの組み合わせを≪選択肢≫から選びなさい。

a　毒物又は劇物の販売業者が法人の場合、法人の代表取締役を変更したとき
b　毒物又は劇物の輸入業者が登録品目である劇物の輸入量を増加したとき
c　毒物又は劇物の製造業者が登録品目である毒物の製造を廃止したとき
d　毒物又は劇物の製造業者が毒物を貯蔵する設備の重要な部分を変更したとき

≪選択肢≫
1 (a、b)　　2 (b、c)　　3 (c、d)　　4 (a、d)　　5 (b、d)

問9　次のうち、興奮、幻覚又は麻酔の作用を有する毒物又は劇物(これらを含有する物を含む。)であって、みだりに摂取し、若しくは吸入し、又はこれらの目的で所持してはならないものとして、毒物及び劇物取締法施行令で定められているものの正しい組み合わせを≪選択肢≫から選びなさい。

　　a　エタノールを含有するシーリング用の充てん料
　　b　トルエンを含有する接着剤
　　c　ベンゼンを含有するシンナー
　　d　メタノールを含有する塗料

　≪選択肢≫
　　1 (a、b)　　2 (b、c)　　3 (c、d)　　4 (a、d)　　5 (b、d)

問10　次のうち、引火性、発火性又は爆発性のある毒物又は劇物であって、業務その他正当な理由による場合を除いては、所持してはならないものとして、毒物及び劇物取締法施行令で定められているものの正しい組み合わせを≪選択肢≫から選びなさい。

　　a　酢酸エチル
　　b　メタノール
　　c　ピクリン酸
　　d　ナトリウム

　≪選択肢≫
　　1 (a、b)　　2 (b、c)　　3 (c、d)　　4 (a、d)　　5 (b、d)

問11　次の毒物及び劇物取締法第5条に規定する毒物又は劇物の製造業の登録基準に関する記述について、正しい組み合わせを≪選択肢≫から選びなさい。

　　a　毒物又は劇物の貯蔵設備は、毒物又は劇物とその他の物とを区分して貯蔵できるものであること。
　　b　毒物又は劇物の製造作業を行う場所は、毒物又は劇物を含有する粉じん、蒸気又は廃水の処理に要する設備又は器具を備えていること。
　　c　毒物又は劇物の運搬用具は、毒物又は劇物が飛散し、漏れ、又はしみ出るおそれがないものであること。
　　d　毒物又は劇物を陳列する場所は、その周囲に、必ず堅固なさくが設けてあること。

　≪選択肢≫

	a	b	c	d
1	正	正	誤	正
2	誤	正	正	誤
3	誤	誤	正	正
4	誤	正	誤	正
5	正	正	正	誤

問12　次の特定毒物研究者又は特定毒物使用者に関する記述のうち、正しいものの組み合わせを≪選択肢≫から選びなさい。

　　a　特定毒物研究者は、特定毒物使用者に対し、その者が使用することができる特定毒物を譲り渡すことができる。
　　b　特定毒物研究者は、学術研究のためであっても、特定毒物を輸入することができない。
　　c　特定毒物使用者は、特定毒物を製造することができる。
　　d　特定毒物使用者は、特定毒物を品目ごとに政令で定める用途以外の用途に供してはならない。

　≪選択肢≫
　　1 (a、b)　　2 (b、c)　　3 (c、d)　　4 (a、d)　　5 (b、d)

問 13　次のうち、毒物劇物取扱責任者になることができる者の正しい組み合わせを≪選択肢≫から選びなさい。

　　a　医師
　　b　薬剤師
　　c　厚生労働省令で定める学校で、応用化学に関する学課を修了した者
　　d　毒物又は劇物の販売業の店舗において、5年以上毒物劇物取扱業務に従事した者

　≪選択肢≫
　　1（a、b）　　2（b、c）　　3（c、d）　　4（a、d）　　5（b、d）

問 14　次の文章は、毒物及び劇物取締法第7条第1項の条文の抜粋である。（　　）内にあてはまる語句の正しいものの組み合わせを≪選択肢≫から選びなさい。

　　毒物劇物営業者は、毒物又は劇物を（　a　）取り扱う製造所、営業所又は店舗ごとに、（　b　）の毒物劇物取扱責任者を置き、毒物又は劇物による（　c　）上の危害の防止に当たらせなければならない。

　≪選択肢≫

	a	b	c
1	直接に	専任	保健衛生
2	直接に	常勤	公衆衛生
3	常時	専任	保健衛生
4	大量に	常勤	公衆衛生
5	大量に	専任	環境衛生

問 15　次の毒物劇物取扱責任者に関する記述について、正しいものの組み合わせを≪選択肢≫から選びなさい。

　　a　毒物劇物営業者は、毒物劇物取扱責任者を置いたときは、30 日以内に、その毒物劇物取扱責任者の氏名を届け出なければならない。
　　b　毒物劇物営業者が、毒物又は劇物の製造業と販売業を併せて営む場合において、その製造所及び店舗が互いに隣接している場合であっても、毒物劇物取扱責任者をそれぞれに置かなければならない。
　　c　毒物劇物取扱者試験に合格しても、18 歳未満の者は毒物劇物取扱責任者になることはできない。
　　d　農業用品目毒物劇物取扱者試験に合格した者は、特定品目販売業の店舗において毒物劇物取扱責任者となることができる。

　≪選択肢≫
　　1（a、b）　　2（a、c）　　3（b、c）　　4（b、d）　　5（c、d）

問 16　次のうち、毒物及び劇物取締法第 12 条第2項の規定により、毒物劇物営業者が毒物又は劇物の容器及び被包に表示しなければ、販売してはならないとされている事項として、正しいものの組み合わせを≪選択肢≫から選びなさい。

　　a　毒物又は劇物の成分及びその含量
　　b　毒物又は劇物の原産国名
　　c　毒物又は劇物の使用期限
　　d　毒物又は劇物の名称

　≪選択肢≫
　　1（a、b）　　2（b、c）　　3（c、d）　　4（a、d）　　5（b、d）

問 17　次のうち、毒物及び劇物取締法第 12 条第 3 項の規定に基づく毒物の貯蔵場所の表示として正しいものを≪選択肢≫から選びなさい。

1　「医薬用外」の文字及び「毒物」の文字
2　「医薬用外」の文字及び「毒」の文字
3　「医療用外」の文字及び「毒物」の文字
4　「医薬部外」の文字及び「毒物」の文字
5　「医薬部外」の文字及び「毒」の文字

問 18　次の文章は、毒物及び劇物取締法の条文の抜粋である。（　　）内にあてはまる語句の正しいものの組み合わせを≪選択肢≫から選びなさい。

第 13 条　毒物劇物営業者は、政令で定める毒物又は劇物については、厚生労働省令で定める方法により（　a　）したものでなければ、これを農業用として（　b　）してはらない。

≪選択肢≫

	a	b
1	表示	販売し、又は授与
2	表示	製造し、又は輸入
3	着色	販売し、又は授与
4	着色	製造し、又は輸入
5	着色	貯蔵し、又は運搬

問 19　次の毒物及び劇物取締法第 15 条の 2 の規定に基づく廃棄の方法に関する記述について、正しい組み合わせを≪選択肢≫から選びなさい。

a　揮発性の毒物を保健衛生上の危害を生ずるおそれがない場所で、大量に揮発させた。
b　液体の毒物を稀釈し、毒物及び劇物並びに毒物及び劇物取締法第 11 条第 2 項に規定する政令で定める物のいずれにも該当しない物とした。
c　可燃性の毒物を保健衛生上の危害を生ずるおそれがない場所で、少量ずつ燃焼させた。
d　地下 50 センチメートルで、かつ、地下水を汚染するおそれがない地中に確実に埋めた。

≪選択肢≫

	a	b	c	d
1	正	正	誤	誤
2	誤	正	正	誤
3	誤	誤	正	正
4	誤	誤	誤	正
5	正	誤	誤	誤

問 20 ～問 22　次の文章は、毒物及び劇物取締法の条文の抜粋である。（　　）内にあてはまる正しい語句を≪選択肢≫から選びなさい。

（毒物又は劇物の交付の制限等）
第 15 条　毒物劇物営業者は、毒物又は劇物を次に掲げる者に交付してはならない。
　一　（　問 20　）の者
　二～三　略
2　毒物劇物営業者は、厚生労働省令で定めるところにより、その交付を受ける者の（　問 21　）を確認した後でなければ、第 3 条の 4 に規定する政令で定める物を交付してはならない。
3　毒物劇物営業者は、帳簿を備え、前項の確認をしたときは、厚生労働省令の定めるところにより、その確認に関する事項を記載しなければならない。
4　毒物劇物営業者は、前項の帳簿を、最終の記載した日から（　問 22　）、保存しなければならない。

≪選択肢≫
問 20　　1　　15 歳未満　　　　2　　18 歳以下　　　　3　　18 歳未満　　　　　4　　20 歳以下
　　　　5　　20 歳未満

問 21　　1　　年齢　　　　　2　　使用目的　　　　3　　氏名及び年齢　　　4　　氏名及び住所
　　　　5　　氏名及び使用目的

問 22　　1　　1 年間　　　　2　　2 年間　　　　3　　3 年間　　　　4　　5 年間　　　　5　　10 年間

問 23　次の文章は、毒物及び劇物取締法の条文の抜粋である。（　　　）内にあてはまる
語句の正しいものの組み合わせを≪選択肢≫から選びなさい。

（立入検査等）

第 18 条　都道府県知事は、保健衛生上必要があると認めるときは、毒物劇物営業者若
しくは（　a　）から必要な報告を徴し、又は薬事監視員のうちあらかじめ指定する
者に、これらの者の製造所、営業所、店舗、（　b　）その他業務上毒物若しくは劇
物を取り扱う場所に立ち入り、帳簿その他の物件を検査させ、関係者に質問させ、
若しくは試験のため必要な最小限度の分量に限り、毒物、劇物、第 11 条第 2 項の
政令で定める物若しくはその疑いのある物を（　c　）させることができる。

≪選択肢≫

	a	b	c
1	特定毒物研究者	研究所	撤去
2	特定毒物研究者	研究所	収去
3	輸入業者	事務所	撤去
4	輸入業者	事務所	収去
5	製造業者	事務所	撤去

問 24　毒物及び劇物取締法施行令の規定により、劇物であるニトロベンゼンを、車両
1 台を使用して 1 回につき 5,000 キログラム以上運搬する場合の運搬方法に関す
る記述の生後について、正しい組み合わせを≪選択肢≫から選びなさい。

a　運搬の経路、交通事情、自然条件、その他の条件から判断して、1 人の運転
者による運転時間が 1 日当たり 9 時間を超える場合は、運転者のほか交替して
運転する者を同乗させる。

b　車両には、事故の際に応急の措置を講ずるため
に必要な保護具を 1 人分備える。

c　車両に掲げる標識は、0.3 メートル平方の板に
地を白色、文字を黒色として「劇」と表示し、車
両の前後の見やすい箇所に掲げる。

d　車両には、運搬する劇物の名称、成分及びその
含量並びに事故の際に講じなければならない応急
の措置の内容を記載した書面を備える。

≪選択肢≫

	a	b	c	d
1	誤	誤	正	正
2	正	誤	誤	正
3	正	正	誤	誤
4	正	正	正	誤
5	誤	正	正	正

問 25　次のうち、毒物及び劇物取締法第 22 条第 1 項の規定により、都道府県知事(その事業場の所在地が保健所を設置する市又は特別区の区域にある場合においては、市長又は区長)に業務上取扱者の届出をしなければならないとされている者として、正しいものの組み合わせはどれか。

　　a　アジ化ナトリウムを含有する製剤を使用して、野ねずみの駆除を行う事業者
　　b　弗化水素酸を含有する製剤を使用して、ガラスの加工を行う事業者
　　c　無機シアン化合物たる毒物及びこれを含有する製剤を使用して、金属熱処理を行う事業者
　　d　砒素化合物たる毒物及びこれを含有する製剤を使用して、しろありの防除を行う事業　者
　　≪選択肢≫
　　1 (a、b)　　2 (b、c)　　3 (c、d)　　4 (a、d)　　5 (b、d)

〔基礎化学〕
(一般・農業用品目・特定品目共通)

問 26　次の a ～ i の物質のうち、混合物はいくつあるか。≪選択肢≫から選びなさい。

a　海水　　　b　塩酸　　　c　銅　　d　硫黄　　e　空気
f　塩化ナトリウム水溶液　　g　ドライアイス　　　h　石油　　　i　氷
　　≪選択肢≫
　　1　1つ　　　2　2つ　　　3　3つ　　　4　4つ　　　5　5つ

問 27　溶媒に対する物質の溶けやすさの違いを利用して、混合物から目的の物質を溶媒に溶かし出し、分液ろうとを用いて分離する方法として最も適当なななものはどれか。≪選択肢≫から選びなさい。

　　≪選択肢≫
　　1　吸着　　2　抽出　　　3　ろ過　　　4　昇華法(昇華)　　5　蒸留

問 28　次の a ～ h の組み合わせのうち、同素体の組み合わせとして正しいものはいくつあるか。≪選択肢≫から選びなさい。

　　a　黒鉛とフラーレン　　　b　赤リンと黄リン　　　c　水素と酸素　　d　水と氷
　　e　銅と酸化銅(Ⅱ)　　　f　酸素とオゾン　　　　g　単斜硫黄と斜方硫黄
　　h　石灰石と大理石
　　≪選択肢≫
　　1　1つ　　　2　2つ　　　3　3つ　　　4　4つ　　　5　5つ

問 29　次の元素と炎色反応の組み合わせについて、正しいものを≪選択肢≫から選びなさい。

　　≪選択肢≫
　　1　Li－黄色　　　2　Na－赤色　　　3　K－黄緑色　　　4　Ca－橙赤色
　　5　Ba－赤紫色

問 30　次の変化のうち、物理変化に該当するものはいくつあるか。≪選択肢≫から選びなさい。

a　水素と燃焼させると水が生じた。
b　水の入ったコップを放置しておくと、蒸発して水が無くなった。
c　貝殻を薄い塩酸の中に入れておくと、溶解して小さくなった。
d　ドライアイスを室温で放置すると昇華して無くなった。
e　鉄にさびが生じた。

≪選択肢≫
1　1つ　　2　2つ　　3　3つ　　4　4つ　　5　5つ

問 31　塩素原子 $_{17}^{37}$ Cl に含まれる陽子、中性子、電子の数として正しいものはどれか選びなさい。

≪選択肢≫

	陽子	中性子	電子
1	37	17	37
2	20	17	37
3	20	17	20
4	17	20	17
5	17	20	20

問 32　次の原子およびイオンに関する記述について、誤っているものを≪選択肢≫から選びなさい。

≪選択肢≫
1　フッ化物イオンの電子配置はネオン原子の電子配置と同じである。
2　陽子1個と中性子1個の質量は、ほぼ等しい。
3　陽子の数が等しい原子は中性子の数が異なっても化学的性質はほぼ同じである。
4　塩素原子が陰イオンになると、陰イオンの大きさは元の原子より大きくなる。
5　電子殻のL殻とM殻のそれぞれに収容できる電子の最大数は同じである。

問 33　次の a、b はあるイオン電子配置の模式図である。a の電子配置を持つ1価の陽イオンと、b の電子配置を持つ1価の陰イオンからなる化合物として最も適当なものはどれか。≪選択肢≫から選びなさい。

a　　　　　b
原子核 ●　　電子 •

≪選択肢≫
1　LiF　　　2　LiBr　　　3　NaF　　　4　NaCl　　　5　KCl

問 34　非共有電子対の数が最も多い分子を≪選択肢≫から選びなさい。

≪選択肢≫
1　H_2O　　　2　Cl_2　　　3　CO_2　　　4　N_2　　　5　NH_3

問 35　次の a 〜 e の物質、その結晶内に共有結合があるものはどれか。全てを正しく選んでいるものを≪選択肢≫から選びなさい。

a　塩化カリウム　　　b　ケイ素　　　　c　ナトリウム　　d　ヨウ素
e　炭酸ナトリウム

≪選択肢≫

1　(a、e)　　　　2 (b、c)　　　3 (a、d、e)　　　4 (b、c、d)　　　5 (b、d、e)

問 36　無極性分子であるものを≪選択肢≫から選びなさい。

≪選択肢≫

1　CO_2　　　　2　HF　　　3　NH_3　　　4　H_2O　　　5　H_2S

問 37　次の a 〜 c に当てはまる金属の組み合わせとして正しいものを≪選択肢≫から選びなさい。

a　赤色の光沢のある金属で、野外に放置すると緑色のさびを生じる。
b　建築物の構造材として多く用いられている金属で、赤さびを生じる。
c　軽い銀白色の金属で、飲料水の缶や住宅のサッシなどに用いられる。

≪選択肢≫

	a	b	c
1	銅	鉄	アルミニウム
2	銅	アルミニウム	鉄
3	アルミニウム	鉄	銅
4	アルミニウム	銅	鉄
5	鉄	銅	アルミニウム

問 38　次の有機化合物に関する記述について、下線部に誤りを含むものを≪選択肢≫から選びなさい。

≪選択肢≫

1　エチレングリコールとテレフタル酸の縮合重合によってつくられるポリエチレンテレフタラートというプラスチックは、ペットボトルの原料になる。
2　デンプンやセルロースは高分子化合物の一種であり、天然高分子化合物ともよばれる。
3　エタノールは C_2H_5OH の化学式で表されるアルコールでグルコースに酵母などの微生物を作用させてつくられるほか、エチレンから合成される。
4　容器や袋、フィルムなどで身の回りで使われているポリエチレンはエチレンの付加重合でつくられているプラスチックである。
5　ベンゼンは C_6H_{12} の化学式で表される環式炭化水素で、石油から得られる分解油に含まれており、化学工業製品の原料として広く利用される。

問 39　20 ％の砂糖水 100g を 8 ％まで薄めたい。何 g の水を加えれば良いか。最も適当な数値を≪選択肢≫から選びなさい。

≪選択肢≫

1　100　　　2　150　　　3　200　　　4　250　　　5　300

問 40 〜問 43　問 40 から問 43 の設問において、必要ならば下記の原子量を用いなさい。また、標準状態(0 ℃、1 気圧)の気体の体積は 22.4L/ml とする。

原子量
H:1.0　C:12　N:14　O:16　Si:28　S:32　Ca:40

富山県

問 40　次の a ～ e の化学式で表される物質の分子量、式量が等しい組み合わせはどれか。≪選択肢≫から選びなさい。

　　a　N_2　　b　NH_4^+　　3　H_2O_2　　4　CN^-　　5　C_2H_4

　　≪選択肢≫
　　1　(a、c)　　2　(a、e)　　3　(b、d)　　4　(c、d)　　5　(c、e)

問 41　質量パーセント濃度が 98 ％の濃硫酸があり、その密度は 1.8g/㎤である。この濃硫酸のモル濃度何 mol/L か。最も適当な数値を≪選択肢≫から選びなさい。

　　≪選択肢≫
　　1　16　　2　18　　3　20　　4　22　　5　24

問 42　次のうち、物質 1 g 中に含まれる酸素の質量が最も大きいものはどれか。≪選択肢≫から選びなさい。

　　≪選択肢≫
　　1　二酸化ケイ素　　2　二酸化硫黄　　3　水　　4　一酸化二窒素
　　5　二酸化炭素

問 43　カルシウムは水と反応して水酸化カルシウム $Ca(OH)_2$ と水素を生じる。カルシウム 10g を全て反応させたとき、発生した水素の体積は標準状態で何 L になるか。最も適当な数値を≪選択肢≫から選びなさい。

　　≪選択肢≫
　　1　2.4　　2　3.6　　3　4.8　　4　5.6　　5　6.2

問 44　メタノールの燃焼に関する次の化学反応の係数 a ～ d の組み合わせとして正しいものを≪選択肢≫から選びなさい。

　　$aCH_3OH + bO_2 \longrightarrow cCO_2\ dH_2O$

　　≪選択肢≫
　　　　　a　　b　　c　　d
　　1　（1　　1　　2　　1）
　　2　（1　　2　　1　　3）
　　3　（2　　3　　1　　3）
　　4　（2　　3　　2　　4）
　　5　（2　　1　　2　　2）

問 45　0.05mol/L 酢酸水溶液 pH は 3 であった。この水溶液中での酢酸の電離度として最も正しい数値を≪選択肢≫から選びなさい。

　　≪選択肢≫
　　1　0.01　　2　0.02　　3　0.05　　4　0.1　　5　0.2

問 46　次の a ～ d の水溶液の濃度がすべて 0.1mol/L のとき、pH が小さい順に並べたものを≪選択肢≫から選びなさい。

　　a　塩酸
　　b　水酸化ナトリウム水溶液
　　c　酢酸水溶液
　　d　アンモニア水

　　≪選択肢≫
　　1　a＜b＜c＜d　　2　b＜d＜c＜a　　3　b＜c＜a＜d
　　4　a＜c＜d＜b　　5　c＜d＜a＜b

富山県

問 47　次の反応のうち、酸化還元反応であるものはどれか。≪選択肢≫から選びなさい。
≪選択肢≫
1　$CH_3COONa + HCl \longrightarrow CH_3COOH + NaCl$
2　$2\ CO + O_2 \longrightarrow 2\ CO_2$
3　$Cu(OH)_2 + H_2SO_4 \longrightarrow CuSO_4 + 2\ H_2O$
4　$SO_2 + H_2O \rightleftarrows H_2SO_3$
5　$NH_3 + HNO_3 \longrightarrow NH_4NO_3$

問 48　次の下線を付した原子の酸化数を比べたとき、酸化数が最も大きいものはどれか。
≪選択肢≫から選びなさい。
≪選択肢≫
1　$K\underline{Mn}O_4$　　　2　$\underline{S}O_4^{2-}$　　　3　$H\underline{Cl}O_3$　　　4　$H_3\underline{P}O_4$　　　5　$K_2\underline{Cr}_2O_7$

問 49　次の実験の安全性に関する記述について、適当でないものを≪選択肢≫から選びなさい。

≪選択肢≫
1　硝酸が手についた場合は、直ちに大量の水で洗い流す。
2　揮発性の薬品は、換気の良い場所で扱う。
3　液体の入った試験管を加熱するときは、試験管の口を人のいない方に向ける。
4　濃硫酸を希釈するときは、ビーカーに入れた濃硫酸に純水を注ぐ。
5　薬品のにおいをかぐときは、手で気体をあおぎよせる。

問 50　次の記述に該当する金属を≪選択肢≫から選びなさい。

亜鉛イオンを含む水溶液に浸しても亜鉛を析出しないが、銅（Ⅱ）イオンを含む水溶液に浸すと銅が析出する。
≪選択肢≫
1　Fe　　　2　Pt　　　3　Mg　　　4　Ag　　　5　Al

〔性質及び貯蔵その他取扱方法〕
（一般）
問 1 ～ 問 5　次の物質の毒性として、最も適当なものを≪選択肢≫から選びなさい。

問 1　フェノール　　　問 2　メタノール　　　問 3　蓚酸
問 4　四塩化炭素　　　問 5　クロルピクリン
≪選択肢≫
1　皮膚や粘膜につくと火傷を起こし、その部分は白色となる。経口摂取した場合には口腔、咽喉、胃に高度の灼熱感を訴え、悪心、嘔吐、めまいを起こし、失神、虚脱、呼吸麻痺で倒れる。尿は特有の暗赤色を呈する。
2　はじめ頭痛、悪心等をきたし、黄疸のように角膜が黄色となり、しだいに尿毒症様を呈し、重症なときは死亡する。
3　頭痛、めまい、嘔吐、下痢、腹痛等を起こし、致死量に近ければ麻酔状態になり、視神経が侵され、眼がかすみ、失明することがある。
4　血液中のカルシウム分を奪取し、神経系を侵す。急性中毒症状には、胃痛、嘔吐、口腔・咽喉の炎症、腎障害がある。
5　吸入すると、分解されずに組織内に吸収され、各器官が障害される。血液中でメトヘモグロビンを生成し、また中枢神経や心臓、眼結膜を侵し、肺も強く障害する。

問6～問10　次の物質の主な用途として、最も適当なものを≪選択肢≫から選びなさい。

　問6　塩化亜鉛　　　　問7　硫酸タリウム　　　問8　ナラシン
　問9　アセトニトリル　　問10　チメロサール

≪選択肢≫
　1　飼料添加物
　2　脱水剤、木材防腐剤、活性炭の原料、乾電池材料、脱臭剤、染料安定剤
　3　殺菌消毒薬
　4　殺そ剤
　5　有機合成出発原料、合成繊維の溶剤

問11～問15　次の物質の貯蔵方法として、最も適当なものを≪選択肢≫から選びなさい。
　問11　アクロレイン
　問12　弗化水素酸
　問13　アンモニア水
　問14　ベタナフトール(別名　2－ナフトール)
　問15　四エチル鉛

≪選択肢≫
　1　成分が揮発しやすいので、密栓して保管する。
　2　火気厳禁。非常に反応性に富む物質なので、安定剤を加え、空気を遮断して
　　　貯蔵する。
　3　空気や光線に触れると赤変するので、遮光して保管する。
　4　容器は特別製のドラム缶を用い、出入を遮断できる独立倉庫で、火気のない
　　　ところを選定し、床面はコンクリートまたは分厚な枕木の上に保管する。
　5　銅、鉄、コンクリートまたは木製のタンクにゴム、鉛、ポリ塩化ビニルある
　　　いはポリエチレンのライニングを施したものに保管する。

問16～問20　次の物質の漏えい時又は飛散時の措置として、最も適当なものを≪選
　　択肢≫から選びなさい。
　問16　砒素
　問17　2－イソプロピル－4－メチルピリミジル－6－ジエチルチオホスフェイト
　　　　(別名ダイアジノン)
　問18　硝酸銀
　問19　ブロムメチル
　問20　水酸化バリウム

≪選択肢≫
　1　飛散したものは空容器にできるだけ回収し、そのあとを硫酸鉄(Ⅲ)等の水溶
　　　液を散布し、水酸化カルシウム、炭酸ナトリウム等の水溶液を用いて処理した
　　　後、多量の水で洗い流す。
　2　少量漏えいした場合、漏えいした液は、速やかに蒸発するので周辺に近づか
　　　ないようにする。多量に漏えいした場合、漏えいした液は、土砂等でその流れ
　　　を止め、液が広がらないようにして蒸発させる。
　3　飛散したものは空容器にできるだけ回収し、そのあとを希硫酸にて中和し、
　　　多量の水で洗い流す。
　4　飛散したものは空容器にできるだけ回収し、そのあと食塩水を用いて塩化物
　　　とし、多量の水で洗い流す。
　5　付近の着火源となるものを速やかに取り除く。漏えいした液は土砂等でその
　　　流れを止め、安全な場所に導き、空容器にできるだけ回収し、そのあとを水酸
　　　化カルシウム等の水溶液を用いて処理し、中性洗剤等の界面活性剤を使用し多
　　　量の水で洗い流す。

問21 ～問22 次の物質を含有する製剤で、毒物及び劇物取締法や関連する法令により劇物の指定から除外される含有濃度の上限として最も適当なものを≪選択肢≫から選びなさい。

問21 亜塩素酸ナトリウム　　　問22 ホルムアルデヒド
≪選択肢≫
　　1　1％　　　2　5％　　　3　10％　　　4　25％　　　5　50％

問23 ～問25 次の文章は、ジメチルジチオホスホリルフェニル酢酸エチル（別名 フェントエート、PAP）について記述したものである。それぞれの（　　　）内にあてはまる最も適当な語句を≪選択肢≫から選びなさい。

　　フェントエートは（　問23　）の油状の液体で、水に不溶である。
　（　問24　）系農薬で、主な用途は（　問25　）である。
≪選択肢≫
問23　　1　白色　　　2　青色　　　3　無色　　　4　赤褐色　　　5　黒色
問24　　1　有機塩素　　　2　カーバメート　　　3　ピレスロイド
　　　　4　有機燐　　　5　ネオニコチノイド
問25　　1　植物成長促進剤　　　2　殺虫剤　　　3　殺そ剤　　　4　除草剤
　　　　5　殺菌剤

（農業用品目）
問1～問5 次の物質の主な用途として、最も適当なものを≪選択肢≫から選びなさい。
問1　　1，1’－イミノジ（オクタメチレン）ジグアニジン（別名 イミノクタジ）
問2　　2，2’－ジピリジリウム－1，1’－エチレンジブロミド（別名　ジクワット）
問3　　燐化亜鉛
問4　　2’，4－ジクロロ－α，α，α－トリフルオロ－4’－ニトロメタトルエンスルホンアニリド（別名 フルスルファミド）
問5　　メチルイソチオシアネート

≪選択肢≫
　　1　果樹の腐らん病、芝の葉枯れ病の殺菌
　　2　除草剤
　　3　殺そ剤
　　4　野菜の根こぶ病等の病害の防除
　　5　土壌中のセンチュウ類や病原菌などに効果を発揮する土壌消毒剤

問6～問10 次の物質の貯蔵方法として、最も適当なものを≪選択肢≫から選びなさい。
問6　　ブロムメチル　　　問7　　アンモニア水　　　問8　　シアン化ナトリウム
問9　　ロテノン
問10　　燐化アルミニウムとその分解促進剤とを含有する製剤

≪選択肢≫
　　1　酸素によって分解し、殺虫効力を失うため、空気と光線を遮断して保管する。
　　2　分解すると有毒なガスを発生するため「保管は、密閉した容器で行わなければならない。」と法令に規定されている。
　　3　常温では気体なので、圧縮冷却して液化し、圧縮容器に入れ、直射日光その他、温度上昇の原因を避けて、冷暗所に貯蔵する。
　　4　揮発しやすいので、密栓して保管する。
　　5　少量ならばガラス瓶、多量ならばブリキ缶又は鉄ドラムを用い、酸類とは離して、風通しのよい乾燥した冷所に密封して保存する。

問 11 ～問 15　次の物質の毒性について、最も適当なものを≪選択肢≫から選びなさい。

　　問 11　ブラストサイジン S ベンジルアミノベンゼンスルホン酸塩
　　問 12　エチルパラニトロフェニルチオノベンゼンホスホネイト (別名 EPN)
　　問 13　ヘキサクロルヘキサヒドロメタノベンゾジオキサチエピンオキサイド
　　　　　(別名　エンドスルファン、ベンゾエピン)
　　問 14　硫酸タリウム
　　問 15　モノフルオール酢酸ナトリウム

　≪選択肢≫
　　1　主な中毒症状は、振戦、呼吸困難である。本毒は肝臓に核の膨大及び変性、
　　　「腎臓には糸球体、細尿管のうっ血、脾臓には脾炎が認められる。また散布に
　　　際して、眼刺激性が特に強いので注意を要する。
　　2　疝痛、嘔吐、振戦、痙攣、麻痺等の症状に伴い、次第に呼吸困難となり、虚
　　　脱症状となる。
　　3　主な中毒症状は、激しい嘔吐、胃の疼痛、意識混濁、てんかん性痙攣、脈拍
　　　の緩徐、チアノーゼ、血圧下降である。心機能の低下により死亡する場合もある。
　　4　体内に吸収されて、コリンエステラーゼを阻害し、神経の正常な機能を妨げ
　　　る。初期症状が軽くても遅れて重い中毒症状が現れることがある。
　　5　激しい中毒症状を呈する。症状は、振戦、間代性及び強直性痙攣を呈する。
　　　魚類に対して強い毒性を示す。

問 16 ～問 20　次の物質の漏えい時又は飛散時の措置として、最も適当なものを≪選
　択肢≫から選びなさい。

　　問 16　ジエチル－ S －(エチルチオエチル)－ジチオホスフェイト (別名 エチルチオ
　　　　　メトン)
　　問 17　ブロムメチル　　　　問 18　アンモニア水
　　問 19　2，2’－ジピリジリウム－1，1’－エチレンジブロミド(別名　ジクワット)
　　問 20　シアン化カリウム

　≪選択肢≫
　　1　飛散したものは空容器にできるだけ回収する。砂利等に付着している場合は、
　　　砂利等を回収し、そのあとに水酸化ナトリウム、炭酸ナトリウム等の水溶液を
　　　散布してアルカリ性とし、さらに酸化剤の水溶液で酸化処理を行い、多量の水
　　　を用いて洗い流す。
　　2　漏えいした液は土壌等でその流れを止め、安全な場所に導き、空容器にでき
　　　るだけ回収し、そのあとを土壌で覆って十分接触させた後、土壌を取り除き、
　　　多量の水で洗い流す。
　　3　少量漏えいした場合、漏えい箇所は濡れムシロ等で覆い遠くから多量の水を
　　　かけて洗い流す。多量に漏えいした場合、漏えいした液は土砂等でその流れを
　　　止め、安全な場所に導いて遠くから多量の水をかけて洗い流す。
　　4　少量漏えいした場合、漏えいした液は、速やかに蒸発するので周辺に近づか
　　　ないようにする。多量に漏えいした場合、漏えいした液は、土砂等でその流れ
　　　を止め、液が広がらないようにして蒸発させる。
　　5　漏えいした液は土砂等でその流れを止め、安全な場所に導き、空容器にでき
　　　るだけ回収し、そのあとを水酸化カルシウム等の水溶液を用いて処理した後、
　　　中性洗剤等の分散剤を使用して多量の水で洗い流す。

富山県

問21〜問22 次の文章の(　　　　)内にあてはまる最も適当な語句を≪選択肢≫から選びなさい。

　　O－エチル＝S,S－ジプロピル＝ホスホロジチオアートは、別名エトプロホスと呼ばれ、主に(　問21　)に用いられる。

　　この物質を含有する製剤は(　問22　)を上限の含有濃度として毒物の指定から除外される。

≪選択肢≫
　　問21　1　殺そ剤　　　2　展着剤　　　3　植物成長用製剤　　　4　除草剤
　　　　　　5　野菜等のネコブセンチュウを防除する農業
　　問22　1　1％　　　2　　2％　　　3　3％　　　4　5％　　　5　10％

問23〜問25 次の文章の(　　　　)内にあてはまる最も適当な語句を≪選択肢≫から選びなさい。

　　ジメチル－2,2－ジクロルビニルホスフェイト(別名　ジクロルボス、DDVP)は
は(　問23　)、油状の液体であり、主に(　問24　)に用いられる。本品に対する解毒療法として、(　問25　)を投与する。

≪選択肢≫
　　問23　1　無色　　　2　赤色　　　3　青色　　　4　黄色　　　5　黒色
　　問24　1　展着剤　　　2　殺そ剤　　　3　除草剤　　　4　接触性殺虫剤
　　　　　　5　殺菌剤
　　問25　1　亜硝酸ナトリウム水溶液とチオ硫酸ナトリウム水溶液
　　　　　　2　エデト酸カルシウムニナトリウム
　　　　　　3　ジメルカプロール(別名　BAL)
　　　　　　4　ヘキサシアノ鉄(II)酸鉄(II)水和物（別名　プルシアンブルー）
　　　　　　5　2－ピリジルアルドキシムメチオダイド(別名　PAM)製剤又は硫酸アトロピン製剤

(特定品目)

問1〜問5 次の物質の主な用途として、最も適当なものを≪選択肢≫から選びなさい。

　　問1　一酸化鉛　　　問2　塩化水素　　　問3　塩素　　　問4　キシレン
　　問5　水酸化ナトリウム

≪選択肢≫
　　1　無水物は塩化ビニルの原料として用いられる。
　　2　酸化剤、紙・パルプの漂白剤、殺菌剤、消毒剤として用いられる。
　　3　せっけん製造、パルプ工業、染料工業、レーヨン工業、諸種の合成化学に使用されるほか、試薬、農薬等として用いられる。
　　4　溶剤、染料中間体等の有機合成原料、試薬として用いられる。
　　5　ゴムの加硫促進剤、顔料、試薬として用いられる。

問6〜問10 次の物質の貯蔵方法や注意事項として、最も適当なものを≪選択肢≫から選びなさい。

　　問6　硫酸　　　　　　問7　トルエン　　　問8　四塩化炭素
　　問9　過酸化水素水　　問10　水酸化ナトリウム

≪選択肢≫
　　1　二酸化炭素と水を吸収する性質が強いため、密栓して保管する。
　　2　亜鉛又はスズメッキをした鋼鉄製容器で保管し、高温に接しない場所に保管する。
　　3　水と急激に接触すると多量の熱を生成し、酸が飛散することがある。
　　4　引火しやすく、その蒸気は空気と混合して爆発性混合気体となるので、火気に近づけない。また、静電気に対する対策を考慮する。
　　5　少量ならば褐色ガラス瓶、大量ならばカーボイ等を使用し、3分の1の空間を保って貯蔵する。

問 11 〜問 15　次の物質の毒性として、最も適当なものを≪選択肢≫から選びなさい。

問 11　トルエン　　　　　問 12　硝酸　　　　　　　問 13　蓚酸
問 14　メタノール　　　　問 15　四塩化炭素

≪選択肢≫
1　血液中のカルシウム分を奪取し、神経系を侵す。急性中毒症状は、胃痛、嘔吐、口腔・咽喉の炎症、腎障害である。
2　頭痛、めまい、嘔吐、下痢、腹痛等を起こし、致死量に近ければ麻酔状態になり、視神経が侵され、眼がかすみ、失明することがある。
3　蒸気は眼、呼吸器等の粘膜及び皮膚に強い刺激性を持つ。濃いものが皮膚に触れると、ガスが発生して、組織ははじめ白く、しだいに深黄色となる。
4　揮発性の蒸気の吸入により、はじめ頭痛、悪心等をきたし、黄疸のように角膜が黄色となり、しだいに尿毒症様を呈し、重症なときは死亡することがある。
5　蒸気の吸入により頭痛、食欲不振等がみられる。大量に吸入した場合、緩和な大赤血球性貧血をきたす。麻酔性が強い。

問 16 〜問 20　次の物質の漏えい時又は飛散時の措置として、最も適当なものを≪選択肢≫から選びなさい。

問 16　クロム酸ナトリウム　　　　問 17　クロロホルム　　　　問 18　塩酸
問 19　メチルエチルケトン　　　　問 20　アンモニア水

≪選択肢≫
1　多量に漏えいした場合、漏えいした液は土砂等でその流れを止め、これに吸着させるか、又は安全な場所に導いて遠くから徐々に注水してある程度希釈した後、水酸化カルシウム、炭酸ナトリウム等で中和し多量の水を用いて洗い流す。発生するガスは霧状の水をかけ吸収させる。
2　漏えいした液は土砂等でその流れを止め、安全な場所に導き、空容器にできるだけ回収し、そのあとを中性洗剤等の分散剤を使用して多量の水で洗い流す。
3　少量漏えいした場合、漏えい箇所は濡れムシロ等で覆い遠くから多量の水をかけて洗い流す。多量に漏えいした場合、漏えいした液は土砂等でその流れを止め、安全な場所に導いて遠くから多量の水をかけて洗い流す。
4　付近の着火源になるものを速やかに取り除く。多量に漏えいした場合、漏えいした液は土砂等でその流れを止め、安全な場所に導き、歯の表面を泡で覆い、できるだけ空容器に回収する。
5　飛散したものは空容器にできるだけ回収し、そのあと還元剤（硫酸第一鉄等）の水溶液を散布し、水酸化カルシウム、炭酸ナトリウム等の水溶液で処理した後、多量の水を用いて洗い流す。

問 21 〜問 25　次の物質を含有する製剤で、毒物及び劇物取締法や関連する法令により劇物の指定から除外される含有濃度の上限として最も適当なものを≪選択肢≫から選びなさい。

問 21　蓚酸　　　　　問 22　ホルムアルデヒド　　　問 23　クロム酸鉛
問 24　過酸化水素　　問 25　水酸化カリウム

≪選択肢≫
1　1 ％　　　2　5 ％　　　3　6 ％　　　4　10 ％　　　5　70 ％

〔識別及び取扱方法〕

（一般）

問 26 〜問 30 次の物質の性状について、最も適当なものを≪選択肢≫から選びなさい。

問 26　ヒドラジン　　　　問 27　弗化スルフリル　　　　問 28　ピクリン酸
問 29　燐化亜鉛　　　　　問 30　塩素

≪選択肢≫
1　淡黄色の光沢ある小葉状あるいは針状結晶。徐々に熱すると昇華するが、急「熱あるいは衝撃により爆発する。
2　暗赤色の光沢ある粉末。水、アルコールに不溶。
3　無色の気体。水に難溶。アセトン、クロロホルムに可溶。
4　無色の油状の液体。空気中で発煙する。
5　窒息性臭気を有する黄緑色の気体である。

問 31 〜問 35 次の物質の性状について、最も適当なものを≪選択肢≫から選びなさい。

問 31　酸化第二水銀
問 32　ロテノン
問 33　メチルアミン
問 34　ブラストサイジン S ベンジルアミノベンゼンスルホン酸塩
問 35　クラーレ

≪選択肢≫
1　無色で魚臭(高濃度はアンモニア臭)の気体。メタノール、エタノールに可溶。
2　赤色または黄色の粉末で、製法によって色が異なる。酸に容易に溶ける。
3　斜方六面体結晶。水には難溶。ベンゼン、アセトンに可溶、クロロホルムに溶けやすい。
4　純品は白色、針状の結晶、粗製品は白色または微褐色の粉末。水、氷酢酸にやや可溶、その他の有機溶媒に難溶。
5　黒または黒褐色の塊状あるいは粒状である。

問 36 〜問 40 次の物質の識別方法として、最も適当なものを≪選択肢≫から選びなさい。

問 36　塩素酸ナトリウム　　　問 37　一酸化鉛　　問 38　アニリン
問 39　硫酸亜鉛　　　　　　　問 40　ブロム水素酸

≪選択肢≫
1　硝酸銀溶液を加えると、淡黄色の沈殿を生成する。この沈殿は硝酸に不溶、アンモニア水には塩化銀に比べて難溶。
2　希硝酸に溶かすと、無色の液体となり、これに硫化水素を通すと、黒色の沈殿を生成する。
3　炭の上に小さな孔をつくり、この物質を入れ吹管炎で熱均すると、パチパチ音をたてて分解する。
4　この物質の水溶液にさらし粉を加えると、紫色を呈する。
5　この物質を水に溶かして硫化水素を通じると、白色の沈殿を生成する。また、この物質を水に溶かして塩化バリウムを加えると、白色の沈殿を生成する。

問 41 ～問 45　次の物質の廃棄方法として、最も適当なものを≪選択肢≫から選びなさい。
　　問 41　Ｎ－メチル－１－ナフチルカルバメート(別名　カルバリル)
　　問 42　クロルスルホン酸　　　問 43　過酸化水素水　　問 44　水銀
　　問 45　塩化第一スズ
　≪選択肢≫
　　1　水に溶かし、水酸化カルシウム、炭酸ナトリウム等の水溶液を加えて処理し、
　　　　沈殿ろ過して埋立処分する。
　　2　多量の水で希釈して処理する。
　　3　そのまま再利用するため蒸留する。
　　4　可燃性溶剤とともに焼却炉の火室へ噴霧し、焼却する。又は、水酸化ナトリ
　　　　ウム水溶液等と加温して加水分解する。
　　5　耐食性の細い導管より気体生成がないように少量ずつ、多量の水中深く流す
　　　　装置を用い希釈してからアルカリ水溶液で中和して処理する。

(農業用品目)
問 26 ～問 30　次の物質の性状として、最も適当なものを≪選択肢≫から選びなさい。
　　問 26　弗化スルフリル
　　問 27　塩素酸ナトリウム
　　問 28　ジエチル－３，５，６－トリクロル－２－ピリジルチオホスフェイト
　　　　　(別名　クロルピリホス)
　　問 29　ニコチン
　　問 30　ジメチルジチオホスホリルフェニル酢酸エチル(別名　フェントエート、PAP)
　≪選択肢≫
　　1　無色又は白色の正方単斜状の結晶で、水に溶けやすく、空気中の水分を吸っ
　　　　て潮解する。
　　2　白色の結晶。アセトン、ベンゼンに可溶、水に難溶。
　　3　芳香性刺激臭を有する赤褐色、油状の液体。水、プロピレングリコールに不
　　　　溶、アルコール、アセトン、エーテル、ベンゼンに可溶。アルカリに不安定。
　　4　無色の気体。水に難溶。アセトン、クロロホルムに可溶。
　　5　純品は無色・無臭の油状液体。空気中では速やかに褐変する。水、アルコー
　　　　ル、エーテル、石油等に溶けやすい。

問 31 ～問 35　次の物質の性状について、最も適当なものを≪選択肢≫から選びなさい。
　　問 31　ジエチル－(５－フェニル－３－イソキサゾリル)－チオホスフェイト
　　　　　(別名　イソキサチオン)
　　問 32　硫酸第二銅　　　問 33　ナラシン　　　問 34　シアン化水素　問 35　ロテノン
　≪選択肢≫
　　1　無色の液体で、特異臭(焦げたアーモンド臭)を帯び、水、アルコールによく
　　　　混和し、点火すれば青紫色の炎を発し燃焼する。
　　2　淡黄褐色の液体。水に難溶。有機溶剤に可溶。アルカリに不安定。
　　3　斜方六面体結晶。水に難溶。ベンゼン、アセトンに可溶、クロロホルムに溶
　　　　けやすい。
　　4　濃い藍色の結晶で、風解性を有する。
　　5　白色から淡黄色の粉末。特異な臭い。水に難溶。酢酸エチル、クロロホルム、
　　　　アセトン、ベンゼンに可溶。

問36～問40　次の物質の識別方法として、最も適当なものを≪選択肢≫から選びなさい。

問36　ニコチン　　　問37　硫酸　　　問38　クロルピクリン
問39　塩化亜鉛　　　問40　塩素酸カリウム

≪選択肢≫
1　この物質のエーテル溶液に、ヨードのエーテル溶液を加えると、褐色の液状沈殿を生じ、これを放置すると赤色針状結晶となる。
2　熱すると酸素を発生して、塩化物となり、これに塩酸を加えて熱すると、塩素を生成する。
3　この物質のアルコール溶液にジメチルアニリン及びブルシンを加えて溶解し、これにブロムシアン溶液を加えると、緑色ないし赤紫色を呈する。
4　水に溶かして硝酸銀を加えると、白色の沈殿を生じる。
5　濃度の高いこの物質を水で薄めると発熱し、ショ糖、木片等に触れると、それらを炭化・黒変させる。

問41～問45　次の物質の廃棄方法として、最も適当なものを≪選択肢≫から選びなさい。

問41　エチレンクロルヒドリン　　　問42　アンモニア
問43　S－メチル－N－[(メチルカルバモイル)－オキシ]－チオアセトイミデート(別名　メトミル(メソミル))
問44　塩化第一銅
問45　硫酸亜鉛

≪選択肢≫
1　水に溶かし、水酸化カルシウム、炭酸カルシウム等の水溶液を加えて処理し、沈殿ろ過して埋立処分する。
2　水で希薄な水溶液とし、酸(希塩酸、希硫酸等)で中和させた後、多量の水で希釈して処理する。
3　可燃性溶剤とともにスクラバーを備えた焼却炉で焼却する。焼却炉は有機ハロゲン化合物を焼却するのに適したものとする。
4　セメントを用いて固化し、埋立処分する。
5　可燃性溶剤とともにスクラバーを備えた焼却炉の火室へ噴霧し、焼却する。又は、水酸化ナトリウム水溶液等と加温して加水分解する。

(特定品目)

問26～問30　次の物質の性状として、最も適当なものを≪選択肢≫から選びなさい。

問26　重クロム酸カリウム　　　問27　メタノール　　　問28　酸化第二水銀
問29　硅弗化ナトリウム　　　問30　塩化水素

≪選択肢≫
1　橙赤色の柱状結晶。水に可溶。アルコールに不溶。強力な酸化剤である。
2　白色の結晶で、水に難溶。アルコールに不溶。
3　無色透明、揮発性の液体で、特異な香気を有する。水、エタノール、エーテルと任意の割合で混和する。
4　赤色又は黄色の粉末で、製法によって色が異なる。酸に容易に溶ける。
5　無色の刺激臭を有する気体で、湿った空気中で発煙する。水、メタノール、エタノールに容易に溶ける。

問 31 〜問 33　次の文章は、蓚酸について記述したものである。それぞれの
（　　　）内にあてはまる最も適当な語句を≪選択肢≫から選びなさい。

　蓚酸は、（　問 31　）の結晶水を有する（　問 32　）の結晶で、乾燥空気中で風化
する。水溶液をアンモニア水で弱アルカリ性にして塩化カルシウムを加えると、
（　問 33　）の沈殿を生じる。

　≪選択肢≫
　問 31　1　1モル　　　2　2モル　　　3　3モル　　　4　4モル　　　5　5モル
　問 32　1　無色　　　　2　藍色　　　　3　赤褐色　　　4　黄緑色　　　5　紫色
　問 33　1　無色　　　　2　藍色　　　　3　赤褐色　　　4　白色　　　　5　紫色

問 34 〜問 35　次の文章は、一酸化鉛について記述したものである。それぞれの
（　　　）内にあてはまる最も適当な語句を≪選択肢≫から選びなさい。

　重い粉末で、赤色粉末を 720 ℃以上に加熱すると（　問 34　）に変化する。希硝酸
に溶かすと、無色の液体となり、これに硫化水素を通すと（　問 35　）の沈殿の硫化
鉛を生成する。

　≪選択肢≫
　問 34　1　黒色　　　　2　青色　　　　3　黄色　　　　4　白色　　　　5　緑色
　問 35　1　青色　　　　2　白色　　　　3　赤色　　　　4　黄色　　　　5　黒色

問 36 〜問 40　次の物質の識別方法として、最も適当なものを≪選択肢≫から選びなさい。

　　　問 36　ホルムアルデヒド　　　問 37　硫酸　　　　問 38　クロロホルム
　　　問 39　過酸化水素水　　　　　問 35　水酸化ナトリム

　≪選択肢≫
　1　希釈した水溶液に塩化バリウムを加えると、塩酸や硝酸に不溶の白色の沈殿
　　を生じる。
　2　この物質の水溶液にアンモニア水を加え、さらに硝酸銀溶液を加えると、徐
　　々に金属銀を析出する。また、フェーリング溶液とともに熱すると、赤色の 沈
　　殿を生成する。
　3　過マンガン酸カリウムを還元し、クロム酸塩を過クロム酸塩に変える。また、
　　ヨード亜鉛からヨードを析出する。
　4　この物質の水溶液を白金線につけて無色の火炎中に入れると、火炎は著しく
　　黄色に染まり、長時間続く。
　5　この物質のアルコール溶液に、水酸化カリウム溶液と少量のアニリンを加え
　　て加熱すると、不快な刺激臭を放つ。

問 41 〜問 45　次の物質の廃棄方法について、最も適当なものを≪選択肢≫から選びなさい。

　　問 41　酢酸エチル　　　　問 42　重クロム酸カリウム　　　問 43　硝酸
　　問 44　アンモニア　　　　問 45　一酸化鉛

　≪選択肢≫
　1　セメントを用いて固化し、溶出試験を行い、溶出量が判定基準以下であるこ
　　とを確認して埋立処分する。
　2　珪藻土等に吸収させて開放型の焼却炉で焼却する。
　3　水を加えて希薄な水溶液とし、酸（希硫酸等）で中和させた後、多量の水で希
　　釈して処理する。
　4　希硫酸に溶かし、還元剤の水溶液を過剰に用いて還元した後、水酸化カルシ
　　ウム、炭酸ナトリウム等の水溶液で処理し、沈殿ろ過する。
　5　徐々に水酸化カルシウム又は炭酸ナトリウムの攪拌溶液に加えて中和させた
　　後、多量の水で希釈して処理する。水酸化カルシウムの場合は上澄液のみを流す。

石川県
令和３年度実施
※特定品目は、ありません。

〔法　規〕
（一般・農業用品目共通）

問1　次の記述は、毒物及び劇物取締法第一条の条文である。（　　）の中に入れるべき字句の正しい組み合わせはどれか。

第一条
　この法律は、毒物及び劇物について、（　a　）上の見地から必要な（　b　）を行うことを目的とする。

【下欄】

	a	b
1	事故防止	取締
2	事故防止	規制
3	保健衛生	許可
4	保健衛生	取締
5	犯罪捜査	規制

問2～問3　次の記述は、毒物及び劇物取締法第三条の四の条文である。（　　）の中に入れるべき字句を下欄からそれぞれ選びなさい。

　　引火性、発火性又は（　問2　）のある毒物又は劇物であつて政令で定めるものは、業務その他正当な理由による場合を除いては、（　問3　）してはならない。

【下欄】

問2	1	爆発性	2	揮発性	3	興奮性	4	放射性
問3	1	譲渡	2	販売	3	製造	4	所持

問4　毒物又は劇物の営業の登録に関する記述の正誤について、正しい組み合わせはどれか。

a　毒物又は劇物の販売業は店舗ごとに登録を受ける必要がある。
b　毒物又は劇物の製造業の登録は六年ごとに更新を受けなければその効力を失う。
c　特定品目販売業の登録を受けた者は、特定毒物を販売することができる。
d　毒物又は劇物の製造業の登録を受けようとするものは、その製造所の所在地の都道府県知事に申請書を提出しなくてはならない。

	a	b	c	d
1	誤	誤	正	正
2	正	誤	誤	正
3	正	正	誤	誤
4	正	正	正	誤
5	誤	正	正	正

問5　次の毒物又は劇物の販売業の登録基準に関する記述について、誤っているものはどれか。

1　毒物又は劇物を陳列する場所にかぎをかける設備があること。ただし、従業員が常に監視している場所である場合は、この限りではない。
2　毒物又は劇物を貯蔵する場所が性質上かぎをかけることができないものであるときは、その周囲に、堅固なさくが設けてあること。
3　毒物または劇物を貯蔵するタンク、ドラムかん、その他の容器は、毒物又は劇物が飛散し、漏れ、又はしみ出るおそれのないものであること。
4　貯水池その他容器を用いないで毒物又は劇物を貯蔵する設備は、毒物又は劇物が飛散し、地下にしみ込み、又は流れ出る恐れがないものであること。

石川県

問6　次のうち、毒物及び劇物取締法第九条及び同法第十条の規定により、毒物劇物営業者が行う手続きに関する記述として正しいものの組み合わせはどれか。

 a　毒物又は劇物の製造業者は、毒物又は劇物を貯蔵する設備の重要な部分を変更したときは三十日以内に届け出なければならない。
 b　毒物又は劇物の販売業者は、店舗を移転したときはその所在地の変更を三十日以内に届け出なければならない。
 c　毒物又は劇物の販売業者は、店舗の名称を変更する場合はあらかじめ登録の変更を受けなければならない。
 d　毒物又は劇物の製造業者は、製造を廃止した品目があるときは三十日以内に届け出なければならない。

 1　（a、b）   2　（b、c）   3　（c、d）   4　（a、d）

問7～問10　次の記述は、毒物及び劇物取締法第十二条の条文の一部である。（　　）の中に入れるべき正しい字句を下欄からそれぞれ選びなさい。

 第十二条　毒物劇物営業者及び特定毒物研究者は、毒物又は劇物の容器及び被包に、「（　問7　）」の文字及び毒物については（　問8　）をもって「毒物」の文字、劇物については白地に赤色をもって「劇物」の文字を表示しなければならない。
 2　毒物劇物営業者は、その容器及び被包に、左に掲げる事項を表示しなければ、毒物又は劇物を販売し、又は授与してはならない。
  一　毒物又は劇物の名称
  二　毒物又は劇物の成分及びその（　問9　）
  三　厚生労働省令で定める毒物又は劇物については、それぞれ厚生労働省令で定めるその（　問10　）の名称
  四　略

 【下欄】

	1		2		3		4	
問7	1	医薬用外	2	医薬部外	3	危険物	4	火気厳禁
問8	1	黒地に白色	2	白地に黒色	3	赤地に白色	4	白地に赤色
問9	1	含量	2	添加物	3	密度	4	CAS 番号
問10	1	中和剤	2	解毒剤	3	酸化剤	4	稀釈剤

問11　次の記述は、毒物及び劇物取締法第十四条及び同法施行規則第十二条の二の条文の一部である。（　　）の中に入れるべき正しい組み合わせはどれか。

 毒物及び劇物取締法第十四条
 毒物劇物営業車は、毒物又は劇物を他の毒物劇物営業者に販売し、又は授与したときは、その都度、次に掲げる事項を書面に記載しておかなければならない。

 一　毒物又は劇物の名称及び（　a　）
 二　販売又は授与の年月日
 三　譲受人の氏名、（　b　）及び住所（法人にあつては、その名称及び主たる事務所の所在地）

 2　毒物劇物営業者は、授受人から前項各号に掲げる事項を記載し、厚生労働省令で定めるところにより作成した書面の提出を受けなければ、毒物又は劇物を毒物劇物営業者以外の者に販売し、又は授与してはならない。

 毒物及び劇物取締法施行規則第十二条の二
 法第十四条第二項の規定により作成する書面は、授受人が（　c　）した書面とする。

	a	b	c
1	成分	年齢	署名
2	成分	職業	押印
3	数量	年齢	押印
4	数量	職業	押印
5	数量	年齢	署名

問12～問14　次の記述は、毒物及び劇物取締法施行令第十五条の条文の一部である。（　　）の中に入れるべき正しい字句を下欄からそれぞれ選びなさい。

　　第十五条　毒物劇物営業者は、毒物又は劇物を次に掲げる者に交付してはならない。
　　一　（問12）未満の者
　　二　略
　　三　麻薬、（問13）、あへん又は覚せい剤の中毒者
　　2　毒物劇物営業者は、厚生労働省令の定めるところにより、その交付を受ける者の氏名及び住所を確認した後でなければ、第三条の四に規定する政令で定める物を交付してはならない。
　　3　毒物劇物営業者は、帳簿を備え、前項の確認をしたときは、厚生労働省令の定めるところにより、その確認に関する事項を記載しなければならない。
　　4　毒物劇物営業者は、前項の帳簿を、最終の記載をした日から（問14）、保存しなければならない。

【下欄】

問12	1	十四歳	2	十六歳	3	十八歳	4	二十歳
問13	1	指定薬物	2	シンナー	3	危険ドラッグ	4	大麻
問14	1	二年間	2	三年間	3	五年間	4	十年間

問15～問16　次の記述は、毒物及び劇物取締法第十七条第二項の条文である。（　　）の中に入れるべき正しい字句を下欄からそれぞれ選びなさい。

　　毒物劇物営業者及び特定毒物研究者は、その取扱いに係る毒物又は劇物が盗難にあい、又は（問15）したときは、直ちに、その旨を（問16）に届け出なければならない。

【下欄】

問15	1	飛散	2	紛失	3	流出	4	漏出
問16	1	警察署	2	保健所	3	消防機関	4	医療機関

問17　毒物及び劇物取締法第十八条に規定する立入検査に関する記述の正誤について、正しい組み合わせはどれか。

　　a　毒物劇物監視員は、毒物劇物営業者から身分証の提示を求められた場合であっても、これを提示する義務は無い。
　　b　都道府県知事は、保健衛生上の必要があると認められる場合は、毒物劇物営業者から必要な報告を徴することができる。
　　c　都道府県知事は、犯罪捜査の目的に限り、毒物劇物監視員に、試験のため必要な最小限度の分量に限り毒物劇物を収去させることができる。

	a	b	c
1	正	正	誤
2	正	誤	誤
3	誤	正	誤
4	誤	誤	正
5	誤	誤	誤

問18　次の記述は、10％水酸化ナトリウム水溶液を、車両を使用して1回につき6,000キログラム運搬する場合に、車両に掲げなければならない標識についての記述である。（　　）に入れるべき字句の正しい組み合わせはどれか。

　　0.3メートル平方の板に地を黒色、文字を白色として「（a）」と表示し、車両の（b）の見やすい箇所に掲げなければならない。

	a	b
1	劇	前
2	劇	後ろ
3	毒	前
4	毒	後ろ
5	毒	前後

石川県

問 19　次の、毒物及び劇物取締法第二十二第一項の規定に基づく業務上取扱者に関する記述のうち、正しいものはどれか。

　　1　業務上取扱者は、毒物又は劇物を取り扱うこととなった場合は、あらかじめ、取り扱う品目とその使用量について届け出なくてはならない。
　　2　業務上取扱者は、毒物劇物営業者と異なり、毒物又は劇物の盗難防止に関する規定や、事故の際の報告義務は適用されない。
　　3　業務上取扱者の届出をしたものは、その業務を廃止したとき、その旨を都道府県知事に対して届け出なくてはならない。

問 20　次のうち、毒物及び劇物取締法第二十二条一項の規定に基づく業務上取扱者の届出が必要な事業として、誤っているものはどれか。

　　1　最大積載量が 12,000 キログラム以上の被牽引式自動車に固定された容器を用いて液体状の 50 ％硫酸を 3,000 キログラム運搬する事業
　　2　砒素化合物たる毒物を用いて半導体材料の製造を行う事業
　　3　無機シアン化合物たる毒物を含有する製剤を用いて電気めっきを行う事業
　　4　無機シアン化合物たる毒物を用いて金属熱処理を行う事業

〔基礎化学〕

（一般・農業用品目共通）

問 21　次のうち、ベンゼンの分子量として正しいものはどれか。ただし、原子量を H ＝1、C＝12、O＝16 とする。

　　1　72　　　　2　78　　　　3　84　　　4　96

問 22　次のうち、単体であるものの正しい組み合わせはどれか。

　　　　a　硫酸　　　　　b　オゾン　　　　c　食塩　　　　d　水銀
　　1　（a、b）　　　　2　（a、c）　　　　3　（b、d）　　　　4　（c、d）

問 23　次のうち、最も電気陰性度が大きい元素はどれか。

　　1　H　　　2　Cl　　　3　O　　　　4　F

問 24　次のうち、メタン(CH_4)分子の構造として最も適当なものはどれか。

　　1　正四面体形　　　　2　直線形　　　3　折れ線形　　　　4　四角錐形

問 25　次のうち、気体から液体への状態変化はどれか。

　　1　凝固　　　2　凝縮　　　3　昇華　　　　4　融解

問 26　炎色反応で橙赤色の色調を示す物質として、最も適当なものはどれか。

　　1　ストロンチウム　　　2　カリウム　　　3　カルシウム　　　　4　銅

問 27　標準状態（0℃、1 atm）において、酸素 1 mol とアルゴン 1 mol からなる混合気体が占める体積として最も適当なものはどれか。

　　1　11.2L　　　2　22.4L　　　　3　33.6L　　　4　44.8L　　　5　67.2L

問 28　2.0mol/L の塩酸 500mL を過不足なく中和するために必要な水酸化ナトリウムの重量として最も適当なものはどれか。
　　　　ただし、原子量を H＝1、C＝12、O＝16、Na＝23、Cl＝35.5 とする。

　　1　20g　　　2　40g　　　3　80g

問 29　0.05mol/L の水酸化カルシウム(Ca(OH)₂)の pH として、最も適当なものはどれか。ただし、水酸化カルシウムの電離度を 1 とする。

　　1　pH＝1　　　　2　pH＝4　　　　3　pH＝10　　　4　pH＝13

問 30　次の熱化学方程式であらわされる可逆反応が平衡状態にあるとき、反応の平衡を右へ進める条件として正しいものの組み合わせはどれか。

　　N₂(気)＋3H₂(気)＝2NH₃(気)＋92kJ

　　a　温度を下げる　　b　圧力を加える　　c　NH₃を加える　　d　触媒を加える

　　1　(a、b)　　　2　(a、c)　　　3　(b、d)　　　4　(c、d)

問 31　次のうち、次亜塩素酸(HClO)中の塩素原子の酸化数として正しいものはどれか。

　　1　－1　　　2　0(ゼロ)　　　3　＋1　　　　4　＋2

問 32　次のコロイドに関する記述のうち、誤っているものはどれか。

　　1　U 字管にコロイド溶液を入れ、電極を浸して直流電圧をかけると、コロイド粒子が一方の極に移動する。この現象を塩析という。
　　2　ブラウン運動は、熱運動している溶媒分子がコロイド粒子に衝突するために生じる。
　　3　コロイド粒子に光を当てると、光路がはっきりと観察出来る。この現象をチンダル現象という。
　　4　コロイド粒子は半透膜を通過しないが、イオンや低分子は半透膜を通過する。この性質を利用したのが透析である。

問 33　次の記述の正誤について、正しい組み合わせを選びなさい。

　　a　電気分解において、陰極や陽極で変化した物質の量は、流れた電気量に比例することを示す法則を、ファラデーの法則という。
　　b　水に少量の水酸化ナトリウムを加えて電気分解した場合、陰極では還元反応により水素ガスを生じ、陽極では酸化反応により酸素ガスが生じる。
　　c　電解液に異なる種類の金属を浸した電池では、イオン化傾向の大きい方の金属が正極となり、水溶液中の陽イオンが還元される反応が起こる。
　　d　リチウムイオン電池は 1 次電池であり、充電によって繰り返し使用することはできない。

	a	b	c	d
1	誤	正	正	誤
2	誤	誤	正	正
3	誤	正	誤	正
4	正	誤	正	誤
5	正	正	誤	誤

問 34　次の水素化合物のうち、常圧下(1 atm)において沸点が最も高いものはどれか。

　　1　CH₄　　　2　H₂O　　　3　H₂S　　　4　HCl

問 35　0.1mol/L の硫酸水溶液 100mL に 1.0mol/L の硫酸水溶液 50mL を加えたとき、この硫酸水溶液のモル濃度として最も適切なものはどれか。

　　1　0.2mol/L　　　2　0.4mol/L　　　3　0.6mol/L　　　4　0.8mol/L

問 36　次のうち、200ppm を百分率で表したものはどれか。

　　1　0.0002 ％　　　2　0.002 ％　　　3　0.02 ％　　　4　0.2 ％　　　5　2 ％

問 37　1 atm で 20L の気体について、温度を変えずに圧力を 0.5atm に下げたとき、その気体の体積として最も適当なものはどれか。

　　1　5 L　　　2　10L　　　3　20L　　　4　40L

問38 次のうち、幾何異性体（シス―トランス異性体）が存在するものはどれか。
1　エチレン（CH₂ ＝ CH₂）
2　クロロエチレン（CH₂ ＝ CHCl）
3　1, 1―ジクロロエチレン（CCl₂ ＝ CH₂）
4　1, 2―ジクロロエチレン（CHCl ＝ CHCl）

問39 次のうち、芳香族カルボン酸であるものはどれか。
1　安息香酸　　　　2　フェノール　　　3　グリシン　　　4　ギ酸

問40 次のうち、銀鏡反応を起こさないものはどれか。
1　グリコース　　　　2　アセトン　　　3　ホルムアルデヒド
4　アセトアルデヒド

〔各　論・実　地〕

（一般）

問1〜問3　次の物質を含有する製剤は、毒物及び劇物取締法令上、一定濃度以下で劇物から除外される。その上限の濃度として、正しいものを下欄からそれぞれ選びなさい。

問1　蓚酸　　　　問2　塩化水素　　　　問3　グリコール酸

【下欄】

問1	1	5 %	2	10 %	3	20 %	4	30 %	5	50 %
問2	1	1 %	2	2 %	3	5 %	4	10 %	5	20 %
問3	1	3.6 %	2	9 %	3	18 %	4	36 %		

問4〜問7　次の物質の常温・常圧下における性状として、最も適当なものを下欄から選びなさい。

問4　一酸化鉛　　　問5　ジメチル硫酸　　　問6　三塩化アンチモン
問7　メチルエチルケトン

【下欄】

1　白色の粉末、粒状またはタブレット状の固体。水に可溶で、水溶液は強アルカリ性。
2　無色の油状液体で、刺激臭は無い。沸点188 ℃。水に不溶。水との接触で、徐々に加水分解する。
3　無色から淡黄色の結晶で潮解性がある。水に極めて溶けやすい。
4　無色の液体でアセトン様の芳香があり、引火しやすい。
5　重い粉末で黄色から赤色までのものがあり、赤色粉末を 720 ℃以上に加熱すると黄色に変化する。

問8　ホルマリンに関する次の記述のうち、誤っているものはどれか。
1　ホルムアルデヒドの水溶液である。
2　空気中で一部還元され、ギ酸を生じる。
3　一般にメタノール等を 13 ％以下添加してある。
4　常温・常圧では無色透明の液体である。

問9　過酸化水素水に関する次の記述のうち、誤っているものはどれか。
　　1　強い殺菌作用がある。
　　2　強い酸化力と還元力を持っている。
　　3　アルカリ存在下で安定な化合物である。
　　4　常温・常圧では無色透明の液体である。

問10　S－メチル－N－［(メチルカルバモイル)－オキシ］－チオアセトイミデート
（別名：メトミル)に関する次の記述のうち、誤っているものはどれか。
　　1　主剤45％を含有する水和剤は劇物に指定されている。
　　2　常温・常圧では、白色の結晶固体である。
　　3　カバーメート剤に分類される。
　　4　除草剤として用いられる。

問11　四塩化炭素に関する次の記述のうち、誤っているものはどれか。
　　1　催涙性で、強い粘膜刺激臭を有する微黄色の液体である。
　　2　不燃性で、強い消火力を示す。
　　3　水に難溶、アルコール、エーテル、クロロホルムに可溶である。
　　4　毒性が強く、吸入すると中毒を起こす。

問12　キシレンに関する次の記述のうち、正しいものの組み合わせはどれか。
　　a　微黄色の液体で、無臭である。
　　b　オルト(o-)、メタ(m-)、パラ(p-)の異性体がある。
　　c　水によく溶け、一般に溶剤として使用される。
　　d　引火しやすく、その蒸気と空気を混合すると爆発性混合ガスとなる。
　　　　1　（a、b）　　　2　（b、c）　　　3　（b、d）　　　4　（a、d）

問13　2，2′－ジピリジリウム－1，1′－エチレンジブロミド(別名：ジクワット)
　　に関する次の記述のうち、正しいものの組み合わせはどれか。
　　a　淡黄色の吸湿性結晶である。
　　b　土壌燻蒸剤として用いられる。
　　c　解毒剤はパラコートである。
　　d　アルカリ性で不安定である。
　　　　1　（a、b）　　　2　（b、c）　　　3　（c、d）　　　4　（a、d）

問14～問16　重クロム酸カリウムに関する次の記述について、（　　）の中に入る最
　　も適当なものを下欄から選びなさい。なお、廃棄方法は「毒物及び劇物の廃棄の
　　方法に関する基準」によるものとする。
毒物劇物の別：（問14）
性状：（問15）色の柱状結晶。水に可溶で、アルコールに不溶。
廃棄方法：（問16）法
【下欄】

問14	1	毒物	2	劇物	3	特定毒物		
問15	1	無	2	白	3	黄	4	橙赤
問16	1	酸化沈殿	2	還元沈殿	3	活性汚泥	4	酸化隔離

問17～問20　次の物質の用途として、最も適当なものを下欄から選びなさい。

問17　アクロレイン　　　　問18　クロロプレン　　　　問19　酢酸タリウム
問20　過酸化ナトリウム

【下欄】

1　工業用の酸化剤、漂白剤
2　殺鼠剤
3　合成ゴム原料
4　各種薬品の合成原料、探知剤(冷凍機用)、アルコールの変性、殺菌剤
5　飼料添加剤(抗コクシジウム剤)

問21～問24　毒物及び劇物の運搬事故時における応急措置の具体的な方法として厚生労働省が定めた「毒物及び劇物の運搬事故時における応急措置に関する基準」に基づき、次の物質の漏えい時等の措置として、最も適当なものを下欄から選びなさい。

問21　シアン化水素　　　　問22　ピクリン酸
問23　ニトロベンゼン　　　問24　クロルスルホン酸

【下欄】

1　飛散したものは空容器にできるだけ回収し、そのあとを多量の水を用いて洗い流す。なお、回収の際は飛散したものが乾燥しないよう、適量の水を散布して行い、また、回収物の保管、輸送に際しても十分に水分を含んだ状態を保つようにする。用具及び容器は金属製のものを使用してはならない。
2　付近の着火源となるものを速やかに取り除く。少量の場合、漏えいした液は、多量の水を用いて洗い流すか、又は土砂、おが屑等に吸収させて空容器に回収し安全な場所で焼却する。
3　漏えいしたボンベ等を多量の水酸化ナトリウム水溶液(20w/v％以上)に容器ごと投入してガスを吸収させ、さらに酸化剤(次亜塩素酸ナトリウム、さらし粉等)の水溶液で酸化処理を行い、多量の水を用いて洗い流す。
4　少量の場合、漏えいした液はベントナイト、活性白土、石膏等を振りかけて吸着させ空容器に回収した後、多量の水を用いて洗い流す。

問25～問27　毒物及び劇物の品目ごとの具体的な廃棄方法として厚生労働省が定めた「毒物及び劇物の廃棄の方法に関する基準」に基づき、次の物質の廃棄方法として、最も適当なものを下欄から選びなさい。

問25　モノクロル酢酸　　　問26　フッ化水素酸　　　　問27　硫酸

【下欄】

1　多量の水酸化カルシウム水溶液に撹拌しながら少量ずつ加えて中和し、沈殿濾過して埋立処分する。(沈殿法)
2　可燃性溶剤とともに、アフターバーナーおよびスクラバーを備えた焼却炉の氷室へ噴霧し焼却する。(燃焼法)
3　徐々に石灰乳などの撹拌溶液に加え中和させた後、多量の水で希釈して処理する。(中和法)

石川県

問 28 ～問 31　次の物質の貯蔵方法として、最も適当なものを下欄から選びなさい。

　　問 28　ブロムメチル　　　問 29　ベタナフトール　　　問 30　アクリルニトリル
　　問 31　塩化亜鉛

【下欄】

1　潮解性があるため、乾燥した冷所に保存する。
2　空気や光線に触れると赤変するため、遮光して貯蔵する。
3　石油中に保管する。石油も酸素を吸収するため、長時間経過すると、表面に酸化物の白い皮を生成する。冷所で雨水などの漏れが絶対になり場所に保存する。
4　常温では気体なので、圧縮冷却して液化し、圧縮容器に入れ、直射日光その他、温度上昇の原因を避けて、冷暗所に貯蔵する。
5　炎や火花を生じるような器具から離し、また、強酸とも安全な距離を保ち貯蔵する。できるだけ、直接空気に触れることを避け、窒素のような不活性ガスの雰囲気の中に貯蔵する。

問 32　毒性に関する次の記述について、（　　　）の中に入る最も適当なものの組み合わせはどれか。

　　LD_{50} とは、同一母集団に属する動物に薬物を投与して（　a　）を死に至らしめる薬物の量であり、一般にその薬物の量を体重あたりの量(mg/kg)として表したものである。（　b　）毒性の指標であり、この値が大きいほど、その物質の毒性は（　c　）といえる。

	a	b	c
1	50 匹	急性	高い
2	50 匹	慢性	低い
3	50 %	慢性	高い
4	50 %	急性	低い
5	50 %	急性	高い

問 33　1－(6－クロロ－3－ピリジルメチル)－N －ニトロイミダゾリジン－2－イリデンアミン(別名：イミダクロプリド)に関する次記述のうち、正しいものはどれか。

1　弱い特異臭のある黄色結晶である。
2　殺鼠剤として用いられる。
3　2 %以下(マイクロカプセル製剤にあっては 12 %以下)を含有する製剤は劇物から除外される。
4　構造式中にスルホ基を有する。

問 34　次の記述の（　　　）の中に入るべき字句の正しい組み合わせはどれか。

　　（　a　）たる劇物については、あせにくい（　b　）色で着色したものでなければ、これを農業用として販売してはならない。

	a	b
1	硫酸タリウムを含有する製剤	黒
2	硫酸タリウムを含有する製剤	赤
3	燐化鉛を含有する製剤	黒
4	燐化亜鉛を含有する製剤	赤

石川県

問 35 〜問 37　次の物質による毒性や中毒の症状として、最も適当なものを下欄から選びなさい。

　　問 35　燐化亜鉛　　　問 36　ブラストサイジン S　　　問 37　沃素

【下欄】

1　皮膚に触れると褐色に染め、その揮散する蒸気を吸入すると、めまいや頭痛を伴う酩酊を起こすことがある。
2　主な中毒症状は、振戦、呼吸困難である。本毒は、腎臓には糸球体、細尿管うっ血、脾臓には脾炎が認められる。眼刺激性が強い。
3　嚥下吸入したときに、胃及び肺で胃酸や水と反応してホスフィンを生成することにより頭痛、吐き気、めまいなどの症状を起こす。
4　吸入すると、分解されずに組織内に吸収され、各器官が障害される。血液中でメトヘモグロビンを生成、また中枢神経や心臓等を侵し、肺も強く障害する。

問 38 〜問 40　次の物質の鑑識方法に関する記述について、最も適当なものを下欄から選びなさい。

　　問 38　塩素酸カリウム　　　問 39　アニリン　　　問 40　硝酸鉛

【下欄】

1　水溶液にさらし粉を加えると、紫色を呈する。
2　暗室内で酒石酸又は硫酸酸性で水蒸気蒸留を行うと、冷却器あるいは流出管の内部に美しい青白色の光が認められる。
3　ほんの少量を磁製のルツボに入れて熱すると小爆鳴を発する。赤褐色の蒸気を出して、酸化物を残す。
4　熱すると酸性を生成する。水溶液に酒石酸を多量に加えると、白色の結晶を生じる。

（農業用品目）

問 1 〜問 3　次の物質の常温・常圧下における性状等として、最も適当なものを下欄の中から選びなさい。

　　問 1　2，4，6，8 −テトラメチル− 1，3，5，7 −テトラオキソカン(別名：メタアルデヒド)

　　問 2　(RS) − α −シアノ− 3 −フェノキシベンジル＝ N −(2 −クロロ− α，α，α −トリフルオロ−パラトリル) − D −バリナート(別名：フルバリネート)

　　問 3　塩素酸ナトリウム

【下欄】

1　白色の粉末で、融点は約 163 ℃である。水に溶けにくく、酸性で不安定であるが、アルカリ性で安定である。
2　淡黄色又は黄褐色の粘稠性液体で、沸点は、450 ℃以上である。水に溶けにくく、熱、酸性には安定であるが、太陽光、アルカリには不安定である。
3　正方単斜状の結晶で、可燃物が混在すると、加熱、摩擦又は衝撃により爆発する。水に溶けやすく、潮解性を有する。

問4　次の物質のうち、農業用品目販売業の登録を受けた者が、販売又は授与できる
　　ものの正しい組み合わせはどれか。

a　クロロ酢酸ナトリウム
b　シアン酸ナトリウム
c　S,S－ビス（1－メチルプロピル）＝O－エチル＝ホスホロジチオアート
　　（別名：カズサホス）
d　塩化ホスホリル

　　1　（a、b）　　　　2　（b、c）　　　　3　（b、d）　　　4　（a、d）

問5～問8　次の物質の用途として、最も適当なものを下欄から選びなさい。

　　問5　クロルピクリン
　　問6　2－チオー3，5－ジメチルテトラヒドロー1，3，5－チアジアジン
　　　　　（別名：ダゾメット）
　　問7　2，3－ジヒドロー2，2－ジメチルー7－ベンゾ［b］フラニルー N－ジ
　　　　　ブチルアミノチオー N－メチルカルバマート（別名：カルボスルファン）
　　問8　2－ジフェニルアセチルー1，3－インダンジオン（別名：ダイファシノン）

　　【下欄】

1　芝地雑草の除草	2　水稲のイネミズゾウムシ等の殺虫
3　殺鼠	4　土壌燻蒸により、土壌病原菌、センチュウ等の駆除

問9～問11　毒物及び劇物の運搬事故時における応急措置の具体的な方法として厚生
　　労働省が定めた「毒物及び劇物の運搬事故時における応急措置に関する基準」に
　　基づき、漏えい時の措置として、下記の措置方法に対する最も適切な物質を下欄
　　から選びなさい。

　　問9　漏えいした容器ごと多量の水酸化ナトリウム水溶液（20w/v％以上）に投入し
　　　　　てガスを吸収させ、酸化剤の水溶液で酸化処理を行い、多量の水を用いて洗
　　　　　い流す。
　　問10　飛散した物質の表面を速やかに土砂等で覆い、密閉可能な空容器にできる
　　　　　だけ回収して密閉する。汚染された土砂等も同様の措置をする。
　　問11　付近の着火源となるものを速やかに取り除く。空容器にできるだけ回収し、
　　　　　そのあとを水酸化カルシウム等の水溶液で処理し、中性洗剤を用いて多量の
　　　　　水で洗い流す。

　　【下欄】

1　シアン化水素
2　エチルパラニトロフェニルチオノベンゼンホスホネイト（別名：EPN）
3　燐化亜鉛

問 12 ～問 14　次の物質による毒性や中毒の症状として、最も適当なものを下欄から選びなさい。

問 12　燐化亜鉛（りん）　問 13　アンモニア　問 14　ブラストサイジン S

【下欄】

1　吸入すると、分解されずに組織内に吸収され、各器官が障害される。血液中でメトヘモグロビンを生成し、また中枢神経や心臓等を侵し、肺も強く障害する。

2　すべての露出粘膜に刺激性を有し、せき、結膜炎、口腔、鼻、咽喉（いんこう）粘膜の発赤をきたす。

3　嚥下吸入したときに胃及び肺で胃酸や水と反応してホスフィンを生成することにより頭痛、吐き気、めまい等の症状を起こす。

4　主な中毒症状は、振戦、呼吸困難である。本毒は、腎臓には糸球体、細尿管うっ血、脾臓には脾炎が認められる。眼刺激性が強い。

問 15 ～問 18　次の物質の貯蔵方法として、最も適当なものを下欄からそれぞれ 1 つずつ選びなさい。

問 15　クロルピクリン
問 16　燐化アルミニウムとその分解促進剤を含有する製剤（りん）
問 17　シアン化水素
問 18　塩化亜鉛

【下欄】

1　少量ならば褐色ガラスびんを用い、多量ならば銅製シリンダーを用いる。日光及び加熱を避け、冷所に貯蔵する。

2　空気中の湿気に触れると猛毒のガスを発生するため、密栓した容器を用いて貯蔵する。

3　金属腐食性及び揮発性があるため、密栓した耐腐食性容器を用いて貯蔵する。

4　潮解性があるため、乾燥した冷所に貯蔵する。

問 19 ～問 21　次の物質を含有する製剤について、劇物の指定から除外される含有濃度の上限として最も適当なものを下欄からそれぞれ 1 つずつ選びなさい。

問 19　2，2－ジメチル－2，3－ジヒドロ－1－ベンゾフラン－7－イル＝ N－［N－（2－エトキシカルボニルエチル）－ N －イソプロピルスルフェナモイル］－ N －メチルカルバマート（別名：ベンフラカルブ）

問 20　5－メチル－1，2，4－トリアゾロ［3，4－b］ベンゾチアゾール（別名：トリシクラゾール）

問 21　3－（6－クロロピリジン－3－イルメチル）－1，3－チアゾリジン－2－イリデシアナミド（別名：チアクロプリド）

【下欄】

| 1 | 3 % | 2 | 5 % | 3 | 6 % | 4 | 8 % |

問 22 ～問 24　毒物及び劇物の品目ごとの具体的な廃棄方法として厚生労働省が定めた「毒物及び劇物の廃棄の方法に関する基準」に基づき、次の物質の廃棄方法として最も適当なものを下欄から選びなさい。

問 22　硫酸　　　　問 23　硫酸第二銅
問 24　２－イソプロピル－４－メチルピリメジル－６－ジエチルチオホスフェイト(別名：ダイアジノン)

【下欄】

1　徐々に石灰乳などの撹拌溶液に加え中和させた後、多量の水で希釈して処理する。(中和法)
2　おが屑等に吸収させてアフターバーナー及びスクラバーを備えた焼却炉で焼却する。(燃焼法)
3　水に溶かし、水酸化カルシウム、炭酸ナトリウム等の水溶液を加えて処理し、沈殿ろ過して埋め立て処分する(沈殿法)

問 25 ～問 27　次の物質の鑑識方法に関する記述について、最も適当なものを下欄から選びなさい。

問 25　アンモニア水　　　　問 26　クロルピクリン　　　　問 27　塩素酸カリウム

【下欄】

1　濃塩酸をつけたガラス棒を近づけると、白い霧を生じる。また、塩酸を加えて中和した後、塩化白金溶液を加えると、黄色、結晶性の沈殿を生じる。
2　水溶液に金属カルシウムを加え、これにベタナフチルアミン及び硫酸を加えると、赤色の沈殿を生じる。
3　熱すると酸素を生成する。水溶液に酒石酸を多量に加えると、白色の結晶を生じる。
4　水に溶かすと青色になる。水溶液に硝酸バリウムを加えると、白色の沈殿を生じる。

問 28 ～問 29　次の物質の解毒、治療に使用されるものとして、最も適当なものを選びなさい。

問 28　Ｎ－メチル－１－ナフチルカルバメート(別名：カルバリル、NAC)
問 29　シアン化ナトリウム

【下欄】

1　エデト酸カルシウム二ナトリウム(別名：EDTA)
2　プラリドキシムヨウ化物(別名：PAM)
3　硫酸アトロピン
4　亜硝酸ナトリウム、チオ硫酸ナトリウム

問 30　ジエチル－(５－フェニル－３－イソキサゾリル)－チオホスフェイト(別名：イソキサチオン)に関する次の記述のうち、正しい組み合わせはどれか。

a　淡黄褐色の液体である。
b　水に溶けやすく、有機溶剤にもよく溶ける。
c　みかん、稲、野菜、茶などの害虫の駆除に用いる。
d　中毒時の解毒剤は、ジメルカプロール(別名：BAL)である。

1　(a、b)　　　　2　(a、c)　　　　3　(b、c)　　　　4　(c、d)

問 31　ニコチンに関する次の記述のうち、正しい組み合わせはどれか。

a　純品は、無色の油状液体である。
b　空気中で速やかに褐変する。
c　水、アルコールに難溶である。
d　2％を含有する製剤は、毒物から除外される。

1　(a、b)　　　　2　(b、c)　　　　3　(c、d)　　　4　(a、d)

問 32　次の記述の(　　)の中に入れるべき字句の正しい組み合わせはどれか。

ジメチル－(N －メチルカルバミルメチル)－ジチオホスフェイトは、別名ジメトエートと呼ばれ、(　a　)の固体で、太陽光には安定であるが、熱に対する安定性は低い。主に(　b　)として用いられる。

	a	b
1	白色	殺虫剤
2	白色	除草剤
3	黄褐色	殺虫剤
4	黄褐色	除草剤

問 33　1 －(6 －クロロ－ 3 －ピリジルメチル)－ N －ニトロイミダゾリジン－ 2 －イリデンアミン(別名：イミダクロプリド)に関する次の記述のうち、正しいものはどれか。

1　弱い特異臭のある黄色結晶である。

2　殺鼠剤として用いられる。

3　2 ％以下(マイクロカプセル製剤にあっては 12 ％以下)を含有する製剤は劇物から除外される。

4　構造式中にスルホ基を有する。

問 34　次の記述の(　　)の中に入れるべき字句の正しい組み合わせはどれか。

(RS)－α－シアノ－ 3 －フェノキシベンジル＝(1RS, 3RS)－(1RS, 3SR)－ 3 －(2, 2 －ジクロロビニル)－ 2, 2 －ジメチルシクロプロパンカルボキシラート(別名：シペルメトリン)は、主に(　a　)として用いられ、(　b　)にほとんど溶けず、(　c　)に不安定である。

	a	b	c
1	殺虫剤	水	酸
2	殺菌剤	メタノール	酸
3	殺虫剤	メタノール	アルカリ
4	殺菌剤	メタノール	アルカリ
5	殺虫剤	水	アルカリ

問 35　次の記述の(　　)の中に入れるべき字句の正しい組み合わせはどれか。

(　a　)たる劇物については、あせにくい(　b　)色で着色したものでなければ、これを農業用といて販売してはならない。

	a	b
1	硫酸タリウムを含有する製剤	黒
2	硫酸タリウムを含有する製剤	赤
3	燐化鉛を含有する製剤	黒
4	燐化亜鉛を含有する製剤	赤

問 36　ジメチルジチオホスホリルフェニル酢酸エチル(別名：フェントエート、PAP)
　　　　に関する次の記述のうち、誤っているものはどれか。
　1　黄褐色の粘 稠性液体または塊で、無臭である。
　2　稲のニカメイチュウの駆除に用いられる。
　3　水に不溶だが、エーテルに可溶である。
　4　吸入した場合、頭痛やめまい等の症状を呈し、重症な場合には意識混濁や全身
　　　痙攣等を起こすことがある。

問 37 ～問 40　ジメチル－2，2－ジクロルビニルホスフェイト(別名:DDVP、ジクロ
　　　　ルボス)を有効成分として含有する製剤について、次の問いに答えなさい。

　問 37　この農薬の用途として、最も適当なものはどれか。
　　1　除草剤　　　2　殺菌剤　　　3　殺鼠剤　　　4　殺虫剤

　問 38　この有効成分の性状及び性質として、正しいものはどれか。
　　1　黄褐色で焦げたアーモンド臭のある液体である。
　　2　淡黄色のロウ状の固体である。
　　3　甘い化学臭のある琥珀色の液体である。
　　4　刺激性で、微臭のある比較的揮発性の無色油状の液体である。

　問 39　毒物及び劇物の品目ごとの具体的な廃棄方法として厚生労働省が定めた「毒
　　　　物及び劇物の廃棄の方法に関する基準」に基づき、この製剤の廃棄方法として、
　　　　正しいものはどれか。
　　1　セメントを用いて固化し、埋立処分する。
　　2　10 倍量以上の水と撹拌しながら加熱還流して加水分解し、冷却後、水酸化
　　　　ナトリウム等の水溶液で中和する。
　　3　水酸化ナトリウム水溶液を加えてアルカリ性(pH11 以上)とし、酸化剤(次
　　　　亜塩素酸ナトリウム、さらし粉等)の水溶液を加えて酸化分解する。

　問 40　この成分を 15%含有する製剤の毒物劇物の該当性について、正しいものは
　　　　どれか。
　　1　毒物に該当する　　　2　劇物に該当する　　　3　毒物又は劇物に該当しない

福井県
令和3年度実施

〔法　規〕

（一般・農業用品目共通）

問1　毒物及び劇物取締法第2条の条文について、正しいものの組み合わせはどれか。

a　この法律で「毒物」とは、別表第一に掲げる物であっ
て、医薬品及び医薬部外品以外のものをいう。

b　この法律で「特定毒物」とは、毒物であって、別表第
三に掲げるものをいう。

c　この法律で「劇物」とは、別表第二に掲げる物であっ
て、医薬品及び化粧品以外のものをいう。

d　この法律で「劇物」とは、別表第二に掲げる物であっ
て、医薬部外品及び化粧品以外のものをいう。

	a	b	c	d
1	正	誤	正	正
2	正	正	正	誤
3	正	正	誤	誤
4	誤	正	誤	正
5	誤	誤	正	正

問2〜問5　次の物質について、毒物（特定毒物を除く。）に該当するものには1を、
特定毒物に該当するものには2を、劇物に該当するものには3を記入しなさい。

問2　モノクロル酢酸　　　　問3　亜硝酸ブチル　　　　問4　塩化第一水銀

問5　ジエチルパラニトロフェニルチオホスフェイト

問6〜問12　以下の記述は、毒物及び劇物取締法の条文の一部である。（　）の中に
あてはまる正しい字句を1つずつ選び、番号で答えなさい。

第1条

この法律は、毒物及び劇物について、保健衛生上の見地から必要な（　問6　）を行
うことを目的とする。

問6　1　取締　　2　規制　　3　監視　　4　管理

第3条の2第4項

特定毒物研究者は、特定毒物を（　問7　）以外の用途に供してはならない。

問7　1　試験研究　　2　製造研究　　3　調査研究　　4　学術研究

第8条第1項

次の各号に掲げる者でなければ、前条の毒物劇物取扱責任者となることができない。

一　（　問8　）

二　厚生労働省令で定める学校で、（　問9　）に関する学課を修了した者

三　都道府県知事が行う毒物劇物取扱者試験に合格した者

問8　1　医師　　　　2　獣医師　　　　3　薬剤師　　　　4　放射線技師

問9　1　有機化学　　2　農業化学　　3　基礎化学　　4　応用化学

第11条第4項

毒物劇物営業者及び特定毒物研究者は、毒物又は厚生労働省令で定める劇物につい
ては、その容器として、（　問10　）を使用してはならない。

問10　1　壊れやすい又は腐食しやすい物

2　密閉できない構造の物

3　飲食物の容器として通常使用される物

4　再利用された物

第16条第1項
　保健衛生上の危害を防止するため必要があるときは、政令で、毒物又は劇物の運搬、貯蔵その他の取扱について、（**問11**）上の基準を定めることができる。

　問11　1　保管　　　2　技術　　　3　取締　　　4　使用

第17条第2項
　毒物劇物営業者及び特定毒物研究者は、その取扱いに係る毒物又は劇物が盗難にあい、又は紛失したときは、直ちに、その旨を（**問12**）に届け出なければならない。

　問12　1　消防機関　　2　土木事務所　　3　保健所　　4　警察署

問13　毒物及び劇物取締法第3条の4に定める引火性、発火性または爆発性のある毒物または劇物として正しいものの組み合わせはどれか。

　　a　トリニトロトルエン
　　b　塩素酸塩類を30％含有する製剤
　　c　ナトリウム
　　d　亜塩素酸ナトリウムを20％含有する製剤

	a	b	c	d
1	正	誤	正	誤
2	正	誤	誤	正
3	誤	誤	正	誤
4	正	正	誤	誤
5	誤	誤	誤	正

問14～問16　毒物及び劇物取締法第14条第1項に関する記述について、（　）の中にあてはまる正しい字句を【下欄】から1つずつ選び、番号で答えなさい。

　毒物劇物営業者は、毒物又は劇物を他の毒物劇物営業者に販売し、又は授与したときは、その都度、次に掲げる事項を書面に記載しておかなければならない。

　一　毒物又は劇物の名称及び（**問14**）
　二　販売又は授与の（**問15**）
　三　譲受人の氏名、（**問16**）及び住所

【下欄】

1　含量	2　数量	3　目的	4　方法	5　年月日
6　職業	7　生年月日	8　性別		

問17　毒物及び劇物取締法第10条に規定された毒物劇物営業者が30日以内に届け出なければならない事項について、正しいものの組み合わせはどれか。

　　a　毒物劇物営業者の法人の名称を変更したとき
　　b　毒物劇物販売業者が、販売している毒物又は劇物の品目を変更したとき
　　c　登録に係る毒物又は劇物の品目の輸入を廃止したとき
　　d　毒物劇物販売業者が、店舗における営業を休止したとき

　1（a、b）　　2（a、c）　　3（b、c）　　4（b、d）　　5（c、d）

問18 毒物または劇物の表示に関する記述について、正しいものの組み合わせはどれか。

a 毒物の容器及び被包に、黒地に白色をもって「毒物」の文字を表示しなければならない。

b 劇物の容器及び被包に、赤地に白色をもって「医薬用外」の文字を表示しなければならない。

c 毒物劇物営業者は、劇物を貯蔵し、又は陳列する場所に「医薬用外」の文字および「劇物」の文字を表示しなければならない。

d 毒物劇物販売業者が、毒物又は劇物の直接の容器又は直接の被包を開いて、毒物又は劇物を販売し、又は授与するときは、その氏名及び住所並びに毒物劇物取扱責任者の氏名を表示しなければならない。

	a	b	c	d
1	正	正	正	正
2	誤	誤	正	正
3	誤	誤	誤	正
4	正	正	誤	誤
5	正	誤	正	誤

問19 毒物劇物営業者が、燐化亜鉛を含有する製剤たる劇物を農業用として販売する場合、着色する方法として正しいものはどれか。

1 あせにくい赤色で着色する方法　　2 鮮明な黄色で着色する方法
3 あせにくい青色で着色する方法　　4 鮮明な赤色で着色する方法
5 あせにくい黒色で着色する方法

問20 毒物及び劇物取締法施行規則第4条の4第1項の規定に基づく、毒物または劇物の製造所の設備の基準として正しいものの組み合わせはどれか。

a 毒物又は劇物の製造作業を行なう場所は、コンクリート、板張り又はこれに準ずる構造とする等その外に毒物又は劇物が飛散し、漏れ、しみ出若しくは流れ出、又は地下にしみ込むおそれのない構造であること。

b 毒物又は劇物の製造作業を行なう場所は、施錠できる場所であること。

c 毒物又は劇物の貯蔵設備は、毒物又は劇物とその他の物とを区分して貯蔵できるものであること。

d 毒物または劇物を貯蔵する場所にかぎをかける設備があること。ただし、その場所が性質上かぎをかけることができないものであるときは、監視カメラが設けてあること。

1（a、b）　　2（a、c）　　3（b、c）　　4（b、d）　　5（c、d）

問21 次の事業者のうち、業務上、毒物または劇物を取り扱う者として、都道府県知事に届け出なければならない者として正しいものの組み合わせはどれか。

a 最大積載量が5,000キログラム以上の自動車に固定された容器を用いて、液体状の無機シアン化合物たる毒物を含有する製剤を1,000リットル以上運送する事業者

b 硅弗化水素酸を使用して、金属表面処理を行う業者

c 砒素化合物たる毒物を含有する製剤を使用して、金属熱処理を行う業者

d 無機シアン化合物たる毒物を含有する製剤を使用して、しろありの防除を行う業者

	a	b	c	d
1	誤	正	正	誤
2	正	誤	正	誤
3	正	正	誤	正
4	正	誤	誤	誤
5	誤	誤	誤	誤

問 22　毒物劇物取扱責任者に関する記述について、正しいものの組み合わせはどれか。

　　a　毒物劇物営業者は、毒物劇物取扱責任者を変更するときは、あらかじめ、毒物劇物取扱責任者の氏名を届けなければならない。
　　b　一般毒物劇物取扱者試験に合格した者は、特定品目販売業の店舗で毒物劇物取扱責任者になることができる。
　　c　毒物劇物取扱者試験に合格した者は、合格した都道府県以外でも毒物劇物取扱責任者となることができる。
　　d　毒物劇物営業者は、隣接した施設で毒物又は劇物の製造業と販売業を併せて営む場合、製造所および店舗にそれぞれ専任の毒物劇物取扱責任者を置かなければならない。

　　1（a、b）　　2（a、c）　　3（b、c）　　4（b、d）　　5（c、d）

問 23　毒物及び劇物取締法施行令第 40 条の 6 の規定により、毒物又は劇物の運搬を他に委託するとき、その荷送人が運送人に対し、あらかじめ、交付しなければならない書面の記載内容として、正しいものはどれか。

　　1　毒物又は劇物の名称、数量並びに性状並びに事故の際の緊急連絡先
　　2　毒物又は劇物の名称、製造業者の氏名並びに成分及びその含量並びに事故の際に講じなければならない応急の措置の内容
　　3　毒物又は劇物の名称、荷送人の氏名並びに成分及びその含量並びに事故の際に講じなければならない応急の措置の内容
　　4　毒物又は劇物の名称、成分及びその含量並びに数量並びに事故の際に講じなければならない応急の措置の内容
　　5　毒物又は劇物の名称、荷送人の氏名並びに成分及びその含量並びに事故の際の緊急連絡先

問 24　毒物劇物営業者が有機燐化合物を販売する際、その容器及び被包に表示しなければならない解毒剤の名称について、正しいものの組み合わせはどれか。

　　a　2－ピリジルアルドキシムメチオダイド（別名 PAM）の製剤
　　b　チオ硫酸ナトリウム
　　c　ヒドロキソコバラミン
　　d　硫酸アトロピンの製剤

　　1（a、b）　　2（a、d）　　3（b、c）　　4（b、d）　　5（c、d）

問 25　毒物又は劇物の輸入業者が、その輸入した、住宅用の液体洗浄剤である硫酸を含有する製剤たる劇物を販売するときに、その容器及び被包に表示しなければならない事項として規定されていないものはどれか。

　　1　小児の手の届かないところに保管しなければならない旨
　　2　使用の際、手足や皮膚、特に眼にかからないように注意しなければならない旨
　　3　眼に入った場合は、直ちに流水でよく洗い、医師の診断を受けるべき旨
　　4　使用直前に開封し、包装紙等は直ちに処分すべき旨

問 26 ～問 29　毒物及び劇物取締法施行令第 40 条に関する記述について、（　　）の中に入れるべき字句として正しいものはどれか。

　　法第 15 条の 2 の規定により、毒物若しくは劇物又は法第 11 条第 2 項に規定する政令で定める物の廃棄の方法に関する技術上の基準を次のように定める。
　一　中和、加水分解、酸化、還元、（　**問 26**　）その他の方法により、毒物及び劇物並びに法第 11 条第 2 項に規定する政令で定める物のいずれにも該当しない物とすること。
　二　ガス体又は揮発性の毒物又は劇物は、保健衛生上危害を生ずるおそれがない場所で、少量ずつ放出し、又は（**問 27**　）させること。
　三　（　**問 28**　）の毒物又は劇物は、保健衛生上危害を生ずるおそれがない場所で、少量ずつ燃焼させること。
　四　前各号により難い場合には、地下（　**問 29**　）以上で、かつ、地下水を汚染するおそれがない地中に確実に埋め、海面上に引き上げられ、若しくは浮き上がるおそれがない方法で海水中に沈め、又は保健衛生上危害を生ずるおそれがないその他の方法で処理すること。

問 26	1　燃焼	2　濃縮	3　蒸発	4　稀釈
問 27	1　蒸発	2　燃焼	3　拡散	4　揮発
問 28	1　可燃性	2　難溶性	3　液体	4　固体
問 29	1　1 メートル	2　3 メートル	3　5 メートル	4　7 メートル

問 30　毒物又は劇物を運搬する車両に掲げる標識に関する記述について、（　　）の中に入れるべき字句として正しいものの組み合わせはどれか。

　　アクリルニトリルを、車両を使用して 1 回につき 5,000 kg 以上運搬する場合、運搬する車両に掲げる標識は、（　a　）メートル平方の板に地を（　b　）、文字を白色として「（　c　）」と表示し、車両の前後の見やすい箇所に掲げなければならない。

	a	b	c
1	0.3	黒色	劇
2	0.5	赤色	劇
3	0.3	赤色	毒
4	0.5	黒色	毒
5	0.3	黒色	毒

〔基礎化学〕

（一般・農業用品目共通）

問 51 から問 80 までの各問における原子量については次のとおりとする。
H ＝ 1、N=14、O ＝ 16、Na ＝ 23、S ＝ 32、Cl ＝ 35、Ca ＝ 40

問 51　水分子（H_2O）の酸素原子には、非共有電子対は何組あるか。

　　1　1 組　　2　2 組　　3　3 組　　4　4 組　　5　非共有電子対はない

問 52　マグネシウム原子の最外殻電子の数はどれか。

　　1　1 個　　2　2 個　　3　3 個　　4　4 個　　5　5 個

問 53　次の元素のうち、周期表のアルカリ土類金属に属するものはどれか。

　　1　Li　　　2　Na　　　3　Al　　　4　Cu　　　5　Sr

問 54 次の元素のうち、沸点が最も高い物質はどれか。

1 HF   2 HCl   3 HBr   4 HI   5 CH₄

問 55 酸素 0.32 g を 27 ℃で 500mL の容器に入れた、この容器内の圧力は何 Pa か。
ただし気体定数Rは 8.3×10³Pa・L ／ K・mol とする。

1 1.0×10⁴   2 2.0×10⁴   3 3.0×10⁴   4 4.0×10⁴   5 5.0×10⁴

問 56 次の元素のうち、電気陰性度が最も大きいものはどれか。

1 B   2 C   3 N   4 O   5 F

問 57 〜問 59 次の（問 57）〜（問 59）に当てはまる選択肢を選び、電子 e⁻を用いた反
応式を完成させなさい。

MnO₄⁻＋（ 問 57 ）H⁺＋（ 問 58 ）e⁻→ Mn²⁺＋ 4H₂O
(COOH)₂ → 2CO₂ ＋ 2H⁺＋（ 問 59 ）e⁻

問 57	1 6	2 7	3 8	4 9	5 1 0
問 58	1 1	2 2	3 3	4 4	5 5
問 59	1 1	2 2	3 3	4 4	5 5

問 60 次の化合物のうち、その構造に「エステル結合」を有するものはどれか。

1 フェノール   2 トルエン   3 酢酸エチル   4 シクロヘキサン
5 スクロース

問 61 次の化合物のうち、正四面体構造の分子はどれか。

1 一酸化炭素   2 二酸化炭素   3 アンモニア   4 エチレン
5 メタン

問 62 「－ CONH －」の記号で呼称される結合の名称として適切なものはどれか。

1 アミド結合   2 エステル結合   3 エーテル結合   4 ジスルフィド結合
5 グリコシド結合

問 63 次の化合物のうち、その分子に含まれる炭素数が最も多い化合物はどれか。

1 アセチレン   2 エタノール   3 プロペン   4 ベンゼン
5 ペンタン

問 64 次の元素のうち、イオン化傾向が最も大きいものはどれか。

1 Na   2 Cu   3 Ag   4 Pt   5 Au

問 65 0.01mol ／Lの塩酸のpHとして最も適当なものはどれか。ただし、電離度は
1 とする。

1 pH 1   2 pH 2   3 pH 3   4 pH 4   5 pH 5

問 66 10 ％の塩化ナトリウム水溶液 180 g と 20 ％の塩化ナトリウム水溶液 120 g を
混合した水溶液の質量パーセント濃度は何％か。

1 11 ％   2 12 ％   3 13 ％   4 14 ％   5 15 ％

問 67 12mol ／L硫酸水溶液を水で薄めて 3.0mol ／L硫酸水溶液を 300mL 作りたい。
12mol ／Lの硫酸水溶液は何ｍL必要か。

1 55mL   2 60mL   3 65mL   4 70mL   5 75mL

問 68 1.0mol ／ L の塩酸 10mL を中和するのに 0.5mol ／ L 水酸化ナトリウム水溶液は何 m L 必要か。

1 10mL　　2 15mL　　3 20mL　　4 25mL　　5 30mL

問 69 水分子 0.5mol 中に含まれる<u>水素原子</u>の数として最も適当なものはどれか。

1 3.01×10^{23} 個　　　　2 4.01×10^{23} 個　　　　3 5.02×10^{23} 個
4 6.02×10^{23} 個　　　　5 9.03×10^{23} 個

問 70 α－アミノ酸 R-CHNH$_2$-COOH に関する記述のうち、<u>誤っているもの</u>はどれか。

1 Rに-OH を有するセリンは、塩基性アミノ酸である。
2 体内では合成できないアミノ酸を必須アミノ酸という。
3 グリシン以外のα－アミノ酸は不斉炭素を有し、光学異性体が存在する。
4 結晶中では双生イオンの形で存在する。
5 水溶液中で正・負電荷がつり合っており、全体として電荷が「０」になる p H の値をそのアミノ酸の等電点という。

問 71 熱運動している溶媒(分散媒)分子がコロイド粒子に不規則に衝突するためにおこる現象として、最も適当なものを次から選びなさい。

1 チンダル現象　　2 ブラウン運動　　3 透析　　4 塩析　　5 凝析

問 72 ～ 74 アルコールの酸化反応に関する次の記述について、(**問 72**)～(**問 74**)の中に入る最も適当なものはどれか。

第一級アルコールを酸化すると、まず(**問 72**)になり、さらに酸化すると、(**問 73**)を生成する。第二級アルコールを酸化すると(**問 74**)を生成する。

問 72	1 アルデヒド	2 エーテル	3 ケトン	4 アミン
問 73	1 アルキン	2 シクロアルカン	3 スルホン酸	4 カルボン酸
問 74	1 アルデヒド	2 エーテル	3 ケトン	4 アミン

問 75 次の物質の変化に関する記述について、正しいものの組み合わせはどれか。

a 固体が液体になる現象を昇華という。
b 固体が気体になる現象を蒸発という。
c 単位時間当たりの蒸発する水分子と凝集する水分子の数が等しく、蒸発が止まっているように見える状態を気液平衡という。
d 純物質の液体を冷却するとき、凝固点以下の温度になっても凝固しないことを過冷却という。

1（a、b）　　2（a、d）　　3（b、c）　　4（b、d）　　5（c、d）

問 76 化学反応に関する以下の記述について、( )の中に入る語句の適切な組み合わせを下から選びなさい。

化学反応が進行するには、反応に応じた一定のエネルギーが必要であり、このエネルギーのことを(a)エネルギーという。化学反応の反応速度を大きくするためには、反応温度を(b)させる方法や、(a)エネルギーを低下させる触媒を添加する方法があげられる。この触媒のうち、反応溶媒に溶解せず、固体のままの状態で働くものを(c)触媒という。

	a	b	c
1	活性化	上昇	均一系
2	結合	下降	均一系
3	結合	上昇	不均一系
4	活性化	上昇	不均一系
5	結合	下降	不均一系

問 77 〜問 80　次の図は、フェノール、安息香酸、アニリンおよびトルエンを含むジエチルエーテル溶液の混合物から、HCl 水溶液、NaOH 水溶液および NaHCO₃ 溶液を用いた分液操作によって、各物質を分離する手順を示したものである。
　図中の物質（ 問 77 ）〜（ 問 80 ）は、それぞれ上記 4 種類の物質のうちどれかである。（ 問 77 ）〜（ 問 80 ）に当てはまる物質として最も適当なものを下欄から選びなさい。

【下欄】

1　フェノール　　2　安息香酸　　3　アニリン　　4　トルエン

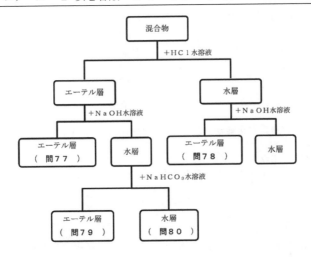

〔毒物および劇物の性質および 貯蔵その他取扱方法〕

（一般）

問 31 〜問 35　次の物質を含有する製剤について、劇物に該当しなくなる濃度を【下欄】からそれぞれ 1 つ選びなさい。ただし、同じ番号を繰り返し選んでもよい。

問 31　アンモニア　　　　問 32　ベタナフトール　　　　問 33　フェノール
問 34　メタクリル酸　　　問 35　1 −ビニル− 2 −ピロリドン

【下欄】

1　1 ％以下　　　2　2 ％以下　　　3　5 ％以下　　　4　10 ％以下
5　25 ％以下　　6　規定なし

問 36 ～問 40　次の物質の貯蔵方法として最も適当なものを【下欄】からそれぞれ1つ選びなさい。

問 36　シアン化ナトリウム　　　問 37　クロロホルム　　　問 38　カリウム
問 39　臭化メチル　　　　　　　問 40　五塩化リン

【下欄】

> 1　純品は空気と日光によって変質するので、少量のアルコールを加えて分解を防止し、冷暗所に貯蔵する。
> 2　空気中にそのまま貯蔵することができないため、通常石油中に貯蔵する。水分の混入、火気を避けて貯蔵する。
> 3　腐食性が強いので密栓して貯蔵する。
> 4　常温では気体なので、圧縮冷却して液化し、圧縮容器に入れ、直射日光その他温度上昇の原因を避けて、冷暗所に貯蔵する。
> 5　光を遮り、少量ならばガラス瓶、多量ならばブリキ缶または鉄ドラム缶を用い、酸類とは離して風通しのよい乾燥した冷所に密封して保管する。

問 41　次の物質とその用途の組み合わせのうち、誤っているものはどれか。

	物質	用途
1	硫酸タリウム	殺鼠剤
2	チタン酸バリウム	電子部品
3	三塩化ホウ素	特殊材料ガス
4	アセタミプリド	農薬
5	酢酸エチル	除草剤

問 42 ～問 44　次の物質の廃棄方法として最も適切なものを【下欄】からそれぞれ1つ選びなさい。

問 42　塩素酸カリウム
問 43　ジメチル－4－メチルメルカプト－3－メチルフェニルチオホスフェイト
（別名：MPP、フェンチオン）
問 44　ホスゲン

【下欄】

> 1　還元剤（例えばチオ硫酸ナトリウム等）の水溶液に希硫酸を加えて酸性にし、この中に少量ずつ投入する。反応終了後、反応液を中和し多量の水で希釈して処理する。
> 2　多量の水酸化ナトリウム水溶液(10 ％程度)に攪拌しながら少量ずつガスを吹き込み分解した後、希硫酸を加えて中和する。
> 3　可燃性溶剤とともにアフターバーナーおよびスクラバーを備えた焼却炉の火室へ噴霧し、焼却する。スクラバーの洗浄液には水酸化ナトリウム水溶液を用いる。

問 45 ～問 47　厚生労働省が、毒物および劇物の運搬事故時における応急措置の方法を品目ごとに具体的に定めた「毒物及び劇物の運搬事故時における応急措置に関する基準」に基づき、次の物質が漏えいした際の措置として最も適切なものを【下欄】からそれぞれ1つ選びなさい。

問 45　アクロレイン
問 46　燐化アルミニウムとその分解促進剤とを含有する製剤（別名：ホストキシン）
問 47　ヒ素

【下欄】

1　空気中の湿気により猛毒ガスを発生するので、作業の際には必ず保護具を着用し、風下で作業をしない。飛散したものの表面を速やかに土砂等で多い、密閉可能な空容器に回収して密閉する。飛散した物質で汚染された土砂等も同様な措置をし、そのあとを多量の水を用いて洗い流す。

2　少量の場合、漏えいした液は亜硫酸水素ナトリウム水溶液（約 10 ％）で反応させたあと、多量の水を用いて十分に希釈して洗い流す。多量の場合、漏えいした液は土砂等でその流れを止め、安全な場所に穴を掘る等してためる。これに亜硫酸水素ナトリウム水溶液（約 10 ％）を加え、時々撹拌して反応させた後、多量の水で十分に希釈して洗い流す。この際、蒸発した本成分が大気中に拡散しないよう霧状の水をかけて吸収させる。

3　飛散したものは空容器にできるだけ回収し、そのあとを硫酸第二鉄等の水溶液を散布し、消石灰、ソーダ灰等の水溶液を用いて処理したあと、多量の水を用いて洗い流す。

問 48 〜問 50　次の物質の代表的な毒性について、最も適当なものを【下欄】からそれぞれ 1 つ選びなさい。

　　問 48　アニリン　　　問 49　トルエン　　　問 50　二硫化炭素

【下欄】

1　血液毒であり、かつ神経毒であるので血液に作用してメトヘモグロビンをつくり、チアノーゼを起こさせる。

2　吸入すると、頭痛、食欲不振等を起こし、大量では緩和な大赤血球性貧血を起こす。麻酔性が強い。

3　神経毒であって、多くはその蒸気の吸入によって起こるが、皮膚から吸収される場合もあり、中毒には急性と慢性がある。脳および神経細胞の脂肪変性をきたし、筋肉を委縮させ、かつ溶血作用を呈する。

（農業用品目）

問 31 〜問 35　次の物質を含有する製剤について、劇物に該当しなくなる濃度を【下欄】からそれぞれ 1 つ選びなさい。ただし、同じ番号を繰り返し選んでもよい。

　　問 31　アンモニア

　　問 32　5 −メチル− 1，2，4 −トリアゾロ［3、4 − b］ベンゾチアゾール
　　　（別名：トリシクラゾール）

　　問 33　N −メチル− 1 −ナフチルカルバメート（別名：カルバリル、NAC）

　　問 34　1，1′ −イミノジ（オクタメチレン）ジグアニジン
　　　（別名：イミノクタジン）

　　問 35　ロテノン

【下欄】

1　2 ％以下	2　3.5 ％以下	3　5 ％以下	4　8 ％以下
5　10 ％以下	6　規定なし		

問 36 〜問 40　次の物質の用途として最も適当なものを【下欄】からそれぞれ 1 つ選びなさい。

　　問 36　2 −クロルエチルトリメチルアンモニウムクロリド（別名：クロルメコート）

　　問 37　トランス− N −（6 −クロロ− 3 −ピリジルメチル）− N ‘ −シアノ− N −メチルアセタミジン（別名：アセタミプリド）

　　問 38　硫酸タリウム　　　問 39　ナラシン　　　問 40　塩素酸ナトリウム

1 殺虫剤	2 殺鼠剤	3 植物成長調整剤	4 除草剤
5 飼料添加物		

問 41 ヨウ化メチルに関する説明の正誤について、最も適切な組み合わせはどれか。

a ヨウ化メチルを含有する製剤は、毒物に該当する。
b 白色の固体で、化学式は CH_3I である。
c 光により分解して、褐色になる。
d ガス殺菌剤として、たばこの根瘤線虫、立枯病に使用する。

	a	b	c	d
1	正	誤	正	誤
2	誤	正	正	誤
3	誤	誤	正	正
4	正	正	誤	誤
5	正	誤	誤	正

問 42 ～問 44 次の物質の廃棄方法として最も適切なものを【下欄】からそれぞれ 1 つ選びなさい。

問 42 ジメチル－4－メチルメルカプト－3－メチルフェニルチオホスフェイト
（別名：フェンチオン、ＭＰＰ）
問 43 硫酸銅(Ⅱ)
問 44 アンモニア水

【下欄】

1 水で希薄な水溶液とし、酸で中和させた後、多量の水で希釈して処理する。
2 水に溶かし、消石灰、ソーダ灰等の水溶液を加えて処理し、沈殿ろ過して埋め立て処分する。
3 可燃性溶剤とともにアフターバーナーおよびスクラバーを備えた焼却炉の火室へ噴霧し、焼却する。スクラバーの洗浄液には水酸化ナトリウム水溶液を用いる。

問 45 ～問 47 厚生労働省が、毒物および劇物の運搬事故時における応急措置の方法を品目ごとに具体的に定めた「毒物及び劇物の運搬事故時における応急措置に関する基準」に基づき、次の物質が漏えいした際の措置として最も適切なものを【下欄】からそれぞれ 1 つ選びなさい。

問 45 シアン化ナトリウム
問 46 2－イソプロピル－4－メチルピリミジル－6－ジエチルチオホスフェイト
（別名：ダイアジノン）
問 47 塩素酸ナトリウム

1　飛散した場所の周辺にはロープを張るなどして人の立入りを禁止する。作業の際には必ず保護具を着用し、風下で作業をしない。飛散した物質は速やかに掃き集めて空容器にできるだけ回収し、そのあとは多量の水を用いて洗い流す。この場合、濃厚な廃液が河川等に排出されないように注意する。

2　飛散した場所の周辺にはロープを張るなどして人の立入りを禁止する。作業の際には必ず保護具を着用し、風下で作業をしない。飛散したものは空容器にできるだけ回収し、そのあとに水酸化ナトリウム、ソーダ灰等の水溶液を散布してアルカリ性とし、さらに酸化剤の水溶液で酸化処理を行い、多量の水を用いて洗い流す。この場合、濃厚な廃液が河川等に排出されないよう注意する。

3　漏えいした場所の周辺にはロープを張るなどして人の立入りを禁止する。付近の着火源となるものを速やかに取り除く。作業の際には必ず保護具を着用し、風下で作業をしない。漏えいした液は土砂等でその流れを止め、安全な場所に導き、空容器にできるだけ回収し、そのあとを消石灰等の水溶液を用いて処理し、多量の水を用いて洗い流す。洗い流す場合には中性洗剤等の分散剤を使用して洗い流す。この場合、濃厚な廃液が河川等に排出されないよう注意する。

問48〜問50　次の物質の代表的な毒性について、最も適当なものを【下欄】からそれぞれ1つ選びなさい。

問48 モノフルオール酢酸ナトリウム　　問49 クロルピクリン　　問50 ニコチン

【下欄】

1　猛烈な神経毒であり、急性中毒では、よだれ、吐き気、悪心、嘔吐があり、ついで脈拍緩徐不整となり、発汗、瞳孔縮小、呼吸困難等を引き起こす。慢性中毒では、咽頭、喉頭等のカタル、心臓障害等を来す。

2　皮膚を刺激したり、皮膚から吸収されることはない。主な中毒症状は、激しい嘔吐（おうと）が繰り返され、胃の疼痛を訴え、しだいに意識が混濁し、てんかん性痙攣（けいれん）、脈拍の遅緩が起こり、チアノーゼ、血圧下降を来す。

3　吸入すると、分解しないで組織内に吸収され、各器官に障害を与える。血液に入ってメトヘモグロビンを作り、また、中枢神経や心臓、眼結膜を侵し、肺にも相当強い障害を与える。

（特定品目）

問31〜問35　次の物質を含有する製剤について、劇物に該当しなくなる濃度を【下欄】からそれぞれ1つ選びなさい。ただし、同じ番号を繰り返し選んでもよい。

問31 アンモニア　　問32 ホルムアルデヒド　　問33 硝酸
問34 四塩化炭素　　問35 過酸化水素

【下欄】

1　1％以下	2　5％以下	3　6％以下	4　10％以下
5　20％以下	6　規定なし		

問 36 〜問 38　次の物質の代表的な用途として最も適当なものを【下欄】からそれぞれ 1 つ選びなさい。

　　問 36　メチルエチルケトン　　　問 37　硅弗化ナトリウム　　　問 38　トルエン

【下欄】

```
1  ゴムの加硫促進剤、顔料、試薬
2  溶剤、有機合成原料
3  洗濯剤および種々の洗浄剤の製造、化学薬品
4  爆薬、染料、香料、合成高分子材料等の原料、溶剤、分析用試薬
5  釉薬、殺虫剤
```

問 39　クロロホルムに関する説明の正誤について、最も適切な組み合わせはどれか。

　ア　クロロホルム 5 ％を含有する製剤は、劇物に該当する。
　イ　無色、揮発性の液体で、化学式は $CHCl_3$ である。
　ウ　純品は空気と日光によって変質するので、少量の水を加えて分解を防止する。
　エ　過剰の可燃性溶剤または重油等の燃料とともに、アフターバーナーおよびスクラバーを具備した焼却炉の火室へ噴霧して、できるだけ高温で焼却して廃棄する。

	ア	イ	ウ	エ
1	誤	正	正	誤
2	正	正	誤	正
3	正	誤	正	誤
4	誤	正	誤	正
5	正	誤	正	正

問 40 〜問 41　次の物質の貯蔵方法として、最も適切なものを【下欄】からそれぞれ一つずつ選びなさい。

　　問 40　四塩化炭素　　　問 41　過酸化水素

【下欄】

```
1  亜鉛または錫メッキをした鋼鉄製容器で保管し、高温に接しない場所に保
   管する。
2  炭酸ガスと水を吸収する性質が強いため、密栓して貯える。
3  少量では褐色ガラス瓶、多量ではカーボイ等を使用して、3 分の 1 の空間
   を保ち、有機物、金属塩等と離して冷暗所に貯蔵する。
```

問 42 〜問 44　次の物質の廃棄方法として最も適切なものを【下欄】からそれぞれ 1 つ選びなさい。

　　問 42　過酸化水素　　　問 43　硅弗化ナトリウム　　　問 44　メチルエチルケトン

【下欄】

```
1  多量の水で希釈して処理する。
2  硅そう土等に吸収させて開放型の焼却炉で焼却する。
3  水に溶かし、消石灰等の水溶液を加えて処理したあと、希硫酸を加えて中
   和し、沈殿ろ過して埋立処分する。
```

問45〜問47　厚生労働省が、毒物および劇物の運搬事故時における応急措置の方法を品目ごとに具体的に定めた「毒物及び劇物の運搬事故時における応急措置に関する基準」に基づき、次の物質が漏えいした際の措置として最も適切なものを【下欄】からそれぞれ1つ選びなさい。

問45　トルエン　　　問46　重クロム酸ナトリウム　　　問47　液化塩素

【下欄】

1　風下の人を退避させる。必要があれば水で濡らした手ぬぐい等で口および鼻を覆う。漏えいした場所の周辺にはロープを張るなどして人の立入りを禁止する。作業の際には必ず保護具を着用し、風下で作業をしない。少量の場合、漏えい箇所や漏えいした液には消石灰を十分に散布して吸収させる。多量の場合、漏えい箇所や漏えいした液には消石灰を十分に散布し、ムシロ、シート等をかぶせ、その上にさらに消石灰を散布して吸収させる。漏えい容器には散布しない。多量にガスが噴出した場所には遠くから霧状の水をかけて吸収させる。

2　風下の人を退避させる。漏えいした場所の周辺にはロープを張るなどして人の立入りを禁止する。付近の着火源となるものを速やかに取り除く。作業の際には必ず保護具を着用し。風下で作業をしない。少量では土砂等に吸着させて空容器に回収する。多量では土砂等でその流れを止め、安全な場所に導き、液の表面を泡で覆い、できるだけ空容器に回収する。

3　飛散した場所の周辺にはロープを張るなどして人の立入りを禁止する。作業の際には必ず保護具を着用し、風下で作業をしない。飛散したものは空容器にできるだけ回収し、そのあとを還元剤（硫酸第一鉄等）の水溶液を散布し、消石灰、ソーダ灰等の水溶液で処理したのち、多量の水を用いて洗い流す。この場合、濃厚な廃液が河川等に排出されないよう注意する。

問48〜問50　次の物質の代表的な毒性について、最も適当なものを【下欄】からそれぞれ1つ選びなさい。

問48　塩素　　　問49　蓚酸　　　問50　キシレン

【下欄】

1　吸入した場合、はじめに短時間の興奮期を経て、深い麻酔状態に陥ることがある。皮膚に触れた場合、皮膚を刺激し、皮膚からも吸収され、吸入した場合と同様の中毒症状を起こすことがある。眼に入ると、粘膜を刺激して炎症を起こす。

2　摂取すると、血液中の石灰分を奪取し、神経系を侵す。急性中毒症状は、胃痛、嘔吐、口腔・咽喉の炎症、腎障害である。致死量は5〜10gといわれる。

3　粘膜接触により刺激症状を呈し、目、鼻、咽喉および口腔粘膜に障害を与える。吸入により、窒息感、咽頭および気管支筋の強直を来し、呼吸困難に陥る。大量では20〜30秒の吸入でも反射的に声門痙攣をおこし、声門浮腫から呼吸停止により死亡する。

〔実地試験（毒物及び劇物の識別
及び取扱方法）〕

（一般）

問 81 ～問 85 次の物質の特徴について、正しいものの組み合わせをそれぞれ 1 つ選びなさい。

問 81 臭化エチル

	色・形状	色	臭い
1	結晶	白色	フェノール様臭
2	結晶	黄色	エーテル様臭
3	液体	黄色	フェノール様臭
4	液体	無色透明	エーテル様臭
5	液体	白色	無臭

問 82 モノフルオール酢酸ナトリウム

	色・形状	臭い	その他特徴
1	白色粉末	無臭	エタノールに溶ける
2	淡黄色粉末	アーモンド臭	エタノールに溶けない
3	白色粉末	酢酸臭	エタノールに溶ける
4	淡黄色結晶	無臭	エタノールに溶けない
5	白色結晶	酢酸臭	エタノールに溶ける

問 83 ジメチル－2，2－ジクロルビニルホスフェイト
（別名：ジクロルボス、DDVP）

	形状	色	その他特徴
1	結晶	白色	有機リン系殺虫剤
2	結晶	無色	カルバメート系殺虫剤
3	液体	無色	有機リン系殺虫剤
4	液体	黄色	ピレスロイド系殺虫剤
5	液体	白色	ピレスロイド系殺虫剤

問 84 無水ヒドラジン

	形状	色	用途
1	固体	暗赤色	酸化剤
2	固体	白色	還元剤
3	固体	赤褐色	中和剤
4	油状液体	白色	酸化剤
5	油状液体	無色	還元剤

問 85 四塩化炭素

	形状	色	その他特徴
1	液体	無色	揮発性
2	液体	黄赤色	不揮発性
3	液体	無色	不揮発性
4	固体	黄赤色	不揮発性
5	固体	無色	揮発性

福井県

問86〜問90　次の物質の識別方法について、最も適当なものを【下欄】からそれぞれ
　　１つ選びなさい。

　　問 86　ピクリン酸　　　問 87　ベタナフトール　　　問 88　ホルマリン

　　問 89　ニコチン　　　問 90　燐化アルミニウムとその分解促進剤とを含有する製剤

【下欄】

> 1　この物質から発生するガスは、5〜10％硝酸銀溶液を吸着させたろ紙を黒
> 　　変させる。
> 2　この物質の水溶液にアンモニア水を加えると、紫色の蛍石彩を放つ。
> 3　この物質のエーテル溶液に、ヨードのエーテル溶液を加えると褐色の液状
> 　　沈殿を生じ、これを放置すると赤色の針状結晶となる。
> 4　この物質にアンモニア水を加え、さらに硝酸銀溶液を加えると、徐々に金
> 　　属銀を析出する。
> 5　この物質の温飽和水溶液にシアン化カリウム溶液を加えると、暗赤色を呈
> 　　する。

（農業用品目）

問 81 〜問 85　次の物質の特徴について、正しいものの組み合わせをそれぞれ１つ選
　　びなさい。

　問 81　1，1′－ジメチル－4，4′－ジピリジニウムジクロリド
　　　　（別名：パラコート）

	色・形状	用途	溶解性
1	無色結晶	除草剤	水に溶ける
2	白色結晶	除草剤	水に溶けない
3	無色結晶	殺虫剤	水に溶けない
4	白色結晶	殺虫剤	水に溶ける
5	無色液体	除草剤	水に溶けない

　問 82　燐化亜鉛

	色・形状	臭い	用途
1	淡黄色結晶	かすかなエーテル臭	除草剤
2	暗灰色結晶	かすかなリン臭	殺鼠剤
3	暗灰色結晶	無臭	松枯れ防止剤
4	暗灰色液体	かすかなエーテル臭	殺鼠剤
5	淡黄色液体	かすかなリン臭	松枯れ防止剤

　問 83　メチル－N′，N′－ジメチル－N－[（メチルカルバモイル）オキシ]
　　　　－1－チオオキサムイミデート（別名：オキサミル）

	形状	色	用途
1	粉末	白色	飼料添加物
2	粉末	無色	殺虫、殺線虫
3	粉末	無色	土壌燻蒸剤
4	針状結晶	白色	殺虫、殺線虫
5	針状結晶	無色	土壌燻蒸剤

問84　ジメチル－２，２－ジクロルビニルホスフェイト
　　　（別名：ジクロルボス、ＤＤＶＰ）

	形状	色	その他特徴
1	結晶	白色	有機リン系殺虫剤
2	結晶	無色	カルバメート系殺虫剤
3	液体	無色	有機リン系殺虫剤
4	液体	黄色	ピレスロイド系殺虫剤
5	液体	白色	ピレスロイド系殺虫剤

問85　塩素酸ナトリウム

	色・形状	水溶液の液性	用途
1	無色結晶	中性	除草剤
2	無色結晶	酸性	除草剤
3	赤褐色結晶	アルカリ性	除草剤
4	赤褐色結晶	中性	殺虫剤
5	黒色結晶	酸性	殺虫剤

問86～問90　次の物質の識別方法について、最も適当なものを【下欄】からそれぞ
れ１つ選びなさい。

　　問86　硫酸　　　　　　問87　塩素酸カリウム　　　　　問88　アンモニア水
　　問89　クロルピクリン
　　問90　燐化アルミニウムとその分解促進剤とを含有する製剤

【下欄】

> 1　この物質から発生するガスは、５～10％硝酸銀溶液を吸着させたろ紙を黒
> 　変させる。
> 2　この物質を熱すると酸素を生成する。この物質の水溶液に酒石酸を多量に
> 　加えると、白色の結晶を生じる。
> 3　この物質の水溶液に金属カルシウムを加え、これにベタナフチルアミンお
> 　よび硫酸を加えると、赤色の沈殿を生ずる。
> 4　この物質に濃塩酸をつけたガラス棒を近づけると、白い霧を生ずる。
> 　また、塩酸を加えて中和したのち、塩化白金溶液を加えると、黄色、結晶性
> 　の沈殿を生ずる。
> 5　この物質の希釈水溶液に塩化バリウムを加えると、白色の沈殿を生ずる。
> 　この沈殿は塩酸や硝酸に溶けない。

（特定品目）

問81～問85　次の物質の特徴について、正しいものの組み合わせをそれぞれ１つ選
びなさい。

　　問81　メタノール

	形状	色	その他特徴
1	粘性液体	淡黄色	揮発性
2	粘性液体	無色透明	不揮発性
3	液体	無色透明	揮発性
4	液体	無色透明	不揮発性
5	液体	淡黄色	揮発性

問 82　塩素

	形状	色	その他特徴
1	気体	緑黄色	窒息性臭気
2	気体	無色	窒息性臭気
3	気体	緑黄色	無臭
4	液体	無色	無臭
5	液体	緑黄色	窒息性臭気

問 83　クロム酸カルシウム

	形状	色	その他特徴
1	結晶	淡赤黄色	水に溶ける
2	結晶	白色	水に溶けない
3	粉末	白色	水に溶ける
4	粉末	淡赤黄色	水に溶ける
5	粉末	橙黄色	水に溶けない

問 84　四塩化炭素

	形状	色	その他特徴
1	液体	無色	揮発性
2	液体	黄赤色	不揮発性
3	液体	無色	不揮発性
4	固体	黄赤色	不揮発性
5	固体	無色	揮発性

問 85　メチルエチルケトン

	形状	臭い	その他特徴
1	白色固体	果実様臭	引火性
2	白色固体	ベンゼン様臭	非引火性
3	白色液体	フェノール様臭	引火性
4	無色液体	無臭	非引火性
5	無色液体	アセトン様臭	引火性

問 86 〜 問 90　次の物質の識別方法について、最も適当なものを【下欄】からそれぞれ 1 つ選びなさい。

問 86　蓚酸　　　　問 87　一酸化鉛　　　問 88　水酸化カリウム
問 89　ホルマリン　　問 90　過酸化水素水

【下欄】

1　この物質を希硝酸に溶かすと無色の液となり、これに硫化水素を通じると黒色の沈殿を生ずる。
2　この物質にアンモニア水を加え、さらに硝酸銀溶液を加えると、徐々に金属銀を析出する。また、フェーリング溶液とともに熱すると、赤色の沈殿を生ずる。
3　この物質は過マンガン酸カリウムを還元し、過クロム酸を酸化する。また、ヨード亜鉛からヨードを析出する。
4　この物質の水溶液を酢酸で弱酸性にして酢酸カルシウムを加えると、結晶性の沈殿を生ずる。
5　この物質の水溶液に酒石酸溶液を過剰に加えると、白色結晶性の沈殿を生ずる。また、塩酸を加えて中性にしたのち、塩化白金溶液を加えると、黄色結晶性の沈殿を生ずる。

福井県

山梨県
令和３年度実施

〔法　規〕

（一般・農業用品目共通）

問題１　次の文章は、毒物及び劇物取締法第３条第３項の条文の一部である。
（　）の中に当てはまる正しい語句の組合せはどれか。下欄の中から選びなさい。

（第３条第３項抜粋）
　毒物又は劇物の販売業の登録を受けた者でなければ、毒物又は劇物を販売し、（　ア　）し、又は販売若しくは授与の目的で貯蔵し、運搬し、若しくは（　イ　）してはならない。

	ア	イ
1	授与	陳列
2	購入	陳列
3	購入	研究
4	使用	研究
5	授与	使用

問題２　次の物質のうち、「毒物」に該当するものとして、正しいものの組合せはどれか。下欄の中から選びなさい。

　　ア　臭素　　　イ　アンモニア　　　ウ　塩化水素　　　エ　黄燐（りん）　　　オ　水銀

1（ア、ウ）　　2（イ、エ）　　3（イ、オ）　4（ウ、エ）　　5（エ、オ）

問題３　次の記述のうち、毒物劇物営業者の登録及び特定毒物研究者の許可について、正しい正誤の組合せはどれか。下欄の中から選びなさい。

　ア　毒物又は劇物の製造業の登録は、３年ごとに更新を受けなければ、その効力を失う。
　イ　毒物又は劇物の輸入業の登録は、５年ごとに更新を受けなければ、その効力を失う。
　ウ　毒物又は劇物の販売業の登録は、６年ごとに更新を受けなければ、その効力を失う。
　エ　特定毒物研究者の許可は、２年毎に更新を受けなければ、その効力を失う。

	ア	イ	ウ	エ
1	正	正	正	誤
2	正	正	誤	正
3	正	誤	誤	誤
4	誤	正	正	誤
5	誤	誤	正	正

問題４　次の文章は、毒物及び劇物取締法第17条第１項の条文である。（　　　）の中に当てはまる正しい語句の組合せはどれか。下欄の中から選びなさい。

（第17条第１項）
　毒物劇物営業者及び特定毒物研究者は、その取扱いに係る毒物若しくは劇物又は第11条第２項の政令で定める物が飛散し、漏れ、流れ出し、染み出し、又は（　ア　）場合において、不特定又は多数の者について保健衛生上の危害が生ずるおそれがあるときは、直ちに、その旨を保健所、（　イ　）又は消防機関に届け出るとともに、保健衛生上の危害を防止するために必要な応急の措置を講じなければならない。

	ア	イ
1	誤飲した	医療機関
2	地下に染み込んだ	警察署
3	誤飲した	厚生労働省
4	誤飲した	警察署
5	地下に染み込んだ	環境省

問題5 次の記述のうち、毒物及び劇物取締法第14条において、毒物劇物営業者が毒物又は劇物を他の毒物劇物営業者に販売し、又は授与したときに、その都度、書面に記載しておかなければならない事項として、正しものの組合せはどれか。下欄の中から選びなさい。

ア 毒物又は劇物の名称及び数量
イ 毒物又は劇物の使用目的
ウ 販売又は授与の年月日
エ 譲受人の生年月日
オ 譲受人の氏名、職業及び住所(法人にあっては、その名称及び主たる事務所の所在地)

1(ア、イ、オ)　　2(ア、ウ、エ)　　3(ア、ウ、オ)　　4(イ、ウ、エ)
5(イ、エ、オ)

問題6 次の記述のうち、毒物及び劇物取締法第12条の規定に照らし、毒物又は劇物の表示について、正しい正誤の組合せはどれか。下欄の中から選びなさい。

ア 毒物劇物営業者及び特定毒物研究者は、毒物の容器及び被包に、「医薬用外」の文字及び毒物については赤地に白色をもって「毒物」の文字を表示しなければならない。
イ 毒物劇物営業者及び特定毒物研究者は、劇物の容器及び被包に、「医薬用外」の文字及び劇物については赤地に白色をもって「劇物」の文字を表示しなければならない。
ウ 毒物劇物営業者は、その容器及び被包に、毒物又は劇物の名称、成分及びその含量の他厚生労働省令で定める事項を表示しなければ、毒物又は劇物を販売し、又は授与してはならない。
エ 毒物劇物営業者及び特定毒物研究者は、毒物又は劇物を貯蔵し、又は陳列する場所に、「医薬用外」の文字及び毒物については「毒物」、劇物については「劇物」の文字を表示しなければならない。

	ア	イ	ウ	エ
1	誤	正	正	誤
2	正	誤	正	誤
3	正	誤	正	正
4	誤	正	正	正
5	誤	誤	誤	正

問題7 次の記述のうち、毒物及び劇物取締法第22条の規定に照らし、届出が義務づけられている事業者について、正しい正誤の組合せはどれか。下欄の中から選びなさい。

ア 無機シアン化合物たる毒物を使用して電気めっきを行う事業者
イ 無機シアン化合物たる毒物を含有する製剤を使用して金属熱処理を行う事業者
ウ 最大積載量が5,000キログラム以上の大型自動車に固定された容器を用い30%アンモニア水の運送を行う事業者
エ 無機シアン化合物たる毒物を使用してしろありの防除を行う事業者

	ア	イ	ウ	エ
1	正	誤	正	正
2	正	誤	正	誤
3	正	正	正	誤
4	誤	誤	正	正
5	誤	誤	誤	正

問題8　次の記述のうち、毒物及び劇物取締法の規定に照らし、一般消費者の生活の用に供されると認められるものであって、政令で定める基準に適合しないものとして、販売又は授与が禁止されている製品の正しいものの組合せはどれか。下欄の中から選びなさい。

ア　塩化水素と硫酸を合わせた含量が 20 ％の住宅用液状洗剤
イ　次亜塩素酸ナトリウムを含有する漂白剤
ウ　ジメチル－2・2－ジクロルビニルホスフェイト（別名 DDVP）　を 0.1 ％含有する倉庫専用防虫剤
エ　硫酸の含量が 10 ％の住宅用液状洗剤

1（ア、イ）　　2（ア、ウ）　　3（イ、ウ）　　4（イ、エ）　　5（ウ、エ）

問題9　次の物質のうち、「興奮、幻覚又は麻酔の作用を有する毒物又は劇物」として政令で定められているものはどれか。下欄の中から選びなさい。

1　酢酸エチル　　　　　　　2　フェノールを含有する塗料 3　エタノールを含有するシンナー　　4　メタノール　　5　トルエン

問題 10　次の物質のうち、特定毒物に該当しないものはどれか。下欄の中から選びなさい。

1　ジエチルパラニトロフェニルチオホスフェイト 2　砒素 3　ジメチル―（ジエチルアミド―1―クロルクロトニル）―ホスフェイト 4　オクタメチルピロホスホルアミド 5　テトラエチルピロホスフェイト

問題 11　次の文章は、毒物及び劇物の廃棄の方法に関する技術上の基準を定めた、毒物及び劇物取締法施行令第 40 条の条文の一部である。
　　（　）の中に当てはまる正しい語句の組合せはどれか。下欄の中から選びなさい。

（施行令第 40 条抜粋）
　一　中和、加水分解、（　ア　）、還元、希釈その他の方法により、毒物及び劇物並びに法第 11 条第 2 項に規定する政令で定める物のいずれにも該当しない物とすること。
　二　（　イ　）又は揮発性の毒物又は劇物は、保健衛生上危害を生ずるおそれがない場所で、少量ずつ放出し、又は揮発させること。
　三　（　ウ　）の毒物又は劇物は、保健衛生上危害を生ずるおそれがない場所で、少量ずつ燃焼させること。

	ア	イ	ウ
1	酸化	液体	不揮発性
2	揮発	ガス体	可燃性
3	揮発	ガス体	不揮発性
4	酸化	ガス体	可燃性
5	濃縮	液体	不揮発性

問題 12　次の毒物劇物取扱責任者の資格に関する記述のうち、正しいものの組合せはどれか。下欄の中から選びなさい。

ア　薬剤師は毒物劇物取扱責任者になることができる。
イ　大学で基礎化学に関する学課を修了した者は、毒物劇物取扱責任者になることができる。
ウ　18歳未満の者は毒物劇物取扱責任者になることができない。
エ　窃盗の罪を犯し、罰金刑に処せられ、その執行を受けることがなくなった日から起算して3年を経過していない者は、毒物劇物取扱責任者になることができない。

1（ア、ウ）　　2（ア、エ）　　3（イ、ウ）　　4（イ、エ）　　5（ウ、エ）

問題 13　次の記述のうち、毒物及び劇物取締法施行令の規定に照らし、着色に関する規制について、誤っているものの組合せはどれか。下欄の中から選びなさい。

ア　毒物劇物営業者は、四アルキル鉛を含有する製剤は、赤色、青色、黄色又は緑色に着色していなければ、特定毒使用者に譲り渡してはならない。
イ　毒物劇物営業者は、モノフルオール酢酸アミドを含有する製剤は、青色に着色されていなければ、特定毒使用者に譲り渡してはならない。
ウ　加鉛ガソリンの製造業者は、紫色に着色されたものでなければ販売してはならない。
エ　毒物劇物営業者は、ジメチルエチルメルカプトエチルチオホスフェイトを含有する製剤は紅色に着色されていなければ特定毒使用者に譲り渡してはならない。
オ　毒物劇物営業者は、モノフルオール酢酸の塩類を含有する製剤は、濃紺色に着色されていなければ、特定毒使用者に譲り渡してはならない。

1（ア、ウ）　　2（ア、オ）　　3（イ、ウ）　　4（イ、エ）　　5（ウ、オ）

問題 14　次の文章は、毒物及び劇物取締法第7条の条文の一部である。
（　　）の中に当てはまる正しい語句の組合せはどれか。下欄の中から選びなさい。

（第7条抜粋）
1　毒物劇物営業者は、毒物又は劇物を直接に取り扱う製造所、営業所又は店舗ごとに、専任の毒物劇物取扱責任者を置き、毒物又は劇物による（　ア　）上の危害の防止に当たらせなければならない。
3　毒物劇物営業者は、毒物劇物取扱責任者を置いたときは、（　イ　）以内に、その製造所、営業所又は店舗の所在地の（　ウ　）にその毒物劇物取扱責任者の氏名を届け出なければならない。

	ア	イ	ウ
1	環境衛生	10日	都道府県知事
2	保健衛生	10日	都道府県知事
3	保健衛生	30日	都道府県知事
4	食品衛生	30日	警察署長
5	保健衛生	60日	警察署長

問題 15　次の記述のうち、毒物又は劇物の販売業の店舗の設備の基準として、法令で定められていないものはどれか。下欄の中から選びなさい。

1　毒物又は劇物の貯蔵設備は、毒物又は劇物とその他の物とを区分して貯蔵できるものであること。
2　毒物又は劇物を含有する粉じん、蒸気又は廃水の処理に要する設備又は器具を備えていること。
3　毒物又は劇物を貯蔵する場所が性質上かぎをかけることができないものであるときは、その周囲に、堅固なさくが設けてあること。
4　毒物又は劇物を貯蔵するタンク、ドラムかん、その他の容器は、毒物又は劇物が飛散し、漏れ、又はしみ出るおそれのないものであること。
5　毒物又は劇物を陳列する場所にかぎをかける設備があること。

〔基礎化学〕

（一般・農業用品目共通）

問題 16　次の化学式と名称の組合せのうち、正しいものはどれか。下欄の中から選びなさい。

1	$C_2H_5OC_2H_5$	－	アセトン
2	$C_6H_5NH_2$	－	安息香酸
3	CH_3CHO	－	ホルムアルデヒド
4	CH_3OH	－	メタノール
5	CH_3COOH	－	ギ酸

問題 17 ～ 19　次の物質の元素記号について、正しいものはどれか。下欄の中から選びなさい。

　　問題 17　銀　　　問題 18　クロム　　　問題 19　水銀

1　Hg　　2　Au　　3　Cr　　4　Ar　　5　Ag

問題 20　次の化学反応式の（　）の中に当てはまる正しい数字の組合せはどれか。下欄の中から選びなさい。

$$C_4H_9OH + （ア）O_2 \rightarrow 4CO_2 + （イ）H_2O$$

	ア	イ
1	9	8
2	4	6
3	3	4
4	6	5

問題 21　0.01mol/L の塩酸の pH はいくつか。下欄の中から選びなさい。ただし、塩酸の電離度は 1 とする。

1　pH 1　　　2　pH 2　　　3　pH 5　　　4　pH 8　　　5　pH10

問題 22　45 ％ぶどう糖水溶液 20g と 25 ％ぶどう糖水溶液 30g を混合して得られる水溶液の濃度は何%か。最も近いものを下欄の中から選びなさい。ただし、％は重量%とする。

1　18 ％　　　2　33 ％　　　3　39 ％　　　4　41 ％　　　5　50 ％

問題 23 次の塩のうち、水に溶かしたときアルカリ性を示すものとして、正しいものの組合せはどれか。下欄の中から選びなさい。

ア CH_3COONa　イ K_2CO_3　ウ NH_4Cl　エ $NaCl$　オ Na_2SO_4

1 （ア、イ）　　2（イ、エ）　　3（イ、オ）　　4 （ウ、オ）　　5（エ、オ）

問題 24 次の有機化合物のうち、ベンゼン環（C_6H_5 －）をもつものはどれか。下欄の中から選びなさい。

1 クロロホルム　　　2 酢酸　　　3 アセトアルデヒド　　4 メチルエチルケトン
5 フェノール

問題 25 次の文章は、原子の構造に関する記述である。（　）の中に当てはまる正しい語句の組合せはどれか。下欄の中から選びなさい。

　　原子の中心には原子核がある。原子核は正の電荷をもつ陽子と電荷をもたない（ ア ）からできている。このため原子核は正の電荷をもつ。この原子核の周りを（ イ ）の電荷をもつ（ ウ ）が取り巻くように存在している。原子核に含まれる陽子の数と（ ア ）の数の和を（ エ ）という。原子番号は（ オ ）の数に等しい。

	ア	イ	ウ	エ	オ
1	電子	負	陽子	陽子数	電子
2	中性子	正	中性子	電子数	中性子
3	陽子	正	電子	質量数	陽子
4	中性子	負	電子	質量数	陽子
5	電子	負	電子	質量数	電子

問題 26 次の化学反応式のとおりエタノール（CH_3CH_2OH）4.6 g を完全燃焼させると、二酸化炭素（CO_2）と水（H_2O）が生じた。この時に発生する二酸化炭素（CO_2）の標準状態における体積は何 L か。最も近いものを下欄の中から選びなさい。なお、標準状態（0℃、1.013×10^5 Pa）での 1 mol の気体は 22.4L とし、原子量は、H=1、C=12、O=16 とする。

$$CH_3CH_2OH ＋ 3 O_2 → 2 CO_2 ＋ 3 H_2O$$

1 4.5L　　　2 9.0L　　　3 11.2L　　　4 33.6L　　　5 44.8L

問題 27 水素を水上置換で捕集したところ、27℃、9.96×10^4 Pa の大気圧のもとで、捕集体積は 1.66L だった。27℃の水の飽和蒸気圧を 3.6×10^3 Pa として、捕集した水素の物質量は何 mol か。最も近いものを下欄の中から選びなさい。ただし、状態方程式 $pv = nRT$ を用いて計算することができる。なお、気体定数は、$R = 8.31 \times 10^3$ Pa・L /(mol・K)とする。

1	1.0×10^{-2} mol	2	2.0×10^{-2} mol	3	3.2×10^{-2} mol
4	6.4×10^{-2} mol	5	9.6×10^{-2} mol				

問題 28 分子式 C_4H_{10} 及び C_5H_{12} で表される炭化水素について、構造異性体の種類として、正しいものの組合せはどれか。下欄の中から選びなさい。ただし、立体異性体は考えないものとする。

	C_4H_{10}	C_5H_{12}
1	2種類	3種類
2	2種類	5種類
3	4種類	5種類
4	3種類	4種類
5	2種類	4種類

問題 29 次の可逆反応が平衡状態になっているとき、ルシャトリエの法則による平衡移動において右に移動させる操作として、正しいものの組合せはどれか。下欄の中から選びなさい。

$N_2 + 3 H_2 \rightleftharpoons 2 NH_3 + 92.2[kJ]$

ア 圧力を下げる　　イ H_2 を加える　　ウ 温度を上げる　　エ NH_3 を加える
オ N_2 を加える

1 （ア、ウ）　　2 （ア、エ）　　3 （イ、エ）　　4 （イ、オ）　　5 （ウ、オ）

問題 30 下の図は氷を1気圧の下で熱したときの、温度変化を示したものである。図の中の　　　に当てはまる正しい語句の組合せはどれか。下欄の中から選びなさい。

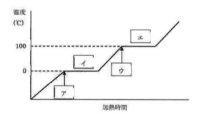

	ア	イ	ウ	エ
1	昇華点	昇 華	融 点	融 解
2	凝固点	凝 固	融 点	沸 騰
3	融 点	融 解	沸 点	沸 騰
4	融 点	融 解	沸 点	昇 華
5	凝固点	融 解	融 点	蒸 発

〔毒物及び劇物の性質及び貯蔵その他取扱方法〕
（一般）

問題 31 次の記述のうち、ホルマリンに関する説明として、誤っているものはどれか。下欄の中から選びなさい。

1 無色あるいはほとんど無色透明の液体で、刺激性の臭気をもつ。
2 水、アルコールによく混和するが、エーテルには混和しない。
3 空気中の酸素によって一部酸化されて、ギ酸を生ずる。
4 工業用としてフィルムの硬化、人造樹脂、色素合成などの製造に用いられる。
5 常温だと揮発するので、貯蔵する際は低温で密閉保存する。

問題 32　次の記述のうち、アジ化ナトリウムに関する説明として、誤っているもの
はどれか。下欄の中から選びなさい。

1　アルコールに難溶、エーテルに不溶。
2　微黄色でわずかな特異臭のある結晶。
3　原体は毒物に指定されている。
4　経口摂取した場合、胃酸によりアジ化水素が発生するおそれがある。
5　主な用途に、医療検体の防腐剤、エアバッグのガス発生剤がある。

問題 33 〜問題 35　次の物質の貯蔵方法として、最も適当なものはどれか。下欄の中か
ら選びなさい。

　　問題 33　アクリルニトリル
　　問題 34　シアン化カリウム
　　問題 35　ベタナフトール(別名　２－ナフトール)

1　常温では気体なので、圧縮冷却して液化し、圧縮容器に入れ、直射日光その他、
温度上昇の原因を避けて、冷暗所に貯蔵する。
2　火気厳禁。非常に反応性に富む物質なので、安定剤を加え、空気を遮断して貯蔵
する。
3　空気や光線に触れると赤変するので、遮光して保管する。
4　できるだけ直接空気に触れることを避け、窒素のような不活性ガスの雰囲気の中
に貯蔵する。
5　少量ならばガラス瓶、多量ならばブリキ缶あるいは鉄ドラムを用い、酸類とは離
して、風通しのよい乾燥した冷所に密封して保存する。

問題 36 〜問題 37　次の物質を含有する製剤で、劇物から除外される上限の濃度につ
いて正しいものはどれか。下欄の中から選びなさい。

　　問題 36　メタクリル酸　　　　問題 37　蓚酸

1　1 %　　　　2　10 %　　　3　25 %　　　4　60 %　　　5　90 %

問題 38 〜問題 40　次の物質の中毒時の処置に使うものとして、最も適当なものはど
れか。下欄の中から選びなさい。ただし、塩化カドミウムについては、早期治
療に限るものとする。

　　問題 38　塩化カドミウム
　　問題 39　三酸化二砒素
　　問題 40　ジメチル－２・２－ジクロルビニルホスフェイト
　　(別名 DDVP、ジクロルボス)

1　エデト酸カルシウムナトリウム
2　亜硝酸ナトリウム、チオ硫酸ナトリウム
3　ジメルカプロール(BAL)
4　牛乳
5　２－ピリジルアルドキシムメチオダイド(PAM)

問題 41　次の物質のうち、発火性又は爆発性のある劇物の組合せはどれか。下欄の中から選びなさい。

　ア　ナトリウム　　　　イ　三塩化燐　　　ウ　塩化ホスホリル　　エ　ピクリン酸

1　（ア、イ）　　2　（ア、ウ）　　3　（ア、エ）　　4　（イ、ウ）　　5　（イ、エ）

問題 42 ～問題 45　次の物質の主な用途として、最も適当なものはどれか。下欄の中から選びなさい。

　問題 42　亜硝酸メチル　　問題 43　燐化亜鉛　　問題 44　亜塩素酸ナトリウム
　問題 45　アバメクチン

1　繊維、木材、食品等の漂白　　2　ロケット燃料　　3　殺虫・殺ダニ剤
4　殺鼠剤　　5　写真乳剤

（農業用品目）

問題 31 ～問題 33　次の物質を含有する製剤で、毒物の指定から除外される上限の濃度について、正しいものはどれか。下欄の中から選びなさい。

　問題 31　アバメクチン
　問題 32　Ｏ－エチル－Ｏ－（２－イソプロポキシカルボニルフェニル）－Ｎ－イソプロピルチオホスホルアミド（別名　イソフェンホス）
　問題 33　ナラシン

1　0.5 %　　　2　1 %　　　3　1.8 %　　　4　5 %　　　5　10 %

問題 34 ～問題 38　次の物質の分類として、正しいものはどれか。下欄の中から選びなさい。

問題 34　１・３－ジカルバモイルチオ－２－（Ｎ・Ｎ－ジメチルアミノ）－プロパン塩酸塩（別名　カルタップ）

問題 35　エチル＝（Z）－３－〔Ｎ－ベンジル－Ｎ－〔〔メチル（１－メチルチオエチリデンアミノオキシカルボニル）アミノ〕チオ〕アミノ〕プロピオナート（別名　アラニカルブ）

問題 36　２・３・５・６－テトラフルオロ－４－メチルベンジル＝（Z）－（１RS・３RS）－３－（２－クロロ－３・３・３－トリフルオロ－１－プロペニル）－２・２－ジメチルシクロプロパンカルボキシラート（別名　テフルトリン）

問題 37　ジメチル－４－メチルメルカプト－３－メチルフェニルチオホスフェイト（別名　フェンチオン）

問題 38　５－メチル－１・２・４－トリアゾロ〔３・４－b〕ベンゾチアゾール（別名　トリシクラゾール）

1　カーバメート系殺虫剤　　　2　メラニン生合成阻害殺菌剤
3　ピレスロイド系殺虫剤　　　4　ネライストキシン系殺虫剤
5　有機リン系殺虫剤

問題 39 ～問題 42　次の物質の性状として、最も適当なものはどれか。下欄の中から選びなさい。

　　問題 39　S・S －ビス（1 －メチルプロピル）＝ O －エチル＝ホスホロジチオアート（別名　カズサホス）

　　問題 40　燐化亜鉛

　　問題 41　エチレンクロルヒドリン

　　問題 42　ジエチルー S －（2 －オキソー 6 －クロルベンゾオキサゾロメチル）－ジチオホスフェイト（別名　ホサロン）

1　ネギ様の臭気のある白色結晶。シクロヘキサン及び石油エーテルに溶けにくい。
2　芳香のある無色液体。蒸気は空気より重い。水に任意の割合で混和する。
3　暗灰色の結晶または粉末。アルコールに溶けない。酸により分解し、有毒なホスフィンを発生する。
4　硫黄臭のある淡黄色液体。水に溶けにくい。
5　無色透明。油様の液体である。

問題 43 ～問題 45　次の物質の毒性・中毒症状として、最も適当なものはどれか。下欄の中から選びなさい。

　　問題 43　ニコチン　　　　　問題 44　無機銅塩類

　　問題 45　2 －イソプロピルー 4 －メチルピリミジルー 6 －ジエチルチオホスフェイト（別名　ダイアジノン）

1　生体細胞内の TCA サイクル阻害作用により、嘔吐、胃の疼痛、意識混濁、痙攣、脈拍遅延が起こり、チアノーゼ、血圧下降をきたす。心臓障害で死にいたる。
2　猛烈な神経毒であり、急性中毒では、よだれ、吐き気、悪心、嘔吐があり、ついで発汗、呼吸困難、痙攣等をきたす。慢性中毒では、咽頭、喉頭等のカタル、心臓障害、視力減弱、めまい、動脈硬化等をきたし、時として精神異常を引き起こすことがある。
3　緑色または青色のものを吐き、のどがやけるように熱くなり、よだれが流れ、また、しばしば痛むことがある。急性の胃腸カタルを起こし血便を出す。
4　血液中のアセチルコリンエステラーゼと結合し、その作用を阻害することにより、頭痛、めまい、意識混濁、言語障害、昏睡等の中枢神経症状をきたす。
5　酸と反応すると有毒ガスを発生し、吸入した場合、頭痛、めまい、悪心、意識不明、呼吸麻痺を起こす。

（特定品目）

問題 31　次の記述のうち、クロロホルムに関する説明として、誤っているものはどれか。下欄の中から選びなさい。

1　特有の香気とかすかな甘みがある。
2　麻酔作用がある。
3　空気と日光によって変質する。
4　別名でトリクロロメタンと呼ばれる。
5　無色、可燃性の液体である。

問題 32　次の記述のうち、四塩化炭素に関する説明として、誤っているものはどれか。下欄の中から選びなさい。

1　揮発性、麻酔性の芳香を有する。
2　無色の重い液体である。
3　不燃性で、強い消火力を示す。
4　水に可溶、アルコール、エーテル、クロロホルムに難溶である。
5　毒性が強く、吸入すると中毒を起こす。

問題 33 ～問題 34　次の物質の貯蔵方法として、最も適当なものはどれか。下欄の中から選びなさい。

　　問題 33　クロロホルム　　　問題 34　水酸化カリウム

1　純品には、分解防止用の少量のアルコールを加えて冷暗所に貯蔵する。
2　引火点は 4.4℃と引火しやすく、その蒸気は空気と混合して爆発性混合ガスとなるので火気を避け、静電気に対する対策を考慮して貯蔵する。
3　二酸化炭素と水を強く吸収するので、密栓をして貯蔵する。
4　亜鉛又は錫すずメッキをした鋼鉄製容器で保管し、高温に接しない場所に保管する。
5　少量ならば褐色ガラスビン、大量ならばカーボイなどを使用する。

問題 35 ～問題 37　次の物質を含有する製剤で、劇物から除外される上限の濃度について正しいものはどれか。下欄の中から選びなさい。

　　問題 35　水酸化ナトリウム　　　問題 36　硝酸　　　問題 37　過酸化水素

1　1％　　　2　5％　　　3　6％　　4　10％　　　5　15％

問題 38 ～問題 40　次の物質の毒性として、最も適当なものはどれか。下欄の中から選びなさい。

　　問題 38　塩素　　　問題 39　蓚酸（しゅう）　　　問題 40　メタノール

1　高濃度の本物質が人体に触れると、激しい火傷を起こさせる。飲んだ場合、死亡した例がある。
2　頭痛、めまい、嘔吐（おうと）、下痢、腹痛などを起こし、致死量に近ければ麻酔状態になり、視神経が侵され、眼がかすみ、ついには失明することがある。
3　蒸気は眼、呼吸器などの粘膜及び皮膚に強い刺激性をもつ。強い本物質が皮膚に触れると、ガスを発生して、組織ははじめ白くしだいに深黄色となる。
4　血液中のカルシウム分を奪取し、神経系を侵す。急性中毒症状は、胃痛、嘔吐（おうと）、口腔、咽喉に炎症を起こし、腎臓が侵される。
5　粘膜接触により刺激症状を呈し、眼、鼻、咽喉及び口腔粘膜に障害を与える。吸入により、窒息感、喉頭及び気管支筋の強直をきたし、呼吸困難におちいる。

問題 41　次の物質のうち、常温、常圧で液体のものの組合せはどれか。下欄の中から
　　　　選びなさい。

　　ア　メチルエチルケトン　　　イ　硅弗化ナトリウム　　　　ウ　酢酸エチル
　　エ　水酸化カリウム

1　（ア、イ）　　2　（ア、ウ）　　3　（ア、エ）　　4　（イ、ウ）　　5　（イ、エ）

問題 42 ～問題 45　次の物質の主な用途として、最も適当なものはどれか。下欄の中か
　　　　　　　　ら選びなさい。

　　問題 42　メタノール　　　　　問題 43　酸化水銀　　　　問題 44　二酸化鉛
　　問題 45　トルエン

1　工業用の酸化剤、電池　　　　2　爆薬の原料、分析用試薬 3　樹脂、塗料の溶剤、燃料　　　4　塗料、試薬

〔実　地〕

（一般）

問題 46 ～問題 50　次の廃棄方法に関する記述に該当する物質として、最も適当なも
　　　　　　　　のはどれか。下欄の中から選びなさい。

　　問題 46　可燃性溶剤と共に焼却炉の火室へ噴霧し焼却する。
　　問題 47　多量の水で希釈して処理する。
　　問題 48　多量の消石灰水溶液に攪拌しながら少量ずつ加えて中和し、沈殿ろ過し
　　　　　　て埋立処分する。
　　問題 49　水に溶かし、消石灰、ソーダ灰等の水溶液を加えて処理し、さらにセメ
　　　　　　ントを用いて固化する。溶出試験を行い、溶出量が判定基準値以下である
　　　　　　ことを確認して埋立処分する。
　　問題 50　多量の水に少量ずつガスを吹き込み、溶解し希釈した後、少量の硫酸を
　　　　　　加え、アルカリ水で中和し、活性汚泥で処理する。

1　塩化カドミウム　　　　2　過酸化水素　　　3　ベタナフトール 4　エチレンオキシド　　　5　弗化水素

問題 51 ～問題 55　次の性状及び識別方法に関する記述に該当する物質として、最も適
　　　　　　　　当なものはどれか。下欄の中から選びなさい。

　　問題 51　重い粉末で、黄色から赤色までの間の種々のものがある。水にはほとんど
　　　　　　溶けない。酸、アルカリにはよく溶ける。希硝酸に溶かすと無色の液となり、
　　　　　　これに硫化水素を通じると黒色の沈殿を生ずる。
　　問題 52　無色透明の液体で、発煙性で刺激臭がある。硝酸銀溶液を加えると白い沈
　　　　　　殿を生じる。
　　問題 53　黒灰色、金属様の光沢がある稜板状結晶。澱粉に合うと藍色を呈し、これ
　　　　　　を熱すると退色し、冷えると再び藍色を現し、さらにチオ硫酸ソーダの溶液
　　　　　　と反応すると脱色する。
　　問題 54　無色又はほとんど無色の発煙性の液体で水と混和する。ガラス板に塗ると、
　　　　　　塗った部分は腐食される。

問題 55 無色から淡黄色の油状液体で強い刺激臭がある。水溶液に金属カルシウムを加え、これにベタナフチルアミン及び硫酸を加えると、赤色の沈殿を生ずる。

1 塩酸	2 沃素	3 クロルピクリン	4 弗化水素酸	5 一酸化鉛

問題 56〜問題 59 次の物質が少量漏えいした場合の対応方法として、最も適当なものはどれか。下欄の中から選びなさい。
　　なお、対応については、厚生労働省が定めた「毒物及び劇物の運搬事故時における応急措置に関する基準」による。

　　問題 56 アンモニア水　　　　**問題 57** アクロレイン　　　**問題 58** 硝酸
　　問題 59 クロルスルホン酸

1 漏えいした液は、亜硫酸水素ナトリウム水溶液(約 10 %)で反応させた後、多量の水を用いて十分に希釈して洗い流す。
2 漏えい箇所を濡れむしろ等で覆い、遠くから多量の水をかけて洗い流す。
3 漏えいした液は、ベントナイト、活性白土、石膏等を振りかけて吸着させ空容器に回収した後、多量の水を用いて洗い流す。
4 漏えいした液は土砂等に吸着させて取り除くか、またはある程度水で徐々に希釈した後、消石灰、ソーダ灰等で中和し、多量の水を用いて洗い流す。

問題 60 次の砒素に関する記述のうち、正しいものの組合せはどれか。下欄の中から選びなさい。

ア 灰色で金属光沢を有するもろい結晶、黒色結晶の二つの変態がある。
イ 水に容易に溶け、乾燥した空気中、常温では安定している。
ウ 鉛との合金は球形となりやすい性質があるため、散弾の製造に用いられる。
エ 酸化剤と混合すると発火することがあるので注意する。
オ 火災等で燃焼すると酸化砒素(III)の煙霧を発生する。煙霧を多量に吸入すると血液凝固作用を示すことがある。

1 (ア、イ)	2 (ア、ウ)	3 (イ、オ)	4 (ウ、エ)	5 (エ、オ)

(農業用品目)

問題 46 次の毒物又は劇物のうち、農業用品目販売業の登録を受けた者が販売できるものとして、正しいものの組合せはどれか。下欄の中から選びなさい。

ア 黄燐　　イ 塩化亜鉛　　ウ 水酸化ナトリウム　　エ アンモニア
オ 沃化メチル

1 (ア、イ)	2 (ア、エ)	3 (イ、ウ)	4 (イ、オ)	5 (ウ、エ)

問題47～問題54　次の毒物又は劇物について、該当する性状をA欄から、用途をB欄から、それぞれ最も適当なものを一つ選びなさい。

毒物又は劇物	性状	用途
モノフルオール酢酸ナトリウム	問題47	問題51
ジメチル－2・2－ジクロルビニルホスフェイト（別名　DDVP）	問題48	問題52
メチルイソチオシアネート	問題49	問題53
S－（4－メチルスルホニルオキシフェニル）－N－メチルチオカルバマート(別名　メタスルホカルブ)	問題50	問題54

A欄(性状)

1　無色の結晶　　　2　淡褐色の粉末　　3　刺激性で微臭のある無色油状の液体
4　白色の重い粉末で吸湿性　　　5　淡黄色の結晶

B欄(用途)

1　接触性殺虫剤　　2　殺鼠剤　　　3　土壌消毒剤　　　4　水稲の苗立枯病用殺菌剤
5　除草剤

問題55～問題57　次の濃硫酸の鑑識法に関する記述について、（　）の中に当てはまる正しいものはどれか。下欄の中から選びなさい。

　　【鑑識法】濃硫酸は、比重が極めて大きく、（ 問題55 ）で薄めると（ 問題56 ）し、ショ糖、木片などに触れると、それらを（ 問題57 ）させる。

問題55

1　アセトン　　2　キシレン　　　3　水　　　　4　エーテル　　5　クロロホルム

問題56

1　発火　　2　冷却　　3　発熱　　4　発色　　　5　発光

問題57

1　乾燥・白変　　　2　腐食・白変　　　3　湿潤・白変　　　　4　融解・黒変
5　炭化・黒変

問題58～問題60　次の各毒物又は劇物について、該当する用途と廃棄方法の組合せとして、正しいものはどれか。下欄の中から選びなさい。

　　問題58　エチルパラニトロフェニルチオノベンゼンホスホネイト(別名　EPN)
　　問題59　1・1'－ジメチル－4・4'－ジピリジニウムジクロリド
　　　　　（別名　パラコート）
　　問題60　塩素酸ナトリウム

山梨県

	用途	廃棄方法
1	肥料	中和法
2	除草剤	還元法
3	除草剤	燃焼法
4	殺虫剤	燃焼法
5	殺菌剤	酸化法

（特定品目）

問題46〜問題49 次の物質の廃棄方法として、最も適当なものはどれか。下欄の中から選びなさい。

問題46 ホルムアルデヒド　　**問題47** キシレン　　**問題48** 四塩化炭素
問題49 水酸化ナトリウム

1　多量の水を加えて希薄な水溶液とした後、次亜塩素酸塩水溶液を加え分解させ廃棄する。
2　ナトリウム塩とした後、活性汚泥で処理する。
3　過剰の可燃性溶剤、または重油等の燃料とともにアフターバーナーおよびスクラバーを具備した焼却炉の火室へ噴霧してできるだけ高温で焼却する。
4　珪（けい）そう土等に吸着させて開放型の焼却炉で少量ずつ焼却する。
5　水を加えて希薄な水溶液とし、酸（希塩酸、希硫酸等）で中和させた後、多量の水で希釈して処理する。

問題50〜問題53 次の物質の識別方法として、最も適当なものはどれか。下欄の中から選びなさい。

問題50 過酸化水素　　**問題51** クロロホルム　　**問題52** ホルマリン
問題53 蓚（しゅう）酸

1　水溶液をアンモニア水で弱アルカリ性にして塩化カルシウムを加えると、白色の沈殿を生じる。
2　ベタナフトールと濃厚水酸化カリウム溶液と熱すると藍色を呈し、空気に触れて緑より褐色に変じ、酸を加えると赤色の沈殿を生じる。
3　過マンガン酸カリウムを還元し、過クロム酸を酸化する。また、ヨード亜鉛からヨードを析出する。
4　希硝酸に溶かすと無色の液となり、これに硫化水素を通じると黒色の沈殿を生じる。
5　アンモニア水を加えて強アルカリ性とし、水浴上で蒸発すると水に溶解しやすい白色、結晶性の物質を残す。

問題54 ～問題57　次の物質が少量漏えいした場合の対応方法として、最も適当なもの
　　はどれか。下欄の中から選びなさい。

　なお、対応については、厚生労働省が定めた「毒物及び劇物の運搬事故時における
応急措置に関する基準」による。

　　問題54　アンモニア水　　　問題55　水酸化カリウム水溶液
　　問題56　硝酸　　　　　　　問題57　塩素

1　漏えいした液は、多量の水を用いて十分に希釈して洗い流す。
2　漏えい箇所を濡れむしろ等で覆い、遠くから多量の水をかけて洗い流す。
3　漏えい箇所や漏えいした液には水酸化カルシウムを十分に散布して吸収させる。
4　漏えいした液は土砂等に吸着させて取り除くか、またはある程度水で徐々に希釈
　した後、消石灰、ソーダ灰等で中和し、多量の水を用いて洗い流す。

問題58 ～問題59　　次の重クロム酸カリウムの記述について、最も適当なものはどれ
　　か。下欄の中から選びなさい。

　（ 問題58 ）の結晶で水に溶けやすく、強力な（ 問題59 ）である。

　問題58

1　橙赤色　　　2　青緑色　　　3　黒色　　　4　淡黄色　　　5　無色

　問題59

1　中和剤　　　2　乳化剤　　　3　溶解剤　　　4　酸化剤　　　5　還元剤

問題60　次の記述のうち、酸化水銀(酸化第二水銀)に関する説明として、誤っている
　　ものはどれか。下欄の中から選びなさい。

1　特定品目販売業者が販売できるのは、10 ％以下を含有する製剤である。
2　無臭である。
3　水にはほとんど溶けない。
4　遮光して保存する。
5　小さな試験管に入れて熱すると、始めに黒色に変わり、後に分解して水銀を残し、
　なお熱すると、完全に揮散してしまう。

〔法　規〕

設問中の法令とは、毒物及び劇物取締法、毒物及び劇物取締法施行令(政令)、毒物及び劇物指定令(政令)、毒物及び劇物取締法施行規則(省令)を指す。

（一般・農業用品目・特定品目共通）

第1問　次の文は、毒物及び劇物取締法の条文の一部である。（　　）の中に入る字句として、正しいものの組合せはどれか。

　ア　この法律は、（ a ）について、（ b ）の見地から必要な取締を行うことを目的とする。
　イ　この法律で「毒物」とは、別表第1に掲げる物であって、医薬品及び（ c ）以外のものをいう。

解答番号	a	b	c
1	毒物及び劇物	保健衛生上	食品
2	毒物及び劇物	公衆衛生上	医薬部外品
3	毒物及び劇物	保健衛生上	医薬部外品
4	毒薬及び劇薬	公衆衛生上	医薬部外品
5	毒薬及び劇薬	保健衛生上	食品

第2問　次のうち、特定毒物に該当するものはどれか。
　1　モノクロル酢酸　　　2　二硫化炭素　　　3　トリクロル酢酸
　4　四アルキル鉛　　　　5　ペンタクロルフェノール(PCP)

第3問　次の文は、毒物及び劇物取締法の条文の一部である。（　　）の中に入る字句として、正しいものの組合せはどれか。

　毒物又は劇物の販売業の登録を受けた者でなければ、毒物又は劇物を（ ア ）し、授与し、又は（ ア ）若しくは授与の目的で（ イ ）し、運搬し、若しくは陳列してはならない。

　a 譲渡　　　b 販売　　　c 保管　　　d 小分け　　　e 貯蔵

　1 (a、d)　　　2 (a、e)　　　3 (b、c)　　　4 (b、d)　　　5 (b、e)

第4問　次のうち、特定毒物研究者に関する記述として、正しいものはどれか。
　1　特定毒物研究者は、特定毒物を学術研究以外の用途に供してはならない。
　2　医師、獣医師又は薬剤師でなければ特定毒物研究者になることができない。
　3　特定毒物研究者は、6年ごとに許可の更新を受けなければならない。
　4　特定毒物研究者のみが、特定毒物を輸入することができる。
　5　特定毒物研究者は、学術研究のためであっても、特定毒物を製造することができない。

第5問　次の文は、毒物及び劇物取締法の条文の一部である。（　　）に当てはまる字句として、正しいものの組合せはどれか。

　興奮、（　　）又は麻酔の作用を有する毒物又は劇物(これらを含有する物を含む。)であって政令で定めるものは、みだりに摂取し、若しくは吸入し、又はこれらの目的で（　　）してはならない。

　a 覚醒　　　b 依存　　　c 幻覚　　　d 販売　　　e 所持

　1 (a、d)　　　2 (b、d)　　　3 (b、e)　　　4 (c、d)　　　5 (c、e)

第6問　次のうち、引火性、発火性又は爆発性のある毒物又は劇物であって、業務その他正当な理由による場合を除いては所持してはならないものとして、政令で定められているものはどれか。

1　トルエン　　　2　ナトリウム　　　3　硫酸タリウム　　　4　アセトン
5　酢酸エチル

第7問　次のうち、毒物劇物農業用品目に該当しないものはどれか。

1　アバメクチン　　　2　クロルピクリン　　　3　ニコチン
4　水酸化リチウム　　　5　硫酸タリウム

第8問　次のうち、毒物劇物特定品目に該当しないものはどれか。

1　トルエン　　　2　アニリン　　　3　メタノール　　　4　クロロホルム
5　キシレン

第9問　毒物劇物営業者に関する次の記述の正誤について、正しいものの組合せはどれか。

a　毒物又は劇物の販売業の登録は、5年ごとに、更新を受けなければ、その効力を失う。
b　毒物又は劇物の製造業の登録は、6年ごとに、更新を受けなければ、その効力を失う。
c　毒物又は劇物の製造業の登録は、「一般製造業」「農業用品目製造業」「特定品目製造業」の3種類がある。
d　毒物劇物営業者は、製造所、営業所又は店舗における営業を廃止したときは、30日以内に、その旨を届け出なければならない。

解答番号	a	b	c	d
1	正	正	正	正
2	正	正	正	誤
3	誤	正	誤	正
4	誤	誤	誤	正
5	誤	誤	正	誤

第10問　次のうち、毒物又は劇物の製造所の設備の基準として、法令で定められていないものはどれか。

1　毒物又は劇物を含有する粉じん、蒸気又は廃水の処理に要する設備又は器具を備えていること。
2　毒物又は劇物を貯蔵する場所に消火設備と換気設備があること。
3　毒物又は劇物の貯蔵設備は、毒物又は劇物とその他の物とを区分して貯蔵できるものであること。
4　毒物又は劇物を貯蔵するタンク、ドラムかん、その他の容器は、毒物又は劇物が飛散し、漏れ、又はしみ出るおそれのないものであること。
5　毒物又は劇物を陳列する場所にかぎをかける設備があること。

第 11 問　次のうち、毒物劇物取扱責任者に関する記述として、正しいものの組合せは
　　　　どれか。

　　a 毒物劇物営業者は、自ら毒物劇物取扱責任者となることができる。
　　b 　一般毒物劇物取扱者試験に合格した者は、農業用品目販売業の店舗の毒物劇物
　　　取扱責任者になることができる。
　　c 　毒物及び劇物の取り扱いに関する 3 年以上の実務経験がある者は、毒物劇物取
　　　扱責任者になることができる。
　　d 　毒物劇物取扱者試験に合格した者であれば、年齢にかかわらず、毒物劇物取扱
　　　責任者になることができる。
　　e 　毒物若しくは劇物又は薬事に関する罪を犯し、罰金以上の刑に処せられ、その
　　　執行が終わった日から起算して 10 年を経過していない者は、毒物劇物取扱責任
　　　者になることができない。

　　　 1（a、b）　　　 2（a、c）　　　 3（b、c）　　　 4（c、e）　　　 5（d、e）

第 12 問　次のうち、毒物劇物取扱責任者になることができる者として、正しいものの
　　　　組合せはどれか。

　　a 都道府県知事が行う毒物劇物取扱者試験に合格した者
　　b 危険物取扱者
　　c 厚生労働省令で定める学校で、生命科学に関する学課を修了した者
　　d 薬剤師

　　　 1（a、b）　　　 2（a、c）　　　 3（a、d）　　　 4（b、c）　　　 5（c、d）

第 13 問　次のうち、毒物劇物販売業者が、30 日以内にその旨を届け出なければなら
　　　　ない場合として、正しいものの組合せはどれか。

　　a 毒物又は劇物を貯蔵する設備の重要な部分を変更したとき。
　　b 店舗の名称を変更したとき。
　　c 店舗の営業時間を変更したとき。
　　d 法人の代表者を変更したとき。

　　　 1（a、b）　　　 2（a、d）　　　 3（b、c）　　　 4（b、d）　　　 5（c、d）

第 14 問　次の劇物のうち、毒物劇物営業者が、その容器として、飲食物の容器として
　　　　通常使用される物を使用してはならないと法令で定められているものはいく
　　　　つあるか。

　　a 爆発性のある劇物　　　　　 b 液状の劇物　　　　　 c 刺激臭のある劇物
　　d 麻酔作用のある劇物

　　　 1　1つ　　　　 2　2つ　　　　 3　3つ　　　　 4　4つ　　　　 5　なし

第 15 問　次のうち、毒物劇物製造業者が劇物の容器及び被包に表示しなければならな
　　　　い文字として、正しいものはどれか。

　　　 1　「医薬用外」の文字及び白地に赤色をもって「劇物」の文字
　　　 2　「医薬用外」の文字及び白地に黒色をもって「劇物」の文字
　　　 3　「医薬用外」の文字及び黒地に白色をもって「劇物」の文字
　　　 4　「医薬用外」の文字及び赤地に黒色をもって「劇物」の文字
　　　 5　「医薬用外」の文字及び赤地に白色をもって「劇物」の文字

第16問　次のうち、毒物劇物製造業者が、その製造した塩化水素を含有する製剤たる劇物（住宅用の洗浄剤で液体状のものに限る。）を販売するとき、その容器及び被包に表示しなければならない事項として、法令で定められているものはどれか。

1　誤って服用した場合の解毒剤の名称
2　毒物劇物取扱責任者の氏名
3　使用直前に開封し、包装紙等は直ちに処分すべき旨
4　居間等人が常時居住する室内では使用してはならない旨
5　小児の手の届かないところに保管しなければならない旨

第17問　特定の用途に供される毒物又は劇物の販売等に関する次の記述について、（　）の中に入る字句として、正しいものはどれか。

毒物劇物営業者は、燐化亜鉛を含有する製剤たる劇物について、あせにくい（　）で着色したものでなければ、これを農業用として販売し、又は授与してはならない。

1　赤色　　　2　青色　　　3　黄色　　　4　緑色　　　5　黒色

第18問　毒物劇物販売業者が、毒物劇物営業者以外の者（法人を除く。）に毒物又は劇物を販売するとき、譲受人から提出を受けなければならない書面に関する次の記述のうち、正しいものはどれか。

1　書面の保存期間は、販売した日から3年間である。
2　毒物又は劇物の名称及び販売価格を記載しなければならない。
3　譲受人の生年月日及び性別が記載されていなければならない。
4　譲受人の氏名及び住所が記載されていなければならない。
5　譲受人の職業が記載されている必要はない。

第19問　毒物劇物の販売、交付に関する次の記述の正誤について、正しいものの組合せはどれか。

a　毒物劇物販売業者は、譲受人が薬剤師であれば、書面の提出を受けずに劇物を販売してもよい。
b　毒物劇物販売業者は、覚せい剤中毒者に対して、劇物を交付してはならない。
c　毒物劇物販売業者は、使用目的が適正であることを確認すれば、16歳の高校生に対して、劇物を交付してもよい。
d　毒物劇物製造業者は、毒物劇物営業者以外の者に対して劇物を販売してもよい。

解答番号	a	b	c	d
1	正	正	正	誤
2	正	正	誤	誤
3	誤	正	誤	誤
4	誤	誤	正	正
5	誤	誤	誤	正

長野県

第20問 次の文は、毒物又は劇物の廃棄の方法を規定した毒物及び劇物取締法施行令の条文の一部である。（　　）の中に入る字句として、正しいものの組合せはどれか。

　　法第15条の2の規定により、毒物若しくは劇物又は法第11条第2項に規定する政令で定める物の廃棄の方法に関する技術上の基準を次のように定める。
一　（ a ）、加水分解、酸化、還元、稀釈その他の方法により、毒物及び劇物並びに法第11条第2項に規定する政令で定める物のいずれにも該当しない物とすること。
二　ガス体又は揮発性の毒物又は劇物は、保健衛生上危害を生ずるおそれがない場所で、少量ずつ放出し、又は揮発させること。
三　（ b ）の毒物又は劇物は、保健衛生上危害を生ずるおそれがない場所で、少量ずつ燃焼させること。
四　前各号により難い場合には、地下1メートル以上で、かつ、（ c ）を汚染するおそれがない地中に確実に埋め、海面上に引き上げられ、若しくは浮き上がるおそれがない方法で海水中に沈め、又は保健衛生上危害を生ずるおそれがないその他の方法で処理すること。

解答番号	a	b	c
1	中和	可燃性	大気
2	中和	可燃性	地下水
3	中和	爆発性	大気
4	煮沸	爆発性	地下水
5	煮沸	可燃性	大気

第21問 次のうち、アクリルニトリルを、車両を使用して1回につき6,000キログラム運搬する場合に2人分以上備えることとして、法令で定められていないものはどれか。

1　ヘルメット　　　2　保護手袋　　　3　保護長ぐつ　　　4　保護衣
5　有機ガス用防毒マスク

第22問 過酸化水素30％を含有する製剤を、車両を使用して1回につき5,000キログラム以上運搬する場合の運搬方法等に関する次の記述の正誤について、正しいものの組合せはどれか。

a　1人の運転者による運転時間が、1日当たり9時間を超える場合は、運転者のほか交替して運転する者を同乗させなければならない。
b　車両には、運搬する毒物又は劇物の名称、成分及びその含量並びに事故の際に講じなければならない応急の措置の内容を記載した書面を備えなければならない。
c　0.3メートル平方の板に地を白色、文字を黒色として「毒」と表示した標識を運搬車両の前後の見やすい箇所に掲げなければならない。

解答番号	a	b	c
1	正	正	正
2	正	正	誤
3	正	誤	誤
4	誤	正	正
5	誤	誤	正

長野県

第23問　法令に定められている事故発生時の措置に関する次の記述において、（　　）の中に入る字句の正しいものの組み合わせはどれか。

　　毒物劇物営業者は、その取扱いに係る劇物が流れ出た場合において、（　a　）又は多数の者について保健衛生上の危害が生ずるおそれがあるときは、（　b　）、その旨を（　c　）、警察署又は消防機関に届け出るとともに、保健衛生上の危害を防止するために必要な応急の措置を講じなければならない。

解答番号	a	b	c
1	関係者	直ちに	厚生労働省
2	関係者	3日以内に	保健所
3	不特定	直ちに	保健所
4	不特定	3日以内に	厚生労働省
5	不特定	直ちに	厚生労働省

第24問　法令で定められている行政上の措置に関する次の記述のうち、誤っているものはどれか。

1　毒物劇物監視員は、その身分を示す証票を携帯し、関係者の請求があるときは、これを提示しなければならない。
2　都道府県知事は、毒物劇物監視員を薬事監視員のうちからあらかじめ指定する。
3　都道府県知事は、保健衛生上必要があると認めるときは、毒物劇物監視員に、毒物劇物業務上取扱者の関係者に対し質問をさせることができる。
4　都道府県知事は、保健衛生上必要があると認めるときは、毒物劇物監視員に、毒物劇物製造業者の製造所に対し立入検査をさせることができる。
5　都道府県知事は、犯罪捜査上必要があると認めるときは、毒物劇物監視員に、毒物劇物販売業者が所有する毒物及び劇物を収去させることができる。

第25問　次のうち、業務上取扱者として届け出なければならない者として、法令で定められているものはどれか。

1　クロム酸カリウムを使用する金属熱処理業者
2　ホルムアルデヒドを使用するクリーニング業者
3　酢酸エチルを含有する製剤を使用する塗装事業者
4　砒素化合物たる毒物を使用するしろあり防除業者
5　塩酸を使用する電気めっき業者

〔学科・基礎化学〕

設問中の物質の性状は、特に規定しない限り常温常圧におけるものとする。
　なお、％は「重量百分率（重量パーセント）」、gは「グラム」を表すこととする。

（一般・農業用品目・特定品目共通）

第26問　次のうち、ダイヤモンドの同素体であるものはどれか。

　1　二酸化炭素　　　2　真珠　　　3　オゾン　　　4　黒鉛　　　5　窒素

第27問　元素の周期表に関する次の記述について、（　　）の中に入る字句として、正しいものの組合せはどれか。

　　元素を（　a　）の順に並べた表を周期表という。縦の列を（　b　）、横の行を（　c　）といい、縦の列に並んだ元素は性質が類似している。
　　リチウム、ナトリウム、カリウムは周期表で同じ列にあり、これらは（　d　）と呼ばれる。

解答番号	a	b	c	d
1	陽子数	周期	族	アルカリ金属
2	中性子数	族	周期	ハロゲン
3	陽子数	族	周期	アルカリ金属
4	中性子数	周期	族	アルカリ金属
5	陽子数	周期	族	ハロゲン

第28問　次のうち、気体状態の原子から電子1個を引き離すために必要なエネルギーはどれか。

1　イオン化エネルギー　　　2　ファンデルワールス力
3　電気陰性度　　　　　　　4　クーロン力　　　　　5　電子親和力

第29問　次の炭化水素のうち、不飽和なものの組み合わせはどれか。

a メタン　　　　　　b アセチレン　　　　　c 1-ブテン
d シクロプロパン

1 (a、c)　　2 (a、d)　　3 (b、c)　　4 (b、d)　　5 (c、d)

第30問　次のうち、炎色反応で青緑色を示すものとして、正しいものはどれか。

1 Cu　　2 Na　　3 Li　　4 K　　5 Sr

第31問　酸化還元に関する次の記述のうち、正しいものはどれか。

1　原子が電子を受け取ることを酸化という。
2　過酸化水素が還元剤として働くことはない。
3　イオン化傾向の大きな金属は酸化作用が強い。
4　アスコルビン酸は還元剤(酸化防止剤)として食品に添加されることがある。
5　相手の物質を酸化させ、自身は還元される物質を還元剤という。

第32問　11％塩化ナトリウム水溶液を 60 g 調製するのに必要な9％塩化ナトリウム水溶液と 21 ％塩化ナトリウム水溶液それぞれの量として、正しいものの組合せはどれか。

解答番号	9％塩化ナトリウム水溶液	21％塩化ナトリウム水溶液
1	10 g	50 g
2	20 g	40 g
3	30 g	30 g
4	40 g	20 g
5	50 g	10 g

第33問　次のうち、官能基とその名称として、正しいものの組合せはどれか。

解答番号	官能基	名称
1	$-NO_2$	アミノ基
2	$-SO_3H$	スルホ基
3	$-CHO$	ヒドロキシ基
4	$-NH_2$	ニトロ基
5	$-COOH$	カルボニル基

第34問　次のうち、極性のない分子(無極性分子)はどれか。

1 HCl　　2 H_2O　　3 NH_3　　4 CH_4　　5 CH_3OH

第35問　コロイド溶液に関する次の記述について、(　　)の中に入る字句として、正しいものはどれか。

　　コロイド溶液に側面から強い光を当てると、コロイド粒子が光を散乱するため、光の通路が見える。このことを(　　)という。

1 チンダル現象　　　2 凝析　　　3 ブラウン運動　　　4 透析
5 親水コロイド

(一般・農業用品目共通)

第36問　シアン化ナトリウムに関する次の記述のうち、正しいものの組合せはどれか。

a 青色の粉末、粒状又はタブレット状の固体である。
b 水に難溶である。
c 酸と反応すると有毒なシアン化水素が発生する。
d 水溶液は強酸性である。
e 電気めっきに利用されている。

　1 (a、b)　　　2 (a、c)　　　3 (b、d)　　　4 (c、e)　　　5 (d、e)

(一般)

第37問　黄燐に関する次の記述のうち、正しいものの組合せはどれか。

a 白色又は淡黄色の固体である。
b アルコールに溶けやすい。
c 空気中で酸化されやすい。
d 空気に触れると発火しやすいため、石油中で保管する。
e 無臭である。

　1 (a、c)　　　2 (a、e)　　　3 (b、c)　　　4 (b、d)　　　5 (d、e)

(一般・特定品目共通)

第38問　メタノールに関する次の記述のうち、誤っているものはどれか。

1 無色透明の液体である。
2 不揮発性である。
3 蒸気は空気より重く引火しやすい。
4 特異な香気を有する。
5 燃料として利用されている。

(一般)

第39問　塩素酸カリウムに関する次の記述のうち、正しいものの組合せはどれか。

a 黒色の単斜晶系板状の結晶である。
b 水溶液は強塩基性を示す。
c 吸入した場合、チアノーゼを起こす。
d 燃えやすい物質と混合して、摩擦すると激しく爆発することがある。
e 水中で保管する。

　1 (a、b)　　　2 (a、e)　　　3 (b、c)　　　4 (c、d)　　　5 (d、e)

第 40 問　トリクロル酢酸に関する次の記述のうち、誤っているものはどれか。

1　無色の結晶である。　　　　　　　2　潮解性がある。
3　微弱の刺激性臭気を有する。　　　4　水溶液は中性を示す。
5　水酸化ナトリウム溶液を加えて熱すると、クロロホルム臭がする。

（一般・農業用品目・特定品目共通）

第 41 問　毒性に関する次の記述の正誤について、正しいものの組合せはどれか。

a　LD$_{50}$の値が小さいほど、その物質の致死毒性は強いといえる。
b　血液成分に変化を与え、又は破壊し、呼吸困難をきたすものを神経毒という。
c　薬品や毒性物質を長期間、反復して吸収し続けると発生する中毒を「慢性中毒」
　　という。

解答番号	a	b	c
1	正	正	正
2	正	正	誤
3	正	誤	正
4	誤	誤	正
5	誤	誤	誤

（一般）

第 42 問　次の文は、ある物質の毒性に関する記述である。該当するものはどれか。

　　皮膚や粘膜につくと火傷を起こし、その部分は白色となる。経口摂取した場合
には口腔、咽喉、胃に高度の灼熱感を訴え、悪心、嘔吐、めまい、失神、虚脱、
呼吸麻痺を起こす。尿は特有の暗赤色を呈する。

1　メタノール　　2　硫酸　　3　蓚酸　　4　アニリン　　5　フェノール

第 43 問　次のうち、「毒物及び劇物の廃棄の方法に関する基準」で定めるニトロベン
　　ゼンの廃棄の方法として、正しいものはどれか。

1　多量の水に吸収させ、希釈して活性汚泥で処理する。
2　セメントを用いて固化し、埋立処分する。
3　おが屑と混ぜて焼却するか、可燃性溶剤に溶かし焼却炉の火室へ噴霧し焼却する。
4　少量の界面活性剤を加えた亜硫酸ナトリウムと炭酸ナトリウムの混合溶液中
　　で、撹拌し分解させた後、多量の水で希釈して処理する。
5　多量の水酸化ナトリウム水溶液中に徐々に吹き込んでガスを吸収させた後、希
　　硫酸を加えて中和し、沈殿ろ過して埋立処分する。

第 44 問　次のうち、「毒物及び劇物の運搬事故時における応急措置に関する基準」で
　　定めるキシレンの漏えい時の措置として、正しいものはどれか。

1　多量の場合は、土砂等でその流れを止め、安全な場所に導き、液の表面を泡で
　　覆い、できるだけ空容器に回収する。
2　少量の場合は、布でふきとるか又はそのまま風にさらして蒸発させる。
3　飛散したものは空容器にできるだけ回収し、そのあとを還元剤の水溶液を散布
　　し、消石灰、ソーダ灰等の水溶液で処理したのち、多量の水を用いて洗い流す。
4　少量の場合は、多量の水を用いて洗い流すか、又は土砂、おが屑等に吸着させ
　　て空容器に回収し安全な場所で焼却する。
5　多量の場合は、消石灰を十分に散布し、むしろ、シート等をかぶせ、その上に
　　更に消石灰を散布して吸収させる。多量にガスが発生した場所には遠くから霧
　　状の水をかけて吸収させる。

長野県

第45問　次の文は、ある物質の貯蔵方法に関する記述である。該当するものはどれか。

　　　空気中にそのまま保管することができないため、通常石油中に保管する。

　　1　フッ化水素酸　　　2　カリウム　　　3　ロテノン　　　4　四塩化炭素
　　5　アクロレイン

（農業用品目）

第37問　弗化スルフリルに関する次の記述のうち、正しいものの組合せはどれか。
　　a　無色の気体である。
　　b　潮解性がある。
　　c　アセトン、クロロホルムに不溶である。
　　d　殺虫剤として使用される。
　　e　除草剤として使用される。

　　1（a、d）　　　2（a、e）　　　3（b、c）　　　4（b、d）　　　5（c、e）

第38問　2,2′－ジピリジリウム－1,1′－エチレンジブロミド（ジクワット）に関
　　　する次の記述のうち、正しいものはどれか。

　　1　青色結晶である。
　　2　腐食性を有する。
　　3　水に不溶である。
　　4　農業用殺虫剤として使用される。
　　5　酸性下で不安定であり、アルカリ性で安定である。

第39問　塩素酸カリウムに関する次の記述のうち、正しいものの組合せはどれか。

　　a　黒色の単斜晶系板状の結晶である。
　　b　水溶液は強塩基性を示す。
　　c　吸入した場合、チアノーゼを起こす。
　　d　燃えやすい物質と混合して、摩擦すると激しく爆発することがある。
　　e　水中で保管する。

　　1（a、b）　　　2（a、e）　　　3（b、c）　　　4（c、d）　　　5（d、e）

第40問　エチルパラニトロフェニルチオノベンゼンホスホネイト（EPN）に関する次の
　　　記述のうち、誤っているものはどれか。

　　1　純品は固体である。
　　2　水に溶けにくく、有機溶媒に溶けやすい。
　　3　有機燐化合物に分類される。
　　4　除草剤として使用される。
　　5　1％を含有するものは劇物である。

第42問　次の文は、ある物質の毒性に関する記述である。該当するものはどれか。

　　　吸入した場合、倦怠感、頭痛、めまい、嘔吐、腹痛、多汗等の症状を呈し、重
　　症な場合には、縮瞳、意識混濁、全身けいれん等を起こす。解毒剤として、PAM
　　製剤（プラリドキシムヨウ化物）が有効である。

　　1　塩化第二銅
　　2　シアン化水素
　　3　ヘキサクロルヘキサヒドロメタノベンゾジオキサチエピンオキサイド
　　　　（エンドスルファン、ベンゾエピン）
　　4　N－メチル－1－ナフチルカルバメート（NAC）
　　5　ジメチル－2,2－ジクロルビニルホスフェイト（DDVP、ジクロルボス）

第 43 問　次のうち、「毒物及び劇物の廃棄の方法に関する基準」で定めるブロムメチルの廃棄の方法として、正しいものはどれか。

1　多量の水に吸収させ、希釈して活性汚泥で処理する。
2　セメントを用いて固化し、埋立処分する。
3　可燃性溶剤と共に、スクラバーを具備した焼却炉の火室へ噴霧し焼却する。焼却炉は有機ハロゲン化合物を焼却するに適したものとする。
4　少量の界面活性剤を加えた亜硫酸ナトリウムと炭酸ナトリウムの混合溶液中で、撹拌し分解させた後、多量の水で希釈して処理する。
5　多量の水酸化ナトリウム水溶液中に徐々に吹き込んでガスを吸収させた後、希硫酸を加えて中和し、沈殿ろ過して埋立処分する。

第 44 問　次のうち、「毒物及び劇物の運搬事故時における応急措置に関する基準」で定めるクロルピクリンの漏えい時の措置として、正しいものはどれか。

1　多量の場合は、土砂等でその流れを止め、多量の活性炭又は消石灰を散布して覆い至急関係先に連絡し専門家の指示により処理する。
2　多量の場合は、土砂等でその流れを止め、安全な場所に導き、液の表面を泡で覆い、できるだけ空容器に回収する。
3　飛散したものは空容器にできるだけ回収し、そのあとを還元剤の水溶液を散布し、消石灰、ソーダ灰等の水溶液で処理したのち、多量の水を用いて洗い流す。
4　少量の場合は、多量の水を用いて洗い流すか、又は土砂、おが屑くず等に吸着させて空容器に回収し安全な場所で焼却する。
5　多量の場合は、消石灰を十分に散布し、むしろ、シート等をかぶせ、その上に更に消石灰を散布して吸収させる。多量にガスが発生した場所には遠くから霧状の水をかけて吸収させる。

第 45 問　次のうち、ロテノンの貯蔵方法として、正しいものはどれか。

1　常温では気体なので、圧縮冷却して液化し、圧縮容器に入れ、直射日光その他、温度上昇の原因を避けて、冷暗所に保管する。
2　酸素によって分解し、殺虫効力を失うため、空気を遮断して保管する。
3　空気中にそのまま保管することができないため、通常石油中に保管する。
4　空気に触れると発火しやすいので、水を入れたビン中に沈め、そのビンを砂を入れたカン中に固定し、冷暗所に置く。
5　空気中の水分に触れると徐々に分解して有毒なリン化水素の気体が発生するため、密閉した容器で保管する。

（特定品目）

第 36 問　塩化水素に関する次の記述のうち、正しいものの組合せはどれか。

a 赤褐色の特異臭のある液体である。
b 水に不溶である。
c 30 ％を含有する製剤は劇物に該当する。
d 吸入すると麻酔性がある。
e 塩酸の製造に利用されている。

　1 (a、b)　　　2 (a、c)　　　3 (b、d)　　　4 (c、e)　　　5 (d、e)

第 37 問　重クロム酸カリウムに関する次の記述のうち、正しいものの組合せはどれか。

a 化学式は $K_2Cr_2O_7$ である。　　　b 無色又は白色の結晶性粉末である。
c 水に可溶である。　　　d 空気に触れると発火しやすいため、石油中で保管する。
e 強力な還元剤である。

　1 (a、c)　　　2 (a、e)　　　3 (b、c)　　　4 (b、d)　　　5 (d、e)

第 39 問　蓚酸に関する次の記述のうち、正しいものの組合せはどれか。

　a 黒色の単斜晶系板状の結晶である。　　　b アルコールに不溶である。
　c 体内では、血液中のカルシウム分を奪取する。
　d 漂白剤として利用される。　　　　　　　e 水中で保管する。

　　1 (a、b)　　　2 (a、e)　　　3 (b、c)　　　4 (c、d)　　　5 (d、e)

第 40 問　過酸化水素水に関する次の記述のうち、誤っているものはどれか。

　1 無色透明の液体である。
　2 常温で徐々に水と酸素に分解する。
　3 10 ％過酸化水素水は、劇物に該当する。
　4 安定剤としてアルカリを加えて貯蔵する。
　5 漂白剤として利用されている。

第 42 問　次の文は、ある物質の毒性に関する記述である。該当するものはどれか。

　　吸入すると、頭痛、悪心などをきたし、黄疸のように角膜が黄色となり、しだいに尿毒症様を呈し、重症なときは死亡する。

　1 メタノール　　　　　　2 キシレン　　　　3 水酸化カリウム
　4 クロム酸カリウム　　　5 四塩化炭素

第 43 問　次のうち、「毒物及び劇物の廃棄の方法に関する基準」で定める四塩化炭素の廃棄の方法として、正しいものはどれか。

　1 多量の水に吸収させ、希釈して活性汚泥で処理する。
　2 セメントを用いて固化し、埋立処分する。
　3 過剰の可燃性溶剤又は重油等の燃料と共にアフターバーナー及びスクラバーを具備した焼却炉の火室へ噴霧してできるだけ高温で焼却する。
　4 少量の界面活性剤を加えた亜硫酸ナトリウムと炭酸ナトリウムの混合溶液中で、撹拌し分解させた後、多量の水で希釈して処理する。
　5 多量の水酸化ナトリウム水溶液中に徐々に吹き込んでガスを吸収させた後、希硫酸を加えて中和し、沈殿ろ過して埋立処分する。

第 44 問　次のうち、「毒物及び劇物の運搬事故時における応急措置に関する基準」で定めるキシレンの漏えい時の措置として、正しいものはどれか。

　1 多量の場合は、土砂等でその流れを止め、安全な場所に導き、液の表面を泡で覆い、できるだけ空容器に回収する。
　2 少量の場合は、布でふきとるか又はそのまま風にさらして蒸発させる。
　3 飛散したものは空容器にできるだけ回収し、そのあとを還元剤の水溶液を散布し、消石灰、ソーダ灰等の水溶液で処理したのち、多量の水を用いて洗い流す。
　4 少量の場合は、多量の水を用いて洗い流すか、又は土砂、おが屑等に吸着させて空容器に回収し安全な場所で焼却する。
　5 消石灰を十分に散布し、むしろ、シート等をかぶせ、その上に更に消石灰を散布して吸収させる。多量にガスが発生した場所には遠くから霧状の水をかけて吸収させる。

第 45 問　次の文は、ある物質の貯蔵方法に関する記述である。該当する物質はどれか。

　　冷暗所に保管する。純品は空気と日光により変質するので、少量のアルコールを加えて分解を防止する。

　1 アンモニア水　　　2 クロロホルム　　　3 クロム酸カリウム
　4 四塩化炭素　　　　5 過酸化水素水

〔実　地〕

設問中の物質の性状は、特に規定しない限り常温常圧におけるものとする。

（一般）

第 46 問～第 50 問　次の表の各問に示した性状等にあてはまる物質を、それぞれ下記の物質欄から選びなさい。

問題番号	色	状態	用途	その他
第 46 問	濃青色～濃藍色	固体	電解液	水溶液は酸性を示す
第 47 問	無色～白色	固体	せっけん製造	水溶液は塩基性を示す
第 48 問	赤褐色～暗赤褐色	液体	化学薬品	強い腐食性を有する
第 49 問	無色	液体	香料	果実様の香気を有する
第 50 問	無色	気体	冷凍用寒剤	特有の刺激臭を有する

物　質　欄　　1　Br_2　　2　NH_3　　3　NaOH　　4　$CH_3COOC_2H_5$
　　　　　　　5　$CuSO_4 \cdot 5H_2O$

第 51 問～第 52 問　アクリルアミドの性状及び用途に関する次の記述について、（　）にあてはまる字句を下欄からそれぞれ選び、番号で答えなさい。

　【性　状】（第 51 問）の結晶。水、アルコールに可溶。
　【用　途】（第 52 問）。

　≪下欄≫
　第 51 問　1　淡紅色　　　　2　黄色　　　　3　青色　　　　4　黒色　　　　5　無色
　第 52 問　1　脱色剤　　　　2　消毒剤　　　　3　香料　　　　4　紙力増強剤　　　5　界面活性剤

第 53 問～第 54 問　炭酸バリウムの性状及び用途に関する次の記述について、（　　）にあてはまる字句を下欄からそれぞれ選び、番号で答えなさい。

　【性　状】（第 53 問）の粉末。
　【用　途】（第 54 問）、光学ガラス、試薬。

　≪下欄≫
　第 53 問　1　赤褐色　　　　2　白色　　　　3　青色　　　　4　緑色　　　　5　黒色
　第 54 問　1　香料　　　　2　冷凍剤　　　　3　消毒剤　　　　4　釉薬(うわぐすり)
　　　　　　　5　界面活性剤

（一般・農業用品目共通）

第 55 問～第 57 問　ニコチンの性状、用途及び鑑別法に関する次の記述について、（　）にあてはまる字句を下欄からそれぞれ選び、番号で答えなさい。

　【性　状】　純品は無色、無臭の油状液体であるが、空気に触れると（第 55 問）を呈する。
　【用　途】（第 56 問）。
　【鑑別法】　ニコチンのエーテル溶液に、ヨードのエーテル溶液を加えると、液状沈殿を生じ、これを放置すると、（第 57 問）の針状結晶となる。

　≪下欄≫
　第 55 問　1　褐色　　　　2　白色　　　　3　緑色　　　　4　青色　　　　5　紫色
　第 56 問　1　顔料　　　　2　乾燥剤　　　　3　有機溶剤　　　4　界面活性剤
　　　　　　　5　薬品原料
　第 57 問　1　黄色　　　　2　青色　　　　3　黒色　　　　4　白色　　　　5　赤色

（一般・特定品目共通）

第58問　次の文は、ある物質の鑑別法に関する記述である。該当するものはどれか。

　　アンモニア水を加え、さらに硝酸銀水溶液を加えると、徐々に金属銀を析出する。また、フェーリング溶液とともに熱すると、赤色の沈殿を生成する。

　　1　四塩化炭素　　　2　硝酸　　　3　ホルムアルデヒド水溶液(ホルマリン)
　　4　一酸化鉛　　　　5　クロルピクリン

（一般）

第59問　次のうち、気圧計に用いられるものはどれか。

　　1　クレゾール　　　　2　アジ化ナトリウム　　　　3　水銀
　　4　硫酸タリウム　　　5　ぎ酸

（一般・特定品目共通）

第60問　次のうち、クロロホルム及びトルエンが有する性状として、共通するものはどれか。

　　1　風解性　　　2　潮解性　　　3　爆発性　　　4　麻酔性　　　5　水溶性

（農業用品目）

第46問〜第50問　次の表の各問に示した性状等にあてはまる物質を、それぞれ下の物質欄から選び、番号で答えなさい。

問題番号	色	状態	用途	その他
第46問	濃青色〜濃藍色	固体	農業用殺菌剤	水溶液は酸性を示す
第47問	白色〜淡黄白色	固体	殺そ剤	酢酸エチル、アセトンに可溶
第48問	無色	液体	有機合成原料	エーテル臭を有する
第49問	淡褐色	液体	殺虫剤	水に難溶
第50問	無色	気体	冷凍用寒剤	特有の刺激臭を有する

物　質　欄
1　アセトニトリル
2　アンモニア
3　クロロファシノン 　（2−（フェニルパラクロルフェニルアセチル）−1，3−インダンジオン）
4　イソキサチオン 　（ジエチル−（5−フェニル−3−イソキサゾリル）−チオホスフェイト）
5　硫酸第二銅・五水和物

第51問〜第52問 　1，1′ージメチルー4，4′ージピリジニウムヒドロキシド(パラコート)の性状及び用途に関する次の記述について、(　　)にあてはまる字句を下欄からそれぞれ選び、番号で答えなさい。

【性 状】　無色〜白色の(第51問)。
【用 途】　(第52問)。

≪下欄≫
第51問　1　芳香臭のある気体　　　　　　　2　無臭の液体
　　　　3　ニラ様の不快臭のある液体　　　4　水に不溶な結晶
　　　　5　水に可溶な結晶

第52問　1　殺虫剤　　　2　殺菌剤　　　3　殺そ剤　　　4　除草剤
　　　　5　界面活性剤

第53問〜第54問 　Sーメチルー Nー[(メチルカルバモイル)ーオキシ] ーチオアセトイミデート(メトミル)の性状及び用途に関する次の記述について、(　　)にあてはまる字句を下欄からそれぞれ選び、番号で答えなさい。

【性 状】　白色の結晶。弱い(第53問)。
【用 途】　(第54問)。

≪下欄≫
第53問　1　果実臭　　　　　2　硫黄臭　　　　3　アーモンド臭
　　　　4　エーテル臭　　　5　アンモニア臭

第54問　1　固形燃料　　　2　除草剤　　　　3　防腐剤　　　4　殺虫剤
　　　　5　殺そ剤

第55問〜第57問は、一般の第55問〜第57問を参照。

第 58 問　次の文は、ある物質の鑑別法に関する記述である。この反応を示す物質はどれか。

　　水溶液にアンモニア水を加えると白色の沈殿を生ずるが、過剰のアンモニア水によって溶解する。

　　1　硫酸タリウム
　　2　塩化第二銅・二水和物
　　3　硝酸亜鉛・六水和物
　　4　燐化アルミニウムとその分解促進剤とを含有する製剤
　　5　2ーイソプロピルー4ーメチルピリミジルー6ージエチルチオホスフェイト（ダイアジノン）

第59問　次のうち、根こぶ病等の病害防除として用いられるものはどれか。

　　1　塩化亜鉛　　　2　モノフルオール酢酸
　　3　2′，4ージクロロー α，α，αートリフルオロー4′ーニトロメタトルエンスルホンアニリド(フルスルファミド)
　　4　エマメクチン
　　5　3，5ージメチルフェニルー Nーメチルカルバメート(**XMc**)

第60問　次のうち、シアナミド及び塩化第二銅が有する性状として、共通するものはどれか。

　　1　風解性　　　2　麻酔性　　　3　爆発性　　　4　潮解性　　　5　催涙性

（特定品目）

第46問～第50問　次の表の各問に示した性状等にあてはまる物質を、それぞれ下の物質欄から選び、番号で答えなさい。

問題番号	色	状態	用途	その他
第46問	黄色～赤色	固体	顔料 試薬	水にほとんど溶けない
第47問	無色～白色	固体	せっけん製造	水溶液は塩基性を示す
第48問	無色	液体	香料	果実様の香気を有する
第49問	黄緑色	気体	漂白剤	窒息性臭気を有する
第50問	無色	気体	冷凍用寒剤	特有の刺激臭を有する

物質欄
1 $CH_3COOC_2H_5$　　2 NH_3　　3 NaOH　　4 Cl_2　　5 PbO

第51問～第52問　硫酸の性状及び鑑別法に関する次の記述について、（　）にあてはまる字句を下欄からそれぞれ選び、番号で答えなさい。

【性状】　無色透明の油様の液体。濃硫酸は強い（第51問）を有する。

【鑑別法】　硫酸の希釈水溶液に塩化バリウムを加えると、（第52問）の沈殿を生ずる。

≪下欄≫

第51問　1 揮発性　　2 爆発性　　3 麻酔性　　4 昇華性　　5 吸湿性

第52問　1 黒色　　2 青色　　3 緑色　　4 白色　　5 赤褐色

第53問～第54問　クロム酸ナトリウムの性状及び用途に関する次の記述について、（　）にあてはまる字句を下欄からそれぞれ選び、番号で答えなさい。

【性状】　十水和物は（第53問）の結晶。潮解性を有する。

【用途】　（第54問）、酸化剤。

≪下欄≫

第53問　1 白色　　2 黄色　　3 青色　　4 緑色　　5 黒色

第54問　1 香料　　2 冷凍剤　　3 固形燃料　　4 試薬　　5 界面活性剤

第55問～第57問　硝酸の性状、用途及び鑑別法に関する次の記述について、（　）にあてはまる字句を下欄からそれぞれ選び、番号で答えなさい。

【性状】　純品は（第55問）の液体。特異臭を有する。

【用途】　（第56問）、爆薬製造、セルロイド工業、試薬。

【鑑別法】　銅屑を加えて熱すると（第57問）を呈して溶け、その際、赤褐色の蒸気を生ずる。

≪下欄≫

第55問　1 無色　　2 褐色　　3 緑色　　4 青色　　5 紫色

第56問　1 殺虫剤　　2 消毒剤　　3 漂白剤　　4 温度計　　5 冶金

第57問　1 黄色　　2 赤褐色　　3 紅色　　4 白色　　5 藍色

第58問は、一般の第58問を参照。

第 59 問 次のうち、硅弗化ナトリウムの用途として、正しいものはどれか。

  1 除草剤   2 固形燃料   3 釉薬(うわぐすり)   4 温度計   5 香料

第 60 問は、一般の第 60 問を参照。

岐阜県
令和3年度実施
※特定品目はありません。

〔毒物及び劇物に関する法規〕

※問題文中の用語は次によるものとする。

法：毒物及び劇物取締法　　政令：毒物及び劇物取締法施行令　　規則：毒物及び劇物取締法施行規則

毒物劇物営業者：毒物又は劇物の製造業者、輸入業者又は販売業者

※特定品目はありません。

（一般・農業用品目共通）

問1　毒物及び特定毒物の定義に関する記述について、（　　）内に当てはまる語句として、正しいものの組み合わせを①〜⑤の中から一つ選びなさい。

<定義>
　法第二条　この法律で「毒物」とは、別表第一に掲げる物であつて、（ a ）以外のものをいう。
3　この法律で「特定毒物」とは、（ b ）であつて、別表第三に掲げるものをいう。

	a	b
①	医薬品及び医薬部外品	毒物
②	医薬品	毒物
③	医薬品	特定の用に供するもの
④	医薬品及び医薬部外品	特定の用に供するもの
⑤	医薬部外品及び化粧品	特定の用に供するもの

問2　モノフルオール酢酸の塩類を含有する製剤の着色及び表示の基準に関する記述の正誤について、正しいものの組み合わせを①〜⑤の中から一つ選びなさい。

a　深紅色に着色されていること。
b　その容器及び被包に、モノフルオール酢酸の塩類を含有する製剤が入っている旨及びその内容量が表示されていること。
c　その容器及び被包に、かんきつ類、りんご、なし、桃又はかきの害虫の防除以外の用に使用してはならない旨が表示されていること。

	a	b	c
①	正	正	正
②	正	正	誤
③	正	誤	誤
④	誤	正	正
⑤	誤	誤	正

問3　特定毒物の用途に関する記述の正誤について、正しいものの組み合わせを①〜⑤の中から一つ選びなさい。

a　四アルキル鉛を含有する製剤の用途は、野ねずみの駆除である。
b　モノフルオール酢酸アミドを含有する製剤の用途は、ガソリンへの混入である。
c　燐化アルミニウムとその分解促進剤とを含有する製剤の用途は、倉庫内、コンテナ内又は船倉内におけるねずみ、昆虫等の駆除である。

	a	b	c
①	正	正	正
②	正	正	誤
③	正	誤	誤
④	誤	正	正
⑤	誤	誤	正

問4　法第3条の3及び政令第32条の2の規定により、興奮、幻覚又は麻酔の作用を有する毒物又は劇物（これらを含有する物を含む。）であって、みだりに摂取し、若しくは吸入し、又はこれらの目的で所持してはならないものとして定められているものの正しい組み合わせを①～⑤の中から一つ選びなさい。

　　a　トルエン　　　b　クロロホルム　　　c　ピクリン酸
　　d　酢酸エチルを含有するシンナー

　　①（a、b）　　②（a、c）　　③（a、d）　　④（b、d）　　⑤（c、d）

問5　法第3条の4及び政令第32条の3の規定により、引火性、発火性又は爆発性のある毒物又は劇物であって、業務その他正当な理由による場合を除いては、所持してはならないものとして定められているものを①～⑤の中から一つ選びなさい。

　　①　トルエン　　②　エタノール　　③　ナトリウム　　④　酢酸エチル
　　⑤　クロロホルム

問6　毒物又は劇物の交付の制限に関する記述について、（　）内に当てはまる語句として、正しいものの組み合わせを①～⑤の中から一つ選びなさい。

　＜毒物又は劇物の交付の制限等＞
　　法第十五条　毒物劇物営業者は、毒物又は劇物を次に掲げる者に交付してはならない。
　一　（a）未満の者
　二　心身の障害により毒物又は劇物による（b）の危害の防止の措置を適正に行うことができない者として厚生労働省令で定めるもの
　三　麻薬、（c）、あへん又は覚せい剤の中毒者

	a	b	c
①	二十歳	公衆衛生上	向精神薬
②	二十歳	保健衛生上	向精神薬
③	十八歳	保健衛生上	向精神薬
④	十八歳	保健衛生上	大麻
⑤	十八歳	公衆衛生上	大麻

問7　毒物劇物営業者の登録に関する記述について、（　）内に当てはまる語句として、正しいものの組み合わせを①～⑤の中から一つ選びなさい。

　＜営業の登録＞
　　法第四条
　　3　製造業又は輸入業の登録は、（a）ごとに、販売業の登録は、（b）ごとに、（c）を受けなければ、その効力を失う。

	a	b	c
①	五年	六年	検査
②	五年	五年	検査
③	五年	六年	更新
④	六年	五年	更新
⑤	六年	五年	検査

問8　規則第4条の4に基づく毒物又は劇物の製造所等の設備の基準に関する記述の正誤について、正しいものの組み合わせを①～⑤の中から一つ選びなさい。

a　毒物又は劇物の製造作業を行う場所は、コンクリート、板張り又はこれに準ずる構造とする等その外に毒物又は劇物が飛散し、漏れ、しみ出若しくは流れ出、又は地下にしみ込むおそれのない構造であること。
b　毒物又は劇物を陳列する場所にかぎをかける設備があること。
c　毒物又は劇物の運搬用具は、毒物又は劇物が飛散し、漏れ、又はしみ出るおそれがないものであること。

	a	b	c
①	正	正	正
②	正	正	誤
③	正	誤	誤
④	誤	正	正
⑤	誤	誤	正

問9　毒物劇物取扱責任者に関する記述の正誤について、正しいものの組み合わせを①～⑤の中から一つ選びなさい。

a　毒物又は劇物の一般販売業の登録を受けた店舗で農業用品目のみ取り扱う場合は、農業用品目毒物劇物取扱者試験に合格した者を、毒物劇物取扱責任者とすることができる。
b　18歳未満の者でも、都道府県知事が行う毒物劇物取扱者試験に合格していれば、毒物劇物取扱責任者となることができる。
c　毒物劇物取扱者試験合格者は、合格した都道府県においてのみ、毒物劇物取扱責任者となることができる。

	a	b	c
①	正	正	正
②	正	正	誤
③	正	誤	誤
④	誤	誤	正
⑤	誤	誤	誤

問10　毒物劇物取扱責任者の資格に関する記述について、（　）内に当てはまる語句として、正しいものの組み合わせを①～⑤の中から一つ選びなさい。

＜毒物劇物取扱責任者の資格＞
法第八条　次の各号に掲げる者でなければ、前条の毒物劇物取扱責任者となることができない。

一（ a ）
二　厚生労働省令で定める学校で、（ b ）に関する学課を修了した者
三　都道府県知事が行う毒物劇物取扱者試験に合格した者

	a	b
①	薬剤師	応用化学
②	臨床検査技師	応用化学
③	薬剤師	基礎化学
④	臨床検査技師	基礎化学
⑤	医師	応用化学

問11　毒物劇物取扱責任者に関する記述について、（　）内に当てはまる語句として、正しいものの組み合わせを①～⑤の中から一つ選びなさい。

＜毒物劇物取扱責任者＞
法第七条　毒物劇物営業者は、毒物又は劇物を（ a ）に取り扱う製造所、営業所又は店舗ごとに、（ b ）の毒物劇物取扱責任者を置き、毒物又は劇物による（ c ）の危害の防止に当たらせなければならない。

	a	b	c
①	直接	常勤	保健衛生上
②	直接	専任	保健衛生上
③	継続的	常勤	保健衛生上
④	継続的	専任	公衆衛生上
⑤	直接	専任	公衆衛生上

問12　毒物劇物販売業者の法第10条の規定による届出に関する記述の正誤について、正しいものの組み合わせを①〜⑤の中から一つ選びなさい。

a　毒物劇物販売業者は、毎年11月30日までに、その年の9月30日に所有していた毒物又は劇物の品名及び数量を届け出なければならない。

b　毒物劇物販売業者が、店舗の名称を変更する場合は、事前に届け出なければならない。

c　法人である毒物劇物販売業者が、法人の名称を変更した場合は、30日以内に届け出なければならない。

	a	b	c
①	正	正	正
②	正	正	誤
③	正	誤	誤
④	誤	正	正
⑤	誤	誤	正

問13　削除

問14　毒物又は劇物の容器及び被包への表示に関する記述について、正しいものを①〜⑤の中から一つ選びなさい。

① 毒物については「医療用外」の文字及び赤地に白色をもって「毒物」の文字
② 毒物については「医薬部外」の文字及び赤地に白色をもって「毒物」の文字
③ 毒物については「医薬用外」の文字及び白地に黒色をもって「毒物」の文字
④ 劇物については「医薬用外」の文字及び白地に赤色をもって「劇物」の文字
⑤ 劇物については「医薬用外」の文字及び赤地に白色をもって「劇物」の文字

問15　法第13条の条文に関する記述について、（　）内に当てはまる語句として、正しいものの組み合わせを①〜⑤の中から一つ選びなさい。

法第十三条　毒物劇物営業者は、政令で定める毒物又は劇物については、厚生労働省令で定める方法により（ a ）したものでなければ、これを（ b ）として（ c ）してはならない。

	a	b	c
①	着色	特定品目	販売し、又は授与
②	着色	農業用	製造し、又は輸入
③	着色	農業用	販売し、又は授与
④	表示	農業用	製造し、又は輸入
⑤	表示	特定品目	販売し、又は授与

問16　毒物又は劇物の譲渡手続に関する記述について、（　）内に当てはまる語句として、正しいものの組み合わせを①〜⑤の中から一つ選びなさい。

＜毒物又は劇物の譲渡手続＞
法第十四条　毒物劇物営業者は、毒物又は劇物を他の毒物劇物営業者に販売し、又は授与したときは、（ a ）、次に掲げる事項を書面に記載しておかなければならない。
一　毒物又は劇物の名称及び（ b ）
二　販売又は授与の年月日
三　譲受人の氏名、（ c ）及び住所（法人にあっては、その名称及び主たる事務所の所在地）

	a	b	c
①	必要に応じ	性状	連絡先
②	必要に応じ	数量	連絡先
③	必要に応じ	数量	職業
④	その都度	性状	連絡先
⑤	その都度	数量	職業

問 17　政令第 40 条の 9 及び規則第 13 条の 12 の規定により、毒物劇物営業者が毒物又は劇物を販売し、又は授与する時までに、譲受人に対して提供しなければならない情報の内容について、正しい組み合わせを①～⑤の中から一つ選びなさい。

　　a　名称並びに成分及びその含量　　　b　情報を提供する毒物劇物取扱責任者の氏名
　　c　応急措置　　　d　管轄保健所の連絡先

　①　(a、b)　　②　(a、c)　　③　(a、d)　　④　(b、d)　　⑤　(c、d)

問 18　法第 14 条第 4 項の規定により、毒物劇物営業者が、毒物劇物営業者以外の者に劇物を販売するときに、譲受人から提出を受ける書面の保存しなければならない期間として、正しいものを①～⑤の中から一つ選びなさい。

　①　販売の日から 1 年間　　　　②　販売の日から 3 年間
　③　販売の日から 5 年間　　　　④　販売の日から 7 年間
　⑤　販売の日から 10 年間

問 19　事故の際の措置に関する記述について、(　　)内に当てはまる語句として、正しいものの組み合わせを①～⑤の中から一つ選びなさい。

　　＜事故の際の措置＞
　　法第十七条　毒物劇物営業者及び特定毒物研究者は、その取扱いに係る毒物若しくは劇物又は第十一条第二項の政令で定める物が飛散し、漏れ、流れ出し、染み出し、又は地下に染み込んだ場合において、不特定又は多数の者について保健衛生上の危害が生ずるおそれがあるときは、(　a　)、その旨を(　b　)に届け出るとともに、保健衛生上の危害を防止するために必要な応急の措置を講じなければならない。
　　2　毒物劇物営業者及び特定毒物研究者は、その取扱いに係る毒物又は劇物が盗難にあい、又は紛失したときは、(　a　)、その旨を(　c　)に届け出なければならない。

	a	b	c
①	直ちに	保健所、警察署又は消防機関	保健所又は警察署
②	三日以内に	保健所又は消防機関	警察署
③	直ちに	保健所、警察署又は消防機関	警察署
④	三日以内に	保健所又は消防機関	保健所又は警察署
⑤	直ちに	保健所又は消防機関	保健所又は警察署

問 20　法第 22 条第 1 項並びに政令第 41 条及び第 42 条の規定により業務上取扱者の届出が必要な事業について、正しいものの組み合わせを①～⑤の中から一つ選びなさい。

　　a　無機シアン化合物たる毒物を取り扱う、電気めっきを行う事業者
　　b　無機水銀たる毒物を取り扱う、金属熱処理を行う事業者
　　c　最大積載量が 3,000 kg の自動車に固定された容器を用いて 20 ％水酸化ナトリウム水溶液の運送を行う事業者
　　d　砒素化合物たる毒物を取り扱う、しろありの防除を行う事業者

　①　(a、b)　　②　(a、c)　　③　(a、d)　　④　(b、d)　　　⑤　(c、d)

〔基礎化学〕
（一般・農業用品目共通）

問21 同位体に関する記述の正誤について、正しいものの組み合わせを①～⑤の中から一つ選びなさい。

a 原子番号が異なる。
b 陽子の数が異なる。
c 中性子の数が異なる。

	a	b	c
①	正	正	誤
②	正	正	正
③	誤	正	正
④	誤	誤	正
⑤	誤	正	誤

問22 互いに同素体であるものの組み合わせを①～⑤の中から一つ選びなさい。

a 水素と塩素　　　b 酸素とオゾン　　　c 水と氷　　　d ダイヤモンドと黒鉛

①（a、b）　　②（a、c）　　③（a、d）　　④（b、d）　　⑤（c、d）

問23 金属に関する記述の正誤について、正しいものの組み合わせを①～⑤の中から一つ選びなさい。

a 結晶内では原子どうしが共有結合で結ばれている。
b 結晶中に自由電子があるので、電気をよく通す。
c かたいがもろく、強くたたくと割れやすい。

	a	b	c
①	正	正	誤
②	正	正	正
③	誤	正	正
④	誤	誤	正
⑤	誤	正	誤

問24 炎色反応に関する記述について、正しいものの組み合わせを①～⑤の中から一つ選びなさい。

a アルカリ金属は、特有の炎色反応を示す。
b アルカリ土類金属は、炎色反応を示さない。
c 銅は炎色反応を示さない。
d 花火の色は炎色反応を利用したものである。

①（a、b）　　②（a、c）　　③（a、d）　　④（b、d）　　⑤（c、d）

問25 コロイド溶液に関する記述の正誤について、正しいものの組み合わせを①～⑤の中から一つ選びなさい。

a コロイド溶液に側面から強い光を当てると、光が散乱されて、光の通路が輝いて見える。
　これをブラウン運動という。
b コロイド溶液を限外顕微鏡で観察すると、コロイド粒子が不規則に動いているのが見える。これをチンダル現象という。
c 疎水コロイドに少量の電解質を加えたとき、沈殿が生じる現象を凝析という。

	a	b	c
①	正	正	誤
②	正	正	正
③	誤	正	正
④	誤	誤	正
⑤	誤	正	誤

問26 0.1 mol/L の塩酸 40 mL に 0.2 mol/L の水酸化ナトリウム 15 mL を加え、水で 100 mL にした溶液の pH はどれか。正しいものを①～⑤の中から一つ選びなさい。
　　ただし、強酸及び強塩基の電離度は1とする。

①2　　②3　　③4　　④10　　⑤12

問 27　アルカンに関する記述について、正しいものの組み合わせを①～⑤の中から一つ選びなさい。

　　a　室温において、炭素原子の数が 6 以上の直鎖アルカンは気体である。
　　b　分子式 C_6H_{14} のアルカンの構造異性体は 5 種類である。
　　c　メタン分子は立方体の形をしている。
　　d　C_3H_8 はプロパンである。

　　①（a、b）　　②（a、c）　　③（a、d）　　④（b、d）　　⑤（c、d）

問 28　飽和炭化水素であるものの組み合わせを①～⑤の中から一つ選びなさい。

　　a　エタン　　　　b　プロペン　　　c　ベンゼン　　　d　シクロヘキサン

　　①（a、b）　　②（a、c）　　③（a、d）　　④（b、d）　　⑤（c、d）

問 29　アルコールに関する記述の正誤について、正しいものの組み合わせを①～⑤の中から一つ選びなさい。

　　a　エチレングリコールは 2 価アルコールである。
　　b　2－プロパノールの水溶液は酸性を示す。
　　c　2－ブタノールは第三級アルコールである。

	a	b	c
①	正	正	誤
②	正	正	正
③	誤	正	正
④	正	誤	誤
⑤	誤	正	誤

問 30　グルコース 36 g をアルコール発酵して生成するエタノールは、理論上、何 g 得られるか。正しいものを①～⑤の中から一つ選びなさい。
　　なお、化学反応式は $C_6H_{12}O_6 \rightarrow 2C_2H_5OH + 2CO_2$ で示され、原子量は H＝1、C＝12、O＝16 とする。

　　①　4.6 g　　②　9.2 g　　③　18.4 g　　④　27.6 g　　⑤　36.8 g

岐阜県

〔毒物及び劇物の性質及びその他の取扱方法〕
（一般）

問 31　硝酸に関する記述として、誤っているものを①～⑤の中から一つ選びなさい。

　　①　常温、常圧では、無色無臭の液体である。
　　②　金、白金その他の白金族の金属を除く諸金属を溶解し、硝酸塩を生ずる。
　　③　硝酸蒸気は眼、呼吸器等の粘膜及び皮膚に強い刺激性を持つ。
　　④　ニトログリセリン等の爆薬の製造に用いられる。
　　⑤　硝酸 10 ％以下を含有する製剤は劇物から除外される。

問 32 ～問 34　次の物質の性状として、最も適当なものを下欄から一つ選びなさい。

　　問 32　クロルメチル　　　　　問 33　硅弗化ナトリウム
　　問 34　ジメチルアミン

〔下欄〕
　　①　無色で苦扁桃（アーモンド）様の特異臭のある液体で、水、アルコールにはよく混和する。点火すれば青紫色の炎を発し燃焼する。
　　②　無色の気体で、エーテル様の臭いを有する。空気中で爆発するおそれもあることから、濃厚液の取り扱いには注意を要する。
　　③　強アンモニア臭のある気体で、水によく溶け、強アルカリ性溶液となる。
　　④　白色の固体で、水、アルコールに可溶。空気中に放置すると、水分と二酸化炭素を吸収して潮解する。
　　⑤　白色の結晶であり、水に溶けにくく、アルコールには溶けない。

問 35　アニリンに関する記述の正誤について、正しいものの組み合わせを①～⑤の中から一つ選びなさい。

a　水溶液にさらし粉を加えると、紫色を呈する。
b　水によく溶け、有機溶媒には難溶である。
c　廃棄方法として、活性汚泥法又は燃焼法が用いられる。

	a	b	c
①	正	正	誤
②	正	誤	正
③	誤	正	誤
④	誤	誤	正
⑤	誤	誤	誤

問 36 ～問 38　次の物質の主な用途として、最も適当なものを下欄から一つ選びなさい。

　　　問 36　ヒドラジン　　　問 37　クレゾール　　　問 38　酢酸タリウム

［下欄］
　　①　半導体工業におけるドーピングガス　　②　アルキル化剤
　　③　ロケット燃料　　　④　木材の防腐剤　　　⑤　殺鼠剤

問 39 ～問 41　次の物質の毒性として、最も適当なものを下欄から一つ選びなさい。

　　　問 39　クロム酸塩類　　　　問 40　フェノール　　　　問 41　メチルエチルケトン

［下欄］
　　①　ガスの吸入により、すべての露出粘膜に刺激性を有し、咳、結膜炎、口腔、鼻、咽喉粘膜の発赤、高濃度では口唇、結膜の膨脹、一時的失明を来す。
　　②　口と食道が赤黄色に染まり、のち青緑色に変化する。腹部が痛くなり、緑色のものを吐き出し、血の混じった便をする。
　　③　皮膚や粘膜につくとやけどを起こし、その部分は白色となる。経口摂取した場合には口腔、咽喉、胃に高度の灼熱感を訴え、悪心、嘔吐、めまいを起こし、失神、虚脱、呼吸麻痺で倒れる。尿は、特有の暗赤色を呈する。
　　④　吸入すると、眼、鼻、のど等の粘膜を刺激する。高濃度で麻酔状態となる。
　　⑤　皮膚から容易に吸収され、全身中毒症状を引き起こす。致死量のガスに曝露すると、めまい、吐気等を起こし、数時間後には呼吸困難、激しい頭痛等を生じ、最終的に呼吸不全を起こして死亡する。

問 42 ～問 44　次の物質の中毒の解毒又は治療剤として、最も適当なものを下欄から一つ選びなさい。

　　　問 42　無機シアン化合物　　　問 43　有機燐化合物　　　問 44　砒素化合物

　　［下欄］
　　①　硫酸アトロピン
　　②　ヘキサシアノ鉄（Ⅱ）酸鉄（Ⅲ）水和物（プルシアンブルー）
　　③　ジメルカプロール（BAL）　　　④　亜硝酸アミル　　　⑤　アセトアミド

問 45 ～問 47　次の物質の貯蔵方法として、最も適当なものを下欄から一つ選びなさい。

　　　問 45　弗化水素酸　　　問 46　二硫化炭素　　　問 47　沃素

　　［下欄］
　　①　容器は気密容器を用い、通風の良い冷所に保存する。腐食されやすい金属、濃塩酸、アンモニア水、アンモニアガス、テレビン油等は、なるべく引き離しておく。
　　②　銅、鉄、コンクリート又は木製のタンクにゴム、鉛、ポリ塩化ビニルあるいはポリエチレンのライニングを施したものを用いる。火気厳禁とする。
　　③　亜鉛又は錫メッキをした鋼鉄製容器で保管し、高温に接しない場所に保管する。
　　④　空気や光線に触れると赤変するため、遮光して保管しなくてはならない。
　　⑤　低温でもきわめて引火性が高いため、可燃性、発熱性、自然発火性のものから十分に引き離し、直射日光を受けない冷所で保存する。

問48〜問50　次の物質の廃棄方法について、最も適当なものを下欄から一つ選びなさい。

　問48 塩酸　　　　　問49 硝酸亜鉛　　　　問50 酸化カドミウム

［下欄］
① 多量のベンゼンに溶解し、スクラバーを備えた焼却炉の火室へ噴霧し、焼却する。
② 徐々に石灰乳等の撹拌溶液に加え中和させた後、多量の水で希釈して処理する。
③ 水に溶かし、水酸化カルシウム、炭酸ナトリウム等の水溶液を加えて処理し、沈殿ろ過して埋立処分する。
④ 水を加えて希薄な水溶液とし、酸で中和させた後、多量の水で希釈して処理する。
⑤ セメントで固化し溶出試験を行い、溶出量が判定基準以下であることを確認して埋立処分する。

（農業用品目）

問31　弗化スルフリルに関する記述として、正しいものの組み合わせを①〜⑤の中から一つ選びなさい。

　a 木材の燻蒸用殺虫剤として倉庫やテント内で使用される。
　b 常温常圧下で、無色の液体である。
　c 水に難溶で、アセトン、クロロホルムに可溶である。
　d 弗化スルフリルを含有する製剤は、劇物に指定されている。

　①（a、b）　　②（a、c）　　③（b、c）　　④（b、d）　　⑤（c、d）

問32　ブロムメチルに関する記述として、誤っているものを①〜⑤の中から一つ選びなさい。

　① 廃棄する場合は、燃焼法を用いる。
　② 果樹、種子、貯蔵食糧等の病害虫の燻蒸に用いられる。
　③ 空気より軽い。
　④ わずかに甘いクロロホルム様のにおいを有する。
　⑤ 圧縮又は冷却すると、無色又は淡黄緑色の液体を生成する。

問33　ジメチルジチオホスホリルフェニル酢酸エチルに関する記述として、正しいものを①〜⑤の中から一つ選びなさい。

　① 水に溶けやすい。
　② 無臭である。
　③ 2％を含有する製剤は劇物に該当する。
　④ 有機燐化合物である。
　⑤ 常温常圧下において淡黄色の結晶である。

問34　2−（1−メチルプロピル）−フェニル−N−メチルカルバメートに関する記述の正誤について、正しいものの組合せを①〜⑤の中から選びなさい。

　a フェノブカルブともいう。
　b 殺虫剤として用いられる。
　c 皮膚に触れた場合、放置すると皮膚より吸収され中毒を起こすことがある。

	a	b	c
①	正	誤	正
②	誤	誤	正
③	正	正	正
④	正	誤	誤
⑤	誤	正	誤

問 35　エチルパラニトロフェニルチオノベンゼンホスホネイト(別名 EPN)に関する記述の正誤について、正しいものの組合せを①～⑤の中から一つ選びなさい。

a　有機燐化合物で、即効性の殺虫剤として使用される。
b　通常、乳剤は 10 ～ 30 倍に希釈し、アカダニ、アブラムシ等に使用する。
c　解毒剤としてチオ硫酸ナトリウムが有効である。

	a	b	c
①	誤	正	誤
②	誤	誤	誤
③	誤	正	正
④	正	誤	正
⑤	正	正	誤

問 36　次の物質について、主に殺虫剤として用いられるものの組合せを①～⑤の中から一つ選びなさい。

a　ナラシン　　　b　アバメクチン　　　c　エマメクチン
d　シアン酸ナトリウム　　　e　メチルイソチオシアネート

①（a、b）　　②（a、c）　　③（b、c）　　④（b、d）　　⑤（d、e）

問 37 ～問 41　次の物質の毒性について、最も適当なものを下欄から一つ選びなさい。

問 37　ニコチン　　　問 38　N－メチル－１－ナフチルカルバメート
問 39　モノフルオール酢酸ナトリウム　　　問 40　ブラストサイジンS
問 41　クロルピクリン

［下欄］
①　猛烈な神経毒であって、人体に対する経口致死量は、成人に対して 0.06 gである。急性中毒では、よだれ、吐き気、悪心、嘔吐があり、ついで脈拍緩徐不整となり、発汗、瞳孔縮小、呼吸困難、痙攣をきたす。
②　哺乳動物ならびに人間には強い毒性を呈するが、皮膚を刺激したり、皮膚から吸収されることはない。主な中毒症状は、激しい嘔吐、胃の疼痛、意識混濁、てんかん性痙攣、脈拍の緩徐、チアノーゼ、血圧下降である。
③　吸入すると分解されずに組織内に吸収され、各器官が障害される。血液中でメトヘモグロビンを生成、また中枢神経や心臓、眼結膜を侵し、肺も強く障害する。
④　主な中毒症状は、振戦、呼吸困難である。本毒は肝臓に核の膨大及び変性、腎臓には糸球体、細尿管のうっ血、脾臓には脾炎が認められる。また散布に際して、眼刺激性が強いので注意を要する。
⑤　中毒症状は、摂取後 5 ～ 20 分から運動が不活発になり、振戦、呼吸の促迫、嘔吐、流涎を呈する。

問 42　毒物又は劇物の貯蔵方法に関する記述の正誤について、正しいものの組み合わせを①～⑤の中から一つ選びなさい。

a　シアン化水素は、少量ならば褐色ガラス瓶、多量ならば銅製シリンダーを用い、日光及び加熱を避け、風通しのよい冷所に貯蔵する。
b　ロテノンは、酸素によって分解し、効力を失うので、空気と光を遮断して貯蔵する。
c　燐化アルミニウムとその分解促進剤とを含有する製剤は、空気中の水分に触れると、徐々に分解して有害なホスフィンを発生するため、密閉した容器で貯蔵する。
d　硫酸第二銅の五水和物は、風解性があるため、密栓して保存する。

	a	b	c	d
①	正	正	正	正
②	誤	正	誤	正
③	誤	誤	正	正
④	正	正	誤	誤
⑤	正	正	正	誤

問43〜問46 次の物質の廃棄方法として、最も適当なものを下欄から一つ選びなさい。

問43 塩素酸ナトリウム　　**問44** 硫酸亜鉛　　**問45** 塩化第一銅
問46 硫酸

[下欄]
① 還元剤(チオ硫酸ナトリウム等)の水溶液に希硫酸を加えて酸性にし、この中に少量ずつ投入する。反応終了後、反応液を中和し多量の水で希釈して処理する。
② 水に溶かし、水酸化カルシウム、炭酸カルシウム等の水溶液を加えて処理し、沈殿ろ過して埋立処分する。
③ 水で希薄な水溶液とし、酸(希塩酸等)で中和させた後、多量の水で希釈して処理する。
④ セメントを用いて固化し、埋立処分する。
⑤ 徐々に石灰乳などの攪拌溶液に加えて中和させた後、多量の水で希釈して処理する。

問47〜問50 次の物質の漏えい時の措置について、最も適当なものを下欄から一つ選びなさい。

問47 シアン化カリウム　　**問48** ブロムメチル　　**問49** 燐化亜鉛
問50 　２－イソプロピル－４－メチルピリミジル－６－ジエチルチオホスフェイト(別名　ダイアジノン)

[下欄]
① 付近の着火源となるものを速やかに取り除く。漏えいした液は土砂等でその流れを止め、安全な場所に導き、空容器にできるだけ回収し、その後を水酸化カルシウム等の水溶液を用いて処理し、中性洗剤等の界面活性剤を使用し多量の水で洗い流す。
② 飛散したものの表面を速やかに土砂等で覆い、密閉可能な空容器にできるだけ回収して密閉する。汚染された土砂等も同様の措置をし、その後を多量の水で洗い流す。
③ 飛散したものは空容器にできるだけ回収する。砂利等に付着している場合は、砂利等を回収し、その後に水酸化ナトリウム、炭酸ナトリウム等の水溶液を散布してアルカリ性(pH11 以上)とし、さらに酸化剤(次亜塩素酸ナトリウム、さらし粉等)の水溶液で酸化処理を行い、多量の水で洗い流す。
④ 多量に漏えいした液は、土砂等でその流れを止め、液が広がらないようにして蒸発させる。
⑤ 多量に漏えいした場合は、土砂等でその流れを止め、これに吸着させるか又は安全な場所に導いて、遠くから徐々に注水してある程度希釈した後、水酸化カルシウム、炭酸カルシウム等で中和し、多量の水で洗い流す。

岐阜県

〔毒物及び劇物の識別及び取扱方法〕

（一般）

問51～問54 次の物質の鑑別方法について、最も適当なものを下欄から一つ選びなさい。

　　問51 硫酸　　　　問52 蓚酸　　　　問53 ベタナフトール　　　　問54 四塩化炭素

［下欄］
① 水蒸気蒸留して得られた留液に、水酸化ナトリウム溶液を加えてアルカリ性とし、硫酸第一鉄溶液及び塩化第二鉄溶液を加えて熱し、塩酸で酸性とすると藍色を呈する。
② アルコール性の水酸化カリウムと銅紛とともに煮沸すると、黄赤色の沈殿を生じる。
③ 希釈水溶液に塩化バリウムを加えると、白色の沈殿を生じる。
④ 水溶液を酢酸で弱酸性にして酢酸カルシウムを加えると、結晶性の沈殿を生じる。
⑤ 水溶液に塩化第二鉄溶液を加えると類緑色を呈し、のちに白色沈殿を生じる。

問55～問59 次の物質を含有する製剤について、毒物として取り扱いを受けなくなる濃度を下欄から一つ選びなさい。なお、同じものを繰り返し選んでもよい。

　　問55 アジ化ナトリウム
　　問56 アバメクチン
　　問57 2・3－ジシアノ－1・4－ジチアアントラキノン(別名　ジチアノン)
　　問58　S・S－ビス（1－メチルプロピル）＝O－エチル＝ホスホロジチオアート（別名カズサホス）
　　問59 2－メルカプトエタノール

［下欄］
① 0.1％以下　　　② 1.8％以下　　　③　5％以下　　　④　10％以下
⑤　50％以下

問60 次の物質のうち、劇物であるものの組み合わせを①～⑤の中から一つ選びなさい。

　　a 塩化第一水銀　　　　b シアン化ナトリウム　　　c 重クロム酸カリウム
　　d 黄燐

　　①（a、b）　　②（a、c）　　③（a、d）　　④（b、c）　　⑤（b、d）

（農業用品目）

問51～問55 次の物質の鑑別方法について、最も適当なものを下欄から一つ選びなさい。

　　問51 ニコチン　　　　問52 クロルピクリン　　　問53 アンモニア水
　　問54 塩素酸カリウム　　　問55 硫酸第二銅

［下欄］
① 濃塩酸を潤したガラス棒を近づけると、白い霧を生じる。
② 水溶液に酒石酸を多量に加えると、白色の結晶性沈殿を生じる。
③ この物質のエーテル溶液に、ヨードのエーテル溶液を加えると、褐色の液状沈殿を生じ、これを放置すると、赤色の針状結晶となる。
④ 水溶液に金属カルシウムを加え、これにベタナフチルアミン及び硫酸を加えると、赤色の沈殿を生じる。
⑤ 水に溶かして硝酸バリウムを加えると、白色の沈殿を生じる。

問56 次の物質のうち、毒物又は劇物の農業用品目販売業の登録を受けた者が<u>販売できないもの</u>を①～⑤の中から一つ選びなさい。

① エチレンクロルヒドリン　　② シアナミド　　③ シクロヘキシミド
④ ジクロルブチン　　　　　　⑤ １・３－ジクロロプロペン

問57～問60 次の物質を含有する製剤について、劇物として取り扱いを受けなくなる濃度を下欄から一つ選びなさい。なお、同じものを繰り返し選んでもよい。

問57　２－エチルチオメチルフェニル－Ｎ－メチルカルバメート(別名　エチオフェンカルブ)
問58　Ｏ－エチル＝Ｓ－１－メチルプロピル＝(２－オキソ－３－チアゾリジニル)ホスホノチオアート(別名　ホスチアゼート)
問59　ジニトロメチルヘプチルフェニルクロトナート(別名　ジノカップ)
問60　ジエチル－(５－フェニル－３－イソキサゾリル)－チオホスフェイト
(別名　イソキサチオン)

［下欄］
① 0.2 ％以下　　② 0.6 ％以下　　③ 1.5 ％以下　　④ 2 ％以下
⑤ 3 ％以下

岐阜県

静岡県
令和３年度実施

(注)解答・解説については、この書籍の編者により編集作成しております。これに係わることについては、県への直接のお問い合わせはご容赦下さいます様お願い申し上げます。

〔学科：法　規〕
（一般・農業用品目・特定品目共通）

問1　次は、毒物及び劇物取締法第２条について述べたものであるが、（　）内に入る語句の組合せとして、正しいものはどれか。

　　この法律で「劇物」とは、別表第二に掲げる物であって、（　ア　）及び（　イ　）以外のものをいう。

	ア	イ
(1)	毒物	危険物
(2)	毒物	特定毒物
(3)	医薬品	医療機器
(4)	医薬品	医薬部外品

問2　次は、毒物及び劇物取締法第３条の３について述べたものであるが、（　）内に入る語句の組合せとして、正しいものはどれか。

　　興奮、幻覚又は（　ア　）の作用を有する毒物又は劇物（これらを含有する物を含む。）であって政令で定めるものは、みだりに摂取し、若しくは（　イ　）し、又はこれらの目的で（　ウ　）してはならない。

	ア	イ	ウ
(1)	鎮静	譲受	所持
(2)	鎮静	吸入	貯蔵
(3)	麻酔	吸入	所持
(4)	麻酔	譲受	貯蔵

問3　次の(a)から(d)のうち、毒物及び劇物取締法第３条の４において、業務その他正当な理由による場合を除いては、所持してはならないと規定された、発火性又は爆発性のある劇物に該当するものはいくつあるか。

(a) ナトリウム　　　(b) メタノール　　　(c) ピクリン酸
(d) 塩素酸カリウム20％を含有する製剤

(1)　１つ　　　(2)　２つ　　　(3)　３つ　　　(4)　４つ

問4　次のうち、毒物劇物営業者について述べたものとして、誤っているものはどれか。

(1) 毒物又は劇物の製造業の登録は、３年ごとに、更新を受けなければ、その効力を失う。
(2) 毒物又は劇物の販売業の登録は、店舗ごとに受けなければならない。
(3) 毒物又は劇物の販売業の登録は、６年ごとに、更新を受けなければ、その効力を失う。
(4) 毒物劇物一般販売業の登録を受けた者であれば、特定毒物を販売することができる。

問5　次のうち、毒物劇物取扱責任者について述べたものとして、正しいものの組合せはどれか。

(ア) 20歳以下の者は、毒物劇物取扱責任者となることができない。
(イ)　薬剤師は、毒物劇物取扱者試験に合格していなくても、毒物劇物取扱責任者となることができる。
(ウ)　毒物劇物営業者が、毒物又は劇物の製造業と販売業を併せて営む場合において、その製造所及び店舗が互に隣接しているときは、毒物劇物取扱責任者は、これらの施設を通じて1人で足りる。
(エ)　毒物劇物営業者は、自ら毒物劇物取扱責任者として毒物又は劇物による保健衛生上の危害の防止に当たらなければならない。

(1) ア、イ　　　　(2) イ、ウ　　　　(3) ウ、エ　　　　(4) ア、エ

問6　次のうち、毒物又は劇物の表示について述べたものとして、誤っているものはどれか。

(1)　毒物劇物営業者は、劇物の容器及び被包に、「医薬用外」の文字及び赤地に白色をもって「劇物」の文字を表示しなければならない。
(2)　毒物劇物営業者は、毒物を貯蔵し、又は陳列する場所に、「医薬用外」の文字及び「毒物」の文字を表示しなければならない。
(3)　毒物又は劇物の製造業者は、その製造した塩化水素又は硫酸を含有する製剤たる劇物(住宅用の洗浄剤で液体状のものに限る。)を販売し、又は授与するときは、その容器及び被包に、眼に入った場合は、直ちに流水でよく洗い、医師の診断を受けるべき旨を表示しなければならない。
(4)　毒物及び劇物の輸入業者は、その輸入したジメチル－２，２－ジクロルビニルホスフェイト(別名 DDVP)を含有する製剤(衣料用の防虫剤に限る。)を販売し、又は授与するときは、その容器及び被包に、皮膚に触れた場合には、石けんを使ってよく洗うべき旨を表示しなければならない。

問7　次は、毒物及び劇物取締法第14条について述べたものであるが、(　　)内に入る語句の組合せとして、正しいものはどれか。

毒物劇物営業者は、毒物又は劇物を他の毒物劇物営業者に販売し、又は授与したときは、その都度、次に掲げる事項を書面に記載しておかなければならない。
一 毒物又は劇物の(　ア　)及び数量
二 販売又は授与の(　イ　)
三 譲受人の氏名、(　ウ　)及び住所(法人にあっては、その名称及び主たる事務所の所在地)

	ア	イ	ウ
(1)	成分	目的	職業
(2)	名称	目的	年齢
(3)	成分	年月日	年齢
(4)	名称	年月日	職業

問8　車両を使用して、1回の運搬につき 1,000 キログラムを超える毒物又は劇物の運搬を他に委託するときは、その荷送人は運送人に対し、あらかじめ書面を交付しなければならない。
次のうち、この書面に記載しなければならない事項として、誤っているものはどれか。

(1) 毒物又は劇物の数量
(2) 毒物又は劇物の成分
(3) 毒物又は劇物の製造業者の氏名
(4) 事故の際に講じなければならない応急の措置の内容

問9　次は、毒物及び劇物取締法第17条に規定する毒物又は劇物の事故の際の措置について述べたものであるが、（　）内に入る語句の組合せとして、正しいものはどれか。

　　毒物劇物営業者及び特定毒物研究者は、その取扱いに係る毒物又は劇物が飛散し、漏れ、流れ出し、染み出し、又は地下に染み込んだ場合において、不特定又は多数の者について保健衛生上の危害が生ずるおそれがあるときは、（　ア　）、その旨を（　イ　）に届け出るとともに、保健衛生上の危害を防止するために必要な応急の措置を講じなければならない。

　　毒物劇物営業者及び特定毒物研究者は、その取扱いに係る毒物又は劇物が盗難にあい、又は紛失したときは、（　ア　）、その旨を（　ウ　）に届け出なければならない。

	ア	イ	ウ
(1)	直ちに	保健所、警察署又は消防機関	警察署
(2)	直ちに	警察署又は消防機関	警察署又は保健所
(3)	7日以内に	保健所、警察署又は消防機関	警察署又は保健所
(4)	7日以内に	警察署又は消防機関	警察署

問10　次のうち、毒物及び劇物取締法第22条第1項の規定により、その事業場の所在地の都道府県知事(その事業場の所在地が保健所を設置する市又は特別区の区域にある場合においては、市長又は区長。)に業務上取扱者の届出をしなければならない者として、正しいものの組合せはどれか。

（ア）10％硫酸を使用して、電気めっきを行う事業者
（イ）シアン化カリウムを使用して、金属熱処理を行う事業者
（ウ）亜砒酸を使用して、しろありの防除を行う事業者
（エ）　内容積が500リットルの容器を大型自動車に積載して、メタノールを運送する事業者

(1) ア、イ　　　　(2) イ、ウ　　　　(3) ウ、エ　　　　(4) ア、エ

〔学科：基礎化学〕
（一般・農業用品目・特定品目共通）

問11　次は、物質の三態の変化を図示したものであるが、（　）内に入る語句の組合せとして、正しいものはどれか。

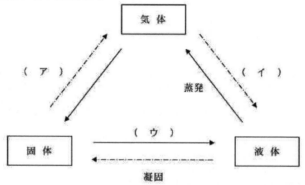

	ア	イ	ウ
(1)	風解	凝縮	潮解
(2)	風解	蒸留	融解
(3)	昇華	凝縮	融解
(4)	昇華	蒸留	潮解

問 12　次のうち、化合物の名称とその化学式の組合せとして、誤っているものはどれか。

	名称	化学式
(1)	アセトニトリル	C_6H_5CN
(2)	メチルエチルケトン	$C_2H_5COCH_3$
(3)	ぎ酸	HCOOH
(4)	アニリン	$C_6H_5NH_2$

問 13　次のうち、金属元素とその炎色反応の組合せとして、最も適当なものはどれか。

	金属元素	炎色反応
(1)	Li	黄色
(2)	Na	赤紫色
(3)	Cu	青緑色
(4)	Sr	黄緑色

問 14　次のうち、化学用語について述べたものとして、誤っているものはどれか。

(1)　「質量保存の法則」とは、物質が化合や分解をしても、その前後で物質全体の質量の和は変わらない、という法則である。
(2)　「還元剤」とは、酸化還元反応において、相手の物質を酸化する作用をもつ物質のことをいう。
(3)　「電気陰性度」とは、原子間の共有結合において、原子が共有電子対を引きつけようとする強さの程度を表した値をいう。
(4)　「イオン化エネルギー」とは、原子から1個の電子を取りさって、1価の陽イオンにするのに必要なエネルギーをいう。

問 15　15％の食塩水300gに35％の食塩水を加えたら、25％の食塩水ができた。次のうち、加えた35％の食塩水の量として、正しいものはどれか。

(1) 150g　　　(2) 200g　　　(3) 250g　　　(4) 300g

〔学科：性質・貯蔵・取扱〕

（一般）

問 16　次の(a)から(d)のうち、劇物に該当するものはいくつあるか。

(a) シアン化ナトリウム　　(b) モノフルオール酢酸
(c) クロロホルム　　　　　(d) セレン

(1) 1つ　　　(2) 2つ　　　(3) 3つ　　　(4) 4つ

問 17　次のうち、水酸化ナトリウムについて述べたものとして、誤っているものはどれか。

(1) 白色、結晶性の硬い固体である。
(2) 腐食性が強く、皮膚に触れると激しく侵す。
(3) 水に不溶である。
(4) 二酸化炭素と水を吸収する性質が強いため、密栓して保管する。

問 18　次のうち、毒物又は劇物の貯蔵方法について述べたものとして、誤っているものはどれか。

(1) ピクリン酸は、火気に対し安全で隔離された場所に保管し、鉄、銅、鉛の金属容器を使用しない。
(2) 四塩化炭素は、非常に反応性に富む物質なので、安定剤を加え、空気を遮断して貯蔵する。
(3) 過酸化水素は、少量ならば褐色ガラス瓶、大量ならばカーボイを使用し、3分の1の空間を保って貯蔵する。日光の直射を避け、冷所に有機物、金属塩と引き離して貯蔵する。
(4) カリウムは、空気中にそのまま貯蔵することはできないので、通常石油中に貯蔵する。

問 19　次のうち、毒物又は劇物とその主な用途の組合せとして、正しいものはどれか。

	名称	主な用途
(ア)	アクリルニトリル	化学合成原料
(イ)	クロルエチル	ロケット燃料
(ウ)	ヒドラジン	木材の防腐剤
(エ)	塩素	紙・パルプの漂白剤

(1) ア、イ　　　　(2) イ、ウ　　　　(3) ウ、エ　　　　(4) ア、エ

問 20　次は、ある物質の毒性の特徴について述べたものであるが、物質名として最も適当なものはどれか。

頭痛、眼及び鼻孔の刺激性を有し、呼吸困難などとして現れ、皮膚につくと水疱（ほう）を生じる。

(1) ブロムエチル　　(2) アクロレイン　　(3) 蓚酸（しゅう）　　(4) メタノール

（農業用品目）

問 16　次のうち、劇物に該当するものとして、正しいものはどれか。

(1) モノフルオール酢酸並びにその塩類及びこれを含有する製剤
(2) ヘキサクロルヘキサヒドロメタノベンゾジオキサチエピンオキサイド及びこれを含有する製剤
(3) シアン酸ナトリウム
(4) 燐化（りん）アルミニウムとその分解促進剤とを含有する製剤

問 17　次のうち、農業用品目販売業の登録を受けた者が販売できるものの組合せとして、正しいものはどれか。

(ア) 水酸化ナトリウム　　　　(イ) 塩素酸ナトリウム　　　(ウ) 硫酸　　　(エ) 硝酸

(1) ア、イ　　　(2) イ、ウ　　　(3) ウ、エ　　　(4) ア、エ

問 18　次は、特定の用途に供される劇物の販売について述べたものであるが、（　　）内に入る語句の組合せとして、正しいものはどれか。

（ア）を含有する製剤たる劇物は、あせにくい（イ）で着色したものでなければ、これを農業用として販売してはならない。

	ア	イ
(1)	硫酸タリウム	黒色
(2)	硫酸タリウム	濃紺色
(3)	燐化鉛（りん）	黒色
(4)	燐化鉛（りん）	濃紺色

問 19　次のうち、主な用途が除草剤であるものはどれか。

(1) メチルイソチオシアネート
(2) ブロムメチル
(3) ２－メチリデンブタン二酸(別名メチレンコハク酸)
(4) １，１'－ジメチル－４，４'－ジピリジニウムヒドロキシド
　（別名パラコート）

問 20　次のうち、クロルピクリンの人体への影響について述べたものとして、最も適当なものはどれか。

(1) 吸入すると、分解されずに組織内に吸収され、各器官が障害される。血液中でメトヘモグロビンを生成し、また、中枢神経や心臓、眼結膜を侵し、肺も強く障害する。
(2) 極めて猛毒で、希薄な蒸気でも吸入すると呼吸中枢を刺激し、次いで麻痺させる。
(3) 頭痛、めまい、嘔吐（おうと）、下痢、腹痛などを起こし、致死量に近ければ麻酔状態になり、視神経が侵され、眼がかすみ、失明することがある。
(4) ガスの吸入により、すべての露出粘膜に刺激性を有し、せき、結膜炎、口腔、鼻、咽喉（いんこう）粘膜の発赤、高濃度では口唇、結膜の腫脹（しゅちょう）、一時的失明をきたす。

（特定品目）

問 16　次の(a)から(d)のうち、特定品目販売業の登録を受けた者が販売できる劇物はいくつあるか。

(a) 酢酸エチル　　　　　　　　　　　　(b) 硝酸５％を含有する製剤
(c) ホルムアルデヒド10％を含有する製剤　　(d) メチルエチルケトン

(1) １つ　　　　(2) ２つ　　　　(3) ３つ　　　　(4) ４つ

問 17　次のうち、四塩化炭素の性状について述べたものとして、誤っているものはどれか。

(1) 無色の液体である。　　　　(2) 揮発性、麻酔性の芳香を有する。
(3) 水に難溶である。　　　　　(4) 可燃性である。

問 18　次のうち、キシレンの用途として、最も適当なものはどれか。

(1) 染料中間体の有機合成原料　　　(2) 紙・パルプの漂白剤
(3) 防腐剤　　　　　　　　　　　　(4) 殺鼠剤（そ）

問 19　次のうち、クロロホルムの貯蔵方法について述べたものとして、最も適当なものはどれか。

(1) 空気中にそのまま保管することができないため、通常石油中に貯蔵する。
(2) 二酸化炭素と水を強く吸収するため、密栓をして貯蔵する。
(3) 純品は空気と日光によって変質するので、分解を防ぐために少量のアルコールを加え、冷暗所に貯蔵する。
(4) 亜鉛又はスズメッキをした鋼鉄製容器で保管し、高温に接しない場所に貯蔵する。

静岡県

問 20　次の(a)から(d)のうち、化合物の名称とその化学式の組合せとして、正しいものはいくつあるか。

	名称	化学式
(a)	トルエン	$C_6H_5C_2H_5$
(b)	クロム酸カリウム	K_2CrO_4
(c)	四塩化炭素	CCl_4
(d)	メタノール	C_2H_5OH

(1) 1つ　　　(2) 2つ　　　(3) 3つ　　　(4) 4つ

〔実　地：識別・取扱〕
(一般・農業用品目・特定品目共通)

問1　次のうち、硫酸について述べたものとして、誤っているものはどれか。

(1) 無色透明、油様の液体である。
(2) 濃硫酸が人体に触れると、激しい火傷をきたす。
(3) 硫酸の希釈水溶液に塩化バリウムを加えると、白色の硫酸バリウムを沈殿する。
(4) 濃硫酸は比重が極めて小さい。

問2　次のうち、アンモニアについて述べたものとして、正しいものはどれか。

(1) 液化アンモニアは、漏えいすると空気よりも重いアンモニアガスとして拡散する。
(2) 特有の刺激臭のある無色の気体である。
(3) 水、エタノールに不溶である。
(4) アンモニア5％を含有する製剤は劇物に該当する。

問3　次のうち、1.0mol／Lの水酸化カルシウム水溶液20mLを中和するのに必要な2.0mol／Lの塩酸の量として、正しいものはどれか。

(1) 10mL　　(2) 20mL　　(3) 30mL　　(4) 40mL

(一般)

問4　次のうち、毒物又は劇物の性状について述べたものとして、正しいものの組合せはどれか。

(ア) キシレンは、微黄色の吸湿性の液体で、水に可溶である。
(イ) ニトロベンゼンは、無色透明の液体で、水に不溶である。
(ウ) 沃素は、黒灰色、金属様の光沢ある稜板状結晶で、二硫化炭素には紫色を呈して可溶である。
(エ) 四エチル鉛は、特殊な臭気のある無色の揮発性液体で、金属に対して腐食性がある。

(1) ア、イ　　(2) イ、ウ　　(3) ウ、エ　　(4) ア、エ

問5　次のうち、シアン化カリウムについて述べたものとして、誤っているものはどれか。

(1) 無色で特異臭のある液体である。
(2) 水に易溶で、水溶液は強アルカリ性である。
(3) 空気中では湿気を吸収し、かつ空気中の二酸化炭素に反応して、有毒な青酸臭を放つ。
(4) 酸と接触すると、有毒なシアン化水素を生成する。

問6　次は、クレゾールについて述べたものであるが、（　　）内に入る語句の組合せとして、正しいものはどれか。

　　クレゾールには、オルトークレゾール、メタークレゾール、パラークレゾールの3異性体があり、（　ア　）の臭いがある。オルト及びパラ異性体は無色の（　イ　）、メタ異性体は無色又は淡褐色の（　ウ　）である。

	ア	イ	ウ
(1)	エーテル様	液体	結晶
(2)	エーテル様	結晶	液体
(3)	フェノール様	液体	結晶
(4)	フェノール様	結晶	液体

問7　次は、ある物質の特徴について述べたものであるが、物質名として最も適当なものはどれか。

　　淡黄色の光沢ある小葉状あるいは針状の結晶である。濃硫酸溶液で黄色を呈し、水で薄めると微黄色となる。徐々に熱すると昇華するが、急熱あるいは衝撃により爆発する。

(1) アジ化ナトリウム　　　(2) ピクリン酸　　　(3) 硫化カドミウム
(4) ナトリウム

問8　次のうち、硝酸銀の識別方法として、最も適当なものはどれか。

(1) 木炭とともに加熱すると、メルカプタンの臭気を放つ。
(2) アルコール溶液に、水酸化カリウム溶液と少量のアニリンを加えて熱すると、不快な刺激臭を放つ。
(3) 水溶液に過クロール鉄液を加えると、紫色を呈する。
(4) 水に溶かして塩酸を加えると、白色の沈殿を生成する。その溶液に硫酸と銅粉を加えて熱すると、赤褐色の蒸気を発生する。

問9　次のうち、アニリンの識別方法として、最も適当なものはどれか。

(1) 水溶液にさらし粉を加えると、紫色を呈する。
(2) 水酸化ナトリウム溶液を加えて熱すると、クロロホルムの臭気を放つ。
(3) ホルマリン1滴を加えた後、濃硝酸1滴を加えると、ばら色を呈する。
(4) フェーリング溶液とともに熱すると、赤色の沈殿を生成する。

問10　次のうち、劇物の名称とその廃棄方法の組合せとして、最も適当なものはどれか。

	名称	廃棄方法
(1)	臭素	酸化法
(2)	ブロムメチル	中和法
(3)	ベタナフトール	燃焼法
(4)	硫化バリウム	還元法

（農業用品目）

問4　次は、2，2’－ジピリジリウム－1，1’－エチレンジブロミド(別名ジクワット)について述べたものであるが、（　　）内に入る語句の組合せとして、正しいものはどれか。

淡黄色の吸湿性結晶で、中性、酸性下で（　ア　）である。
主に（　イ　）として用いられ、土壌に強く吸着されて（　ウ　）する性質がある。

	ア	イ	ウ
(1)	安定	殺虫剤	活性化
(2)	安定	除草剤	不活性化
(3)	不安定	殺虫剤	不活性化
(4)	不安定	除草剤	活性化

問5 次のうち、4－クロロ－3－エチル－1－メチル－N－[4－(パラトリルオキシ)ベンジル]ピラゾール－5－カルボキサミド(別名トルフェンピラド)について述べたものとして、最も適当なものはどれか。

(1) 有機燐化合物である。
(2) 主に除草剤として用いられる。
(3) 無臭の類白色粉末である。
(4) アセトン、メタノールに不溶である。

問6 次のうち、1，3－ジカルバモイルチオ－2－(N，N－ジメチルアミノ)－プロパン塩酸塩(別名カルタップ)について述べたものとして、誤っているものはどれか。

(1) 水に可溶である。
(2) アオムシの駆除に用いられる。
(3) 皮膚に触れた場合、軽度の紅斑、浮腫を起こすことがある。
(4) 2％以上含有する製剤は毒物に該当する。

問7 次のうち、S－メチル－N－[(メチルカルバモイル)－オキシ]－チオアセトイミデート(別名メトミル)について述べたものとして、誤っているものはどれか。

(1) 白色の結晶固体である。
(2) 主に殺虫剤として用いられる。
(3) 45％を含有する製剤は劇物に該当する。
(4) 強い芳香臭を示す。

問8 次は、ジメチル－2，2－ジクロルビニルホスフェイト(別名 DDVP)について述べたものであるが、(　)内に入る語句の組合せとして、正しいものはどれか。

刺激性で、微臭のある比較的揮発性の(ア)の液体である。
(イ)の一種で、毒性としては、激しい中枢神経刺激と(ウ)刺激が生じる。

	ア	イ	ウ
(1)	無色油状	有機燐製剤	副交感神経
(2)	無色油状	パラコート製剤	交感神経
(3)	赤褐色水性	有機燐製剤	交感神経
(4)	赤褐色水性	パラコート製剤	副交感神経

問9 次は、クロルピクリンの識別方法について述べたものであるが、(　)内に入る語句の組合せとして、正しいものはどれか。

水溶液に金属(ア)を加えて、これにベタナフチルアミン及び(イ)を加えると、(ウ)の沈殿を生成する。

	ア	イ	ウ
(1)	ナトリウム	塩酸	赤色
(2)	ナトリウム	硫酸	黒色
(3)	カルシウム	塩酸	黒色
(4)	カルシウム	硫酸	赤色

問10　次のうち、有機燐製剤による中毒の解毒又は治療に用いられる製剤として、最も適当な組合せはどれか。

（ア）ジメルカプロール(別名 BAL)　　　　（イ）ビタミンK₁
（ウ）２－ピリジルアルドキシムメチオダイド(別名 PAM)
（エ）硫酸アトロピン

(1) ア、イ　　　(2) イ、ウ　　　(3) ウ、エ　　　(4) ア、エ

（特定品目）

問4　次のうち、硅弗化ナトリウムについて述べたものとして、最も適当なものはどれか。

(1) 無色透明の液体である。
(2) 水やアルコールに易溶である。
(3) 廃棄方法として、分解沈殿法を用いる。
(4) 主に防腐剤として用いられる。

問5　次のうち、重クロム酸カリウムについて述べたものとして、正しいものの組合せはどれか。

（ア）橙赤色の柱状結晶である。
（イ）粘膜や皮膚に対する刺激性を有する。
（ウ）水に不溶であり、また、アルコールに易溶である。
（エ）強力な還元性を有する。

(1) ア、イ　　　(2) イ、ウ　　　(3) ウ、エ　　　(4) ア、エ

問6　次の(a)から(d)のうち、水酸化カリウムについて述べたものとして、正しいものはいくつあるか。

(a) 白色の固体である。
(b) 水に可溶であり、また、アンモニア水に不溶である。
(c) 空気中に放置すると、水分と二酸化炭素を吸収して潮解する。
(d) 水溶液は、強いアルカリ性を示す。

(1) 1つ　　　(2) 2つ　　　(3) 3つ　　　(4) 4つ

問7　次は、メチルエチルケトンについて述べたものであるが、（　）に入る語句の組合せとして、正しいものはどれか。

（ ア ）の液体で、アセトン様の芳香を有する。また、水に（ イ ）である。最も適当な廃棄方法は、（ ウ ）法である。

	ア	イ	ウ
(1)	無色	不溶	酸化
(2)	無色	可溶	燃焼
(3)	黄色	不溶	酸化
(4)	黄色	可溶	燃焼

問8　次は、ある物質の識別方法について述べたものであるが、物質名として最も適当なものはどれか。

・ 水溶液を酢酸で弱酸性にして酢酸カルシウムを加えると、結晶性の沈殿を生成する。
・ 水溶液をアンモニア水で弱アルカリ性にして塩化カルシウムを加えると、白色の沈殿を生成する。

(1) 蓚酸　　　(2) 過酸化水素を含有する製剤　　　(3) 酸化鉛　　　(4) メタノール

問9　次のうち、塩素の廃棄方法について述べたものとして、最も適当なものはどれか。

(1) 少量の界面活性剤を加えた亜硫酸ナトリウムと炭酸ナトリウムの混合溶液中で、攪拌し分解させた後、多量の水で希釈して処理する。

(2) ナトリウム塩とした後、活性汚泥で処理する。

(3) アフターバーナー及びスクラバーを備えた焼却炉の火室へ噴霧し焼却する。

(4) 多量の水酸化ナトリウム水溶液の中に吹き込んだ後、多量の水で希釈して処理する。

問10　次は、ある物質の漏えい時の措置について述べたものであるが、物質名として最も適当なものはどれか。

・風下の人を退避させ、漏えいした場所の周辺にはロープを張るなどして人の立入りを禁止する。

・付近の着火源となるものを速やかに取り除く。

(1) 水酸化ナトリウム水溶液　　(2) 塩酸　　(3) 酢酸エチル　　(4) アンモニア水

愛知県
令和3年度実施

設問中、特に規定しない限り、「法」は「毒物及び劇物取締法」、「政令」は「毒物及び劇物取締法施行令」、「省令」は「毒物及び劇物取締法施行規則」とする。

なお、法令の促音等の記述は、現代仮名遣いとする。(例:「あつて」→「あって」)

また、設問中の物質の性状は、特に規定しない限り常温常圧におけるものとする。

〔毒物及び劇物に関する法規〕
(一般・農業用品目・特定品目共通)

問1 次の記述は、法第1条の条文であるが、　　　　にあてはまる語句の組合せとして、正しいものはどれか。

この法律は、毒物及び劇物について、　ア　から必要な　イ　ことを目的とする。

	ア		イ
1	乱用防止の観点	———	措置を講ずる
2	乱用防止の観点	———	取締を行う
3	保健衛生上の見地	———	措置を講ずる
4	保健衛生上の見地	———	取締を行う

問2 次の記述は、法第2条第3項の条文であるが、　　　　にあてはまる語句として、正しいものはどれか。

この法律で「特定毒物」とは、　　　　であって、別表第三に掲げるものをいう。

1 毒物　　　2 毒物又は劇物　　　3 医薬品又は医薬部外品　　　4 農薬

問3 次のうち、法第3条の規定に関する記述として、正しいものはどれか。

1 毒物又は劇物の製造業の登録を受けた者でなければ、毒物又は劇物を授与の目的で製造してはならない。
2 薬局の開設許可を受けた者は、毒物又は劇物の販売業の登録を受けた者とみなされる。
3 毒物又は劇物を自らが使用する目的で輸入する場合は、毒物又は劇物の輸入業の登録が必要である。
4 毒物劇物製造業者は、毒物又は劇物の販売業の登録を受けていなければ、自らが製造した毒物又は劇物を他の毒物劇物販売業者に販売することができない。

問4 次の記述は、特定毒物研究者に関するものであるが、正誤の組合せとして、正しいものはどれか。

ア 特定毒物研究者は、特定毒物を製造することができる。
イ 特定毒物研究者は、毒物劇物営業者から特定毒物を譲り受けることはできるが、毒物劇物営業者に特定毒物を譲り渡すことはできない。
ウ 特定毒物研究者は、特定毒物を必要とする研究事項を変更したときは、30日以内に、その主たる研究所の所在地の都道府県知事(その主たる研究所の所在地が、地方自治法(昭和22年法律第67号)第252条の19第1項の指定都市(以下「指定都市」という。)の区域にある場合においては、指定都市の長。)に届け出なければならない。

```
       ア    イ    ウ
1  正 ― 正 ― 正
2  正 ― 正 ― 誤
3  正 ― 誤 ― 正
4  誤 ― 正 ― 正
```

問5 次のうち、毒物又は劇物の営業の登録に関する記述として、<u>誤っているもの</u>はどれか。

1 毒物又は劇物の製造業の登録を受けようとする者は、その製造所の所在地の都道府県知事に申請書を出さなければならない。

2 複数店舗の毒物又は劇物の販売業の登録を受けようとする者は、その住所(法人にあっては主たる事務所の所在地)の都道府県知事(その住所が、保健所を設置する市又は特別区の区域にある場合においては、市長又は区長。)の登録を受けていれば、店舗ごとに登録を受ける必要はない。

3 毒物又は劇物の輸入業の登録は、5年ごとに更新を受けなければ、その効力を失う。

4 毒物劇物営業者は、登録票の記載事項に変更を生じたときは、登録票の書換え交付を申請することができる。

問6 次の記述は、省令第4条の4に基づく、毒物又は劇物の輸入業の営業所の設備の基準に関するものであるが、正誤の組合せのうち、正しいものはどれか。

ア 毒物又は劇物の貯蔵設備は、毒物又は劇物とその他の物とを区分して貯蔵できるものであること。

イ 毒物又は劇物を陳列する場所にかぎをかける設備があること。ただし、陳列する場所に盗難防止装置として遠隔で監視できる録画機器等を設置する場合はこの限りではない。

ウ 毒物又は劇物の運搬用具は、毒物又は劇物が飛散し、漏れ、又はしみ出るおそれがないものであること。

```
       ア   イ    ウ
1  正 ― 正 ― 正
2  誤 ― 正 ― 正
3  正 ― 誤 ― 正
4  正 ― 正 ― 誤
```

問7 次のうち、毒物劇物取扱責任者に関する記述として、正しいものはどれか。

1 毒物劇物営業者は、毒物劇物取扱責任者を変更したときは、法第7条第3項の規定に基づき30日以内に、その毒物劇物取扱責任者の氏名を届け出なければならない。

2 登録販売者であって、毒物又は劇物を取り扱う業務に1年以上従事した者であれば、毒物劇物取扱責任者になることができる。

3 省令で定める学校で、基礎科学に関する学課を修了した者であれば、毒物劇物取扱責任者になることができる。

4 18歳未満の者は毒物劇物取扱責任者となることができない。ただし、都道府県知事が行う毒物劇物取扱者試験に合格した者にあっては、この限りではない。

問8　次のうち、法第10条に基づき、毒物劇物製造業者が30日以内に変更の旨を届け出なければならない場合として、定められていないものはどれか。

1　毒物劇物製造業者の住所(法人にあっては、その主たる事務所の所在地)を変更したとき。
2　毒物又は劇物を製造し、貯蔵し、又は運搬する設備の重要な部分を変更したとき。
3　登録に係る毒物又は劇物の品目以外の毒物又は劇物を新たに追加したとき。
4　当該製造所における営業を廃止したとき。

問9　次のうち、法第12条第2項の規定により、毒物又は劇物の製造業者が、その製造した毒物又は劇物の容器及び被包に表示しなければ、販売してはならないとされている事項として、定められていないものはどれか。

1　毒物又は劇物の名称
2　毒物又は劇物の成分及びその含量
3　毒物又は劇物の製造業者の住所(法人にあっては、その主たる事務所の所在地)
4　毒物劇物取扱責任者の氏名

問10　次のうち、法第12条第3項の規定により、劇物を貯蔵し、又は陳列する場所への表示として、正しいものはどれか。

1　黒地に白色をもって「毒」の文字
2　黒地に白色をもって「毒物」の文字
3　「医薬用外」及び「劇」の文字
4　「医薬用外」及び「劇物」の文字

問11　次のうち、法第13条で「省令で定める方法により着色したものでなければ、これを農業用として販売し、又は授与してはならない。」と規定されている劇物として、政令で定められているものはどれか。

1　硫酸タリウムを含有する製剤たる劇物
2　ジメチル－2,2－ジクロルビニルホスフェイト(別名 DDVP)を含有する製剤たる劇物
3　エマメクチンを含有する製剤たる劇物
4　沃化メチルを含有する製剤たる劇物

問12　次の記述は、法第13条の2で規定される「毒物又は劇物のうち主として一般消費者の生活の用に供されると認められるものであって政令で定めるもの(劇物たる家庭用品)」のうち、「塩化水素又は硫酸を含有する製剤たる劇物(住宅用の洗浄剤で液体状のものに限る。)」の成分の含量に関するものであるが、[　　　]にあてはまる数値の組合せとして正しいものはどれか。

一　塩化水素若しくは硫酸の含量又は塩化水素と硫酸とを合わせた含量が[　ア　]パーセント以下であること。
二　当該製剤1ミリリットルを中和するのに要する0.1モル毎リットル水酸化ナトリウム溶液の消費量が厚生労働省令で定める方法により定量した場合において[　イ　]ミリリットル以下であること。

```
    ア    イ
1   15 ── 30
2   15 ── 45
3   30 ── 60
4   30 ── 90
```

問13　次の記述は、法第14条第1項の条文であるが、□□□□にあてはまる語句の組合せとして、正しいものはどれか。

　　毒物劇物営業者は、毒物又は劇物を　ア　に販売し、又は授与したときは、その都度、次に掲げる事項を書面に記載しておかなければならない。

一　毒物又は劇物の名称及び数量
二　販売又は授与の年月日
三　譲受人の氏名、　イ　及び住所(法人にあっては、その名称及び主たる事務所の所在地)

	ア	イ
1	他の毒物劇物営業者	職業
2	他の毒物劇物営業者	年齢
3	毒物劇物営業者以外の者	職業
4	毒物劇物営業者以外の者	年齢

問14　次のうち、法第15条第2項に基づき、毒物劇物営業者が、その交付を受ける者の氏名及び住所を確認した後でなければ交付してはならない劇物はどれか。

1　亜酸化窒素　　2　トルエン　　3　ナトリウム　　4　マグネシウム

問15　次の記述は、政令第40条の9第1項のただし書に規定する毒物劇物営業者等による情報の提供をしなくてもよいとされる場合を定めた省令第13条の10の条文の一部であるが、□□□□にあてはまる語句の組合せとして正しいものはどれか。

　　令第40条の9第1項ただし書に規定する厚生労働省令で定める場合は、次のとおりとする。
　　一　1回につき　ア　以下の　イ　を販売し、又は授与する場合

	ア	イ
1	200 ミリグラム	毒物又は劇物
2	200 ミリグラム	劇物
3	400 グラム	毒物又は劇物
4	400 グラム	劇物

問16　次の記述は、法第17条第2項の条文であるが、□□□□にあてはまる語句の組合せとして、正しいものはどれか。

　　毒物劇物営業者及び特定毒物研究者は、その取扱いに係る毒物又は劇物が盗難にあい、又は紛失したときは、　ア　、その旨を　イ　に届け出なければならない。

	ア	イ
1	毒物にあっては直ちに、劇物にあっては24時間以内に	警察署
2	毒物にあっては直ちに、劇物にあっては24時間以内に	消防機関
3	直ちに	警察署
4	直ちに	消防機関

問17　次の記述は、登録が失効した場合等の措置について定めた法第21条第1項の条文であるが、□□□□にあてはまる語句の組合せとして、正しいものはどれか。

　　毒物劇物営業者、特定毒物研究者又は特定毒物使用者は、その営業の登録若しくは特定毒物研究者の許可が効力を失い、又は特定毒物使用者でなくなったときは、　ア　日以内に、毒物劇物営業者にあってはその製造所、営業所又は店舗の所在地の都道府県知事(販売業にあってはその店舗の所在地が、保健所を設置する市又は特別区の区域にある場合においては、市長又は区長)に、特定毒物研究者にあってはその主たる研究所の所在地の都道府県知事(その主たる研究所の所在地が指定都市の区域にある場合においては、指定都市の長)に、特定毒物使用者にあっては都道府県知事に、それぞれ　イ　特定毒物の品名及び数量を届け出なければならない。

	ア		イ
1	15	——	これまで所有した
2	15	——	現に所有する
3	30	——	これまで所有した
4	30	——	現に所有する

問 18 次の記述は、法第 22 条第 5 項及び省令第 18 条の 2 の条文であるが、□□□にあてはまる語句として、正しいものはどれか。

なお、法第 11 条は「毒物又は劇物の取扱」、法第 12 条は「毒物又は劇物の表示」、法第 17 条は「事故の際の措置」、法第 18 条は「立入検査等」、法第 22 条は「業務上取扱者の届出等」を規定した条文である。

＜法第 22 条第 5 項＞

第 11 条、第 12 条第 1 項及び第 3 項、第 17 条並びに第 18 条の規定は、毒物劇物営業者、特定毒物研究者及び第 1 項に規定する者以外の者であって厚生労働省令で定める毒物又は劇物を業務上取り扱うものについて準用する。

＜省令第 18 条の 2 ＞

法第 22 条第 5 項に規定する厚生労働省令で定める毒物及び劇物は、□□□とする。

1 興奮、幻覚又は麻酔の作用を有する毒物及び劇物
2 引火性、発火性又は爆発性のある毒物及び劇物
3 農業上必要な毒物及び劇物
4 すべての毒物及び劇物

問 19 次の記述は、毒物劇物営業者が 30 ％塩酸を、車両 1 台を使用して 1 回につき 5,000kg 以上運搬する場合について述べたものであるが、正誤の組合せとして、正しいものはどれか。

ア 車両に、防毒マスク、ゴム手袋、その他事故の際に応急の措置を講ずるために必要な保護具を 1 人分備えた。
イ 0.3 メートル平方の板に、地を白色、文字を赤色として「劇」と表示し、車両の前後の見やすい箇所に掲げた。
ウ 交替して運転する者を同乗させることなく、運転者 1 名が、1 日当たり合計 10 時間運転して、運搬した。

	ア		イ		ウ
1	正	—	正	—	正
2	正	—	誤	—	正
3	誤	—	正	—	誤
4	誤	—	誤	—	誤

問 20 次の記述は、無機シアン化合物たる毒物を用いて電気めっきを行う事業者の対応を述べたものであるが、正誤の組合せとして、正しいものはどれか。

ア 業務上、無機シアン化合物たる毒物を取り扱うこととなった日から 50 日経過後に事業場の所在地の都道府県知事（その事業場の所在地が保健所を設置する市又は特別区の区域にある場合においては、市長又は区長。）に氏名又は住所（法人にあっては、その名称及び主たる事務所の所在地）を届け出た。
イ シアン含有量が 1 リットルにつき 1 ミリグラムを越える無機シアン化合物を含有する液体状の物がその事業場の外に飛散し、漏れ、流れ出、若しくはしみ出、又はその事業場の地下にしみ込むことを防ぐのに必要な措置を講じた。
ウ 廃水処理のために購入した 10 ％水酸化ナトリウム水溶液を一時的に清涼飲料水のペットボトルに移し替え、ペットボトルの表面に赤字で直接「医薬用外劇物」と記した。

愛知県

```
    ア    イ     ウ
1  正 ─ 正 ─ 誤
2  正 ─ 誤 ─ 正
3  誤 ─ 正 ─ 誤
4  誤 ─ 誤 ─ 正
```

〔基礎化学〕
（一般・農業用品目・特定品目共通）

問 21　次のうち、互いに同素体である組合せとして、<u>誤っているもの</u>はどれか。

```
1  水素         ──── 重水素
2  酸素         ──── オゾン
3  斜方硫黄      ──── ゴム状硫黄
4  ダイヤモンド   ──── フラーレン
```

問 22　次の記述は、物質の三態について述べたものであるが、[　　　]にあてはまる語句の組合せとして、正しいものはどれか。

　自然界のあらゆる物質は温度と圧力に応じて、固体、液体、気体のいずれかの状態をとる。これらの状態を物質の三態といい、三態間の変化を[　ア　]という。[　ア　]のうち、気体から液体への変化を[　イ　]という。

```
       ア          イ
1  化学変化 ── 凝縮
2  化学変化 ── 凝固
3  状態変化 ── 凝縮
4  状態変化 ── 凝固
```

問 23　次のうち、原子に関する記述として、正しいものはどれか。

1　原子核に含まれる陽子の数と中性子の数の和を原子番号という。
2　中性子は正の電荷をもっている。
3　陽子と電子の質量はほぼ等しい。
4　$^{40}_{18}Ar$ の中性子の数は 22 である。

問 24　次のうち、周期表に関する記述として、<u>誤っているもの</u>はどれか。

1　元素の性質が原子番号とともに周期的に変化することを元素の周期律という。
2　周期表の 1 族の元素はすべてアルカリ金属である。
3　周期表の 17 族の元素はすべてハロゲンである。
4　周期表の 18 族の元素はすべて貴ガス(希ガス)である。

問 25　次のうち、白金線の先に銅(Cu)を含んだ水溶液をつけ、ガスバーナーの炎(外炎)の中に入れたときの炎の色として、正しいものはどれか。

1　赤　　2　黄　　3　青緑　　4　赤紫

問26　次のうち、物質とその結晶の種類の組合せとして、正しいものはどれか。

1　黒鉛　　　　　　　――――　イオン結晶
2　アルミニウム　　　――――　分子結晶
3　ドライアイス　　　――――　共有結合の結晶
4　ナトリウム　　　　――――　金属結晶

問27　次の記述の　　　　　にあてはまる数値として、正しいものはどれか。
　　　　　　g のアルミニウム(Al)に、希硫酸(H_2SO_4)を反応させたところ、希硫酸は全て反応し、硫酸アルミニウム($Al_2(SO_4)_3$)と標準状態で 1.40L の水素(H_2)が発生した。
　　　　ただし、アルミニウムのモル質量を 27.0g/mol とし、標準状態での気体 1mol の体積は 22.4L とする。

　　　なお、アルミニウムと希硫酸の反応は次の化学反応式で表される。
　　　$2Al + 3H_2SO_4 \rightarrow Al_2(SO_4)_3 + 3H_2$

1　0.281　　　2　0.562　　　3　1.125　　　4　2.24

問28　次の記述の　　　　　にあてはまる語句として、正しいものはどれか。

　　　ブレンステッド・ローリーの酸・塩基の定義において、塩基とは「　　　　　物質」である。

1　水に溶けると水素イオン(H^+)を生じる
2　水に溶けると水酸化物イオン(OH^-)を生じる
3　水素イオン(H^+)を他に与える
4　水素イオン(H^+)を他から受け取る

問29　次のうち、化学電池に関する記述として正しいものはどれか。

1　導線に向かって電子が流れ出る電極を負極という。
2　機器に電池を接続し、電池から電流を取り出すことを電池の充電という。
3　亜鉛板と銅板を電極に用いたとき、亜鉛板が正極となる。
4　ノート型パソコンやスマートフォンの電池として広く用いられているリチウムイオン電池は、一次電池である。

問30　次の記述の正誤の組合せとして、正しいものはどれか。

ア　塩化ナトリウム(NaCl)は、ヘキサン(C_6H_{14})よりも水(H_2O)によく溶ける。
イ　不純物を含む固体物質を適当な溶媒に溶かし、温度による物質の溶解度の違いを利用して、再び結晶を析出させて、不純物を取り除く操作を再結晶という。
ウ　スクロース($C_{12}H_{22}O_{11}$)の水溶液は、純水よりも沸点が高い。

```
　　ア　　　イ　　　ウ
1　正　―　正　―　正
2　正　―　正　―　誤
3　誤　―　誤　―　正
4　誤　―　誤　―　誤
```

問 31 次のうち、コロイドに関する記述として、誤っているものはどれか。

 1 コロイド溶液に強い光線を当てると、光の通路が輝いて見える。この現象をチンダル現象という。
 2 コロイド溶液を限外顕微鏡で観察すると、コロイド粒子が不規則な運動をしている様子が見られる。これをブラウン運動という。
 3 疎水コロイドに少量の電解質を加えると、沈殿が生じる。この現象を凝析という。
 4 コロイド溶液に直流の電圧をかけると、コロイド粒子自身が帯電している電荷とは反対の電極のほうへ移動する。この現象を透析という。

問 32 0.001mol/L の水酸化ナトリウム(NaOH)の pH(水素イオン指数)は次のうちどれか。
 ただし、水のイオン積を $Kw=[H^+][OH^-]=1.0 \times 10^{-14}\text{mol}^2/\text{L}^2$、水酸化ナトリウムの電離度を 1 とする。

 1 pH=1   2 pH=3   3 pH=11   4 pH=13

問 33 次の記述の [＿＿＿] にあてはまる数値として、正しいものはどれか。

 10℃の水 100g を加熱し、40℃にするには、[＿＿＿] kJ の熱量が必要である。
 ただし、水の比熱は 4.2J/(g·K) で、温度によらず一定とする。

 1 0.14   2 0.71   3 12.6   4 16.8

問 34 次のうち、化学反応における触媒に関する記述として、誤っているものはどれか。

 1 触媒は化学反応の前後で変化しない物質である。
 2 触媒は、活性化エネルギーと反応熱をともに小さくする。
 3 生物の体内に存在する酵素は触媒の一種である。
 4 可逆反応が平衡状態にあるときに、触媒を加えても平衡は移動しない。

問 35 次のうち、塩基性酸化物はどれか。

 1 酸化ナトリウム(Na_2O)   2 二酸化炭素(CO_2)   3 三酸化硫黄(SO_3)
 4 十酸化四リン(P_4O_{10})

問 36 次の記述は、窒素と窒素化合物に関するものであるが、正誤の組合せとして正しいものはどれか。

 ア 窒素(N_2)は、空気中に体積比で約 21%存在している。
 イ 一酸化窒素(NO)は、銅(Cu)に希硝酸(HNO_3)を加えて発生させることができる。
 ウ 二酸化窒素(NO_2)は、赤褐色で刺激臭のある有毒な気体である。

```
     ア   イ   ウ
 1  正 ― 誤 ― 正
 2  正 ― 正 ― 誤
 3  誤 ― 正 ― 正
 4  誤 ― 誤 ― 誤
```

問 37 次のうち、水溶液中で淡緑色を示す金属イオンはどれか。

 1 鉛(Ⅱ)イオン(Pb^{2+})   2 銅(Ⅱ)イオン(Cu^{2+})   3 鉄(Ⅱ)イオン(Fe^{2+})
 4 鉄(Ⅲ)イオン(Fe^{3+})

問 38　次の記述は、異性体に関するものであるが、正誤の組合せとして、正しいもの
はどれか。
　　ア　エタノール(C_2H_5OH)とジメチルエーテル(CH_3OCH_3)は互いに構造異性体であ
　　　る。
　　イ　シス－2－ブテン($CH_3CH=CHCH_3$)の 2 つのメチル基は、二重結合をはさんで
　　　同じ側にある。
　　ウ　メタン(CH_4)には鏡像異性体が存在する。
```
　　　　ア　　　　イ　　　　ウ
1　　正　－　正　－　正
2　　正　－　正　－　誤
3　　正　－　誤　－　正
4　　誤　－　正　－　正
```

問 39　次のうち、ヨードホルム反応を示さない物質はどれか。

　　1　アセトン(CH_3COCH_3)
　　2　エチルメチルケトン($CH_3COC_2H_5$)
　　3　2－プロパノール($CH_3CH(OH)CH_3$)
　　4　酢酸メチル(CH_3COOCH_3)

問 40　次のうち、カルボン酸に関する記述として、正しいものはどれか。

　　1　ギ酸($HCOOH$)は、還元性があり、銀鏡反応を示す。
　　2　マレイン酸($C_2H_2(COOH)_2$)は、飽和モノカルボン酸である。
　　3　テレフタル酸($C_6H_4(COOH)_2$)を加熱すると、分子内で容易に脱水反応が起こり、
　　無水フタル酸となる。
　　4　サリチル酸($C_6H_4(OH)COOH$)にメタノールと濃硫酸を加えて、加熱するとアセ
　　チルサリチル酸が得られる。

〔取　扱〕
(一般・農業用品目・特定品目共通)

問 41　25%のアンモニア水 400g に水を加えて 20%のアンモニア水を作った。このと
き加えた水の量は、次のうちどれか。
　　なお、本問中、濃度(%)は質量パーセント濃度である。

　　1　　100g　　　　2　　150g　　　　3　　200g　　　　4　　500g

問 42　2mol/L の水酸化カリウム水溶液 200mL に、1.5mol/L の水酸化カリウム水溶液
　　300 m L を加えた。この水酸化カリウム水溶液の濃度は、次のうちどれか。

　　1　　0.85mol/L　　　2　　1.7mol/L　　　3　　3.4mol/L　　　4　　7mol/L

問 43　1.5mol/L の硫酸 80mL を中和するのに必要な 1.2mol/L の水酸化ナトリウム水
　　溶液の量は、次のうちどれか。

　　1　　32mL　　　　2　　64mL　　　　3　　100mL　　　　4　　200mL

愛知県

（一般・農業用品目共通）

問 44 次のうち、塩素酸ナトリウムについての記述として、<u>誤っているもの</u>はどれか。

1 強酸と反応し、爆発することがある。　2 無色無臭である。
3 強い還元力がある。　　　　　　　　　4 潮解性がある。

（一般）

問 45 次のうち、フェノールについての記述として、<u>誤っているもの</u>はどれか。

1 無色の針状結晶又は白色の放射状結晶塊で、特有の臭気と灼やくような味を有する。
2 空気中で容易に赤変する。
3 水に不溶である。
4 皮膚や粘膜につくと火傷を起こし、その部分は白色となる。

（一般・農業用品目共通）

問 46 次のうち、シアン化カリウムの解毒剤の組合せとして、最も適当なものはどれか。

ア チオ硫酸ナトリウム
イ 2－ピリジルアルドキシムメチオダイド〔別名：PAM〕
ウ 亜硝酸アミル
エ 硫酸アトロピン

1（ア、イ）　　2（ア、ウ）　　3（イ、エ）　　4（ウ、エ）

（一般）

問 47 次のうち、毒物又は劇物とその用途の組合せとして、最も適当なものはどれか。

1 クロルピクリン ───────────────────── 除草剤
2 1,1´－ジメチル－4,4´－ジピリジニウムジクロリド ────── 土壌燻蒸剤
　〔別名：パラコート〕
3 アジ化ナトリウム ───────────────── 医療検体の防腐剤
4 クロム酸ナトリウム ───────────────────── 還元剤

問 48 次のうち、劇物とその貯蔵についての記述の組合せとして、<u>適当でないもの</u>はどれか。

1 ナトリウム ─────── 通常、石油中に貯蔵する。また、冷所で雨水などの漏れがないような場所に貯蔵する。
2 ブロムメチル ─────── 圧縮冷却して液化し、圧縮容器に入れ、直射日光
　〔別名：臭化メチル〕　　その他温度上昇の原因を避けて冷暗所に貯蔵する。
3 アクロレイ ─────── 火気厳禁。非常に反応性に富む物質なので、安定剤を加え、空気を遮断して貯蔵する。
4 ホルマリン ─────── 酸化力が強く、光に対して安定であるため、透明なガラスやプラスチック等の容器に貯蔵する。可燃物と混合しないように注意する。

問 49 次のうち、劇物とその廃棄方法の組合せとして、<u>適当でないもの</u>はどれか。

1 無水クロム酸 ───────────────────── 還元沈殿法
2 トルエン ───────────────────────── 希釈法
3 硝酸 ─────────────────────────── 中和法
4 エチレンオキシド ───────────────────── 活性汚泥法

（一般・農業用品目共通）

問 50 次のうち、濃硫酸が多量に漏えいした時の措置として、<u>適当でないもの</u>はどれか。

1 漏えいした場所の周辺にはロープを張るなどして人の立入りを禁止する。
2 作業の際には、ゴム製の保護具を着用する。
3 漏えいした液は、土砂等でその流れを変えて、付近の河川へ排出する。
4 遠くから徐々に注水してある程度希釈した後、水酸化カルシウム等で中和する。

（農業用品目）

問 45 次のうち、ブロムメチル〔別名：臭化メチル〕についての記述として、<u>誤っているもの</u>はどれか。

1 水に溶けにくい。
2 わずかに甘い臭いを有する。
3 ガスは空気より軽い。
4 圧縮又は冷却すると無色又は淡黄緑色の液体となる。

問 47 次のうち、農業用品目販売業の登録を受けた者が販売できる毒物及び劇物の正誤の組合せとして、正しいものはどれか。

ア アバメクチン　　　イ 水酸化ナトリウム　　　ウ シアナミド

	ア		イ		ウ
1	正	―	誤	―	誤
2	誤	―	正	―	誤
3	正	―	誤	―	正
4	誤	―	誤	―	正

問 48 次のうち、劇物とその用途の組合せとして、<u>適当でないもの</u>はどれか。

1 Ｎ－メチル－１－ナフチルカルバメート ―――――――――― 殺虫剤
　〔別名：カルバリル、NAC〕
2 クロルピクリン ―――――――――――――――― 土壌燻蒸剤（くんじょう）
3 硫酸タリウム ――――――――――――――――― 殺鼠剤（そ）
4 １,１´－イミノジ(オクタメチレン)ジグアニジン ――――― 除草剤
　〔別名：イミノクタジン〕

問 49 次のうち、劇物であるエチルジフェニルジチオホスフェイト〔別名：エジフェンホス、EDDP〕の廃棄方法として、最も適当なものはどれか。

1 希釈法　　　2 燃焼法　　　3 活性汚泥法　　　4 沈殿法

（特定品目）

問44 次のうち、劇物に該当しないものはどれか。

1 塩化水素と硫酸とを合わせて19%を含有する製剤
2 アンモニア20%を含有する製剤
3 トルエン60%を含有する製剤
4 水酸化ナトリウム20%を含有する製剤

問45 次のうち、クロロホルムについての記述として、誤っているものはどれか。

1 吸入した場合、強い麻酔作用がある。
2 エーテルとは混和するが、グリセリンとは混和しない。
3 無色、無臭、不揮発性の液体である。
4 分解を防ぐため、少量のアルコールを加えて冷暗所に貯蔵する。

問46 次のうち、塩化水素についての記述として、誤っているものはどれか。

1 常温、常圧においては無色の刺激臭を有する気体で、湿った空気中で激しく発煙する。
2 吸湿すると各種の金属を腐食し、塩素ガスを発生する。
3 塩酸の製造に用いられるほか、無水物は塩化ビニルの原料に用いられる。
4 廃棄方法は中和法を用いる。

問47 次のうち、劇物とその用途の組合せとして、適当でないものはどれか。

1 キシレン ——————————————— 溶剤、有機合成原料
2 硅弗化ナトリウム ——————————————— 釉薬
3 クロム酸ナトリウム ——————————————— 工業用還元剤
4 一酸化鉛 ——————————————— 顔料

問48 次の劇物のうち、特定品目販売業の登録を受けた者が、販売できるものはどれか。

1 硅弗化水素酸　　　2 塩素酸ナトリウム　　　3 亜硝酸ナトリウム
4 重クロム酸ナトリウム

問49 次のうち、劇物である四塩化炭素の廃棄方法として、最も適当なものはどれか。

1 還元法　　　2 燃焼法　　　3 希釈法　　　4 中和法

問50 次のうち、濃硫酸が多量に漏えいした時の措置として、適当でないものはどれか。

1 漏えいした場所の周辺にはロープを張るなどして人の立入りを禁止する。
2 作業の際には、ゴム製の保護具を着用する。
3 漏えいした液は、土砂等でその流れを変えて、付近の河川へ排出する。
4 遠くから徐々に注水してある程度希釈した後、水酸化カルシウム等で中和する。

〔実　地〕

設問中の物質の性状は、特に規定しない限り常温常圧におけるものとする。

（一般）

問1〜4　次の各問の劇物の性状として、最も適当なものは下の選択肢のうちどれか。

　　問1　硝酸銀　　問2　アニリン　　問3　臭化銀　　問4　酢酸エチル

　1　無色透明な結晶で、水に溶ける。光によって分解して黒変する。
　2　特有の臭気がある無色透明な液体で、空気に触れると赤褐色を呈する。
　3　可燃性の無色透明の液体で、果実様の芳香を発する。
　4　淡黄色粉末で、水に難溶である。シアン化カリウム水溶液に可溶である。

問5〜8　次の各問の毒物又は劇物の貯蔵方法として、最も適当なものは下の選択肢のうちどれか。

　　問5　ピクリン酸　　　　問6　黄燐
　　問7　ベタナフトール〔別名：2−ナフトール〕　　　問8　水酸化ナトリウム

　1　火気に対し安全で隔離された場所に、硫黄、ヨード、ガソリン、アルコール等と離して保管する。鉄、銅、鉛等の金属容器を使用しない。
　2　二酸化炭素と水を吸収する性質が強いため、密栓して貯蔵する。
　3　空気や光線に触れると赤変するため、遮光して保管する。
　4　空気に触れると発火しやすいので、水中に沈めて瓶に入れ、さらに砂を入れた缶中に固定して、冷暗所に貯蔵する。

問9〜12　次の各問の毒物又は劇物の毒性として、最も適当なものは下の選択肢のうちどれか。

　　問9　メタノール　　　問10　セレン　　　問11　蓚酸　　　問12　硫酸タリウム

　1　疝痛、嘔吐、振戦、麻痺等の症状に伴い、次第に呼吸困難となり、虚脱症状となる。
　2　急性中毒症状は、胃腸障害、神経過敏症、くしゃみ、肺炎等があり、慢性中毒症状は、著しい蒼白、息のニンニク臭、指、歯、毛髪等を赤くする等がある。
　3　濃厚な蒸気を吸入すると、酩酊、頭痛、眼のかすみ等の症状を呈し、さらに高濃度の場合は、昏睡を起こし、失明することがある。
　4　血液中のカルシウム分を奪い、神経系を侵す。急性中毒症状は、胃痛、嘔吐、口腔・咽喉の炎症、腎障害がある。

問13〜16　次の各問の毒物又は劇物の廃棄方法等として、最も適当なものは下の選択肢のうちどれか。

　　問13　塩化水素　　　問14　シアン化カリウム　　　問15　一酸化鉛
　　問16　クロロホルム

　1　セメントを用いて固化し、溶出試験を行い、溶出量が判定基準以下であることを確認して埋立処分する。
　2　過剰の可燃性溶剤又は重油等の燃料とともに、アフターバーナー及びスクラバーを備えた焼却炉の火室へ噴霧してできるだけ高温で焼却する。
　3　徐々に石灰乳などの撹拌溶液に加え中和させた後、多量の水で希釈して処理する。
　4　水酸化ナトリウム水溶液を加えてアルカリ性（pH11以上）とし、次亜塩素酸ナトリウム水溶液を加えて酸化分解した後、硫酸を加えて中和し、多量の水で希釈して処理する。

問17～20 次の各問の毒物又は劇物の鑑識法として、最も適当なものは下の選択肢のうちどれか。

　問17 四塩化炭素　　　問18 無水硫酸銅　　　問19 弗化水素酸
　問20 スルホナール

1 ガラス板に塗ると、塗った部分は腐食される。
2 水を加えると青くなる。水溶液に硝酸バリウムを加えると、白色の沈殿を生成する。
3 アルコール性の水酸化カリウムと銅粉とともに煮沸すると、黄赤色の沈殿を生成する。
4 木炭とともに加熱すると、メルカプタンの臭気を放つ。

（農業用品目）

問1～4 次の各問の毒物又は劇物の性状等として、最も適当なものは下の選択肢のうちどれか。

　問1 ジメチルジチオホスホリルフェニル酢酸エチル〔別名：PAP、フェントエート〕
　問2 モノフルオール酢酸ナトリウム
　問3 メチル－Ｎ´,Ｎ´－ジメチル－Ｎ－［（メチルカルバモイル）オキシ］－1－チオオキサムイミデート〔別名：オキサミル〕
　問4 α－シアノ－4－フルオロ－3－フェノキシベンジル＝3－（2,2－ジクロロビニル）－2,2－ジメチルシクロプロパンカルボキシラート〔別名：シフルトリン〕

1 芳香性刺激臭を有する赤褐色の油状の液体で水、プロピレングリコールに不溶。
　　アルコール、アセトン、エーテル、ベンゼンに溶ける。有機燐系殺虫剤であり、50％含有の乳剤及び40％含有の水和剤などがある。
2 重い白色の粉末で、吸湿性があり、酢酸の臭いを有する。冷水にはよく溶けるが、有機溶媒には溶けない。
3 黄褐色の粘稠性液体又は塊で、無臭である。水に溶けにくいが、キシレン、アセトンに溶ける。
4 白色針状結晶で、かすかな硫黄臭がある。アセトン、メタノール、酢酸エチル、水に溶ける。野菜のセンチュウ類駆除に用いられる。

問5～8 次の各問の毒物又は劇物の用途等として、最も適当なものは下の選択肢のうちどれか。

　問5 燐化アルミニウムとその分解促進剤とを含有する製剤
　問6 2,2´－ジピリジリウム－1,1´－エチレンジブロミド〔別名：ジクワット〕
　問7 シアン酸ナトリウム
　問8 ジメチル－4－メチルメルカプト－3－メチルフェニルチオホスフェイト〔別名：フェンチオン、MPP〕

1 倉庫内等におけるねずみ、昆虫等を駆除するための燻蒸に用いられる。
2 有機燐系殺虫剤として用いられる。
3 除草剤、有機合成原料、鋼の熱処理に用いられる。
4 除草剤として用いられる。パラコートとの配合剤がある。

問9〜12　次の各問の毒物又は劇物の毒性として、最も適当なものは下の選択肢のうちどれか。

　　問 9　燐化亜鉛
　　問10　2 −ジフェニルアセチル− 1,3 −インダンジオン〔別名：ダイファシノン〕
　　問11　エチルパラニトロフェニルチオノベンゼンホスホネイト〔別名：EPN〕
　　問12　硫酸ニコチン

　　1　猛烈な神経毒であり、慢性中毒では、咽頭、喉頭等のカタル、心臓障害、視力
　　　減弱、めまい、動脈硬化等をきたし、ときとして精神異常を引き起こすことがある。
　　2　体内でビタミン K の働きを抑えることにより血液凝固を阻害し、出血を引き起
　　　こす。
　　3　嚥下吸収したときに、胃及び肺で胃酸や水と反応してホスフィンを生成するこ
　　　とにより、頭痛、吐き気、嘔吐、悪寒、めまい等の中毒症状を引き起こす。
　　4　有機燐化合物であり、体内に吸収されるとコリンエステラーゼの作用を阻害し、
　　　頭痛、めまい、意識の混濁等の症状を引き起こす。

問13〜16　次の各問の劇物の廃棄方法として、最も適当なものは下の選択肢のうちどれか。

　　問13　塩素酸カリウム
　　問14　アンモニア水
　　問15　1,3 −ジカルバモイルチオ− 2 −(N, N −ジメチルアミノ)−プロパン
　　　　　〔別名：カルタップ〕
　　問16　硫酸銅(Ⅱ)〔別名：硫酸第二銅〕

　　1　そのままあるいは水に溶解して、スクラバーを備えた焼却炉の火室へ噴霧し、
　　　焼却する。
　　2　水に溶かし、水酸化カルシウム、炭酸ナトリウム等の水溶液を加えて処理し、
　　　沈殿濾過して埋立処分する。
　　3　還元剤の水溶液に希硫酸を加えて酸性にし、この中に少量ずつ投入する。反応
　　　終了後、反応液を中和し多量の水で希釈して処理する。
　　4　水で希薄な水溶液とし、希塩酸又は希硫酸などで中和させた後、多量の水で希
　　　釈して処理する。

問17〜20　次の各問の毒物又は劇物の鑑識法として、最も適当なものは下の選択肢のうちどれか。

　　問17　硫酸　　　　　問18　硫酸亜鉛　　　　　問19　塩化亜鉛
　　問20　燐化アルミニウムとその分解促進剤とを含有する製剤

　　1　水に溶かし、硝酸銀を加えると、白色の沈殿を生じる。
　　2　水に溶かして硫化水素を通じると、白色の沈殿を生じる。水に溶かして塩化バ
　　　リウムを加えると、白色の沈殿を生じる。
　　3　水で薄めると発熱し、ショ糖や木片を黒変させる。希釈した水溶液に塩化バリ
　　　ウムを加えると、白色の沈殿を生じる。
　　4　大気中の湿気に触れると徐々に分解して有毒なガスを発生し、そのガスは、5
　　　〜 10 ％硝酸銀溶液を吸着させた濾ろ紙を黒変させる。

（特定品目）

問1〜4　次の各問の劇物の性状として、最も適当なものは下の選択肢のうちどれか。

　問1　酢酸エチル　　　問2　トルエン　　　　問3　硅弗化ナトリウム
　問4　クロム酸ナトリウム（Na₂CrO₄・4H₂O）

　1　可燃性の無色透明の液体で、果実様の芳香を発する。
　2　無色透明、可燃性のベンゼン臭を有する液体である。水に不溶である。
　3　黄色結晶で潮解性がある。水に可溶で、エタノールには難溶である。
　4　白色の結晶で、水に溶けにくく、アルコールには溶けない。

問5〜8　次の各問の劇物の貯蔵方法として、最も適当なものは下の選択肢のうちどれか。

　問5　ホルマリン　　　問6　過酸化水素水　　　　問7　メタノール
　問8　水酸化ナトリウム

　1　低温では混濁することがあるので、常温で貯蔵する。一般に重合を防ぐため少量のアルコールが添加してある。
　2　二酸化炭素と水を吸収する性質が強いため、密栓して貯蔵する。
　3　引火しやすく、空気と混合して爆発性混合ガスを生成するので、火気を避けて密栓した容器で保存する。
　4　アルカリ存在下では分解するため、一般に安定剤として少量の酸が添加される。日光を避け、冷所に貯蔵する。

問9〜12　次の各問の劇物の毒性として、最も適当なものは下の選択肢のうちどれか。

　問9　メタノール　　　問10　一酸化鉛　　　　問11　クロム酸カリウム
　問12　水酸化カリウム

　1　濃厚水溶液は極めて腐食性が強く、皮膚に触れると激しく侵される。微粒子やミストを吸引すると呼吸器官が侵され、目に入った場合には、失明のおそれがある。
　2　皮膚が蒼白くなり、体力が減退しだんだんと衰弱してくる。口の中が臭くなり、歯茎が灰白色となり、重症化すると歯が抜けることがある。
　3　濃厚な蒸気を吸入すると、酩酊、頭痛、眼のかすみ等の症状を呈し、さらに高濃度の場合は、昏睡を起こし、失明することがある。
　4　口と食道が赤黄色に染まり、後に青緑色となる。腹痛、血便等を引き起こす。

問13〜16　次の各問の劇物の用途として、最も適当なものは下の選択肢のうちどれか。

　問13　アンモニア　　　問14　蓚酸　　　問15　メチルエチルケトン　　　問16　塩素

　1　溶剤、有機合成原料に用いられる。
　2　紙・パルプの漂白剤、殺菌剤、漂白剤（さらし粉）の原料に用いられる。
　3　農薬や試薬の原料に用いられるほか、燃料としての利用に向けた研究が進められている。
　4　捺染剤、木・コルク・綿等の漂白剤、真鍮・銅の研磨に用いられる。

問17〜20　次の各問の劇物の鑑識法として、最も適当なものは下の選択肢のうちどれか。

　問17　硫酸　　　問18　クロロホルム　　　問19　硝酸　　　問20　四塩化炭素

　1　銅屑を加えて熱すると、藍色を呈して溶け、その際赤褐色の蒸気を生成する。
　2　アルコール溶液に水酸化カリウム溶液と少量のアニリンを加えて熱すると、不快な刺激臭を放つ。
　3　希釈した水溶液に塩化バリウムを加えると、白色の沈殿を生成する。
　4　アルコール性の水酸化カリウムと銅粉とともに煮沸すると、黄赤色の沈殿を生成する。

三重県
令和３年度実施

〔法 規〕
（一般・農業用品目・特定品目共通）

問１ 次の文は、毒物及び劇物取締法の条文の一部である。条文中の（　）の中に入る語句として正しいものを下欄から選びなさい。

第１条
　この法律は、毒物及び劇物について、（　（1）　）上の見地から必要な（　（2）　）を行うことを目的とする。

第３条
　3　毒物又は劇物の販売業の登録を受けた者でなければ、毒物又は劇物を販売し、授与し、又は販売若しくは授与の目的で（　（3）　）し、運搬し、若しくは陳列してはならない。（以下、略）

第３条の４
　（　（4）　）のある毒物又は劇物であって政令で定めるものは、業務その他正当な理由による場合を除いては、所持してはならない。

下欄

(1)	1	保健衛生	2	保健管理	3	保健環境	4 保健医療
(2)	1	指導	2	監視	3	措置	4 取締
(3)	1	小分け	2	貯蔵	3	所持	4 加工
(4)	1 興奮、幻覚又は幻聴の作用			2 興奮、幻覚又は麻酔の作用			
	3 可燃性、発火性又は揮発性			4 引火性、発火性又は爆発性			

問２ 次の文は、毒物及び劇物取締法の条文の一部である。条文中の（　）の中に入る語句として正しいものを下欄から選びなさい。

第12条
　3　毒物劇物営業者及び特定毒物研究者は、毒物又は劇物を貯蔵し、又は陳列する場所に、「（　（5）　）」の文字及び毒物については「毒物」、劇物については「劇物」の文字を表示しなければならない。

第14条
　毒物劇物営業者は、毒物又は劇物を他の毒物劇物営業者に販売し、又は授与したときは、その都度、次に掲げる事項を書面に記載しておかなければならない。
　一　毒物又は劇物の名称及び（　（6）　）
　二　販売又は授与の年月日
　三　譲受人の氏名、（　（7）　）及び住所（法人にあっては、その名称及び主たる事務所の所在地）
　2　（略）
　3　（略）
　4　毒物劇物営業者は、販売又は授与の日から（　（8）　）、第１項及び第２項の書面並びに前項前段に規定する方法が行われる場合に当該方法において作られる電磁的記録（電子的方式、磁気的方式その他人の知覚によっては認識することができない方式で作られる記録であって電子計算機による情報処理の用に供されるものとして厚生労働省令で定めるものをいう。）を保存しなければならない。

(5)	1	医薬用	2	医薬用外	3	薬用	4　薬用外
(6)	1	数量	2	成分			
	3	含量	4	厚生労働省令で定める解毒剤			
(7)	1	目的	2	年齢	3	職業	4　生年月日
(8)	1	3年間	2	5年間	3	6年間	4　10年間

問3　次の（9）～（12）の設問について答えなさい。

法第17条

2　毒物劇物営業者及び特定毒物研究者は、その取扱いに係る毒物又は劇物が盗難にあい、又は紛失したときは、（（a））、その旨を（（b））に届け出なければならない。

　　　　　（a）　　　　　　　　（b）

1　直ちに　　　　警察署

2　直ちに　　　　保健所、警察署又は消防機関

3　30日以内　　　警察署

4　30日以内　　　保健所、警察署又は消防機関

(10)　毒物及び劇物取締法施行規則第4条の4で定められている毒物又は劇物の販売業の店舗の設備の基準に関する記述について、正しいものの組合せを下欄から選びなさい。

　　a　毒物又は劇物を陳列する場所にかぎをかける設備があること。ただし、常に毒物劇物取扱責任者の目の届く場所であるときは、この限りでない。
　　b　毒物又は劇物を貯蔵するタンク、ドラムかん、その他の容器は、毒物又は劇物が飛散し、漏れ、又はしみ出るおそれのないものであること。
　　c　毒物又は劇物とその他の物とを区分して貯蔵できるものであること。

下欄

1　（a、b）　　　2　（a、c）　　　3　（b、c）　　　4　（a、b、c）

(11)　次の文は、特定毒物に関する記述である。記述の正誤について、正しい組合せを下欄から選びなさい。

　　a　特定毒物研究者は、特定毒物を学術研究以外の用途に供してはならない。
　　b　特定毒物研究者は、特定毒物を輸入してはならない。
　　c　特定毒物を所持することができるのは、特定毒物研究者又は特定毒物使用者のみである。
　　d　特定毒物使用者は、品目や用途に制限を受けることなく特定毒物を使用することができる。

下欄

	a	b	c	d
1	正	誤	誤	誤
2	正	誤	正	誤
3	誤	正	正	正
4	誤	正	誤	誤

(12)　次の文は、毒物及び劇物取締法及び同法施行規則の条文の一部である。条文
　　　中の（　　　）の中に入る語句の正しい組合せを下欄から選びなさい。

第13条
　毒物劇物営業者は、政令で定める毒物又は劇物については、厚生労働省令で
定める方法により着色したものでなければ、これを（　（a）　）として販売し、
又は授与してはならない。

規則第12条
　法第13条に規定する厚生労働省令で定める方法は、あせにくい（　（b）　）
で着色する方法とする。

	（a）	（b）
1	農業用	黒色
2	工業用	黒色
3	工業用	赤色
4	農業用	赤色

問4　次の（13）～（16）の設問について答えなさい。

(13)　次の記述のうち、毒物及び劇物取締法第7条及び第10条の規定に基づく届出
　　　として、正しいものの組合せを下欄から選びなさい。

　a　毒物劇物営業者は、製造所、営業所又は店舗の名称を変更したときは、30
　　日以内に届け出なければならない。
　b　毒物劇物営業者は、毒物劇物取扱責任者を置いたときは、15日以内に届け
　　出なければならない。
　c　毒物劇物営業者は、毒物又は劇物を製造し、貯蔵し、又は運搬する設備の重
　　要な部分を変更したときは、30日以内に届け出なければならない。

下欄

1　（a、b）	2　（a、c）	3　（b、c）	4　（a、b、c）

(14)　毒物及び劇物取締法施行令第40条の9の規定により、毒物劇物営業者が毒物
　　　又は劇物を販売し、又は授与する時までに、譲受人に対し、提供しなければな
　　　らない情報の内容について、正しいものの組合せを下欄から選びなさい。

　a　漏出時の措置　　　　　　b　火災時の措置
　c　盗難・紛失時の措置　　　d　情報を提供する毒物劇物取扱責任者の氏名

下欄

1　（a、b）	2　（a、c）	3　（b、d）	4　（c、d）

(15)　次の文は、毒物及び劇物取締法第22条第1項の規定に基づく届出が必要な業
　　　務上取扱者に関する記述である。正しいものの組合せを下欄から選びなさい。

　a　届出を要する事業として、最大積載量が5,000kg以上の自動車に固定された
　　容器を用いて、毒物又は劇物を運送する事業がある。
　b　業務上取扱者の届出事項に、事業場の所在地がある。
　c　毒物及び劇物取締法第7条に規定する毒物劇物取扱責任者を設置する必要は
　　ない。
　d　6年ごとに、業務上取扱者の届出をしなければならない。

下欄

1　（a、b）	2　（a、d）	3　（b、c）	4　（c、d）

(16)　毒物及び劇物取締法第13条の2で規定されている「毒物又は劇物のうち主として一般消費者の生活の用に供されると認められるものであって政令で定めるもの（劇物たる家庭用品）」として同法施行令別表第1の上欄に掲げられている物として、正しいものの組合せを下欄から選びなさい。

　　a　水酸化ナトリウム又は水酸化カリウムを含有する製剤たる劇物（家庭用の洗浄剤で液体状のものに限る。）
　　b　塩化水素又は硫酸を含有する製剤たる劇物（住宅用の洗浄剤で液体状のものに限る。）
　　c　ジメチル―2，2―ジクロルビニルホスフェイト（別名 DDVP）を含有する製剤（衣料用の防虫剤に限る。）

下欄

1　（a、b）	2　（a、c）	3　（b、c）	4　（a、b、c）

問5　次の文は、毒物及び劇物取締法の条文の一部である。条文中の（　）の中に入る語句として正しいものを下欄から選びなさい。

第8条
　　次の各号に掲げる者でなければ、前条の毒物劇物取扱責任者となることができない。
　　一　薬剤師
　　二　厚生労働省令で定める学校で、（　(17)　）に関する学課を修了した者
　　三　都道府県知事が行う毒物劇物取扱者試験に合格した者
　2　次に掲げる者は、前条の毒物劇物取扱責任者となることができない。
　　一　（　(18)　）未満の者
　　二　心身の障害により毒物劇物取扱責任者の業務を適正に行うことができない者として厚生労働省令で定めるもの
　　三　麻薬、（　(19)　）、あへん又は覚せい剤の中毒者
　　四　毒物若しくは劇物又は薬事に関する罪を犯し、罰金以上の刑に処せられ、その執行を終り、又は執行を受けることがなくなった日から起算して（　(20)　）を経過していない者

下欄

(17)	1　毒性学	2　生物学	3　基礎化学	4　応用化学
(18)	1　14歳	2　16歳	3　18歳	4　20歳
(19)	1　向精神薬	2　シンナー	3　指定薬物	4　大麻
(20)	1　1年	2　3年	3　5年	4　10年

〔基礎化学〕
（一般・農業用品目・特定品目共通）
問6　次の各問（21）～（24）について、最も適当なものを下欄から選びなさい。

(21) 純物質のうち、単体でないものはどれか。

下欄

1　ダイヤモンド	2　黒鉛	3　オゾン	4　アンモニア

(22) 電気陰性度の最も小さい元素はどれか。

下欄

1　O	2　F	3　Na	4　Cl

(23) 遷移元素はどれか。

下欄

1 C	2 Mg	3 Ar	4 Cu

(24) 2.0 ％の塩化ナトリウム水溶液 50 g と 8.0 ％の塩化ナトリウム水溶液 150 g を混合した溶液の質量パーセント濃度は、（　　　）％である。
（　　　）内にあてはまる最も適当なものはどれか。

下欄

1　5.0	2　6.5	3　7.0	4　13

問7　次の各問 (25) ～ (28) について、最も適当なものを下欄から選びなさい。

(25)　光学異性体をもたない物質はどれか。

下欄

1　チロシン	2　グリシン	3　システイン	4　アラニン

(26)　「同温・同圧のもとでは、どの気体も、同体積中に同数の分子を含む。」という法則を（　　　）という。
（　　　）内にあてはまる最も適当なものはどれか。

下欄

1　ヘンリーの法則	2　シャルルの法則
3　アボガドロの法則	4　ボイル・シャルルの法則

(27)　水酸化鉄（Ⅲ）のコロイド溶液に横から強い光を当てると、光の通路をはっきりと観察できる。これを（　　　）という。
（　　　）内にあてはまる最も適当なものはどれか。

下欄

1　チンダル現象	2　ブラウン運動
3　透析	4　電気泳動

(28)　pＨに関する記述のうち、誤っているものはどれか。

下欄

1	電離度を1としたとき、pH 2 の塩酸を水で 1000 倍に薄めると pH 5 になる。
2	酸性の水溶液では、$[H^+] < 1.0 \times 10^{-7} mol/L < [OH^-]$ となっている。
3	少量の酸や塩基を加えても pH がほぼ一定に保たれる性質を緩衝作用という。
4	0.010mol/L の硫酸の pH は、同濃度の硝酸の ph より小さい。

問8　次の各問 (29)～(32) について、最も適当なものを下欄から選びなさい。

(29)　ある質量の水酸化カリウムを蒸留水に溶かして 1,000mL とした。この水酸化カリウム水溶液 80mL をビーカーにとり、0.10mol/L の硫酸で滴下したところ、ちょうど 24.0mL で中和した。最初に溶かした水酸化カリウムの質量はどれか。ただし、原子量は、H = 1、O = 16、S = 32、K = 39　とする。

下欄

1　0.84 g	2　1.68g	3　3.36g	4　28.0g

(30)　三重結合をもつ分子はどれか。

下欄

1　酸素	2　エチレン	3　アセチレン	4　アンモニア

(31)　炭酸ナトリウム十水和物の結晶を乾いた空気中に放置すると、水和水の一部を失い、白色の粉末となる現象を（　　　）という。
（　　　）内にあてはまる最も適当なものはどれか。

下欄

1　風解	2　昇華	3　潮解	4　融解

(32)　次の変化で、下線を付けた元素が還元されたものはどれか。

下欄

1　$\underline{Cl}_2 \rightarrow H\underline{Cl}O$	2　$H_2\underline{O}_2 \rightarrow \underline{O}_2$
3　$H\underline{Cl} \rightarrow Ca\underline{Cl}_2$	4　$K\underline{Mn}O_4 \rightarrow \underline{Mn}O_2$

（一般）

問9　次の各問(33)〜(36)について、最も適当なものを下欄から選びなさい。

(33)　下の図は、1.01×10^5Pa（1 atm）の下で、水に熱を外部から加えたときの温度変化を示したものである。図のAの部分で吸収される熱量を何というか。

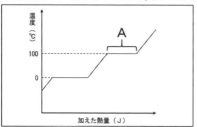

下欄

1　溶解熱	2　融解熱	3　昇華熱	4　蒸発熱

(34)　次の記述について、（　　　）の中に入る語句の正しい組合せはどれか。
なお、同じ記号の（　　　）内には同じ語句が入る。

鉛蓄電池は、希硫酸中に（　（a）　）と（　（b）　）を離して浸したものであり、（　（a）　）が正極、（　（b）　）が負極となる。
鉛蓄電池は充電して再使用できるが、ボルタ電池や乾電池などのように充電することができない電池を（　（c）　）電池という。

下欄

	（a）	（b）	（c）
1	二酸化鉛	鉛	二次
2	鉛	二酸化鉛	一次
3	二酸化鉛	鉛	一次
4	鉛	二酸化鉛	二次

(35) 一定温度において、200kPa の酸素 8.0L と 400kPa の窒素 6.0 L を、5.0L の容器に封入したとき、この混合気体の全圧として、最も適当なものはどれか。

下欄

| 1 | 214kPa | 2 | 458kPa | 3 | 600kPa | 4 | 800kPa |

(36) 25.2 g の炭酸水素ナトリウムを熱分解したときに発生する二酸化炭素は、標準状態で何 L か。ただし、原子量は、H = 1、C = 12、O = 16、Na = 23 とし、標準状態での気体 1 mol の体積は、22.4L とする。また、このとき起こる反応は、次の化学反応式で表されるものとする。

$$2 NaHCO_3 \rightarrow Na_2CO_3 + H_2O + CO_2$$

下欄

| 1 | 0.56L | 2 | 3.36L | 3 | 6.72L | 4 | 13.4L |

問 10　次の各問(37)〜(40)について、最も適当なものを下欄から選びなさい。

(37) ヨードホルム反応を起こさない物質はどれか。

下欄

| 1 | アセトアルデヒド | 2 | メタノール |
| 3 | エタノール | 4 | 2−プロパノール |

(38) 次の有機化合物と、その有機化合物のもつ官能基の組合せとして、正しいものはどれか。

下欄

	有機化合物	その有機化合物のもつ官能基
1	フェノール	ヒドロキシ基
2	アセトン	カルボキシ基
3	安息香酸	スルホ基
4	アニリン	ニトロ基

(39) 次の物質の中で、最も水に溶けやすいものはどれか。

下欄

| 1 | ナフタレン | 2 | クロロホルム |
| 3 | ジエチルエーテル | 4 | アセトン |

(40) 次の記述について、(　　)の中に入る語句の正しい組合せはどれか。

　　アミノ酸は、(（a）) 水溶液と反応して (（b）) 色を呈することから、

下欄

	(a)	(b)
1	ニンヒドリン	紫
2	アンモニア性硝酸銀	紫
3	ニンヒドリン	黄
4	アンモニア性硝酸銀	黄

〔性状・貯蔵・取扱方法〕

(一般)

問 11 次の物質の常温・常圧下における性状として、最も適当なものを下欄から選びなさい。

(41) キノリン   (42) 水酸化リチウム

(43) 塩化第二金   (44) モノゲルマン

下欄

1	無色の刺激臭をもつ気体で、可燃性がある。
2	紅色又は暗赤色の結晶で、水に溶けやすく、潮解性がある。
3	無色又は淡黄色の特有の臭気をもつ液体で、吸湿性がある。
4	無色又は白色の結晶で、エタノールに難溶であり、吸湿性がある。

問 12 次の物質の貯蔵方法として、最も適当なものを下欄から選びなさい。

(45) トリクロル酢酸   (46) ナトリウム

(47) ベタナフトール   (48) 黄燐

下欄

1	空気中にそのまま貯蔵することができないため、通常、石油中に貯蔵する。
2	潮解性があるため、密栓して冷所に貯蔵する。
3	空気や光線に触れると赤変するため、遮光して貯蔵する。
4	空気に触れると発火しやすいので、水中に沈めて瓶に入れ、さらに砂を入れた缶中に固定して、冷暗所に貯蔵する。

問 13 次の物質を含有する製剤は、毒物及び劇物取締法令上ある一定濃度以下で劇物から除外される。その除外される上限の濃度として、最も適当なものを下欄からそれぞれ選びなさい。

(49) 弗化ナトリウム

下欄

1	1%	2	6%	3	11%	4	20%

(50) ヘプタン酸

下欄

1	1%	2	6%	3	11%	4	20%

(51) ロダン酢酸エチル

下欄

1	1%	2	6%	3	11%	4	20%

(52) レソルシノール

下欄

1	1%	2	6%	3	11%	4	20%

問 14 次の物質の化学式として、最も適当なものを下欄から選びなさい。

(53) 1，1－ジメチルヒドラジン   (54) エタン－1，2－ジアミン

(55) ジメチルアミン   (56) アニリン

下欄

1	$(CH_3)_2NNH_2$	2	$C_6H_5NH_2$	3	$(CH_3)_2NH$	4	$NH_2CH_2CH_2NH_2$

問 15　次の物質の毒性として、最も適当なものを下欄から選びなさい。

(57) メタノール　　　(58) トルエン　　　(59) 硝酸　　　(60) 蓚酸

下欄

1　血液中の石灰分を奪取し、神経系を侵す。急性中毒症状は、胃痛、嘔吐、口腔、咽喉に炎症を起こし、腎臓が侵される。
2　高濃度の当該物質の水溶液が皮膚に触れると、ガスを発生して、組織ははじめ白く、しだいに深黄色となる。
3　頭痛、めまい、嘔吐、下痢、腹痛等を起こし、致死量に近ければ麻酔状態になり、視神経が侵され、目がかすみ、ついには失明することがある。
4　蒸気の吸入により頭痛、食欲不振等がみられる。大量では緩和な大赤血球性貧血をきたす。麻酔性が強い。

（農業用品目）

問 11　次の物質の常温・常圧下における性状として、最も適当なものを下欄から選びなさい。

(41) 弗化スルフリル　　　(42) 硫酸第二銅　　　(43) クロルピクリン
(44) テフルトリン

下欄

1　無色の気体で、アセトン、クロロホルムに溶ける。
2　白色又は淡褐色固体で、水にほとんど溶けない。有機溶媒に溶けやすい。
3　五水和物は濃い藍色の結晶で、風解性があり、水に溶けやすい。
4　無色～淡黄色の油状液体で、催涙性、粘膜刺激性がある。

問 12　次の物質の貯蔵方法に関する記述について、（　　）内にあてはまる最も適当なものを下欄からそれぞれ選びなさい。

《アンモニア》
　無色透明、（　(45)　）の液体であるため、よく密栓して貯蔵する。

《シアン化カリウム》
　湿った空気中では徐々に分解して、（　(46)　）を発生する。
　少量ならばガラス瓶、多量ならばブリキ缶あるいは鉄ドラムを用い、酸類とは離して、（　(47)　）する。

《ブロムメチル》
　無色の気体であり、（　(48)　）

下欄

(45)	1　揮発性　　2　爆発性　　3　発火性　　4　粘稠性
(46)	1　塩化水素　　2　青酸ガス　　3　弗化水素　　4　ホスゲン
(47)	1　石油中に貯蔵 2　空気の流通のよい乾燥した冷所に密封して貯蔵 3　火気を遠ざけて、空気の出入りのない密室で貯蔵 4　水を少量加えて冷所に貯蔵
(48)	1　アルカリ存在下では分解するため、一般に安定剤として少量の酸が添加される。日光を避け、冷所に貯蔵する。 2　七水和物は、風解性があるため、密栓して貯蔵する。 3　純品は空気と日光によって分解するため、少量のアルコールを加えて冷暗所に貯蔵する。 4　圧縮冷却して液化し、圧縮容器に入れ、直射日光、その他温度上昇の原因をさけて、冷暗所に貯蔵する。

問13　次の物質を含有する製剤は、毒物及び劇物取締法令上ある一定濃度以下で劇物から除外される。その除外される上限の濃度として、最も適当なものを下欄からそれぞれ選びなさい。

(49)　フアクロプリド
下欄

1	0.3%	2	2%	3	3%	4	6.8%

(50)　フルスルファミド
下欄

1	0.3%	2	2%	3	3%	4	6.8%

(51)　ピラクロストロビン
下欄

1	0.3%	2	2%	3	3%	4	6.8%

(52)　イソキサチオン
下欄

1	0.3%	2	2%	3	3%	4	6.8%

問14　次の物質の分類について、最も適当なものを下欄から選びなさい。

(53)ホスチアゼート　　(54)フィプロニル　　(55)カルボスルファン
(56)テフルトリン

下欄

1	ピレスロイド系農薬	2	有機リン系農薬
3	カーバメート系農薬	4	ピレスロイド系農薬

問15　次の物質の化学式として、最も適当なものを下欄からそれぞれ選びなさい。

(57)　エチレンクロルヒドリン
下欄

1	$SO_2(OH)Cl$	2	$ClCH_2CH_2OH$	3	CCl_3NO_2	4	$ClCH_2COCl$

(58)　ブロムメチル
下欄

1	$BaCO_3$	2	C_2H_5Br	3	HBr	4	CH_3Br

(59)　塩素酸ナトリウム
下欄

1	$NaClO_3$	2	$NaClO_2$	3	$NaClO$	4	$NaCl$

(57)　弗化スルフリル
下欄

1	SO_2F_2	2	HF	3	SbF_3	4	AsF_3

三重県

（特定品目）

問 11　次の物質の常温・常圧下における性状として、最も適当なものを下欄から選びなさい。

(41)四塩化炭素　　(42)酢酸エチル　　(43)塩素　　(44)クロム酸バリウム

下欄

1	黄色の粉末で、水にほとんど溶けない。
2	揮発性、無色の重い液体で、不燃性である。
3	窒息性の臭気をもつ黄緑色の気体である。
4	無色透明、揮発性の引火性液体で、果実様の芳香がある。

問 12　次の物質の貯蔵方法として、最も適当なものを下欄から選びなさい。

(45)トルエン　　　　(46)クロロホルム
(47)過酸化水素水　　(48)水酸化カリウム

下欄

1	純品は空気と日光によって分解するため、少量のアルコールを加えて冷暗所に貯蔵する。
2	二酸化炭素と水を吸収する性質が強いので、密栓して貯蔵する。
3	引火しやすく、また、その蒸気は空気と混合して爆発性混合ガスとなるため、火気を遠ざけて貯蔵する。
4	直射日光を避け、少量ならば褐色ガラス瓶、大量ならばカーボイなどを使用し、3分の1の空間を保って冷所に貯蔵する。

問 13　次の物質を含有する製剤は、毒物及び劇物取締法令上ある一定濃度以下で劇物から除外される。その除外される上限の濃度として、最も適当なものを下欄からそれぞれ選びなさい。

(49)　過酸化水素

下欄

1	1％	2	5％	3	6％	4	10％

(50)　ホルムアルデヒド

下欄

1	1％	2	5％	3	6％	4	10％

(51)　アンモニア

下欄

1	1％	2	5％	3	6％	4	10％

(52)　塩化水素

下欄

1	1％	2	5％	3	6％	4	10％

問14 次の物質の化学式として、最も適当なものを下欄から選びなさい。

(53) メチルエチルケトン　　　(54) 硝酸

(55) ホルムアルデヒド　　　(56) 蓚酸

下欄

1　$(COOH)_2$	2　HNO_3	3　$HCHO$	4　$CH_3COC_2H_5$

問15 次の物質の毒性として、最も適当なものを下欄から選びなさい。

(57) 蓚酸　　(58) メタノール　　(59) 硝酸　　(60) トルエン

下欄

1　蒸気の吸入により頭痛、食欲不振等がみられる。大量では緩和な大赤血球性貧血をきたす。麻酔性が強い。

2　血液中の石灰分を奪取し、神経系を侵す。急性中毒症状は、胃痛、嘔吐、口腔・咽喉に炎症を起こし、腎臓が侵される。

3　頭痛、めまい、嘔吐、下痢、腹痛等を起こし、致死量に近ければ麻酔状態になり、視神経が侵され、目がかすみ、ついには失明することがある。

4　高濃度の当該物質の水溶液が皮膚に触れると、ガスを発生して、組織ははじめ白く、しだいに深黄色となる。

〔実　地〕

（一般）

問16 次の物質の用途として、最も適当なものを下欄から選びなさい。

(61) 三塩化アルミニウム　　　(62) 蓚酸　　(63) 燐化亜鉛

(64) ニトロベンゼン

下欄

1　石油精製（クラッキング触媒）又は有機合成（フリーデルクラフト反応触媒）の際の触媒

2　純アニリンの製造原料

3　捺染剤、木、コルク、綿、藁製品等の漂白剤

4　殺鼠剤

問17 次の物質の鑑別方法として、最も適当なものを下欄から選びなさい。

(65) 硝酸銀　　　(66) カリウム　　　(67) ニコチン　　　(68) 四塩化炭素

下欄

1　本物質のエーテル溶液に、ヨードのエーテル溶液を加えると、褐色の液状沈殿を生じ、これを放置すると、赤色の針状結晶となる。

2　水に溶かし、塩酸を加えると白色の沈殿を生じる。その液に硫酸と銅屑を加えて熱すると、赤褐色の蒸気を発生する。

3　アルコール性の水酸化カリウムと銅粉とともに煮沸すると、黄赤色の沈殿を生じる。

4　白金線に試料を付けて、溶融炎で熱すると、炎の色は青紫色になる。

三重県

問 18　毒物及び劇物の品目ごとの具体的な廃棄方法として厚生労働省が定めた「毒物及び劇物の廃棄の方法に関する基準」に基づき、次の毒物又は劇物の廃棄方法として、最も適当なものを下欄から選びなさい。

(69) 炭酸バリウム　　(70) シアン化コバルトカリウム
(71) 臭化水素酸ン　　(72) クロルピクリン

下欄

| 1　固化隔離法 | 2　酸化沈殿法 | 3　分解法 | 4　中和法 |

問 19　毒物及び劇物の運搬事故時における応急措置の具体的な方法として厚生労働省が定めた「毒物及び劇物の運搬事故時における応急措置に関する基準」に基づき、次の毒物又は劇物が漏えい又は飛散した際の措置として、最も適当なものを下欄から選びなさい。

(73) クロム酸ナトリウム　　(74) 2－クロロアニリン
(75) ヒドラジン　　(76) メチルエチルケトン

下欄

1　飛散したものは空容器にできるだけ回収し、そのあとを還元剤（硫酸第一鉄等）の水溶液を散布し、消石灰、ソーダ灰等の水溶液で処理したのち、多量の水を用いて洗い流す。この場合、濃厚な廃液が河川等に排出されないよう注意する。
2　多量に漏えいした場合、漏えいした液は、土砂等でその流れを止め、安全な場所に導き、液の表面を泡で覆い、できるだけ空容器に回収する。
3　漏えいした液は、土砂等でその流れを止め、安全な場所に導き、密閉可能な空容器にできるだけ回収し、そのあとを多量の水を用いて洗い流す。洗い流す場合には、中性洗剤等の分散剤を使用して洗い流す。この場合、濃厚な廃液が河川等に排出されないよう注意する。
4　漏えいした液は、土砂等でその流れを止め、安全な場所に導き、密閉可能なステンレス製空容器にできるだけ回収し、そのあとを多量の水を用いて洗い流す。この場合、濃厚な廃液が河川等に排出されないよう注意する。

問 20　次の物質の毒物及び劇物取締法施行令第 40 条の 5 第 2 項第 3 号に規定する厚生労働省令で定める保護具として、（　　　）内にあてはまる最も適当なものを下欄からそれぞれ選びなさい。

(77) アクロレイン

　　　保護具：保護手袋、保護長ぐつ、保護衣、（　(77)　）

下欄

| 1　保護眼鏡 | 2　有機ガス用防毒マスク |
| 3　酸性ガス用防毒マスク | 4　普通ガス用防毒マスク |

(78)　クロロスルホン酸

　　　保護具：保護手袋、保護長ぐつ、保護衣、（　(78)　）

下欄

| 1　保護眼鏡 | 2　有機ガス用防毒マスク |
| 3　酸性ガス用防毒マスク | 4　普通ガス用防毒マスク |

三重県

(79) 硫酸及びこれを含有する製剤（硫酸 10 ％以下を含有するものを除く。）で液体状のもの

　　　保護具：保護手袋、保護長ぐつ、保護衣、（　（79）　）

下欄

1　保護眼鏡		2　有機ガス用防毒マスク	
3　酸性ガス用防毒マスク		4　普通ガス用防毒マスク	

(80) 臭素

　　　保護具：保護手袋、保護長ぐつ、保護衣、（　（80）　）

下欄

1　保護眼鏡		2　有機ガス用防毒マスク	
3　酸性ガス用防毒マスク		4　普通ガス用防毒マスク	

（農業用品目）

問 16　次の物質の主な農薬用の用途として、最も適当なものを下欄から選びなさい。

(61)テブフェンピラド　　　　(62)ナラシン　　　　(63)燐化亜鉛
(64)イミノクタジン酢酸塩

下欄

1　殺鼠剤	2　殺ダニ剤	3　飼料添加物	4　殺菌剤

問 17　次の物質の鑑別方法に関する記述について、（　　　）内にあてはまる最も適当なものを下欄からそれぞれ選びなさい。

《アンモニア》
　アンモニア水に濃塩酸をうるおしたガラス棒を近づけると、（　（65）　）の霧を生じる。また、塩酸を加えて中和したのち、塩化白金溶液を加えると、（　（66）　）の結晶性沈殿を生じる。

《硫酸》
　硫酸の希釈溶液に塩化バリウムを加えると、（　（67）　）の硫酸バリウムを沈殿するが、この沈殿は、塩酸や硝酸に溶けない。

《塩化亜鉛》
　水に溶かし、硝酸銀を加えると、（　（68）　）の沈殿を生じる。

下欄

(65)	1　緑色	2　黄色	3　白色	4　赤色
(66)	1　緑色	2　黄色	3　白色	4　赤色
(67)	1　緑色	2　黄色	3　白色	4　赤色
(68)	1　緑色	2　黄色	3　白色	4　赤色

問 18　毒物及び劇物の品目ごとの具体的な廃棄方法として厚生労働省が定めた「毒物及び劇物の廃棄の方法に関する基準」に基づき、次の毒物又は劇物の廃棄方法として、最も適当なものを下欄から選びなさい。

(69) 1，3―ジカルバモイルチオ―2―（N，N―ジメチルアミノ）―プロパン塩酸塩（別名　カルタップ）
(70)硫酸第二銅　　　　(71)塩素酸ナトリウム　　　　(72)シアン化カリウム

下欄

1　還元法	2　燃焼法	3　酸化法	4　沈殿法

問19 毒物及び劇物の運搬事故時における応急措置の具体的な方法として厚生労働省が定めた「毒物及び劇物の運搬事故時における応急措置に関する基準」に基づき、次の毒物又は劇物が漏えい又は飛散した際の措置として、最も適当なものを下欄から選びなさい。

(73)メトミル 　　　(74)沃化メチル
(75)燐化アルミニウムとその分解促進剤とを含有する製剤
(76)硫酸

下欄

1 　飛散したものの表面を速やかに土砂等で覆い、密閉可能な空容器に回収して密閉する。本物質で汚染された土砂等も同様の措置をし、そのあとを多量の水を用いて洗い流す。
2 　漏えいした液は、土砂等でその流れを止め、安全な場所に導き、空容器にできるだけ回収し、そのあとを多量の水を用いて洗い流す。この場合、濃厚な廃液が河川等に排出されないよう注意する。
3 　飛散したものは、空容器にできるだけ回収し、そのあとを消石灰等の水溶液を用いて処理し、多量の水を用いて洗い流す。この場合、濃厚な廃液が河川等に排出されないよう注意する。
4 　多量に漏えいした場合、漏えいした液は、土砂等でその流れを止め、これに吸着させるか、又は安全な場所に導いて、遠くから徐々に注水してある程度希釈した後、消石灰、ソーダ灰等で中和し、多量の水を用いて洗い流す。この場合、濃厚な廃液が河川等に排出されないよう注意する。

問20 次の各問（77）～（80）について、（　　　）内にあてはまる最も適当なものを下欄からそれぞれ選びなさい。

(77)　ダイアジノンを含有するマイクロカプセル製剤にあっては、ダイアジノン（　　　）以下のものが劇物から除外される。

下欄

| 1　5% | 2　15% | 3　25% | 4　350% |

(78)　クロルピクリンの毒物及び劇物取締法施行令第40条の5第2項第3号に規定する厚生労働省令で定める保護具は、保護手袋、保護長ぐつ、保護衣、（　　　）である。

下欄

| 1　有機ガス用防毒マスク | 2　保護眼鏡 |
| 3　酸性ガス用防毒マスク | 4　普通ガス用防毒マスク |

(79)　（　　　）は特定毒物に該当する。

下欄

1　シアン化カリウム
2　メチルイソチオシアネート
3　ロテノン
4　燐化アルミニウムとその分解促進剤とを含有する製剤

(80) アセチルコリンエステラーゼ阻害作用を有する（　　）は、毒物及び劇物取締法に基づき、解毒剤の名称を、その容器及び被包に表示しなければ販売し、又は授与してはならない。その解毒剤は、２－ピリジルアルドキシムメチオダイド（別名 PAM）の製剤及び硫酸アトロピンの製剤である。

下欄

1	ジメトエート	2	イミダクロプリド
3	弗化スルフリル	4	エチレンクロルヒドリン

（特定品目）

問 16　次の物質の用途として、最も適当なものを下欄から選びなさい。

(61) ホルマリン　　　　　　　　(62) 四塩基性クロム酸亜鉛

(63) 過酸化水素水　　　　　　　(64) 硝酸

下欄

```
1  ポリアセタール樹脂の原料、メラミン樹脂の原料
2  漂白剤
3  ニトロ化合物の原料、冶金
4  さび止め下塗り塗料用
```

問 17　次の物質の鑑別方法として、最も適当なものを下欄から選びなさい。

(65) メタノール　　　　　　　　(66) 硫酸

(67) 水酸化ナトリウム　　　　　(68) クロロホルム

下欄

```
1  希釈水溶液に塩化バリウムを加えると、白色の沈殿を生じるが、この沈殿
   は塩酸や硝酸に溶けない。
2  あらかじめ強熱した酸化銅を加えると、ホルムアルデヒドができ、酸化銅
   は還元されて金属銅色を呈する。
3  本物質の水溶液を白金線につけて無色の火炎中に入れると、火炎は著しく
   黄色に染まり、長時間続く。
4  レゾルシンと 33 ％の水酸化カリウム溶液と熱すると黄赤色を呈し、緑色の
   蛍石彩を放つ。
```

問 18　毒物及び劇物の品目ごとの具体的な廃棄方法として厚生労働省が定めた「毒物及び劇物の廃棄の方法に関する基準」に基づき、次の毒物又は劇物の廃棄方法として、最も適当なものを下欄から選びなさい。

(69) 一酸化鉛　　　(70) クロム酸ナトリウム　　　(71) 塩素　　　(72) ホルマリン

下欄

1	還元沈殿法	2	固化隔離法	3	酸化法	4	アルカリ法

問 19　毒物及び劇物の運搬事故時における応急措置の具体的な方法として厚生労働省が定めた「毒物及び劇物の運搬事故時における応急措置に関する基準」に基づき、次の毒物又は劇物が多量に漏えいした際の措置として、最も適当なものを下欄から選びなさい。

(73)メタノール　　(74)キシレン　　(75)液化塩化水素　　(76)硫酸

下欄

1　漏えいした液は、土砂等でその流れを止め、安全な場所に導き、多量の水で十分に希釈して洗い流す。この場合、濃厚な廃液が河川等に排出されないように注意する。
2　漏えいした液は、土砂等でその流れを止め、安全な場所に導き、液の表面を泡で覆い、できるだけ空容器に回収する。
3　漏えいしたガスは、多量の水をかけて吸収させる。多量にガスが噴出する場合は遠くから霧状の水をかけ吸収させる。この場合、濃厚な廃液が河川等に排出されないよう注意する。
4　漏えいした液は、土砂等でその流れを止め、これに吸着させるか、又は安全な場所に導いて、遠くから徐々に注水してある程度希釈したあと、消石灰、ソーダ灰等で中和し、多量の水を用いて洗い流す。この場合、濃厚な廃液が河川等に排出されないよう注意する。

問 20　次の物質の毒物及び劇物取締法施行令第 40 条の 5 第 2 項第 3 号に規定する厚生労働省令で定める保護具として、(　　)内にあてはまる最も適当なものを下欄からそれぞれ選びなさい。

(77)　硫酸及びこれを含有する製剤（硫酸 10 ％以下を含有するものを除く。）で液体状のもの

　　　保護具：保護手袋、保護長ぐつ、保護衣、(　(77)　)

下欄

| 1　酸性ガス用防毒マスク | 2　有機ガス用防毒マスク |
| 3　普通ガス用防毒マスク | 4　保護眼鏡 |

(78)　塩素

　　　保護具：保護手袋、保護長ぐつ、保護衣、(　(78)　)

下欄

| 1　酸性ガス用防毒マスク | 2　有機ガス用防毒マスク |
| 3　普通ガス用防毒マスク | 4　保護眼鏡 |

(79)　硝酸及びこれを含有する製剤（硝酸 10 ％以下を含有するものを除く。）で液体状のもの

　　　保護具：保護手袋、保護長ぐつ、保護衣、(　(79)　)

下欄

| 1　酸性ガス用防毒マスク | 2　有機ガス用防毒マスク |
| 3　普通ガス用防毒マスク | 4　保護眼鏡 |

(80)　水酸化カリウム及びこれを含有する製剤（水酸化カリウム 5 ％以下を含有するものを除く。）で液体状のもの

　　　保護具：保護手袋、保護長ぐつ、保護衣、(　(80)　)

下欄

| 1　酸性ガス用防毒マスク | 2　有機ガス用防毒マスク |
| 3　普通ガス用防毒マスク | 4　保護眼鏡 |

三重県

関西広域連合統一共通〔滋賀県、京都府、大阪府、和歌山県、兵庫県、徳島県〕

令和3年度実施

〔毒物及び劇物に関する法規〕
(一般・農業用品目・特定品目共通)

問1 次の記述は法の条文の一部である。( )の中に入れるべき字句の正しい組合せを下表から一つ選べ。

第1条 (目的)
　この法律は、毒物及び劇物について、( )ことを目的とする。

1　公衆衛生の向上及び増進に寄与する
2　濫用による保健衛生上の危害を防止する
3　譲渡、譲受、所持等について必要な取締を行う
4　国民の健康の保持に寄与する
5　保健衛生上の見地から必要な取締を行う

問2 次の記述は、法第2条第1項の条文である。( )の中に入れるべき字句の正しい組合せを下表から一つ選べ。

　この法律で「毒物」とは、別表第一に掲げる物であつて、(a)及び(b)以外のものをいう。

	a	b
1	医薬品	化粧品
2	医薬品	医薬部外品
3	医薬部外品	化粧品
4	医薬部外品	指定薬物
5	化粧品	指定薬物

問3 毒物劇物営業者に関する記述の正誤について、正しい組合せを下表から一つ選べ。

a　毒物又は劇物の製造業の登録を受けた者は、毒物又は劇物を販売又は授与の目的で輸入することができる。

b　毒物又は劇物の輸入業の登録を受けた者は、その輸入した毒物又は劇物を、他の毒物劇物営業者に販売し、授与し、又はこれらの目的で貯蔵し、運搬し、若しくは陳列することができる。

c　薬局の開設者は、毒物又は劇物の販売業の登録を受けなくても、毒物又は劇物を販売することができる。

	a	b	c
1	正	誤	誤
2	正	誤	正
3	誤	正	誤
4	正	正	誤
5	誤	誤	正

問4　法第3条の2に基づく、特定毒物に関する記述の正誤について、正しい組合せを下表から一つ選べ。

a　特定毒物研究者のみが、特定毒物を製造することができる。

b　特定毒物研究者は、特定毒物を学術研究以外の用途に供してはならない。

c　特定毒物研究者又は特定毒物使用者のみが、特定毒物を所持することができる。

d　特定毒物使用者は、その使用することができる特定毒物以外の特定毒物を譲り受けてはならない。

	a	b	c	d
1	誤	正	誤	正
2	誤	正	正	正
3	正	誤	正	誤
4	正	誤	正	正
5	誤	正	誤	誤

問5　次の記述は、法第3条の3及び政令第32条の2の条文である。（　）の中に入れるべき字句の正しい組合せを下表から一つ選べ。

法第3条の3

興奮、幻覚又は（ a ）の作用を有する毒物又は劇物（これらを含有する物を含む。）であつて政令で定めるものは、みだりに（ b ）し、若しくは吸入し、又はこれらの目的で所持してはならない。

政令第32条の2

法第3条の3に規定する政令で定める物は、トルエン並びに酢酸エチル、トルエン又は（ c ）を含有するシンナー（塗料の粘度を減少させるために使用される有機溶剤をいう。）、接着剤、塗料及び閉そく用又はシーリング用の充てん料とする。

	a	b	c
1	催眠	摂取	メタノール
2	催眠	使用	メタノール
3	催眠	使用	エタノール
4	麻酔	摂取	メタノール
5	麻酔	使用	エタノール

問6　次のうち、法第3条の4で「業務その他正当な理由による場合を除いては、所持してはならない。」と規定されている、「引火性、発火性又は爆発性のある毒物又は劇物」として、政令で定める正しいものの組合せを1～5から一つ選べ。

a　亜塩素酸ナトリウム30％を含有する製剤

b　アリルアルコール

c　ピクリン酸

d　亜硝酸カリウム

1（a、b）　　2（a、c）　　3（a、d）　　4（b、d）　　5（c、d）

問7　毒物又は劇物の製造業、輸入業又は販売業の申請及び登録に関する記述の正誤について、正しい組合せを下表から一つ選べ。

a　毒物又は劇物の製造業、輸入業又は販売業の登録は、製造所、営業所又は店舗ごとに、その製造所、営業所又は店舗の所在地の都道府県知事（販売業にあってはその店舗の所在地が、保健所を設置する市又は特別区の区域にある場合においては、市長又は区長。）が行う。

b　毒物又は劇物の製造業の登録は、6年ごとに、更新を受けなければ、その効力を失う。

c　毒物又は劇物の販売業の登録の更新は、登録の日から起算して6年を経過した日から30日以内に、申請する。

	a	b	c
1	正	正	誤
2	正	誤	正
3	正	誤	誤
4	誤	正	正
5	誤	誤	正

問8 次の記述は、毒物劇物取扱責任者に関する、法第8条第2項の条文の一部である。（　）の中に入れるべき字句の正しい組合せを下表から一つ選べ。

次に掲げる者は、前条の毒物劇物取扱責任者となることができない。
一　（　a　）歳未満の者
二　（省略）
三　麻薬、（　b　）、あへん又は覚せい剤の中毒者
四　毒物若しくは劇物又は薬事に関する罪を犯し、罰金以上の刑に処せられ、その執行を終り、又は執行を受けることがなくなつた日から起算して（　c　）を経過していない者

	a	b	c
1	18	向精神薬	2年
2	18	大麻	3年
3	20	向精神薬	3年
4	20	大麻	2年
5	18	大麻	2年

問9 毒物劇物取扱責任者に関する記述の正誤について、正しい組合せを下表から一つ選べ。

a　毒物劇物販売業者は、毒物劇物取扱責任者を変更したときは、その店舗の所在地の都道府県知事（その店舗の所在地が、保健所を設置する市又は特別区の区域にある場合においては、市長又は区長。）に30日以内に、その毒物劇物取扱責任者の氏名を届け出なければならない。

b　一般毒物劇物取扱者試験に合格した者は、農業用品目販売業の店舗において、毒物劇物取扱責任者になることができない。

c　特定品目毒物劇物取扱者試験に合格した者は、法令で定める特定品目の毒物若しくは劇物のみを取り扱う輸入業の営業所若しくは特定品目販売業の店舗においてのみ、毒物劇物取扱責任者になることができる。

d　毒物又は劇物を取り扱う製造所、営業所又は店舗において、毒物又は劇物を直接に取り扱う業務に2年以上従事した経験があれば、毒物劇物取扱責任者になることができる。

	a	b	c	d
1	正	誤	正	正
2	誤	誤	正	正
3	誤	正	誤	正
4	正	正	誤	誤
5	正	誤	正	誤

問10 法第9条及び第10条に規定されている、毒物劇物営業者が行う手続に関する記述の正誤について、正しい組合せを下表から一つ選べ。

a　毒物劇物営業者は、氏名又は住所（法人にあっては、その名称又は主たる事務所の所在地）を変更したときは、30日以内にその旨を届け出なければならない。

b　毒物又は劇物の製造業者又は輸入業者は、登録を受けた毒物又は劇物以外の毒物又は劇物を製造し、又は輸入したときは、30日以内にその旨を届け出なければならない。

c　毒物劇物営業者は、毒物又は劇物の製造所、営業所又は店舗における営業を廃止したときは、30日以内にその旨を届け出なければならない。

	a	b	c
1	正	誤	正
2	正	誤	誤
3	正	正	正
4	誤	正	誤
5	誤	誤	誤

問11　次の記述は、毒物又は劇物の取扱に関する、法第11条第4項及び省令第11条の4の条文である。（　　　）の中に入れるべき字句の正しい組合せを下表から一つ選べ。

法第11条第4項
　毒物劇物営業者及び特定毒物研究者は、毒物又は厚生労働省令で定める劇物については、その容器として、（　a　）を使用してはならない。

省令第11条の4
　法第11条第4項に規定する劇物は、（　b　）とする。

	a	b
1	密閉できない構造の物	すべての劇物
2	衝撃に弱い構造の物	常温・常圧下で液体の劇物
3	飲食物の容器として通常使用される物	すべての劇物
4	密閉できない構造の物	興奮、幻覚作用のある劇物
5	飲食物の容器として通常使用される物	常温・常圧下で液体の劇物

問12　毒物又は劇物の表示に関する法の規定に基づく、次の記述の正誤について、正しい組合せを下表から一つ選べ。

a　毒物劇物営業者は、劇物の容器及び被包に、「医薬用外」の文字及び白地に赤色をもって「劇物」の文字を表示しなければならない。

b　特定毒物研究者は、毒物の容器及び被包に、「医薬用外」の文字及び黒地に白色をもって「毒物」の文字を表示しなければならない。

c　毒物劇物営業者は、劇物を貯蔵し、又は陳列する場所に、「医薬用外」の文字及び「劇物」の文字を表示しなければならない。

	a	b	c
1	誤	誤	正
2	正	誤	誤
3	正	誤	正
4	誤	正	誤
5	正	正	誤

問13　省令第11条の6に基づき、毒物又は劇物の製造業者が製造した硫酸を含有する製剤たる劇物（住宅用の洗浄剤で液体状のものに限る。）を販売する場合、取扱及び使用上特に必要な表示事項として、その容器及び被包に表示が定められているものの正誤について、正しい組合せを下表から一つ選べ。

a　小児の手の届かないところに保管しなければならない旨
b　皮膚に触れた場合には、石けんを使ってよく洗うべき旨
c　使用の際、手足や皮膚、特に眼にかからないように注意しなければならない旨

	a	b	c
1	正	正	正
2	正	誤	正
3	正	誤	誤
4	誤	正	正
5	誤	正	誤

関西広域連合統一

問14 法第 13 条に基づく、特定の用途に供される毒物又は劇物の販売等に関する記述の正誤について、正しい組合せを下表から一つ選べ。

a 硫酸亜鉛を含有する製剤たる劇物については、あせにくい黒色で着色したものでなければ、農業用として販売し、又は授与してはならない。

b 燐化亜鉛を含有する製剤たる劇物については、あせにくい黒色で着色したものでなければ、農業用として販売し、又は授与してはならない。

c 硫酸ニコチンを含有する製剤たる毒物については、省令で定める方法により着色したものでなければ、農業用として販売し、又は授与してはならない。

	a	b	c
1	誤	誤	正
2	正	誤	誤
3	正	誤	正
4	誤	正	誤
5	正	正	正

問15 次の記述は、法第 14 条第 1 項の条文である。（　　）の中に入れるべき字句の正しい組合せを下表から一つ選べ。なお、複数箇所の（ a ）内には、同じ字句が入る。

毒物劇物営業者は、毒物又は劇物を他の毒物劇物営業者に販売し、又は（ a ）したときは、その都度、次に掲げる事項を書面に記載しておかなければならない。
一　毒物又は劇物の名称及び（ b ）
二　販売又は（ a ）の年月日
三　譲受人の氏名、（ c ）及び住所（法人にあつては、その名称及び主たる事務所の所在地）

	a	b	c
1	授与	数量	年齢
2	授与	含量	年齢
3	譲受	含量	職業
4	譲受	含量	年齢
5	授与	数量	職業

問16 法第 15 条に規定されている、毒物又は劇物の交付の制限等に関する記述の正誤について、正しい組合せを下表から一つ選べ。

a 毒物劇物営業者は、トルエンを麻薬、大麻、あへん又は覚せい剤の中毒者に交付してはならない。

b 毒物劇物営業者は、ナトリウムの交付を受ける者の氏名及び職業を確認した後でなければ、交付してはならない。

c 毒物劇物営業者は、ナトリウムの交付を受ける者の確認に関する事項を記載した帳簿を、最終の記載をした日から 6 年間、保存しなければならない。

	a	b	c
1	正	正	誤
2	誤	誤	正
3	誤	正	正
4	正	誤	誤
5	正	正	正

問17 政令第 40 条の 5 に規定されている、水酸化ナトリウム 20 ％を含有する製剤で液体状のものを、車両 1 台を使用して、1 回につき 7,000kg 運搬する場合の運搬方法に関する記述について、正しいものの組合せを 1 ～ 5 から一つ選べ。

a 2 人で運転し、3 時間ごとに交代し、12 時間後に目的地に着いた。

b 交替して運転する者を同乗させず、1 人で連続して 5 時間運転後に 1 時間休憩をとり、その後 3 時間運転して目的地に着いた。

c 車両に、保護手袋、保護長ぐつ、保護衣及び保護眼鏡を 1 人分備えた。

d 車両には、運搬する劇物の名称、成分及びその含量並びに事故の際に講じなければならない応急の措置の内容を記載した書面を備えた。

1（a、b）　2（a、c）　3（a、d）　4（b、c）　5（c、d）

問 18 法第 17 条に規定されている、毒物又は劇物の事故の際の措置に関する記述について、正しいものの組合せを 1～5 から一つ選べ。

a 毒物劇物営業者は、取り扱っている劇物が流出し、多数の者に保健衛生上の危害が生ずるおそれがある場合、直ちに、その旨を保健所、警察署又は消防機関に届け出なければならない。

b 毒物劇物製造業者は、取り扱っている劇物が漏れた場合において、保健衛生上の危害を防止するために必要な応急の措置を講じなければならない。

c 毒物劇物製造業者が貯蔵していた劇物が盗難にあった場合、毒物が含まれていなければ、警察署への届出は不要である。

1（a、b） 2（a、c） 3（a、d） 4（b、d） 5（c、d）

問 19 次の記述は、法第 18 条第 1 項の条文である。（ ）の中に入れるべき字句の正しい組合せを下表から一つ選べ。

（ a ）は、（ b ）必要があると認めるときは、毒物劇物営業者若しくは特定毒物研究者から必要な報告を徴し、又は薬事監視員のうちからあらかじめ指定する者に、これらの者の製造所、営業所、店舗、研究所その他業務上毒物若しくは劇物を取り扱う場所に立ち入り、帳簿その他の物件を検査させ、関係者に質問させ、若しくは試験のため必要な最小限度の分量に限り、毒物、劇物、第 11 条第 2 項の政令で定める物若しくはその疑いのある物を（ c ）させることができる。

	a	b	c
1	都道府県知事	保健衛生上	収去
2	厚生労働大臣	保健衛生上	検査
3	厚生労働大臣	犯罪捜査上	収去
4	厚生労働大臣	犯罪捜査上	検査
5	都道府県知事	犯罪捜査上	収去

問 20 法第 22 条第 1 項に規定されている、業務上取扱者の届出が必要な事業について、正しいものの組合せを 1～5 から一つ選べ。

a 無機水銀化合物たる毒物及びこれを含有する製剤を取り扱う、電気めっきを行う事業

b 無機シアン化合物たる毒物及びこれを含有する製剤を取り扱う、金属熱処理を行う事業

c 砒素化合物たる毒物及びこれを含有する製剤を取り扱う、ねずみの駆除を行う事業

d 砒素化合物たる毒物及びこれを含有する製剤を取り扱う、しろありの防除を行う事業

1（a、b） 2（a、c） 3（a、d） 4（b、d） 5（c、d）

関西広域連合統一

〔基礎化学〕
(一般・農業用品目・特定品目共通)

問 21 Al (アルミニウム)、Cu (銅)、K (カリウム)、Pb (鉛) をイオン化傾向の大きいものから順に並べたものとして、正しいものを1〜5から一つ選べ。

1 Al > K > Cu > Pb
2 Al > K > Pb > Cu
3 Al > Pb > K > Cu
4 K > Al > Pb > Cu
5 K > Cu > Al > Pb

問 22 互いが同素体である正しいものの組合せを1〜5から一つ選べ。

a 赤リンと黄リン
b 一酸化炭素と二酸化炭素
c ダイヤモンドと黒鉛
d メタノールとエタノール

1 (a、b) 2 (a、c) 3 (a、d) 4 (b、d) 5 (c、d)

問 23 塩化ナトリウム 234.0g を水に溶かして 2.0L の水溶液をつくった。この溶液のモル濃度は何mol/Lか。最も近い値を1〜5から一つ選べ。
ただし、Na の原子量を23.0、Cl の原子量を35.5 とする。

1 1.0 2 2.0 3 3.0 4 4.0 5 5.0

問 24 次のマグネシウムに関する記述について、( ) の中に入れるべき字句の正しい組合せを下表から一つ選べ。

マグネシウム原子は、原子核に 12 個の陽子があり、電子殻に (a) 個の電子がある。最外殻から2個の電子が放出されると、電子配置は貴ガス (希ガス) の (b) 原子と同じになり、安定になる。この時、陽子に比べて電子数が2個 (c) なり、2価の陽イオンであるマグネシウムイオンになる。

	a	b	c
1	12	ネオン	少なく
2	12	アルゴン	少なく
3	14	ヘリウム	多く
4	20	アルゴン	多く
5	20	ネオン	少なく

問 25 濃度がわからない過酸化水素水 20.0mL に希硫酸を加えて酸性とし、これに 0.0400mol/L の過マンガン酸カリウム水溶液を滴下していくと、10.0mL 加えたところで、過マンガン酸カリウムの赤紫色が消失しなくなり、溶液が薄い赤紫色になった。この過酸化水素水の濃度は何 mol/L になるか。最も近い値を1〜5から一つ選べ。なお、硫酸酸性下での過酸化水素水と過マンガン酸カリウム水溶液の反応は、次の化学反応式で表されるものとする。

$2 KMnO_4 + 5 H_2O_2 + 3 H_2SO_4 \rightarrow 2 MnSO_4 + 5 O_2 + 8 H_2O + K_2SO_4$

1 0.0100 2 0.0200 3 0.0250
4 0.0500 5 0.100

問 26 次の気体の性質に関する記述について、正しいものの組合せを1～5から一つ選べ。

 a 温度が一定のとき、一定物質量の気体の体積は圧力に比例する。
 b 圧力が一定のとき、一定物質量の気体の体積は絶対温度に比例する。
 c 混合気体の全圧は、各成分気体の分圧の和に等しい。
 d 実在気体は、低温・高圧の条件下では理想気体に近いふるまいをする。

 1（a、b） 2（a、d） 3（b、c） 4（b、d） 5（c、d）

問 27 次の化学反応及びその速さ（反応速度）に関する記述について、<u>誤っているもの</u>を1～5から一つ選べ。

 1 一般に、反応物の濃度が大きいほど、反応速度は小さくなる。
 2 一般に、固体が関係する反応では、固体の表面積を大きくすると、反応速度は大きくなる。
 3 反応速度は、温度以外の条件が一定のとき、温度が高くなると、大きくなる。
 4 反応の前後で物質自体は変化せず、反応速度を大きくする物質を触媒という。
 5 反応物を活性化状態（遷移状態）にするのに必要な最小のエネルギーを、その反応の活性化エネルギーという。

問 28 次のコロイドに関する記述について、正しいものの組合せを1～5から一つ選べ。

 a 気体、液体、固体の中に、ほかの物質が直径1～数百 nm（ナノメートル）程度の大きさの粒子となって分散している状態をコロイドという。
 b 疎水コロイドに少量の電解質を加えたとき、沈殿が生じる現象を塩析という。
 c コロイド溶液では、熱運動によって分散媒分子が不規則にコロイド粒子に衝突するために、コロイド粒子が不規則な運動をする。これをブラウン運動という。
 d 透析は、コロイド粒子が半透膜を透過できる性質を利用している。

 1（a、b） 2（a、c） 3（a、d） 4（b、d） 5（c、d）

問 29 次の反応熱に関する記述の正誤について、正しい組合せを下表から一つ選べ。

 a 燃焼熱とは、物質1 mol が完全に燃焼するときの反応熱で、すべて発熱反応である。
 b 生成熱とは、化合物1 mol がその成分元素の単体から生成するときの反応熱で、すべて発熱反応である。
 c 化学反応式の右辺に反応熱を書き加え、両辺を等号（＝）で結んだ式を、熱化学方程式という。

	a	b	c
1	誤	正	誤
2	正	正	正
3	誤	正	正
4	正	誤	正
5	正	誤	誤

問 30 次の物質のうち、共有結合を<u>形成しない</u>物質を、1～5から一つ選べ。

 1 二酸化ケイ素 2 アンモニア
 3 二酸化炭素 4 塩化水素
 5 カリウム

問 31　次の水素に関する記述について、（　　）の中に入れるべき字句の正しい組合せを下表から一つ選べ。

　　水素は、無色、無臭で、すべての物質の中で単体の密度が最も（　a　）。また、水に溶けにくいので、水素を発生させる際には（　b　）で捕集する。水素は、貴ガス（希ガス）を除くほとんどの元素と反応して化合物を作る。NH_3、H_2O、HF などがあり、これらの水素化合物は、周期表で右へ行くほど酸性が（　c　）なる。

	a	b	c
1	大きい	水上置換	弱く
2	大きい	下方置換	強く
3	小さい	水上置換	強く
4	小さい	水上置換	弱く
5	小さい	下方置換	弱く

問 32　次の窒素とその化合物に関する一般的な記述について、誤っているものを1〜5から一つ選べ。
　　1　窒素は、無色、無臭の気体で、空気中に体積比で約 78 ％含まれる。
　　2　アンモニアは、工業的には触媒を用いて、窒素と水素から合成される。
　　3　一酸化窒素は、水に溶けやすい赤褐色の気体である。
　　4　二酸化窒素は、一酸化窒素が空気中で速やかに酸化されて生成する。
　　5　硝酸は光や熱で分解しやすいので、褐色のびんに入れ冷暗所に保存する。

問 33　次のアルコールに関する一般的な記述について、誤っているものを1〜5から一つ選べ。
　　1　メタノールは、水と任意の割合で混じり合う。
　　2　エタノールは、酵母によるグルコース（ブドウ糖）のアルコール発酵によって得られる。
　　3　エチレングリコール（1，2－エタンジオール）は、粘性のある不揮発性の液体で、自動車エンジン冷却用の不凍液に用いられる。
　　4　グリセリン（1，2，3－プロパントリオール）は、油脂を水酸化ナトリウム水溶液でけん化することで得られる。
　　5　第二級アルコールは、酸化されるとカルボン酸になる。

問 34　次の芳香族化合物に関する記述について、正しいものを1〜5から一つ選べ。
　　1　トルエンは、ベンゼンの水素原子1個をヒドロキシ基で置換した化合物である。
　　2　ナフタレンは、2個のベンゼン環が一辺を共有した構造を持つ物質であり、用途のひとつとして防虫剤がある。
　　3　フェノールは、石炭酸とも呼ばれ、その水溶液は炭酸よりも強い酸性を示す。
　　4　安息香酸の水溶液は、塩酸と同程度の酸性を示す。
　　5　サリチル酸は、分子中に $-COOH$ と $-NH_2$ の両方を持っている

問 35　イオン交換樹脂に関する記述について、（　　）の中に入れるべき字句の正しい組合せを下表から一つ選べ。なお、複数箇所の（ b ）内には、同じ字句がはいる。

　　溶液中のイオンを別のイオンと交換するはたらきをもつ合成樹脂を、イオン交換樹脂という。スルホ基（－ SO₃H）を導入したものは、陽イオン交換樹脂といい、これに塩化ナトリウム（NaCl）水溶液を通すと、水溶液中の（ a ）が樹脂中の（ b ）と置換され、（ b ）が放出される。そのため、溶液は（ c ）になる。（希

	a	b	c
1	Na⁺	H⁺	酸性
2	Na⁺	H⁺	塩基性
3	Na⁺	OH⁻	酸性
4	Cl⁻	OH⁻	酸性
5	Cl⁻	OH⁻	塩基性

〔毒物及び劇物の性質及び貯蔵
その他取扱方法、識別〕

○「毒物及び劇物の廃棄の方法に関する基準」及び「毒物及び劇物の運搬事故時における応急措置に関する基準」は、それぞれ厚生省(現厚生労働省)から通知されたものをいう。

（一般）

問 36　次の物質のうち、劇物に<u>該当しないもの</u>を１～５から一つ選べ。

　　1　モノクロル酢酸
　　2　塩化第一水銀（別名　塩化水銀（Ⅰ））
　　3　ホスゲン（別名　カルボニルクロライド）
　　4　クロルエチル
　　5　酢酸タリウム

問 37　次の物質のうち、毒物に<u>該当しないもの</u>を１～５から一つ選べ。

　　1　ジニトロフエノール
　　2　ニツケルカルボニル
　　3　四アルキル鉛
　　4　シアン酸ナトリウム
　　5　モノフルオール酢

問 38　「毒物及び劇物の運搬事故時における応急措置に関する基準」に基づく、次の物質の飛散又は漏えい時の措置として、該当する物質名との最も適切な組合せを下表から一つ選べ。

　　なお、作業にあたっては、風下の人を避難させる、飛散又は漏えいした場所の周辺にはロープを張るなどして人の立入りを禁止する、作業の際には必ず保護具を着用する、風下で作業しない、廃液が河川等に排出されないように注意する、付近の着火源となるものは速やかに取り除く、などの基本的な対応を行っているものとする。

（物質名）亜砒酸（別名　三酸化二砒素）、クロルスルホン酸、臭素

a　多量の場合、漏えい箇所や漏えいした液には水酸化カルシウム（消石灰）を十分に散布し、むしろ、シート等をかぶせ、その上に更に水酸化カルシウム（消石灰）を散布して吸収させる。漏えい容器には散水しない。

b　飛散したものは空容器にできるだけ回収し、そのあとを硫酸鉄（Ⅲ）（硫酸第二鉄）等の水溶液を散布し、水酸化カルシウム（消石灰）、炭酸ナトリウム（ソーダ灰）等の水溶液を用いて処理した後、多量の水を用いて洗い流す。

c　多量の場合、漏えいした液は土砂等でその流れを止め、霧状の水を徐々にかけ、十分に分解希釈した後、炭酸ナトリウム（ソーダ灰）、水酸化カルシウム（消石灰）等で中和し、多量の水を用いて洗い流す。

	a	b	c
1	亜砒酸	臭素	クロルスルホン酸
2	クロルスルホン酸	臭素	亜砒酸
3	クロルスルホン酸	亜砒酸	臭素
4	臭素	クロルスルホン酸	亜砒酸
5	臭素	亜砒酸	クロルスルホン酸

問 39　「毒物及び劇物の廃棄の方法に関する基準」に基づき、次の物質とその廃棄方法に関する記述の正誤について、正しい組合せを下表から一つ選べ。

	物質名	廃棄方法
a	クレゾール	そのまま再生利用するため蒸留する。
b	ホスゲン（別名　カルボニルクロライド）	多量の水酸化ナトリウム水溶液（10 ％程度）に撹拌（かくはん）しながら少量ずつガスを吹き込み分解した後、希硫酸を加えて中和する。
c	水銀	おが屑（木粉）等の可燃物に混ぜて、スクラバーを備えた焼却炉で焼却する。
d	ホルムアルデヒド	多量の水を加えて希薄な水溶液とした後、次亜塩素酸塩水溶液を加えて分解させ廃棄する。

	a	b	c	d
1	正	誤	正	誤
2	正	誤	誤	正
3	誤	正	正	誤
4	誤	正	誤	正
5	誤	誤	誤	正

問 40　「毒物及び劇物の廃棄の方法に関する基準」に基づき、次の物質の廃棄方法の正誤について、正しい組合せを下表から一つ選べ。

a　アクロレインは、中和法により廃棄する。
b　一酸化鉛は、固化隔離法により廃棄する。
c　エチレンオキシドは、活性汚泥法により廃棄する。
d　二硫化炭素は、還元法により廃棄する。

	a	b	c	d
1	正	誤	正	正
2	正	誤	正	誤
3	誤	正	正	誤
4	誤	正	誤	正
5	正	正	誤	正

問 41　次の劇物とその用途の正誤について、正しい組合せを下表から一つ選べ。

	劇物	用途
a	過酸化水素水	－ 獣毛、羽毛などの漂白剤
b	クロロプレン	－ 合成ゴム原料
c	ニトロベンゼン	－ ニトログリセリンの原料

	a	b	c
1	誤	正	正
2	誤	正	誤
3	誤	誤	正
4	正	正	誤
5	正	誤	正

問 42　アジ化ナトリウムの水への溶解性及び用途について、最も適切な組合せを下表から一つ選べ。

	溶解性	用途
1	水に不溶	試薬、医療検体の防腐剤
2	水に可溶	試薬、医療検体の防腐剤
3	水に不溶	除草剤、抜染剤、酸化剤
4	水に可溶	除草剤、抜染剤、酸化剤
5	水に不溶	消毒、殺菌、木材の防腐剤、合成樹脂可塑剤

問 43　次の物質とその毒性に関する記述の正誤について、正しい組合せを下表から一つ選べ。

	物質	毒性
a	フエノール	－ 皮膚に付くと火傷を起こし、白くなる。経口摂取すると、口腔（くう）、咽喉、胃に高度の灼熱感を訴え、悪心、嘔吐、めまいを起こし、失神、虚脱、呼吸麻痺で倒れる。尿は特有の暗赤色を呈する。
b	トルエン	－ 吸入した場合、短時間の興奮期を経て、深い麻酔状態に陥ることがある。
c	燐化亜鉛（りん）	－ 嚥下吸入したときに、胃および肺で胃酸や水と反応して発生する生成物により中毒を起こす。

	a	b	c
1	正	正	正
2	正	誤	正
3	正	誤	誤
4	誤	正	誤
5	誤	誤	誤

関西広域連合統一

問 44　次の物質と、その中毒の対処に適切な解毒剤又は治療剤の正誤について、正しい組合せを下表から一つ選べ。

物質　　　　　　　　　　　　解毒剤又は治療剤

a　砒(ひ)素化合物　　　　　　　― ジメルカプロール
　　　　　　　　　　　　　　　　（別名 BAL）
b　カーバメート系殺虫剤　　　― 2－ピリジルアルドキシムメ
　　　　　　　　　　　　　　　　チオダイド（別名 PAM）
c　有機燐(りん)化合物　　　　　― 硫酸アトロピン

	a	b	c
1	正	正	正
2	正	正	誤
3	正	誤	正
4	誤	正	誤
5	誤	誤	正

問 45　次の物質の貯蔵方法等に関する記述について、該当する物質名との最も適切な組合せを下表から一つ選べ。

（物質名）　アクリルニトリル、塩素酸ナトリウム、シアン化カリウム

a　潮解性、爆発性があるので、可燃性物質とは離し、また金属容器は避けて、乾燥している冷暗所に密栓して貯蔵する。

b　きわめて引火しやすいため、炎や火花を生じるような器具から十分離しておく。硫酸や硝酸などの強酸と激しく反応するので、強酸と安全な距離を保つ必要がある。できるだけ直接空気に触れることを避け、窒素のような不活性ガスの雰囲気の中に貯蔵するのがよい。

c　少量ならばガラス瓶、多量ならばブリキ缶あるいは鉄ドラム缶を用い、酸類とは離して風通しのよい乾燥した冷所に密封して貯蔵する。

	a	b	c
1	シアン化カリウム	アクリルニトリル	塩素酸ナトリウム
2	アクリルニトリル	シアン化カリウム	塩素酸ナトリウム
3	アクリルニトリル	塩素酸ナトリウム	シアン化カリウム
4	塩素酸ナトリウム	シアン化カリウム	アクリルニトリル
5	塩素酸ナトリウム	アクリルニトリル	シアン化カリウム

問 46　次の物質とその取扱上の注意等に関する記述の正誤について、正しい組合せを下表から一つ選べ。

物質　　　　　　　　　　　取扱上の注意

a　無水クロム酸　　　― 空気中では徐々に二酸化炭素と反応して、有毒なガスを生成する。
b　過酸化ナトリウム　― 有機物、硫黄などに触れて水分を吸うと、自然発火する。
c　クロロホルム　　　― 火災などで強熱されるとホスゲン（別名 カルボニルクロライド）を生成するおそれがある。

	a	b	c
1	正	正	誤
2	正	誤	正
3	正	誤	誤
4	誤	正	正
5	誤	誤	正

問 47　次の物質とその性状に関する記述の正誤について、正しい組合せを下表から一つ選べ。

	物質	性状
a	キノリン	－ 無色又は淡黄色の不快臭の吸湿性の液体であり、蒸気は空気より重い。熱水、エタノール、エーテル、二硫化炭素に可溶である。
b	フェノール	－ 無色あるいは白色の結晶であり、空気中で容易に赤変する。水溶液に１／４量のアンモニア水と数滴のさらし粉溶液を加えて温めると、藍色を呈する。
c	ぎ酸	－ 無色透明の結晶であり、光によって黒変する。強力な酸化剤であり、腐食性がある。水に極めて溶けやすく、アセトン、グリセリンに可溶である。

	a	b	c
1	正	正	誤
2	正	誤	正
3	誤	正	正
4	誤	正	誤
5	誤	誤	正

問 48　次の物質とその性状に関する記述の正誤について、正しい組合せを下表から一つ選べ。

	物質	性状
a	ジボラン	－ 無色の可燃性の気体で、ビタミン臭を有する。水により速やかに加水分解する。
b	セレン	－ 橙赤色の柱状結晶である。水に可溶、アルコールに不溶であり、強力な酸化剤である。
c	弗化水素酸	－ 無色、無臭の可燃性の液体で、水に溶けにくく、アルコール、クロロホルム等に易溶である。

	a	b	c
1	正	正	誤
2	正	誤	誤
3	誤	正	正
4	誤	正	誤
5	誤	誤	正

問 49　次の物質とその性状に関する記述の正誤について、正しい組合せを下表から一つ選べ。

	物質	性状
a	黄燐	－ 白色又は淡黄色のロウ様の固体で、ニンニク臭を有する。水にはほとんど溶けない。
b	メチルアミン	－ 腐ったキャベツのような悪臭のある気体で、水に可溶である。
c	メチルメルカプタン	－ 無色で魚臭(高濃度はアンモニア臭)のある気体である。水に大量に溶解し、強塩基となる。

	a	b	c
1	正	誤	誤
2	正	正	誤
3	正	誤	正
4	誤	正	正
5	誤	正	誤

関西広域連合統一

問 50 四塩化炭素の識別方法に関する記述について、最も適切なものを1～5から一つ選べ。

1 アルコール溶液は、白色の羊毛又は絹糸を鮮黄色に染める。
2 水溶液を白金線につけて無色の火炎中に入れると、火炎は著しく黄色に染まる。
3 エーテル溶液に、ヨードのエーテル溶液を加えると、褐色の液状沈殿を生じ、これを放置すると赤色針状結晶となる。
4 木炭とともに熱すると、メルカプタンの臭気を放つ。
5 アルコール性の水酸化カリウムと銅粉とともに煮沸すると、黄赤色の沈殿を生成する。

（農業用品目）

問 36 次の毒物又は劇物のうち、「毒物劇物農業用品目販売業者」が販売できるものとして、正しいものの組合せを1～5から一つ選べ。

a 酢酸エチル
b 弗化スルフリル
c 燐化アルミニウムとその分解促進剤とを含有する製剤
d 四アルキル鉛

1（a、b） 2（a、c） 3（b、c） 4（b、d） 5（c、d）

問 37 次の各物質を含有する製剤に関する記述について、正しいものの組合せを1～5から一つ選べ。なお、市販品の有無は問わない。

a 2・2－ジメチル－2・3－ジヒドロ-1-ベンゾフラン－7－イル＝N－ ［N－（2－エトキシカルボニルエチル）－N－イソプロピルスルフエナモイル］－N－メチルカルバマート（別名 ベンフラカルブ）を含有する製剤が、劇物の指定から除外される上限の濃度は2％である。
b O-エチル＝S－1－メチルプロピル＝（2－オキソ－3－チアゾリジニル）ホスホノチオアート（別名 ホスチアゼート）を含有する製剤が、劇物の指定から除外される上限の濃度は1.5％である。
c 5-メチル－1・2・4－トリアゾロ［3・4－b］ベンゾチアゾール（別名 トリシクラゾール）を含有する製剤が、劇物の指定から除外される上限の濃度は2％である。
d 3－（6－クロロピリジン－3－イルメチル）－1・3－チアゾリジン－2－イリデンシアナミド（別名 チアクロプリド）を含有する製剤が、劇物の指定から除外される上限の濃度は3％である。

1（a、b） 2（a、c） 3（b、c） 4（b、d） 5（c、d）

問 38　「毒物及び劇物の廃棄の方法に関する基準」に基づく、次の物質の廃棄方法の記述について、正しいものの組合せを1～5から一つ選べ。

　a　シアン化カリウムは、セメントを用いて固化し、埋め立て処分する。多量の場合には加熱し、蒸発させて捕集回収する。
　b　硫酸亜鉛は、水に溶かし、硝酸ナトリウム水溶液を加えて処理し、沈殿ろ過して埋立処分する。
　c　エチルパラニトロフエニルチオノベンゼンホスホネイト（別名　EPN）は、おが屑（木粉）等に吸収させてアフターバーナー及びスクラバーを備えた燃焼炉で焼却する。
　d　エチレンクロルヒドリンは、可燃性溶剤とともにスクラバーを備えた焼却炉で焼却する。

　1（a、b）　　2（a、c）　　3（b、c）　　4（b、d）　　5（c、d）

問 39　「毒物及び劇物の廃棄の方法に関する基準」に基づく、次の物質の廃棄方法の記述について、正しいものの組合せを1～5から一つ選べ。

　a　ブロムメチルは、多量の水で希釈して処理する。
　b　S－メチル－N－[（メチルカルバモイル）－オキシ]－チオアセトイミデート（別名　メトミル）は、水酸化ナトリウム水溶液と加温して加水分解する。
　c　2・2'－ジピリジリウム－1・1'－エチレンジブロミド（別名　ジクワット）は、徐々に石灰乳などの撹拌溶液に加えて中和させた後、多量の水で希釈して処理する。
　d　沃化メチルは、過剰の可燃性溶剤又は重油等の燃料とともに、アフターバーナー及びスクラバーを備えた焼却炉の火室に噴霧して、できるだけ高温で焼却する。

　1（a、b）　　2（a、c）　　3（b、c）　　4（b、d）　　5（c、d）

問 40　「毒物及び劇物の運搬事故時における応急措置に関する基準」に基づく、次の物質の飛散又は漏えい時の措置の記述について、適切なものの組合せを1～5から一つ選べ。
　　　なお、作業にあたっては、風下の人を避難させる、飛散又は漏えいした場所の周辺にはロープを張るなどして人の立入りを禁止する、作業の際には必ず保護具を着用する、風下で作業をしない、廃液が河川等に排出されないように注意する、付近の着火源となるものは速やかに取り除く、などの基本的な対応を行っているものとする。

　a　2－イソプロピル－4－メチルピリミジル－6－ジエチルチオホスフエイト（別名　ダイアジノン）は、飛散したものは空容器にできるだけ回収し、そのあとを、食塩水を用いて処理し、多量の水を用いて洗い流す。
　b　1・1'-ジメチル－4・4'－ジピリジニウムジクロリド（別名　パラコート）は、漏えいした液は土壌等でその流れを止め、安全な場所に導き、空容器にできるだけ回収し、そのあとを土壌で覆って十分に接触させた後、土壌を取り除き、多量の水を用いて洗い流す。
　c　硫酸は、少量の場合、漏えいした液は土砂等に吸着させて取り除くか、又は、ある程度水で徐々に希釈した後、水酸化カルシウム（消石灰）、炭酸ナトリウム（ソーダ灰）等で中和し、多量の水を用いて洗い流す。
　d　クロルピクリンは、飛散したものは、できるだけ空容器に回収する。回収したものは、引火性が高いので、速やかに多量の水に溶かして処理する。回収したあとは、多量の水を用いて洗い流す。

　1（a、b）　　2（a、d）　　3（b、c）　　4（b、d）　　5（c、d）

問41　次の物質とその用途の組合せとして、正しいものを１〜５から一つ選べ。

	物質名	用途
1	クロルピクリン	殺鼠剤
2	Ｓ－メチル－Ｎ－[(メチルカルバモイル)－オキシ]－チオアセトイミデート（別名　メトミル）	植物成長調整剤
3	エチル=(Z)－３－[Ｎ－ベンジル－Ｎ－[[メチル(１－メチルチオエチリデンアミノオキシカルボニル)アミノ]チオ]アミノ]プロピオナート（別名　アラニカルブ）	植物成長調整剤
4	３－ジメチルジチオホスホリル－Ｓ－メチル－５－メトキシ１・３・４－チアジアゾリン－２－オン（別名 DMTP 又はメチダチオン）	植物成長調整剤
5	４－ブロモ－２－(４－クロロフエニル)－１－エトキシメチル-５-トリフルオロメチルピロール-３-カルボニトリル（別名　クロルフエナピル）	殺鼠剤

問42　次の物質のうち、その用途が殺鼠剤である物質の、正しいものの組合せを１〜５から一つ選べ。
　a　燐化亜鉛
　b　３－(６－クロロピリジン－３－イルメチル)－１・３－チアゾリジン－２－イリデンシアナミド（別名　チアクロプリド）
　c　５－ジメチルアミノ－１・２・３－トリチアン蓚酸塩（別名　チオシクラム）
　d　２－ジフエニルアセチル－１・３－インダンジオン（別名　ダイファシノン）

　1（a、b）　2（a、d）　3（b、c）　4（b、d）　5（c、d）

問43　次の物質の毒性に関する記述について、該当する物質名との最も適切な組合せを下表から一つ選べ。
　（物質名）　シアン化水素、　ブロムメチル、　燐化亜鉛
　a　普通の燻蒸濃度では臭気を感じないため、中毒を起こすおそれがあるので注意を要する。蒸気を吸入した場合の中毒症状として、頭痛、眼や鼻孔の刺激、呼吸困難をきたすことがある。
　b　嚥下吸入したときに、胃及び肺で胃酸や水と反応してホスフィンを生成することにより中毒を起こす。
　c　極めて猛毒で、希薄な蒸気でもこれを吸入すると呼吸中枢を刺激して、次いで麻痺させる。

	a	b	c
1	ブロムメチル	燐化亜鉛	シアン化水素
2	ブロムメチル	シアン化水素	燐化亜鉛
3	燐化亜鉛	ブロムメチル	シアン化水素
4	燐化亜鉛	シアン化水素	ブロムメチル
5	シアン化水素	燐化亜鉛	ブロムメチル

問44 エチルパラニトロフエニルチオノベンゼンホスホネイト（別名 EPN）の中毒等に関する記述の正誤について、正しい組合せを下表から一つ選べ。

a TCA サイクル（クエン酸回路）を遮断することにより、中毒症状が出現する。

b 重症中毒症状には、意識混濁、縮瞳、全身痙攣（けいれん）等がある。

c 中毒の治療には、2-ピリジルアルドキシムメチオダイド（別名 PAM）の製剤が使用される。

	a	b	c
1	誤	誤	正
2	正	正	誤
3	誤	正	正
4	誤	誤	誤
5	正	誤	正

問45 塩素酸ナトリウムに関する記述について、（　）の中に入れるべき字句の正しい組合せを下表から一つ選べ。

（ a ）として使用される物質で、潮解性があるので（ b ）に密栓して、可燃性物質とは離して保管するのがよい。またアンモニウム塩と混ざると（ c ）するおそれがあるので注意する。

	a	b	c
1	殺虫剤	金属容器は避けて、乾燥している冷暗所	爆発
2	除草剤	鉄ドラム缶を用い、風通しの良い乾燥した冷所	不活性化
3	殺虫剤	鉄ドラム缶を用い、風通しの良い乾燥した冷所	爆発
4	殺虫剤	鉄ドラム缶を用い、風通しの良い乾燥した冷所	不活性化
5	除草剤	金属容器は避けて、乾燥している冷暗所	爆発

問46〜問50 次の物質について、正しい組合せを1〜5から一つ選べ。

問46 2・2'-ジピリジリウム-1・1'-エチレンジブロミド（別名 ジクワット）

	形状	溶解性	その他特徴
1	結晶	水に不溶	中性又はアルカリ性下で安定であるが、酸性では不安定
2	粘稠（ちゅう）性液体	水に可溶	中性又はアルカリ性下で安定であるが、酸性では不安定
3	粘稠（ちゅう）性液体	水に不溶	中性又は酸性下で安定であるが、アルカリ性では不安定
4	結晶	水に可溶	中性又は酸性下で安定であるが、アルカリ性では不安定
5	粘稠（ちゅう）性液体	水に不溶	中性又は酸性下で安定であるが、アルカリ性では不安定

問47 5-メチル-1・2・4-トリアゾロ[3・4-b]ベンゾチアゾール（別名 トリシクラゾール）

	形状	溶解性	その他特徴
1	結晶	水に難溶	無臭
2	吸湿性液体	水に難溶	アーモンド臭
3	結晶	水に易溶	アーモンド臭
4	吸湿性液体	水に易溶	アーモンド臭
5	吸湿性液体	水に難溶	無臭

関西広域連合統一

問48　硫酸第二銅五水和物　（別名　硫酸銅（Ⅱ）五水和物）

	形状	溶解性	その他特徴
1	油状液体	水に不溶	風解性
2	結晶	水に可溶	風解性
3	油状液体	水に可溶	潮解性
4	結晶	水に不溶	潮解性
5	結晶	水に可溶	潮解性

問49　シアン酸ナトリウム

	形状	溶解性	その他特徴
1	結晶	水に可溶	熱に対し安定
2	結晶	水に不溶	熱に対し不安定
3	結晶	水に可溶	熱に対し不安定
4	液体	水に可溶	熱に対し不安定
5	液体	水に不溶	熱に対し安定

問50　（RS）－α－シアノ－3－フエノキシベンジル=N－（2－クロロ－α・α・α－ト
　　　リフルオロ－パラトリル）－D－バリナート　（別名　フルバリネート）

	形状	溶解性	その他特徴
1	結晶	水に易溶	太陽光に不安定
2	粘稠性液体	水に易溶	太陽光に不安定
3	結晶	水に難溶	太陽光に安定
4	粘稠性液体	水に易溶	太陽光に安定
5	粘稠性液体	水に難溶	太陽光に不安定

（特定品目）

問36　次のうち、「毒物劇物特定品目販売業者」が販売できるものはいくつあるか。
　　　正しいものを1～5から一つ選べ。

a　水素化アンチモン　　　　　　　　b　弗化水素
c　塩基性酢酸鉛　　　　　　　　　　d　硝酸20％を含有する製剤
e　クロム酸カリウム20％を含有する製剤

1　1つ　　　　2　2つ　　　　3　3つ　　　　4　4つ　　　　5　5つ

問37　次のうち、劇物に該当するものとして、正しいものの組合せを1～5から一つ
　　　選べ。

a　蓚酸8％を含有する製剤
b　水酸化ナトリウム8％を含有する製剤
c　アンモニア8％を含有する製剤
d　硅弗化ナトリウム

1　（a、b）　2　（a、c）　3　（a、d）　4　（b、d）　5　（c、d）

問 38　「毒物及び劇物の廃棄の方法に関する基準」に基づく、過酸化水素、ホルムアルデヒド及びキシレンの廃棄方法について、正しい組合せを下表から一つ選べ。

	過酸化水素	ホルムアルデヒド	キシレン
1	中和法	希釈法	希釈法
2	還元法	酸化法	燃焼法
3	還元法	希釈法	燃焼法
4	希釈法	還元法	希釈法
5	希釈法	酸化法	燃焼法

問 39　「毒物及び劇物の廃棄の方法に関する基準」に基づく、重クロム酸カリウムの廃棄方法に関する記述について、（　）の中に入れるべき字句の正しい組合せを下表から一つ選べ。

	a	b	c
1	水酸化カリウム水溶液	還　元	埋立処分
2	水酸化カリウム水溶液	酸　化	焼却処分
3	水酸化カリウム水溶液	還　元	焼却処分
4	希硫酸	還　元	埋立処分
5	希硫酸	酸　化	焼却処分

問 40　「毒物及び劇物の運搬事故時における応急措置に関する基準」に基づく、次の物質の飛散又は漏えい時の措置として、該当する物質名との最も適切な組合せを下表から一つ選べ。

　　なお、作業にあたっては、風下の人を避難させる、飛散又は漏えいした場所の周辺にはロープを張るなどして人の立入りを禁止する、作業の際には必ず保護具を着用する、風下で作業しない、廃液が河川等に排出されないように注意する、付近の着火源となるものは速やかに取り除く、などの基本的な対応を行っているものとする。

(物質名) 液化アンモニア（液体アンモニア）、クロロホルム、酢酸エチル、硝酸

a　少量の場合、土砂等に吸着させて取り除くか、又はある程度水で徐々に希釈した後、水酸化カルシウム（消石灰）、炭酸ナトリウム（ソーダ灰）等で中和し、多量の水を用いて洗い流す。

b　多量の場合、土砂等でその流れを止め、安全な場所に導いた後、液の表面を泡等で覆い、できるだけ空容器に回収する。そのあとは多量の水を用いて洗い流す。

c　土砂等でその流れを止め、安全な場所に導き、空容器にできるだけ回収し、そのあとを多量の水を用いて洗い流す。洗い流す場合には中性洗剤等の分散剤を使用して洗い流す。

d　少量の場合、漏えい箇所を濡れむしろ等で覆い、遠くから多量の水をかけて洗い流す。

	a	b	c	d
1	液化アンモニア	クロロホルム	酢酸エチル	硝酸
2	硝酸	クロロホルム	液化アンモニア	酢酸エチル
3	硝酸	酢酸エチル	クロロホルム	液化アンモニア
4	クロロホルム	硝酸	酢酸エチル	液化アンモニア
5	酢酸エチル	液化アンモニア	硝酸	クロロホルム

問 41　次の劇物とその用途の正誤について、正しい組合せを下表から一つ選べ。

劇物　　　　　　　　　　　　　用途
a　塩化水素　　－　紙・パルプの漂白剤、殺菌剤
b　蓚 酸　　　－　木、コルク、綿、藁製品等の漂白剤
c　硫酸　　　　－　乾燥剤、肥料の製造、石油の精製

	a	b	c
1	正	正	正
2	正	誤	正
3	正	誤	誤
4	誤	正	正
5	誤	正	誤

問 42　次の劇物とその用途について、正しいものの組合せを1～5から一つ選べ。

劇物　　　　　　　　　用途
a　硅弗化ナトリウム　－　釉薬
b　メチルエチルケトン　－　金属の化学研磨
c　クロロホルム　　　－　セッケンの製造
d　トルエン　　　　　－　爆薬の原料

1（a、b）　　2（a、d）　　3（b、c）　　4（b、d）　　5（c、d）

問 43　メタノールの毒性に関する記述の正誤について、正しい組合せを下表から一つ選べ。

a　頭痛、めまい、嘔吐、下痢、腹痛などを起こす。
b　視神経が侵され、眼がかすみ、失明することがある。
c　中毒の原因として、体内で代謝され生じた、ぎ酸による神経細胞内での作用がある。

	a	b	c
1	正	正	正
2	正	誤	誤
3	正	正	誤
4	誤	誤	正
5	誤	正	誤

問 44　次の劇物とその毒性に関する記述の正誤について、正しい組合せを下表から一つ選べ。

劇物　　　　　　　　　　　　毒性
a　塩素　　　　　　　　　－　吸入すると、窒息感、喉頭及び気管支筋の強直をきたし、呼吸困難に陥る。
b　クロム酸ナトリウム　－　血液中のカルシウム分を奪取し、神経系を侵す。急性中毒症状は、胃痛、嘔吐、口腔・咽喉の炎症、腎障害である。
c　トルエン　　　　　　　－　吸入した場合、短時間の興奮期を経て、深い麻酔状態に陥ることがある。

	a	b	c
1	正	正	正
2	正	誤	誤
3	正	誤	正
4	誤	正	正
5	誤	正	誤

問 45　次の物質の貯蔵方法や取扱上の注意事項等に関する記述について、該当する物質名との最も適切な組合せを下表から一つ選べ。

（物質名）　過酸化水素水、四塩化炭素、ホルマリン、メタノール

a　少量ならば褐色ガラス瓶、大量ならばカーボイなどを使用し、3分の1の空間を保って貯蔵する。一般に安定剤として少量の酸類の添加は許容されている。

b　亜鉛又は錫メッキをした鋼鉄製容器で保管し、高温に接しない場所に保管する。ドラム缶で保管する場合には雨水が漏入しないようにし、直射日光を避け冷所に置く。本品の蒸気は空気より重く、低所に滞留するので、地下室など換気の悪い場所には保管しない。

c　引火しやすく、また、その蒸気は空気と混合して爆発性混合ガスを形成するので、火気に近づけない。

d　低温では混濁するので、常温で保存する。

	a	b	c	d
1	メタノール	過酸化水素水	四塩化炭素	ホルマリン
2	ホルマリン	過酸化水素水	メタノール	四塩化炭素
3	ホルマリン	過酸化水素水	四塩化炭素	メタノール
4	過酸化水素水	四塩化炭素	ホルマリン	メタノール
5	過酸化水素水	四塩化炭素	メタノール	ホルマリン

問 46　次の記述について、正しいものの組合せを1～5から一つ選べ。

a　一酸化鉛は、黒色の粉末又は粉状で、水にはほとんど溶けない。
b　四塩化炭素は、火災などで強熱されるとホスゲンを生成する恐れがある。
c　過酸化水素は、分解が起こると激しく水素を生成する。
d　塩化水素は、吸湿すると、大部分の金属を腐食して水素ガスを発生する。

1（a、b）　2（a、c）　3（b、c）　4（b、d）　5（c、d）

問 47　次の記述について、正しいものの組合せを1～5から一つ選べ。

a　水酸化カリウム水溶液は、爆発性でも引火性でもないが、アルミニウム、錫、亜鉛などの金属を腐食して水素ガスを発生する。
b　硅弗化ナトリウムは、酸と接触すると弗化水素ガス及び四弗化ケイ素ガスを発生する。
c　重クロム酸カリウムは、橙赤色の結晶であり、強力な還元剤である。
d　メチルエチルケトンは、無臭の液体である。

1（a、b）　2（a、d）　3（b、c）　4（b、d）　5（c、d）

問 48　次の記述について、正しいものの組合せを1～5から一つ選べ。

a　キシレンには3種の異性体があり、引火しやすい。
b　アンモニアは、エタノール、エーテルのいずれにも不溶である。
c　ホルムアルデヒドは、空気中の酸素によって一部酸化され、酢酸を生じる。
d　濃硫酸は、水と急激に接触すると多量の熱を発生し、酸が飛散することがある。

1（a、b）　2（a、d）　3（b、c）　4（b、d）　5（c、d）

問49　次の記述について、正しいものの組合せを1〜5から一つ選べ。

　　a　塩素は、黄緑色の気体であり、水素又は炭化水素（特にアセチレン）と爆発的に反応する。
　　b　酢酸エチルは、果実様の香気のある液体である。
　　c　酸化第二水銀（別名　酸化水銀（Ⅱ））は、白色の粉末で水に易溶である。
　　d　水酸化ナトリウムは、水と酸素を吸収する性質が強い。

　　1（a、b）　2（a、d）　3（b、c）　4（b、d）　5（c、d）

問50　次の物質の識別方法に関する記述について、正しいものの組合せを1〜5から一つ選べ。

　　a　蓚酸の水溶液に、過マンガン酸カリウム溶液を加えると、赤紫色の沈殿が生じる。
　　b　メタノールをサリチル酸と濃硫酸とともに熱すると、芳香のあるアセチルサリチル酸を生成する。
　　c　四塩化炭素は、アルコール性の水酸化カリウムと銅粉とともに煮沸すると、黄赤色の沈殿を生じる。
　　d　クロロホルムのアルコール溶液に、水酸化カリウム溶液と少量のアニリンを加えて熱すると、不快な刺激臭を放つ。

　　1（a、b）　2（a、d）　3（b、c）　4（b、d）　5（c、d）

奈良県
令和3年度実施
※特定品目はありません。

〔法　規〕

（一般・農業用品目共通）

問1　毒物及び劇物取締法の目的、又は毒物若しくは劇物の定義に関する記述について、**正しいものの組み合わせ**を1つ選びなさい。

a　この法律は、毒物及び劇物について、犯罪防止上の見地から必要な取締を行うことを目的とする。

b　毒物及び劇物取締法別表第一に掲げられている物であっても、医薬品又は医薬部外品に該当するものは、毒物から除外される。

c　毒物及び劇物取締法別表第二に掲げられている物であっても、食品添加物に該当するものは劇物から除外される。

d　特定毒物とは、毒物であって、毒物及び劇物取締法別表第三に掲げるものをいう。

1（a、b）　　2（a、c）　　3（b、d）　　4（c、d）

問2　次の製剤のうち、劇物に該当するものとして、**正しいものの組み合わせ**を1つ選びなさい。

a　無水酢酸10％を含有する製剤　　b　沃化メチル10％を含有する製剤
c　メタクリル酸10％を含有する製剤　　d　硝酸10％を含有する製剤

1（a、b）　　2（a、c）　　3（b、d）　　4（c、d）

問3　次のうち、特定毒物に該当するものとして、**正しいものの組み合わせ**を1つ選びなさい。

a　燐化亜鉛を含有する製剤
b　燐化アルミニウム
c　モノフルオール酢酸アミドを含有する製剤
d　オクタメチルピロホスホルアミド

1（a、b）　　2（a、c）　　3（b、d）　　4（c、d）

問4　毒物及び劇物取締法に関する記述の正誤について、**正しい組み合わせ**を1つ選びなさい。

a　毒物又は劇物の輸入業の登録を受けた者でなければ、毒物又は劇物を販売又は授与の目的で輸入してはならない。

b　毒物劇物営業者は、その取扱いに係る毒物又は劇物が盗難にあい、又は紛失したときは、3日以内に、その旨を警察署に届け出なければならない。

c　毒物又は劇物の製造業の登録は、登録を受けた日から起算して5年ごとに、販売業の登録は、6年ごとに、更新を受けなければ、その効力を失う。

d　薬局の開設者は、毒物又は劇物の販売業の登録を受けなくても、毒物又は劇物を販売することができる。

	a	b	c	d
1	誤	正	正	誤
2	誤	正	誤	正
3	正	誤	誤	正
4	正	誤	正	誤
5	誤	誤	正	正

問5　特定毒物研究者に関する記述の正誤について、**正しい組み合わせ**を1つ選びなさい。

a　特定毒物を製造又は輸入することができる。

b　特定毒物を学術研究以外の目的にも使用することができる。

c　特定毒物を譲り受けることができるが、譲り渡すことはできない。

d　主たる研究所の所在地を変更した場合は、新たに許可を受けなければならない。

	a	b	c	d
1	誤	正	正	誤
2	誤	正	誤	正
3	正	誤	誤	誤
4	正	誤	正	誤
5	誤	誤	正	正

問6　次のうち、毒物及び劇物取締法第3条の4に基づく、引火性、発火性又は爆発性のある毒物又は劇物であって政令で定めるものとして、**正しいものの組み合わせ**を1つ選びなさい。

a　クロルピクリン　　b　ナトリウム　　c　亜硝酸ナトリウム
d　塩素酸塩類

1（a、b）　　2（a、c）　　3（b、d）　　4（c、d）

問7　毒物及び劇物取締法第4条の規定に基づく登録又は同法第6条の2の規定に基づく許可に関する記述の正誤について、**正しい組み合わせ**を1つ選びなさい。

a　毒物又は劇物の製造業の登録は、製造所ごとにその製造所の所在地の都道府県知事が行う。

b　毒物又は劇物の輸入業の登録は、営業所ごとに厚生労働大臣が行う。

c　毒物又は劇物の販売業の登録は、店舗ごとにその店舗の所在地の都道府県知事(その店舗の所在地が、保健所を設置する市又は特別区の区域にある場合においては、市長又は区長。)が行う。

d　特定毒物研究者の許可を受けようとする者は、その主たる研究所の所在地の都道府県知事(その主たる研究所の所在地が、指定都市の区域にある場合においては、指定都市の長。)に申請書を出さなければならない。

	a	b	c	d
1	誤	正	正	誤
2	誤	正	誤	正
3	正	正	誤	誤
4	誤	誤	正	誤
5	正	誤	正	正

問8　毒物劇物営業者が行う手続きに関する記述の正誤について、**正しい組み合わせ**を1つ選びなさい。

a　毒物劇物製造業者は、毒物又は劇物を製造し、貯蔵し、又は運搬する設備の重要な部分を変更する場合は、あらかじめ、登録の変更を受けなければならない。

b　毒物劇物輸入業者が、登録を受けた毒物又は劇物以外の毒物又は劇物を輸入したときは、輸入後30日以内に、その旨を届け出なければならない。

c　毒物劇物製造業者が、営業を廃止するときは、廃止する日の30日前までに届け出なければならない。

d　毒物劇物販売業者は、登録票の記載事項に変更を生じたときは、登録票の書換え交付を申請することができる。

	a	b	c	d
1	誤	正	正	誤
2	誤	誤	誤	正
3	正	正	誤	誤
4	正	誤	誤	正
5	正	誤	正	正

問9　次のうち、毒物劇物製造業者が、その製造した塩化水素又は硫酸を含有する製剤である劇物（住宅用の洗剤で液状のものに限る。）を販売するときに、その容器及び被包に表示しなければならない事項として、**正しいものの組み合わせ**を１つ選びなさい。

a　皮膚に触れた場合には、石けんを使ってよく洗うべき旨
b　居間等人が常時居住する室内では使用してはならない旨
c　眼に入った場合は、直ちに流水でよく洗い、医師の診断を受けるべき旨
d　小児の手の届かないところに保管しなければならない旨

1（a、b）　　2（a、c）　　3（b、d）　　4（c、d）

問10　次のうち、毒物及び劇物取締法施行規則第４条の４に基づく、毒物劇物販売業の店舗の設備の基準として、**正しいものの組み合わせ**を１つ選びなさい。

a　毒物又は劇物を陳列する場所は、換気が十分であり、かつ、清潔であること。
b　毒物又は劇物の運搬用具は、毒物又は劇物が飛散し、漏れ、又はしみ出るおそれがないものであること。
c　毒物又は劇物を含有する粉じん、蒸気又は廃水の処理に要する設備又は器具を備えていること。
d　毒物又は劇物を貯蔵する場所が性質上かぎをかけることができないものであるときは、その周囲に、堅固なさくが設けてあること。

1（a、b）　　2（a、c）　　3（b、d）　　4（c、d）

問11　毒物劇物取扱責任者に関する記述の正誤について、**正しい組み合わせ**を１つ選びなさい。

a　薬剤師は、毒物劇物取扱責任者になることができる。
b　毒物劇物営業者は、毒物劇物取扱責任者を置いたときは、30日以内に、都道府県知事（販売業にあってはその店舗の所在地が、保健所を設置する市又は特別区の区域にある場合においては、市長又は区長）に、その毒物劇物取扱責任者の氏名を届け出なければならない。
c　毒物劇物営業者は、自ら毒物劇物取扱責任者として毒物又は劇物による保健衛生上の危害の防止に当たることはできない。
d　毒物劇物営業者が毒物若しくは劇物の製造業、輸入業若しくは販売業のうち二以上を併せて営む場合において、その製造所、営業所若しくは店舗が互に隣接しているときは、毒物劇物取扱責任者は、これらの施設を通じて一人で足りる。

	a	b	c	d
1	誤	正	正	誤
2	誤	正	誤	正
3	正	正	誤	正
4	正	誤	正	正
5	正	誤	正	誤

問12　次のうち、毒物及び劇物取締法第12条及び同法施行規則第11条の５の規定に基づき、毒物劇物営業者が、その容器及び被包に解毒剤の名称を表示しなければ、販売又は授与してはならない毒物又は劇物として、**正しいもの**を１つ選びなさい。

1　無機シアン化合物及びこれを含有する製剤たる毒物
2　セレン化合物及びこれを含有する製剤たる毒物
3　砒素化合物及びこれを含有する製剤たる毒物
4　有機シアン化合物及びこれを含有する製剤たる劇物
5　有機燐化合物及びこれを含有する製剤たる毒物及び劇物

問 13　毒物及び劇物取締法第 13 条の規定に基づき、着色しなければ農業用として販売し、又は授与してはならないとされている劇物とその着色方法の組み合わせとして、**正しいもの**を 1 つ選びなさい。

	着色すべき農業用劇物	着色方法
1	硫酸タリウムを含有する製剤たる劇物	あせにくい赤色で着色
2	燐化亜鉛を含有する製剤たる劇物	あせにくい黒色で着色
3	シアナミドを含有する製剤たる劇物	あせにくい黒色で着色
4	ナラシンを含有する製剤たる劇物	あせにくい赤色で着色
5	ロテノンを含有する製剤たる劇物	あせにくい黒色で着色

問 14　毒物及び劇物取締法第 14 条第 1 項の規定に基づき、毒物劇物営業者が、毒物又は劇物を他の毒物劇物営業者に販売したとき、書面に記載しておかなければならない事項として、**正しいものの組み合わせ**を 1 つ選びなさい。

a　販売の年月日
b　販売の方法
c　譲受人の住所(法人にあっては、その主たる事務所の所在地)
d　譲受人の年齢

1 (a、b)　　2 (a、c)　　3 (b、d)　　4 (c、d)

問 15　次の記述は、毒物及び劇物取締法施行令第 40 条の 6 の条文である。(　　)の中にあてはまる字句として、**正しいもの**を 1 つ選びなさい。

(荷送人の通知義務)
第四十条の六　毒物又は劇物を車両を使用して、又は鉄道によつて運搬する場合で、当該運搬を他に委託するときは、その荷送人は、(　a　)に対し、あらかじめ、当該毒物又は劇物の(　b　)、成分及びその含量並びに数量並びに(　c　)を記載した書面を交付しなければならない。ただし、厚生労働省令で定める数量以下の毒物又は劇物を運搬する場合は、この限りでない。
2〜4 略

	a	b	c
1	運送人	名称	事故の際に講じなければならない応急の措置の内容
2	運送人	用途	盗難の際に講じなければならない連絡の体制
3	荷受人	用途	事故の際に講じなければならない応急の措置の内容
4	荷受人	名称	盗難の際に講じなければならない連絡の体制
5	荷受人	名称	事故の際に講じなければならない応急の措置の内容

問 16　次の記述は、毒物及び劇物取締法第 21 条第 1 項の条文である。(　　)の中にあてはまる字句として、**正しいもの**を 1 つ選びなさい。

(登録が失効した場合等の措置)
第二十一条　毒物劇物営業者、特定毒物研究者又は特定毒物使用者は、その営業の登録若しくは特定毒物研究者の許可が効力を失い、又は特定毒物使用者でなくなつたときは、(　a　)以内に、毒物劇物営業者にあつてはその製造所、営業所又は店舗の所在地の都道府県知事(販売業にあつてはその店舗の所在地が、保健所を設置する市又は特別区の区域にある場合においては、市長又は区長)に、特定毒物研究者にあつてはその主たる研究所の所在地の都道府県知事(その主たる研究所の所在地が指定都市の区域にある場合においては、指定都市の長)に、特定毒物使用者にあつては、都道府県知事に、それぞれ現に所有する(　b　)の品名及び(　c　)を届け出なければならない。
2〜4 略

奈良県

	a	b	c
1	三十日	特定毒物	数量
2	三十日	毒物及び劇物	使用期限
3	十五日	特定毒物	数量
4	十五日	毒物及び劇物	使用期限
5	十五日	毒物及び劇物	数量

問17 毒物及び劇物取締法施行令第 40 条の 9 第 1 項の規定に基づき、毒物劇物営業者が譲受人に対し行う、販売又は授与する毒物又は劇物の情報提供に関する記述の正誤について、**正しい組み合わせ**を 1 つ選びなさい。

a 「物理的及び化学的性質」を情報提供しなければならない。

b 情報提供は邦文で行わなければならない。

c 毒物劇物営業者に販売する場合には、必ず情報提供を行う必要がある。

d 1 回につき 200 ミリグラム以下の劇物を販売又は授与する場合には、情報提供を行わなくてもよい。

	a	b	c	d
1	誤	正	正	誤
2	誤	正	誤	正
3	正	正	誤	正
4	正	誤	正	正
5	正	誤	正	誤

問18 毒物及び劇物取締法第 22 条第 1 項の規定に基づき、都道府県知事（事業場等の所在地が保健所設置市又は特別区の場合においては、市長又は区長）に業務上取扱者の届出をしなければならない者として、**正しいものの組み合わせ**を 1 つ選びなさい。

a トルエンを使用して、塗装を行う事業者

b 四アルキル鉛を含有する製剤を、ガソリンへ混入する事業者

c 砒素化合物たる毒物を使用して、しろありの防除を行う事業者

d 最大積載量が 5,000 キログラムの大型自動車に固定された容器を用い、水酸化カリウム 10 ％を含有する製剤で液体状のものを運送する事業者

1（a、b）　　2（a、c）　　3（b、d）　　4（c、d）

問19 ～ 20 次の違法行為に対する法の罰則規定について、**正しいもの**を 1 つずつ選びなさい。

問19 18 歳未満の者に毒物又は劇物を交付した毒物劇物営業者

問20 トルエンを含有するシンナーを、みだりに吸入することの情を知って販売した者

1 3 年以下の懲役若しくは 200 万円以下の罰金

2 2 年以下の懲役若しくは 100 万円以下の罰金

3 1 年以下の懲役若しくは 50 万円以下の罰金

4 6 月以下の懲役若しくは 50 万円以下の罰金

5 30 万円以下の罰金

奈良県

〔基礎化学〕

（一般・農業用品目共通）

問 21 ～ 31　次の記述について、（　　）の中に入れるべき字句のうち、正しいものを
1つ選びなさい。

問 21　次のうち、核酸である物質は（　　）である。

1　チアミン　　2　シトルリン　　3　アデニン　　4　チロシン
5　グアニジン

問 22　次のうち、Ａｓの元素記号で表される元素は（　　）である。

1　金　　2　アンチモン　　3　アスタチン　　4　ヒ素　　5　水銀

問 23　次のうち、常温、常圧で空気より軽い気体は（　　）である。

1　NH_3　　2　CO_2　　3　H_2S　　4　HCl　　5　SO_2

問 24　次のうち、常温、常圧で無臭の物質は（　　）である。

1　二酸化窒素　　2　ギ酸　　3　メタン　　4　酪酸エチル
5　フッ化水素

問 25　次のうち、硫化水素と反応した際、白色の沈殿物を生成する水溶液に含まれ
る金属イオンは（　　）である。

1　Cu^{2+}　　2　Cd^{2+}　　3　Sn^{2+}　　4　Zn^{2+}　　5　Mn^{2+}

問 26　次のうち、塩化水素の乾燥剤として不適当なものは（　　）である。

1　十酸化四リン(酸化リン（Ｖ）)　　2　濃硫酸
3　塩化カルシウム　　4　シリカゲル　　5　ソーダ石灰

問 27　次のうち、ニンヒドリン反応において黄色に呈色するアミノ酸は（　　）であ
る。

1　アスパラギン酸　　2　フェニルアラニン　　3　グリシン
4　プロリン　　5　メチオニン

問 28　次のうち、不飽和の2価カルボン酸は（　　）である。

1　プロピオン酸　　2　吉草酸　　3　マレイン酸　　4　リノール酸
5　コハク酸

問 29　次のうち、二酸化炭素分子の立体構造は（　）である。

1　直線形　　2　正四面体形　　3　三角錐形　　4　正三角形
5　折れ線形

問 30　次のうち、気体から液体となる状態変化は（　）である。

1　昇華　　2　融解　　3　蒸発　　4　凝固　　5　凝縮

問 31　次のうち、カルボン酸とアルコールが脱水縮合して、化合物が生成する反応
は、（　）である。

1　ジアゾ化　　2　ニトロ化　　3　エステル化　　4　アセチル化
5　アルキル化

問32　次の化学結合に関する記述のうち、**正しいもの**を選びなさい。

1　水素結合は、2個の原子がそれぞれ不対電子を出し合って、電子対をつくることによってできる結合である。
2　共有結合は、原子の周りを動き回る自由電子を仲立ちとしてできる結合である。
3　配位結合は、非共有電子対が一方の原子から他方の原子やイオンに提供されてできる結合である。
4　金属結合は、陽イオンと陰イオンとの間に働く静電気力（クーロン力）によってできる結合である。

問33　マンガンとその化合物の性質等に関する記述のうち、**正しいもの**を1つ選びなさい。

1　マンガンは、周期表の7族に属する。
2　マンガン化合物のマンガンの酸化数は、＋2か＋5である。
3　酸化マンガンは、黒褐色の粉末で水によく溶ける。
4　過マンガン酸カリウムは、黄色の結晶で水によく溶ける。

問34　次のハロゲンに関する記述のうち、**誤っているもの**を1つ選びなさい。

1　ハロゲンの単体は、いずれも二原子分子で有毒である。
2　原子番号の大きいものほど水と反応しやすい。
3　塩素とフッ素では、フッ素の方が酸化力が強い。
4　ヨウ素は、常温で黒紫色の固体である。

問35　原子とその構造に関する記述のうち、**正しいもの**を1つ選びなさい。

1　原子核は、いくつかの陽子と電子からできている。
2　質量数が等しく、原子番号の異なる原子を互いに同位体という。
3　陽子と電子の質量は、ほぼ同じである。
4　原子番号は、原子核中の陽子の数である。

問36　次の有機化合物の生成反応に関する記述のうち、**誤っているもの**を1つ選びなさい。

1　フタル酸を融点近くまで加熱すると、脱水がおこり、イソフタル酸が生成する。
2　カーバイドに水を加えると、加水分解がおこり、アセチレンが生成する。
3　エチレンと水素の混合気体を、熱した触媒上に通すと、水素付加がおこり、エタンが生成する。
4　冷却した塩化ベンゼンジアゾニウムの水溶液にナトリウムフェノキシドの水溶液を加えると、カップリングがおこり、p-ヒドロキシアゾベンゼンが生成する。

問37　次の油脂とセッケンに関する記述のうち、**正しいもの**を1つ選びなさい。

1　油脂では、3価アルコールのグリセリンのヒドロキシ基が3つとも高級脂肪酸とエーテル結合している。
2　油脂に硫酸を加えて加熱すると、油脂はけん化されて、セッケンとグリセリンの混合物が得られる。
3　セッケンの水溶液は、塩基性である。
4　セッケンは、カルシウムイオンやマグネシウムイオンを多く含む硬水中では洗浄力が強くなる。

問 38　窒素 84g が、27 ℃、1.0 × 10⁵Pa のもとで占める体積は何Lか。当該気体を理想気体とする際、**正しいもの**を１つ選びなさい。

（原子量：N ＝ 14、気体定数：8.3 × 10³ (Pa・L/(K・mol)) とする。）

1　13.5 L　　　2　24.9 L　　　3　32.2 L　　　4　52.8 L　　　5　74.7 L

問 39　0.001mol/L の水酸化ナトリウム水溶液のｐＨとして**正しいもの**を１つ選びなさい。

ただし、水溶液は 25 ℃、水酸化ナトリウムの電離度は１とする。

1　10　　　2　11　　　3　12　　　4　13　　　5　14

問 40　次の２つの熱化学方程式から、一酸化炭素の生成熱として**正しいもの**を１つ選びなさい。

C(黒鉛) ＋ O₂ ＝ CO₂ ＋ 394kJ
CO ＋ $\frac{1}{2}$ O₂ ＝ CO₂ ＋ 283kJ

1　-172kJ　　　2　111kJ　　　3　172kJ　　　4　505kJ　　　5　677kJ

〔取扱・実地〕

（一般）

問 41　ホスゲンに関する記述について、**正しいものの組み合わせ**を１つ選びなさい。

a　緑黄色の気体である。
b　ベンゼン、トルエン、酢酸に溶ける。
c　水により徐々に分解され、二酸化炭素と燐化水素が発生する。
d　樹脂、染料の原料に用いられる。

1（a、b）　　　2（a、c）　　　3（b、d）　　　4（c、d）

問 42　一水素二弗化アンモニウムに関する記述について、**正しいものの組み合わせ**を１つ選びなさい。

a　無色斜方又は正方晶結晶で、水に溶ける。
b　水溶液はアルカリ性で、ガラス瓶に保管する。
c　目に入ると、粘膜が侵され、失明することがある。
d　臭いは無く、風解性である。

1（a、b）　　　2（a、c）　　　3（b、d）　　　4（c、d）

問 43 〜 46　次の物質の性状等について、**最も適当なもの**を１つずつ選びなさい。

問 43　アクリルニトリル
問 44　ジメチルジチオホスホリルフエニル酢酸エチル
問 45　臭素
問 46　トルエン

1　微刺激臭のある無色透明の液体であり、火災、爆発の危険性が強い。
2　赤褐色、揮発性の刺激臭を発する重い液体で、アルコール、エーテル、水に可溶。
3　芳香性刺激臭を有する赤褐色、油状の液体で、水、プロピレングリコールに不溶。
4　無色透明、可燃性のベンゼン様の臭気がある液体である。
5　無色または淡黄色の液体であり、皮膚刺激性がある。

問47～50　次の物質の毒性について、**最も適当なもの**を1つずつ選びなさい。

問47　アニリン　　　問48　クロロホルム　　　問49　スルホナール
問50　弗化水素酸

1　嚥下吸入したときに、胃および肺で胃酸や水と反応してホスフィンを生成し、中毒症状を呈する。吸入した場合、頭痛、吐き気等の症状を起こす。
2　蒸気の吸入や皮膚からの吸収により血液に作用してメトヘモグロビンが形成され、急性中毒では、顔面、口唇、指先などにチアノーゼが現れる。
3　皮膚に触れた場合、激しい痛みを感じて、著しく腐食される。
4　脳の節細胞を麻酔させ、赤血球を溶解する。吸収すると、はじめは嘔吐（おうと）、瞳孔の縮小、運動性不安が現れ、ついで脳及びその他の神経細胞を麻酔させる。
5　嘔吐（おうと）、めまい、胃腸障害、腹痛、下痢または便秘などを起こし、運動失調、麻痺、腎臓炎、尿量減退、ポルフィリン尿として現れる。

問51～54　次の物質の用途について、**最も適当なもの**を1つずつ選びなさい。

問51　亜硝酸ナトリウム
問52　エチルジフエニルジチオホスフエイト
問53　四塩化炭素
問54　（1R・2S・3R・4S）－7－オキサビシクロ［2・2・1］ヘプタン－2・3－ジカルボン酸(別名：エンドタール)

1　有機燐（りん）殺菌剤として使用される。
2　工業用にジアゾ化合物製造用、染色工場の顕色剤に使用される。
3　スズメノカタビラの除草に使用される。
4　洗浄剤及び種々の清浄剤の製造、引火性の弱いベンジンの製造などに応用され、また、化学薬品として使用される。
5　稲のツマグロヨコバイ、ウンカ類の駆除に使用される。

問55～57　次の物質の貯蔵方法に関する記述について、**最も適当なもの**を1つずつ選びなさい。

問55　シアン化水素　　　問56　沃素　　　問57　黄燐（りん）

1　亜鉛または錫メッキをした鋼鉄製容器で保管し、高温に接しない場所に保管する。ドラム缶で保管する場合は、雨水が漏入しないようにし、直射日光を避け冷所に置く。本品の蒸気は空気より重く、低所に滞留するので、地下室など換気の悪い場所には保管しない。
2　少量ならば褐色ガラス瓶を用い、多量ならば銅製シリンダーを用いる。日光および加熱を避け、風通しのよい冷所に置く。極めて猛毒であるため、爆発性、燃焼性のものと隔離する。
3　空気にふれると発火しやすいので、水中に沈めて瓶に入れ、さらに砂をいれた缶中に固定して、冷暗所に保管する。
4　容器は、気密容器を用い、通風のよい冷所に保管する。腐食されやすい金属、濃塩酸、アンモニア水、テレビン油などは、なるべく引き離しておく。

問 58 ～ 60 次の物質の漏えい又は飛散した場合の措置として、**最も適当なもの**を1
つずつ選びなさい。

問 58 キシレン
問 59 クロルピクリン
問 60 2－イソプロピル－4－メチルピリミジル－6－ジエチルチオホスフエイ
ト(別名：ダイアジノン)

1 付近の着火源となるものを速やかに取り除く。漏えいした液は土砂等でその流
れを止め、安全な場所に導き、空容器にできるだけ回収し、そのあとを水酸化カ
ルシウム等の水溶液を用いて処理し、中性洗剤等の界面活性剤を使用し、多量の
水で洗い流す。
2 水酸化カルシウムを十分に散布して吸収させる。多量にガスが噴出した場所に
は、遠くから霧状の水をかけて吸収させる。
3 多量の場合、土砂等でその流れを止め、安全な場所に導き、液の表面を泡で覆
いできるだけ空容器に回収する。
4 少量の場合、布で拭き取るか、又はそのまま風にさらして蒸発させる。多量の
場合、土砂等でその流れを止め、多量の活性炭又は水酸化カルシウムを散布して
覆い、至急関係先に連絡し専門家の指示により処理する。

（農業用品目）

問 41 次の毒物及び劇物のうち、農業用品目販売業者が販売できるものとして、**正し
いものの組み合わせ**を1つ選びなさい。

a アバメクチン b 水酸化ナトリウム c 塩化亜鉛
d 亜硝酸メチル

1 (a、b) 2 (a、c) 3 (b、d) 4 (c、d)

問 42 ～ 44 次の物質を含有する製剤で、劇物としての指定から除外される上限濃度
について、**正しいもの**を1つずつ選びなさい。

問 42 Ｏ－エチル＝Ｓ－1－メチルプロピル＝(2－オキソ－3－チアゾリジニ
ル)ホスホノチオアート(別名：ホスチアゼート)
問 43 硫酸
問 44 エマメクチン

1 0.5 % 2 1.5 % 3 2 % 4 10 % 5 50 %

問 45 ～ 47 次の物質の鑑別方法について、**最も適当なもの**を1つずつ選びなさい。

問 45 ニコチン 問 46 硫酸第二銅 問 47 塩素酸カリウム

1 本品の硫酸酸性水溶液にピクリン酸溶液を加えると、黄色結晶を沈殿する。
2 本品の水溶液に酒石酸を多量に加えると、白色の結晶を生成する。
3 本品の水溶液に金属カルシウムを加え、これにベタナフチルアミン及び硫酸を
加えると、赤色の沈殿を生成する。
4 本品を水に溶かして硝酸バリウムを加えると、白色の沈殿を生成する。

問 48 〜 50　次の物質の貯蔵方法として、**最も適当なもの**を 1 つずつ選びなさい。

　　問 48　ブロムメチル　　　問 49　ロテノン　　　問 50　シアン化カリウム

1　少量ならばガラス瓶、多量ならばブリキ缶または鉄ドラムを用い、酸類とは離して、風通しのよい乾燥した冷所に密封して保存する。
2　酸素によって分解し、効力を失うので、空気と光線を遮断して貯蔵する。
3　常温では気体なので圧縮冷却して液化し、圧縮容器に入れ、直射日光その他温度上昇の原因を避けて、冷暗所に貯蔵する。
4　引火しやすく、また、その蒸気は空気と混合して爆発性の混合ガスとなるので火気を避けて貯蔵する。

問 51 〜 52　次の物質の用途について、**最も適当なもの**を 1 つずつ選びなさい。

　　問 51　2 −クロル− 1 −（2 ・ 4 −ジクロルフエニル）ビニルジメチルホスフエイト
　　問 52　（1 R ・ 2 S ・ 3 R ・ 4 S）− 7 −オキサビシクロ［2 ・ 2 ・ 1］ヘプタン − 2 ・ 3 −ジカルボン酸（別名：エンドタール）

1　スズメノカタビラの除草に用いる。
2　稲のイモチ病に用いる。
3　稲のニカメイチュウ、キャベツのアオムシ等の殺虫剤として用いる。

問 53 〜 55　次の物質の漏えい又は飛散した場合の措置として、**最も適当なもの**を 1 つずつ選びなさい。

　　問 53　燐化亜鉛
　　問 54　クロルピクリン
　　問 55　2 −イソプロピル− 4 −メチルピリミジル− 6 −ジエチルチオホスフエイト（別名：ダイアジノン）

1　付近の着火源となるものを速やかに取り除く。漏えいした液は土砂等でその流れを止め、安全な場所に導き、空容器にできるだけ回収し、そのあとを水酸化カルシウム等の水溶液を用いて処理し、中性洗剤等の界面活性剤を使用し、多量の水で洗い流す。
2　飛散したものは、表面を速やかに土砂等で覆い、密閉可能な空容器にできるだけ回収して密閉する。汚染された土砂等も同様の措置をし、そのあとを多量の水で洗い流す。
3　飛散したものは、空容器にできるだけ回収する。砂利等に付着している場合は、砂利等を回収し、そのあとに水酸化ナトリウム、炭酸ナトリウム等の水溶液を散布してアルカリ性（p H 11 以上）とし、さらに酸化剤（次亜塩素酸ナトリウム、さらし粉等）の水溶液で酸化処理を行い、多量の水で洗い流す。
4　少量の場合、漏えいした液は布で拭き取るか、またはそのまま風にさらして蒸発させる。多量の場合、漏えいした液は土砂等でその流れを止め、多量の活性炭または水酸化カルシウムを散布して覆い、至急関係先に連絡し専門家の指示により処理する。

問 56 ～ 57 次の物質及び製剤の廃棄方法について、**最も適当なもの**を 1 つずつ選びなさい。

　　問 56　ジメチル－2・2－ジクロルビニルホスフエイト(別名：DDVP)

　　問 57　燐化アルミニウムとその分解促進剤とを含有する製剤

　1　多量の次亜塩素酸ナトリウムと水酸化ナトリウムの混合水溶液を攪拌しながら少量ずつ加えて酸化分解する。過剰の次亜塩素酸ナトリウムをチオ硫酸ナトリウム水溶液等で分解した後、希硫酸を加えて中和し、沈殿濾過する。

　2　還元剤の水溶液に希硫酸を加えて酸性にし、この中に少量ずつ投入する。反応終了後、反応液を中和し多量の水で希釈して処理する。

　3　10 倍量以上の水と攪拌しながら加熱還流して加水分解し、冷却後、水酸化ナトリウム等の水溶液で中和する。

問 58 ～ 60　次の物質の毒性について、**最も適当なもの**を 1 つずつ選びなさい。

　　問 58　モノフルオール酢酸ナトリウム
　　問 59　硫酸タリウム
　　問 60　沃化メチル

　1　疝痛、嘔吐、振戦、痙攣、麻痺等の症状に伴い、次第に呼吸困難となり、虚脱症状となる。

　2　中枢神経系の抑制作用及び肺の刺激症状が現れる。皮膚に付着して蒸発が阻害された場合には発赤、水疱が見られる。

　3　激しい嘔吐、胃の疼痛、意識混濁、てんかん性痙攣、脈拍の緩徐、チアノーゼ、血圧下降。心機能の低下により死亡する場合もある。

　4　皮膚から容易に吸収され、全身中毒症状を引き起こす。中枢神経系、肝臓、腎臓、肺に著明な障害を引き起こす。

中国五県統一共通
〔島根県、鳥取県、岡山県、広島県、山口県〕

令和3年度実施

〔毒物及び劇物に関する法規〕
（一般・農業用品目・特定品目共通）

問1　以下の法の条文について、（　）の中に入れるべき字句の正しい組み合わせを一つ選びなさい。

第1条　この法律は、毒物及び劇物について、保健衛生上の見地から必要な（ ア ）を行うことを目的とする。

第2条
2　この法律で「劇物」とは、別表第二に掲げる物であつて、医薬品及び（ イ ）以外のものをいう。

第3条
2　毒物又は劇物の輸入業の登録を受けた者でなければ、毒物又は劇物を（ ウ ）の目的で輸入してはならない。

	ア	イ	ウ
1	取締	飲食物	貯蔵又は販売
2	取締	医薬部外品	販売又は授与
3	規制	飲食物	販売又は授与
4	規制	医薬部外品	貯蔵又は販売

問2　特定毒物に関する以下の記述のうち、正しいものを一つ選びなさい。

1　特定毒物使用者は、特定毒物であれば、どのような用途でも使用することができる。
2　毒物若しくは劇物の製造業者は、特定毒物を輸入することができる。
3　特定毒物研究者は、毒物劇物営業者に特定毒物を譲り渡すことができる。

問3　以下のうち、法第3条の3で「みだりに摂取し、若しくは吸入し、又はこれらの目的で所持してはならない」と規定されるもの及び法第3条の4で「業務その他正当な理由による場合を除いては、所持してはならない」と規定されるものとして、正しい組み合わせを一つ選びなさい。

	法第3条の3	法第3条の4
1	トルエンを含有する接着剤	ニトロベンゼン
2	メタノールを含有するシンナー	ピクリン酸
3	酢酸エチルを含有する塗料	ベンゼン
4	エタノールを含有するシーリング用の充てん料	ナトリウム

問4　法第4条の規定による営業の登録に関する以下の記述のうち、正しいものを一つ選びなさい。

1　毒物又は劇物製造業の登録は、毒物又は劇物の製造を行う製造所ごとに行う。
2　毒物又は劇物販売業の登録は、5年ごとに更新を受けなければ、その効力を失う。
3　毒物又は劇物製造業の登録は、地方厚生局長が行う。

問5　毒物又は劇物の交付に関する以下の記述の正誤について、正しい組み合わせを一つ選びなさい。

ア　毒物劇物営業者は、親の承諾があれば、17歳の者に毒物又は劇物を交付しても良い。
イ　毒物劇物営業者は、大麻の中毒者には毒物又は劇物を交付してはならない。
ウ　毒物劇物営業者は、塩素酸塩類の交付を受ける者の氏名及び住所を確認した後でなければ交付してはならない。

	ア	イ	ウ
1	誤	誤	正
2	正	正	正
3	正	正	誤
4	誤	正	正

問6　毒物又は劇物の廃棄に関する以下の記述の正誤について、正しい組み合わせを一つ選びなさい。

ア　廃棄の方法について政令で定める技術上の基準に従わなければ、廃棄してはならない。
イ　ガス体又は揮発性の毒物又は劇物は、技術上の基準として、保健衛生上危害を生ずるおそれがない場所で、少量ずつ放出し、又は揮発させること。
ウ　技術上の基準として、中和、加水分解、酸化、還元、稀釈その他の方法により、毒物及び劇物並びに法第11条第2項に規定する政令で定める物のいずれにも該当しない物とすること。

	ア	イ	ウ
1	正	誤	正
2	正	正	正
3	誤	誤	正
4	正	正	誤

問7　以下の法の条文について、（　）の中に入れるべき字句の正しい組み合わせを一つ選びなさい。

第17条　毒物劇物営業者及び特定毒物研究者は、その取扱いに係る毒物若しくは劇物又は第11条第2項の政令で定める物が飛散し、漏れ、流れ出し、染み出し、又は（ア）場合において、（イ）について保健衛生上の危害が生ずるおそれがあるときは、直ちに、その旨を（ウ）、警察署又は消防機関に届け出るとともに、保健衛生上の危害を防止するために必要な応急の措置を講じなければならない。

	ア	イ	ウ
1	蒸発した	従業員	保健所
2	蒸発した	不特定又は多数の者	厚生労働省
3	地下に染み込んだ	従業員	厚生労働省
4	地下に染み込んだ	不特定又は多数の者	保健所

問8　毒物劇物監視員に関する以下の記述のうち、正しいものを一つ選びなさい。

1　毒物劇物監視員は、特定毒物研究者の研究所に立ち入り、帳簿その他の物件を検査し、関係者を身体検査することができる。
2　毒物劇物監視員は、犯罪捜査のために毒物劇物輸入業者の営業所に立入検査することはできない。
3　毒物劇物監視員は、毒物劇物販売業者の店舗から試験のため必要な最小限度の分量に限り、毒物及び劇物を収去することができ、その疑いのある物は収去できない。

問9　法第22条第1項の規定により、業務上、毒物又は劇物を取り扱う場合、その事業場の所在地の都道府県知事(その事業場の所在地が保健所を設置する市又は特別区の区域にある場合においては、市長又は区長。)に届出を行わなければならない事業として、正しい組み合わせを一つ選びなさい。

ア　砒素化合物を用いてしろありの防除を行う事業
イ　1,000リットルの容器を積載した大型自動車で20％硫酸水溶液を運送する事業
ウ　無機シアン化合物を用いて試験検査を行う事業
エ　砒素化合物を用いて電気めっきを行う事業

1（ア，イ）　　2（ア，ウ）　　3（イ，エ）　　4（ウ，エ）

問 10　規則第 13 条の 6 の規定により、車両を使用して、10 ％の水酸化ナトリウム水
　　　溶液を 1 回につき 5,000 キログラム以上運搬する場合、車両に備えなければなら
　　　ない保護具として、誤っているものを一つ選びなさい。

　　　1　保護手袋　　　2　保護眼鏡　　　3　普通ガス用防毒マスク　　　4　保護衣

問 11　毒物又は劇物製造業者が製造した塩化水素を含有する製剤たる劇物(住宅用の洗
　　　浄剤で液体状のものに限る。)を販売する場合、法第 12 条第 2 項の規定により、
　　　必要な表示事項の正誤について、正しい組み合わせを一つ選びなさい。

ア　小児の手の届かないところに保管しなければならない旨
イ　使用直前に開封し、包装紙等は直ちに処分すべき旨
ウ　眼に入った場合は、直ちに流水でよく洗い、医師の診断を受
　　けるべき旨
エ　居間等人が常時居住する室内では使用してはならない旨

	ア	イ	ウ	エ
1	正	誤	正	誤
2	誤	誤	誤	正
3	正	正	誤	誤
4	誤	正	誤	正

問 12　法第 10 条の規定により、毒物又は劇物の販売業者が、30 日以内に都道府県知
　　　事に届け出なければならない事項の正誤について、正しい組み合わせを一つ選び
　　　なさい。

ア　店舗の営業時間の変更
イ　店舗の名称の変更
ウ　氏名(法人にあっては、その名称)の変更
エ　店舗における営業の廃止

	ア	イ	ウ	エ
1	正	正	誤	正
2	正	正	誤	誤
3	誤	誤	正	誤
4	誤	正	正	正

問 13　法第 14 条の規定による毒物又は劇物の譲渡手続に関する以下の記述の正誤に
　　　ついて、正しい組み合わせを一つ選びなさい。

ア　毒物劇物営業者以外の者が劇物を購入するときは、譲受人が必
　　要事項を記載して押印した書面を提出する。
イ　毒物劇物営業者は、譲渡手続に係る書面を販売又は授与の日か
　　ら 3 年間保管しなければならない。
ウ　毒物劇物営業者以外の者が劇物の購入時に提出する書面には、
　　劇物の名称及び数量、販売の年月日、譲受人の住所、譲受人の氏
　　名、譲受人の年齢を記載する。

	ア	イ	ウ
1	正	正	誤
2	正	誤	誤
3	誤	正	誤
4	誤	誤	正

問 14　政令第 40 条の 6 の規定により、毒物又は劇物を車両を使用して、又は鉄道に
　　　よって運搬する場合で、当該運搬を他に委託するときの荷送人の通知義務に関す
　　　る以下の記述のうち、正しいものを一つ選びなさい。

　　　1　荷送人は、運送人に対し、あらかじめ、必要事項を記載した書面を交付しなけ
　　　　ればならない。
　　　2　書面の交付に代えて、当該書面に記載すべき事項を電子情報処理組織を使用す
　　　　る方法により提供することは、書面を交付したものとはみなされない。
　　　3　荷送人の通知義務を要しない毒物又は劇物の数量は、1 回の運搬につき 5,000
　　　　キログラム以下である。

中国五県統一

問 15　毒物劇物営業者が毒物又は劇物を販売し、又は授与するときの情報提供に関する以下の記述のうち、誤っているものを一つ選びなさい。

　1　毒物劇物営業者は、譲受人に対し、毒物又は劇物の性状及び取扱いに関する情報を提供しなければならない。
　2　提供する情報には、暴露の防止及び保護のための措置が含まれる。
　3　情報の提供は、譲受人の同意があれば、後日、必要事項が保存されている磁気ディスクを送付することでも良い。

問 16 ～問 25　以下の記述について、正しいものには1を、誤っているものには2をそれぞれ選びなさい。

　問 16　この法律で「特定毒物」に指定されているものは、すべて毒物にも指定されている。
　問 17　授与の目的であれば、毒物又は劇物の製造業の登録を受けずに毒物又は劇物を製造してよい。
　問 18　特定毒物研究者の許可期間は、6年間である。
　問 19　毒物又は劇物を販売しようとする者は、その店舗ごとに登録を受けなければならない。
　問 20　毒物又は劇物の運搬用具は、毒物又は劇物が飛散し、漏れ、又はしみ出るおそれがないものであること。
　問 21　毒物に関し相当の知識を持ち、かつ、学術研究上特定毒物を製造し、又は使用することを必要とする者でなければ、特定毒物研究者の許可は与えられない。
　問 22　農業用品目毒物劇物取扱者試験に合格した者は、農業用品目販売業及び特定品目販売業の店舗の毒物劇物取扱責任者となることができる。
　問 23　毒物劇物営業者は、有機燐りん化合物及びこれを含有する製剤の容器及び被包に、名称、成分、含量及び解毒剤の名称の表示をしなければ販売し、又は授与してはならない。
　問 24　毒物又は劇物販売業の店舗においては、毒物又は劇物を陳列する場所にかぎをかける設備があること。ただし、その場所が性質上かぎをかけることができないものであるときは、この限りではない。
　問 25　毒物劇物取扱責任者を変更したときには、30日以内に毒物劇物取扱責任者の氏名を届け出なければならない。

〔基礎化学〕

（一般・農業用品目・特定品目共通）

問 26 ～問 33　以下の記述について、正しいものには1を、誤っているものには2をそれぞれ選びなさい。

　問 26　酸性水溶液は青色リトマス紙を赤色に変える。
　問 27　陽イオンと陰イオンの静電気的引力による結合を共有結合という。
　問 28　ナトリウム原子は電子を2個受け入れて2価の陽イオンとなる。
　問 29　ベンゼン分子は6つの二重結合をもつ。
　問 30　周期表の3族から11族の元素を遷移元素という。
　問 31　アンモニア分子は三角錐形であり、極性分子である。
　問 32　酢酸を水酸化ナトリウムで中和滴定する場合、指示薬としてメチルオレンジを用いることが適当である。
　問 33　ハロゲンの単体は原子番号が大きくなるにつれて沸点・融点が低くなり、逆に反応性・酸化力は大きくなる。

問 34 ～問 38　オゾンに関する以下の記述について、（　　）に入る最も適当な字句を下
　　欄の 1 ～ 3 の中からそれぞれ一つ選びなさい。

　　オゾンは酸素の同素体である。
　　製法は、酸素に（ 問 34 ）を当てるか、乾いた空気中での無声放電によって、酸素
をオゾンに変化させる。
　　性質としては、特有のにおいがある（ 問 35 ）の（ 問 36 ）である。
　　さらに、強い（ 問 37 ）作用や殺菌作用をもち、空気や飲料水の殺菌、動物性繊維
の漂白などに利用されている。
　　また、湿ったヨウ化カリウムデンプン紙を（ 問 38 ）にし、空気中のオゾン検出に
用いられる。

【下欄】

問 34	1　電波	2　γ 線	3　紫外線
問 35	1　淡青色	2　淡黄色	3　無色
問 36	1　固体	2　気体	3　液体
問 37	1　潮解	2　脱水	3　酸化
問 38	1　緑色	2　赤色	3　青紫色

問 39　炭素、水素、酸素からなる有機化合物 8.00mg を完全燃焼させると、二酸化炭素
　　（CO_2）15.28mg と水（H_2O）9.36mg を生じた。この化合物の組成式で、最も適当
　　なものを一つ選びなさい。
　　　ただし、原子量は H ＝ 1.0、C ＝ 12.0、O ＝ 16.0 とする。

　1　CH_2O　　　2　C_2H_6O　　　3　C_3H_8O　　　4　$C_4H_{10}O$

問 40　0.01mol/L の塩酸の pH（水素イオン指数）はいくらか、最も適当なものを一つ選
　　びなさい。

　1　pH ＝ 1　　　2　pH ＝ 2　　　3　pH ＝ 13　　　4　pH ＝ 14

問 41　凝固点が － 0.20 ℃のグルコース（$C_6H_{12}O_6$）の水溶液を作りたい。水 370g に何 g
　　のグルコースを溶かせばよいか、最も適当なものを一つ選びなさい。
　　　ただし、水のモル凝固点降下は 1.85K・kg/mol とし、グルコースの分子量は 180
　　とする。

　1　1.8g　　　2　3.6g　　　3　7.2g　　　4　14.4g

問 42　以下の分子のうち、シス－トランス異性体が存在するものを一つ選びなさい。
　1　$CH_2 = CHCH_2CH_3$　　　2　$CHCl = CCl_2$　　　3　$CH_3CH = CHCH_3$
　4　$CH_2 = C(CH_3)_2$

問 43　エネルギーの大きい順に並べたとき、正しいものを一つ選びなさい。
　1　X 線　＞　紫外線　＞　赤外線　　　2　X 線　　＞　赤外線　＞　紫外線
　3　紫外線　＞　赤外線　＞　X 線　　　4　紫外線　＞　X 線　　＞　赤外線

問 44　以下の物質の組み合わせのうち、混ざり合わないものを一つ選びなさい。
　1　水 － メタノール　　　2　水 － ジエチルエーテル
　3　塩酸 － 硫酸　　　4　酢酸 － メタノール

問 45 ～問 46　以下の作業の名称について、最も適当なものを下欄の1～4の中から
　　　　それぞれ一つ選びなさい。

　問 45 特定の溶媒を使い、目的の物質だけを溶かして分離すること
　問 46 固体混合物から、直接気体になりやすい物質を分離すること

【下欄】

1　抽出　　　2　昇華　　　3　分留　　　4　再結晶

問 47　以下の物質の水溶液のうち、pH（水素イオン指数）が最も大きいものを一つ選び
　　　なさい。ただし、濃度はいずれも 0.1mol/L とする。

　1　$CaCl_2$　　　2　$NaHCO_3$　　　3　$KHSO_4$　　　4　Na_2CO_3

問 48　気体と物質量に関する以下の記述のうち、正しいものを一つ選びなさい。ただ
　　　し、気体は理想気体とする。

　1　同温・同圧の気体の密度は、分子量に比例する。
　2　100 ℃、1 気圧を標準状態という。
　3　標準状態で 1 mol の気体の体積は 33.4L である。
　4　標準状態で 1 mol の気体の質量は気体の種類に関係なく同じである。

問 49　鉄とその化合物に関する以下の記述のうち、最も適当なものを一つ選びなさい。

　1　鉄は周期表の 6 族に属する金属である。
　2　純粋な鉄はやわらかく、展性・延性に富むが磁性を持たない。
　3　鉄は酸化数＋2 または＋3 の化合物を作る。
　4　酸化鉄（Ⅱ）を還元すると酸化鉄（Ⅲ）が得られる。

問 50　セッケンに関する以下の記述のうち、誤っているものを一つ選びなさい。

　1　油脂に水酸化ナトリウム水溶液を加えて加熱するとセッケンとグリセリンが生
　　じる。
　2　セッケン分子は疎水性部分と親水性部分からできている。
　3　セッケン水は塩基性であるから、塩基性に弱い動物性繊維の洗浄には不適当で
　　ある。
　4　セッケンを水に溶かすと水の表面張力を増加させる。

〔毒物及び劇物の性質及び貯蔵、
識別及び取扱方法〕

（一般）
問 51　以下のうち、水酸化ナトリウムに関する記述として、誤っているものを一つ選
　　　びなさい。

　1　水溶液は爆発性でも引火性でもないが、アルミニウム、錫、亜鉛などの金属を
　　腐食して水素ガスを発生し、これが空気と混合して引火爆発することがある。
　2　廃棄する場合は、消石灰の撹拌溶液に加えて中和させたあと、多量の水で希釈
　　して、上澄液のみを流す。
　3　水溶液が眼に入った場合は、結膜や角膜が激しくおかされ、失明する危険性が
　　高いため、直ちに多量の水で 15 分間以上洗い流し、速やかに医師の手当てを受
　　ける。

問 52 以下の物質とその性状及び用途に関する組み合わせのうち、誤っているものを一つ選びなさい。

1 クレゾール	－	一般には異性体の混合物で、無色～黄褐色～ピンクの液体である。消毒、殺菌、木材の防腐剤、合成樹脂可塑剤として用いられる。
2 重クロム酸カリウム	－	無色の油状液体で空気中では発煙し、アンモニア様の強い臭気をもつ。強い還元剤でロケット燃料に使用される。
3 硫酸銅(Ⅱ)	－	五水和物は青色ないし群青色の大きい結晶、顆粒または粉末で、空気中ではゆるやかに風解する。工業用に電解液用、媒染剤、農薬として使用されるほか、試薬としても用いられる。

問 53 ～問 56 以下の物質の性状について、最も適当なものを下欄の1～5の中からそれぞれ一つ選びなさい。

問 53 弗化水素　　　問 54 沃素　　　問 55 シアン化カルシウム

問 56 弗化スルフリル

【下欄】

1 無色の気体。アセトン、クロロホルムに可溶。
2 無色透明の液体。果実様の芳香を放つ。引火性。
3 黒灰色、金属様の光沢がある稜板状結晶。常温でも多少不快な臭気を有する蒸気を放って揮散。
4 無色または白色の粉末。水、熱湯に難溶。湿った空気中では徐々に分解して、ガスが発生。
5 無色の気体または無色の液体。気体は空気より重い。空気中の水や湿気と作用して白煙を生じ、強い腐食性を示す。強い刺激性があり、水に易溶。

問 57 ～問 60 以下の物質の注意事項について、最も適当なものを下欄の1～5の中からそれぞれ一つ選びなさい。

問 57 沃化水素酸　　　問 58 メタクリル酸　　　問 59 三酸化二ヒ素

問 60 キシレン

【下欄】

1 大部分の金属、コンクリート等を腐食する。この物質自体に爆発性や引火性はないが、金属と反応してガスを発生し、このガスが空気と混合して引火爆発するおそれがある。
2 火災等で強熱されると発生する煙霧は、少量の吸入であっても強い溶血作用がある。
3 重合防止剤が添加されているが、加熱、直射日光、過酸化物、鉄錆等により重合がはじまり、爆発することがある。
4 可燃物と混合すると常温でも発火することがあり、200 ℃付近に加熱するとルミネッセンスを発しながら分解する。
5 引火しやすく、また、その蒸気は空気と混合して爆発性混合ガスとなるので火気は絶対に近づけず、静電気に対する対策を十分考慮する。

問 61　以下の物質とその用途に関する組み合わせのうち、最も適当なものを一つ選びなさい。

　　1　アセトニトリル　－　有機合成出発原料、合成繊維の溶剤
　　2　弗化水素酸　　　－　試薬・医療検体の防腐剤、エアバッグのガス発生剤
　　3　ジボラン　　　　－　タール中間物の製造原料、医薬品、染料の製造原料

問 62 ～問 65　以下の物質の鑑定法について、最も適当なものを下欄の1～5の中からそれぞれ一つ選びなさい。

　　問 62　ニコチン　　　　問 63　クロルピクリン　　　問 64　塩化亜鉛
　　問 65　メタノール

【下欄】

1　水に溶かし、硝酸銀を加えると、白色の沈殿を生じる。 2　サリチル酸と濃硫酸とともに熱すると、芳香を生じる。 3　熱すると酸素を発生し、さらに塩酸を加えて熱すると塩素を発生する。 4　ホルマリン1滴を加えたのち、濃硝酸1滴を加えると、ばら色を呈する。 5　水溶液に金属カルシウムを加え、これにベタナフチルアミン及び硫酸を加えると、赤色の沈殿を生じる。

問 66 ～問 69　以下の物質の貯蔵方法について、最も適当なものを下欄の1～5の中からそれぞれ一つ選びなさい。

　　問 66　ベタナフトール　　　問 67　シアン化ナトリウム　　　問 68　カリウム
　　問 69　ピクリン酸

【下欄】

1　空気に触れると発火しやすいので、水中に沈めて瓶に入れ、さらに砂を入れた缶中に固定して、冷暗所に貯蔵する。 2　光を遮り少量ならばガラス瓶、多量ならばブリキ缶または鉄ドラム缶を用い、酸類とは離して、風通しのよい乾燥した冷所に密封して貯蔵する。 3　空気中にそのまま貯蔵することはできないので、通常石油中に貯蔵する。 4　空気や光線に触れると赤変するため、遮光して貯蔵する。 5　火気に対し安全で隔離された場所に、硫黄、ヨード、ガソリン、アルコール等と離して貯蔵する。鉄、銅、鉛等の金属容器を使用しない。

問 70　以下の物質を含有する製剤と、それらが劇物の指定から除外される濃度に関する組み合わせのうち、誤っているものを一つ選びなさい。

　　1　硫酸タリウム　－　1％以下　　　2　クロム酸鉛　－　70％以下
　　3　過酸化尿素　－　17％以下

問 71 ～問 74　以下の物質が漏えいまたは飛散した場合の応急措置について、最も適当なものを下欄の1～5の中からそれぞれ一つ選びなさい。

　　問 71　硝酸銀　　　問 72　塩化カドミウム　　　問 73　硫化バリウム
　　問 74　黄燐

1 飛散したものは空容器にできるだけ回収し、そのあとを硫酸第一鉄の水溶液を加えて処理し、多量の水で洗い流す。
2 飛散したものは空容器にできるだけ回収し、そのあとを食塩水を用いて処理し、多量の水で洗い流す。
3 少量の漏えいした液は、速やかに蒸発するので周辺に近づかないようにする。
4 漏出したものの表面を速やかに土砂または多量の水で覆い、水を満たした容器に回収する。
5 飛散したものは空容器にできるだけ回収し、そのあとを消石灰、ソーダ灰等の水溶液を用いて処理し、多量の水で洗い流す。

問 75　以下の物質とその毒性に関する組み合わせのうち、<u>誤っているもの</u>を一つ選びなさい。

　　1　無機シアン化合物　−　ミトコンドリアの呼吸酵素（シトクロム酸化酵素）の阻害作用が誘発されるため、エネルギー消費の多い中枢神経に影響が現れる。
　　2　メタノール　　　　−　頭痛、めまい、嘔吐、下痢、腹痛等を起こし、致死量に近ければ麻酔状態になり、視神経がおかされ、目がかすみ、失明することがある。
　　3　四塩化炭素　　　　−　メトヘモグロビン形成能があり、チアノーゼ症状を起こす。

問 76　以下の物質と中毒時の主な措置に関する組み合わせのうち、<u>誤っているもの</u>を一つ選びなさい。

　　1　酸化第二水銀　−　ジメルカプロール（BAL）の投与
　　2　パラチオン　−　0.1％過マンガン酸カリウム溶液、硫酸銅の投与
　　3　蓚酸　−　大量摂取時には、牛乳や水を飲ませて吐かせる

問 77 〜問 80　以下の物質の廃棄方法について、最も適当なものを下欄の1〜5の中からそれぞれ一つ選びなさい。

　　問 77　ニツケルカルボニル　　　問 78　亜硝酸ナトリウム　　　問 79　硝酸亜鉛
　　問 80　酸化カドミウム

【下欄】

1 水に溶かし、消石灰、ソーダ灰等の水溶液を加えて処理し、沈殿濾ろ過して埋立処分する。
2 セメントで固化し、溶出試験を行い、溶出量が判定基準以下であることを確認して埋立処分する。
3 そのまま再生利用するため、蒸留する。
4 物質を水溶液とし、撹拌下のスルファミン酸溶液に徐々に加えて分解させたあと中和し、多量の水で希釈して処理する。
5 多量のベンゼンに溶解し、スクラバーを具備した焼却炉の火室へ噴霧し、焼却する。

中国五県統一

（農業用品目）

問 51 ～問 54 以下の物質を含有する製剤と、それらが毒物の指定から除外される上限の濃度として、正しいものを下欄の1～5の中からそれぞれ一つ選びなさい。

問 51 〇－エチル－〇－（2－イソプロポキシカルボニルフエニル）－Ｎ－イソプロピルチオホスホルアミド(別名 イソフエンホス)

問 52 エチルパラニトロフエニルチオノベンゼンホスホネイト(別名 ＥＰＮ)

問 53 2，3－ジシアノ－1，4－ジチアアントラキノン(別名 ジチアノン)

問 54 2－ジフエニルアセチル－1，3－インダンジオン(別名 ダイファシノン)

【下欄】

1 0.005 %	2 1.5 %	3 3 %	4 5 %	5 50 %

問 55 ～問 58 以下の特徴を持つ物質として、最も適当なものを下欄の1～5の中からそれぞれ一つ選びなさい。

問 55 弱いメルカプタン臭のある淡褐色の液体で、野菜などのネコブセンチュウ等の害虫の防除に用いられる。

問 56 無色無臭の正方単斜状の結晶で、潮解性があり、農業用の除草剤として用いられる。

問 57 淡黄色の油状液体で、農業用殺虫剤として用いられる。

問 58 純品は無色の油状液体で、市販品は通常微黄色を呈しており、催涙性があり、土壌燻蒸剤として用いられる。

【下欄】

1 （ＲＳ）－［〇－1－（4－クロロフエニル）ピラゾール－4－イル＝〇－エチル＝Ｓ－プロピル＝ホスホロチオアート］（別名 ピラクロホス）
2 塩素酸ナトリウム
3 クロルピクリン
4 ジニトロメチルヘプチルフエニルクロトナート(別名 ジノカツプ)
5 〇－エチル＝Ｓ－1－メチルプロピル＝（2－オキソ－3－チアゾリジニル)ホスホノチオアート(別名 ホスチアゼート)

問 59 以下の物質とその用途に関する組み合わせのうち、誤っているものを一つ選びなさい。

1 1－ｔ－ブチル－3－（2，6－ジイソプロピル－4－フエノキシ － 除草剤
フエニル)チオウレア(別名 ジアフエンチウロン)
2 ジメチル－2，2－ジクロルビニルホスフエイト － 殺虫剤
(別名 ジクロルボス、ＤＤＶＰ)
3 硫酸タリウム － 殺鼠剤

問 60 ～問 63 以下の物質の鑑定法に関する記述について、（　）の中に入れるべき最も適当なものを下欄の1～5の中からそれぞれ一つ選びなさい。

≪硫酸≫

硫酸の希釈水溶液に塩化バリウムを加えると、（ 問 60 ）の沈殿を生じ、この沈殿は塩酸や硝酸には不溶である。

≪ニコチン≫

ニコチンのエーテル溶液に、ヨードのエーテル溶液を加えると、（ 問 61 ）の液状沈殿を生じ、これを放置すると（ 問 62 ）針状結晶となる。

ニコチンの硫酸酸性水溶液に、ピクリン酸溶液を加えると、（ 問 63 ）結晶を沈殿する。

【下欄】

1 黄色	2 白色	3 青色	4 赤色	5 褐色

問64〜問67 沃化メチルに関する以下の記述について、（　）の中に入れるべき字句を
　　　　下欄の1〜3の中からそれぞれ一つ選びなさい。

　　沃化メチルの性状は無色または（ 問64 ）透明の液体で、（ 問65 ）臭がある。用途
は、（ 問66 ）であるが、吸入した場合、悪心などが起こり、重症な場合は意識不明
となり、（ 問67 ）を起こす。

【下欄】

問64	1 青色	2 褐色	3 淡黄色
問65	1 ニンニク	2 アンモニア	3 エーテル様
問66	1 殺鼠剤	2 殺菌剤	3 除草剤
問67	1 肺水腫	2 食道穿孔	3 流涎

問68〜問71 以下の物質が漏えいまたは飛散した場合の応急措置について、最も適当
　　　　なものを下欄の1〜5の中からそれぞれ一つ選びなさい。
　　問68　燐化亜鉛　　　問69　シアン化水素　　　問70　アンモニア水
　　問71　ジエチル−S−（エチルチオエチル）−ジチオホスフェイト
　　（別名　エチルチオメトン、ジスルホトン）

【下欄】

1 漏えいした場合、多量の水酸化ナトリウム水溶液(20 ％以上)に容器ごと投入
　してこの物質を吸収させ、さらに酸化剤(次亜塩素酸ナトリウム等)の水溶液で
　酸化処理を行い、多量の水で洗い流す。
2 少量の場合は、漏えい箇所は濡れむしろ等で覆い、遠くから多量の水で洗い流
　す。多量の場合は、漏えいした液は土砂等でその流れを止め、安全な場所に導
　いて遠くから多量の水で洗い流す。
3 付近の着火源となるものを速やかに取り除き、漏えいした液は土砂等でその流
　れを止め、安全な場所に導き、空容器にできるだけ回収し、そのあとを水酸化
　カルシウム等の水溶液にて処理し、中性洗剤等の分散剤を使用して多量の水で
　洗い流す。
4 飛散したものは、表面を速やかに土砂等で覆い、密閉可能な空容器にできるだ
　け回収して密閉する。汚染された土砂等も同様の措置をし、そのあとを多量の
　水で洗い流す。
5 少量の場合は、漏えいした液は布で拭き取るか、またはそのまま風にさらして
　蒸発させる。多量の場合は、漏えいした液は土砂等でその流れを止め、多量の
　活性炭または水酸化カルシウムを散布して覆い、至急関係先に連絡し、専門家
　の指示により処理する。

問 72 ～問 75　以下の物質の毒性について、最も適当なものを下欄の１～５の中から
それぞれ一つ選びなさい。

問 72　モノフルオール酢酸ナトリウム
問 73　ジメチル－２，２－ジクロルビニルホスフエイト
（別名　ジクロルボス、DDVP）
問 74　２－ジフエニルアセチル－１，３－インダンジオン（別名　ダイファシノン）
問 75　シアン化水素

【下欄】

1　猛烈な神経毒であり、急性中毒では、よだれ、吐気、悪心、嘔吐があり、次い
で脈拍緩徐不整となり、発汗、瞳孔縮小、意識喪失、呼吸困難、痙攣をきたす。
慢性中毒では、視力減弱、動脈硬化などをきたし、ときに精神異常を引き起こす。
2　体内に吸収されてコリンエステラーゼの活性を阻害して、神経系に影響を与え
る。吸入した場合は、倦怠感、頭痛、めまい、嘔気、嘔吐、腹痛、下痢、多汗
等の症状を呈し、重症の場合には、縮瞳、意識混濁、全身痙攣等を起こす。
3　細胞の糖代謝に関する酵素を阻害し、激しい嘔吐が繰り返され、胃の疼痛を訴
え、次第に意識が混濁し、てんかん性痙攣、脈拍の遅緩がおこり、チアノーゼ、
血圧下降をきたす。
4　細胞内ミトコンドリアの呼吸酵素（シトクロム酸化酵素）に結合して細胞呼吸を
阻害し、酸素の感受性の高い臓器から障害を受け、中枢神経系と循環器系症状
が早期から出現する。中毒量と致死量が極めて接近している。
5　体内でビタミンKの働きを抑えることにより血液凝固を阻害し、出血を引き起
こす。

問 76 ～問 79　以下の物質の廃棄方法について、最も適当なものを下欄の１～５の中
からそれぞれ一つ選びなさい。

問 76　クロルピクリン　　　　問 77　シアン化カリウム
問 78　２，２’－ジピリジリウム－１，１’－エチレンジブロミド
（別名　ジクワット）
問 79　硫酸銅（Ⅱ）

【下欄】

1　水に溶かし、水酸化カルシウム、炭酸ナトリウム等の水溶液を加えて処理し、
沈殿濾過して、埋立処分する。
2　おが屑等に吸収させて、アフターバーナー及びスクラバーを備えた焼却炉で焼
却する。
3　水酸化ナトリウム水溶液等でアルカリ性とし、高温加圧下で加水分解する。
4　少量の界面活性剤を加えた亜硫酸ナトリウムと炭酸ナトリウムの混合溶液中
で、撹拌し分解させた後、多量の水で希釈して処理する。
5　チオ硫酸ナトリウム等の還元剤に希硫酸を加えて酸性にした水溶液中に少量ず
つ投入し、反応が終了したら、その反応液を中和して多量の水で希釈して処理
する。

問 80 以下の物質とその貯蔵方法に関する組み合わせのうち、誤っているものを一つ選びなさい。

1 トリクロルヒドロキシエチルジ ー 常温で気体であるため、圧縮冷却して液化
　 メチルホスホネイト(別名 DEP)　　し、圧縮容器に入れ、冷暗所に貯蔵する。
2 シアン化ナトリウム　　　　　ー 酸類とは離して、風通しのよい乾燥した冷
　　　　　　　　　　　　　　　　所に密封して貯蔵する。
3 燐化アルミニウムとその分解促 ー 大気中の湿気に触れると徐々に分解してホ
　 進剤とを含有する製剤　　　　　スフィンを発生するため、密閉した容器に
　　　　　　　　　　　　　　　　貯蔵する。

(特定品目)

問 51 以下のうち、<u>劇物に該当しないもの</u>として、最も適当なものを一つ選びなさい。

1 ホルムアルデヒド５％を含有する製剤　　2 塩化水素５％を含有する製剤
3 硝酸 15 ％を含有する製剤

問 52 以下のうち、キシレンに関する記述として、<u>誤っているもの</u>を一つ選びなさい。

1 流動性のある引火性の無色液体である。
2 一般に３種の異性体の混合物である。
3 水にも有機溶媒にも溶けやすい。

問 53 以下の物質とその性状に関する組み合わせのうち、最も適当なものを一つ選び
なさい。

1 トルエン　　　　　　ー 刺激臭がある液体で、水によく混和する。
2 メチルエチルケトン ー 無色の液体で、蒸気は空気より重く引火しやすい。
3 キシレン　　　　　　ー 特異臭がある液体で、蒸気は空気より軽い。

問 54 ～問 57 以下の物質の性状について、最も適当なものを下欄の１～５の中からそ
れぞれ一つ選びなさい。

　　問 54 過酸化水素　　　問 55 硝酸　　　問 56 重クロム酸カリウム
　　問 57 アンモニア

【下欄】

1 無色透明の液体で、ベンゼン様の臭気がある。
2 橙赤色の結晶で、吸湿性も潮解性もない。水に溶け酸性を示す。
3 無色の気体で、強い息が詰まるような刺激臭がある。
4 不安定な液体で、微量の不純物があっても爆発する。
5 無色の液体で、湿気を含んだ空気中で発煙する。

問 58 ～問 61 以下の物質の用途について、最も適当なものを下欄の１～５の中からそ
れぞれ一つ選びなさい。

　　問 58 トルエン　　　問 59 ホルマリン　　　問 60 硅弗化ナトリウム　　　問 61 硫酸

【下欄】

1 爆薬、サッカリン、合成高分子材料等の原料等に用いられる。
2 肥料、各種化学薬品の製造、石油の精製等に用いられる。
3 釉薬のほか、殺虫剤等に用いられる。
4 農薬として、トマト葉カビ病等の防除等に用い、工業用としては、フィルムの
　 硬化、人造樹脂等の製造に用いられる。
5 酸化、還元の両作用を有しているので、工業上貴重な漂白剤として用いられる。

問 62 ～問 65　以下の物質の鑑定法について、最も適当なものを下欄の１～５の中から
それぞれ一つ選びなさい。

　　問 62　アンモニア水　　　問 63　ホルマリン　　　問 64　過酸化水素
　　問 65　四塩化炭素

【下欄】

1　銅屑(くず)を加えて熱すると、藍色を呈して溶け、その際赤褐色の蒸気を発生する。
2　アルコール性の水酸化カリウムと銅粉とともに煮沸すると、黄赤色の沈殿を生
　じる。
3　濃塩酸をうるおしたガラス棒を近づけると白い霧を生じる。
4　過マンガン酸カリウムを還元し、過クロム酸を酸化する。
5　１％フェノール溶液数滴を加え、硫酸上に層積させると、赤色の輪層を生じる。

問 66 ～問 69　以下の物質の毒性について、最も適当なものを下欄の１～５の中からそ
れぞれ一つ選びなさい。

　　問 66　クロロホルム　　　問 67　メタノール　　　問 68　四塩化炭素
　　問 69　水酸化ナトリウム

【下欄】

1　原形質毒である。脳の節細胞を麻酔させ、赤血球を溶解する。
2　急性中毒症状は、胃痛、嘔吐(おうと)、口腔(くう)、咽喉に炎症を起こし、腎臓がおかされる。
3　黄疸のように角膜が黄色となり、しだいに尿毒症様を呈する。
4　頭痛、めまい、嘔吐(おうと)、下痢、腹痛などを起こし、致死量に近ければ麻酔状態に
　なり、視神経がおかされ、目がかすみ、失明することがある。
5　腐食性が極めて強いので、皮膚に触れると激しくおかし、また濃厚溶液を飲め
　ば、口内、食道、胃等の粘膜を腐食して、死に至る。

問 70　以下のうち、クロム酸カリウムに関する記述として、最も適当なものを一つ選
びなさい。

　　1　３価のクロムの毒性は、６価に比べて高い。
　　2　飲用した場合には口腔(くう)粘膜を刺激し、口腔(くう)・咽喉の疼痛(とう)や嘔吐(おうと)等が急激に現れ、
　　　続いて、全身の疼痛(とう)や呼吸困難等を起こし、比較的短時間で死に至るケースが多
　　　い。
　　3　中毒時には、10％エタノールを点滴静注する。

問 71 ～問 74　以下の物質が漏えいまたは飛散した場合の応急措置について、最も適当
なものを下欄の１～５の中からそれぞれ一つ選びなさい。

　　問 71　液化塩素　　　　　　　　問 72　クロム酸ストロンチウム
　　問 73　水酸化カリウム水溶液　　問 74　キシレン

【下欄】

> 1　多量の場合、漏えいした液はその流れを土砂等に吸着させて取り除くか、水で徐々に希釈したあと、消石灰、ソーダ灰等で中和し、多量の水を用いて洗い流す。
> 2　多量の場合、漏えいした液は土砂等でその流れを止め、安全な場所に導き、液の表面を泡でおおい、できるだけ空容器に回収する。
> 3　飛散したものは空容器にできるだけ回収し、そのあとを還元剤の水溶液を散布し、消石灰、ソーダ灰等の水溶液で処理したのち、多量の水を用いて洗い流す。
> 4　多量の場合、漏えいした液は土砂等でその流れを止め、土砂等に吸着させるか、または安全な場所に導いて多量の水をかけて洗い流す。極めて腐食性が強いので、作業の際には必ず保護具を着用する。
> 5　多量の場合、漏えい箇所や漏えいした液には消石灰を十分に散布し、シート等をかぶせ、その上にさらに消石灰を散布して吸収させる。漏えい容器には散布しない。

問 75　以下のうち、取り扱い上の注意事項として「火災等で強熱されるとホスゲンを発生するおそれがあるので注意を要する」と規定されている物質として、最も適当なものを一つ選びなさい。

　　1　水酸化カリウム　　　2　四塩化炭素　　　3　トルエン

問 76 〜問 79　以下の物質の貯蔵方法について、最も適当なものを下欄の1〜5の中からそれぞれ一つ選びなさい。

　　問 76　クロロホルム　　　問 77　過酸化水素　　　問 78　水酸化ナトリウム
　　問 79　メチルエチルケトン

【下欄】

> 1　冷暗所に貯蔵する。純品は空気と日光によって変質するので、少量のアルコールを加えて分解を防止する。
> 2　少量ならば褐色ガラス瓶、大量ならばカーボイ等を使用し、3分の1の空間を保って貯蔵する。
> 3　炭酸ガスと水を吸収する性質が強いため、密栓して貯蔵する。
> 4　亜鉛または錫メッキをした鋼鉄製容器に入れ、高温に接しない場所に貯蔵する。
> 5　引火しやすく、また、その蒸気は空気と混合して爆発性の混合ガスとなるため、火気を遠ざけて貯蔵する。

問 80　以下の物質のうち、廃棄基準として「活性汚泥法」が規定されていないものを一つ選びなさい。

　　1　硫酸　　　2　メタノール　　　3　蓚酸

中国五県統一

〔法　規〕
（一般・農業用品目・特定品目共通）

問１　次のうち、毒物及び劇物取締法上、正しい記述を一つ選びなさい。

1　この法律は、毒物及び劇物について、環境衛生上の見地から必要な取締を行うことを目的としている。

2　「毒物」とは、毒物及び劇物取締法別表第一に掲げる物であって、医薬品以外のものをいう。

3　毒物及び劇物の製造業又は輸入業の登録は、５年ごとに更新を受けなければ、その効力を失う。

4　毒物劇物取扱者試験合格者は、合格した都道府県においてのみ、毒物劇物取扱責任者となることができる。

5　特定品目毒物劇物取扱者試験の合格者は、毒物及び劇物取締法第２条第３項に定める特定毒物を取り扱う輸入業の営業所において、毒物劇物取扱責任者となることができる。

問２　次の物質のうち、特定毒物に該当するものとして正しい組み合わせを下欄から一つ選びなさい。

a　四アルキル鉛　　　b　オクタメチルピロホスホルアミド
c　四塩化炭素　　　　d　モノクロル酢酸

下欄

1（a、b）　2（a、c）　3（a、d）　4（b、c）　5（c、d）

問３～問４　次のうち、毒物及び劇物取締法第３条の２第３項及び第５項の規定により、政令で定める「ジメチルエチルメルカプトエチルチオホスフエイトを含有する製剤の使用者及び用途」として、正しいものを下欄から一つ選びなさい。

問３　使用者の正しいものを一つ選びなさい。

下欄

1　石油精製業者　　2　農業協同組合　　3　日本たばこ産業株式会社
4　森林組合　　　　5　船長

問４　用途の正しいものを一つ選びなさい。

1　ガソリンへの混入
2　コンテナ内における昆虫等の駆除
3　野ねずみの駆除
4　しろありの防除
5　食用に供されることがない観賞用植物の害虫の防除

問５～問６　次の文は、毒物及び劇物取締法第３条の３の記述である。下記の設問に答えなさい。

　興奮、幻覚又は（　**問５**　）の作用を有する毒物又は劇物（これらを含有する物を含む。）であつて政令で定めるものは、みだりに摂取し、若しくは（　**問６**　）し、又はこれらの目的で所持してはならない。

問5 （　　）内にあてはまる語句として正しいものを下欄から一つ選びなさい。

下欄

1 鎮静	2 妄想	3 不安	4 幻聴	5 麻酔

問6 （　　）内にあてはまる語句として正しいものを下欄から一つ選びなさい。

下欄

1 塗布	2 吸入	3 使用	4 服用	5 吸引

問7～問8 次のうち、毒物及び劇物取締法第4条の規定により、営業の登録について正しい組み合わせを一つ選びなさい。

問7 毒物劇物営業者と登録権者の正しい組み合わせを一つ選びなさい。

	毒物劇物営業者	－	登録権者
1	製造業者	－	都道府県知事
2	輸入業者	－	厚生労働大臣
3	一般販売業	－	地方厚生局長
4	農業用品目販売業	－	農林水産大臣
5	特定品目販売業	－	厚生労働大臣

問8 次のうち、登録をしなければならない者として、正誤の正しい組み合わせを下欄から一つ選びなさい。

a 毒物を小分けして販売する事業者
b 塩化マグネシウムを販売する事業者
c 自家消費用として劇物を輸入する事業者
d 劇物を直接に取り扱わないが、注文を受けて販売する事業者

下欄

	a	b	c	d
1	正	正	誤	誤
2	誤	正	正	正
3	正	誤	誤	正
4	誤	正	誤	正
5	正	誤	正	誤

問9～問11 次の文は、毒物及び劇物取締法第8条第2項の記述である。下記の設問に答えなさい。

次に掲げる者は、前条の毒物劇物取扱責任者となることができない。

一 （　**問9**　）未満の者
二 心身の障害により毒物劇物取扱責任者の業務を適正に行うことができない者として厚生労働省令で定めるもの
三 麻薬、大麻、（　**問10**　）又は覚せい剤の中毒者
四 毒物若しくは劇物又は薬事に関する罪を犯し、罰金以上の刑に処せられ、その執行を終り、又は執行を受けることがなくなつた日から起算して（　**問11**　）を経過していない者

問9 （　　）内にあてはまる語句として正しいものを下欄から一つ選びなさい。

下欄

1 14歳	2 16歳	3 18歳	4 20歳

問10 （　　）内にあてはまる語句として正しいものを下欄から一つ選びなさい。

下欄

1 指定薬物	2 シンナー	3 向精神薬	4 あへん

問 11 （　　　　）内にあてはまる語句として正しいものを下欄から一つ選びなさい。

下欄

| 1　1年 | 2　2年 | 3　3年 | 4　5年 |

問 12　次の文は、毒物及び劇物取締法第9条第1項の記述である。
（　　　　）内にあてはまる語句として正しいものを下欄から一つ選びなさい。

　毒物又は劇物の製造業者又は輸入業者は、登録を受けた毒物又は劇物以外の毒物又は劇物を製造し、又は輸入しようとするときは、（　**問12**　）、第6条第2号に掲げる事項につき登録の変更を受けなければならない。

下欄

| 1　直ちに | 2　あらかじめ | 3　10日以内に | 4　30日以内に |

問 13　次のうち、毒物及び劇物の製造業者が、その製造したジメチル－2・2－ジクロルビニルホスフエイト(別名　DDVP)を含有する製剤(衣料用の防虫剤に限る。)を販売するとき、その容器及び被包に表示しなければならない事項として、毒物及び劇物取締法施行規則で定められているものの組み合わせを下欄から一つ選びなさい。

a　使用の際、十分に換気をしなければならない旨
b　使用の際、手足や皮膚にかからないように注意しなければならない旨
c　使用直前に開封し、包装紙等は直ちに処分すべき旨
d　眼に入つた場合は、直ちに流水でよく洗い、医師の診断を受けるべき旨
e　居間等人が常時居住する室内では使用してはならない旨

下欄

| 1 (a、b) | 2 (a、c) | 3 (b、d) | 4 (c、e) | 5 (d、e) |

問 14　次の文は、毒物及び劇物取締法施行規則の条文の抜粋である。次の（　　　　）に当てはまる数字として、正しい組み合わせを下欄から一つ選びなさい。

(交替して運転する者の同乗)
第13条の4　令第40条の5第2項第1号の規定により交替して運転する者を同乗させなければならない場合は、運転の経路、交通事情、自然条件その他の条件から判断して、次の各号のいずれかに該当すると認められる場合とする。

一　一の運転者による連続運転時間(1回が連続10分以上で、かつ、合計が（ a ）分以上の運転の中断をすることなく連続して運転する時間をいう。)が、（ b ）時間を超える場合
二　一の運転者による運転時間が、一日当たり（ c ）時間を超える場合

下欄

	a	b	c
1	30	4	8
2	30	4	9
3	30	5	9
4	60	6	10
5	60	6	12

問 15　次のうち、毒物劇物営業者が毒物又は劇物を販売する時までに、譲受人に対し行わなければならない情報の提供に関する記述として、正しいものを一つ選びなさい。

1　毒物劇物輸入業者が海外から輸入した毒物を、他の毒物劇物営業者へ販売するときに英文のみで情報提供を行った。
2　毒物劇物販売業者が初めて来店した客に対して毒物を販売するとき、口頭のみで情報提供を行った。
3　毒物劇物販売業者が毒物を販売するとき、販売する毒物が 100 ミリグラムであったので、情報提供は行わなかった。
4　毒物劇物販売業者が劇物を販売するとき、譲受人から承諾があったため、磁気ディスクの交付のみにより情報提供を行った。

問 16　次のうち、毒物又は劇物を車両を使用して、又は鉄道によって運搬する場合で、運搬を他に委託するときに、その荷送人が、運送人に対し、あらかじめ、交付しなければならない書面の記載事項として<u>義務付けられていない</u>ものを一つ選びなさい。

1　毒物又は劇物の名称
2　毒物又は劇物の成分及びその含量
3　毒物又は劇物の製造所の名称及び所在地
4　毒物又は劇物の数量
5　事故の際に講じなければならない応急の措置の内容

問 17　次の文は、毒物又は劇物の運搬に関する記述である。次の（　　　）に当てはまる語句として正しい組み合わせを下欄から一つ選びなさい。

アクリルニトリルを車両を使用して、1 回につき（　a　）以上運搬する場合、運搬する車両に掲げる標識は、0.3 メートル平方の板に地を（　b　）、文字を（　c　）として「毒」と表示し、車両の前後の見やすい箇所に掲げなければならない。

下欄

	a	b	c
1	5,000 kg	黒色	白色
2	5,000 kg	白色	黒色
3	5,000 kg	赤色	白色
4	3,000 kg	黒色	白色
5	3,000 kg	白色	黒色

問 18　次のうち、毒物及び劇物取締法第 13 条の規定により、毒物劇物営業者が「あせにくい黒色」で着色したものでなければ、農業用として販売できないものを一つ選びなさい。

1　過酸化ナトリウムを含有する製剤たる劇物
2　塩化第一銅を含有する製剤たる劇物
3　硫酸タリウムを含有する製剤たる劇物
4　モノフルオール酢酸アミドを含有する製剤たる劇物
5　亜塩素酸ナトリウム及びこれを含有する製剤たる劇物

問 19　毒物及び劇物取締法第 22 条の規定により、政令で定める業務上取扱者の届出が必要な者に関する記述として、正誤の正しい組み合わせを下欄から一つ選びなさい。

a　シアン化ナトリウムを使用して、金属熱処理を行う事業者
b　モノフルオール酢酸の塩類を含有する製剤を使用して、野ねずみの駆除を行う事業者
c　内容量が 200 リットルの容器を大型自動車に積載して、四アルキル鉛を含有する製剤の運送を行う事業者
d　燐化アルミニウムとその分解促進剤とを含有する製剤を使用して、コンテナ内のねずみを駆除するためのくん蒸作業を行う事業者

下欄

	a	b	c	d
1	正	正	誤	誤
2	正	誤	正	誤
3	正	誤	誤	正
4	誤	正	正	正
5	誤	誤	正	正

問 20　次のうち、毒物及び劇物取締法第 10 条の規定により、毒物劇物営業者が行う届出に関する記述として正しいものの組み合わせを下欄から一つ選びなさい。

a　毒物劇物販売業者が、店舗における営業を廃止した時は、30 日以内に届け出なければならない。
b　毒物劇物販売業者が、個人経営から法人経営に変更する場合は、事前に届け出なければならない。
c　法人である毒物劇物販売業者が、法人の名称を変更した場合は、30 日以内に届け出なければならない。
d　法人である毒物劇物販売業者が、代表取締役を変更した場合は、30 日以内に届け出なければならない。

下欄

1（a、b）	2（a、c）	3（b、c）	4（b、d）	5（c、d）

〔基礎化学〕
（一般・農業用品目・特定品目共通）

問 21 ～問 25　下の表は原子番号、元素名、元素記号、原子量の表である。
次の設問に答えなさい。

原子番号	元素名	元素記号	原子量	原子番号	元素名	元素記号	原子量
1	水素	H	1	11	ナトリウム	Na	23
2	ヘリウム	He	4	12	マグネシウム	Mg	24
3	リチウム	Li	7	13	アルミニウム	Al	27
4	ベリリウム	Be	9	14	ケイ素	Si	28
5	ホウ素	B	11	15	リン	P	31
6	炭素	C	12	16	イオウ	S	32
7	窒素	N	14	17	塩素	Cl	35.5
8	酸素	O	16	18	アルゴン	Ar	40
9	フッ素	F	19	19	カリウム	K	39
10	ネオン	Ne	20	20	カルシウム	Ca	40

問 21 表にある第3周期の元素のうち、三価の陽イオンになりやすい元素は何か。下欄のうち、あてはまる元素を選びなさい。

下欄

1 B	2 C	3 N	4 Al	5 Si

問 22 表にある第3周期の元素のうち、二価の陰イオンになりやすい元素は何か。下欄のうち、あてはまる元素を選びなさい。

下欄

1 N	2 O	3 F	4 P	5 S

問 23 表にある第3周期の元素のうち、イオン化エネルギーの最も小さい元素は何か。下欄のうち、あてはまる元素を選びなさい。

下欄

1 Li	2 Be	3 Na	4 Mg	5 Al

問 24 表にある第3周期の元素のうち、電子親和力の最も大きい元素は何か。下欄のうち、あてはまる元素を選びなさい。

下欄

1 O	2 F	3 Ne	4 Cl	5 Ar

問 25 表にある第3周期の元素のうち、最も化学的に安定な元素は何か。下欄のうち、あてはまる元素を選びなさい。

下欄

1 F	2 Ne	3 S	4 Cl	5 Ar

問 26 〜問 30 下記の原子に関する文章を読み、次の設問に答えなさい。

　物質を構成する基本的な粒子を原子という。原子は原子核とその周りに存在する（ a ）で構成されている。原子核は正電荷をもつ（ b ）と、電荷をもたない（ c ）からできている。したがって原子核は全体として正電荷を帯びる。
　（ a ）は負電荷をもち、（ a ）1個と（ b ）1個のもつ電荷の大きさは等しい。どんな原子でも、（ a ）の数と（ b ）の数は等しいので、原子全体では中性である。原子の原子番号は原子核中の（ b ）の数と等しく、（ d ）は（ b ）と（ c ）の数の和に等しい。原子核のまわりに存在する（ a ）のうち、原子がイオンになったり、ほかの原子と結びついたりするときに重要な役割を果たすものは（ e ）と呼ばれる。

問 26 （ a ）に入る語句を下欄から選びなさい。

下欄

1 陽子	2 中性子	3 電子	4 価電子	5 質量数

問 27 （ b ）に入る語句を下欄から選びなさい。

下欄

1 陽子	2 中性子	3 電子	4 価電子	5 質量数

問 28 （ c ）に入る語句を下欄から選びなさい。

下欄

1 陽子	2 中性子	3 電子	4 価電子	5 質量数

問 29 （ d ）に入る語句を下欄から選びなさい。
下欄

1 陽子	2 中性子	3 電子	4 価電子	5 質量数

問 30 （ e ）に入る語句を下欄から選びなさい。
下欄

1 陽子	2 中性子	3 電子	4 価電子	5 質量数

問 31 ～問 35　次の設問の答えを下欄から選びなさい。

問 31　メタン CH_4 1.0mol を完全燃焼させたときに生じる水は何 mol か。
下欄

1 0.5mol	2 1.0mol	3 1.5mol	4 2.0mol	5 2.5mol

問 32　プロパン C_3H_8　0.300mol を完全燃焼させたときに生じる二酸化炭素は何 mol か。
下欄

1 0.300mol	2 0.600mol	3 0.900mol	4 1.200mol	5 1.500mol

問 33　メタノール CH_4O　2.50mol を完全燃焼させたときに必要な酸素は何 mol か。
下欄

1 1.25mol	2 2.50mol	3 2.75mol	4 3.50mol	5 3.75mol

問 34　鉄 Fe 0.700mol を希硫酸に完全に溶かしたときに生じる水素は何 mol か。
下欄

1 0.700mol	2 1.050mol	3 1.400mol	4 1.750mol
5 2.100mol			

問 35　アルミニウム Al の単体 0.300mol を希硫酸に完全に溶かしたときに生じる水素は何 mol か。
下欄

1 0.300mol	2 0.450mol	3 0.600mol	4 0.750mol	5 0.900mol

問 36 ～問 40　次の記述にあてはまる元素として、最も適するものを下欄から選びなさい。

問 36　非金属元素であり、単体は他の元素と反応しない気体である。
下欄

1 Al	2 Cu	3 Fe	4 Ne	5 F

問 37　非金属元素であり、単体を空気中で燃焼させると吸湿性の高い白色の粉末を生じる。
下欄

1 Pb	2 Ca	3 Mn	4 Cu	5 P

問 38　典型元素かつ金属元素であり、二価のイオンは塩酸中で白色の沈殿を生じる。
　　　下欄

1　Pb	2　Cu	3　Fe	4　Mn	5　Al

問 39　典型元素かつ金属元素であり、単体は水と反応し、水素を生じる。
　　　下欄

1　Cu	2　Al	3　Ca	4　Fe	5　P

問 40　遷移元素であり、二価のイオンはアンモニア水中で緑白色の沈殿を生じる。
　　　下欄

1　Fe	2　Cu	3　Al	4　Mn	5　Pb

問 41 ～問 45　下記の炭化水素についての文章を読み、次の設問に答えなさい。

　　鎖式の飽和炭化水素を（ a ）という。炭素数が（ b ）以上の（ a ）には構造異性体が存在し、C_6H_{14} には全部で（ c ）の構造異性体が存在する。
　　一方、鎖式の不飽和炭化水素が含まれる不飽和結合によりよび名が異なり、二重結合をひとつ含むものを（ d ）といい、三重結合をひとつ含むものを（ e ）という。

問 41　（ a ）に入る語句を下欄から選びなさい。
　　　下欄

1　アルカン	2　アルキン	3　アルケン	4　ケトン	5　アルデヒド

問 42　（ b ）に入る語句を下欄から選びなさい。
　　　下欄

1　3個	2　4個	3　5個	4　6個	5　7個

問 43　（ c ）に入る語句を下欄から選びなさい。
　　　下欄

1　3個	2　4個	3　5個	4　6個	5　7個

問 44　（ d ）に入る語句を下欄から選びなさい。
　　　下欄

1　アルカン	2　アルキン	3　アルケン	4　ケトン	5　アルデヒド

問 45　（ e ）に入る語句を下欄から選びなさい。
　　　下欄

1　アルカン	2　アルキン	3　アルケン	4　ケトン	5　アルデヒド

〔取り扱い〕

（一般）

問 46 ～問 49 次の物質を含有する製剤について、劇物として取り扱いを受けなくなる濃度を下欄から選びなさい。なお、同じ番号を何度選んでもよい。

問 46 クロム酸鉛　　**問 47** アンモニア　　**問 48** メタクリル酸　　**問 49** 蓚酸

下欄

1　5％以下	2　10％以下	3　25％以下	4　50％以下
5　70％以下			

問 50 ～問 53 次の物質の貯蔵方法として、最も適するものを、下欄から選びなさい。

問 50 カリウム　　**問 51** アクリルアミド　　**問 52** 弗化水素酸　　**問 53** ピクリン酸

下欄

1　銅、鉄、コンクリート又は木製のタンクにゴム、鉛、ポリ塩化ビニルあるいはポリエチレンのライニングを施したものを用いて貯蔵する。火気厳禁。
2　少量ならばガラス瓶、多量ならばブリキ缶又は鉄ドラム缶を用い、酸類とは離して風通しの良い乾燥した冷所に密栓して貯蔵する。
3　高温又は紫外線下では容易に重合するので、冷暗所に貯蔵する。
4　空気中にそのまま貯蔵することはできないため、通常石油中に貯蔵する。水分の混入、火気を避けて貯蔵する。
5　火から遠ざけて冷所に貯蔵する。ヨード、硫黄、ガソリン、アルコールと離して貯蔵する。鉄、鉛、銅等の金属容器を使用しないこと。

問 54 ～問 57 次の物質の漏えい又は飛散した場合の応急措置として、最も適するものを、下欄から選びなさい。

問 54 液化塩素　　**問 55** アクロレイン　　**問 56** 四アルキル鉛
問 57 塩化バリウム

下欄

1　飛散したものは空容器にできるだけ回収し、そのあとを硫酸ナトリウムの水溶液を用いて処理し、多量の水を用いて洗い流す。
2　多量に漏えいした液は、活性白土、砂、おが屑などで流れを止め、過マンガン酸カリウム水溶液（5％）又はさらし粉で十分に処理すると共に、至急関係先に連絡し専門家に任せる。
3　多量に漏えいした場合、漏えいした液は、土砂等でその流れを止め、安全な場所に穴を掘る等して貯める。これに亜硫酸水素ナトリウム（約10％）を加え、時々撹拌して反応させた後、多量の水で十分に希釈して洗い流す。この際、蒸発した本物質が大気中に拡散しないよう霧状の水をかけて吸収させる。
4　蒸気は引火しやすいため、付近の着火源となるものを速やかに取り除く。漏えいした液は、少量では土砂等に吸着させて空容器に回収する。多量では、土砂等でその流れを止め、安全な場所に導き、液の表面を泡で覆いできるだけ空容器に回収する。
5　少量では、漏えい個所や漏えいした液には消石灰（水酸化カルシウム）を十分に散布して吸収させる。多量では、漏えい箇所や漏えいした液には消石灰（水酸化カルシウム）を十分に散布し、むしろ、シート等をかぶせ、その上に更に消石灰（水酸化カルシウム）を散布して吸収させる。漏えい容器には散布しない。多量にガスが噴出した場所には遠くから霧状の水をかけ吸収させる。

問 58 ～問 61　次の表に挙げる物質について、人体に対する代表的な中毒症状をA欄から、中毒時の解毒・治療に用いる薬剤をB欄から、それぞれ最も適するものを選びなさい。

物質名	中毒症状	解毒・治療に用いる薬剤
シアン化ナトリウム	問 58	問 60
ジメチルー2・2ージクロルビニルホスフエイト（別名　DDVP、ジクロルボス）	問 59	問 61

A欄（問 58、問 59）

1　神経伝達物質のアセチルコリンを分解する酵素であるコリンエステラーゼと結合し、その働きを阻害する。吸入した場合、頭痛、めまい、悪心、吐き気、意識混濁、呼吸麻痺 全身痙攣等を起こす。
2　猛烈な神経毒がある。急性中毒では、よだれ、吐気、悪心、嘔吐があり、ついで脈拍緩徐不整となり、発汗、瞳孔縮小、意識喪失、呼吸困難、痙攣をきたす。
3　皮膚や粘膜につくと火傷を起こし、その部分は白色となる。経口摂取した場合には口腔・咽喉、胃に高度の灼熱感を訴え、悪心、、めまいを起こし、失神、虚脱、呼吸麻痺で倒れる。尿は暗赤色を呈する。
4　ミトコンドリアのシトクローム酸化酵素の鉄イオンと結合して細胞の酸素代謝を直接阻害する。吸入した場合、頭痛、めまい、悪心、意識不明、呼吸麻痺を起こす。
5　頭痛、めまい、嘔吐、下痢、腹痛などを起こし、致死量に近ければ麻酔状態になり、視神経が侵され、眼がかすみ、失明することがある。

B欄（問 60、問 61）

1　2ーピリジルアルドキシムメチオダイド（別名：PAM）の製剤又は硫酸アトロピンの製剤
2　亜硝酸ナトリウム製剤及びチオ硫酸ナトリウム製剤
3　バルビタール製剤
4　ジメルカプロール（別名：BAL）
5　カルシウム剤

問 62 ～問 65　次の物質の廃棄方法として最も適するものを、下欄から選びなさい。

問 62 クロム酸ナトリウム　　問 63 ベタナフトール
問 64 過酸化水素水　　　　問 65 エチレンオキシド

　　下欄

1　可溶性溶剤と共に焼却炉の火室へ噴霧し焼却する。
2　セメントを用いて固化し、溶出試験を行い、溶出量が判定基準以下であることを確認して埋立処分する。
3　多量の水で希釈して処理する。
4　希硫酸を加えた後、還元剤の水溶液を過剰に用いて還元する。その後、消石灰（水酸化カルシウム）、ソーダ灰（炭酸ナトリウム）等の水溶液で処理し、沈殿ろ過する。溶出試験を行い、溶出量が判定基準以下であることを確認して後、埋立処分する。
5　多量の水に少量ずつガスを吹き込み、溶解し希釈した後、少量の硫酸を加え、アルカリ水で中和し、活性汚泥で処理する。

（農業用品目）

問 46 ～問 49　次の物質を含有する製剤について、劇物として取り扱いを受けなくなる濃度を下欄から選びなさい。なお、同じ番号を何度選んでもよい。

問 46　エマメクチン

問 47　ジエチル－（５－フエニル－３－イソキサゾリル）－チオホスフエイト（別名：イソキサチオン）

問 48　Ｎ－メチル－１－ナフチルカルバメート　（別名：NAC，カルバリル）

問 49　ジニトロメチルヘプチルフエニルクロトナート　（別名：ジノカツプ）

下欄

1　0.2％以下	2　1％以下	3　2％以下	4　5％以下	5　10％以下

問 50 ～問 53　次の物質の漏えい又は飛散した場合の応急処置として最も適するものを、下欄から選びなさい。

問 50　クロルピクリン　　　　問 51　ブロムメチル　　　問 52　シアン化カリウム

問 53　２－イソプロピル－４－メチルピリミジル－６－ジエチルチオホスフエイト（別名：ダイアジノン）

下欄

1　空気中の湿気により猛毒ガスを発生するので、作業の際には必ず保護具を着用し、風下で作業をしない。飛散したものの表面を速やかに土砂等で覆い、密閉可能な空容器に回収して密閉する。汚染された土砂等も同様な措置をし、そのあとを多量の水を用いて洗い流す。

2　漏えいした液は土砂等でその流れを止め、安全な場所に導き、空容器にできるだけ回収し、そのあとを消石灰（水酸化カルシウム）等の水溶液を用いて処理し、多量の水を用いて洗い流す。洗い流す場合には中性洗剤等の分散剤を使用して洗い流す。

3　少量漏えいした場合、漏えいした液は布で拭き取るか、又はそのまま風にさらして蒸発させる。多量に漏えいした場合、漏えいした液は土砂等でその流れを止め、多量の活性炭又は消石灰（水酸化カルシウム）を散布して覆い、至急関係先に連絡し、専門家の指示により処理する。

4　飛散したものは、空容器にできるだけ回収する。砂利等に付着している場合は、砂利等を回収し、そのあとに水酸化ナトリウム、ソーダ灰（炭酸ナトリウム）等の水溶液を散布してアルカリ性（pH11 以上）とし、更に酸化剤（次亜塩素酸ナトリウム、さらし粉等）の水溶液で酸化処理を行い、多量の水を用いて洗い流す。この場合、濃厚な廃液が河川等に排出されないよう注意する。また、前処理なしに直接水で流してはならない。

5　漏えいした液が少量の場合、速やかに蒸発するので周辺に近づかないようにする。多量に漏えいした場合、漏えいした液は、土砂等でその流れを止め、液が広がらないようにして蒸発させる。

問 54 ～問 57　次の物質の代表的な用途について、最も適するものを下欄から選びなさい。

問 54　２－ジフエニルアセチル－１・３－インダンジオン　（別名：ダイファシノン）

問 55　Ｓ－メチル－Ｎ－［（メチルカルバモイル）－オキシ］－チオアセトイミデート（別名：メトミル）

問 56　２，２’－ジピリジウム－１，１’－エチレンジブロミド（別名：ジクワット）

問 57　１・１’－イミノジ（オクタメチレン）ジグアニジン（別名：イミノクタジン）

問 58 ～問 61　次の物質を人が吸入又は飲み下したときあるいは皮膚に触れた場合の
　　　　代表的な毒性・中毒症状として、最も適するものを、下欄から選びなさい。

問 58 硫酸タリウム
問 59 1・1'－ジメチルー4・4'－ジピリジニウムジクロリド
（別名：パラコート）
問 60 燐化亜鉛
問 61 ニコチン

下欄

1　吸入した場合、倦怠感、頭痛、めまい、下痢等の症状を呈し、はなはだしい場
　合には、縮瞳、意識混濁等コリンエステラーゼ阻害作用を起こすことがある。
2　疝痛、嘔吐、振戦、痙攣、麻等の症状に伴い、次第に呼吸困難となり、虚脱症
　状となる。
3　嚥下吸入したときに、胃及び肺で胃酸や水と反応してホスフィンを生成するこ
　とで中毒を起こす。はなはだしい場合には肺水腫、呼吸困難、昏睡を起こす。
4　猛烈な神経毒であり、急性中毒では、よだれ、吐気、悪心、嘔吐があり、次い
　で脈拍緩徐不整となり、発汗、瞳孔縮小、意識喪失、呼吸困難、痙攣をきたす。
　慢性中毒では、咽頭、喉頭等のカタル、心臓障害、視力減弱、めまい、動脈硬
　化等をきたし、時に精神異常を引き起こす。
5　誤って飲み込んだ場合には、消化器障害、ショックのほか、数日遅れて肝臓、
　腎臓、肺等の機能障害を起こすことがある。

問 62 ～問 65　次の物質の廃棄方法として最も適するものを、下欄から選びなさい。

問 62 硫酸第二銅
問 63 ジメチルー2・2ージクロルビニルホスフエイト（別名 DDVP, ジクロルボス）
問 64 塩素酸ナトリウム
問 65 硫酸

下欄

1　石灰乳などの撹拌溶液に徐々に加えて中和させた後、多量の水で希釈して処理
　する。
2　木粉（おが屑）等に吸収させてアフターバーナー及びスクラバーを備えた焼却炉
　で焼却する。
3　還元剤（例えばチオ硫酸ナトリウム等）の水溶液に希硫酸を加えて酸性にし、こ
　の中に少量ずつ投入する。反応終了後、反応液を中和し多量の水で希釈して処
　理する。
4　水に溶かし、消石灰（水酸化カルシウム）、ソーダ灰（炭酸ナトリウム）等の水溶
　液を加えて処理し、沈殿ろ過して埋立処分する。
5　多量の水で希釈し、活性汚泥で処理する。

（特定品目）

問 46 ～問 49　次の物質を含有する製剤について、劇物として取り扱いを受けなくなる濃度を下欄から選びなさい。なお、同じ番号を何度選んでもよい。

　　問 46 水酸化カリウム　　　問 47 ホルムアルデヒド　　　問 48 塩化水素
　　問 49 蓚酸

　　下欄

1　1％以下	2　5％以下	3　6％以下	4　10％以下
5　70％以下			

問 50 ～問 53　　次の物質の貯蔵方法として、最も適するものを、下欄から選びなさい。

　　問 50 クロロホルム　　　問 51 過酸化水素水　　　問 52 水酸化カリウム
　　問 53 トルエン

　　下欄

1　二酸化炭素と水を強く吸収するから、密栓をして保管する。
2　冷暗所に貯蔵する。純品は空気と日光によって変質するので、少量のアルコールを加えて分解を防止する。
3　亜鉛又はスズメッキをした鋼鉄製容器で保管し、高温に接しない場所に保管する。ドラム缶で保管する場合は、雨水が漏入しないようにし、直射日光を避け冷所に置く。本品の蒸気は空気より重く、低所に滞留するので、地下室など換気の悪い場所には保管しない。
4　少量ならば褐色ガラス瓶、大量ならばカーボイ等を使用し、3 分の 1 の空間を保って貯蔵する。日光の直射を避け、冷所に有機物、　金属塩、樹脂、油類、その他有機性蒸気を放出する物質と引き離して貯蔵する。
5　引火しやすく、また、その蒸気は空気と混合して爆発性の混合気体となるため、火気を遠ざけて貯蔵する。

問 54 ～問 57　　次の物質の漏えい又は飛散した場合の応急措置として、最も適するものを、下欄から選びなさい。

　　問 54 液化アンモニア　　　問 55 クロム酸ナトリウム
　　問 56 酢酸エチル　　　　　問 57 硅弗化ナトリウム

　　下欄

1　付近の着火源となるものを速やかに取り除く。多量の場合、漏えい箇所を濡れむしろ等で覆い、ガス状のものに対しては遠くから霧状の水をかけ吸収させる。
2　多量の場合、漏えいした液は、土砂等でその流れを止め、安全な場所に導き、液の表面を泡で覆い、できるだけ空容器に回収する。そのあとは多量の水で洗い流す。
3　飛散したものは空容器にできるだけ回収し、そのあとを還元剤(硫酸第一鉄等)の水溶液を散布し、消石灰(水酸化カルシウム)、ソーダ灰(炭酸ナトリウム)等の水溶液で処理した後、多量の水を用いて洗い流す。
4　漏えいした液は土砂等でその流れを止め、安全な場所に導き、空容器にできるだけ回収し、そのあとを中性洗剤等の分散剤を使用して多量の水を用いて洗い流す。
5　飛散したものは空容器にできるだけ回収し、そのあとを多量の水で洗い流す。

問 58 ～問 61　次の物質を人が吸入又は飲み下したときの代表的な毒性・中毒症状として、最も適するものを、下欄から選びなさい。

　　問 58 塩素　　　問 59 キシレン　　　問 60 蓚酸　　　問 61 メタノール

下欄

1　蒸気は眼、呼吸器等の粘膜及び皮膚に強い刺激性を有する。液体を飲んだ場合、口腔以下の消化管に強い腐食性火傷を生じ、重症の場合にはショック状態となり死亡する。
2　血液中のカルシウム分を奪取し、神経系を侵す。急性中毒症状は、胃痛、嘔吐、口腔、咽喉の炎症を起こし、腎臓が侵される。
3　頭痛、めまい、嘔吐、下痢、腹痛等を起こし、致死量に近ければ麻酔状態になり、視神経がおかされ、目がかすみ、ついには失明することがある。
4　吸入した場合、はじめに短時間の興奮期を経て、深い麻酔状態に陥ることがある。皮膚に触れた場合、皮膚を刺激し、皮膚からも吸収され、吸入した場合と同様の中毒症状を起こすことがある。
5　吸入した場合、鼻、気管支等の粘膜が激しく刺激され、多量吸入した時は、かっ血、胸の痛み、呼吸困難、皮膚や粘膜が青黒くなる(チアノーゼ)等を起こす。

問 62 ～問 65　次の物質の廃棄方法として最も適するものを、下欄から選びなさい。

　　問 62 四塩化炭素　　　問 63 硝酸　　　問 64 一酸化鉛　　　問 65 硅弗化ナトリウム

下欄

1　多量の水で希薄な水溶液とした後、次亜塩素酸塩水溶液を加え分解させる。
2　徐々にソーダ灰(炭酸ナトリウム)又は消石灰(水酸化カルシウム)の撹拌溶液に加えて中和させた後、多量の水で希釈して処理する。消石灰(水酸化カルシウム)の場合は上澄液のみを流す。
3　水に溶かし、消石灰(水酸化カルシウム)等の水溶液を加えて処理した後、希硫酸を加えて中和し、沈殿ろ過して埋立処分する。
4　重油等の燃料とともにアフターバーナー及びスクラバーを備えた焼却炉の火室へ噴霧してできるだけ高温で焼却する。
5　セメントを用いて固化して、溶出試験を行い、溶出量が判定基準以下であることを確認して埋立処分する。

〔実　地〕

（一般）

問 66 ～問 69　次の物質に関する記述について、最も適するものを下欄から選びなさい。

問 66 重クロム酸カリウム　　　　　　問 67 アンモニア水
問 68 モノフルオール酢酸ナトリウム　問 69 過酸化水素水

　　下欄

1　無色透明、揮発性の液体で、アルカリ性である。濃塩酸を潤したガラス棒を近づけると、白い霧を生じる。
2　橙赤色の柱状結晶。水に溶けるが、アルコールに溶けない。強力な酸化剤である。
3　無色透明の液体で、常温で徐々に酸素と水に分解する。強い酸化力と還元力を有している。
4　高濃度のものは無色透明の油状の液体で、比重が大きい。水で薄めると激しく発熱する。
5　白色の重い粉末で吸湿性がある。冷水には容易に溶けるが、有機溶媒には溶けない。殺鼠剤として用いる。

問 70 ～問 73　次の物質に関する記述について、最も適するものを下欄から選びなさい。

問 70 四エチル鉛　　　問 71 フエノール　　　問 72 ピクリン酸
問 73 セレン

　　下欄

1　無色の揮発性液体で、日光により徐々に分解され、白濁する。引火性があり、金属に対して腐食性がある。
2　灰色の金属光沢を有するペレット又は黒色の粉末である。火災等で強熱されると燃焼して有害な煙霧を発生する。
3　無色の針状結晶あるいは白色の放射状結晶塊で、空気中で容易に赤変する。特異の臭気と灼くような味を有する。
4　無色透明の催涙性の液体で刺激臭があり、寒冷下では混濁することがある。水、アルコールによく混和するが、エーテルには混和しない。
5　淡黄色の光沢のある小葉状あるいは針状結晶で、冷水には溶けにくいが、熱湯、アルコール、エーテル、ベンゼン、クロロホルムには溶ける。

問 74 ～問 77　次に記述する性状に該当する物質として最も適するものを下欄から選びなさい。

問 74 独特の青草臭のある無色の窒息性の気体。蒸気は空気より重い。有機溶媒に溶ける。水により徐々に分解されて二酸化炭素と塩化水素を生成する。
問 75　白色等軸晶の塊片、あるいは粉末である。水溶液を煮沸すると、ギ酸カリウムとアンモニアを生成する。
問 76　常温では軟らかい固体で、水、二酸化炭素と激しく反応する。炎色反応で黄色を示す。
問 77　エーテル臭のある無色の液体で、水、エタノール、エーテルに可溶である。蒸気は空気より重く、引火性を有する。

　　下欄

1　シアン化カリウム　　2　亜硝酸ナトリウム　　3　ホスゲン
4　エチレンオキシド　　5　ナトリウム

問 78 ～問 81　次に記述する性状に該当する物質として最も適するものを下欄から選び
　　なさい。
　問 78　無色透明、揮発性の液体で、蒸気は空気より重く引火しやすい。サリチル酸
　　と濃硫酸とともに熱すると、サリチル酸メチルエステルを生じる。
　問 79　2 モルの結晶水を有する無色、稜柱状の結晶で、乾燥空気中で風化する。
　　注意して加熱すると昇華するが、急に加熱すると分解する。
　問 80　無色又はわずかに着色した透明の液体。特有の刺激臭を持つ。不燃性で濃厚
　　なものは空気中で白煙を生じ、ガラス、コンクリートなどを激しく腐食する。
　問 81　純品は無色の油状液体であるが、市販品は通常微黄色を呈している。催涙性、
　　強い粘膜刺激臭を有する。水には不溶であるが、アルコール、エーテル等には可
　　溶である。

　　下欄

1　トルエン　2　クロルピクリン　3　弗化水素酸　4　メタノール　5　蓚酸

問 82 ～問 85　次の文章は、物質に関して記述したものである。（　　）内に最も適する
　　語句を下欄から選びなさい。

● 塩素酸カリウムは、単斜晶系板状の（問 82）の結晶で、水に溶けるが、アルコー
　ルに溶けにくい。水溶液は中性の反応を示し、大量の酒石酸を加えると、（問 83）
　の結晶性の沈殿を生成する。

　　問 82　下欄

1　白色	2　赤褐色	3　黄色	4　黄緑色	5　無色

　　問 83　下欄

1　黄色	2　白色	3　黒色	4　濃青色	5　赤褐色

● ベタナフトールは、（問 84）の結晶である、かすかなフエノール様の臭気を有す
　る。水溶液にアンモニア水を加えると（問 85）の蛍石彩を放つ。

　　問 84　下欄

1　赤色又は赤褐色	2　黄色又は黄褐色	3　黄色又は橙赤色
4　無色又は白色	5　白色又は青白色	

　　問 85　下欄

1　赤色	2　黄色	3　黄緑色	4　紫色	5　淡青色

（農業用品目）

問 66 ～問 69　次の物質に関する記述について、最も適するものを下欄から選びなさ
　　い。
　問 66　ニコチン
　問 67　硫酸第二銅
　問 68　モノフルオール酢酸ナトリウム
　問 69　燐化アルミニウムとその分解促進剤とを含有する製剤

下欄

1 五水和物は濃い藍色の結晶で、水に溶けやすく、水溶液は青色リトマス紙を赤変させる。
2 純品は無色、無臭の油状液体であるが、空気中では速やかに褐変する。水、アルコール、エーテル、石油等に容易に溶ける。
3 無水物のほか水和物が知られているが、一般には七水和物が流通している。水に溶かして硫化水素を通じると、白色の沈殿を生成する。
4 湿気に触れると、徐々に分解して有毒なガスが発生する。発生したガスは、5〜10％硝酸銀溶液を吸着させたろ紙を黒変させる。
5 白色の重い粉末で吸湿性がある。冷水にはたやすく溶けるが、有機溶媒には溶けない。殺鼠剤として用いる。

問 70 〜問 73　次の物質に関する記述について、最も適するものを下欄から選びなさい。

問 70　塩素酸カリウム　　問 71　アンモニア水　　問 72　硫酸タリウム
問 73　沃化メチル

下欄

1 高濃度のものは無色透明の油状の液体で、比重が大きい。水で薄めると激しく発熱する。
2 単斜晶系板状の無色の結晶で、水に溶けるが、アルコールに溶けにくい。水溶液は中性の反応を示し、大量の酒石酸を加えると、白い結晶性の沈殿を生じる。
3 無色又は淡黄色透明の液体。水に可溶で、エタノール、エーテルに任意の割合で混合する。空気中で光により一部分解して、褐色になる。
4 無色透明、揮発性の液体で、アルカリ性である。濃塩酸を潤したガラス棒を近づけると、白い霧を生じる。
5 無色の結晶で、水にやや溶け、熱湯には溶けやすい。0.3％粒剤で黒色に着色され、かつ、トウガラシエキスを用いて著しく辛く着味されているものは普通物である。

問 74 〜問 77　次に記述する性状に該当する物質として最も適するものを下欄から選びなさい。

問 74　白色の針状結晶でかすかに硫黄臭がある。アセトン、メタノール、酢酸エチル、水に溶けやすい。カーバメート系殺虫剤であり、野菜のセンチュウ類駆除に用いられる。

問 75　芳香性刺激臭を有する赤褐色の油状の液体で、水には不溶であるが、アルコール、エーテル等には可溶である。稲のニカメイチュウ、ツマグロヨコバイ、果樹のモモシンクイガ等の駆除に用いられる。

問 76　純品は無色の油状液体であるが、市販品は通常微黄色を呈している。催涙性、強い粘膜刺激臭を有する。水には不溶であるが、アルコール、エーテル等には可溶である。土壌燻蒸に使用し、土壌病原菌、センチュウ等の駆除に用いられる。

問 77　淡黄色又は黄褐色の粘ちょう性の液体で、合成ピレスロイド系化合物である。水には難溶である。太陽光、アルカリに不安定。野菜、果樹、園芸植物のアブラムシ類、ハダニ類等の殺虫剤として用いられる。

下欄

```
1  クロルピクリン
2  ジメチルジチオホスホリルフエニル酢酸エチル(別名：フェントエート、PAP)
3  メチル－N’・N’－ジメチル－N－［(メチルカルバモイル)オキシ］－1－
   チオオキサムイミデート (別名：オキサミル)
4  (RS)－α－シアノ－3－フエノキシベンジル＝N－(2－クロロ－α・
   α・α－トリフルオロ－パラトリル)－D－バリナート(別名：フルバリネート)
5  S・S－ビス(1－メチルプロピル)＝O－エチル＝ホスホロジチオアート
   (別名：カズサホス)
```

問 78 ～問 81　次に記述する性状に該当する物質として最も適するものを下欄から選びなさい。

　問 78　弱いニンニク臭を有する褐色の液体である。有機溶媒には溶けやすく、水には溶けない。稲のニカメイチュウ、ツマグロヨコバイ等、豆類のフキノメイガ、マメアブラムシ等の駆除に用いる。

　問 79　灰白色の結晶で、水に溶けにくく、有機溶媒に溶ける。果樹のカイガラムシ類などの防除に用いられる有機燐(りん)系の殺虫剤である。

　問 80　メルカプタン臭のある淡黄色の透明な液体である。水に極めて溶けにくく、有機溶媒に溶ける。野菜等のネコブセンチュウの防除に用いる。

　問 81　淡黄色の吸湿性結晶である。水に可溶であり、中性、酸性下で安定、アルカリ性で不安定である。除草剤として用いる。

下欄

```
1  N－メチル－1－ナフチルカルバメート(別名：カルバリル、NAC)
2  3－ジメチルジチオホスホリル－S－メチル－5－メトキシ－1・3・4－
   チアジアゾリン－2－オン (別名：メチダチオン、DMTP)
3  2・2’－ジピリジリウム－1・1’－エチレンジブロミド
   (別名：ジクワット)
4  ジメチル－4－メチルメルカプト－3－メチルフエニルチオホスフエイト
   (別名：フェンチオン、MPP)
5  O－エチル＝S・S－ジプロピル＝ホスホロジチオアート
   (別名：エトプロホス)
```

問 82 ～問 85　次の文章は、物質に関して記述したものである。(　　)内に最も適する語句を下欄から選びなさい。

● トランス－N－(6－クロロ－3－ピリジルメチル)－N’－シアノ－N－メチルアセトアミジン(別名：アセタミプリド)は、(**問 82**)の結晶で、アセトン、メタノール等の有機溶媒に溶ける。ネオニコチノイド系化合物で(**問 83**)として用いる。

　問 82　下欄

1　無色	2　黄色	3　白色	4　淡青色	5　淡褐色

　問 83　下欄

1　除草剤	2　殺菌剤	3　殺虫剤	4　殺鼠(そ)剤	5　土壌消毒剤

● ２－ジフエニルアセチル－１・３－インダンジオン（別名：ダイファシノン）は、（問 84）の結晶性粉末で水に溶けず、アセトン及び酢酸に溶ける。（問 85）として用いる。

問 84　下欄

1　無色	2　黄色	3　白色	4　淡青色	5　淡褐色

問 85　下欄

1　除草剤	2　殺菌剤	3　殺虫剤	4　殺鼠剤	5　土壌消毒剤

（特定品目）

問 66 ～問 69　次の物質に関する記述について、最も適するものを下欄から選びなさい。

　　問 66 メタノール　　　問 67 硝酸　　　問 68 過酸化水素水　　　問 69 酢酸エチル

　　下欄

1　無色、可燃性のベンゼン臭を有する液体。水に不溶で、エタノール、ベンゼン、エーテルに可溶である。
2　無色の液体で、特有の臭気を持つ。腐食性が激しく、空気に接すると刺激性白霧を発し、水を吸収する性質が強い。
3　無色透明の液体で、果実様の香気を有する。揮発性で、蒸気は空気より重く、引火性がある。
4　無色透明の液体で、常温で徐々に酸素と水に分解する。強い酸化力と還元力を有している。
5　無色透明、揮発性の液体で、蒸気は空気より重く引火しやすい。サリチル酸と濃硫酸とともに熱すると、サリチル酸メチルエステルを生じる。

問 70 ～問 73　次の物質に関する記述について、最も適するものを下欄から選びなさい。

　　問 70 酸化第二水銀　　　問 71 アンモニア水　　　問 72 水酸化ナトリウム
　　問 73 キシレン

　　下欄

1　白色、結晶性の硬い固体。水と炭酸を吸収する性質が強く、空気中に放置すると、潮解する。水溶液を白金線につけて無色の火炎中に入れると、火炎は黄色に染まる。
2　無色透明、揮発性の液体で、アルカリ性である。濃塩酸を潤したガラス棒を近づけると、白い霧を生じる。
3　赤色又は黄色の粉末で、製法によって色が異なる。酸に容易に溶ける。小さな試験管に入れて熱すると、はじめ黒色に変わり、その後分解して金属を残し、さらに熱すると、すべて揮散する。
4　流動性のある引火性の無色の液体。水にはほとんど溶けないが、アルコール、エーテルなど多くの有機溶媒と混合する。
5　橙赤色の柱状結晶。水に溶けるが、アルコールに溶けない。強力な酸化剤である。

問 74 ～問 77　次に記述する性状に該当する物質として最も適するものを下欄から選びなさい。

　　問 74　無色の液体でアセトン様の芳香がある。引火性が大きい。有機溶媒、水に可溶である。

問 75　白色の結晶で、水にはほとんど溶けず、アルコールに溶けない。火災等で強熱されると、有害なガスが発生する。

問 76　十水和物は黄色結晶で潮解性がある。水に溶けやすく、アルコールにわずかに溶ける。水溶液は中性又はアルカリ性条件下では黄色を、酸性条件下では赤色を呈する。

問 77　無色で揮発性のある重い液体で不燃性である。水に溶けにくく、アルコール、エーテル、ベンゼン等と混和する。

下欄

1　クロロホルム	2　メチルエチルケトン	3　クロム酸ナトリウム
4　硅弗化ナトリウム	5　水酸化カリウム	

問 78 ～ 問 81　次に記述する性状に該当する物質として最も適するものを下欄から選びなさい。

問 78　高濃度のものは無色透明の油状の液体で、比重が大きい。水で薄めると激しく発熱する。

問 79　特有の刺激臭のある無色の気体で、圧縮することにより常温でも簡単に液化する。酸素中では黄色の炎をあげて燃焼する。

問 80　無色透明の液体で、刺激臭がある。25％以上の濃度のものは湿った空気中で発煙する。硝酸銀水溶液を加えると、白い沈殿を生じる。

問 81　常温においては、窒息性臭気を有する黄緑色の気体である。冷却すると黄色溶液を経て黄白色固体となる。

下欄

1　蓚酸	2　アンモニア	3　塩酸	4　塩素	5　硫酸

問 82 ～ 問 85　次の文章は、物質に関して記述したものである。（　　）内に最も適する語句を下欄から選びなさい。

●　一酸化鉛は重い粉末で黄色から(問 82)までの間の種々のものがある。水にはほとんど溶けず、酸、アルカリにはよく溶ける。希硝酸に溶かすと無色の液となり、これに硫化水素を通じると(問 83)の沈殿を生じる。

問 82　下欄

1　黒色	2　黄緑色	3　紫色	4　赤色	5　茶褐色

問 83　下欄

1　白色	2　黒色	3　茶褐色	4　赤色	5　黄色

●ホルマリンは、(問 84)の液体で刺激臭があり、寒冷下では混濁することがある。水、アルコールによく混和するが、エーテルには混和しない。1％フェノール溶液数滴を加え、硫酸上に積層させると、(問 85)の輪層を生じる。

問 84　下欄

1　無色	2　淡黄色	3　淡褐色	4　淡緑色	5　淡青色

問 85　下欄

1　紫色	2　黒色	3　黄色	4　茶褐色	5　赤色

〔法規（選択式問題）〕
（一般・農業用品目・特定品目共通）

1　次の文章で正しいものには［1］を、誤っているものには［2］を選びなさい。

（問題1）　毒物又は劇物を販売又は授与するためには、毒物又は劇物の販売業の登録を受けなければならず、特定毒物を製造するためには、毒物若しくは劇物の製造業者又は学術研究のため特定毒物を製造し、若しくは使用することができる者としての許可を受けなければならない。

（問題2）　毒物劇物営業者は、登録票の記載事項に変更を生じたときは、登録票の書換え交付を申請しなければならない。

（問題3）　毒物劇物営業者は、登録票の再交付を受けた後、失った登録票を発見したときは、その製造所、営業所又は店舗の所在地の都道府県知事に、これを返納しなければならない。

（問題4）　毒物又は劇物の製造業又は輸入業の登録は、製造所又は営業所ごとに厚生労働大臣が、販売業の登録は、店舗ごとにその店舗の所在地の都道府県知事が行う。

（問題5）　毒物劇物営業者は、毒物又は劇物を直接に取り扱わない場合は、店舗ごとに毒物劇物取扱責任者を置く必要はない。

（問題6）　毒物劇物営業者は、毒物又は劇物の容器及び被包に赤色で「医薬用外」の文字を表示しなければならない。

（問題7）　一般販売業の登録を受けた者は、農業上必要な毒物又は劇物であって厚生労働省令で定めるもの以外の毒物又は劇物の販売等を行ってはならない。

（問題8）　厚生労働省令で定める学校で、応用化学に関する学課を修了した者は毒物劇物取扱責任者となることができる。

（問題9）　毒物及び劇物取締法は、毒物及び劇物について、事故防止上の見地から必要な取締を行うことを目的とする。

（問題10）　毒物又は劇物の製造業者は、毒物又は劇物の販売業の登録を受けなくても、自ら製造した毒物又は劇物を他の毒物劇物営業者に販売することができる

2　次の文章は、毒物及び劇物取締法の条文の一部である。（　）に当てはまる正しい字句を下欄から選びなさい。

第八条　次の各号に掲げる者でなければ、前条の毒物劇物取扱責任者となることができない。
　　一　（問題11）
　　二　略
　　三　略
　2　次に掲げる者は、前条の毒物劇物取扱責任者となることができない。
　　一　（問題12）未満の者
　　二　心身の障害により毒物劇物取扱責任者の業務を適正に行うことができない者として（問題13）で定めるもの
　　三　略
　　四　毒物若しくは劇物又は薬事に関する罪を犯し、（問題14）以上の刑に処せられ、その執行を終り、又は執行を受けることがなくなつた日から起算して（問題15）を経過していない者

【下欄】

	1	2	3	4
(問題 11)	医師	歯科医師	薬剤師	登録販売者
(問題 12)	15 歳	16 歳	18 歳	20 歳
(問題 13)	法律	政令	厚生労働省令	厚生労働省通知
(問題 14)	懲役	罰金	禁錮	科料
(問題 15)	1 年	2 年	3 年	5 年

3 次の物質について、毒物(特定毒物を除く。)であるものは[1]を、劇物であるものには[2]を、特定毒物であるものは[3]を、いずれにも該当しないものは[4]を選びなさい。ただし、記載してある物質は全て原体である。

(問題 16) シアン酸ナトリウム　　　(問題 17) ニコチン
(問題 18) ブロム水素　　　　　　(問題 19) 四アルキル鉛
(問題 20) 硝酸アンモニウム

4 次のうち、毒物及び劇物取締法第 22 条第 1 項の規定により、業務上取扱者の届出をしなければならない事業であれば[1]を、そうでない事業は[2]を選びなさい。

(問題 21) 　無機シアン化合物たる毒物を使用して金属熱処理を行う事業
(問題 22) 　最大積載量が 5,000 キログラムの自動車に固定された容器を用いて、35 ％塩化水素を運送する事業
(問題 23) 　砒素化合物たる毒物を使用してねずみの防除を行う事業
(問題 24) 　四アルキル鉛を使用して電気めっきを行う事業
(問題 25) 　内容積が 1,000 リットル以上の容器を大型自動車に積載して行う 70 ％硝酸の運送の事業

〔法規(記述式問題)〕

(一般・農業用品目共通)

1 次の文章は、毒物及び劇物取締法の条文の一部である。(　　)に当てはまる正しい字句を記入しなさい。

第十五条
　毒物劇物営業者は、(問題 1)を次に掲げる者に(問題 2)してはならない。
　一 (問題 3)歳未満の者
　二 心身の障害により(問題 1)による(問題 4)の危害の防止の措置を適正に行うことができない者として厚生労働省令で定めるもの
　三 麻薬、大麻、あへん又は(問題 5)の(問題 6)
2 毒物劇物営業者は、厚生労働省令の定めるところにより、その(問題 2)を受ける者の(問題 7)及び(問題 8)を確認した後でなければ、第三条の四に規定する政令で定める物を(問題 2)してはならない。
3 毒物劇物営業者は、(問題 9)を備え、前項の確認をしたときは、厚生労働省令の定めるところにより、その確認に関する事項を記載しなければならない。
4 毒物劇物営業者は、前項の(問題 9)を、最終の記載をした日から(問題 10)年間、保存しなければならない。

〔基礎化学(選択式問題)〕
(一般・農業用品目・共通)

1 次の( )内に当てはまる最も適当な語句を下欄から選びなさい。ただし、同じ選択肢を2度以上使用しても構わない。

物質が酸化されるとは、その物質が酸素を(問題 26)ことであり、電子を(問題 27)ことを意味する。酸化された物質には、酸化数が(問題 28)した原子が存在する。

酸化還元反応において、酸化剤は相手の物質を(問題 29)し、還元剤は相手の物質を(問題 30)する。このとき、酸化剤は電子を(問題 31)。還元剤は電子を(問題 32)。

硫酸銅(Ⅱ)水溶液に、みがいた鉄くぎを入れると、鉄くぎの表面に銅が析出する。このことから、鉄は銅よりも(問題 33)が(問題 34)く、強い(問題 35)剤であることがわかる。

【下欄】

1	吸収する	2	失う	3	受け取る	4	酸化	5	還元
6	イオン化傾向	7	減少	8	増加	9	大き	0	小さ

2 次の( )内に当てはまる最も適当な語句を下欄から選びなさい。

周期表の2族元素のうち、Ca、(問題 36)、Ba、Ra の4種類の元素を(問題 37)という。(問題 37)はいずれも価電子数は(問題 38)個であり、単体や化合物は特有の炎色反応を示すことが知られている。炎色反応により、Ca は(問題 39)、Ba は(問題 40)を呈する。

【下欄】

(問題 36)	1	Sr	2	Mg	3	Sc
(問題 37)	1	アルカリ金属	2	アルカリ土類金属	3	遷移元素
(問題 38)	1	1	2	2	3	3
(問題 39)	1	橙色	2	紫色	3	紅色
(問題 40)	1	黄緑色	2	黄色	3	青緑色

3 次の文章は、化学に関する法則について記述したものである。法則の名称として最も適当なものの番号を下欄から選びなさい。

(問題 41) 物質が変化する時の反応熱の総和は、変化の前後の物質の種類と状態だけで決まり、変化の経路や方法には関係しない。

(問題 42) 物質が化合や分解をしても、その反応の前後で物質全体の質量の和は変わらない。

(問題 43) 電気分解において、電極で生成する物質の物質量は、流れた電流量に比例する。

(問題 44) 一定量の気体の体積は、圧力に反比例し、絶対温度に比例する。

(問題 45) 同温・同圧のもとで同じ体積の気体には、気体の種類によらず、同じ数の分子が含まれている。

【下欄】

1	アボガドロの法則	2	ヘンリーの法則	3	ボイル・シャルルの法則
4	ファラデーの法則	5	ヘスの法則	6	質量保存の法則

4 次の２つの物質の反応により発生する気体を下欄から選びなさい。

(問題 46) 銅と熱濃硫酸　　　　　(問題 47) 炭酸カルシウムと塩酸
(問題 48) 濃塩酸と二酸化マンガン　(問題 49) 塩化ナトリウムと濃硫酸
(問題 50) 硫化鉄と希硫酸

【下欄】

1 酸素	2 二酸化硫黄	3 塩化水素	4 硫化水素	5 窒素
6 二酸化炭素	7 水素	8 アンモニア	9 塩素	0 アセチレン

〔基礎化学（記述式問題）〕

（一般・農業用品目共通）

1 次の問題について、（　）内にあてはまる数値を記入しなさい。ただし、原子量は、水素を1、炭素を12、酸素を16、ナトリウムを23、塩素を35.5、硫黄を32とし、標準状態での 1 mol の気体の体積は22.4L とする。

（1）ある金属 M の酸化物 MO_2 には、質量パーセントで M が 60 ％含まれている。この金属 M の原子量は(問題 11)である。

（2）水 100 g に対する硝酸カリウム KNO_3 の溶解度は、摂氏 25 度で 36、摂氏 60 度で 110 である。摂氏 25 度における硝酸カリウムの飽和水溶液の濃度は、(問題 12)％である。（少数第 2 位を四捨五入せよ。）

（3）濃度不明の水酸化ナトリウム水溶液の 15mL を中和するのに、0.30mol/L の希硫酸が 10mL 必要であった。水酸化ナトリウムの水溶液の濃度は(問題 13)mol/L である。（少数第 2 位を四捨五入せよ。）

（4）標準状態（摂氏 0 度、$1.01 \times 10^5 Pa$）で 16.8L のプロパン(C_3H_8)が燃焼すると、生成する二酸化炭素は(問題 14) g である。

（5）0.10mol/L の塩酸 30mL に、0.10mol/L の水酸化ナトリウム水溶液 10mL を加え、さらに水を加えて全体を 200mL にした溶液の pH は(問題 15)である。ただし、強酸及び強塩基の電離度は 1.0 とし、混合する前後で溶液の体積の総量に変化はないものとする。

〔薬物（選択式問題）〕

（一般）

1 次の表に挙げる物質の、「性状」については A 欄から、「用途」については B 欄から最も適当なものを選びなさい。

物質名	性　状	用　途
水素化アンチモン	(問題 1)	(問題 6)
燐化アルミニウムとカルバミン酸アンモニウムとの錠剤	(問題 2)	(問題 7)
亜硝酸ナトリウム	(問題 3)	(問題 8)
エピクロルヒドリン	(問題 4)	(問題 9)
３－ジメチルジチオホスホリルーＳ－メチルー５－メトキシー１，３，４－チアジアゾリンー２－オン(別名：メチダチオン)	(問題 5)	(問題 10)

【A欄】

1 無色、にんにく臭の気体。水に難溶。エタノールに可溶。
2 灰白色の結晶。水に難溶、有機溶媒に可溶。
3 白色又は微黄色の結晶性粉末、粒状または棒状。水に可溶、アルコールに難溶。
4 無色でクロロホルムに似た刺激臭のある液体。水に難溶、エタノール及びエーテル等に可溶。
5 淡黄褐色の固体。空気中の湿気に触れると徐々に分解し有毒な気体が発生。

【B欄】

1 工場用ジアゾ化合物製造、染色工場の顕色剤、写真用。試薬。
2 エピタキシャル成長用。
3 エポキシ樹脂、合成グリセリン、イオン交換樹脂などの原料。
4 倉庫内、コンテナ内または船倉内における 鼠 、昆虫等の駆除。
5 果樹、野菜、鱗翅目幼虫、およびカイガラムシの防除。

2 次の物質の貯蔵方法として、最も適当なものを下欄から選びなさい。

（問題11）三酸化二砒素 　　（問題12）過酸化水素水
（問題13）クロロホルム 　　（問題14）二硫化炭素 　　（問題15）四メチル鉛

【下欄】

1 少量であればガラス瓶で密栓、多量であれば木樽に入れ貯蔵する。
2 容器は特別製のドラム缶を用い、火気のない独立した倉庫で、床面はコンクリート又は分厚い枕木の上に保管する。
3 温度の上昇、動揺などにより爆発することがある。三分の一の空間を保ち、冷所で貯蔵する。
4 冷暗所に蓄える。空気と日光によって変質するので、少量のアルコールを加えて分解を防止する。
5 低温でもきわめて引火性であるため、いったん開封したものは、蒸留水をまぜておくと安全である。直射日光を避け、冷所に貯蔵する。

3 次の物質による中毒症状について、最も適当なものを下欄から選びなさい。

（問題16）ヘキサクロルヘキサヒドロメタノベンゾジオキサチエピンオキサイド
　　　　（別名：エンドスルファン）
（問題17）アニリン 　　（問題18）ニコチン 　　（問題19）水銀化合物
（問題20）クロルピクリン

【下欄】

1 急性中毒では、よだれ、吐気、悪心、嘔吐があり、次いで脈拍緩徐不整となり、発汗、瞳孔縮小、人事不省、呼吸困難、痙攣をきたす。
2 急性中毒では、チアノーゼが現れ、脈拍と血圧は、最初に亢進した後下降し、嘔吐、下痢、腎臓炎、痙攣、意識喪失などの症状が現れる。
3 急性中毒では、胃腸が非常に痛み、嘔吐、下痢を起こしたのち、尿が極めて少なくなり、にごり、ほとんど出なくなる。よだれが出て、口や歯茎が腫れる。
4 有機塩素製剤と同様に、激しい中毒症状を呈する。症状は振戦、間代性および強直性痙攣を呈する。
5 吸入した場合、気管支を刺激して咳や鼻汁が出る。

4 次の物質について、特定毒物に該当するものは[1]を、毒物に該当するものであって特定毒物に該当しないものは[2]を、劇物に該当するものは[3]を、毒物にも劇物にも該当しないものは[4]を選びなさい。
　なお、物質は、すべて原体であるものとする。

(問題21) 水酸化リチウム　　　　　(問題22) モノフルオール酢酸ナトリウム
(問題23) エチルジフエニルジチオホスフエイト
(問題24) 硅弗化バリウム　　　　　(問題25) キシレン
(問題26) 2－アミノエタノール　　(問題27) クロチアニジン
(問題28) 塩化ナトリウム　　　　　(問題29) ブロモ酢酸エチル
(問題30) 1，1'－ジメチル－4，4'－ジピリジニウムジクロリド
　　　　　(別名：パラコート)

5 次の物質について、劇物から除外される濃度を下から選びなさい。

(問題31)　2－イソプロピルオキシフエニル－N－メチルカルバメートを含有する
　　　　　製剤(別名：PHC)

1　1％以下　2　3.5％以下　3　7.5％以下　4　10％以下　5　15％以下

(問題32)　2－イソプロピル－4－メチルピリミジル－6－ジエチルチオホスフ
　　　　　エイトを含有する製剤(別名：ダイアジノン)

1　0.1％以下　2　1％以下　3　2％以下　4　5％以下　5　10％以下

(問題33)　(RS)－シアノ－(3－フエノキシフエニル)メチル＝2，2，3，3
　　　　　－テトラメチルシクロプロパンカルボキシラートを含有する製剤
　　　　　(別名：フエンプロパトリン)

1　0.5％以下　2　1％以下　3　2％以下　4　3％以下　5　5％以下

(問題34)　4－ブロモ－2－(4－クロロフエニル)－1－エトキシメチル－5－
　　　　　トリフルオロメチルピロール－3－カルボニトリルを含有する製剤
　　　　　(別名：クロルフエナピル)

1　0.1％以下　2　0.2％以下　3　0.4％以下　4　0.5％以下　5　0.6％以下

(問題35)　ジメチル－4－メチルメルカプト－3－メチルフエニルチオホスフエ
　　　　　イトを含有する製剤

1　0.3％以下　2　0.6％以下　3　1％以下　4　1.5％以下　5　2％以下

(問題36)　蓚酸を含有する製剤

1　1％以下　2　2.5％以下　3　5％以下　4　10％以下　5　20％以下

(問題37)　水酸化ナトリウムを含有する製剤

1　1％以下　2　5％以下　3　10％以下　4　20％以下　5　25％以下

(問題38)　S－メチル－N－［(メチルカルバモイル)－オキシ］－チオアセトイ
　　　　　ミデートを含有する製剤(別名：メトミル)

1　5％以下　2　15％以下　3　25％以下　4　35％以下　5　45％以下

(問題39)　アセトニトリルを含有する製剤

1　20％以下　2　30％以下　3　40％以下　4　50％以下　5　60％以下

(問題40)　トリクロルヒドロキシエチルジメチルホスホネイトを含有する製剤

1　10％以下　2　15％以下　3　20％以下　4　25％以下　5　30％以下

（農業用品目）

1 次の用途に用いるものとして、最も適当なものを下欄からその番号を選びなさい。

（問題1） 殺虫剤 　　（問題2） 殺鼠剤 　　（問題3） 除草剤
（問題4） 殺菌剤 　　（問題5） 植物成長調整剤

【下欄】

1 ２－ジフエニルアセチル－１，３－インダンジオン（別名 ダイファシノン）
2 ２，２′－ジピリジリウム－１，１′－エチレンジブロミド（別名 ジクワット）
3 １－（６－クロロ－３－ピリジルメチル）－Ｎ－ニトロイミダゾリジン－２－
イリデンアミン（別名 イミダクロプリド）
4 シアナミド
5 ２，３－ジシアノ－１，４－ジチアアントラキノン（別名ジチアノン）

2 次の文章の（ ）に入る正しい字句をそれぞれ下欄から選びなさい。

　塩素酸ナトリウムは除草剤として用いられており、無色無臭の（問題6）で、組成式は（問題7）で表される。
　また、強酸と作用して（問題8）を放出する。

【下欄】

（問題6）
　1 液体 　　2 固体 　　3 気体
（問題7）
　1 Na_2ClO_3 　　2 Na_2ClO_2 　　3 $Na_2Cl_2O_3$ 　　4 $NaClO_3$ 　　5 $NaClO_2$
（問題8）
　1 塩素 　　2 アンモニア 　　3 二酸化塩素 　　4 酸素
　5 二酸化窒素

　ブロムメチルは、植物燻蒸剤として用いられており、常温では気体で（問題9）に類する臭気がある。
　ブロムメチルの組成式は（問題 10）で表され、液化したものは無色または淡黄緑色である。

【下欄】

（問題9）
　1 アンモニア 　　2 クロロホルム 　　3 クレゾール 　　4 酢酸
　5 硫化水素
（問題10）
　1 HBr 　　2 CH_3Br 　　3 CH_3COCH_2Br 　　4 C_2H_5Br 　　5 C_3H_6BrCl

3 次の物質の性状、特徴、用途について、最も適当な説明を下欄から選びなさい。

（問題 11） ３－ジメチルジチオホスホリルー－Ｓ－メチル－５－メトキシ－１，３，
４－チアジアゾリン－２－オン（別名 メチダチオン）
（問題 12） ２－ヒドロキシ－４－メチルチオ酪酸
（問題 13） トランス－Ｎ－（６－クロロ－３－ピリジルメチル）－Ｎ′－シアノ－Ｎ
－メチルアセトアミジン（別名 アセタミプリド）
（問題 14） テトラエチルメチレンビスジチオホスフエイト（別名 エチオン）
（問題 15） クロルピクリン

【下欄】

1 不揮発性の液体で、キシレン、アセトン等の有機溶媒に可溶であるが、水には不溶である。果樹のダニ類等の駆除に用いられる。
2 灰白色の結晶で、わずかな刺激臭がある。水には難溶で、有機溶媒には溶けやすい。果樹や野菜の殺虫剤に用いられる。
3 白色結晶固体であり、アセトン、エタノール、クロロホルム、アセトニトリル等の有機溶媒に溶けやすい。ネオニコチノイド系殺虫剤であり、十字花科作物のコナガ、果菜類のミナミキイロアザミウマ及び果樹のシンクイムシ類等に用いられる。
4 市販品はふつう微黄色を呈している。水にはほとんど解けないが、アルコール、エーテルなどには溶ける。熱には比較的不安定で、土壌燻蒸に使われ、土壌病原菌、センチュウ等の駆除などに用いられる。
5 褐色のやや粘性のある液体で、特異な臭いを有する。水、エーテル、クロロホルムと混和し、エタノールに極めて溶けやすい。飼料添加物として用いられる。

4 次の物質について、農業用品目販売業者が販売できる毒物は〔1〕を、農業用品目販売業者が販売できる劇物は〔2〕を、農業用品目販売業者が販売できない毒物又は劇物は〔3〕を、毒物及び劇物に該当しないものは〔4〕を選びなさい。

(問題16) ヘキサクロルエポキシオクタヒドロエンドエキソジメタノナフタリン(別名 ディルドリン)5％を含有する製剤
(問題17) 1,1′－イミノジ(オクタメチレン)ジグアニジン(別名 イミノクタジン)25％を含有する製剤
(問題18) ジエチル－S－(エチルチオエチル)－ジチオホスフェイト(別名 エチルチオメトン)6.5％を含有する製剤
(問題19) テトラクロル－メタジシアンベンゼン(別名 TPN)40％を含有する製剤
(問題20) 塩化水素15％を含有する製剤
(問題21) 2－チオ－3,5－ジメチルテトラヒドロ－1,3,5－チアジアジン(別名 ダゾメット)を含有する製剤
(問題22) アバメクチン5％を含有する製剤
(問題23) アジ化ナトリウム2％を含有する製剤
(問題24) ベノミル50％を含有する製剤
(問題25) (S)－α－シアノ－3－フエノキシベンジル＝(1R,3S)－2,2－ジメチル－3－(1,2,2,2－テトラブロモエチル)シクロプロパンカルボキシラート(別名 トラロメトリン)3％を含有する製剤

5 次の物質について、その性状及び最も適当な貯蔵方法を下欄から選びなさい。

(問題26) 燐化アルミニウムとその分解促進剤とを含有する製剤
(問題27) クロルピクリン　　(問題28) シアン化カリウム
(問題29) 硫酸第二銅　　(問題30) アンモニア水

【下欄】

1 大気中の湿気に触れると、分解して有毒ガスを発生するので、密閉容器で風通しの良い冷暗所に貯蔵する。
2 金属腐食性が大きいため、ガラス容器に入れ、密栓して冷暗所に貯蔵する。
3 揮発性があるため、密栓し直射日光を避け、冷所で換気の良い場所に貯蔵する。
4 少量ならばガラス瓶、多量ならばブリキ缶又は鉄ドラム缶を用い、酸類とは離して、風通しの良い乾燥した冷所に密栓して貯蔵する。
5 風解性があるので、よく密栓して冷暗所に貯蔵する。

（特定品目）

1　次の製剤について、劇物から除外される濃度を下欄から選びなさい。ただし、同じ番号を繰り返し選んでもよい。

  （1）　アンモニアを含有する製剤　　　　（問題1）以下
  （2）　塩化水素を含有する製剤　　　　　（問題2）以下
  （3）　過酸化水素を含有する製剤　　　　（問題3）以下
  （4）　酸化水銀を含有する製剤　　　　　（問題4）以下
  （5）　水酸化ナトリウムを含有する製剤　（問題5）以下

【下欄】

1	1%	2	5%	3	6%	4	8%	5	10%

2　次の物質のうち、毒物劇物特定品目販売業者が取り扱うことができる毒物又は劇物は〔1〕を、取り扱うことができない毒物又は劇物は〔2〕を、毒物でも劇物でもない物質は〔3〕を選びなさい。
　　ただし、「製剤」と記載のないものはすべて原体とする。

（問題6）水酸化カリウムを10％含む製剤	（問題7）塩基性酢酸鉛
（問題8）クロルピクリンを含む製剤	（問題9）エチレンオキシド
（問題10）キシレン	（問題11）フェノール
（問題12）アクリルニトリル	（問題13）塩化カリウム
（問題14）蓚酸	（問題15）炭酸水素ナトリウム

3　次の物質について、化学式とその用途の組み合わせが正しいものは〔1〕を、誤っているものは〔2〕を選びなさい。

	物質	化学式	用途
（問題16）	過酸化水素	H_2O_2	漂白剤
（問題17）	クロロホルム	CH_2Cl_2	溶剤
（問題18）	酢酸エチル	$CH_3COOC_2H_5$	肥料
（問題19）	一酸化鉛	PbO	顔料
（問題20）	重クロム酸カリウム	$K_2Cr_2O_7$	酸化剤

4　次の物質の代表的な毒性として、最も適当なものを下欄から選びなさい。

（問題21）メタノール　　（問題22）水酸化ナトリウム　　（問題23）クロム酸鉛
（問題24）硝酸　　　　　（問題25）トルエン

【下欄】

1　濃厚な蒸気を吸入すると、頭痛、めまい、嘔吐等の症状を呈し、さらに高濃度の時は麻酔状態になり、視神経がおかされ、目がかすみ、失明することがある。
2　高濃度の液が皮膚にふれると、ガスを発生して、組織ははじめ白く、次第に深黄色となる。
3　蒸気の吸入により頭痛、食欲不振など、大量の場合、緩和な大赤血球性貧血をきたす。麻酔性が強い。
4　摂取すると、口と食道が赤黄色に染まり、のちに青緑色に変化する。腹痛、血便を生じる。
5　この水溶液は腐食性が強く、微粒子やミストを吸入するとのど、気管支、肺を刺激し、眼に入ると結膜や角膜が激しく侵され、失明することがある。

愛媛県

5　次の物質に関するアからエの記述の正誤について、正しい組み合わせを右表から選びなさい。

(問題26) 硫酸
ア　濃い硫酸は比重が極めて大きく、水で薄めると激しく発熱する。
イ　水で薄めた希硫酸は、各種の金属を腐食して水素ガスを発生し、これが空気と混合して引火爆発することがある。
ウ　強い腐食性と吸湿性を有し、ガラス瓶を溶かすため、プラスチック容器に密栓して冷暗所に保管する。
エ　工業上の用途としては、肥料、化学薬品の製造、石油の精製、冶金、塗料など極めて広い。

	ア	イ	ウ	エ
1	正	正	誤	正
2	正	誤	誤	誤
3	誤	誤	正	誤
4	誤	正	誤	正

(問題27) ホルマリン
ア　常温常圧では無色透明の刺激臭を有する気体である。
イ　空気中の酸素によって一部酸化され、酢酸を生じる。
ウ　中性又は弱アルカリ性の反応を呈し、水、アルコールによく混和するが、エーテルには混和しない。
エ　主な用途は、溶剤、染料、香料などである。

	ア	イ	ウ	エ
1	正	誤	誤	誤
2	誤	正	正	正
3	誤	誤	誤	誤
4	正	誤	誤	正

(問題28) 塩素
ア　常温常圧では窒息性臭気をもつ赤褐色の気体である。
イ　粘膜接触により刺激症状を呈し、目、鼻、咽喉、および口腔粘膜に障害をあたえる。
ウ　液化塩素は極めて安定性は高く、水素と接しても反応しない。
エ　主な用途は、化学薬品の製造原料や酸化剤、漂白剤原料などである。

	ア	イ	ウ	エ
1	正	誤	誤	誤
2	正	正	正	誤
3	誤	正	誤	正
4	誤	正	正	正

(問題29) 塩酸
ア　常温・常圧では、可燃性の無色透明又は薄黄色の液体である。
イ　塩化ビニルを製造する際の主原料として使用される。
ウ　少量漏えいした場合は、ある程度水で徐々に希釈した後、消石灰で中和して大量の水で流す。
エ　激しい刺激臭があり、25％以上の濃度のものは湿った空気中で発煙性を有する。

	ア	イ	ウ	エ
1	誤	正	正	誤
2	正	正	正	正
3	誤	誤	正	正
4	正	誤	誤	正

(問題30) アンモニア
ア　常温常圧では特有の刺激臭のある無色透明の気体である。
イ　水に溶けやすく、水溶液はアルカリ性を呈する。
ウ　液化アンモニアは漏えいすると空気より重いアンモニアガスとして拡散する。
エ　肥料の原料として用いられる。

	ア	イ	ウ	エ
1	正	正	誤	正
2	正	誤	正	正
3	正	正	正	正
4	誤	誤	正	誤

〔実地（選択式問題）〕

（一般）

1　次の物質の漏えい時の措置として、最も適当なものを下欄からその番号を選びなさい。

（問題41）ぎ酸　　　　　（問題42）キシレン　　　　　（問題43）セレン化水素
（問題44）トルイジン　　（問題45）液化アンモニア

【下欄】

1　漏えいした液が多量の場合は、土砂等でその流れを止め、安全な場所に導き、液の表面を泡で覆い、できるだけ空容器に回収する。
2　付近の着火源を速やかに取り除き、少量の漏えい時は、漏えい箇所を濡れむしろ等で覆い、遠くから多量の水で洗い流す。
3　漏えいした液は、土砂等でその流れを止め、安全な場所に導き、密閉可能な空容器にできるだけ回収し、そのあとを水酸化カルシウム等の水溶液で中和した後、多量の水で洗い流す。
4　漏えいした液が多量の場合は、土砂等でその流れを止め、安全な場所に導き、土砂、おが屑等に吸着させて空容器に回収し、多量の水で洗い流す。
5　漏えいしたボンベ等を多量の水酸化ナトリウム水溶液と酸化剤の水溶液の混合溶液に容器ごと投入してガスを吸収させ、酸化処理し、この処理液を処理設備に持ち込む。

2　次の物質の常温常圧における性状について、最も適当なものを選びなさい。

（問題46）　アジ化ナトリウム

1　黄色の固体　　　　　　2　アンモニア臭のある無色の透明液体
3　淡黄色の油状液体　　　4　暗褐色の結晶　　　　5　無色無臭の結晶

（問題47）　エチルパラニトロフエニルチオノベンゼンホスホネイト（別名：EPN）

1　白色の結晶　　　2　無色の液体　　　3　黄色の液体　　　4　黄色の結晶
5　白色の液体

（問題48）　ジチアノン

1　無色の結晶　　　　　　2　暗褐色の結晶性粉末　　　3　白色の結晶
4　類白色の結晶性粉末　　5　黄色の結晶

（問題49）　燐化水素

1　ニンニク臭の気体　　　2　腐魚臭の気体　　　3　アミン臭の液体
4　ベンゼン臭の液体　　　5　腐ったキャベツ様の悪臭を有する気体

（問題50）　アクリルアミド

1　赤褐色の結晶　　　　2　白色の液体　　　3　白色の粉末
4　無色の結晶　　　　　5　無色の油状液体

3　次の物質の廃棄方法として、最も適当なものを下欄からその番号を選びなさい。

(問題51) メタクリル酸　　　　(問題52) ホルマリン
(問題53) シアン化カリウム　　(問題54) 過酸化ナトリウム
(問題55) トルエン

【下欄】

1　水で希釈し、希硫酸で中和した後、多量の水で希釈して処理する。
2　多量の水を加え、希薄な水溶液とした後、次亜塩素酸塩水溶液を加え分解させ廃棄する。
3　木粉(おがくず)等に吸収させて焼却炉で焼却する。
4　水酸化ナトリウム水溶液を加えアルカリ性(ｐＨ11以上)とし、酸化剤(次亜塩素酸ナトリウム等)の水溶液を加えて酸化分解する。分解したのち硫酸を加え中和し、多量の水で希釈して処理する。
5　硅そう土等に吸収させて開放型の焼却炉で少量ずつ焼却する。

4　次の物質の鑑別について、最も適当なものを下欄から選びなさい。

(問題56) 黄燐　　(問題57) 塩化亜鉛　　(問題58) スルホナール
(問題59) 沃素　　(問題60) フェノール

【下欄】

1　暗室内で酒石酸または硫酸酸性で水蒸気蒸留を行い、その際冷却器あるいは流出管の内部に美しい青白色の光が見られる。
2　木炭と共に加熱すると、メルカプタンの臭気をはなつ。
3　デンプンと反応すると藍色を呈し、これを熱すると退色する。
4　水溶液に過クロール鉄液を加えると紫色を呈する。
5　水に溶かし、硝酸銀を加えると白色沈殿を生じる。

5　次の物質を取り扱う際の注意事項について、最も適切なものを下欄からその番号を選びなさい。

(問題61) 弗化水素酸　　　　(問題62) ジメチル硫酸
(問題63) エチレンオキシド　(問題64) ブロムメチル
(問題65) 塩素酸ナトリウム

【下欄】

1　臭いは極めて弱く、蒸気は空気より重いため吸入による中毒を起こしやすい。
2　強酸と反応し、発火または爆発することがある。
3　加熱、摩擦、衝撃、火花等により発火または爆発することがある。
4　湿気および水と反応して生成した物質が、鉄などを腐食する。
5　水と急激に接触すると多量の熱が発生し、酸が飛散することがある。

（農業用品目）

1 次の物質の性状について、最も適当なものを下欄からその番号を選びなさい。

（問題31） Ｏ－エチル＝Ｓ－１－メチルプロピル＝（２－オキソ－３－チアゾリジニル）ホスホノチオアート（別名 ホスチアゼート）

（問題32） ２，２－ジメチル－２，３－ジヒドロ－１－ベンゾフラン－７－イル＝Ｎ－［Ｎ－（２－エトキシカルボニルエチル）－Ｎ－イソプロピルスルフェナモイル］－Ｎ－メチルカルバマート（別名 ベンフラカルブ）

（問題33） ジメチル－（Ｎ－メチルカルバミルメチル）－ジチオホスフェイト（別名 ジメトエート）

（問題34） ５－メチル－１，２，４－トリアゾロ［３，４－ｂ］ベンゾチアゾール（別名 トリシクラゾール）

（問題35） ロテノン

【下欄】

```
1 斜方６面体結晶で、融点は摂氏 163 度。水に難溶。ベンゼン、アセトンに可溶。
  クロロホルムに易溶。
2 白色の固体で、融点は摂氏 51 ～ 52 度、キシレンに可溶、摂氏 80 度の水に 7
  ％溶解する。水溶液は室温で徐々に加水分解する。太陽光線には安定で、熱に
  対する安定性は低い。
3 弱いメルカプタン臭のある淡褐色液体で、水に極めて溶けにくい。ｐＨ６及び
  ｐＨ８で安定である。
4 淡黄色の粘稠液体で、水に極めて溶けにくく、酸に不安定である。
5 無色の結晶で臭いはなく、融点は摂氏 183 ～ 189 度である。水、有機溶媒にあ
  まり溶けない。
```

2 次の文章の（ ）に入る正しい字句をそれぞれ下欄から選びなさい。

　Ｓ，Ｓ－ビス（１－メチルプロピル）＝Ｏ－エチル＝ホスホロジチオアート（別名 カズサホス）は、（問題36）臭のある（問題37）の（問題38）であり、水に（問題39）、有機溶媒に（問題40）。

【下欄】

```
（問題36）1 メルカプタン   2 ニンニク   3 ハッカ実   4 硫黄
        5 クロロホルム
（問題37）1 無色   2 白色   3 淡黄色   4 赤褐色   5 暗紫褐色
（問題38）1 気体   2 液体   3 油状液体   4 結晶   5 固体
（問題39）1 難溶   2 可溶   3 易溶
（問題40）1 難溶   2 可溶   3 易溶
```

3 次の表に挙げる物質の「廃棄方法」については【Ａ欄】から、「漏えい時の措置」については【Ｂ欄】から最も適当なものを選びなさい。

物質名	廃棄方法	漏えい時の措置
１，１'－ジメチル－４，４'－ジピリジニウムジクロリド（別名 パラコート）	（問題41）	（問題43）
燐化亜鉛	（問題42）	（問題44）
ブロムメチル		（問題45）

【A欄】

1 可燃性溶剤とともにアフターバーナー及びスクラバーを備えた焼却炉で焼却する。
　　もしくは、多量の水で希釈し、アルカリ水で中和した後、活性汚泥で処理する。

2 多量の次亜塩素酸ナトリウムと水酸化ナトリウムの混合水溶液を撹拌しながら少量ずつ加えて酸化分解し、過剰の次亜塩素酸ナトリウムをチオ硫酸ナトリウム水溶液で分解した後、希硫酸を加えて中和し、沈殿ろ過する。

3 水酸化カルシウム水溶液に徐々に加え中和させた後、多量の水で希釈する。

4 おが屑等に吸着させ、アフターバーナー及びスクラバーを備えた焼却炉で焼却する。もしくは、そのままアフターバーナー及びスクラバーを備えた焼却炉の火室へ噴霧し、焼却する。

【B欄】

1 漏えいした液は空容器にできるだけ回収し、そのあとを土壌で覆って十分に接触させた後、土壌を取り除き、多量の水で洗い流す。

2 飛散した粉末の表面を速やかに土砂等で覆い、密閉可能な空容器にできるだけ回収して密閉する。汚染された土砂等も同様の措置をし、そのあとを多量の水で洗い流す。

3 多量に漏えいした際は、土砂等でその流れを止め、液が広がらないようにして蒸発させる。

4 着火源を速やかに取り除き、漏えいした液は、水で覆った後、土砂等に吸着させ、空容器に回収し、水封後密栓する。

4　次の物質の鑑別について、最も適当なものを下欄から選びなさい。

（問題46）硫酸　　　　（問題47）スルホナール

（問題48）燐化アルミニウムとその分解促進剤とを含有する製剤

（問題49）塩化亜鉛　　（問題50）アンモニア水

【下欄】

1 木炭と共に加熱すると、メルカプタンの臭気をはなつ。

2 濃塩酸をうるおしたガラス棒を近づけると、白い霧を生じる。

3 空気中で分解し発生するガスは、5～10％硝酸銀水溶液を吸着させたろ紙を黒変する。

4 ショ糖や木片に触れると、それらを黒変させる。

5 水に溶かし、硝酸銀を加えると、白色の沈殿を生成。

5　次の物質による中毒症状について、最も適当なものを下欄から選びなさい。

（問題51）　ニコチン

（問題52）　沃化メチル

（問題53）　削除

（問題54）　1，3－ジカルバモイルチオ－2－（N，N－ジメチルアミノ）－プロパン塩酸塩　　（別名　カルタップ）

（問題55）　削除

【下欄】

1 吸入した場合、嘔気、震顫、流涎等の症状を呈し、はなはだしい場合には、全身痙攣、呼吸困難等を起こすことがある。
2 コリンエステラーゼ阻害剤特有の症状である、倦怠感、頭痛、めまい、嘔気、嘔吐、腹痛、下痢、多汗等の症状を呈し、はなはだしい場合には、縮瞳、意識混濁、全身痙攣等を起こすことがある。
3 吸入した場合、倦怠感、頭痛、めまい、嘔気、嘔吐、腹痛、下痢、多汗等の症状を呈し、はなはだしい場合には、縮瞳、意識混濁、全身痙攣等を起こすことがある。
4 中枢神経系の抑制作用があり、吸入すると嘔気、嘔吐、めまいなどが起こり、重篤な場合は意識不明となり、肺水腫を起こす。皮膚との接触時間が長い場合は、発赤や水疱等が生じる。
5 よだれ、吐気、悪心、嘔吐があり、次いで脈拍緩徐不整となり、発汗、瞳孔縮小、人事不省、呼吸困難、痙攣をきたす。

（特定品目）

1 次の物質の性状について、最も適当なものを下欄からその番号を選びなさい。

(問題 31) 硅弗化ナトリウム　　(問題 32) 酢酸エチル　　(問題 33) クロム酸鉛
(問題 34) 硝酸　　　　　　　　(問題 35) トルエン

【下欄】

1 黄色又は赤黄色の粉末で、水にほとんど溶けない。酸、アルカリに溶けるが、酢酸、アンモニア水には溶けない。
2 白色の結晶で、摂氏485度で分解する。水に溶けにくく、アルコールには溶けない。
3 無色の液体で、特有の刺激臭がある。腐食性が激しく、空気に接すると白霧を発し、水を吸収する性質が強い。
4 無色透明、揮発性の引火性の液体で水に可溶。果実様の特徴ある臭気を発する。アルコール、アセトン、エーテル、クロロホルムに混和する。
5 無色の液体で、ベンゼン臭を有する。水に不溶、アルコールやエーテルに溶ける。

2 次の方法により鑑定したときに得られる、最も適当な物質を下欄から選びなさい。

(問題 36) 水溶液に塩化バリウムを加えると黄色の沈殿を生ずる。
(問題 37) 濃塩酸をうるおしたガラス棒を近づけると、白い霧を生じる。
(問題 38) 硝酸銀溶液を加えると、白い沈殿を生じる。
(問題 39) 水溶液を白金線につけて無色の火炎中に入れると、火炎はいちじるしく黄色に染まり、長時間続く。
(問題 40) サリチル酸と濃硫酸とともに熱すると、芳香あるサリチル酸メチルエステルを生ずる。

【下欄】

1 水酸化ナトリウム　　2 メタノール　　3 アンモニア水　　4 塩酸
5 クロム酸カリウム

3 次の物質の廃棄方法として最も適当なものを選びなさい。

(問題41) クロロホルム　　(問題42) 一酸化鉛　　(問題43) 重クロム酸ナトリウム
(問題44) メタノール　　(問題45) 硫酸

【下欄】

1 珪そう土等に吸収させて開放型の焼却炉で焼却する。
2 徐々に石灰乳(消石灰の懸濁液)などの攪拌溶液に加え中和させた後、大量の水で希釈する。
3 セメントを用いて固化して、溶出試験を行い、溶出量が判定基準以下であることを確認して埋立処分する。
4 過剰の可燃性溶剤又は重油等の燃料とともにアフターバーナー及びスクラバーを具備した焼却炉の火室に噴霧して、できるだけ高温で焼却する。
5 希硫酸に溶かし、硫酸第一鉄の水溶液を過剰に加えた後、水酸化カルシウムの水溶液で処理し、沈殿ろ過する。溶出試験を行い、溶出量が判定基準以下であることを確認して埋め立て処分する。

4 次の物質の貯蔵方法として最も適当なものを下欄から選びなさい。

(問題46) 過酸化水素水　　(問題47) クロロホルム　　(問題48) 四塩化炭素
(問題49) トルエン　　(問題50) アンモニア水

【下欄】

1 分解を防ぐため遮光瓶に入れ、少量のアルコールを加えて冷暗所で貯蔵する。
2 引火しやすく、その蒸気は空気と混合して爆発性混合ガスとなるので、火気に近づけないよう貯蔵する。
3 少量なら褐色ガラス瓶、多量ならばカーボイ又はポリエチレン容器を使用して、3分の1の空間を保ち、有機物、金属粉等と離して冷暗所に貯蔵する。
4 揮発しやすいので、気密容器に入れ、摂氏30度以下で貯蔵する。
5 亜鉛又は錫メッキをほどこした鉄製容器に入れて、高温を避けて貯蔵する。

5 次の物質が漏えい又は飛散した場合の応急の措置として、最も適当なものを下欄から選びなさい。

(問題51) 液化塩素　　(問題52) 酢酸エチル　　(問題53) 四塩化炭素
(問題54) 水酸化ナトリウム　　(問題55) 硫酸

【下欄】

1 極めて腐食性が強いので、作業の際には必ず保護具を着用する。少量の場合、漏えいした液は多量の水をかけて十分に希釈して洗い流す。
2 漏えいした場合、漏えい箇所や漏えいした液に消石灰を十分に散布し、むしろやシート等をかぶせ、その上に更に消石灰を散布して吸収させる。
3 風下の人を退避させ、付近の着火源となるものを速やかに取り除く。少量の場合、漏えいした液は土砂等に吸着させて空容器に回収し、そのあとを多量の水を用いて洗い流す。
4 風下の人を退避させる。漏えいした液は土砂等でその流れを止め、安全な場所に導き、空容器にできるだけ回収し、そのあと中性洗剤等の分散剤を使用して、多量の水を用いて洗い流す。
5 漏えいした液に、遠くから徐々に注水してある程度希釈した後、消石灰、ソーダ灰で中和して、多量の水で洗い流す。その際、漏えいした液に可燃物や有機物を接触させないようにする。

高知県
令和３年度実施

法規に関する設問中、特に規定しない限り、「法」は「毒物及び劇物取締法」、「政令」は「毒物及び劇物取締法施行令」、「省令」は「毒物及び劇物取締法施行規則」とする。

〔法 規〕

（一般・農業用品目共通）

問１ 次の記述は法の条文の一部である。（　）の中に入る語句として正しい組み合わせを下表から１つ選びなさい。

第一条（目的）
　この法律は、毒物及び劇物について、保健衛生上の見地から必要な（ 1 ）を行うことを目的とする。
第二条（定義）
　この法律で「毒物」とは、別表第一に掲げる物であって、（ 2 ）及び（ 3 ）以外のものをいう。
下表

	(1)	(2)	(3)
ア	取締	毒薬	劇薬
イ	指導	医薬品	化粧品
ウ	取締	医薬品	医薬部外品
エ	規制	毒薬	劇薬
オ	規制	医薬品	医薬部外品

問２ 次の記述は法の条文の一部である。（　）の中に入る語句として、正しい組合せを下表から１つ選びなさい。

第三条の三
　（ 1 ）、幻覚又は麻酔の作用を有する毒物又は劇物（これらを含有する物を含む。）であって政令で定めるものは、みだりに摂取し、若しくは（ 2 ）し、又はこれらの目的で（ 3 ）してはならない。
下表

	(1)	(2)	(3)
ア	鎮静	吸入	販売
イ	興奮	濫用	使用
ウ	覚醒	塗布	所持
エ	覚醒	濫用	販売
オ	興奮	吸入	所持

問３ 次の記述は法の条文の一部である。（　）の中に入る語句として正しい組合せを下表から１つ選びなさい。

第四条第二項
　毒物又は劇物の製造業、輸入業又は販売業の登録を受けようとする者は、製造業者にあっては製造所、輸入業者にあっては営業所、販売業者にあっては店舗ごとに、その製造所、営業所又は店舗の所在地の（ 1 ）に申請書を出さなければならない。
第四条第三項
　製造業又は輸入業の登録は、（ 2 ）ごとに、販売業の登録は、（ 3 ）ごとに、更新を受けなければ、その効力を失う。

下表

	(1)	(2)	(3)
ア	都道府県知事	五年	六年
イ	都道府県知事	六年	四年
ウ	地方厚生局長	五年	六年
エ	地方厚生局長	四年	五年
オ	都道府県知事	六年	五年

問4 次の記述のうち、法第十二条の規定により、毒物劇物営業者が毒物又は劇物の容器及び包装へ表示しなければならない事項に関して、正しい記述を 1 つ選びなさい。

　ア．劇物については「医薬用外」の文字及び赤地に白色をもって「劇物」の文字
　イ．劇物については「医薬用外」の文字及び黒地に白色をもって「劇物」の文字
　ウ．毒物については「医薬用外」の文字及び黒地に白色をもって「毒物」の文字
　エ．毒物については「医薬用外」の文字及び赤地に白色をもって「毒物」の文字

問5 次の記述は法の条文の一部である。（　）の中にあてはまる正しい語句を下欄から１つ選びなさい。※ただし、（　2　）（　3　）の解答は順不同とする。

　第十四条(毒物又は劇物の譲渡手続)
　　毒物劇物営業者は、毒物又は劇物を他の毒物劇物営業者に販売し、又は授与したときは、（　1　）、次に掲げる事項を書面に記載しておかなければならない。

一　毒物又は劇物の（　2　）及び（　3　）
二　販売又は授与の（　4　）
三　譲受人の氏名、（　5　）及び住所(法人にあっては、その名称及び主たる事務所の所在地)

下欄

ア．名称	イ．成分	ウ．氏名	エ．場所	オ．目的	カ．数量
キ．職業	ク．年月日	ケ．年齢	コ．必要に応じ	サ．その都度	

問6 毒物又は劇物の販売業の店舗の設備基準に関する次の記述のうち、省令第四条の四で定められていないものを次の記述から１つ選びなさい。

　ア．毒物又は劇物とその他の物とを区分して貯蔵できるものであること。
　イ．毒物又は劇物を含有する粉じん、蒸気又は廃水の処理に要する設備又は器具を備えていること。
　ウ．毒物又は劇物を貯蔵するタンク、ドラムかん、その他の容器は、毒物又は劇物が飛散し、漏れ、又はしみ出るおそれのないものであること。
　エ．毒物又は劇物を貯蔵する場所にかぎをかける設備があること。ただし、その場所が性質上かぎをかけることができないものであるときは、この限りでない。
　オ．毒物又は劇物の運搬用具は、毒物又は劇物が飛散し、漏れ、又はしみ出るおそれがないものであること

問7　毒物劇物取扱責任者に関する次の記述のうち、（　　　）の中に入る語句として、正しい組合せを下表から1つ選びなさい。

法第八条第二項(抜粋)
　　次に掲げる者は、毒物劇物取扱責任者となることができない。
　一　（　1　）未満の者
　二　心身の障害により毒物劇物取扱責任者の業務を適正に行うことができない者として厚生労働省令で定めるもの
　三　（　2　）、大麻、あへん又は覚せい剤の中毒者
　四　毒物若しくは劇物又は薬事に関する罪を犯し、罰金以上の刑に処せられ、その執行を終り、又は執行を受けることがなくなった日から起算して（　3　）を経過していない者

下表

	(1)	(2)	(3)
ア	二〇歳	麻薬	三年
イ	二〇歳	アルコール	五年
ウ	十八歳	麻薬	三年
エ	十八歳	麻薬	五年
オ	十八歳	アルコール	三年

問8　次のアからオの物質のうち、法令の規定に照らし、毒物劇物営業者が、その交付を受ける者の氏名、住所を身分証明書、運転免許証、国民健康保険被保険者証等により確認した後でなければ交付してはならないものを1つ選びなさい。

　ア．水酸化ナトリウム　　イ．塩酸　　ウ．酢酸エチル　　エ．ナトリウム
　オ．黄燐

問9　次の(1)から(5)の物質について、法令の規定に照らし、毒物劇物営業者があせにくい黒色で着色したものでなければ、これを農業用として販売し、又は授与してはならない劇物として正しいものの組合せを下欄から1つ選びなさい。

　(1)燐化亜鉛を含有する製剤たる劇物
　(2)ジクロルブチンを含有する製剤たる劇物
　(3)メチルイソチオシアネートを含有する製剤たる劇物
　(4)硫酸銅を含有する製剤たる劇物
　(5)硫酸タリウムを含有する製剤たる劇物

下欄

ア．(1、2)　　イ．(3、4)　　ウ．(1、5)　　エ．(2、3)　　オ．(2、4)　　カ．(3、5)

問10　次のアからオのうち、硫酸及びこれを含有する製剤(硫酸十パーセント以下を含有するものを除く。)を、車両を用いて一回につき五千キロラム以上運搬する場合に、備えなければならない保護具として省令に定められているものを1つ選びなさい。

　ア．保護手袋、保護長ぐつ、保護衣、防塵マスク
　イ．保護手袋、保護長ぐつ、保護衣、保護眼鏡
　ウ．保護手袋、保護長ぐつ、保護衣、酸性ガス用防毒マスク
　エ．保護手袋、保護長ぐつ、保護衣、有機ガス用防毒マスク
　オ．保護手袋、保護長ぐつ、保護衣、普通ガス用防毒マスク

問 11　毒物又は劇物の事故の際の措置に関する次の記述のうち、正しい組合せを下欄から1つ選びなさい。

(1) 毒物又は劇物の製造業者が、その製造している特定毒物を紛失したため、直ちに厚生労働省に届け出た。
(2) 毒物劇物業務上取扱者である運送業者が、運送中に劇物を紛失したが、少量であったため、警察署に届け出なかった。
(3) 毒物又は劇物の輸入業者が、その輸入した劇物が盗難にあったが、毒物ではなかったため、警察署には届け出なかった。
(4) 毒物又は劇物の製造業者が、その製造した劇物を流出させ、近隣住民に保健衛生上の危害が生ずるおそれがあったため、直ちに保健所に届け出た。
(5) 毒物劇物業務上取扱者である農家が、その所有する毒物が盗難にあったため、直ちに警察署に届け出た。

下欄

| ア．(1、2) | イ．(1、3) | ウ．(2、4) | エ．(3、5) | オ．(4、5) |

問 12　政令第四十条の六に規定する荷送人の通知義務に関する以下の記述について、(　　)の中に入る語句として正しいものを下欄から1つ選びなさい。

　　毒物又は劇物を車両を使用して、又は鉄道によって運搬する場合で、当該運搬を他に委託するときは、その荷送人は、運送人に対し、あらかじめ、当該毒物又は劇物の名称、成分及びその含量並びに数量並びに事故の際に講じなければならない応急の措置の内容を記載した書面を交付しなければならない。ただし、一回の運搬につき(　　)以下の毒物又は劇物を運搬する場合は、この限りではない。

下欄

| ア．千キログラム　　イ．二千キログラム　　ウ．三千キログラム |
| エ．四千キログラム |

問 13　次の記述のうち、政令第四十条の九及び省令第十三条の十二の規定により、毒物劇物営業者が毒物又は劇物を販売し、又は授与するまでに、譲受人に対し提供しなければならない情報の内容の正誤について、正しい組合せを下表から1つ選びなさい。

(1) 情報を提供する毒物劇物営業者の氏名及び住所(法人にあってはその名称及び主たる事務所の所在地)
(2) 毒物劇物取扱責任者の氏名
(3) 応急措置
(4) 輸送上の注意

下表

	(1)	(2)	(3)	(4)
ア	正	誤	正	誤
イ	正	誤	正	正
ウ	正	正	誤	正
エ	誤	正	正	誤
オ	誤	誤	誤	正

問 14　次の(1)から(9)の記述について、法令の規定に照らし、正しいものには○を、誤っているものには×をつけなさい。

(1) 毒物劇物営業者は、その氏名又は住所(法人にあっては、その名称又は主たる事務所の所在地)を変更したときは、30 日以内に、その製造所、営業所又は店舗の所在地の都道府県知事にその旨を届け出なければならない。

(2) 薬局の開設者が薬剤師の場合は、毒物劇物販売業の登録を受けなくても、毒物又は劇物を交付することができる。

(3) 四アルキル鉛を含有する製剤を貯蔵する場合には、容器を密閉し、十分に換気が行われる倉庫内に貯蔵しなければならない。

(4) 毒物劇物営業者は、登録票を破り、汚し又は失ったときは、登録票の再交付を申請することができる。

(5) 特定毒物研究者は、学術研究のために特定毒物を製造することはできない。

(6) 毒物又は劇物の販売業者は、その営業の登録が効力を失ったときは、50 日以内に、現に所有する特定毒物の品名及び数量を都道府県知事に届け出なければならない。

(7) 毒物劇物営業者は、すべての劇物について、その容器として、飲食物の容器として通常使用される物を使用することができない。

(8) 毒物劇物営業者が、毒物又は劇物を毒物劇物営業者以外の者に販売又は授与する場合に、提出を受けなければならない書面には譲受人の署名があれば押印は必要ない。

(9) 都道府県知事は、犯罪捜査上必要があると認めるときは、毒物劇物監視員に、毒物又は劇物の販売業者の店舗に立ち入り、試験のため必要な最小限度の分量に限り、劇物の疑いのある物を収去させることができる。

〔基礎化学〕

(一般・農業用品目共通)

　問題文中の記述については、条件等の記載が無い場合は、標準状態(0 ℃、1.0 × 10^5Pa)とし、気体は理想気体としてふるまうものとする。

問 1　次のアからソに該当する最も適当なものを下欄からそれぞれ 1 つ選びなさい。

ア　貴ガス元素であるもの

下欄

| 1 | Ne | 2 | Be | 3 | Cs | 4 | Si | 5 | Mn |

イ　酸素原子の最外殻電子の数

下欄

| 1 | 2個 | 2 | 4個 | 3 | 6個 | 4 | 8個 | 5 | 10個 |

ウ　陰イオンであるもの

下欄

| 1　水素イオン | 2　フッ化物イオン | 3　リチウムイオン |
| 4　ナトリウムイオン | 5　アンモニウムイオン | |

エ　第 1 イオン化エネルギーが最も小さいもの

下欄

| 1 | Mg | 2 | Cl | 3 | Al | 4 | N | 5 | K |

オ　炎色反応で黄緑色を呈するもの

下欄

| 1 | Sr | 2 | Ba | 3 | K | 4 | Li | 5 | Ca |

カ　無極性分子であるもの

下欄

1　水　　　2　塩化水素　　　3　二酸化炭素　　　4　アンモニア
5　メタノール

キ　化学結合の力が最も強いもの

下欄

1　共有結合　　2　イオン結合　　3　水素結合　　4　金属結合
5　ファンデルワールス力

ク　水酸化カルシウムの式量として正しいもの
　　ただし、原子量はH＝1、O＝16、Ca＝40とする。

下欄

| 1 | 56 | 2 | 57 | 3 | 72 | 4 | 74 | 5 | 91 |

ケ　過マンガン酸カリウム($KMnO_4$)のマンガン原子の酸化数

下欄

| 1 | －3 | 2 | －1 | 3 | ＋3 | 4 | ＋5 | 5 | ＋7 |

コ　0.03％を百万分率で表したもの

下欄

1　30ppm　　2　300ppm　　3　3000ppm　　　4　30ppb　　5　300ppb
6　3000ppb

サ　pH10からpH12のアルカリ性で赤色を呈する指示薬

下欄

1　メチルレッド　　2　メチルオレンジ　　3　フェノールフタレイン
4　ブロモチモールブルー

シ　白色の化合物

下欄

| 1 | $PbCrO_4$ | 2 | $Cu(OH)_2$ | 3 | $Fe(OH)_3$ | 4 | $PbCl_2$ | 5 | CuS |

ス　酢酸の官能基であるもの

下欄

1　アルデヒド基　　2　ヒドロキシ基　　3　カルボキシ基　　4　ニトロ基
5　スルホ基

セ　アミノ基を有する芳香族化合物

下欄

1　安息香酸	2　アニリン	3　クレゾール	4　フェノール
5　ナフタレン			

ソ　アミノ酸の検出に用いられるもの

下欄

1　ニンヒドリン反応	2　銀鏡反応	3　フェーリング反応
4　ヨウ素デンプン反応	5　ヨードホルム反応	

問2　5.0mol/L 硫酸 50mL を 1.0mol/L 水酸化ナトリウム水溶液で中和させる時、1.0mol/L 水酸化ナトリウム水溶液は何 mL 必要か。最も適当なものを下欄から1つ選びなさい

下欄

1　25mL	2　50mL	3　100mL	4　250mL	5　500mL
6　1000mL				

問3　ある固体 A の飽和水溶液 300g を 60℃で調製した後、20℃に冷却したとき、固体 A の結晶は何 g 析出するか。最も適当なものを下欄から1つ選びなさい。
ただし、固体 A は水 100g に、60℃において 50g、20℃において 30g 溶けるものとする。

下欄

1　5 g	2　10g	3　20g	4　40g	5　50g

問4　次の記述が説明している法則として、最も適当なものを下欄から 1 つ選びなさい。
「化学反応の反応熱は、反応前後の状態のみで決まり、反応経路によらず一定である。」

下欄

1　ヘスの法則	2　ファラデーの法則	3　アボガドロの法則
4　ボイル・シャルルの法則	5　ヘンリーの法則	

問5　ベンゼン(C_6H_6)39g を完全燃焼させたときに生じる二酸化炭素は標準状態で何 L か。最も適当なものを下欄から1つ選びなさい。
ただし、原子量は H=1、C=12、O=16 とする。
なお、標準状態における 1 mol の気体の体積は 22.4L とする。

下欄

1　3.36L	2　6.72L	3　13.4L	4　33.6L	5　67.2L
6　134L				

〔毒物及び劇物の性質及び貯蔵その他取扱方法〕

問題文中の性状等の記述については、条件等の記載が無い場合は、<u>常温常圧下における性状について記述している</u>ものとする。

(一般)

問1 次の(1)から(5)の性状をもつ物質について、最も適当なものを下欄からそれぞれ1つ選びなさい。

(1) 無色透明の油状の液体で特有の臭気を有する。水に難溶。アルコール、エーテル、ベンゼンに易溶。空気に触れると赤褐色になる。

(2) 淡黄色の結晶。水分により分解すると、白煙を発生する。水に易溶。塩酸、臭化水素酸に可溶。潮解性を有する。

(3) 純品は無色の油状の液体。水、アルコール、石油などに易溶。空気に触れると褐色になる。

(4) 灰色の金属光沢を有するペレットまたは黒色の粉末。水に不溶。硫酸、二硫化炭素に可溶。

(5) 常温では気体で特異臭を有する。水に難溶。圧縮または冷却すると、無色または淡黄緑色の液体を生成する

下欄

ア．三塩化アンチモン	イ．ブロムメチル	ウ．ニコチン	エ．アニリン
オ．セレン			

問2 次の(1)から(5)の方法で貯蔵する物質として、最も適当なものを下欄からそれぞれ1つ選びなさい。

(1) 硫酸や硝酸などの強酸と激しく反応するため、強酸と安全な距離を保って貯蔵する。

(2) 水と二酸化炭素を吸収する性質が強いため、密栓して貯蔵する。

(3) 低温では混濁することがあるため、常温で貯蔵する。

(4) 少量の場合は共栓ガラス瓶、多量の場合は鋼製ドラムなどを使用し、直射日光を避け、可燃性、発熱性、自然発火性のものからは十分離して、冷所に貯蔵する。

(5) 亜鉛又はスズメッキをした鋼鉄製容器で、高温に接しない場所に貯蔵する。

下欄

ア．ホルマリン	イ．水酸化ナトリウム	ウ．二硫化炭素
エ．四塩化炭素	オ．アクリルニトリル	

問3 次の(1)から(5)の毒性をもつ物質として、最も適当なものを下欄からそれぞれ1つ選びなさい。

(1) 疝痛、嘔吐、振戦、痙攣、麻痺等の症状に伴い、次第に呼吸困難となり、虚脱症状を起こす。

(2) 吸入すると中枢神経麻酔作用が現れる。多量に吸入すると頭痛、嘔吐等が起こり、重症な場合は意識消失を起こす。また、液が皮膚に触れると凍傷を起こす。

(3) 吸入すると、頭痛、めまい、悪心、チアノーゼを起こす。重症な場合は血色素尿を排泄し、肺水腫を生じ、呼吸困難を起こす。

(4) 血液中のカルシウム分を奪取し、神経系を障害する。胃痛、嘔吐、口腔や咽喉の炎症、腎障害を起こす。

(5) 中毒症状に陥ると、腹痛が起こり、緑色のものを吐き出し、血便が出る。重症な場合は尿に血が混じり、痙攣、意識消失が起こる。

下欄

> ア．クロム酸ナトリウム　　イ．クロルメチル　　ウ．硫酸タリウム　　エ．蓚酸
> オ．砒素

問4　次の(1)から(5)の用途を持つ物質として、最も適当なものを下欄からそれぞれ
　　1つ選びなさい。

(1)ゴム用薬品、殺虫剤、染色助剤、酸素吸収剤、防錆剤
(2)木材防腐剤、脱水剤、活性炭の原料
(3)毛髪の脱色剤
(4)爆薬、染料、香料、サッカリンの原料
(5)試薬、防腐剤、エアバッグのガス発生剤

下欄

> ア．アジ化ナトリウム　　イ．過酸化尿素　　ウ．トルエン　　エ．塩化亜鉛
> オ．シクロヘキシルアミン

問5　次の(1)から(5)の物質を含有する製剤で、劇物の指定から除外される含有濃度
　　の上限として最も適当なものを下欄からそれぞれ1つ選びなさい。

(1)シクロヘキシミド　　　(2)フェノール　　　(3) 2－アミノエタノール
(4)アクリル酸　　　　　　(5)ノニルフェノール

下欄

> ア．0.2%　　　　イ．1%　　　　ウ．5%　　　　エ．10%　　　　オ．20%

（農業用品目）

問1　次の(1)から(5)の性状をもつ物質について、最も適当なものを下欄からそれぞ
　　れ1つ選びなさい。

(1)白色の結晶固体。ジクロロメタン、メタノールに可溶。
(2)無色または淡黄色透明の液体でエーテル様臭を有する。水に可溶。
　　冷時水と結合して水化物を生成する。空気中で光により一部分解して褐色とな
　　る。
(3)淡黄褐色の粘稠な透明液体。水に極めて溶けにくい。
(4)淡黄色の吸湿性結晶。水溶液中では紫外線により分解する。水に可溶。
(5)無色の気体でクロロホルム様の臭いを有する。圧縮または冷却すると、無色ま
　　たは淡黄緑色の液体を生成する。

下欄

> ア．沃化メチル
> イ．ブロムメチル
> ウ．ジ(2－クロルイソプロピル)エーテル
> エ．S－メチル－N－[(メチルカルバモイル)－オキシ]－チオアセトイミデート
> 　（別名：メトミル）
> オ．2,2'－ジピリジリウム－1,1'－エチレンジブロミド

問2　次の(1)から(4)の方法で貯蔵する物質として、最も適当なものを下欄からそれ
　　ぞれ1つ選びなさい。

　(1)揮発しやすいため、よく密栓して貯蔵する。
　(2)酸素によって分解すると効力を失うため、空気と光を遮断して貯蔵する。
　(3)少量の場合はガラス瓶、多量の場合はブリキ缶又は鉄ドラムを使用し、酸類と
　　は離して風通しのよい乾燥した冷所に密封して貯蔵する。
　(4)大気中の水分により分解すると有毒なガスを発生するため、密閉して貯蔵する。

　下欄

ア．ロテノン　　イ．アンモニア水　　　ウ．シアン化ナトリウム
エ．燐化アルミニウムとその分解促進剤とを含有する製剤

問3　次の(1)から(6)の毒性を持つ物質として最も適当なものを下欄からそれぞれ1
　　つ選びなさい。

　(1)誤飲すると、消化器障害、ショックを起こし、数日遅れて肝臓、腎臓、肺など
　　の機能障害を起こすことがある。
　(2)吸入すると、分解されずに組織内に吸収され、心臓、眼結膜、肺などの各組織
　　を障害する。血液中でメトヘモグロビンを生成する。
　(3)特定毒物に指定されている本物質の主な中毒症状は、激しい嘔吐、脈拍の緩除、
　　チアノーゼ、血圧下降、意識混濁である。心機能の低下により死亡することもあ
　　る。
　(4)吸入すると、ミトコンドリアの電子伝達系を阻害し、悪心、意識消失、呼吸麻
　　痺を起こす。また、酸素利用の阻害により嫌気性代謝が進行するため代謝性アシ
　　ドーシスとなる。
　(5)吸入すると、アセチルコリンエステラーゼを阻害し、倦怠感、縮瞳、吐き気、
　　腹痛、痙攣、下痢、多汗などを起こす。
　(6)嚥下吸入したときに、胃及び肺で胃酸や体内の水と反応することで中毒症状が
　　起こり、頭痛、吐き気、嘔吐、悪寒などの症状を起こす。

　下欄

ア．2－イソプロピル－4－メチルピリミジル－6－ジエチルチオホスフェイト
　（別名：ダイアジノン）
イ．クロルピクリン
ウ．1,1'－ジメチル－4,4'－ジピリジニウムヒドロキシド
エ．シアン化ナトリウム　　オ．モノフルオール酢酸ナトリウム　　カ．燐化亜鉛

問4　次の(1)から(5)の用途を持つ物質として、最も適当なものを下欄からそれぞれ1
　　つ選びなさい。

　(1)殺線虫剤　　　　(2)除草剤　　　　(3)爆発物の原料、酸化剤、抜染剤
　(4)殺ダニ剤、殺虫剤　　　　(5)農薬植物成長調整剤

　下欄

ア．2－クロルエチルトリメチルアンモニウムクロリド
イ．塩素酸カリウム
ウ．5－クロロ－N－[2－[4－(2－エトキシエチル)－2,3－ジメチルフェノキシ]
　エチル]－6－エチルピリミジン－4－アミン（別名：ピリミジフェン）
エ．S－(2－メチル－1－ピペリジル－カルボニルメチル)ジプロピルジチオホス
　フェイト
オ．ジ(2－クロルイソプロピル)エーテル

－ 377 －

問5 次の(1)から(5)の物質を含有する製剤で、劇物の指定から除外される含有濃度の上限として最も適当なものを下欄からそれぞれ1つ選びなさい。

(1)ジニトロメチルヘプチルフェニルクロトナート(別名:ジノカップ)
(2)2－(4－ブロモジフルオロメトキシフェニル)－2－メチルプロピル=3－フェノキシベンジル=エーテル(別名:ハルフェンプロックス)
(3)2－(4－クロル－6－エチルアミノ－S－トリアジン－2－イルアミノ)2－メチループロピオニトリル
(4)5－メチル－1,2,4－トリアゾロ[3,4－b]ベンゾチアゾール
(別名:トリシクラゾール)
(5)ジェチル－(5－フェニル－3－イソキサゾリル)－チオホスフェイト
(別名:イソキサチオン)

下欄

| ア. 0.2% | イ. 2% | ウ. 5% | エ. 8% | オ. 50% |

高知県

〔実 地〕

問題文中の性状等の記述については、条件等の記載が無い場合は、常温常圧下における性状について記述しているものとする。

(一般)

問1 次の物質について、該当する性状をA欄から、廃棄方法をB欄からそれぞれ最も適当なものを1つ選びなさい。

物質名	性状	廃棄方法
塩素酸ナトリウム	(1)	(6)
四塩化炭素	(2)	(7)
過酸化ナトリウム	(3)	(8)
硝酸鉛	(4)	(9)
水銀	(5)	(10)

A欄

ア. 無色で揮発性の液体。不燃性で麻酔性の芳香を有する。水に難溶。高熱下で酸素と水分が共存すると、毒ガスを発生する。
イ. 無色の結晶。潮解性があり、水に易溶。強い酸化剤で有機物、硫黄、金属粉などの可燃物が混在すると、加熱、摩擦または衝撃により爆発する。
ウ. 銀白色の液体。塩酸に不溶。硝酸に可溶。
エ. 無色の結晶。水、アンモニア水、アルカリに可溶。
オ. 純粋なものは白色だが、一般には淡黄色。有機物、硫黄などに触れて水分を吸収すると、自然発火する。

B欄

カ. 還元法　　キ. 燃焼法　　ク. 中和法　　ケ. 沈殿隔離法、焙焼法
コ. 回収法

問2　次の(1)から(5)の方法で鑑別する物質として最も適当なものを下欄からそれぞれ1つ選びなさい。
　(1)水溶液に硫化水素を加えると白色沈殿を生じる。
　(2)水溶液に塩酸を加えると白色沈殿を生じる。その液に硫酸と銅粉を加えて熱すると、赤褐色の蒸気を生成する。
　(3)水溶液に塩素水を加えると白濁し、これに過剰のアンモニア水を加えると澄明となり、液は最初緑色を呈し、のち褐色に変化する。
　(4)白金線に試料をつけ、溶融炎で熱すると青紫色の炎を呈する。
　(5)水溶液に4分の1量のアンモニア水と数滴のさらし粉溶液を加えて温めると藍色を呈する。

　下欄

ア．硫酸亜鉛　　イ．カリウム　　ウ．ベタナフトール　　エ．フェノール オ．硝酸銀

問3　次の(1)から(5)の物質による中毒の解毒・治療に用いる解毒剤・拮抗剤として、最も適当なものを下欄からそれぞれ1つ選びなさい。

　(1)メタノール　　　　　　(2)砒素
　(3)2－イソプロピル－4－メチルピリミジル－6－ジェチルチオホスフェイト
　　(別名:ダイアジノン)
　(4)シアン化カリウム　　　(5)硫酸タリウム

　下欄

ア．ジメルカプロール(別名:BAL) イ．亜硝酸アミル ウ．ヘキサシアノ鉄(II)酸鉄(II)水和物(別名：プルシアンブルー) エ．プラリドキシムヨウ化物(別名：PAM) オ．エタノール

問4　次の(1)から(5)の物質について、それらが飛散した場合又は、漏えいした場合の措置として最も適当なものを下欄からそれぞれ1つ選びなさい。
　(1)塩化亜鉛　　(2)シアン化ナトリウム　　(3)砒素　　(4)二硫化炭素
　(5)塩化第二金

　下欄

ア．飛散したものは、空容器にできるだけ回収し、水酸化カルシウム、炭酸ナトリウム等の水溶液で処理したのち、食塩水で処理し、多量の水を用いて洗い流す。 イ．漏えいした液は、土砂等でその流れを止め、安全な場所に導き水で覆った後、土砂等に吸着させて空容器に回収し、水封後密栓する。そのあとを多量の水を用いて洗い流す。この場合、高濃度の廃液が河川等に排出されないよう注意する。 ウ．飛散したものは、空容器にできるだけ回収し、そのあとを硫酸第二鉄等の水溶液を散布し、水酸化カルシウム、炭酸ナトリウム等の水溶液で処理したのち、多量の水を用いて洗い流す。この場合、高濃度の廃液が河川等に排出されないよう注意する。 エ．飛散したものは、空容器にできるだけ回収し、そのあとを水酸化ナトリウム、炭酸ナトリウム等の水溶液を散布してアルカリ性(pH11以上)とし、さらに酸化剤(次亜塩素酸ナトリウム、さらし粉等)の水溶液で酸化処理を行い、多量の水で洗い流す。この場合、高濃度の廃液が河川等に排出されないよう注意する。 オ．飛散したものは、空容器にできるだけ回収し、そのあとを水酸化カルシウム、炭酸ナトリウム等の水溶液で処理したのち、多量の水で洗い流す。この場合、高濃度の廃液が河川等に排出されないよう注意する。

（農業用品目）

問1 次の物質について、該当する性状を A 欄から、廃棄方法を B 欄からそれぞれ最も適当なものを 1 つ選びなさい。

物質名	性状	廃棄方法
塩素酸カリウム	（ 1 ）	（ 6 ）
エチルパラニトロフェニルチオノベンゼンホスホネイト（別名:EPN）	（ 2 ）	（ 7 ）
アンモニア水	（ 3 ）	（ 8 ）
塩化第二銅	（ 4 ）	（ 9 ）
シアン化カリウム	（ 5 ）	（ 10 ）

A 欄

ア．白色結晶。工業的製品は暗褐色の液体。本薬物を 25%含有する粉剤は特有の不快臭を有する。水に難溶。一般有機溶媒に可溶。

イ．無色の単斜晶系板状の結晶。水に可溶。その水溶液は中性を示す。アルコールに難溶。

ウ．白色等軸晶の塊片、あるいは粉末。水に易溶。酸と反応すると有毒かつ引火性のガスを発生する。

エ．無水物のほか二水和物があり、後者は緑色結晶である。水、エタノール、アセトンに可溶。強熱すると有毒なガスを発生する。

オ．無色の液体で刺激臭を有する。水と混和する。

B 欄

カ．還元法　キ．燃焼法　ク．中和法　ケ．沈殿法、焙焼法
コ．アルカリ法

問2 次の(1)から(5)の方法で鑑別する物質として最も適当なものを下欄からそれぞれ 1 つ選びなさい。

(1)本物質のエーテル溶液にヨードのエーテル溶液を加えると、褐色の液状沈殿を生じ、これを放置すると赤色の針状結晶となる。

(2)大気中の湿気にふれると徐々に分解して有毒なガスを発生し、そのガスは、5 ～ 10%硝酸銀水溶液を吸着させた濾紙を黒変させる。

(3)アルコール溶液にジメチルアニリンおよびブルシンを加えて溶解し、これにブロムシアン溶液を加えると緑色ないし赤紫色を呈する。

(4)希釈した水溶液に塩化バリウムを加えると、塩酸や硝酸に不溶の白色の沈殿を生じる。

(5)熱すると、酸素を放出し塩化物に変化する。炭の上に小さな孔をつくり、試料を入れ吹管炎で熱灼すると、パチパチ音をたてて分解する。

下欄

ア．ニコチン　イ．硫酸　ウ．クロルピクリン　エ．塩素酸バリウム
オ．燐化アルミニウムとその分解促進剤とを含有する製剤

問3　次の(1)から(5)の物質による中毒の解毒・治療に用いる解毒剤・拮抗剤として、最も適当なものを下欄からそれぞれ1つ選びなさい。

(1)クロルピクリン
(2)塩基性塩化銅
(3)ジメチル－4－メチルメルカプト－3－メチルフエニルチオホスフェイト
(4)シアン化カリウム
(5)硫酸タリウム

下欄

ア．ジメルカプロール(別名：BAL)
イ．亜硝酸アミル
ウ．ヘキサシアノ鉄(II)酸鉄(II)水和物(別名：プルシアンブルー)
エ．プラリドキシムヨウ化物(別名:PAM)
オ．解毒薬・拮抗薬はなく、対症療法として酸素吸入をし、強心薬を投与する。

問4　次の(1)から(5)の物質について、それらが飛散した場合又は、漏えいした場合の措置として、最も適当なものを下欄からそれぞれ1つ選びなさい。

(1)硫酸亜鉛
(2)1,1'－ジメチル－4,4'－ジピリジニウムヒドロキシド
(3)液化アンモニア
(4)2－(1－メチルプロピル)－フェニル－N－メチルカルバメート
(5)硫酸

下欄

ア．漏えいした液は、土砂等でその流れを止め、これに吸着させるか、または安全な場所に導いて、遠くから徐々に注水してある程度希釈したのち、水酸化カルシウム、炭酸ナトリウム等で中和し、多量の水で洗い流す。この場合、高濃度の廃液が河川等に排出されないよう注意する。
イ．飛散したものは、空容器にできるだけ回収し、そのあとを水酸化カルシウム等の水溶液で処理したのち、多量の水を用いて洗い流す。洗い流す際は、中性洗剤等の分散剤を使用し、高濃度の廃液が河川等に排出されないよう注意する。
ウ．漏えい箇所を濡れむしろ等で覆い、ガス状になったものに対しては、遠くから霧状の水をかけ吸収させる。この場合、高濃度の廃液が河川等に排出されないよう注意する。
エ．漏えいした液は、土壌等でその流れを止め、空容器にできるだけ回収し、そのあとを土壌で覆って十分に接触させた後、土壌を取り除き、多量の水を用いて洗い流す。
オ．飛散したものは、空容器にできるだけ回収し、そのあとを水酸化カルシウムまたは炭酸ナトリウム等の水溶液を用いて処理し、多量の水で洗い流す。この場合、高濃度の廃液が河川等に排出されないよう注意する。

高知県

九州全県〔福岡県・佐賀県・長崎県・熊本県・大分県・宮崎県・鹿児島県〕・沖縄県統一共通

令和３年度実施

〔法　規〕
（一般・農業用品目・特定品目共通）

※ 法規に関する以下の設問中、毒物及び劇物取締法を「法律」、毒物及び劇物取締法施行令を「政令」、毒物及び劇物取締法施行規則を「省令」とそれぞれ略称する。また、「都道府県知事」とあるのは、その店舗又は事業場の所在地が地域保健法第５条第１項の政令で定める市（保健所を設置する市）又は特別区の区域にある場合においては、市長又は区長とする。

問 1　次の記述は、法律第１条の条文である。（　　）の中に入れるべき字句の正しい組み合わせを下から一つ選びなさい。

法律第１条
　この法律は、毒物及び劇物について、（　ア　）の見地から必要な（　イ　）を行うことを目的とする。

	ア	イ
1	保健衛生上	規制
2	保健衛生上	取締
3	公衆衛生上	規制
4	公衆衛生上	取締

問 2　以下の製剤のうち、劇物に該当するものとして正しいものの組み合わせを下から一つ選びなさい。

ア　過酸化水素を８％含有する製剤
イ　四アルキル鉛を１％含有する製剤
ウ　水酸化ナトリウムを 10 ％含有する製剤
エ　ホルムアルデヒドを１％含有する製剤

1（ア、イ）　　2（ア、ウ）　　3（イ、エ）　　4（ウ、エ）

問 3　毒物又は劇物の販売業の登録に関する以下の記述の正誤について、正しい組み合わせを下から一つ選びなさい。

ア　毒物又は劇物の販売業の登録は、６年ごとに更新を受けなければ、その効力を失う。
イ　特定品目販売業の登録を受けた者は、特定毒物以外を販売してはならない。
ウ　毒物劇物販売業の登録を受けようとする者で、毒物又は劇物を販売する店舗が複数ある場合には、店舗ごとに登録を受けなければならない。
エ　農業用品目販売業の登録を受けた者は、農業上必要な毒物又は劇物であって厚生労働省令で定めるもの以外の毒物又は劇物を販売してはならない。

	ア	イ	ウ	エ
1	正	正	誤	誤
2	正	誤	正	正
3	正	誤	正	誤
4	誤	正	正	誤

問 4　毒物劇物取扱責任者に関する以下の記述のうち、正しいものの組み合わせを下から一つ選びなさい。

ア　毒物劇物営業者が毒物の製造業と販売業を営む場合、その製造所と店舗が互いに隣接しているときは、毒物劇物取扱責任者は施設を通じて1人で足りる。
イ　毒物劇物営業者は、販売業の登録を受けている店舗の毒物劇物取扱責任者を変更するときは、あらかじめその毒物劇物取扱責任者の氏名を届け出なければならない。
ウ　毒物劇物販売業者は、自らが毒物劇物取扱責任者として毒物又は劇物による保健衛生上の危害の防止に当たる店舗には、毒物劇物取扱責任者を置く必要はない。
エ　毒物劇物販売業者は、毒物又は劇物を直接取り扱わない店舗においても、毒物劇物取扱責任者を置かなければならない。

1（ア、イ）　　2（ア、ウ）　　3（イ、エ）　　4（ウ、エ）

問 5　毒物劇物取扱責任者に関する以下の記述のうち、誤っているものを一つ選びなさい。

1　薬剤師は毒物劇物取扱責任者となることができる。
2　都道府県知事が行う毒物劇物取扱者試験に合格した者であっても、18歳未満の者は毒物劇物取扱責任者となることができない。
3　農業用品目毒物劇物取扱者試験に合格した者は、省令で定める農業用品目の毒物又は劇物を取り扱う毒物劇物製造業の製造所で毒物劇物取扱責任者になることができる。
4　一般毒物劇物取扱者試験に合格した者は、特定品目販売業の店舗において、毒物劇物取扱責任者になることができる。

問 6　以下のうち、法律第10条及び省令第10条の2の規定により、毒物劇物営業者がその事由が生じてから30日以内に届け出なければならない場合として、定められていないものを一つ選びなさい。

1　毒物劇物営業者が法人であって、その主たる事務所の所在地を変更したとき
2　毒物又は劇物を貯蔵する設備の重要な部分を変更したとき
3　当該製造所、営業所又は店舗における営業を廃止したとき
4　毒物又は劇物の製造業者が、登録を受けた毒物又は劇物以外の毒物又は劇物を製造するとき

問 7　毒物又は劇物の譲渡に関する以下の記述のうち、誤っているものを一つ選びなさい。

1　毒物劇物営業者は、法律第14条第1項に定める事項を記載し、押印した書面の提出を受けなければ、毒物又は劇物を他の毒物劇物営業者に販売してはならない。
2　毒物劇物営業者は、譲受人の承諾を得たときは、譲受に関する書面の提出に代えて、当該書面に記載すべき事項について電子情報処理組織を使用する方法で提供を受けることができる。
3　毒物劇物営業者は、販売又は授与の日から5年間、譲受に関する書面を保管しなければならない。
4　毒物劇物営業者は、毒物を販売するときは、販売する時までに、譲受人に対し、当該毒物の性状及び取扱いに関する情報を提供しなければならない。ただし、当該毒物劇物営業者により、当該譲受人に対し、既に当該毒物の性状及び取扱いに関する情報の提供が行われている場合その他省令で定める場合は、この限りでない。

問 8 以下のうち、法律第12条第2項の規定により、毒物劇物営業者が毒物又は劇物を販売するためにその容器及び被包に表示しなければならない事項について、正しいものの組み合わせを下から一つ選びなさい。

ア 毒物又は劇物の名称　　　　イ 毒物又は劇物の成分及びその含量
ウ 毒物又は劇物の使用期限　　エ 製造所、営業所又は店舗の名称

1（ア、イ）　　　2（ア、ウ）　　　3（イ、エ）　　　4（ウ、エ）

問 9 以下のうち、法律第15条第2項の規定により、交付を受ける者の氏名及び住所を確認した後でなければ交付してはならないと定められている物として誤っているものを一つ選びなさい。

1 ナトリウム　　　2 ピクリン酸　　　3 亜塩素酸ナトリウム
4 亜硝酸ナトリウム

問 10 以下のうち、法律第13条及び政令第39条の規定により、着色したものでなければ農業用として販売、授与してはならない劇物とその着色方法の組み合わせについて、正しいものを一つ選びなさい。

	劇物	着色方法
1	硫酸カリウムを含有する製剤たる劇物	あせにくい青色で着色する
2	燐化亜鉛を含有する製剤たる劇物	あせにくい黒色で着色する
3	硝酸タリウムを含有する製剤たる劇物	あせにくい黒色で着色する
4	過酸化ナトリウムを含有する製剤たる劇物	あせにくい青色で着色する

問 11 車両を使用して20％水酸化ナトリウム水溶液を1回につき5,000ｋｇ以上運搬する場合の運搬方法等に関する以下の記述の正誤について、正しい組み合わせを下から一つ選びなさい。

ア 車両には、運搬する毒物又は劇物の名称、成分及びその含量並びに事故の際に講じなければならない応急の措置の内容を記載した書面を備えなければならない。

イ 0.3 メートル平方の板に地を黒色、文字を白色として「劇」と表示した標識を車両の前後の見やすい箇所に掲げなければならない。

ウ 車両には、防毒マスク、ゴム手袋その他事故の際に応急の措置を講ずるために必要な保護具で省令で定めるものを2人分以上備えなければならない。

エ 1人の運転者による連続運転時間が、2時間の場合、交替して運転する者を同乗させなければならない。

	ア	イ	ウ	エ
1	正	正	誤	誤
2	正	誤	正	正
3	正	誤	正	誤
4	誤	正	正	誤

以下のうち、法律第3条の3及び政令第32条の2の規定により、興奮、幻覚又は麻酔の作用を有する毒物又は劇物（これらを含有する物を含む。）として、みだりに摂取し、若しくは吸入し、又はこれらの目的で所持してはならないと定められているものを一つ選びなさい。

　1　メタノール　　　　2　トルエン　　　　3　クロロホルム　　　4　ホルムアルデヒド

問 13　　以下のうち、政令第40条の6及び省令第13条の7の規定により、車両を使用して、1回の運搬につき 2,000 kgの毒物の運搬を委託する際に、荷送人が、運送人に対し、あらかじめ交付しなければならない書面の内容について、正しいものの組み合わせを下から一つ選びなさい。

ア　毒物の名称、成分及びその含量並びに数量
イ　毒物の解毒剤の名称
ウ　事故の際に講じなければならない応急の措置の内容
エ　事故発生時の連絡先

　1（ア、イ）　　　2（ア、ウ）　　　3（イ、エ）　　　4（ウ、エ）

問 14　　以下の記述は、毒物又は劇物の廃棄方法に関する政令第40条の条文の一部である。
　　　　（　　）の中に入れるべき字句の正しい組み合わせを下から一つ選びなさい。

政令第40条
　一（　ア　）、加水分解、酸化、還元、（　イ　）その他の方法により、毒物及び劇物並びに法第11条第2項に規定する政令で定める物のいずれにも該当しない物とすること。
　二　ガス体又は揮発性の毒物又は劇物は、保健衛生上危害を生ずるおそれがない場所で、少量ずつ放出し、又は揮発させること。
　三　可燃性の毒物又は劇物は、保健衛生上危害を生ずるおそれがない場所で、少量ずつ燃焼させること。
　四　前各号により難い場合には、地下（　　ウ　　）メートル以上で、かつ、地下水を汚染するおそれがない地中に確実に埋め、海面上に引き上げられ、若しくは浮き上がるおそれがない方法で海水中に沈め、又は保健衛生上危害を生ずるおそれがないその他の方法で処理すること。

	ア	イ	ウ
1	中和	稀釈	1
2	中和	濃縮	0.5
3	飽和	濃縮	1
4	飽和	稀釈	0.5

問 15　　省令第4条の4で定める、毒物又は劇物の製造所及び販売業の店舗の設備の基準に関する以下の記述の正誤について、正しい組み合わせを下から一つ選びなさい。

ア　毒物劇物販売業の店舗において、毒物又は劇物の運搬用具は、毒物又は劇物が飛散し、漏れ、又はしみ出るおそれがないものでなければならない。
イ　毒物劇物販売業の店舗は、毒物又は劇物を含有する粉じん、蒸気又は廃水の処理に要する設備又は器具を備えていなければならない。
ウ　毒物又は劇物の製造所の貯蔵設備は、毒物又は劇物とその他の物とを区分して貯蔵できるものでなければならない。
エ　毒物又は劇物の製造所において、毒物又は劇物を貯蔵する場所が性質上かぎをかけることができないものであるときは、その周囲に、堅固なさくが設けられていなければならない。

	ア	イ	ウ	エ
1	正	正	誤	誤
2	正	誤	正	正
3	正	誤	正	誤
4	誤	正	正	誤

九州全県・沖縄県統一

以下の記述は、法律第21条第1項に関するものである。（　　）の中に入れるべき字句の正しい組み合わせを下から一つ選びなさい。

　毒物劇物営業者、特定毒物研究者又は特定毒物使用者は、その営業の登録若しくは特定毒物研究者の許可が効力を失い、又は特定毒物使用者でなくなったときは、（　ア　）日以内に、それぞれ現に所有する（　イ　）の（　ウ　）を届け出なければならない。

	ア	イ	ウ
1	15	すべての毒物及び劇物	品名
2	15	特定毒物	品名及び数量
3	30	すべての毒物及び劇物	品名及び数量
4	30	特定毒物	品名

問 17　特定毒物に関する以下の記述のうち、正しいものの組み合わせを下から一つ選びなさい。

ア　特定毒物研究者は、学術研究のためであっても、特定毒物を製造してはならない。
イ　特定毒物研究者は、特定毒物使用者に対し、その者が使用することができる特定毒物を譲り渡すことができる。
ウ　特定毒物使用者は、特定毒物を輸入することができる。
エ　特定毒物研究者は、特定毒物を輸入することができる。

1（ア、イ）　　2（ア、ウ）　　3（イ、エ）　　4（ウ、エ）

問 18　以下のうち、法律第3条の2第3項及び政令第1条に定める、四アルキル鉛を含有する製剤を使用することができる者として、正しいものを一つ選びなさい。

1　営業のために倉庫を有する者　　　　　　　2　日本たばこ産業株式会社
3　農業協同組合及び農業者の組織する団体　　4　石油精製業者

問 19　以下の記述は、法律第17条第2項の条文である。（　　）の中に入れるべき字句を下から一つ選びなさい。

法律第17条第2項
　毒物劇物営業者及び特定毒物研究者は、その取扱いに係る毒物又は劇物が盗難にあい、又は紛失したときは、直ちに、その旨を（　　）に届け出なければならない。

1　保健所　　　2　警察署　　　3　消防機関　　　4　労働基準監督署

問 20　法律第22条に規定される業務上取扱者の届出等に関する以下の記述のうち、正しいものの組み合わせを下から一つ選びなさい。

ア　無機シアン化合物たる毒物を用いて電気めっきを行う事業者は、事業場ごとに、その事業場の所在地の都道府県知事に、あらかじめ登録を受けなければならない。

イ　砒素化合物たる毒物を用いてしろありの防除を行う事業者は、その事業場の名称を変更したときは、その旨を当該事業場の所在地の都道府県知事に届け出なければならない。
ウ　最大積載量が1,000キログラムの自動車に固定された容器を用い、毒物を運送する事業者は、取り扱う毒物の品目を変更したときは、その旨を当該事業場の所在地の都道府県知事に届け出なければならない。
エ　無機シアン化合物たる毒物を用いて金属熱処理を行う事業者は、当該事業場に専任の毒物劇物取扱責任者を置かなければならない。

1（ア、イ）　　　2（ア、ウ）　　　3（イ、エ）　　　4（ウ、エ）

問 21 以下の記述は、法律第12条第1項の条文である。（　）の中に入れるべき字句の正しい組み合わせを下から一つ選びなさい。

法律第12条第1項
　毒物劇物（　ア　）及び特定毒物研究者は、毒物又は劇物の容器及び被包に、「医薬用外」の文字及び毒物については（　イ　）をもつて「毒物」の文字、劇物については（　ウ　）をもつて「劇物」の文字を表示しなければならない。

	ア	イ	ウ
1	製造業者	白地に赤色	赤地に白色
2	営業者	白地に赤色	赤地に白色
3	製造業者	赤地に白色	白地に赤色
4	営業者	赤地に白色	白地に赤色

問 22 以下の記述は、法律第3条の4の条文である。（　）の中に入れるべき字句の正しい組み合わせを下から一つ選びなさい。

法律第3条の4
　引火性、（　ア　）又は（　イ　）のある毒物又は劇物であつて政令で定めるものは、業務その他正当な理由による場合を除いては、（　ウ　）してはならない。

	ア	イ	ウ
1	発火性	爆発性	所持
2	揮発性	残留性	販売
3	発火性	爆発性	販売
4	揮発性	残留性	所持

問 23 法律第18条に規定する立入検査等に関する以下の記述のうち、<u>誤っている</u>ものを一つ選びなさい。

1　厚生労働大臣は、犯罪捜査上必要があると認めるときは、毒物又は劇物の製造業者から必要な報告を徴することができる。
2　都道府県知事は、保健衛生上必要があると認めるときは、毒物劇物監視員に、特定毒物研究者の研究所に立ち入り、帳簿その他の物件を検査させることができる。
3　都道府県知事は、保健衛生上必要があると認めるときは、毒物劇物監視員に、毒物又は劇物の販売業者の店舗に立ち入り、試験のため必要な最小限度の分量に限り、法律第11条第2項の政令で定める物を収去させることができる。
4　毒物劇物監視員は、その身分を示す証票を携帯し、関係者の請求があるときは、これを提示しなければならない。

問 24 法律第13条の2及び政令第39条の2により、毒物又は劇物のうち主として一般消費者の生活の用に供されると認められるものであって、その成分の含量又は容器若しくは被包について政令で定める基準に適合するものでなければ、毒物劇物営業者が販売してはならないと定められているものの組み合わせを下から一つ選びなさい。

ア　硫酸を含有する製剤たる劇物（住宅用の洗浄剤で液体状のものに限る。）
イ　燐化アルミニウムとその分解促進剤とを含有する製剤（倉庫用の燻蒸剤に限る。）
ウ　ジメチル－2・2－ジクロルビニルホスフエイト（別名　DDVP）を含有する製剤（衣料用の防虫剤に限る。）
エ　水酸化ナトリウムを含有する製剤たる劇物（住宅用の洗浄剤で液体状のものに限る。）

1（ア、イ）　　　2（ア、ウ）　　　3（イ、エ）　　　4（ウ、エ）

以下のうち、法律第12条及び省令第11条の5の規定により、その容器及び被包に、省令に定める解毒剤の名称を表示しなければ、販売してはならないとされているものを一つ選びなさい。

1 有機シアン化合物 　　2 有機燐化合物 　　3 鉛化合物 　　4 砒素

〔基礎化学〕
（一般・農業用品目・特定品目共通）

問 26 　物質に関する以下の記述について、（ 　）の中に入れるべき字句の正しい組み合わせを下から一つ選びなさい。なお、同じ記号の（ 　）内には同じ字句が入ります。

酸素、水素などは1種類の元素からできている。このような物質を（ ア ）という。水や二酸化炭素などは2種類以上の元素が結合してできており、（ イ ）という。1種類の（ ア ）や1種類の（ イ ）のみからできている物質を（ ウ ）という。

	ア	イ	ウ
1	単体	同素体	混合物
2	単体	化合物	純物質
3	原子	化合物	混合物
4	原子	同素体	純物質

問 27 　以下の物質の名称とその元素記号の組み合わせのうち、正しいものを一つ選びなさい。

	名称	元素記号
1	リン	－ Pt
2	炭素	－ Ta
3	ホウ素	－ Be
4	ケイ素	－ Si

問 28 　以下の物質の下線をつけた原子のうち、酸化数が最も大きいものを一つ選びなさい。

1 $\underline{Mg}SO_4$ 　　2 $\underline{Al}_2O_3$ 　　3 $\underline{Fe}Cl_3$ 　　4 $K\underline{Mn}O_4$

問 29 　以下の物質とその物質に存在する結合関係について、正しい組み合わせを下から一つ選びなさい。

	物質	結合
ア	酸化銅（Ⅱ）	－ 共有結合
イ	ダイヤモンド	－ 分子間力
ウ	塩化カルシウム	－ イオン結合
エ	鉄	－ 金属結合

1（ア、イ） 　　2（ア、ウ） 　　3（イ、エ） 　　4（ウ、エ）

問 30　官能基とその名称に関する以下の組み合わせについて、<u>誤っているもの</u>を一つ選びなさい。

	官能基	名称
1	$-CHO$	アルデヒド基(ホルミル基)
2	$-NH_2$	ニトロ基
3	$-COOH$	カルボキシ基
4	$-SO_3H$	スルホ基

問 31　コロイド溶液の性質に関する以下の記述について、（　）の中に入れるべき字句を下から一つ選びなさい。

　コロイド溶液に横から強い光線を当てると、粒子が光を散乱させ、光の通路が輝いて見える。
　　これを（　）という。

　1　チンダル現象　　2　電気泳動　　3　凝析　　4　ブラウン運動

問 32　以下の物質の状態変化に関する記述について、正しい組み合わせを下から一つ選びなさい。

　ア　気体が直接固体になる変化　　　イ　液体が固体になる変化
　ウ　固体が液体になる変化

　　　　ア　　　イ　　　ウ
　1　昇華　　凝固　　融解
　2　昇華　　風解　　蒸発
　3　凝縮　　凝固　　蒸発
　4　凝縮　　風解　　融解

問 33　以下の金属のうち、鉛（Ⅱ）イオンを含む水溶液に入れたときに、金属の表面に鉛の単体が析出するものの組み合わせを下から一つ選びなさい。

　ア　亜鉛　　イ　銅　　ウ　鉄　　エ　銀

　1（ア、イ）　　2（ア、ウ）　　3（イ、エ）　　4（ウ、エ）

問 34　以下のうち、黄色の炎色反応を示すものを一つ選びなさい。

　1　リチウム　　2　カリウム　　3　銅　　4　ナトリウム

問 35　化学反応の法則に関する以下の記述について、該当する法則名として正しいものを下から一つ選びなさい。

　「反応熱の総和は、反応の経路によらず、反応の始めの状態と終わりの状態で決まる。」

　1　質量保存の法則　　2　ヘスの法則　　3　ボイル・シャルルの法則
　4　ヘンリーの法則

問 36　以下の構造式のうち、ブタン（CH₃-CH₂-CH₂-CH₃）と異性体の関係にある
　　　　ものの正誤について、正しい組み合わせを一つ選びなさい。

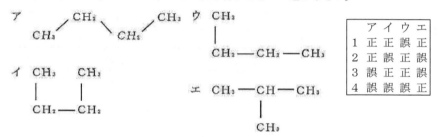

	ア	イ	ウ	エ
1	正	正	誤	正
2	正	誤	正	誤
3	誤	正	正	誤
4	誤	誤	誤	正

問 37　せっけんに関する以下の記述について、（　）の中に入れるべき字句の最も
　　　　適当な組み合わせを下から一つ選びなさい。

（　ア　）の脂肪酸と（　イ　）の水酸化ナトリウムの塩であるせっけんは、水溶液の
中で加水分解して（　ウ　）を示す。

	ア	イ	ウ
1	弱酸	強塩基	弱塩基性
2	弱酸	弱塩基	弱酸性
3	強酸	弱塩基	弱塩基性
4	強酸	強塩基	弱酸性

問 38　水酸化ナトリウム 2.0g に水を加えて、200mL の水溶液をつくった場合、生
　　　　じた水溶液のモル濃度として最も適当なものを一つ選びなさい。
　　　　なお、原子量はH＝1、O＝16、Na＝23 とする。

　1　0.025mol／L　　2　0.05mol／L　　3　0.25mol／L　　4　0.5mol／L

問 39　以下の化学反応式について、（　）の中に入れるべき係数の正しい組み合
　　　　わせを下から一つ選びなさい。

　2 KMnO₄＋5 SO₂＋（ ア ）H₂O
　　　　　→ 2 MnSO₄＋（ イ ）K₂SO₄＋（ ウ ）H₂SO₄

	ア	イ	ウ
1	1	2	1
2	2	1	2
3	3	1	1
4	4	3	2

問 40　以下のうち、硫酸銅（Ⅱ）水溶液を、白金電極を用いて電気分解したとき、
　　　　陽極で発生するものを一つ選びなさい。

　1　O₂　　　2　Cu　　　3　SO₂　　　4　H₂

左側縦書き：九州全県・中繩県航一

〔性質・貯蔵・取扱〕

（一般）

問題　以下の物質の用途として、最も適当なものを下から一つ選びなさい。

物　質　名	用　途
アジ化ナトリウム	問　41
六弗化タングステン	問　42
弗化水素酸	問　43
燐化亜鉛	問　44

1　半導体配線の原料
2　ガラスのつや消し、金属の酸洗剤、半導体のエッチング剤
3　試薬や医療検体の防腐剤、エアバッグのガス発生剤
4　殺鼠剤

問題　以下の物質の保管方法として、最も適当なものを下から一つ選びなさい。

物　質　名	性　状
ピクリン酸	問　45
アクロレイン	問　46
シアン化ナトリウム	問　47
ナトリウム	問　48

1　空気中では酸化されやすく、水と激しく反応するため、通常、石油中に保管する。冷所で雨水などの漏れが絶対に無い場所に保管する。
2　火気に対し安全で隔離された場所に、硫黄、ヨード(沃素)、ガソリン、アルコール等と離して保管する。鉄、銅、鉛等の金属容器を使用しない。
3　少量ならばガラス瓶、多量ならばブリキ缶又は鉄ドラムを用い、酸類とは離して、風通しの良い乾燥した冷所に密封して保管する。
4　火気厳禁。非常に反応性に富む物質であるため、安定剤を加え、空気を遮断して保管する。

問題　以下の物質の廃棄方法として、最も適当なものを下から一つ選びなさい。

物　質　名	廃棄方法
チタン酸バリウム	問　49
砒素	問　50
二硫化炭素	問　51
メタクリル酸	問　52

1　次亜塩素酸ナトリウム水溶液と水酸化ナトリウムの混合溶液を撹拌しつつ、その中に滴下し、酸化分解させた後、多量の水で希釈して処理する。
2　水で希釈し、アルカリ水で中和した後、活性汚泥で処理する。
3　水に懸濁し、希硫酸を加えて加熱分解した後、水酸化カルシウム(消石灰)、炭酸ナトリウム(ソーダ灰)等の水溶液を加えて中和し、沈殿ろ過して埋立処分する。
4　セメントを用いて固化し、溶出試験を行い、溶出量が判定基準以下であることを確認して埋立処分する。

問題　以下の物質の漏えい時の措置として、最も適当なものを下から一つ選びなさい。

物　質　名	漏えい時の措置
メチルエチルケトン	問　53
エチルパラニトロフェニルチオノベンゼンホスホネイト （別名　ＥＰＮ）	問　54
硝酸銀	問　55
ブロムメチル	問　56

1　飛散したものは、空容器にできるだけ回収し、そのあとを食塩水を用いて沈殿させ、多量の水で洗い流す。
2　漏えいした液は、土砂等でその流れを止め、安全な場所に導き、空容器にできるだけ回収し、そのあとを水酸化カルシウム（消石灰）等の水溶液にて処理し、中性洗剤等の分散剤を使用して多量の水で洗い流す。
3　多量の場合、漏えいした液は、土砂等でその流れを止め、安全な場所に導き、液の表面を泡で覆い、できるだけ空容器に回収する。
4　多量の場合、漏えいした液は、土砂等でその流れを止め、液が広がらないようにして蒸発させる。

問題　以下の物質の毒性として、最も適当なものを下から一つ選びなさい。

物　質　名	貯蔵方法
スルホナール	問　57
ジメチル硫酸	問　58
メタノール	問　59
アニリン	問　60

1　急性中毒では、顔面、口唇、指先などにチアノーゼ（皮膚や粘膜が青黒くなる）が現れ、重症ではさらにチアノーゼが著しくなる。脈拍と血圧は、最初に亢進した後下降し、嘔吐、下痢、腎臓炎、けいれん、意識喪失といった症状が現れ、さらに死亡することもある。
2　暴露、接触してもすぐに症状が現れず、数時間から 24 時間後に影響が現れる。吸入すると、のど、気管支、肺などが激しく侵される。皮膚に触れると、発赤、水ぶくれ、痛覚喪失、やけどを起こす。
3　頭痛、めまい、嘔吐、下痢、腹痛などを起こし、致死量に近ければ麻酔状態になり、視神経が侵され、眼がかすみ、失明することがある。
4　嘔吐、めまい、胃腸障害、腹痛、下痢又は便秘などを起こし、運動失調、麻痺、腎臓炎、尿量減退、ポルフィリン尿（尿が赤色を呈する）として現れる。

（農業用品目）

問題　以下の物質の性状として、最も適当なものを下から一つ選びなさい。

物　質　名	性　状
ジエチル－（５－フェニル－３－イソキサゾリル）－チオホスフェイト （別名　イソキサチオン）	問　41
燐化亜鉛	問　42
アンモニア	問　43
沃化メチル（別名　ヨードメタン、ヨードメチル）	問　44

　1　特有の刺激臭のある無色の気体で、圧縮することによって、常温でも簡単に液化する。
　2　暗赤色の光沢のある粉末で、希酸にホスフィンを出して溶解する。
　3　淡黄褐色の液体で、水に溶けにくいが、有機溶媒に溶け、アルカリに不安定である。
　4　エーテル様臭のある無色又は淡黄色透明の液体で、水に溶け、空気中で光により一部分解して褐色になる。

問題　以下の物質の用途として、最も適当なものを下から一つ選びなさい。

物　質　名	用　途
1・1'－ジメチル－4・4'－ジピリジニウムジクロリド （別名　パラコート）	問　45
1・1'－イミノジ（オクタメチレン）ジグアニジン （別名　イミノクタジン）	問　46
3－ジメチルジチオホスホリル－S－メチル－5－メトキシ－ 1・3・4－チアジアゾリン－2－オン （別名　メチダチオン、DMTP）	問　47
燐化亜鉛	問　48

　1　殺鼠剤　　2　殺菌剤　　3　殺虫剤　　4　除草剤

問題　以下の物質の毒性として、最も適当なものを下から一つ選びなさい。

物　質　名	毒性
ニコチン	問　49
1・1'－ジメチル－4・4'－ジピリジニウムジクロリド （別名　パラコート）	問　50
シアン化水素	問　51
ジメチル－（N－メチルカルバミルメチル）－ジチオホスフェイト （別名　ジメトエート）	問　52

　1　猛烈な神経毒を有し、急性中毒では吐気、悪心、嘔吐があり、次いで脈拍緩徐不整となり、発汗、瞳孔収縮、意識喪失、呼吸困難、けいれん等を起こす。
　2　コリンエステラーゼの働きを阻害し、縮瞳、唾液分泌の亢進、徐脈、呼吸麻痺等を起こす。
　3　鉄イオンと強い親和性を有し、細胞の酸素代謝を直接阻害する。
　4　生体内でラジカルとなり、酸素に触れて活性酸素イオンを生じることで組織に障害を与える。特に酸素毒性に感受性の強い肺が影響を受ける。

問題　以下の物質の保管方法として、最も適当なものを下から一つ選びなさい。

物　質　名	廃棄方法
シアン化カリウム（別名 青酸カリ）	問 53
ブロムメチル（別名 臭化メチル）	問 54
アンモニア水	問 55

1　常温では気体であるため、圧縮冷却して液化し、圧縮容器に入れ、直射日光その他、温度上昇の原因を避けて、冷暗所に保管する。

2　殺虫効力を失うので、空気と光線を遮断して保管する。

3　少量ならばガラス瓶、多量ならばブリキ缶又は鉄ドラムを用い、酸類とは離して、風通しのよい乾燥した冷所に密封して保管する。

4　揮発しやすいため、密栓して保管する。

問題　以下の物質の漏えい時の措置として、最も適当なものを下から一つ選びなさい。

物　質　名	濃度
クロルピクリン（別名 クロロピクリン）	問 56
シアン化ナトリウム（別名 青酸ソーダ）	問 57
硫酸	問 58

1　砂利などに付着している場合、砂利などを回収し、そのあとに水酸化ナトリウム、炭酸ナトリウム（ソーダ灰）等の水溶液を散布してアルカリ性とし、さらに酸化剤の水溶液で酸化処理を行い、多量の水で洗い流す。

2　少量の場合、漏えいした液は布で拭き取るか、又はそのまま風にさらして蒸発させる。

3　魚毒性が強いので漏えいした場所を水で洗い流すことはできるだけ避け、水で洗い流す場合には、廃液が河川等へ流入しないよう注意する。

4　少量の場合、漏えいした液は土砂等に吸着させて取り除くか、又はある程度水で徐々に希釈した後、水酸化カルシウム（消石灰）、炭酸ナトリウム（ソーダ灰）等で中和し、多量の水で洗い流す。

問 59　Ｎ－メチル－１－ナフチルカルバメート（別名 カルバリル、ＮＡＣ）に関する以下の記述について、（　　）の中に入れるべき字句の正しい組み合わせを下から一つ選びなさい。

Ｎ－メチル－１－ナフチルカルバメートは（　ア　）の用途で使用される。また、含有量が（　イ　）以下の製剤は劇物から除外される。

	ア	イ
1	除草剤	5 %
2	殺虫剤	10 %
3	除草剤	10 %
4	殺虫剤	5 %

問 60　１・３－ジカルバモイルチオ－２－（Ｎ・Ｎ－ジメチルアミノ）－プロパン（別名 カルタップ）に関する以下の記述について、（　　）の中に入れるべき字句の正しい組み合わせを下から一つ選びなさい。

１・３－ジカルバモイルチオ－２－（Ｎ・Ｎ－ジメチルアミノ）－プロパンは（　ア　）の用途で使用される。また、含有量が（　イ　）以下の製剤は劇物から除外される。

	ア	イ
1	殺菌剤	10 %
2	殺菌剤	2 %
3	殺虫剤	10 %
4	殺虫剤	2 %

（特定品目）

問題　以下の物質の用途として、最も適当なものを下から一つ選びなさい。

物　質　名	用途
酢酸エチル	問　41
硅弗化ナトリウム	問　42
二酸化鉛	問　43
水酸化ナトリウム	問　44

1　香料、溶剤、有機合成原料
2　釉薬、試薬
3　せっけん製造、パルプ工業、染料工業などの合成原料、試薬
4　工業用の酸化剤、電池の製造

問題　以下の物質の性状として、最も適当なものを下から一つ選びなさい。

物　質　名	性状
酸化第二水銀	問　45
メチルエチルケトン	問　46
硝酸	問　47
塩素	問　48

1　無色の液体で、アセトン様の芳香を有する。有機溶媒、水に溶ける。
2　常温においては窒息性臭気を有する黄緑色の気体で、冷却すると、黄色溶液を経て黄白色固体となる。
3　赤色又は黄色の粉末で、製法により色が異なる。500℃で分解する。
4　無色の液体で、腐食性が激しく、空気に接すると刺激性白霧を発し、水を吸収する性質が強い。金、白金その他の白金族の金属を除く諸金属を溶解する。

問題　以下の物質の廃棄方法として、最も適当なものを下から一つ選びなさい。

物　質　名	廃棄方法
硝酸	問　49
一酸化鉛	問　50
過酸化水素水	問　51
硅弗化ナトリウム	問　52

1 徐々に炭酸ナトリウム(ソーダ灰)又は水酸化カルシウム(消石灰)の撹拌溶液に加えて中和させた後、多量の水で希釈して処理する。水酸化カルシウム(消石灰)の場合は上澄液のみを流す。
2 多量の水で希釈して処理する。
3 セメントを用いて固化し、溶出試験を行い、溶出量が判定基準以下であることを確認して埋立処分する。
4 水に溶かし、水酸化カルシウム(消石灰)等の水溶液を加えて処理した後、希硫酸を加えて中和し、沈殿ろ過して埋立処分する。

問題　以下の物質の毒性として、最も適当なものを下から一つ選びなさい。

物　質　名	毒性
アンモニア	問　53
蓚酸	問　54
クロロホルム	問　55
四塩化炭素	問　56

1 はじめに頭痛、悪心などをきたし、黄疸のように角膜が黄色となり、しだいに尿毒症様を呈し、重症なときは死亡する。
2 原形質毒である。この作用は脳の節細胞を麻酔させ、赤血球を溶解する。吸収すると、はじめは嘔吐、瞳孔の縮小、運動性不安が現れ、脳及びその他の神経細胞を麻酔させる。
3 血液中のカルシウム分を奪取し、神経系をおかす。急性中毒症状は、胃痛、嘔吐、口腔・咽喉の炎症、腎障害である。
4 吸入によりすべての露出粘膜に刺激性を有し、せき、結膜炎、口腔、鼻、咽頭粘膜の発赤、高濃度では、口唇、結膜の腫脹、一時的失明をきたす。

問題　以下の物質の取扱い・保管上の注意点として、最も適当なものを下から一つ選びなさい。

物　質　名	取扱い・保管上の注意点
水酸化ナトリウム	問　57
硅弗化ナトリウム	問　58
硫酸	問　59
過酸化水素水	問　60

1 少量ならば褐色ガラス瓶、大量ならばカーボイなどを使用し、3分の1の空間を保って保管する。日光の直射を避け、冷所に有機物、金属塩、樹脂、油類、その他の有機性蒸気を放出する物質と引き離して保管する。
2 二酸化炭素と水を吸収する性質が強いため、密栓して保管する。
3 水と急激に接触すると多量の熱を生成し、液が飛散することがある。
4 火災等で強熱されると有毒なガスが発生する。また、酸と接触することでも有毒なガスを発生する。

〔実 地〕

(一般)

問題 以下の物質について、該当する性状をA欄から、識別方法をB欄から、それぞれ最も適当なものを下から一つ選びなさい。

物 質 名	性状	識別方法
亜硝酸ナトリウム	問 61	問 63
ニコチン	問 62	問 64
硫酸亜鉛		問 65

【A欄】(性状)
1 純品は、無色無臭の油状液体で、空気中で速やかに褐変する。
2 淡黄色の光沢ある小葉状あるいは針状結晶である。徐々に熱すると昇華するが、急熱あるいは衝撃により爆発する。
3 白色又は微黄色の結晶性粉末、粒状又は棒状で水に溶けやすい。潮解性がある。
4 黄色の粉末で、水に溶けにくいが、硝酸、チオ硫酸ナトリウム水溶液、シアン化カリウム水溶液に溶ける。

【B欄】(識別方法)
1 希硫酸に冷時反応して分解し、褐色の蒸気を出す。
2 水に溶かして硫化水素を通じると、白色の沈殿を生成する。
3 温飽和水溶液は、シアン化カリウム溶液によって暗赤色を呈する。
4 ホルマリン1滴を加えたのち、濃硝酸1滴を加えると、ばら色を呈する。

問題 以下の物質について、該当する性状をA欄から、識別方法をB欄から、それぞれ最も適当なものを下から一つ選びなさい。

物 質 名	性状	識別方法
ベタナフトール	問 66	問 68
トリクロル酢酸	問 67	問 69
硝酸ウラニル		問 70

【A欄】(性状)
1 潮解性を有する白色の固体で、水、アルコールに溶け、熱を発する。また、水溶液は強アルカリ性を呈する。
2 無色の斜方六面形結晶で、潮解性を有する。また、微弱の刺激性臭気を有し、水溶液は強酸性を呈する。
3 淡黄色の柱状の結晶で、緑色の光沢を有する。
4 無色の光沢のある小葉状結晶あるいは白色の結晶性粉末である。かすかなフェノール様の臭気があり、空気中で赤変する。

【B欄】(識別方法)
1 水酸化ナトリウム溶液を加えて熱すると、クロロホルム臭がする。
2 塩酸を加えて中性にした後、塩化白金溶液を加えると、黄色結晶性の沈殿を生成する。
3 水溶液にアンモニア水を加えると、紫色の蛍石彩を放つ。
4 水溶液に硫化アンモンを加えると、黒色の沈殿を生成する。

（農業用品目）

問 61 モノフルオール酢酸ナトリウムに関する以下の記述について、（　）の中に入れるべき字句の正しい組み合わせを下から一つ選びなさい。

モノフルオール酢酸ナトリウムは（　ア　）である。その性状は（　イ　）の重い粉末で、（　ウ　）がある。

	ア	イ	ウ
1	劇物	白色	潮解性
2	特定毒物	黒色	吸湿性
3	劇物	黒色	潮解性
4	特定毒物	白色	吸湿性

問題　以下の物質の識別方法について、最も適当なものを下から一つ選びなさい。

物　質　名	識別方法
燐化アルミニウムとその分解促進剤とを含有する製剤	問 62
硫酸第二銅（別名　硫酸銅）	問 63
塩素酸ナトリウム(別名　塩素酸ソーダ、クロル酸ソーダ)	問 64

1 亜硝酸などの還元剤で塩化物を生成する。
2 アンモニアで、白色のゲル状の水酸化物を沈殿するが、過剰のアンモニアでアンモニア錯塩を生成し溶解する。
3 本物質より発生した気体は5～10％硝酸銀溶液を吸着させたろ紙を黒変させる。
4 水に溶かして硝酸バリウムを加えると、白色の沈殿を生成する。

問題 以下の物質について、該当する識別方法をA欄から、生成する沈殿物の色をB欄から、それぞれ最も適当なものを下から一つ選びなさい。

物　質　名	識別方法	生成する沈殿物の色
硫酸亜鉛	問 65	問 69
クロルピクリン（別名　クロロピクリン）	問 66	問 70
ニコチン	問 67	
塩素酸カリウム	問 68	

【A欄】（識別方法）
1 エーテルに溶かし、ヨードのエーテル溶液を加えると液状沈殿を生じ、これを放置すると針状結晶を生成する。
2 水溶液に酒石酸を多量に加えると、結晶性の重酒石酸塩を生成する。
3 水に溶かして硫化水素を通じると、硫化物の沈殿を生成する。
4 水溶液に金属カルシウムを加え、これにベタナフチルアミン及び硫酸を加えると沈殿を生成する。

【B欄】（生成する沈殿物の色）
1 黒色　2 黄色　3 白色　4 赤色

（特定品目）

問題　以下の物質について、該当する性状を A 欄から、識別方法を B 欄から、それぞれ最も適当なものを下から一つ選びなさい。

物　質　名	性状	識別方法
メタノール	問　61	問　64
硫酸	問　62	問　65
蓚酸	問　63	

【A欄】（性状）
1　無色、稜柱状の結晶で、乾燥空気中で風化する。
2　赤色又は黄色の粉末で、製法によって色が異なる。一般に赤色の粉末の方が粉が粗く、化学作用もいくぶん劣る。水にはほとんど溶けない。
3　無色透明、揮発性の液体で、特異な香気を有する。蒸気は空気より重く引火しやすい。
4　無色透明、油様の液体で、粗製のものは、しばしば有機物が混ざって、かすかに褐色を帯びていることがある。高濃度のものは猛烈に水を吸収する。

【B欄】（識別方法）
1　小さな試験管に入れて熱すると、始めに黒色に変わり、さらに熱すると、完全に揮散してしまう。
2　サリチル酸と濃硫酸とともに熱すると、芳香のあるエステルを生成する。
3　高濃度のものは比重が極めて大きく、水で薄めると発熱し、ショ糖、木片などに触れると、それらを炭化して黒変させる。また、希釈水溶液に塩化バリウムを加えると、白色の沈殿が生じる。
4　銅屑を加えて熱すると、藍色を呈して溶け、その際、赤褐色の蒸気を発生する。

問題　以下の物質について、該当する性状をA欄から、識別方法をB欄から、それぞれ最も適当なものを下から一つ選びなさい。

物　質　名	性状	識別方法
アンモニア水	問　66	問　69
クロロホルム	問　67	問　70
重クロム酸カリウム	問　68	

【A欄】（性状）
1　無色透明、揮発性の液体で、鼻をさすような臭気があり、アルカリ性を呈する。
2　重い粉末で、黄色から赤色までのものがあり、赤色粉末を 720 ℃以上に加熱すると黄色になる。
3　橙赤色の柱状結晶で、水に溶けるが、アルコールには溶けない。
4　無色、揮発性の液体で、特異臭と甘味を有する。純粋なものは、空気に触れ、同時に日光の作用を受けると分解するが、少量のアルコールを添加すると、分解を防ぐことができる。

【B欄】（識別方法）
1　希硝酸に溶かすと、無色の液となり、これに硫化水素を通すと、黒色の沈殿物を生成する。
2　濃塩酸を潤したガラス棒を近づけると、白い霧を生じる。
3　レゾルシンと 33 ％の水酸化カリウム溶液と熱すると黄赤色を呈し、緑色の蛍石彩を放つ。
4　アルコール性の水酸化カリウムと銅粉とともに煮沸すると、黄赤色の沈殿を生じる。

解答・解説編

北海道
令和3年度実施

〔毒物及び劇物に関する法規〕
（一般・農業用品目・特定品目共通）

問1～問10　　問1　1　　問2　2　　問3　3　　問4　4　　問5　3
　　　　　　　　問6　1　　問7　4　　問8　1　　問9　2　　問10　3

〔解説〕
　　ア　法第2条第2項〔定義　劇物〕　イ　法第3条第3項〔禁止規定　販売業〕　ウ　法第8条第2項〔毒物劇物取扱責任者の資格　不適格者〕　エ　法第3条の3　オ　施行令第49条の9第1項〔毒物又は劇物の性状における情報提供〕

問11　1
〔解説〕
　　この設問は、法第12条第1項〔毒物又は劇物の表示〕における毒物のこと。

問12　2
〔解説〕
　　この設問は、「販売・授与の際に情報提供」が義務づけられていないものはどれかとあるので、施行令第49条の9第1項ただし書規定により、2が該当する。

問13　3
〔解説〕
　　この設問は、施行令第35条〔登録票又は許可証の書換え交付〕及び同第36条〔登録票又は許可証の再交付〕のことで、この設問は全て正しい。

問14　4
〔解説〕
　　この設問は、製造所等の設備基準については、施行規則第4条の4第1項に示されている。解答は全て正しい。

問15　4
〔解説〕
　　法第12条第2項第三号→施行規則第11条の5のことで、その解毒剤は、①ニーピリジルアルドキシムメチオダイド(別名 PAM)の製剤、②硫酸アトロピンの製剤である。解答のとおり。

問16　1
〔解説〕
　　法第3条の2第9項→施行令第12条で、モノフルオール酢酸の塩類を含有する製剤において、着色については深紅色。容器及び被包には、野ねずみの駆除以外の用に供してはならない旨が表示されていること。このことからアとウが正しい。

問17　3
〔解説〕
　　この設問の特定毒物の取扱いでは、イとエが正しい。なお、イにおける特定毒物を輸入できる者は、①毒物又は劇物輸入業者と②特定毒物研究者のみである。エにおける特定毒物を製造できる者は、①毒物又は劇物製造業者と②特定毒物研究者のみであるが、法第3条の2第4項に示されているように学術研究以外の用途に供してはならないとある。

問18　4
〔解説〕
　　この設問は、法第15条の2〔廃棄〕→施行令第40条〔廃棄の方法〕に示されている。解答のとおり。

問19　3
〔解説〕
　　この設問における毒物劇物営業者が交付を受ける者の氏名及び住所を確認した後でなければ交付できない物とは法第3条の4→施行令第32条の3により、①亜塩素酸ナトリウムを含有する製剤30％以上、②塩素酸塩類を含有する製剤35％以上、③ナトリウム、④ピクリン酸である。このことから3が該当する。なお、この設問は法第15条第2項→施行規則第12条の2の6〔交付を受ける者の確認〕に示されている。

問20　1
〔解説〕
　　この設問は法第 22 条における業務上取扱者の届出を要する事業者のことである。届出を要する事業とは、法第 22 条第 1 項→施行令第 41 条及び第 42 条で、①電気めっき行う事業、②金属熱処理を行う事業、③最大積載量 5,000 kg 以上の大型自動車に積載して行う毒物又は劇物の運送の事業（この事業については施行規則第 13 条の 13 で内容積が規定されている。）、④しろありを行う事業である。このことから正しいのは、アとイが正しい。

〔基礎化学〕
（一般・農業用品目・特定品目共通）

問21　4
〔解説〕
　　カルシウムは 2 族、カリウムは 1 族、窒素は 14 族である。

問22　1
〔解説〕
　　酸素は 16 族、リチウムは 1 族のアルカリ金属、アルミニウムは 13 族である。

問23　1
〔解説〕
　　NaOH の式量は 40 であるから 10 g のモル数は 0.25 モル

問24　3
〔解説〕
　　9%塩化ナトリウム水溶液 30 g に含まれる溶質の重さは 30 × 9/100 = 2.7 g、同様に 21%塩化ナトリウム水溶液 6 g に含まれる溶質の重さは 6 × 21/100 = 1.26。よって混合溶液の濃度は (2.7 + 1.26)/(30 + 6) × 100 = 11%

問25　4
〔解説〕
　　90 mL の水の重さは 90 g である。H_2O の分子量は 18 であるからモル数は 90/18 = 5 モル。1 モルは $6.0 × 10^{23}$ 個であるから、5 モルでは $3.0 × 10^{24}$ 個。

問26　2
〔解説〕
　　K 殻には 2 個、L 殻には 8 個、M 殻には 18 個の電子が最大で収容される。

問27　1
〔解説〕
　　H は 1 つ、Mg は 2 つ、Cl は 7 つ、Ar は 8 つ（ただし価電子は 0）

問28　4
〔解説〕
　　ガソリンは混合物、二酸化炭素及びその固体であるドライアイスは化合物である。

問29　2
〔解説〕
　　過マンガン酸カリウムは $KMnO_4$、塩化マンガンは $MnCl_2$ である。

問30　4
〔解説〕
　　原子は原子核と電子から成り、原子核は陽子と中性子からなる。陽子の数と電子の数は等しく、これを原子番号という。陽子の数と中性子の数の和を質量と言い、陽子の数が同じで中性子の数が異なるものを同位体という。

問31　3
〔解説〕
　　水分子は折れ線構造のため極性を持つが、二酸化炭素は直線構造のため無極性となる。

問32　4
〔解説〕
　　共有結合が原子間結合のため最も強く、次いで分子間結合の中でも強力な水素結合、ファンデルワールス力による結合はかなり弱い。

問 33　2
〔解説〕
　200 kPa で 6.0 L の酸素を 5.0 L の容器に詰めたときの酸素の圧力 P_{O_2} はボイル
の法則より、$200 \times 6 = P_{O_2} \times 5.0$, $P_{O_2} = 240$ kPa。同様に 400 kPa の窒素 2.0 L を
5.0 L の容器に詰めたときの圧力 P_{N_2} は、$400 \times 2.0 = P_{N_2} \times 5.0$, $P_{N_2} = 160$ kPa。
よって全圧 P は $P_{O_2}+P_{N_2} = 240 + 160 = 400$ kPa。
問 34　1
〔解説〕
　定比例の法則である。
問 35　4
〔解説〕
　安息香酸はベンゼンの水素原子一つをカルボキシ基(-COOH)に置換した構造で
ある。
問 36　1
〔解説〕
　陽極では酸化反応が起こり塩化物イオンが酸化され塩素を生じる。一方陰極で
はナトリウムイオンは還元されずに水が還元され、水素イオンを生じる。
問 37　4
〔解説〕
　サリチル酸のフェノール性 OH と無水酢酸が反応し、エステルであるアセチル
サリチル酸が生じる。
問 38　3
〔解説〕
　ナトリウムは黄色、リチウムは紅色の炎色反応を呈する。
問 39　1
〔解説〕
　触媒は反応前後において自身は変化しないが活性化エネルギーを下げる効果が
ある。
問 40　3
〔解説〕
　塩化銀の固体と液体である水を分離するにはろ過が最も効率が良い。

〔毒物及び劇物の性質及び貯蔵その他取扱方法〕
（一般）
問 1　4
〔解説〕
　四エチル鉛は特定毒物に分類される。
問 2　3
〔解説〕
　ベンゼン環にメチル基とヒドロキシ基が置換したものをクレゾールと言い、オ
ルト、メタ、パラの位置異性体が存在する。
問 3〜問 5　　問 3　2　　問 4　1　　問 5　3
〔解説〕
　問 3　アジ化ナトリウム(NaN_3)は毒物。無色板状結晶で無臭。用途は試薬、医
療検体の防腐剤、エアバッグのガス発生剤。　　問 4　ブロムエチル(臭化エチル
)C_2H_5Br は、劇物。無色透明、揮発性の液体。用途は、アルキル化剤。　　問 5
ヒドラジン NH_2NH_2 は、毒物。無色の油状の液体。用途は、ロケット燃料。
問 6〜問 9　　問 6　2　　問 7　1　　問 8　4　　問 9　3
〔解説〕
　問 6　シアン化カリウム KCN(別名青酸カリ)は、毒物で無色の塊状又は粉末。
空気中では炭酸ガスと湿気を吸って分解する(HCN を発生)。また、酸と反応して
猛毒の HCN(アーモンド様の臭い)を発生する。貯蔵法は、少量ならばガラス瓶、
多量ならばブリキ缶又は鉄ドラム缶を用い、酸類とは離して風通しの良い乾燥し
た冷所に密栓して貯蔵する。　　問 7　アクリルアミド $CH_2=CH-CONH_2$ は劇物。無
色の結晶。水、エタノール、エーテル、クロロホルムに可溶。高温又は紫外線下
では容易に重合するので、冷暗所に貯蔵する。　　問 8　ナトリウム Na は、劇
物。銀白色の金属光沢固体、空気、水を遮断するため石油に保存。　　問 9　ベ
タナフトール $C_{10}H_7OH$ は、劇物。無色〜白色の結晶、石炭酸臭、水に溶けにくく、

熱湯に可溶。有機溶媒に易溶。遮光保存(フェノール性水酸基をもつ化合物は一般に空気酸化や光に弱い)。

問10　1

〔解説〕

　この設問の黄リンについて1が正しい。次のとおり。黄リン P_4 は、毒物。別名を白リン。白色又は淡黄色のロウ様半透明の結晶性固体。ニンニク臭を有し、水には不溶である。湿った空気に触れ、徐々に酸化され、また、暗所では光を発する。暗所で空気に触れるとリン光を放つ。水、有機溶媒に溶けないが、二硫化炭素には易溶。湿った空気中で発火する。空気に触れると発火しやすいので、水中に沈めてビンに入れ、さらに砂を入れた缶の中に固定し冷暗所で貯蔵する。

(一般・農業用品目共通)

問11　3

〔解説〕

　この設問のアバメクチンについては、イとウが正しい。次のとおり。アバメクチンは、毒物で、1.8 %以下は劇物。類白色結晶粉末。融点で分解するため測定不能。用途は農薬・マクロライド系殺虫剤(殺虫・殺ダニ剤)に用いられる。

(一般)

問12～問14　問12　1　　　問13　2　　　　問14　3

〔解説〕

　問12　トリシクラゾールは、劇物。無色無臭の結晶。用途は、農業用殺菌剤(イモチ病に用いる。)。　　　問13　DDVP は有機リン製剤で、用途は接触性殺虫剤。無色油状液体。　　　問14　塩素酸ナトリウム $NaClO_3$ は、無色無臭結晶。用途は除草剤、酸化剤、抜染剤として用いられる。

問15　2

〔解説〕

　この設問のフェンチオンについては、2が正しい。次のとおり。MPP(フェンチオン)は、劇物。有機燐製剤の一種。褐色の液体。弱いニンニク臭を有する。有機溶媒には良く溶ける。水にはほんど溶けない。用途は害虫剤。

問16　2

〔解説〕

　この設問のメチルエチルケトンについては、2が正しい。次のとおり。メチルエチルケトン $CH_3COC_2H_5$ は、劇物。アセトン様の臭いのある無色液体。蒸気は空気より重い。水に可溶。引火性。

問17～問18　問17　2・3　　　問18　1・4

〔解説〕

　問17　硝酸 HNO_3 は無色の発煙性液体。蒸気は眼、呼吸器などの粘膜および皮膚に強い刺激性をもつ。高濃度のものが皮膚に触れるとガスを生じ、初めは白く変色し、次第に深黄色になる(キサントプロテイン反応)。　　　問18　トルエン $C_6H_5CH_3$ は、劇物。特有な臭い(ベンゼン様)の無色液体。水に不溶。比重1以下。可燃性。引火性。劇物。用途は爆薬原料、香料、サッカリンなどの原料、揮発性有機溶媒。中毒症状は、蒸気吸入により頭痛、食欲不振、大量で大赤血球性貧血。皮膚に触れた場合、皮膚の炎症を起こすことがある。また、目に入った場合は、直ちに多量の水で十分に洗い流す。

問19　4

〔解説〕

　この設問における塩素についてあやまっているものはどれかとあるので、4が誤り。塩素は水にわずかに溶ける。次のとおり。塩素 Cl_2 は、黄緑色の気体で激しい刺激臭がある。冷却すると、黄色溶液を経て黄白色固体。水にわずかに溶ける。用途は酸化剤、紙パルプの漂白剤、殺菌剤、消毒薬。粘膜接触により刺激症状を呈し、目、鼻、咽喉及び口腔粘膜に障害を与える。吸入により、窒息感、喉頭及び気管支筋の強直をきたし、呼吸困難におちいる。漏えいした場合は漏えい箇所や漏えいした液には消石灰を十分に散布したむしろ、シート等をかぶせ、その上にさらに消石灰を散布して吸収させる。漏えい容器には散布しない。

問20　2

〔解説〕

　酢酸鉛は劇物。無色結晶。用途は染料、鉛塩の製造、試薬。

（農業用品目）

問1～問4　　問1　2　　問2　4　　問3　3　　問4　2

〔解説〕

　　問1　EDDP は2％以下は劇物から除外。　　問2　シアナミドは10％以下は劇物から除外。　　問3　フェントエートは3％以下で劇物から除外。　　問4　フルスルファミドは0.3％以下は劇物から除外。

問5～問7　　問5　2　　問6　3　　問7　4

〔解説〕

　　問5　シフルトリンは劇物。黄褐色の粘稠性または塊。無臭。用途は農業用ピレスロイド系殺虫剤(野菜、果樹のアオムシ、コナガやバラ、キクのアブラムシ類に使用)。　　問6　ピリミカーブは劇物。無色無臭の結晶。用途はキャベツ、大根等のアブラムシの殺虫剤(カーバメイト系殺虫剤)。　　問7　ダイアジノンは劇物。有機リン製剤、かすかにエステル臭をもつ無色の液体。用途は接触性殺虫剤。

問8　4

〔解説〕

　　DDVP は有機リン製剤で接触性殺虫剤。無色油状液体、水に溶けにくく、有機溶媒に易溶。水中では徐々に分解。DDVP は有機リン製剤であるので、解毒剤は、硫酸アトロピン又は PAM（2－ピリジルアルドキシムメチオダイド）。

問9　1

〔解説〕

　　この設問の BPMC は全て正しい。次のとおり。2-(1-メチルプロピル)-フエニル-N-メチルカルバメート(別名フェンカルブ・BPMC)は劇物。無色透明の液体またはプリズム状結晶。水にほとんど溶けない。エーテル、アセトン、クロロホルムなどに可溶。2％以下は劇物から除外。用途は害虫の駆除。中毒症状が発現した場合は、硫酸アトロピン製剤を用いた適切な解毒手当を受ける。

問11～問13　　問11　3　　問12　2　　問13　1

〔解説〕

　　問11　ロテノンはデリスの根に含まれる。殺虫剤。酸素、光で分解するので遮光保存。2％以下は劇物から除外。　　問12　ジクワットは、劇物。淡黄色の結晶で水に溶けやすい。中性または酸性下で安定である。アルカリ溶液で薄める場合には、2～3時間以上貯蔵できない。腐食性がある。　　問13　シアン化水素 HCN は、無色の気体または液体、特異臭(アーモンド様の臭気)、弱酸、水、アルコールに溶ける。毒物。貯法は少量なら褐色ガラス瓶、多量なら銅製シリンダーを用い日光、加熱を避け、通風の良い冷所に保存。

問14～問16　　問14　1　　問15　2　　問16　3

〔解説〕

　　一般の問12～問14を参照。

問17　4

〔解説〕

　　農業用品目販売業者の登録が受けた者が販売できる品目については、法第四条の三第一項→施行規則第四条の二→施行規則別表第一に掲げられている品目である。このことからウの硫酸とエのニコチンが該当する。

問18　3

〔解説〕

　　クロルピクリン CCl_3NO_2 は、劇物。無色～淡黄色液体、催涙性、粘膜刺激臭。水に不溶。線虫駆除、燻蒸剤。

問19　2

〔解説〕

　　一般の問15を参照。

問20　4

〔解説〕

　　解答のとおり。

（特定品目）

問1～問4 問1 3 問2 4 問3 3 問4 削除

〔解説〕
　　問1　蓚酸は 10 ％以下で劇物から除外。　　問2　硝酸は 10%以下で劇物から除外。　　問3　塩化水素は 10 ％以下は劇物から除外。

問5 2

〔解説〕
　　この設問の水酸化カリウムは、アが誤り。次のとおり。水酸化カリウム(KOH)は劇物(5 ％以下は劇物から除外)。(別名：苛性カリ)。空気中の二酸化炭素と水を吸収する潮解性の<u>白色固体</u>である。二酸化炭素と水を強く吸収するので、密栓して貯蔵する。

問6 1

〔解説〕
　　この設問は全て正しい。硅弗化ナトリウムは劇物。無色の結晶。水に溶けにくく、アルコールにも溶けない。酸と接触すると有毒なガスを発生する。用途は釉薬、試薬。

問7 3

〔解説〕
　　この設問の一酸化鉛についてはイが誤りで、赤色～赤黄色結晶である。次のとおり。　一酸化鉛 PbO(別名リサージ)は劇物。赤色～赤黄色結晶。重い粉末で、黄色から赤色の間の様々なものがある。水にはほとんど溶けないが、酸、アルカリにはよく溶ける。酸化鉛は空気中に放置しておくと、徐々に炭酸を吸収して、塩基性炭酸鉛になることもある。光化学反応をおこし、酸素があると四酸化三鉛、酸素がないと金属鉛を遊離する。

問8 2

〔解説〕
　　メチルエチルケトン(2-ブタノン、MEK)は劇物。アセトン様の臭いのある無色液体。蒸気は空気より重い。引火性。有機溶媒。水に可溶。

問9 4

〔解説〕
　　この設問では、アンモニアの性状で誤っているのはどれかとあるので、4 が誤り。アンモニア NH₃ は、特有の刺激臭がある無色の気体で、圧縮することにより、常温でも簡単に液化する。<u>空気中では燃焼しないが、酸素中では黄色の炎を上げて燃焼する。</u>

問10～問12 問10 2 問11 3 問12 4

〔解説〕
　　問10　塩素 Cl₂ は劇物。黄緑色の気体で激しい刺激臭がある。冷却すると、黄色溶液を経て黄白色固体。水にわずかに溶ける。　　問11　水酸化ナトリウム(別名：苛性ソーダ)NaOH は、白色結晶性の固体。水と炭酸を吸収する性質が強い。空気中に放置すると、潮解して徐々に炭酸ソーダの皮層を生ずる。　　問12　ホルマリンは、ホルムアルデヒド HCHO を水に溶かしたもの。無色透明な液体で刺激臭を有し、寒冷地では白濁する場合がある。水、アルコールに混和するが、エーテルには混和しない。

問13～問16 問13 3 問14 4 問15 1 問16 2

〔解説〕
　　問13　酢酸エチル CH₃COOC₂H₅ は、果実様香気を発する揮発性のある引火性液体のため、密栓して火気を遠ざけ、冷所に保存する。　　問14　水酸化カリウム(KOH)は劇物(5 ％以下は劇物から除外)。(別名：苛性カリ)。空気中の二酸化炭素と水を吸収する潮解性の白色固体である。二酸化炭素と水を強く吸収するので、密栓して貯蔵する。　　問15　四塩化炭素(テトラクロロメタン)CCl₄ は、特有な臭気をもつ不燃性、揮発性無色液体、水に溶けにくく有機溶媒には溶けやすい。強熱によりホスゲンを発生。亜鉛またはスズメッキした鋼鉄製容器で保管、高温に接しないような場所で保管。　　問16　ホルマリンは、分解を防ぐため遮光瓶に入れ、少量のアルコールを加えて貯蔵する。冷所に保存すると懸濁するので、常温で貯蔵する。

問 17 ～問 18　　問 17　2・3　　問 18　1・4
〔解説〕
　　一般の問 17 ～問 18 を参照。
問 19　4
〔解説〕
　　一般の問 19 を参照。
問 20　2
〔解説〕
　　一般の問 20 を参照。

〔実　　地〕

（一般）

問 21　1
〔解説〕
　　シアン化ナトリウム NaCN（別名　青酸ソーダ）：作業の際には必ず保護具を着用し、風下で作業をしない。飛散したものは空容器にできるだけ回収し、砂利等に付着している場合は、砂利等を回収し、その後に水酸化ナトリウム、ソーダ灰等の水溶液を散布してアルカリ性（pH11 以上）とし、更に酸化剤（次亜塩素酸ナトリウム、さらし粉等）の水溶液で酸化処理を行い、多量の水を用いて洗い流す。

問 22 ～問 25　　問 22　4　　問 23　1　　問 24　3　　問 25　2
〔解説〕
　　問 22　水銀 Hg は、毒物。常温で液状の金属。金属光沢を有する重い液体。廃棄法は、そのまま再利用するため蒸留する回収法。　　　　問 23　ホスゲンは独特の青草臭のある無色の圧縮液化ガス。蒸気は空気より重い。廃棄法は、アルカリ水溶液（石灰乳又は水酸化ナトリウム水溶液等）中に少量ずつ滴下し、多量の水で希釈して処理するアルカリ法。　　　　問 24　2-クロロニトロベンゼンは、劇物。黄色の結晶。水に不溶。アルコールベンゼン、エーテルに溶ける。廃棄法はアフターバーナー及びスクラバーを具備した焼却炉で少量ずつ焼却する燃焼法。
　　問 25　塩化第一錫は、劇物。二水和物が一般に流通している。二水和物は無色結晶で潮解性がある。水に溶けやすい。塩酸、エタノールに可溶。廃棄法は水に溶かし、消石灰、ソーダ灰等の水溶液を加えて処理し、沈殿ろ過して埋立処分する沈殿法。

問 26 ～問 28　　問 26　1　　問 27　3　　問 28　2
〔解説〕
　　問 26　スルホナールは劇物。無色、稜柱状の結晶性粉末。無色の斜方六面形結晶で、潮解性をもち、微弱の刺激性臭気を有する。水、アルコール、エーテルには溶けやすく、水溶液は強酸性を呈する。木炭とともに加熱すると、メルカプタンの臭気を放つ。　　　問 27　アニリン $C_6H_5NH_2$ は、劇物。新たに蒸留したものは無色透明油状液体、光、空気に触れて赤褐色を呈する。特有な臭気。水には難溶、有機溶媒には可溶。水溶液にさらし粉を加えると紫色を呈する。　　　問 28　セレン Se は毒物。灰色の金属光沢を有するペレットまたは黒色の粉末。水に不溶。鑑別法は炭の上に小さな孔をつくり、脱水炭酸ナトリウムの粉末とともに試料を吹管炎で熱灼すると、特有のニラ臭を出し、冷えると赤色のかたまりとなる。これは濃硫酸に緑色に溶ける。

問 29　2
〔解説〕
　　加える水の量を x とする。$30/(30+x) \times 100 = 6$，　x ＝ 470g
問 30　4
〔解説〕
　　この設問に該当するのは、4 の酸化第二水銀。なお、1 の水素化砒素（AsH_3）別名アルシンは毒物。無色のニンニク臭を有するガス体。水に溶けやすい。2 の硝酸バリウム（$Ba(NO_3)_2$）は劇物。無色の結晶。水に易溶解。アルコール、アセトンにわずかに溶ける。3 のクロロホルム $CHCl_3$（別名トリクロロメタン）は劇物。無色の独特の甘味のある香気を持ち、水にはほとんど溶けず、有機溶媒によく溶ける。

問31～問32　　問31　4　　問32　1
〔解説〕
　　パラコートは、毒物。白色結晶で、水、メタノール、アセトンに溶ける。水に非常に溶けやすい。強アルカリ性で分解する。廃棄方法は、おが屑等に吸収させてアフターバーナー及びスクラバーを具備した焼却炉で焼却する燃焼法。

問33～問35　　問33　1　　問34　3　　問35　2
〔解説〕
　　問33　モノフルオール酢酸ナトリウム FCH2COONa は重い白色粉末、吸湿性、冷水に易溶、メタノールやエタノールに可溶。野ネズミの駆除に使用。特毒。摂取により毒性発現。皮膚刺激なし、皮膚吸収なし。　モノフルオール酢酸ナトリウムの中毒症状：生体細胞内の TCA サイクル阻害(アコニターゼ阻害)。激しい嘔吐の繰り返し、胃疼痛、意識混濁、てんかん性痙攣、チアノーゼ、血圧下降。
　　問34　ブラストサイジン S は、:劇物。白色針状結晶。水、酢酸に溶けるが、メタノール、エタノール、アセトン、ベンゼンにはほとんど溶けない。中毒症状は、振せん、呼吸困難。目に対する刺激特に強い。　　問35　イソキサチオンは有機リン系で淡黄褐色液体、水に難溶、有機溶剤に易溶の農薬である。コリンエステラーゼを阻害し、神経系に影響を及ぼす。

問36　2
〔解説〕
　　設問の過酸化水素について、アが誤り。過酸化水素 H_2O_2 は、劇物。無色の透明な液体。用途は、漂白剤、消毒剤、防腐剤に用いられる。溶液、蒸気いずれも刺激性が高く、35％以上の溶液は皮膚に水泡をつくりやすい。目には腐食作用を及ぼす。蒸気は低濃度でも刺激性が強い。

問37～問40　　問37　4　　問38　2　　問39　1　　問40　3
〔解説〕
　　問37　重クロム酸アンモニウムは、橙赤色結晶。185℃で窒素ガスを発生し、ルミネッセンスを発して分解する。水に溶けやすい。自己燃焼性がある。
　　問38　四塩化炭素(テトラクロロメタン)CCl_4(別名四塩化メタン)は、劇物。揮発性、麻酔性の芳香を有する無色の重い液体。水に溶けにくく有機溶媒には溶けやすい。高熱下で酸素と水分が共存するとホスゲンを発生。蒸気は空気より重く、低所に滞留する。溶剤として用いられる。　　問39　メタノール(メチルアルコール)CH_3OH は、劇物。(別名：木精)〉無色透明の液体で。特異な香気がある。蒸気は空気より重く引火しやすい。水と任意の割合で混和する。　　問40　硝酸 HNO_3 は、劇物。無色の液体。特有な臭気がある。腐食性が激しい。有機物中のタンパク質と濃硝酸が反応して黄色になる(キサントプロテイン反応)。高濃度の場合、水と急激に接触すると多量の熱をを発生し酸が飛散することがある。

(農業用品目)

問21～問24　　問21　4　　問22　1
〔解説〕
　　問21　有機リン剤の解毒剤は硫酸アトロピンまたは PAM。　　問22　砒素化合物については胃洗浄を行い、吐剤、牛乳、蛋白粘滑剤を与える。治療薬はジメルカプロール(別名 BAL)。

問23　4
〔解説〕
　　この設問の漏えい時の措置で該当する物質は、4の塩素酸ナトリウム。次のとおり。塩素酸ナトリウムが漏えいした場合、飛散したものは速やかに掃き集めて空容器にできるだけ回収し、そのあとは多量の水を用いて洗い流す。

問24～問27　　問24　2　　問25　4　　問26　1　　問27　3
〔解説〕
　　問24　硫酸 H_2SO_4 は酸なので廃棄方法はアルカリで中和後、水で希釈する中和法。　　問25　塩化亜鉛 $ZnCl_2$ は水に易溶なので、水に溶かして消石灰などのアルカリで水に溶けにくい水酸化物にして沈殿ろ過して埋立処分する沈殿法。　　問26　アンモニア水は、水に極めて溶け易くアルカリ性を示すので、廃棄方法は、水に溶かしてから酸で中和後、多量の水で希釈処理する中和法。　　問27　ジメチルジチオホスホリルフェニル酢酸エチル(フェントエート、PAP)は、赤褐色、油状の液体で、芳香性刺激臭を有し、水、プロピレングリコールに溶けない。リグロインにやや溶け、アルコール、エーテル、ベンゼンに溶ける。廃棄方法は、木粉等に吸収させてアフターバーナー及びスクラバーを具備した焼却炉で焼却する燃焼法。

問28〜問30　　問28　3　　問29　1　　問30　1
〔解説〕
　　　モノフルオール酢酸ナトリウム $CH_2FCOONa$ は重い白色粉末、吸湿性、冷水に
　　易溶、メタノールやエタノールに可溶。用途は、野ネズミの駆除に使用される。
問31〜問32　　問31　4　　問32　1
〔解説〕
　　　一般の問 31〜問 32 を参照。
問33〜問35　　問33　1　　問34　3　　問35　2
〔解説〕
　　　一般の問 33〜問 35 を参照。
問36〜問38　　問36　2　　問37　3　　問38　1
〔解説〕
　　　問 36　クロルピクリン CCl_3NO_2 の確認方法：CCl_3NO_2＋金属 Ca ＋ベタナフチ
　　ルアミン＋硫酸→赤色　　　問 37　硫酸第二銅、五水和物白色濃い藍色の結晶で、
　　水に溶けやすく、水溶液は青色リトマス紙を赤変させる。水に溶かし硝酸バリウ
　　ムを加えると、白色の沈殿を生じる。　　問 38　塩素酸カリウム(KCl)は、無色
　　の結晶。水に可溶。アルコールに溶けにくい。熱すると分解して酸素を放出し、
　　自らは塩化物に変化する。これに塩酸を加え加熱すると塩素ガスを発生する。
問39〜問40　　問39　1　　問40　3
〔解説〕
　　　問 39　リン化亜鉛 Zn_3P_2 は、灰褐色の結晶又は粉末。かすかにリンの臭気があ
　　る。酸と反応して有毒なホスフィン $PH3$ を発生。漏えいした場合は、飛散したも
　　のは、速やかに土砂で覆い、密閉可能な空容器にできるだけ回収して密閉する。、
　　汚染された土砂等も同様な措置をし、その後多量の水を用いて洗い流す。
　　　問 40　ダイアジノンは、有機リン製剤。接触性殺虫剤、かすかにエステル臭を
　　もつ無色の液体、水に難溶、有機溶媒に可溶。付近の着火源となるものを速やか
　　に取り除く。空容器にできるだけ回収し、その後消石灰等の水溶液を多量の水を
　　用いて洗い流す。

（特定品目）
問21〜問24　　問21　4　　問22　3　　問23　1　　問24　2
〔解説〕
　　　問 21　キシレン $C_6H_4(CH_3)_2$ は、C、H のみからなる炭化水素で揮発性なので珪
　　藻土に吸着後、焼却炉で焼却(燃焼法)。　　　　問 22　重クロム酸ナトリウムは、希
　　硫酸に溶かし、還元剤の水溶液を過剰に用いて還元した後、消石灰、ソーダ灰等
　　の水溶液で処理して沈殿濾過させる。溶出試験を行い、溶出量が判定基準以下で
　　あることを確認して埋立処分する還元沈殿法。　　　問 23　水酸化カリウム KOH
　　は、強塩基なので希薄な水溶液として酸で中和後、水で希釈処理する中和法。
　　　問 24　シュウ酸$(COOH)_2・2H_2O$ は無色の柱状結晶、風解性、還元性、漂白剤、
　　鉄さび落とし。無水物は白色粉末。廃棄方法は、1)燃焼法(C、H、O のみからな
　　る有機物なので)　あるいは 2)活性汚泥法$(2NaOH＋(COOH)_2 → Na_2(COO)_2＋$
　　$2H_2O$ にしてから活性汚泥)。
問25〜問28　　問25　1　　問26　2　　問27　3　　問28　4
〔解説〕
　　　問 25　メタノール CH_3OH は特有な臭いの無色透明な揮発性の液体。水に可溶。
　　可燃性。触媒量の濃硫酸存在下にサリチル酸と加熱するとエステル化が起こり、
　　芳香をもつサリチル酸メチルを生じる。　　　問 26　アンモニア水は、アンモニア
　　NH_3 が気化し易いので、濃塩酸を近づけると塩化アンモニウムの白い煙を生じる。
　　　問 27　硝酸 HNO_3 は純品なものは無色透明で、徐々に淡黄色に変化する。特
　　有の臭気があり腐食性が高い。うすめた水溶液に銅屑を加えて熱すると、藍色を
　　呈して溶け、その際赤褐色の蒸気を発生する。藍(青)色を呈して溶ける。
　　　問 28　ホルムアルデヒド HCHO は劇物。無色刺激臭の気体で水に良く溶け、
　　これをホルマリンという。ホルマリンは無色透明な刺激臭の液体、低温ではパラ
　　ホルムアルデヒドの生成により白濁または沈澱が生成することがある。

問 29 ～問 32　　問 29　2　　問 30　1　　問 31　4　　問 32　3

〔解説〕

　　問 29　クロム酸亜鉛カリウムは劇物。淡黄色粉末。水にやや溶けやすい。酸、アルカリに可溶。用途は、さび止め下塗り塗料用。飛散したものは空容器にできるだけ回収し、そのあとを還元剤(流酸第一鉄等)の水溶液を散布し、消石灰、ソーダ灰等の水溶液で処理したのち、多量の水を用いて洗い流す。　　問 30　メチルエチルケトンが少量漏えいした場合は、漏えいした液は、土砂等に吸着させて空容器に回収する。多量に漏えいした液は、土砂等でその流れを止め、安全な場所に導き、液の表面を泡で覆い、できるだけ空容器に回収する。　　問 31　クロロホルム(トリクロロメタン)$CHCl_3$ は、無色、揮発性の液体で特有の香気とわずかな甘みをもち、麻酔性がある。水に不溶、有機溶媒に可溶。比重は水より大きい。揮発性のため風下の人を退避。できるだけ回収したあと、水に不溶なため中性洗剤などを使用して洗浄。　　問 32　アンモニア水は、弱アルカリ性なので多量の水で希釈処理。

問 33 ～問 34　問 33　3　　問 34　1

〔解説〕

　　問 33　クロロホルム $CHCl_3$ は、無色、揮発性の重い液体で特有の香気とわずかな甘みをもち、麻酔性がある。不燃性。有機溶媒に用いられる。　　問 34　シュウ酸は、無色の柱状結晶。無水物は白色粉末。風解性。用途は還元力を利用した漂白、また鉄さびの汚れ落とし等。

問 35　1

〔解説〕

　　この設問の塩化水素についてはアが誤りで、塩化水素は無色であるが刺激臭のある気体。次のとおり。塩化水素 HCl は、劇物。常温で無色の刺激臭のある気体。腐食性を有し、不燃性。湿った空気中で発煙し塩酸になる。白色の結晶。水、メタノール、エーテルに溶ける。用途は塩酸の製造に用いられるほか、無水物は塩化ビニル原料にもちいられる。

問 36　2

〔解説〕

　　一般の問 36 を参照。

問 37 ～問 40　問 37　4　　問 38　2　　問 39　1　　問 40　3

〔解説〕

　　一般の問 37 ～問 40 を参照。

東北六県統一〔青森県・岩手県・宮城県・秋田県・山形県・福島県〕

令和3年度実施

〔法　規〕

（一般・農業用品目・特定品目共通）

問1　4
〔解説〕
　　法第2条第1項〔定義〕

問2　4
〔解説〕
　　解答のとおり。

問3　2
〔解説〕
　　法第3条の2第9項は、特定毒物についての譲り渡しの限定が示されている。

問4　2
〔解説〕
　　解答のとおり。

問5　3
〔解説〕
　　施行令第40条の6とは、毒物又は劇物を運搬する車両、鉄道に委託する場合、荷送人の通知義務が示されている。解答のとおり。

問6　1
〔解説〕
　　法第3条の4で規定する引火性、発火性又は爆発性のある毒物又は劇物→施行令第32条の3で、①亜塩素酸ナトリウム及びこれを含有する製剤30％以上、②塩素酸塩類を含有する製剤35％以上、③ナトリウム、④ピクリン酸については正当な理由を除いては所持してはならないと規定されている。

問7　1
〔解説〕
　　法第5条は、構造設備(貯蔵等)における登録基準が示されている。

問8　3
〔解説〕
　　法第8条第1項は、毒物劇物取扱責任者における資格者が示されている。

問9　4
〔解説〕
　　法第11条第4項は、飲食物容器禁止のことが示されている。解答のとおり。

問10　3
〔解説〕
　　法第12条第1項は、毒物又は劇物の容器及び被包についての表示に掲げる事項が示されている。解答のとおり。

問11〜問12　問11　1　問12　2
〔解説〕
　　法第14条第1項は、毒物劇物営業者が他の毒物劇物営業者に毒物又は劇物を販売し、又は授与したときに書面に掲げる事項が示されている。解答のとおり。

問13　4
〔解説〕
　　法第15条第1項は、毒物又は劇物を交付してはいけない不適格者が示されている。解答のとおり。

問14　4
〔解説〕
　　施行令第40条〔廃棄方法〕は、法第15条の2〔廃棄〕に基づいて示されている。解答のとおり。

問 15 2
〔解説〕
　　施行令第 40 条の 9 は、毒物又は劇物を販売し、又は授与するときまでに譲受人に対して、毒物又は劇物の性状及び取扱いのことが示されている。
問 16 2
〔解説〕
　　法第 17 条第 2 項は、毒物又は劇物が盗難又は紛失の措置について示されている。解答のとおり。
問 17 1
〔解説〕
　　法第 18 条〔立入検査等〕が示されている。解答のとおり。
問 18 ～ 問 19　　問 18 1　　　　問 19 4
〔解説〕
　　法第 21 条は、毒物劇物営業者〔製造業者・輸入業者・販売業者〕、特定毒物研究者、特定毒物使用者が登録の失効した場合等の措置が示されている。解答のとおり。
問 20 4
〔解説〕
　　施行規則第 13 条の 5 は、施行令第 40 条の 5 第 2 項第二号に基づいて、毒物又は劇物の運搬方法における車両に掲げる標識のことが示されている。解答のとおり。

〔基礎化学〕
（一般・農業用品目・特定品目共通）

問 21 3
〔解説〕
　　水は単結合 2 本、アセチレンは三重結合 1 本と単結合 2 本、二酸化炭素は二重結合 2 本、アンモニアは単結合 3 本である。
問 22 4
〔解説〕
　　炎色反応はナトリウムが黄色、リチウムが赤色、カリウムが紫色を呈する。
問 23 1
〔解説〕
　　白金や金はイオン化傾向が非常に小さく、王水にのみ溶解してイオンとなる。
問 24 2
〔解説〕
　　カルシウムは 2 族の原子であるため最外殻に電子を 2 個持つ。
問 25 2
〔解説〕
　　中和反応は H^+ と OH^- のモル数が等しくなる。必要な硫酸の体積を X　mL とすると式は、　　$3.0 \times 2 \times X = 2.4 \times 1 \times 20$,　　$X = 8$
問 26 3
〔解説〕
　　pH 2 の溶液は酸性であるので、フェノールフタレインは無色であり、青色リトマス紙を赤変し、BTB 溶液の青色を黄色に変色させる。
問 27 2
〔解説〕
　　食塩水は水中でナトリウムイオンと塩化物イオンに電離し、溶解している。
問 28 3
〔解説〕
　　総熱量不変の法則をヘスの法則という。
問 29 1
〔解説〕
　　希ガスはヘリウム、ネオン、アルゴン、クリプトンが該当する。
問 30 4
〔解説〕
　　同位体とは陽子の数は同じであるが中性子の数が異なるものである。1 から 3

の記述は同素体の記述である。

問 31　2
〔解説〕
　　エタノールの分子式は C_2H_6O であるので、分子量は $12 × 2+1 × 6+16 × 1 = 46$

問 32　3
〔解説〕
　　正解 3　-CN:シアノ（ニトリル）基、-SH：チオール（メルカプト）基、-NO₂：ニトロ基

問 33　2
〔解説〕
　　電気陰性度は F>O>N>Cl の順である。

問 34　1
〔解説〕
　　ベンゼン環を有するキシレンは芳香族化合物である。

問 35　4
〔解説〕
　　F_2 は気体、Ne は気体、Br_2 は液体、I_2 は固体である。

問 36　4
〔解説〕
　　炭酸水素ナトリウムと炭酸ナトリウムの水溶液は塩基性、硫酸ナトリウムと硝酸ナトリウムの水溶液の液性は中性である。

問 37　3
〔解説〕
　　塩化物イオン Cl⁻は電子を 18 個有しており、アルゴンと同じとなる。

問 38　2
〔解説〕
　　$CaCO_3 + 2HCl → CaCl_2 + H_2O + CO_2$

問 39　4
〔解説〕
　　陽極では酸化反応が起こり、塩化物イオンが酸化され塩素ガスを生じる。$2Cl^- → Cl_2 + 2e^-$

問 40　4
〔解説〕
　　水分子の水素原子の酸化数は+1、還元剤は相手物質を還元し、自らは酸化される。物質が水素を失う、酸素と化合する、電子を失うことを酸化されたという。

〔毒物及び劇物の性質及び貯蔵その他取扱方法〕
（一般）

問 41　1
〔解説〕
　　弗化スルフリル(SO_2F_2)は毒物。無色気体で水に難溶であるが、アセトン、クロロホルムに溶ける。

問 42　2
〔解説〕
　　この設問では、砒素に関する設問で誤っているのはどれかとあるので、2 が誤り。次のとおり。砒素は、結晶のものは灰色で、金属光沢を有し、もろく、粉砕できる。無定型のものには、黄色、黒色、褐色の 3 種が存在する。

問 43　2
〔解説〕
　　塩化水素 HCl は 10 ％以下は劇物から除外。

問 44　3
〔解説〕
　　この設問の用途における組み合わせでは、3 が正しい。無水クロム酸（三酸化クロム、酸化クロム(Ⅳ)）CrO_3 は、劇物。暗赤色の結晶またはフレーク状で、水に易溶、潮解性、用途は酸化剤。なお、エチレンオキシドの用途は有機合成原料、界面活性剤、殺菌剤。チメロサールの用途は、殺菌消毒剤に用いられる。セレン化水素の用途は、ドーピングガスに用いられる。

問45 4
〔解説〕
　フルバリネートは劇物。淡黄色ないし黄褐色の粘稠性液体。水に難溶。熱、酸性には安定である。ただし、太陽光、アルカリに不安定。用途は野菜、果樹、園芸植物のアブラムシ類、ハダニ類、アオムシ等の殺虫剤。

問46 3
〔解説〕
　この設問では毒物はどれかとあるので、3のパラコートを5％を含有する製剤が毒物。　なお、1の2－t－ブチル－5－（4－t－ブチルベンジルチオ）－4－クロロピリダジン－3（2H）－オン(別名：ピリダベン)を20％含有する製剤は、劇物。2の3－ジメチルジチオホスホリル－S－メチル－5－メトキシ－1・3・4－チアジアゾリン－2－オン(別名：DMTP)を36％含有する製剤は、劇物。4の3・7・9・13－テトラメチル－5・11－ジオキサ－2・8・14－トリチア－4・7・9・12－テトラアザペンタデカ－3・12－ジエン－6・10－ジオン(別名：チオジカルブ)を80％含有する製剤は、劇物。

問47 3
〔解説〕
　DEPは、劇物。白色の結晶。有機燐製剤の一種で、中毒症状はパラチオンと類似する。コリンエステラーゼ阻害作用により、神経系に影響を与え、頭痛、めまい、嘔吐、縮瞳、全身痙攣等を起こす。治療法としては、PAM又は硫酸アトロピン製剤を用いる。

問48 2
〔解説〕
　次の設問の組み合わせでは、aとdが正しい。aの硫酸は無色の粘張性のある液体。強力な酸化力をもち、また水を吸収しやすい。水を吸収するとき発熱する。木片に触れるとそれを炭化して黒変させる。また、銅片を加えて熱すると、無水亜硫酸を発生する。塩素 Cl_2 は劇物。黄緑色の気体で激しい刺激臭がある。冷却すると、黄色溶液を経て黄白色固体。水にわずかに溶ける。因みに、過酸化水素水は、無色透明の濃厚な液体で、弱い特有のにおいがある。強く冷却すると稜柱状の結晶となる。不安定な化合物であり、常温でも徐々に水と酸素に分解する。酸化力、還元力を併有している。　トルエン $C_6H_5CH_3$ は劇物。無色透明の液体で、ベンゼン臭がある。蒸気は空気より重く、可燃性である。沸点は水より低い。水には不溶、エタノール、ベンゼン、エーテルに可溶である。

問49 4
〔解説〕
　四塩化炭素 CCl_4 は、特有の臭気をもつ揮発性無色の液体。揮発性の蒸気を吸入等により、はじめ頭痛、悪心などをきたし、また黄疸のように角膜が黄色となり、しだいに尿毒症様を呈し、死に至ることもある。

問50 4
〔解説〕
　酸化水素水 H_2O_2 は、少量なら褐色ガラス瓶(光を遮るため)、多量ならば現在はポリエチレン瓶を使用し、3分の1の空間を保ち、日光を避けて冷暗所保存。特に、温度の上昇、動揺などによって爆発することがあるので、注意を要する。

（農業用品目）

問41 1
〔解説〕
　この設問では、ダイアジノンに関する設問で誤っているのはどれかとあるので、1が誤り。次のとおり。ダイアジノンは劇物。有機燐系の接触性殺虫剤、かすかにエステル臭をもつ無色の液体、水に難溶、エーテル、アルコールに溶解する。有機溶媒に可溶。

問42 4
〔解説〕
　フェントエートは、劇物。赤褐色、油状の液体で、芳香性刺激臭を有し、水、プロピレングリコールに溶けない。リグロインにやや溶け、アルコール、エーテル、ベンゼンに溶ける。有機燐系の殺虫剤。

問43 4
〔解説〕
　フルバリネートは劇物。淡黄色ないし黄褐色の粘稠性液体。水に難溶。熱、酸

性には安定。太陽光、アルカリには不安定。用途は野菜、果樹、園芸植物のアブラムシ類、ハダニ、コナガなどの殺虫に用いられる。ほか、シロアリ防除にも有効。

問44　4

〔解説〕
ダイファシノンは毒物。黄色結晶性粉末。アセトン酢酸に溶ける。水にはほとんど溶けない。0.005％以下を含有するものは劇物。用途は殺鼠剤。

問45　2

〔解説〕
チアクロプリドは3％以下で劇物から除外。

問46　3

〔解説〕
一般の問46を参照。

問47　3

〔解説〕
農業用品目販売業者の登録が受けた者が販売できる品目については、法第四条の三第一項→施行規則第四条の二→施行規則別表第一に掲げられている品目である。解答のとおり。

問48～問49　問48　1　　問49　4

〔解説〕
問48　ジエチル-3・5・6-トリクロル-2-ピリジルチオホスフェイト(クロルピリホス)は、劇物。白色の結晶。アセトン、ベンゼンに溶ける。水には溶けにくい。有機燐化合物。有機リン剤なのでアセチルコリンエステラーゼの活性阻害をするので、神経系に影響が現れる。　　**問49**　硫酸銅、硫酸銅(Ⅱ)$CuSO_4 \cdot 5H_2O$は、濃い青色の結晶。風解性。水に易溶、水溶液は酸性。劇物。経口摂取により嘔吐が誘発される。大量に経口摂取した場合では、メトヘモグロビン血症及び腎臓障害を起こして死亡に至る。なお、急性症状は嘔吐、吐血、低血圧、下血、昏睡、黄疸である。治療薬はペニシラミンあるいはジメチルカプロール(BAL)。

問50　3

〔解説〕
DEP(トリクロルホン)は、劇物。白色の結晶。有機燐製剤の一種で、中毒症状はパラチオンと類似する。中毒症状は吸入した場合は、倦怠感、頭痛、嘔吐めまい、腹痛、下痢等の症状もない、しだいに呼吸困難、虚脱症状を呈する。治療法としては、PAM又は硫酸アトロピン製剤を用いる。

(特定品目)

問41　2

〔解説〕
一般の問48を参照。

問42　1

〔解説〕
次の塩酸についての設問における組み合わせでは、aとcが正しい。塩酸 HClは不燃性の無色透明又は淡黄色の液体で、25％以上の濃度のものは発煙性を有する。激しい刺激臭がある。また、強酸性で、硝酸銀溶液を加えると白色の沈殿を生じる。種々の金属を溶解し、水素を発生する。

問43　2

〔解説〕
この設問は、キシレンについてあやまっているものはどれかとあるので、2が誤り。次のとおり。キシレン $C_6H_4(CH_3)_2$ は劇物。無色透明の液体で蒸気は空気より重い。水に不溶、有機溶媒に可溶である。

問44　2

〔解説〕
次の硅弗化ナトリウムについての設問における組み合わせでは、bとcが正しい。次のとおり。硅弗化ナトリウム $Na_2[SiF_6]$は無色の結晶。水に溶けにくく、酸と接触すると有毒なガスを発生する。用途は釉薬、試薬。

問45　2

〔解説〕
次の酸化第二水銀についての設問における組み合わせでは、aとdが正しい。次のとおり。酸化水銀(Ⅱ)HgO は、別名酸化第二水銀、鮮赤色ないし橙赤色の無

臭の結晶性粉末のものと橙黄色ないし黄色の無臭の粉末とがある。水にほとんど溶けず、希塩酸、硝酸、シアン化アルカリ溶液に溶ける。毒物(5％以下は劇物)。

問46　4
〔解説〕
　　　一般の問49を参照。

問47　2
〔解説〕
　　　クロロホルム $CHCl_3$(別名トリクロロメタン)は劇物。無色の独特の甘味のある香気を有する。又、クロロホルムの中毒：原形質毒、脳の節細胞を麻酔、赤血球を溶解する。吸収するとはじめ嘔吐、瞳孔縮小、運動性不安、次に脳、神経細胞の麻酔が起きる。中毒死は呼吸麻痺、心臓停止による。

問48　4
〔解説〕
　　　酢酸エチル(別名酢酸エチルエステル、酢酸エステル)は、劇物。強い果実様の香気ある可燃性無色の液体。揮発性がある。蒸気は空気より重い。引火しやすい。水にやや溶けやすい。

問49　4
〔解説〕
　　　一般の問50を参照。

問50　2
〔解説〕
　　　一酸化鉛 PbO(別名密陀僧、リサージ)は劇物。赤色〜赤黄色結晶。重い粉末で、黄色から赤色の間の様々なものがある。水にはほとんど溶けない。用途はゴムの加硫促進剤、顔料、試薬等。

〔毒物及び劇物の識別及び取扱方法 〕

(一般)

問51　1
〔解説〕
　　　クロロホルム $CHCl_3$(別名トリクロロメタン)は、無色、揮発性の液体で特有の香気とわずかな甘みをもち、麻酔性がある。アルコール溶液に、水酸化カリウム溶液と少量のアニリンを加えて　熱すると、不快な刺激性の臭気を放つ。

問52　2
〔解説〕
　　　五硫化二燐は毒物。淡黄色の結晶性粉末で硫化水素臭がある。吸湿性がある。空気中では 260 〜 290 ℃で発火、燃焼する。廃棄方法は、①スクラバーを具備した焼却炉で燃焼する燃焼法と、②多量の水酸化ナトリウム水溶液に少量ずつ加えて分解した後、酸化剤(次亜塩素酸ナトリウム、さらし粉等)の水溶液を加えて酸化分解する酸化法がある。

問53　3
〔解説〕
　　　ナトリウム Na は、銀白色金属光沢の柔らかい金属、湿気、炭酸ガスから遮断するために石油中に保存。空気中で容易に酸化される。水と激しく反応して水素を発生する($2Na + 2H_2O → 2NaOH + H_2$)。炎色反応で黄色を呈する。水、二酸化炭素、ハロゲン化炭化水素等と激しく反応するのでこれらと接触させない。

問54　4
〔解説〕
　　　ヒ素中毒には種々の変化があるが、腹痛や膨満感、悪心や胸やけなどの諸症状が起こり嘔吐やのどの乾燥、痙攣などを引き起こす。重篤な場合は多臓器不全・意識混濁・角化症や皮膚癌などを引き起こす。治療薬はＢＡＬ(ジメルカプロール製剤)が用いられる。

問55　4
〔解説〕
　　　クロルピクリン CCl_3NO_2 は有機化合物で揮発性があることから、有機ガス用防毒マスクを用いる。クロルピクリンにおける保護具〔①保護手袋、②保護長ぐつ、③保護衣、④有機ガス用防毒マスク〕

問56　2
〔解説〕
　　燐化亜鉛 Zn_3P_2 は、灰褐色の結晶又は粉末。かすかにリンの臭気がある。ベン
ゼン、二硫化炭素に溶ける。酸と反応して有毒なホスフィン PH3 を発生。嚥下吸
入したときに、胃及び肺で胃酸や水と反応してホイフィンを生成することにより
中毒症状を発現する。
問57　1
〔解説〕
　　トラロメトリンは劇物。橙黄色の樹脂状固体。トルエン、キシレン等有機溶媒
によく溶ける。熱、酸に安定、アルカリ、光に不安定。用途は野菜、果樹、園芸
植物等アブラムシ類、コナガ、アオムシ等の駆除。
問58　4
〔解説〕
　　クロム酸ナトリウム Na_2CrO_4 は黄色結晶、酸化剤、潮解性。水によく溶ける。
無機化合物なので有機溶媒には溶けない。飛散したものは空容器にできるだけ回
収し、そのあとを還元剤（硫酸第一鉄等）の水溶液を散布し、消石灰、ソーダ灰等
の水溶液で処理したのち、多量の水で洗い流す。この場合、濃厚な廃液が河川等
に排出されないよう注意する。
問59　3
〔解説〕
　　次の蓚酸における廃棄方法について正しいのは、ｂとｄである。次のとおり。
蓚酸は無色の柱状結晶、風解性、還元性、漂白剤、鉄さび落とし。無水物は白色
粉末。水、アルコールに可溶。エーテルには溶けにくい。また、ベンゼン、クロ
ロホルムにはほとんど溶けない。廃棄方法は、①焼却炉で焼却する燃焼法。また
は、②ナトリウム塩とした後、活性汚泥で処理する活性汚泥法がある。
問60　3
〔解説〕
　　次のメチルエチルケトンにおける性状の組み合わせとして正しいのは、ｂとｃ
である。次のとおり。メチルエチルケトン $CH_3COC_2H_5$（2-ブタノン、MEK）は劇物。
アセトン様の臭いのある無色液体。蒸気は空気より重い。引火性。有機溶媒。水
に可溶。

（農業用品目）

問51　4
〔解説〕
　　一般の問 55 を参照。
問52　2
〔解説〕
　　メソミル(別名メトミル)は、劇物。白色の結晶。水、メタノール、アセトンに
溶ける。漏えいした場合：飛散したものは空容器にできるだけ回収し、そのあと
を消石灰等の水溶液を用いて処理し、多量の水を用いて洗い流す。
問53　3
〔解説〕
　　この設問は中毒症状の治療として、解毒剤である PAM を使用することができ
るものはどれかとあるので、有機燐系である3のフェントエートが該当する。な
お、フェントエートの性状は次のとおり。フェントエートは、劇物。赤褐色、油
状の液体で、芳香性刺激臭を有し、水、プロピレングリコールに溶けない。リグ
ロインにやや溶け、アルコール、エーテル、ベンゼンに溶ける。有機燐系の殺虫
剤として用いられる。因みに、パラコートは、毒物で、ジピリジル誘導体で無色
結晶性粉末、水によく溶け低級アルコールに溶ける。消化器障害、ショック
のほか、数日遅れて肝臓、腎臓、肺等の機能障害を起こす。解毒剤はないので、
徹底的な胃洗浄、小腸洗浄を行う。誤って嚥下した場合には、消化器障害、ショ
ックのほか、数日遅れて肝臓、肺等の機能障害を起こすことがあるので、特に症
状がない場合にも至急医師による手当てを受けること。イミダクロプリドは劇物。
弱い特異臭のある無色結晶。症状：(全身症状)頻脈、血圧上昇、嘔気、嘔吐、痙
攣→治療法：胃洗浄、吸着剤(活性炭)および下剤の投与。用途は野菜等のアブラ
ムシ等の殺虫剤(ネオニコチノイド系殺虫剤)。シフルトリンは劇物。黄褐色の粘
稠性または塊。無臭。水に極めて溶けにくい。キシレン、アセトンによく溶ける。0.5
％以下は劇物から除外。用途は農業用ピレスロイド系殺虫剤(野菜、果樹のアオム

問54　3
〔解説〕
　　N-メチル-1-ナフチルカルバメート(NAC)は、:劇物。5％以下は劇物から除外。白色無臭の結晶。水に極めて溶けにくい。有機溶媒に可溶。常温では安定であるが、アルカリには不安定である。用途は農業殺虫剤。廃棄方法は、そのまま焼却炉で焼却するか、可燃性溶剤とともに焼却炉の火室へ噴霧し焼却する焼却法。又は、水酸化カリウム水溶液等と加温して加水分解するアルカリ法。

問55　1
　　燐化亜鉛 Zn_3P_2 は、灰褐色の結晶又は粉末。かすかにリンの臭気がある。ベンゼン、二硫化炭素に溶ける。酸と反応して有毒なホスフィン $PH3$ を発生。劇物、1％以下で、黒色に着色され、トウガラシエキスを用いて著しくからく着味されているものは除かれる。殺鼠剤。廃棄方法は、1)燃焼法(スクラバーを具備した焼却炉、可燃物と混ぜ燃やすと Zn は ZnO、ところが P は P_2O_5 などになるのでスクラバーを具備する必要がある。)、あるいは 2)酸化法(多量の次亜塩素酸ナトリウム NaClO と水酸化ナトリウム NaOH の混合溶液中へ少量ずつ加えて酸化分解する。過剰の NaClO はチオ硫酸ナトリウムで、過剰の NaOH は希硫酸で中和し、沈殿ろ過し、埋立。)

問56〜問57　問56　1　　問57　2
〔解説〕
　　問56　ブロムメチル(臭化メチル)CH_3Br は、常温では気体(有毒な気体)。冷却圧縮すると液化しやすい。クロロホルムに類する臭気がある。ガスは空気より重く空気の 3.27 倍である。液化したものは無色透明で、揮発性がある。用途について沸点が低く、低温ではガス体であるが、引火性がなく、浸透性が強いので果樹、種子等の病害虫の燻蒸剤として用いられる。　　問57　燐化亜鉛 Zn_3P_2 は、灰褐色の結晶又は粉末。かすかにリンの臭気がある。ベンゼン、二硫化炭素に溶ける。酸と反応して有毒なホスフィン $PH3$ を発生。嚥下吸入したときに、胃及び肺で胃酸や水と反応してホイフィンを生成することにより中毒症状を発現する。

問58　4
〔解説〕
　　テブフェンピラドは劇物。淡黄色結晶。比重 1.0214　水にきわめて溶けにくい。有機溶媒に溶けやすい。pH 3〜11 で安定。用途は野菜、果樹等のハダニ類の害虫を防除する農薬。

問59　1
〔解説〕
　　トラロメトリンは劇物。橙黄色の樹脂状固体。トルエン、キシレン等有機溶媒によく溶ける。熱、酸に安定、アルカリ、光に不安定。用途は野菜、果樹、園芸植物等アブラムシ類、コナガ、アオムシ等の駆除。

問60　3
〔解説〕
　　この設問における硫酸銅の識別法で誤っているものはどれかとあるので、3 が該当する。硫酸銅(Ⅱ)$CuSO_4・5H_2O$ は、濃い青色の結晶。風解性。水に易溶、水溶液は酸性。劇物。水に溶かして硫化水素を加えると、黒色の沈殿を生ずる。

（特定品目）

問51　3
〔解説〕
　　重クロム酸カリウム $K_2Cr_2O_7$ は、橙赤色柱状結晶。水にはよく溶けるが、アルコールには溶けない。強力な酸化剤。

問52〜問53　問52　4　　問53　1
〔解説〕
　　問52　重クロム酸ナトリウム $Na_2Cr_2O_7$ は、やや潮解性の赤橙色結晶、酸化剤。水に易溶。有機溶媒には不溶。飛散したものは、空容器にできるだけ回収し、そのあとを還元剤（硫酸第一鉄等）の水溶液を散布し、消石灰、ソーダ灰等の水溶液で処理したのち、多量の水を用いて洗い流す。この場合、濃厚な廃液が河川等に排出されないように注意する。　　問53　トルエン $C_6H_5CH_3$ が漏えいした場合は、漏えいした液は、土砂等に吸着させて空容器に回収する。また多量に漏えいした液場合は、土砂等でその流れを止め、安全な場所に導き、液の表面を泡で覆いできるだけ空容器に回収する。

問 54　3
〔解説〕
　　四塩化炭素(テトラクロロメタン)CCl_4 は、特有な臭気をもつ不燃性、揮発性無色液体、水に溶けにくく有機溶媒には溶けやすい。洗濯剤、清浄剤の製造などに用いられる。確認方法はアルコール性 KOH と銅粉末とともに煮沸により黄赤色沈殿を生成する。
問 55　4
〔解説〕
　　この設問のメタノールにおける識別法として正しいものは、b と d である。メタノール CH_3OH は特有な臭いの無色透明な揮発性の液体。水に可溶。可燃性。あらかじめ熱灼した酸化銅を加えると、ホルムアルデヒドができ、酸化銅は還元されて金属銅色を呈する。また、サリチル酸と濃硫酸とともに熱すると、芳香あるエステル類を生じる。
問 56　2
〔解説〕
　　クロロホルム $CHCl_3$ は含ハロゲン有機化合物なので廃棄方法はアフターバーナーとスクラバーを具備した焼却炉で焼却する燃焼法。
問 57　3
〔解説〕
　　過酸化水素水は、無色無臭で粘性の少し高い液体。徐々に水と酸素に分解する。酸化力、還元力をもつ。用途は、漂白、医薬品、化粧品の製造。廃棄方法は、多量の水で希釈して処理する希釈法。
問 58　3
〔解説〕
　　一般の問 59 を参照。
問 59　2
〔解説〕
　　クロム酸ナトリウムは十水和物が一般に流通。十水和物は黄色結晶で潮解性がある。水に溶けやすい。その液は、アルカリ性を示す。また、酸化性があるので工業用の酸化剤などに用いられる。
問 60　3
〔解説〕
　　一般の問 60 を参照。

茨城県
令和3年度実施

〔法　規〕
（一般・農業用品目・特定品目共通）

問1　3

〔解説〕

この設問では、アとウが正しい。アは法第1条〔目的〕。ウは法第2条第3項〔定義　特定毒物〕。

問2　4

〔解説〕

この設問では、イとエが正しい。イは、法第3条第1項に示されている。エは設問のとおり。エについては、自ら製造した毒物又は劇物を販売することはできるが、それ以外は、販売業の登録を要する。このことは法第3条第3項ただし書規定に示されている。設問のとおり。

問3　1

〔解説〕

この設問では、アとイが正しい。アは法第4条第1項に示されている。イは法第4条第3項〔登録の更新〕に示されている。因みに、ウの設問にあるような、登録票の書換え交付申請をしなければならなではなく、施行令第35条第1項により交付申請をすることができるである。よって誤り。エについては、輸入後30日以内ではなく、法第9条第1項〔登録の変更〕により、あらかじめ登録の変更を受けなければならないである。

問4　3

〔解説〕

この設問では、アとイが正しい。この法第3条の3→施行令第32条の2による品目→①トルエン、②酢酸エチル、トルエン又はメタノールを含有する接着剤、塗料及び閉そく用またはシーリングの充てん料は、みだりに摂取、若しくは吸入し、又はこれらの目的で所持してはならい。設問については解答のとおり。

問5　5

〔解説〕

この法第8条は毒物劇物取扱責任者の資格が示されている。解答のとおり。

問6　2

〔解説〕

この設問は法第7条〔毒物劇物取扱責任者〕及び法第8条〔毒物劇物取扱責任者の資格〕についてのことで、いくつあるかとあるので、ウのみが正しい。ウは法第8条第1項第一号に示されている。アの毒物劇物取扱責任者を変更したときは、法第7条第3項により、30日以内に届け出なければならないである。イの一般毒物劇物取扱者試験の合格者は、全ての毒物及び劇物を販売又は授与することができる。このことからこの設問は誤り。エの設問については、法第7条第2項により、この設問にあるようなそれぞれではなく、一人毒物劇物取扱責任者を置けばよい。

問7　1

〔解説〕

この設問は法第10条〔届出〕のことで、イとエが正しい。因みに、アの法人の代表者の変更、ウの店舗における営業時間を変更したときについては届け出を要しない。

問8　4

〔解説〕

この設問では、イとエが正しい。イは施行規則第4条の4第1項第一号ロに示されている。エは行規則第4条の4第1項第二号ニに示されている。因みに、ア、イ、エは施行規則第4条の4〔設備基準〕。ウは法第11条第4項のことで飲食物容器使用禁止と示されている。このことからこの設問は誤り。

問9　4

〔解説〕

解答のとおり。

問10　5
〔解説〕
　　この設問は法第 13 条における着色する農業品目のことで、法第 13 条→施行令第 39 条において、①硫酸タリウムを含有する製剤たる劇物、②燐化亜鉛を含有する製剤たる劇物→施行規則第 12 条で、あせにくい黒色に着色しなければならないと示されている。このことから 5 が正しい。
問11　3
〔解説〕
　　法第 14 条〔譲渡手続〕のこと。解答のとおり。
問12　4
〔解説〕
　　施行令第 40 条〔廃棄の方法〕のこと。解答のとおり。
問13　5
〔解説〕
　　この設問は車両を使用して毒物又は劇物を運搬方法についてで、ウのみが正しい。ウは施行令第 40 条の 5 第 2 項第四号に示されている。因みに、アについては、この設問において劇物である塩素とあることから、施行令第 40 条の 5 第 2 項第三号→施行規則第 13 条の 6 →施行規則別表第五により塩素の保護具は、①保護手袋、②保護長ぐつ、③保護衣、④普通ガス用防毒マスクを 2 人以上備えなければならないである。イは、地を白色、文字を白色ではなく、地を黒色、文字を白色である。施行規則第 13 条の 5 に示されている。エは、8 時間を超える場合ではなく、9 時間を超える場合である。このことは、施行規則第 13 条の 4 第二号に示されている。
問14　1
〔解説〕
　　解答のとおり。
問15　2
〔解説〕
　　この設問では、アとウが正しい。業務上取扱者の届出を要する事業者とは、次のとおり。業務上取扱者の届出を要する事業者とは、①シアン化ナトリウム又は無機シアン化合物たる毒物及びこれを含有する製剤→電気めっきを行う事業、②シアン化ナトリウム又は無機シアン化合物たる毒物及びこれを含有する製剤→金属熱処理を行う事業、③最大積載量 5,000kg 以上の運送の事業、④しろありの防除を行う事業である。

〔基礎化学〕
（一般・農業用品目・特定品目共通）
問16　2
〔解説〕
　　H_2 や O_2、CH_4 はほとんど水に溶解しない。CO_2 は多少水には溶解するが(0.15 g/100 mL)、NH_3 は非常によく水に溶解する(90 g/100 mL)。これは水分子と水素結合を形成するためである。
問17　5
〔解説〕
　　A は電流、Pa は圧力、N は力、V は電圧である。
問18　4
〔解説〕
　　オキソニウムイオンの形は三角錐である。
問19　1
〔解説〕
　　原子は原子核と電子から成り、原子核はさらに＋電荷を有する陽子と、電荷をもたない中性子から構成されている。陽子の数を原子番号と言い、陽子と中性子の数の和を質量数という。
問20　3
〔解説〕
　　解答のとおり

問 21　1
〔解説〕
　　常温の水と反応する金属は 1 族のアルカリ金属(Li, Na, K, Rb, Cs, Fr)と 2 族のアルカリ土類金属(Ca, Sr, Ba, Ra)である。

問 22　3
〔解説〕
　　マグネシウム、ベリリウム、カルシウムは 2 族の元素であるため最外殻に 2 個の電子をもつ。He は 18 族であり、最外殻が電子で満たされているが 2 個しか電子を持てない。Ar は 18 族であり、最外殻に 8 個の電子をもつ。

問 23　2
〔解説〕
　　塩化カルシウム $CaCl_2$ はイオン結合からなる物質である。ダイヤモンドは共有結合の結晶、ナフタレンとドライアイスは分子結晶である。

問 24　2
〔解説〕
　　一般的に周期表の右上（ただし 18 族を除く）の原子は電気陰性度が大きく、結合電子対を自身に引き付ける力が強い。

問 25　3
〔解説〕
　　ポリエチレンテレフタラート(PET)はエチレングリコールとテレフタル酸の縮重合からなるポリエステルである。

問 26　1
〔解説〕
　　酸性塩とは分子内に放出できる H を有するものであるが、その塩の液性は必ずしも酸性を示すとは限らない。

問 27　2
〔解説〕
　　6.25 g ÷ (5.0/22.4) = 28.0　よって N_2(分子量 28)とわかる。

問 28　4
〔解説〕
　　反応式より、メタンが 1 モル燃焼すると水が 2 モル生じる。1.6 g のメタン(CH_4 : 分子量 16)のモル数は 0.1 モル。よって生じる水(H_2O : 分子量 18)の重さは 18 × 0.2 = 3.6 g

問 29　5
〔解説〕
　　中和は H^+のモル数と OH^-のモル数が等しいときである。よって求める水酸化ナトリウム水溶液の体積を V とすると式は、　0.1 × 2 × 24=0.12 × 1 × V,　V = 40 mL

問 30　4
〔解説〕
　　電子は負極で発生する(酸化反応)。

〔毒物及び劇物の性質及び貯蔵その他取扱方法〕
（一般）

問 31　3
〔解説〕
　　この設問の水銀について、アとウが正しい。水銀 Hg は毒物。常温で唯一の液体の金属である。硝酸には溶けるが、塩酸には溶けない。また、銀とアマルガムを生成するが、鉄とはアマルガムを生成しない。

問 32　5
〔解説〕
　　この設問のクロロホルムについて、ウのみが正しい。クロロホルム $CHCl_3$(別名トリクロロメタン)は劇物。無色、揮発性の液体で特有の香気とわずかな甘みをもち、麻酔性がある。蒸気は空気より重い。沸点 61 ～ 62 ℃、比重 1.484、不燃性で水にはほとんど溶けない。

問33　2
〔解説〕
　この過酸化水素水については、誤っているものはどれかとあるので、2が誤り。過酸化水素水 H_2O_2 は、無色透明の濃厚な液体で、弱い特有のにおいがある。強く冷却すると稜柱状の結晶となる。不安定な化合物であり、常温でも徐々に水と酸素に分解する。酸化力、還元力を併有している。

問34　1
〔解説〕
　この設問は全て正しい。ジクワットは、劇物で、ジピリジル誘導体で淡黄色結晶、水に溶ける。用途は、除草剤。カルタップは、劇物。無色の結晶。用途は農薬の殺虫剤。クロルピクリン CCl_3NO_2 は、無色〜淡黄色液体、催涙性、粘膜刺激臭。用途は線虫駆除、土壌燻蒸剤(土壌病原菌、センチュウ等の駆除)。

問35　3
〔解説〕
　この設問における用途について誤っているものはどれかとあるので、3のアジ化ナトリウムが誤り。次のとおり。アジ化ナトリウム NaN_3 は、毒物、無色板状結晶で無臭。用途は試薬、医療検体の防腐剤、エアバッグのガス発生剤。

問36　3
〔解説〕
　この設問における貯蔵については、アとウが正しい。イの四塩化炭素の貯蔵については、次のとおり。四塩化炭素(テトラクロロメタン) CCl_4 は、特有な臭気をもつ不燃性、揮発性無色液体、水に溶けにくく有機溶媒には溶けやすい。強熱によりホスゲンを発生。亜鉛またはスズメッキした鋼鉄製容器で保管、高温に接しないような場所で保管。

問37　1
〔解説〕
　この設問における貯蔵については、アとウが正しい。イのアクリルニトリルが誤り。次のとおり。アクリルニトリルは、引火点が低く、火災、爆発の危険性が高いので、火花を生ずるような器具や、強酸とも安全な距離を保つ必要がある。直接空気にふれないよう窒素等の不活性ガスの中に貯蔵する。

問38　2
〔解説〕
　ダイアジノンは、有機リン製剤、接触性殺虫剤、かすかにエステル臭をもつ無色の液体、水に難溶、有機溶媒に可溶。PAM 製剤又は硫酸アトロピン製剤を用いて解毒する。

問39　4
〔解説〕
　砒素については胃洗浄を行い、吐剤、牛乳、蛋白粘滑剤を与える。治療薬はジメルカプロール(別名 BAL)。

問40　4
〔解説〕
　アクロレイン $CH_2=CH-CHO$ は、劇物。無色または帯黄色の液体。刺激臭があり、引火性である。毒性については、目と呼吸系を激しく刺激する。皮膚を刺激して、気管支カタルや結膜炎をおこす。

(農業用品目)

問31　4
〔解説〕
　この設問のクロルピクリンについては、アとイが正しい。クロルピクリンについては次のとおり。クロルピクリン CCl_3NO_2 は、無色〜淡黄色液体、催涙性、粘膜刺激臭。水に不溶。アルコール、エーテルなどには溶ける。熱には比較的不安定で、180℃以上に熱すると分解するが、引火性はない。酸、アルカリには安定である。金属腐食性が大きい。用途は線虫駆除、土壌燻蒸剤(土壌病原菌、センチュウ等の駆除)。

問32　3
〔解説〕
　この設問のパラコートについては、アとウが正しい。次のとおり。パラコートは、毒物で、ジピリジル誘導体で無色結晶性粉末、水によく溶け低級アルコールに僅かに溶ける。アルカリ性では不安定。金属に腐食する。不揮発性。用途は除草剤。

問33～問36 問33 1　　問34 5　　問35 4　　問36 2
〔解説〕
　　問33　カルタップ、イミダクロプリド、クロルピリホス、オキサミル、ジメトエートのいずれの物質の用途は、殺虫剤として用いられる。　　問34　有機燐系に分類されるものは、ウのクロルピリホスとオのジメトエートである。
　　問35　エのオキサミルは、毒物。白色針状結晶。カーバメイト系の殺虫剤。
　　問36　イのイミダクロプリドは劇物。弱い特異臭のある無色結晶。ネオニコチノイド系の殺虫剤。
問37 1　　問38 5
〔解説〕
　　問37　トリシクラゾールは、劇物、無色無臭の結晶、農業用殺菌剤(イモチ病に用いる。)。　　問38　1-t-ブチル-3-(2,6-ジイソプロピル-4-フェノキシフェニル)チオウレア(別名ジアフェンチウロン)は、劇物。白～灰白色結晶固体。用途は殺虫剤(アブラナ科野菜、茶、みかん等の害虫アブラムシ類、コナガ、アオムシ)。
問39 5　　問40 1
〔解説〕
　　問39　ブロムメチル CH_3Br は可燃性・引火性が高いため、火気・熱源から遠ざけ、直射日光の当たらない換気性のよい冷暗所に貯蔵する。耐圧等の容器は錆防止のため床に直置きしない。　　問40　ホストキシン(リン化アルミニウム AlP とカルバミン酸アンモニウム $H_2NCOONH_4$ を主成分とする。)は、ネズミ、昆虫駆除に用いられる。リン化アルミニウムは空気中の湿気で分解して、猛毒のリン化水素 PH_3(ホスフィン)を発生する。空気中の湿気に触れると徐々に分解して有毒なガスを発生するので密閉容器に貯蔵する。使用方法については施行令第30条で規定され、使用者についても施行令第18条で制限されている。

(特定品目)

問31 4　　問32 3
〔解説〕
　　問31　問32　酢酸エチル $CH_3COOCH_2CH_3$ は、無色果実臭の可燃性液体で、溶剤として用いられる。
問33 5　　問34 1
〔解説〕
　　問33　アンモニア NH_3 は、常温では無色刺激臭の気体、冷却圧縮すると容易に液化する。水、エタノール、エーテルに可溶。強いアルカリ性を示し、腐食性は大。水溶液は弱アルカリ性を呈する。　　問34　硅弗化ナトリウムは劇物。無色の結晶。水に溶けにくい。アルコールに溶けない。酸と接触すると弗化水素ガス、四弗化硅素ガスを発生する。
問35 5　　問36 1
〔解説〕
　　問35　一酸化鉛 PbO(別名リサージ)は劇物。赤色～赤黄色結晶。用途はゴムの加硫促進剤、顔料、試薬等。　　問36　塩素 Cl_2 は、常温においては窒息性臭気をもつ黄緑色気体、冷却すると黄色溶液を経て黄白色固体となる。用途は酸化剤、紙パルプの漂白剤、殺菌剤、消毒薬。 1
問37 3　　問38 2
〔解説〕
　　問37　過酸化水素水 H_2O_2 は過酸化水素の水溶液、少量なら褐色ガラス瓶(光を遮るため)、多量ならば現在はポリエチレン瓶を使用し、3分の1の空間を保ち、有機物等から引き離し日光を避けて冷暗所保存。　　問38　ホルマリンは、低温で混濁することがあるので、常温で貯蔵する。一般に重合を防ぐため10％程度のメタノールが添加してある。
問39 2　　問40 2
〔解説〕
　　問39　硝酸 HNO_3 は無色の発煙性液体。蒸気は眼、呼吸器などの粘膜および皮膚に強い刺激性をもつ。高濃度のものが皮膚に触れるとガスを生じ、初めは白く変色し、次第に深黄色になる(キサントプロテイン反応)。　　問40　メタノール $CH3OH$ は特有な臭いの無色液体。水に可溶。可燃性。頭痛、めまい、嘔吐(おうと)、下痢、腹痛などをおこし、致死量に近ければ麻酔状態になり、視神経がおかされ、目がかすみ、ついには失明することがある。中毒の原因は、排出が緩慢で蓄積作用によるとともに、神経細胞内で、ぎ酸が発生することによる。

〔毒物及び劇物の識別及び貯蔵その他取扱方法〕
（一般）

問 41　5
〔解説〕
　この設問では、アのニトロベンゼンが誤り。ニトロベンゼン $C_6H_5NO_2$ 特有の臭いの淡黄色液体。水に難溶。

問 42　5
〔解説〕
　ホルマリンはホルムアルデヒド HCHO の水溶液。フクシン亜硫酸はアルデヒドと反応して赤紫色になる。アンモニア水を加えて、硝酸銀溶液を加えると、徐々に金属銀を析出する。またフェーリング溶液とともに熱すると、赤色の沈殿を生ずる。

問 43　3　　　問 44　4　　問 45　2
〔解説〕
　問 43　アンモニア水は、アンモニア NH_3 が気化し易いので、濃塩酸を近づけると塩化アンモニウムの白い煙を生じる。　　　　　問 44　フェノール C_6H_5OH はフェノール性水酸基をもつので過クロール鉄（あるいは塩化鉄(Ⅲ) $FeCl_3$）により紫色を呈する。　　問 45　塩化第二水銀($HgCl_2$)は毒物。白色の透明で重い針状結晶。水、エーテルに溶ける。昇汞の溶液に石灰水を加えると赤い酸化水銀の沈殿をつくる。また、アンモニア水を加えると白色の白降汞をつくる。

問 46　2
〔解説〕
　重クロム酸カリウム $K_2Cr_2O_7$ は、橙赤色結晶、酸化剤。水に溶けやすく、有機溶媒には溶けにくい。強力な酸化剤。水溶液に酢酸鉛を加えると、黄色の沈殿を生じる。用途は工業用に酸化剤、媒染剤、電気鍍金等。

問 47　5
〔解説〕
　アニリン　$C_6H_5NH_2$ は、劇物。新たに蒸留したものは無色透明油状液体、光、空気に触れて赤褐色を呈する。特有な臭気。水には難溶、有機溶媒には可溶。沸点 184 〜 186 ℃の油状物。アニリンは血液毒である。かつ神経毒であるので血液に作用してメトヘモグロビンを作り、チアノーゼを起こさせる。急性中毒では、顔面、口唇、指先等にはチアノーゼが現れる。さらに脈拍、血圧は最初亢進し、後に下降して、嘔吐、下痢、腎臓炎を起こし、痙攣、意識喪失で、ついに死に至ることがある。

問 48　4
〔解説〕
　酸化カドミウムは劇物。赤褐色の粉末。水に不溶。用途は電気メッキ。廃棄方法はセメントを用いて固化して、溶出試験を行い、溶出量が判定以下であることを確認して埋立処分する固化隔離法。多量の場合には還元焙焼法により金属カドミウムとして回収する。

問 49　1
〔解説〕
　エチレンオキシドは、劇物。快臭のある無色のガス。水、アルコール、エーテルに可溶。可燃性ガス、反応性に富む。廃棄法：多量の水に少量ずつガスを吹き込み溶解し希釈した後、少量の硫酸を加えエチレングリコールに変え、アリカリ水で中和し、活性汚泥で処理する活性汚泥法。

問 50　1
〔解説〕
　クロルメチル(CH_3Cl)は、劇物。無色のエータル様の臭いと、甘味を有する気体。水にわずかに溶け、圧縮すれば液体となる。空気中で爆発する恐れがあり、濃厚液の取り扱いに注意。

（農業用品目）
問41 2　　問42 1　　問43 3　　問44 4

〔解説〕
　　問41　フェンチオン MPP は、劇物（2％以下除外）、有機リン剤、淡褐色のニンニク臭をもつ液体。有機溶媒には溶けるが、水には溶けない。稲のニカメイチュウ、ツマグロヨコバイなどの殺虫に用いる。　　問42　塩素酸ナトリウム NaClO₃は、無色無臭結晶、酸化剤、水に易溶。有機物や還元剤との混合物は加熱、摩擦、衝撃などにより爆発することがある。用途は除草剤、酸化剤、抜染剤。
　　問43　ヨウ化メチル CH₃I は、無色または淡黄色透明液体、低沸点、光により I₂が遊離して褐色になる（一般にヨウ素化合物は光により分解し易い）。エタノール、エーテルに任意の割合に混合する。水に不溶。Ｉｉｙｅガス殺菌剤としてたばこの根瘤線虫、立枯病に使用する。　　問44　硫酸銅、硫酸銅（Ⅱ）CuSO₄・5H₂Oは、濃い青色の結晶。風解性。水に易溶、水溶液は酸性。劇物。用途は、試薬、工業用の電解液、媒染剤、農業用殺菌剤。

問45 2

〔解説〕
　　メソミル（別名メトミル）は、毒物（劇物は45％以下は劇物）。白色の結晶。水、メタノール、アセトンに溶ける。融点 78 ～ 79 ℃。カルバメート剤なので、解毒剤は硫酸アトロピン（PAM は無効）。

問46 3　　問47 5

〔解説〕
　　問46　トリククロルヒドロキシエチルジメチルホスホネイト（別名 DEP）は劇物。純品は白色の結晶。クロロホルム、ベンゼン、アルコールに溶け、水にもかなり溶ける。廃棄法は、①燃焼法　そのままスクラバーを具備した焼却炉で焼却する。可燃性溶剤とともにスクラバーを具備した焼却炉の火室へ噴霧し、焼却する。②アルカリ法　水酸化ナトリウム水溶液等と加温して加水分解する。
　　問47　リン化亜鉛 Zn₃P₂ は、灰褐色の結晶又は粉末。かすかにリンの臭気がある。用途は、殺鼠剤として用いられる。廃棄方法は、1)燃焼法（スクラバーを具備した焼却炉、可燃物と混ぜ燃やすと Zn は ZnO、ところが P は P2O5 などになるのでスクラバーを具備する必要がある。）、あるいは 2)酸化法（多量の次亜塩素酸ナトリウム NaClO と水酸化ナトリウム NaOH の混合溶液中へ少量ずつ加えて酸化分解する。過剰の NaClO はチオ硫酸ナトリウムで、過剰の NaOH は希硫酸で中和し、沈殿ろ過し、埋立。）

問48 4　　問49 2　　問50 3

〔解説〕
　　問48　硫酸 H₂SO₄ は、水で希釈すると発熱するので遠くから注水して希釈し希硫酸とした後に、アルカリで中和し、水で希釈処理。　　問49　DDVP（別名ジクロルボス）は有機リン製剤。刺激性で微有のある比較的揮発性の無色油状、水に溶けにくく、有機溶媒に易溶。水中では徐々に分解。漏えいした液は土砂等でその流れを止め、安全な場所に導き、空容器にできるだけ回収し、その後を消石灰等の水溶液を用いて処理した後、多量の水を用いて洗い流す。洗い流す場合には中性洗剤等の分散剤を使用して洗い流す。　　問50　ジクワットは、劇物で、ジピリジル誘導体で淡黄色結晶、水に溶ける。漏えいした場合：土壌で覆って十分接触させた後、土壌を取り除き、多量の水で洗い流す。

（特定品目）
問41 1　　問42 4

〔解説〕
　　問41　四塩化炭素（テトラクロロメタン）CCl₄（別名四塩化メタン）は、特有な臭気をもつ不燃性、揮発性無色液体、水に溶けにくく有機溶媒には溶けやすい。比重は 1.63。強熱によりホスゲンを発生。クロロホルム CHCl₃（別名トリクロロメタン）は劇物。無色の独特の甘味のある香気を持ち、水にはほとんど溶けず、有機溶媒によく溶ける。比重は 15 度で 1.498。火災の高温面や炎に触れると有毒なホスゲン、塩化水素、塩素を発生することがある。　　問42　水酸化ナトリウム（別名：苛性ソーダ）NaOH は、劇物。白色結晶性の固体。水に溶けやすく、水溶液はアルカリ性反応を呈する。炎色反応は青色を呈する。水酸化カリウム KOH（別名苛性カリ）は劇物（5％以下は劇物から除外。）。白色の固体で、水、アルコールには熱を発して溶けるが、アンモニア水には溶けない。空気中に放置すると、水分と二酸炭素を吸収して潮解する。

茨城県

問 43 4 問 44 2 問 45 3
〔解説〕
　　問 43　四塩化炭素(テトラクロロメタン)CCl_4 は、特有な臭気をもつ不燃性、揮発性無色液体、水に溶けにくく有機溶媒には溶けやすい。洗濯剤、清浄剤の製造などに用いられる。確認方法はアルコール性 KOH と銅粉末とともに煮沸により黄赤色沈殿を生成する。　　　問 44　シュウ酸$(COOH)_2$・$2H_2O$ は、劇物(10 %以下は除外)、無色稜柱状結晶、風解性。水溶液を酢酸で弱酸性にして、酢酸カルシウムを加えると、結晶性の白色沈殿を生じる。同じく、水溶液をアンモニア水で弱アルカリ性にして、塩化カルシウムを加えても、白色沈殿を生じる。
　　問 45　メタノール CH_3OH は、触媒量の濃硫酸存在下にサリチル酸と加熱するとエステル化が起こり、芳香をもつサリチル酸メチルを生じる。
問 46 1 問 47 5
〔解説〕
　　問 46　クロロホルム $CHCl_3$ は、有機ハロゲン化物なので燃焼法、ただしアフターバーナー＋スクラバーが必要、スクラバーの洗浄液には燃焼の際に発生する HClなどを吸収させるためアルカリを使用。　　　問 47　硅弗化ナトリウムは劇物。無色の結晶。水に溶けにくい。アルコールにも溶けない。　水に溶かし、消石灰等の水溶液を加えて処理した後、希硫酸を加えて中和し、沈殿濾過して埋立処分する分解沈殿法。
問 48 3 問 49 4 問 50 2
〔解説〕
　　解答のとおり。

栃木県
令和３年度実施

〔法規・共通問題〕
（一般・農業用品目・特定品目共通）

問１　１
〔解説〕
　　解答のとおり。

問２　４
〔解説〕
　　この設問は法第３条の２における特定毒物のことで、誤っているものはどれか
とあるので、４が誤り。４の特定毒物を輸入できる者は、毒物又は劇物輸入業者
と特定毒物研究者である。このことは法第３条の２第２項に示されている。

問３　３
〔解説〕
　　法第３条の４で規定する引火性、発火性又は爆発性のある毒物又は劇物→施行
令第 32 条の３で、①亜塩素酸ナトリウム及びこれを含有する製剤 30 ％以上、②
塩素酸塩類を含有する製剤 35 ％以上、③ナトリウム、④ピクリン酸については正
当な理由を除いては所持してはならないと規定されている。このことから３が正
しい。

問４　３
〔解説〕
　　解答のとおり。

問５　２
〔解説〕
　　法第８条第２項〔毒物劇物取扱責任者の資格〕のこと。解答のとおり。

問６　１
〔解説〕
　　法第 12 条第１項〔毒物又は劇物の表示〕のこと。解答のとおり。

問７　３
〔解説〕
　　法第 12 条第２項第三号〔毒物又は劇物の表示〕で、→施行規則第 11 条の５に
定められている有機燐化合物及びこれを含有する毒物又は劇物については、解毒
剤として、①２－ピリジルアルドキシムメチオダイド(別名 PAM)の製剤、②硫酸
アトロピンの製剤である。このことからこの設問では、３の有機燐化合物が正し
い。

問８　３
〔解説〕
　　この設問でAが正しい。この設問は、施行令第 35 条〔登録票又は許可証の書換
え交付〕及び施行令第 36 条〔登録票又は許可証の再交付〕についてで、Aは施行
令第 35 条第１項に示されている。因みにBは、施行令第 36 条第２項により、申
請書にその登録票を添えなければならないである。よって誤り。Cについては、
施行令第 36 条第３項により、失った登録票を発見したときは、これを返納しなけ
ればならないである。

問９　２
〔解説〕
　　この設問は全て正しい。なお、業務上取扱者の届出を要する事業者とは、次の
とおり。業務上取扱者の届出を要する事業者とは、①シアン化ナトリウム又は無
機シアン化合物たる毒物及びこれを含有する製剤→電気めっきを行う事業、②シ
アン化ナトリウム又は無機シアン化合物たる毒物及びこれを含有する製剤→金属
熱処理を行う事業、③最大積載量 5,000kg 以上の運送の事業、④しろありの防除
を行う事業である。

問 10　１
〔解説〕
　　この設問は施行規則第４条の４第２項〔販売業の店舗の設備基準〕のことでで
あるが、１が該当しない。１は製造所の設備基準。

問11　3
〔解説〕
　　法第17条第2項〔事故の際の措置〕で、毒物又は劇物を紛失、盗難したときは、直ちに、その旨を警察署に届け出なければならないである。
問12　3
〔解説〕
　　この設問は法第10条における届出のことで、Bのみが該当しない。Bの法人の代表者を変更した場合は、届け出を要しない。
問13　1
〔解説〕
　　この設問は、施行令第40条の9第1項→施行規則第13条の12における毒物又は劇物の情報提供についてで、Aの応急措置とBの火災時の措置が該当する。
問14　2
〔解説〕
　　解答のとおり。法第13条における着色する農業品目のことで、法第13条→施行令第39条において、①硫酸タリウムを含有する製剤たる劇物、②燐化亜鉛を含有する製剤たる劇物→施行規則第12条で、あせにくい黒色に着色しなければならないと示されている。
問15　2
〔解説〕
　　法第11条第4項→施行規則第11条の4において、飲食物容器禁止のことが示されている。解答のとおり。

〔基礎化学・共通問題〕
（一般・農業用品目・特定品目共通）
問16　4
〔解説〕
　　ナトリウム、カリウムはアルカリ金属、ヘリウムは希ガス、塩素はハロゲンである。
問17　2
〔解説〕
　　陽イオンと陰イオンの静電的な結合をイオン結合という。イオン結合結晶はそのままでは電気を導かないが、溶融することで電気を導くようになる。
問18　2
〔解説〕
　　水酸化ナトリウム（NaOH）の式量は40である。よって式は $6 \times 50/1000 \times 40 = 12$ g
問19　4
〔解説〕
　　反応式より、2モルのアルミニウムから3モルの水素が発生する。2.7gのアルミニウムは0.1モルだから発生する水素は0.15モルとなる。$22.4 \times 0.15 = 3.36$ L
問20　3
〔解説〕
　　同素体は単体でなくてはならない。次亜塩素酸や水は化合物である。
問21　1
〔解説〕
　　解答のとおり。
問22　5
〔解説〕
　　水素、アンモニア、メタンは単結合のみからなる分子、窒素は三重結合を有している。
問23　2
〔解説〕

正解 2　1 の記述は分解熱、3 の記述は燃焼熱、4 の記述は中和熱、5 の記述は生成熱である。

問 24　5
〔解説〕
　　中和反応は H^+ と OH^- のモル数が等しくなる。必要な水酸化ナトリウム水溶液の体積を X mL とすると式は、　$0.1 \times 2 \times 20 = 0.1 \times 1 \times X,$　$X = 40$ mL

問 25　3
〔解説〕
　　硫化水素は還元作用を有している、常温常圧で無色の腐卵臭の気体である。

問 26　3
〔解説〕
　　親水コロイドに多量の電解質を加えて沈殿させる操作を塩析、疎水コロイドに少量の電解質を加えて沈殿させる操作を凝析という。

問 27　4
〔解説〕
　　アンモニアは分子の構造が三角錐であるため、極性を持つ。

問 28　2
〔解説〕
　　2 種類以上の物質がまざったものを混合物である。空気は窒素や酸素、二酸化炭素などの物質が混ざった混合物である。

問 29　2
〔解説〕
　　電離度が大きい物質ほど電気の良導体となる。ブレンステッドの定義では酸とは水素イオンを放出する物質である。

問 30　3
〔解説〕
　　pH が 1 違うと水素イオン濃度は 10 倍異なる。pH が 2 と 4 では 100 倍異なる。

〔実地試験・選択問題〕

（一般）

問 31 ～ 33　　問 31　2　　問 32　1　　問 33　4
〔解説〕
　　問 31　弗化水素酸(弗酸)は、毒物。弗化水素の水溶液で無色またわずかに着色した透明の液体。水にきわめて溶けやすい。貯蔵法は銅、鉄、コンクリートまたは木製のタンクにゴム、鉛、ポリ塩化ビニルあるいはポリエチレンのライニングをほどこしたものに貯蔵する。　　問 32　ベタナフトール $C_{10}H_7OH$ は、劇物。無色～白色の結晶、石炭酸臭、水に溶けにくく、熱湯に可溶。有機溶媒に易溶。遮光保存(フェノール性水酸基をもつ化合物は一般に空気酸化や光に弱い)。ただし 1% 以下は除外。　　問 33　二硫化炭素 CS_2 は、無色流動性液体、引火性が大なので水を混ぜておくと安全、蒸留したてはエーテル様の臭気だが通常は悪臭。水に僅かに溶け、有機溶媒には可溶。日光の直射が当たらない場所で保存。

問 34 ～ 36　　問 34　3　　問 35　4　　問 36　1
〔解説〕
　　問 34　ニトロベンゼン $C_6H_5NO_2$ は特有の臭いの淡黄色液体。水に難溶。比重 1 より少し大。可燃性。問 35　ピクリン酸 $C_6H_2(NO_2)_3OH$ は、淡黄色の針状結晶で、急熱や衝撃で爆発。金属との接触でも分解が起こる。　　問 36　硫酸タリウム Tl_2SO_4 は、劇物。白色結晶。水にやや溶け、熱水に易溶。

問 37 ～ 39　　問 37　3　　問 38　1　　問 39　4
〔解説〕
　　問 37　シアン化ナトリウム NaCN は、白色の粉末、粒状またはタブレット状の固体。吸入すると、頭痛、めまい、悪心、意識不明、呼吸麻痺などを起こす。亜硝酸ナトリウム水溶液とチオ硫酸ナトリウム水溶液を用いた解毒手当が有効である。　　問 38　フェノール C_6H_5OH は、劇物。無色の針状結晶または白色の放射状結晶性の塊。空気中で容易に赤変する。特異の臭気と灼くような味がする。アルコール、エーテル、クロロホルムにはよく溶ける。水にはやや溶けやすい。皮膚や粘膜につくと火傷を起こし、その部分は白色となる。内服した場合には、尿は特有な暗赤色を呈する。　　問 39　メタノール CH_3OH は特有な臭いの無色液

体。水に可溶。可燃性。染料、有機合成原料、溶剤。　メタノールの中毒症状：吸入した場合、めまい、頭痛、吐気など、はなはだしい時は嘔吐、意識不明。中枢神経抑制作用。飲用により視神経障害、失明。

問40　2
〔解説〕
　この設問における用途については、3のアジ化ナトリウム。急熱すると爆発的に窒素を発生する性質から、自動車用エアバッグに用いられている。試薬・医療検体の防腐剤、除草剤としても用いられる。なお、エチレンオキシド(CH₂)₂O は、劇物。快臭のある無色のガス、水、アルコール、エーテルに可溶。可燃性ガス、反応性に富む。用途は有機合成原料、界面活性剤、殺菌剤。塩化亜鉛（別名　クロル亜鉛）ZnCl₂ は劇物。白色の結晶。空気にふれると水分を吸収して潮解する。用途は脱水剤、木材防臭剤、脱臭剤、試薬。キノリンは劇物。無色または淡黄色の特有の不快臭をもつ液体で吸湿性である。水、アルコール、エーテル二硫化炭素に可溶。用途は界面活性剤。

問41　1
〔解説〕
　水銀 Hg は毒物。常温で唯一の液体の金属である。硝酸には溶けるが、塩酸には溶けない。また、銀とアマルガムを生成するが、鉄とはアマルガムを生成しない。水銀の解毒剤は、重金属中毒の解毒剤（キレート剤）であるメルカプロール（BAL）。因みに、有機リン化合物は、硫酸アトロピン。ヒ素化合物は、水酸化マグネシウム。無機シアン化合物は、亜硝酸ナトリウムとチオ硫酸ナトリウムや亜硝酸アミル。

問42〜43　　問42　1　　問43　2
〔解説〕
　問42　硝酸 HNO₃ は強酸なので、中和法、徐々にアルカリ(ソーダ灰、消石灰等)の攪拌液に加えて中和し、多量の水で希釈処理する中和法。　　問43　アンモニア NH₃(刺激臭無色気体)は水に極めてよく溶けアルカリ性を示すので、廃棄方法は、水に溶かしてから酸で中和後、多量の水で希釈処理する中和法。

問44〜47　　問44　2　　問45　4　　問46　5　　問47　3
〔解説〕
　問44　アニリン C₆H₅NH₂ は、劇物。新たに蒸留したものは無色透明油状液体、光、空気に触れて赤褐色を呈する。特有な臭気。水には難溶、有機溶媒には可溶。水溶液にさらし粉を加えると紫色を呈する。　　問45　トリクロル酢酸 CCl₃CO₂H は、劇物。無色の斜方六面体の結晶。わずかな刺激臭がある。潮解性あり。水、アルコール、エーテルに溶ける。水溶液は強酸性、皮膚、粘膜に腐食性が強い。水酸化ナトリウム溶液を加えて熱するとクロロホルム臭を放つ。　　問46　スルホナールは劇物。無色、稜柱状の結晶性粉末。無色の斜方六面形結晶で、潮解性をもち、微弱の刺激性臭気を有する。水、アルコール、エーテルには溶けやすく、水溶液は強酸性を呈する。木炭とともに加熱すると、メルカプタンの臭気を放つ。　　問47　クロルピクリン CCl₃NO₂ の確認：1)CCl3NO2 ＋金属 Ca ＋ベタナフチルアミン＋硫酸→赤色沈殿。2)CCl₃NO₂ アルコール溶液＋ジメチルアニリン＋ブルシン＋ BrCN →緑ないし赤紫色。

問48〜49　　問48　2　　問49　1
〔解説〕
　問48　酢酸エチルは無色で果実臭のある可燃性の液体。多量の場合は、漏えいした液は、土砂等でその流れを止め、安全な場所に導いた後、液の表面を泡等で覆い、できるだけ空容器に回収する。その後は多量の水を用いて洗い流す。少量の場合は、漏えいした液は、土砂等に吸着させて空容器に回収し、その後は多量の水を用いて洗い流す。作業の際には必ず保護具を着用する。風下で作業をしない。　　問49　ブロムメチル(臭化メチル)CH₃Br は、常温では気体(有毒な気体)。冷却圧縮すると液化しやすい。クロロホルムに類する臭気がある。液化したものは無色透明で、揮発性がある。漏えいしたときは、土砂等でその流れを止め、液が広がらないようにして蒸発させる。

問50　2
〔解説〕
　この設問の除外濃度については、2のホルムアルデヒドが正しい。なお、1の硝酸は 10%以下で劇物から除外。3の過酸化水素は6％以下で劇物から除外。4のクレゾールは5％以下は劇物から除外。

（農業用品目）

問31　2
〔解説〕
　　農業用品目販売業者の登録が受けた者が販売できる品目については、法第四条の三第一項→施行規則第四条の二→施行規則別表第一に掲げられている品目である。解答のとおり。

問32　2
〔解説〕
　　解答のとおり。

問33　2
〔解説〕
　　ジメチル－ 2・2 －ジクロルビニルホスフェイト（別名　DDVP）については、2が誤り。有機リン製剤で接触性殺虫剤。無色油状、水に溶けにくく、有機溶媒に易溶。水中では徐々に分解。毒性：コリンエステラーゼ活性阻害。解毒剤は、硫酸アトロピンまたは PAM。

問34　2
〔解説〕
　　ニコチンは毒物。純ニコチンは無色、無臭の油状液体。水、アルコール、エーテルに安易に溶ける。用途は殺虫剤。猛烈な神経毒を持ち、急性中毒では、よだれ、吐気、悪心、嘔吐、ついで脈拍緩徐不整、発汗、瞳孔縮小、呼吸困難、痙攣が起きる。ニコチンには除外される濃度はないので、4の 1 ％以下も毒物。

問35　3
〔解説〕
　　クロルピクリンについては。3 の用途が正しい。次のとおり。クロルピクリン CCl_3NO_2 は、無色～淡黄色液体、催涙性、粘膜刺激臭。水に不溶。アルコール、エーテルなどには溶ける。クロルピクリンは劇物で除外される濃度はない。

問36～38　　問36　1　　問37　2　　問38　3
〔解説〕
　　問36　ロテノンを含有する製剤は空気中の酸素により有効成分が分解して殺虫効力を失い、日光によって酸化が著しく進行することから、密栓及び遮光して貯蔵する。　　　問37　シアン化カリウム KCN は、白色、潮解性の粉末または粒状物、空気中では炭酸ガスと湿気を吸って分解する（HCN を発生）。また、酸と反応して猛毒の HCN（アーモンド様の臭い）を発生する。貯蔵法は、少量ならばガラス瓶、多量ならばブリキ缶又は鉄ドラム缶を用い、酸類とは離して風通しの良い乾燥した冷所に密栓して貯蔵する。　　　問38　ブロムメチル CH_3Br は可燃性・引火性が高いため、火気・熱源から遠ざけ、直射日光の当たらない換気性のよい冷暗所に貯蔵する。耐圧等の容器は錆防止のため床に直置きしない。

問39　3
〔解説〕
　　モノフルオール酢酸ナトリウムについては、施行令第 12 条により、深紅色に着色と示されている。

問40～42　　問40　2　　問41　1　　問42　3
〔解説〕
　　問40　塩素酸ナトリウムを吸引すると鼻、のどの粘膜を刺激し、悪心、おう吐、下痢、チアノーゼ（皮膚や粘膜が青黒くなる）、呼吸困難などを起こす。
　　問41　シアン化ナトリウム $NaCN$（別名青酸ソーダ）は、白色、潮解性の粉末または粒状物、空気中では炭酸ガスと湿気を吸って分解する（HCN を発生）。また、酸と反応して猛毒の HCN（アーモンド様の臭い）を発生する。　　無機シアン化合物の中毒：猛毒の血液毒、チトクローム酸化酵素系に作用し、呼吸中枢麻痺を起こす。解毒剤としては、亜硝酸ナトリウムとチオ硫酸ナトリウム。
　　問42　硫酸銅、硫酸銅（II）$CuSO_4・5H_2O$ は、濃い青色の結晶。風解性。水に易溶、水溶液は酸性。劇物。経口摂取により嘔吐が誘発される。大量に経口摂取した場合では、メトヘモグロビン血症及び腎臓障害を起こして死亡に至る。なお、急性症状は嘔吐、吐血、低血圧、下血、昏睡、黄疸である。解毒剤としては、ペニシラミンあるいはジメチルカプロール（BAL）。

問43～45　　問43　1　　問44　2　　問45　3
〔解説〕
　　問43　硫酸 H_2SO_4 は酸なので廃棄方法はアルカリで中和後、水で希釈する中和法。　　問44　シアン化ナトリウム $NaCN$ は、酸性だと猛毒のシアン化水素 HCN

が発生するのでアルカリ性にしてから酸化剤でシアン酸ナトリウム NaOCN にし、余分なアルカリを酸で中和し多量の水で希釈処理する酸化法。水酸化ナトリウム水溶液等でアルカリ性とし、高温加圧下で加水分解するアルカリ法。

　　問 45　ダイアジノンは、劇物で純品は無色の液体。有機燐系。水に溶けにくい。有機溶媒に可溶。廃棄方法：燃焼法　廃棄方法はおが屑等に吸収させてアフターバーナー及びスクラバーを具備した焼却炉で焼却する。（燃焼法）

問 46 ～ 47　　問 46　2　　　問 47　3
〔解説〕
　　問 46　EPN は有機リン剤。漏えいしたとき、漏えいした液は空容器にできるだけ回収し、そのあとを消石灰等の水溶液を用いて処理し、多量の水を用いて洗い流す。洗い流す場合には、中性洗剤等の分散剤を使用して洗い流す。
　　　問 47　パラコートはジピリジル誘導体。漏えいしたとき、えいした液は空容器にできるだけ回収し、そのあとを土壌で覆って十分接触させたのち、土壌を取り除き、多量の水を用いて洗い流す。

問 48 ～ 50　　問 48　3　　　問 49　2　　　　問 50　1
〔解説〕
　　問 48　クロルピクリン CCl_3NO_2 の確認：1)$CCl3NO2$ ＋金属 Ca ＋ベタナフチルアミン＋硫酸→赤色沈殿。2)CCl_3NO_2 アルコール溶液＋ジメチルアニリン＋ブルシン＋ BrCN →緑ないし赤紫色。　　　　問 49　ニコチンは、毒物。アルカロイドであり、純品は無色、無臭の油状液体であるが、空気中では速やかに褐変する。水、アルコール、エーテル等に容易に溶ける。ニコチンの確認：1)ニコチン＋ヨウ素エーテル溶液→褐色液状→赤色針状結晶　2)ニコチン＋ホルマリン＋濃硝酸→バラ色。　　　問 50　塩化亜鉛 $ZnCl_2$ は、白色の結晶で、空気に触れると水分を吸収して潮解する。水およびアルコールによく溶ける。水に溶かし、硝酸銀を加えると、白色の沈殿が生じる。

（特定品目）

問 31 ～ 33　　問 31　1　　　問 32　3　　　問 33　2
〔解説〕
　　問 31　硝酸 HNO_3 は強酸なので、中和法、徐々にアルカリ（ソーダ灰、消石灰等）の攪拌溶液に加えて中和し、多量の水で希釈処理する中和法。
　　問 32　酢酸エチルは劇物。強い果実様の香気ある可燃性無色の液体。可燃性であるので、珪藻土などに吸収させたのち、燃焼により焼却処理する燃焼法。
　　問 33　アンモニア NH_3（刺激臭無色気体）は水に極めてよく溶けアルカリ性を示すので、廃棄方法は、水に溶かしてから酸で中和後、多量の水で希釈処理する中和法。

問 34 ～ 36　　問 34　2　　　問 35　1　　　問 36　3
〔解説〕
　　解答のとおり。
問 37 ～ 39　　問 37　3　　　問 38　2　　　問 39　1
〔解説〕
　　　問 37　ホルムアルデヒド HCHO は、無色刺激臭の気体で水に良く溶け、これをホルマリンという。ホルマリンは無色透明の刺激臭の液体、低温ではパラホルムアルデヒドの生成により白濁または沈殿が生成することがある。用途はフィルムの硬化、樹脂製造原料、試薬・農薬等。1 ％以下は劇物から除外。
　　　問 38　キシレン $C_6H_4(CH_3)_2$ は、無色透明の液体で o-、m-、p-の 3 種の異性体がある。水にはほとんど溶けず、有機溶媒に溶ける。溶剤、染料中間体などの有機合成原料、試薬等。　　　問 39　硅弗化ナトリウム Na_2SiF_6 は劇物。無色の結晶。水に溶けにくい。アルコールにも溶けない。用途は釉薬、試薬。

問 40 ～ 41　　問 40　1　　　問 41　3
〔解説〕
　　　問 40　四塩化炭素（テトラクロロメタン）CCl_4 は、特有な臭気をもつ不燃性、揮発性無色液体、水に溶けにくく有機溶媒には溶けやすい。洗濯剤、清浄剤の製造などに用いられる。確認方法はアルコール性 KOH と銅粉末とともに煮沸により黄赤色沈殿を生成する。　　　　問 41　一酸化鉛 PbO は、重い粉末で、黄色から赤色までの間の種々のものがある。希硝酸に溶かすと、無色の液となり、これに硫化水素を通じると、黒色の沈殿を生じる。

問 42 〜 44　　問 42　　4　　　問 43　　2　　　問 44　　3

〔解説〕
　　問 42　硫酸 H_2SO_4 は、無色無臭澄明な油状液体、腐食性が強い、比重 1.84、水、アルコールと混和するが発熱する。空気中および有機化合物から水を吸収する力が強い。　　問 43　蓚酸は無色の柱状結晶、風解性、還元性、漂白剤、鉄さび落とし。無水物は白色粉末。水、アルコールに可溶。エーテルには溶けにくい。また、ベンゼン、クロロホルムにはほとんど溶けない。　　問 44　メチルエチルケトン(2-ブタノン、MEK)は劇物。アセトン様の臭いのある無色液体。蒸気は空気より重い。引火性。有機溶媒。水に可溶。

問 45 〜 47　　問 45　　3　　　問 46　　2　　　問 47　　1

〔解説〕
　　問 45　水酸化カリウム KOH は強アルカリ性なので、高濃度のものは腐食性が強く、皮膚に触れると激しく侵す。ダストとミストを吸入すると、呼吸器官を侵す。強アルカリ性なので眼に入った場合には、失明する恐れがある。
　　問 46　クロム酸塩を誤飲すると口腔や食道が侵され赤黄色に変化する。このクロムが皮膚を酸化することでクロムは3価になり、緑色に変色する。
　　問 47　メタノール CH_3OH は特有な臭いの無色液体。水に可溶。可燃性。メタノールの中毒症状：吸入した場合、めまい、頭痛、吐気など、はなはだしい時は嘔吐、意識不明。中枢神経抑制作用。飲用により視神経障害、失明。

問 48 〜 49　　問 48　　2　　　問 49　　1

〔解説〕
　　問 48　水酸化ナトリウム(別名：苛性ソーダ)NaOH は、白色結晶性の固体。水と炭酸を吸収する性質が強い。空気中に放置すると、潮解して徐々に炭酸ソーダの皮層を生ずる。貯蔵法については潮解性があり、二酸化炭素と水を吸収する性質が強いので、密栓して貯蔵する。　　問 49　クロロホルム $CHCl_3$ は、無色、揮発性の液体で特有の香気とわずかな甘みをもち、麻酔性がある。空気中で日光により分解し、塩素、塩化水素、ホスゲンを生じるので、少量のアルコールを安定剤として入れて冷暗所に保存。

問 50　　4

〔解説〕
　　この設問の四塩化炭素については、c のみが正しい。次のとおり。四塩化炭素(テトラクロロメタン)CCl_4 は、特有な臭気をもつ不燃性、揮発性無色液体、水に溶けにくく有機溶媒には溶けやすい。用途は洗濯剤、清浄剤の製造などに用いられる。

群馬県
令和3年度実施

〔法　規〕
（一般・農業用品目・特定品目共通）

問1　2
〔解説〕
　　この設問では、ウが誤り。この設問の毒物又は劇物製造業者が自ら製造した毒物又は劇物については、法第3条第3項ただし書規定により、販売することができる。よって誤り。因みに、アは法第3条第2項に示されている。イ4は法第4条第3項〔登録の更新〕に示されている。エは法第10条第1項第四号〔届出〕に示されている。

問2　4
〔解説〕
　　この設問は、特定毒物使用者が特定毒物について品目ごとに用途が定められていることについて施行令でその用途が定められている。このことからイとウが誤り。イのモノフルオール酢酸塩類を含有する製剤については、施行令第11条により用途は、野ねずみ駆除と示されている。ウのモノフルオール酢酸アミドを含有する製剤はは施行令第第22条により用途は、かんきつ類、りんご、なし、桃又はかきの害虫の防除と示されている。なお、アは施行令第1条に示されている。エは施行令第28条に示されている。

問3　3
〔解説〕
　　この設問は法第12条第1項〔毒物又は劇物の表示〕における容器及び被包のこと。解答のとおり。

問4　3
〔解説〕
　　この設問は法第13条における着色する農業品目のことで、法第13条→施行令第39条において、①硫酸タリウムを含有する製剤たる劇物、②燐化亜鉛を含有する製剤たる劇物→施行規則第12条で、あせにくい黒色に着色しなければならないと示されている。このことからイとウが正しい。解答のとおり。

問5　1
〔解説〕
　　この設問について正しいのは、ア、イ、ウ、オである。アとイは法第10条第1項第一号に示されている。ウは法第10条第1項第三号→施行規則第10条の2〔営業者の届出事項〕第二号に示されている。オは法第10条第1項第二号に示されている。なお、エにおける毒物又は劇物を廃棄したときは届け出を要しない。カについてはこのような規定はない。キの毒物劇物取扱責任者の氏名を変更したときは法第7条第3項により、30日以内に届け出を要するが、この設問では、毒物劇物取扱責任者の住所については届け出を要しない。

問6　3
〔解説〕
　　この設問では、イとエが正しい。この法第3条の3→施行令第32条の2による品目は→①トルエン、②酢酸エチル、トルエン又はメタノールを含有する接着剤、塗料及び閉そく用またはシーリングの充てん料は、みだりに摂取、若しくは吸入し、又はこれらの目的で所持してはならい。解答のとおり。

問7　2
〔解説〕
　　この設問は法第15条第2項における法第3条の4による施行令第32条の3で定められている品目は、①亜塩素酸ナトリウムを含有する製剤30％以上、②塩素酸塩類を含有する製剤35％以上、③ナトリウム、④ピクリン酸については交付を受ける者の氏名及び住所を確認した後でなければ交付できない。このことからアとエが正しい。

問8
〔解説〕
　　この設問は法第8条〔毒物劇物取扱責任者の資格〕のことで、イとウが正しい。イは法第8条第1項第二号に示されている。ウは法第8条第2項第一号で、18

歳未満の者には交付してはならないと示されている。この設問は 18 歳の者とあるので設問のとおり。因みに、アについては、製造する製造所ではなく、輸入業の営業所若しくは農業用品目のみを取り扱う店舗のみである。このことは法第 8 条第 4 項に示されている。エの一般毒物劇物取扱者試験に合格した者は、全ての製造所、営業所、店舗の毒物劇物取扱責任者になることができる。このことからエは誤り。

問9　4
〔解説〕
　この設問では、ウとエが正しい。業務上取扱者の届出を要する事業者とは、次のとおり。業務上取扱者の届出を要する事業者とは、①シアン化ナトリウム又は無機シアン化合物たる毒物及びこれを含有する製剤→電気めっきを行う事業、②シアン化ナトリウム又は無機シアン化合物たる毒物及びこれを含有する製剤→金属熱処理を行う事業、③最大積載量 5,000kg 以上の運送の事業、④しろありの防除を行う事業である。

問10　2
〔解説〕
　この設問は施行令第 40 条の 9 における毒物又は劇物の性状及び取扱いにいての情報提供のことである。アは施行令第 40 条の 9 第 2 項に示されている。エは施行令第 40 条の 9 第 1 項及び第 2 項→施行規則第 13 条の 11 に示されている。なお、イについては施行令第 40 条の 9 第 1 項ただし書規定により、情報提供をしなくてもよい。この設問は誤り。ウの設問については、施行令第 40 条の 9 第 1 項ただし書規定→施行規則第 13 条の 10 第一号により 200mg 以下の劇物を販売するときは、譲受人対して、情報の提供を行わなくもよいが、この設問では 200g 以下とあるので情報の提供を要する。

〔基礎化学〕
（一般・農業用品目・特定品目共通）

問1　2
〔解説〕
　カリウムはアルカリ金属で 1 価の陽イオンになりやすい。臭素はハロゲンで 1 価の陰イオンになりやすい。

問2　3
〔解説〕
　解答のとおり。

問3　2
〔解説〕
　30％の食塩水 150 g に含まれる溶質の重さは、150 × 30/100 ＝ 45 g　この溶液に加える希釈水の量を X g とすると式は、　45/(150+X)× 100 ＝ 10，　X ＝ 300 g

問4　1
〔解説〕
　酸とは水に溶解した時に H+を放出する物質であり、青色リトマス紙を赤変させる。

問5　4
〔解説〕
　カリウムは紫、ナトリウムは黄色の炎色反応を示す．

〔性質及び貯蔵その他取扱方法〕
（一般）

問1　3
〔解説〕
　カリウム K は金属光沢をもつ銀白色の金属。性質はナトリウムと似ている。水にいれると、水素を生じ、常温では発火する。廃棄方法は、スクラバーを具備した焼却炉の中で乾燥した鉄製容器を用い、油又は油を浸した布等を加えて点火し、鉄棒でときどき攪拌して完全に燃焼させる燃焼法と、溶解中和法がある。

問2　1
〔解説〕
　ホルマリンはホルムアルデヒド HCHO の水溶液で劇物。無色あるいはほとんど無色透明の液体。ホルムアルデヒド HCHO は 1％以下で劇物から除外。空気中の

酸素によって一部酸化されて蟻酸を生じる。廃棄はアルカリ性下で酸化剤で酸化した後、水で希釈処理する(①酸化法)。②燃焼法　では、アフターバーナーを具備した焼却炉でアルカリ性とし、過酸化水素水を加えて分解させ多量の水で希釈して処理する。③活性汚泥法。

問3　4
〔解説〕
　　塩素酸ナトリウム $NaClO_3$ は、無色無臭結晶、酸化剤、水に易溶。用途は除草剤、酸化剤、抜染剤。なお、塩化亜鉛の用途は、脱水剤、木材防腐剤、脱臭剤、試薬。ホルムアルデヒド HCHO の用途は、フィルムの硬化、樹脂製造原料、試薬・農薬等。ジメチル硫酸(別名硫酸ジメチル、硫酸メチル)の用途は、メチル化剤。

問4　2
〔解説〕
　　この設問における貯蔵方法については、2のアクロレインが正しい。アクロレイン $CH_2=CHCHO$　刺激臭のある無色液体、引火性。光、酸、アルカリで重合しやすい。貯法は、反応性に富むので安定剤を加え、空気を遮断して貯蔵。なお、ナトリウムの貯蔵方法は、ナトリウム Na は、アルカリ金属なので空気中の水分、炭酸ガス、酸素を遮断するため石油中に保存。ピクリン酸は爆発性なので、火気に対して安全で隔離された場所に、イオウ、ヨード、ガソリン、アルコール等と離して保管する。鉄、銅、鉛等の金属容器を使用しない。臭素 Br_2 は、揮発性と腐食性が強いのでガラス製の容器に密栓して保存。

問5　4
〔解説〕
　　この設問における廃棄方法については、アとエが正しい。なお、キシレンは、C、H のみからなる炭化水素で揮発性なので珪藻土に吸着後、焼却炉で焼却(燃焼法)。亜硝酸ナトリウムの廃棄方法は亜硝酸ナトリウムを水溶液とし、攪拌下のスルファミン酸溶液に徐々に加えて分解させた後中和し、多量の水で希釈して処理する分解法

問6　1
〔解説〕
　　クロルピクリン CCl_3NO_2 は、無色〜淡黄色液体、催涙性、粘膜刺激臭。吸入すると、分解しないで組織内に吸収され、各器官に障害を与える。血液に入ってメトヘモグロビンをつくり、各器官に障害を与える。また、大量に吸収すると中枢神経や心臓、眼結膜をおかし、肺に強い障害を与える。

問7　2
〔解説〕
　　解答のとおり。

問8　3
〔解説〕
　　アとウが正しい。なお、四塩化炭素の確認方法はアルコール性 KOH と銅粉末とともに煮沸により黄赤色沈殿を生成する。ホルムアルデヒド HCHO は劇物。無色刺激臭の気体で水に良く溶け、これをホルマリンという。ホルマリンは無色透明な刺激臭の液体、低温ではパラホルムアルデヒドの生成により白濁または沈殿が生成することがある。

問9　1
〔解説〕
　　DDVP は有機リン製剤である。無色油状、水に溶けにくく、有機溶媒に易溶。水中では徐々に分解。有機リン製剤なのでコリンエステラーゼ阻害。解毒剤として、硫酸アトロピン又は PAM（2－ピリジルアルドキシムメチオダイド）。

問10　1
〔解説〕
　　解答のとおり。

(農業用品目)

問1　2
〔解説〕
　　農業用品目販売業者の登録が受けた者が販売できる品目については、法第四条の三第一項→施行規則第四条の二→施行規則別表第一に掲げられている品目である。解答のとおり。

問2　2
〔解説〕
　　この設問の用途について、アとウが正しい。なお、シアン酸ナトリウムは、白色の結晶性粉末。用途として、除草剤、有機合成、鋼の熱処理に用いられる。イソキサチオンは有機リン剤で、淡黄褐色液体。用途は、ミカン、稲、野菜、茶等の害虫駆除。（有機燐系殺虫剤）
問3　1
〔解説〕
　　ダイアジノンは劇物。有機リン製剤、かすかにエステル臭をもつ無色の液体。用途は接触性殺虫剤。
問4　3
〔解説〕
　　ブロムメチル（臭化メチル）は、常温では気体。蒸気は空気より重く、普通の燻（くん）蒸濃度では臭気を感じないため吸入により中毒を起こしやすく、吸入した場合は、嘔吐（おうと）、歩行困難、痙れん、視力障害、瞳孔拡大等の症状を起こす。
問5　1
〔解説〕
　　アとウが正しい。なお、テフルトリンは毒物（0.5％以下を含有する製剤は劇物。淡褐色固体。毒性について原体は軽度の眼粘膜刺激性を有する。
問6　4
〔解説〕
　　法第13条における着色する農業品目のことで、法第13条→施行令第39条において、①硫酸タリウムを含有する製剤たる劇物、②燐化亜鉛を含有する製剤たる劇物→施行規則第12条で、あせにくい黒色に着色しなければならないと示されている。
問7　2
〔解説〕
　　アンモニア NH_3（刺激臭無色気体）は水に極めてよく溶けアルカリ性を示すので、廃棄方法は、水に溶かしてから酸で中和後、多量の水で希釈処理する中和法。
問8　1
〔解説〕
　　この設問の貯蔵方法については、ウのみが誤り。次のとおり。シアン化ナトリウム $NaCN$（別名青酸ソーダ、シアンソーダ、青化ソーダ）は毒物。白色の粉末またはタブレット状の固体。酸と反応して有毒な青酸ガスを発生するため、酸とは隔離して、空気の流通が良い場所冷所に密封して保存する。
問9　3
〔解説〕
　　塩化亜鉛 $ZnCl_2$ は、白色の結晶で、空気に触れると水分を吸収して潮解する。水およびアルコールによく溶ける。水に溶かし、硝酸銀を加えると、白色の沈殿が生じる。
問10　2
〔解説〕
　　解答のとおり。

（特定品目）
問1　4
〔解説〕
　　特定品目販売業の登録を受けた者が販売できる品目については、法第四条の三第二項→施行規則第四条の三→施行規則別表第二に掲げられている品目のみである。解答のとおり。
問2　4
〔解説〕
　　この設問は用途についてで、イとエが正しい。なお、蓚酸の用途は、木・コルク・綿などの漂白剤。その他鉄錆びの汚れ落としに用いる。メタノールの用途は、染料その他有機合成原料、樹脂、塗料などの溶剤、燃料、試薬などに用いられる。
問3　2
〔解説〕
　　クロロホルム $CHCl_3$ は、無色、揮発性の液体で特有の香気とわずかな甘みをも

群馬県

ち、麻酔性がある。空気中で日光により分解し、塩素、塩化水素、ホスゲンを生じるので、少量のアルコールを安定剤として入れて冷暗所に保存。

問4　2
〔解説〕
　この設問の廃棄方法は、アとウが正しい。なお、アンモニア NH_3（刺激臭無色気体）は水に極めてよく溶けアルカリ性を示すので、廃棄方法は、水に溶かしてから酸で中和後、多量の水で希釈処理する中和法。ホルマリンはホルムアルデヒド $HCHO$ の水溶液で劇物。無色あるいはほとんど無色透明な液体。廃棄はアルカリ性下で酸化剤で酸化した後、水で希釈処理する（①酸化法）。②燃焼法　では、アフターバーナーを具備した焼却炉でアルカリ性とし、過酸化水素水を加えて分解させ多量の水で希釈して処理する。③活性汚泥法。

問5　3
〔解説〕
　解答のとおり。

問6　4
〔解説〕
　エのメタノールのみが誤り。メタノールの中毒症状：吸入した場合、めまい、頭痛、吐気など、はなはだしい時は嘔吐、意識不明。中枢神経抑制作用。飲用により視神経障害、失明。

問7　3
〔解説〕
　解答のとおり。

問8　3
〔解説〕
　解答のとおり。

問9　1
〔解説〕
　アンモニアについての設問では、ウのみが正しい。次のとおり。アンモニア NH_3 は、常温では無色刺激臭の気体、冷却圧縮すると容易に液化する。水、エタノール、エーテルに可溶。空気中では燃焼しないが、酸素中では黄色の炎をあげて燃焼する。10%以下で劇物から除外。

問10　3
〔解説〕
　解答のとおり。

〔識別及び取扱方法〕

（一般）
問1　4　　　問2　7　　　問3　1　　　問4　5　　　問5　2
〔解説〕
　問1　ナトリウム Na は、銀白色の柔らかい固体。水と激しく反応し、水酸化ナトリウムと水素を発生する。液体アンモニアに溶けて濃青色となる。　問2　硫酸銅（Ⅱ）$CuSO_4・5H_2O$ は、濃い青色の結晶。風解性。水に易溶、水溶液は酸性。劇物。　問3　硝酸 HNO_3 は、劇物。無色の液体。特有な臭気がある。腐食性が激しい。空気に接すると刺激性白霧を発し、水を吸収する性質が強い。　問4　臭素 Br_2 は、劇物。赤褐色・特異臭のある重い液体。強い腐食作用があり、揮発性が強い。引火性、燃焼性はない。水、アルコール、エーテルに溶ける。　問5　アニリンは、新たに蒸留したものは無色透明油状液体、光、空気に触れて赤褐色を呈する。特有な臭気。水には難溶、蒸気は空気より重い。劇物。

（農業用品目）
問1　4　　　問2　3　　　問3　7　　　問4　2　　　問5　1
〔解説〕
　問1　リン化亜鉛 Zn_3P_2 は、灰褐色の結晶又は粉末。かすかにリンの臭気がある。水、アルコールには溶けないが、ベンゼン、二硫化炭素に溶ける。酸と反応して有毒なホスフィン PH_3 を発生。　問2　クロルピクリン CCl_3NO_2 は、無色〜淡黄色液体、催涙性、粘膜刺激臭。水に不溶。　問3　アンモニア水はアン

モニア NH_3 を水に溶かした水溶液、無色透明、揮発性の液体で、鼻をさすような臭気があり、アルカリ性を呈する。　　　　　問4　フェンチオン MPP は、劇物(2％以下除外)、有機リン剤、淡褐色のニンニク臭をもつ液体。有機溶媒には溶けるが、水には溶けない。　　　　問5　ジクワットは、劇物で、ジピリジル誘導体で淡黄色結晶、水に溶ける。土壌等に強く吸着されて不活性化する性質がある。

(特定品目)

問1 2　　　問2 5　　　問3 7　　　問4 3　　　問5 6

〔解説〕
　　問1　メチルエチルケトン(2-ブタノン、MEK)は劇物。アセトン様の臭いのある無色液体。蒸気は空気より重い。引火性。有機溶媒。水に可溶。
　　問2　重クロム酸カリウム $K_2Cr_2O_7$ は、橙赤色結晶、酸化剤。水に溶けやすく、有機溶媒には溶けにくい。　　　　問3　塩酸 HCl は無色透明の刺激臭を持つ液体で、25％以上のものは、湿った空気中でいちじるしく発煙し、刺激臭がある。種々の金属を溶解し、水素を発生する。　　　　問4　蓚酸は無色の柱状結晶、風解性、還元性、漂白剤、鉄さび落とし。無水物は白色粉末。水、アルコールに可溶。エーテルには溶けにくい。また、ベンゼン、クロロホルムにはほとんど溶けない。
　　　　問5　酢酸エチルは、劇物。無色透明の液体で、エステル特有の果実様の芳香がある。蒸気は空気より重く引火しやすい。水にやや溶けやすい。沸点は水より低い。

〔毒物及び劇物に関する法規〕
（一般・農業用品目・特定品目共通）

問１　１
〔解説〕
　　解答のとおり。

問２　４
〔解説〕
　　この設問は劇物は、どれかとあるので、４の四塩化炭素である。なお、水銀、セレン、クラーレは毒物。

問３　２
〔解説〕
　　この設問の法第４条第３項は登録の更新。解答のとおり。

問４　２
〔解説〕
　　法第８条第２項は、毒物劇物取扱責任者の資格における不適格者のこと。解答のとおり。

問５　３
〔解説〕
　　この設問の法第 10 条〔届出〕のことで、届け出に該当しないものはどれかとあるので、３の営業所の営業時間を変更したときは届け出を要しない。

問６　２
〔解説〕
　　法第 12 条〔毒物又は劇物の表示〕における毒物又は劇物の容器及び被包に表示する事項とは、①毒物又は劇物の名称、②毒物又は劇物の成分及びその含量、③厚生労働省令で定める毒物又は劇物についての解毒剤の名称。このことから正しいのは、２である。

問７　４
〔解説〕
　　この設問は法第 13 条の２→施行令第 39 条の２→施行令別表第一の一に掲げられている住宅用とは、①塩化水素を含有する製剤たる劇物、②硫酸を含有する製剤たる劇物。解答のとおり。

問８　３
〔解説〕
　　毒物又は劇物を販売し、又は授与したときに、その都度書面記載し法第 14 条第１項及び同条第２項について、同条第４項により５年間、その書面を保存しなければならない。

問９　３
〔解説〕
　　法第 17 条第２項は、毒物又は劇物を紛失又は盗難した際の措置のこと。解答のとおり。

問 10　２
〔解説〕
　　この設問は、毒物又は劇物を他に委託した場合のことで、施行令第 40 条の６第１項ただし書→施行規則第 13 条の７において、１回の運搬について 1,000kg 以下については荷送人を要しない。解答のとおり。

（農業用品目）

問 11　４
〔解説〕
　　この設問は法第 13 条における着色する農業品目のことで、法第 13 条→施行令第 39 条において、①硫酸タリウムを含有する製剤たる劇物、②燐化亜鉛を含有する製剤たる劇物→施行規則第 12 条で、あせにくい黒色に着色しなければならないと示されている。

（特定品目）

問 11　3
〔解説〕
　　特定品目販売業者が販売できる品目については、法第四条の三第二項→施行規則第四条の三→施行規則別表第二に掲げられている品目のみである。

問 12　2
〔解説〕
　　法第 12 条第 1 項〔毒物又は劇物の表示〕に示されている。解答のとおり。

問 13　1
〔解説〕
　　この設問は毒物又は劇物を運搬方法のことで、車両に備えければならない書面の事項は施行令第 40 条の 5 第 2 項第四号に示されている。

〔基礎化学〕
（一般・農業用品目・特定品目共通）

(注)基礎化学の設問には、一般・農業用品目・特定品目に共通の設問があることから編集の都合上、一般の設問番号を通し番号(基本)として、農業用品目・特定品目における設問番号をそれぞれ繰り下げの上、読み替えいただきますようお願い申し上げます。

問 11　4
〔解説〕
　　石油、空気、塩水は混合物である。

問 12　2
〔解説〕
　　物質の三態（固体・液体・気体）間の変化を状態変化という。凝縮は気体が液体になる状態変化である。

問 13　4
〔解説〕
　　ヨウ素 I_2 はヨウ素原子間の結合は共有結合であるが、ヨウ素分子間の結合はファンデルワールス力による分子間結合であるため、分子結晶となる。

問 14　2
〔解説〕
　　亜鉛イオン Zn^{2+} は少量のアンモニア水で水酸化物である水酸化亜鉛 $Zn(OH)_2$ を生じ、さらに過剰のアンモニア水を加えると無色の錯イオンである $[Zn(NH_3)_4]^{2+}$ を生じて溶解する。

問 15　3
〔解説〕
　　メタン 4.0 g のモル数は 0.25 モルである。反応式よりメタン 1 モル燃焼すると 2 モルの水が生成することから、メタン 0.25 モルが燃焼すると水は 0.5 モル生じる。水の分子量 18 であることから、生じる水の重さは 18 × 0.5 = 9.0 g となる。

問 16　1
〔解説〕
　　ナトリウム原子は 11 番目の原子であり、電子の総数は 11 個である。K 殻に 2 個、L 殻に 8 個、M 殻には 1 個の電子をもつ。

問 17　2
〔解説〕
　　図のように、炭素炭素二重結合に対して、同じ方向にカルボキシル基があるものをシス、反対側にあるものをトランスと言い、これらを幾何異性体という。

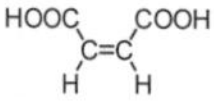

HOOC　COOH　　　HOOC　OH
　　C=C　　　　　　　C=C
　H　　H　　　　　　H　　COOH
　マレイン酸 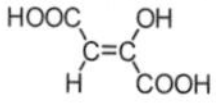　　　　　フマル酸

問 18　1
〔解説〕
　　ベンゼン環が 2 個連なった構造を持つものをナフタレンと言う。スチレンはベンゼン環にビニル基がついたもの、トルエンはベンゼン環にメチル基、アントラセンはベンゼン環が 3 つ連なった構造をもつ。

問19　4
〔解説〕
　　フェノールが有する-OH　と鉄(III)イオンが錯イオンを形成することで紫色に呈
色する。
問20　1
〔解説〕
　　メラミン樹脂は熱硬化性樹脂、ポリエチレン、ポリプロピレン、ポリ塩化ビニ
ルはいずれも熱可塑性樹脂になる。

（農業用品目）

問22　3
〔解説〕
　　pH7　が中性となる。pH　が 7 よりも小さい溶液を酸性溶液、pH　が 7 よりも大き
いものをアルカリ性（塩基性）溶液という。

（特定品目）

問24　3
〔解説〕
　　硝酸と硫酸は強酸、酢酸と炭酸は弱酸、水酸化カルシウムと水酸化バリウムは
強塩基、水酸化マグネシウムとアンモニアは弱塩基に分類される。
問25　4
〔解説〕
　　ハロゲンの単体は原子番号が小さいものほど酸化力が高い。

〔毒物及び劇物の性質及び 貯蔵その他取扱方法〕

（一般）

問21　2
〔解説〕
　　この設問の塩酸について誤っているものはどれかとあるので、2 が誤り。次の
とおり。塩酸は塩化水素 HCl の水溶液。無色透明の液体 25 ％以上のものは、湿
った空気中で著しく発煙し、刺激臭がある。塩酸は種々の金属を溶解し、水素を
発生する。硝酸銀溶液を加えると、塩化銀の白い沈殿を生じる。
問22　4
〔解説〕
　　この設問での EPN については、4 が正しい。次のとおり。EPN は、有機リン
製剤、毒物(1.5 ％以下は除外で劇物)、芳香臭のある淡黄色油状(工業用製品)ま
たは融点 36 ℃の白色結晶。水に不溶、有機溶媒に可溶。不快臭。遅効性殺虫剤(ア
カダニ、アブラムシ、ニカメイチュウ等)。
問23　4
〔解説〕
　　トルイジンは、劇物。オルトトルイジン、メタトルイジン、パラトルイジン
の三つの異性体がある。オルトトルイジンは無色の液体で、アルコール、エーテ
ルには溶けやすく、水にはわずかに溶ける。空気と光に触れると赤褐色になる。
メタトルイジンは無色の液体で、アルコール、エーテルには溶けやすく、水には
わずかに溶ける。パラトルイジンは白色の光沢のある板状結晶。アルコール、エ
ーテルには溶けやすく、水にわずかに溶ける。用途いずれのトルイジンも染料、
有機合成の製造原料。
問24　3
〔解説〕
　　二硫化炭素 CS₂ は、無色透明の麻酔性芳香を有する液体。市販品は不快な臭気
をもつ。有毒で長く吸入すると麻酔をおこす。引火性が強い。水に溶けにくく、
エーテル、クロロホルムに可溶。蒸気は空気より重い。用途は溶媒、ゴム工業、
セルロイド工場、油脂の抽出、倉庫の燻蒸など。

問25　3
〔解説〕
　　水酸化ナトリウム(別名：苛性ソーダ)NaOH は、劇物。白色結晶性の固体、潮解性(空気中の水分を吸って溶解する現象)および空気中の炭酸ガス CO_2 と反応して炭酸ナトリウム Na_2CO_3 になる。水溶液は強アルカリ性なので、水に溶解後、酸で中和し、水で希釈処理。
問26　2
〔解説〕
　　モノフルオール酢酸ナトリウム FCH_2COONa は特毒。重い白色粉末、吸湿性、冷水に易溶、有機溶媒には溶けない。水、メタノールやエタノールに可溶。からい味と酢酸のにおいを有する。野ネズミの駆除に使用。特毒。有機フッ素化合物の中毒：TCA サイクルを阻害し、呼吸中枢障害、激しい嘔吐、てんかん様痙攣、チアノーゼ、不整脈など。
問27　3
〔解説〕
　　ヨウ素 I_2 は、劇物。黒灰色、金属様光沢のある稜板状結晶。水には難溶で、アルコールにはよく溶け、赤褐色の溶液となる。熱すると紫色の蒸気を発生するが、常温でも、多少不快な臭気をもつ蒸気を放って揮散する。気密容器を用い、通風のよい冷所に貯蔵する。腐食されやすい金属、濃硫酸、アンモニア水、アンモニアガス、テレビン油等から引き離しておく。
問28　1
〔解説〕
　　クレゾール $C_6H_4(OH)CH_3$ 　o, m, p －の構造異性体がある。廃棄法は廃棄方法は①木粉(おが屑)等に吸収させて焼却炉の火室へ噴霧し、焼却する焼却法。②可燃性溶剤と共に焼却炉の火室へ噴霧し焼却する②活性汚泥で処理する活性汚泥法である。用途は消毒・殺菌・防腐剤あるいは合成樹脂可塑剤として用いる。
問29　3
〔解説〕
　　ジメチルジチオホスホリルフェニル酢酸エチル(フェントエート、PAP)は、赤褐色、油状の液体で、芳香性刺激臭を有し、水、プロピレングリコールに溶けない。リグロインにやや溶け、アルコール、エーテル、ベンゼンに溶ける。アルカリには不安定。
問30　1
〔解説〕
　　メソミル(別名メトミル)は45％以下を含有する製剤は劇物。白色結晶。水、メタノール、アルコールに溶ける。用途は殺虫剤

(農業用品目)
問23　4
〔解説〕
　　この設問での EPN については、4 が正しい。次のとおり。EPN は、有機リン製剤、毒物(1.5％以下は除外で劇物)、芳香臭のある淡黄色油状(工業用製品)または融点 36℃の白色結晶。水に不溶、有機溶媒に可溶。不快臭。遅効性殺虫剤(アカダニ、アブラムシ、ニカメイチュウ等)。
問24　3
〔解説〕
　　硫酸 H_2SO_4 は、無色透明の油様の液体であるが、粗製のものは、しばしば有機質が混入して、かすかに褐色を帯びていることがある。濃硫酸は、ショ糖、木片にふれると、それらを炭化して黒変させる。濃硫酸を水でうすめると激しく発熱する。硫酸の漏えいした液は土砂等に吸着させて取り除くかまたは、ある程度水で徐々に希釈した後、消石灰、ソーダ灰等で中和し、多量の水を用いて洗い流す。
問25　1
〔解説〕
　　シペルメトリンは劇物。白色の結晶性粉末。水にほとんど溶けない。メタノール、アセトン、キシレン等有機溶媒に溶ける。酸、中性には安定、アルカリには不安定。用途はピレスロテド系殺虫剤。
問26　4
〔解説〕
　　エマメクチン安息香酸塩(別名アフフーム)は、劇物。類白色結晶粉末。水には

ほとんど溶けないが、メタノールに溶ける。用途は鱗翅目及びアザミウマ目害虫の殺虫剤。

問27 3
〔解説〕
　ジエチル-3・5・6-トリクロル-2-ピリジルチオホスフエイト(クロルピリホス)は、白色結晶、水に溶けにくく、有機溶媒に可溶。

問28 1
〔解説〕
　ブロムメチル(臭化メチル)CH_3Br は、常温では気体(有毒な気体)。冷却圧縮すると液化しやすい。クロロホルムに類する臭気がある。液化したものは無色透明で、揮発性がある。用途について沸点が低く、低温ではガス体であるが、引火性がなく、浸透性が強いので果樹、種子等の病害虫の燻蒸剤として用いられる。

問29 2
〔解説〕
　塩化亜鉛 $ZnCl_2$ は、白色の結晶で、空気に触れると水分を吸収して潮解する。水およびアルコールによく溶ける。水に溶かし、硝酸銀を加えると、白色の沈殿を生じた。用途は脱水剤、木材防臭剤、脱臭剤、試薬。

問30 1
〔解説〕
　ディプレテックス(DEP)は、有機リン、劇物、白色の結晶。クロロホルム、ベンゼン、アルコールに溶け、水にもかなり溶ける。アルカリで分解する。有機燐製剤である。用途は花き、樹木類の害虫に対する接触性殺虫剤である。

(特定品目)

問26 2
〔解説〕
　一般の問21を参照る

問27 3
〔解説〕
　農業用品目の問24を参照。

問28 4
〔解説〕
　メタノール(メチルアルコール)CH_3OH は、劇物。(別名：木精)無色透明。揮発性の可燃性液体である。沸点 64.7℃。蒸気は空気より重く引火しやすい。水とよく混和する。

問29 1
〔解説〕
　クロロホルム $CHCl_3$(別名トリクロロメタン)は劇物。無色、揮発性の液体で、特異の香気と、かすかな甘味を有する。水にはわずかに溶ける。火災の高温面や炎に触れると有毒なホスゲン、塩化水素、塩素を発生することがある。用途はゴムやニトロセルロース等の溶剤、合成樹脂原料、医薬品原料。

問30 3
〔解説〕
　アンモニア水はアンモニア NH_3 を水に溶かした水溶液、無色透明、刺激臭がある液体。アルカリ性。水溶液にフェノールフタレイン液を加えると赤色になる。棄法はアルカリなので、水で希釈後に酸で中和し、さらに水で希釈処理する中和法。

〔毒物及び劇物の識別及び取扱方法〕

(一般)

問31 (1) 5　(2) 1
〔解説〕
　弗化水素酸(HF・aq)は毒物。弗化水素の水溶液で無色またはわずかに着色した透明の液体。特有の刺激臭がある。不燃性。濃厚なものは空気中で白煙を生ずる。ガラスを腐食する作用がある。用途はフロンガスの原料。半導体のエッチング剤等。ろうを塗ったガラス板に針で任意の模様を描いたものに、この薬物を塗るとろうをかぶらない模様の部分は腐食される。

問32　(1) 1　(2) 2
〔解説〕
　　ピクリン酸は、淡黄色の針状結晶で、急熱や衝撃で爆発。ピクリン酸による羊毛の染色(白色→黄色)。
問33　(1) 2　(2) 1
〔解説〕
　　アクロレイン $CH_2=CH\text{-}CHO$ は、劇物。無色又は帯黄色の液体。刺激臭がある。引火性である。用途は探知剤、殺菌剤。
問34　(1) 4　(2) 2
〔解説〕
　　ヒ素 As は、毒物。同素体のうち灰色ヒ素が安定、金属光沢があり、空気中で燃やすと青白色の炎を出して As_2O_3 を生じる。水に不溶。砒素化合物については胃洗浄を行い、吐剤、牛乳、蛋白粘滑剤を与える。治療薬はジメルカプロール(別名 BAL)。
問35　(1) 3　(2) 1
〔解説〕
　　黄リン P_4 は、無色又は白色の蝋様の固体。毒物。別名を白リン。暗所で空気に触れるとリン光を放つ。水、有機溶媒に溶けないが、二硫化炭素には易溶。湿った空気中で発火する。空気に触れると発火しやすいので、水中に沈めてビンに入れ、さらに砂を入れた缶の中に固定し冷暗所で貯蔵する。

(農業用品目)

問31　(1) 4　(2) 1
〔解説〕
　　ジクワットは、劇物で、ジピリジル誘導体で淡黄色結晶、水に溶ける。中性又は酸性で安定、アルカリ溶液でうすめる場合には、2～3時間以上貯蔵できない。腐食性を有する。土壌等に強く吸着されて不活性化する性質がある。用途は、除草剤。
問32　(1) 2　(2) 2
〔解説〕
　　ニコチンは毒物。純ニコチンは無色、無臭の油状液体。水、アルコール、エーテルに安易に溶ける。ニコチンの確認：1)ニコチン＋ヨウ素エーテル溶液→褐色液状→赤色針状結晶　2)ニコチン＋ホルマリン＋濃硝酸→バラ色。
問33　(1) 1　(2) 2
〔解説〕
　　弗化スルフリル(SO_2F_2)は毒物。無色無臭の気体。水に溶ける。クロロホルム、四塩化炭素に溶けやすい。アルコール、アセトンにも溶ける。水では分解しないが、水酸化ナトリウム溶液で分解される。用途は殺虫剤、燻蒸剤。
問34　(1) 5　(2) 2
〔解説〕
　　シアン酸ナトリウム NaOCN は、白色の結晶性粉末、水に易溶、有機溶媒に不溶。熱水で加水分解。劇物。除草剤、有機合成、鋼の熱処理に用いられる。
問35　(1) 3　(2) 1
〔解説〕
　　硫酸銅、硫酸銅(Ⅱ)$CuSO_4 \cdot 5H_2O$ は、濃い青色の結晶。風解性。水に易溶、水溶液は酸性。劇物。用途は、試薬、工業用の電解液、媒染剤、農業用殺菌剤。

(特定品目)

問31　(1) 5　(2) 1
〔解説〕
　　過酸化水素水は劇物。無色透明の濃厚な液体で、弱い特有のにおいがある。強く冷却すると稜柱状の結晶となる。不安定な化合物であり、常温でも徐々に水と酸素に分解する。酸化力、還元力を併有している。過マンガン酸カリウム水溶液(硫酸酸性)を還元し、クロム酸塩に変える。また、沃化亜鉛から要素を析出する。

問 32　(1) 2　(2) 2
〔解説〕
　　ホルマリンはホルムアルデヒド HCHO の水溶液。フクシン亜硫酸はアルデヒドと反応して赤紫色になる。アンモニア水を加えて、硝酸銀溶液を加えると、徐々に金属銀を析出する。またフェーリング溶液とともに熱すると、赤色の沈殿を生ずる。
問 33　(1) 3　(2) 2
〔解説〕
　　重クロム酸塩なので橙赤色で水に易溶だが、重クロム酸アンモニウム $(NH_4)_2Cr_2O_7$ は自己燃焼性がある。廃棄法は希硫酸に溶かし、遊離させ還元剤の水溶液を過剰に用いて還元したのち、消石灰、ソーダ灰等の水溶液で処理し沈殿濾過する還元沈殿法。
問 34　(1) 1　(2) 2
〔解説〕
　　酸化第二水銀 HgO は毒物。赤色または黄色の粉末。水にはほとんど溶けない。小さな試験管に入れる熱すると、ばしめに黒色にかわり、後に分解して水銀を残し、なお熱すると、まったく揮散してしまう。
問 35　(1) 4　(2) 1
〔解説〕
　　蓚酸は一般に流通しているものは二水和物で無色の結晶である。注意して加熱すると昇華するが、急に加熱すると分解する。水溶液は、過マンガン酸カリウムの溶液を退色する。水には可溶だがエーテルには溶けにくい。

埼玉県

〔筆記：毒物及び劇物に関する法規〕
（一般・農業用品目・特定品目共通）

問1
(1)	5	(2)	2	(3)	1	(4)	3	(5)	5
(6)	3	(7)	1	(8)	4	(9)	1	(10)	4
(11)	5	(12)	2	(13)	4	(14)	4	(15)	5
(16)	1	(17)	3	(18)	2	(19)	3	(20)	4

〔解説〕

(1)　法第１条〔目的〕、法第２条〔定義〕第２項は、劇物。同条第３項は、特定毒物。

(2)　法第３条第３項は、毒物又は劇物販売業。法第３条の２第６項は、毒物劇物研究者、特定毒物研究者又は特定毒物使用者における特定毒物の譲り渡し、譲り受けのこと。

(3)　法第３条の３は興奮、幻覚又は摂取の作用を有する毒物又は劇物。

(4)　法第４条第３項は登録の更新。

(5)　法第５条は登録基準。

(6)　法第６条の２第３項は、特定毒物研究者における不適格者。

(7)　法第12条第１項は、容器及び被包についての毒物又は劇物の表示。

(8)　法第12条第２項は、容器及び被包に掲げる表示事項。

(9)　法第14条第１項は、毒物又は劇物を販売し、又は授与するときにかかげる記載する事項。

(10)　施行令第40条は、毒物又は劇物の廃棄方法。

(11)　施行令第40条の６は、毒物又は劇物を他に委託する場合のこと。

(12)　施行令第40条の９は、毒物又は劇物を販売し、又は授与するときまでに情報提供のこと。

(13)　特定毒物は、5の四アルキル鉛。なお、水銀は毒物。四塩化炭素、硝酸タリウム、アクリルニトリルは劇物。

(14)　ウのみが正しい。ウは法第３条の２第４項に示されている。因みに、アの特定毒物を輸入でき者は、毒物又は劇物輸入業者と特定毒物研究者。イの毒定毒物研究者は、法第３条の２第１項により特定毒物を製造することができる。よってこの設問は誤り。

(15)　ウのみが正しい。ウは法第７条第２項に示されている。　因みに、アは法第７条第１項により、保健衛生上の危害の防止にあたらせることができるであ。イについては、毒物劇物取扱責任者の設置とは、毒物又は劇物を直接に取り扱う製造所、営業所又は店舗ごとであることから置かなくもよい。

(16)　この設問は全て正しい。この設問は法第８条第１項における毒物劇物取扱責任者の資格者のこと。

(17)　この設問は法第10条〔届出〕のことで、アとウが正しい。アは法第10条第１項第二号に示されている。ウは法第10条第１項第四号に示されている。なお、イの設問における営業時間に変更があった場合については、何ら届け出を要しない。

(18)　この設問では、アとイが正しい。アは、施行令第35条第１項に示されている。イは、施行令第36条第１項に示されている。なお、ウについては、施行令第36条第３項により、毒物劇物営業者については、営業所又は店舗の所在地の都道府県知事、又特定毒物研究者については主たる研究所の所在地の都道府県知事へ返納しなければならないである。

(19)　この設問は、施行規則第４条の４第１項における製造所の設備基準についてで、アとウが正しい。アは、施行規則第４条の４第１項第一号イに示されている。ウは、施行規則第４条の４第１項第二号ホに示されている。なお、イの設問にある「区分せず保管」とあるが、施行規則第４条の４第１項第二号イにより毒物又は劇物とその他の物と区分して貯蔵しなければならないである。

(20) この設問は法第 22 条における業務上取扱者の届出についてで、イのみが正しい。なお、業務上取扱者とは、①シアン化ナトリウム又は無機シアン化合物たる毒物及びこれを含有する製剤→電気めっきを行う事業、②シアン化ナトリウム又は無機シアン化合物たる毒物及びこれを含有する製剤→金属熱処理を行う事業、③最大積載量 5,000kg 以上の運送の事業、④しろありの防除を行う事業である。

〔筆記：基礎化学〕
（一般・農業用品目・特定品目共通）

問2　(21) 1　(22) 3　(23) 2　(24) 5　(25) 3
　　 (26) 2　(27) 2　(28) 3　(29) 3　(30) 2
　　 (31) 4　(32) 5　(33) 4　(34) 1　(35) 1
　　 (36) 5　(37) 5　(38) 1　(39) 4　(40) 3

〔解説〕
(21) リチウムはアルカリ金属である。
(22) NaOH の式量は 40 であるから、8.0/40 × 1000/100 = 2.0 mol/L
(23) 10%水酸化カルシウム水溶液 300 g に含まれる溶質の重さは、300 × 10/100 = 30 g 一方、20%水酸化カルシウム 200 g に含まれる溶質の重さは 200 × 20/100 = 40 g。よってこの混合溶液の濃度は (30+40)/(300+200) × 100 = 14.0 %
(24) 水酸化鉄(III) Fe(OH)₂、硝酸ナトリウム NaNO₃
(25) フェーリング反応はアルデヒド基の確認反応、ヨウ素でんぷん反応はでんぷんの確認反応、ヨードホルム反応はメチルケトンの確認反応、銀鏡反応はアルデヒドの確認反応である。
(26) 陽極では酸化反応が起こる。塩化物イオンが酸化を受け、塩素ガスを生じる。2Cl⁻ → Cl₂ + 2e⁻
(27) アルカリ金属およびアルカリ土類金属の単体は、常温の水と激しく反応し、水素ガスを発生する。
(28) ベンゼン、エチルメチルケトン、エチレン、キシレンは分子内に二重結合を有する。
(29) 水と氷は化合物であるため、同素体にはならない。
(30) カルシウムは 2 族の元素であるため、最外殻に 2 個の電子をもつ。
(31) 鉛蓄電池は負極に Pb、正極に PbO₂ を用い、電解液は希硫酸である。放電するとどちらの極にも硫酸鉛が析出するが、充電するとこの硫酸鉛が溶解して、電極が再生される。
(32) アセトン、エタノール、メタノール、1-プロパノールは水と任意の割合で混合する。
(33) 酢酸 CH₃COOH はカルボキシル基(-COOH)を有する。
(34) フェノールは酸化されるとヒドロペルオキシドあるいはキノンを生じる。
(35) チロシンは芳香族アミノ酸、システインは含硫アミノ酸、リシンは塩基性アミノ酸である。グルタミン酸は分子内に 2 つのカルボキシ基を有する。
(36) 化合物中の酸素の酸化数は-2、塩素の酸化数は-1 で計算する。
(37) アのような性質の結晶はない。イは分子結晶、エは金属結晶である。
(38) タングステンは W の元素記号であらわされる金属である。アントラセンはベンゼン環が 3 つ結合した化合物である。
(39) 単体とは 1 つの元素からなる物質である。
(40) FeS + H₂SO₄ → FeSO₄ + H₂S

千葉県

〔筆記：毒物及び劇物の性質 及び貯蔵その他取扱方法〕

（一般）

問3 (41) 2 (42) 5 (43) 3 (44) 1 (45) 4

〔解説〕

(41) ベタナフトール $C_{10}H_7OH$ は、無色～白色の結晶、石炭酸臭、水に溶けにくく、熱湯に可溶。有機溶媒に易溶。空気や光線に触れると赤変するため、遮光して貯蔵する。 (42) 弗化水素酸(弗酸)は、毒物。弗化水素の水溶液で無色またわずかに着色した透明の液体。水にきわめて溶けやすい。貯蔵法は銅、鉄、コンクリートまたは木製のタンクにゴム、鉛、ポリ塩化ビニルあるいはポリエチレンのライニングをほどこしたものに貯蔵する。 (43) ブロムメチル CH_3Br(臭化メチル)は常温で気体なので、圧縮冷却して液化し、圧縮容器に入れ、直射日光、その他温度上昇の原因を避けて、冷暗所に貯蔵する。 (44) ナトリウムは銀白色の光輝をもつ金属である。空気中にそのまま貯えることはできないので、通常石油中に貯える。石油も酸素を吸収するから、長時間のうちには、表面に酸化物の白い皮を生じる。冷所で雨水などの漏れがないような場所に保存する。
(45) アクリルニトリルは引火点が低く、火災、爆発の危険性が高いので、火花を生ずるような器具や、強酸とも安全な距離を保つ必要がある。直接空気にふれないよう窒素等の不活性ガスの中に貯蔵する。

問4 (46) 5 (47) 2 (48) 1 (49) 3 (50) 4

〔解説〕

(46) セレント Se は、毒物。灰色の金属光沢を有するペレット又は黒色の粉末。融点 217 ℃。水に不溶。硫酸、二硫化炭素に可溶。 (47) 無水クロム酸(CrO_3)は劇物。暗赤色針状結晶。潮解性がある。水に易溶。きわめて強い酸化剤である。腐食性が大きく、酸性である。 (48) 硝酸銀 $AgNO_3$ は、劇物。無色透明結晶。光により分解して黒変する。転移点 159.6 ℃、融点 212 ℃、分解点 444 ℃。強力な酸化剤があり、腐食性がある。水によく溶ける。アセトン、グリセリンに可溶。
(49) 水銀 Hg は毒物。常温で唯一の液体の金属である。比重 13.6。硝酸には溶け、塩酸には溶けない。 (50) クラーレは、毒物。猛毒性のアルカロイドである。植物の樹皮から抽出される。黒または黒褐色の塊状あるいは粒状をなしている。水に可溶。

問5 (51) 3 (52) 4 (53) 1 (54) 2 (55) 5

〔解説〕

(51) 三酸化二砒素は劇物。無色、結晶性の物質で、200 度に熱すると、溶融せずに昇華する。用途は医薬用の原料、殺鼠剤、殺鼠剤等使用される。
(52) アクロレイン CH_3-CH=CHO は、劇物。無色又は帯黄色の液体。刺激臭がある。引火性である。用途は探知剤、殺菌剤。 (53) ヒドラジン($H_2N・NH_2$)は、毒物。無色の油状の液体。用途は、ロケット燃料。 (54) 蓚酸は、劇物(10％以下は除外)、無色稜柱状結晶。用途は、漂白剤として使用されるほか、鉄錆のよごれをおとすのに用いられる。 (55) 過酸化ナトリウム Na_2O_2 は、黄白色の顆粒様粉末。用途は工業用には酸化剤、漂白剤、試薬。

問6 (56) 2 (57) 5 (58) 3 (59) 4 (60) 1

〔解説〕

(56) アニリン $C_6H_5NH_2$ は、劇物。沸点 184 ～ 186 ℃の油状物。アニリンは血液毒である。かつ神経毒であるので血液に作用してメトヘモグロビンを作り、チアノーゼを起こさせる。急性中毒では、顔面、口唇、指先等にはチアノーゼが現れる。さらに脈拍、血圧は最初亢進し、後に下降して、嘔吐、下痢、腎臓炎を起こし、痙攣、意識喪失で、ついに死に至ることがある。 (57) 蓚酸の中毒症状は血液中のカルシウムを奪取し、神経系を侵す。胃痛、嘔吐、口腔咽喉の炎症、腎臓障害。 (58) メタノール CH_3OH は特有な臭いの無色液体。水に可溶。可燃性。染料、有機合成原料、溶剤。メタノールの中毒症状：吸入した場合、めまい、頭痛、吐気など、はなはだしい時は嘔吐、意識不明。中枢神経抑制作用。飲用により視神経障害、失明。 (59) 沃素 I_2 は、黒褐色金属光沢ある稜板状結晶、昇華性。水に溶けにくい(しかし、KI 水溶液には良く溶ける $KI + I_2$ → KI_3)。有機溶媒に可溶(エタノールやベンゼンでは褐色、クロロホルムでは紫色)。皮膚にふれると褐色に染め、その揮散する蒸気を吸入するとめまいや頭痛をともなう一種の酩酊を起こす。

(60)　フェノール C₆H₅OH は、劇物。無色の針状結晶または白色の放射状結晶性の塊。空気中で容易に赤変する。特異の臭気と灼くような味がする。アルコール、エーテル、クロロホルムにはよく溶ける。水にはやや溶けやすい。皮膚や粘膜につくと火傷を起こし、その部分は白色となる。内服した場合には、尿は特有な暗赤色を呈する。

（農業用品目）

問3　(41)　5　　(42)　1　　(43)　2

〔解説〕

(41)　燐化亜鉛 Zn₃P₂ は、暗褐色の結晶又は粉末。かすかにリンの臭気がある。ベンゼン、二硫化炭素に溶ける。酸と反応して有毒なホスフィン PH3 を発生。　　(42)　トリククロルヒドロキシエチルジメチルホスホネイト(別名 DEP)は劇物。純品は白色の結晶。クロロホルム、ベンゼン、アルコールに溶け、水にもかなり溶ける。アルカリで分解する。10 ％以下は劇物から除外。　　(43)　カルタップは、:劇物。：2 ％以下は劇物から除外。無色の結晶。融点 179 ～ 181 ℃。水、メタノールに溶ける。ベンゼン、アセトン、エーテルには溶けない。

問4　(44)　1　　(45)　3　　(46)　4

〔解説〕

(44)　硫酸は、無色透明の液体。劇物から 10 ％以下のものを除く。皮膚に触れた場合は、激しいやけどを起こす。可燃物、有機物と接触させない。直接中和剤を散布すると発熱し、酸が飛散することがある。眼に入った場合は、粘膜を激しく刺激し、失明することがある。　　(45)　ジクワットは、劇物で、ジピリジル誘導体で淡黄色結晶、水に溶ける。中性又は酸性で安定、アルカリ溶液でうすめる場合には、2 ～ 3 時間以上貯蔵できない。腐食性を有する。吸入した場合は、鼻やのどの粘膜に炎症を起こし、はなはだしい場合には吐き気、嘔吐、下痢等を起こすことがある。また、皮膚に触れた場合は、紅斑、浮腫などをおこすことがある。放置すると皮膚より吸収され中毒を起こすことがある。　　(46)　ダイアジノンは、有機リン製剤、接触性殺虫剤、かすかにエステル臭をもつ無色の液体、水に難溶、有機溶媒に可溶。有機リン製剤なのでコリンエステラーゼ活性阻害。

問5　(47)　5　　(48)　2　　(49)　4　　(50)　1　　(51)　3

〔解説〕

(47)　ダイファシノンは毒物。黄色結晶性粉末。用途は殺鼠剤。
(48)　クロルメコートは、劇物、白色結晶で魚臭、非常に吸湿性の結晶。用途は植物成長調整剤。　　(49)　ダズメットは、白色の結晶性粉末。用途は芝生等の除草剤。　　(50)　アセタミプリドは、劇物。白色結晶固体。用途はネオニコチノイド系殺虫剤。　　(51)　イミノクタジンは、劇物。白色の粉末(三酢酸塩の場合)。用途は果樹の腐らん病、晩腐病等、麦の斑葉病、芝の葉枯病殺菌する殺菌剤。

問6　(52)　5　　(53)　2　　(54)　4　　(55)　3

〔解説〕

(52)　ブロムメチル CH₃Br (臭化メチル)は常温で気体なので、圧縮冷却して液化し、圧縮容器に入れ、直射日光、その他温度上昇の原因を避けて、冷暗所に貯蔵する。　　(53)　燐化化アルミニウムとその分解促進剤とを含有する製剤は、ホストキシン(リン化アルミニウム AlP とカルバミン酸アンモニウム H₂NCOONH₄を主成分とする。)は、ネズミ、昆虫駆除に用いられる。リン化アルミニウムは空気中の湿気で分解して、猛毒のリン化水素 PH3(ホスフィン)を発生する。空気中の湿気に触れると徐々に分解して有毒なガスを発生するので密閉容器に貯蔵する。　　(54)　シアン化カリウム KCN は、白色、潮解性の粉末または粒状物、空気中では炭酸ガスと湿気を吸って分解する(HCN を発生)。また、酸と反応して猛毒のHCN(アーモンド様の臭い)を発生する。貯蔵法は、少量ならばガラス瓶、多量ならばブリキ缶又は鉄ドラム缶を用い、酸類とは離して風通しの良い乾燥した冷所に密栓して貯蔵する。　　(55)　ロテノンはデリスの根に含まれる。殺虫剤。酸素、光で分解するので遮光保存。

問7 (56) 4 (57) 5 (58) 1 (59) 2 (60) 3
〔解説〕
　　(56)　DDVP は有機リン製剤なので、解毒薬は硫酸アトロピン又は PAM（２－ピリジルアルドキシムメチオダイド）PAM 又は硫酸アトロピンを用いる。　(57)　硫酸銅第二銅は、濃い青色の結晶。風解性。水に易溶、水溶液は酸性。劇物。吸入した場合は、鼻、のどの粘膜を炎症を起こすことがある。酵素阻害。解毒薬はジメルカプロール（BAL）の投与。　　(58)　シアン化ナトリウムの中毒は、猛毒の血液毒、チトクローム酸化酵素系に作用し、呼吸中枢麻痺を起こす。治療薬は亜硝酸ナトリウムとチオ硫酸ナトリウムを用いる。　　(59)　パラコートは、毒物で、ジピリジル誘導体で無色結晶、水によく溶け低級アルコールに僅かに溶ける。除草剤。４級アンモニウム塩なので強アルカリでは分解。誤って飲んだ場合、消化器障害、ショックのほか、数日遅れて肝臓等の機能障害を起こすことがある。その場合症状がなくても至急医師の手当てを受けること。　　(60)　硫酸タリウム Tl₂SO₄ は、白色結晶で、水にやや溶け、熱水に易溶、劇物、殺鼠剤。中毒症状は、疝痛、嘔吐、震せん、けいれん麻痺等の症状に伴い、しだいに呼吸困難、虚脱症状を呈する。治療法は、カルシウム塩、システインの投与。抗けいれん剤（ジアゼパム等）の投与。

（特定品目）

問3 (41) 2 (42) 1 (43) 4 (44) 3 (45) 5
〔解説〕
　　(41)　硫酸 H₂SO₄ は無色透明、油様の液体であるが、粗製のものは、しばしば有機質が混じて、かすかに褐色を帯びていることがある。濃い液体は猛烈に水を吸収する。　(42)　塩素 Cl₂ は劇物。黄緑色の気体で激しい刺激臭がある。冷却すると、黄色溶液を経て黄白色固体。水にわずかに溶ける。　(43)　メチルエチルケトン CH₃COC₂H₅(2-ブタノン、MEK)は劇物。アセトン様の臭いのある無色液体。蒸気は空気より重い。引火性。有機溶媒。水に可溶。　(44)　水酸化カリウム KOH(別名苛性カリ)は劇物（５％以下は劇物から除外。)で白色の固体で、空気中の水分や二酸化炭素を吸収する潮解性がある。水溶液は強いアルカリ性を示す。また、腐食性が強い。　　(45)　蓚酸(COOH)₂・2H₂O は無色の柱状結晶、風解性、還元性、漂白剤、鉄さび落とし。無水物は白色粉末。水、アルコールに可溶。エーテルには溶けにくい。また、ベンゼン、クロロホルムにはほとんど溶けない。

問4 (46) 5 (47) 3 (48) 2 (49) 1 (50) 4
〔解説〕
　　(46)　ホルマリンは、低温で混濁することがあるので、常温で貯蔵する。一般に重合を防ぐため 10 ％程度のメタノールが添加してある。　　(47)　水酸化ナトリウム(別名：苛性ソーダ)NaOH は、白色結晶性の固体。水と炭酸を吸収する性質が強い。空気中に放置すると、潮解して徐々に炭酸ソーダの皮層を生ずる。貯蔵法については潮解性があり、二酸化炭素と水を吸収する性質が強いので、密栓して貯蔵する。　(48)　キシレン C₆H₄(CH₃)₂ は、無色透明な液体で o-、m-、p-の３種の異性体がある。水にはほとんど溶けず、有機溶媒に溶ける。溶剤。揮発性、引火性があるので火気を避けて冷所に保存する。　　(49)　過酸化水素水 H₂O₂ は、少量なら褐色ガラス瓶(光を遮るため)、多量ならば現在はポリエチレン瓶を使用し、３分の１の空間を保ち、日光を避けて冷暗所保存。　(50)　四塩化炭素(テトラクロロメタン)CCl₄ は、特有な臭気をもつ不燃性、揮発性無色液体。水に溶けにくく有機溶媒には溶けやすい。強熱によりホスゲンを発生。亜鉛またはスズメッキした鋼鉄製容器で保管、高温に接しないような場所で保管。

問5 (51) 4 (52) 2 (53) 1 (54) 5 (55) 3
〔解説〕
　　解答のとおり。

問6 (56) 1 (57) 3 (58) 5 (59) 4 (60) 2
〔解説〕
　　(56)　メタノール(メチルアルコール)CH₃OH は、劇物。(別名：木精)無色透明。揮発性の可燃性液体である。用途は主として溶剤や合成原料、または燃料など。　(57)　塩素 Cl₂ は、常温においては窒息性臭気をもつ黄緑色気体、冷却すると黄色溶液を経て黄白色固体となる。用途は酸化剤、紙パルプの漂白剤、殺菌剤、消毒薬。

（58）　一酸化鉛 PbO（別名密陀僧、リサージ）は劇物。赤色～赤黄色結晶。重い粉末で、黄色から赤色の間の様々なものがある。用途はゴムの加硫促進剤、顔料、試薬等。　　（59）　重クロム酸カリウム K₂Cr₂O₇ は橙赤色結晶、水に易溶。用途は、工業用に酸化剤、媒染剤。　　（60）　硫酸 H₂SO₄ は、無色無臭澄明な油状液体、腐食性が強い。用途は肥料、石油精製、冶金、試薬など用いられる。

〔実地：毒物及び劇物の識別及び取扱方法〕
（一般）
問7　（61）　3　　（62）　2　　（63）　5　　（64）　1　　（65）　4
〔解説〕
　（61）　ニコチンは、毒物。アルカロイドであり、純品は無色、無臭の油状液体であるが、空気中では速やかに褐変する。水、アルコール、エーテル等に容易に溶ける。ニコチンの確認：1)ニコチン＋ヨウ素エーテル溶液→褐色液状→赤色針状結晶　2)ニコチン＋ホルマリン＋濃硝酸→バラ色。　　（62）　ピクリン酸（C₆H₂(NO₂)₃OH）は、淡黄色の針状結晶で、温飽和水溶液にシアン化カリウム水溶液を加えると、暗赤色を呈する。　　（63）　弗化水素酸（HF・aq）は毒物。弗化水素の水溶液で無色またはわずかに着色した透明の液体。特有の刺激臭がある。不燃性。濃厚なものは空気中で白煙を生ずる。ガラスを腐食する作用がある。ろうを塗ったガラス板に針で任意の模様を描いたものに、この薬物を塗るとろうをかぶらない模様の部分は腐食される。　　（64）　ホルマリンはホルムアルデヒド HCHO の水溶液。フクシン亜硫酸はアルデヒドと反応して赤紫色になる。アンモニア水を加えて、硝酸銀溶液を加えると、徐々に金属銀を析出する。またフェーリング溶液とともに熱すると、赤色の沈殿を生ずる。　　（65）　アンモニア水は無色透明、刺激臭がある液体。アルカリ性を呈する。アンモニア NH₃ は空気より軽い気体。濃塩酸を近づけると塩化アンモニウムの白い煙を生じる。

問8　（66）　1　　（67）　5　　（68）　3　　（69）　2　　（70）　4
〔解説〕
　（66）　クロルメチル CH₃Cl は劇物。無色の気体。水にわずかに溶ける。廃棄方法は、アフターバーナー及びスクラバー(洗浄液にアルカリ液)を具備した焼却炉の火室へ噴霧し焼却する燃焼法。　　（67）　臭素 Br₂ の廃棄方法は、酸化法（還元法）、過剰の還元剤(亜硫酸ナトリウムの水溶液)に加えて還元し(Br₂ → 2Br⁻)、余分の還元剤を酸化剤(次亜塩素酸ナトリウム等)で酸化し、水で希釈処理する。アルカリ法は、アルカリ水溶液中に少量ずつ多量の水で希釈して処理する。　　（68）　アンモニア NH₃ は無色刺激臭をもつ空気より軽い気体。水に溶け易く、その水溶液はアルカリ性でアンモニア水。廃棄法はアルカリなので、水で希釈後に酸で中和し、さらに水で希釈処理する中和法。　　（69）　クロルピクリン CCl₃NO₂ は、無色～淡黄色液体、催涙性、粘膜刺激臭。水に不溶。少量の界面活性剤を加えた亜硫酸ナトリウムと炭酸ナトリウムの混合溶液中で、撹拌し分解させたのち、多量の水で希釈して処理する分解法。　　（70）　塩化バリウムは、劇物。無水物もあるが一般的には二水和物で無色の結晶。廃棄法は水に溶かし、硫酸ナトリウムの水溶液を加えて処理し、沈殿ろ過して埋立処分する沈殿法。

問9　（71）　3　　（72）　1　　（73）　4　　（74）　2　　（75）　5
〔解説〕
　（71）　カリウム K はアルカリ金属なので、空気中の水分などを防ぐため灯油または流動パラフィン中に回収。　　（72）　四アルキル鉛は特定毒物。無色透明な液体。芳香性のある甘味あるにおい。水より重い。水にはほとんど溶けない。用途は、自動車ガソリンのオクタン価向上剤。付近の着火源となるものは速やかに取り除く。多量の場合、漏えいしては、活性白土、砂、おが屑などでその流れを止め、過マンガン酸カリウム水溶液(5％)又はさらし粉で十分に処理する。1　　（73）　エチレンオキシドは、劇物。快臭のある無色のガス、水、アルコール、エーテルに可溶。可燃性ガス、反応性に富む。付近の着火源となるものを速やかに取り除き、漏えいしたボンベ等特別多量の水に容器ごと投入してガスを吸収させ、処理し、その処理液を多量の水で希釈して洗い流す。　　（74）　臭素 Br₂ は赤褐色の刺激臭がある揮発性液体。漏えい時の措置は、ハロゲンなので消石灰と反応させ次亜臭素酸塩にし、また揮発性なのでムシロ等で覆い、さらにその上から消石灰を散布して反応させる。多量の場合は霧状の水をかけ吸収させる。

（75）　ブロムメチル CH₃Br は可燃性・引火性が高いため、火気・熱源から遠ざけ、直射日光の当たらない換気性のよい冷暗所に貯蔵する。耐圧等の容器は錆防止のため床に直置きしない。漏えいした場合：漏えいした液は、土砂等でその流れを止め、液が拡がらないようにして蒸発させる。

問10　（76）　2　　（77）　5　　（78）　4　　（79）　3　　（80）　1
〔解説〕
　　解答のとおり。

（農業用品目）

問8
〔解説〕　（61）　4　　（62）　2　　（63）　1　　（64）　3　　（65）　5
　　（61）　塩素酸ナトリウム NaClO₃ は酸化剤なので、希硫酸で HClO₃ とした後、これを還元剤中へ加えて酸化還元後、多量の水で希釈処理する還元法。　　（62）　硫酸第二銅（硫酸銅）は、水に溶解後、消石灰などのアルカリで水に難溶な水酸化銅 Cu(OH)₂ とし、沈殿ろ過して埋立処分する沈殿法。または、還元焙焼法で金属銅 Cu として回収する還元焙焼法。　　（63）　クロルピクリン CCl₃NO₂ は、無色～淡黄色液体、催涙性、粘膜刺激臭。水に不溶。少量の界面活性剤を加えた亜硫酸ナトリウムと炭酸ナトリウムの混合溶液中で、攪拌し分解させたあと、多量の水で希釈して処理する分解法。　　（64）　シアン化ナトリウム NaCN は、酸性だと猛毒のシアン化水素 HCN が発生するのでアルカリ性にしてから酸化剤でシアン酸ナトリウム NaOCN にし、余分なアルカリを酸で中和し多量の水で希釈処理する酸化法。水酸化ナトリウム水溶液等でアルカリ性とし、高温加圧下で加水分解するアルカリ法。　　（65）　アンモニア NH₃(刺激臭無色気体)は水に極めてよく溶けアルカリ性を示すので、廃棄方法は、水に溶かしてから酸で中和後、多量の水で希釈処理する中和法。

問9　（66）　2　　（67）　5　　（68）　4　　（69）　1　　（70）　3
〔解説〕
　　解答のとおり。
問10　（71）　3　　（72）　4　　（73）　5　　（74）　1
〔解説〕
　　解答のとおり。
問11　（75）　1　　（76）　5　　（77）　3　　（78）　2
〔解説〕
　　解答のとおり。
問12　（79）　4
〔解説〕
　　シアン化ナトリウムの保護具は、①保護手袋、②保護長ぐつ、③保護衣、④青酸用防毒マスクである。施行令第 40 条の 5 第 2 項第三号→施行規則第 13 条の 6 →施行規則別表第五に示されている。
問13　（80）　2
〔解説〕
　　この設問のイミダクロプリドについてはイの用途が誤り。用途は野菜等のアブラムシ等の殺虫剤(クロロニコチニル系農薬)である。イミダクロプリドは劇物。弱い特異臭のある無色結晶。水にきわめて溶けにくい。マイクロカプセル製剤の場合、12 ％以下を含有するものは劇物から除外。用途は野菜等のアブラムシ等の殺虫剤(クロロニコチニル系農薬)。

（特定品目）

問7　（61）　2　　（62）　1　　（63）　4　　（64）　5
〔解説〕
　　（61）　トルエン C₆H₅CH₃ が漏えいした場合は、漏えいした液は、土砂等に吸着させて空容器に回収する。また多量に漏えいした液場合は、土砂等でその流れを止め、安全な場所に導き、液の表面を泡で覆いできるだけ空容器に回収する。　　（62）　クロロホルム(トリクロロメタン)CHCl₃ は、無色、揮発性の液体で特有の香気とわずかな甘みをもち、麻酔性がある。水に不溶、有機溶媒に可溶。比重は水より大きい。揮発性のため風下の人を退避。できるだけ回収したあと、水に不溶なため中性洗剤などを使用して洗浄。　　（63）　塩酸 HCl は強酸なので水で希釈してから消石灰などのアルカリで中和したのち、水で洗浄。発生するガスは塩化水素 HCl なので、水によく溶けるので霧状の水で溶解させる。

（64）　重クロム酸カリウム K₂Cr₂O₇ は酸化剤なので、回収後、そのあとを還元剤で処理し（Cr₆⁺ → Cr₃⁺）、さらにアルカリで水に難溶性の水酸化クロム（Ⅲ）Cr(OH)₃ として、水で洗浄。

問 8　（65）　5　　（66）　3　　（67）　1　　（68）　4　　（69）　2

〔解説〕
　　（65）　過酸化水素は多量の水で希釈して処理する希釈法。　　（66）　ホルマリンはホルムアルデヒド HCHO の水溶液で劇物。無色あるいはほとんど無色透明な液体。廃棄方法は多量の水を加え希薄な水溶液とした後、次亜塩素酸ナトリウムなどで酸化して廃棄する酸化法。　　（67）　硝酸 HNO₃ は強酸なので、中和法、徐々にアルカリ（ソーダ灰、消石灰等）の撹拌溶液に加えて中和し、多量の水で希釈処理する中和法。　　（68）　酢酸鉛は、無色結晶または白色粉末か顆粒で僅かに酢酸臭がある。水、グリセリンに易溶。廃棄は 1)沈澱隔離法：水に溶かして消石灰などのアルカリで水に不溶性の水酸化鉛 Pb(OH)₂ として沈殿ろ過してセメントで固化し、溶出試験で基準以下を確認後、埋立処分。　2)焙焼法：還元焙焼法で金属鉛として回収。　　（69）　硅弗化ナトリウムは劇物。無色の結晶。水に溶けにくい。廃棄法は水に溶かし、消石灰等の水溶液を加えて処理した後、希硫酸を加えて中和し、沈殿濾過して埋立処分する分解沈殿法。

問 9　（70）　3　　（71）　5　　（72）　4　　（73）　1　　（74）　2

〔解説〕
　　解答のとおり。

問 10　（75）　4　　（76）　3　　（77）　1　　（78）　5　　（79）　2

〔解説〕
　　解答のとおり。

問 11　（80）　2

〔解説〕
　　この設問の硝酸については、アが誤り。硝酸 HNO₃ は無色の液体で、特有の臭気がある。腐食性が激しく、空気に接すると刺激性白霧を発し、水を吸収する性質が強い。うすめた水溶液に銅屑を加えて熱すると、藍色を呈して溶け、その際赤褐色の蒸気を発生する。藍(青)色を呈して溶ける。羽毛のような有機質を硝酸の中に浸し、特にアンモニア水でこれをうるおすと橙黄色になる。

千葉県

神奈川県
令和３年度実施

〔毒物及び劇物に関する法規〕
（一般・農業用品目・特定品目共通）
問１～問５　　問１　２　　問２　１　　問３　１　　問４　２　　問５　１
〔解説〕
　　問１　この設問にある医薬品以外のものをいうではなく、医薬品及び医薬部外品を除いたものである。　　問２　解答のとおり。　　問３　解答のとおり。。
　　問４　この設問にある製造後 30 日以内ではなく、あらかじめ登録の変更を受けなければならないである。　　問５　解答のとおり。
問６～問10　　問６　３　　問７　４　　問８　１　　問９　６　　問10　１
〔解説〕
　　解答のとおり。
問 11 ～問 15　　問 11　２　　問 12　２　　問 13　１　　問 14　１　　問 15　１
〔解説〕
　　問 11　この設問は法第 8 条第 2 項第一号のことで、18 歳未満の者は毒物劇物取扱責任者になれないである。　　問 12　法第 7 条第 1 項についてで、この設問にある業務を経験した経験がなければではなく、毒物劇物取扱責任者になることができる者は法第 8 条第 1 項に示されている①薬剤師、②厚生労働省令で定める学校で、応用化学を修了した者、③都道府県知事が行う毒物劇物取扱責任者に合格した者である。このこからこの設問は誤り。　　問 13　法第 8 条第 2 項第三号に示されている。　　問 14　設問のとおり。　　問 15　法第 19 条第 3 項〔登録の取消等〕に示されている。
問 16 ～問 20　　問 16　１　　問 17　８　　問 18　９　　問 19　０　　問 20　２
〔解説〕
　　解答のとおり。
問 21 ～問 25　　問 21　１　　問 22　３　　問 23　１　　問 24　４　　問 25　２
〔解説〕
　　解答のとおり。

〔基礎化学〕
（一般・農業用品目・特定品目共通）
問 26 ～問 30　　問 26　１　　問 27　３　　問 28　２　　問 29　４　　問 30　５
〔解説〕
　　問 26　Br は臭素でハロゲンである。
　　問 27　アセチレンは脂肪族不飽和炭化水素、他は芳香族炭化水素である。
　　問 28　現在もアンモニアはハーバー・ボッシュ法で工業的に得ている。
　　問 29　解答のとおり。
　　問 30　ケトン基($C=O$)、スルホ基(SO_3H)、ニトロ基(NO_2)、カルボキシ基($COOH$)、アミノ基(NH_2)
問 31 ～問 35　　問 31　４　　問 32　２　　問 33　３　　問 34　１　　問 35　５
〔解説〕
　　問 31　この中で水に溶解しない気体は水素である。
　　問 32　赤褐色色の気体は二酸化窒素である。
　　問 33　硫化水素は腐った卵のにおいがする気体である。
　　問 34　二酸化硫黄は窒息性の刺激臭のある気体である。
　　問 35　二酸化炭素は水に溶解して炭酸を生じる。
問 36 ～問 40　　問 36　２　　問 37　３　　問 38　４　　問 39　９　　問 40　７
〔解説〕
　　問 36　物質が電子を放出する変化を酸化された、反対に電子を受け取る変化を還元されたという。
　　問 37　解答のとおり。
　　問 38　金属原子が電子を失うと自身は陽イオンになる。
　　問 39　次の化学反応が起こる　$Cu^{2+} + 2e^- \rightarrow Cu$,　$Zn \rightarrow Zn^{2+} + 2e^-$
　　問 40　したがって亜鉛のほうが銅よりもイオン化傾向が大きい。

問 41 ～問 45　問 41　4　　問 42　2　　問 43　2　　問 44　4　　問 45　3
〔解説〕
　　問 41　塩化ナトリウム(NaCl)の式量は 58.5 であるので、この溶液の mol/kg を
　　　　求める式は、　2.34/58.5 × 1000/100 = 0.40 mol/kg
　　問 42　グルコース($C_6H_{12}O_6$)の分子量は 180 である 2.0 mol/L の溶液 200 mL に
　　　　含まれるグルコースのモル数は 2.0 × 200/1000 = 0.4 モル。よって必要な
　　　　グルコースの量は 180 × 0.4 = 72 g
　　問 43　0.5 mol/L 硫酸 50 mL に含まれる水素イオンのモル数は 0.5 × 2 × 50/1
　　　　000 = 0.05 モル。水素イオンのモル数と水酸化物イオンのモル数が等し
　　　　い状態が中和であるため、水酸化ナトリウム(NaOH: 式量 40)は 0.05 モル
　　　　必要である。0.05 × 40 = 2.0 g
　　問 44　反応式は C_6H_{14} + 19/2O_2 → 6CO_2 + 7H_2O である。CO_2 の分子量は 44 で
　　　　あるから、44 × 6 = 264 g
　　問 45　ボイル―シャルルの法則より式は、1.0 × 10^5 × 48/(273+27)=2.0 × 10^5
　　　　× V/(273+127)　V = 32 L
問 46 ～問 50　問 46　1　　問 47　3　　問 48　4　　問 49　5　　問 50　2
〔解説〕
　　問 46　AgCl の白色沈殿となる。
　　問 47　$PbCl_2$ の沈殿が溶解して Pb^{2+} のイオンになる。
　　問 48　銅イオンは液性に関係なく硫化水素と反応して CuS の黒色沈殿を生じ
　　　　る。
　　問 49　$Fe(OH)_3$ の赤褐色沈殿を生じる。
　　問 50　Zn^{2+} は過剰のアンモニア水と錯イオンを形成し、[Zn(NH_3)_4]^{2+}を生じて
　　　　溶解する。

〔毒物及び劇物の性質及び貯蔵その他の取扱方法〕
(一般)
問 51 ～問 55　問 51　5　　問 52　3　　問 53　4　　問 54　1　　問 55　2
〔解説〕
　　　問 51　塩素酸カリウム $KClO_3$(別名塩素酸カリ)は、無色の結晶。水に可溶。ア
ルコールに溶けにくい。熱すると酸素を発生する。そして、塩化カリとなり、こ
れに塩酸を加えて熱すると塩素を発生する。　　　問 52　メチルメルカプタン CH_4
S は、毒物。腐ったキャベツ状の悪臭のある気体。水に可溶。結晶性の水化物を
つくる。　　　問 53　ホルマリンは、ホルムアルデヒド HCHO を水に溶かしたも
の。無色透明な液体で刺激臭を有し、寒冷地では白濁する場合がある。水、アル
コールに混和するが、エーテルには混和しない。　　　問 54　シアン化カリウム K
CN(別名青酸カリ)は毒物。無色の塊状又は粉末。空気中では湿気を吸収し、二酸
化炭素と作用して青酸臭をはなつ、アルコールにわずかに溶け、水に可溶。強ア
ルカリ性を呈し、煮沸騰すると蟻酸カリウムとアンモニアを生ずる。本品は猛毒。
(酸と反応して猛毒の青酸ガス(シアン化水素ガス)を発生する。　　　問 55　塩酸
HCl は無色透明の刺激臭を持つ液体で、これの濃度が濃いものは空気中で発煙す
る。
問 56 ～問 60　問 56　4　　問 57　3　　問 58　2　　問 59　1　　問 60　5
〔解説〕
　　　問 56　アクロレイン CH_2=CH-CHO は、劇物。無色又は帯黄色の液体。刺激臭
がある。引火性である。用途は探知剤、殺菌剤、アルコールの変性、各種薬品の
合成原料。　　　問 57　燐化亜鉛 Zn_3P_2 は、灰褐色の結晶又は粉末。劇物。用途は
殺鼠剤。　　　問 58　蓚酸 (COOH)_2・2H_2O は無色の柱状結晶。用途は、木・コルク
・綿などの漂白剤。その他鉄錆びの汚れ落としに用いる。　　　問 59　四アルキル
鉛は特定毒物。無色透明な液体。用途は、自動車ガソリンのオクタン価向上剤。
　　　問 60　セレント Se は、毒物。灰色の金属光沢を有するペレット又は黒色の粉末。
用途はガラスの脱色、釉薬、整流器等。

問 61 ～問 65　問 61　2　　　問 62　5　　　問 63　1　　　問 64　4　　　問 65　3
〔解説〕
　　問 61　黄リン P_4 は、無色又は白色の蝋様の固体。毒物。別名を白リン。暗所で空気に触れるとリン光を放つ。水、有機溶媒に溶けないが、二硫化炭素には易溶。湿った空気中で発火する。空気に触れると発火しやすいので、水中に沈めてビンに入れ、さらに砂を入れた缶の中に固定し冷暗所で貯蔵する。　　問 62　　ベタナフトール $C_{10}H_7OH$ は、劇物。無色～白色の結晶、石炭酸臭、水に溶けにくく、熱湯に可溶。有機溶媒に易溶。遮光保存(フェノール性水酸基をもつ化合物は一般に空気酸化や光に弱い)。　　問 63　ブロムメチル CH_3Br(臭化メチル)は常温では気体であるため、これを圧縮液化し、圧容器に入れ冷暗所で保存する。　　問 64　ヨウ素 I_2 は、黒褐色金属光沢ある稜板状結晶、昇華性。気密容器を用い、通風のよい冷所に貯蔵する。腐食されやすい金属、濃硫酸、アンモニア水、アンモニアガス、テレビン油等から引き離しておく。　　問 65　四塩化炭素(テトラクロロメタン)CCl_4 は、特有な臭気をもつ不燃性、揮発性無色液体、水に溶けにくく有機溶媒に溶けやすい。強熱によりホスゲンを発生。亜鉛またはスズメッキした鋼鉄製容器で保管、高温に接しないような場所で保管。

問 66 ～問 70　問 66　3　　　問 67　1　　　問 68　5　　　問 69　4　　　問 70　2
〔解説〕
　　問 66　クロロホルム $CHCl_3$(別名トリクロロメタン)は劇物。無色揮発性の液体で、特有の臭気と、かすかな甘みを有する。中毒は、原形質毒、脳の節細胞を麻酔、赤血球を溶解する。吸収するとはじめ嘔吐、瞳孔縮小、運動性不安、次に脳、神経細胞の麻酔が起きる。中毒死は呼吸麻痺、心臓停止による。　　問 67　メタノール(メチルアルコール)CH_3OH は、劇物。(別名：木精)無色透明。揮発性の可燃性液体である。毒性は頭痛やめまい嘔吐などを起こし、多量に摂取した場合視神経を侵し、失明することもある。　　問 68　パラフェニレンジアミン(別名 1,4-ジアミノベンゼン)は劇物。白色又は微赤色の板状結晶。中毒は、皮膚に触れると皮膚炎、眼に作用すると結膜炎、結膜浮腫、呼吸器では気管支炎を起こす。　　問 69　過酸化水素 H_2O_2 は、無色無臭で粘性の少し高い液体。徐々に水と酸素に分解する。酸化力、還元力をもつ。皮膚に触れた場合、やけど(腐食性薬傷)を起こす。　　問 70　シアン化水素 HCN は、毒物。無色の気体または液体。猛毒で、吸入した場合、頭痛、めまい、意識不明、呼吸麻痺を起こす。

問 71 ～問 75　問 71　2　　　問 72　2　　　問 73　1　　　問 74　2　　　問 75　3
〔解説〕
　　ヒドラジン(N_2H_4)は、毒物。無色の油状の液体。アルコールに難溶。エーテルに不溶。アンモニア様の強い臭気がある。用途は強い還元剤でロケット燃料にも使用される。医薬、農薬等の原料。

(農業用品目)
問 51 ～問 55　問 51　1　　　問 52　5　　　問 53　2　　　問 54　3　　　問 55　4
〔解説〕
　　問 51　燐化亜鉛 Zn_3P_2 は、灰褐色の結晶又は粉末。かすかにリンの臭気がある。水、アルコールには溶けないが、ベンゼン、二硫化炭素に溶ける。酸と反応して有毒なホスフィン $PH3$ を発生。劇物、1 ％以下で、黒色に着色され、トウガラシエキスを用いて著しくからく着味されているものは除かれる。殺鼠剤。
　　問 52　フェンバレレートは劇物。黄褐色の粘調性液体。水にはほとんど溶けない。メタノール、アセトニトリル、酢酸エチルに溶けやすい。熱、酸に安定。アルカリに不安定。また、光で分解。用途は合成ピレスリン、農薬(殺虫剤)。
　　問 53　シアン酸ナトリウム NaOCN は、白色の結晶性粉末、水に易溶、有機溶媒に不溶。熱水で加水分解。劇物。除草剤。　　問 54　臭化メチル(ブロムメチル)CH^3Br は本来無色無臭の気体だが圧縮冷却により容易に液体となる。ガスはクロロホルム様の臭気をもつ。ガスは重く空気の 3.27 倍である。通常は気体、低沸点なので燻蒸剤に使用。　　問 55　塩素酸ナトリウム $NaClO_3$ は、劇物。無色無臭結晶で潮解性をもつ。酸化剤、水に易溶。有機物や還元剤との混合物は加熱、摩擦、衝撃などにより爆発することがある。酸性では有害な二酸化塩素を発生する。また、強酸と作用して二酸化炭素を放出する。除草剤。

問56～問60　問56　1　　問57　3　　問58　4　　問59　2　　問60　1
〔解説〕
　　問56　アバメクチンは1.8％以下は劇物。同含有する製剤は1.8％以上は毒物。
問57　指定令第3条を参照。　　問58　エマメクチン、その塩類のいずれかを含
有する製剤は2％以下は劇物から除外。普通物。　　問59　弗化スルフリルを含
有する製剤については除外濃度がないので毒物。　　問60　クロルフェナピルは
0.6％以下は劇物から除外。

問61～問65　問61　1　　問62　2　　問63　2　　問64　3　　問65　1
〔解説〕
　　1,3-ジクロロプロペン C₃H₄Cl。特異的刺激臭のある淡黄褐色透明の液体。劇物。
有機塩素化合物。シス型とトランス型とがある。メタノールなどの有機溶媒によ
く溶け、水にはあまり溶けない。アルミニウムに対する腐食性がある。用途は、
殺虫剤。

問66～問70　問66　2　　問67　2　　問68　1　　問69　2　　問70　2
〔解説〕
　　問66　チアクロプリドは、カーバメイト系殺虫剤ではなく、ネオニコチノイド
系殺虫剤。次のとおり。チアクロプリドは、有機塩素化合物、無臭の黄色粉末結
晶。シンクイムシに類等の殺虫剤(ネオニコチノイド系殺虫剤)。　　問67　アゾ
キシストロビンは劇物。白色粉末固体。水、ヘキサンに不溶。メタノール、アセ
トンに可溶。用途はイネ、小麦、大豆、野菜類の殺菌剤。　　問68　解答のとお
り。ジエチル-3・5・6-トリクロル-2-ピリジルチオホスフエイト(クロルピリホス)は、
白色結晶、水に溶けにくく、有機溶媒に可溶。有機リン剤で、劇物(1％以下は除
外、マイクロカプセル製剤においては25％以下が除外)果樹の害虫防除、シロア
リ防除。　　問69　オキサミルは、ネライストキシン系殺虫剤ではなく、カーバ
メイト系殺虫剤。次のとおり。オキサミルは、毒物。白色針状結晶。かすかな硫
黄臭がある。アセトン、メタノール、酢酸エチル、水に溶けやすい。用途はカー
バメイト系殺虫剤、殺線剤。　　問70　解答のとおり。トラロメトリンは劇物。橙
黄色の樹脂状固体。トルエン、キシレン等有機溶媒によく溶ける。熱、酸に安定。
光には不安定。用途は野菜、果樹、園芸植物等のアブラムシ類、アオムシ、ヨト
ウムシ等の駆除(ピレスロイド系殺虫剤)。

問71～問75　問71　2　　問72　5　　問73　1　　問74　3　　問75　4
〔解説〕
　　問71　2-チオ-3,5-ジメチルテトラヒドロ-1,3,5-チアジアジン(別名ダゾメット)
は、劇物。白色の結晶性粉末。融点は106～107℃である。用途は除草剤。
問72　フルスルファミドは、劇物(0.3％以下は劇物から除外)。淡黄色結晶性粉
末。水に難溶。有機溶媒に溶けやすい。用途は農薬の殺菌剤。　　問73　クロル
メコートは、劇物、白色結晶で魚臭、非常に吸湿性の結晶。エーテルに不溶。水、
アルコールに可溶。用途は植物成長調整剤。　　問74　ダイファシノンは毒物。
黄色結晶性粉末。アセトン酢酸に溶ける。水にはほとんど溶けない。0.005％以下
を含有するものは劇物。用途は殺鼠剤。　　問75　イミダクロプリドは劇物。弱
い特異臭のある無色結晶。水にきわめて溶けにくい。マイクロカプセル製剤の場
合、12％以下を含有するものは劇物から除外。用途は野菜等のアブラムシ等の殺
虫剤(クロロニコチニル系農薬)。

(特定品目)
問51～問55　問51　1　　問52　5　　問53　3　　問54　4　　問55　2
〔解説〕
　　問51　アンモニア NH₃ は、常温では無色刺激臭の気体、冷却圧縮すると容易に
液化する。水、エタノール、エーテルに可溶。強いアルカリ性を示し、腐食性は
大。水溶液は弱アルカリ性を呈する。　　問52　硅弗化ナトリウムは劇物。無色
の結晶。水に溶けにくい。アルコールに溶けない。　　問53　酢酸エチル CH₃CO
OC₂H₅(別名酢酸エチルエステル、酢酸エステル)は、劇物。強い果実様の香気あ
る可燃性無色の液体。揮発性がある。　　問54　塩素 Cl₂ は劇物。黄緑色の気体
で激しい刺激臭がある。冷却すると、黄色溶液を経て黄白色固体。水にわずかに
溶ける。　　問55　重クロム酸カリウム K₂Cr₂O₇ は、橙赤色結晶、酸化剤。水に
溶けやすく、有機溶媒には溶けにくい。

問 56 〜問 60　問 56　5　　　問 57　1　　　問 58　3　　　問 59　2　　　問 60　4
〔解説〕
　　　問 56　　トルエン $C_6H_5CH_3$ 特有な臭いの無色液体。水に不溶。比重 1 以下。可燃性。揮発性有機溶媒。貯蔵方法は引火しやすく、その蒸気は空気と混合して爆発性混合ガスとなるので、火気を近づけず、静電気に対する対策を考慮して貯蔵する。　　　問 57　　過酸化水素水は、無色無臭で粘性の少し高い液体。徐々に水と酸素に分解(光、金属により加速)する。安定剤として酸を加える。　　少量なら褐色ガラス瓶(光を遮るため)、多量ならば現在はポリエチレン瓶を使用し、3 分の 1 の空間を保ち、日光を避けて冷暗所保存。　　問 58　　クロロホルム $CHCl_3$ は、無色、揮発性の液体で特有の香気とわずかな甘みをもち、麻酔性がある。空気中で日光により分解し、塩素、塩化水素、ホスゲンを生じるので、少量のアルコールを安定剤として入れて冷暗所に保存。　　問 59　　水酸化ナトリウム(別名：苛性ソーダ)$NaOH$ は、白色結晶性の固体。水と炭酸を吸収する性質が強い。空気中に放置すると、潮解して徐々に炭酸ソーダの皮層を生ずる。貯蔵法については潮解性があり、二酸化炭素と水を吸収する性質が強いので、密栓して貯蔵する。
問 60　　四塩化炭素(テトラクロロメタン)CCl_4 は、特有な臭気をもつ不燃性、揮発性無色液体、水に溶けにくく有機溶媒には溶けやすい。強熱によりホスゲンを発生。亜鉛またはスズメッキした鋼鉄製容器で保管、高温に接しないような場所で保管。
問 61 〜問 65　問 61　1　　　問 62　2　　　問 63　4　　　問 64　3　　　問 65　5
〔解説〕
　　　問 61　　アンモニア(NH_3)水の中毒症状は、吸入すると激しく鼻や喉を刺激し、長時間だと肺や気管支に炎症を起こす。皮膚に触れた場合にはやけど(薬傷)を起こす。　　　問 62　　メチルエチルケトンのガスを吸引すると鼻、のどの刺激、頭痛、めまい、おう吐が起こる。はなはだしい場合は、こん睡、意識不明となる。皮膚に触れた場合には、皮膚を刺激して乾性(鱗状症)を起こす。　　　問 63　　蓚酸ナトリウムは劇物。白色の結晶性粉末。水に溶ける。用途は分析化学の試薬等。血液中のカルシウムを奪取し、神経系をおかす。急性中毒症状は、胃痛、嘔吐、口腔・咽頭・喉頭に炎症を起こし、腎臓がおかされる。　　　問 64　　硝酸 HNO_3 は無色の発煙性液体。蒸気は眼、呼吸器などの粘膜および皮膚に強い刺激性をもつ。高濃度のものが皮膚に触れるとガスを生じ、初めは白く変色し、次第に深黄色になる(キサントプロテイン反応)。　　　問 65　　メタノール CH_3OH は特有な臭いの無色液体。水に可溶。可燃性。中毒症状：吸入した場合、めまい、頭痛、吐気など、はなはだしい時は嘔吐、意識不明。中枢神経抑制作用。飲用により視神経障害、失明。
問 66 〜問 70　問 66　3　　　問 67　1　　　問 68　2　　　問 69　2　　　問 70　3
〔解説〕
　　　解答のとおり。
問 71 〜問 75　問 71　1　　　問 72　5　　　問 73　3　　　問 74　4　　　問 75　2
〔解説〕
　　　問 71　　塩素 Cl_2 は、黄緑色の刺激臭の空気より重い気体で、酸化力があるので酸化剤、用途は漂白剤、殺菌剤、消毒剤として使用される(紙パルプの漂白、飲用水の殺菌消毒などに用いられる)。　　　問 72　　キシレン $C_6H_4(CH_3)_2$ は、無色透明な液体で o-、m-、p-の 3 種の異性体がある。水にはほとんど溶けず、有機溶媒に溶ける。溶剤、染料中間体などの有機合成原料、試薬等。　　　問 73　　蓚酸は無色の柱状結晶、風解性、還元性。無水物は白色粉末。水、アルコールに可溶。エーテルには溶けにくい。用途は、木・コルク・綿などの漂白剤。その他鉄錆びの汚れ落としに用いる。　　　問 74　　二酸化鉛 PbO_2 は、茶褐色の粉末、水、アルコールに不溶。用途は工業用に酸化剤、電池の製造。　　　問 75　　クロム酸ストロンチウム $SrCO_4$ は、劇物。黄色粉末。用途はさび止め用。

〔実地〕

（一般）

問76～問80　問76　4　　問77　2　　問78　5　　問79　1　　問80　3

〔解説〕

問76　ピクリン酸が漏えいした場合、飛散したものは空容器にできるだけ回収し、そのあとを多量の水を用いて洗い流す。なお、回収の際は飛散したものが乾燥しないよう、適量の水を散布して行い、また、回収物の保管、輸送に際しても十分に水分を含んだ状態を保つようにする。用具及び容器は金属製のものを使用してはならない。　　問77　硫化バリウム BaS は、劇物。白色の結晶性粉末。水により加水分解し、水酸化バリウムと水硫化バリウムを生成し、アルカリ性を示す。アルコールには溶けない。飛散したものは空容器にできるだけ回収し、その後を硫酸第一鉄の水溶液を加えて処理し、多量の水を用いて洗い流す。　問78　水銀 Hg は毒物。常温で唯一の液体の金属である。比重 13.6。硝酸には溶け、塩酸には溶けない。漏えいした水銀は空容器にできるだけ回収する。更に土砂等に混ぜて空容器に全量を回収し、そのあとを多量の水を用いて洗い流す。　　問79　硫酸銀は、劇物。無色の結晶又は白色の粉末。水に溶けにくい。アンモニア水、硫酸、硝酸に可溶。光によって分解し黒変する。飛散したものは空容器にできるだけ回収し、その後を食塩水を用いて塩化銀とし、多量の水を用いて洗い流す。
問80　臭素 Br₂ は赤褐色の刺激臭がある揮発性液体。漏えい時の措置は、ハロゲンなので消石灰と反応させ次亜臭素酸塩にし、また揮発性なのでムシロ等で覆い、さらにその上から消石灰を散布して反応させる。多量の場合は霧状の水をかけ吸収させる。

問81～問85　問81　2　　問82　5　　問83　1　　問84　3　　問85　4

〔解説〕

問81　硫酸 H₂SO₄ は酸なので廃棄方法はアルカリで中和後、水で希釈する中和法。　　問82　二硫化炭素 CS₂ は、劇物。無色透明の麻酔性芳香をもつ液体。廃棄法は、多量の水酸化ナトリウム(10 ％程度)に攪拌しながら少量ずつガスを吹き込み分解した後、希硫酸を加えて中和する酸化法。　　問83　二硫化炭素 CS₂ は、劇物。無色透明の麻酔性芳香をもつ液体。廃棄法は、多量の水酸化ナトリウム(10 ％程度)に攪拌しながら少量ずつガスを吹き込み分解した後、希硫酸を加えて中和する酸化法。　　問84　三塩化アンチモン SbCl₃ は、劇物。無色の潮解性の結晶で空気中で発煙する。廃棄法：水に溶かし、硫化ナトリウム水溶液を加えて沈殿させ、ろ過して埋立処分する沈殿法。　　問85　弗化トリフェニル錫は、劇物。白色粉末。水に不溶。メタノールに可溶。用途は農業用殺菌剤。廃棄法は、セメントで固化して埋立処分する固化隔離法。アフターバーナー及びスクラバーを具備した焼却炉を用いて焼却する燃焼法。

問86～問90　問86　3　　問87　2　　問88　5　　問89　1　　問90　4

〔解説〕

問86　スルホナールは劇物。無色、稜柱状の結晶性粉末。無色の斜方六面形結晶で、潮解性をもち、微弱の刺激性臭気を有する。木炭とともに加熱すると、メルカプタンの臭気を放つ。　　問87　ニコチンは、毒物。アルカロイドであり、純品は無色、無臭の油状液体であるが、空気中では速やかに褐変する。水、アルコール、エーテル等に容易に溶ける。ニコチンの確認：1)ニコチン＋ヨウ素エーテル溶液→褐色液状→赤色針状結晶　2)ニコチン＋ホルマリン＋濃硝酸→バラ色。　　問88　フェノール C₆H₅OH はフェノール性水酸基をもつので過クロール鉄(あるいは塩化鉄(Ⅲ) FeCl₃)により紫色を呈する。　　問89　クロルピクリン CCl₃NO₂ の確認：1)CCl₃NO₂＋金属 Ca ＋ベタナフチルアミン＋硫酸→赤色沈殿。2)CCl₃NO₂ アルコール溶液＋ジメチルアニリン＋ブルシン＋ BrCN →緑ないし赤紫色。
問90　アンチモン化合物は、白金線に試料をつけて、溶解炎で熱し、次に白金線をしめして、ふたたび溶解炎で炎の色をみると、淡青色となる。コバルトの色ガラスをとおしてみれば、この炎が淡紫色となる。

問91～問95　問91　1　　問92　3　　問93　2　　問94　2　　問95　1

〔解説〕
解答のとおり。

問96～問100　問96　2　　問97　1　　問98　1　　問99　2　　問100　3

〔解説〕
解答のとおり。

神奈川県

（農業用品目）

問76〜問80　問76　3　　問77　5　　問78　1　　問79　4　　問80　2
〔解説〕
　　問76　アンモニア NH_3（刺激臭無色気体）は水に極めてよく溶けアルカリ性を示すので、廃棄方法は、水に溶かしてから酸で中和後、多量の水で希釈処理する中和法。　　問77　沃化メチル CH_3I は、劇物。無色又は淡黄色透明の液体。エタノール、エーテルに任意の割合に混合する。水に可溶。空気中で光りにより一部分解して、褐色になる。用途はガス殺菌剤としてたばこの根瘤線虫、立枯病等に使用される。廃棄法は過剰の可燃性溶剤又は重油等の燃料と共にアフターバーナー及びスクラバーを具備した焼却炉の火室に噴霧して、できるだけ高温で焼却する燃焼法。　　問78　シアン化ナトリウム $NaCN$ は、酸性だと猛毒のシアン化水素 HCN が発生するのでアルカリ性にしてから酸化剤でシアン酸ナトリウム $NaOCN$ にし、余分なアルカリを酸で中和し多量の水で希釈処理する酸化法。水酸化ナトリウム水溶液等でアルカリ性とし、高温加圧下で加水分解するアルカリ法。
　　問79　クロルピクリン $CCl3NO2$ は、無色〜淡黄色液体、催涙性、粘膜刺激臭。廃棄法は、少量の界面活性剤を加えた亜硫酸ナトリウムと炭酸ナトリウムの混合溶液中で、攪拌し分解させたあと、多量の水で希釈して処理する分解法。
　　問80　塩化亜鉛 $ZnCl^2$ は水に易溶なので、水に溶かして消石灰などのアルカリで水に溶けにくい水酸化物にして沈殿ろ過して埋立処分する沈殿法。

問81〜問85　問81　4　　問82　4　　問83　1　　問84　5　　問85　2
〔解説〕
　　問81　硫酸 H_2SO_4 は酸なので廃棄方法はアルカリで中和後、水で希釈する中和法。　　問82　シアン化カリウム KCN（別名青酸カリ）は、毒物で無色の塊状又は粉末。①酸化法　水酸化ナトリウム水溶液を加えてアルカリ性（pH11 以上）とし、酸化剤（次亜塩素酸ナトリウム、さらし粉等）等の水溶液を加えて CN 成分を酸化分解する。CN 成分を分解したのち硫酸を加え中和し、多量の水で希釈して処理する。②アルカリ法　水酸化ナトリウム水溶液等でアリカリ性とし、高温加圧下で加水分解する。　　問83　アンモニアは塩基性であるため希釈後、酸で中和し廃棄する中和法。　　問84　フェンバレレートは劇物。黄褐色の粘稠性液体。水にほとんど溶けない。メタノール、アセトニトリル、酢酸エチルに溶けやすい。熱、酸に安定。木粉（おが屑）等に吸収させてアフターバーナー及びスクラバーを具備した焼却炉で焼却する。　　問85　ブロムメチル（臭化メチル）CH_3Br は、燃焼させると C は炭酸ガス、H は水、ところが Br は HBr（強酸性物質、気体）などになるのでスクラバーを具備した焼却炉が必要となる燃焼法。

問86〜問90　問86　1　　問87　1　　問88　2　　問89　3　　問90　1
〔解説〕
　　解答のとおり。
問91〜問95　問91　1　　問92　3　　問93　1　　問94　2　　問95　3
〔解説〕
　　解答のとおり。
問96〜問100　問96　2　　問97　1　　問98　3　　問99　3　　問100　1
〔解説〕
　　解答のとおり。

（特定品目）

問76〜問80　問76　3　　問77　5　　問78　4　　問79　2　　問80　1
〔解説〕
　　問76　蓚酸は無色の柱状結晶、風解性、還元性、漂白剤、鉄さび落とし。無水物は白色粉末。水、アルコールに可溶。エーテルには溶けにくい。また、ベンゼン、クロロホルムにはほとんど溶けない。廃棄方法は、①焼却炉で焼却する燃焼法。または、②ナトリウム塩とした後、活性汚泥で処理する活性汚泥法がある。　　問77　酢酸エチル $CH_3COOC_2H_5$ は劇物。強い果実様の香気ある無色の液体。可燃性であるので、珪藻土などに吸収させたのち、燃焼により焼却処理する燃焼法。　　問78　塩化水素 HCl は酸性なので、石灰乳などのアルカリで中和した後、水で希釈する中和法。　　問79　過酸化水素水は H_2O_2 の水溶液で、劇物。無色透明な液体。廃棄方法は、多量の水で希釈して処理する希釈法。　　問80　アンモニアは塩基性であるため希釈後、酸で中和し廃棄する中和法。

問 81 ～問 85　問 81　3　　問 82　1　　問 83　2　　問 84　2　　問 85　3
〔解説〕
　　　解答のとおり。
問 86 ～問 90　問 86　3　　問 87　2　　問 88　1　　問 89　1　　問 90　2
〔解説〕
　　　解答のとおり。
問 91 ～問 95　問 91　2　　問 92　1　　問 93　2　　問 94　3　　問 95　2
〔解説〕
　　　解答のとおり。
問 96 ～問 100　問 96　1　　問 97　1　　問 98　2　　問 99　1　　問 100　2
〔解説〕
　　　特定品目販売業の登録を受けた者が販売できる品目については、法第四条の三
第二項→施行規則第四条の三→施行規則別表第二に掲げられている品目のみであ
る。このことから問 100 のアニリンが販売できない。

神奈川県

〔毒物及び劇物に関する法規〕
（一般・農業用品目・特定品目共通）

問１　２
〔解説〕
　　この設問では、アとウが正しい。業務上取扱者の届出を要する事業者とは、次のとおり。業務上取扱者の届出を要する事業者とは、①シアン化ナトリウム又は無機シアン化合物たる毒物及びこれを含有する製剤→電気めっきを行う事業、②シアン化ナトリウム又は無機シアン化合物たる毒物及びこれを含有する製剤→金属熱処理を行う事業、③最大積載量 5,000kg 以上の運送の事業、④しろありの防除を行う事業である。

問２　４
〔解説〕
　　この設問で正しいのは、４である。４は法第９条〔登録の変更〕に示されている。なお、１については法第３条第３項ただし書規定により販売することができる。よってこの設問にある販売業の登録を要しない。２については法第３条の第２項により特定毒物を輸入することができる。３は法第４条第３項で、販売業の登録は、６年ごとに更新を受けなければならないである。

問３　４
〔解説〕
　　解答のとおり。

問４　１
〔解説〕
　　法第３条の４による施行令第32条の３で定められている品目は、①亜塩素酸ナトリウムを含有する製剤 30 ％以上、②塩素酸塩類を含有する製剤 35 ％以上、③ナトリウム、④ピクリン酸である。このことから１のピクリン酸である。

問５　２
〔解説〕
　　この設問は法第７条〔毒物劇物取扱責任者〕及び法第８条〔毒物劇物取扱責任者の資格〕についてで、正しいのは２である。２は法第８条第２項第一号に示されている。なお、１については、毒物劇物取扱責任者が住所を変更したときとあるが、毒物劇物取扱責任者の住所については届け出を要しない。ただし、毒物劇物取扱責任者の氏名を変更したときは法第７条第３項により届け出を要する。３については、毒物又は劇物を直接取り扱わないとうので、法第７条第１項ただし書規定により、毒物劇物取扱責任者を置かなくてもよい。

問６　１
〔解説〕
　　この設問の法第10条〔届出〕について、１が正しい。なお、この設問にある２〜４については何ら届け出を要しない。

問７　３
〔解説〕
　　この設問で正しいのは、３である。３は法第15条第１項第一号に示されている。因みに、１は法第12条第１項〔毒物又は劇物の表示〕のことで、この設問にある「医薬用外」の文字及び赤地に白色をもって「毒物」の文字である。劇物について、「医薬用外」の文字及び白地に赤色をもって「劇物」の文字を表示である。２は法第14条第１項〔毒物又は劇物の譲渡手続〕についてで、販売し、又は授与したときその都度書面に記載する事項は、①毒物又は劇物の名称及び数量、②販売又は授与の年月日、③譲受人の氏名、職業及び住所(法人にあっては、その名称及び主たる事務所)である。４は法第 13 条における着色する農業用品目のことで、法第 13 条→施行令第 39 条において、①硫酸タリウムを含有する製剤たる劇物、②燐化亜鉛を含有する製剤たる劇物→施行規則第12条で、あせにくい黒色に着色しなければならないと示されている。このことからこの設問は誤り。

問８　３
〔解説〕
　　解答のとおり。

問9 4
〔解説〕
　　法第 17 条〔事故の際の措置〕のこと。解答のとおり。
問 10　2
〔解説〕
　　この設問は毒物又は劇物を運搬するときに、車両の前後の見やすい箇所に掲げる標識のことで、施行規則第 13 条の 6 に示されている。

〔基礎化学〕
（一般・農業用品目・特定品目共通）
問 11　1
〔解説〕
　　カリウムはアルカリ金属、アルゴンは希ガス、ヨウ素はハロゲン、マグネシウムは 2 族の元素であるがアルカリ土類金属には含まれない。
問 12　4
〔解説〕
　　ストロンチウムは赤色の炎色反応を呈する。
問 13　1
〔解説〕
　　-COOH カルボキシ基、-NO$_2$ ニトロ基、-CHO アルデヒド基
問 14　1
〔解説〕
　　原子は正電荷の原子核と、負電荷の電子から構成される。
問 15：2
〔解説〕
　　Cr：+6、Cl：-1、Ag：+1
問 16　3
〔解説〕
　　NaOH の式量は 40 である。この溶液のモル濃度は 72/40 × 1000/600 = 3.0 mol/L
問 17　2
〔解説〕
　　一般的に分子量が大きくなるほど融点や沸点は上昇する。またハロゲンの中でもフッ素は特に酸化力が強く、水素ガスと爆発的に反応する。
問 18　3
〔解説〕
　　固体が液体になる状態変化を融解という。凝固する温度を融点という。4 の記述は蒸留である。
問 19　3
〔解説〕
　　物質が電子を失う、酸化数が増える、水素を失う変化を酸化されたという。還元はその逆になる。還元剤は自らが酸化され、相手を還元する物質である。
問 20　3
〔解説〕
　　陽イオンと陰イオンの間に働く静電的な力によりイオン結合を形成する。イオン化エネルギーが小さい原子ほど陽イオンになりやすく、電子親和力の大きい原子ほど陰イオンになりやすい。

〔毒物及び劇物の性質及び 貯蔵その他取扱方法〕

（一般）
問 21　3
〔解説〕
　　この設問では劇物はどれかとあるので、3 のモノクロル酢酸が劇物。劇物は法別表第二に示にされている。なお、シアン化ナトリウム、弗化水素、テトラエチルピロホスフエイトは毒物。毒物は法別表第一に示されている。

問22　4
〔解説〕
　アセトニトリル CH₃CN は劇物。エーテル様の臭気を有する無色の液体。水、メタノール、エタノールに可溶。加水分解すれば、酢酸とアンモニアになる。用途は有機合成原料など。

問23　1
〔解説〕
　この設問は貯蔵法についてで、1が正しい。臭素 Br₂ は劇物。赤褐色・特異臭のある重い液体。少量ならば共栓ガラス壜、多量ならばカーボイ、陶器製等の症状使用し、冷所に、濃塩酸、アンモニア水、アンモニアガスなどと引き離して貯蔵する。直射日光を避け、痛風をよくする。因みに、2の黄燐 P₄ は、無色又は白色の蝋様の固体。毒物。別名を白リン。暗所で空気に触れるとリン光を放つ。水、有機溶媒に溶けないが、二硫化炭素には易溶。湿った空気中で発火する。空気に触れると発火しやすいので、水中に沈めてビンに入れ、さらに砂を入れた缶の中に固定し冷暗所で貯蔵する。3の四塩化炭素（テトラクロロメタン）CCl₄ は、特有な臭気をもつ不燃性、揮発性無色液体、水に溶けにくく有機溶媒には溶けやすい。強熱によりホスゲンを発生。亜鉛またはスズメッキした鋼鉄製容器で保管、高温に接しないような場所で保管。4のベタナフトール C₁₀H₇OH は、無色～白色の結晶、石炭酸臭、水に溶けにくく、熱湯に可溶。有機溶媒に易溶。空気や光線に触れると赤変するので、遮光して貯蔵する。

問24　2
〔解説〕
　この設問では、2が正しい。硝酸銀 AgNO₃ は、劇物。無色透明結晶。光によって分解して黒変する強力な酸化剤である。また、腐食性がある。水にきわめて溶けやすく、アセトン、グリセリンに溶ける。因みに、1のクロルエチル C₂H₅Cl は、劇物。常温で気体。可燃性である。点火すれば緑色の辺縁を有する炎をあげて燃焼する。水にわずかに溶ける。アルコール、エーテルには容易に溶解する。3の沃化水素酸は、劇物。無色の液体。ヨード水素の水溶液に硝酸銀溶液を加えると、淡黄色の沃化銀の沈殿を生じる。4のホルマリンは無色透明な刺激臭の液体、低温ではパラホルムアルデヒドの生成により白濁または沈澱が生成することがある。水、アルコール、エーテルと混和する。アンモニ水を加えて強アルカリ性とし、水浴上で蒸発すると、水に溶解しにくい白色、無晶形の物質を残す。フェーリング溶液とともに熱すると、赤色の沈殿を生ずる。

問25　1
〔解説〕
　ロテノン C₂₃H₂₂O₆(植物デリスの根に含まれる。)：斜方六面体結晶で、水にはほとんど溶けない。ベンゼン、アセトンには溶け、クロロホルムに易溶。因みに、2の水銀 Hg は毒物。常温で唯一の液体の金属である。3のヒドラジンは、毒物。無色透明の液体であり、空気中で発煙する。4の臭化メチル（ブロムメチル）CH₃Br は本来無色無臭の気体だが圧縮冷却により容易に液体となる。

問26　3
〔解説〕
　塩化亜鉛 ZnCl₂ は水に易溶なので、水に溶かして消石灰などのアルカリで水に溶けにくい水酸化物にして沈殿ろ過して埋立処分する沈殿法。

問27　2
〔解説〕
　この設問では潮解性があるものは、2の塩素酸ナトリウム。次のとおり。塩素酸ナトリウム NaClO₃(別名：クロル酸ソーダ、塩素酸ソーダ)は、無色無臭結晶で潮解性をもつ。酸化剤、水に易溶。有機物や還元剤との混合物は加熱、摩擦、衝撃などにより爆発することがある。酸性では有害な二酸化塩素を発生する。なお、1の硫酸銅（Ⅱ）CuSO₄・5H₂O は、濃い青色の結晶。風解性。水に易溶、水溶液は酸性。3の硅酸カリウムは、毒物。無色又は白色の結晶塊又は粉末。水、アルコール、グリセリンに溶ける。空気中で風化作用があり、炭酸ガスを吸収する。4の蓚酸は無色の柱状結晶、風解性、還元性、漂白剤、鉄さび落とし。無水物は白色粉末。水、アルコールに可溶。エーテルには溶けにくい。また、ベンゼン、クロロホルムにはほとんど溶けない。

問 28 1
〔解説〕
　　スルホナールは劇物。無色、稜柱状の結晶性粉末。無色の斜方六面形結晶で、潮解性をもち、微弱の刺激性臭気を有する。水、アルコール、エーテルには溶けやすく、水溶液は強酸性を呈する。木炭とともに加熱すると、メルカプタンの臭気を放つ。　　なお、2のピクリン酸は、淡黄色の針状結晶で、温飽和水溶液にシアン化カリウム水溶液を加えると、暗赤色を呈する。3のニコチンは、毒物。アルカロイドであり、純品は無色、無臭の油状液体であるが、空気中では速やかに褐変する。水、アルコール、エーテル等に容易に溶ける。ホルマリン一滴を加えたのち、濃硝酸一滴を加えると、ばら色を呈する。4のナトリウム Na は、銀白色金属光沢の柔らかい金属、湿気、炭酸ガスから遮断するために石油中に保存。空気中で容易に酸化される。水と激しく反応して水素を発生する。炎色反応で黄色を呈する。

問 29 4
〔解説〕
　　この設問におけるジクワットについては、4が正しい。次のとおり。ジクワットは、劇物で、ジピリジル誘導体で淡黄色結晶、水に溶ける。土壌等に強く吸着されて不活性化する性質がある。アルカリ溶液で薄める場合は、2～3時間以上貯蔵できない。腐食性。用途は除草剤。

問 30 3
〔解説〕
　　この設問における水酸化ナトリウムについては、3が正しい。次のとおり。水酸化ナトリウム(別名：苛性ソーダ)NaOH は、白色結晶性の固体。水と炭酸を吸収する性質が強い。空気中に放置すると、潮解して徐々に炭酸ソーダの皮層を生ずる。貯蔵法については潮解性があり、二酸化炭素と水を吸収する性質が強いので、密栓して貯蔵する。

（農業用品目）

問 21 2
〔解説〕
　　解答のとおり。

問 22 2
〔解説〕
　　ダイアジノンは有機リン系化合物であり、有機リン製剤の中毒はコリンエステラーゼを阻害し、頭痛、めまい、嘔吐、言語障害、意識混濁、縮瞳、痙攣など。治療薬は硫酸アトロピンと PAM。

問 23 1
〔解説〕
　　フェンバレレートは劇物。黄褐色の粘稠性液体。水にほとんど溶けない。メタノール、アセトニトリル、酢酸エチルに溶けやすい。熱、酸に安定。木粉(おが屑)等に吸収させてアフターバーナー及びスクラバーを具備した焼却炉で焼却する燃焼法。

問 24 3
〔解説〕
　　この設問における品目で液体は、3のカルボスルファン。カルボスルファンは、劇物。有機燐製剤の一種。褐色粘稠液体。用途はカーバメイト系殺虫剤。なお、1のチアクロプリドは、有機塩素化合物、無臭の黄色粉末結晶。2のダゾメットは劇物で、白色の結晶性粉末。ジエチル-3・5・6-トリクロル-2-ピリジルチオホスフェイト(クロルピリホス)は、白色結晶、水に溶けにくく、有機溶媒に可溶。

問 25 4
〔解説〕
　　クロルフェナピルについては、4が正しい。次のとおり。クロルフェナピルは劇物。類白色の粉末固体。水にほとんど溶けない。アセトン、ジクロロメタンに溶ける。用途は殺虫剤、しろあり防除。

問 26 1
〔解説〕
　　フェンプロパトリンは劇物。ただし、1％以下は劇物から除外。白色の結晶性粉末。水にほとんど溶けない。キシレン、アセトンに溶ける。用途は殺虫剤、農薬。

新潟県

〔解説〕
　オキサミルについては、4 が正しい。次のとおり。オキサミルは、毒物。白色針状結晶。かすかな硫黄臭がある。アセトン、メタノール、酢酸エチル、水に溶けやすい。用途はカーバメイト系殺虫、殺線剤。

問 28 3
〔解説〕
　3 のテフルトリンが正しい。次のとおり。テフルトリンは毒物(0.5 ％以下を含有する製剤は劇物。淡褐色固体。水にほとんど溶けない。有機溶媒に溶けやすい。用途は野菜等のピレスロイド系殺虫剤。なお、1 の EPN は毒物。芳香臭のある淡黄色油状または白色結晶で、水には溶けにくい。一般の有機溶媒には溶けやすい。TEPP 及びパラチオンと同じ有機燐化合物である。2 のフルバリネートは劇物。淡黄色ないし黄褐色の粘稠性液体。水に難溶。熱、酸性には安定であるが、太陽光、アルカリには不安定。4 のアセタミプリドは、劇物。白色結晶固体。2 ％以下は劇物から除外。アセトン、メタノール、エタノール、クロロホルムなどの有機溶媒に溶けやすい。

問 29 4
〔解説〕
　4 のチオジカルブは劇物から除外される濃度はないので、この設問での劇物に該当。次のとおり。チオジカルブは白色結晶性の粉末。カーバメート系殺虫剤として、かんきつ類、野菜等の害虫の駆除に用いられる。1 のジメチルジチオホスホリルフェニル酢酸エチル(フェントエート)は劇物。3 ％以下は劇物から除外。赤褐色、油状の液体。2 のカルタップは、劇物。2 ％以下は劇物から除外。無色の結晶。3 のトリクロルヒドロキシエチルジメチルホスホネイト(別名 DEP)は劇物。純品は白色の結晶。10 ％以下は劇物から除外。

問 30 2
〔解説〕
　この設問における有機燐化合物は 2 の DDVP。次のとおり。DDVP(別名ジクロルボス)は有機燐製剤で接触性殺虫剤。刺激性で微臭のある比較的揮発性の無色油状液体、水に溶けにくく、有機溶媒に易溶。水中では徐々に分解。

(特定品目)

問 21 3
〔解説〕
　この設問における 10 ％が劇物に該当するのは、イとウが正しい。イの水酸化ナトリウムは 5 ％以下で劇物から除外なので、劇物。又、ウのホルマリン 1%以下で劇物から除外なので、劇物。なお、アの硫酸、エの蓚酸は 10%以下で劇物から除外。

問 22 1
〔解説〕
　過酸化水素 H_2O_2 は、無色無臭で粘性の少し高い液体。徐々に水と酸素に分解(光、金属により加速)する。安定剤として酸を加える。　ヨード亜鉛からヨウ素を析出する。過酸化水素自体は不燃性。しかし、分解が起こると激しく酸素を発生する。周囲に易燃物があると火災になる恐れがある。

問 23 4
〔解説〕
　メチルエチルケトン $CH_3COC_2H_5$ は、アセトン様の臭いのある無色液体。引火性。有機溶媒。廃棄方法は、C, H, O のみからなる有機物なので燃焼法。

問 24 2
〔解説〕
　この設問における毒性については、2 の硝酸 HNO_3 は無色の発煙性液体。蒸気は眼、呼吸器などの粘膜および皮膚に強い刺激性をもつ。高濃度のものが皮膚に触れるとガスを生じ、初めは白く変色し、次第に深黄色になる(キサントプロテイン反応)。

問25　4
〔解説〕
　　この設問では不燃性を有するものは、4 の塩素である。次のとおり。塩素 Cl2
は劇物。黄緑色の気体で激しい刺激臭がある。冷却すると、黄色溶液を経て黄白
色固体。水にわずかに溶ける。沸点-34 .05 ℃。強い酸化力を有する。極めて反応
性が強く、水素又はアセチレンと爆発的に反応する。不燃性を有し、鉄、アルミ
ニウムなどの燃焼を助ける。水分の存在下では、各種金属を腐食する。水溶液は
酸性を呈する。なお、1 のキシレンは、無色透明な液体で o-、m-、p-の 3 種の異
性体がある。水にはほとんど溶けず、有機溶媒に溶ける。蒸気は空気より重い。
溶剤。揮発性、引火性。2 のアンモニア NH₃ は、劇物。10％以下で劇物から除外。
特有の刺激臭がある無色の気体で、圧縮することにより、常温でも簡単に液化す
る。空気中では燃焼しないが、酸素中では黄色の炎を上げて燃焼する。3 のメチ
ルエチルケトンは劇物。アセトン様の臭いのある無色液体。蒸気は空気より重い。
引火性。有機溶媒。水に可溶。
問26　1
〔解説〕
　　解答のとおり。
問27　4
〔解説〕
　　クロロホルムが漏えいしたら風下の人を退避させる。漏えいした場所の周辺に
はロープを張るなどして人の立入りを禁止する。漏えいした液は土砂等でその流
れを止め、安全な場所に導き、空容器にできるだけ回収し、そのあとを多量の水
を用いて洗い流す。洗い流す場合には中性洗剤等の分散剤を使用して洗い流す。
問28　3
〔解説〕
　　特定品目販売業の登録を受けた者が販売できる品目については、法第四条の三
第二項→施行規則第四条の三→施行規則別表第二に掲げられている品目のみであ
る。解答のとおり。
問29　2
〔解説〕
　　一酸化鉛 PbO は、重い粉末で、黄色から赤色までの間の種々のものがある。希
硝酸に溶かすと、無色の液となり、これに硫化水素を通じると、黒色の沈殿を生
じる。
問30　1
〔解説〕
　　アとイが正しい。アのクロロホルム CHCl₃ は、無色、揮発性の液体で特有の香
気とわずかな甘みをもち、麻酔性がある。蒸気は空気より重い。沸点 61 〜 62 ℃、
比重 1.484、不燃性で水にはほとんど溶けない。空気に触れ、同時に日光の作用を
受けると分解する。イの重クロム酸カリウム K₂Cr₂O₇ は、橙赤色柱状結晶。水に
はよく溶けるが、アルコールには溶けない。強力な酸化剤。なお、ウのメチルエ
チルケトンは、アセトン様の臭いのある無色液体。引火性。有機溶媒。エのキシ
レンは劇物。無色透明の液体で芳香族炭化水素特有の臭いを有する。蒸気は空気
より重い。水に不溶、有機溶媒に可溶である。

〔毒物及び劇物の識別及び取扱方法〕

（一般）
問31　3
〔解説〕
　　トルエンは劇物。無色透明な液体で、ベンゼン臭がある。蒸気は空気より重く、
可燃性である。沸点は水より低い。水には不溶、エタノール、ベンゼン、エーテ
ルに可溶である。
問32　4
〔解説〕
　　解答のとおり。
問33　2
〔解説〕
　　パラコートは、毒物。白色結晶で、水、メタノール、アセトンに溶ける。水に
非常に溶けやすい。強アルカリ性で分解する。

問34　4
〔解説〕
　　　解答のとおり。
問35　3
〔解説〕
　　　硝酸バリウムは劇物。無色の結晶。潮解性がある。水に易溶解。アルコール、アセトンにわずかに溶ける。用途は試薬、工業用として煙火原料として用いられる。
問36　4
〔解説〕
　　　解答のとおり。
問37　1
〔解説〕
　　　ニッケルカルボニル（Ni(CO)₄）は毒物。常温で流動性の無色の液体。昇華しやすい。用途は高圧アセチレン重合、オキソ反応などにおける触媒、ガソリンのアンチノッキング剤等。
問38　2
〔解説〕
　　　解答のとおり。
問39　2
〔解説〕
　　　重クロム酸カリウム K₂Cr₂O₄ は、劇物。橙赤色の柱状結晶。水に溶けやすい。アルコールには溶けない。強力な酸化剤。用途は試薬、製革用、顔料原料などに使用される。。
問40　3
〔解説〕
　　　解答のとおり。

（農業用品目）

問31　1
〔解説〕
　　　イソキサチオンは有機リン剤、劇物（2％以下除外）、淡黄褐色液体、水に難溶、有機溶剤に易溶、アルカリには不安定。用途はミカン、稲、野菜、茶等の害虫駆除。（有機燐系殺虫剤）
問32　4
〔解説〕
　　　解答のとおり。
問33　3
〔解説〕
　　　トラロメトリンは劇物。橙黄色の樹脂状固体。トルエン、キシレン等有機溶媒によく溶ける。熱、酸に安定、アルカリ、光に不安定。用途は野菜、果樹、園芸植物等アブラムシ類、コナガ、アオムシ等の駆除。
問34　2
〔解説〕
　　　解答のとおり。
問35　3
〔解説〕
　　　トリシクラゾールは、劇物。無色の結晶で臭いはない。水、有機溶剤にあまり溶けない。農業用殺菌剤でイモチ病に用いる。
問36　1
〔解説〕
　　　解答のとおり。
問37　4
〔解説〕
　　　フェンチオン MPP は、劇物（2％以下除外）、有機リン剤、淡褐色のニンニク臭をもつ液体。有機溶媒には溶けるが、水には溶けない。稲のニカメイチュウ、ツマグロヨコバイなどの殺虫に用いる。

問 38　2
〔解説〕
　　解答のとおり。
問 39　1
〔解説〕
　　ダイファシノンは毒物。黄色結晶性粉末。アセトン酢酸に溶ける。水にはほとん
ど溶けない。0.005 ％以下を含有するものは劇物。用途は殺鼠剤。
問 40　3
〔解説〕
　　解答のとおり。

（特定品目）

問 31　2
〔解説〕
　　アンモニア水は、アンモニアの水溶液。無色透明で、揮発性の液体。アンモニ
アガスと同様で鼻をさすような臭気がある。用途は化学工業原料、試薬として用
いられる。
問 32　4
〔解説〕
　　解答のとおり。
問 33　3
〔解説〕
　　酢酸エチルは無色で果実臭のある引火性の液体。その用途は主に溶剤や合成原
料、香料に用いられる。
問 34　1
〔解説〕
　　解答のとおり。
問 35　3
〔解説〕
　　四塩化炭素(テトラクロロメタン)CCl_4 は、特有な臭気をもつ不燃性、揮発性無
色液体、水に溶けにくくアルコール、エーテル、クロロホルムにはよく溶けやす
い。不燃性。用途は洗濯剤、清浄剤の製造などに用いられる。
問 36　2
〔解説〕
　　解答のとおり。
問 37　1
〔解説〕
　　ホルマリンは無色透明な刺激臭の液体。水、アルコールによく混和する。エー
テルには混和しない。低温ではパラホルムアルデヒドの生成により白濁または沈
殿が生成することがある。用途はフィルムの硬化、樹脂製造原料、試薬・農薬等。
1 ％以下は劇物から除外。
問 38　4
〔解説〕
　　解答のとおり。
問 39　1
〔解説〕
　　メタノールは、劇物。無色透明の液体で。動揺しやすい揮発性の液体で、水、
エタノール、エーテル、クロロホルム、脂肪、揮発油とよく混ぜる。用途は染料
その他有機合成原料、樹脂、塗料などの溶剤、燃料、試薬などに用いられる。
問 40　2
〔解説〕
　　解答のとおり。

新潟県

富山県
令和3年度実施

〔法　規〕
（一般・農業用品目・特定品目共通）

問1　2
〔解説〕
　　解答のとおり。

問2〜問3　問2　1　　問3　3
〔解説〕
　　解答のとおり。

問4　2
〔解説〕
　　解答のとおり。

問5　3
〔解説〕
　　この設問では、特定毒物の組み合わせどれかとあるので、cの四アルキル鉛とd
のモノフルオール酢酸アミド。特定毒物は、法第2条第3項→法別表第三に示さ
れている。

問6　2
〔解説〕
　　cのみ正しい。cは法第3条第3項ただし書規定により、設問のとおり。なお、a
については、毒物又は劇物を自家消費する目的とあることから法第3条第1項に
おいて製造業の登録を要しない。よってこの設問は誤り。bは法第3条第3項→
法第4条第1項により、毒物又は劇物の販売業の登録を要する。dの毒物又は劇
物の一般販売業の登録を受けた者は、販売品目における制限がないので全ての毒
物又は劇物を販売することができる。

問7　4
〔解説〕
　　この設問ではcのみ正しい。cは法第4条第3項に示されている。因みに、abc
は法第4条第3項の登録の更新のことで、毒物又は劇物製造業又は輸入業の登録
は、5年ごとに、販売業の登録は、6年ごとに登録の更新を受けなければならな
い。dの特定毒物研究者については、登録ではなく、その主たる研究所の都道府
県知事の許可を受けなければならないである。

問8　3
〔解説〕
　　この設問は法第10条〔届出〕についてで、cとdが正しい。cは法第10条第1
項第四号に示されている。dは法第10条第1項第二号に示されている。なお、a
とbについては何ら届け出を要しない。

問9　5
〔解説〕
　　この設問は法第3条の3→施行令第32条の2による品目→①トルエン、②酢酸
エチル、トルエン又はメタノールを含有する接着剤、塗料及び閉そく用またはシー
リングの充てん料は、みだりに摂取、若しくは吸入し、又はこれらの目的で所
持してはならい。このことからbとdが正しい。

問10　3
〔解説〕
　　この設問は法第3条の4による施行令第32条の3で定められている品目は、①
亜塩素酸ナトリウムを含有する製剤30％以上、②塩素酸塩類を含有する製剤35
％以上、③ナトリウム、④ピクリン酸について正当な理由を除いて所持してはな
らない。このことからcとdが正しい。

問11　5
〔解説〕
　　この設問は法第5条〔登録基準〕→施行規則第4条の4第1項における製造所
等の設備基準についてで、dのみが誤り。dについては、毒物又は劇物を陳列する
場所にかぎをかける設備があることである。

問12　4
〔解説〕
　　この設問では a と d が正しい。a は法第3条の2第8項のこと。d は法第3条の2第5項のこと。なお、b については法第3条第2項により、特定毒物研究者は輸入することができる。また、同条第4項で学術研究の用途のみ供することができる。このことからこの設問は誤り。c の特定毒物を製造できるのは、毒物又は劇物製造業者と特定毒物研究者のみである。

問13　2
〔解説〕
　　この設問は法第8条第1項〔毒物劇物取扱責任者の資格〕についてで b と c が正しい。なお、a の医師と d における業務経験については毒物劇物取扱責任者の資格はない。

問14　1
〔解説〕
　　解答のとおり。

問15　2
〔解説〕
　　この設問は法第7条〔毒物劇物取扱責任者〕及び法第8条〔毒物劇物取扱責任者の資格〕のことで、a と c が正しい。a は法第7条第3項に示されている。c は法第8条第2項第一号に示されている。なお、b については法第7条第2項により、毒物劇物取扱責任者は、一人で足りるである。d は法第8条第4項により、毒物劇物取扱責任者になることはできないである。

問16　4
〔解説〕
　　この設問は法第12条第2項〔毒物又は劇物の表示〕で、容器及び被包に掲げる表示事項は、①毒物又は劇物の名称、②毒物又は劇物の成分及び含量、③厚生労働省令で定める毒物又は劇物には解毒剤の名称である。このことから a と d が正しい。

問17　1
〔解説〕
　　解答のとおり。

問18　3
〔解説〕
　　法第13条は着色する農業用品目のことが示されている。

問19　2
〔解説〕
　　この設問は法第15条の2〔廃棄〕→施行令第40条〔廃棄の方法〕が示されている。b と c が正しい。

問20～問22　問20　3　　問21　4　　問22　4
〔解説〕
　　解答のとおり。

問23　2
〔解説〕
　　解答のとおり。

問24　2
〔解説〕
　　この設問は、施行令第40条の5〔運搬方法〕における毒物又は劇物を車両を使用して運搬することについてである。a と d が正しい。a は施行令第40条の5第2項第一号→施行規則第13条の4に示されている。d は施行令第40条の5第2項第四号に示されている。なお、b については、保護具を1人分備えるではなく、2人分以上備えるである。施行令第40条の5第2項第三号に示されている。
　　c は施行令第40条の5第2項第二号→施行規則第13条の5〔毒物又は劇物を運搬する車両に掲げる標識〕により、地を黒色、文字を白色として「毒」と表示しなければならないである。

問25　3
〔解説〕
　　この設問は、業務上取扱者の届出を要する事業者とは、次のとおり。業務上取扱者の届出を要する事業者とは、①シアン化ナトリウム又は無機シアン化合物たる毒物及びこれを含有する製剤→電気めっきを行う事業、②シアン化ナトリウム又は無機シアン化合物たる毒物及びこれを含有する製剤→金属熱処理を行う事業、

③最大積載量 5,000kg 以上の運送の事業、④しろありの防除を行う事業である。
このことから c と d が正しい。

〔基礎化学〕
（一般・農業用品目・特定品目共通）

問 26　5
〔解説〕
　　混合物は海水、塩酸（塩化水素と水の混合物）、空気、塩化ナトリウム水溶液、石油である。

問 27　2
〔解説〕
　　一般的に、水に溶けやすい物質と、有機溶媒に溶けやすい物質を分液ろうとを用いて精製する方法を抽出という。

問 28　4
〔解説〕
　　同素体の組み合わせとして正しいものは、a、b、f、g である。水や氷、酸化銅、石灰石などはいずれも化合物である。

問 29　4
〔解説〕
　　Li －赤、Na －黄、K －紫、Ba －黄緑である。

問 30　2
〔解説〕
　　b と d が物理変化、他は化学変化である。

問 31　4
〔解説〕
　　37 は質量であり、陽子と中性子の数の和である。一方 17 は原子番号であり、これは陽子の数と電子の数に等しい。

問 32　5
〔解説〕
　　K 殻には電子が 2 個まで、L 殻には 8 個まで、M 殻には 18 個まで電子が収容される。

問 33　4
〔解説〕
　　a は一価の陽イオンであり、Ne と同じ電子配置であるので Na イオン、b は一価の陰イオンであり、Ar と同じ電子配置であるので Cl イオンである。よって NaCl。

問 34　2
〔解説〕
　　H_2O には 2 組、Cl_2 には 6 組、CO_2 には 4 組、N_2 には 2 組、NH_3 には 1 組の非共有電子対が存在する。

問 35　5
〔解説〕
　　塩化カリウムはイオン結合のみ、ケイ素は共有結合のみ、ナトリウムは金属結合のみ、ヨウ素は原子間で共有結合、分子間でファンデルワールス力、炭酸ナトリウムはイオン結合と共有結合を形成している。

問 36　1
〔解説〕
　　二酸化炭素 O=C=O の直線構造を取っているので極性分子とはならない。

問 37　1
〔解説〕
　　銅の緑色のさびを緑青（ろくしょう）という。

問 38　5
〔解説〕
　　ベンゼンは C_6H_6 の化学式で表される芳香族化合物である。

問 39　2
〔解説〕
くわえる水の量を X g とする。20%砂糖水 100 g に含まれる溶質の重さは 20 g であるから、水 X g 加えて 8%にするときの式は、

$20/(100 + X) \times 100 = 8$，$X = 150$ g となる。

問40　2
〔解説〕
　　分子量および式量はそれぞれ、N_2:28、NH_4^+:18、H_2O_2:34、CN^-:26、C_2H_4:28 である。

問41　2
〔解説〕
　　密度 1.8g/cm3 の濃硫酸 1 L の重さは、1800　g である。このうち、98 ％が硫酸の重さなので 1800 × 0.98=1764　g が硫酸のおもさとなる。硫酸の分子量は 98 であるから、この硫酸のモル濃度は 1764 ÷ 98 ＝ 18 となる。

問42　3
〔解説〕
　　それぞれの分子における酸素の割合は、二酸化ケイ素 SiO_2: 32/60 = 0.53、二酸化硫黄 SO_2: 32/64 = 0.5、水 H_2O: 16/18 = 0.89、一酸化二窒素 N_2O: 16/44 = 0.36、二酸化炭素 CO_2: 32/44 = 0.73

問43　4
〔解説〕
　　反応式は $Ca + 2H_2O \rightarrow Ca(OH)_2 + H_2$ である。よってカルシウム 1 モルから水素ガスは 1 モル生じる。10　g のカルシウムは 0.25 モルであるから、生じる水素も 0.25 モルとなる。よって 0.25 × 22.4 = 5.6 L である。

問44　4
〔解説〕
　　解答のとおり。

問45　2
〔解説〕
　　pH　3 は水素イオン濃度が 1.0×10^{-3} である。溶液のモル濃度 C ×電離度 α ＝水素イオン濃度であるから、$0.05 \times \alpha$ ＝1.0×10^{-3}、$\alpha = 0.02$

問46　4
〔解説〕
　　塩酸は強酸、水酸化ナトリウム水溶液は強塩基、酢酸は弱酸、アンモニア水は弱塩基である。

問47　2
〔解説〕
　　単体が関与する反応式はすべて酸化還元反応である。1, 3, 5 は酸塩基反応、4 は水和反応である。

問48　1
〔解説〕
　　$KMnO_4$ の Mn は+7、SO_4^{2-}の S は+6、$HClO_3$ の Cl は+5、H_3PO_4 の P は+5、$K_2Cr_2O_7$ の Cr は+6 である。

問49　4
〔解説〕
　　濃硫酸を希釈する際は、水に少量ずつ硫酸を加えていく。

問50　1
〔解説〕
　　亜鉛よりもイオン化傾向が小さく、銅よりもイオン化傾向が大きい金属は、Fe ＞ Ni ＞ Sn ＞ Pb である。

〔性質及び貯蔵その他取扱方法〕

（一般）

問1～問5　問1　1　　問2　3　　問3　4　　問4　2　　問5　5

〔解説〕

問1　フェノール（C₆H₅OH は、劇物。無色の針状結晶または白色の放射状結晶性の塊。空気中で容易に赤変する。特異の臭気と灼くような味がする。アルコール、エーテル、クロロホルムにはよく溶ける。水にはやや溶けやすい。皮膚や粘膜につくと火傷を起こし、その部分は白色となる。内服した場合には、尿は特有な暗赤色を呈する。　　**問2**　メタノール CH₃OH は特有な臭いの無色液体。水に可溶。可燃性。メタノールの中毒症状：吸入した場合、めまい、頭痛、吐気など、はなはだしい時は嘔吐、意識不明。中枢神経抑制作用。飲用により視神経障害、失明。　　**問3**　蓚酸の中毒症状：血液中のカルシウムを奪取し、神経系を侵す。胃痛、嘔吐、口腔咽喉の炎症、腎臓障害。　　**問4**　四塩化炭素 CCl₄ は特有の臭気をもつ揮発性無色の液体、水に不溶、有機溶媒に易溶。揮発性のため蒸気吸入により頭痛、悪心、黄疸ようの角膜黄変、尿毒症等。　　**問5**　クロルピクリン CCl₃NO₂ は、無色～淡黄色液体で催涙性、粘膜刺激臭を持つことから、気管支を刺激してせきや鼻汁が出る。多量に吸入すると、胃腸炎、肺炎、尿に血が混じる。悪心、呼吸困難、肺水腫を起こす。手当は酸素吸入をし、強心剤、興奮剤を与える。

問6～問10　問6　2　　問7　4　　問8　1　　問9　5　　問10　3

〔解説〕

問6　塩化亜鉛 ZnCl₂ は劇物。白色の結晶。用途は脱水剤、木材防腐剤、脱臭剤、試薬。　　**問7**　硫酸タリウム Tl₂SO₄ は、劇物。白色結晶で、水にやや溶け、熱水に易溶、用途は殺鼠剤。　　**問8**　ナラシンは、アセトン－水から結晶化させたものは白色～淡黄色。特有な臭いがある。用途は飼料添加物。　　**問9**　アセトニトリル CH₃CN は、エーテル様の臭気を有する無色の液体。用途は有機合成原料、合成繊維の溶剤など。　　**問10**　チメロサールは、白色～淡黄色結晶性粉末。用途は殺菌消毒薬。

問11～問15　問11　2　　問12　5　　問13　1　　問14　3　　問15　4

〔解説〕

問11　アクロレイン CH₂=CHCHO　刺激臭のある無色液体、引火性。光、酸、アルカリで重合しやすい。貯法は、非常に反応性に富む物質であるため、安定剤を加え、空気を遮断して貯蔵する。極めて引火し易く、またその蒸気は空気と混合して爆発性混合ガスとなるので、火気には絶対に近づけない。　　**問12**　弗化水素酸（弗酸）は、毒物。弗化水素の水溶液で無色またわずかに着色した透明の液体。水にきわめて溶けやすい。貯蔵法は銅、鉄、コンクリートまたは木製のタンクにゴム、鉛、ポリ塩化ビニルあるいはポリエチレンのライニグをほどこしたものに貯蔵する。　　**問13**　アンモニア水は無色透明、刺激臭がある液体。揮発性があり、空気より軽いガスを発生するので、よく密栓して貯蔵する。　　**問14**　ベタナフトール C₁₀H₇OH は、劇物。無色～白色の結晶、石炭酸臭、水に溶けにくく、熱湯に可溶。有機溶媒に易溶。遮光保存（フェノール性水酸基をもつ化合物は一般に空気酸化や光に弱い）。　　**問15**　四エチル鉛は、特定毒物。常温においては無色可燃性の液体。火気のない出入りを遮断できる独立倉庫に、金属の腐食を防ぐため、耐腐食製のドラム缶を用いて一列ごとにならべて貯蔵する。

問16～問20　問16　1　　問17　5　　問18　4　　問19　2　　問20　3

〔解説〕

問16　ヒ素 As は、毒物。同素体のうち灰色ヒ素が安定、金属光沢があり、空気中で燃やすと青白色の炎を生じ As₂O₃ を生じる。水に不溶。作業の際には必ず保護具を着用し、風下で作業をしない。飛散したものは空容器にできるだけ回収し、その後を硫酸第二鉄等の水溶液を散布し、消石灰、ソーダ灰等の水溶液を用いて処理した後、多量の水を用いて洗い流す。この場合、濃厚な廃液河川等に排出されないよう注意する。　　**問17**　ダイアジノンは、有機燐製剤。接触性殺虫剤、かすかにエステル臭をもつ無色の液体、水に難溶、有機溶媒に可溶。付近の着火源となるものを速やかに取り除く。空容器にできるだけ回収し、その後消石灰等の水溶液を多量の水を用いて洗い流す。　　**問18**　硝酸銀 AgNO₃ は、劇物。無色無臭の透明な結晶。水に溶けやすい。アルコールにも可溶。強い酸化剤。飛散したものは空容器にできるだけ回収し、そのあとを食塩水を用いて塩化銀とし、多量の水を用いて洗い流す。この場合、濃厚な廃液が河川等に排出されない

- 476 -

よう注意する。　　　　問19　ブロムメチル(臭化メチル)CH_3Br は、常温では気体(有毒な気体)。冷却圧縮すると液化しやすい。クロロホルムに類する臭気がある。液化したものは無色透明で、揮発性がある。漏えいしたときは、土砂等でその流れを止め、液が広がらないようにして蒸発させる。　　　　問20　水酸化バリウムは水にある程度溶けるが、飛散した場合は大部分が粉末あるいは結晶状態であると考えられるので防塵マスクを用いる。

問21～問22　問21　4　　　問22　1
〔解説〕
　　　問21　亜塩素酸ナトリウム $NaClO_2$ は 25％以下は劇物及び爆発薬から除外。
　　　問22　ホルムアルデヒド $HCHO$ は 1%以下で劇物から除外。
問23～問25　問23　4　　　問24　4　　　問25　2
　　　解答のとおり。

(農業用品目)
問1～問5　問1　1　　　問2　2　　　問3　3　　　問4　4　　　問5　5
〔解説〕
　　　問1　イミノクタジンは、劇物。白色の粉末(三酢酸塩の場合)。果樹の腐らん病、晩腐病等、麦の斑葉病、芝の葉枯病殺菌する殺菌剤。　　　問2　ジクワットは、劇物で、ジピリジル誘導体で淡黄色結晶、水に溶ける。除草剤。　　　問3　燐化亜鉛 Zn_3P_2 は、灰褐色の結晶又は粉末。用途は、殺鼠剤、倉庫内燻蒸剤。　　　問4　フルスルファミドは、劇物。淡黄色結晶性粉末。用途はアブラナ科野菜の根こぶ病等の防除する土壌殺菌剤。　　　問5　メチルイソチオシアネートは、劇物。無色結晶。用途は土壌中のセンチュウ類や病原菌などに効果を発揮する土壌消毒剤。
問6～問10　問6　3　　　問7　4　　　問8　5　　　問9　1　　　問10　2
〔解説〕
　　　解答のとおり。
問11～問15　問11　1　　　問12　4　　　問13　5　　　問14　2　　　問15　3
〔解説〕
　　　問11　ブラストサイジン S ベンジルアミノベンゼンスルホン酸塩は、劇物。白色針状結晶。水、酢酸に溶けるが、メタノール、エタノール、アセトン、ベンゼンにはほとんど溶けない。中毒症状は、振せん、呼吸困難。目に対する刺激特に強い。　　　問12　EPN は、有機リン製剤、毒物(1.5％以下は除外で劇物)、芳香臭のある淡黄色油状または融点 36℃の結晶。水に不溶、有機溶媒に可溶。遅効性殺虫剤(アカダニ、アブラムシ、ニカメイチュウ等)　有機リン製剤の中毒：コリンエステラーゼを阻害し、頭痛、めまい、嘔吐、言語障害、意識混濁、縮瞳、痙攣など。　　　問13　ベンゾエピンは白色の結晶、工業用は黒褐色の固体。水に不溶の有機塩素系農薬。有機塩素化合物の中毒：中枢神経毒。食欲不振、吐気、嘔吐、頭痛、散瞳、呼吸困難、痙攣、昏睡。肝臓、腎臓の変性。魚類に対して強い毒性を示す。　　　問14　硫酸タリウム Tl_2SO_4 は、劇物。白色結晶で、水にやや溶け、熱水に易溶。疝痛、嘔吐、震顫、痙攣、麻痺等の症状を伴い、しだいに呼吸困難となり、虚脱除隊となる。　　　問15　モノフルオール酢酸ナトリウム FCH_2COONa は重い白色粉末、吸湿性、冷水に易溶、メタノールやエタノールに可溶。特毒。摂取により毒性発現。皮膚刺激なし、皮膚吸収なし。　　　モノフルオール酢酸ナトリウムの中毒症状：生体細胞内の TCA サイクル阻害(アコニターゼ阻害)。激しい嘔吐の繰り返し、胃疼痛、意識混濁、てんかん性痙攣、チアノーゼ、血圧下降。
問16～問20　問16　5　　　問17　4　　　問18　3　　　問19　2　　　問20　1
〔解説〕
　　　解答のとおり。
問21～問22　問21　5　　　問22　4
〔解説〕
　　　エトプロホスは、毒物。5％以下は毒物から除外され、5％以下劇物。メルカプタン臭のある淡黄色透明な液体。用途は野菜等のネコブセンチュウを防除。
問23～問25　問23　1　　　問24　4　　　問25　5
〔解説〕
　　　DDVP(別名ジクロルボス)は劇物。有機リン製剤で接触性殺虫剤。刺激性で、微臭のある比較的揮発性の無色油状の液体である。

（特定品目）

問1～問5　問1　5　問2　1　問3　2　問4　4　問5　3

〔解説〕

　　　問1　一酸化鉛 PbO（別名密陀僧、リサージ）は劇物。赤色～赤黄色結晶。用途はゴムの加硫促進剤、顔料、試薬等。　　　問2　塩化水素 HCl は、劇物。常温で無色の刺激臭のある気体。用途は塩酸の製造に用いられるほか、無水物は塩化ビニル原料にもちいられる。　　　問3　塩素 Cl₂ は、黄緑色の刺激臭の空気より重い気体で、酸化力があるので酸化剤、用途は漂白剤、殺菌剤、消毒剤として使用される（紙パルプの漂白、飲用水の殺菌消毒などに用いられる）。　　　問4　キシレン C₆H₄(CH₃)₂ は、無色透明で o-、m-、p-の 3 種の異性体がある。水にはほとんど溶けず、有機溶媒に溶ける。用途は溶剤、染料中間体などの有機合成原料、試薬等。　　　問5　水酸化ナトリウム（別名：苛性ソーダ）NaOH は、白色結晶性の固体。用途は、染料その他有機合成原料、塗料などの溶剤、燃料、試薬、標本の保存用。　3

問6～問10　問6　3　問7　4　問8　2　問9　5　問10　1

〔解説〕

　　　問6　硫酸 H₂SO₄ は濃い濃度のものは比重がきわめて大きく、水でうすめると激しく発熱するため、密栓して保存する。　　　問7　トルエン C₆H₅CH₃ 特有な臭いの無色液体。水に不溶。比重1以下。可燃性。揮発性有機溶媒。貯蔵方法は直射日光を避け、風通しの良い冷暗所に、火気を避けて保管する。　　　問8　四塩化炭素（テトラクロロメタン）CCl₄ は、特有な臭気をもつ不燃性、揮発性無色液体。水に溶けにくく有機溶媒には溶けやすい。強熱によりホスゲンを発生。亜鉛またはスズメッキした鋼鉄製容器で保管、高温に接しないような場所で保管。　　　問9　過酸化水素水は過酸化水素の水溶液、少量なら褐色ガラス瓶（光を遮るため）、多量ならば現在はポリエチレン瓶を使用し、3 分の 1 の空間を保ち、有機物等から引き離し日光を避けて冷暗所保存。　　　問10　水酸化ナトリウム（別名：苛性ソーダ）NaOH は、白色結晶性の固体。潮解性があり、二酸化炭素と水を吸収する性質が強いので、密栓して貯蔵する。

問11～問15　問11　5　問12　3　問13　1　問14　2　問15　4

〔解説〕

　　　解答のとおり。

問16～問20　問16　5　問17　2　問18　1　問19　4　問20　3

〔解説〕

　　　解答のとおり。

問21～問25　問21　4　問22　1　問23　5　問24　3　問25　2

〔解説〕

　　　問21　蓚酸は 10 ％以下で劇物から除外。　　　問22　ホルムアルデヒドは 1％以下で劇物から除外。　　　問23　クロム酸鉛は 70 ％以下は劇物から除外。　　　問24　過酸化水素は 6％以下で劇物から除外。　　　問25　水酸化カリウムは 5％以下で劇物から除外。

〔識別及び取扱方法〕

（一般）

問26～問30　問26　4　問27　3　問28　1　問29　2　問30　5

〔解説〕

　　　問26　ヒドラジン NH₂NH₂ は、毒物。無色の油状の液体で空気中で発煙する。燃やすと紫色の焔を上げる。アンモニ様の強い臭気をもつ。用途は、ロケット燃料。　　　問27　フッ化スルフリル（SO₂F₂）は毒物。無色無臭の気体。沸点-55.38 ℃。水 1 1 に 0.75G 溶ける。アルコール、アセトンにも溶ける。用途は殺虫剤、燻蒸剤。　　　問28　ピクリン酸は、劇物。淡黄色の光沢ある小葉状あるいは針状結晶で、純品は無臭であるが、普通品はかすかにニトロベンゼンの臭気をもち、苦味がある。　　　問29　燐化亜鉛 Zn₃P₂ は、劇物。灰褐色の結晶又は粉末。かすかにリンの臭気がある。水、アルコールには溶けないが、ベンゼン、二硫化炭素に溶ける。酸と反応して有毒なホスフィン PH3 を発生。　　　問30　塩素 Cl₂ は劇物。黄緑色の気体で激しい刺激臭がある。冷却すると、黄色溶液を経て黄白色固体。水にわずかに溶ける。沸点-34.05 ℃。強い酸化力を有する。極めて反応性が強く、水素又はアセチレンと爆発的に反応する。不燃性を有し、鉄、アルミニウムなどの燃焼を助ける。

問 31～問 35　問 31　2　　問 32　3　　問 33　1　　問 34　4　　問 35　5
〔解説〕
　　問 31　酸化第二水銀 HgO は毒物。赤色または黄色の粉末。水にはほとんど溶けない。希塩酸、硝酸、シアン化アルカリ溶液には溶ける。酸には容易に溶ける。　　問 32　ロテノン(植物デリスの根に含まれる。)は斜方六面体結晶で、水にはほとんど溶けない。ベンゼン、アセトンには溶け、クロロホルムに易溶。　　問 33　メチルアミンは劇物。無色でアンモニア臭のある気体。メタノール、エタノールに溶けやすく、引火しやすい。また、腐食が強い。　　問 34　ブラストサイジン S ベンジルアミノベンゼンスルホン酸塩は、純品は白色、針状結晶、粗製品は白色ないし微褐色の粉末である。融点 250 ℃以上で徐々に分解。水、氷酢酸にやや可溶、有機溶媒に難溶。　　問 35　クラーレは、毒物。猛毒性のアルカロイドである。植物の樹皮から抽出される。黒または黒褐色の塊状あるいは粒状をなしている。水に可溶。
問 36～問 40　問 36　3　　問 37　2　　問 38　4　　問 39　5　　問 40　1
〔解説〕
　　解答のとおり。
問 41～問 45　問 41　4　　問 42　5　　問 43　2　　問 44　3　　問 45　1
〔解説〕
　　問 41　カルバリルは有機物であるからそのまま焼却炉で焼却するか、可燃性溶剤とともに焼却炉の火室へ噴霧し焼却する焼却法。又は、水酸化カリウム水溶液等と加温して加水分解するアルカリ法。　　問 42　クロルスルホン酸を廃棄する場合、まず空気や水蒸気と加水分解を行い、硫酸と塩酸にしたのちその白煙をアルカリで中和する。その液を希釈して廃棄する。　　問 43　過酸化水素水は多量の水で希釈して処理する希釈法。　　問 44　水銀は、気圧計や寒暖計、その他理化学機器として用いる。アマルガム（水銀とほかの金属の合金）は試薬や歯科で用いられる。廃棄法は、そのまま再生利用するため蒸留する回収法。　　問 45　塩化第一錫は、劇物。二水和物が一般に流通している。二水和物は無色結晶で潮解性がある。水に溶けやすい。塩酸、エタノールに可溶。廃棄法は水に溶かし、消石灰、ソーダ灰等の水溶液を加えて処理し、沈殿ろ過して埋立処分する沈殿法。

（農業用品目）

問 26～問 30　問 26　4　　問 27　1　　問 28　2　　問 29　5　　問 30　3
〔解説〕
　　問 26　フッ化スルフリル(SO_2F_2)は毒物。無色無臭の気体。沸点-55.38 ℃。水１１に 0.75G 溶ける。アルコール、アセトンにも溶ける。用途は殺虫剤、燻蒸剤。　　問 27　塩素酸ナトリウム $NaClO_3$ は、劇物。無色無臭結晶で潮解性をもつ。酸化剤、水に易溶。有機物や還元剤との混合物は加熱、摩擦、衝撃などにより爆発することがある。酸性では有害な二酸化塩素を発生する。また、強酸と作用して二酸化炭素を放出する。　　問 28　クロルピリホスは、白色結晶、水に溶けにくく、有機溶媒に可溶。有機リン剤で、劇物(1 ％以下は除外、マイクロカプセル製剤においては 25 ％以下が除外)果樹の害虫防除、シロアリ防除。シックハウス症候群の原因物質の一つである。　　問 29　ニコチンは、毒物。無色無臭の油状液体だが空気中で褐色になる。沸点 246 ℃、比重 1.0097。純ニコチンは、刺激性の味を有している。ニコチンは、水、アルコール、エーテル等に容易に溶ける。　　問 30　フェントエートは、劇物。赤褐色、油状の液体で、芳香性刺激臭を有し、水、プロピレングリコールに溶けない。リグロインにやや溶け、アルコール、エーテル、ベンゼンに溶ける。
問 31～問 35　問 31　2　　問 32　3　　問 33　1　　問 34　1　　問 35　3
〔解説〕
　　問 31　イソキサチオンは有機リン剤、劇物(2 ％以下除外)、淡黄褐色液体、水に難溶、有機溶剤に易溶、アルカリには不安定。用途はミカン、稲、野菜、茶等の害虫駆除。（有機燐系殺虫剤）　　問 32　硫酸銅（Ⅱ）$CuSO_4・5H_2O$ は、無水物は灰色ないし緑色を帯びた白色の結晶又は粉末。五水和物は青色ないし群青色の大きい結晶、顆粒又は白色の結晶又は粉末である。空気中でゆるやかに風解する。水に易溶、メタノールに可溶。農薬として使用されるほか、試薬としても用いられる。　　問 33　ナラシンは毒物(10 ％以下は劇物)。白色～淡黄色の粉末。特異な臭い。融点 98 ～ 100 ℃。水にはほとんど溶けない。酢酸エチル（エステル類）、クロロホルム、アセトン（ケトン）、ベンゼン、ジメチルスルフォキシドに極めて

溶けやすい 。ヘキサン、石油エーテルにやや溶けにくい。用途は飼料添加物。
　　　　　問 34　　シアン化水素 HCN は毒物。無色で特異臭(アーモンド様の臭気)のある液体。水溶液は極めて弱い酸性である。水、アルコールに溶ける。点火すれば青紫色の炎を発し燃焼する。　　　　問 35　　ロテノン(植物デリスの根に含まれる。)は斜方六面体結晶で、水にはほとんど溶けない。ベンゼン、アセトンには溶け、クロロホルムに易溶。

問 36 ～問 40　問 36　1　　問 37　5　　問 38　3　　問 39　4　　問 40　2
〔解説〕
　　　　解答のとおり。
問 41 ～問 45　問 41　3　　問 42　2　　問 43　5　　問 44　4　　問 45　4 1
〔解説〕
　　　　解答のとおり。

（特定品目）

問 26 ～問 30　問 26　1　　問 27　3　　問 28　4　　問 29　2　　問 30　5
〔解説〕
　　　　解答のとおり。
問 31 ～問 33　問 31　2　　問 32　1　　問 33　4
〔解説〕
　　　　シュウ酸$(COOH)_2 \cdot 2H_2O$ は 2 モルの結晶水を有する無色結晶。有機溶剤にはほとんど溶けない。水溶液は過マンガン酸カリウム溶液を退色する。水溶液をアンモニア水で弱アルカリ性にして塩化カルシウムを加えると、蓚酸カルシウムの白色の沈殿を生ずる。
問 34 ～問 35　問 34　3　　問 35　5
〔解説〕
　　　　一酸化鉛 PbO は、重い粉末で、黄色から赤色までの間の種々のものがある。希硝酸に溶かすと、無色の液となり、これに硫化水素を通じると、黒色の沈殿を生じる。
問 36 ～問 40　問 36　2　　問 37　1　　問 38　5　　問 39　3　　問 40　4
〔解説〕
　　　　解答のとおり。
問 41 ～問 45　問 41　2　　問 42　4　　問 43　5　　問 44　3　　問 45　1
〔解説〕
　　　　解答のとおり。

石川県
令和３年度実施
　※特定品目は、ありません。

〔法　　規〕

（一般・農業用品目共通）

問１　４
　〔解説〕
　　　解答のとおり。
問２〜問３　　問２　１　　問３　４
　〔解説〕
　　　解答のとおり。
問４　２
　〔解説〕
　　　ａ と ｄ が正しい。この設問は法第４条〔営業の登録〕についてである。なお、ｂ
　　は登録の更新についてで、毒物又は劇物製造業及び輸入業は、５年ごとに、販売業
　　の登録は、６年ごとに更新を受けなければならないである。ｃ の特定品目販売業の
　　登録を受けた者は、法第４条の３第２項〔販売品目の制限〕→施行規則第４条の３
　　〔特定品目を取り扱う劇物〕→施行規則別表第二に掲げられている品目のみである。
　　このことからこの設問にある特定毒物を販売することはできない。
問５　１
　〔解説〕
　　　この設問は法第５条〔登録基準〕→施行規則第４条の４第２項〔販売業の登録基
　　準〕であり、誤っているものはどれかとあるので、１が誤り。１の設問にあるよう
　　なただし書はない。毒物又は劇物を陳列する場所には必ずかぎをかける設備がある
　　ことである。
問６　４
　〔解説〕
　　　この設問で正しいのは、ａ と ｄ が正しい。ａ、ｄ のいずれも法第１０条〔届出〕の
　　こと。ａ は法第１０条第１項第二号に示されている。ｄ は法第１０条第１項第四号に
　　示されている。なお、ｂ は店舗の移転したときとあるので、移転先において新たに
　　登録申請をし、廃止届出を届け出るである。ｃ については店舗の名称を変更したと
　　きは法第１０条第１項第一号により 30 日以内に届け出でなければならないである。
問７〜問10　問７　１　　　問８　３　　　問９　１　　　問10　２
　〔解説〕
　　　解答のとおり。
問11　　４
　　　法第14条〔毒物又は劇物の譲渡手続〕のこと。解答のとおり。
問12〜問14　問12　３　　　問13　４　　　問14　３
　〔解説〕
　　　この設問は法第 15 条〔毒物又は劇物の交付の制限等〕のこと。解答のとおり。
問15〜問16　問15　２　　　問16　１
　〔解説〕
　　　法第17条第２項は毒物又は劇物の盗難、紛失の措置のこと。解答のとおり。
問17　　３
　〔解説〕
　　　この設問の法第18条〔立入検査等〕が示されている。ｂ のみが正しい。ｂ は法第18
　　条第１項に示されている。なお、ａ は法第18条第３項により、身分証を提示しなけ
　　ればならない。ｃ は法第18条第４項により、犯罪捜査のために毒物劇物を収去させ
　　ることはできない。
問18　　５
　〔解説〕
　　　この設問は毒物又は劇物を車両を使用して運搬するときに、車両の前後の見やす
　　い箇所に掲げる標識について、施行規則第13条の５に示されている。解答のとお
　　り。

問 19　3
　〔解説〕
　　この設問おける業務上取扱者について正しいのは、3である。3は法第 22 条第 3
項に示されている。なお、1 については届け出を要しない。2 は法第 22 条第 4 項に
より適用される。
問 20　2
　〔解説〕
　　この設問の業務上取扱者の届出が必要な事業とは、①シアン化ナトリウム又は無
機シアン化合物たる毒物及びこれを含有する製剤→電気めっきを行う事業、②シア
ン化ナトリウム又は無機シアン化合物たる毒物及びこれを含有する製剤→金属熱処
理を行う事業、③最大積載量 5,000kg 以上の運送の事業、④しろありの防除を行う
事業である。この設問では誤っているものはどれかとあるので、2 の砒素化合物た
る毒物を用いてしろありの防除を行う事業である。

〔基礎化学〕

（一般・農業用品目共通）

問 21　2
　〔解説〕
　　ベンゼンの分子式は C_6H_6 であるから、分子量は 78 となる。
問 22　3
　〔解説〕
　　硫酸(H_2SO_4)は化合物、オゾン(O_3)は単体、食塩は塩化ナトリウム(NaCl)また
は少量の塩化マグネシウム($MgCl_2$)が含有された混合物、水銀(Hg)は単体である。
問 23　4
　〔解説〕
　　フッ素 F は周期表に存在する元素の中で、もっとも電気陰性度が大きい。
問 24　1
　〔解説〕
　　メタンは正四面体型の立体構造を持つ無極性分子である。
問 25　2
　〔解説〕
　　凝固は液体が固体になる状態変化、昇華は固体が液体を経ずに気体に、あるい
は気体が液体を経ずに固体になる状態変化である。
問 26　3
　〔解説〕
　　ストロンチウムは紅色、カリウムは紫、銅は青緑色の炎色反応を呈する。
問 27　4
　〔解説〕
　　すべての（理想）気体は標準状態で 1 mol ならば 22.4 L を示す。よってアルゴ
ン 1 mol と酸素 1 mol の混合気体の体積は 44.8 L となる。
問 28　2
　〔解説〕
　　2.0 mol/L の塩酸 500 mL に含まれる HCl のモル数は 1 mol であるから、これを
中和するに必要な水酸化ナトリウムの量も 1 mol となる。
問 29　4
　〔解説〕
　　0.05 mol/L $Ca(OH)_2$ 水溶液における OH-イオンのモル濃度は $0.05 \times 2 = 0.1$
mol/L である。よって pOH は 1 となるから、pH は 13 となる。
問 30　1
　〔解説〕
　　温度を下げることで温度を上げる方向に平衡が移動し、圧力を加えることで圧
力を下げる方向、すなわち総モル数が減少する方向に平衡が移動する。触媒を加
えても平衡に達するまでの時間は短くなるが、平衡はずれない。

問31　3
　〔解説〕
　　　水素の酸化数は+1、酸素の酸化数は-2である。よって HClO の Cl の酸化数を x
　とおくと、+1 + x + (-2) = 0, x = +1
問32　1
　〔解説〕
　　　1 の記述は電気泳動である。塩析は親水コロイドに多量の電解質を加えること
　で沈殿させる操作のこと。
問33　5
　〔解説〕
　　　電池において、イオン化傾向の小さいほうの金属が正極となる。またリチウム
　電池は二次電池であり、充電が可能である。
問34　2
　〔解説〕
　　　水は分子量は小さいが、分子間で強固な水素結合を形成するため沸点が異常に
　高くなる。
問35　2
　〔解説〕
　　　0.1 mol/L の硫酸100 mL に含まれる H_2SO_4 のモル数は 0.01 mol。同様に 1.0
　mol/L の硫酸 50 mL に含まれる H_2SO_4 のモル数は 0.05 mol。よってこの混合溶液
　のモル濃度は、(0.01+0.05)× 1000/150 = 0.4 mol/L
問36　3
　〔解説〕
　　　1,000,000 ppm = 100%である。よって 200 ppm は 0.02%となる。
問37　4
　〔解説〕
　　　ボイルの法則より、1 × 20 = 0.5 × X, X = 40 L
問38　4
　〔解説〕
　　　二重結合を形成している 2 つの炭素原子が、ともに異なる二つの原子あるいは
　原子団を有するとき、幾何異性体が存在する。
問39　1
　〔解説〕
　　　安息香酸はベンゼンの水素原子一つがカルボキシ基に変化したもの。
問40　2
　〔解説〕
　　　銀鏡反応はアルデヒド基の確認反応である。グルコースは水に溶解することで
　アルデヒド基を生じ、銀鏡反応陽性となる。

〔各　論・実　地〕

（一般）
問1～問3　問1 2　問2 4　問3 1
　〔解説〕
　　　問1　蓚酸は 10 %以下で劇物から除外。　　問2　塩化水素は 10 %以下で劇物
　から除外。　　問3　グリコール酸 3.6 %以下は劇物から除外。
問4～問7　問4 5　問5 2　問6 3　問7 4
　〔解説〕
　　　問4　一酸化鉛 PbO（別名リサージ）は劇物。赤色～赤黄色結晶。重い粉末で、黄
　色から赤色の間の様々なものがある。水にはほとんど溶けないが、酸、アルカリ
　にはよく溶ける。　　問5　ジメチル硫酸 $(CH_3)_2SO_4$ は、劇物。常温・常圧では、
　無色油状の液体である。水に不溶であるが、水と接触すれば徐々に加水分解する。
　　　問6　三塩化アンチモン $SbCl_3$ は、無色潮解性のある結晶、空気中で発煙する。
　水、有機溶媒に溶ける。　　　　　問7　メチルエチルケトン $CH_3COC_2H_5$（2-ブタノン、
　MEK）は劇物。アセトン様の臭いのある無色液体。蒸気は空気より重い。引火性。
　有機溶媒。水に可溶。

問8　2
〔解説〕
　　この設問ではホルマリンについて誤っているものはどれかとあるので、2が誤り。次のとおり。ホルマリンは、ホルムアルデヒド HCHO を水に溶かしたもの。無色あるいはほとんど無色透明の液体で、刺激性の臭気をもち、寒冷にあえば混濁することがある。空気中の酸素によって一部酸化されて、蟻(ぎ)酸を生ずる。

問9　3
〔解説〕
　　この設問では過酸化水素水について誤っているものはどれかとあるので、3が誤り。次のとおり。過酸化水素水は、無色透明の濃厚な液体で、弱い特有のにおいがある。強く冷却すると稜柱状の結晶となる。不安定な化合物であり、常温でも徐々に水と酸素に分解する。酸化力、還元力を併有している。又、強い殺菌力を有している。

問10　4
〔解説〕
　　この設問ではメトメルについて誤っているものはどれかとあるので、4が誤っている。次のとおり。メトミルは 45 ％以下を含有する製剤は劇物。白色結晶。水、メタノール、アルコールに溶ける。有機燐系化合物。カルバメート剤なので、解毒剤は硫酸アトロピン(PAM は無効)、SH 系解毒剤の BAL、グルタチオン等。用途は殺虫剤として用いられる。。

問11　1
〔解説〕
　　この設問では四塩化炭素について誤っているものはどれかとあるので、1が誤っている。次のとおり。四塩化炭素(テトラクロロメタン)CCl_4 は、特有な臭気をもつ不燃性、揮発性無色液体、水に溶けにくくアルコール、エーテル、クロロホルムにはよく溶けやすい。

問12　3
〔解説〕
　　この設問のキシレンについては、b と c が正しい。キシレン $C_6H_4(CH_3)_2$(別名キシロール、ジメチルベンゼン、メチルトルエン)は、無色透明な液体で o-、m-、p- の 3 種の異性体がある。水にはほとんど溶けず、有機溶媒に溶ける。蒸気は空気より重い。溶剤。

問13　3
〔解説〕
　　この設問のジクワットについては、a と d が正しい。ジクワットは、劇物で、ジピリジル誘導体で淡黄色結晶、水に溶ける。中性又は酸性で安定、アルカリ溶液でうすめる場合には、2～3時間以上貯蔵できない。腐食性を有する。土壌等に強く吸着されて不活性化する性質がある。用途は、除草剤。

問14～問16　問14　2　　　問15　4　　　問16　2
〔解説〕
　　重クロム酸カリウム $K_2Cr_2O_7$ は、劇物。橙赤色柱状結晶。水にはよく溶けるが、アルコールには溶けない。強力な酸化剤。廃棄方法は、希硫酸に溶かし、還元剤の水溶液を過剰に用いて還元した後、消石灰、ソーダ灰等の水溶液で処理して沈殿濾過させる。溶出試験を行い、溶出量が判定基準以下であることを確認して埋立処分する還元沈殿法。

問17～問20　問17　2　　　問18　3　　　問19　2　　　問20　1
〔解説〕
　　問 17　アクロレインは、劇物。無色又は帯黄色の液体。刺激臭がある。用途は探知剤、殺菌剤、アルコールの変性、各種薬品の合成原料。　　問 18　クロロプレンは劇物。無色の揮発性の液体。用途は合成ゴム原料等。　　問 19　酢酸タリウムは劇物。無色の結晶。湿った空気中では潮解する。水及び有機溶媒易溶。用途は殺鼠剤。　　問 20　過酸化ナトリウムは、劇物。純粋なものは白色。一般的には淡黄色。用途は工業用には酸化剤、漂白剤、試薬。

問 21 ～問 24　問 21　3　　問 22　1　　問 23　2　　問 24　4
〔解説〕
　　問 21　シアン化水素 HCN は、無色の気体または液体、特異臭(アーモンド様の臭気)、弱酸、水、アルコールに溶ける。毒物。風下の人を退避させる。作業の際には必ず保護具を着用して、風下で作業をしない。漏えいしたボンベ等の規制多量の水酸化ナトリウム水溶液に容器ごと投入してガスを吸収させ、さらに酸化剤(次亜塩素酸ナトリウム、さらし粉等)の水溶液で酸化処理を行い、多量の水を用いて洗い流す。　　問 22　ピクリン酸が漏えいした場合、飛散したものは空容器にできるだけ回収し、そのあとを多量の水を用いて洗い流す。　なお、回収の際は飛散したものが乾燥しないよう、適量の水を散布して行い、また、回収物の保管、輸送に際しても十分に水分を含んだ状態を保つようにする。用具及び容器は金属製のものを使用してはならない。　　問 23　ニトロベンゼン C₆H₅NO₂ は特有な臭いの淡黄色液体。水に難溶。比重 1 より少し大。可燃性。多量の水で洗い流すか、又は土砂、おが屑等に吸着させて空容器に回収し安全な場所で焼却する。
　　問 24　クロルスルホン酸 HSO₃Cl は、劇物。無色または淡黄色、発煙性、刺激臭の液体。多量に漏えいした場合は、漏えいした液は土砂等でその流れを止め、霧状の水を徐々にかけ、十分に分解希釈した後、ソーダ灰、消石灰等で中和し、多量の水を用いて洗い流す。
問 25 ～問 27　問 25　2　　問 26　1　　問 27　3
〔解説〕
　　問 25　モノクロル酢酸 ClCH₂COOH は劇物。無色潮解性の結晶。水に易溶。廃棄法は、可燃性溶剤と共にアフターバーナー及びスクラバーを具備した焼却炉の火室へ噴霧し償却する燃焼法。　　問 26　フッ化水素酸の廃棄法は、沈殿法：多量の消石灰水溶液中に吹き込んで吸収させ、中和し、沈殿濾過して埋立処分する。
　　問 27　硫酸 H₂SO₄ は酸なので廃棄方法は徐々に、石灰乳などの撹拌溶液に加え中和させた後、多量の水で希釈して処理する中和法。
問 28 ～問 31　問 28　4　　問 29　2　　問 30　5　　問 31　1
〔解説〕
　　問 28　ブロムメチル CH₃Br は可燃性・引火性が高いため、火気・熱源から遠ざけ、直射日光の当たらない換気性のよい冷暗所に貯蔵する。耐圧等の容器は錆防止のため床に直置きしない。　　問 29　ベタナフトール C₁₀H₇OH は、無色～白色の結晶、石炭酸臭、水に溶けにくく、熱湯に可溶。有機溶媒に易溶。遮光保存(フェノール性水酸基をもつ化合物は一般に空気酸化や光に弱い)。　　問 30　アクリルニトリルは、引火点が低く、火災、爆発の危険性が高いので、火花を生ずるような器具や、強酸とも安全な距離を保つ必要がある。直接空気にふれないよう窒素等の不活性ガスの中に貯蔵する。　　問 31　塩化亜鉛 ZnCl₂ は、白色結晶、潮解性、水に易溶。貯蔵法については、潮解性があるので、乾燥した冷所に密栓して貯蔵する。
問 32　4
〔解説〕
　　解答のとおり。
問 33　3
〔解説〕
　　イミダクロプリドは劇物。弱い特異臭のある無色結晶。水にきわめて溶けにくい。マイクロカプセル製剤の場合、12 ％以下を含有するものは劇物から除外。用途は野菜等のアブラムシ等の殺虫剤(クロロニコチニル系農薬)。
問 34　1
〔解説〕
　　この設問は着色する農業品目として法第 13 条→施行令第 39 条において、①硫酸タリウムを含有する製剤たる劇物、②燐化亜鉛を含有する製剤たる劇物→施行規則第 12 条で、あせにくい黒色に着色しなければならないと示されている。

問 35 ～問 37　問 35　3　　問 36　2　　問 37　1
〔解説〕
　　問 35　燐化亜鉛は、灰褐色の結晶又は粉末。かすかにリンの臭気がある。ベンゼン、二硫化炭素に溶ける。酸と反応して有毒なホスフィン PH3 を発生。用途は、殺鼠剤。ホスフィンにより嘔吐、めまい、呼吸困難などが起こる。
　　問 36　ブラストサイジン S は、:劇物。白色針状結晶。水、酢酸に溶けるが、メタノール、エタノール、アセトン、ベンゼンにはほとんど溶けない。中毒症状は、振せん、呼吸困難。目に対する刺激特に強い。　　問 37　沃素 I2 は、黒褐色金属光沢ある稜板状結晶、昇華性。水に溶けにくい(しかし、KI 水溶液には良く溶ける KI ＋ I2 → KI3)。有機溶媒に可溶(エタノールやベンゼンでは褐色、クロロホルムでは紫色)。用途は、ヨード化合物の製造、分析用、写真感光剤原料、医療用。気密容器に入れ、風通しの良い冷所に保存。毒性：蒸気を吸入するとめまい、頭痛を伴う酩酊(いわゆるヨード熱)を起こす。応急手当には澱粉糊液に煆製マグネシア混和したものを飲用。
問 38 ～問 40　問 38　4　　問 39　1　　問 40　3
〔解説〕
　　問 38　塩素酸カリウムは白色固体。加熱により分解し酸素発生。マッチの製造、酸化剤。熱すると酸素を発生して、塩化カリとなり、これに塩酸を加えて熱すると、塩素を発生する。水溶液に酒石酸を多量に加えると、白色の結晶性の物質を生ずる。　　問 39　アニリンは、新たに蒸留したものは無色透明油状液体、光、空気に触れて赤褐色を呈する。特有な臭気。水に難溶、有機溶媒には可溶。水溶液にさらし粉を加えると紫色を呈する。劇物。　　問 40　硝酸鉛(Pb(NO3)2 は劇物。無色の結晶。水に溶けやすい。470 ℃で分解すると一酸化鉛になる。用途は工業用の鉛塩原料、試薬等。ほんの少量を磁製のルツボに入れて熱すると、小爆鳴を発する。赤褐色の蒸気を出して、ついに酸化鉛を残す。

（農業用品目）

問 1 ～問 3　問 1　1　　問 2　2　　問 3　3
〔解説〕
　　解答のとおり。
問 4　2
〔解説〕
　　農業用品目販売業者の登録が受けた者が販売できる品目については、法第四条の三第一項→施行規則第四条の二→施行規則別表第一に掲げられている品目である。解答のとおり。
問 5 ～問 8　問 5　4　　問 6　1　　問 7　2　　問 8　3
〔解説〕
　　問 5　クロルピクリン CCl3NO2 は、劇物。無色～淡黄色液体、催涙性、粘膜刺激臭。水に不溶。用途は、線虫駆除、燻蒸剤。　　問 6　ダゾメットは劇物で除外される濃度はない。白色の結晶性粉末。用途は芝生等の除草剤。　　問 7　カズサホスは、10 ％を超えて含有する製剤は毒物、10 ％以下を含有する製剤は劇物。硫黄臭のある淡黄色の液体。用途は殺虫剤(野菜等のネコブセンチュウ等の防除に用いられる。)。　　問 8　ダイファシノンは毒物。黄色結晶性粉末。アセトン酢酸に溶ける。水にはほとんど溶けない。0.005 ％以下を含有するものは劇物。用途は殺鼠剤。
問 9 ～問 11　　問 9　1　　問 10　3　　問 11　2
〔解説〕
　　解答のとおり。
問 12 ～問 14　問 12　3　　問 13　2　　問 14　4
〔解説〕
　　解答のとおり。

石川県

問 15 ～問 18　問 15　3　　　問 16　2　　　問 17　1　　　問 18　4
〔解説〕
　　問 15　クロルピクリン CCl_3NO_2 は、無色～淡黄色液体、催涙性、粘膜刺激臭。水に不溶。貯蔵法については、金属腐食性と揮発性があるため、耐腐食性容器(ガラス容器等)に入れ、密栓して冷暗所に貯蔵する。　　問 16　燐化アルミニウムとその分解促進剤とを含有する製剤は、ネズミ、昆虫駆除に用いられる。燐化アルミニウムは空気中の湿気で分解して、猛毒の燐化水素 PH3(ホスフィン)を発生する。空気中の湿気に触れると徐々に分解して有毒なガスを発生するので密閉容器に貯蔵する。使用方法については施行令第 30 条で規定され、使用者についても施行令第 18 条で制限されている。　　問 17　シアン化水素 HCN は、無色の気体または液体(b. p. 25.6 ℃)、特異臭(アーモンド様の臭気)、弱酸、水、アルコールに溶ける。毒物。貯法は少量なら褐色ガラス瓶、多量なら銅製シリンダーを用いる。日光及び加熱を避け、通風の良い冷所に保存。きわめて猛毒であるから、爆発性、燃焼性のものと隔離すべきである。　　問 18　塩化亜鉛 $ZnCl_2$ は、白色結晶、潮解性、水に易溶。貯蔵法については、潮解性があるので、乾燥した冷所に密栓して貯蔵する。

問 19 ～問 21　問 19　3　　問 20　4　　　問 21　1
〔解説〕
　　問 19　ベンフラカルブは 6 ％以下で劇物から除外。　　問 20　トリシクラゾールは 8 ％以下で劇物から除外。　　問 21　チアクロプリドは 3 ％以下で劇物から除外。

問 22 ～問 24　問 22　1　　問 23　3　　　問 24　2
〔解説〕
　　問 22　硫酸 H_2SO_4 は酸なので廃棄方法は徐々に、石灰乳などの撹拌溶液に加え中和させた後、多量の水で希釈して処理する中和法。　　問 23　硫酸銅 $CuSO_4$ は、水に溶解後、消石灰などのアルカリで水に難溶な水酸化銅 $Cu(OH)_2$ とし、沈殿ろ過して埋立処分する沈殿法。または、還元焙焼法で金属銅 Cu として回収する還元焙焼法。　　問 24　ダイアジノンは、劇物で純品は無色の液体。有機燐系。水に溶けにくい。有機溶媒に可溶。廃棄方法：燃焼法　廃棄方法はおが屑等に吸収させてアフターバーナー及びスクラバーを具備した焼却炉で焼却する。(燃焼法)

問 25 ～問 27　問 25　1　　問 26　2　　　問 27　3
〔解説〕
　　問 25　アンモニア水は無色透明、刺激臭がある液体。アルカリ性を呈する。アンモニア NH_3 は空気より軽い気体。濃塩酸を近づけると塩化アンモニウムの白い煙を生じる。　　問 26　クロルピクリンの水溶液に金属カルシウムを加え、これにベタナフチルアミン及び硫酸を加えると、赤色の沈殿を生じる。　　問 27　塩素酸カリウム $KClO_3$ は白色固体。加熱により分解し酸素発生。熱すると酸素を発生して、塩化カリとなり、これに塩酸を加えて熱すると、塩素を発生する。水溶液に酒石酸を多量に加えると、白色の結晶性の物質を生ずる。

問 28 ～問 29　問 28　3　　　問 29　4
〔解説〕
　　問 28　カルバリール(NAC)は、劇物(5 ％以下除外)、カルバメート剤、吸引したときの症状は、倦怠感、頭痛、嘔吐、腹痛がありはなはだしい場合は縮瞳、意識混濁、全身けいれんを引き起こす。中毒症状では解毒剤として、硫酸アトロピン製剤が用いられる。　　問 29　シアン化ナトリウムは無機シアン化合物で胃内の胃酸と反応してシアン化水素を発生する。シアン化水素は猛烈な毒性を示し、ごく少量でも頭痛、めまい、意識不明、呼吸麻痺などを引き起こす。亜硝酸ナトリウム水溶液とチオ硫酸ナトリウム水溶液を用いた解毒手当が有効である。

問 30　2
〔解説〕
　　この設問では、イソキサチオンについてで、a と c が正しい。イソキサチオンは、劇物。イソキサチオンは有機リン剤、劇物(2 ％以下除外)、淡黄褐色液体、水に難溶、有機溶剤に易溶、アルカリには不安定。用途はミカン、稲、野菜、茶等の害虫駆除。(有機燐系殺虫剤)　中毒症状が発現した場合は、PAM 又は硫酸アトロピンを用いた適切な解毒手当を受ける。

問 31　1
〔解説〕
　　この設問では、ニコチンについてで、a と b が正しい。ニコチンは、毒物。無色無臭の油状液体であるが、空気中では、速やかに褐変する。水、アルコール、エーテル等に容易に溶ける。刺激性の味を有している。ニコチンは、用途は殺虫剤。

問 32　1
〔解説〕
　　解答のとおり。

問 33　3
〔解説〕
　　イミダクロプリドは劇物。弱い特異臭のある無色結晶。水にきわめて溶けにくい。マイクロカプセル製剤の場合、12 ％以下を含有するものは劇物から除外。用途は野菜等のアブラムシ等の殺虫剤(クロロニコチニル系農薬)。

問 34　5
〔解説〕
　　解答のとおり。

問 35　1
〔解説〕
　　この設問は着色する農業品目として法第 13 条→施行令第 39 条において、①硫酸タリウムを含有する製剤たる劇物、②燐化亜鉛を含有する製剤たる劇物→施行規則第 12 条で、あせにくい黒色に着色しなければならないと示されている。

問 36　1
〔解説〕
　　この設問では、フェントエートについてで誤っているものはどれかとあるので、1が誤り。次のとおり。フェントエートは、劇物。有機燐製剤で殺虫剤(稲のニカメイチュウ、ツマグロヨコバイなどの駆除)、赤褐色油状、3 ％以下は劇物除外。有機リン剤なので解毒は硫酸アトロピンや PAM。有機リン製剤の中毒：コリンエステラーゼを阻害し、頭痛、めまい、嘔吐、言語障害、意識混濁、縮瞳、痙攣など。

問 37 ～問 40　問 37　4　　　問 38　4　　　問 39　2　　　問 40　2
〔解説〕
　　解答のとおり。

福井県
令和3年度実施

〔法 規〕
（一般・農業用品目・特定品目共通）

問1　3
〔解説〕
　　この設問は法第2条〔定義〕のことで、aとbが正しい。aは法第2条第1項の毒物。bは法第2条第2項の劇物。
問2～問5　　問2　3　　問3　1　　問4　3　　問5　2
〔解説〕
　　毒物は法第2条第1項→法別表第一、劇物は法第2条第2項→法別表第二、特定毒物は法第2条第3項→法別表第三に示されている。
問6～問12　　問6　1　　問7　4　　問8　3　　問9　4　　問10　3
　　　　　　　　　　問11　2　　　問12　4
〔解説〕
　　解答のとおり。
問13　3
〔解説〕
　　この設問はcのみ正しい。次のとおり。法第3条の4による施行令第32条の3で定められている品目は、①亜塩素酸ナトリウムを含有する製剤30％以上、②塩素酸塩類を含有する製剤35％以上、③ナトリウム、④ピクリン酸について正当な理由を除いて所持してはならない。
問14～問16　　問14　2　　問15　5　　問16　6
〔解説〕
　　法第14条第1項は毒物劇物営業者が他の毒物劇物営業者に毒物又は劇物を販売し、授与したときに、その都度、書面に記載する事項のこと。
問17　2
〔解説〕
　　この設問の法第10条〔届出〕についてで、aとcが正しい。aは法第10条第1項第一号に示されている。cは法第10条第1項第三号→施行規則第10条の2に示されている。なお、bとdについては何ら届け出を要しない。
問18　2
〔解説〕
　　この設問は法第12条〔毒物又は劇物の表示〕についてでcとdが正しい。cは法第12条第3項に示されている。dは法第12条第2項第四号→施行規則第11条の6第四号に示されている。なお、aとbは法第12条第1項により、毒物については医薬用外の文字、毒物については、赤地に白色をもって「毒物」の文字、劇物については、白地に赤色をもって「劇物」の文字を表示しなければならないである。
問19　5
〔解説〕
　　法第13条における着色する農業品目のことで、法第13条→施行令第39条において、①硫酸タリウムを含有する製剤たる劇物、②燐化亜鉛を含有する製剤たる劇物→施行規則第12条で、あせにくい黒色に着色しなければならないと示されている。
問20　2
〔解説〕
　　この設問は法第5条〔登録基準〕→施行規則第4条の2第1項における製造所設備基準のことで、aとcが正しい。なお、bの設問については施行規則第4条の4第1項にしめされていることを述べているのであって該当しない。dについては、ただし書について、その性質上かぎをかけることができないものであるときは、この限りでない。と示されている。施行規則第4条の2第1項第二号ニのこと。

問 21　4
〔解説〕
　この設問は業務上取扱者の届出事業者のことで、a のみが正しい。業務上取扱者の届出を要する事業者とは、次のとおり。業務上取扱者の届出を要する事業者とは、①シアン化ナトリウム又は無機シアン化合物たる毒物及びこれを含有する製剤→電気めっきを行う事業、②シアン化ナトリウム又は無機シアン化合物たる毒物及びこれを含有する製剤→金属熱処理を行う事業、③最大積載量 5,000kg 以上の運送の事業、④しろありの防除を行う事業である。

問 22　3
〔解説〕
　この設問は法第 7 条〔毒物劇物取扱責任者〕及び法第 8 条〔毒物劇物取扱責任者の資格〕についてで、b と c が正しい。b の一般毒物劇物取扱者試験に合格した者については、毒物又は劇物における販売品目の制限はない。設問のとおり。c については設問のとおり。なお、a は法第 7 条第 3 項により、30 日以内その所在地の都道府県知事に届け出なければならないである。d は法第 7 条第 2 項により、この設問にあるような合わせ営む場合は、毒物劇物取扱責任者は一人で足りる。

問 23　4
〔解説〕
　この設問は毒物又は劇物を他に委託して運搬するとき、荷送人が運送人に対して、あらかじめ交付する書面に記載事項についてである。4 が正しい。このことは施行令第 40 条の 6 第 1 項に示されている。

問 24　2
〔解説〕
　法第 12 条第 2 項第三号〔毒物又は劇物の表示〕で、→施行規則第 11 条の 5 に定められている有機燐化合物及びこれを含有する毒物又は劇物については、解毒剤として、①2－ピリジルアルドキシムメチオダイド(別名 PAM)の製剤、②硫酸アトロピンの製剤である。このことからこの設問では、2 の組み合わせの a と d が正しい。

問 25　4
〔解説〕
　この設問は法第 12 条第 2 項第四号→施行規則第 11 条の 6 第二号におけるイ〜ロに示されていることについてで、規定されていないものとあるので、4 が該当する。

問 26 〜問 29　問 26　4　　問 27　4　問 28　1　　問 29　1
〔解説〕
　法第 15 条の 2〔廃棄〕→施行令第 40 条〔廃棄の基準〕についてである。解答のとおり。

問 30　5
〔解説〕
　この設問は施行令第 40 条の 5 第 2 項第 2 号→施行規則第 13 条の 5 における毒物又は劇物を運搬する車両に掲げる標識

〔基礎化学〕
(一般・農業用品目・特定品目共通)

問 51　2
〔解説〕
　酸素原子は 2 本の共有結合と 2 つの非共有電子対を有している。

問 52　2
〔解説〕
　マグネシウムは 2 族元素であるため最外殻に 2 つの電子を有する。

問 53　5
〔解説〕
　Li、Na はアルカリ金属、Al は 13 族元素、Cu は遷移金属元素である。

問 54　1
〔解説〕
　HF は分子量は小さいが強く分極しており、分子間で水素結合を形成するため沸点が異常に高い。

問55　5
〔解説〕
　　　酸素の分子量は 32 である。PV=nRT より、P × 0.5 ＝ 0.32/32 × 8.3 × 10^3 ×（273+27)　P = 4.98 × 10^5 Pa
問56　5
〔解説〕
　　　フッ素は全元素のうちでもっとも電気陰性度が大きい。
問57〜問59　　問57　3　　問58　5　　問59　2
〔解説〕
　　　問57　解答のとおり
　　　問58　電子の数を X とする。反応式は MnO_4^- + $8H^+$ + Xe^-→ Mn^{2+} + $4H_2O$ であることから、両辺の電荷数を等しくするための式は、(1 ×-1)+(8 ×+1)+(X ×-1) = (1 ×+2)、X = 5
　　　問59　同様に左辺の電荷が 0 であるから右辺の電荷も 0 になるようにする。
問60　3
〔解説〕
　　　エステル結合は分子内に RCOOR の部分を持つものである（R は炭化水素基）。酢酸エチル $CH_3COOCH_2CH_3$
問61　5
〔解説〕
　　　一酸化炭素、二酸化炭素は直線、アンモニアは三角錐、エチレンは長方形の形をとる。
問62　1
〔解説〕
　　　アミド結合はカルボキシル基とアミノ基が脱水縮合したものである。
問63　4
〔解説〕
　　　アセチレン C_2H_2、エタノール C_2H_6O、プロペン C_3H_6、ベンゼン C_6H_6、ペンタン C_5H_{12}
問64　1
〔解説〕
　　　イオン傾向を大きい順に並べると、Li＞ K＞ Ca＞ Na＞ Mg＞ Al＞ Zn＞ Fe＞ Ni＞ Sn＞ Pb＞(H)＞ Cu＞ Hg＞ Ag＞ Pt＞ Au である。
問65　2
〔解説〕
　　　pH = -log[H^+]である。-log[1.0 × 10^{-2}] = 2
問66　4
〔解説〕
　　　10%塩化ナトリウム水溶液 180 g に含まれる溶質の重さは、180 × 10/100 =18 g、同様に 20%塩化ナトリウム水溶液 120 g に含まれる溶質の重さは、120 × 20/100 = 24 g、よってこの混合溶液の質量パーセント濃度は、(18+24)/(180+120) × 100 ＝ 14%
問67　5
〔解説〕
　　　3.0 mol/L 硫酸 300mL に含まれる硫酸のモル数は、3.0 × 300/1000 = 0.9 モル。よって必要な 12 mol/L 硫酸の体積を X mL とすると式は、0.9 = 12 × X/1000，X = 75 mL
問68　3
〔解説〕
　　　中和は、H^+のモル数=OH$^-$のモル数、となればよいので式は、1 × 10 = 0.5 × X，X = 20 mL
問69　4
〔解説〕
　　　H_2O 1 モル中には 2 モルの水素原子がある。よって、0.5 × 6.0 × 10^{23} × 2 = 6.0 × 10^{23} 個
問70　1
〔解説〕
　　　セリンは中性アミノ酸である。

問71～問74　　問71　2　　問72　1　　問73　4　　問74　3
〔解説〕
　　問71　ブラウン運動のため、コロイド粒子は不規則に動いているように観察される。問72　第一級アルコールを穏やかに酸化するとアルデヒドとなり、さらに酸化するとカルボン酸となる。問73　解答のとおり。
　　問74　第二級アルコールを酸化するとケトンになる。
問75　5
〔解説〕
　　固体が液体になる状態変化を融解。固体が期待になる状態変化を昇華という。
問76　4
〔解説〕
　　化学反応には活性化エネルギーという固有の値が存在し、そのエネルギーを超えないと反応は進行しない。そのエネルギーは一般的に熱で補うことが多く、また活性化エネルギー自体を低下させる触媒を用いることもある。触媒には溶媒に溶解する均一系の触媒と、溶解しない不均一系の触媒がある。
問77～問80　　問77　4　　問78　3　　問79　1　　問80　2
〔解説〕
　　官能基の性質で分離する。はじめ塩酸で分液すると塩基性物質であるアニリンが塩酸と反応してアニリン塩酸塩となり水層に移行する。この水層に塩基を加えることでアニリンに戻りエーテルに溶解する(問78)。塩酸で分液したときのエーテル層にはフェノール、安息香酸、トルエンがある。これに水酸化ナトリウム水溶液を加えることで酸性である安息香酸とフェノールがそれぞれナトリウム塩となって水層に移行し、エーテル層にはトルエンが残る(問77)。安息香酸とフェノールのナトリウム塩が溶解した水層に一度塩酸を加えたのち、今度は弱塩基である炭酸水素ナトリウムを加えることで、比較的強い酸である安息香酸は再度ナトリウム塩となり水層(問80)に溶解するが、フェノールは溶解せずエーテル層に溶ける(問79)。

〔毒物及び劇物の性質及び貯蔵その他取扱方法〕

(一般)

問31～問35　　問31　4　　問32　1　　問33　3　　問34　5　　問35　4
〔解説〕
　　問31　アンモニアは10％以下で劇物から除外。　　問32　ベタナフトールは1％以下は劇物から除外。　　問33　フェノールは5％以下で劇物から除外。
　　問34　メタクリル酸は25％以下で劇物から除外。　　問35　1－ビニル－2－ピロリドン10％以下は劇物から除外。
問36～問40　　問36　5　　問37　1　　問38　2　　問39　4　　問40　3
〔解説〕
　　問36　シアン化ナトリウム NaCN(別名青酸ソーダ、シアンソーダ、青化ソーダ)は毒物。白色の粉末またはタブレット状の固体。少量ならばガラスビン、多量ならばブリキ缶あるいは鉄ドラムを用い、酸類とは離して、空気の流通のよい乾燥した冷所に密封して貯蔵する。　　問37　クロロホルム $CHCl_3$ は、無色、揮発性の液体で特有の香気とわずかな甘みをもち、麻酔性がある。空気中で日光により分解し、塩素、塩化水素、ホスゲンを生じるので、少量のアルコールを安定剤として入れて冷暗所に保存。　　問38　カリウム K は、劇物。銀白色の光輝があり、ろう様の高度を持つ金属。貯蔵法は水や酸素との接触を断つため通常は石油の中に貯蔵する。　　問39　臭化メチル(ブロムメチル)　CH_3Br は本来無色無臭の気体だが、クロロホルム様の臭気をもつ。通常は気体、低沸点なのでくん蒸剤に使用。貯蔵は液化させて冷暗所。　　問40　五塩化燐 PCl_5 は毒物。淡黄色の刺激臭と不快臭のある結晶。不燃性で、潮解性がある。眼、粘膜を侵す。貯蔵法は腐食性が強いので密栓して貯蔵。
問41　5
〔解説〕
　　この設問では物質の用途に誤りはどれかとあるので5の酢酸エチルが誤り。次のとおり。酢酸タリウムは劇物。無色の結晶。用途は殺鼠剤。

問42～問44　　問42　1　　問43　3　　問44　2
〔解説〕
　　　問42　塩素酸カリウム $KClO_3$ は、無色の結晶。水に可溶、アルコールに溶けにくい。漏えいの際の措置は、飛散したもの還元剤(例えばチオ硫酸ナトリウム等)の水溶液に希硫酸を加えて酸性にし、この中に少量ずつ投入する。反応終了後、反応液を中和し多量の水で希釈して処理する還元法。　　　問43　フェンチオン(MPP)は、劇物。褐色の液体。弱いニンニク臭を有する。各種有機溶媒に溶ける。水には溶けない。廃棄法：木粉(おが屑)等に吸収させてアフターバーナー及びスクラバーを具備した焼却炉で焼却する焼却法。(スクラバーの洗浄液には水酸化ナトリウム水溶液を用いる。)　　　問44　ホスゲンは独特の青草臭のある無色の圧縮液化ガス。蒸気は空気より重い。廃棄法はアルカリ法：アルカリ水溶液(石灰乳又は水酸化ナトリウム水溶液等)中に少量ずつ滴下し、多量の水で希釈して処理するアルカリ法。

問45～問47　　問45　2　　問46　1　　問47　3
〔解説〕
　　　問45　アクロレイン $CH_2=CH\text{-}CHO$ は、劇物。無色又は帯黄色の液体。刺激臭がある。引火性である。漏えいした液の少量の場合:漏えいした液は亜硫酸水素ナトリウム(約10％)で反応させた後、多量の水を用いてて十分に希釈して洗い流す。　　　問46　ホストキシンは、特毒。燐化アルミニウムとバルミン酸アンモンを主成分とする淡黄色の錠剤。飛散した場所の周辺にはロープを張るなどして人の立ち入りを禁止する。飛散したものの表面を速やかに土砂で覆い、密閉可能な空容器に回収して密閉する。汚染された土砂等も同様な措置をし、そのあとを多量の水で洗い流す。　　　問47　ヒ素 As は、毒物。同素体のうち灰色ヒ素が安定。金属光沢があり、空気中で燃やすと青白色の炎を出して As_2O_3 を生じる。水に不溶。作業の際には必ず保護具を着用し、風下で作業をしない。飛散したものは空容器にできるだけ回収し、その後を硫酸第二鉄等の水溶液を散布し、消石灰、ソーダ灰等の水溶液を用いて処理した後、多量の水を用いて洗い流す。この場合、濃厚な廃液河川等に排出されないよう注意する。

問48～問50　　問48　1　　問49　2　　問50　3
〔解説〕
　　　問48　アニリン　$C_6H_5NH_2$ は、劇物。沸点 $184 \sim 186$ ℃の油状物。アニリンは血液毒である。かつ神経毒であるので血液に作用してメトヘモグロビンを作り、チアノーゼを起こさせる。急性中毒では、顔面、口唇、指先等にはチアノーゼが現れる。さらに脈拍、血圧は最初亢進し、後に下降して、嘔吐、下痢、腎臓炎を起こし、痙攣、意識喪失で、ついに死に至ることがある。　　　問49　トルエン $C_6H_5CH_3$ は、劇物。特有な臭い(ベンゼン様)の無色液体。水に不溶。比重1以下。可燃性。引火性。劇物。用途は爆薬原料、香料、サッカリンなどの原料、揮発性有機溶媒。中毒症状は、蒸気吸入により頭痛、食欲不振、大量で大赤血球性貧血。皮膚に触れた場合、皮膚の炎症を起こすことがある。また、目に入った場合は、直ちに多量の水で十分に洗い流す。　　　問50　二硫化炭素 CS_2 は、劇物。無色透明の麻酔性芳香をもつ液体。ただし、市場にあるものは不快な臭気がある。有毒であり、ながく吸入すると麻酔をおこす。二硫化炭素の中毒は、多くははその蒸気の吸入によって起こる。また皮膚から吸収される場合もある。二硫化炭素は神経毒である。

(農業用品目)

問31～問35　　問31　5　　問32　4　　問33　3　　問34　2　　問35　1
〔解説〕
　　　問31　アンモニアは 10％以下で劇物から除外。　　　問32　トリシクラゾールは8％以下で劇物から除外。　　　問33　カルバリルは5％以下は劇物から除外。　　　問34　イミノクタジンは2％以下は劇物から除外。　　　問35　ロテノンは2％以下は劇物から除外。

問36～問38　　問36　3　　問37　1　　問38　2　　問39　5　　問40　4
〔解説〕
　　　問36　クロルメコートは、劇物、白色結晶で魚臭、非常に吸湿性の結晶。用途は植物成長調整剤。　　　問37　アセタミプリドは、劇物。白色結晶固体。用途はネオニコチノイド系殺虫剤。　　　問38　硫酸タリウムは、劇物。白色結晶。用途は殺鼠剤。

　　問 39　ナラシンは毒物（1％以上〜 10％以下を含有する製剤は劇物。）アセトン
ー水から結晶化させたものは白色〜淡黄色。特有な臭いがある。用途は飼料添加
物。　　　問 40　塩素酸ナトリウムは、無色無臭結晶。用途は除草剤、酸化剤、抜
染剤。
問41　3
〔解説〕
　　この設問の沃化メチルについては c と d が正しい。次のとおり。ヨウ化メチル
CH₃I は、劇物。無色または淡黄色透明液体、低沸点、光により I₂ が遊離して褐色
になる（一般にヨウ素化合物は光により分解し易い）。エタノール、エーテルに任
意に混合する。水に不溶。I i y e ガス殺菌剤としてたばこの根瘤線虫、
立枯病に使用する。
問 42 〜問 44　問 42　3　問 43　2　問 44　1
〔解説〕
　　問 42　フェンチオン(MPP)は、劇物。褐色の液体。弱いニンニク臭を有する。
各種有機溶媒に溶ける。水には溶けない。廃棄法：木粉(おが屑)等に吸収させて
アフターバーナー及びスクラバーを具備した焼却炉で焼却する焼却法。（スクラバ
ーの洗浄液には水酸化ナトリウム水溶液を用いる。）　　　問 43　硫酸銅 CuSO₄ は、
水に溶解後、消石灰などのアルカリで水に難溶な水酸化銅 Cu(OH)₂ とし、沈殿ろ
過して埋立処分する沈殿法。または、還元焙焼法で金属銅 Cu として回収する還
元焙焼法。　　　　問 44　アンモニア NH₃ は無色刺激臭をもつ空気より軽い気体。水
に溶け易く、その水溶液はアルカリ性でアンモニア水。廃棄法はアルカリなので、
水で希釈後に酸で中和し、さらに水で希釈処理する中和法。
問 45 〜問 47　問 45　2　問 46　3　問 47　1
〔解説〕
　　問 45　シアン化ナトリウム NaCN(別名　青酸ソーダ)：作業の際には必ず保護
具を着用し、風下で作業をしない。飛散したものは空容器にできるだけ回収し、
砂利等に付着している場合は、砂利等を回収し、その後に水酸化ナトリウム、ソ
ーダ灰等の水溶液を散布してアルカリ性(pH11 以上)とし、更に酸化剤(次亜塩素
酸ナトリウム、さらし粉等)の水溶液で酸化処理を行い、多量の水を用いて洗い流
す。　　　問 46　ダイアジノンは、有機リン製剤。接触性殺虫剤、かすかにエステ
ル臭をもつ無色の液体、水に難溶、有機溶媒に可溶。付近の着火源となるものを
速やかに取り除く。作業の際には必ず保護具を着用し、風下で作業をしない。漏
えいした液は土砂等でその流れを止め、安全な場所に導き、空容器にできるだけ
回収し、その後消石灰等の水溶液を多量の水を用いて洗い流す。洗い流す場合に
は、中性洗剤等の分散剤を使用する。　　　問 47　塩素酸ナトリウムが漏えいした
場合、飛散したものは速やかに掃き集めて空容器にできるだけ回収し、そのあと
は多量の水を用いて洗い流す。
問 48 〜問 50　問 48　2　問 49　3　問 50　1
〔解説〕
　　問 48　モノフルオール酢酸ナトリウムは有機フッ素系である。有機フッ素化合
物の中毒：TCA サイクルを阻害し、呼吸中枢障害、激しい嘔吐、てんかん様痙
攣、チアノーゼ、不整脈など。治療薬はアセトアミド。　　　問 49　クロルピク
リンは、無色〜淡黄色液体で催涙性、粘膜刺激臭を持つことから、気管支を刺
激してせきや鼻汁が出る。多量に吸入すると、胃腸炎、肺炎、尿に血が混じる。
悪心、呼吸困難、肺水腫を起こす。手当は酸素吸入をし、強心剤、興奮剤を与
える。　　　問 50　ニコチンは猛烈な神経毒をもち、急性中毒ではよだれ、吐気、
悪心、嘔吐、ついで脈拍緩徐不整、発汗、瞳孔縮小、呼吸困難、痙攣が起きる。

（特定品目）
問 31 〜問 35　問 31　4　問 32　1　問 33　4　問 34　6　問 35　3
〔解説〕
　　問 31　アンモニアは 10％以下で劇物から除外。　　　問 32　ホルムアルデヒド
は 1％以下で劇物から除外。　　　問 33　硝酸は 10％以下で劇物から除外。
　　問 34　四塩化炭素は除外される濃度がないので劇物に該当。　　　問 35　過酸化
水素は 6％以下で劇物から除外。

問 36 〜問 38　　問 36　2　　問 37　5　　問 38　4
〔解説〕
　　問 36　メチルエチルケトンは、劇物。アセトン様の臭いのある無色液体。用途は接着剤、印刷用インキ、合成樹脂原料、ラッカー用溶剤。　　問 37　硅弗化ナトリウムは無色の結晶。用途は釉薬、試薬。　　問 38　トルエンは、劇物。特有な臭い(ベンゼン様)の無色液体。用途は爆薬原料、香料、サッカリンなどの原料、揮発性有機溶媒。
問 39　4
〔解説〕
　　この設問のクロロホルムは、イとエが正しい。次のとおり。クロロホルム $CHCl_3$ (別名トリクロロメタン)は劇物。無色の独特の甘味のある香気を持ち、水にはほとんど溶けず、有機溶媒によく溶ける。比重は 15 度で 1.498。火災の高温面や炎に触れると有毒なホスゲン、塩化水素、塩素を発生することがある。硫黄、燐を溶解する。クロロホルムは含ハロゲン有機化合物なので廃棄方法はアフターバーナーとスクラバーを具備した焼却炉で焼却する燃焼法。
問 40 〜問 41　　問 40　1　　問 41　3
〔解説〕
　　問 40　四塩化炭素(テトラクロロメタン) CCl_4 は、特有な臭気をもつ不燃性、揮発性無色液体、水に溶けにくく有機溶媒には溶けやすい。強熱によりホスゲンを発生。亜鉛またはスズメッキした鋼鉄製容器で保管、高温に接しないような場所で保管。　　問 41　過酸化水素 H_2O_2 は、安定剤として酸を加える。少量なら褐色ガラス瓶(光を遮るため)、多量ならば現在はポリエチレン瓶を使用し、3 分の 1 の空間を保ち、日光を避けて冷暗所保存。
問 42 〜問 44　　問 42　1　　問 43　3　　問 44　2
〔解説〕
　　問 42　過酸化水素 H_2O_2 は、無色無臭で粘性の少し高い液体。廃棄方法は、多量の水で希釈して処理する希釈法。　　問 43　硅弗化ナトリウムは劇物。無色の結晶。廃棄法は水に溶かし、消石灰等の水溶液を加えて処理した後、希硫酸を加えて中和し、沈殿濾過して埋立処分する分解沈殿法。　　問 44　メチルエチルケトン $CH_3COC_2H_5$ は、アセトン様の臭いのある無色液体。引火性。有機溶媒。廃棄方法は、C, H, O のみからなる有機物なので燃焼法。
問 45 〜問 47　　問 45　2　　問 46　3　　問 47　1
〔解説〕
　　問 45　トルエンが少量漏えいした液は、土砂等に吸着させて空容器に回収する。多量に漏えいした液は、土砂等でその流れを止め、安全な場所に導き、液の表面を泡で覆いできるだけ空容器に回収する。　　問 46　重クロム酸ナトリウムは、やや潮解性の赤橙色結晶。飛散したものは空容器にできるだけ回収し、そのあとを還元剤(硫酸第一鉄等)の水溶液を散布し、消石灰、ソーダ灰等の水溶液で処理したのち、多量の水を用いて洗い流す。　　問 47　液化塩素は、塩素を液化したもの。塩素は黄緑色の刺激臭の空気より重い気体で、酸化力があるので酸化剤、漂白剤、殺菌剤消毒剤として使用される。漏えいまたは飛散した場合は、液化したものに消石灰を散布し(さらし粉になる)、ムシロ、シート等を被せさらに上から消石灰を散布して吸収。皮膚に触れたばあいは、直ちに付着又は接触部を多量の水で十分に洗い流す。汚染された衣服やくつは速やかに脱がせる。速やかに医師の手当を受ける。
問 48 〜問 50　　問 48　3　　問 49　2　　問 50　1
〔解説〕
　　解答のとおり。

〔実地試験〕

(一般)
問 81 〜問 85　　問 81　4　　問 82　3　　問 83　3　　問 84　5　　問 85　1
〔解説〕
　　問 81　臭化エチル C_2H_5Br は、劇物。無色透明。引火性のある揮発性液体。エーテル様の臭気をもつ。光および空気により黄色となる。　　問 82　モノフルオール酢酸ナトリウム FCH_2COONa は特毒。有機弗素化合物。重い白色粉末、吸湿性、冷水に易溶、有機溶媒には溶けない。水、メタノールやエタノールに可溶。からい味と酢酸のにおいを有する。野ネズミの駆除に使用。特毒。

問 83　DDVP(別名ジクロルボス)は有機リン製剤で接触性殺虫剤。刺激性で微臭のある比較的揮発性の無色油状液体、水に溶けにくく、有機溶媒に易溶。水中では徐々に分解。　問 84　ヒドラジンは、毒物。無色の油状の液体で空気中で発煙する。燃やすと紫色の焔を上げる。アンモニ様の強い臭気をもつ。用途は、ロケット燃料、農薬等の原料。　問 85　四塩化炭素(テトラクロロメタン)CCl_4(別名四塩化メタン)は、特有な臭気をもつ不燃性、揮発性無色液体、水に溶けにくく有機溶媒には溶けやすい。比重は 1.63。強熱によりホスゲンを発生。

問 86 〜問 90　問 86　5　問 87　2　問 88　4　問 89　3　問 90　1
〔解説〕
　問 86　ピクリン酸は、淡黄色の針状結晶で、温飽和水溶液にシアン化カリウム水溶液を加えると、暗赤色を呈する。　問 87　ベタナフトール $C_{10}H_7OH$ は、無色〜白色の結晶、石炭臭、水に溶けにくく、熱湯に可溶。水溶液にアンモニア水を加えると紫色の蛍石彩をはなつ。　問 88　ホルマリンはホルムアルデヒド HCHO の水溶液。フクシン亜硫酸はアルデヒドと反応して赤紫色になる。アンモニア水を加えて、硝酸銀溶液を加えると、徐々に金属銀を析出する。またフェーリング溶液とともに熱すると、赤色の沈殿を生ずる。　問 89　ニコチンは、毒物。アルカロイドであり、純品は無色、無臭の油状液体であるが、空気中では速やかに褐変する。このエーテル溶液に、ヨードのエーテル溶液を加えると、褐色の液状沈殿を生じ、これを放置すると赤色の針状結晶となる。　問 90　AlP の確認方法：湿気により発生するホスフィン PH3 により硝酸銀中の銀イオンが還元され銀になる($Ag + \rightarrow Ag$)ため黒変する。

（農業用品目）
問 81 〜問 85　問 81　1　問 82　2　問 83　4　問 84　3　問 85　1
〔解説〕
　問 81　パラコートは、毒物。白色結晶で、水、メタノール、アセトンに溶ける。水に非常に溶けやすい。強アルカリ性で分解する。用途は、除草剤。
　問 82　燐化亜鉛 Zn_3P_2 は、灰褐色の結晶又は粉末。かすかにリンの臭気がある。水アルコールに溶けない。ベンゼン、二硫化炭素に溶ける。酸と反応して有毒なホスフィン PH3 を発生。用途は、殺鼠剤、倉庫内燻蒸剤。　問 83　オキサミルは、毒物。白色針状結晶。かすかな硫黄臭がある。アセトン、メタノール、酢酸エチル、水に溶けやすい。用途はカーバメイト系殺虫、殺線剤。　問 84　一般の問 83 を参照。　問 85　塩素酸ナトリウム $NaClO_3$ は、無色無臭結晶、酸化剤、水に易溶。有機物や還元剤との混合物は加熱、摩擦、衝撃などにより爆発することがある。用途は除草剤、酸化剤、抜染剤。

問 86 〜問 90　問 86　5　問 87　2　問 88　4　問 89　3　問 90　1
〔解説〕
　解答のとおり。

（特定品目）
問 81 〜問 85　問 81　3　問 82　1　問 83　4　問 84　1　問 85　5
〔解説〕
　問 81　メタノール CH_3OH は、劇物。無色透明の液体で。動揺しやすい揮発性の液体で、水、エタノール、エーテル、クロロホルム、脂肪、揮発油とよく混ぜる。　問 82　塩素 Cl_2 は劇物。常温では、窒息性臭気をもち黄緑色気体である。冷却すると黄色溶液を経て黄白色固体となる。　問 83　クロム酸カルシウムは劇物。淡赤黄色の粉末。水に溶けやすい。アルカリに可溶。　問 84　四塩化炭素(テトラクロロメタン)CCl_4(別名四塩化メタン)は、特有な臭気をもつ不燃性、揮発性無色液体、水に溶けにくく有機溶媒には溶けやすい。　問 85　メチルエチルケトン $CH_3COC_2H_5$ は、劇物。アセトン様の臭いのある無色液体。引火性。有機溶媒、水に溶ける。
問 86 〜問 90　問 86　4　問 87　1　問 88　5　問 89　2　問 90　3
〔解説〕
　解答のとおり。

山梨県
令和3年度実施

〔法　規〕
（一般・農業用品目・特定品目共通）

問題1　1
〔解説〕
　　解答のとおり。

問題2　5
〔解説〕
　　この設問では毒物はどれかとあるので、エの黄燐とオの水銀が毒物。毒物は法第2条第1項→法別表第一に示されている。

問題3　4
〔解説〕
　　この設問のア〜ウは法第4条第3項における登録の更新のことで、毒物又は劇物製造業及び輸入業は、5年ごとに、販売業の登録の更新は、6年ごとに更新を受けなければならないである。このことからイとウが正しい。また、特定毒物研究者については登録制ではなく、許可制である。これについては法第6条の2〔特定毒物研究者の許可〕に示されている。このことからエの設問は誤り。

問題4　2
〔解説〕
　　この設問の法第17条第1項〔事故の際の措置〕のこと。解答のとおり。

問題5　3
〔解説〕
　　法第14条第1項における毒物劇物営業者が他の毒物劇物営業者に毒物又は劇物を販売し、授与したときに、その都度、書面に記載する事項とは、①毒物又は劇物の名称及び数量、②販売又は授与の年月日、③譲受人の氏名、職業及び住所(法人にあっては、その名称及び主たる事務所の所在地)。

問題6　3
〔解説〕
　　この設問における法第12条〔毒物又は劇物の表示〕についてで、イのみが誤り。イについては、赤地に白色ではなく、白地に赤色をもって「劇物」の文字を表示しなければならないである。因みに、アとイは法第12条第1項、ウは法第12条第2項第三号、エは法第12条第3項に各々示されている。

問題7　3
〔解説〕
　　この設問は業務上取扱者の届出事業者のことで、エのみがが誤り。エについては、無機シアン化合物ではなく、しろありの防除を行う事業である。業務上取扱者の届出を要する事業者とは、次のとおり。業務上取扱者の届出を要する事業者とは、①シアン化ナトリウム又は無機シアン化合物たる毒物及びこれを含有する製剤→電気めっきを行う事業、②シアン化ナトリウム又は無機シアン化合物たる毒物及びこれを含有する製剤→金属熱処理を行う事業、③最大積載量 5,000kg 以上の運送の事業、④しろありの防除を行う事業である。

問題8　3
〔解説〕
　　この設問は法第13条の2→施行令第39条の2→施行令別表第一における劇物たる家庭用薬品についてで、アとウが正しい。因みに、イは該当しない。ウは倉庫専用防虫剤ではなく、衣料用の防虫剤である。

問題9　5
〔解説〕
　　この設問は、法第3条の3→施行令第32条の2による品目→①トルエン、②酢酸エチル、トルエン又はメタノールを含有する接着剤、塗料及び閉そく用またはシーリングの充てん料は、みだりに摂取、若しくは吸入し、又はこれらの目的で所持してはならい。5のトルエンが該当する。なお、1の酢酸エチルは単独で該当しないが、「酢酸エチル及びメタノールを含有する‥」この様な場合はこの法第3条の3が適用される。

問題10　2
〔解説〕
　　この設問は特定毒物に該当しないものとあるので、2の砒素は特定毒物ではなく、毒物である。なお、特定毒物は法第2条第3項→法別表第三に示されている。
問題11　4
〔解説〕
　　この設問は毒物又は劇物の廃棄のことで、法第15条の2〔廃棄〕→施行令第40条〔廃棄の方法〕のこと。解答のとおり。
問題12　1
〔解説〕
　　この設問は法第8条〔毒物劇物取扱責任者の資格〕についてで、アとウが正しい。アは法第8条第1項第一号に示されている。ウは法第8条第2項第一号に示されている。なお、イは法第8条第1項第二号のことで、厚生労働省令で定める学校で、応用化学に関する学課を修了した者である。エは法第8条第2項第四号についてで、この設問にある窃盗の罪を犯しではなく、毒物若しくは劇物又は薬事に関する罪である。
問題13　5
〔解説〕
　　この設問では誤っているものはどれかとあるので、ウとオが誤り。ウは施行令第8条〔加鉛ガソリンの着色〕→法第7条→施行規則第12条の6〔航空ピストン発動機用ガソリン等の着色〕は、赤色、青色、緑色又は紫色と示されている。オは法第3条の2第9項→施行令第12条で深紅色に着色と示されている。よって誤り。なお、アは施行令第2条に示されている。イは施行令第23条に示されている。エは施行令第17条に示されている。
問題14　3
〔解説〕
　　この設問の法第7条は毒物劇物取扱責任者のこと。解答のとおり。
問題15　2
〔解説〕
　　この設問は法第5条〔登録基準〕→施行規則第4条の4第2項における販売業の店舗の設備基準についてで定められていないものとあるので、2が該当する。この2については製造所の設備基準においては該当する。

〔基礎化学〕
（一般・農業用品目・特定品目共通）

問題16　4
〔解説〕
　　1の構造はジエチルエーテル、2はアニリン、3はアセトアルデヒド、5は酢酸である。
問題17～19　　問題17　5　　　問題18　3　　　　問題19　1
〔解説〕
　　解答のとおり
問題20　4
〔解説〕
　　生成する水分子の水素源はすべてブタノール C_4H_9OH 由来であるため、イには5が入ることが分かる。
問題21　2
〔解説〕
　　0.01 mol/L HCl の $[H^+]$ は 1.0×10^{-2}　である。
問題22　2
〔解説〕
　　45%ぶどう糖水溶液20 g に含まれる溶質の重さは、$20 \times 0.45 = 9.0$ g。同様に25%ぶどう糖水溶液30 g に含まれる溶質の重さは $30 \times 0.25 = 7.5$ g。よってこの混合溶液の濃度は $(9.0 + 7.5)/(20 + 30) \times 100 = 33\%$
問題23　
〔解説〕
　　水に溶かしてアルカリ性を示す塩は、強塩基弱酸からなる塩である。塩化アンモニウムは弱酸性、硫酸ナトリウムおよび塩化ナトリウムは中性である。

問題24　5
〔解説〕
　　フェノールはベンゼン環に-OH が付いた化合物である。
問題25　4
〔解説〕
　　原子は負電荷を有する電子と、正電荷をもつ原子核からなる。原子核はさらに
正電荷の陽子と、電荷のない中性子からなる。原子核が原子の重さのほとんどを
占めているため、陽子の数＋中性子の数＝質量数となる。また原子において、陽
子の数と電子の数はともに等しく、原子番号と同一となる。
問題26　1
〔解説〕
　　エタノールの分子量は 46 である。よって 4.6 g のエタノールは 0.1 mol である。
化学反応式より、エタノール 1 mol が完全燃焼すると 2 mol の二酸化炭素が生じ
ることから、0.1 mol のエタノールが燃焼して生じる二酸化炭素は 0.2 mol である。
1 mol の気体は 22.4 L であるから、0.2 mol の二酸化炭素は 4.48 L となる。
問題27　4
〔解説〕
　　式は PV ＝ nRT より、$(9.96 \times 10^4 - 3.6 \times 10^3) \times 1.66 ＝ n \times 8.31 \times 10^3 \times$
(273+27)、n ＝ 0.06392　となる。
問題28　1
〔解説〕
　　C_4H_{10} の構造異性体は $CH_3CH_2CH_2CH_3$:ブタンと $CH_3CH(CH_3)_2$: 2-メチルプロパン
の 2 種である。C_5H_{12} の構造異性体は $CH_3CH_2CH_2CH_2CH_3$: ペンタンと、
$CH_3CH_2CH(CH_3)_2$: 2-メチルブタンと、$CH_3C(CH_3)_3$: 2,2-ジメチルプロパンの3種
である。
問題29　4
〔解説〕
　　圧力を下げると総モル数が増加する方向（左）に平衡が移動する。H_2 を加える
と H_2 を減らす方向（右）に平衡が移動する。温度を上げると温度を下げる方向（左）
に平衡が移動する。NH_3 を加えると NH_3 を減らす方向（左）に平衡が移動する。N_2
を加えると N_2 を減らす方向（右）に平衡が移動する。
問題30　3
〔解説〕
　　アは 0 ℃なので融点（この場合は 0 ℃以下から加温が開始されているので融点
となる、逆に冷却していく場合だと凝固点となる）、イは固体が液体になる状態変
化であるので融解、ウは 100 ℃であるので沸点、エは気体と液体の水が共存して
いる状態であるので沸騰（あるいは蒸発）という。

〔毒物及び劇物の性質及び貯蔵その他取扱方法〕
（一般）
問題31　5
〔解説〕
　　この設問のホルマリンについて誤っているものはどれかとあるので、5 が誤り。
次のとおり。ホルマリンは、ホルムアルデヒド HCHO を水に溶かしたもの。無色
あるいは無色透明の液体で、刺激性の臭気をもち、寒冷にあえば混濁すること
がある。空気中の酸素によって一部酸化されて蟻酸を生じる。低温で混濁すること
があるので、常温で貯蔵する。一般に重合を防ぐため 10 ％程度のメタノールが添
加してある。
問題32　2
〔解説〕
　　この設問のアジ化ナトリウムについて誤っているものはどれかとあるので、2
が誤り。次のとおり。アジ化ナトリウム NaN_3 は、毒物、無色板状結晶、水に溶
けアルコールに溶け難い。エーテルに不溶。用途は試薬、医療検体の防腐剤、エ
アバッグのガス発生剤、除草剤としても用いられる。徐々に加熱すると分解し、
窒素とナトリウムを発生。経口摂取した場合は、胃酸によりアジ化水素 HN_3 を発
生し、治療に当たった医師などに二次中毒か発生する恐れがある。

問題 33 〜問題 35　問題 33　4　　　問題 34　5　　　問題 35　3
〔解説〕
　　問題 33　　アクリルニトリル $CH_2=CHCN$ は、僅かに刺激臭のある無色透明な液体。引火性。引火点が低く、火災、爆発の危険性が高いので、火花を生ずるような器具や、強酸とも安全な距離を保つ必要がある。直接空気にふれないよう窒素等の不活性ガスの中に貯蔵する。　　問題 34　　シアン化カリウム KCN は、白色、潮解性の粉末または粒状物、空気中では炭酸ガスと湿気を吸って分解する（HCN を発生）。また、酸と反応して猛毒の HCN（アーモンド様の臭い）を発生する。本品は猛毒性である。貯蔵法は、密封して、乾燥した場所に強力な酸化剤、酸、食品や飼料、二酸化炭素、水や水を含む生成物から離して貯蔵する。
　　問題 35　　ベタナフトール $C_{10}H_7OH$ は、劇物。無色〜白色の結晶、石炭酸臭、水に溶けにくく、熱湯に可溶。有機溶媒に易溶。遮光保存（フェノール性水酸基をもつ化合物は一般に空気酸化や光に弱い）。

問題 36 〜問題 37　問題 36　3　　　問題 37　2
〔解説〕
　　問題 36　　メタクリル酸は 25％以下で劇物から除外。　　　問題 37　　蓚酸は 10 ％以下で劇物から除外。

問題 38 〜問題 40　問題 38　1　　　問題 39　3　　　問題 40　5
〔解説〕
　　問題 38　　塩化カドミウムは劇物。無水物のほか 2.5 水和物が一般に流通している。無水物は吸湿性の結晶。水溶性でアセトンにも溶ける。水和物は風解性の顆粒または結晶。水に易溶。吸入した場合は、カドミウム中毒を起こすことがある。眼に入った場合は粘膜を激しく刺激する。処置としはエデト酸カルシウムナトリウムを用いる。　　問題 39　　三酸化二砒素（別名三酸化砒素）は毒物。無色結晶性の物質。200 ℃に熱すると、溶解せずに、昇華する。水わずかに溶けて亜砒酸を生ずるが、苛性アルカリには容易に溶けて、亜砒酸のアルカリ塩を生ずる。用途は医薬用、工業用、砒酸塩の原料。殺虫剤、殺鼠剤、除草剤などに用いられる。吸入した場合、鼻、のど、気管支等の粘膜を刺激し、頭痛、めまい、悪心、チアノーゼを起こす。甚だしい場合には血色素尿を排泄し、肺水腫をお越し、呼吸困難になる。治療薬はジメルカプロール（BAL）　　問題 40　　DDVP は有機リン製剤で接触性殺虫剤。無色油状、水に溶けにくく、有機溶媒に易溶。水中では徐々に分解。生体内のコリンエステラーゼ活性を阻害し、アセチルコリン分解能が低下することにより、蓄積されたアセチルコリンがコリン作動性の神経系を刺激して中毒症状が現れる。治療薬は２−ピリジルアルドキシムメチオダイド（PAM）

問題 41　3
〔解説〕
　　この設問では発火性及び爆発性のある劇物は、アのナトリウムとエのピクリン酸が該当する。次のとおり。ナトリウム Na は、銀白色の光輝をもつ金属である。常温ではロウのような硬度を持っており、空気中では容易に酸化される。冷水中に入れると浮かび上がり、すぐに爆発的に発火する。ピクリン酸は、劇物。無色ないし淡黄色の光沢のある結晶。水には溶けにくいが、エーテル、ベンゼン等には溶ける。発火点は 320 度。徐々に熱すると昇華するが、急熱あるいは衝撃により爆発する。

問題 42 〜問題 45　問題 42　2　　　問題 43　4　　　問題 44　1　　　問題 45　3
〔解説〕
　　問題 42　　亜硝酸メチルは劇物。リンゴ臭のある気体。用途はロケット燃料等。
　　問題 43　　燐化亜鉛は劇物。灰褐色の結晶又は粉末。用途は殺鼠剤。　　問題 44　　亜塩素酸ナトリアム（別名亜塩素酸ソーダは劇物。白色の粉末。用途は木材、繊維、食品等の漂白にもちいられる。　　　問題 45　　アバメクチンは、毒物。1.8 ％以下は劇物。類白色結晶粉末。用途は農薬・マクロライド系殺虫剤（殺虫・殺ダニ剤）

山梨県

（農業用品目）

問題31～問題33　問題31　3　　　問題32　4　　　問題33　5

〔解説〕
　　　問題31　1.8％以下は劇物。　　　　問題32　イソフェンホスは5％を超えて含有する製剤は毒物。ただし、5％以下は毒物から除外。イソフェンホスは5％以下は劇物。　　　問題33　ナラシン10％以下を含有する製剤は劇物。ただし、1％以下を含有し、かつ飛散を防止するための加工を防止したものは劇物から除外。また、10％を超えて含有する製剤は毒物。

問題34～問題38　問題34　4　　　問題35　1　　　問題36　3　　　問題37　5
　　　　　　　　　問題38　2

〔解説〕
　　　問題34　カルタップは、劇物。2％以下は劇物から除外。無色の結晶。水、メタノールに溶ける。用途は農薬の殺虫剤(ネライストキシン系殺虫剤)。
　　　問題35　アラニカルブは、劇物。白色結晶。水にきわめて溶けにくい。用途はたばこのタバコアオムシ、ヨトムシ等の害虫を防除する農薬(カーバメイト系殺虫剤)。　　　問題36　テフルトリンは毒物(0.5％以下を含有する製剤は劇物。淡褐色固体。用途は野菜等のピレスロイド系殺虫剤。　　　問題37　フェンチオンMPPは、劇物(2％以下除外)、有機リン剤、淡褐色のニンニク臭をもつ液体。用途は稲のニカメイチュウ、ツマグロヨコバイなどの殺虫に用いる(有機リン系殺虫剤)。
　　　問題38　トリシクラゾールは、劇物、無色無臭の結晶。用途は、農業用殺菌剤(イモチ病に用いる。)(メラニン生合成阻害殺菌剤)。

問題39～問題42　問題39　4　　　問題40　3　　　問題41　2　　　問題42　1

〔解説〕
　　　問題39　カズサホスは、10％を超えて含有する製剤は毒物、10％以下を含有する製剤は劇物。有機リン製剤、硫黄臭のある淡黄色の液体。水に溶けにくい。有機溶媒に溶けやすい。比重1.05(20℃)、沸点149℃。用途は殺虫剤。
　　　問題40　燐化亜鉛 Zn_3P_2 は、灰褐色の結晶又は粉末。かすかにリンの臭気がある。水、アルコールには溶けないが、ベンゼン、二硫化炭素に溶ける。酸と反応して有毒なホスフィン PH_3 を発生。劇物、1％以下で、黒色に着色され、トウガラシエキスを用いて著しくからく着味されているものは除かれる。用途は殺鼠剤。
　　　問題41　エチレンクロルヒドリン CH_2ClCH_2OH(別名グリコールクロルヒドリン)は劇物。無色液体で芳香がある。水、アルコールに溶ける。蒸気は空気より重い。用途は有機合成中間体、溶剤等。　　　問題42　ホサロンは劇物。白色結晶。ネギ様の臭気がある。水に不溶。メタノール、アセトン、クロロホルム等に溶ける。用途はアブラムシ、ハダニ等の害虫駆除。

問題43～問題45　問題43　2　　　問題44　3　　　問題45　4

〔解説〕
　　　問題43　ニコチンは猛烈な神経毒をもち、急性中毒ではよだれ、吐気、悪心、嘔吐、ついで脈拍緩徐不整、発汗、瞳孔縮小、呼吸困難、痙攣が起きる。　　　問題44　無機銅塩類(硫酸銅等。ただし、雷銅を除く)の毒性は、亜鉛塩類と非常によく似ており、同じような中毒症状をおこす。　　　問題45　ダイアジノンは有機リン系化合物であり、有機リン製剤の中毒はコリンエステラーゼを阻害し、頭痛、めまい、嘔吐、言語障害、意識混濁、縮瞳、痙攣など。

（特定品目）

問題31　5

〔解説〕
　　　この設問のクロロホルムについて誤っているものはどれかとあるので、5が誤り。次のとおり。クロロホルム $CHCl_3$(別名トリクロロメタン)は劇物。無色、揮発性の液体で特有の香気とわずかな甘みをもち、麻酔性がある。蒸気は空気より重い。沸点61～62℃、比重1.484、不燃性で水にはほとんど溶けない。空気に触れ、同時に日光の作用を受けると分解する。

問題32　4

〔解説〕
　　　この設問の四塩化炭素について誤っているものはどれかとあるので、4が誤り。次のとおり。四塩化炭素(テトラクロロメタン)CCl_4(別名四塩化メタン)は、揮発性、麻酔性の芳香を有する、無色の重い液体である。水には溶けにくいが、アルコール、エーテル、クロロホルムにはよく溶け、不燃性である。

問題 33 ～問題 34　問題 33　1　　　問題 34　3
〔解説〕
　　解答のとおり。
問題 35 ～問題 37　問題 35　2　　　問題 36　4　　　問題 37　3
〔解説〕
　　　問題 35　水酸化ナトリウムは 5 ％以下で劇物から除外。　　　問題 36　硝酸は
10 ％以下で劇物から除外。　　　問題 37　過酸化水素は 6 ％以下で劇物から除外。
問題 38 ～問題 40　問題 38　5　　　問題 39　4　　　問題 40　2
〔解説〕
　　解答のとおり。
問題 41　2
〔解説〕
　　この設問では、常温、常圧で液体のものはどれかとあるので、アのメチルエチ
ルケトンとウの酢酸エチルが該当する。次のとおり。メチルエチルケトンは劇物。
アセトン様の臭いのある無色液体。蒸気は空気より重い。引火性。酢酸エチルは、
無色で果実臭のある可燃性の液体。因みに、硅弗化ナトリウムは劇物。無色の結
晶。水酸化カリウムは、空気中の二酸化炭素と水を吸収する潮解性の白色固体で
ある。
問題 42 ～問題 45　問題 42　3　　　問題 43　4　　　問題 44　1　　　問題 45　2
〔解説〕
　　解答のとおり。

〔実　地〕

（一般）

問題 46 ～問題 50　問題 46　3　　　問題 47　2　　　問題 48　5　　　問題 49　1
　　　　　　　　　問題 50　4
〔解説〕
　　　問題 46　ベタナフトール $C_{10}H_7OH$ は、劇物。無色の光沢のある小葉状結晶ある
いは白色の結晶性粉末。廃棄法は焼却炉でそのまま焼却する。または、可燃性溶
剤と共に焼却炉の火室へ噴霧して焼却する燃焼法。　　　問題 47　過酸化水素は多
量の水で希釈して処理する希釈法。　　　問題 48　フッ化水素の廃棄方法は、沈殿
法：多量の消石灰水溶液中に吹き込んで吸収させ、中和し、沈殿濾過して埋立処
分する。　　　問題 49　塩化カドミウムは劇物。無水物のほかに 2.5 水和物が流通。
無水物は吸湿性の結晶。水和物は風解性の顆粒又は結晶。水に易溶。廃棄法：沈
殿隔離法、焙燃法（多量の場合には還元焙焼法により金属カドミウムを回収す
る。）。　　　問題 50　エチレンオキシドは、劇物。無色のガス。水、ア
ルコール、エーテルに可溶。可燃性ガス、反応性に富む。廃棄法：多量の水に少
量ずつガスを吹き込み溶解し希釈した後、少量の硫酸を加えエチレングリコール
に変え、アリカリ水で中和し、活性汚泥で処理する活性汚泥法。
問題 51 ～問題 55　問題 51　5　　　問題 52　1　　　問題 53　2　　　問題 54　4
　　　　　　　　　問題 55　3
〔解説〕
　　　問題 51　一酸化鉛 PbO は、重い粉末で、黄色から赤色までの間の種々のものが
ある。希硝酸に溶かすと、無色の液となり、これに硫化水素を通じると、黒色の
沈殿を生じる。　　　問題 52　塩酸は塩化水素 HCl の水溶液。無色透明の液体 25
％以上のものは、湿った空気中で著しく発煙し、刺激臭がある。塩酸は種々の金
属を溶解し、水素を発生する。硝酸銀溶液を加えると、塩化銀の白い沈殿を生じ
る。　　　問題 53　沃素（別名ヨード、ヨジウム）(I_2) は劇物。黒灰色、金属様の光
沢ある稜板状結晶。常温でも多少不快な臭気をもつ蒸気をはなって揮散する。水
には黄褐色を呈して、ごくわずかに溶ける。澱粉にあうと藍色（ヨード澱粉）を呈
し、これを熱すると退色する。　　　問題 54　弗化水素酸（HF・aq）は毒物。弗化水
素の水溶液で無色またはわずかに着色した透明の液体。特有の刺激臭がある。不
燃性。濃厚なものは空気中で白煙を生ずる。ガラスを腐食する作用がある。ろう
を塗ったガラス板に針で任意の模様を描いたものに、この薬物を塗るとろうをか
ぶらない模様の部分は腐食される。　　　問題 55　クロルピクリン CCl_3 の水溶液
に金属カルシウムを加え、これにベタナフチルアミン及び硫酸を加えると、赤色
の沈殿を生じる。

問題 56～問題 59　問題 56　2　　　問題 57　1　　　問題 58　4　　　問題 59　3
〔解説〕
　　　解答のとおり。
問題 60　4
〔解説〕
　　　この設問は砒素についてで、ウとエが正しい。　　砒素 As は、毒物。砒素は種々の形で存在するねが、結晶のものが最も安定で、灰色、金属光沢を有し、もろく粉砕できる。無定形のものは、黄色、黒色、褐色の三種が存在する。水に不溶。酸化剤と混合すると発火することがあるので注意する。　Pb との合金は球形と成り易いので散弾の製造に用いられ、冶金、化学工業用としても用いられる。

（農業用品目）
問題 46　4
〔解説〕
　　　農業用品目販売業者の登録が受けた者が販売できる品目については、法第四条の三第一項→施行規則第四条の二→施行規則別表第一に掲げられている品目である。解答のとおり。
問題 47～問題 54　問題 47　4　　　問題 48　3　　　問題 49　1　　　問題 50　5
　　　　　　　　　　問題 51　2　　　問題 52　1　　　問題 53　3　　　問題 54　4
〔解説〕
　　　解答のとおり。
問題 55～問題 57　問題 55　3　　　問題 56　3　　　問題 57　5
〔解説〕
　　　解答のとおり。
問題 58～問題 60　問題 58　4　　　問題 59　3　　　問題 60　2
〔解説〕
　　　問題 58　EPN は毒物。芳香臭のある淡黄色油状または白色結晶で、水には溶けにくい。一般の有機溶媒には溶けやすい。TEPP 及びパラチオンと同じ有機燐化合物である。可燃性溶剤とともにアフターバーナー及びスクラバーを具備した焼却炉の火室へ噴霧し、焼却する燃焼法。用途は遅効性の殺虫剤として使用される。
　　　問題 59　パラコートは、毒物で、ジピリジル誘導体で無色結晶性粉末、水によく溶け低級アルコールに僅かに溶ける。アルカリ性では不安定。金属に腐食する。不揮発性。用途は除草剤。廃棄方法は①燃焼法では、おが屑等に吸収させてアフターバーナー及びスクラバーを具備した焼却炉で焼却する。②検定法。
　　　問題 60　塩素酸ナトリウム NaClO₃ は、無色無臭結晶、酸化剤、水に易溶。有機物や還元剤との混合物は加熱、摩擦、衝撃などにより爆発することがある。用途は除草剤、酸化剤、抜染剤。廃棄方法は、過剰の還元剤の水溶液を希硫酸酸性にした後に、少量ずつ加え還元し、反応液を中和後、大量の水で希釈処理する還元法。

（特定品目）
問題 46～問題 49　問題 46　1　　　問題 47　4　　　問題 48　3　　　問題 49　5
〔解説〕
　　　問題 46　ホルムアルデヒド HCHO は還元性なので、廃棄はアルカリ性下で酸化剤で酸化した後、水で希釈処理する酸化法。　　問題 47　キシレンは、C、Hのみからなる炭化水素で揮発性なので珪藻土に吸着後、焼却炉で焼却(燃焼法)。　　問題 48　四塩化炭素 CCl₄ は有機ハロゲン化物で難燃性のため、可燃性溶剤や重油とともにアフターバーナーを具備した焼却炉で燃焼させる燃焼法。さらに、燃焼時に塩化水素 HCl、ホスゲン、塩素などが発生するのでそれらを除去するためにスクラバーも具備する必要がある。　　問題 49　水酸化ナトリウムは塩基性であるので酸で中和してから希釈して廃棄する中和法。
問題 50～問題 53　問題 50　3　　　問題 51　2　　　問題 52　5　　　問題 53　1
〔解説〕
　　　解答のとおり。
問題 54～問題 57　問題 54　2　　　問題 55　1　　　問題 56　4　　　問題 57　3
〔解説〕
　　　解答のとおり。

問題 58 〜問題 59　問題 58　　1　　　問題 59　　4
〔解説〕
　　　重クロム酸カリウム K₂Cr₂O₄ は、劇物。橙赤色の柱状結晶。水に溶けやすい。
　アルコールには溶けない。強力な酸化剤。用途は試薬、製革用、顔料原料などに
　使用される。
問題 60　　1
〔解説〕
　　　この設問では、酸化水銀について誤っているものはどれかとあるので、1 が誤
　り。1 については施行規則別表第二により、酸化水銀 5 ％以下を含有する製剤に
　ついては、特定品目販売業者として販売できる。酸化水銀（Ⅱ）HgO は、別名酸化
　第二水銀、鮮赤色ないし橙赤色の無臭の結晶性粉末のものと橙黄色ないし黄色の
　無臭の粉末とがある。水にほとんど溶けず、希塩酸、硝酸、シアン化アルカリ溶
　液に溶ける。試験管に入れて熱すると、はじめ黒色に変わり、なお熱すると、ま
　ったく揮散してしまう。

山梨県

〔法　規〕
（一般・農業用品目・特定品目共通）

第1問　3
　〔解説〕
　　　アは法第1条〔目的〕、イは法第2条第1項〔定義、毒物〕のこと。

第2問　4
　〔解説〕
　　　この設問では特定毒物はどれかとあるので、4の四アルキル鉛が特定毒物。特定毒物波峰第2条第3項→法別表第三に示されている。なお、1のモノクロル酢酸、2の二硫化炭素5のペンタクロールフェノールは、劇物。また、3のトリクロル酢酸は、毒物。

第3問　5
　〔解説〕
　　　この設問は法第3条第3項のこと。解答のとおり。

第4問　1
　〔解説〕
　　　この設問の特定毒物研究者については、1が正しい。1は法第3条の2第4項に示されている。2の特定毒物研究者になれることがてきるのは法第6条の2第2項に示されている特定毒物研究者に対して、都道府県知事が許可を与える。このことからこの設問は誤り。3における特定毒物研究者においては、登録の更新ではなく、許可制である。このことは法第6条の2に示されている。4の特定毒物を輸入することができる者は、毒物又は劇物輸入業者と特定毒物研究者〔学術研究の為〕である。このことは法第3条の2第2項に示されている。5は法第3条の2第1項のことであり、製造することができる。

第5問　5
　〔解説〕
　　　この設問は法第3条の3のこと。解答のとおり。

第6問　2
　〔解説〕
　　　この設問は法第3条の4による施行令第32条の3で定められている品目は、①亜塩素酸ナトリウムを含有する製剤 30 ％以上、②塩素酸塩類を含有する製剤 35 ％以上、③ナトリウム、④ピクリン酸については交付を受ける者の氏名及び住所を確認した後でなければ交付できない。このことから2が正しい。

第7問　4
　〔解説〕
　　　農業用品目については法第四条の三第一項→施行規則第四条の二→施行規則別表第一に掲げられている品目である。この設問では農業用品目に該当しないものとあるので、4の水酸化リチウムが該当する。

第8問　2
　〔解説〕
　　　特定品目については法第四条の三第二項→施行規則第四条の三→施行規則別表第二に掲げられている品目のみである。2のクロルピクリンが該当する。

第9問　4
　〔解説〕
　　　この設問についてはDのみが正しい。dは法第10条第1項第四号に示されている。なお、a、b は法第4条第3項〔登録の更新〕のことで、毒物又は劇物製造業者及び輸入業者については、5年ごとに、販売業については、6年ごとに更新を受けなければならないである。c の毒物又は劇物の製造業については、販売業のような登録の種類はない。

第10問　2
　〔解説〕
　　　この設問は法第5条〔登録基準〕→施行規則第4条の4第1項における製造所の設備基準についてであるが、法令で定められていないものとあるので、2が該当する。

第11問　1
〔解説〕
　　この設問は法第7条〔毒物劇物取扱責任者〕及び法第8条〔毒物劇物取扱責任者の資格〕についてで、a と b が正しい。a は法第7条第1項に示されている。b の一般毒物劇物取扱者試験に合格した者は、販売品目の制限がない。これにより全ての毒物及び劇物を販売し、主よすることができる。因みに、c にあるような実務経験はない。法第8条第1項に示されている者が毒物劇物取扱責任者となることができる。e は法第8条第2項第四号において、その執行を終り、又は執行を受けることがなくなった日から起算して三年を経過していない者は毒物劇物取扱責任者になることができないである。

第12問　3
〔解説〕
　　この設問は法第8条第1項で、①薬剤師、②厚生労働省令で定める学校で、応用化学に関する学課を修了した者、③都道府県知事が行う毒物劇物取扱者試験に合格した者が毒物劇物取扱責任者になることができる。このことから a と d が正しい。

第13問　1
〔解説〕
　　この設問は法第10条〔届出〕についてで、a と b が正しい。a は法第10条第1項第二号に示されている。b 法第10条第1項第一号に示されている。なお、c の店舗の営業時間の変更と d の法人の代表者を変更については、届け出を要しない。

第14問　4
〔解説〕
　　この設問は法第11条第4項→施行規則第11条の四により、毒物又は劇物の飲食物容器の使用禁止である。このことから、この設問に掲げられてる項目全てである。

第15問　1
〔解説〕
　　この設問は法第12条第1項のことで、1 が正しい。

第16問　5
〔解説〕
　　この設問は法第12条第2項第四号→施行規則第11条の6第1項第二号に掲げられていることで、5 が法令で定められているものである。

第17問　5
〔解説〕
　　この設問は法第13条における着色する農業品目のことで、法第13条→施行令第39条において、①硫酸タリウムを含有する製剤たる劇物、②燐化亜鉛を含有する製剤たる劇物→施行規則第12条で、あせにくい黒色に着色しなければならないと示されている。このことから5が正しい。

第18問　4
〔解説〕
　　この設問における毒物又は劇物を販売し、授与したとき、その都度書面に掲げる事項は、①毒物又は劇物の名称及び数量、②販売又は授与の年月日、③譲受人の氏名、職業及び住所である。又、この書面の保存は授与の日から5年間保存しなければならない。なお、この設問は法第14条第2項で、書面の保存については、同条第4項に示されている。以上から4が正しい。

第19問　3
〔解説〕
　　この設問で正しいのは、b のみである。b は法第15条第1項第三号に示されている。なお、a については法第12条第2項により書面の提出を受けなければ劇物を販売することはできない。c の16歳の高校生に劇物を交付することはできない。このことは法第15条第1項第一号に示されている。d については劇物を販売することはできない。毒物劇物製造業者が自ら製造した毒物又は劇物のみ法第3条第3項ただし書規定により販売することがてきる。

第20問　2
〔解説〕
　　法第15条の2〔廃棄〕→施行令第40条〔廃棄の方法〕における条文である。解答のとおり。

第 21 問　1

〔解説〕

　この設問は施行令第 40 条の 5〔運搬方法〕についてで、毒物又は劇物を車両を使用して運搬するときに、車両に備えなければならない保護具を 2 人以上について、施行令第 40 条の 5 第 2 項第三号→施行規則第 13 条の 6 →施行規則別表第五に示されている。この設問では、アクリルニトリルの保護具として、①保護手袋、②保護長ぐつ、③保護衣、④有機ガス用防毒マスクである。このことから定められていないものは、1 のヘルメット。

第 22 問　2

〔解説〕

　この設問も第 21 問と同様に施行令第 40 条の 5〔運搬方法〕のことで、厚生労働省令で定める時間を超えた場合、応急の措置の内容の書面及び同乗者と車両に掲げる標識についてである。a と b が正しい。a は施行令第 40 条の 5 第 2 項第一号→施行規則第 13 条の 4 第二号に示されている。b は施行令第 40 条の 5 第 2 項第四号に示されている。なお、c については、地を白色、文字を黒色ではなく、地を黒色、文字を白色である。施行規則第 13 条の 5 に示されている。

第 23 問　3

〔解説〕

　この設問は法第 17 条第 1 項における事故の際の措置のこと。

第 24 問　5

〔解説〕

　この設問は法第 18 条〔立入検査等〕のことで、誤っているものはどれかとあるので、5 が誤り。これについては法第 18 条第 4 項に、犯罪捜査のために認められたものと解してはならないとあるので誤り。

第 25 問　4

〔解説〕

　この設問の業務上届出を要する業務上取扱者は、次のとおり。業務上取扱者の届出を要する事業者とは、次のとおり。業務上取扱者の届出を要する事業者とは、①シアン化ナトリウム又は無機シアン化合物たる毒物及びこれを含有する製剤→電気めっきを行う事業、②シアン化ナトリウム又は無機シアン化合物たる毒物及びこれを含有する製剤→金属熱処理を行う事業、③最大積載量 5,000kg 以上の運送の事業、④しろありの防除を行う事業である。このことから 4 が正しい。

〔学　科〕
（一般・農業用品目・特定品目共通）

第 26 問　4

〔解説〕

　ダイヤモンドは炭素原子からなる単体であるので、同じ炭素原子からなる黒鉛が同素体となる。

第 27 問　3

〔解説〕

　原子の陽子の数は原子番号に等しく、これを規則的に順に並べたものを周期律表という。縦の列を族、横の行を周期という。1 族の元素（ただし水素は除く）をアルカリ金属という。

第 28 問　1

〔解説〕

　原子から 1 個の電子を奪い去るのに必要なエネルギーを（第一）イオン化エネルギーという。電子 1 個を与えるときに発生するエネルギーを電子親和力という。

第 29 問　3

〔解説〕

　アセチレン $HC \equiv CH$、1-ブテン $H_2C=CHCH_2CH_3$ のように分子内に二重結合、あるいは三重結合があるものを不飽和炭化水素という。

第 30 問　1

〔解説〕

　Na は黄色、Li は赤、K は紫、Sr は紅色を呈する。

第 31 問　1
〔解説〕
　　原子が電子を受け取ることを還元という。イオン化傾向の大きな金属は電子を放出しやすく陽イオンになりやすい。

第 32 問　5
〔解説〕
　　11%食塩水 60 g 中に含まれる溶質の重さ x は、x/60 × 100 = 11, x = 6.6 g である。一方、この溶液を調製するの必要な 9%食塩水の重さを y　g、21%食塩水の重さを z g とする。この二つの溶液を混ぜて 60 g にするのであるから式は、
y + z = 60 …式①
　　また、この混合溶液 60 g に含まれる食塩は 6.6 g であるので式は、
y × 9/100 + z × 21/100 = 6.6 …式②
　　式①と式②の連立方程式を解くと、y = 50 g、z = 10 g となる。

第 33 問　2
〔解説〕
　― NO₂ ニトロ基、-CHO アルデヒド基、-NH₂ アミノ基、-COOH カルボキシ基

第 34 問　4
〔解説〕
　　メタン CH₄ は正四面体の分子構造であり、極性を互いに打ち消すため無極性分子となる。

第 35 問　1
〔解説〕
　　ブラウン運動は溶媒分子がコロイド粒子に衝突することで、あたかもコロイド粒子自身が動いて見える現象。

（一般・農業用品目）
第 36 問　4
〔解説〕
　　シアン化ナトリウム NaCN は毒物に指定されており、白色の粉末、粒状またはタブレット上の固体である。水によく溶け、酸と反応して猛毒なシアン化水素 HCN を放出する。用途は冶金、鍍金、殺虫剤などである。

（一般）
第 37 問　1
〔解説〕
　　黄燐は毒物に指定されており、白色または淡黄色のろう状固体で不回収を放つ。空気中で酸化され自然発火する。そのため水中で保存する

（一般・特定品目共通）
第 38 問　2
〔解説〕
　　メタノールは劇物に指定されており、無色透明の揮発性液体。蒸気は空気よりも重く引火しやすい。エタノール様の臭気を持ち、燃料や溶剤に用いられる。

（一般）
第 39 問　4
〔解説〕
　　塩素酸カリウム KClO₃ は劇物に指定されており、無色の結晶で水によく溶け、中性をしめす。燃えやすいものと混合して摩擦すると爆発する。吸入すると「チアノーゼを起こすことがある。用途は酸化剤など。

第 40 問　4
〔解説〕
　　トリクロル酢酸は劇物に指定されており、無色の潮解性がある結晶である。わずかに刺激臭があり、その水溶液は強酸性となる。

（一般・農業用品目・特定品目共通）
第 41 問　3
〔解説〕
　　LD₅₀ の値が小さいほど強い毒性物質となる。

長野県

- 508 -

（一般）

第 42 問　5
〔解説〕
　フェノールが皮膚につくと火傷をおこし、その部分は白色となる特徴がある。またフェノール中毒は尿を暗赤色とする。

第 43 問　3
〔解説〕
　ニトロベンゼンのように酸でも塩基でもなく、水に溶けずに有機溶剤に溶けやすいものは一般的に焼却して処分する。

第 44 問　1
〔解説〕
　キシレンは水に難溶の揮発性物質であるため、多量に流出した際は液の表面を泡で覆い、できるだけから容器に回収する。

第 45 問　2
〔解説〕
　アルカリ金属であるカリウムは、空気中の水や二酸化炭素と容易に反応するため石油中で保存する。

（農業用品目）

第 37 問　1
〔解説〕
　弗化スルフリルは毒物に指定されており、無色無臭の気体である。水、クロロホルム、四塩化炭素に溶ける。殺虫剤、燻蒸剤に用いられる。

第 38 問　2
〔解説〕
　ジクワットは劇物に指定されており、淡黄色結晶で水に溶解する。酸性溶液で安定であり、アルカリ性で分解する。腐食性がある。除草剤として用いる。

第 39 問　4
〔解説〕
　塩素酸カリウム $KClO_3$ は劇物に指定されており、無色の結晶で水によく溶け、中性をしめす。燃えやすいものと混合して摩擦すると爆発する。吸入すると「チアノーゼを起こすことがある。用途は酸化剤など。

第 40 問　4
〔解説〕
　EPN は毒物に指定されており、1.5 ％以下の含有で劇物となる。純品は白色結晶で水に溶けにくく、有機溶媒に溶ける。遅効性の殺虫剤として用いる。

第 42 問　5
〔解説〕
　PAM が解毒剤として用いられているため、有機リン系の殺虫剤である。

第 43 問　3
〔解説〕
　ブロムメチル、ブロムエチルはともにスクラバーを具備した有機ハロゲン化合物を焼却するのに適した焼却炉で処理する。

第 44 問　1
〔解説〕
　クロルピクリンは催涙性の液体で強い粘膜刺激臭があることから、多量に漏洩した場合は土砂などでその流れをせき止め、多量の活性炭や消石灰を散布して専門家の指示により処理をする。

第 45 問　2
〔解説〕
　ロテノンは劇物に指定されている白色の結晶で水にほとんど溶けない。接触性殺虫剤として用いられるが、酸素によって分解し殺虫効果を失う。

（特定品目）

第 36 問　4
〔解説〕
　塩化水素は劇物に指定されており、10%以下の含有で除外される。水溶液を塩酸と言い、強い酸性をしめす。塩化水素自体は無色の気体で刺激臭がある。

第 37 問　1
〔解説〕
　　重クロム酸カリウム $K_2Cr_2O_7$ は劇物に指定されている橙色結晶で潮解性を有する。水によく溶け、アルコールにはとけない。強力な酸化剤である。
第 39 問　4
〔解説〕
　　蓚酸は劇物に指定されおり、10%以下の含有で除外される。無色の柱状結晶であり、空気中で風解する性質があり、還元性を有する。水やアルコールにはとけるがエーテルにはとけない。還元性を利用して漂白剤として用いられる。
第 40 問　4
〔解説〕
　　過酸化水素は劇物に指定されており、6%以下の含有で除外される。収斂性のある無色の液体で、常温で徐々に酸素と水に分解する。安定剤として少量の酸を加えて分解を防ぐことができる。漂白剤などに用いられる。
第 42 問　5
〔解説〕
　　蒸気の吸入によりはじめは頭痛、悪心などをきたし黄疸の時のように角膜が黄色くなる。
第 43 問　3
〔解説〕
　　四塩化炭素は可燃性液体ではないが、可燃性溶剤と混合させスクラバーを具備した有機ハロゲン化合物を焼却するのに適した焼却炉で処理する。
第 44 問　1
〔解説〕
　　キシレンは水に難溶の揮発性物質であるため、多量に流出した際は液の表面を泡で覆い、できるだけから容器に回収する。
第 45 問　2
〔解説〕
　　クロロホルムは光により分解するので少量のアルコールを入れて保管する。

〔実　地〕

（一般）

第 46 問〜第 50 問　　第 46 問　5　　　第 47 問　3　　　第 48 問　1
　　　　　　　　　　　第 49 問　4　　　第 50 問　2

〔解説〕
　　第 46 問　硫酸銅、硫酸銅（Ⅱ）$CuSO_4 \cdot 5H_2O$ は、濃い青色の結晶。風解性。水に易溶、水溶液は酸性。劇物。用途は、試薬、工業用の電解液、媒染剤、農業用殺菌剤。　**第 47 問**　水酸化ナトリウム（別名：苛性ソーダ）$NaOH$ は、は劇物。白色結晶性の固体。水溶液は塩基性を示す。用途は試薬や農薬のほか、石鹸製造などに用いられる。　　　**第 48 問**　臭素 Br_2 は、劇物。赤褐色の刺激臭液体。水には可溶。アルコール、エーテル、クロロホルム等に溶ける。燃焼性はないが、強い腐食性がある。用途は、写真用、化学薬品、アニリン染料の製造などに使用。　**第 49 問**　酢酸エチル $CH_3COOC_2H_5$ は無色で果実臭のある可燃性の液体。その用途は主に溶剤や合成原料、香料に用いられる。　　　**第 50 問**　アンモニア NH_3 は、常温では無色刺激臭の気体、冷却圧縮すると容易に液化する。用途は化学工業原料（硝酸、窒素肥料の原料）、冷媒。

第 51 問〜第 52 問　　第 51 問　5　　　第 52 問　4
〔解説〕
　　アクリルアミド $CH_2=CH-CONH_2$ は劇物。無色又は白色の結晶。水、エタノール、エーテル、クロロホルムに可溶。用途は土木工事用の土質安定剤、接着剤、凝集沈殿促進剤などに用いられる。

第 53 問〜第 54 問　　第 53 問　2　　　第 54 問　4
〔解説〕
　　炭酸バリウム（$BaCO3$）は、劇物。白色の粉末。水に溶けにくい。アルコールには溶けない。酸に可溶。用途は陶磁器の釉薬、光学ガラス用、試薬。

（一般・農業用品目共通）
第55問～第57問　第55問　1　　第56問　5　　第57問　5
〔解説〕
　　ニコチンは毒物。純ニコチンは無色、無臭の油状液体。水、アルコール、エーテルに安易に溶ける。用途は殺虫剤。このエーテル溶液に、ヨードのエーテル溶液を加えると、褐色の液状沈殿を生じ、これを放置すると赤色の針状結晶となる。

（一般・特定品目共通）
第58問　3
〔解説〕
　　ホルムアルデヒド HCHO は、無色刺激臭の気体で水に良く溶け、これをホルマリンという。ホルマリンは無色透明な刺激臭の液体、低温ではパラホルムアルデヒドの生成により白濁または沈殿が生成することがある。水、アルコール、エーテルと混和する。アンモニ水を加えて強アルカリ性とし、水浴上で蒸発すると、水に溶解しにくい白色、無晶形の物質を残す。フェーリング溶液とともに熱すると、赤色の沈殿を生ずる。

（一般）
第59問　3
〔解説〕
　　解答のとおり。

（一般・特定品目共通）
第60問　4
〔解説〕
　　クロロホルム $CHCl_3$(別名トリクロロメタン)は、無色、揮発性の重い液体で特有の香気とわずかな甘みをもち、麻酔性がある。不燃性。トルエン $C_6H_5CH_3$(別名トルオール、メチルベンゼン)は劇物。特有な臭いの無色液体。水に不溶。比重 1以下。可燃性。蒸気は空気より重い。揮発性有機溶媒。麻酔作用が強い。

（農業用品目）
第46問～第50問　第46問　5　　　第47問　3　　　第48問　1
　　　　　　　　　第49問　4　　　第50問　2

〔解説〕
　　第46問　硫酸銅(II)$CuSO_4 \cdot 5H_2O$ は、濃い青色の結晶。風解性。水に易溶、水溶液は酸性。劇物。用途は、試薬、工業用の電解液、媒染剤、農業用殺菌剤。　　**第47問**　クロロファシノンは、劇物。白～淡黄色の結晶性粉末。酢酸エチル、アセトンに可溶。0.025 ％以下は劇物から除外。用途はのねずみの駆除。　　**第48問**　アセトニトリル CH_3CN は劇物。エーテル様の臭気を有する無色の液体。水、メタノール、エタノールに可溶。用途は有機合成原料、合成繊維の溶剤など。　　**第49問**　イソキサチオンは有機リン剤、劇物(2 ％以下除外)、淡黄褐色液体、水に難溶、有機溶剤に易溶、アルカリには不安定。用途はミカン、稲、野菜、茶等の害虫駆除。(有機燐系殺虫剤)　　**第50問**　アンモニア NH_3 は、常温では無色刺激臭の気体、冷却圧縮すると容易に液化する。用途は化学工業原料(硝酸、窒素肥料の原料)、冷媒。
第51問～第52問　第51問　5　　　第52問　4
〔解説〕
　　パラコートは、毒物で、ジピリジル誘導体で無色結晶、水によく溶け低級アルコールに僅かに溶ける。融点 300 度。金属を腐食する。不揮発性である。4 級アンモニウム塩なので強アルカリでは分解。用途は、除草剤。
第53問～第54問　第53問　2　　　第54問　4
〔解説〕
　　メソミル(別名メトミル)は、毒物(劇物は 45 ％以下は劇物)。白色の結晶。弱い硫黄臭がある。水、メタノール、アセトンに溶ける。融点 78 ～ 79 ℃。カルバメート剤なので、解毒剤は硫酸アトロピン(PAM は無効)、SH 系解毒剤の BAL、グルタチオン等。用途は殺虫剤

（一般・農業用品目共通）
第55問～第57問　第55問　1　　第56問　5　　　第57問　5
〔解説〕
　　一般の第55問～第57問を参照。

第58問　3
〔解説〕
　　解答のとおり。
第59問　3
〔解説〕
　　フルスルファミドは、劇物(0.3 %以下は劇物から除外)。淡黄色結晶性粉末。水に難溶。有機溶媒に溶けやすい。用途はアブラナ科野菜の根こぶ病等の防除する土壌殺菌剤。
第60問　4
〔解説〕
　　シアナミド CHl_2N_2 は劇物。無色又は白色の結晶。潮解性。水によく溶ける。エーテル、アセトン、ベンゼンに可溶。沸点は 260 ℃で分解。塩化第二銅 $CuCl_2・2H_2O$ は劇物。無水物のほか二水和物が知られている。二水和物は緑色結晶で潮解性がある。110 ℃で無水物(褐黄色)となる。水、エタノール、メタノール、アセトンに可溶。

(特定品目)
第46問～第50問　第46問　5　　第47問　3　　第48問　1
　　　　　　　　第49問　4　　第50問　2
〔解説〕
　　第46問　一酸化鉛 PbO(別名リサージ)は劇物。赤色～赤黄色結晶。重い粉末で、黄色から赤色の間の様々なものがある。水にはほとんど溶けないが、酸、アルカリにはよく溶ける。用途はゴムの加硫促進剤、顔料、試薬等。　　第47問　水酸化ナトリウム(別名：苛性ソーダ)$NaOH$ は、は劇物。白色結晶性の固体。水溶液は塩基性を示す。用途は試薬や農薬のほか、石鹸製造などに用いられる。
　　第48問　酢酸エチル $CH_3COOC_2H_5$ は無色で果実臭のある可燃性の液体。その用途は主に溶剤や合成原料、香料に用いられる。　　第49問　塩素 Cl_2 は、黄緑色の刺激臭の空気より重い気体で、酸化力があるので酸化剤、用途は漂白剤、殺菌剤、消毒剤として使用される(紙パルプの漂白、飲用水の殺菌消毒などに用いられる)。
　　　第50問　アンモニア NH_3 は、常温では無色刺激臭の気体、冷却圧縮すると容易に液化する。用途は化学工業原料(硝酸、窒素肥料の原料)、冷媒。
第51問～第52問　　第51問　5　　第52問　4
〔解説〕
　　硫酸 H_2SO_4 は無色の粘張性のある液体。強力な酸化力をもち、また水を吸収しやすい。水を吸収するとき発熱する。木片に触れるとそれを炭化して黒変させる。また、銅片を加えて熱すると、無水亜硫酸を発生する。硫酸の希釈液に塩化バリウムを加えると白色の硫酸バリウムが生じるが、これは塩酸や硝酸に溶解しない。
第53問～第54問　第53問　2　　第54問　4
〔解説〕
　　クロム酸ナトリウムは十水和物が一般に流通。十水和物は黄色結晶で潮解性がある。水に溶けやすい。その液は、アルカリ性を示す。また、酸化性があるので工業用の酸化剤などに用いられる。
第55問～第57問　第55問　1　　第56問　5　　第57問　5
〔解説〕
　　硝酸 HNO_3 は純品なものは無色透明で、徐々に淡黄色に変化する。特有の臭気があり腐食性が高い。うすめた水溶液に銅屑を加えて熱すると、藍色を呈して溶け、その際赤褐色の蒸気を発生する。藍(青)色を呈して溶ける。羽毛のような有機質を硝酸の中に浸し、特にアンモニア水でこれをうるおすと橙黄色になる。用途は冶金、爆薬製造、セルロイド工業、試薬。
第58問　3
〔解説〕
　　一般の第58問を参照。
第59問　3
〔解説〕
　　硅弗化ナトリウム Na_2SiF_6 は劇物。無色の結晶。水に溶けにくい。アルコールにも溶けない。用途はうわぐすり、試薬。
第60問　4
〔解説〕
　　一般の第60問を参照。

岐阜県
令和３年度実施
※特定品目はありません。

〔毒物及び劇物に関する法規〕
（一般・農業用品目共通）

問１　１
〔解説〕
　　解答のとおり。

問２　２
〔解説〕
　　この設問は施行令第 12 条〔品質、着色及び表示〕におけるモノフルオール酢酸の塩類を含有する製剤について示されている。①着色は、深紅色されていること。また、②容器及び被包に、本製剤が入っていること。そしてその内容量が表示されている。③モノフルオール酢酸の塩類を含有する製剤には、野ねずみの駆除以外の用に使用してはならない旨が表示されていること。④本製剤を全部消費したときは、消費者は、その容器又は被包を保健衛生上危害のおそれがないように処置しなければならないこと。このことから c のみが誤り。

問３　５
〔解説〕
　　この設問では特定毒物の用途についてで、a のみが誤り。a の四アルキル鉛についての用途は、ガソリンへの混入である。施行令第１条に示されている。なお、b は施行令第 22 条に示されている。c は施行令第 28 条に示されている。

問４　３
〔解説〕
　　この設問では、a と d が正しい。この法第３条の３→施行令第 32 条の２による品目→①トルエン、②酢酸エチル、トルエン又はメタノールを含有する接着剤、塗料及び閉そく用またはシーリングの充てん料は、みだりに摂取、若しくは吸入し、又はこれらの目的で所持してはならい。

問５　３
〔解説〕
　　この設問は法第３条の４による施行令第 32 条の３で定められている品目は、①亜塩素酸ナトリウムを含有する製剤 30 ％以上、②塩素酸塩類を含有する製剤 35 ％以上、③ナトリウム、④ピクリン酸について業務その他正当な理由による場合を除いて所持してはならないである。このことから３のナトリウムが正しい。

問６　４
〔解説〕
　　解答のとおり。

問７　３
〔解説〕
　　この設問は法第４条第３項における登録の更新のこと。解答のとおり。

問８　１
〔解説〕
　　この設問は法第５条〔登録基準〕→施行規則第４条の２第１項における製造所設備基準のことで、この設問は全て正しい。

問９　５
〔解説〕
　　この設問は法第８条〔毒物劇物取扱責任者の資格〕についで、この設問は全て誤り。a については毒物又は劇物一般販売業の登録を受けた店舗とあることから類推すると例え農業品目品目のみを取り扱う場合においても法第８条第４項により、毒物劇物取扱責任者となることはできない。b については法第８条第２号第一号で、18 歳未満の者は毒物劇物取扱責任者になることはできない。c については、合格した都道府県以外、全ての都道府県において毒物劇物取扱責任者になることができる。

問 10　１
〔解説〕
　　解答のとおり。

問 11　2
〔解説〕
　　解答のとおり。
問 12　5
〔解説〕
　　この設問は法第 10 条〔届出〕についてで、c のみが正しい。c は法第 10 条第 1
項第一号に示されている。なお、a における届け出はない。b は法第 10 条第 1 項
第一号により、事前に届け出なければならないではなく、30 日以内にその所在地
の都道府県知事へ届け出なければならないである。
問 13　　削除
〔解説〕

問 14　4
〔解説〕
　　この設問は方第 12 条第 1 項における毒物又は劇物の容器及び被包に掲げる表示
事項のこと。解答のとおり。
問 15　3
〔解説〕
　　この設問の法第 13 条における着色する農業品目についてが示されている。解答
のとおり。
問 16　5
〔解説〕
　　この設問の法第 14 条は、毒物劇物営業者が他の毒物劇物営業者に販売し、授与
するときに書面に記載する事項が示されている。解答のとおり。
問 17　2
〔解説〕
　　この設問は、毒物又は劇物を販売し、授与するときまでに譲受人に対して提供
しなければならない情報の内容が施行令第 40 条の 9 第 1 項→施行規則第 13 条の
12 にそのが示されている。このことから a と c が正しい。
問 18　3
〔解説〕
　　この設問は問 16 にある法第 14 条について書面の保存期間が法第 14 条第 4 項に
示されている。解答のとおり。
問 19　3
〔解説〕
　　解答のとおり。
問 20　3
〔解説〕
　　この設問では、a と d が正しい。業務上取扱者の届出を要する事業者とは、次
のとおり。業務上取扱者の届出を要する事業者とは、①シアン化ナトリウム又は
無機シアン化合物たる毒物及びこれを含有する製剤→電気めっきを行う事業、②
シアン化ナトリウム又は無機シアン化合物たる毒物及びこれを含有する製剤→金
属熱処理を行う事業、③最大積載量 5,000kg 以上の運送の事業、④しろありの防
除を行う事業である。

〔基礎化学〕
（一般・農業用品目共通）
問 21　4
〔解説〕
　　同位体は原子番号が同じ（陽子の数が同じ）で中性子の数が異なるものである。
問 22　4
〔解説〕
　　同素体とは同じ元素からなる単体であるが、性質の異なるものである。
問 23　5
〔解説〕
　　金属結晶は金属結合で結ばれており、自由電子があるため電気をよく導き、展
性と延性を有する。金属結晶には非常に柔らかいものから硬いものまでさまざま
存在する。

問 24　3
〔解説〕
　　アルカリ土類金属である Ca や Sr、Ba は特有の炎色反応をしめす。銅は緑色の
炎色反応を呈する。
問 25　4
〔解説〕
　　a の記述はチンダル現象、b の記述はブラウン運動である。
問 26　1
〔解説〕
　　0.1 mol/L の塩酸 40 mL と 0.2 mol/L の水酸化ナトリウム水溶液 15 mL を加え
ると 0.1 mol/L の塩酸が 10 mL 分残る。これを水で希釈して 100 mL としたとき
の塩酸のモル濃度は $0.1 × 100/1000 = 0.01$ mol/L、よってこの溶液の pH は 2
問 27　4
〔解説〕
　　炭素数が 5 以上の直鎖状アルカンは常温で液体である。C_6H_{14} のアルカンの異性
体はヘキサン、2-メチルペンタン、3-メチルペンタン、2,2-ジメチルブタン、2,3-
ジメチルブタンの 5 種ある。メタンの形は正四面体である。
問 28　3
〔解説〕
　　プロペンには二重結合が 1 つ、ベンゼンには二重結合が 3 つある。
問 29　4
〔解説〕
　　2-プロパノールの水溶液は中性、2-ブタノールは第二級アルコールである。
問 30　3
〔解説〕
　　グルコースの分子量は 180 である。36 ℊ のグルコースのモル数は 0.2 モルであ
る。反応式より、グルコース 1 モルからエタノールは 2 モル生じるから、0.2 モ
ルの「グルコースからはエタノールが 0.4 モル生じる。エタノールの分子量は 46
であるため、0.4 モルのエタノールの重さは $0.4 × 46=18.4$ g

〔毒物及び劇物の性質及びその他の取扱方法〕
（一般）
問 31　問 31　1
〔解説〕
　　問 31　この設問では硝酸について誤っているものはどれかとあるので、1 が誤
り。次のとおり。硝酸 HNO_3 は、劇物。無色の液体。特有な臭気がある。腐食性
が激しい。空気に接すると刺激性白霧を発し、水を吸収する性質が強い。硝酸は
白金その他白金族の金属を除く。処置金属を溶解し、硝酸塩を生じる。10%以下で
劇物から除外。用途は冶金に用いられ、また硫酸、蓚酸などの製造、あるいはニ
トロベンゾール、ピクリン酸、ニトログリセリンなどの爆薬の製造やセルロイド
工業などに用いられる。蒸気は眼、呼吸器などの粘膜および皮膚に強い刺激性を
もつ。
問 32〜問 34　　問 32　2　　問 33　5　　問 34　3　　問 35　2
〔解説〕
　　問 32　クロルメチル(CH_3Cl)は、劇物。無色のエータル様の臭いと、甘味を有
する気体。水にわずかに溶け、圧縮すれば液体となる。空気中で爆発する恐れが
あり、濃厚液の取り扱いに注意。クロルメチル、ブロムエチル、ブロムメチル等
と同様な作用を有する。したがって、中枢神経麻酔作用がある。処置として新鮮
な空気中に引き出し、興奮剤、強心剤等を服用するとよい。　　問 33　硅弗化ナ
トリウム $Na_2[SiF_6]$ は無色の結晶。水に溶けにくく、アルコールには解けない。酸
により有毒な HF と SiF_4 を発生。　　問 34　ジメチルアミン($(CH_3)_2NH$ は、劇物。
無色で魚臭様の臭気のある気体。水に溶ける。水溶液は強いアルカリ性を呈する。
用途は界面活性剤の原料等。

問35 2
〔解説〕
　この設問のアニリンについては、aとcが正しい。次のとおり。アニリン $C_6H_5NH_2$ は、劇物。純品は、無色透明な油状の液体で、特有の臭気があり空気に触れて赤褐色になる。水に溶けにくく、アルコール、エーテル、ベンゼンに可溶。光、空気に触れて赤褐色を呈する。蒸気は空気より重い。水溶液にさらし粉を加えると紫色を呈する。用途はタール中間物の製造原料、医薬品、染料、樹脂、香料等の原料。廃棄方法は①木粉（おが屑）等に吸収させて焼却炉の火室へ噴霧し、焼却する焼却法。②水で希釈して、アルカリ水で中和した後に、活性汚泥で処理する活性汚泥法である。

問36〜問38　問36　3　　問37　4　　問38　5
〔解説〕
　　　問36　ヒドラジン（N_2H_4）は、毒物。無色の油状の液体。用途は、ロケット燃料。　　　問37　クレゾール $C_6H_4(CH_3)OH$ は、オルト、メタ、パラの3つの異性体の混合物。消毒力がメタ体が最も強い。無色〜ピンクの液体。用途は、殺菌消毒薬、木材の防腐剤。　　　問38　酢酸タリウム CH_3COOTl は劇物。無色の結晶。用途は殺鼠剤。

問39〜問41　問39　2　　問40　3　　問41　4
〔解説〕
　　　問39　クロム酸塩を摂取することで、その接触面が帯赤黄色に染まり、のちに4価クロムの色の緑色に変化する。　　　問40　フェノール（C_6H_5OH）は、劇物。無色の針状結晶または白色の放射状結晶性の塊。空気中で容易に赤変する。特異の臭気と灼くような味がする。アルコール、エーテル、クロロホルムにはよく溶ける。水にはやや溶けやすい。皮膚や粘膜につくと火傷を起こし、その部分は白色となる。内服した場合には、尿は特有な暗赤色を呈する。　　　問41　メチルエチルケトンのガスを吸引すると鼻、のどの刺激、頭痛、めまい、おう吐が起こる。はなはだしい場合は、こん睡、意識不明となる。皮膚に触れた場合には、皮膚を刺激して乾性（鱗状症）を起こす。

問42〜問44　問42　4　　問43　1　　問44　3
〔解説〕
　　　問42　無機シアン化合物の解毒剤は亜硝酸ナトリウムとチオ硫酸ナトリウムや亜硝酸アミル。　　　問43　有機リン剤の解毒薬は硫酸アトロピン又はPAM（2−ピリジルアルドキシムメチオダイド）　　　問44　砒素化合物については胃洗浄を行い、吐剤、牛乳、蛋白粘滑剤を与える。治療薬はジメルカプロール（別名 BAL）。

問45〜問47　問45　2　　問46　5　　問47　1
〔解説〕
　　　問45　弗化水素酸 HF は強い腐食性を持ち、またガラスを侵す性質があるためポリエチレン容器に保存する。火気厳禁。　　　問46　二硫化炭素 CS_2 は、無色流動性液体、引火性が大なので水を混ぜておくと安全、蒸留したてはエーテル様の臭気だが通常は悪臭。水に僅かに溶け、有機溶媒には可溶。日光の直射が当たらない場所で保存。　　　問47　沃素 I_2 は、黒褐色金属光沢ある稜板状結晶、昇華性。水に溶けにくい（しかし、KI 水溶液には良く溶ける KI ＋ I2 → KI3）。有機溶媒に可溶（エタノールやベンゼンでは褐色、クロロホルムでは紫色）。気密容器を用い、風通しのよい冷所に貯蔵する。腐食されやすい金属なので、濃塩酸、アンモニア水、アンモニアガス、テレビン油等から引き離しておく。

問48〜問50　問48　2　　問49　3　　問50　5
〔解説〕
　　　問48　塩酸 HCl は無色透明の刺激臭を持つ液体で、これの濃度が濃いものは空気中で発煙する。（湿った空気中では濃度が 25 ％以上の塩酸は発煙性がある。）種々の金属やコンクリートを腐食する。廃棄法は、水に溶解し、消石灰 $Ca(OH)_2$ 塩基で中和できるのは酸である塩酸である中和法。　　　問49　硝酸亜鉛 $Zn(NO_3)_2$ は、白色固体、潮解性。廃棄法は水に溶かし、消石灰、ソーダ灰等の水溶液を加えて処理し、沈殿ろ過して埋立処分する沈殿法。　　　問50　酸化カドミウムは劇物。赤褐色の粉末。水に不溶。廃棄方法はセメントを用いて固化して、溶出試験を行い、溶出量が判定以下であることを確認して埋立処分する固化隔離法。多量の場合には還元焙焼法により金属カドミウムとして回収する。

（農業用品目）

問31　2
〔解説〕
　　この設問の弗化スルフリルは、aとcが正しい。次のとおり。弗化スルフリル（SO_2F_2）は毒物。<u>無色無臭の気体。水に溶ける。クロロホルム、四塩化炭素に溶け</u>やすい。アルコール、アセトンにも溶ける。水では分解しないが、水酸化ナトリウム溶液で分解される。用途は殺虫剤、燻蒸剤。毒性は大量に摂食すると結膜炎、咽頭炎、鼻炎、知覚異常を引き起こす。

問32　3
〔解説〕
　　この設問ではブロムメチルについて誤っているものはどれかとあるので、3が誤り。次のとおり。臭化メチル（ブロムメチル）　CH_3Br は本来無色無臭の気体だが圧縮冷却により容易に液体となる。ガスはクロロホルム様の臭気をもつ。ガスは重く空気の 3.27 倍である。通常は気体、低沸点なので燻蒸剤に使用。貯蔵は液化させて冷暗所。また、廃棄方法は、燃焼させると C は炭酸ガス、H は水、ところが Br は HBr（強酸性物質、気体）などになるのでスクラバーを具備した焼却炉が必要となる燃焼法。

問33　4
〔解説〕
　　この設問では、ジメチルジチオホスホリルフェニル酢酸エチルジについて正しいものはどれかとあるので、4が正しい。次のとおり。メチルジチオホスホリルフェニル酢酸エチル（フェントエート、PAP）は、赤褐色、油状の液体で、芳香性刺激臭を有し、水、プロピレングリコールに溶けない。リグロインにやや溶け、アルコール、エーテル、ベンゼンに溶ける。アルカリには不安定。<u>有機燐系の殺虫剤。</u>

問34　3
〔解説〕
　　この設問の 2-(1-メチルプロピル)-フエニル-N-メチルカルバメートについては全て正しい。2-(1-メチルプロピル)-フエニル-N-メチルカルバメート（別名フェンカルブ・BPMC）は劇物。無色透明の液体またはプリズム状結晶。水にほとんど溶けない。エーテル、アセトン、クロロホルムなどに可溶。2％以下は劇物から除外。用途は害虫の駆除。皮膚に触れた放置すると皮膚より吸収され、中毒を起こすことがある。

問35　2
〔解説〕
　　この設問の EPN は全て誤り。次のとおり。EPN は、有機リン製剤、毒物（1.5％以下は除外で劇物）、芳香臭のある淡黄色油状または融点 36 ℃の結晶。水に不溶、有機溶媒に可溶。遅効性殺虫剤（アカダニ、アブラムシ、ニカメイチュウ等）
　　有機リン製剤の中毒：コリンエステラーゼを阻害し、頭痛、めまい、嘔吐、言語障害、意識混濁、縮瞳、痙攣など。治療薬は硫酸アトロピンと PAM。

問36　3
〔解説〕
　　この設問においては主に殺虫剤として使用されるのはどれかとあるので、b のアバメクチンと c のエマメクチンが該当する。b のアバメクチンは、毒物。類白色結晶粉末。用途は農薬・マクロライド系殺虫剤（殺虫・殺ダニ剤）1.8 ％以下は劇物。　c のエマメクチン安息香酸塩（別名アフフーム）は、劇物。類白色結晶粉末。用途は、鱗翅目及びアザミウマ目害虫に対する殺虫剤として用いる。なお、a のナラシンは毒物。白色から淡黄色の粉末。用途は飼料添加物。d のシアン酸ナトリウム、e のメチルイソチオシアネートは、劇物。無色結晶。用途は、土壌消毒剤。

問37〜問41　　問37　1　　問38　5　　問39　2　　問40　4　　問41　3
〔解説〕
　　問37　ニコチンは猛烈な神経毒をもち、急性中毒ではよだれ、吐気、悪心、嘔吐、ついで脈拍緩徐不整、発汗、瞳孔縮小、呼吸困難、痙攣が起きる。
　　問38　N−メチル−1−ナフチルカルバメート　　（別名　NAC、カルバリル）は、劇物（5 ％以下除外）、カルバメート剤、吸引したときの症状は、倦怠感、頭痛、嘔吐、腹痛がありはなはだしい場合は縮瞳、意識混濁、全身けいれんを引き起こす。

問 39　モノフルオール酢酸ナトリウムは有機フッ素系である。有機フッ素化合物の中毒：TCA サイクルを阻害し、呼吸中枢障害、激しい嘔吐、てんかん様痙攣、チアノーゼ、不整脈など。治療薬はアセトアミド。
　問 40　ブラストサイジン S は、劇物。白色針状結晶。水、酢酸に溶けるが、メタノール、エタノール、アセトン、ベンゼンにはほとんど溶けない。中毒症状は、振せん、呼吸困難。目に対する刺激特に強い。　　　　問 41　クロルピクリン CCl$_3$NO$_2$は、無色～淡黄色液体、催涙性、粘膜刺激臭。水に不溶。線虫駆除、燻蒸剤。毒性・治療法は、血液に入りメトヘモグロビンを作り、また、中枢神経、心臓、眼結膜を侵し、肺にも強い傷害を与える。治療法は酸素吸入、強心剤、興奮剤。

問 42　1
〔解説〕
　この設問は全て正しい。解答のとおり。

問 43 ～問 46　問 43　1　　問 44　2　　問 45　4　　問 46　5
〔解説〕
　問 43　塩素酸ナトリウム NaClO$_3$ は酸化剤なので、希硫酸で HClO$_3$ とした後、これを還元剤中へ加えて酸化還元後、多量の水で希釈処理する還元法。
　問 44　硫酸亜鉛 ZnSO$_4$ の廃棄方法は、金属 Zn なので 1)沈澱法；水に溶かし、消石灰、ソーダ灰等の水溶液を加えて生じる沈殿物をろ過してから埋立。2)焙焼法；還元焙焼法により Zn を回収。　　　　問 45　塩化第一銅 CuCl(あるいは塩化銅（I ））は、劇物。白色結晶性粉末、湿気があると空気により緑色、光により青色～褐色になる。水に一部分解しながら僅かに溶け、アルコール、アセトンには溶けない。廃棄方法は、重金属の Cu なので固化隔離法（セメントで固化後、埋立処分）、あるいは焙焼法（還元焙焼法により金属銅として回収）。　　　　問 46　硫酸 H$_2$SO$_4$ は酸なので廃棄方法はアルカリで中和後、水で希釈する中和法。

問 47 ～問 50　問 47　3　　問 48　4　　問 49　2　　問 50　1
〔解説〕
　問 47　シアン化カリウムの飛散したものを空容器にできるだけ回収する。砂利等に付着している場合は、砂利等を回収し、そのあとに水酸化ナトリウム、ソーダ灰等の水溶液を散布してアルカリ性（pH 11 以上）とし、更に酸化剤（次亜塩素酸ナトリウム、さらし粉等）の水溶液で酸化処理を行い、多量の水を用いて洗い流す（pH 8 ぐらいのアルカリ性ではクロルシアン（ClCN）が発生するので注意する）。　　　　問 48　ブロムメチル(臭化メチル)CH$_3$Br は、常温では気体(有毒な気体)。冷却圧縮すると液化しやすい。クロロホルムに類する臭気がある。液化したものは無色透明で、揮発性がある。漏えいしたときは、土砂等でその流れを止め、液が広がらないようにして蒸発させる。　　　　問 49　燐化亜鉛 Zn$_3$P2 は、灰褐色の結晶又は粉末。かすかにリンの臭気がある。酸と反応して有毒なホスフィン PH3 を発生。漏えいした場合は、飛散したものは、速やかに土砂で覆い、密閉可能な空容器にできるだけ回収して密閉する。、汚染された土砂等も同様な措置をし、その後多量の水を用いて洗い流す。　　　　問 50　ダイアジノンは、有機リン製剤。接触性殺虫剤、かすかにエステル臭をもつ無色の液体、水に難溶、有機溶媒に可溶。付近の着火源となるものを速やかに取り除く。空容器にできるだけ回収し、その後消石灰等の水溶液を多量の水を用いて洗い流す。

〔毒物及び劇物の識別及び取扱方法〕
（一般）
問 51 ～問 54　問 51　3　　問 52　4　　問 53　5　　問 54　2
〔解説〕
　問 51　硫酸 H$_2$SO$_4$ は無色の粘張性のある液体。強力な酸化力をもち、また水を吸収しやすい。水を吸収するとき発熱する。木片に触れるとそれを炭化して黒変させる。また、銅片を加えて熱すると、無水亜硫酸を発生する。硫酸の希釈液に塩化バリウムを加えると白色の硫酸バリウムが生じるが、これは塩酸や硝酸に溶解しない。　　　　問 52　蓚酸は無色の結晶で、水溶液を酢酸で弱酸性にして酢酸カルシウムを加えると、結晶性の沈殿を生ずる。水溶液は過マンガン酸カリウム溶液を退色する。水溶液をアンモニア水で弱アルカリ性にして塩化カルシウムを加えると、蓚酸カルシウムの白色の沈殿を生ずる。

問 53　ベタナフトールの鑑別法；1)水溶液にアンモニア水を加えると、紫色の蛍石彩をはなつ。　2)水溶液に塩素水を加えると白濁し、これに過剰のアンモニア水を加えると澄明となり、液は最初緑色を呈し、のち褐色に変化する。　問 54　四塩化炭素(テトラクロロメタン)CCl_4 は、特有な臭気をもつ不燃性、揮発性無色液体、水に溶けにくく有機溶媒には溶けやすい。洗濯剤、清浄剤の製造などに用いられる。確認方法はアルコール性 KOH と銅粉末とともに煮沸により黄赤色沈殿を生成する。

問 55〜問 59　問 55　1　問 56　2　問 57　5
〔解説〕
　　問 55　アジ化ナトリウムは 0.1 ％以下は毒物から除外。　問 56　アバメクチンは 1.8 ％以下で毒物から除外。アバメクチンは 1.8 ％以下は劇物。　問 57　ジチアノン 50 ％以下は毒物から除外。　問 58　カズサホス 10 ％以下を含有する製剤は劇物で、それ以上含有する製剤は毒物。　問 59　2 −メルカプトエタノール 10 ％以下は毒物から除外。

問 60　2
〔解説〕
　　この設問では劇物はとれかとあるので、a の塩化第一水銀と c の重クロム酸カリウムが劇物。なお、劇物については法第 2 条第 2 項→法別表第二に示されている。因みに、b のシアン化ナトリウムと d の黄燐は毒物。

（農業用品目）

問 51〜問 55　問 51　3　問 52　4　問 53　1　問 54　2　問 55　5
〔解説〕
　　問 51　ニコチンは毒物。純ニコチンは無色、無臭の油状液体。水、アルコール、エーテルに安易に溶ける。用途は殺虫剤。このエーテル溶液に、ヨードのエーテル溶液を加えると、褐色の液状沈殿を生じ、これを放置すると赤色の針状結晶となる。　問 52　クロルピクリン CCl_3NO_2 の確認：1)CCl_3NO_2 ＋金属 Ca ＋ベタナフチルアミン＋硫酸→赤色沈殿。2)　CCl_3NO_2 アルコール溶液＋ジメチルアニリン＋ブルシン＋$BrCN$→緑ないし赤紫色。　問 53　アンモニア水は無色透明、刺激臭がある液体。アルカリ性を呈する。アンモニア NH_3 は空気より軽い気体。濃塩酸を近づけると塩化アンモニウムの白い煙を生じる。　問 54　塩素酸カリウム $KClO_3$ は白色固体。加熱により分解し酸素発生 $2KClO_3 \rightarrow 2KCl + 3O_2$　マッチの製造、酸化剤。熱すると酸素を発生して、塩化カリとなり、これに塩酸を加えて熱すると、塩素を発生する。水溶液に酒石酸を多量に加えると、白色の結晶性の物質を生ずる。　問 55　硫酸第二銅、五水和物白色濃い藍色の結晶で、水に溶けやすく、水溶液は青色リトマス紙を赤変させる。水に溶かし硝酸バリウムを加えると、白色の沈殿を生じる。

問 56　3
〔解説〕
　　農業用品目販売業者の登録が受けた者が販売できる品目については、法第四条の三第一項→施行規則第四条の二→施行規則別表第一に掲げられている品目である。このことから③のシクロヘキシミドが該当する。

問 57〜問 60　問 57　4　問 58　3　問 59　1　問 60　4
〔解説〕
　　問 57　2 −エチルチオメチルフエニルメルー N −メチルカルバメート(エチオフエンカルブ) 2 ％以下は劇物から除外。　問 58　ホスチアゼートは 1.5 ％以下で劇物から除外。　問 59　ジノカップは 0.2％以下で劇物から除外。
　　問 60　イソキサチオンは 2 ％以下は劇物から除外。

静岡県
令和3年度実施

(注)解答・解説については、この書籍の編者により編集作成しております。これに係わることについては、県への直接のお問い合わせはご容赦下さいます様お願い申し上げます。

〔学科：法　規〕
(一般・農業用品目・特定品目共通)

問1　4
〔解説〕
解答のとおり。

問2　3
〔解説〕
解答のとおり。

問3　2
〔解説〕
この設問は法第3条の4による施行令第32条の3で定められている品目は、①亜塩素酸ナトリウムを含有する製剤30％以上、②塩素酸塩類を含有する製剤35％以上、③ナトリウム、④ピクリン酸について業務その他正当な理由による場合を除いて所持してはならないである。このことからaのナトリウムとcのピクリン酸が該当する。なお、dの塩素酸カリウム20％を含有する製剤については、塩素酸塩類ではあるが35％以上ではないので該当しない。このことから2つである。

問4　1
〔解説〕
この設問では誤っているものはどれかとあるので、1が誤り。1の毒物又は劇物製造業の登録は、3年ごとではなく、5年ごとに登録の更新を受けなければならないである。なお、1と3は方第4条第3項の登録の更新のこと。2は方第4条第1項に示されている。また、4における毒物劇物一般登録販売業の登録を受けた者は、全ての毒物又は劇物を販売し、授与することができる。

問5　2
〔解説〕
この設問は法第7条〔毒物劇物取扱責任者〕及び法第8条〔毒物劇物取扱責任者の資格〕についてで、イとウが正しい。イは法第8条第1項第一号に示されている。ウは法第7条第2項に示されている。なお、アは法第8条第2項第一号により、18歳未満の者は毒物劇物取扱責任者になることはできない。この設問は誤り。エは法第7条第1項において、自ら毒物劇物取扱責任者として業務を遂行する場合、毒物劇物取扱責任者を置かなくてもよい。

問6　1
〔解説〕
この設問は法第12条〔毒物又は劇物の表示〕のことで、誤っているものはどれかとあるので、1が誤り。1は法第12条第1項により、「医薬用外」の文字及び白地に赤色をもって「劇物」をひょうじしなければならないである。なお、2は法第12条第3項に示されている。3は法第12条第2項第四号→施行規則第11条の6〔取扱及び使用上特に必要な表示事項〕第二号ハに示されている。4は法第12条第2項第四号→施行規則第11条の6〔取扱及び使用上特に必要な表示事項〕第三号ニに示されている。

問7　4
〔解説〕
この設問の法第14条は毒物又は劇物を販売し、授与したときに、その都度書面に記載する事項のことが同条第1項に示されている。解答のとおり。

問8　3
〔解説〕
この設問は毒物又は劇物を運搬を他に委託〔鉄道、車両〕する場合について施行令40条の6において、荷送人は、運送人対して、あらかじめ書面を交付しなければならないと示されている。書面に記載する事項とは、①毒物又は劇物の名称、成分及びその含量、②事故の際に講じなければならない応急措置の内容。このことからこの設問では誤っているものはどれかとあるので、3が誤り。

問9　1
〔解説〕
　　この設問は法第 17 条〔事故の際の措置〕のこと。解答のとおり。
問10　2
〔解説〕
　　この設問では、イとウが正しい。業務上取扱者の届出を要する事業者とは、次
のとおり。業務上取扱者の届出を要する事業者とは、①シアン化ナトリウム又は
無機シアン化合物たる毒物及びこれを含有する製剤→電気めっきを行う事業、②
シアン化ナトリウム又は無機シアン化合物たる毒物及びこれを含有する製剤→金
属熱処理を行う事業、③最大積載量 5,000kg 以上の運送の事業、④しろありの防
除を行う事業である。

〔学科：基礎化学〕
（一般・農業用品目・特定品目共通）
問11　3
〔解説〕
　　気体から固体、あるいは固体から気体への状態変化を昇華という。風解は結晶
が結晶水を失って崩れる変化、潮解は結晶が空気中の水分や二酸化炭素を吸収し
て溶解する変化。
問12　1
〔解説〕
　　C_6H_5CN はベンゾニトリル、アセトニトリルは CH_3CN である。
問13　3
〔解説〕
　　Li は赤、Na は黄色、Sr は紅の炎色反応を示す。
問14　2
〔解説〕
　　還元剤は相手分子を還元し、自らは酸化される物質である。
問15　4
〔解説〕
　　35%の食塩水の量を X ｇとおく。式は　$(300 × 15/100+X × 35/100)/(300+X) ×$
$100 = 25$,　X = 300 ｇ

〔学科：性質・貯蔵・取扱〕
（一般）
問16　1
〔解説〕
　　この設問では劇物はどれかとあるので、c のクロロホルムが劇物。なお、a のシ
アン化ナトリウム、b のモノフルオール酢酸、d のセレンは毒物。劇物については
法第 2 条第 2 項→法別表第二に示されている。また、毒物は法第 2 条第 1 項→法
別表第一に示されている。
問17　3
〔解説〕
　　この設問は水酸化ナトリウムについてで誤っているものはどれかとあるので、
3 が誤り。水酸化ナトリウム（別名：苛性ソーダ）NaOH は、白色結晶性の固体。
水と炭酸を吸収する性質が強い。水に溶けやすく、水溶液はアルカリ性反応を呈
する。炎色反応は青色を呈する。空気中に放置すると、潮解して徐々に炭酸ソー
ダの皮層を生ずる。動植物に対して強い腐食性を示す。貯蔵法については潮解性
があり、二酸化炭素と水を吸収する性質が強いので、密栓して貯蔵する。
問18　2
〔解説〕
　　この設問では貯蔵方法で誤っているものはどれかとあるので、2 の四塩化炭素
が誤り。次のとおり。四塩化炭素（テトラクロロメタン）CCl_4 は、特有な臭気をも
つ不燃性、揮発性無色液体、水に溶けにくく有機溶媒には溶けやすい。強熱によ
りホスゲンを発生。亜鉛またはスズメッキした鋼鉄容器で保管、高温に接しない
ような場所で保管。

問19 4
〔解説〕
　この設問は用途についてで、アとエがただしい。因みに、イのクロルエチル C_2H_5Cl は、劇物。常温で気体。可燃性である。用途は特殊材料ガス、各種塩化物の製造。ウのヒドラジン(N_2H_4)は、毒物。無色の油状の液体。用途は強い還元剤でロケット燃料にも使用される。医薬、農薬等の原料。
問20 1
〔解説〕
　ブロムエチルは新鮮な空気に接しさせて、足を高くして額面を下に向け、身体をあたため、呼吸が停止した場合には、人工呼吸を行い、医師の指示に従い、酸素吸入を施す。

（農業用品目）
問16 3
〔解説〕
　この設問は劇物に該当するものはどれかとあるので、3のシアン酸ナトリウムが劇物。劇物については法第2条第2項→法別表第二に示されている。
問17 2
〔解説〕
　農業用品目販売業者の登録が受けた者が販売できる品目については、法第四条の三第一項→施行規則第四条の二→施行規則別表第一に掲げられている品目である。このことからイの塩素酸ナトリウムとウの硫酸が該当する。
問18 1
〔解説〕
　この設問は法第13条における着色する農業品目のことで、法第13条→施行令第39条において、①硫酸タリウムを含有する製剤たる劇物、②燐化亜鉛を含有する製剤たる劇物→施行規則第12条で、あせにくい黒色に着色しなければならないと示されている。このことから1が正しい。
問19 4
〔解説〕
　この設問では除草剤はどれかとあるので、4のパラコートが該当する。パラコートは、毒物で、ジピリジル誘導体で無色結晶性粉末。用途は除草剤。因みに、1のメチルイソチオシアネートは劇物。無色結晶。用途は、土壌消毒剤。2のブロムメチルは、常温では気体(有毒な気体)。用途は、燻蒸剤。3の2－メチリンデンブタン(メチレンコハク酸)は劇物。白色結晶性粉末。用途は農薬、合成樹脂、塗料。
問20 1
〔解説〕
　クロルピクリン CCl_3NO_2 は、無色～淡黄色液体で催涙性、粘膜刺激臭を持つことから、気管支を刺激してせきや鼻汁が出る。多量に吸入すると、胃腸炎、肺炎、尿に血が混じる。悪心、呼吸困難、肺水腫を起こす。手当は酸素吸入をし、強心剤、興奮剤を与える。

（特定品目）
問16 3
〔解説〕
　特定品目販売業の登録を受けた者が販売できる品目については、法第四条の三第二項→施行規則第四条の三→施行規則別表第二に掲げられている品目のみである。このことから a の酢酸エチル、c のホルムアルデヒド10％を含有する製剤、d のメチルエチルケトンが該当する。
問17 4
〔解説〕
　この設問の四塩化炭素の性状について誤っているものはどれかとあるので、4が誤り。次のとおり。四塩化炭素(テトラクロロメタン)CCl_4(別名四塩化メタン)は、揮発性、麻酔性の芳香を有する、無色の重い液体である。水には溶けにくいが、アルコール、エーテル、クロロホルムにはよく溶け、不燃性である。

問18　1
〔解説〕
　　この設問ではキシレンの用途については、次のとおりである。キシレン$C_6H_4(CH_3)_2$ は、無色透明な液体で o-、m-、p-の 3 種の異性体がある。水にはほとんど溶けず、有機溶媒に溶ける。用途は、溶剤、染料中間体などの有機合成原料、試薬等。

問19　3
〔解説〕
　　この設問はクロロホルムの貯蔵法についは、クロロホルム $CHCl_3$ は、無色、揮発性の液体で特有の香気とわずかな甘みをもち、麻酔性がある。空気中で日光により分解し、塩素、塩化水素、ホスゲンを生じるので、少量のアルコールを安定剤として入れて冷暗所に保存。

問20　2
〔解説〕
　　b のクロム酸カリウムの化学式は、K_2CrO_4。と c の四塩化炭素の化学式は、CCl_4。の二つの組み合わせ正しい。なお、a のトルエンの化学式は、$C_6H_5CH_3$。と d のの化学式は、メタノール CH_3OH。

〔実地：識別・取扱〕

（一般・農業用品目・特定品目共通）
問1　4
〔解説〕
　　この設問は硫酸についてで誤っているものはどれかとあるので、4 が誤り。硫酸 H_2SO_4 は無色の粘稠性のある液体。強力な酸化力をもち、また水を吸収しやすい。濃い硫酸は比重がきわめて大きい。水を吸収するとき発熱する。木片に触れるとそれを炭化して黒変させる。毒性は人体に触れると、激しい火傷を起こさせる。粘膜を激しく刺激し、失明することがある。

問2　2
〔解説〕
　　この設問のアンモニアについて正しいものはどれかとあるので、2 が正しい。次のとおり。アンモニア NH_3 は、劇物。10％以下で劇物から除外。特有の刺激臭がある無色の気体で、圧縮することにより、常温でも簡単に液化する。水、エタノール、エーテルに可溶。強いアルカリ性を示し、腐食性は大。水溶液は弱アルカリ性を呈する。空気中では燃焼しないが、酸素中では黄色の炎を上げて燃焼する。

問3　2
〔解説〕
　　必要な塩酸の体積を V とする。$1.0 \times 2 \times 20 = 2.0 \times 1 \times V$,　$V = 20mL$

（一般）
問4　3
〔解説〕
　　この設問では、ウとエが正しい。ウの沃素(別名ヨード、ヨジウム) (I_2) は劇物。黒灰色、金属様の光沢ある稜板状結晶。常温でも多少不快な臭気をもつ蒸気をはなって揮散する。水には黄褐色を呈して、ごくわずかに溶ける。澱粉にあうと藍色(ヨード澱粉)を呈し、これを熱すると退色する。エの四エチル鉛$(C_2H_5)_4Pb$ は、特定毒物。常温においては無色可燃性の液体。ハッカ実臭をもつ液体。水にほとんど溶けない。金属に対して腐食性がある。なお、キシレン $C_6H_4(CH_3)_2$ は劇物。無色透明の液体で芳香族炭化水素特有の臭いを有する。蒸気は空気より重い。水に不溶、有機溶媒に可溶である。ニトロベンゼン $C_6H_5NO_2$ は特有な臭いの淡黄色液体。水に難溶。比重 1 より少し大。可燃性。

問5　1
〔解説〕
　　この設問のシアン化カリウムについて誤っているものはどれかとあるので、1
が誤り。次のとおり。シアン化カリウム KCN（別名青酸カリ）は毒物。無色の塊状
又は粉末。空気中では湿気を吸収し、二酸化炭素と作用して青酸臭をはなつ、ア
ルコールにわずかに溶け、水に可溶。強アルカリ性を呈し、煮沸騰すると蟻酸カ
リウムとアンモニアを生ずる。本品は猛毒。（酸と反応して猛毒の青酸ガス（シア
ン化水素ガス）を発生する。

問6　4
〔解説〕
　　解答のとおり。

問7　2
〔解説〕
　　ピクリン酸（$C_6H_2(NO_2)_3OH$）は、淡黄色の針状結晶で、急熱や衝撃で爆発。ピク
リン酸による羊毛の染色（白色→黄色）。

問8　4
〔解説〕
　　硝酸銀 $AgNO_3$ は、劇物。無色結晶。水に溶して塩酸を加えると、白色の塩化銀
を沈殿する。その硫酸と銅屑を加えて熱すると、赤褐色の蒸気を発生する。

問9　1
〔解説〕
　　アニリン $C_6H_5NH_2$ は、劇物。新たに蒸留したものは無色透明油状液体、光、空
気に触れて赤褐色を呈する。特有な臭気。水には難溶、有機溶媒には可溶。水溶
液にさらし粉を加えると紫色を呈する。

問10　3
〔解説〕
　　この設問の廃棄方法では、3のベタナフトールが正しい。次のとおり。ベタナ
フトール $C_{10}H_7OH$ は、劇物。無色の光沢のある小葉状結晶あるいは白色の結晶性
粉末。廃棄法は焼却炉でそのまま焼却する。または、可燃性溶剤と共に焼却炉の
火室へ噴霧して焼却する燃焼法。なお、臭素 Br_2 の廃棄方法は、還元法。ブロム
メチルの廃棄方法は、燃焼法。硫化バリウムの廃棄方法は、沈殿法。

（農業用品目）

問4　2
〔解説〕
　　解答のとおり。

問5　3
〔解説〕
　　トルフェンピラドは劇物。類白色の粉末。水に溶けにくい。用途は殺虫剤。

問6　4
〔解説〕
　　この設問のカルタップについて誤っているものはどれかとあるので、4が誤り。
次のとおり。カルタップは、劇物。2％以下は劇物から除外。無色の結晶。融点 179
〜 181 ℃。水、メタノールに溶ける。ベンゼン、アセトン、エーテルには溶けな
い。ネライストキシン系の殺虫剤。

問7　4
〔解説〕
　　この設問のメトミルについて誤っているものはどれかとあるので、4が誤り。
次のとおり。メトミルは、毒物（劇物は 45 ％以下は劇物）。白色の結晶。弱い硫黄
臭がある。水、メタノール、アセトンに溶ける。

問8　1
〔解説〕
　　解答のとおり。

問9　4
〔解説〕
　　解答のとおり。

静岡県

問10　3
〔解説〕
　　有機燐製剤は、口や呼吸により体内に摂取されるばかりでなく、皮膚からの呼吸
が激しい。血液中のコリンエステラーゼと結合し、その作用を阻害する。解毒・
治療薬にはPAM・硫酸アトロピン。

(特定品目)

問4　3
〔解説〕
　　この設問の硅弗化ナトリウムは、3が正しい。次のとおり。硅弗化ナトリウム
は劇物。無色の結晶。水に溶けにくい。廃棄法は水に溶かし、消石灰等の水溶液
を加えて処理した後、希硫酸を加えて中和し、沈殿濾過して埋立処分する分解沈殿
法。用途は釉薬、試薬。

問5　1
〔解説〕
　　この設問の重クロム酸カリウムについては、アとイが正しい。次のとおり。重
クロム酸カリウム $K_2Cr_2O_7$ は、橙赤色の柱状結晶で、水に溶け、アルコールには
溶けない。強い酸化作用を有する。

問6　4
〔解説〕
　　この設問は全て正しい。次のとおり。水酸化カリウム KOH (別名苛性カリ)は劇
物(5％以下は劇物から除外。)。白色の固体で、水、アルコールには熱を発して
溶けるが、アンモニア水には溶けない。空気中に放置すると、水分と二酸炭素を
吸収して潮解する。水溶液は強いアルカリ性を示す。また、腐食性が強い。

問7　2
〔解説〕
　　解答のとおり。

問8　1
〔解説〕
　　蓚酸は無色の結晶で、水溶液を酢酸で弱酸性にして酢酸カルシウムを加えると、
結晶性の沈殿を生ずる。水溶液は過マンガン酸カリウム溶液を退色する。水溶液
をアンモニア水で弱アルカリ性にして塩化カルシウムを加えると、蓚酸カルシウ
ムの白色の沈殿を生ずる。

問9　4
〔解説〕
　　塩素の廃棄方法は、多量のアルカリ水溶液（石灰乳又は水酸化ナトリウム水溶
液等）中に吹き込んだ後、多量の水で希釈して処理するアルカリ法。

問10　3
〔解説〕
　　この設問における漏えい時の品目は、酢酸エチル。次のとおり。多量の場合は、
漏えいした液は、土砂等でその流れを止め、安全な場所に導いた後、液の表面を
泡等で覆い、できるだけ空容器に回収する。その後は多量の水を用いて洗い流す。
少量の場合は、漏えいした液は、土砂等に吸着させて空容器に回収し、その後は
多量の水を用いて洗い流す。作業の際には必ず保護具を着用する。風下で作業を
しない。

愛知県
令和３年度実施

〔毒物及び劇物に関する法規〕
（一般・農業用品目・特定品目共通）

問１　４
〔解説〕
　　　解答のとおり。
問２　１
〔解説〕
　　　解答のとおり。
問３　１
〔解説〕
　　　この設問は法第３条〔禁止規定〕のことで、１が正しい。１は法第３条第１項に示されている。なお、２については法第３条第３項により法第４条〔営業の登録〕における登録を受けなければならな。３の設問にある自ら使用する目的で輸入とあることから販売し、授与にあたらないので輸入業の登録を要しない。４については法第３条第３項ただし書規定により、他の毒物劇物営業者に販売することができる。
問４　３
〔解説〕
　　　この設問では、アとウが正しい。アは法第３条の２第１項に示されている。ウは法第10条第２項第一号に示されている。なお、イについては法第３条の２第６項により、特定毒物を譲り渡し、譲り受けすることができる。よってこの設問は誤り。
問５　２
〔解説〕
　　　この設問は法第４条〔営業の登録〕についてで、誤っているものはどれかとあるので、２が誤り。２については、店舗ごとに登録を受ける必要はないではなく、法第４条第１項により、店舗ごとに登録を受けなければならないである。なお、１は法第４条第２項に示されている。３は法第４条第３項〔登録の更新〕に示されている。４は施行令第35条第１項に示されている。
問６　３
〔解説〕
　　　この設問は法第５条〔登録基準〕→施行規則第４条の４第２項についてで、アとウが正しい。アは施行規則第４条の４第１項第二号イに示されている。ウは施行規則第４条の４第１項第二号ハに示されている。なお、イの設問については毒物又は劇物を陳列する場所にはかぎをかける設備があることである。この設問にあるただし書はない。イは施行規則第４条の４第１項第三号に示されている。
問７　１
〔解説〕
　　　この設問は法第７条〔毒物劇物取扱責任者〕及び法第８条〔毒物劇物取扱責任者の資格〕についてで、正しいものはどれかとあるので、１が正しい。１は法第７条第３項に示されている。なお、２の設問にある毒物劇物取扱責任者になるために業務経験は示されていない。法第８条第１項に掲げられている①薬剤師、②厚生労働省令で定める学校で、応用化学を修了した者、③都道府県知事が行う試験に合格した者が毒物劇物取扱責任者になることができる。３については、２に記したとおりである。４については法第８条第２項第一号に示されているとおりで、この設問にあるただし書はない。
問８　３
〔解説〕
　　　この設問は法第10条〔届出〕についてで定められていないものはどれかとあるので、３が該当する。３にある登録以外の毒物又は劇物を追加したときは、法第10条の届出ではなく、法第９条〔登録の変更〕により、あらかじめ登録の変更をすることができる。

問9　4
〔解説〕
　　この設問は法第12条第2項で、容器及び被包に掲げる事項を表示→①毒物又は劇物の名称、②毒物又は劇物の成分及びその含量、③厚生労働省令でさだめる毒物又は劇物については解毒剤の名称を表示しなければ販売し、授与することはできない。以上のことからこの設問ではさだめられていないものとあるので、4が該当する。
問10　4
〔解説〕
　　この設問の法第12条第3項は、毒物又は劇物を貯蔵し、陳列するときに表示が示されている。4が正しい。
問11　1
〔解説〕
　　この設問は法第13条における着色する農業品目のことで、法第13条→施行令第39条において、①硫酸タリウムを含有する製剤たる劇物、②燐化亜鉛を含有する製剤たる劇物→施行規則第12条で、あせにくい黒色に着色しなければならないと示されている。このことから1が正しい。
問12　2
〔解説〕
　　この設問は法第13条の2→施行令第39条の2〔劇物たる家庭用品〕のこと。解答のとおり。
問13　1
〔解説〕
　　この設問は法第14条第1項は毒物劇物営業者が他の毒物劇物営業者に販売し、授与したとき、その都度書面に記載する事項のこと。解答のとおり。
問14　3
〔解説〕
　　この設問は法第15条第2項における法第3条の4による施行令第32条の3で定められている品目は、①亜塩素酸ナトリウムを含有する製剤30％以上、②塩素酸塩類を含有する製剤35％以上、③ナトリウム、④ピクリン酸については交付を受ける者の氏名及び住所を確認した後でなければ交付できない。このことから3が正しい。
問15　2
〔解説〕
　　この設問にある施行令第40条の9は毒物又は劇物を販売し、授与するときまでに譲受人に対し、毒物又は劇物の性状及び取扱いを情報提供しなければないことが示されている。解答のとおり。
問16　3
〔解説〕
　　この設問の法第17条第2項は、毒物又は劇物が盗難、紛失の措置のことが示されている。解答のとおり。
問17　2
〔解説〕
　　この設問は法第21条第1項〔登録が失効した場合等の措置〕が示されている。解答のとおり。
問18　4
〔解説〕
　　この設問にある法第22条第5項とは業務上非届出者〔例えば一般、学校、工場、病院等〕について、同条第5項にある条文が準用がされる。解答のとおり。
問19　4
〔解説〕
　　この設問における施行令第40条の5〔運搬方法〕とは、毒物又は劇物車両を使用して運搬する場合のことである。この設問は全て誤り。アは施行令第40条の5第2項第三号により、一人分ではなく、二人分以上備えなければならないである。イは施行令第40条の5第2項第二号→施行規則第13条の5〔毒物又は劇物を運搬する車両に掲げる標識〕により、地を黒色、文字を白色として「毒」と表示しなければならなである。ウは施行令第40条の5第2項第一号により、車両1台につて運転者の他に交替して運転する者を同乗させなければならないである。

愛知県

- 527 -

問20　3
〔解説〕
　　この設問は法第22条第4項にある条文が準用される。このことからこの設問で正しいのは、イである。イは法第22条第4項→法第11条に示されている。アは法第22条第3項→同条第2項において、30日以内に届け出なければならないである。ウは法第22条第4項→法第11条及び法第12条第3項により誤り。

〔基礎化学〕
（一般・農業用品目・特定品目共通）

問21　1
〔解説〕
　　水素と重水素は同位体の関係である。

問22　3
〔解説〕
　　状態変化は物理変化である。気体から液体への状態変化を凝縮という。凝固は液体から固体への状態変化である。

問23　4
〔解説〕
　　原子核中の陽子の数と中性子の数の和を質量という。中性子は電荷をもたず、陽子と中性子の重さはほぼ等しい。

問24　2
〔解説〕
　　周期表の1族元素でHを除くものをアルカリ金属という。

問25　3
〔解説〕
　　銅は黄緑色の炎色反応を呈する。

問26　4
〔解説〕
　　黒鉛は共有結合結晶、アルミニウムは金属結晶、ドライアイスは分子結晶である。

問27　3
〔解説〕
　　発生した水素ガスの体積が 1.40 L であることから、水素ガスのモル数は、1.40/22.4 = 0.0625 モルである。反応式より、アルミニウム1モル反応すると水素は 1.5 モル生じることから、使用したアルミニウムのモル数は、0.0625/1.5 モルである。アルミニウムの原子量が27 であるから、0.0625/1.5 × 27 = 1.125 g

問28　4
〔解説〕
　　OH^- を生じるものはアレニウスの塩基として定義される。

問29　1
〔解説〕
　　電池から電流を取り出す操作を放電という。亜鉛板と銅板を電極に用いたとき、イオン化傾向の大きい亜鉛板が負極となり酸化反応が起こる。リチウムイオン電池は充電できるので二次電池である。

問30　1
〔解説〕
　　すべて正しい。ヘキサンは水に溶けない。

問31　4
〔解説〕
　　4の現象を電気泳動という。

問32　3
〔解説〕
　　0.001 mol/L の水酸化ナトリウムの pOH は3 である。pH + pOH=14 であることから、この溶液の pH は 11 となる。

問 33　3
〔解説〕
　　水の比熱 4.2　J/g・K は 1 g の水を 1 度温度上昇させるのに 4.2 J 必要ということである。100 g の水を 30 ℃上昇させるには 4.2 × 100 × 30 ＝ 12,600 J であるから、12.6 kJ となる。
問 34　2
〔解説〕
　　触媒は活性化エネルギーは低下させるが反応熱は低下させない。
問 35　1
〔解説〕
　　酸化ナトリウムは塩基性酸化物である。その他は水に溶解すると酸性を示す酸性酸化物である。
問 36　3
〔解説〕
　　空気は窒素を約 78%含有している。
問 37　3
〔解説〕
　　鉛イオンの水溶液は無色、銅の水溶液は青色、鉄(II)の水溶液は淡緑色、鉄(III)の水溶液は黄褐色である。
問 38　2
〔解説〕
　　メタンには不斉炭素がないので鏡像異性体は存在しない。
問 39　4
〔解説〕
　　酢酸メチルは酢酸同様に CH_3CO を有するがヨードホルム反応に陰性である。
問 40　1
〔解説〕
　　マレイン酸には炭素炭素間に二重結合がある不飽和ジカルボン酸である。テレフタル酸ではなくフタル酸ならば分子内脱水を起こす。サリチル酸とメタノールからサリチル酸メチルができる。

〔取　扱〕

(一般・農業用品目・特定品目共通)
問 41　1
〔解説〕
　　25%アンモニア水 400g に含まれる溶質の重さは 400 × 0.25=100　g である。加える水の重さを X g とすると式は、 100/(400+X)× 100 ＝ 20, X ＝ 100 g
問 42　2
〔解説〕
　　2mol/L 水酸化カリウム水溶液 200　mL に溶解している溶質のモル数は 2 × 200/1000 ＝ 0.4 モル。同様に 1.5 mol/L 水酸化カリウム水溶液 300 mL に溶解している溶質のモル数は 1.5 × 300/1000=0.45 モルである。よってこの混合溶液のモル濃度は (0.4+0.45)× 1000/(200+500) ＝ 1.70 mol/L
問 43　4
〔解説〕
　　素イオンのモル数＝水酸化物イオンのモル数となればよい。1.5 × 2 × 80 ＝ 1.2 × 1 × V, V ＝ 200 mL

(一般・農業用品目共通)
問 44　3
〔解説〕
　　この設問の塩素酸ナトリウムについて誤りはどれかとあるので、3 が誤り。次のとおり。塩素酸ナトリウム $NaClO_3$ は、劇物。無色無臭結晶で潮解性をもつ。酸化剤、水に易溶。有機物や還元剤との混合物は加熱、摩擦、衝撃などにより爆発することがある。酸性では有害な二酸化塩素を発生する。また、強酸と作用して二酸化炭素を放出する。

（一般）
問45　3
〔解説〕
　この設問のフェノールについて誤っているものはどれかとあるので、3が誤り。フェノール C_6H_5OH は、無色の針状晶あるいは結晶性の塊りで特異な臭気があり、空気中で酸化され赤色になる。水に少し溶け、アルコール、エーテル、クロロホルム、二硫化炭素、グリセリンには容易に溶ける。石油ベンゼン、ワセリンには溶けにくい。皮膚や粘膜につくと火傷を起こし、その部分は白色となる。内服した場合には、口腔、咽喉、胃に灼熱感を訴え、悪心、嘔吐、めまいを起こし、尿は特有の暗赤色を呈する。

（一般・農業用品目共通）
問46　2
〔解説〕
　シアン化カリウムは亜硝酸ナトリウムまたはチオ硫酸ナトリウムで解毒する。

（一般）
問47　3
〔解説〕
　この設問における用途では、3のアジ化ナトリウムが正しい。アジ化ナトリウム NaN_3 は、毒物、無色板状結晶で無臭。用途は試薬、医療検体の防腐剤、エアバッグのガス発生剤、除草剤としても用いられる。なお、1のクロルピクリンは、劇物。無色～淡黄色液体。用途は、線虫駆除、燻蒸剤。2のパラコートは、毒物で、ジピリジル誘導体で無色結晶性粉末。用途は除草剤。4のクロム酸ナトリウムは酸化性があるので工業用の酸化剤などに用いられる。

問48　4
〔解説〕
　この設問については、貯蔵について適当でないものはどれかとあるので、4のホルマリン。次のとおり。ホルマリンは、容器を密閉して換気の良いところで貯蔵すること。直射日光をさけて保管すること。

問49　2
〔解説〕
　この設問については、廃棄方法について適当でないものはどれかとあるので、2のトルエン。次のとおり。トルエンは可燃性の溶液であるから、これを珪藻土などに付着して、焼却する燃焼法。

（一般・農業用品目共通）
問50　3
〔解説〕
　解答のとおり。

（農業用品目）
問45　3
〔解説〕
　この設問のブロムメチルについて誤っているものはどれかとあるので、3が誤りむ。次のとおり。ブロムメチル（臭化メチル）CH_3Br は、常温では気体であるが、冷却圧縮すると液化しやすく、クロロホルムに類する臭気がある。ガスは重く、空気の 3.27 倍である。液化したものは無色透明で、揮発性がある。

問47
〔解説〕
　農業用品目販売業者の登録が受けた者が販売できる品目については、法第四条の三第一項→施行規則第四条の二→施行規則別表第一に掲げられている品目である。解答のとおり。

問48　4
〔解説〕
　この設問では用途の組み合わせで適当でないものはどれかとあるので、4が適当ではない。次のとおり。イミノクタジンは、劇物。白色の粉末（三酢酸塩の場合）。用途は、果樹の腐らん病、晩腐病等、麦の斑葉病、芝の葉枯病殺菌する殺菌剤。

問49　2
〔解説〕
　　エジフェンホス(EDDP)は、黄色～淡褐色透明な液体。廃棄法は木粉(おが屑)
等に吸収させてアフタバーナー及びスクラバーを具備した焼却炉で焼却する燃焼
法

（特定品目）

問44　3
〔解説〕
　　この設問では劇物ではないものはどれかとあるので、3のトルエン。トルエン
については、原体のみが劇物に指定されている。この設問では60％を含有する製
剤とあるので劇物には該当しない。
問45　3
〔解説〕
　　この設問のクロロホルムについて誤っているものはどれかとあるので、3が誤
り。次のとおり。クロロホルム CHCl₃ は、無色、揮発性の液体で特有の香気とわ
ずかな甘みをもち、麻酔性がある。空気中で日光により分解し、塩素、塩化水素、
ホスゲンを生じるので、少量のアルコールを安定剤として入れて冷暗所に保存。
問46　2
〔解説〕
　　この設問の塩化水素について誤っているものはどれかとあるので、2が誤り。
次のとおり。塩化水素 HCl は、劇物。常温で無色の刺激臭のある気体。腐食性を
有し、不燃性。湿った空気中で発煙し塩酸になる。白色の結晶。水、メタノール、
エーテルに溶ける。用途は塩酸の製造に用いられるほか、無水物は塩化ビニル原
料にもちいられる。
問47　3
〔解説〕
　　この設問における用途の組合せについて適当でないものどれかとあるので、3
である。クロム酸ナトリウムは酸化性があるので工業用の酸化剤などに用いられ
る。
問48　4
〔解説〕
　　特定品目販売業の登録を受けた者が販売できる品目については、法第四条の三
第二項→施行規則第四条の三→施行規則別表第二に掲げられている品目のみであ
る。解答のとおり。
問49　2
〔解説〕
　　四塩化炭素 CCl₄ は有機ハロゲン化物で難燃性のため、可燃性溶剤や重油とと
もにアフターバーナーを具備した焼却炉で燃焼させる燃焼法。
問50　3
〔解説〕
　　解答のとおり。

〔実　地〕

（一般）

問1～4　問1　1　　問2　2　　問3　4　　問4　3
〔解説〕
　　問1　硝酸銀 AgNO₃ は、劇物。無色透明結晶。光によって分解して黒変する強
力な酸化剤である。また、腐食性がある。水にきわめて溶けやすく、アセトン、
クリセリンに溶ける。　　　　**問2**　アニリン C₆H₅NH₂ は、劇物。新たに蒸留したも
のは無色透明油状液体、光、空気に触れて赤褐色を呈する。特有の臭気。水には
難溶、蒸気は空気より重い。有機溶媒には可溶。水溶液にさらし粉を加えると紫
色を呈する。　　　　**問3**　臭化銀(AgBr)は、劇物。淡黄色無臭の粉末。水に難溶。
シアン化水溶液に可溶。光により暗色化する。　　　　**問4**　酢酸エチル CH₃COOC₂H₅
(別名酢酸エチルエステル、酢酸エステル)は、劇物。強い果実様の香気ある可燃
性無色の液体。揮発性がある。蒸気は空気より重い。引火しやすい。水にやや溶
けやすい。

問5～8　問5　1　　問6　4　　問7　3　　問8　2
〔解説〕
　　問5　ピクリン酸($C_6H_2(NO_2)_3OH$)は爆発性なので、火気に対して安全で隔離された場所に、イオウ、ヨード、ガソリン、アルコール等と離して保管する。鉄、銅、鉛等の金属容器を使用しない。　　問6　黄リン P_4 は、無色又は白色の蝋様の固体。毒物。別名を白リン。暗所で空気に触れるとリン光を放つ。水、有機溶媒に溶けないが、二硫化炭素には易溶。湿った空気中で発火する。空気に触れると発火しやすいので、水中に沈めてビンに入れ、さらに砂を入れた缶の中に固定し冷暗所で貯蔵する。　　問7　ベタナフトール $C_{10}H_7OH$ は、劇物。無色～白色の結晶、石炭酸臭、水に溶けにくく、熱湯に可溶。有機溶媒に易溶。空気や光線に触れると赤変するので、遮光して貯蔵する。　　問8　水酸化ナトリウム（別名：苛性ソーダ）NaOH は、白色結晶性の固体。水と炭酸を吸収する性質が強い。空気中に放置すると、潮解して徐々に炭酸ソーダの皮層を生ずる。貯蔵法については潮解性があり、二酸化炭素と水を吸収する性質が強いので、密栓して貯蔵する。
問9～12　問9　3　　問10　2　　問11　4　　問12　1
〔解説〕
　　問9　メタノール CH_3OH は特有の臭いの無色液体。水に可溶。可燃性。染料、有機合成原料、溶剤。　　メタノールの中毒症状：吸入した場合、めまい、頭痛、吐気など、はなはだしい時は嘔吐、意識不明。中枢神経抑制作用。飲用により視神経障害、失明。　　問10　セレン Se は毒物。灰色の金属光沢を有するペレットまたは赤色の粉末。水に不溶。吸入した場合はのどを刺激する。はなはだしい場合には肺炎を起こすことがある。　　問11　蓚酸を摂取すると体内のカルシウムと安定なキレートを形成することで低カルシウム血症を引き起こし、神経系が侵される。　　問12　硫酸タリウム Tl_2SO_4 は、白色結晶で、水にやや溶け、熱水に易溶、劇物、殺鼠剤。中毒症状は、疝痛、嘔吐、震せん、けいれん麻痺等の症状に伴い、しだいに呼吸困難、虚脱症状を呈する。
問13～16　問13　3　　問14　4　　問15　1　　問16　2
〔解説〕
　　問13　塩化水素 HCl は酸性なので、石灰乳などのアルカリで中和した後、水で希釈する中和法。　　問14　シアン化カリウム KCN（別名青酸カリ）は、毒物で無色の塊状又は粉末。①酸化法　水酸化ナトリウム水溶液を加えてアルカリ性（pH11 以上）とし、酸化剤（次亜塩素酸ナトリウム、さらし粉等）の水溶液を加えて CN 成分を酸化分解する。CN 成分を分解したのち硫酸を加え中和し、多量の水で希釈して処理する。②アルカリ法　水酸化ナトリウム水溶液等でアリカリ性とし、高温加圧下で加水分解する。　　問15　一酸化鉛 PbO は、水に難溶性の重金属なので、そのままセメント固化し、埋立処理する固化隔離法。　　問16　クロロホルム $CHCl_3$ は含ハロゲン有機化合物なので廃棄方法はアフターバーナーとスクラバーを具備した焼却炉で焼却する燃焼法。
問17～20　問17　3　　問18　2　　問19　1　　問20　4
〔解説〕
　　問17　四塩化炭素（テトラクロロメタン）CCl_4 は、特有の臭気をもつ不燃性、揮発性無色液体、水に溶けにくく有機溶媒には溶けやすい。洗濯剤、清浄剤の製造などに用いられる。確認方法はアルコール性 KOH と銅粉末とともに煮沸により黄赤色沈殿を生成する。　　問18　無水硫酸銅 $CuSO_4$　無水硫酸銅は灰白色粉末、これに水を加えると五水和物 $CuSO_4 \cdot 5H_2O$ になる。これは青色ないし群青色の結晶、または顆粒や粉末。水に溶かして硝酸バリウムを加えると、白色の沈殿を生ずる。　　問19　弗化水素酸(HF・aq) は毒物。弗化水素の水溶液で無色またはわずかに着色した透明の液体。特有の刺激臭。不燃性。濃厚なものは空気中で白煙を生ずる。ガラスを腐食する作用がある。用途はフロンガスの原料。半導体のエッチング剤等。ろうを塗ったガラス板に針で任意の模様を描いたものに、この薬物を塗るとろうをかぶらない模様の部分は腐食される。　　問20　スルホナールは劇物。無色、稜柱状の結晶性粉末。無色の斜方六面形結晶で、潮解性をもち、微弱の刺激性臭気を有する。水、アルコール、エーテルには溶けやすく、水溶液は強酸性を呈する。木炭とともに加熱すると、メルカプタンの臭気を放つ。

（農業用品目）
問1〜4 問1 1 問2 2 問3 4 問4 3
〔解説〕
　　問1　ジメチルジチオホスホリルフェニル酢酸エチル（フェントエート、PAP）は、赤褐色、油状の液体で、芳香性刺激臭を有し、水、プロピレングリコールに溶けない。リグロインにやや溶け、アルコール、エーテル、ベンゼンに溶ける。アルカリには不安定。　　問2　モノフルオール酢酸ナトリウム FCH_2COONa は特毒。重い白色粉末、吸湿性、冷水に易溶、有機溶媒には溶けない。水、メタノールやエタノールに可溶。からい味と酢酸のにおいを有する。野ネズミの駆除に使用。特毒。　　問3　オキサミルは毒物。白色粉末または結晶、かすかに硫黄臭を有する。加熱分解して有毒な酸化窒素及び酸化硫黄ガスを発生するので、熱源から離れた風通しの良い冷所に保管する。　　問4　シフルトリンは劇物。黄褐色の粘稠性または塊。無臭。水に極めて溶けにくい。キシレン、アセトンによく溶ける。0.5％以下は劇物から除外。
問5〜8 問5 1 問6 4 問7 3 問8 2
〔解説〕
　　問5　燐化アルミニウムとその分解促進剤とを含有する製剤（ホストキシン）は、無色の窒息性ガス。用途は、ネズミ、昆虫駆除に用いられる。特定毒物。　　問6　ジクワットは、劇物で、ジピリジル誘導体で淡黄色結晶、水に溶ける。用途は、除草剤。　　問7　シアン酸ナトリウム $NaOCN$ は、劇物。白色の結晶性粉末。用途は、除草剤、有機合成、鋼の熱処理に用いられる。　　問8　フェンチオン MPP は、劇物（2％以下除外）、有機リン剤、淡褐色のニンニク臭をもつ液体。用途は、稲のニカメイチュウ、ツマグロヨコバイなどの殺虫に用いる（有機リン系殺虫剤）。
問9〜12 問9 3 問10 2 問11 4 問12 1
〔解説〕
　　解答のとおり。
問13〜16 問13 3 問14 4 問15 1 問16 2
〔解説〕
　　問13　塩素酸カリウム $KClO_3$ は、無色の結晶。水に可溶、アルコールに溶けにくい。漏えいの際の措置は、飛散したもの還元剤（例えばチオ硫酸ナトリウム等）の水溶液に希硫酸を加えて酸性にし、この中に少量ずつ投入する。反応終了後、反応液を中和し多量の水で希釈して処理する還元法。　　問14　アンモニア NH_3 は無色刺激臭をもつ空気より軽い気体。水に溶け易く、その水溶液はアルカリ性でアンモニア水。廃棄法はアルカリなので、水で希釈後に酸で中和し、さらに水で希釈処理する中和法。　　問15　カルタップは、劇物。無色の結晶。水、メタノールに溶ける。廃棄法は：そのままあるいは水に溶解して、スクラバーを具備した焼却炉の火室へ噴霧し、焼却する焼却法。用途は農薬の殺虫剤。　　問16　硫酸第二銅は、水に溶解後、消石灰などのアルカリで水に難溶な水酸化銅 $Cu(OH)_2$ とし、沈殿ろ過して埋立処分する沈殿法。または、還元焙焼法で金属銅 Cu として回収する還元焙焼法。
問17〜20 問17 3 問18 2 問19 1 問20 4
〔解説〕
　　問17　硫酸 H_2SO_4 は無色の粘張性のある液体。強力な酸化力をもち、また水を吸収しやすい。水を吸収するとき発熱する。木片に触れるとそれを炭化して黒変させる。硫酸の希釈液に塩化バリウムを加えると白色の硫酸バリウムが生じるが、これは塩酸や硝酸に溶解しない。問18　硫酸亜鉛 $ZnSO_4・7H_2O$ は、水に溶かして硫化水素を通じると、硫化物の沈殿を生成する。硫酸亜鉛の水溶液に塩化バリウムを加えると硫酸バリウムの白色沈殿を生じる。問19　塩化亜鉛 $ZnCl_2$ は、白色の結晶で、空気に触れると水分を吸収して潮解する。水およびアルコールによく溶ける。水に溶かし、硝酸銀を加えると、白色の沈殿が生じる。
　　問20　AlP の確認方法：湿気により発生するホスフィン $PH3$ により硝酸銀中の銀イオンが還元され銀になる（$Ag^+ → Ag$）ため黒変する。

（特定品目）

問1～4 問1 1 　問2 2 　問3 4 　問4 3

〔解説〕
　　　問1　酢酸エチル $CH_3COOC_2H_5$（別名酢酸エチルエステル、酢酸エステル）は、劇物。強い果実様の香気ある可燃性無色の液体。揮発性がある。蒸気は空気より重い。引火しやすい。水にやや溶けやすい。沸点は水より低い。
　　　問2　トルエン $C_6H_5CH_3$（別名トルオール、メチルベンゼン）は劇物。特有な臭いの無色液体。水に不溶。比重1以下。可燃性。蒸気は空気より重い。揮発性有機溶媒。麻酔作用が強い。　　　問3　硅弗化化ナトリウム $Na_2[SiF_6]$ は無色の結晶。水に溶けにくく、アルコールには溶けない。酸により有毒な HF と SiF4 を発生。
　　　問4　クロム酸ナトリウムは黄色結晶、酸化剤、潮解性。水によく溶ける。エタノールには難溶。

問5～8 問5 1 　問6 4 　問7 3 　問8 2

〔解説〕
　　　問5　ホルマリンは、低温で混濁することがあるので、常温で貯蔵する。一般に重合を防ぐため 10％程度のメタノールが添加してある。　　　問6　過酸化水素水 H_2O_2 は過酸化水素の水溶液、少量なら褐色ガラス瓶（光を遮るため）、多量ならば現在はポリエチレン瓶を使用し、3分の1の空間を保ち、有機物等から引き離し日光を避けて冷暗所保存。　　　問7　メタノール CH_3OH は特有な臭いの揮発性無色液体。水に可溶。可燃性。引火性。可燃性、揮発性があり、火気を避け、密栓し冷所に貯蔵する。　　　問8　水酸化ナトリウム（別名：苛性ソーダ）$NaOH$ は、白色結晶性の固体。水と炭酸を吸収する性質が強い。空気中に放置すると、潮解して徐々に炭酸ソーダの皮層を生ずる。貯蔵法については潮解性があり、二酸化炭素と水を吸収する性質が強いので、密栓して貯蔵する。

問9～12 問9 3 　問10 2 　問11 4 　問12 1

〔解説〕
　　　解答のとおり。

問13～16 問13 3 　問14 4 　問15 1 　問16 2

〔解説〕
　　　問13　アンモニア NH_3 は、常温では無色刺激臭の気体、冷却圧縮すると容易に液化する。用途は化学工業原料（硝酸、窒素肥料の原料）、冷媒。
　　　問14　蓚酸 $C_2H_2O_4 \cdot 2H_2O$ は木・コルク・綿などの漂白剤。その他鉄錆びの汚れ落としに用いる。　　　問15　メチルエチルケトン $CH_3COC_2H_5$ は、劇物。アセトン様の臭いのある無色液体。用途は接着剤、印刷用インキ、合成樹脂原料、ラッカー用溶剤。　　　問16　塩素 Cl_2 は、常温においては窒息性臭気をもつ黄緑色気体.冷却すると黄色溶液を経て黄白色固体となる。用途は酸化剤、紙パルプの漂白剤、殺菌剤、消毒薬。

問17～20 問17 1 　問18 2 　問19 1 　問20 4

〔解説〕
　　　問17　3硫酸 H_2SO_4 は無色の粘張性のある液体。強力な酸化力をもち、また水に塩化バリウムを加えると白色の硫酸バリムが生じるが、これは塩酸や硝酸に溶解しない。　　　問18　クロロホルム $CHCl_3$（別名トリクロロメタン）は、無色、揮発性の液体で特有の香気とわずかな甘みをもち、麻酔性がある。アルコール溶液に、水酸化カリウム溶液と少量のアニリンを加えて　熱すると、不快な刺激性の臭気を放つ。　　　問19　硝酸 HNO_3 は純品なものは無色透明で、徐々に淡黄色に変化する。特有の臭気があり腐食性が高い。うすめた水溶液に銅屑を加えて熱すると、藍色を呈して溶け、その際赤褐色の蒸気を発生する。藍(青)色を呈して溶ける。　　　問20　四塩化炭素（テトラクロロメタン）CCl_4 は、特有な臭気をもつ不燃性、揮発性無色液体、水に溶けにくく有機溶媒には溶けやすい。洗濯剤、清浄剤の製造などに用いられる。確認方法はアルコール性 KOH と銅粉末とともに煮沸により黄赤色沈殿を生成する。

三重県
令和3年度実施

〔法　規〕
（一般・農業用品目・特定品目共通）

問1　(1) 1　　(2) 4　　(3) 2　　(4) 4
〔解説〕
　　解答のとおり。
問2　(5) 2　　(6) 1　　(7) 3　　(8) 2
〔解説〕
　　(5)法第12条〔毒物又は劇物の表示〕(6)～(8)法第14条〔毒物又は劇物の譲渡手続〕のこと。
問3　(9) 1　　(10) 3　　(11) 1　　(12) 1
〔解説〕
　　(9)法第17条〔事故の際の措置〕のこと。(10)法第5条〔登録基準〕→施行規則第4条の4第2項〔販売業の店舗の設備基準〕についてで、bとcが正しい。なお、aについては、設問にあるただし書はない。毒物又は劇物を陳列する場所にかぎをかける設備があること。このことは施行規則第4条の4第1項第三号に示されている。(11)aのみが正しい。法第3条の2第4項に示されている。なお、bにおける特定毒物を輸入できる者は、毒物又は劇物輸入業者と特定毒物研究者である。このことは法第3条の2第2項に示されている。cの特定毒物を所持できる者は①毒物劇物営業者〔製造業者、輸入業者、販売業者〕、②特定毒物研究者、③特定毒物使用者である。このことは法第3条の2第10項に示されている。dについて施行令〔政令〕で定める用途以外の用途に供してはならないと規定されている。このことは法第3条の2第5項に示されている。(12)この設問は法第13条における着色する農業品目のことで、法第13条→施行令第39条において、①硫酸タリウムを含有する製剤たる劇物、②燐化亜鉛を含有する製剤たる劇物→施行規則第12条で、あせにくい黒色に着色しなければならないと示されている。
問4　(13) 2　　(14) 1　　(15) 1　　(16) 3
〔解説〕
　　(13)この設問は法第7条〔毒物劇物取扱責任者〕及び法第10条〔届出〕についてで、aとcが正しい。aは法第10条第1項第一号に示されている。cは法第10条第1項第二号に示されている。なお、bについては、15日以内ではなく、30日以内に届け出なければならいである。法第7条第3項に示されている。(14)この設問はaとbが正しい。この設問は毒物又は劇物を販売し、授与するときまでに、毒物劇物営業者が譲受人に対して、情報提供をしなければならない内容について、施行令第40条の9第1項→施行規則第13条の12において、その情報提供の内容が示されている。解答のとおり。なお、cとdについては施行規則第13条の12に示されていない。(15)この設問は業務上取扱者の届出を要する事業者とは、次のとおり。業務上取扱者の届出を要する事業者とは、①シアン化ナトリウム又は無機シアン化合物たる毒物及びこれを含有する製剤→電気めっきを行う事業、②シアン化ナトリウム又は無機シアン化合物たる毒物及びこれを含有する製剤→金属熱処理を行う事業、③最大積載量5,000kg以上の運送の事業、④しろありの防除を行う事業である。このことからaとbが正しい。bは法第22条第1項第一号に示されている。なお、cについては毒物劇物取扱責任者とは、製造所、営業所、店舗その他の事業場者における毒劇物の取扱い、総括的な管理、監督すべきものをいい、また業務上取扱者はその業務を携わる者であることから毒物劇物取扱責任者を設置する必要がある。dについては施行規則第18条〔業務上取扱者の届出〕におけるめ届け出のみで、設問のような登録の更新はない。
　　(16)この設問は法第13条の2→施行令第39条の2〔劇物たる家庭用品〕→同条施行令別表第一に示されている。このことからbとcが正しい。なお、aにおける水酸化ナトリウムについては、住宅用の洗浄剤で液体状のものに限るである。
問5　(17) 4　　(18) 3　　(19) 4　　(20) 2
〔解説〕
　　この設問の法第8条〔毒物劇物取扱責任者の資格〕のこと。解答のとおり。

〔基礎化学〕
(一般・農業用品目・特定品目共通)

問6　(21) 4　　(22) 3　　(23) 4　　(24) 2
〔解説〕
(21) アンモニア NH_3 は化合物である。
(22) 電気陰性度は希ガスを除いて周期表の右上の元素ほど大きい。
(23) 遷移金属元素は周期表の 3 〜 11 族の元素である。
(24) 混合溶液の濃度を X ％とする。
　　は
　　　式は、$(50 \times 2/100 + 150 \times 8/100)/(50+150) \times 100 = X, X = 6.5\%$

問7　(25) 2　　(26) 3　　(27) 1　　(28) 2
〔解説〕
(25) グリシンは最も単純なアミノ酸であり、アミノ酢酸 H_2NCH_2COOH とも呼ばれている。　　(26) 解答のとおり。
(27) ブラウン運動はコロイド粒子が溶媒分子と衝突することで起きる不規則な運動。透析はコロイド粒子の濾過、電気泳動は電荷をもっているコロイド粒子に直流電流をかけることで移動する現象。
(28) 酸性の水溶液では H+ のモル濃度が高くなる。すなわち、
　　$[H^+] > 1.0 \times 10^{-7} \text{ mol/L} > [OH^-]$

問8　(29) 3　　(30) 3　　(31) 1　　(32) 4
〔解説〕
(29) 濃度不明の KOH 水溶液のモル濃度を X とする。中和滴定より式は、
　　$0.10 \times 2 \times 24 = X \times 1 \times 80$，　X = 0.06 mol/L。従ってこの溶液 1000 mL 中に溶けている KOH は 0.06 mol であるから、KOH の分子量 56 をかけて、
　　$0.06 \times 56 = 3.36$ g
(30) 酸素 O=O、エチレン $H_2C=CH_2$、アセチレン $HC \equiv CH$、アンモニア NH_3
(31) 風解は結晶が結晶水を失って崩れる変化。
(32) 酸化数が減少する変化が還元である。1, Cl は 0 →+1、2, O は－1 → 0、3, Cl は－1 で変化ない、4, Mn は+7 →+4

問9　(33) 4　　(34) 3　　(35) 4　　(36) 2
〔解説〕
(33) グラフより、A の範囲は液体の水と気体の水が共存している状態である。よって蒸発熱（気化熱）である。
(34) 鉛蓄電池は正極（還元反応）に二酸化鉛 PbO_2、負極に鉛 Pb を用いる。鉛蓄電池のように充電できる電池を二次電池、できない電池を一次電池という。
(35) 200kPa の酸素 8.0L を 5.0L の容器に詰めたときの酸素分圧 P_{O_2} はボイルの法則より、$200 \times 8 = P_{O_2} \times 5.0$，$P_{O_2} = 320$ kPa　　同様に 400 kPa の窒素 6.0 L を 5.0 L の容器に詰めたときの窒素分圧 P_{N_2} は $400 \times 6 = P_{N_2} \times 5$，$P_{N_2} = 480$ kPa　　よって全圧 P は $P_{O_2} + P_{N_2}$ より 800 kPa。
(36) $NaHCO_3$（分子量 84）25.2 g のモル数は 25.2/84 = 0.3 モル。反応式より炭酸水素ナトリウム 2 モルが熱分解して 1 モルの二酸化炭素を放出することから、0.3 モルの炭酸水素ナトリウムから生じる二酸化炭素は 0.15 モルである。よって発生した二酸化炭素の体積は $0.15 \times 22.4 = 3.36$ L

問10　(37) 2　　(38) 1　　(39) 4　　(40) 1
〔解説〕
(37) メチルケトン($CH_3C=O$)またはメチルカルビノール(CH_3CHOH)の部分構造を有する化合物はヨードホルム反応陽性である。　メタノールにはこの構造がない。
(38) アセトン(CH_3COCH_3：カルボニル基)、安息香酸(C_6H_5COOH：カルボキシ基)、アニリン($C_6H_5NH_2$：アミノ基)
(39) アセトンのように低分子で強い極性を持つものは水に溶けやすい。
(40) ニンヒドリン反応はアミノ基の確認反応、銀鏡反応はアルデヒド基の確認反応である。アミノ酸はアミノ基を有するためニンヒドリン反応陽性であり、紫色に変色する。

〔性状・貯蔵・取扱方法〕

(一般)

問11 (41) 3　(42) 4　(43) 2　(44) 1

〔解説〕

(41)キノリン(C_9H_7N)は劇物。無色または淡黄色の特有の不快臭をもつ液体で吸湿性である。水、アルコール、エーテル二硫化炭素に可溶。　(42)水酸化リチウムは劇物。無色又は白色の結晶。エタノールに難溶。吸湿性がある。
(43)塩化第二金 $aUcL_3$ は劇物。紅色または暗赤色結晶で潮解性がある。腐食性がある。　(44)モノゲルマンは、劇物。無色の刺激臭のある気体。可燃性、水との反応性は低い。

問12 (45) 2　(46) 1　(47) 3　(48) 4

〔解説〕

(45)トリクロル酢酸 CCl_3CO_2H は、劇物。無色の斜方六面体の結晶。わずかな刺激臭がある。潮解性あり。水、アルコール、エーテルに溶ける。水溶液は強酸性、皮膚、粘膜に腐食性が強い。水酸化ナトリウム溶液を加えて熱するとクロロホルム臭を放つ。潮解性があるため密栓して冷所に貯蔵。　(46)ナトリウム Na は、劇物。銀白色の金属光沢固体、空気、水を遮断するため石油に保存。
(47)ベタナフトール $C_{10}H_7OH$ は、無色〜白色の結晶、石炭酸臭、水に溶けにくく、熱湯に可溶。有機溶媒に易溶。空気や光線に触れると赤変するため、遮光して貯蔵する。　(48)黄リン P_4 は、無色又は白色の蝋様の固体。毒物。別名を白リン。暗所で空気に触れるとリン光を放つ。水、有機溶媒に溶けないが、二硫化炭素には易溶。湿った空気中で発火する。空気に触れると発火しやすいので、水中に沈めてビンに入れ、さらに砂を入れた缶の中に固定し冷暗所で貯蔵する。

問13 (49) 2　(50) 3　(51) 1　(52) 4

〔解説〕

(49)弗化ナトリウム6％以下は劇物から除外。　(50)ヘプタン酸11％以下は劇物から除外。　(51)ロダン酸エチル1％以下は劇物から除外。　(52)レソルシノール20％以下は劇物から除外。

問14 (53) 1　(54) 4　(55) 3　(56) 2

〔解説〕

(53)ヒドラジンは H_2NNH_2、問の物質は水素原子二つがメチル基 CH_3 に置き換わっている。
(54)エタンはH_3CCH_3、両末端の水素原子1つずつがアミン NH_2 になっている。
(55)アンモニア NH_3 の水素原子2つがメチル基になっている。
(56)アニリンは芳香族アミンである。

問15 (57) 3　(58) 4　(59) 2　(60) 1

〔解説〕

(57)メタノール CH_3OH は特有の臭いの無色液体。水に可溶。可燃性。染料、有機合成原料、溶剤。　メタノールの中毒症状：吸入した場合、めまい、頭痛、吐気など、はなはだしい時は嘔吐、意識不明。中枢神経抑制作用。飲用により視神経障害、失明。　(58)トルエン $C_6H_5CH_3$ は、劇物。特有な臭い(ベンゼン様)の無色液体。水に不溶。比重1以下。可燃性。引火性。劇物。用途は爆薬原料、香料、サッカリンなどの原料、揮発性有機溶媒。中毒症状は、蒸気吸入により頭痛、食欲不振、大量で大赤血球性貧血。皮膚に触れた場合、皮膚の炎症を起こすことがある。また、目に入った場合は、直ちに多量の水で十分に洗い流す。
(59)硝酸 HNO_3 は無色の発煙性液体。蒸気は眼、呼吸器などの粘膜および皮膚に強い刺激性をもつ。高濃度のものが皮膚に触れるとガスを生じ、初めは白く変色し、次第に深黄色になる(キサントプロテイン反応)。　(60)蓚酸は血液中の石灰分を奪取し神経痙攣等をおかす。急性中毒症状は胃痛、嘔吐、口腔咽喉に炎症をおこし腎臓がおかされる。

三重県

（農業用品目）

問11 (41) 1 　(42) 3 　(43) 4 　(44) 2
〔解説〕
　　(41)弗化スルフリル(SO_2F_2)は毒物。無色無臭の気体。沸点-55.38 ℃。水1に0.75G 溶ける。アルコール、アセトンにも溶ける。　　(42)硫酸第二銅は一般的に七水和物で流通しており、藍色の結晶である。風解性がある。無水硫酸ナトリウムは白色の粉末である。　　(43)クロルピクリン CCl_3NO_2 は、劇物。無色～淡黄色液体、催涙性、粘膜刺激臭。水に不溶。ハロゲン化合物。　　(44)テフルトリンは、5％を超えて含有する製剤は毒物。0.5％以下を含有する製剤は劇物。淡褐色固体。水にほとんど溶けない。有機溶媒に溶けやすい。
問12 (45) 1 　(46) 2 　(47) 2 　(48) 4
〔解説〕
　　解答のとおり。
問13 (49) 3 　(50) 1 　(51) 4 　(52) 2
〔解説〕
　　(49)チアクロプリド3％以下は劇物から除外。　　(50)フルスルファミドは 0.3％以下は劇物から除外。　　(51)ピラクロストロビンは6.8％以下は劇物から除外。　　(52)イソキサチオンは2％以下は劇物から除外。
問14 (53) 2 　(54) 1 　(55) 3 　(56) 4
〔解説〕
　　(53)ホスチアゼートは、劇物。弱いメルカプタン臭いのある淡褐色の液体。用途は野菜等のネコブセンチュウ等の害虫を殺虫剤(有機燐系農薬)。　　(54)フイプロニルは劇物。白色～淡黄色の結晶性粉末。用途は殺虫剤(ピレスロイド系農薬)。　　(55)カルボスルファンは、劇物。褐色粘稠液体。用途はカーバメイト系殺虫剤。　　(56)テフルトリンは毒物(0.5％以下を含有する製剤は劇物。淡褐色固体。用途は野菜等のピレスロイド系殺虫剤。 4
問15 (57) 2 　(58) 4 　(59) 3 　(60) 1
〔解説〕
　　(57)エチレン H_2CCH_2、クロル Cl
　　(58)メチル基 CH_3、ブロムは Br
　　(59)次亜塩素酸ナトリウム $NaClO$、亜塩素酸ナトリウム $NaClO_2$、塩素酸ナトリウム $NaClO_3$、過塩素酸ナトリウム $NaClO_4$
　　(60)フッ化は F、スルフリルは SO_2

（特定品目）

問11 (41) 2 　(42) 4 　(43) 3 　(44) 1
〔解説〕
　　(41)四塩化炭素(テトラクロロメタン)CCl_4 は、特有な臭気をもつ不燃性、揮発性無色液体。水に溶けにくく有機溶媒には溶けやすい。強熱によりホスゲンを発生。　　(42)酢酸エチル $CH_3COOCH_2CH_3$ は、劇物。強い果実様の香気ある可燃性無色の液体。揮発性がある。蒸気は空気より重い。引火しやすい。水にやや溶けやすい。　　(43)塩素 Cl_2 は劇物。黄緑色の気体で激しい刺激臭がある。冷却すると、黄色溶液を経て黄白色固体。水にわずかに溶ける。　　(44)クロム酸バリウム $BaCrO_4$ は劇物。黄色の粉末。水にほとんど溶けない。アルカリに可溶。
問12 (45) 3 　(46) 1 　(47) 4 　(48) 2
〔解説〕
　　(45)トルエン $C_6H_5CH_3$ 特有な臭いの無色液体。水に不溶。比重1以下。可燃性。揮発性有機溶媒。貯蔵方法は直射日光を避け、風通しの良い冷暗所に、火気を避けて保管する。　　(46)クロロホルム $CHCl_3$ は、無色、揮発性の液体で特有の香気とわずかな甘みをもち、麻酔性がある。空気中で日光により分解し、塩素、塩化水素、ホスゲンを生じるので、少量のアルコールを安定剤として入れて冷暗所に保存。　　(47)過酸化水素水は過酸化水素 H_2O_2 の水溶液で、無色無臭で粘性の少し高い液体。徐々に水と酸素に分解(光、金属により加速)する。安定剤として酸を加える。　少量なら褐色ガラス瓶(光を遮るため)、多量ならば現在はポリエチレン瓶を使用し、3分の1の空間を保ち、日光を避けて冷暗所保存。　　(48)水酸化カリウム(KOH)は劇物(5％以下は劇物から除外)。(別名：苛性カリ)。空気中の二酸化炭素と水を吸収する潮解性の白色固体である。二酸化炭素と水を強く吸収するので、密栓して貯蔵する。

問13 (49) 3　　(50) 1　　(51) 4　　(52) 4
〔解説〕
　　(49)過酸化水素は6％以下で劇物から除外。　　(50)ホルムアルデヒドは1％以下
で劇物から除外。　　(51)アンモニアは10％以下で劇物から除外。　　(52)塩化水
素は10％以下は劇物から除外。
問14 (53) 4　　(54) 2　　(55) 3　　(56) 1
〔解説〕
　　(53)メチル CH₃、エチル C₂H₅、ケトン C=O
　　(54)～(56)解答のとおり。
問15 (57) 2　　(58) 3　　(59) 4　　(60) 1
〔解説〕
　　解答のとおり。

〔実　地〕

(一般)
問16 (61) 1　　(62) 3　　(63) 4　　(64) 2
〔解説〕
　　(61)三塩化アルミニウムは劇物。無色～白色の潮解性結晶。用途は石油精製(ク
ラッキング触媒)又は有機合成(フリーデルクラフト反応触媒)の歳の触媒、医薬品、
農薬及び荒涼等の原料。　　(62)蓚酸(COOH)₂・2H₂O は無色の柱状結晶。用途は、
木・コルク・綿などの漂白剤。その他鉄錆びの汚れ落としに用いる。　　(63)燐化
亜鉛 Zn₃P₂ は、灰褐色の結晶又は粉末。用途は、殺鼠剤、倉庫内燻蒸剤。　　(64)
ニトロベンゼン C₆H₅NO₂ は無色又は微黄色の吸湿性の液体。　用途は、アニリン
の製造原料、合成化学の酸化剤、石けん香料。
問17 (65) 2　　(66) 4　　(67) 2　　(68) 3
〔解説〕
　　(65)硝酸銀 AgNO₃ は、劇物。無色結晶。水に溶して塩酸を加えると、白色の塩
化銀を沈殿する。その硫酸と銅屑を加えて熱すると、赤褐色の蒸気を発生する。
　　(66)カリウム K は、白金線に試料をつけて、溶融炎で熱し、炎の色をみると青
紫色となる。コバルトの色ガラスをとおしてみると紅紫色となる。　　(67)ニコチ
ンは毒物。純ニコチンは無色、無臭の油状液体。水、アルコール、エーテルに安
易に溶ける。このエーテル溶液に、ヨードのエーテル溶液を加えると、褐色の液
状沈殿を生じ、これを放置すると赤色の針状結晶となる。　　(68)四塩化炭素(テ
トラクロロメタン)CCl₄ は、特有な臭気をもつ不燃性、揮発性無色液体、水に溶
けにくく有機溶媒には溶けやすい。洗濯剤、清浄剤の製造などに用いられる。確
認方法はアルコール性 KOH と銅粉末とともに煮沸により黄赤色沈殿を生成する。
問18 (69) 1　　(70) 2　　(71) 4　　(72) 3
〔解説〕
　　(69)炭酸バリウム(BaCO₃)は、劇物。白色の粉末。水に溶けにくい。アルコー
ルには溶けない。酸に可溶。廃棄方法は、セメントを用いて固化し、埋立処分す
る固化隔離法。　　(70)シアン化コバルトカリウムは、毒物。黄色結晶。水に可溶。
廃棄法は、水酸化ナトリウム水溶液を加えてアルカリ性(pH11 以上)とし、酸化剤
(次亜塩素酸ナトリウム、サラシ粉等)の水溶液を加えて CN 成分を酸化分解する
酸化沈殿法。　　(71)臭化水素酸は、劇物。無色透明あるいは淡黄色の刺激臭の臭
気がある液体。廃棄方法は水酸化ナトリウム又は消石灰の水溶液で中和した後、
多量の水で洗い流す中和法。　　(72)クロルピクリン CCl3NO2 は、無色～淡黄色
液体。廃棄方法は、少量の界面活性剤を加えた亜硫酸ナトリウムと炭酸ナトリウ
ムの混合液中で、撹拌し分解させた後、多量の水で希釈して処理する分解法。
問19 (73) 1　　(74) 3　　(75) 4　　(76) 2
〔解説〕
　　解答のとおり。
問20 (77) 2　　(78) 3　　(79) 1　　(80) 4
〔解説〕
　　この設問は毒物又は劇物を車両を使用して運搬方法における応急の措置を講ず
る為に必要な保護具が定められている。それは施行令第 40 条の 5 第三号→施行規
則第 13 条の 6 〔毒物又は劇物を運搬する車両に備える保護具〕→施行規則別表第
五に品目ごとに示されている。解答のとおり。

三重県

（農業用品目）
問16 (61) 2 　(62) 3 　(63) 1 　(64) 4
〔解説〕
　　(61)テブフェンピラドは、劇物。淡黄色結晶。用途は殺虫剤。　(62)ナラシンは毒物（1%以上〜10%以下を含有する製剤は劇物。）白色から淡黄色の粉末。特異な臭い。常温で固体。用途は飼料添加物。　(63)燐化亜鉛 Zn_3P_2 は、灰褐色の結晶又は粉末。かすかにリンの臭気がある。用途は、殺鼠剤、倉庫内燻蒸剤。1　(64)イミノクタジンは、劇物。白色の粉末（三酢酸塩の場合）。用途は果樹の腐らん病、晩腐病等、麦の斑葉病、芝の葉枯病殺菌する殺菌剤。4
問17 (65) 3 　(66) 2 　(67) 3 　(68) 3
〔解説〕
　　解答のとおり。
問18 (69) 2 　(70) 4 　(71) 1 　(72) 3
〔解説〕
　　(69)カルタップは、劇物。無色の結晶。水、メタノールに溶ける。廃棄法は、そのままあるいは水に溶解して、スクラバーを具備した焼却炉の火室へ噴霧し、焼却する焼却法。用途は農薬の殺虫剤。　(70)硫酸第二銅（硫酸銅）は、濃い青色の結晶。風解性。水に易溶、水溶液は酸性。劇物。廃棄法は、水に溶かし、消石灰、ソーダ灰等の水溶液を加えて処理し、沈殿ろ過して埋立処分する沈殿法。
　　(71)塩素酸ナトリウム $NaClO_3$ は酸化剤なので、希硫酸で $HClO_3$ とした後、これを還元剤中へ加えて酸化還元後、多量の水で希釈処理する還元法。　(72)シアン化カリウム KCN（別名青酸カリ）は、毒物で無色の塊状又は粉末。①酸化法　水酸化ナトリウム水溶液を加えてアルカリ性(pH11 以上)とし、酸化剤(次亜塩素酸ナトリウム、さらし粉等)等の水溶液を加えて CN 成分を酸化分解する。CN 成分を分解したのち硫酸を加え中和し、多量の水で希釈して処理する。②アルカリ法　水酸化ナトリウム水溶液等でアリカリ性とし、高温加圧下で加水分解する。
問19 (73) 3 　(74) 2 　(75) 1 　(76) 4
〔解説〕
　　解答のとおり。
問20 (77) 3 　(78) 1 　(79) 4 　(80) 1
〔解説〕
　　(77)ダイアジノンは 5 %以下(マイクロカプセル製剤 25 %以下)で劇物から除外。　(78)この設問は毒物又は劇物を車両を使用して運搬方法における応急の措置を講ずる為に必要な保護具が定められている。それは施行令第 40 条の 5 第三号→施行規則第13条の 6 〔毒物又は劇物を運搬する車両に備える保護具〕→施行規則別表第五に品目ごとに示されている。解答のとおり。　(79)特定毒物は法第 2 条第 3 項→法別表第三に示されている。解答のとおり。　(80)この設問は有機燐製剤のことで、1 のジメトエート。次のとおり。ジメトエートは劇物。白色の固体。水溶液は室温で徐々に加水分解し、アルカリ溶液中ではすみやかに加水分解する。有機燐製剤の一種である。コリンエステラーゼ活性阻害作用があり、軽症では倦怠感、頭痛、めまい、嘔吐、下痢等。解毒剤には、硫酸アトロピンや PAM を使用。

（特定品目）
問16 (61) 1 　(62) 4 　(63) 2 　(64) 3
〔解説〕
　　解答のとおり。

問 17 　(65) 2 　　(66) 1 　　(67) 3 　　(68) 4
〔解説〕
　　(65)メタノール CH₃OH は特有の臭いの無色透明な揮発性の液体。水に可溶。
可燃性。あらかじめ熱灼した酸化銅を加えると、ホルムアルデヒドができ、酸化
銅は還元されて金属銅色を呈する。　　(66)硫酸 H₂SO₄ は無色の粘張性のある液体。
強力な酸化力をもち、また水を吸収しやすい。水を吸収するとき発熱する。木片
に触れるとそれを炭化して黒変させる。また、銅片を加えて熱すると、無水亜硫
酸を発生する。硫酸の希釈液に塩化バリウムを加えると白色の硫酸バリウムが生
じるが、これは塩酸や硝酸に溶解しない。　　(67)水酸化ナトリウム NaOH は、
白色、結晶性のかたいかたまりで、繊維状結晶様の破砕面を現す。水と炭酸を吸
収する性質がある。水溶液を白金線につけて火炎中に入れると、火炎は黄色に染
まる。　　(68)クロロホルムの確認反応：1) CHCl₃＋レゾルシン（ベタナフトー
ル）＋ KOH →黄赤色、緑色の蛍光彩。2)CHCl₃＋アニリン＋アルカリ→フェニ
ルイソニトリル C₆H₅NC 不快臭。
問 18 　(69) 2 　　(70) 1 　　(71) 4 　　(72) 3
〔解説〕
　　(69)一酸化鉛 PbO は、水に難溶性の重金属なので、そのままセメント固化し、
埋立処理する固化隔離法。　　(70)クロム酸ナトリウムは十水和物が一般に流通。
十水和物は黄色結晶で潮解性がある。水に溶けやすい。また、酸化性があるので
工業用の酸化剤などに用いられる。廃棄方法は還元沈殿法を用いる。　　(71)塩素
Cl2 は劇物。黄緑色の気体で激しい刺激臭がある。冷却すると、黄色溶液を経て
黄白色固体。水にわずかに溶ける。廃棄方法は、塩素ガスは多量のアルカリに吹
き込んだのち、希釈して廃棄するアルカリ法。　　(72)ホルマリンはホルムアルデ
ヒド HCHO の水溶液で劇物。無色あるいはほとんど無色透明な液体。廃棄方法は
多量の水を加え希薄な水溶液とした後、次亜塩素酸ナトリウムなどで酸化して廃
棄する酸化法。
問 19 　(73) 1 　　(74) 2 　　(75) 3 　　(76) 4
〔解説〕
　　解答のとおり。
問 20 　(77) 4 　　(78) 3 　　(79) 1 　　(80) 4
〔解説〕
　　この設問は毒物又は劇物を車両を使用して運搬方法における応急の措置を講ず
る為に必要な保護具が定められている。それは施行令第 40 条の 5 第三号→施行規
則第 13 条の 6 〔毒物又は劇物を運搬する車両に備える保護具〕→施行規則別表第
五に品目ごとに示されている。解答のとおり。

三重県

関西広域連合統一〔滋賀県、京都府、大阪府、和歌山県、兵庫県、徳島県〕
令和3年度実施

〔毒物及び劇物に関する法規〕
（一般・農業用品目・特定品目共通）

【問1】 5
〔解説〕
　　解答のとおり。

【問2】 2
〔解説〕
　　法第2条第1項〔定義〕とは、法別表第一に掲げられている毒物の品目をいい、医薬品及び医薬部外品を除いたものである。

【問3】 3
〔解説〕
　　この設問で正しいのは、bのみである。bは法第3条第2項に示されている。なお、aについては販売又は授与の目的で輸入することはできない。ただし、みずから製造する毒物又は劇物については輸入することはできる。cの薬局開設者とあることから、毒物又は劇物を販売することはできない。

【問4】 1
〔解説〕
　　この設問は法第3条の2における特定毒物についてで正しいのは、bとdである。bは、法第3条の2第4項に示されている。dは、法第3条の2第11項に示されている。なお、aにおける特定毒物を製造できる者は、①毒物又は劇物製造業者、②特定毒物研究者である。cの特定毒物を所持できる者とは、1．毒物劇物営業者〔①製造業者、②輸入業者、③販売業者〕、2．特定毒物研究者、3．特定毒物使用者が特定毒物を所持できる。このことからこの設問は誤り。

【問5】 4
〔解説〕
　　-法第3条の3→施行令第32条の2による品目→①トルエン、②酢酸エチル、トルエン又はメタノールを含有する接着剤、塗料及び閉そく用またはシーリングの充てん料は、みだりに摂取、若しくは吸入し、又はこれらの目的で所持してはならい。設問については解答のとおり。

【問6】 2
〔解説〕
　　-法第3条の4で規定する引火性、発火性又は爆発性のある毒物又は劇物→施行令第32条の3で、①亜塩素酸ナトリウム及びこれを含有する製剤30％以上、②塩素酸塩類を含有する製剤35％以上、③ナトリウム、④ピクリン酸については正当な理由を除いて所持してはならないと規定されている。このことから2が正しい。

【問7】 3
〔解説〕
　　この設問は、法第4条についてで、aのみ正しい。aは法第4条第1項に示されている。bの毒物又は劇物製造業の登録は、6年ごとではなく、5年ごとである。〔法第4条第3項〕、cの毒物又は劇物販売業の登録は、登録の日から起算して6年を経過した日の一月前までに、登録更新申請書に登録票を添えて申請する〔施行規則第4条第2項〕。

【問8】 2
〔解説〕
　　解答のとおり。

【問9】　　5
〔解説〕
　　この設問は、法第7条及び法第8条における毒物劇物取扱責任者のことで、a とcが正しい。aは法第7条第3項に示されている。cは法第8条第4項に示されている。また、bの一般毒物劇物取扱責任者に合格した者については、全ての製造所、営業所、店舗の毒物劇物毒物劇物取扱責任者になることができる。毒物又は劇物の販売品目の制限はない。このことからこの設問は誤り。dについては、2年以上従事した経験があればとあるが、法第8条第1項に掲げられている①薬剤師、②厚生労働省令で定められた学校で、応用化学に関する学課を修了した者、③都道府県知事が行う毒物劇物取扱責任者試験合格した者のみである。
【問10】　　1
〔解説〕
　　この設問では、aとcが正しい。aは法第12条第1項aは法第10条第1項第一号に示されている。cは法第10条第1項第四号に示されている。なお、bの登録を受けた以外の毒物又は劇物以外については、30日以内ではなく、あらかじめ登録の変更を受けなければならないである。法第9条第1項のこと。
【問11】　　3
〔解説〕
　　法第11条第4項→施行規則第11条の4とは、すべての毒物又は劇物における飲食物の容器の使用禁止のことである。解答のとおり。
【問12】　　3
〔解説〕
　　この設問は、法第12条における毒物又は劇物の表示のことで、aとcが正しい。aは法第12条第1項に示されている。また、c法第12条第3項に示されている。因みに、bはaと同様に法第12条第1項についてで、「医薬用外」の文字及び毒物については赤地に白色をもって「毒物」の文字である。
【問13】　　2
〔解説〕
　　この設問は法第12条第2項第四号→施行規則第11条の6第二号に掲げられていることで、bのみが誤り。因みに今一つは、「眼に入った場合は、直ちに流水でよく荒い、医師の診断を受けるへき旨」である。
【問14】　　4
〔解説〕
　　この設問は法第13条における着色する農業品目のことで、法第13条→施行令第39条において、①硫酸タリウムを含有する製剤たる劇物、②燐化亜鉛を含有する製剤たる劇物→施行規則第12条で、あせにくい黒色に着色しなければならないと示されている。このことからbのみが正しい。
【問15】　　5
〔解説〕
　　法第14条は、譲渡手続のことである。解答のとおり。
【問16】　　4
〔解説〕
　　法第15条において、毒物又は劇物を交付してはならない者とは、①18歳未満の者、②心身の障害により毒物又は劇物による保健衛生上の危害の防止の措置を適正に出来ない者、③麻薬、大麻、あへん又は覚せい剤の中毒者である。また、同条第2項～第4項において、毒物劇物営業者は法第3条の4で規定する引火性、発火性又は爆発性のある毒物又は劇物→施行令第32条の3で、①亜塩素酸ナトリウム及びこれを含有する製剤30％以上、②塩素酸塩類を含有する製剤35％以上、③ナトリウム、④ピクリン酸について交付する際に、その交付を受ける者の氏名及び住所を確認し、その帳簿を備え、5年間保存しなければならないとある。このことから正しいのは、aのみである。
【問17】　　3
〔解説〕
　　この設問は毒物又は劇物の運搬方法についてで、aとdが正しい。aは施行令第40条の5第2項第一号→施行規則第13条の4第一号に示されている。dは施行令第40条の5第2項第四号に示されている。なお、bについては、交替して運転する者を同乗させずとあるが、aと同様に施行令第40条の5第2項第一号→施行規則第13条の4第一号により同乗させなければならないである。cについては施行令第40条の5第2項第三号で二人分以上備えなければならないと規定されている。

【問 18】　　1
〔解説〕
　　この設問の法第 17 条は毒物又は劇物の事故の際の措置についてで、a と b が正しい。なお、c については、毒物が含まれていなければ、警察署に届出は不要とあるが、法第 17 条第 2 項に、毒物又は劇物が盗難にあい又は紛失したときは、直ちに、その旨を警察署に届け出なければならないである。このことについては毒物又は劇物の量の多少にかかわらず届け出を要する。

【問 19】　　1
〔解説〕
　　法第 18 条とは、立入検査等のことである。解答のとおり。

【問 20】　　4
〔解説〕
　　この設問の業務上取扱者の届出を要する事業者とは、①シアン化ナトリウム又は無機シアン化合物たる毒物及びこれを含有する製剤→電気めっきを行う事業、②シアン化ナトリウム又は無機シアン化合物たる毒物及びこれを含有する製剤→金属熱処理を行う事業、③最大積載量 5,000kg 以上の運送の事業、④しろありの防除を行う事業である。このことから正しいのは、b と d である。

〔基礎化学〕
（一般・農業用品目・特定品目共通）

【問 21】　　4
〔解説〕
　　基本的には周期表の左側に行くほどイオン化傾向は大きくなる。

【問 22】　　2
〔解説〕
　　同素体の関係は、単体であり互いに性質が異なるものである。一酸化炭素やメタノールなどは化合物である。

【問 23】　　2
〔解説〕
　　塩化ナトリウムの式量は 58.5 である。この溶液のモル濃度 M は M $= 234.0/58.5 \times 1000/2000$,　M $= 2.0$ mol/L

【問 24】　　1
〔解説〕
　　陽子と電子の数は等しく、マグネシウムの場合はともに 12 である。2 個の電子を放出することで原子番号 10 番の Ne と同じ電子配置を取る。

【問 25】　　4
〔解説〕
　　反応式より、$KMnO_4$ と H_2O_2 は 2：5 のモル比で反応する。求める H_2O_2 水溶液のモル濃度を X とおくと式は、　$X \times 2 \times 20 = 0.04 \times 5 \times 10$,　$X = 0.05$ mol/L

【問 26】　　3
〔解説〕
　　a の記述は体積と圧力は反比例する（ボイルの法則）が正しい。d の記述は、理想気体は高温、低圧の時に理想気体に近づく（分子間力を無視できるようになるため）が正しい。

【問 27】　　1
〔解説〕
　　化学反応は物質同士の衝突確率が上がるほど早くなるので、濃度が高いほど反応しやすくなる。

【問 28】　　2
〔解説〕
　　疎水コロイドに電解質を加えて沈殿させる操作を凝析という。コロイド粒子は通過できないが溶媒分子は通過できる膜を半透膜と言い、この操作を透析という。

【問 29】　　4
〔解説〕
　　生成熱は発熱反応も吸熱反応もどちらも確認されている。

【問 30】　5
〔解説〕
　　カリウムは金属元素であるため、金属結合を形成する。
【問 31】　3
〔解説〕
　　記述のとおり。
【問 32】　3
〔解説〕
　　3 の記述は二酸化窒素である。
【問 33】　5
〔解説〕
　　第二級アルコールは酸化を受け、ケトンになる。
【問 34】　2
〔解説〕
　　トルエンはベンゼンの水素原子一つをメチル基 CH_3 に置き換えたものである。
　フェノールの酸性度は炭酸よりも弱い。安息香酸の酸性度は塩酸よりもはるかに
　弱い。サリチル酸はベンゼン環に COOH と OH を持つ化合物である。
【問 35】　1
〔解説〕
　　Na^+ イオンはスルホ基($-SO_3H$)と次のように反応する。
　　$Na^+ + -SO_3H \rightarrow -SO_3Na + H^+$ よって塩化ナトリウム水溶液を陽イオン交換樹脂に
　通すと、$NaCl + -SO_3H \rightarrow -SO_3Na + HCl$ となり、酸性度が上がっていく。

〔毒物及び劇物の性質及び貯蔵 その他取扱方法、識別〕

（一般）

【問 36】　3
〔解説〕
　　この設問では、劇物に該当しないものとあるので、3 のホスゲンは毒物
【問 37】　4
〔解説〕
　　この設問では、毒物に該当しないものとあるので、シアン酸ナトリウムは劇物
【問 38】　5
〔解説〕
　　解答のとおり。
【問 39】　4
〔解説〕
　　この設問は、廃棄方法についてで、b と d が正しい。b のホスゲンは独特の青
　草臭のある無色の圧縮液化ガス。蒸気は空気より重い。廃棄法はアルカリ法：ア
　ルカリ水溶液(石灰乳又は水酸化ナトリウム水溶液等)中に少量ずつ滴下し、多量
　の水で希釈して処理するアルカリ法。d のホルムアルデヒド HCHO は還元性なの
　で、廃棄はアルカリ性下で酸化剤で酸化した後、水で希釈処理する酸化法。因みに、
　a のクレゾールの廃棄法は廃棄方法は①木粉(おが屑)等に吸収させて焼却炉
　の火室へ噴霧し、焼却する焼却法。②可燃性溶剤と共に焼却炉の火室へ噴霧し焼
　却する②活性汚泥で処理する活性汚泥法である。c の水銀 Hg は、毒物。常温で
　液状の金属。金属光沢を有する重い液体。廃棄法は、そのまま再利用するため蒸
　留する回収法。
【問 40】　3
〔解説〕
　　この設問は、廃棄方法についてで、b と c が正しい。b の一酸化鉛 PbO は、水
　に難溶性の重金属なので、そのままセメント固化し、埋立処理する固化隔離法。
　c のエチレンオキシドは、劇物。廃棄法：多量の水に少量ずつガスを吹き込み溶
　解し希釈した後、少量の硫酸を加えエチレングリコールに変え、アリカリ水で中
　和し、活性汚泥で処理する活性汚泥法。因みに、a のアクロレイン CH_2=CHCHO
　刺激臭のある無色液体。廃棄法は、木粉(おが屑)等に吸収させて焼却炉で焼却す
　る燃焼法。d の二硫化炭素 CS_2 は、劇物。無色透明の麻酔性芳香をもつ液体。な
　がく吸入すると麻酔をおこす。廃棄法は、多量の水酸化ナトリウム(10 ％程度)に
　攪拌しながら少量ずつガスを吹き込み分解した後、希硫酸を加えて中和する酸化法。

【問 41】　4
〔解説〕
　　この設問は用途についで、aとbが正しい。aの過酸化水素 H_2O_2 は、酸化漂白作用を有しているので、工業上、漂白剤として用いられる。bのクロロプレンは劇物。無色の揮発性の液体。用途は合成ゴム原料等。因みに、cのニトロベンゼン $C_6H_5NO_2$ 特有な臭いの淡黄色液体。用途はアニリンの製造原料、合成化学の酸化剤、石けん香料に用いられる。

【問 42】　2
〔解説〕
　　アジ化ナトリウム NaN_3：毒物、無色板状結晶で無臭。徐々に加熱すると分解し、窒素とナトリウムを発生。酸によりアジ化水素 HN_3 を発生。用途は試薬、医療検体の防腐剤、エアバッグのガス発生剤。

【問 43】　1
〔解説〕
　　解答のとおり。

【問 44】　3
〔解説〕
　　この設問の解毒剤又は治療剤については、bが誤り。bのカーバーメート系殺虫剤における解毒剤又は治療剤は、硫酸アトロピン（PAM は無効）、SH 系解毒剤の BAL、グルタチオン等。

【問 45】　5
〔解説〕
　　解答のとおり。

【問 46】　4
〔解説〕
　　aの無水クロム酸が誤り。無水クロム酸（三酸化クロム、酸化クロム（Ⅳ））CrO_3 は、劇物。暗赤色の結晶またはフレーク状で、水に易溶、潮解性、用途は酸化剤。劇物。潮解している場合でも可燃物と混合すると常温でも発火することがある。また、潮解し易く直ちに火傷を起こすので、皮膚に触れないように注意する。

【問 47】　1
〔解説〕
　　この設問における物質とその性状では、aとbが正しい。cのギ酸（HCOOH）は劇物。無色の刺激性の強い液体で、腐食性が強く、強酸性。還元性がある。水、アルコール、エーテルに可溶。還元性のあるカルボン酸で、ホルムアルデヒドを酸化することにより合成される。

【問 48】　2
〔解説〕
　　この設問では、aのみが正しい。aのジボランは毒物。無色のビタミン臭のある気体。可燃性。水によりすみやかに加水分解する。用途は特殊材料ガス。なお、bのセレント Se は、毒物。灰色の金属光沢を有するペレット又は黒色の粉末。融点 217℃。水に不溶。硫酸、二硫化炭素に可溶。cの弗化水素酸（HF・aq）は毒物。弗化水素の水溶液で無色またはわずかに着色した透明の液体。特有の刺激臭がある。不燃性。濃厚なものは空気中で白煙を生ずる。ガラスを腐食する作用がある。

【問 49】　1
〔解説〕
　　aのみが正しい。aの黄リン P_4 は、毒物。白色又は淡黄色のロウ様半透明の結晶性固体。ニンニク臭を有し、水には不溶である。なお、bのメチルアミン（CH_3NH_2）は劇物。無色でアンモニア臭のある気体。メタノール、エタノールに溶けやすく、引火しやすい。また、腐食が強い。cのメチルメルカプタン CH_4S は、毒物。腐ったキャベツ状の悪臭のある気体。水に可溶。結晶性の水化物をつくる。

【問 50】　5
〔解説〕
　　四塩化炭素（テトラクロロメタン）CCl_4 は、特有な臭気をもつ不燃性、揮発性無色液体、水に溶けにくく有機溶媒には溶けやすい。洗濯剤、清浄剤の製造などに用いられる。確認方法はアルコール性 KOH と銅粉末とともに煮沸により黄赤色沈殿を生成する。

（農業用品目）

【問 36】 3
〔解説〕
　農業用品目販売業者の登録が受けた者が販売できる品目については、法第四条の三第一項→施行規則第四条の二→施行規則別表第一に掲げられている品目である。このことからｂの弗化スルフリルとｃの燐化アルミニウムとその分解促進剤とを含有する製剤。

【問 37】 4
〔解説〕
　この設問は除外される濃度についてで、ｂのホスチアゼートとｄのチアクロプリドが該当する。なお、ａのベンフラカルブは除外される濃度は、6％以下である。ｃのトリシクラゾールは除外される濃度は、8％以下である。

【問 38】 5
〔解説〕
　この設問における廃棄方法で正しいのは、ｃとｄである。因みに、ａのシアン化カリウムの廃棄方法について、シアン化カリウム KCN は、毒物。無色の塊状又は粉末。廃棄方法は２つある。①酸化法　水酸化ナトリウム水溶液を加えてアルカリ性(pH11 以上)とし、酸化剤(次亜塩素酸ナトリウム、さらし粉等)等の水溶液を加えて CN 成分を酸化分解する。CN 成分を分解したのち硫酸を加え中和し、多量の水で希釈して処理する。②アルカリ法　水酸化ナトリウム水溶液等でアリカリ性とし、高温加圧下で加水分解する。ｂの硫酸亜鉛の廃棄方法については、硫酸亜鉛 $ZnSO_4$ の廃棄方法は、水に溶かし、消石灰、ソーダ灰等の水溶液を加えて生じる沈殿物をろ過してから埋立する沈澱法。

【問 39】 4
〔解説〕
　この設問における廃棄方法で正しいのは、ｂとｄである。因みに、ａのブロムメチルの廃棄方法については、ブロムメチル(臭化メチル) CH_3Br は、燃焼させると C は炭酸ガス、H は水、ところが Br は HBr(強酸性物質、気体)などになるのでスクラバーを具備した焼却炉が必要となる燃焼法。ｃのジクワットの廃棄方法については、ジクワットは、劇物で、ジピリジル誘導体で淡黄色結晶、水に溶ける。除草剤。4 級アンモニウム塩なので中性あるいは酸性で安定。廃棄方法は、有機物なので燃焼法、但しアフターバーナーとスクラバーを具備した焼却炉で焼却。

【問 40】 3
〔解説〕
　この設問での物質が飛散又は漏えい時の措置で正しいのは、ｂとｃが正しい。なお、ａのダイアジノンについては、有機リン製剤。接触性殺虫剤、かすかにエステル臭をもつ無色の液体、水に難溶、有機溶媒に可溶。付近の着火源となるものを速やかに取り除く。空容器にできるだけ回収し、その後消石灰等の水溶液を多量の水を用いて洗い流す。ｄのクロルピクリン CCl_3NO_2 は、無色〜淡黄色液体、催涙性、粘膜刺激臭。水に不溶。少量の場合、漏洩した液は布でふきとるか又はそのまま風にさらとて蒸発させる。有機化合物で揮発性があることから、有機ガス用防毒マスクを用いる。

【問 41】 4
〔解説〕
　この設問における物質の用途については、4 が正しい。なお、1 のクロルピクリン CCl_3NO_2 は、劇物。無色〜淡黄色液体、催涙性、粘膜刺激臭。水に不溶。用途は、線虫駆除、燻蒸剤。2 のメトミルは劇物。白色結晶。水、メタノール、アルコールに溶ける。用途は殺虫剤に用いられる。5 のクロルフェナピルは劇物。類白色の粉末固体。水にほとんど溶けない。用途は殺虫剤、しろあり防除に用いられる。

【問 42】 2
〔解説〕
　この設問では殺鼠剤はどれかとあるので、ａの燐化亜鉛とｄのダイファシノンが該当する。因みに、ｂのチアクロプリドは、黄色粉末結晶、用途はネオニコチノイド系の殺虫剤。ｃのチオシクラムは劇物。無色無臭の結晶。用途は農業殺虫剤(ネライストキシン系殺虫剤)。

【問 43】　1
〔解説〕
　　解答のとおり。
【問 44】　3
〔解説〕
　　EPN は、有機リン製剤、毒物(1.5 ％以下は除外で劇物)、芳香臭のある淡黄色油状または融点 36 ℃の結晶。水に不溶、有機溶媒に可溶。遅効性殺虫剤(アカダニ、アブラムシ、ニカメイチュウ等)　有機リン製剤の中毒：コリンエステラーゼを阻害し、頭痛、めまい、嘔吐、言語障害、意識混濁、縮瞳、痙攣など。治療薬は硫酸アトロピンと PAM。
【問 45】　5
〔解説〕
　　塩素酸ナトリウム NaClO₃ は、劇物。無色無臭結晶で潮解性をもつ。酸化剤、水に易溶。有機物や還元剤との混合物は加熱、摩擦、衝撃などにより爆発することがある。酸性では有害な二酸化塩素を発生する。また、強酸と作用して二酸化炭素を放出する。用途は、除草剤として用いられる。
【問 46】　4
〔解説〕
　　ジクワットは一水和物は淡黄色結晶。水に溶けるが、アルコールにはわずかに溶けるが、一般の有機溶媒には溶けない。中性または酸性条件下では安定。腐食性があり、紫外線により分解し、除草剤として用いられる。
【問 47】　1
〔解説〕
　　トリシクラゾールは、劇物、無色無臭の結晶で臭いはない。水、有機溶剤にあまり溶けない。農業用殺菌剤でイモチ病に用いる。劇物であるが、8 ％以下を含有するものは普通物である。
【問 48】　2
〔解説〕
　　硫酸銅、硫酸銅(Ⅱ)CuSO₄・5H₂O は、濃い青色の結晶。風解性。水に易溶、水溶液は酸性。劇物。
【問 49】　1
〔解説〕
　　シアン酸ナトリウム NaOCN は、白色の結晶性粉末、水に易溶、有機溶媒に不溶。熱水で加水分解。劇物。除草剤として用いられる。
【問 50】　5
〔解説〕
　　フルバリネートは劇物。淡黄色ないし黄褐色の粘稠性液体。水に難溶。熱、酸性には安定である。ただし、太陽光、アルカリに不安定。用途は野菜、果樹、園芸植物のアブラムシ類、ハダニ類、アオムシ等の殺虫剤として用いられる。

(特定品目)
【問 36】　3
〔解説〕
　　特定品目販売業の登録を受けた者が販売できる品目については、法第四条の三第二項→施行規則第四条の三→施行規則別表第二に掲げられている品目のみである。このことから c の塩基性酢酸鉛、d の硝酸 20 ％を含有する製剤、e のクロム酸酸カリウム 20 ％を含有する製剤が該当する。
【問 37】　4
〔解説〕
　　この設問は除外濃度のことで、b の水酸化ナトリウム 8 ％を含有する製剤は劇物。ただし、5 ％以下は劇物から除外。d 硅弗化ナトリウムは劇物。なお、a の蓚酸について、10 ％以下は劇物から除外。c のアンモニアについても、10 ％以下は劇物から除外。これにより、a と c については劇物から除外される。
【問 38】　5
〔解説〕
　　設問のとおり。

【問 39】　　4
〔解説〕
　　重クロム酸塩類及びこれを含有する製剤〔重クロム酸カリウム、重クロム酸ナトリウム、重クロム酸アンモニウム〕における廃棄方法は希硫酸に溶かし、クロム酸を遊離させ、還元剤の水溶液を過剰に用いて還元したのち、消石灰、ソーダ灰等の水溶液で処理し、水酸化クロムとして沈殿ろ過する還元沈殿法。
【問 40】　　3
〔解説〕
　　解答のとおり。
【問 41】　　4
〔解説〕
　　この設問における用途では、ｂとｃが正しい。因みに、ａの塩化水素 HCl は、劇物。常温で無色の刺激臭のある気体。腐食性を有し、不燃性。湿った空気中で発煙し塩酸になる。白色の結晶。水、メタノール、エーテルに溶ける。用途は塩酸の製造に用いられるほか、無水物は塩化ビニル原料に用いられる。
【問 42】　　2
〔解説〕
　　この設問ではａの硅弗化ナトリウムとｄのトルエンの用途が正しい。なお、ｂのメチルエチルケトン CH₃COC₂H₅ は、劇物。アセトン様の臭いのある無色液体。引火性。有機溶媒。用途は接着剤、印刷用インキ、合成樹脂原料、ラッカー用溶剤に用いられる。ｃのクロロホルム CHCl₃ は、無色、揮発性の重い液体で特有の香気とわずかな甘みをもち、麻酔性がある。不燃性。水にわずかに溶ける。用途はゴムやニトロセルロース等の溶剤、合成樹脂原料、医薬品原料として用いられる。
【問 43】　　1
〔解説〕
　　解答のとおり。
【問 44】　　3
〔解説〕
　　この設問は物質の毒性についてで、ｂのクロム酸ナトリウムが誤り。クロム酸ナトリウム Na₂CrO₄・10H₂O は黄色結晶、酸化剤、潮解性。水によく溶ける。吸入した場合は、鼻、のど、気管支等の粘膜が侵され、クロム中毒を起こすことがある。皮膚に触れた場合は皮膚炎又は潰瘍を起こすことがある。
【問 45】　　5
〔解説〕
　　解答のとおり。
【問 46】　　4
〔解説〕
　　ｂとｄが正しい。なお、ａの一酸化鉛 PbO(別名リサージ)は劇物。赤色～赤黄色結晶。重い粉末で、黄色から赤色の間の様々なものがある。水にはほとんど溶けないが、酸、アルカリにはよく溶ける。ｃの過酸化水素 H₂O₂ は、無色無臭で粘性の少し高い液体。徐々に水と酸素に分解する(光、金属により加速)する。安定剤として酸を加える。　ヨード亜鉛からヨウ素を析出する。過酸化水素自体は不燃性。しかし、分解が起こると激しく酸素を発生する。周囲に易燃物があると火災になる恐れがある。
【問 47】　　1
〔解説〕
　　ａとｂが正しい。なお、ｃの重クロム酸カリウム K₂Cr₂O₄ は、劇物。橙赤色の柱状結晶。水に溶けやすい。アルコールには溶けない。強力な酸化剤。　ｄのメチルエチルケトン CH₃COC₂H₅ は、劇物。アセトン様の臭いのある無色液体。蒸気は空気より重い。水に可溶。引火性。
【問 48】　　2
〔解説〕
　　ａとｄが正しい。なお、ｂのアンモニア NH₃ は、常温では無色刺激臭の気体、冷却圧縮すると容易に液化する。水、エタノール、エーテルに可溶。強いアルカリ性を示し、腐食性は大。水溶液は弱アルカリ性を呈する。ｃのホルムアルデヒド HCHO は劇物。無色刺激臭の気体で水に良く溶け、これをホルマリンという。ホルマリンは無色透明な刺激臭の液体、低温ではパラホルムアルデヒドの生成により白濁または沈殿が生成することがある。

【問 49】　　1
〔解説〕
　　aとbが正しい。なお、cの酸化水銀（Ⅱ）HgO は、別名酸化第二水銀、鮮赤色
ないし橙赤色の無臭の結晶性粉末のものと橙黄色ないし黄色の無臭の粉末とがあ
る。水にほとんど溶けず、希塩酸、硝酸、シアン化アルカリ溶液に溶ける。　dの
水酸化ナトリウム（別名：苛性ソーダ）NaOH は、劇物。白色の固体で、空気中の
水分及び二酸化炭素を吸収する。水に溶解するとき強く発熱する。
【問 50】　　5
〔解説〕
　　cとdが正しい。なお、aの蓚酸の水溶液を酢酸で弱酸性にして、酢酸カルシ
ウムを加えると、結晶性の白色沈殿を生じる。同じく、水溶液をアンモニア水で
弱アルカリ性にして、塩化カルシウムを加えても、白色沈殿を生じる。bのメタ
ノール CH₃OH は、サリチル酸と濃硫酸とともに熱すると、芳香あるエステル類
を生じる。

奈良県

令和３年度実施

※特定品目はありません。

〔法　規〕
（一般・農業用品目・特定品目共通）

問１　３
〔解説〕
　この設問は、法第１条(目的)及び法第２条(定義)のことで、正しいのは、ｂ と ｄ である。ｂ は、法第２条第１項(毒物)のこと。又、ｄ は法第２条第３項(特定毒物)のこと。なお、ａ は、法第１条(目的)で、犯罪捜査の見地からではなく、保健衛生上の見地からである。ｃ は、法第２条第２項(劇物)のことで、食品添加物に該当するものではなく、医薬品及び医薬部外品に該当するものは、劇物から除外される。

問２　１
〔解説〕
　この設問では、劇物に該当さするものはどれかとあるので、ａ と ｂ がが劇物に該当する。このことについて、ａ の無水酢酸は 0.2 パー前と以下は劇物から除外。又、ｂ の沃化メチルの製剤については劇物から除外される濃度はないので、劇物となる。なお、ｃ のメタクリル酸は 25 ％以下は劇物から除外。ｄ の硝酸は 10 ％以下は劇物から除外される。

問３　４
〔解説〕
　この設問では特定毒物はどれかとあるので、ｃ と ｄ が特定毒物に該当する。なお、ａ の燐化亜鉛を含有する製剤は、劇物。ｂ の燐化アルミニウムは毒物。

問４　４
〔解説〕
　この設問では、ａ と ｃ が正しい。ａ は法第３条第２項に示されている。ｃ は法第４条第３項の登録の更新のこと。なお、ｂ については、３日以内ではなく、直ちにである。法第 17 条第２項に示されている。ｄ については法第３条第３項及び法第４条により販売業の登録を受けなければならない。

問５　１
〔解説〕
　この設問は特定毒物研究者についてのことで、ａ と ｃ が正しい。ａ は法第３条の２第２項に示されている。ｃ は法第３条の２第６項に示されている。なお、ｂ については学術研究以外の用途に供してはならないである。このことは法第３条の２第４項に示されている。ｄ にの設問にある主たる研究所の所在地を変更した場合は、法第 10 条第２項により、30 日以内に、主たる研究所の所在地の都道府県知事にその旨を届け出なければならないである。よってこの設問は誤り。

問６　３
〔解説〕
　この設問は法第３条の４で正当な理由を除いて所持しはならない品目とは→施行令第 32 条の３で、①亜塩素酸ナトリウム及びこれを含有する製剤 30 ％以上、②塩素酸塩類及びこれを含有する製剤 35 ％以上、③ナトリウム、④ピクリン酸である。このことから ｂ と ｄ が正しい。

問７　５
〔解説〕
　この設問では登録又は許可のことで、ｂ のみが誤り。ｂ については法第４条第１項により、その所在地の都道県知事が行う。これについては平成 30 年６月 27 日法第 66 号(施行日：令和２年４月１日)において、厚生労働大臣から都道府県知事へ委譲された(登録権限の委譲)　ａ、ｃ は法第４条第１項に示されている。ｄ は法第６条の２(特定毒物研究者の許可)に示されている。

問8　2
〔解説〕
　　この設問の毒物劇物営業者の手続きについてでは、d のみが正しい。d は施行令第 35 条第 1 項に示されている。なお、a と c は法第 10 条(届出)のことで、a は、あらかじめではなく、30 日以内にその所在地の都道府県知事に届出なければならない(法第 10 条第 1 項第二号)。c の設問にある廃止する日の 30 日前ではなく、30日以内に届け出なければならないである(法第 10 条第 1 項第四号)。b については法第 9 条第 1 項により、30 日以内ではなく、あらかじめ登録の変更をうけなければならないである。

問9　4
〔解説〕
　　この設問は法第 12 条第 2 項第四号→施行規則第 11 条の 6 第 1 項第二号で、住宅用の洗浄剤の液体状のものについて販売し、又は授与するときについての表示事項についてで、c と d が正しい。

問 10　3
〔解説〕
　　この設問では、店舗の設備基準とあるので、施行規則第 4 条の 4 第 2 項についてで、b と d が正しい。

問 11　3
〔解説〕
　　この設問の毒物劇物取扱責任者は法第 7 条及び法第 8 条のことで、c のみが誤り。c については法第 7 条第 1 項により、自ら毒物劇物取扱責任者として毒物又は劇物による保健衛生上の危害防止に当たることができる。よってこの設問は誤り。なお、a は法第 8 条第 1 項第一号に示されている。b は法第 7 条第 3 項に示されている。d は法第 7 条第 2 項に示されている。

問 12　5
〔解説〕
　　法第 12 条第 2 項第三号→施行規則第 11 条の 5 で、有機燐化合物たる毒物又は劇物を含有する製剤には解毒剤の表示として、①2－ピリジルアルドキシムメチオダイド(別名 PAM)の製剤、②硫酸アトロピンの製剤である。このことから 5 が正しい。

問 13　2
〔解説〕
　　この設問は着色する農業品目で法第 13 条→施行令第 39 条において着色すべき農業劇物として、①硫酸タリウムを含有する製剤たる劇物、②燐化亜鉛を含有する製剤たる劇物は、施行規則第 12 条であせにくい黒色に着色すると規定されている。このことから 2 が正しい。

問 14　2
〔解説〕
　　この設問は法第 14 条第 1 項における毒物劇物を譲渡する際に、書面に記載しなければならない事項とは、①毒物又は劇物の名称及び数量、②販売又は授与の年月日、③譲受人の氏名、職業及び住所(法人にあっては、その名称及び主たる事務所の所在地)である。このことから a と c が正しい。

問 15　1
〔解説〕
　　解答のとおり。

問 16　3
〔解説〕
　　解答のとおり。

問 17　3
〔解説〕
　　この設問は、毒物又は劇物の性状及び取扱いについての情報提供についてで、c のみが誤り。c については、①1 回につき 200 ミリグラム以下の販売し、又は授与する場合、②施行令別表第 1 の上欄に掲げる物を主として生活の用に供する一般消費者に対して販売し、又は授与する場合については、毒物劇物営業者は、譲受人に対して情報提供をしなくてもよい。なお、a は施行規則第 13 条の 12 に示されている。b は施行規則第 13 条の 11 に示されている。d は施行規則第 13 条の 10 に示されている。

問18　4
〔解説〕
　　この設問は業務上取扱者の届出における事業者についてである。法第22条第1項→施行令第41条及び第42条で、①シアン化ナトリウム又は無機シアン化合物を使用する電気めっきを行う事業、②シアン化ナトリウム又は無機シアン化合物を使用する金属熱処理を行う事業、③大型自動車5000kg以上に毒物又は劇物を積載して行う大型運送業、④しろあり防除行う事業である。このことからｃとｄが正しい。

問19～20　　問19　1　　問20　2
〔解説〕
　　問19　この設問における罰則は法第15条第1項〔交付の不適格者〕→法第24条〔罰則〕で3年以下の懲役若しくは200万円以下の罰金。
　　問20　この設問における罰則は法第3条の3→法第24条の2〔罰則〕で2年以下の懲役若しくは100万円以下の罰金。

〔基礎化学〕
（一般・農業用品目・特定品目共通）

問21～31　　問21　3　　問22　4　　問23　1　　問24　3　　問25　4　　問26　5
　　　　　　　問27　4　　問28　3　　問29　1　　問30　5　　問31　3
〔解説〕
　　問21　DNAやRNAを構成する核酸には、アデニン、グアニン、チミン、シトシン、ウラシルがある。
　　問22　金はAu、アンチモンはSb、アスタチンはAt、水銀はHgである。
　　問23　空気の平均分子量は約29であるため、これよりも分子量が軽い気体が空気よりも軽くなる。問24　解答のとおり。
　　問25　ほとんどの金属硫化物は黒色を示すが、ZnSは白色、CdSは黄色、SnSは褐色、MnSは淡赤色となる。
　　問26　ソーダ石灰はアルカリ性の乾燥材であるため、酸性気体である塩化水素ガスの乾燥には不向きである。
　　問27　ニンヒドリン反応において、一般的なアミノ酸は紫色系統の色を呈するが、プロリンのような環状アミノ酸では黄色を呈する。
　　問28　選択肢の中で2価のカルボン酸はマレイン酸とコハク酸であるが不飽和結合を有するのはマレイン酸である（シス型である）。
　　問29　二酸化炭素は直線型の構造を取る。メタンは正四面体型、アンモニアは三角錐型、水は折れ線型の構造を取る。
　　問30　気体が液体を経ずに固体になる状態変化を昇華、固体が液体になる状態変化を融解、液体が期待になる状態変化を蒸発、液体が固体になる状態変化を凝固という。
　　問31　カルボン酸とアルコールが脱水縮合したものをエステルと言い、その反応をエステル化という。

問32　3
〔解説〕
　　二個の原子が不対電子を出し合って結合する様式を共有結合、自由電子を介した結合は金属結合、陽イオンと陰イオンの静電的な結合をイオン結合という。

問33　1
〔解説〕
　　マンガンの酸化数は+2 か+7 をとる。酸化マンガンは水に溶けない黒色固体である。過マンガン酸カリウムは紫色の固体で水に溶解する。

問34　2
〔解説〕
　　ハロゲンの単体は原子番号が小さいものほど反応性が高い。

問35　4
〔解説〕
　　原子核は陽子と中性子からなり、陽子と中性子のの重さはほぼ等しい。電子は陽子の1/1840の重さしかなく、一般的に電子の重さは無視することができる。原子番号が同じで質量数が異なるものを同位体という。

問 36　1

〔解説〕
　　フタル酸を加熱すると分子内での脱水反応が起こり、無水フタル酸が生成する。

問 37　3

〔解説〕
　　油脂は高級脂肪酸とグリセリンのエステルである（トリグリセリド）。油脂のけん化は強アルカリである水酸化ナトリウムあるいは水酸化カリウムで行う加水分解反応である。石鹸は硬水中で洗浄力が弱くなる。

問 38　5

〔解説〕
　　理想気体の状態方程式 $PV = nRT$ より、$1.0 \times 10^5 \times V = 84/28 \times 8.3 \times 10^3 \times (273+27)$，$V = 74.7$ L

問 39　2

〔解説〕
　　0.001 mol/L NaOH の pOH は 3 である。pOH+pH = 14 より、pH = 11

問 40　2

〔解説〕
　　C（黒鉛）$+ O_2 = CO_2$ +394 kJ …①式、$CO + 1/2O_2 = CO_2 + 283$ kJ …②式とする。①式－②式より、$C + 1/2O_2 = CO + 111$ kJ

〔取扱・実地〕

（一般）

問 41　3

〔解説〕
　　この設問では b と d が正しい。次のとおり。ホスゲンは独特の青草臭のある無色の圧縮液化ガス。蒸気は空気より重い。トルエン、エーテルに極めて溶けやすい。酢酸に対してはやや溶けにくい。水により加水分解し、二酸化炭素と塩化水素を生成する。不燃性。用途は樹脂、染料等の原料。

問 42　2

〔解説〕
　　この設問では a と c が正しい。次のとおり。一水素二弗化アンモニウム NH_4HF_2 は、無色結晶、潮解性。水に溶けやすい。わずかに酸の臭いがする。エタノールに溶けやすい。この液はガラス、金属、コンクリートを侵す。用途はガラス加工(電球の艶消し)。

問 43 ～ 47　問 43　1　　　問 44　3　　　問 45　2　　　問 46　4

〔解説〕
　　問 43　アクリルニトリル $CH_2=CHCN$ は、無臭透明の蒸発しやすい液体で、無臭又は微刺激臭がある。極めて引火しやすく、火災、爆発の危険性が強い。　　問 44　ジメチルジチオホスホリルフェニル酢酸エチル(フェントエート、PAP)は、赤褐色、油状の液体で、芳香性刺激臭を有し、水、プロピレングリコールに溶けない。リグロインにやや溶け、アルコール、エーテル、ベンゼンに溶ける。アルカリには不安定。　　問 45　臭素 Br_2 は、劇物。赤褐色・特異臭のある重い液体。比重 3.12(20 ℃)、沸点 58.8 ℃。強い腐食作用があり、揮発性が強い。引火性、燃焼性はない。水、アルコール、エーテルに溶ける。　　問 46　トルエン $C_6H_5CH_3$(別名トルオール、メチルベンゼン)は劇物。無色透明な液体で、ベンゼン臭がある。蒸気は空気より重く、可燃性である。沸点は水より低い。水には不溶、エタノール、ベンゼン、エーテルに可溶である。

問 47 ～ 50　問 47　2　問 48　4　　　問 49　5　　　問 50　3

〔解説〕
　　問 47　アニリン　$C_6H_5NH_2$ は、劇物。沸点 184 ～ 186 ℃の油状物。アニリンは血液毒である。かつ神経毒であるので血液に作用してメトヘモグロビンを作り、チアノーゼを起こさせる。急性中毒では、顔面、口唇、指先等にはチアノーゼが現れる。さらに脈拍、血圧は最初亢進し、後に下降して、嘔吐、下痢、腎臓炎を起こし、痙攣、意識喪失で、ついに死に至ることがある。　　問 48　クロロホルム $CHCl_3$ は、無色、揮発性の液体で特有の香気とわずかな甘みをもち、麻酔性がある。蒸気は空気より重い。毒性は原形質毒、脳の節細胞を麻酔、赤血球を溶解する。吸収するとはじめ嘔吐、瞳孔縮小、運動性不安、次に脳、神経細胞の麻酔が起きる。中毒死は呼吸麻痺、心臓停止による。

問 49　スルホナールは劇物。無色、稜柱状の結晶性粉末。水、アルコール、エーテルに溶けにくい。臭気もない。味もほとんどない。約 300 ℃に熱すると、ほとんど分解しないで沸騰し、これを点火すれば亜硫酸ガスを発生して燃焼する。嘔吐、めまい、胃腸障害、腹痛、下痢又は便秘などを起こし、運動失調、麻痺、腎臓炎、尿量減退、ポルフィリン尿(尿が赤色を呈する。)として現れる。　　問 50　弗化水素酸(HF・aq)は毒物。弗化水素の水溶液で無色またはわずかに着色した透明の液体。特有の刺激臭がある。不燃性。濃厚なものは空気中で白煙を生ずる。皮膚に触れた場合、激しい痛みを感じ、皮膚の内部にまで浸透腐食する。薄い溶液でも指先に触れると爪の間に浸透し、激痛を感じる、数日後に爪がはく離することもある。

問 51 ～ 55　問 51　2　　問 52　1　　問 53　4　　問 54　3　　問 55　2

〔解説〕

問 51　亜硝酸ナトリウム $NaNO_2$ は、劇物。白色または微黄色の結晶性粉末。用途はジアゾ化合物の製造、染色、写真、試薬等に用いられる。　　問 52　エジフェンホス(EDDP)は劇物。黄色～淡褐色透明な液体、特異臭、水に不溶、有機溶媒に可溶。有機リン製剤、劇物(2 %以下は除外)、殺菌剤。　　問 53　四塩化炭素(テトラクロロメタン)CCl_4 は、特有な臭気をもつ不燃性、揮発性無色液体、水に溶けにくく有機溶媒には溶けやすい。用途は洗濯剤、清浄剤の製造などに用いられる。　　問 54　エンドタールは、劇物。白色結晶。用途は除草剤。

問 55 ～ 57　問 55　2　　問 56　4　　問 57　3

〔解説〕

問 55　シアン化水素 HCN は、無色の気体または液体(b. p. 25.6 ℃)、特異臭(アーモンド様の臭気)、弱酸、水、アルコールに溶ける。毒物。貯法は少量なら褐色ガラス瓶、多量なら銅製シリンダーを用い日光、加熱を避け、通風の良い冷所に保存。　　問 56　沃素 I_2 は、黒褐色金属光沢ある稜板状結晶、昇華性。水に溶けにくい(しかし、KI 水溶液には良く溶ける $KI + I_2 → KI_3$)。有機溶媒に可溶(エタノールやベンゼンでは褐色、クロロホルムでは紫色)。気密容器を用い、風通しのよい冷所に貯蔵する。腐食されやすい金属なので、濃塩酸、アンモニア水、アンモニアガス、テレビン油等から引き離しておく。　　問 57　黄リン P_4 は、無色又は白色の蝋様の固体。毒物。別名を白リン。暗所で空気に触れるとリン光を放つ。水、有機溶媒に溶けないが、二硫化炭素には易溶。湿った空気中で発火する。空気に触れると発火しやすいので、水中に沈めてビンに入れ、さらに砂を入れた缶の中に固定し冷暗所で貯蔵する。

問 57 ～ 60　問 57　3　　問 58　3　　問 59　4　　問 60　1

〔解説〕

解答のとおり。

(農業用品目)

問 41　2

〔解説〕

農業用品目販売業者の登録が受けた者が販売できる品目については、法第四条の三第一項→施行規則第四条の二→施行規則別表第一に掲げられている品目である。解答のとおり。

問 42 ～ 44　問 42　2　　問 43　4　　問 44　3

〔解説〕

問 42　ホスチアゼートは 1.5 %以下で劇物から除外。

問 43　硫酸は 10%以下で劇物から除外。

問 44　エマメクチンは 2 %以下は劇物から除外。3

問 45 ～ 47　問 45　1　　問 46　4　　問 47　2

〔解説〕

問 45　ニコチンは、毒物、無色無臭の油状液体だが空気中で褐色になる。硫酸酸性水溶液に、ピクリン酸溶液を加えると黄色結晶を沈殿する。　　問 46　硫酸第二銅、五水和物白色濃い藍色の結晶で、水に溶けやすく、水溶液は青色リトマス紙を赤変させる。水に溶かし硝酸バリウムを加えると、白色の沈殿を生じる。

問 47　塩素酸カリウム(KCl)は、無色の結晶。水に可溶。アルコールに溶けにくい。水溶液に酒石酸を多量に加えると、白色の結晶性の物質を生ずる。

問48～50　問48　3　問49　2　問50　1
〔解説〕
　　　問48　ブロムメチル CH₃Br(臭化メチル)は、常温で気体なので、圧縮冷却して液化し、圧縮容器に入れ、直射日光、その他温度上昇の原因を避けて、冷暗所に貯蔵する。　　　問49　ロテノンはデリスの根に含まれる。殺虫剤。酸素、光で分解するので遮光保存。2％以下は劇物から除外。　　　問50　シアン化カリウム KCN は、白色、潮解性の粉末または粒状物、空気中では炭酸ガスと湿気を吸って分解する(HCN を発生)。また、酸と反応して猛毒の HCN(アーモンド様の臭い)を発生する。貯蔵法は、少量ならばガラス瓶、多量ならばブリキ缶又は鉄ドラム缶を用い、酸類とは離して風通しの良い乾燥した冷所に密栓して貯蔵する。

問51～52　　問51　3　　　　問52　1
〔解説〕
　　　問51　2-クロル-1ー(2・4ージクロルフェニル)ビニルジメチルホスイフェイト(別名ジメチルビンホス)は、劇物。微粉末結晶。キシレン、アセトンなどの有機溶に溶ける。有機リン化合物。用途は、殺虫剤。　　　問52　エンドタールは、劇物。白色結晶。用途は除草剤。

問53～55　問53　2　問54　4　　問55　1
〔解説〕
　　　問53　燐化亜鉛 Zn₃P₂ は、灰褐色の結晶又は粉末。かすかにリンの臭気がある。酸と反応して有毒なホスフィン PH3 を発生。漏えいした場合は、飛散したものは、速やかに土砂で覆い、密閉可能な空容器にできるだけ回収して密閉する。、汚染された土砂等も同様な措置をし、その後多量の水を用いて洗い流す。
　　　問54　クロルピクリン CCl₃NO₂ は、無色～淡黄色液体、催涙性、粘膜刺激臭。水に不溶。漏えいした液が少量の場合は、速やかに蒸発するので周辺に近付かないようにする。多量の場合は、多量の活性炭又は消石灰を散布して覆い処理する。
　　　問55　ダイアジノンは、有機リン製剤。接触性殺虫剤、かすかにエステル臭をもつ無色の液体、水に難溶、有機溶媒に可溶。付近の着火源となるものを速やかに取り除く。空容器にできるだけ回収し、その後消石灰等の水溶液を多量の水を用いて洗い流す。

問56～57　問56　3　　　問57　1
〔解説〕
　　　問56　DDVP は劇物。刺激性があり、比較的揮発性の無色の油状の液体。水に溶けにくい。廃棄方法は木粉(おが屑)等に吸収させてアフターバーナー及びスクラバーを具備した焼却炉で焼却する燃焼法と 10 倍量以上の水と攪拌しながら加熱乾留して加水分解し、冷却後、水酸化ナトリウム等の水溶液で中和するアルカリ法。
　　　問57　燐化アルミニウムとその分解促進剤とを含有する製剤(ホストキシン)は、特定毒物。①燃焼法では、廃棄方法はおが屑等の可燃物に混ぜて、スクラバーを具備した焼却炉で焼却する。②酸化法　多量の次亜鉛酸ナトリウムと水酸化ナトリウムの混合水溶液を攪拌しながら少量ずつ加えて酸化分解する。過剰の次亜塩素酸ナトリウムをチオ硫酸ナトリウム水溶液等で分解した後、希硫酸を加えて中和し、沈殿ろ過する。

問58～60　問58　3　問59　1　問60　2
〔解説〕
　　　問58　モノフルオール酢酸ナトリウム FCH₂COONa は重い白色粉末、吸湿性、冷水に易溶、メタノールやエタノールに可溶。野ネズミの駆除に使用。特毒。摂取により毒性発現。皮膚刺激なし、皮膚吸収なし。　モノフルオール酢酸ナトリウムの中毒症状：生体細胞内の TCA サイクル阻害(アコニターゼ阻害)。激しい嘔吐の繰り返し、胃疼痛、意識混濁、てんかん性痙攣、チアノーゼ、血圧下降。
　　　問59　硫酸タリウム Tl₂SO₄ は、白色結晶で、水にやや溶け、熱水に易溶、劇物、殺鼠剤。中毒症状は、疝痛、嘔吐、震せん、けいれん麻痺等の症状に伴い、しだいに呼吸困難、虚脱状態を呈する。治療法は、カルシウム塩、システインの投与。抗けいれん剤(ジアゼパム等)の投与。　　　問60　沃化メチル CH₃I は、無色又は淡黄色透明の液体。劇物。中枢神経系の抑制作用および肺の刺激症状が現れる。皮膚に付着して蒸発が阻害された場合には発赤、水疱形成をみる。2

中国五県統一
〔島根県、鳥取県、岡山県、広島県、山口県〕
令和３年度実施

〔毒物及び劇物に関する法規〕
（一般・農業用品目・特定品目共通）

問１　２
〔解説〕
　　解答のとおり。

問２　３
〔解説〕
　　この設問は法第３条の２における特定毒物についてで、正しいのは３である。
３は法第３条の２第７項に示されている。因みに、１の特定毒物使用者は法第３
条の２第５項において、特異毒物を品目ごとに施行令(政令)で定める用途以外に
使用することはできないと示されている。２の毒物劇物製造業者は、特定毒物を
輸入することはできない。特定毒物を輸入することの出来るのは①毒物劇物輸入
業者、②特定毒物研究者である。

問３　２
〔解説〕
　　この設問の法第３条の３により→施行令32条の２で次の品目、①トルエン、②
酢酸エチル、トルエン又はメタノールを含有するシンナー、接着剤、塗料及び閉
そく用又はシーリングの充てん料は、みだりに摂取し、若しくは吸入し、又はこ
れらの目的で所持してはならない。又、法第３条の４で規定する引火性、発火性
又は爆発性のある毒物又は劇物→施行令第32条の３で、①亜塩素酸ナトリウム及
びこれを含有する製剤 30 ％以上、②塩素酸塩類を含有する製剤 35 ％以上、③ナ
トリウム、④ピクリン酸については正当な理由を除いては所持してはならないと
規定されている。このことから該当するのは２である。

問４　１
〔解説〕
　　この設問の法第４条(営業の登録)のことで、１が正しい。因みに、２は法第４
条第３項における登録の更新にいで、毒物又は劇物製造業及び同輸入業の登録は、
５年ごとに登録の更新、又販売業の登録の更新は、６年ごとに登録の更新を受け
なければならないである。３の毒物又は劇物製造業の登録の更新については、法
第４条第１項により、その所在地の都道府県知事が行うてある。

問５　４
〔解説〕
　　この設問は法第15条(毒物又は劇物の交付の制限等)のことで、アのみが誤り。
アの設問にある親の承諾があれば、17 歳の者に毒物又は劇物を交付しても良いと
あるが、法第 15 条第１項第一号により、18 歳未満の者に交付してはらないと規
定されているので如何なる理由があっても毒物又は劇物を交付することはできな
い。因みに、イは法第 15 条第１項第三号に示されている。ウは法第 15 条第２項
に示されている。

問６　２
〔解説〕
　　この設問にある毒物又は劇物の廃棄については法第 15 条の２(廃棄→施行令第
40 条(廃棄の方法)が示されている。このことからこの設問は全て正しい。

問７　４
〔解説〕
　　この設問は法第 17 条第１項は、事故の際の措置のこと。解答のとおり。

問８　２
〔解説〕
　　この設問の毒物劇物監視員については、法第 18 条(立入検査等)のことで、正し
いのは２である。なお、１のようなことはない。３は法第 18 条第１項により、そ
の疑いのある物を収去させることができるである。

問9　1
〔解説〕
　　この設問は業務上取扱者の届出における事業者についてである。法第22条第1項→施行令第41条及び第42条で、①シアン化ナトリウム又は無機シアン化合物を使用する電気めっきを行う事業、②シアン化ナトリウム又は無機シアン化合物を使用する金属熱処理を行う事業、③大型自動車5000kg以上に毒物又は劇物を積載して行う大型運送業、④しろあり防除行う事業である。このことからアとイが正しい。

問10　3
〔解説〕
　　この設問は毒物又は劇物を車両を使用して運搬方法についてで、施行令第40条の5第2項第三項(施行令別表第2に掲げる毒物又は劇物を1回につき5,000kg以上)→施行規則第13条の6→別表第5により、車両に備えなければならない保護具が示されている。この設問では10％の水酸化ナトリウムの場合の保護具とは、①保護手袋、②保護長ぐつ、③保護衣、④保護眼鏡である。このことからこの設問で誤っているものはどれかとあるので、3が誤り。

問11　1
〔解説〕
　　この設問は法第12条第2項第四号→施行規則第11条の6第1項第二号で、住宅用の洗浄剤の液体状のものについて販売し、又は授与するときについての表示事項についてで、アとエが正しい。

問12　4
〔解説〕
　　法第10条は届出についてで、30日以内に都道府県知事に届け出なければならないこととは、①氏名又は住所(法人にあっては、その名称又は主たる事務所の所在地)の変更、②設備の重要な部分の変更(製造、貯蔵、運搬)、③厚生労働省令で定める製造所、営業所、店舗の名称(支店)、品目の廃止、④毒物劇物営業者の廃止である。このことからアの店舗の営業時間の変更については届け出を要しない。

問13　2
〔解説〕
　　この設問では、アのみが正しい。アは法第14条第2項→施行規則第12条の2に示されている。因みに、イは、法第14条第4項により、5年間書面を保存しなければならないである。ウの書面に記載する事項は、①毒物又は劇物の名称及び数量(この設問は劇物)、②販売又は授与の年月日、③譲受人の氏名、職業及び住所(法人にあっては、その名称及び主たる事務所の所在地)であり、この設問にある譲受人の年齢は記載を要しない。よって誤り。

問14　1
〔解説〕
　　この設問は毒物又は劇物の運搬を他に委託する場合についてで、1が正しい。1は施行令第40条の6第1項に示されている。なお、2は施行令第40条の6第2項により、書面の交付してはらないものとみなされる。3は施行令第40条の6第1項ただし書規定→施行規則第13条の7において、1回につき1,000kg以下については書面の交付を要しない。よって誤り。

問15　3
〔解説〕
　　この設問の毒物又は劇物を販売し、又は授与するとき、譲受人に対して毒物又は劇物の性状及び取扱いを情報提供しなければならないと施行令第40条の9に示されている。この設問では誤っているものはどれかとあるので、3が誤り。3の設問には、譲受人の同意があれば、後日とあるが施行令第40条の9第1項により、毒物又は劇物を販売し、又は授与するときまでにとあるので誤り。なお、1は施行令第40条の9第1項のこと。2は施行令第40条の9第1項→施行規則第13条の12の情報提供の内容のことである。

問16〜問25　問16　1　　問17　2　　問18　2　　問19　1　　問20　1
　　　　　　　問21　1　　問22　2　　問23　1　　問24　2　　問25　1
〔解説〕
　　問16　特定毒物とは、毒物より毒性の強いものをいいすべて毒物に含まれている。設問のとおり。　問17　毒物又は劇物を製造する場合、法第3条第1項及び法第4条により、製造業の登録を受けなければならない。この設問は誤り。　問18　特定毒物研究者については、法第6条の2により許可制で特段期間の定めはない。　問19　設問のとおり。法第4条第2項に示されている。　問20　設問のとおり。施行規則第4条の4第1項第四号に示されている。　問21　設問のとおり。法第6条の2第2項に示されている。　問22　法第8条第4項により、農業用品目毒物劇物取扱者試験に合格した者は、農業用品目のみの店舗の毒物劇物取扱責任者になることができる。よってこの設問は誤り。　問23　設問のとおり。法第12条第2項第三号→施行規則第11条の5により、有機燐化合物たる毒物又は劇物を含有する製剤には解毒剤の表示をしなければならない。　問24　施行規則第4条の4第1項第三号により、毒物又は劇物を陳列する場所にかぎをかける設備があることである。この設問にあるただし書は誤り。　問25　設問のとおり。法第7条第3項に示されている。

〔基礎化学〕
（一般・農業用品目・特定品目共通）

問26〜問33　問26　1　問27　2　問28　2　問29　2　問30　1　問31　1
　　　　　　　問32　2　問33　2
〔解説〕
　　問26　酸性溶液は青色リトマスを赤色に変える。
　　問27　静電的な引力による結合をイオン結合という。
　　問28　ナトリウム原子は1個の電子を放出して1価の陽イオンになる。
　　問29　ベンゼンは分子内に二重結合を3つもつ。
　　問30　1, 2, 12〜18族を典型元素という。
　　問31　アンモニアは三角錐構造をとる極性分子である。
　　問32　弱酸強塩基による滴定では中和点が塩基性側にあるため、変色域が塩基性側にあるフェノールフタレインが適している。
　　問33　ハロゲン元素の単体は原子番号が小さいものほど反応性・酸化力はおおきくなる。また分子量が大きいほど融点や沸点が上がる。
問34〜問38　問34　3　問35　1　問36　2　問37　3　問38　3
〔解説〕
　　問34　問35　解答のとおり
　　問36　オゾンは淡青色・特異臭のある気体である。
　　問37　オゾンは酸素の原子が3つ集まっている分子で、酸化力が強い。
　　問38　オゾンは沃化物イオンI^-を酸化して沃素I_2を生成するため、これがでんぷんと反応し青色に変色する。
問39　2
〔解説〕
　　ある有機化合物8.00 mg中に含まれるCの重さは、発生したCO_2の重さ15.28 mgから式は、$15.28 \times 12/44 = 4.17$ mg、同様にHの重さは、発生したH_2Oの重さ9.36 mgから式は、$9.36 \times 2/18 = 1.04$ mg。よってこの化合物に含まれる酸素の重さは、8.00-4.17-1.04 = 2.79 mgである。よってこの化合物の組成はC：H：O = 4.17/12：1.04/1：2.79/16、 = 2：6：1
問40　2
〔解説〕
　　0.01 mol/L HClに含まれる$[H^+]$は1.0×10^{-2}である。
問41　3
〔解説〕
　　凝固点降下をもとめる式は、（溶媒の凝固点－溶液の凝固点）＝モル凝固点降下度×質量モル濃度　で求める。必要なグルコースの重さをx gとすると式は、$[0 - (-0.2)] = 1.85 \times x/180 \times 1000/370$、　x = 7.2 g
問42　3
〔解説〕
　　2-ブタン（but-2-ene）にはシス－トランス異性体が存在する。

問 43　1
〔解説〕
　　X 線やγ線は非常に強いエネルギーを有する。
問 44　2
〔解説〕
　　水とジエチルエーテルは混じりあわず、水が下層にジエチルエーテルが上層にくる。
問 45 ～問 46　　問 45　1　　　問 46　2
〔解説〕
　　問 45　解答のとおり。
　　問 46　分留とは液体の沸点の差を利用して精製する操作、再結晶は溶媒に対する溶解度の差を利用した精製法である。
問 47　4
〔解説〕
　　pH が最も大きいとはすなわち最も塩基性が強いものになる。それぞれの塩を水に溶かした時の液性は、$CuCl_2$ の水溶液は酸性、$NaHCO_3$ の液性は弱塩基性、$KHSO_4$ の液性は酸性、Na_2CO_3 の液性は塩基性である。
問 48　1
〔解説〕
　　0 ℃、1 気圧を標準状態という。標準状態で理想気体は種類にかかわらず 22.4 L である。
問 49　3
〔解説〕
　　鉄は 8 族の元素である。鉄イオンは+2 と+3 の価数をとる。
問 50　4
〔解説〕
　　セッケンの水溶液は水の表面張力を減少させる効果があるため、衣類等の繊維の間に入りやすくなる。

〔毒物及び劇物の性質及び貯蔵、識別及び取扱方法〕

（一般）
問 51　2
〔解説〕
　　この設問は、水酸化ナトリウムの記述について誤っているものはどれかとあるので、2 の廃棄する場合が誤り。次のとおり。水酸化ナトリウムは塩基性であるので酸で中和してから希釈して廃棄する中和法。
問 52　2
〔解説〕
　　この設問は、性状及び用途の組み合せで誤っているものはどれかとあるので、2 が誤り。2 の重クロム酸カリウムの性状及び用途発議のとおり。重クロム酸カリウム $K_2Cr_2O_4$ は、劇物。橙赤色の結晶で吸湿性も潮解性もない。融点 398 ℃、およそ 500 ℃で分解する。水に溶け酸性を示す。用途は、工業用に酸化剤、媒染剤、製皮用、電気メッキ、電池調整用、顔料原料等に用いられる。
問 53 ～問 56　問 53　5　　問 54　3　　問 55　4　　問 56　1
〔解説〕
　　問 53　弗化水素酸($HF・aq$)は毒物。弗化水素の水溶液で無色またはわずかに着色した透明の液体。特有の刺激臭がある。不燃性。濃厚なものは空気中で白煙を生ずる。ガラスを腐食する作用がある。用途はフロンガスの原料。半導体のエッチング剤等。　　問 54　ヨウ素 I_2 は、黒褐色金属光沢ある稜板状結晶、昇華性。水に溶けにくい。ヨードあるいはヨード水素酸を含有する水には溶けやすい。有機溶媒に可溶(エタノールやベンゼンでは褐色、クロロホルムでは紫色)。用途は、ヨウ化合物の製造、分析用、写真感光剤原料、医療用。　　問 55　シアン化カルシウム $Ca(CN)_2$ は、無色又は白色の粉末で、水、熱湯に溶けにくく、アルコールに僅かに溶ける。湿った空気中では徐々に分解してシアン化水素を発生。用途は果樹の消毒。　　問 56　フッ化スルフリル(SO_2F_2)は毒物。無色無臭の気体。沸点-55.38 ℃。水に難溶である。アルコール、アセトンにも溶ける。用途は殺虫剤、燻蒸剤。

問57～問60　問57　1　　問58　3　　問59　2　　問60　5
〔解説〕
　　解答のとおり。
問61　1
〔解説〕
　　1のアセトニトリルが正しい。なお、弗化水素酸(HF・aq)は毒物。弗化水素の水溶液で無色またはわずかに着色した透明の液体。特有の刺激臭がある。不燃性。濃厚なものは空気中で白煙を生ずる。ガラスを腐食する作用がある。用途はフロンガスの原料。半導体のエッチング剤等。　ジボランは毒物。無色のビタミン臭のある気体。可燃性。水によりすみやかに加水分解する。用途は特殊材料ガス。
問62～問65　問62　4　　問63　5　　問64　1　　問65　2
〔解説〕
　　問62　ニコチンは、毒物。本品にホルマリン一滴を加えたのち、濃硝酸一滴を加えると、ばら色を呈する。　　　問63　クロルピクリン CCl_3NO_2 については、本品の水溶液に金属カルシウムを加え、これにベタナフチルアミン及び硫酸を加えると、赤色の沈殿を生じる。　　　問64　塩化亜鉛 $ZnCl_2$ は、白色の結晶で、空気に触れると水分を吸収して潮解する。水およびアルコールによく溶ける。水に溶かし、硝酸銀を加えると、白色の沈殿が生じる。　　　問65　メタノール CH_3OH は特有な臭いの無色透明な揮発性の液体。水に可溶。可燃性。あらかじめ熱灼した酸化銅を加えると、ホルムアルデヒドができ、酸化銅は還元されて金属銅色を呈する。
問66～問69　問66　4　　問67　2　　問68　3　　問69　5
〔解説〕
　　問66　ベタナフトール $C_{10}H_7OH$ は、無色～白色の結晶、石炭酸臭、水に溶けにくく、熱湯に可溶。有機溶媒に易溶。空気や光線に触れると赤変するため、遮光して貯蔵する。　　　問67　シアン化ナトリウム NaCN(別名青酸ソーダ、シアンソーダ、青化ソーダ)は毒物。白色の粉末またはタブレット状の固体。酸と反応して有毒な青酸ガスを発生するため、酸とは隔離して、空気の流通が良い場所冷所に密封して保存する。　　　問68　カリウム K は、劇物。銀白色の光輝があり、ろう様の高度を持つ金属。カリウムは空気中にそのまま貯蔵することはできないので、石油中に保存する。　　　問69　ピクリン酸($C_6H_2(NO_2)_3OH$)は爆発性なので、火気に対して安全で隔離された場所に、イオウ、ヨード、ガソリン、アルコール等と離して保管する。鉄、銅、鉛等の金属容器を使用しない。
問70　1
〔解説〕
　　この設問は除外濃度の組み合わせで誤っているものはどれかとあるので。1の硫酸タリウムにおける除外濃度が誤り次のとおり。硫酸タリウムの除外濃度は、0.3％以下は劇物から除外。
問71～問74　問71　2　　問72　5　　問73　1　　問74　4
〔解説〕
　　問71　硝酸銀 $AgNO_3$ は劇物。無色無臭の透明な結晶。水に溶けやすい。アルコールにも可溶。強い酸化剤。飛散したものは空容器にできるだけ回収し、そのあとを食塩水を用いて塩化銀とし、多量の水を用いて洗い流す。この場合、濃厚な廃液が河川等に排出されないよう注意する。　　　問72　塩化カドミウムは劇物。無水物のほか 2.5 水和物が一般に流通している。無水物は吸湿性の結晶。水溶性でアセトンにも溶ける。水和物は風解性の顆粒または結晶。飛散したものは空容器にできるだけ回収し、そのあと消石灰、ソーダ灰等の水溶液を用いて処理し、多量の水で洗い流す。　　　問73　硫化バリウムは劇物。白色の結晶性粉末。アルコールには溶けない。また、空気中で酸化され黄色～オレンジ色になる。湿気中では硫化水素を発生する。飛散したものは空容器にできるだけ回収し、そのあとを硫酸第一鉄の水溶液を加えて処理し、多量の水で洗い流す。　　　問74　黄リンは空気により発火し、酸性の五酸化二リンを生成する。したがって表面を速やかに土砂又は多量の水で覆い、水を満たした空容器に回収する。また、酸性ガス用防毒マスクを用いる。

問75　3
〔解説〕
　　この設問は物質の毒性についてで誤っているものはどれかとあるので、３の四塩化炭素が誤り。次のとおり。四塩化炭素(テトラクロロメタン)CCl_4 は、特有な臭気をもつ不燃性、揮発性無色液体、水に溶けにくく有機溶媒には溶けやすい。毒性は揮発性の蒸気の吸入によることが多い。はじめ頭痛、悪心などをきたし、また、黄疸のように角膜が黄色となり、次第に尿毒症様を呈する。
問76　2
〔解説〕
　　この設問は物質の中毒時の措置についてで誤っているものはどれかとあるので、２のパラチオンが誤り。次のとおり。パラチオンは特定毒物で、有機燐化合物。純品は無色ないし淡褐色の液体。コリンエステラーゼ阻害作用がある。頭痛、めまい、嘔気、発熱、麻痺、痙攣等の症状を起こす。解毒剤は硫酸アトロピン又はPAM（２－ピリジルアルドキシメチオダイド）。
問77～問80　問77　5　　　問78　4　　　問79　1　　　問80　2
〔解説〕
　　問77　ニッケルカルボニルは毒物。無色の揮発性液体で空気中で酸化される。60℃位いに加熱すると爆発することがある。廃棄方法は、多量のベンゼンに溶解し、スクラバーを具備した焼却炉の火室へ噴霧して、焼却する燃焼法と多量の次亜塩素酸ナトリウム水溶液を用いて酸化分解。そののち過剰の塩素を亜硫酸ナトリウム水溶液等で分解させ、その後硫酸を加えて中和し、金属塩を水酸化ニッケルとして沈殿濾過して埋立死余分する酸化沈殿法。　　問78　亜硝酸ナトリウム$NaNO_2$ は、劇物。白色または微黄色の結晶性粉末。水に溶けやすい。アルコールにはわずかに溶ける。潮解性がある。空気中では徐々に酸化する。廃棄方法は、亜硝酸ナトリウムを水溶液とし、攪拌下のスルファミン酸溶液に徐々に加えて分解させた後中和し、多量の水で希釈して処理する分解法。　　問79　硝酸亜鉛$Zn(NO_3)_2$ は、白色固体、潮解性。廃棄法は水に溶かし、消石灰、ソーダ灰等の水溶液を加えて処理し、沈殿ろ過して埋立処分する沈殿法。　　問80　酸化カドミウムは劇物。赤褐色の粉末。水に不溶。用途は電気メッキ。廃棄方法はセメントを用いて固化して、溶出試験を行い、溶出量が判定以下であることを確認して埋立処分する固化隔離法。多量の場合には還元焙焼法により金属カドミウムとして回収する。

（農業用品目）

問51～問54　問51　4　　　問52　2　　　問53　5　　　問54　1
〔解説〕
　　問51　イソフェンホスは５％を超えて含有する製剤は毒物。ただし、毒物から除外され、５％以下は劇物。　　問52　EPNを含有する製剤は毒物。ただし、1.5％以下を含有する毒物から除外され、1.5％以下を含有する製剤は劇物。　　問53　ジチアノンは50％以下は毒物から除外。　　問54　ダイファシノンは毒物。0.005％以下は毒物から除外。
問56～問58　問55　5　　　問56　2　　　問57　1　　　問58　3
〔解説〕
　　問55　ホスチアゼートは、劇物。弱いメルカプタン臭のある淡褐色の液体。水にきわめて溶けにくい。pH6及びpH8で安定。用途は野菜等のネコブセンチュウ等の害虫を殺虫剤。　　問56　塩素酸ナトリウム$NaClO_3$ は、無色無臭結晶、酸化剤、水に易溶。有機物や還元剤との混合物は加熱、摩擦、衝撃などにより爆発することがある。用途は農薬としては除草剤、その他には漂白剤や酸化剤など幅広く用いられる。　　問57　ピラクロホスは劇物。淡黄色油状の液体。水にほとんど溶けない。アセトン、エタノールに溶けやすい。用途は有機燐系農業殺虫剤。　　問58　クロルピクリンCCl_3NO_2 は、無色～淡黄色液体、催涙性、粘膜刺激臭。水に不溶。線虫駆除、燻蒸剤。
問59　1
〔解説〕
　　この設問は物質の用途についてで誤っているものはどれかとあるので、１が誤り。次のとおり。1-t-ブチル-3-(2,6-ジイソプロピル-4-フェノキシフェニル)チオウレア(別名ジアフェンチウロン)は、劇物。白～灰白色結晶固体。用途は殺虫剤(アブラナ科野菜、茶、みかん等の害虫アブラムシ類、コナガ、アオムシ)に用いられる。

問60～問63　問60　2
　　　　　　　問61　5　　問62　4　　問63　1
〔解説〕
　硫酸 H_2SO_4 は無色の粘張性のある液体。強力な酸化力をもち、また水を吸収しやすい。水を吸収するとき発熱する。木片に触れるとそれを炭化して黒変させる。また、銅片を加えて熱すると、無水亜硫酸を発生する。硫酸の希釈液に塩化バリウムを加えると白色の硫酸バリウムが生じるが、これは塩酸や硝酸に溶解しない。ニコチンは、毒物、無色無臭の油状液体だが空気中で褐色になる。殺虫剤。ニコチンの確認：1)ニコチン＋ヨウ素エーテル溶液→褐色液状→赤色針状結晶　2)ニコチン＋ホルマリン＋濃硝酸→バラ色。
問64～問67　問64　3　　問65　3　　問66　2　　問67　1
〔解説〕
　沃化メチル CH_3I は、エーテル様臭のある無色又は淡黄色透明の液体劇物。Ｉｉｙｅガス殺菌剤としてたばこの根瘤線虫、立枯病に使用する。中枢神経系の抑制作用および肺の刺激症状が現れる。皮膚に付着して蒸発が阻害された場合には発赤、水疱形成をみる。
問68～問71　問68　4　　問69　1　　問70　2　　問71　3
〔解説〕
　解答のとおり。
問72～問75　問72　3　　問73　2　　問74　5　　問75　4
〔解説〕
　問72　モノフルオール酢酸ナトリウムは有機フッ素系である。有機フッ素化合物の中毒：TCA サイクルを阻害し、呼吸中枢障害、激しい嘔吐、てんかん様痙攣、チアノーゼ、不整脈など。治療薬はアセトアミド。　　　問73　DDVP：有機リン製剤で接触性殺虫剤。無色油状、水に溶けにくく、有機溶媒に易溶。水中では徐々に分解。有機リン製剤なのでコリンエステラーゼ阻害。解毒薬は PAM。　　　問74　2-ジフェニルアセチル-2・3-インダンジオン（ダイファシノン）は、劇物。黄色結晶性粉末。アセトン、酢酸に溶ける。水にほとんど溶けない。ビタミンKの働きを抑えることにる血液凝固を阻害して、出血を引き起こす。　　　問75　シアン化水素 HCN は、毒物。無色の気体または液体。猛毒で、吸入した場合、頭痛、めまい、意識不明、呼吸麻痺を起こす。
問76～問79　問76　4　　問77　3　　問78　2　　問79　1
〔解説〕
　問76　クロルピクリン CCl_3NO_2 は、無色～淡黄色液体、催涙性、粘膜刺激臭。水に不溶。廃棄方法は少量の界面活性剤を加えた亜硫酸ナトリウムと炭酸ナトリウムの混合液中で、撹拌し分解させた後、多量の水で希釈して処理する分解法。
　問77　シアン化カリウム KCN は、毒物で無色の塊状又は粉末。①酸化法　水酸化ナトリウム水溶液を加えてアルカリ性(pH11 以上)とし、酸化剤(次亜塩素酸ナトリウム、さらし粉等)等の水溶液を加えて CN 成分を酸化分解する。CN 成分を分解したのち硫酸を加え中和し、多量の水で希釈して処理する。②アルカリ法　水酸化ナトリウム水溶液等でアリカリ性とし、高温加圧下で加水分解する。
　問78　ジクワットは、劇物で、ジピリジル誘導体で淡黄色結晶、水に溶ける。除草剤。4 級アンモニウム塩なので中性あるいは酸性で安定。廃棄方法は、有機物なので燃焼法、但しアフターバーナーとスクラバーを具備した焼却炉で焼却。
　問79　硫酸銅 $CuSO_4$ は、濃い青色の結晶。風解性。水に易溶、水溶液は酸性。劇物。廃棄法は水に溶かし、消石灰、ソーダ灰等の水溶液を加えて処理した後、沈殿ろ過して埋立処分する。多量の場合には、還元焙焼法により金属として回収する。
問80　1
〔解説〕
　この設問は物質の貯蔵方法についてで誤っているものはどれかとあるので、1が誤り。次のとおり。ディプレテックス(DEP)は、有機リン、劇物、白色結晶、稲や野菜の諸害虫に対する接触性殺虫剤。除外は 10 ％以下。換気の良い場所に保管し、容器は密閉する。

（特定品目）

中国五県統一

問51　2

〔解説〕
　　この設問は劇物に該当しないものはどれかとあるので、2の塩化水素5％を含有する製剤が該当する。次のとおり。塩化水素 HCl は 10 ％以下は劇物から除外。

問52　3

〔解説〕
　　この設問のキシレンについてで誤っているものはどれかとあるので、3が誤り。次のとおり。キシレン $C_6H_4(CH_3)_2$（別名キシロール、ジメチルベンゼン、メチルトルエン）は、無色透明な液体で o-、m-、p-の3種の異性体がある。水にはほとんど溶けず、有機溶媒に溶ける。蒸気は空気より重い。溶剤。揮発性、引火性。

問53　2

〔解説〕
　　2のメチルケトンが正しい。メチルエチルケトン $CH_3COC_2H_5$（2-ブタノン、MEK）は劇物。アセトン様の臭いのある無色液体。蒸気は空気より重い。引火性。有機溶媒。水に可溶。なお、トルエン $C_6H_5CH_3$（別名トルオール、メチルベンゼン）は劇物。特有な臭いの無色液体。水に不溶。比重1以下。可燃性。蒸気は空気より重い。揮発性有機溶媒。麻酔作用が強い。キシレン $C_6H_4(CH_3)_2$（別名キシロール、ジメチルベンゼン、メチルトルエン）は、無色透明な液体で o-、m-、p-の3種の異性体がある。水にはほとんど溶けず、有機溶媒に溶ける。蒸気は空気より重い。溶剤。揮発性、引火性。

問54〜問57　問54　4　　問55　5　　問56　2　　問57　3

〔解説〕
　　問54　過酸化水素 H_2O_2 は、無色無臭で粘性の少し高い液体。徐々に水と酸素に分解する。酸化力、還元力をもつ。　　問55　硝酸 HNO_3 は、劇物。無色の液体で、特有の臭気がある。腐食性が激しく、空気に接すると刺激性白霧を発し、水を吸収する性質が強い。　　問56　重クロム酸カリウム $K_2Cr_2O_7$ は、橙赤色結晶、酸化剤。水に溶けやすく、有機溶媒には溶けにくい。　　問57　アンモニア NH_3 は、常温では無色刺激臭の気体、冷却圧縮すると容易に液化する。水、エタノール、エーテルに可溶。強いアルカリ性を示し、腐食性は大。水溶液は弱アルカリ性を呈する。

問58〜問61　問58　1　　問59　4　　問60　3　　問61　2

〔解説〕
　　問58　トルエン $C_6H_5CH_3$ は、劇物。特有な臭い（ベンゼン様）の無色液体。水に不溶。比重1以下。可燃性。引火性。劇物。用途は爆薬原料、香料、サッカリンなどの原料、揮発性有機溶媒。　　問59　ホルムアルデヒド HCHO は、無色刺激臭の気体で水に良く溶け、これをホルマリンという。ホルマリンは無色透明な刺激臭の液体、低温ではパラホルムアルデヒドの生成により白濁または沈殿が生成することがある。用途はフィルムの硬化、樹脂製造原料、試薬・農薬等。1％以下は劇物から除外。　　問60　硅弗化ナトリウム Na_2SiF_6 は劇物。無色の結晶。水に溶けにくい。アルコールにも溶けない。用途は、釉薬原料、漂白剤、殺菌剤、消毒剤に用いられる。　　問61　硫酸 H_2SO_4 は、無色無臭澄明な油状液体、腐食性が強い、比重 1.84、水、アルコールと混和するが発熱する。空気中および有機化合物から水を吸収する力が強い。肥料、石油精製、冶金、試薬など用いられる。

問62〜問65　問62　3　　問63　5　　問64　4　　問65　2

〔解説〕
　　問62　アンモニア水は無色透明、刺激臭がある液体。アンモニア NH_3 は空気より軽い気体。濃塩酸を近づけると塩化アンモニウムの白い煙を生じる。　　問63　ホルムアルデヒド HCHO はホルマリンの水溶液。フクシン亜硫酸はアルデヒドと反応して赤紫色になる。アンモニア水を加えて、硝酸銀溶液を加えると、徐々に金属銀を析出する。またフェーリング溶液とともに熱すると、赤色の沈殿を生ずる。　　問64　過酸化水素 H_2O_2 は劇物。無色透明の濃厚な液体で、弱い特有のにおいがある。過マンガン酸カリウム水溶液（硫酸酸性）と反応させると酸素が発生した。　　問65　四塩化炭素（テトラクロロメタン）CCl_4 は、特有な臭気をもつ不燃性、揮発性無色液体、水に溶けにくく有機溶媒には溶けやすい。確認方法はアルコール性 KOH と銅粉末とともに煮沸により黄赤色沈殿を生成する。

問66〜問69　問66　1　　問67　4　　問68　3　　問69　5
〔解説〕
　　問66　クロロホルム CHCl₃ は、無色、揮発性の液体で特有の香気とわずかな甘みをもち、麻酔性がある。毒性は原形質毒、脳の節細胞を麻酔、赤血球を溶解する。吸収するとはじめ嘔吐、瞳孔縮小、運動性不安、次に脳、神経細胞の麻酔が起きる。中毒死は呼吸麻痺、心臓停止による。　　問67　メタノール(メチルアルコール)CH₃OH は無色透明、揮発性の液体で水と随意の割合で混合する。火を付けると容易に燃える。：毒性は頭痛、めまい、嘔吐、視神経障害、失明。致死量に近く摂取すると麻酔状態になり、視神経がおかされ、目がかすみ、ついには失明することがある。　　問68　四塩化炭素(テトラクロロメタン)CCl₄ は、特有な臭気をもつ不燃性、揮発性無色液体、水に溶けにくく有機溶媒には溶けやすい。毒性は揮発性の蒸気の吸入によることが多い。はじめ頭痛、悪心などをきたし、また、黄疸のように角膜が黄色となり、次第に尿毒症状を呈する。火災等で強熱されるとホスゲンを発生する恐れがあるので注意する。　　問69　水酸化ナトリウム NaOH は、水溶液は皮膚の蛋白質を激しく侵し、皮膚内部まで侵襲する。吸うと肺水腫をおこすことがあり、また目に入れば失明する。マウスにおける50％致死量は、腹腔内投与で体重1 kg あたり40mg である。

問70　2
〔解説〕
　　クロム酸カリウム KCrO₄ は、橙黄色の結晶。(別名：中性クロム酸カリウム、クロム酸カリ)。クロム酸カリウムの慢性中毒：接触性皮膚炎、穿孔性潰瘍、アレルギー疾患など。クロムは砒素と同様に発がん性を有する。特に肺がんを誘発する。

問71〜問74　問71　5　　問72　3　　問73　4　　問74　2
〔解説〕
　　問71　液化塩素 Cl₂ は、塩素を液化したもの。塩素は黄緑色の刺激臭の空気より重い気体で、酸化力があるので酸化剤、漂白剤、殺菌剤消毒剤として使用される。漏えいまたは飛散した場合は、液化したものに消石灰を散布し(さらし粉になる)、ムシロ、シート等を被せさらに上から消石灰を散布して吸収。　　問72　クロム酸ストロンチウム SrCO₄ は、劇物。黄色粉末、比重3.89、冷水には溶けにくい。ただし、熱水には溶ける。酸、アルカリに溶ける。飛散したものは空容器にできるだけ回収し、その後を還元剤(硫酸泰一鉄等)の水溶液を散布し、消石灰、ソーダ灰等の水溶液で処理したのち、多量の水を用いて洗い流す。　　問73　水酸化カリウム水溶液(KOH)は劇物(5％以下は劇物から除外)。無色無臭の液体で、強いアルカリ性であり、腐食性が大である。アルミニウム、すずなどの金属に作用して水素ガスを発生し、これが空気と混合して引火爆発することがある。漏えいした液は、土砂等でその流れを止め、土砂等に吸着させるか、又は安全な場所に導いて多量の水をかけて洗い流す。必要があれば更に酸で中和し、多量の水を用いて洗い流す。　　問74　キシレン C₆H₄(CH₃)₂ は、無色透明な液体で o-、m-、p- の3種の異性体がある。水にはほとんど溶けず、有機溶媒に溶ける。付近の着火源となるものを速やかに取り除く。土砂等でその流れを止め、安全な場所に導き、液の表面を泡で覆い、できるだけ空容器に回収する。

問75　2
〔解説〕
　　四塩化炭素(テトラクロロメタン)CCl₄ は、特有な臭気をもつ不燃性、揮発性無色液体、水に溶けにくく有機溶媒には溶けやすい。強熱によりホスゲンを発生。なお、水酸化カリウムは、水酸化カリウム水溶液＋酒石酸水溶液→白色結晶性沈澱(酒石酸カリウムの生成)。不燃性であるが、アルミニウム、鉄、すず等の金属を腐食し、水素ガスを発生。これと混合して引火爆発する。トルエン C₆H₅CH₃(別名トルオール、メチルベンゼン)は劇物。特有な臭いの無色液体。水に不溶。比重1以下。可燃性。揮発性有機溶媒。麻酔作用が強い。その取扱いは引火しやすく、また、その蒸気は空気と混合して爆発性混合ガスとなるので火気は絶対に近づけない。

中国五県統一

問 76 〜 問 79　問 76　1　　　問 77　2　　問 78　3　　　問 79　5
〔解説〕
　　　問 76　クロロホルム CHCl₃ は、無色、揮発性の液体で特有の香気とわずかな甘みをもち、麻酔性がある。空気中で日光により分解し、塩素、塩化水素、ホスゲンを生じるので、少量のアルコールを安定剤として入れて冷暗所に保存。
　　　問 77　過酸化水素水 H₂O₂ は、少量なら褐色ガラス瓶（光を遮るため）、多量ならば現在はポリエチレン瓶を使用し、3 分の 1 の空間を保ち、日光を避けて冷暗所保存。　　　問 78　水酸化ナトリウム（別名：苛性ソーダ）NaOH は、白色結晶性の固体。潮解性があり、二酸化炭素と水を吸収する性質が強いので、密栓して貯蔵する。　　　問 79　メチルエチルケトン CH₃COC₂H₅ は、アセトン様の臭いのある無色液体。引火しやすく、また、その蒸気は空気と混合して爆発性の混合ガスとなるので火気を避けて貯蔵する。
問 80　1
〔解説〕
　　この設問は廃棄基準で「活性汚泥法」が規定されていないものはどれかとあるので、1 の硫酸が該当する。次のとおり。硫酸 H₂SO₄ は酸なので廃棄方法はアルカリで中和後、水で希釈する中和法。なお、メタノール（メチルアルコール）の廃と蓚酸のいずれにも廃棄方法として、燃焼法と活性汚泥法がある。

中国五県統一

〔法　規〕
（一般・農業用品目・特定品目共通）

問１　３
〔解説〕
　　　この設問で正しいのは、３である。３は法第４条第３項の登録更新のこと。なお、１は法第１条〔目的〕についで、この設問にある環境衛生上ではなく、保健衛生上の見地から必要な取締を行うである。２は法第２条第１項〔定義・毒物〕のことで、医薬品以外ではなく、医薬品及び医薬部外品以外のものをいうである。４の毒物劇物取扱者試験に合格した者は、全ての都道府県において、毒物劇物取扱責任者になることができる。５の特定品目毒物劇物取扱者試験に合格した者は、法第４条の３第２項〔販売品目の制限〕→施行規則第４条の３→施行規則第二に掲げる品目のみである。

問２　１
〔解説〕
　　　この設問は特定毒物はどれかとあるので、ａ の四アルキル鉛と ｂ のオクタメチルピロホスホルアミドが特定毒物。１が正しい。なお、ｃ の四塩化炭素と ｄ のモノクロル酢酸は劇物。

問３〜問４　問３　２　　問４　５
〔解説〕
　　　この設問では、特定毒物である〔ジメチルエチルメルカプトエチルチオホスフエイトを含有する製剤〕の使用者及び用途が施行令第 16 条により、使用者は、国、地方公共団体、農業協同組合、及び農業者の組織する団体で都道府県知事の指定を受けてたもの。また、用途は、かんきつ類、りんご、なし、ぶどう、桃、あんず、梅、ホップ、なたね、桑、しちとうい又は食用に供されることがない観賞用植物若しくはその球根の害虫の防除と定められている。

問５〜問６　問５　５　　　問６　２
〔解説〕
　　　解答のとおり。

問７〜問８　問７　１　　問８　３
〔解説〕
　　　問７　１が正しい。この法第４条における登録権者については、平成 30 年６月 27 日法律第 66 号が交付され〔施行日　令和２年４月１日〕、毒物又は劇物製造業及び輸入業について、厚生労働から都道府県知事へ移譲がなされた。
　　　問８　この設問では登録をしなければならない者は、どれかとあるので ad が登録を要する。ａ と ｄ についていずれも法第３条第３項による販売し、授与するという行為があるので、法第４条第１項に基づいて営業の登録を受けなければならない。なお、ｂ の塩化マグネシウムは毒物又は劇物ではないので登録を要しない。また、ｃ の自家消費として劇物を輸入とあることから法第３条第３項の規定に当たらないので登録を要しない。

問９〜問 11　問９　３　　　問 10　４　　　問 11　３
〔解説〕
　　　この設問の法第８条第２項は、毒物劇物取扱責任者について不適格者と罪が示されている。解答のとおり。

問 12　2
〔解説〕
　　この設問の法第 9 条第 1 項は、登録の変更いわゆる追加申請。解答のとおり。
問 13　4
〔解説〕
　　この設問にある品目は法第 12 条第 2 項第四号→施行規則第 11 条の 6 第三号における衣料用防虫剤で販売し、又は授与するときに掲げる表示事項で c と e が正しい。
問 14　4
〔解説〕
　　この設問は毒物又は劇物を車両を使用しての運搬方法で、その車両を使用する際に運転する者の他に交替する同乗者を 2 名以上及び一日当たり 9 時間を超える場合のことが示されている。
問 15　4
〔解説〕
　　この設問は毒物劇物営業者が販売し、授与するときまでに、譲受人に対して毒物又は劇物の性状及び取扱に関する情報提供しなければならないことが施行令第 40 条の 9 により示されている。正しいのは、4 である。4 は施行令第 40 条の 9 第 1 項及び第 3 項→施行規則第 13 条の 11 第二号に示されている。なお、1 は英文のみではなく、邦文で行わなければならない。施行令第 40 条の 9 第 1 項及び第 3 項→施行規則第 13 条の 11 第一号。2 は施行令第 40 条の 9 第 1 項に基づいて書面で情報提供を行わなければならない。3 における毒物を販売する場合は、取扱量の多少にかかわらず情報提供しなければならない。よってこの設問は誤り。
問 16　3
〔解説〕
　　この設問は毒物又は劇物を車両、又は鉄道に委託した場合に、その荷送人が運送人に対して、あらかじめ交付する書面の記載事項として、①毒物又は劇物の名称、②毒物又は劇物の成分及びその含量、③事故の際に講じなければならない応急の措置の内容である。このことから義務付けられていないのは、3 である。
問 17　1
〔解説〕
　　この設問は施行令第 40 条の 5 第 2 項第二号→施行規則第 13 条の 5 〔毒物又は劇物を運搬する車両に掲げる標識〕のこと。解答のとおり。
問 18　3
〔解説〕
　　この設問は法第 13 条における着色する農業品目のことで、法第 13 条→施行令第 39 条において、①硫酸タリウムを含有する製剤たる劇物、②燐化亜鉛を含有する製剤たる劇物→施行規則第 12 条で、あせにくい黒色に着色しなければならないと示されている。このことから 3 が正しい。
問 19　2
〔解説〕
　　この設問では、a と c が正しい。業務上取扱者の届出を要する事業者とは、次のとおり。業務上取扱者の届出を要する事業者とは、①シアン化ナトリウム又は無機シアン化合物たる毒物及びこれを含有する製剤→電気めっきを行う事業、②シアン化ナトリウム又は無機シアン化合物たる毒物及びこれを含有する製剤→金属熱処理を行う事業、③最大積載量 5,000kg 以上の運送の事業、④しろありの防除を行う事業である。
問 20　2
〔解説〕
　　この設問の法第 10 条〔届出〕についてで、a と c が正しい。a は法第 10 条第 1 項第四号に示されている。c 第 10 条第 1 項第一号に示されている。なお、b と d については、届け出を要しない。

香川県

〔基礎化学〕
（一般・農業用品目・特定品目共通）

問21～問25　問21　4　　問22　5　　問23　3　　問24　4　　問25　5

〔解説〕
問21　三価の陽イオンになりやすいものは第 13 族元素の B または Al であり、第三周期では Al となる。

問22　二価の陰イオンになりやすいものは第 16 族元素の O または S であり、第三周期では S となる。

問23　イオン化エネルギーとは電子 1 つを奪い去って、1 価の陽イオンにするために必要なエネルギーである。すなわち電子一つを放出しやすい 1 族の元素 Li または Na であり、第三周期では Na となる。

問24　正電子親和力とは電子 1 つ受け取ったときに放出されるエネルギーのことであり、第 17 族元素は電子一つ受け取りやすいため、電子親和力が大きくなる。

問25　最も安定な元素は希ガス族の 18 族であり、この問題では Ar がそれに該当する。

香川県

問26～問30　問26　3　　問27　1　　問28　2　　問29　5　　問30　4

〔解説〕
問26　原子は原子核と電子からなる。

問27　原子核は正電荷を有する陽子と、電荷をもたない中性子からなる。

問28　解答のとおり

問29　原子の重さのほとんどは、原子核が占める。すなわち原子の質量数は陽子と中性子の数の和となる。

問30　価電子とは原子が有する電子のうち、もっとも外側にある電子のこと。結合などに使用される。希ガスの価電子は 0 である。

問31～問35　問31　4　　問32　3　　問33　5　　問34　1　　問35　2

〔解説〕
問31　メタンの完全燃焼に関する化学反応式は、$CH_4 + 2O_2 \rightarrow CO_2 + 2H_2O$ であるから、メタン 1 mol 燃焼すると 2 mol の水が生じる。

問32　プロパンの燃焼に関する化学反応式は、$C_3H_8 + 5O_2 \rightarrow 3CO_2 + 4H_2O$ である。プロパン 1 mol 燃焼すると二酸化炭素は 3 mol 生じるから、0.300 mol のプロパンが燃焼したときに生じる二酸化炭素は 0.900 mol。

問33　メタノールが完全燃焼したときの化学反応式は、$2CH_3OH + 3O_2 \rightarrow 2CO_2 + 4H_2O$ であるから、メタノール 2 mol 燃焼させるのに酸素は 3 mol 必要である。2.50 mol のメタノールでは、必要な酸素は 3.75 mol。

問34　鉄が希塩酸に溶解するときの化学反応式は、$Fe + H_2SO_4 \rightarrow FeSO_4 + H_2$ である。1 mol の鉄が溶解したときに生じる水素は 1 mol であるから、0.700 mol の鉄が溶解したときに生じる水素は 0.700 mol である。

問35　アルミニウムが希硫酸に溶解するときの化学反応式は、$2Al + 3H_2SO_4 \rightarrow Al_2(SO_4)_3 + 3H_2$ である。アルミニウム 2 mol から水素は 3 mol 生じるから、0.300 mol のアルミニウムから生じる水素の量は 0.450 mol である。

問36～問40　問36　4　　問37　5　　問38　1　　問39　3　　問40　1

〔解説〕
問36　Al, Cu, Fe は金属元素、F, Ne は非金属元素。単体である F_2 は非常に反応性が高く、水素 H_2 と爆発的に反応する。

問37　Pb, Ca, Mn, Cu は金属元素。P を燃焼させると酸化リン P_2O_5 が生じる。これは非常に吸湿性が強く、乾燥材に用いられる。

問38　Pb, Al は典型元素である。塩酸から生じる塩化物イオンによって白色沈殿を形成するのは Pb^{2+} および Ag^+ である。

問39　典型元素で金属元素であるものは、Ca, Al である。アルカリ金属およびアルカリ土類金属は常温の水と反応し、水素ガスを発生する。

問40　遷移金属元素は Fe, Cu, Mn である。アンモニア水で緑白色の沈殿を生じるのは Fe^{2+} であり、Cu^{2+} は錯イオンを形成し、濃青色となる。

問41～問45　問41　1　　問42　2　　問43　4　　問44　3　　問45　2

〔解説〕
問41　鎖状飽和炭化水素をアルカンという、また鎖状で二重結合がある炭化水素をアルケン、三重結合があるものをアルキンという。

問42　C_4H_{10} の分子式で表されるアルカンには、$CH_3CH_2CH_2CH_3$ のブタンと、

- 569 -

$CH_3CH(CH_3)_2$ で表される 2-メチルプロパンがある。

問43　C_6H_{14} で表させるアルカンの異性体は、$CH_3CH_2CH_2CH_2CH_2CH_3$：ヘキサン、$(CH_3)_2CHCH_2CH_2CH_3$：2-メチルペンタン、$CH_3CH_2CH(CH_3)CH_2CH_3$：3-メチルペンタン、$(CH_3)_3CCH_2CH_3$：2,2-ジメチルブタン、$(CH_3)_2CHCH(CH_3)_2$：2,3-ジメチルブタンがある。

問44　解答のとおり　　問45　解答のとおり

〔取り扱い〕

（一般）

問46～問49　問46　5　　問47　2　　問48　3　　問49　2

〔解説〕

　　問46　クロム酸鉛は 70 %以下は劇物から除外。　　問47　アンモニアは 10%以下で劇物から除外。　　問48　メタクリル酸は 25%以下で劇物から除外。　　問49　蓚酸は 10 %以下で劇物から除外。

問50～問53　問50　4　　問51　3　　問52　1　　問53　5

〔解説〕

　　問50　カリウム K は、劇物。銀白色の光輝があり、ろう様の高度を持つ金属。カリウムは空気中にそのまま貯蔵することはできないので、石油中に保存する。黄リンは水中で保存。　　問51　アクリルアミド $CH_2=CH\text{-}CONH_2$ は劇物。無色の結晶。水、エタノール、エーテル、クロロホルムに可溶。高温又は紫外線下では容易に重合するので、冷暗所に貯蔵する。　　問52　弗化水素酸 HF は強い腐食性を持ち、またガラスを侵す性質があるためポリエチレン容器に保存する。火気厳禁。　　問53　ピクリン酸（$C_6H_2(NO_2)_3OH$）は爆発性なので、火気に対して安全で隔離された場所に、イオウ、ヨード、ガソリン、アルコール等と離して保管する。鉄、銅、鉛等の金属容器を使用しない。

問54～問57　問54　5　　問55　3　　問56　2　　問57　1

〔解説〕

　　問54　液化塩素 Cl_2 は、塩素を液化したもの。塩素は黄緑色の刺激臭の空気より重い気体で、酸化力があるので酸化剤、漂白剤、殺菌剤消毒剤として使用される。漏えいまたは飛散した場合は、液化したものに消石灰を散布し（さらし粉になる）、ムシロ、シート等を被せさらに上から消石灰を散布して吸収。皮膚に触れたばあいは、直ちに付着又は接触部を多量の水で十分に洗い流す。汚染された衣服やくつは速やかに脱がせる。速やかに医師の手当を受ける。

　　問55　アクロレイン $CH_3=CH\text{-}CHO$ は、劇物。無色又は帯黄色の液体。刺激臭がある。引火性である。漏えいした液の少量の場合:漏えいした液は亜硫酸水素ナトリウム（約 10 %）で反応させた後、多量の水を用いてて十分に希釈して洗い流す。

　　問56　四アルキル鉛は特定毒物。無色透明な液体。芳香性のある甘味あるにおい。水より重い。水にはほとんど溶けない。用途は、自動車ガソリンのオクタン価向上剤。付近の着火源となるものは速やかに取り除く。多量の場合、漏えいしたは、活性白土、砂、おが屑などでその流れを止め、過マンガン酸カリウム水溶液（5 %）又はさらし粉で十分に処理する。　　問57　塩化バリウム $BaCl_2$ は水に易溶なので飛散したものは空容器にできるだけ回収し、そのあとを硫酸ナトリウムの水溶液を用いて処理し、多量の水で洗い流す。この場合、濃厚な廃液が河川等に排出されないよう注意する。

問58 〜問61 　問58　4　　問59　1
　　　　　　問60　2　　問61　1
〔解説〕
　　シアン化ナトリウムは胃内の胃酸と反応してシアン化水素を発生する。シアン
化水素は猛烈な毒性を示し、ごく少量でも頭痛、めまい、意識不明、呼吸麻痺な
どを引き起こす。亜硝酸ナトリウム水溶液とチオ硫酸ナトリウム水溶液を用いた
解毒手当が有効である。DDVP は、有機燐製剤で接触性殺虫剤。無色油状、水に
溶けにくく、有機溶媒に易溶。水中では徐々に分解。有機リン製剤なのでコリン
エステラーゼ阻害。解毒薬は PAM。
問62 〜問65 　問62　4　　問63　1　　　問64　3　　　問65　5
〔解説〕
　　問62　クロム酸ナトリウムは十水和物が一般に流通。十水和物は黄色結晶で潮
解性がある。水に溶けやすい。また、酸化性があるので工業用の酸化剤などに用
いられる。廃棄方法は還元沈殿法を用いる。　　　問63　　ベタナフトール $C_{10}H_7OH$
は、劇物。無色の光沢のある小葉状結晶あるいは白色の結晶性粉末。廃棄法は焼
却炉でそのまま焼却する。または、可燃性溶剤と共に焼却炉の火室へ噴霧して焼
却する燃焼法。　　　問64　　過酸化水素は多量の水で希釈して処理する希釈法。
　　問65　　エチレンオキシドは、劇物。快臭のある無色のガス。水、アルコール、
エーテルに可溶。可燃性ガス、反応性に富む。廃棄法：多量の水に少量ずつガス
を吹き込み溶解し希釈した後、少量の硫酸を加えエチレングリコールに変え、ア
リカリ水で中和し、活性汚泥で処理する活性汚泥法。

（農業用品目）

問46 〜問49 　問46　3　　問47　3　　　問48　4　　　問49　1
〔解説〕
　　問46　エマメクチンは2％以下は劇物から除外。　　　問47　イソキサチオンは
　　2％以下は劇物から除外。　　　問48　カルバリル、NAC は5％以下は劇物から
　　除外。　　　問49　ジノカップは 0.2％以下で劇物から除外。
問50 〜問53 　問50　3　　問51　5　　　問52　4　　　問53　2
〔解説〕
　　問50　クロルピクリン CCl_3NO_2 は、無色〜淡黄色液体、催涙性、粘膜刺激臭。
水に不溶。少量の場合、漏洩した液は布でふきとるか又はそのまま風にさらとて
蒸発させる。　　　問51　　ブロムメチル（臭化メチル）CH_3Br は、常温では気体（有毒
な気体）。冷却圧縮すると液化しやすい。クロロホルムに類する臭気がある。液化
したものは無色透明で、揮発性がある。漏えいしたときは、土砂等での流れを
止め、液が広がらないようにして蒸発させる。　　　問52　　シアン化カリウムの飛
散したものを空容器にできるだけ回収する。砂利等に付着している場合は、砂利
等を回収し、そのあとに水酸化ナトリウム、ソーダ灰等の水溶液を散布してアル
カリ性（pH 11 以上）とし、更に酸化剤（次亜塩素酸ナトリウム、さらし粉等）
の水溶液で酸化処理を行い、多量の水を用いて洗い流す（pH 8 ぐらいのアルカリ
性ではクロルシアン（ClCN）が発生するので注意する）。　　　問53　ダイアジノン
は、有機リン製剤。接触性殺虫剤、かすかにエステル臭をもつ無色の液体、水に
難溶、有機溶媒に可溶。付近の着火源となるものを速やかに取り除く。空容器に
できるだけ回収し、その後消石灰等の水溶液を多量の水を用いて洗い流す。
問54 〜問57 　問54　2　　問55　1　　　問56　5　　　問57　3
〔解説〕
　　問54　ダイファシノンは毒物。黄色結晶性粉末。用途は殺鼠剤。
　　問55　メトミルは 45％以下を含有する製剤は劇物。白色結晶。用途は殺虫剤
　　問56　ジクワットは、劇物で、ジピリジル誘導体で淡黄色結晶。用途は、除草
剤。　　　問57　イミノクタジンは、劇物。白色の粉末（三酢酸塩の場合）。用途
は、果樹の腐らん病、晩腐病等、麦の斑葉病、芝の葉枯病殺菌する殺菌剤。
問58 〜問61 　問58　2　　問59　5　　　問60　3　　　問61　4
〔解説〕
　　問58　硫酸タリウム Tl_2SO_4 は、白色結晶で、水にやや溶け、熱水に易溶、劇物、

殺鼠剤。中毒症状は、疝痛、嘔吐、震せん、けいれん麻痺等の症状に伴い、しだいに呼吸困難、虚脱症状を呈する。治療法は、カルシウム塩、システインの投与。抗けいれん剤（ジアゼパム等）の投与。　　**問 59**　パラコートは、毒物で、ジピリジル誘導体。消化器障害、ショックのほか、数日遅れて肝臓、腎臓、肺等の機能障害を起こす。　　**問 60**　燐化亜鉛 Zn_3P_2 は、灰褐色の結晶又は粉末。かすかにリンの臭気がある。ベンゼン、二硫化炭素に溶ける。酸と反応して有毒なホスフィン PH_3 を発生。ホスフィンにより嘔吐、めまい、呼吸困難などが起こる。
　　問 61　ニコチンは猛烈な神経毒を持ち、急性中毒では、よだれ、吐気、悪心、嘔吐、ついで脈拍緩徐不整、発汗、瞳孔縮小、呼吸困難、痙攣が起きる。
問 62 ～問 65　**問 62**　4　　　**問 63**　2　　　**問 64**　3　　　**問 65**　1
〔解説〕
　　問 62　硫酸銅第二銅は、水に溶解後、消石灰などのアルカリで水に難溶な水酸化銅 $Cu(OH)_2$ とし、沈殿ろ過して埋立処分する沈殿法。または、還元焙焼法で金属銅 Cu として回収する還元焙焼法。　　　**問 63**　DDVP は劇物。刺激性があり、比較的揮発性の無色の油状の液体。水に溶けにくい。廃棄方法は木粉（おが屑）等に吸収させてアフターバーナー及びスクラバーを具備した焼却炉で焼却する燃焼法と 10 倍量以上の水と撹拌しながら加熱乾留して加水分解し、冷却後、水酸化ナトリウム等の水溶液で中和するアルカリ法。　　　**問 64**　塩素酸ナトリウム $NaClO_3$ は酸化剤なので、希硫酸で $HClO_3$ とした後、これを還元剤中へ加えて酸化還元後、多量の水で希釈処理する還元法。　　　**問 65**　硫酸 H_2SO_4 は酸なので廃棄方法はアルカリで中和後、水で希釈する中和法。

（特定品目）

問 46 ～問 49　**問 46**　2　　　**問 47**　1　　　**問 48**　4　　　**問 49**　4
〔解説〕
　　問 46　水酸化カリウム KOH（別名苛性カリ）は 5％以下で劇物から除外。
　　問 47　ホルムアルデヒド HCHO は 1％以下で劇物から除外。　　　**問 48**　塩化水素 HCl は 10％以下は劇物から除外。　　　**問 49**　蓚酸は 10％以下で劇物から除外。
問 50 ～問 53　**問 50**　2　　　**問 51**　4　　　**問 52**　1　　　**問 53**　5
〔解説〕
　　問 50　クロロホルム $CHCl_3$ は、無色、揮発性の液体で特有の香気とわずかな甘みをもち。麻酔性がある。空気中で日光により分解し、塩素 $Cl2$、塩化水素 HCl、ホスゲン $COCl_2$、四塩化炭素 CCl_4 を生じるので、少量のアルコールを安定剤として入れて冷暗所に保存。　　　**問 51**　過酸化水素水は過酸化水素 H_2O_2 の水溶液で、無色無臭で粘性の少し高い液体。徐々に水と酸素に分解（光、金属により加速）する。安定剤として酸を加える。少量なら褐色ガラス瓶（光を遮るため）、多量ならば現在はポリエチレン瓶を使用し、3 分の 1 の空間を保ち、日光を避けて冷暗所保存。　　　**問 52**　水酸化カリウム(KOH)は劇物（5 ％以下は劇物から除外）。（別名：苛性カリ）。空気中の二酸化炭素と水を吸収する潮解性の白色固体である。二酸化炭素と水を強く吸収するので、密栓して貯蔵する。　　　**問 53**　トルエン $C_6H_5CH_3$ 特有の臭いの無色液体。水に不溶。比重 1 以下。可燃性。揮発性有機溶媒。貯蔵方法は引火しやすく、その蒸気は空気と混合して爆発性混合ガスとなるので、火気を近づけず、静電気に対する対策を考慮して貯蔵する。
問 54 ～問 57　**問 54**　1　　　**問 55**　3　　　**問 56**　2　　　**問 57**　5
〔解説〕
　　問 54　液化アンモニア：液化 NH_3 は直ちに気体の NH_3 になるので、風下の人を退避させ、付近の着火源になるものを除き、水に良く溶けるので濡れむしろで覆い水に吸収させ、水溶液は弱アルカリ性なので水で大量に希釈する。　　　**問 55**　クロム酸ナトリウム Na_2CrO_4 は黄色結晶、酸化剤、潮解性。水によく溶ける。漏えいしたときは、飛散したものは空容器にできるだけ回収し、そのあとを還元剤（硫酸第一鉄等）の水溶液を散布し、消石灰、ソーダ灰等の水溶液で処理したのち、多量の水を用いて洗い流す。この場合、濃厚な廃液が河川等に排出されないよう注意する。　　　**問 56**　酢酸エチル $CH_3COOC_2H_5$（別名酢酸エチルエステル、酢酸エステル）は、劇物。強い果実様の香気ある可燃性無色の液体。揮発性がある。蒸気は空気より重い。引火しやすい。多量の場合は、漏えいした液は、土砂等でその流れを止め、

安全な場所に導いた後、液の表面を泡等で覆い、できるだけ空容器に回収する。その後は多量の水を用いて洗い流す。少量の場合は、漏えいした液は、土砂等に吸着させて空容器に回収し、その後は多量の水を用いて洗い流す。作業の際には必ず保護具を着用する。風下で作業をしない。　　問 57　　硅弗化ナトリウムは飛散したものは空容器にできるだけ回収し、その後は多量の水を用いて洗い流す。酸と摂食するとフッ化水素ガス及び四弗化ケイ素ガスを発生する。ガスは有毒なので注意する。

問 58 ～問 61　問 58　5　　問 59　4　　問 60　2　　問 61　3
〔解説〕
　　問 58　　塩素 Cl_2 は、黄緑色の窒息性の臭気をもつ空気より重い気体。ハロゲンなので反応性大。水に溶ける。中毒症状は、粘膜刺激、目、鼻、咽喉および口腔粘膜に障害を与える。　　問 59　　キシレン $C_6H_4(CH_3)_2$ は、無色透明な液体。水に不溶。毒性は、はじめに短時間の興奮期を経て、深い麻酔状態に陥ることがある。
　　問 60　　蓚酸を摂取すると体内のカルシウムと安定なキレートを形成することで低カルシウム血症を引き起こし、神経系が侵される。　　問 61　　メタノール CH_3OH は特有な臭いの無色液体。水に可溶。可燃性。中毒症状：吸入した場合、めまい、頭痛、吐気など、はなはだしい時は嘔吐、意識不明。中枢神経抑制作用。飲用により視神経障害、失明。

問 62 ～問 65　問 62　4　　問 63　2　　問 64　5　　問 65　3
〔解説〕
　　問 62　　四塩化炭素 CCl_4 は有機ハロゲン化物で難燃性のため、可燃性溶剤や重油とともにアフターバーナーを具備した焼却炉で燃焼させる燃焼法。さらに、燃焼時に塩化水素 HCl、ホスゲン、塩素などが発生するのでそれらを除去するためにスクラバーも具備する必要がある。　　問 63　　硝酸 HNO_3 は、腐食性が激しく、空気に接すると刺激性白霧を発し、水を吸収する性質が強い。酸なので中和法、水で希釈後に塩基で中和後、水で希釈処理する。　　問 64　　一酸化鉛 PbO は、水に難溶性の重金属なので、そのままセメント固化し、埋立処理する固化隔離法。
　　問 65　　硅弗化ナトリウムは劇物。無色の結晶。水に溶けにくい。廃棄法は水に溶かし、消石灰等の水溶液を加えて処理した後、希硫酸を加えて中和し、沈殿濾過して埋立処分する分解沈殿法。

〔実　地〕

（一般）
問 66 ～問 69　問 66　2　　問 67　1　　問 68　5　　問 69　3
〔解説〕
　　問 66　重クロム酸カリウム $K_2Cr_2O_7$ は、は、劇物。橙赤色の結晶。融点 398 ℃、分解点 500 ℃、水に溶けやすい。アルコールには溶けない。強力な酸化剤である。で吸湿性も潮解性みない。水に溶け酸性を示す。　　問 67　　アンモニア水は無色透明、刺激臭がある液体。アルカリ性を呈する。アンモニア NH_3 は空気より軽い気体。濃塩酸を近づけると塩化アンモニウムの白い煙を生じる。　　問 68　　モノフルオール酢酸ナトリウム FCH_2COONa は重い白色粉末、吸湿性、冷水に易溶、メタノールやエタノールに可溶。野ネズミの駆除に使用。特毒。　　問 69　　過酸化水素水は過酸化水素 H_2O_2 の水溶液で、無色無臭で粘性の少し高い液体。徐々に水と酸素に分解（光、金属により加速）する。安定剤として酸を加える。

問70〜問73　問70　1　　　問71　3　　　問72　5　　　問73　2
〔解説〕
　　　　問70　四エチル鉛($(C_2H_5)_4Pb$)は、特定毒物。常温においては無色可燃性の液体。ハッカ実臭をもつ液体。水にほとんど溶けない。金属に対して腐食性がある。
　　　　問71　フェノール C_6H_5OH（別名石炭酸、カルボール）は、劇物。無色の針状晶あるいは結晶性の塊りで特異な臭気があり、空気中で酸化され赤色になる。水に少し溶け、アルコール、エーテル、クロロホルム、二硫化炭素、グリセリンには容易に溶ける。石油ベンゼン、ワセリンには溶けにくい。　　　　問72　ピクリン酸（$C_6H_2(NO_2)_3OH$）は、劇物。淡黄色の光沢のある小葉状あるいは針状結晶で、純品は無臭であるが、普通品はかすかにニトロベンゾールの臭気をもち、苦味がある。冷水には溶けにくいが、アルコール、エーテル、ベンゼンには溶ける。
　　　　問73　セレン Se は、毒物。灰色の金属光沢を有するペレット又は黒色の粉末。融点 217 ℃。水に不溶。硫酸、二硫化炭素に可溶。火災等で強熱されると燃焼して有害な煙霧を発生する。
問74〜問77　問74　3　　　問75　1　　　問76　5　　　問77　4
〔解説〕
　　　　問74　ホスゲンは独特の青草臭のある無色の圧縮液化ガス。蒸気は空気より重い。トルエン、エーテルに極めて溶けやすい。酢酸に対してはやや溶けにくい。水により加水分解し、二酸化炭素と塩化水素を生成する。不燃性。水分が存在すると加水分解して塩化水素を生じるために金属を腐食する。加熱されると塩素と一酸化炭素への分解が促進される。　　　　問75　シアン化カリウム KCN（別名青酸カリ）は毒物。無色の塊状又は粉末。空気中では湿気を吸収し、二酸化炭素と作用して青酸臭をはなつ、アルコールにわずかに溶け、水に可溶。強アルカリ性を呈し、煮沸騰すると蟻酸カリウムとアンモニアを生ずる。本品は猛毒。（酸と反応して猛毒の青酸ガス（シアン化水素ガス）を発生する。）　　　　問76　ナトリウム Na は、銀白色金属光沢の柔らかい金属、湿気、炭酸ガスから遮断するために石油中に保存。空気中で容易に酸化される。水と激しく反応して水素を発生する（$2Na + 2H_2O \rightarrow 2NaOH + H_2$）。炎色反応で黄色を呈する。　　　　問77　エチレンオキシド C_2H_4O は劇物。無色のある液体。水、アルコール、エーテルに可溶。可燃性ガス、反応性に富む。（加熱すると激しく分解し、火災と爆発の危険性がある。）　4
問78〜問81　問78　4　　　問79　5　　　問80　3　　　問81　2
〔解説〕
　　　　問78　メタノール CH_3OH は、触媒量の濃硫酸存在下にサリチル酸と加熱するとエステル化が起こり、芳香をもつサリチル酸メチルを生じる。　　　　問79　蓚酸は一般に流通しているものは二水和物で無色の結晶である。注意して加熱すると昇華するが、急に加熱すると分解する。水溶液は、過マンガン酸カリウムの溶液を退色する。水には可溶だがエーテルには溶けにくい。　　　　問80　弗化水素酸（HF・aq）は毒物。弗化水素の水溶液で無色またはわずかに着色した透明の液体。特有の刺激臭がある。不燃性。濃厚なものは空気中で白煙を生ずる。ガラスを腐食する作用がある。　　　　問81　クロルピクリン CCl_3NO_2 は、劇物。純品は無色の油状体であるが、市販品はふつう微黄色を呈している。催涙性があり、強い粘膜刺激臭を有する。水にはほとんど溶けないが、アルコール、エーテルなどには溶ける。
問82〜問85　問82　5　　　問83　2　　　問84　4　　　問85　4
〔解説〕
　　　　解答のとおり。

（農業用品目）

問66～問69　問66　2　　問67　1　　問68　5　　問69　4
〔解説〕
　　　解答のとおり。

問70～問73　問70　2　　問71　4　　問72　5　　問73　3
〔解説〕
　　　問70　塩素酸カリウム(KCl)は、無色の結晶。水に可溶。アルコールに溶けにくい。熱すると分解して酸素を放出し、自らは塩化物に変化する。これに塩酸を加え加熱すると塩素ガスを発生する。　　　問71　アンモニア水は無色透明、刺激臭がある液体。アルカリ性を呈する。アンモニア NH_3 は空気より軽い気体。濃塩酸を近づけると塩化アンモニウムの白い煙を生じる。　　　問72　硫酸タリウム Tl_2SO_4 は、白色結晶で、水にやや溶け、熱水に易溶、劇物、殺鼠剤。ただし 0.3 ％以下を含有し、黒色に着色され、かつ、トウガラシエキスを用いて著しくからく着味されているものは劇物から除外。　　　問73　ヨウ化メチル CH_3I は、無色又は淡黄色透明の液体で、水に可溶である。空気中で光により一部分解して、褐色になる。

問74～問77　問74　3　　問75　2　　問76　1　　問77　4
〔解説〕
　　　問74　オキサミルは、毒物。白色針状結晶。かすかな硫黄臭がある。アセトン、メタノール、酢酸エチル、水に溶けやすい。用途はカーバメイト系殺虫、殺線剤。
　　　問75　ジメチルジチオホスホリルフェニル酢酸エチル(フェントエート、PAP)は、劇物。3％以下は劇物から除外。赤褐色、油状の液体で、芳香性刺激臭を有し、水、プロピレングリコールに溶けない。リグロインにやや溶け、アルコール、エーテル、ベンゼンに溶ける。有機燐系の殺虫剤。　　　問76　クロルピクリン CCl_3NO_2 は、無色～淡黄色液体、催涙性、粘膜刺激臭。水に不溶。アルコール、エーテルなどには溶ける。用途は、線虫駆除、土壌燻蒸剤(土壌病原菌、センチュウ等の駆除)。　　　問77　フルバリネートは劇物。淡黄色ないし黄褐色の粘稠性液体。水に難溶。熱、酸性には安定であるが、太陽光、アルカリには不安定。用途は、野菜、果樹、園芸植物のアブラムシ類、ハダニ類、アオムシ、コナガ等に用いられるピレスロイド系殺虫剤で、シロアリ防除にも有効。5％以下は劇物から除外。

問78～問81　問78　4　　問79　2　　問80　5　　問81　3
〔解説〕
　　　問78　フェンチオン MPP は、劇物(2％以下除外)、有機リン剤、淡褐色のニンニク臭をもつ液体。有機溶媒には溶けるが、水には溶けない。用途は、のニカメイチュウ、ツマグロヨコバイなどの殺虫に用いる(有機リン系殺虫剤)。
　　　問79　メチダチオンは劇物。灰白色の結晶。水には1％以下しか溶けない。有機溶媒に溶ける。有機燐化合物。用途は果樹、野菜、カイガラムシの防虫〔殺虫剤〕。　　　問80　エトプロホスは、毒物。5％以下は毒物から除外され、5％以下劇物。メルカプタン臭のある淡黄色透明な液体。用途は野菜等のネコブセンチュウを防除。　　　問81　ジクワットは、劇物で、ジピリジル誘導体で淡黄色結晶、水に溶ける。中性又は酸性で安定、アルカリ溶液でうすめる場合には、2～3時間以上貯蔵できない。腐食性を有する。土壌等に強く吸着されて不活性化する性質がある。用途は、除草剤。3

問82～問85　問82　3　　問83　3　　問84　2　　問85　4
〔解説〕
　　　解答のとおり。

（特定品目）

問66～問69　問66　5　　問67　2　　問68　4　　問69　3
〔解説〕
　　　解答のとおり。

問 70 〜問 73　問 70　3　　　問 71　2　　　問 72　1　　　問 73　4
〔解説〕
　　　問 70　酸化第二水銀 HgO は毒物。赤色または黄色の粉末。水にはほとんど溶けない。小さな試験管に入れる熱すると、ばしめに黒色にかわり、後に分解して水銀を残し、なお熱すると、まったく揮散してしまう。　　　問 71　アンモニア水は無色透明、刺激臭がある液体。アルカリ性を呈する。アンモニア NH_3 は空気より軽い気体。濃塩酸をうるおしたガラス棒を近づけると、白い霧を生ずる。また、塩酸を加えて中和したのち、塩化白金溶液を加えると、黄色、結晶性の沈殿を生ずる。　　　問 72　水酸化ナトリウム NaOH は、白色、結晶性のかたいかたまりで、繊維状結晶様の破砕面を現す。水と炭酸を吸収する性質がある。水溶液を白金線につけて火炎中に入れると、火炎は黄色に染まる。　　　問 73　キシレン $C_6H_4(CH_3)_2$ は、無色透明な液体で o-、m-、p-の 3 種の異性体がある。水にはほとんど溶けず、有機溶媒に溶ける。溶剤。揮発性、引火性。

問 74 〜問 77　問 74　2　　　問 75　4　　　問 76　3　　　問 77　1
〔解説〕
　　　解答のとおり。

問 78 〜問 81　問 78　5　　　問 79　2　　　問 80　3　　　問 81　4
〔解説〕
　　　解答のとおり。

問 82 〜問 85　問 82　4　　　問 83　2　　　問 84　1　　　問 85　5
〔解説〕
　　　解答のとおり。

愛媛県
令和3年度実施

〔法規（選択式問題）〕
（一般・農業用品目・特定品目共通）
1　問題1　1　　　問題2　2　　　問題3　1　問題4　2　　問題5　1
　　問題6　2　　　問題7　2　問題8　1　　問題9　2　問題10　1
〔解説〕
　　問題1　設問のとおり。毒物又は劇物販売業については法第3条第3項、同製造業については法第3条第1項→法第4条第1項のこと。　　　問題2　この設問における登録事項の変更を生じたときは、施行令第35条第1項において、申請することができるである。よって誤り。　　　問題3　この設問にある登録証の再交付、紛失について、発見したときは返納しなければならない。設問のとおり。施行令第36条第3項に示されている。　　　問題4　この設問にある毒物又は劇物の製造業又は輸入業の登録、同販売業の登録については、の所在地の都道府県知事が行う(販売業の登録は、①都道府県知事、②政令で定める市〔保健所を設置する市長、③特別区長)。なお、毒物又は劇物製造業又は輸入業の登録については、平成30年6月27日法律第66号により、厚生労働大臣から都道府県知事へ権限のむ移譲るなされた。同法律の施行は令和2年4月1日。　　　問題5　設問のとおり。法第7条第1項に示されている。　　　問題6　この設問は法第12条第1項における毒物又は劇物の表示のことで、容器及び被包に、毒物については、「医薬用外」の文字及び赤地に白色をもって「毒物」、劇物については、「医薬用外」の文字及び白地に赤色をもって「劇物」を表示しなければならないである。よって誤り。問題7　この設問にある一般販売業の登録を受けた者は、販売品目における制限がないので全ての毒物又は劇物を販売し、授与することができる。　　　問題8　このことは法第8条第1項第二号に示されている。設問のとおり。　　　問題9　この設問は法第1条〔目的〕についてで、この設問にある事故防止上の見地ではなく、保健衛生上の見地から必要な取締を行うである。　　　問題10　設問のとおり。法第3条第3項ただし書規定に示されている。
2　問題11　3　問題12　3　問題13　3　問題14　2　問題15　3
〔解説〕
　　この設問は法第8条〔毒物劇物取扱責任者の資格〕のこと。解答のとおり。
3　問題16　1　問題17　1　問題18　2　問題19　3　問題20　4
〔解説〕
　　この設問は法第2条〔定義〕についで、①毒物は法第2条第1項→法別表第一に示されている。②劇物は法第2条第2項→法別表第二に示されている。③特定毒物は法第2条第3項→法別表第三に示されている。解答のとおり。
4　問題21　2　問題22　2　問題23　2　問題24　2　問題25　1
〔解説〕
　　この設問は、業務上取扱者の届出を要する事業者とは、次のとおり。業務上取扱者の届出を要する事業者とは、①シアン化ナトリウム又は無機シアン化合物たる毒物及びこれを含有する製剤→電気めっきを行う事業、②シアン化ナトリウム又は無機シアン化合物たる毒物及びこれを含有する製剤→金属熱処理を行う事業、③最大積載量5,000kg以上の運送の事業、④しろありの防除を行う事業である。このことから問22と問25が正しい。なお、問25については法第22条第1項→施行令第41条第三号〔上述③をのこと。〕→施行規則第13条の13〔令第41条第三号に規定する内容積〕のこと。

〔法規（記述式問題）〕
（一般・農業用品目・特定品目共通）
1　問題1　毒物または劇物　　　問題2　交付　　　問題3　十八
　　問題4　保健衛生上　　　　問題5　覚せい剤　　　問題6　中毒者
　　問題7　氏名　　　問題8　住所　　　問題9　帳簿　　問題10　五
〔解説〕
この設問の法第15条〔毒物又は劇物の交付の制限等〕のこと。解答のとおり。

〔基礎化学（選択式問題）〕
（一般・農業用品目・特定品目共通）

1 問題26 3　　問題27 2　　問題28 8　　問題29 4　　問題30 5
　問題31 3　　問題32 2　　問題33 6　　問題34 9　　問題35 5

〔解説〕

問題26　酸化されるとは物質が、酸素と化合する、水素を失う、電子を失う、酸化数が増える変化であり、還元されるとは物質が、酸素を失う、水素と化合する、電子を受け取る、酸化数が減少する変化である。

問題27〜問題31　解答のとおり

問題32　酸化剤は自らは還元され、相手物質を酸化する試薬であり、還元剤とは自らは酸化されるが、相手物質を還元する試薬である。酸化と還元は常に同時に起こる。

問題33〜問題34　解答のとおり

問題35　鉄 Fe は銅イオン Cu2+ と次のように反応する。$Fe + Cu^{2+} \to Fe^{2+} + Cu$
すなわち、鉄の反応式は $Fe \to Fe^{2+} + 2e^-$ であり、銅イオンの反応は $Cu^{2+} + 2e^- \to Cu$ である。このことから鉄のほうが銅よりもイオンになりやすい性質、すなわちイオン化傾向が大きいことが分かる。

2 問題36 1　　問題37 2　　問題38 2　　問題39 1　　問題40 1

〔解説〕

問題36　解答のとおり

問題37　正解2　2族の元素でも Be と Mg は Ca, Sr, Ba, Ra とは性質が異なるのでアルカリ土類金属から除外される。

問題38　正解2　2族の元素はすべて最外殻に2個の電子をもつ。

問題39　解答のとおり

問題40　青緑色は銅の炎色反応である。

3 問題41 5　　問題42 6　　問題43 4　　問題44 3　　問題45 1

〔解説〕

問題41　総熱量保存の法則ともいう。

問題42　ラヴォアジエにより見出された法則である。

問題43　したがって1F（ファラデー）の電子量は、1 mol の電子と等しく、1 F = 96500 C（クーロン）である。C はアンペアと秒をかけた値である。

問題44　解答のとおり

問題45　よってすべての気体分子は、6.0×10^{23} 個集まると 22.4 L（0 ℃, 1 atm）を示す。これを1 mol という。

4 問題46 2　　問題47 6　　問題48 9　　問題49 3　　問題50 4

〔解説〕

問題46　$Cu + 2H_2SO_4 \to CuSO_4 + SO_2 + 2H_2O$

問題47　$CaCO_3 + 2HCl \to CaCl_2 + CO_2 + H_2O$

問題48　$MnO_2 + 4HCl \to MnCl_2 + Cl_2 + 2H_2O$

問題49　$NaCl + H_2SO_4 \to NaHSO_4 + HCl$

問題50　$FeS + H_2SO_4 \to FeSO_4 + H_2S$

〔基礎化学（記述式問題）〕
（一般・農業用品目・特定品目共通）

1 問題11 48　　問題12 26.5　　問題13 0.4　　問題14 99　　問題15 2

〔解説〕

問題11　MO_2 に含まれる M の含量%が 60 であるから式は、
$M/(M+32) \times 100 = 60$,　M=48

問題12　硝酸カリウムは 25 ℃で水 100 g に 36 g 溶解するから飽和溶液の濃度 X をもとめる式は、$36 \times (100+36) \times 100 = X$,　X = 26.47

問題13　水酸化ナトリウム水溶液のモル濃度を X とおく。
$0.3 \times 2 \times 10 = X \times 1 \times 15$,　X = 0.4 mol/L

問題14　プロパンが燃焼するときの化学反応式は、$C_3H_8 + O_2 \rightarrow 3CO_2 + 4H_2O$ である。化学反応式より、プロパンが 1 モル燃焼すると二酸化炭素は 3 モル生じる。16.8 L のプロパンのモル数は、$16.8/22.4 = 0.75$ モルであるから、生じる二酸化炭素のモル数は $0.75 \times 3 = 2.25$ モルである。二酸化炭素の分子量は 44 であるから 2.25 モルの二酸化炭素の重さは $44 \times 2.25 = 99.0$ g

問題15　0.1mol/L の塩酸 30mL と 0.1mol/L の水酸化ナトリウム水溶液 10 mL を混ぜると、0.1 mol/L の塩酸が 20 mL 余ることになる。これを水で 200 mL に希釈したのでモル濃度は 1/10、すなわち 0.01 mol/L の塩酸ができたことになる。$0.01 = 1.0 \times 10^{-2}$ mol/L であるので、pH は 2 となる。

〔薬物（選択式問題）〕

（一般）

1　問題1　1　　問題2　5　　問題3　3　　問題4　4　　問題5　2
　　問題6　2　　問題7　4　　問題8　1　　問題9　3　　問題10　5

〔解説〕

問題 1　正解 1　SbH_3：劇物、無色、ニンニク臭の気体。空気中で徐々に水素と金属アンチモンに分解する。

問題 2　正解 5　$AlP + NH_2COONH_4$：毒物、黄褐色の錠剤として流通している。湿気に触れると分解してリン化水素ガスを生じる。

問題 3　正解 3　$NaNO_2$：劇物、白色〜微黄色の結晶。潮解性がある固体である。水に易溶、アルコールにわずかに溶ける。

問題 4　正解 4　C_3H_5ClO：劇物、クロロホルム臭を有する無色液体。引火性がある。

問題 5　正解 2　$C_6H_{11}N_2O_4PS_3$：劇物、灰白色の結晶、水に溶けにくくわずかに刺激臭がある。有機リン系殺虫剤。

問題 6　正解 2　エピタキシャル成長用（半導体の単結晶に新たな単結晶を作る製法）、燻蒸剤に用いる。

問題 7　正解 4　倉庫内のネズミ、昆虫の駆除、燻蒸殺虫剤

問題 8　正解 1　ジアゾ化試薬（染料）に用いられる。

問題 9　正解 3　エピクロルヒドリンは分子内にエポキシドを有しているため、エポキシ樹脂の原料にわずかに用いられる。

問題 10　正解 5　有機リン系殺虫剤である。

2　問題11　1　　問題12　3　　問題13　4　　問題14　5　　問題15　2

〔解説〕

問題 11　As_2O_3：毒物、白色の固体。ガラス瓶に密栓して保存。

問題 12　H_2O_2：劇物、収斂性のある無色液体。徐々に酸素と水に分解する。そのため、3 分の 1 以上の空間を保ち、日光を避け、有機物や金属と離して冷所に保管する。

問題 13　$CHCl_3$：劇物、水に溶けない重い液体。特有の臭気がある。光により分解するため、安定剤としてアルコールを少量添加して保存する。

問題 14　CS_2：劇物、特有の臭気を有する水よりも重い液体。非常に引火性が強いため、水を張ることで蒸発を防ぐことができる。

問題 15　$(CH_3)_4Pb$：特定毒物、純品は無色の可燃性液体。特別製のドラム缶で保管する。

3　問題16　4　　問題17　2　　問題18　1　　問題19　3　　問題20　5

〔解説〕

問題 16　有機塩素系殺虫剤（毒物）である。現在は使用および販売することができない。

問題 17　劇物。吸入した場合、皮膚や粘膜が青黒くなるチアノーゼを起こし、頭痛、めまい、嘔吐などを起こす。はなはだしい場合は意識不明、昏睡となる。

問題 18　毒物。殺虫剤として用いる。吸入した場合は、よだれ、吐き気、悪心、嘔吐。次いで脈拍緩徐不整となる。瞳孔縮小、下痢、精神錯乱、人事不省、呼吸困難、けいれんなどが起こる。

問題 19　水銀化合物（無機水銀）では水に溶けないものほど毒性が弱い。急性毒性として、胃痛、嘔吐、貧尿のあと、腎障害や尿閉塞を起こす。

問題 20　劇物。吸入した場合気管支を刺激して咳や鼻汁が出る。多量に吸引すると胃腸炎、肺炎、悪心、呼吸困難、肺水腫などを起こす。

4 問題21 3 問題22 1 問題23 3 問題24 3 問題25 3
問題26 3 問題27 4 問題28 4 問題29 2 問題30 2
〔解説〕
問題21～問題27 解答のとおり 問題28 塩化ナトリウムは食塩である。
問題29～問題30 解答のとおり
5 問題31 1 問題32 4 問題33 2 問題34 5 問題35 5
問題36 4 問題37 2 問題38 5 問題39 3 問題40 1
〔解説〕
問題31 解答のとおり
問題32 ただしマイクロカプセル製剤においては25％以下で劇物から除外
問題33～問題40 解答のとおり

（農業用品目）

1 問題1 3 問題2 1 問題3 2 問題4 5 問題5 4
〔解説〕
問題1 クロロニコチニル系殺虫剤である。
問題2 インダンジオン系殺鼠剤である。
問題3 ビピリジニウム系除草剤である。
問題4 解答のとおり
問題5 植物成長調整剤のほか、嫌酒薬にも用いられる。
2 問題6 2 問題7 4 問題8 3 問題9 2 問題10 2
〔解説〕
問題6 解答のとおり
問題7 $NaClO_2$は亜塩素酸ナトリウム、$NaClO$は次亜塩素酸ナトリウム
問題8 塩素酸ナトリウムは希硫酸とは反応しないが、濃硫酸と冷時反応して過塩素酸と黄緑色の二酸化塩素を発生する。
問題9 同じハロゲン化アルキルであるクロロホルム $CHCl_3$ と同様のにおいがある。
問題10 HBr は臭化水素、C_2H_5Br はブロモエチルである。
3 問題11 2 問題12 5 問題13 3 問題14 1 問題15 4
〔解説〕
問題11 劇物。有機リン系殺虫剤である。灰白色結晶で水に難溶。わずかに刺激臭がある。
問題12 劇物、ただし0.5％以下の含有で劇物から除外。
問題13 劇物。白色固体。ネオニコチノイド系に分類される。
問題14 劇物。無色～琥珀色の液体、アセトン、メタノールなどの有機溶媒に溶けやすい。
問題15 劇物。土壌燻蒸剤として用いられる。
4 問題16 3 問題17 2 問題18 1 問題19 4 問題20 3
問題21 2 問題22 1 問題23 3 問題24 4 問題25 2
〔解説〕
問題16 劇物、ただし現在はすべての用途で使用が禁止されている第一種特定化学物質。
問題17 劇物である、ただし3.5％以下の含有で劇物から除外される。
問題18 エチルチオメトンは5％以上の含有で毒物、それ未満なら劇物となる。
問題19 解答のとおり。
問題20 塩化水素 10％以下の含有で劇物から除外される。農業用に用いないため、農業用品目販売業者での販売はできない。
問題21 劇物である。土壌燻蒸剤として用いる。
問題22 1.8％以下の含有で劇物となる。
問題23 アジ化ナトリウムは毒物で、0.1％以下の含有で劇物となる。農業用に用いない。
問題24 ベノミルは農薬ではあるが、毒劇物に分類されていない。
問題25 0.9％以下の含有で劇物から除外される。ピレスロイド系。
5 問題26 1 問題27 2 問題28 4 問題29 5 問題30 3
〔解説〕
問題26 リン化アルミニウムは湿気に触れると徐々に分解し有毒なリン化水素を発生する。よって密栓容器で風通しの良いところで保管する。

問題 27　金属腐食性と揮発性があるため、耐腐食製容器に入れ、密栓して冷暗所に保存する。

問題 28　シアン化カリウムは酸と容易に反応し、有毒なシアン化水素を発生する。そのため酸類とは離して、風通しの良い冷所に密栓して保存する。

問題 29　硫酸第二銅は一般的には五水和物であり、濃青色結晶である。風解性があるため、密栓して冷暗所に保存する。

問題 30　揮発性があるので、冷所で風通しの良い場所に貯蔵する。

（特定品目）

1　問題1　5　　　問題2　5　　　問題3　3　　　問題4　2　　　問題5　2
〔解説〕
　　　解答のとおり

2　問題6　1　　　問題7　1　　　問題8　2　　　問題9　2　　　問題10　1
〔解説〕
　　　問題6　水酸化カリウムは10％以下の含有で劇物から除外
　　　問題7　解答のとおり
　　　問題8　クロルピクリンは毒物であるが特定品目販売業者では扱えない。
　　　問題9　エチレンオキシドは劇物であるが特定品目販売業者では扱えない。
　　　問題10　解答のとおり

3　問題11　2　　　問題12　2　　　問題13　3　　　問題14　1　　　問題15　3
〔解説〕
　　　問題11　フェノールは劇物であるが特定品目販売業者では扱えない。
　　　問題12　アクリルニトリルは劇物であるが特定品目販売業者では扱えない。
　　　問題13　毒劇物ではない。
　　　問題14　10％以下の含有で劇物から除外される。
　　　問題15　毒劇物ではない。

4　問題16　1　　　問題17　2　　　問題18　2　　　問題19　1　　　問題20　1
　　問題21　1　　　問題22　5　　　問題23　4　　　問題24　2　　　問題25　3
〔解説〕
　　　問題16　解答のとおり　　　問題17　正解2　クロロホルム　$CHCl_3$
　　　問題18　酢酸エチルは溶剤として用いる。　問題19 ～問題20　解答のとおり

5　問題26　1　　　問題27　3　　　問題28　3　　　問題29　3　　　問題30　1
〔解説〕
　　　問題26　硫酸にはガラスを侵す性質はない。
　　　問題27　ホルマリンは無色刺激臭の気体であるホルムアルデヒドを水に溶解させた液体である。空気中の酸素により一部酸化され、ギ酸を生じる。中性または弱酸性を呈する。主な用途は農薬、フィルム硬化、樹脂、防腐剤、色素の合成である。
　　　問題28　塩素は常温常圧で窒息性臭気を有する黄緑色の気体である。塩素は反応性に富み、水素やアセチレンと爆発的に反応する。
　　　問題29　塩化水素水溶液を塩酸と言い、無色刺激臭のある液体である。可燃性はない。塩化ビニルの主原料はアセチレンと塩化水素、あるいはエチレンと塩素であり、塩酸ではない。
　　　問題30　アンモニアは分子量が17であり、空気の平均分子量29よりも小さいため空気よりも軽い。

愛媛県

〔実地（選択式問題）〕

（一般）

1 **問題 41** 3 **問題 42** 1 **問題 43** 5 **問題 44** 4 **問題 45** 2

〔解説〕

問題 41 ギ酸は劇物。刺激臭のある無色の液体。漏えいした液は土砂等でその流れ止め、安全な場所に導き、密閉加納な空容器でできるだけ回収し、その後水酸化カルシウム等の水溶液で中和した後、多量の水を用いて洗い流す。濃厚な廃液が河川等に排出されないよう注意する。　**問題 42** キシレン $C_6H_4(CH_3)_2$ は、無色透明な液体で o-、m-、p-の 3 種の異性体がある。水にはほとんど溶けず、有機溶媒に溶ける。溶剤。揮発性、引火性。　揮発を防ぐため表面を泡で覆う。　**問題 43** セレン化水素（別名水素化セレニウム）は、毒物。無色、ニンニク臭の気体。漏えいしたボンベ等を多量の水酸化ナトリウム水溶液と酸化剤の水溶液の混合溶液に容器ごとに投入してガスを吸収させ、酸化処理し、この処理液を処理設備に持ち込み、毒物及び劇物取締法の廃棄の方法に関する基準に従って処理する。　**問題 44** トルイジンは、劇物。オルトトルイジンは無色の液体で、空気と光に触れて淡黄色の液体に変化。メタトルイジンは無色の液体。パラトルイジンは、白色の光沢ある板状結晶。オルト、メタ、パラトルイジンともアルコール、エーテルに溶けやすい。水にわずかに溶ける。用途は染料、有機合成原料。漏えいした液が多量の場合は、土砂等でその流れを止め、安全な場所に導き、土砂、おが屑等に吸着させて空容器に回収し、多量の水で荒い流す。　**問題 45** 液化アンモニアについて、液化アンモニアは直ちに気体のアンモニアになるので、風下の人を退避し、付近の着火源になるものを除き、水に良く溶けるので濡れむしろで覆い水に吸収させ、水溶液は弱アルカリ性なので水で大量に希釈する。

2 **問題 46** 5 **問題 47** 1 **問題 48** 2 **問題 49** 2 **問題 50** 4

〔解説〕

問題 46 アジ化ナトリウム NaN_3 は、毒物、無色板状結晶、水に溶けアルコールに溶け難い。エーテルに不溶。徐々に加熱すると分解し、窒素とナトリウムを発生。酸によりアジ化水素 HN_3 を発生。　**問題 47** EPN は、有機リン製剤、毒物（1.5 ％以下は除外で劇物）、芳香臭のある淡黄色油状（工業用製品）または融点 36 ℃の白色結晶。水に不溶、有機溶媒に可溶。不快臭。遅効性殺虫剤（アカダニ、アブラムシ、ニカメイチュウ等）。　**問題 48** ジチアノンは劇物。暗褐色結晶性粉末。融点 216 ℃。用途は殺菌剤（農薬）。　**問題 49** 燐化水素は、毒物。別名ホスフィンは腐魚臭様の無色気体。水にわずかに溶ける。酸素及びハロゲンと激しく反応する。用途は半導体工業におけるドーピングガス。　**問題 50** アクリルアミドは劇物。無色の結晶。水、エタノール、エーテル、クロロホルムに可溶。用途は土木工事用の土質安定剤、接着剤、凝集沈殿促進剤などに用いられる。

3 **問題 51** 3 **問題 52** 2 **問題 53** 4 **問題 54** 1 **問題 55** 5

〔解説〕

問題 51 メタクリル酸は、融点 16 ℃の無色結晶。温水にとけ、アルコールやエーテルに可溶。容易に重合する。重合防止剤が添加されているが、加熱、直射日光、過酸化物、鉄錆等で重合が始まり、爆発することがある。廃棄方法は、1) 燃焼法（ア）おが屑等に吸着させて焼却炉で焼却。（イ）可燃性溶剤とともに火室へ噴霧して焼却。2) 活性汚泥法：水で希釈し、アルカリで中和してから活性汚泥処理。　**問題 52** ホルマリンはホルムアルデヒド HCHO の水溶液で劇物。無色あるいはほとんど無色透明な液体。廃棄方法は多量の水を加え希薄な水溶液とした後、次亜塩素酸ナトリウムなどで酸化して廃棄する酸化法。　**問題 53** シアン化カリウム KCN（別名青酸カリ）は、毒物で無色の塊状又は粉末。廃棄方法は、①酸化法　水酸化ナトリウム水溶液を加えてアルカリ性（pH11 以上）とし、酸化剤（次亜塩素酸ナトリウム、さらし粉等）等の水溶液を加えて CN 成分を酸化分解する。CN成分を分解したのち硫酸を加え中和し、多量の水で希釈して処理する。②アルカリ法　水酸化ナトリウム水溶液等でアリカリ性とし、高温加圧下で加水分解する。　**問題 54** 過酸化ナトリウム Na_2O_2 は、劇物。純粋なものは白色。一般的には淡黄色。廃棄法：水に加えて希薄な水溶液とし、酸（希塩酸、希硫酸等）で中和下後、多量の水で希釈して処理する中和法である。　**問題 55** トルエンは可燃性の溶液であるから、これを珪藻土などに付着して、焼却する燃焼法。

4　問題56　1　問題57　5　問題58　2　問題59　3　問題60　4
〔解説〕
　　問題 56　黄リン P₄ は、白色又は淡黄色の固体であり、水酸化ナトリウムと熱すればホスフィンを発生する。酸素の吸収剤として、ガス分析に使用され、殺鼠剤の原料、または発煙剤の原料として用いられる。暗室内で酒石酸又は硫酸酸性で水蒸気蒸留を行い、その際冷却器あるいは流水管の内部に美しい青白色の光がみられる。　　問題 57　塩化亜鉛 ZnCl₂ は、白色の結晶で、空気に触れると水分を吸収して潮解する。水およびアルコールによく溶ける。水に溶かし、硝酸銀を加えると、白色の沈殿が生じる。　　問題 58　スルホナールは劇物。無色、稜柱状の結晶性粉末。無色の斜方六面形結晶で、潮解性をもち、微弱の刺激性臭気を有する。水、アルコール、エーテルには溶けやすい。水溶液は強酸性を呈する。木炭とともに加熱すると、メルカプタンの臭気を放つ。　　問題 59　沃素(別名ヨード、ヨジウム)(I₂)は劇物。黒灰色、金属様の光沢ある稜板状結晶。常温でも多少不快な臭気をもつ蒸気をはなって揮散する。水には黄褐色を呈して、ごくわずかに溶ける。澱粉にあうと藍色(ヨード澱粉)を呈し、これを熱すると退色する。
　　問題 60　フェノール C₆H₅OH はフェノール性水酸基をもつので過クロル鉄(あるいは塩化鉄(Ⅲ)FeCl₃)により紫色を呈する。

5　問題61　5　問題62　4　問題63　3　問題64　1　問題65　2
〔解説〕
　　問題 61　弗化水素酸にはガラスを侵す性質がある。　　問題 62　ジメチル硫酸(CH₃)₂SO₄ は、劇物。無色、油状の液体。水には不溶。水と摂食すれば、徐々に分解する。湿気及び水と反応して生成した物質が、鉄などを腐食する。用途は有機合成のメチル化剤。　　問題 63　エチレンオキシドは劇物。無色のある液体。水、アルコール、エーテルに可溶。可燃性ガス、反応性に富む。蒸気は空気より重い。加熱、摩擦、衝撃、火花等により発火又は爆発することがある。用途は有機合成原料、くん蒸消毒、殺菌剤等。　　問題 64　ブロムメチル(臭化メチル)CH₃Br は、常温では気体(有毒な気体)。冷却圧縮すると液化しやすい。クロロホルムに類する臭気がある。ガスは空気より重く空気の 3.27 倍である。液化したものは無色透明で、揮発性がある。臭いは極めて弱く蒸気は空気より重いため吸入による中毒を起こしやすいので注意が必要である。　　問題 65　塩素酸ナトリウム NaClO₃ は、劇物。無色無臭結晶、酸化剤、水に易溶。有機物や還元剤との混合物は加熱、摩擦、衝撃などにより爆発することがある。除草剤。

(農業用品目)

1　問題31　3　問題32　4　問題33　2　問題34　5　問題35　1
〔解説〕
　　問題 31　ホスチアゼートは、劇物。弱いメルカプタン臭いのある淡褐色の液体。水にきわめて溶けにくい。用途は野菜等のネコブセンチュウ等の害虫を殺虫剤(有機燐系農薬)。　　問題 32　ベンフラカルブは、劇物。淡黄色粘稠液体。有機溶媒には可溶であるが水にはほとんど溶けない。用途は農業殺虫剤(カーバーメート系化合物)。　　問題 33　ジメトエートは、白色の固体。水溶液は室温で徐々に加水分解し、アルカリ溶液中ではすみやかに加水分解する。太陽光線に安定で、熱に対する安定性は低い。用途は、稲のツマグロヨコバイ、ウンカ類、果樹のヤノネカイガラムシ、ミカンハモグリガ、ハダニ類、アブラムシ類、ハダニ類の駆除。有機燐製剤の一種である。その毒性も他の有機燐製剤とほぼ同じ。　　問題 34　トリシクラゾールは、劇物、無色無臭の結晶、水、有機溶媒にはあまり溶けない。農業用殺菌剤(イモチ病に用いる。)(メラニン生合成阻害殺菌剤)。8 ％以下は劇物除外。　　問題 35　ロテノン C₂₃H₂₂O₆(植物デリスの根に含まれる。)：斜方六面体結晶で、水にはほとんど溶けない。ベンゼン、アセトンには溶け、クロロホルムに易溶。接触毒としてサルハムシ類、ウリバエ類等に用いる。殺虫剤。

2　問題36　4　問題37　3　問題38　2　問題39　1　問題40　2
〔解説〕
　　解答のとおり。
3　問題41　4　問題42　2　問題45　3
　　問題43　1　問題44　2
〔解説〕
　　解答のとおり。

4　問題46　4　　問題47　1　　問題48　3　　問題49　5　　問題50　2
〔解説〕
　　問題46　硫酸 H_2SO_4 は無色の粘張性のある液体。強力な酸化力をもち、また水を吸収しやすい。水を吸収するとき発熱する。木片に触れるとそれを炭化して黒変させる。硫酸の希釈液に塩化バリウムを加えると白色の硫酸バリウムが生じるが、これは塩酸や硝酸に溶解しない。　　問題47　スルホナールは劇物。無色、稜柱状の結晶性粉末。無色の斜方六面形結晶で、潮解性をもち、微弱の刺激性臭気を有する。水、アルコール、エーテルには溶けやすく、水溶液は強酸性を呈する。木炭とともに加熱すると、メルカプタンの臭気を放つ。　　問題48　AlP の確認方法：湿気により発生するホスフィン PH_3 により硝酸銀中の銀イオンが還元され銀になる $(Ag^+ \rightarrow Ag)$ ため黒変する。　　問題49　塩化亜鉛 $ZnCl_2$ は、白色の結晶で、空気に触れると水分を吸収して潮解する。水およびアルコールによく溶ける。水に溶かし、硝酸銀を加えると、白色の沈殿が生じる。　　問題50　アンモニア水は無色透明、刺激臭がある液体。アルカリ性を呈する。アンモニア NH_3 は空気より軽い気体。濃塩酸を近づけると塩化アンモニウムの白い煙を生じる。

5　問題51　5　　問題52　4　　問題53　削除　　問題54　1
　　問題55　削除
〔解説〕
　　問題51　ニコチンは猛烈な神経毒、急性中毒では、よだれ、吐気、悪心、嘔吐、ついで脈拍緩徐不整、発汗、瞳孔縮小、呼吸困難、痙攣が起きる。　　問題52　沃化メチル CH_3I は、無色又は淡黄色透明の液体。劇物。中枢神経系の抑制作用および肺の刺激症状が現れる。皮膚に付着して蒸発が阻害された場合には発赤、水疱形成をみる。　　問題53　削除　　問題54　カルタップは、劇物。無色の結晶。水、メタノールに溶ける。用途は農薬の殺虫剤。吸入した場合、嘔気、振せん、流涎等の症状を呈することがある。また皮膚に触れた場合、軽度の紅斑、浮腫等を起こすことがある。
　　問題55　削除

（特定品目）

1　問題31　2　　問題32　4　　問題33　1　　問題34　3　　問題35　5
〔解説〕
　　解答のとおり。

2　問題36　5　　問題37　3　　問題38　4　　問題39　1　　問題40　2
〔解説〕
　　問題36　クロム酸カリウム K_2CrO_4 は、橙黄色結晶、酸化剤。水に溶けやすく、有機溶媒には溶けにくい。　水溶液に塩化バリウムを加えると、黄色の沈殿を生ずる。　　問題37　アンモニア水は、アンモニア NH_3 が気化し易いので、濃塩酸を近づけると塩化アンモニウムの白い煙を生じる。　　問題38　塩酸は塩化水素 HCl の水溶液。無色透明の液体 25％以上のものは、湿った空気中で著しく発煙し、刺激臭がある。塩酸は種々の金属を溶解し、水素を発生する。硝酸銀溶液を加えると、塩化銀の白い沈殿を生じる。　　問題39　水酸化ナトリウム NaOH は、白色、結晶性のかたいかたまりで、繊維状結晶様の破砕面を現す。水と炭酸を吸収する性質がある。水溶液を白金線につけて火炎中に入れると、火炎は黄色に染まる。　　問題40　メタノール CH_3OH は特有な臭いの無色透明な揮発性の液体。水に可溶。可燃性。あらかじめ熱灼した酸化銅を加えると、ホルムアルデヒドができ、酸化銅は還元されて金属銅色を呈する。

3　問題41　4　　問題42　3　　問題43　5　　問題44　1　　問題45　2
〔解説〕
　　解答のとおり。

4　問題46　3　　問題47　1　　問題48　5　　問題49　2　　問題50　4
〔解説〕
　　解答のとおり。

5　問題51　2　　問題52　3　　問題53　4　　問題54　1　　問題55　5
〔解説〕
　　解答のとおり。

高知県
令和3年度実施

〔法　規〕

（一般・農業用品目共通）

問1　ウ
〔解説〕
　　解答のとおり。

問2　オ
〔解説〕
　　解答のとおり。

問3　ア
〔解説〕
　　解答のとおり。

問4　エ
〔解説〕
　　この設問は法第12条第1項〔毒物又は劇物の表示〕における容器及び被包に記載する表示のこと。解答のとおり。

問5　(1)サ　　　　(2)ア　　　　(3)カ　　　　(4)ク　　　　(5)キ
〔解説〕
　　解答のとおり。

問6　イ
〔解説〕
　　この設問は法第5条〔登録基準〕→施行規則第4条の4第2項における販売業の設備基準についてで、イが該当する。なお、このイの設問は、製造所の設備基準である場合は該当する。

問7　ウ
〔解説〕
　　この設問は法第8条〔毒物劇物取扱責任者の資格〕のこと。解答のとおり。

問8　エ
〔解説〕
　　この設問は法第15条第2項における法第3条の4による施行令第32条の3で定められている品目は、①亜塩素酸ナトリウムを含有する製剤30％以上、②塩素酸塩類を含有する製剤35％以上、③ナトリウム、④ピクリン酸については交付を受ける者の氏名及び住所を確認した後でなければ交付できない。このことからエが正しい。

問9　ウ
〔解説〕
　　この設問は法第13条における着色する農業品目のことで、法第13条→施行令第39条において、①硫酸タリウムを含有する製剤たる劇物、②燐化亜鉛を含有する製剤たる劇物→施行規則第12条で、あせにくい黒色に着色しなければならないと示されている。このことから1と5が正しい。

問10　イ
〔解説〕
　　この設問は毒物又は劇物を車両を使用して1回につき、5,000kg以上運搬するときに、備えなければならない保護具について施行令40条の5第2項第三号→施行規則第13条の6〔毒物又は劇物を運搬する車両に備える〕→施行規則別表第五に示されている。この設問では、硫酸及びこれを含有する製剤は、①保護手袋、②保護長ぐつ、③保護衣、④保護眼鏡である。

問11　オ
〔解説〕
　　この設問は法第17条〔事故の際の措置〕についてで、4と5が正しい。4は法第17条第1項に示されている。5は法第17条第2項に示されている。なお、1は法第17条第2項のことで、その旨を警察署に届け出なければならない。2については、劇物を紛失した量が、少量であってもその旨を警察署に届け出なければならない。

高知県

問12　ア
〔解説〕
　　この設問のは施行令第40条の6は毒物又は劇物を運搬するときに他に委託する
　場合のことが示されている。解答のとおり。
問13　イ
〔解説〕
　　この設問は毒物又は劇物を販売し、授与するときまでに譲受人に対して、毒物又
　は劇物の性状及び取扱に関する情報提供をしなければならない。その情報提供の
　内容について、施行令第40条の9第1項→施行規則第13条の10に示されている。
　この設問では、2のみが誤り。
問14　(1)　○　　(2)　×　　(3)　○　　(4)　○　　(5)　×　　(6)　×
　　　　(7)　○　　(8)　×　　(9)　×
〔解説〕
　　(1)　設問のとおり。法第7条第3項に示されている。　　(2)　この設問の薬
　剤師について法第1項一号により毒物劇物取扱責任者の資格があるが、法第3条
　第3項において法第4条第1項の登録を要する。　　(3)　設問のとおり。施行令
　第4条〔貯蔵〕に示されている。　　(4)　設問のとおり。施行令第36条に示さ
　れている。　　(5)　特定毒物研究者は学術研究のため製造することはできる。
　　(6)　法第21条第1項〔登録が失効した場合等の措置〕により、50日以内では
　なく、15日以内である。　　(7)　設問のとおり。法第11条第4項に示されてい
　る。　　(8)　この設問については法第14条第第2項→施行規則第12条の2〔毒
　物又は劇物の譲渡手続に係る書面〕において譲受人の押印を要する。
　　(9)　法第18条第4項〔立入検査等〕により、犯罪捜査のために認められたも
　のと解してはならないと示されている。このことからこの設問は誤り。

〔基礎化学〕

(一般・農業用品目共通)
問1　ア　1　イ　3　ウ　2　エ　5　オ　2　カ　3　キ　1
　　ク　4　ケ　5　コ　2　サ　3　シ　4　ス　3　セ　2
　　ソ　1
〔解説〕
ア　He, Ne, Ar は貴ガス(18族)、Be(2族)、Cs(1族)、Si(14族)、Mn(7族)
イ　酸素原子は8個の電子を持つが、その内2個は内側の殻である K 殻に収容
　　される。よって最外殻である L 殻には6個の電子が存在する。
ウ　陰イオンは一般的に〜化物イオンとして命名される。
エ　第一イオン化エネルギーとは電子1つを取り去って一価の陽イオンにする
　　ために必要なエネルギーである。アルカリ金属は電子を1個放出しやすいの
　　で最もイオン化エネルギーが小さくなる。
オ　Sr 紅、K 紫、Li 赤、Ca 橙
カ　二酸化炭素は分子の構造が直線であり、左右対称であるため、無極性分子
　　である。
キ　共有結合は非常に強い結合である。
ク　水酸化カルシウムの化学式は $Ca(OH)_2$ である。よってこれの式量は、40 +
　　$(16 + 1) \times 2 = 74$
ケ　$KMnO_4$ の Mn の酸化数は、アルカリ金属を+1、酸素を-2 として計算すると+7
　　となる。
コ　100% = 1,000,000 ppm である。すなわち1% = 10,000 ppm であるから、
　　0.03 %は300 ppm となる。
サ　フェノールフタレインの変色域は弱塩基性側にあるので、強塩基を用いた
　　滴定に用いられる。
シ　$PbCrO_4$ 黄色、$Cu(OH)_2$ 青白色、$Fe(OH)_3$ 赤褐色、CuS 黒色
ス　酢酸 CH_3COOH の COOH をカルボキシ基という。
セ　アニリンはベンゼンの水素原子1つをアミノ基 NH_2 に置換した化合物であ
　　る。
ソ　銀鏡反応とフェーリング反応はアルデヒド基の検出、ヨウ素でんぷん反応
　　はでんぷんの検出、ヨードホルム反応はメチルケトンの検出に用いられる。

問2　5
〔解説〕
　　酸から生じる水素イオンのモル数と塩基から生じる水酸化物イオンのモル数が等しくなるようにする。すなわち、50 × 2 × 5.0 = x mL × 1 × 1.0, x = 500 mL
問3　4
〔解説〕
　　固体 A は水 100 g に対して 60 ℃で 50 g 溶解する。60 ℃の飽和溶液 300 g に含まれる溶質の重さは 100 g であり、溶媒は 200 g である。この飽和溶液を 20 ℃まで冷却すると水 100 g に対して 30 g しか解けなくなる。すなわち水 200 g に対して 60 g しか解けない。この差の分だけ析出するから、100-60 = 40 g 析出する。
問4　1
〔解説〕
　　反応経路によらず総熱量は不変であるという法則をヘスの法則という。
問5　5
〔解説〕
　　ベンゼン C_6H_6 の分子量は 78 である。39 g のベンゼンは 0.5 mol である。一方ベンゼンが完全燃焼するときの化学反応式は $2C_6H_6 + 15O_2 \rightarrow 12CO_2 + 6H_2O$ であることから、ベンゼン 1 mol 燃焼すると 6 mol の二酸化炭素が生じる。0.5 mol のベンゼンが燃焼して生じる二酸化炭素は 3.0 mol であるから、この二酸化炭素の体積は標準状態で、22.4 × 3.0 = 67.2 L となる。

〔毒物及び劇物の性質及び貯蔵その他取扱方法〕

（一般）

問1　(1)　エ　　(2)　ア　　(3)　ウ　　(4)　オ　　(5)　イ
〔解説〕
　　(1)　アニリン $C_6H_5NH_2$ は、劇物。純品は、無色透明な油状の液体で、特有の臭気があり空気に触れて赤褐色になる。水に溶けにくく、アルコール、エーテル、ベンゼンに可溶。光、空気に触れて赤褐色を呈する。蒸気は空気より重い。　　(2)　三塩化アンチモン $SbCl_3$ は、無色潮解性のある結晶、空気中で発煙する。水、有機溶媒に溶ける。　　(3)　ニコチンは、毒物。アルカロイドであり、純品は無色、無臭の油状液体であるが、空気中では速やかに褐変する。水、アルコール、エーテル等に容易に溶ける。　　(4)　セレン Se は、毒物。灰色の金属光沢を有するペレット又は黒色の粉末。融点 217 ℃。水に不溶。硫酸、二硫化炭素に可溶。火災等で強熱されると燃焼して有害な煙霧を発生する。　　(5)　ブロムメチル（臭化メチル）CH_3Br は、常温では気体（有毒な気体）。冷却圧縮すると液化しやすい。クロロホルムに類する臭気がある。液化したものは無色透明で、揮発性がある。用途について沸点が低く、低温ではガス体であるが、引火性がなく、浸透性が強いので果樹、種子等の病害虫の燻蒸剤として用いられる。
問2　(1)　オ　　(2)　イ　　(3)　ア　　(4)　ウ　　(5)　エ
〔解説〕
　　(1)　アクリルニトリルは、引火点が低く、火災、爆発の危険性が高いので、火花を生ずるような器具や、強酸とも安全な距離を保つ必要がある。直接空気にふれないよう窒素等の不活性ガスの中に貯蔵する。　　(2)　水酸化ナトリウム（別名：苛性ソーダ）NaOH は、白色結晶性の固体。水と炭酸を吸収する性質が強い。空気中に放置すると、潮解して徐々に炭酸ソーダの皮層を生ずる。貯蔵法については潮解性があり、二酸化炭素と水を吸収する性質が強いので、密栓して貯蔵する。　　(3)　ホルマリンは、低温で混濁することがあるので、常温で貯蔵する。一般に重合を防ぐため 10 ％程度のメタノールが添加してある。　　(4)　二硫化炭素 CS_2 は、無色流動性液体、引火性が大なので水を混ぜておくと安全、蒸留したてはエーテル様の臭気だが通常は悪臭。水に僅かに溶け、有機溶媒には可溶。低温でもきわめて引火性が高いため、可燃性、発熱性、自然発火性のものから十分に引き離し、直射日光の直射が当たらない場所で保存。　　(5)　四塩化炭素（テトラクロロメタン）CCl_4 は、特有な臭気をもつ不燃性、揮発性無色液体、水に溶けにくく有機溶媒には溶けやすい。強熱によりホスゲンを発生。亜鉛またはスズメッキした鋼鉄製容器で保管、高温に接しないような場所で保管。

問3　(1)　ウ　　(2)　イ　　(3)　オ　　(4)　エ　　(5)　ア
〔解説〕
　　　(1)　硫酸タリウム Tl_2SO_4 は、白色結晶で、水にやや溶け、熱水に易溶、劇物、殺鼠剤。中毒症状は、疝痛、嘔吐、震せん、けいれん麻痺等の症状に伴い、しだいに呼吸困難、虚脱症状を呈する。治療法は、カルシウム塩、システインの投与。抗けいれん剤（ジアゼパム等）の投与。　　　(2)　クロルメチル（CH_3Cl）は、劇物。無色のエータル様の臭いと、甘味を有する気体。水にわずかに溶け、圧縮すれば液体となる。空気中で爆発する恐れがあり、濃厚液の取り扱いに注意。クロルメチル、ブロムエチル、ブロムメチル等と同様な作用を有する。したがって、中枢神経麻酔作用がある。処置として新鮮な空気中に引き出し、興奮剤、強心剤等を服用するとよい。　　　(3)　砒素 As は、同素体のうち灰色ヒ素が安定、金属光沢があり、空気中で燃やすと青白色の炎を出して As_2O_3 を生じる。水に不溶。Pb との合金は球形と成り易いので散弾の製造に用いられる。冶金、化学工業用としても用いられる。毒性：初期症状は嚥下症状、胃激痛、嘔吐、下痢症状等の胃腸障害。さらに蛋白尿、血尿などの腎障害が現れて死亡。治療薬は BAL。
　　　(4)　蓚酸$(COOH)_2・2H_2O$ は、劇物（10 ％以下は除外）、無色稜柱状結晶。血液中のカルシウムを奪取し、神経系を侵す。胃痛、嘔吐、口腔咽喉の炎症、腎臓障害。　　　(5)　クロム酸ナトリウム $Na_2CrO_4・10H_2O$ は黄色結晶、酸化剤、潮解性。水によく溶ける。吸入した場合は、鼻、のど、気管支等の粘膜が侵され、クロム中毒を起こすことがある。皮膚に触れた場合は皮膚炎又は潰瘍を起こすことがある。
問4　(1)　オ　　(2)　エ　　(3)　イ　　(4)　ウ　　(5)　ア
〔解説〕
　　　(1)　シクロルヘキシルアミン $C_6H_{13}N$ は、劇物。強い魚臭様の臭気をもつアミン。用途は染料、顔料、殺虫剤、酸素吸収剤等。　　　(2)　塩化亜鉛（別名　クロル亜鉛）$ZnCl_2$は劇物。白色の結晶。用途は脱水剤、木材防臭剤、脱臭剤、試薬。　　　(3)　過酸化尿素は劇物。白色の結晶性粉末。用途は酸化作用を利用して、毛髪の脱色剤。　　　(4)　トルエン $C_6H_5CH_3$ は、劇物。特有の臭い（ベンゼン様）の無色液体。用途は爆薬原料、香料、サッカリンなどの原料、揮発性有機溶媒。
　　　(5)　アジ化ナトリウム NaN_3 は、毒物、無色板状結晶で無臭。用途は試薬、医療検体の防腐剤、エアバッグのガス発生剤、除草剤としても用いられる。
問5　(1)　ア　　(2)　ウ　　(3)　オ　　(4)　エ　　(5)　イ
〔解説〕
　　　(1)　シクロヘキシミドは 0.2％以下で劇物から除外。　　　(2)　フェノールは5 ％以下で劇物から除外。　　　(3)　2-アミノエタノールは 20 ％以下は劇物から除外。　　　(4)　アクリル酸は 10％以下で劇物から除外。　　　(5)　ノニルフェノール 1 ％以下は劇物から除外。

（農業用品目）
問1　(1)　エ　　(2)　ア　　(3)　ウ　　(4)　オ　　(5)　イ
〔解説〕
　　　(1)　メソミル（別名メトミル）は、毒物（劇物は 45 ％以下は劇物）。白色の結晶。水、メタノール、アセトンに溶ける。　　　(2)　沃化メチル CH_3I（別名ヨードメタン、ヨードメチル）は、エーテル様臭のある無色又は淡黄色透明の液体で、水に溶け、空気中で光により一部分解して褐色になる。　　　(3)　ジ(2-クロルイソプロピル)エーテルは、劇物。淡黄褐色、粘稠な透明液体。水にきわめて溶けにくい。沸点は 187 ℃。引火点は 85 ℃である。　　　(4)　2・2’－ジピリジリウムー 1.1’－エチレンジブロミド（別名ジクワット）、劇物で、ジピリジル誘導体で淡黄色結晶、水に溶ける。　　　(5)　ブロムメチル（臭化メチル）CH_3Br は、常温では気体（有毒な気体）。冷却圧縮すると液化しやすい。クロロホルムに類する臭気がある。液化したものは無色透明で、揮発性がある。

問2　(1)　イ　　(2)　ア　　(3)　ウ　　(4)　エ
〔解説〕
　　(1)　アンモニア水は無色刺激臭のある揮発性の液体。ガスが揮発しやすいため、よく密栓して貯蔵する。　　(2)　ロテノンはデリスの根に含まれる。殺虫剤。酸素、光で分解するので遮光保存。　　(3)　シアン化ナトリウムは酸と反応して有毒な青酸ガスを発生するため、酸とは隔離して、空気の流通が良い場所冷所に密封して保存する。　　(4)　燐化化アルミニウムとその分解促進剤とを含有する製剤は、ネズミ、昆虫駆除に用いられる。リン化アルミニウムは空気中の湿気で分解して、猛毒のリン化水素 PH3(ホスフィン)を発生する。空気中の湿気に触れると徐々に分解して有毒なガスを発生するので密閉容器に貯蔵する。

問3　(1)　ウ　　(2)　イ　　(3)　オ　　(4)　エ　　(5)　ア　　(6)　カ
〔解説〕
　　(1)　パラコートは、毒物で、ジピリジル誘導体で無色結晶性粉末、水によく溶け低級アルコールに僅かに溶ける。消化器障害、ショックのほか、数日遅れて肝臓、腎臓、肺等の機能障害を起こす。　　(2)　クロルピクリン CCl_3NO_2 は、無色〜淡黄色液体、催涙性、粘膜刺激臭。水に不溶。線虫駆除、燻蒸剤。毒性・治療法：血液に入りメトヘモグロビンを作り、また、中枢神経、心臓、眼結膜を侵し、肺にも強い傷害を与える。治療法は酸素吸入、強心剤、興奮剤。
　　(3)　モノフルオール酢酸ナトリウム FCH_2COONa は重い白色粉末、吸湿性、冷水に易溶、メタノールやエタノールに可溶。野ネズミの駆除に使用。特毒。摂取により毒性発現。皮膚刺激なし、皮膚吸収なし。モノフルオール酢酸ナトリウムの中毒症状：生体細胞内の TCA サイクル阻害(アコニターゼ阻害)。激しい嘔吐の繰り返し、胃疼痛、意識混濁、てんかん性痙攣、チアノーゼ、血圧下降。
　　(4)　シアン化ナトリウム NaCN(別名青酸ソーダ)は、白色、潮解性の粉末または粒状物、空気中では炭酸ガスと湿気を吸って分解する(HCN を発生)。また、酸と反応して猛毒の HCN(アーモンド様の臭い)を発生する。　　無機シアン化合物の中毒：猛毒の血液毒、チトクローム酸化酵素系に作用し、呼吸中枢麻痺を起こす。治療薬は亜硝酸ナトリウムとチオ硫酸ナトリウム。　　(5)　ダイアジノンは、有機リン製剤、接触性殺虫剤、かすかにエステル臭をもつ無色の液体、水に難溶、有機溶媒に可溶。有機リン製剤なのでコリンエステラーゼ活性阻害。
　　(6)　燐化亜鉛 Zn_3P_2 は、灰褐色の結晶又は粉末。かすかにリンの臭気がある。ベンゼン、二硫化炭素に溶ける。酸と反応して有毒なホスフィン PH3 を発生。嚥下吸入したときに、胃及び肺で胃酸や水と反応してホイフィンを生成することにより中毒症状を発現する。

問4　(1)　オ　　(2)　エ　　(3)　イ　　(4)　ウ　　(5)　ア
〔解説〕
　　(1)　ジ(2-クロルイソプロピル)エーテルは、劇物。淡黄褐色、粘稠な透明液体。用途はなす、セロリ、トマト、サツマイモ等の根腐線虫及び桑、茶等の根瘤線虫、カナヤサヤワセン虫、茶根腐線虫の駆除。　　(2)　Ｓ－(2-メチル-1-ピペリジル-カルボニルメチル)ジプロピルジチオホスフェイトは、劇物。淡黄色油状液体。アセトン、ベンゼン等によく溶ける。用途は、除草剤。　　(3)　塩素酸カリウム $KClO_3$(別名塩素酸カリ)は、無色の結晶。用途はマッチ、花火、爆発物の製造、酸化剤、抜染剤、医療用。　　(4)　ピリミジフェンは、劇物。白色結晶又は結晶性の粉末。用途は、除草剤。　　(5)　2-クロルエチルトリメチルアンモニウムクロリド(クロルメコート)は、劇物。白色結晶。魚臭い。用途は農薬の植物成長調整剤。

問5　(1)　ア　　(2)　ウ　　(3)　オ　　(4)　エ　　(5)　イ
〔解説〕
　　(1)　ジノカップは 0.2%以下で劇物から除外。　　(2)　ハルフェンプロックス５％以下を含有する徐放製剤は劇物から除外。　　(3)　2-(4-クロル-6-エチルアミノ-S-トリアジン-2-イルアミノ)2-メチル-プロピオニトリル 50 %以下は劇物から除外。　　(4)　トリシクラゾールは８%以下で劇物から除外。
　　(5)　イソキサチオンは２%以下は劇物から除外。

〔実　地〕

（一般）

問1　(1)　イ　　(2)　ア　　(3)　オ　　(4)　エ　　(5)　ウ
　　　(6)　カ　　(7)　キ　　(8)　ク　　(9)　ケ　　(10)　コ
　〔解説〕
　　　解答のとおり。

問2　(1)　ア　　(2)　オ　　(3)　ウ　　(4)　イ　　(5)　エ
　〔解説〕
　　　(1)　硫酸亜鉛 $ZnSO_4・7H_2O$ は、水に溶かして硫化水素を通じると、硫化物の沈殿を生成する。硫酸亜鉛の水溶液に塩化バリウムを加えると硫酸バリウムの白色沈殿を生じる。　　(2)　硝酸銀 $AgNO_3$ は、劇物。無色結晶。水に溶して塩酸を加えると、白色の塩化銀を沈殿する。その硫酸と銅屑を加えて熱すると、赤褐色の蒸気を発生する。　　(3)　ベタナフトールの鑑別法；1)水溶液にアンモニア水を加えると、紫色の蛍石彩をはなつ。　2)水溶液に塩素水を加えると白濁し、これに過剰のアンモニア水を加えると澄明となり、液は最初緑色を呈し、のち褐色に変化する。　　(4)　カリウム K は、白金線に試料をつけて、溶融炎で熱し、炎の色をみると青紫色となる。コバルトの色ガラスをとおしてみると紅紫色となる。　　(5)　フェノール C_6H_5OH はフェノール性水酸基をもつので過クロール鉄（あるいは塩化鉄(Ⅲ)$FeCl_3$）により紫色を呈する。

問3　(1)　オ　　(2)　ア　　(3)　エ　　(4)　イ　　(5)　ウ
　〔解説〕
　　　(1)　メタノール CH_3OH は特有な臭いの無色液体。水に可溶。可燃性。染料、有機合成原料、溶剤。頭痛、めまい、嘔吐(おうと)、下痢、腹痛などをおこし、致死量に近ければ麻酔状態になり、視神経がおかされ、目がかすみ、ついには失明することがある。中毒の原因は、排出が緩慢で蓄積作用によるとともに、神経細胞内で、ぎ酸が発生することによる。　　(2)　砒素 As は、同素体のうち灰色ヒ素が安定、金属光沢があり、空気中で燃やすと青白色の炎を出して As_2O_3 を生じる。水に不溶。Pb との合金は球形と成り易いので散弾の製造に用いられる。冶金、化学工業用としても用いられる。毒性：初期症状は嚥下症状、胃激痛、嘔吐、下痢症状等の胃腸障害。さらに蛋白尿、血尿などの腎障害が現れて死亡。治療薬は BAL。　　(3)　ダイアジノンは、有機リン製剤、接触性殺虫剤、かすかにエステル臭をもつ無色の液体、水に難溶、有機溶媒に可溶。有機リン製剤なのでコリンエステラーゼ活性阻害。解毒には PAM を用いる。　　(4)　シアン化カリウム KCN(別名青酸カリ)は毒物。無色の塊状又は粉末。(吸入した場合) シアン中毒（頭痛、めまい、悪心、意識不明、呼吸麻痺）を起こす。　　(5)　硫酸タリウム Tl2SO4 は、白色結晶で、水にやや溶け、熱水に易溶、劇物、殺鼠剤。中毒症状は、疝痛、嘔吐、震せん、けいれん麻痺等の症状に伴い、しだいに呼吸困難、虚脱症状を呈する。治療法は、カルシウム塩、システインの投与。抗けいれん剤(ジアゼパム等)の投与。

問4　(1)　オ　　(2)　エ　　(3)　ウ　　(4)　イ　　(5)　ア
　〔解説〕
　　　解答のとおり。

（農業用品目）

問1　(1)　イ　　(2)　ア　　(3)　オ　　(4)　エ　　(5)　ウ
　　　(6)　カ　　(7)　キ　　(8)　ク　　(9)　ケ　　(10)　コ
　〔解説〕
　　　解答のとおり。

問2　(1)　ア　　(2)　オ　　(3)　ウ　　(4)　イ　　(5)　エ
〔解説〕
　　(1)　ニコチンは毒物。純ニコチンは無色、無臭の油状液体。水、アルコール、エーテルに安易に溶ける。用途は殺虫剤。このエーテル溶液に、ヨードのエーテル溶液を加えると、褐色の液状沈殿を生じ、これを放置すると赤色の針状結晶となる。　　(2)　AlP の確認方法：湿気により発生するホスフィン PH_3 により硝酸銀中の銀イオンが還元され銀になる（$Ag^+ \rightarrow Ag$）ため黒変する。　　(3)　クロルピクリン CCl_3NO_2 の確認：1）CCl_3NO_2 ＋金属 Ca ＋ベタナフチルアミン＋硫酸→赤色沈殿。2）CCl_3NO_2 アルコール溶液＋ジメチルアニリン＋ブルシン＋ BrCN →緑ないし赤紫色。　　(4)　硫酸 H_2SO_4 は無色の粘張性のある液体。強力な酸化力をもち、また水を吸収しやすい。水を吸収するとき発熱する。木片に触れるとそれを炭化して黒変させる。また、銅片を加えて熱すると、無水亜硫酸を発生する。硫酸の希釈液に塩化バリウムを加えると白色の硫酸バリウムが生じるが、これは塩酸や硝酸に溶解しない。　　(5)　塩素酸バリウムは劇物。無色の結晶、水に溶けやすい。アルコールには溶けにくい。炭の上に小さな孔をつくり、試料を入れ吹管炎で熱灼すると、パチパチ音をたてて分解する。
問3　(1)　オ　　(2)　ア　　(3)　エ　　(4)　イ　　(5)　ウ
〔解説〕
　　(1)　クロルピクリンについての毒性・治療法は、血液に入りメトヘモグロビンを作り、また、中枢神経、心臓、眼結膜を侵し、肺にも強い傷害を与える。治療法は酸素吸入、強心剤、興奮剤。　　(2)　塩基性塩化銅は、劇物。青緑色の粉末。冷水に不溶。銅化合物の中毒は、緑色または青色のものを吐く。のどがやける様に熱くなり、よだれがながれでる。頭痛、めまい、また瞳孔がひらくこともある。運動及び知覚神経が麻痺する。呼吸や脈拍が不規則となり、血尿をだすこともある。用途は農薬原料。治療薬は、ジメルカプロール(別名 BAL)　　(3)　ジメチル－４－メチルメルカプト－３－メチルフェニルチオホスフェイト(別名フェンチオン)は、劇物。褐色の液体。弱いニンニク臭を有する。各種有機溶媒によく溶ける。水にはほとんど溶けない。用途は稲のニカメイチュウ、ツマグロヨコバイ等、豆類のフキノメイガ、マメアブラムシ等の駆除。有機燐製剤。有機リン剤なので解毒薬は硫酸アトロピンまたは PAM。　　(4)　シアン化カリウム KCN(別名青酸カリ)は毒物。無色の塊状又は粉末。(吸入した場合)シアン中毒（頭痛、めまい、悪心、意識が混濁、呼吸麻痺）を起こす。　　(5)　硫酸タリウム Tl_2SO_4 は、白色結晶で、水にやや溶け、熱水に易溶、劇物、殺鼠剤。中毒症状は、疝痛、嘔吐、震せん、けいれん麻痺等の症状に伴い、しだいに呼吸困難、虚脱症状を呈する。治療法は、カルシウム塩、システインの投与。抗けいれん剤(ジアゼパム等)の投与。
問4　(1)　オ　　(2)　エ　　(3)　ウ　　(4)　イ　　(5)　ア
〔解説〕
　　(1)　硫酸亜鉛 $ZnSO_4 \cdot 7H_2O$ は、無色無臭の結晶、顆粒または白色粉末、風解性。水に易溶。有機溶媒に不溶。漏えいした場合：飛散したものは空容器にできるだけ回収し、そのあとを消石灰、ソーダ灰等の水溶液で処理したのち、多量の水を用いて洗い流す。この場合、濃厚な廃液が河川等に排出されないよう注意する。　　(2)　パラコートはジピリジル誘導体。漏えいした液は、空容器にできるだけ回収し、そのあとを土壌で覆って十分接触させたのち、土壌を取り除き、多量の水を用いて洗い流す。　　(3)　液化アンモニアについて、液化アンモニアは直ちに気体のアンモニアになるので、風下の人を退避させ、付近の着火源になるものを除き、水に良く溶けるので濡れむしろで覆い水に吸収させ、水溶液は弱アルカリ性なので水で大量に希釈する。　　(4)　2-(1-メチルプロピル)-フエニル-N-メチルカルバメート(別名フェンカルブ)は、無色の液体またはプリズム状結晶である。2　水にほとんど溶けないが、クロロホルムに溶ける。飛散したものは空容器にきるだけま回収し、その後を消石灰等の水溶液を用いて処理し、多量の水を用いて洗い流す。この場合、濃厚な廃液が河川等に排出されないよう注意する。　　(5)　硫酸 H_2SO_4 は、土砂で流れを止め、土砂に吸着させるか、安全な場所に導いてから、注水による発熱に注意しながら遠くから注水して希釈して希硫酸とし、この強酸をアルカリで中和後、水で大量に希釈する。ア

九州全県〔福岡県・佐賀県・長崎県・熊本県・大分県・宮崎県・鹿児島県〕・沖縄県統一共通

令和3年度実施

〔法　規〕
（一般・農業用品目・特定品目共通）

問1　2
〔解説〕
　　　解答のとおり。法第1条〔目的〕

問2　2
〔解説〕
　　　この設問における劇物に該当するものについては、アの過酸化水素が劇物から除外は6％以下を含有するもの。また、ウの水酸化ナトリウムが劇物から除外は5％以下を含有するものであるので、この設問の場合は劇物である。因みに、四アルキル鉛は、毒物〔特定毒物でもある。〕、ホルムアルデヒドについては、1％以下は劇物から除外である。

問3　2
〔解説〕
　　　この設問では、イのみが誤り。イの特定品目販売業の登録を受けた者については、法第4条の3第2項→施行規則第4条の3→施行規則別表第2に掲げられている品目のみである。なお、アは法第4条第3項における登録の更新のこと。ウは法第4条第2項のこと。エは法第4条の3第1項→施行規則第4条の2→施行規則別表第1に掲げられている農業上必要な品目〔毒物又は劇物〕である。、

問4　1
〔解説〕
　　　この設問は、法第7条における毒物劇物取扱責任者のことで、アとウが正しい。アは、法第7条第2項に示されている。また、イは、法第7条第1項に示されている。なお、イの設問では、あらかじめとあるが法第7条第3項に、毒物劇物取扱責任者を置いたとき、または変更した際には、30日以内に都道府県知事に届け出なければならないである。エの設問では、毒物又は劇物を直接取り扱わないとあるので、法第7条第1項により毒物劇物取扱責任者を置かなくてもよい。ただし、毒物又は劇物の販売業の登録を要する。

問5　3
〔解説〕
　　　この設問は、法第8条における毒物劇物取扱責任者の資格についてで、誤りはどれかとあるので、3が誤り。この設問における農業品目毒物劇物取扱責任者に合格した者は、法第4条の3第1項→施行規則第4条の2→施行規則別表第一に掲げられている農業用品目において、毒物又は劇物の販売又は授与することができる〔法第8条第4項〕。毒物又は劇物製造業の製造所で毒物劇物取扱責任者になることができるのは、一般毒物劇物取扱責任者に合格した者のみである。なお、1は、法第8条第1項第一号。2は、法第8条第2項第一号。4の一般毒物劇物取扱責任者については、販売品目の制限は設けられていない。全ての毒物又は劇物の販売又は授与することができる。設問のとおり。

問6　4
〔解説〕
　　　この設問における法第10条における30日以内の届け出について定められていないものは、4が該当する。なお、4については法第9条第1項により、あらかじめ登録以外の毒物又は劇物を製造するときは、登録の変更をうけなければならない。このことからこの設問では誤り。

問7　1
〔解説〕
　　この設問は、法第14条の毒物又は劇物の譲渡手続についてで、誤っているのはどれかとあるので、1が誤り。1の設問では毒物劇物営業者が他の毒物劇物営業者に、押印した書面の提出を受けなければとあるが、押印された書面を要しない。よって誤り。ただし、押印した書面の提出を受けなければならないのは、一般の人に毒物又は劇物を販売し、授与した際には押印した書面を要する。〔法第14条第2項→施行規則第12条の2〕なお、2は、法第14条第3項に示されている。3は、法第14条第4項に示されている。4は、施行令第40条の9第1項〔情報提供〕に示されている。
問8　1
〔解説〕
　　アとイが正しい。毒物又は劇物を販売する際に、容器及び被包に表示しなければならない事項は、①毒物又は劇物の名称、②毒物又は劇物の成分及びその含量、③厚生労働省令で定める毒物又は劇物〔有機燐化合物及びこれを含有する製剤〕については、解毒剤〔①２－ピリジルアルドキシムメチオダイドの製剤（PAM）、②硫酸アトロピンの製剤〕である。
問9　4
〔解説〕
　　法第15条第2項において、法第3条の4→施行令第32条の3で、①亜塩素酸ナトリウム及びこれを含有する製剤30％以上、②塩素酸塩類及びこれを含有する製剤35％以上、③ナトリウム、④ピクリン酸については、その交付を受ける者の氏名及び住所を確認した後でなければ交付することはできない。なお、この設問で誤っているものとあるので、4が誤り。
問10　2
〔解説〕
　　この設問は着色する農業用品目についてで、法第13条→施行令第39条における①硫酸タリウムを含有する製剤たる劇物、②燐化亜鉛を含有する製剤たる劇物については→施行規則第12条で、あせにくい黒色で着色すると定められている。解答のとおり。
問11　3
〔解説〕
　　この設問は、毒物又は劇物についての運搬方法についてで、アとウが正しい。アは、施行令第40条の5第2項第四号に示されている。ウ施行令第40条の5第2項第三号に示されている。なお、イは毒物又は劇物を運搬する車両に掲げる標識についてで、文字を白色として「劇」ではなく、文字を白色として「毒」である。このことは施行規則第13条の5に示されている。エは、施行令第40条の5第2項第一号→施行規則第13条の4において、①連続して運転時間が、4時間を超える場合（ただし、1回が連続10分以上、かつ、合計が30分以上中断して連続して運転）、②1日当たり9時間を超える場合であることから、この設問は誤り。
問12　2
〔解説〕
　　この設問は、法第3条の3で、興奮、幻覚又は麻酔の作用を有する毒物又は劇物として→施行令第32条の2において、①トルエン、②酢酸エチル、③トルエン又はメタノールを含有するシンナー、接着剤、塗料及び閉そく用又はシーリングの充てん料について、みだりに摂取し、若しくは吸入し、又はこれらの目的で所持してはならないと示されている。このことからこの設問では、2のトルエンが該当する。なお。1のメタノールは単独では該当しない。
問13　2
〔解説〕
　　この設問は、毒物又は劇物を他に委託する際に、荷送人が運送人に対して、あらかじめ交付しなければならない書面の内容は、毒物又は劇物の①名称、②成分、③その含量、④数量、、⑤書面（事故の際に講じなければならない書面）である。これにより正しいのは、アとウである。
問14　1
〔解説〕
　　解答のとおり。

九州全県・沖縄県統一

問 15   2
〔解説〕
　この設問は、施行規則第4条の4における製造所等の設備基準についてで、イのみが誤り。なお、イについては毒物劇物販売業の店舗とあるので、該当しない。ことから誤り。ただし、イは製造所の設備基準としては該当する。

問 16   2
〔解説〕
　この設問にある法第21条第1項は、登録が失効した場合等の措置のこと。解答のとおり。

問 17   3
〔解説〕
　この設問は、法第3条の2における特定毒物のことで、イとエが正しい。
　イは法第3条の2第8項に示されている。エは法第3条の2第2項に示されてる。なお、アは法第3条の2第1項により、特定毒物を製造することができる。このことから設問は誤り。ウの特定毒物使用者は、その者が使用する特定毒物のみ使用すねことができるが、特定毒物を製造及び輸入することはできない。

問 18   4
〔解説〕
　特定毒物である四アルキル鉛については、施行令第1条により、①使用者は、石油精製業者、②用途は、ガソリンへの混入と規定されている。

問 19   2
〔解説〕
　法第17条第2項は毒物又は劇物について、盗難又は紛失の措置のこと。解答のとおり。

問 20   3
〔解説〕
　この設問は業務上取扱者の届出についてで、イとエが正しい。イは、法第22条第3項に示されている。エは法第22条第1項→施行令第41条第二号及び同第42条第一号→施行規則第18条に示されている。なお、アについては、あらかじめではなく、30日以内に届け出なければならないである(法第22条第1項)。ウについては、施行令第41条第三号により、最大積載量5,000kg以上の固定された容器を用いている場合について、業務上取扱者の届け出を要する。この設問の場合は業務上取扱者に該当しない。

問 21   4
〔解説〕
　この設問の法第12条は、毒物又は劇物の表示のこと。解答のとおり。

問 22   1
〔解説〕
　解答のとおり。

問 23   1
〔解説〕
　この設問は法第18条とは、立入検査等のことで誤っているのは、どれかとあるので1が誤り。1については、法第18条4項において犯罪捜査のために認められたものと解してはならないと示されている。このことから1は誤り。

問 24   2
〔解説〕
　法第13条の2→施行令第39条において定められている基準〔①その成分の含量、②容器、③被包〕に適合するものではならないと示されている。このことから正しいのは、アとウである。

問 25   2
〔解説〕
　解毒剤の名称を容器及び被包に表示しなければならない毒物及び劇物ものとは、有機燐化合物及びこれを含有する製剤。その解毒剤とは、①2－ピリジルアルドキシムメチオダイド(別名 PAM)の製剤、②硫酸アトロピンの製剤である。

〔基礎化学〕
(一般・農業用品目・特定品目共通)

問 26　2
〔解説〕
　　単体は1種類の原子が集まってできた物質。2種類以上の原子が結合し、集まってできた物質を化合物。単体や化合物などの純物質が集まってできたものを混合物という。

問 27　4
〔解説〕
　　リン：P、炭素：C、ホウ素：B である。Pt：白金、Ta：タンタル、Be：ベリリウム

問 28　4
〔解説〕
　　Mg の酸化数は+2、Al は+3、Fe は+3、Mn は+7 である。

問 29　4
〔解説〕
　　酸化銅はイオン結合、ダイヤモンドは共有結合、塩化カルシウムはイオン結合、鉄は金属結合である。

問 30　2
〔解説〕
　　$-NH_2$：アミノ基、$-NO_2$：ニトロ基

問 31　1
〔解説〕
　　電気泳動は電荷をもつコロイド粒子が、自身の持つ電荷と反対符号側の電極に引き付けられること。ブラウン運動はコロイド粒子に溶媒分子がぶつかることで不規則にコロイド粒子が動いている運動のこと。

問 32　1
〔解説〕
　　気体が固体に、または固体が期待になる状態変化を昇華という。液体が固体になる変化を凝固、気体が液体になる変化を凝縮、液体が期待になる変化を蒸発（気化）、固体が液体になる変化を融解という。

問 33　2
〔解説〕
　　鉛よりもイオン化傾向の大きい金属が溶解する。Zn と Fe は鉛よりもイオン化傾向が大きく、Cu と Ag は鉛よりもイオン化傾向が小さい。

問 34　4
〔解説〕
　　炎色反応では Li(赤)、Na(黄)、K(紫)、Cu(青緑)、Ca(橙)、Sr(紅)、Ba(黄緑)を呈する。

問 35　2
〔解説〕
　　総熱量不変の法則をヘスの法則という。

問 36　4
〔解説〕
　　ア、イ、ウはすべて直鎖上のブタンであり同一物質である。エのみ分岐差を有する 2-メチルプロパンとなり、ブタンの構造異性体である。

問 37　1
〔解説〕
　　油脂はグリセリンと脂肪酸のエステルであり、水酸化ナトリウムなどの塩基により加水分解し、高級脂肪酸の塩が生じる。これが石鹸である。石鹸は水溶液中で加水分解して弱塩基性を示す。

問 38　3
〔解説〕
　　モル濃度=(重さ/分子量)×(1000/体積 mL)で求められる。(2.0/40)×(1000/200)= 0.25

問 39　2
〔解説〕
　　解答のとおり

問40 1
〔解説〕
　陽極では酸化反応が起こる。SO_4^{2-}はこれ以上酸化されないので代わりに水が酸化され酸素ガスを発生する。$2H_2O \rightarrow O_2 + 4H^+ + 4e^-$

〔性質・貯蔵・取扱い〕

(一般)

問41 3　　問42 1　　問43 2　　問44 4
〔解説〕
　問41　アジ化ナトリウム NaN_3：毒物、無色板状結晶で無臭。水に溶けアルコールに溶け難い。用途は試薬、医療検体の防腐剤、エアバッグのガス発生剤。　問42　六フッ化タングステン WF_6：無色低沸点気体。ベンゼンにに可溶。吸湿性で加水分解を受ける。反応性が強く。ほとんどの金属を侵す。用途は半導体配線の原料として用いられる。　問43　硼弗化水素酸は劇物。無色の水溶液。水に可溶。アルコールに不溶。用途は金属の表面処理。　問44　リン化亜鉛 Zn_3P_2 は、灰褐色の結晶又は粉末。かすかにリンの臭気がある。水アルコールに溶けない。ベンゼン、二硫化炭素に溶ける。酸と反応して有毒なホスフィン PH_3 を発生。用途は殺鼠剤、倉庫内燻蒸剤。

問45 2　　問46 4　　問47 3　　問48 1
〔解説〕
　問45　ピクリン酸$(C_6H_2(NO_2)_3OH)$は爆発性なので、火気に対して安全で隔離された場所に、イオウ、ヨード、ガソリン、アルコール等と離して保管する。鉄、銅、鉛等の金属容器を使用しない。　問46　アクロレイン $CH_2=CHCHO$　刺激臭のある無色液体、引火性。光、酸、アルカリで重合しやすい。火気厳禁。非常に反応性に富む物質なので、安定剤を加え、空気を遮断して貯蔵する。　問47　シアン化カリウム KCN は、白色、潮解性の粉末または粒状物、空気中では炭酸ガスと湿気を吸って分解する(HCN を発生)。また、酸と反応して猛毒の HCN(アーモンド様の臭い)を発生する。したがって、酸から離し、通風の良い乾燥した冷所で密栓保存。安定剤は使用しない。　問48　ナトリウム Na は、湿気、炭酸ガスから遮断するために石油中に保存。

問49 3　　問50 4　　問51 1　　問52 2
〔解説〕
　問49　チタン酸バリウム$(BaTiO_3)$は劇物。白色の粉末。水にほとんど不溶。用途は電子部品。廃棄法は、①沈殿法〔水に懸濁し、希硫酸を加えて加熱分解した後、消石灰、ソーダ灰等の水溶液を加えて中和し、沈殿ろ過して埋立処分する。〕、②固化隔離法〔セメントを用いて、固化し、埋立処分する。〕がある。　問50　砒素は金属光沢のある灰色の単体である。セメントを用いて固化し、溶出試験を行い溶出量が判定基準以下であることを確認して埋立処分する固化隔離法。
　問51　二硫化炭素 CS_2 は、劇物。無色透明の麻酔性芳香をもつ液体。ただし、市場にあるものは不快な臭気がある。有毒であり、ながく吸入すると麻酔をおこす。廃棄法は次亜塩素酸ナトリウム水溶液と水酸化ナトリウムの混合溶液を撹拌しながら二硫化炭素を滴下し酸化分解させた後、多量の水で希釈して処理する酸化法。　問52　メタクリル酸 $CH_3(CH_2)=CCOOH$ は、融点 16 ℃の無色結晶。温水にとけ、アルコールやエーテルに可溶。容易に重合する。重合防止剤が添加されているが、加熱、直射日光、過酸化物、鉄錆等で重合が始まり、爆発することがある。用途は熱硬化性塗料、接着剤など。廃棄方法は、1)燃焼法(ア)おが屑等に吸収させて焼却炉で焼却。(イ)可燃性溶剤とともに火室へ噴霧して焼却。2)活性汚泥法：水で希釈し、アルカリで中和してから活性汚泥処理。

問 53　3　　　問 54　2　　　問 55　1　　　問 56　4
〔解説〕
　　問 53　メチルエチルケトン $CH_3COC_2H_5$（別名 2-ブタノン）は、劇物。アセトン様の臭いのある無色液体。引火性。少量漏えいした場合は、漏えいした液は、土砂等に吸着させて空容器に回収する。多量に漏えいした液は、土砂等でその流れを止め、安全な場所に導き、液の表面を泡で覆い、できるだけ空容器に回収する。　　問 54　EPN は、有機リン製剤、毒物（1.5 ％以下は除外で劇物）、芳香臭のある淡黄色油状または融点 36 ℃の結晶。漏えいした液は、空容器にできるだけ回収し、そのあとを消石灰等の水溶液を用いて処理し、多量の水を用いて流す。洗い流す場合には、中性洗剤等の分散剤を使用して洗い流す。　　問 55　硝酸銀 $AgNO_3$：劇物。無色無臭の透明な結晶。水に溶けやすい。飛散したものは空容器にできるだけ回収し、そのあとを食塩水を用いて塩化銀とし、多量の水を用いて洗い流す。この場合、濃厚な廃液が河川等に排出されないよう注意する。　　問 56　ブロムメチル CH_3Br は可燃性・引火性が高いため、火気・熱源から遠ざけ、直射日光の当たらない換気性のよい冷暗所に貯蔵する。耐圧等の容器は錆防止のため床に直置きしない。漏えいした場合：漏えいした液は、土砂等でその流れを止め、液が拡がらないようにして蒸発させる。

問 57　4　　　問 58　2　　　問 59　3　　　問 60　1
〔解説〕
　　問 57　スルホナールは劇物。無色、稜柱状の結晶性粉末。水、アルコール、エーテルに溶けにくい。臭気もない。味もほとんどない。約 300 ℃に熱すると、ほとんど分解しないで沸騰し、これを点火すれば亜硫酸ガスを発生して燃焼する。用途は殺鼠剤。嘔吐、めまい、胃腸障害、腹痛、下痢又は便秘などを起こし、運動失調、麻痺、腎臓炎、尿量減退、ポルフィリン尿（尿が赤色を呈する。）として現れる。　　問 58　ジメチル硫酸は劇物。わずかに臭いがある。水と反応して硫酸水素メチルとメタノールを生ずる。のど、気管支、肺などが激しく侵される。また、皮膚から吸収された全身中毒を起こし、致命的となる。疲労、痙攣、麻痺、昏睡を起こして死亡する。　　問 59　メタノール（メチルアルコール）CH_3OH は無色透明、揮発性の液体で水と随意の割合で混合する。火を付けると容易に燃える。：毒性は頭痛、めまい、嘔吐、視神経障害、失明。致死量に近く摂取すると麻酔状態になり、視神経がおかされ、目がかすみ、ついには失明することがある。用途は主として溶剤や合成原料、または燃料など。　　問 60　アニリン $C_6H_5NH_2$ は、新たに蒸留したものは無色透明油状液体、光、空気に触れて赤褐色を呈する。毒性は、血液毒であるので、血液に作用してメトヘモグロビンを作り、チアノーゼを起こさせる。

（農業用品目）
問 41　3　　　問 42　2　　　問 43　1　　　問 44　4
〔解説〕
　　問 41　イソキサチオンは有機リン剤、劇物（2 ％以下除外）、淡黄褐色液体、水に難溶、有機溶剤に易溶、アルカリには不安定。ミカン、稲、野菜、茶等の害虫駆除。（有機燐系殺虫剤）　　問 42　リン化亜鉛 Zn_3P_2 は、灰褐色の結晶又は粉末。かすかにリンの臭気がある。水アルコールに溶けない。ベンゼン、二硫化炭素に溶ける。酸と反応して有毒なホスフィン PH_3 を発生。用途は殺鼠剤、倉庫内燻蒸剤。　　問 43　アンモニア NH_3 は、常温では無色刺激臭の気体、冷却圧縮すると容易に液化する。水、エタノール、エーテルに可溶。強いアルカリ性を示し、腐食性は大。水溶液は弱アルカリ性を呈する。化学工業原料（硝酸、窒素肥料の原料）、冷媒。　　問 44　ヨウ化メチル CH_3I は、無色又は淡黄色透明の液体であり、空気中で光により一部分解して褐色になる。ガス殺菌・殺虫剤として使用される。

問 45　4　　　問 46　2　　　問 47　3　　　問 48　1
〔解説〕
　　問 45　1・1'－ジメチル－ 4.4'－ジピリジニウムジクロリド（別名パラコート）は白色結晶。不揮発性。用途は除草剤。　　問 46　イミノクタジンは、劇物、白色の粉末（三酢酸塩の場合）。果樹の腐らん病、晩腐病等、麦の斑葉病、芝の葉枯病殺菌する殺菌剤。　　問 47　メチダチオンは劇物。灰白色の結晶。有機燐化合物。用途は果樹、野菜、カイガラムシの防虫〔殺虫剤〕。　　問 48　リン化亜鉛 Zn_3P_2 は、灰褐色の結晶又は粉末。かすかにリンの臭気がある。劇物。用途は殺鼠剤。

問49　1　　　問50　4　　　問51　3　　　問52　2
〔解説〕
　　問49　ニコチンは猛烈な神経毒を持ち、急性中毒では、よだれ、吐気、悪心、嘔吐、ついで脈拍緩徐不整、発汗、瞳孔縮小、呼吸困難、痙攣が起きる。
　　問50　パラコートは、毒物で、ジピリジル誘導体で無色結晶性粉末、水によく溶け低級アルコールに僅かに溶ける。消化器障害、ショックのほか、数日遅れて肝臓、腎臓、肺等の機能障害を起こす。解毒剤はないので、徹底的な胃洗浄、小腸洗浄を行う。誤って嚥下した場合には、消化器障害、ショックのほか、数日遅れて肝臓、肺等の機能障害を起こすことがあるので、特に症状がない場合にも至急医師による手当てを受けること。　　問51　シアン化水素 HCN は、毒物。無色の気体または液体。猛毒で、吸入した場合、頭痛、めまい、意識不明、呼吸麻痺を起こす。　　問52　ジメトエートは、有機リン製剤であり、白色固体で水で徐々に加水分解し、用途は殺虫剤。有機リン剤なのでアセチルコリンエステラーゼの活性阻害をするので、神経系に影響が現れる。
問53　3　　　問54　1　　　問55　4
〔解説〕
　　問53　シアン化カリウム KCN（別名　青酸カリ）は、白色、潮解性の粉末または粒状物、空気中では炭酸ガスと湿気を吸って分解する（HCN を発生）。また、酸と反応して猛毒の HCN（アーモンド様の臭い）を発生する。したがって、酸から離し、通風の良い乾燥した冷所で密栓保存。安定剤は使用しない。　　問54　ブロムメチル CH₃Br（臭化メチル）は常温では気体であるため、これを圧縮液化し、圧容器に入れ冷暗所で保存する。　　問55　アンモニア NH₃ は空気より軽い気体。貯蔵法は、揮発しやすいので、よく密栓して貯蔵する。
問56　2　　　問57　1　　　問58　4
〔解説〕
　　問56　クロルピクリン CCl₃NO₂ は、無色～淡黄色液体、催涙性、粘膜刺激臭。水に不溶。少量の場合、漏洩した液は布でふきとるか又はそのまま風にさらとて蒸発させる。　　問57　シアン化ナトリウム NaCN（別名　青酸ソーダ）：作業の際には必ず保護具を着用し、風下で作業をしない。飛散したものは空容器にできるだけ回収し、砂利等に付着している場合は、砂利等を回収し、その後に水酸化ナトリウム、ソーダ灰等の水溶液を散布してアルカリ性（pH11 以上）とし、更に酸化剤（次亜塩素酸ナトリウム、さらし粉等）の水溶液で酸化処理を行い、多量の水を用いて洗い流す。　　問58　硫酸 H₂SO₄ が漏えいした液は土砂等に吸着させて取り除くかまたは、ある程度水で徐々に希釈した後、消石灰、ソーダ灰等で中和し、多量の水を用いて洗い流す。
問59　4
〔解説〕
　　N-メチル-1-ナフチルカルバメート（NAC）は、：劇物。白色無臭の結晶。水に溶けない。有機溶媒に可溶。5％以下は劇物から除外。用途は農業殺虫剤。
問60　4
〔解説〕
　　カルタップは、劇物。2％以下は劇物から除外。無色の結晶。水、メタノールに溶ける。用途は農薬の殺虫剤。

（特定品目）
問41　1　　　問42　2　　　問43　4　　　問44　3
〔解説〕
　　問41　酢酸エチルは無色で果実臭のある可燃性の液体。その用途は主に溶剤や合成原料、香料に用いられる。　　問42　硅弗化ナトリウム Na₂SiF₆ は劇物。無色の結晶。用途は、釉薬原料、漂白剤、殺菌剤、消毒剤。　　問43　二酸化鉛 PbO₂ は、茶褐色の粉末。用途は工業用に酸化剤、電池の製造に用いられる。　　問44　水酸化ナトリウム（別名：苛性ソーダ）NaOH は、は劇物。白色結晶性の固体。用途は試薬や農薬のほか、石鹸製造などに用いられる。

問45 3　　問46 1　　問47 4　　問48 2
〔解説〕
　　問45　酸化水銀（Ⅱ）HgO は、別名酸化第二水銀、鮮赤色ないし橙赤色の無臭の結晶性粉末のものと橙黄色ないし黄色の無臭の粉末とがある。水にほとんど溶けず、希塩酸、硝酸、シアン化アルカリ溶液に溶ける。用途は船底塗料、試薬に用いられる。　　問46　メチルエチルケトン $CH_3COC_2H_5$ は、劇物。アセトン様の臭いのある無色液体。蒸気は空気より重い。水に可溶。引火性。有機溶媒。用途は溶剤、有機合成原料。　　問47　硝酸 HNO_3 は、無色の液体。腐食性が激しく、空気に接すると刺激性白霧を発し、水を吸収する性質が強い。冶金に用いられ、また硫酸、シュウ酸などの製造、あるいはニトロベンゾール、ピクリン酸、ニトログリセリンなどの爆薬の製造やセルロイド工業などに用いられる。　　問48　塩素 Cl_2 は劇物。黄緑色の気体で激しい刺激臭がある。冷却すると、黄色溶液を経て黄白色固体。水にわずかに溶ける。沸点-34．05℃。強い酸化力を有する。極めて反応性が強く、水素又はアセチレンと爆発的に反応する。水分の存在下では、各種金属を腐食する。水溶液は酸性を呈する。
問49 1　　問50 3　　問51 2　　問52 4
〔解説〕
　　問49　硝酸 HNO_3 は、腐食性が激しく、空気に接すると刺激性白霧を発し、水を吸収する性質が強い。酸なので中和法、水で希釈後に塩基で中和後、水で希釈処理する。　　問50　一酸化鉛 PbO は、水に難溶性の重金属なので、そのままセメント固化し、埋立処理する固化隔離法。　　問51　過酸化水素 H_2O_2 は、無色無臭で粘性の少し高い液体は多量の水で希釈して処理する希釈法。　　問52　硅弗化ナトリウムは劇物。無色の結晶。水に溶けにくい。アルコールにも溶けない。　水に溶かし、消石灰等の水溶液を加えて処理した後、希硫酸を加えて中和し、沈殿濾過して埋立処分する分解沈殿法。
問53 4　　問54 3　　問55 2　　問56 1
〔解説〕
　　問53　アンモニアガスを吸入した場合、激しく鼻やのどを刺激し、長時間吸入すると肺や気管支に炎症を起こす。高濃度のガスを吸うと喉頭けいれんを起こすので極めて危険である。　　問54　シュウ酸の中毒症状：血液中のカルシウムを奪取し、神経系を侵す。胃痛、嘔吐、口腔咽喉の炎症、腎臓障害。　　問55　クロロホルムの中毒：原形質毒、脳の節細胞を麻酔、赤血球を溶解する。吸収するとはじめ嘔吐、瞳孔縮小、運動性不安、次に脳、神経細胞の麻酔が起きる。中毒死は呼吸麻痺、心臓停止による。　　問56　四塩化炭素 CCl_4 は特有の臭気をもつ揮発性無色の液体、水に不溶、有機溶媒に易溶。揮発性のため蒸気吸入により頭痛、悪心、黄疸ようの角膜黄変、尿毒症等。
問57 2　　問58 4　　問59 3　　問60 1
〔解説〕
　　問57　水酸化ナトリウム（別名：苛性ソーダ）NaOH は、白色結晶性の固体。水と炭酸を吸収する性質が強い。空気中に放置すると、潮解して徐々に炭酸ソーダの皮層を生ずる。貯蔵法については潮解性があり、二酸化炭素と水を吸収する性質が強いので、密栓して貯蔵する。　　問58　ケイフッ化ナトリウム $Na_2[SiF_6]$ は無色の結晶。水に溶けにくく、酸により有毒な HF と SiF_4 を発生。貯蔵法は、ガラス容器以外のものに入れて貯蔵する。　　問59　硫酸 H_2SO_4 は濃い濃度のものは比重がきわめて大きく、水でうすめると激しく発熱するため、密栓して保存する。　　問60　過酸化水素水 H_2O_2 は、少量なら褐色ガラス瓶（光を遮るため）、多量ならば現在はポリエチレン瓶を使用し、3分の1の空間を保ち、日光を避けて冷暗所保存。

〔実　地〕

（一般）

問 61　3　　問 63　1
問 62　1　　問 64　4
　　　　　　問 65　2

〔解説〕

　　問 61、問 62　亜硝酸ナトリウム $NaNO_2$ は、劇物。白色または微黄色の結晶性粉末。水に溶けやすい。アルコールにはわずかに溶ける。潮解性がある。空気中では徐々に酸化する。硝酸銀の中性溶液で白色の沈殿を生ずる。　問 63、問 64　ニコチンは、毒物、無色無臭の油状液体だが空気中で褐色になる。殺虫剤。ニコチンの確認：1) ニコチン＋ヨウ素エーテル溶液→褐色液状→赤色針状結晶　2) ニコチン＋ホルマリン＋濃硝酸→バラ色。　問 65　硫酸亜鉛 $ZnSO_4・7H_2O$ は、硫酸亜鉛の水溶液に塩化バリウムを加えると硫酸バリウムの白色沈殿を生じる。

問 66　4　　問 68　3
問 67　2　　問 69　1
　　　　　　問 70　4

〔解説〕

　　問 66、問 68　ベタナフトール $C_{10}H_7OH$ は、無色〜白色の結晶、石炭酸臭、水に溶けにくく、熱湯に可溶。識別は、1) 水溶液にアンモニア水を加えると、紫色の蛍石彩をはなつ。　2) 水溶液に塩素水を加えると白濁し、これに過剰のアンモニア水を加えると澄明となり、液は最初緑色を呈し、のち褐色に変化する。　問 67、問 69　トリクロル酢酸 CCl_3CO_2H は、劇物。無色の斜方六面体の結晶。わずかな刺激臭がある。潮解性あり。水、アルコール、エーテルに溶ける。水溶液は強酸性、皮膚、粘膜に腐食性が強い。水酸化ナトリウム溶液を加えて熱するとクロロホルム臭を放つ。　問 70　硝酸ウラニルは劇物。淡黄色の柱状の結晶。緑色の光沢を有する。水に溶けやすい。水溶液に硫化アンモニウムを加えると、黒色の沈殿を生成する。　用途は試薬、工業にガラス、写真として使用される。

（農業用品目）

問 61　4

〔解説〕

　　モノフルオール酢酸ナトリウム FCH_2COONa は特定毒物。有機弗素系化合物。重い白色粉末、吸湿性、冷水に易溶、有機溶媒には溶けない。水、メタノールやエタノールに可溶。野ネズミの駆除に使用。施行令第 12 条により、深紅色に着色されていること。また、トウガラシ末またはトウガラシチンキの購入が義務づけられている。

問 62　3　　問 63　4　　問 64　1

〔解説〕

　　問 62　大気中の湿気にふれると、徐々に分解して有毒なガスを発生し、共存する分解促進剤からは炭酸ガスとアンモニアガスが生ずるとともに、カーバイト様の臭気にかわる。〔本品から発生したガスに、5 〜 10 ％硝酸銀溶液を浸した濾紙を近づけると黒変する。〕　問 63　硫酸第二銅、五水和物白色濃い藍色の結晶で、水に溶けやすく、水溶液は青色リトマス紙を赤変させる。水に溶かし硝酸バリウムを加えると、白色の沈殿を生じる。　問 64　塩素酸ナトリウム $NaClO_3$ は、劇物。潮解性があり、空気中の水分を吸収する。また強い酸化剤である。炭の中にいれ熱灼すると音をたてて分解する。

問 65	3	問 69	3
問 66	4	問 70	4
問 67	1		
問 68	2		

〔解説〕
　　問 65、問 66　硫酸亜鉛 $ZnSO_4・7H_2O$ は、硫酸亜鉛の水溶液に塩化バリウムを加えると硫酸バリウムの白色沈殿を生じる。　問 66、問 70　クロルピクリン CCl_3NO_2 の確認方法：CCl_3NO_2 ＋金属 Ca ＋ベタナフチルアミン＋硫酸→赤色。
　　問 67　ニコチンは、毒物、無色無臭の油状液体だが空気中で褐色になる。殺虫剤。ニコチンの確認：1)ニコチン＋ヨウ素エーテル溶液→褐色液状→赤色針状結晶　2)ニコチン＋ホルマリン＋濃硝酸→バラ色。　問 68　塩素酸カリウム $KClO_3$ は劇物。白色固体。加熱により分解し酸素発生 $2KClO_3 → 2KCl + 3O_2$　熱すると酸素を発生して、塩化カリとなり、これに塩酸を加えて熱すると、塩素を発生する。水溶液に酒石酸を多量に加えると、白色の結晶性の物質を生ずる。

（特定品目）

問 61	3	問 64	2
問 62	4	問 65	3
問 63	1		

〔解説〕
　　問 61、問 64　メタノール CH_3OH は特有な臭いの無色透明な揮発性の液体。水に可溶。可燃性。あらかじめ熱灼した酸化銅を加えると、ホルムアルデヒドができ、酸化銅は還元されて金属銅色を呈する。　問 62、問 65　硫酸 H_2SO_4 は無色の粘張性のある液体。強力な酸化力をもち、また水を吸収しやすい。水を吸収するとき発熱する。木片に触れるとそれを炭化して黒変させる。硫酸の希釈液に塩化バリウムを加えると白色の硫酸バリウムが生じるが、これは塩酸や硝酸に溶解しない。　問 63　蓚酸 $(COOH)_2・2H_2O$ は無色の柱状結晶、風解性、還元性、漂白剤、鉄さび落とし。無水物は白色粉末。水、アルコールに可溶。エーテルには溶けにくい。また、ベンゼン、クロロホルムにはほとんど溶けない。

問 66	1	問 69	2
問 67	4	問 70	3
問 68	3		

〔解説〕
　　問 66、問 69　アンモニア水は無色透明、刺激臭がある液体。アルカリ性を呈する。アンモニア NH_3 は空気より軽い気体。濃塩酸をうるおしたガラス棒を近づけると、白煙を生ずる。問 67、問 70　クロロホルム $CHCl_3$（別名トリクロロメタン）は、無色、揮発性の液体で特有の香気とわずかな甘みをもち、麻酔性がある。アルコール溶液に、水酸化カリウム溶液と少量のアニリンを加えて　熱すると、不快な刺激性の臭気を放つ。重クロム酸カリウム $K_2Cr_2O_7$ は、橙赤色結晶、酸化剤。水に溶けやすく、有機溶媒には溶けにくい。

九州全県・沖縄県統一

毒物劇物取扱者試験問題集 全国版 22

ISBN978-4-89647-293-6　C3043　￥3000E

令和4年7月12日発行　　　　　　　　　　定価 3,300円(税込)

編　集　　毒物劇物安全性研究会

発　行　　薬務公報社

〒166-0003　東京都杉並区高円寺南2-7-1　拓都ビル
電話　03(3315)3821
FAX　03(5377)7275

毒物及び劇物取締法令集 令和四年版

法律、政令、省令、告示、通知を収録。

監修 毒物劇物安全対策研究会 定価二、七五〇円（税込）

毒物劇物取締法事項別例規集 第12版

法令を製造、輸入、販売、取扱責任者、取扱等の項目別に分類し、例規（疑義照会）と毒劇物略説（化学名、構造式、性状、用途等）を収録

編集 毒物劇物安全対策研究会 定価六、六〇〇円（税込）

毒物及び劇物取締法解説 第四十五版

法律の逐条解説、法別表毒劇物全品目解説、基礎化学概説、法律・基礎化学の取扱者試験対策用の収録。

例題と解説を収録。

編集 毒物安全性研究会 定価 三、九六〇円（税込）

毒劇物基準関係通知集

毒物及び劇物の運搬事故時における応急措置に関する基準①②③④⑤⑥⑦⑧は、漏えい時、出火時、暴露・接触時（急性中毒と刺激性、医師の処置を受けるまでの救急法）の措置、毒物及び劇物の廃棄方法に関する基準①②③④⑤⑥⑦⑧⑨⑩は、廃棄方法、生成物、検定法を収録。

監修 毒物劇物関係法令研究会 定価五、五〇〇円（税込）

毒物及び劇物の運搬容器に関する基準の手引き

毒物及び劇物の運搬容器に関する基準について、液体状のものを車両を用いて運搬する固定容器の基準（その1）、積載式容器（タンクコンテナ）の基準（その2、3）、又は参考法令として毒物及び劇物取締法、消防法、高圧ガス取締法（抜粋）で収録。

監修 毒物劇物安全性研究会 定価四、八四〇円（税込）